U0896329

中国安全生产年鉴

CHINA'S WORK SAFETY YEARBOOK

(2014)

煤 炭 工 业 出 版 社

·北 京·

图书在版编目（CIP）数据

中国安全生产年鉴. 2014 / 国家安全生产监督管理总局组织编写. --北京：煤炭工业出版社，2015
ISBN 978-7-5020-5016-0

Ⅰ. ①中… Ⅱ. ①国… Ⅲ. ①安全生产—中国—2014—年鉴 Ⅳ. ①X93-54

中国版本图书馆 CIP 数据核字（2015）第 254681 号

中国安全生产年鉴（2014）

组织编写 国家安全生产监督管理总局
责任编辑 向仁军
责任校对 刘 青 孔青青
封面设计 安德馨

出版发行 煤炭工业出版社（北京市朝阳区芍药居 35 号 100029）
电 话 010-84657898（总编室）
010-64018321（发行部） 010-84657880（读者服务部）
电子信箱 cciph612@126.com
网 址 www.cciph.com.cn
印 刷 煤炭工业出版社印刷厂
经 销 全国新华书店

开 本 889mm×1194mm $^{1}/_{16}$ **印张** 31 $^{3}/_{4}$ **插页** 36 **字数** 956 千字
版 次 2015 年 12 月第 1 版 2015 年 12 月第 1 次印刷
社内编号 7862 **定价** 168.00 元

编辑委员会成员

编辑部成员

（以姓氏笔画为序）

田　园	曲光宇	向仁军	杨乃莲	张晓学	张晓蕾
廖永平					

特约撰稿人名单

（以姓氏笔画为序）

于　萍	马　俊	王　甲	王　宝	王　磊	王天剑
王天祥	王政新	王晓峰	车红宇	牛　军	牛金杰
白秋艳	白雪松	丛红军	包随义	冯俊文	成大荣
毕雅静	曲毓良	任锦彪	华　钢	刘　波（中煤）	刘　波（安徽）
刘　恒	刘卫东	刘红娟	刘建红	刘顺章	刘衢立
齐俊良	许珺珠	孙　愉	孙友和	杜红岩	李　华
李　猛	李　旋	李亚南	李运强	李茂军	李彦平
李晓伟	李跃平	李朝贵	李增波	杨琳琳	吴　凯
吴升涵	吴学海	吴顺勇	吴家谦	沈子杰	宋超英
宋智慧	张　刚	张　宇	张文祥	张军政	张志斌
张国顺	张恩业	张震宇	张黎明	陈　鸣	陈　博
陈钦英	卓腾飞	季普东	周　华	周明航	周建昀
郑晓辉	孟　亮	赵　鹏	赵玉辉	郝虎管	胡力军
胡文婷	段　森	饶　爽	姜仁涛	袁　杨	柴世清
党志慧	高　可	郭俊琦	郭新平	黄经攀	常红涛
崔　筠	阎　淼	梁反修	彭付平	韩晓鹏	程慧朋
童华斌	强少辉	靳晓勇	蒙　飞	路　韬	颜志华
潘金辉	霍泽坚	魏丙新			

2014年1月15日，全国安全生产电视电话会议在北京召开

2014年1月17日，全国安全生产工作会议在北京召开

2014 年 12 月 12 日，国家安全监管总局副局长杨元元现场考察北京煤炭科学研究院采育基地实验室项目建设的基础环境和配套设施

2014 年 10 月 30 日，国家安全监管总局副局长王德学一行到郑煤集团新郑煤电公司赵家寨煤矿进行调研

2014 年 5 月 19 日，国家安全监管总局副局长孙华山会见来华访问的德国法定事故保险协会主席约阿希姆·伯乐尔一行

2014 年 4 月 24 日，国家安全监管总局副局长、国家煤矿安监局局长付建华在淮南矿业（集团）有限责任公司谢一矿井下调研

2014 年 6 月 16 日，全国安全生产宣传咨询日北京活动现场，消防队员为大众讲解应急逃生知识

2014 年 10 月 15 日，第十届全国矿山救援技术竞赛在陕西省铜川市拉开帷幕

2014 年 11 月 18 日，烟花爆竹安全监管部际联席会议第四次全体会议在北京召开

2014 年 12 月 18—19 日，全国职业卫生监管工作座谈会在重庆召开

夯实安全基础 打造智慧园区

中国化工新材料（嘉兴）园区

中国化工新材料（嘉兴）园区位于美丽的杭州湾北岸，是嘉兴港区主要功能区块之一，先后被列为“浙江省生态化建设与改造试点园区”“浙江省工业循环经济示范园区”“浙江省块状经济向现代产业集群转型升级示范区”“浙江省外商投资新兴产业示范基地”“浙江省产业集群两化深度融合试验区”“全国循环经济工作先进单位”“国家新型工业化产业示范基地”“中国化工园区20强”。嘉兴港区是嘉兴市市属两大开发区之一，管理范围为乍浦镇域54平方千米，总人口约10万，辖区内有国家开放口岸嘉兴（乍浦）港、嘉兴综合保税区、省级乍浦经济开发区、乍浦镇、九龙山旅游度假区。嘉兴港区区位交通条件优越，乍嘉苏高速、杭浦高速、杭州湾跨海大桥北接线和01省道、07省道新线贯穿境内，基本实现了与周边城市的“一小时交通圈”，是“长三角”沪、苏、杭、甬地区的一个重要交通枢纽。

依托嘉兴港区突出的区位优势和独特的港口资源，中国化工新材料（嘉兴）园区得到了飞速发展。经过近年来的招商引资和项目推进，英荷壳牌、日本帝人、乐天化学、韩国晓星等一批国际企业和嘉兴石化、三江化工、嘉化能源、浙江信汇、浙江传化等一批国内企业相继落户，以化工新材料、装备制造、仓储物流等为主导的临港产业初具规模。特别是2008年成立国内早批中国化工新材料（嘉兴）园区以来，化工新材料产业发展水平不断提升，成为港区支柱产业，并已形成较为完善的产业链和循环经济体系。园区重点发展以聚碳酸酯、硅材、橡胶、环氧乙烷、表面活性剂为主导的化工新材料产业，目前入区的化工新材料企业近30家。预计到2017年，嘉兴港区化工新材料产值将超过1000亿元，并形成3～5家产值超100亿元的大企业，真正形成“千亿产业带、百亿企业群”，成为国内特色产业新高地。

区内已有中科院院士费维扬、北京清华工业开发研究院院长戴猷元2位特聘高级顾问，高新技术企业12家，企业院士专家工作站1家，省级企业技术研发中心7家。在与清华长三角研究院开展紧密合作的基础上，2014年我们又与浙江大学、嘉兴学院分别签订了校区合作框架协议，合作内容包括建设校企合作平台、开展科研项目攻关、共建研究生实践基地、开展职工教育培训等多方面，同时与大连理工大学的交流合作也在深入推进。另外，我们还对接了北京大学环境科学院、中科院金属研究所、中科院大连化物所等科研院所，聚才聚智。嘉兴市科研成果转化项目——中科院大连化物所甲醇制烯烃项目落户园区并已顺利投产。截至2014年底，园区已累计引育“国千”人才3人、“省千”1人、落户“领军人才”项目5个，人才项目产品填补国内空白8项、省内空白12项。

中国化工新材料（嘉兴）园区一直视安全环保为生命线，近年来，不断加大安全环保投入，实施了安全环保本质水平提升三年行动计划，安全环保形势保持稳定，并正以创建国家生态示范园区为抓手，以落实全国60个危化行业重点区域攻坚整治要求为契机，全力打造生态、绿色、环保、安全的智慧园区。目前，已建立危险化学品企业重大危险源实时监控系统、环境监测数据实时监控系统、道路交通综合治安视频监控系统、水利会商系统、气象预报系统、会议室系统和海防监控系统，已逐步实现项目管理、环境管理、质量监督、生产安全等业务的自动化、信息化和高效化。通过点对点光纤直接接入、外网IP地址接入和高空瞭望系统监控等形式对园区所有已正式投入生产（试生产）的危化企业实施24小时实时监控。重大危险源气体浓度等模拟量信号通过模拟量探头直接连接应急响应中心系统，截至2014年，已有212个重大危险源视频监控探头和179个模拟量信号接入中心，监控范围已覆盖所有已正式投入生产（试生产）的36家危化企业。同时，按照“分类控制、分级管理、分步实施”的要求，已正式启动化工园区封闭化建设工程；并已与空气动力研究所、中国航天科技集团公司等单位签订合作协议，争取列入全国智慧园区建设试点。

中国·深圳

江西中电投峡江发电有限公司

JIANGXI CPI XIAJIANG POWER GENERATION CO.,LTD.

一、公司简介

2010年9月26日，江西中电投峡江发电有限公司在江西省峡江县工商行政管理部门完成注册登记，正式成立。峡江水电站安装9台大型灯泡贯流式机组，单机容量4万千瓦，总装机容量36万千瓦，设计水轮机转轮直径达7.8米，在灯贯机组中排名居世界前列。

公司下设4个职能管理部门（综合管理部、财务部、生产与安全环保监察部、政治工作部）和3个生产车间（发电车间、维护车间、水工车间）。截至2014年12月末,公司共有正式员工114人。

给设备量“体温”

二、安全生产工作综述

安全是效益的基础和发展的前提，是峡江公司管理永恒的主题。公司认真贯彻落实安全生产工作要求，牢牢树立“任何事故都可以避免，任何违章都可以预防，任何风险都可以控制”的安全理念，坚持“安全第一，预防为主，综合治理”的方针，全面落实安全生产责任，强化安全生产基础工作，加大安全生产监督检查力度。公司自成立以来未发生年度安全目标规定的不安全事件，未发生电力生产基建、人身伤亡、交通肇事和火灾等事故，实现了“三保、七不发生、一控制”的安全监察目标，实现连续安全生产1557天，开创了安全监察工作的良好局面。

高压机现场培训

1. 筑牢安全发展理念，主体责任落实到位

公司认真落实“管生产必须管安全”的原则，建立健全安全生产保障及监督体系，层层签订“一岗双责”责任书，层层落实安全生产监管责任。严肃执行安全生产法规制度，加大各级安全生产责任制考核力度，严厉抓好安全生产考核与责任追究，严格做到重大安全风险和重大事故“一票否决”。

技术人员操作现场

2. 完善制度加强教育，夯实安全管理基础

公司适时制定完善各项安全生产管理制度，以制度管人、管事。开展正规安全培训，加强安全法制教育，开展事故剖析和安全警示教育，提升事故预防意识和能力。公司加强应急知识和业务技能培训，先后多次组织了全厂停电应急预案、水淹厂房应急预案等现场演练，对演练中发现的不足不断改进，检验了预案的可操作性，提高了生产人员应急处置能力，不断提升安全保障能力。

技术能手指导监控

奉献绿色能源 服务社会公众

最美清污工

加强企业安全文化建设，激发员工“关注安全，关爱生命”的意识，用安全文化去塑造每一位员工，使之内心深处认同企业安全文化价值观，发挥广大员工的参与作用，保证了安全工作的生机和活力。通过安监部门的组织、监督，发挥预防、组织协调的职能作用。每月定期召开安全生产例会，深入贯彻落实上级文件精神，学习传达党中央、上级公司等有关安全的文件、通知等材料，对照要求和实际，举一反三，查找自身存在的问题。

3. 加大安全投入，实现本质安全

峡江项目是个OT项目，结合项目特点，公司加强基建移交设备的管理。在机电设备安装过程中，生产人员亲身参与，亲自动手，了解设备性能，掌握设备参数，严把设备安装质量。结合管理目标，加大安全投入，制定方案计划，做到目标、人员、资金、时限、措施“五落实”，彻底排查设备隐患，保证设备本质安全。

文明生产，一尘不留

4. 安全治理过程管控，日常监督常态化

严格执行“两票三制”和“二十五项反措”，突出运行操作管理，严防误操作。加强现场巡查，及时发现和消除设备缺陷。强化生产现场安全管理，狠抓直接作业环节的安全与监督，严查管理性违章、作业性违章、装置性违章现象。把违章纳入公司小指标竞赛考核，在全部班组间开展了“六无”班组竞赛活动，有效的控制了现场违章的发生。

加强现场反违章力度，隐患排查治理与日常安全工作结合起来。全年定期开展春季安全大检查1次、迎峰度夏大检查1次、国庆节前安全检查1次、冬季安全大检查1次。集中开展“六打六治”“打非治违”专项行动，进一步规范安全生产法治秩序，杜绝因非法违法行为造成的事故，促进安全生产形势持续向好。

清污机修理

峡江公司成立四年多来，从细节抓起，从过程抓起，不断提升员工安全文化素质，提高设备可靠水平，以勇于担当的精神、求真务实的态度，全力做好峡江公司安全管理，不断提高安全生产管理水平。

施工人员铆足干劲

技术人员修改程序

中国黄金集团公司

China National Gold Group Corporation

强化红线意识，建立底线思维，履行安全生产职责

夯实安全三基，坚持现场确认，创造安全生产条件

优秀安全做法

安全生产三基： 以责任制建设为核心做好基础工作，以班组安全标杆创建为核心做好基层工作，以坚持培训教育为核心做好基本功工作。树立细节观念，从小事做起，培养全员安全意识。

安全确认制度： 坚持“先安全后生产，不确认不生产，不安全不生产，隐患不排除不生产”的原则，统一确认内容、确认程序，明确确认职责，确保在员工上岗前消除现场安全隐患，在员工离岗后防止误入。

隐患排查整改： 设计安全检查工具，启用了地下采掘系统、提升系统、尾矿库等9类安全检查表，统一了企业隐患排查的标准，日查日报，自查自报。坚持“四定”原则，即定措施、定人员、定时间、定资金，落实隐患整改措施，并及时做好整改验收工作。

安全教育培训： 坚持培训以人为本，牢固树立“培训不到位就是重大安全隐患”的理念，依法培训，大胆创新，重现场、求实效，促使企业健康安全环保培训的主体责任落地，提升企业健康安全环保管理水平和员工安全素质，达到预防生产安全事故发生的目的。

三个理念转变： 工作目标从少死亡向零死亡转变、工作方法从习惯性依赖责任管理向习惯性依赖技术设备转变、安全动力从“要我安全”向“我要安全”转变，努力提高集团公司安全管理水平，向国际先进矿业公司稳步前进。

综合实力展示

中央企业： 我国黄金行业中央企业

会长单位： 中国黄金协会会长单位

信用评级： 获得目前全球黄金行业信用评级（BBB）

制定标准： 全国黄金标准化技术委员会主任委员和秘书处的承担单位，制定和牵头制定的标准占全国黄金标准的90%以上

技术领先： 拥有我国先进的难处理金矿资源选冶技术——生物氧化提金技术、原矿沸腾焙烧技术、两段焙烧脱砷收砷技术

拥有资质： 拥有黄金行业内的国家专业黄金研究机构和具有甲级资质的黄金设计机构

优质黄金： 拥有我国先进的黄金精炼技术——99999高纯金精炼技术

上市企业： 中金黄金股份有限公司（中金黄金，SH:600489）是国内早批上市的黄金企业。

央企红筹： 中国黄金国际资源有限公司（中金国际，TSX:CGG，HK:2099）是国内早批在加拿大多伦多和中国香港两地上市的央企控股的红筹矿业公司

海拔高度： 中国海拔 4000 ~ 5400米 的大型矿山——西藏甲玛铜金多金属矿

开采深度： 中国连续开采历史长（1821年至今）、开采深（地下1500米）的黄金矿山——吉林夹皮沟金矿

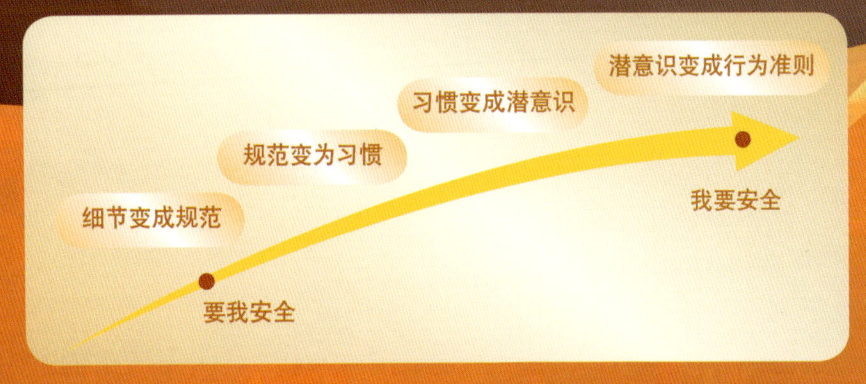

华北科技学院

华北科技学院是国家安全生产监管部门直属的一所本科院校。学校始建于1984年，其前身是北京煤炭管理干部学院分院，1993年经原国家教育部门批准改建为华北矿业高等专科学校，面向全国招生，1997年，被国家教育部门确定为“全国示范性普通高等工程专科重点建设学校”，1998年合并了原有色金属管理干部学院，2002年经国家教育部门批准升格为本科院校，并更名为华北科技学院。

学校占地面积约 800 亩，建筑面积近45万平方米。教学科研仪器设备总值约1.6亿元。建有省部级重点实验室3个，省级实验教学示范中心1个。计算机网络、多媒体等现代教育技术应用广泛，是中国教育科研网城市节点单位。图书馆现馆藏图书101万余册，电子图书119万种，中外文报刊 1600 余种，各类中外文全文数据库 20 多个，建立了较完备的文献保障体系。

学校现有教职工1096人，其中中国工程院院士1人（外聘），专兼职教师866人。在编教师中正高级职称144人，副高级职称233人，副高级及以上专业技术职务的比例为48.8%；其中博士144人，硕士498人，具有硕士及以上学位的比例为83.1%。享受国务院政府特殊津贴专家13人，有突出贡献的中青年专家 1人，安全生产专家 4人。

学校设有安全工程、环境工程、机电工程、电子信息工程、计算机、建筑工程、管理、人文社会科学、外国语、成人教育10个二级学院和基础、体育2个部，具有工程硕士（安全工程领域）专业学位研究生培养资格，开设37个本科专业和5个专科专业，涉及工、理、文、法、经济、管理、教育、艺术等八大学科，已经形成以全日制本科教育为主，研究生教育、专科教育、成人学历教育、安全培训、函授教育并存的多学科、多层次、多形式的办学体系。安全技术及工程、采矿工程为省级重点学科，安全工程、采矿工程、自动化3个本科专业被国家教育部门列为特色专业建设点，电工电子实验中心是河北省实验教学示范中心。全日制在校生16000余人，毕业生初次就业率始终保持在85%以上，位居河北省高校和原煤炭院校前列。

学校正门

学校面向素质教育、面向安全生产、面向煤矿行业开展科学研究。年引进科研经费 4000 余万元。现有煤矿安全人机工程重点实验室，煤矿瓦斯、水害预防基础研究重点实验室和河北省矿井灾害防治重点实验室等 3个省部级重点建设实验室。安全学科在瓦斯、水害防治等研究方向形成了一定的特色和优势，安全管理、安全文化、安全法学、安全监测监控等方面的研究全面展开，为学校安全科技办学特色提供了强有力的支撑。

1985年建在学校的中国煤矿安全技术培训中心，具有煤矿和非煤矿山安全生产两个一级培训资质，常年开展煤矿安全监察实务、矿井灾害防治和矿山救护等类型的安全培训，年培训规模5000人次。

学校与联合国开发计划署、国际劳工组织等保持着长期稳定的工作联系，与美国北卡罗来纳大学、加拿大凯普澜诺大学、越南河内地矿大学等高等院校通过多种形式联合培养专业人才。在校留学生100余人，是河北省在校外国留学生人数较多的院校之一。

学校以“自立立人、兴安安国”为校训，形成了“团结、勤奋、求实、创新”的校风，“严谨治学，教书育人”的教风和“勤学、善思、力行、创新”的学风。

学校将努力把学校建设成为以工为主，以安全科技为特色，工、管、文、理、经、法等学科相结合的多科性现代大学；建设成为安全生产领域培养高级专门人才和解决关键科技问题的先进教育培训基地。

教育部高等学校本科教学工作合格评估专家组进校考察

矿井灾害防治重点实验室

学校召开第四届教职工代表大会暨工会会员代表大会第四次会议

学校召开中国共产党华北科技学院第三次代表大会

中国矿业大学

葛世荣 校长

邹放鸣 书记

中国矿业大学是教育部直属的全国重点高校、国家“211工程”“985优势学科创新平台项目”建设高校，是教育部与江苏省人民政府、国家安全生产监督管理总局共建高校。

学校的前身是创办于1909年的河南焦作路矿学堂，迄今已有100多年的办学历史。新中国成立前，先后经历了福中矿务大学、私立焦作工学院、国立西北工学院、焦作工学院等发展阶段；新中国成立后，于1950年以焦作工学院为基础，在天津建立了中国矿业学院。1953年，学校迁北京办学，成为北京学院路“八大学院”之一，后又迁四川办学。从1980年起，学校迁至中国历史文化名城徐州办学。

中国矿业大学是中国创办较早并一直延续至今的矿业高等学府。建校以来，虽历经多次搬迁、颠沛流离，却依然薪火相传，弦歌不辍，始终肩负“开发矿业，开采光明，建设国家，造福人类”的使命，形成了“好学力行，求是创新，艰苦奋斗，自强不息”的独特精神品质。学校创办以来，向社会输送了20多万名毕业生，对我国煤炭行业及区域经济社会发展发挥着重要的作用。

经过几代学人的不懈努力，学校现已形成了以工科为主、以矿业为特色，理工文管相结合的学科专业体系和高水平大学的基本格局。学校现有22个学院，59个本科专业；35个一级学科硕士点，10个专业学位授权点；16个一级学科博士点，14个博士后科研流动站；有1个一级学科国家重点学科，8个国家重点学科，1个国家重点（培育）学科；8个“长江学者奖励计划”特聘教授设岗学科。在2012年教育部组织的第三轮学科评估中，我校矿业工程、安全科学与工程、测绘科学与技术、地质资源与地质工程均位居前列。2012年，学校工程学ESI排名已进入全球大学和科研机构的前1%。

学校有全日制普通本科生24000余人，硕士生和博士生10000余人，留学生200余人。学校拥有一支1800余人的高水平的师资队伍，其中，有14名中国科学院和中国工程院院士（包括7名外聘院士），1名俄罗斯工程院外籍院士。专任教师中，博士生导师326名，硕士生导师883名，有全国高等学校教学名师奖获得者3人，国家杰出青年科学基金获得者11人，有14人被列为国家“百千万人才工程”第一、二层次培养对象，57人被列入教育部跨世纪、新世纪优秀人才支持计划。同时拥有国家级教学团队4个、国家自然科学基金委创新研究群体3个、教育部创新团队4个。形成了以2个国家重点实验室、2个国家工程（技术）研究中心、3个国家工程实验室、6个教育部重点实验室及工程研究中心等为支撑的科技创新平台。学校致力于人才培养质量和科技创新水平的提高，先后有16篇博士论文入选全国百篇优秀博士论文，毕业生就业率一直保持在96%以上，被国务院授予“全国就业先进单位”的称号；“十一五”以来，学校获得国家科技奖励30项。

面向未来，中国矿业大学改革和事业发展的战略目标是：通过全面深化综合改革，努力把学校建成特色鲜明、国际先进的高水平大学。

科思创（原拜耳材料科技）

科思创是一家全球性企业，业务范围主要涉及高科技聚合物材料的制造，以及日常生活诸多领域解决方案的开发。其生产的高性能材料广泛服务于汽车业、电子和电器行业、建筑业及体育和休闲行业等。

科思创在中国广泛开展业务，建立了遍布全国的销售网络，为本地市场和客户提供高新材料产品及创新解决方案。

在生产领域，投资建设的科思创大型生产基地——上海一体化基地，到2016年总投资将超过30亿欧元，这是其在德国境外的较大一笔投资。目前，已建成世界先进的聚碳酸酯、聚氨酯及涂料原材料的生产设施，并应用高可靠性的和环保的工艺流程及制造技术，以降低能耗及减少二氧化碳排放。一方面保证了装置的安全运行，另一方面也体现了该基地的可持续发展。

在研发领域，科思创位于上海金桥的聚合物科研开发中心，有聚碳酸酯、聚氨酯和涂料、粘合剂及特殊化学品业务部的全方位的研发设施，开展新应用、新产品的研发活动，以及为客户提供技术支持和培训等服务。通过积极探索新材料的开发，为行业树立服务新标杆，并且将这些材料应用于创新领域，以满足中国乃至亚太市场的需要。

科思创健康、安全、环境、能源及质量方针

在科思创，我们坚信安全环保包括能源绩效、产品和过程质量及商业效率对于达成公司的目标是同等重要的因素。因此，我们尊重和支持“责任关怀”和“可持续发展”目标，并将此作为公司管理层的承诺和每个员工共有的责任。

我们的原则：

科思创员工、客户和相关方的健康和安全以及产品、过程的质量是公司业务决策中极为重要的考虑因素。我们将持续改进环境及能源的绩效视为对当代和后代的责任。

- 我们的产品旨在提高生活质量。我们产品的生产、操作、运输和使用必须是安全和高效的，我们的产品在正确使用后应可被安全地循环利用或处置。
- 工厂安全、可靠的运作对于我们的员工、邻居的健康和福祉非常重要，因此对我们的成功也至关重要。
- 科思创的每位员工都应该持续改进其工作场所的健康和安全状况、产品和过程的质量以及环境和能源绩效。这也包括最大限度地防止或减少污染物排放以及废弃物产生。
- 出于经济和生态方面的考虑，我们应尽责尽职地持续节约资源、材料和能源，这包括购买合适的高能效产品以及服务。

我们通过不懈努力持续改进我们的运营、产品及服务的质量，以满足客户及我们自身和相关者的利益。为此，公司为健康、安全、环境、能源和质量目标制定了具体的并可测量的指标，并给予其相应的资源及信息和与经济目标同等的支持以促使其实现。

我们也无条件地尊重所有法律法规以及内部规章。坚持持续减轻环境影响，执行安全运输项目。我们寻求与我们的利益相关者就我们的方针、原则、目标和指标进行公开的对话。通过积极推动这一对话，树立科思创遵循道德规范、具有社会责任感的组织形象。

科思创安全管理

科思创在健康、安全、环境、能源及质量方针的引领下，始终致力于安全管理体系的建立和落实。公司逐步建立并完善了以专业管理为主的工艺安全、工作安全、物流安全、产品安全管理体系。在安全管理中，我们将人的因素作为核心管理要素。为此，我们强调公司的核心价值观、以安全绩效为导向的全员参与、个人及团队的安全责任、领导者榜样的力量、知识与经验对安全的影响。科思创将不遗余力地把安全作为“责任关怀”和“可持续发展”的要素，并以此作为公司管理层和每个员工共有的责任以及不懈努力的目标。

2015年9月8日，首届“科思创安全日”在上海一体化基地成功举办，“安全”始终是基地的头等大事。

在科思创，职业健康与安全最为重要。经过我们的持续努力，我们的安全业绩在过去几年中得到了极大的提高，但是只有实现了零事故这一目标，我们才会真正满意。

电话：+86-21-37493000转基地公关部门　　地址：上海市化学工业区目华路82号　　邮编：201507

中国远洋运输（集团）总公司（简称中远集团）成立于1961年4月27日，成立之初是一个仅有4艘船舶、2.26万载重吨的小型公司。经过54年的发展，中远集团已经成为以航运、物流码头、修造船为主业的跨国企业集团，稳居《财富》世界500强。

中远集团拥有和控制各类现代化商船600余艘，5100多万载重吨，年货运量超4亿吨，远洋航线覆盖全球160多个国家和地区的1500多个港口，船队规模位居中国和世界领先位置。其中，集装箱船队、干散货船队、专业杂货、多用途和特种运输船队规模实力均居世界前列，油轮船队也是当今世界超级油轮船队之一。

中远集团已形成以北京为中心，以中国香港、美洲、欧洲、新加坡、日本、澳洲、韩国、西亚、非洲等九大区域公司为辐射点的全球架构，在50多个国家和地区拥有千余家企业和分支机构，员工总数约7.4万人，其中驻外人员400多人，外籍员工4300多人，资产总额超过3400亿元人民币，海外资产和收入已超过总量的半数以上，正在形成完整的航运、物流、码头、船舶修造的全球业务链。

中远集团把积极履行企业社会责任与企业发展战略相结合，积极培育“绿色竞争力”，主要国际化经营指数正接近联合国“全球跨国公司100强”标准，逐步确立国际航运、物流码头和修造船领域系统集成者的地位，正朝着“全球发展，和谐共赢”的世界航运领先企业和打造“百年中远”的世纪愿景破浪前行。

中国海运（集团）总公司

CHINA SHIPPING

中海美国洛杉矶码头

中国海运（集团）总公司（以下简称中国海运）于1997年7月1日成立，总部设在上海。

中国海运是中央直接管理的以航运为主业的跨行业、跨地区、跨所有制、跨国经营的特大型综合性企业集团。

中国海运航运主营业务包括集装箱、油品、散货、客滚、特种货运输等，正在开展LNG业务。截至2015年9月底，共拥有各类船舶542艘、4000多万载重吨、近90万标准箱，各船队规模均位居世界前列。年货物运输量5亿多吨、集装箱重箱1000多万标准箱，在国家能源和进出口贸易中发挥了重要的运输支持和保障作用。

中国海运围绕航运主业积极发展相关多元产业，已经形成航运金融、码头物流、工业制造、科技信息等产业，并积极实施"走出去"和国际化战略，在北美、欧洲、香港、东南亚、西亚、南美、非洲全球设立七大控股公司400多个营销网点，覆盖100多个国家和地区。

站在"十三五"新起点，中国海运将以宽广的全球性视野，顺应全球经济一体化和企业全球化的大趋势，坚持创新驱动，做强做优，力争建设成为质量效益型、具有较强国际竞争优势的世界领先航运企业。

VLOC"中海兴旺"轮

19000TEU"中海环球"轮

VLCC“新汉洋”轮

客滚船“龙兴岛”轮

9600TEU“新洛杉矶”轮

中化泉州石化有限公司

SINOCHEM QUANZHOU PETROCHEMICAL CO.,LTD.

2014年，对于中化泉州石化有限公司（以下简称泉州石化）是个不平凡的年度，由中化集团独资建设的中化泉州1200万吨/年炼油项目（简称项目），经过几年来高标准的设计、高质量的建设和高水平的管理，在全体人员的共同努力下，于2014年7月圆满完成了项目的建设与投料试车工作，确保了安全、环保，实现了19套工艺装置一次开车成功。

泉州石化是中化集团独资建设的首座千万吨级特大型炼厂。自2006年9月组建以来，公司一直高度重视安全生产工作，按照“党政同责、一岗双责、齐抓共管”“谁主管、谁负责”“管业务必须管安全”的原则，将HSE工作融入生产经营管理的全过程，把HSE工作放在“产量、计划、进度、成本”等各项工作之前，已形成具有特色的安全管理模式。截至2014年底，项目各工艺装置满负荷生产运行，主要技术经济指标均达到了设计水平。从项目2008年开工至2014年底，累计完成约7249万安全人工时，项目建设施工和试生产期间HSE工作整体处于受控状态。

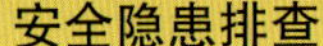

安全隐患排查

应急演练（一）

应急演练（二）

(一) 强化安全发展理念，提高全员安全意识与能力

泉州石化始终坚持强化各级领导的“红线”意识和安全发展理念，提高全员安全意识和能力。公司各级领导积极参与行为安全改善活动，注重行为引领，争做“有感领导”。领导通过带头制定实施“个人安全行动计划”，定期开展安全观察与沟通等活动，领导的安全行为让全体员工可感、可视，从而营造出全公司良好行为安全改善氛围；公司各级管理人员充分发挥技术与管理的主导作用，着力解决影响安全生产的难题；公司采取多种形式的安全教育与培训，着力做好“高风险员工”（新员工、转岗员工及现场操作岗位人员）的安全培训与指导工作，切实提高全体员工安全意识和能力。

(二) 落实安全生产责任，强化隐患排查与治理，全力推进HSE管理持续提升

2014年，泉州石化从项目建设期转入试生产阶段，公司结合实际，以开展安全标准化工作为抓手，进一步完善安全生产责任体系，严格落实安全生产责任，明晰全员安全职责，实现安全责任网络纵向到底、横向到边、全面覆盖。公司从制度建设、部门业务工作及安全考核等方面做文章，强化检查与考核，加强属地化管理引导，形成严格遵守制度、执行制度、维护制度的良性机制。

公司在日常生产运行管理和日常岗检基础上，认真贯彻执行《危险化学品企业事故隐患排查治理实施导则》，持续开展隐患排查，及时跟踪隐患治理和问题整改情况，实现隐患排查治理工作制度化、规范化、常态化。HSE检查已形成由日检、周检、月检的例行检查与专项检查、联合大检查相结合的模式，工艺、设备、HSE等专业配合的检查体系，基本实现了现场全覆盖。

(三) 严格直接作业环节过程监控，强化现场风险防控

泉州石化建立并不断完善危险作业许可制度。规范动火、动土进入受限空间、临时用电、高处作业、断路、吊装、抽堵盲板等特殊作业安全条件和审批程序，作业前必须对安全条件和安全措施进行现场确认，条件不具备的坚决不允许作业，确保现场直接作业环节的安全。

(四) 积极做好应急演练工作

泉州石化在试生产前，根据有关法律法规和《生产经营单位生产安全事故应急预案编制导则》（GB/T 29639），结合本单位实际，编制相应的应急预案，并取得当地安监部门的备案意见。

作为高危行业，公司历来高度重视应急管理体系建设，切实提高预防和应对突发事件的能力和水平。在员工安全教育培训中，将应急培训纳入员工岗位教育内容，发现并及时解决演练中遇到的问题，细化各项应急处置措施，不断提高预案的科学性和操作性，确保出现突发事件时，高效有序地开展应急抢险工作。

安全操作技能培训

现场安全警示牌

新《安全生产法》及安全标准化宣贯

十二年的坚守，铸就安全生产“钢铁盾牌”

南京化学工业园区

南京化学工业园区（简称园区）成立于2001年，是我国早批成立的化工专业园区之一，也是经国家批准的石化产业基地。园区自成立以来，按照省、市领导提出的　　“国际先进、国内领先”发展目标，始终坚持高起点规划、高标准建设、高门槛引资，着力实施一体化开发，推动石化与化工产业在园区科学集聚发展。截至2013年底，园区产业区已累计开发土地24.3平方千米，完成固定资产投资1148亿元，建成投产各类企业148家，其中外商投资企业47家，累积实现合同利用外资76亿元，形成以石化、碳一两大产业链为主要支撑，新材料、生命科学与高端精细化学品为核心竞争力的现代化工产业体系，产业规模、项目集聚度与区域集约开发水平位居全国同类园区前列。

作为以石化和化工为产业特色的专业园区，园区始终把安全生产特别是危险化学品安全生产作为园区工作的重中之重。坚持“规划先导、严格管理、安全生产、应急响应、责任关怀、和谐发展”的安全理念，在组织上加强领导，在管理上注重长效，在工作中强化责任，建区12年来未发生较大安全生产事故，为园区的安全发展、绿色发展打下了坚实的基础。

一、关口上移，重心前移，提高入园企业的本质安全度

一是提高准入门槛。园区严格按照区域整体规划、产业发展规划要求，引进工艺先进、管理科学的优质资本入园进区，引入了塞拉尼斯、AP、BP、DSM等20余家世界化工前50强企业入园。这些企业在带动园区经济发展的同时，也促进了园区安全生产管理水平的提升。

二是科学规划建设。园区倡导“产业发展一体化”“公用设施一体化”“商贸物流一体化”“安全环保一体化”“管理服务一体化”的建设理念，建成“水（污水）、汽、气”供应管网（约1900千米）、事故应急救援响应中心，整治水源水系，降低产业能耗，促进区域整体安全度的提升。

三是严格项目审查。化工安全是园区重要的“生命线”之一，园区按照危险源总量控制、节约化建设的要求，严格建设项目的“三同时”审查，注重产业链式布局，严禁高密度建设和化工、非化工混建等。提出了高于国家标准的建设要求，促进企业安全度提升。

二、落实责任，强化监管，健全安全管理“一体化”体系

2012年南京市全面实施综合改革工作以后，化工园区与原沿江工业开发区整建制合并，并托管了六合区大厂、长芦两个街道。辖区现有化工生产及贸易企业572家，其中危化品企业105家，生产、使用危险化学品种类约300种，年运输危险化学品1600多万吨。为此，园区从三个方面着手，不断健全完善（危化品）安全生产管理体系。

一是落实安全生产责任制。按照“谁主管、谁负责”和“属地化管理”原则，全面实施“一岗双责”制度，明确企业安全生产工作目标，落实企业的主体责任。通过“网格化”管理模式，分区包干到岗到人，实现安全生产管理横向到边、纵向到底，形成“管委会统一领导、部门依法监管、企业全面负责、群众参与监督、全社会广泛支持”的安全生产工作网络。

二是夯实安全生产管理基础。园区在夯实安全生产管理基础的过程中重点突出了安全生产标准化创建活动、“两重点、一重大”企业的监管、隐患排查与治理、危化品企业整治等工作，105家危化品企业通过安全生产标准化创建，89家特种设备使用企业通过特种设备标准化创建。开展执法检查、专家检查、企业自查、小组互查等检查，跟踪治理检查出来隐患问题。结合南京市化工企业专项整治工作要求，先后关停了红太阳生化公司、白敬宇制药公司、南京制药厂等3家企业落后工艺装置，完成2家企业的限期治理。

三是建立安全生产约束机制。园区企业有国际先进的化工企业，有国内领先的民营资本企业，为增进企业之间的交流，园区建立了“企业家协会”“安全生产考核小组”“职工之家”等，为企业提供了较多的交流平台，促使企业正视不足，努力构建更为科学、合理的安全管理体系，提升企业的安全管理水平。促使企业建立完善员工自我约束和安全生产全员参与的机制，提升企业职工的安全防范能力。塞拉尼斯公司推行的“承包商管理”、巴斯夫公司推行的“责任关怀”等活动，得到了园区企业家的广泛认同。

三、预防为主，防消结合，健全应急保障“一体化”体系

一是强化应急救援指挥网络建设。成立突发事件应急救援指挥领导小组，编制以园区《突发事件综合应急预案》为总体预案的应急救援预案体系，健全应急救援专家库成员，确保突发事故的及时有效处置。

二是加强应急响应中心建设。园区依托国家“863”计划，按照应急保障“一体化”建设要求，投入4000万元，建设完成了应急响应中心，建立战时状态下公安、安全、环保、消防、卫生、交通、公用工程的一体化联动机制，提升园区应急救援能力。2011年11月8日，园区应急响应中心承办了由国家安监部门主办，江苏省安监部门和南京市协办的“南京市安全生产重特大事故应急救援预案演练”工作。应急响应中心的运行模式及预案演练中发挥的作用受到了国家、省、市各级领导的高度好评。

三是加强消防力量建设。产业区自建消防站三座。两座在长芦片区，一座在玉带片区，拥有多辆大型消防车辆，正在按照“消防特勤站”的标准，投入3000万元，建设第三座消防站。积极与扬子、南化、南钢等企业救援队伍进行联动，有效提升了区域整体防控能力。

四、注重实效，以培促管，努力构建安全文化长效管理体系

一是严格核查从业人员资质。园区安监部门对危化品企业主要负责人、安全管理人员、班组长、操作工人进行严格审查，确保职工的基本素质符合国家、省、市有关部门要求。通过审查，园区105家危化品企业的从业人员符合化工基本从业条件。

二是开展不同形式的安全培训。园区按照要求组织开展“三类人员”（企业法人、安全管理人员、特种作业人员）培训。为进一步提升园区职工的安全意识，园区开展了区内危化品操作工轮训工作，对轮训不合格学员一律取消化工从业资格。另外，园区聘请国内外知名企业（如杜邦公司）为园区各部门负责人和企业老板进行安全培训。目前，园区已开展了企业法人与安全管理人员培训约800人，职工培训约3000人。

三是加快产业区封闭化管理步伐。结合“中国—欧盟职业安全健康合作项目”试点，加快启动产业区封闭化管理工作，促进安全管理“四个能力”的提升。提升安全理念。借鉴国外先进化工园区管理经验，打造具有园区特色的安全管理理念。提升安全基础。实施道路封闭管理，实现对危险品运输车辆的有序管理；实施安全标准化创建，实现企业安全管理水平的提升；加快“三网”建设（责任网、监管网、保障网），提升园区安全生产综合监管能力。提升安全意识。引进欧盟先进的安全文化，通过安全师资培训、安全培训教材开发、意识提升活动、安全知识培训等，提高职工的安全意识，促进社会广泛关注安全生产，努力构建长效管理机制。提升本质安全。通过统筹规划、合理部署、严格准入、科学建设的方式，保证园区产业结构合理，促进本质安全度提升。

五、深入开展危化品行业专项整治行动

园区结合南京市第三轮化工企业的整治要求，认真梳理落后产能装置，将园区托管的大厂及长芦两街道内凡是不符合园区产业规划与安全环保要求的小化工企业及全部纳入我市第三轮化工整治行动，落实关停计划，进一步提升安全生产管理水平。已开展“打非治违”专项整治、“百日安全质量整治”“安全生产大检查专项行动”“特种设备专项检查”“液氨专项检查”“油气管道、燃气管网专项检查”等活动。共开展不同形式检查3000余次，打击危害安全生产的违法、违规行为192次。

化工园区不同于其他开发园区，化工安全是园区的生命线。园区将继续以习近平总书记“始终把人民群众生命安全放在第一位”的指示精神为指导，深入贯彻党的十八大、十八届三中全会精神，警醒思想、落实责任、严格措施，扎扎实实做好园区安全生产工作，铸就安全生产“钢铁盾牌”

中电投江西电力有限公司南昌发电厂（新昌发电分公司）

一、公司简介

中电投江西电力有限公司南昌发电厂（新昌发电分公司）（以下简称新电公司）在江西公司推进管控一体化进程中应运而生，由南昌发电厂、江西中电投新昌发电有限公司实施合并改革后于2012年8月正式成立，总装机容量140万千瓦。一期工程系江西省早批“上大压小”电源项目，建设2台70万千瓦超超临界燃煤发电机组，并同步建设烟气脱硫、脱硝装置，年发电量70余亿千瓦时。1号、2号机组分别于2009年12月14日、2010年2月14日投产发电。新电公司积极响应国家大力发展清洁能源的号召，通过探索能源发展新思路,大力开展光伏电站前期工作。

该厂始终秉承中电投集团“奉献绿色能源，服务社会公众”的企业精神，以富民兴赣为己任，为建设富裕和谐秀美江西提供了绿色优质的源源动力。2015年1月被国家能源部门授予“安全生产标准化达标一级企业”。

二、2014年安全生产总体情况

新电公司在国家安全生产监督管理部门、江西省安全生产监督管理部门、中电投集团公司及江西公司的正确领导下，认真贯彻新《安全生产法》及集团公司“任何风险都可以控制，任何违章都可以预防，任何事故都可以避免”的安全理念，始终以安全生产为抓手,以节能降耗为手段，以绿色环保为宗旨，认真履行社会责任。

安全生产作为企业的核心灵魂，新电公司严抓严管，通过落实安全生产责任制，深入开展各项安全活动，大力推进安全生产标准化和HSF建设，积极推动应急体系建设，确保机组在两节、两会及迎峰度夏、度冬期间等重要时段的安全稳定运行，为省内电网的稳定做出了突出贡献。2014年未发生一类障碍及安全目标控制事故，未发生环境污染事故，至2014年12月末实现连续安全运行1843天，安全生产处于可控状态。

长风破浪会有时，直挂云帆济沧海。新电人经过不懈的努力，以昂扬的态势取得了骄人的成绩。

新电公司将以建设先进电力企业为目标

乘势而起，开疆拓土，与四千五百万江西人民一起

高扬“**科学发展、进位超越、绿色崛起**”的时代主题

创造光明，照耀未来

共同书写中华民族伟大复兴壮丽篇章！

应急创新如何走 且看惠州大亚湾

聚焦全国早批化工园区安全生产应急管理创新试点

地处广东省东南部、毗邻深圳的惠州大亚湾经济技术开发区，为全面提高化工园区安全生产应急管理水平，在国家及广东省和惠州市有关部门的直接领导和全力推动下，以打造世界先进、国内领先的化工园区安全生产应急管理体系为目标，强化指挥协调、救援处置和应急保障等应急管理"核心能力"，利用两年多的时间，探索出了一条适应化工园区安全发展需要的应急管理新路子。

从体制机制出发，走出统一领导、协同联动的应急管理新格局

大亚湾经济技术开发区在2010—2012年连续发生的3起危险化学品事故的应急处置，暴露出安全生产应急管理体制不顺、应急机制运转效率不高等问题。创新试点通过从强化领导决策、优化管理组织架构、扎实落实责任、完善联动机制等四个层面，成立了由区管委会主要领导任主任、职能部门和园区企业为成员的"应急救援联动委员会"，组建了石化区业主委员会及石化产业发展专家咨询委员会，建立事故征兆发现、风险分析和预警预报机制，设立企业、专家和职能部门应急信息直通热线，着力构建"政府主导、部门协同、政企联动、社会参与"的应急管理体制机制。

从建章立制出发，走出严格规范、系统配套的规章制度新体系

聘请国内知名专家对石化区功能分区、安全间距、区域风险、危险品运输风险、公用工程保障、应急救援能力等进行风险评估分析，形成全区区域安全评估报告，对应急管理工作进行长远设计，编制应急管理中长期规划（2014—2020年）；制定了《惠州大亚湾石油化学工业区安全生产应急准备能力评估标准》，率先实行应急能力考核计分和分级制。围绕危险化学品事故应急处置、应急物资储备、应急能力评估、应急救援有偿服务等方面制定了8项规章制度，解决了有关政策法规在执行层面的具体操作问题。倡导企业应急操作流程"专人专职，一岗一卡"，实行应急处置措施卡片化管理，推行应急预案简明化；通过经常性开展应急救援演练，不断修订完善应急预案，把预案变"死"为"活"、变"纸"为"实"，实现政府部门、企业和救援队伍之间应急预案的无缝对接。

从资源配置出发，走出综合利用、优化配置的资源整合新途径

专门成立区石化消防指导中心，实施联勤联训。整合形成以企业专（兼）职队伍为基础、公安消防队伍和危险化学品救援专业队为骨干、应急救援志愿服务队伍为补充、实战型专家队伍为支撑的救援队伍体系，包括1个公安消防大队、6个企业专职消防队、1个危险化学品救援专业队、1个综合应急救援大队、7个应急救援志愿服务队，全区应急救援力量将近2000人。

按照“填平补齐、差异配置、统一调度、资源共享”的原则，对现有应急物资进行分类管理，优化存储结构，政府统一采购通用性大宗应急物资装备，园区企业差异化配置应急物资装备，构建了以园区企业储备为基础、国家危险化学品应急救援惠州基地和石化区消防特勤中队应急物资库为支撑、社会资源为补充的应急物资装备储备体系。建立一支由60多人组成的突发事故应急处置专家队伍，直接参与危化救援基地应急值守和应急指挥辅助决策，为企业安全管理提供专业咨询。

实施了21项应急保障配套项目重点工程，包括建设石化区海陆消防站，订造海上消防船，新建16.5千米市政污水管道和4万立方米石化区公共应急池，整合石化区及港区消防供水管网，实行石化区封闭管理等等。下来还将建设石化区污水排海管线、区域大尺度空气预警监测系统、海洋环境监测站等项目，确保园区应急保障设施齐备、功能完善、配套适应。

从专业保障出发，走出装备精良、技术过硬的应急处置新实力

建成了占地2.3万平方米，集综合楼、应急平台、应急培训中心、应急物资库等于一体的危化救援基地。依托基地组建了国内第一支由安监部门主导、政企共建的危险化学品救援专业队，实行准军事化管理，目前已参与事故救援十几次，包括福建漳州PX爆炸事故，已具备针对石化区内常见、易发的危险化学品事故专业应急处置能力。

配齐了一大批先进的救援装备，有举高喷射消防车、大流量泡沫抢险救援车、举高三相射流消防车、涡喷消防车等10辆国际先进的特种抢险救援车。全区现有各类消防车68辆、海上应急救援船舶27艘，其他装备器材6200多件（套），应急救援装备梯次配备全、科技含量高、适用范围广。其中，举高喷射消防车已在多次事故救援中发挥了重要作用。

危化救援基地内建有4500平方米的培训楼，具备理论研究、实践操作、模拟演练、救援技能等培训功能，可满足近200人的培训及食宿要求。应急平台推演室可提供信息化方式的事故模拟推演及应急技能模拟培训。规划建设涉及危险化学品泄漏、流淌火、立体火、回燃等单项科目训练区。危化救援基地国内外科研机构、高校建立了长期合作机制，包括挂牌设立驻点工作站，共享师资、教材、场所资源等。目前，危化救援基地已具备面向全国开展安全生产、应急管理、消防安全、环境安全、救援处置、特种设备安全等培训业务的能力。

从信息支撑出发，走出平战结合、辅助决策的应急响应新平台

建立了地理信息系统（GIS），在近似实战的条件下开展应急培训和仿真演练，购置了移动应急指挥车，配置了小型移动应急平台，接入了园区全景、园区企业、300路重大危险源及园区道路的实时监控视频图像，可对50路关键部位视频监控信号进行智能分析。既可及时发现并排除险情，也可为救援指挥提供事故现场视频信息。常态下，可开展应急值守、应急预案管理、应急资源管理、重大危险源管理、监测预警、应急法规案例库管理等日常性工作，为应急救援指挥决策提供基础数据支撑；与国家、省、市安全生产应急平台互联互通，应急状态下，具备信息处置、风险评估、远程会商、指挥调度、辅助决策等功能，可实现多层级跨部门跨专业统一指挥、协同作战。

从市场运作出发，走出企办政助、共建共享的应急服务新模式

确立了危险化学品应急救援服务“企办政助”的模式，通过企业提供有偿服务、政府购买服务等方式，建立危化应急救援有偿服务机制，以“立足大亚湾、服务粤东片、辐射华南地区”为目标定位，以惠州大亚湾石化应急管理有限公司作为危化救援基地市场化、专业化、社会化运行主体，与企业签订有偿应急救援服务协议，根据企业占地规模、投资额度、风险等级、“两重点一重大”、安全信誉等情况，提供预防性检查、培训、演练及应急救援等专业服务。同时，开展应急救援社会化服务试点，有关应急试点单位与社会化服务单位签约，根据协议，应急状态下，签约单位将为应急救援现场快速提供应急设备、应急物资、人员、技术等救援保障服务。

通过“以仓代储”方式，即由石化应急管理公司依托基地应急物资库进行商业运作，吸引有实力的应急物资生产、销售代理等市场专业主体，以合作仓储、出租经营等方式参与石化区应急物资储备，既盘活发挥公共应急物资库的场所优势，为园区提供应急装备物资储备保障；又为园区企业提供“家门口”式专业服务，产生的经济效益，用于维系危化救援基地的运行。

通过开展创新试点，惠州大亚湾石化区的本质安全水平和应急能力得到全面提升，地区经济发展和社会稳定的安全保障更加牢固，在建设资源节约型、环境友好型、本质安全型和生态文明型“四型”社会的道路上迈出了坚实的一步。

2015年4月，全国应急管理创新试点总结现场会在惠州召开，惠州大亚湾应急管理创新试点的成果得到了国家安监部门和社会各界高度肯定和广泛认可，自试点工作开展以来，试点建设成果得到不断完善和推广。目前，惠州大亚湾正朝基地培训演练业务、科研开发能力、技术支撑等方向继续向前，向“国际化”“人本化”走去，为大亚湾乃至整个华南地区经济社会持续健康发展保驾护航，为全国化工园区安全生产应急管理工作“探路”。

煤矿智能化无人开采技术

为了减少采掘工作面的人员数量，减少人员伤亡、保障安全，实现“无人则安”的煤矿安全战略目标，北京天地玛珂电液控制系统有限公司组建了以“综采工作面无人化开采”为核心目标的八十多人专业研发团队，成立了“无人化”项目部；针对我国煤矿综采工作面地质条件复杂、开采装备系统庞大、自动化生产基础薄弱的特点，天玛公司提出了智能化无人开采分两步走的技术路线，即第一步实现可视化远程干预自动采煤，第二步实现智能自适应自动采煤，就像飞机进入自动驾驶状态。目前，可视化远程干预自动采煤以黄陵煤矿成功应用为标志，开始进入实用阶段，天玛公司已经投入大量研发力量进行攻关，向智能自适应自动采煤进军。

基本内涵

以实现综采工作面常态化无人作业为目标，以采煤机记忆截割、液压支架自动跟机及可视化远程监控为基础，以生产系统智能化控制软件为核心，实现在地面及顺槽综合监控中心对综采设备的智能监测与集中控制，确保工作面割煤、推溜、移架、运输等智能化运行，达到工作面连续、安全、高效开采。

技术原理

采用拟人手法，把人的视觉、听觉延伸到工作面，将工人从危险的工作面采场解放到相对安全的顺槽监控中心或地面，实现在顺槽监控中心或地面对液压支架、采煤机、刮板输送机、转载机、破碎机、顺槽胶带机、泵站、开关等综采设备进行远程操控，达到工作面无人开采的目的。

关键技术

液压支架跟机自动化技术

结合开采工艺，依据工作面顶板压力、倾角、液压支架姿态、采煤机运行状态等信息，自适应地将整个生产过程通过关键点划分为不同的阶段，自动决策并控制液压支架中部跟机、斜切进刀、端头清浮煤、转载机自动推进等动作，实现了工作面自动连续生产。

采煤机自动化技术

按照示范刀所记录的工作参数、姿态参数、滚筒高度轨迹，进行智能化运算，形成记忆截割模板，在自动截割过程中不断修正误差，实现自动调高、卧底、加速和减速等功能。

工作面视频监控技术

采用视觉沉浸技术，将人的视听感官延伸到工作面，通过在工作面安装摄像仪，实时跟踪采煤机附近的场景，自动完成视频跟机推送、视频拼接等功能，为工作面可视化远程监控提供“身临其境”的视觉感受，指导远程生产。

远程集中控制技术

在顺槽列车上或地面打造一个“井下中控室”。操作者只需坐在监控中心即可通过显示器观察到工作面的情况，通过语音通信进行调度、联络，通过操作台远程操控工作面上的相应设备。通过“一键启停”功能，工作面的设备依次顺序自动启动。设备数据高速上传和控制信号实时下达，控制延时不超过200毫秒；当发现生产过程出现偏离，如工作面顶板发生变化或液压支架未能移架到位，影响工作面连续推进时，可及时进行人工远程干预。

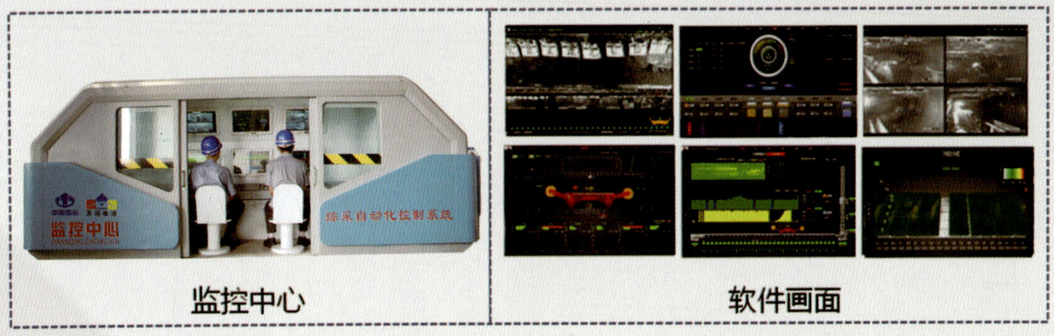

监控中心　　软件画面

人员安全感知技术

为确保安全，工作面具有人员安全感知系统，精确定位巡视员位置，智能闭锁危险区域的设备，防止人身伤害事故的发生。

主要组成

主要由顺槽监控中心、工作面工业以太网、工作面视频、远程控制等组成。

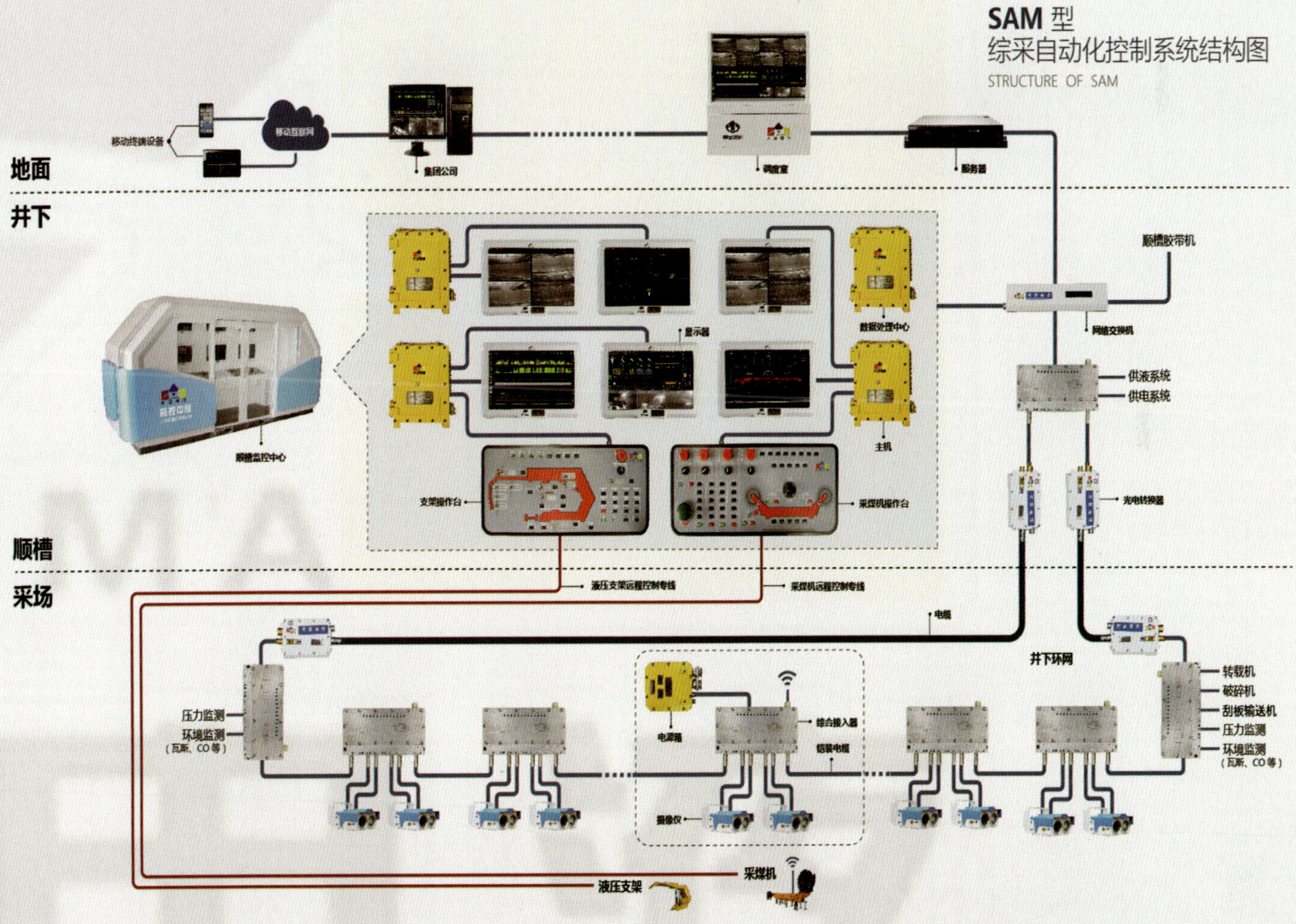

SAM 型
综采自动化控制系统结构图
STRUCTURE OF SAM

地面
移动终端设备
移动互联网
集团公司
调度室
服务器
井下
顺槽胶带机
显示器
数据处理中心
网络交换机
供液系统
供电系统
主机
顺槽监控中心
支架操作台
采煤机操作台
充电转换器
顺槽
采场
液压支架远程控制专线
采煤机远程控制专线
电缆
井下环网
压力监测
环境监测
（瓦斯、CO等）
电源箱
综合接入器
铠装电缆
摄像仪
转载机
破碎机
刮板输送机
压力监测
环境监测
（瓦斯、CO等）
采煤机
液压支架

结语

为了实现煤矿的安全、高效生产，天玛公司正在全力发展煤矿智能化无人采煤技术，着重攻关综采设备姿态定位、工作面直线度控制、煤岩分界等无人化开采关键技术难题。相信在不久的将来，“无人化”采煤的梦想一定能够实现！

编辑说明

一、《中国安全生产年鉴（2014）》是由国家安全生产监督管理总局组织各省、自治区、直辖市和国务院有关部门编写的。它全面反映了2014年全国安全生产工作的深刻变化和所取得的成绩。《中国安全生产年鉴》是一本资料性的工具书，是政府有关部门、企业和安全科技人员以及大专院校有关专业师生和相关专业人员有关安全生产的重要参考用书。

二、本年鉴共分十七部分，即全国安全生产工作综述，安全生产法律、行政法规和国务院重要文件，党和国家领导人关于安全生产工作的讲话，国家安全生产监督管理总局负责人关于安全生产工作的讲话，安全生产综合监督管理，煤矿安全监察，安全生产应急管理，工会劳动保护，相关行业或领域安全生产工作，各省、自治区、直辖市及计划单列市安全生产工作，主要产煤省（自治区、直辖市）煤矿安全生产工作，重点中央企业安全生产工作，安全生产协会、学会工作，重特大事故案例，国务院办公厅、国务院安委会文件，有关部门规章、文件和地方性法规、规章及文件，安全生产大事记，全国事故与职业病统计资料。

三、有关事故及职业病统计资料部分，以国家安全生产监督管理总局等有关部门发布的数据为准。

四、本年鉴的编辑和出版工作是在全国和地方有关部门的大力支持下共同完成的。谨向为本年鉴提供稿件和资料的单位和有关同志表示衷心的感谢。

五、在编辑和出版过程中，出现的一些错误和不足之处，敬请读者批评指正。

加快推进安全生产法治化建设进程

（代序言）

安全生产法治是社会主义法治的重要组成部分，依法治安是依法治国和依法行政的重要内容。近年来，我们认真贯彻落实党的十八大、十八届三中、四中全会精神，按照党中央、国务院的统一部署，紧紧依靠各级党委政府，在各地、各部门、各方面的大力支持和密切配合下，深入学习贯彻习近平总书记安全生产重要论述，加强安全生产法治建设，强力推进安全生产责任体系完善，强化依法治安，狠抓预防治本，推动了全国安全生产形势进一步稳定好转。2014 年 8 月 31 日，十二届全国人大常委会第十次会议审议通过了修改后的《安全生产法》，这是安全生产法治建设史上的一件大事，是党中央依法治国方略在安全生产领域的重要体现。新《安全生产法》公布后，积极开展了形式多样的普法宣传活动，有计划、分层次地组织了学习培训活动，加快制定完善与新《安全生产法》相配套法规规章，依法强化政府监管职责，加大监管执法力度，提高行政执法效能，安全生产法治建设得到切实加强。

全面推进依法治安，加快推进安全生产法治化，是运用国家权力保障人民群众的生命财产安全、有效实施安全监管监察的根本途径。但必须看到，当前形势下，有法不依、执法不严、非法违法和违规违章屡禁不止等问题，仍然是当前安全生产领域的突出矛盾。一些行业领域安全法规标准制定、修订滞后，一些新兴产业缺乏统一的安全法规标准，与新《安全生产法》相配套的法律规范亟待加快修订。一些地区安全监管执法不严，安全执法手段有待进一步完善，对非法违法行为姑息迁就甚至纵容，“四个一律”惩治措施没有真正得到落实。一些地方无证无照、证照不全、私挖滥采、非法用工、违法承包转包等行为屡禁不止。因非法违法造成的较大以上事故仍居高不下。一些地方对事故查处和责任追究失之于软、失之于宽，加快推进安全生产法治化进程任务依然繁重。

“仁圣之本，在乎制度而已。”事实说明，包括法律法规、政策标准等在内的安全生产法制体系建设带有根本性、全局性、稳定性和长期性。现代安全生产法治原则必须恪守的前提是：善待生命，关爱生命进而保障生命。加快推进安全生产法治化进程，关系到近年来安全生产工作成果的巩固和发展，关系到“四个全面”战略布局在安全生产领域的深入贯彻落实。面对安全生产工作新形势、新任务和新要求，我们必须牢记职责使命，强化法治意识，加大依法治理力度，从严务实，真抓实干，开创依法治安新局面。

加快推进安全生产法治化进程，必须大力推进安全生产立法。认真贯彻施行新《安全生产法》，抓紧推进相关配套规章和制度的修订工作，突出重点、积极推进《矿山安全健康法》《安全生产应急管理条例》《煤矿安全监察条例》《安全生产法实施条例》《高危粉尘作业与高毒作业职业卫生监督管理条例》的制修订工作；修订《生产安全事故隐患排查治理规定》《安全生产应急预案管理办法》，制定《石油库安全管理规定（草案）》等部门规章。要加强立法的基础性调查研究，积极鼓励社会公众参与相关法律法规的起草、制定，健全科学立法、民主立法的规范程序。分清国家安全监管总局与省、市的立法层级，考虑给省、市立法空间。指导、督促各省区市结合本地区特点，按照不增加权力原则、不减少职责原则、法制统一原则、备案审查裁决原则，做好安全生产地方性法规和政府规章的制修订工作。

加快推进安全生产法治化进程，必须进一步严格安全生产监管执法。法律的生命力在于实施。抓好贯彻实施工作是凸显《安全生产法》生命力和权威的核心与关键。要不断创新安全生产监管执法机制，根据辖区、行业领域安全生产实际情况，加强重点监管执法和联合监管执法，加强源头监管和治理。政府的权力来于法律，要搞好依法治安与全面深化改革的衔接配合，进一步明晰权力边界。按照十八届四中全会决定中关于“推行政府权力清单制度，坚决消除权力设租寻租空间”的要求，结合安全监管监察工作的特点，梳理安全生产行政许可、行政处罚、行政强制等权力清单，并按照中办国办规定的内容及时在官方网站予以公布。同时，按照“法定职责必须为、法无授权不可为”的要求，认真行使法律法规赋予的职责，坚决纠正不作为、乱作为，甚至擅自增加相对人义务的行为。国家安全监管总局要分批公布权力清单和责任清单。各地安全监管部门要按照当地政府的要求，及时公布权力清单和责任清单，促进安全生产监管工作的规范化。

加快推进安全生产法治化进程，必须进一步强化安全生产法治监督。十八届四中全会提出，要坚持严格规范公正文明执法，全面落实行政执法责任制，强化对行政权力的制约和监督，完善层级监督和专门监督，改进上级机关对下级机关的监督，严格规范和约束监管执法行为。随着新《安全生产法》的实施，加强监管执法、保证法律严格实施，已经成为全面推进依法治安、加强安全法治的重要任务。要建立统一的安全生产司法审查制度，严格规范性文件的合法性审查，重点防范在行政审批、行政处罚、行政强制工作中，违反法律法规的规定而变相设定事项、提高或降低条件、增加或减少环节，切实纠正一些文件中存在的违法违规现象。进一步完善科学执法制度，按照新《安全生产法》分类分级监管的要求，积极推行安全生产网格化动态监管，力争到2018年左右覆盖到所有生产经营单位和乡村、社区。要建立安全生产与职业卫生一体化监管执法制度，对同类事项进行综合执法，降低执法成本，提高监管实效。要积极运用信息化手段，探索实行“互联网＋安全监管”。依照新《安全生产法》的规定，建立完善安全生产诚信约束机制。各级安全监管监察部门要在2016年底前建立企业安全生产违法信息库，2018年底前实现全国联网，严重违法违规行为要向社会公开。要加快制定失职追责规范，切实督促各级安全监管监察部门履职尽责。

加快推进安全生产法治化进程，必须加强安全生产法治宣传教育和基层执法队伍建设。十八届四中全会强调，要坚持把全民普法和守法作为全面推进依法治国的长期基础性工作，深入开展法治宣传教育。从“法制宣传教育”到“法治宣传教育”，内涵发生了深刻变化，既包括对法律体系和法律制度的宣传，也包括对立法、执法、司法、守法等一系列法治实践活动的宣传，更加突出了法治理念和法治精神的培育，更加突出了运用法治思维和法治方式能力的培养。要站在全面推进依法治国全局和战略的高度，准确定位安全生产法治宣传教育的内容，深入持久地开展安全生产法治宣传教育活动，进一步发挥法治宣传教育在全面推进依法治安中的重要作用。要突出抓好基层执法队伍建设，抓住研究起草“十三五”规划的有利时机，对市、县、乡（街办、开发区）三级安全监管机构的最低人员配备、办公用房标准、装备保障等作出统一规范。通过实行派驻执法、跨区域执法、委托执法和政府购买服务等方式，加强和规范乡镇街道及各类经济开发区、工业园区、大型港区安全监管执法工作。全系统干部职工特别是领导干部，一定要弘扬法律至上、公平正义、尊重程序、保障权利的法治精神，善于运用法治思维和法治方式解决安全生产领域的矛盾和问题。要熟悉安全生产法律法规，掌握依法治安的基本功，努力成为安全生产法律专家。要加强安全生产监管执法人员法律法规和执法程序的培训，依托政法大学等高等院校，培养安监执法队伍，不断提高安全监管执法的能力和水平。为促进全国安全生产形势进一步稳定好转，为全面建成小康社会和实现中国梦提供安全稳定的环境。

孙华山

2015年8月17日

目　次

第五部分　安全生产综合监督管理

第六部分　煤矿安全监察

第七部分　安全生产应急管理

第八部分　工会劳动保护

第九部分　相关行业或领域安全生产工作

第十部分　各省、自治区、直辖市及计划单列市安全生产工作

第十一部分 主要产煤省（自治区、直辖市）煤矿安全监察工作

第十二部分 重点中央企业安全生产工作

第十三部分　安全生产协会、学会工作

第十四部分　重 特 大 事 故 案 例

第十五部分　国务院办公厅、国务院安委会文件，有关部门规章、文件和地方性法规、规章及文件

第十六部分　安 全 生 产 大 事 记

第十七部分　全国事故与职业病统计资料

第一部分

全国安全生产工作综述

2014 年全国安全生产工作综述

党中央和国务院历来高度重视安全生产。党的十八大和十八届三中、四中全会把安全生产作为全面深化改革、全面推进依法治国的重要内容。习近平总书记、李克强总理作出一系列重要指示，明确了安全生产工作的努力方向、重点任务和重要措施。全国人大常委会审议通过了《安全生产法修正案》，张德江委员长主持会议，专题听取安全生产工作汇报。国务院副总理马凯和国务委员郭声琨、王勇等领导同志多次主持会议研究部署，深入基层调研指导，有力推动了安全生产工作。

一、2014 年安全生产取得了显著成效

在党中央、国务院的坚强正确领导下，经过各方面的共同努力，2014 年安全生产工作取得了明显成效，全国安全生产形势持续稳定好转。主要表现在“三个继续下降、两个进一步好转”。

一是事故总量继续下降。全国事故起数和死亡人数同比分别下降 3.5% 和 4.9%。

二是重特大事故继续下降。全国共发生重特大事故 42 起、死亡 758 人，同比减少 9 起、118 人，分别下降 17.6% 和 13.5%。

三是主要相对指标继续下降。2014 年亿元 GDP 事故死亡率同比下降 13.7%，工矿商贸 10 万从业人员事故死亡率同比下降 12.5%；煤矿百万吨死亡率同比下降 12.2%；道路交通万车死亡率同比下降 7.7%。

四是煤矿等重点行业领域安全生产状况进一步好转。煤矿事故起数和死亡人数同比分别下降 16.3% 和 14.3%，重特大事故同比分别下降 12.5% 和 10.5%，已连续 21 个多月没有发生特别重大事故。非煤矿山连续 18 个月、危险化学品全年没有发生重特大事故。事故起数和死亡人数与 2013 年相比，金属非金属矿山分别下降 18.8% 和 19%，化工与危险化学品分别下降 19.7% 和 19.8%，烟花爆竹分别下降 21.8% 和 10.7%，建筑施工分别下降 13.3% 和 11.7%，工商贸其他分别下降 6.1% 和 6.2%，生产经营性火灾分别下降 1.1% 和 42.3%，水上交通分别下降 0.8% 和 6.8%，铁路交通分别下降 12% 和 7.9%。道路交通、农业机械、渔业船舶等行业领域安全状况比较稳定。

五是各地区安全生产状况进一步好转。32 个省级统计单位中，有 30 个单位事故量在控制范围以内，16 个单位实现事故起数和死亡人数双下降，天津、内蒙古、上海、福建、江西、湖北、广西、海南、青海、宁夏 10 个单位没有发生重特大事故。

二、2014 年安全生产重要工作

2014 年，按照党中央、国务院的统一部署，紧紧依靠各地党委政府，在各部门、各方面的大力支持和密切配合下，深入开展了以下 6 项重点工作。

（一）深入学习贯彻习近平总书记安全生产重要论述，强力推进安全生产责任体系建设

国家安全监管总局党组以坚决的态度贯彻习近平总书记、李克强总理的重要讲话精神。党组成员

率先认真学习、深刻领会，围绕着强化“红线”意识、建立健全责任体系、强化企业责任主体、加快改革创新、构建长效机制、领导干部要敢于担当等6个要点，从践行党的宗旨理念、推动国家治理体系和治理能力现代化、加强和创新社会管理的高度，认清肩负的职责使命。国家安全监管总局党组和国家煤矿安监局领导班子成员带队，组成10个小组，分赴各地，向4个省的党委理论学习中心组进行了宣讲，举办了36场次由市、县基层干部和企业负责人参加的宣讲会；召开了省级分管领导和重点县县委书记、县长等座谈会，交流学习体会；以“强化红线意识、促进安全发展”为主题，组织开展了安全生产月和安全生产“万里行”集中宣教活动。组织召开了4次新闻发布会。成功举办了第七届国际安全生产论坛暨展览会。北京、河北、吉林、山东、安徽、广东、四川、湖北、湖南、陕西、重庆、福建、新疆等省、自治区、直辖市党政主要领导同志或主持专题学习会，或在地方主流媒体发表文章讲述心得体会。通过深入学习宣传，在全党、全社会形成了坚守生命“红线”、加强安全生产的广泛共识和强大合力。

建立健全“党政同责、一岗双责、齐抓共管”的安全生产责任体系，是党的十八大以来党中央、国务院在加强安全生产工作方面作出的重要决策，具有根本性、决定性意义和作用。贯彻落实12字责任体系的过程，事实上是一个统一思想、提高认识的过程，一个攻坚克难、推动工作的过程。一年来，为此做了大量的艰苦细致的工作。北京、广东、甘肃、湖南、陕西、浙江等省市和新疆生产建设兵团，贯彻中央决策态度坚决，行动迅速，较早地出台了党政同责、一岗双责的相关规定，起到了示范带动作用。到2014年底，32个省级单位均明确了党委和政府安全生产工作领导责任；都按照“一岗双责”的要求，对相关领导岗位的安全生产工作职责做出规定；所有省级安委会主任，都由政府主要负责人担任；都建立并实行了安监部门定期向组织干部部门报送安全生产情况的制度，强化了安全生产绩效考核；都按照管行业必须管安全，管业务必须管安全，管生产经营必须管安全，“三个必须”的要求，落实了相关部门安全生产工作职责。在各省、自治区、直辖市党委、政府的推动下，全国96.1%的市、92.4%的县出台了党政同责文件；98.3%的市、97.6%的县落实了一岗双责；96.1%的市级、97.5%的县级政府主要领导同志担任了安委会主任；99.4%的市级、98.4%的县级安监部门建立并实行了定期向组织部门报送安全生产情况制度；100%的市级、99.2%的县级单位落实了“三个必须”的要求。“三级五覆盖”的实现，从领导制度上巩固了“安全第一，预防为主，综合治理”的方针，为安全生产事业长远发展提供了强有力的领导和组织保障。

（二）加强安全生产法治建设，推进依法治理

经多方努力，2014年8月31日，全国人大常委会审议通过、习近平主席签署发布了《安全生产法修正案》。这是党中央依法治国方略在安全生产领域的重要体现，是安全生产法治建设史上的里程碑。新《安全生产法》颁布后，全国组织开展了学习宣传周活动，举办了新《安全生产法》论坛，国家安全监管总局领导带头深入各地进行宣讲，向全国2000多万家企业负责人发出了公开信，组织媒体集中宣传报道。各地运用讲座、座谈、演讲、知识竞赛等多种方法途径，掀起宣贯热潮。吉林省举办了全省新《安全生产法》知识电视大赛，重庆市组织6支宣传队到41个区县宣讲，江苏省安监、司法等部门联手推进新《安全生产法》宣贯工作，形成了全社会学法知法、遵法守法的浓厚氛围。新《安全生产法》12月1日正式施行以来，各地抓住契机，依法强化政府监管职责，加大监管力度，安全生产法治建设得到了切实有效的加强和改进。

国家安全监管总局坚持问题导向，针对事故暴露出的问题，相继出台了《煤矿矿长保护矿工生命七条规定》《煤矿安全攻坚克难七条举措》《危险化学品安全十条规定》《烟花爆竹安全十条规定》《非煤矿山安全十条规定》《严防企业粉尘爆炸五条规定》《有限空间安全作业五条规定》《劳动密集型加工企业安全七条规定》《企业安全生产风险公告六条规定》《隧道施工安全九条规定》等。这些规章都只有200字左右，明确了相关行业领域安全生产最核心、最基本要求，易于贯彻落实和监督检查，受到企业和基层监管机构的欢迎。

为整治煤矿、非煤矿山、危险化学品、油气管道、交通运输和隧道交通、粉尘防爆等方面严重存在的非法违法行为，2014年8月，在全国部署开

展了“六打六治”专项行动。各地按照国务院安委会统一部署，与相关部门密切配合，开展联合执法，采取“一案双查”、公开审判等手段，形成严厉打击的高压态势。河南省结合实际实施了“五查四打三追究”，把对非法违法行为的排查、打击和追究措施具体化；河北省要求各市每周向省安委办报告一次市县领导参加专项行动情况；海南省组织多个暗查暗访组深入基层进行查访。发动群众举报非法违法等行为，2014 年全国安全生产监管系统共接受举报 30685 件，已核查 29690 件，核查率 96.8%；查实 20328 件，查实率 68.5%；兑现奖金 374.2 万元。非法违法导致的较大以上事故从 2013 年的占 50% 以上降到 2014 年的 42.9%。

依法严肃事故查处和责任追究。2014 年事故查处效率显著提高，重大事故平均结案时间从 2013 年的 123 天缩短到 113 天。2013 年发生的 51 起重特大事故已全部结案。2014 年发生的 42 起重特大事故年底前已结案 35 起，共追责 882 人，其中追究刑事责任 273 人，党政纪处分 609 人（其中省部级 1 人、厅局级 35 人、县处级 127 人）。

（三）抓好煤矿这个重中之重，深化重点行业领域安全整治

实施煤矿安全“1+4”工作法，握紧学习贯彻习近平总书记重要讲话精神这个“方向盘”，四轮驱动、多方发力抓好煤矿安全生产。

一是强力实施“双七条”，加大治本攻坚力度。对贯彻落实《煤矿矿长保护矿工生命安全七条规定》进行了专项监察。各地按照国家安全监管总局与发展改革委、财政部等部门联合通知要求，做好小煤矿关闭退出工作，2014 年关闭小煤矿 1509 处。仅四川省就关闭小煤矿 400 处。一矿一组、一矿一策，开展了煤矿隐患排查治理攻坚战。加大监察执法力度，国家安全监管总局、国家煤矿安监局对安全设施“三同时”不落实、隐患严重的两处国有大矿（国投哈密能源公司大南湖七号煤矿、中煤新疆天山公司 106 煤矿），依法作出停建停产决定。

二是开展与矿长谈心对话活动。组织国家、省、市、县四级安监人员，与全国 15676 名矿长进行了谈心对话。各重点县的党政领导也与本地煤矿矿长、产煤乡镇的乡镇长进行了谈心对话。四川省开展了两轮煤矿矿长谈心对话活动。吉林煤监局在煤矿主要负责人调整后及时进行“任职安全谈话”。事实表明，谈心对话是把煤矿安全工作落到实处的有效措施，面对面谈心对话的实际效果，远胜于一般号召。

三是开展事故警示教育。抓住四川泸州桃子沟煤矿“5·11”事故等典型案例，制作了警示教育片，组织全国所有矿长观看，做到“一矿出事故、万矿受教育，一地有隐患、全国受警示”。

四是抓好 50 个重点县。国家安全监管总局把 50 个重点县的书记（县长），分两批请到北京开座谈会。并请相关省区中的主要负责同志，与重点县书记、县长进行了谈话。对重点县的情况实行周调度、月分析，发现问题及时纠正。

2014 年 50 个煤矿重点县事故起数和死亡人数分别下降 31.8%、34.5%，其中 15 个县没有发生死亡事故。实践证明抓重点是行之有效的方式方法，眼里有全局，才能看到重点；只有抓住重点，才能带动和推动全局。

各级安监机构与相关部门密切配合，深入开展重点行业领域安全整治。油气管道：国务院成立了以王勇国务委员为组长的攻坚战领导小组。各地按照国务院安委会的统一部署，认真做好油气输送管道安全隐患排查整改工作，全国 12 万多千米油气管道共查出隐患近 3 万处，2014 年底前已治理约 1.4 万处。28 个省、自治区、直辖市依法落实或明确了油气管道保护职责分工。国家安全监管总局对中石化存在重大隐患的 2 条原油输送管道断然下达了停输整改指令，对占压东黄复线输油管道的工厂等单位采取了停产撤人措施。道路交通和隧道安全：山西晋城“3·1”事故后，国家安全监管总局会同公安、交通部门对全国 2.1 万处、1.7 万千米和在建的 6600 处、2 万千米隧道进行了排查整治，对重点路段和隧道安排专人盯守。西藏“8·9”旅游客车坠崖特大事故发生后，西藏自治区吸取事故教训，把每车乘员限定在 20 人以下，并配备 1 位跟车民警，有效防范遏制了此类事故的再次发生。城乡规划建设和城市燃气：按照部署，各地安监机构与发展改革、工信、建设、能源等部门局联合，对在建项目安全隐患进行了排查，加强城乡规划和建筑管线工程设计的安全监管。开展了城镇燃气安全专项检查。非煤矿山：2014 年全国关闭 7843 座、累计关闭 21660 座小矿山，提前一

年完成关闭2万座小矿山的目标任务。开展了尾矿库综合治理行动，组织实施了790个无主库治理工程。争取中央财政7.3亿元补助资金支持各地关闭小矿山。危化品和烟花爆竹：各地对位于城镇人口密集区的1317家危化企业采取了搬迁、转产和关闭措施，对5873家重点监管危化企业实施了自动化改造，对8990个重大危险源实施了有效监控。通过强化监管形成倒逼机制，2014年有350家烟花爆竹厂被关闭，已有14个省、自治区、直辖市退出烟花爆竹生产。工贸：吸取昆山“8·2”事故教训，对金属、粮食、纺织品、木材、橡胶、塑料等制品加工企业安全隐患进行了全面排查，共查出有粉尘爆炸危险企业56054家，对照粉尘防爆五项规定进行了集中整治，坚决整改不合要求的除尘系统。消防安全：各级公安消防部门组织开展了第二次“清剿火患”攻坚战和火灾隐患集中整治，挂牌督办重大火灾隐患单位8930家。安全监管、公安消防等部门联合开展了劳动密集型企业消防安全专项治理，排查企业6万多家，关闭停产1160家，治理“三合一”场所6131处。职业健康：认真开展工作场所职业卫生执法年活动，监督检查用人单位26万余家，发现隐患49万余条，责令停产整顿1900家，提请关闭1500家。推进职业危害专项治理，整治水泥制造和石材加工企业1.6万余家。铁路、民航、农业机械、渔业船舶、特种设备、民爆器材、国防科工、电力、水利、林业、旅游、体育，以及学校和校车安全等行业领域，都从实际出发，有针对性地开展安全专项整治，并取得了新的成效。

（四）加快安全生产领域改革步伐，推动安全监管方式方法创新

2014年制定了《安全生产中长期改革实施规划（2014—2020年）》，明确了6个方面、25项改革任务。年底前已取消下放行政审批7大项、19子项，占50%以上。改革试点全面启动并取得初步成效。北京市采用政府购买服务方式，建立了6000人的乡镇、街道（园区）专职安监队伍，聘请了3815名专职安全员。辽宁省建立了4000人的乡镇安监队伍。吉林省初步建立了“四化融合”（网格化、标准化、信息化、社会化）、“三位一体”（属地监管、行业监管、综合监管）的安全监管防控体系。上海市建立安全生产（危险化学品）信用系统，将1万多家企业、20万重点岗位人员持证信息纳入其中，加强信用激励和约束。福建省开展为期3年的安全生产标准化提升工程。广东省开展了安全执法监察标准化建设，明确执法计划、执法程序和基层执法力量配备。

围绕提高效率效能，创新安全监管方式方法。完善和坚持“四不两直”暗查暗访，重在发现隐患、解决问题、推动工作。2014年以来国家安全监管总局组织56个小组，对152个市县、287个生产经营单位进行了暗查暗访，通过中央媒体曝光重大隐患、典型案例63起，向社会持续释放依法监管、严守“红线”的信号，产生强烈反响。探索实施重点监控、跟踪监管，在抓好50个煤矿安全重点县的同时，还筛选确定了非煤矿山50个、危险化学品60个、烟花爆竹22个重点县。2014年4类重点县事故下降幅度都在30%以上，见到明显成效。

（五）加快实施科技兴安战略，努力强基固本

2014年以来已有69项安全生产科技项目入围国家科技重点项目。落实“四个一批”项目资金16.8亿元，用于探测井下含水构造的瞬变电磁仪，用于事故抢险救援的地面大口径快速钻进与救援装备、井下灾区探测机器人等173项科研攻关已取得成果，已批准和授权专利330项；瓦斯含量快速测定、新型甲烷传感器、瓦斯煤尘爆炸自动隔爆等82项先进技术装备，已经在5225个企业（矿井）得到推广应用。安全生产监管信息化工程、国家安全工程技术试验与研发基地、国家安全监管监察执法综合实训基地等已经立项批复；安排中央投资7.7亿元，启动了矿用新装备新材料国家重点实验室建设；连续三年安排中央投资21亿元，为中西部2497个县级和289个市级安全监管部门配备监管执法装备。

加强安全培训教育和安全文化建设。2014年培训高危行业安全生产“三项岗位”508.8万人。国家安全监管总局与教育部、相关省政府共建了10所安全特色院校，推动中国矿业大学等21所高校实行煤矿安全相关专业对口单独招生，全国安全工程专业在校生接近5万人。建成了2502个安全文化示范企业，命名了552个全国安全社区。开通了安全生产官方微博、微信，及时发布和回应安全生产重点工作、热点问题。

加强企业安全生产基础工作。选取武钢炼钢总厂等15家不同类型企业，开展标准化示范创建。全国已有达标企业120万家，其中工贸行业23万家。河北、内蒙古、新疆等9省、自治区、直辖市建立了全省统一的隐患排查治理信息系统。召开了隐患排查治理体系建设现场推进会，总结推广了湖北鄂州市等排查治理隐患的先进经验。组织实施了浙江海宁产业园、江苏江阴纺织产业集群安全管理提升试点工程。

加强安全生产应急管理。基本建成了7个国家级、14个区域矿山应急救援队，47个中央企业应急救援队和28个培训演练基地。争取中央财政每年投入1亿元专项资金，支持应急救援装备维护经费。以救援新技术、新装备使用为重点，对国家和区域矿山应急救援队进行了集训。以应对处置危化品、油气管道、隧道事故为重点，开展了应急演练周活动。深入开展化工园区应急管理创新试点。组织开展了第十届全国矿山救援技术竞赛。组织队伍参加了第九届国际矿山救援技术竞赛并取得较好赛绩。2014年全国矿山、危化等专业救援队伍组织抢险救援15858次，抢救遇险人员47094人。

（六）坚持从严治内，加强自身建设

国家安全监管总局党组认真贯彻中央关于党要管党、从严治党的要求，恪守“三严三实”，坚持从严管班子、从严带队伍。制定了从严抓班子带队伍的实施意见。举办了处级以上干部专题培训班，2400名党员领导干部参加了集中学习。对39个直属单位、347名党组织负责人进行了落实党风廉政建设主体责任轮训。严肃查处违纪案件，开展警示教育。全系统各级领导班子和广大干部职工严格遵守中央八项规定和国家安全监管总局党组“四个零”要求，反四风、转作风，求真务实、真抓实干，涌现出了一大批先进模范。

三、存在的主要问题和差距

2014年的安全生产工作虽然取得了明显成效，但与党中央、国务院的要求和人民群众的期望相比，仍然存在较大差距。

一是事故总量仍然较大。全年发生各类事故29.8万起，死亡6.6万人。随着经济增长，事故总量下降的压力越来越大。

二是重特大事故时有发生。在煤矿、非煤矿山、化工等传统高危行业重特大事故明显减少的同时，机械制造、农副产品和禽类加工、民用燃气、商业仓储、娱乐休闲和观光游览场所等，相继发生群死群伤事故或事件。

三是非法违法行为仍然突出。一些地方对不符合安全生产条件的生产经营单位，整顿关闭态度不坚决，打非治违措施不得力，无证无照等非法违法生产经营行为仍然猖獗，所导致的事故屡屡发生。

四是安全隐患仍然比较严重。煤矿超层越界、油气管道横穿人口密集区以及管道上方乱挖乱建乱钻、尾矿库“头顶库”、危险化学品非法储装运、道路交通超速超载超限和疲劳驾驶、客运船舶和渔船安全设施不健全、人员密集场所安全责任和应急预案缺失等隐患问题大量存在、举目可见，随时可能引发事故。

五是安全基础仍然比较薄弱。全国不具备安全保障能力的小煤矿、小矿山、小化工企业、烟花爆竹作坊的数量，仍分别占60%、90%、82%、80%左右。各类各级开发区、工业园区、农产品加工区发展快，数量大，管理粗放，招商引资、上项目安全把关不严。农村道路、车辆和生产经营活动大量增加，事故多发。开发区和基层安全监管不到位。

六是职业病危害严重。一些企业作业场所粉尘、毒物等危害因素超标，对从业人员身体健康造成严重威胁。

因此，必须认清当前安全生产形势的严峻性、反复性和突发性，认清工业化、城镇化快速发展过程中安全生产的长期性、艰巨性和复杂性，保持清醒头脑，做到警钟长鸣、常抓不懈。

第二部分

安全生产法律、行政法规和国务院重要文件

中华人民共和国主席令

第十三号

《全国人民代表大会常务委员会关于修改〈中华人民共和国安全生产法〉的决定》已由中华人民共和国第十二届全国人民代表大会常务委员会第十次会议于2014年8月31日通过，现予公布，自2014年12月1日起施行。

中华人民共和国主席　习近平

2014年8月31日

全国人民代表大会常务委员会关于修改《中华人民共和国安全生产法》的决定

（2014年8月31日第十二届全国人民代表大会常务委员会第十次会议通过）

第十二届全国人民代表大会常务委员会第十次会议决定对《中华人民共和国安全生产法》作如下修改：

一、将第三条修改为："安全生产工作应当以人为本，坚持安全发展，坚持安全第一、预防为主、综合治理的方针，强化和落实生产经营单位的主体责任，建立生产经营单位负责、职工参与、政府监管、行业自律和社会监督的机制。"

二、将第四条修改为："生产经营单位必须遵守本法和其他有关安全生产的法律、法规，加强安全生产管理，建立、健全安全生产责任制和安全生产规章制度，改善安全生产条件，推进安全生产标准化建设，提高安全生产水平，确保安全生产。"

三、将第七条修改为："工会依法对安全生产工作进行监督。

"生产经营单位的工会依法组织职工参加本单位安全生产工作的民主管理和民主监督，维护职工在安全生产方面的合法权益。生产经营单位制定或者修改有关安全生产的规章制度，应当听取工会的意见。"

四、将第八条修改为："国务院和县级以上地方各级人民政府应当根据国民经济和社会发展规划制定安全生产规划，并组织实施。安全生产规划应当与城乡规划相衔接。

"国务院和县级以上地方各级人民政府应当加强对安全生产工作的领导，支持、督促各有关部门依法履行安全生产监督管理职责，建立健全安全生产工作协调机制，及时协调、解决安全生产监督管理中存在的重大问题。

"乡、镇人民政府以及街道办事处、开发区管理机构等地方人民政府的派出机关应当按照职责，加强对本行政区域内生产经营单位安全生产状况的监督检查，协助上级人民政府有关部门依法履行安全生产监督管理职责。"

五、将第九条修改为："国务院安全生产监督管理部门依照本法，对全国安全生产工作实施综合监督管理；县级以上地方各级人民政府安全生产监督管理部门依照本法，对本行政区域内安全生产工作实施综合监督管理。

"国务院有关部门依照本法和其他有关法律、行政法规的规定，在各自的职责范围内对有关行业、领域的安全生产工作实施监督管理；县级以上地方各级人民政府有关部门依照本法和其他有关法律、法规的规定，在各自的职责范围内对有关行业、领域的安全生产工作实施监督管理。

"安全生产监督管理部门和对有关行业、领域的安全生产工作实施监督管理的部门，统称负有安全生产监督管理职责的部门。"

六、增加一条，作为第十二条："有关协会组织依照法律、行政法规和章程，为生产经营单位提供安全生产方面的信息、培训等服务，发挥自律作用，促进生产经营单位加强安全生产管理。"

七、将第十二条改为第十三条，修改为："依法设立的为安全生产提供技术、管理服务的机构，依照法律、行政法规和执业准则，接受生产经营单位的委托为其安全生产工作提供技术、管理服务。

"生产经营单位委托前款规定的机构提供安全生产技术、管理服务的，保证安全生产的责任仍由本单位负责。"

八、将第十七条改为第十八条，增加一项，作为第三项："组织制定并实施本单位安全生产教育和培训计划"。

九、增加一条，作为第十九条："生产经营单位的安全生产责任制应当明确各岗位的责任人员、责任范围和考核标准等内容。

"生产经营单位应当建立相应的机制，加强对安全生产责任制落实情况的监督考核，保证安全生产责任制的落实。"

十、将第十八条改为第二十条，增加一款，作为第二款："有关生产经营单位应当按照规定提取和使用安全生产费用，专门用于改善安全生产条件。安全生产费用在成本中据实列支。安全生产费用提取、使用和监督管理的具体办法由国务院财政部门会同国务院安全生产监督管理部门征求国务院有关部门意见后制定。"

十一、将第十九条改为第二十一条，修改为："矿山、金属冶炼、建筑施工、道路运输单位和危险物品的生产、经营、储存单位，应当设置安全生产管理机构或者配备专职安全生产管理人员。

"前款规定以外的其他生产经营单位，从业人员超过一百人的，应当设置安全生产管理机构或者配备专职安全生产管理人员；从业人员在一百人以下的，应当配备专职或者兼职的安全生产管理人员。"

十二、增加一条，作为第二十二条："生产经营单位的安全生产管理机构以及安全生产管理人员履行下列职责：

"（一）组织或者参与拟订本单位安全生产规章制度、操作规程和生产安全事故应急救援预案；

"（二）组织或者参与本单位安全生产教育和培训，如实记录安全生产教育和培训情况；

"（三）督促落实本单位重大危险源的安全管理措施；

"（四）组织或者参与本单位应急救援演练；

"（五）检查本单位的安全生产状况，及时排查生产安全事故隐患，提出改进安全生产管理的建议；

"（六）制止和纠正违章指挥、强令冒险作业、违反操作规程的行为；

"（七）督促落实本单位安全生产整改措施。"

十三、增加一条，作为第二十三条："生产经营单位的安全生产管理机构以及安全生产管理人员应当恪尽职守，依法履行职责。

"生产经营单位作出涉及安全生产的经营决

策，应当听取安全生产管理机构以及安全生产管理人员的意见。

“生产经营单位不得因安全生产管理人员依法履行职责而降低其工资、福利等待遇或者解除与其订立的劳动合同。

“危险物品的生产、储存单位以及矿山、金属冶炼单位的安全生产管理人员的任免，应当告知主管的负有安全生产监督管理职责的部门。”

十四、将第二十条改为第二十四条，第二款修改为：“危险物品的生产、经营、储存单位以及矿山、金属冶炼、建筑施工、道路运输单位的主要负责人和安全生产管理人员，应当由主管的负有安全生产监督管理职责的部门对其安全生产知识和管理能力考核合格。考核不得收费。”

增加一款，作为第三款：“危险物品的生产、储存单位以及矿山、金属冶炼单位应当有注册安全工程师从事安全生产管理工作。鼓励其他生产经营单位聘用注册安全工程师从事安全生产管理工作。注册安全工程师按专业分类管理，具体办法由国务院人力资源和社会保障部门、国务院安全生产监督管理部门会同国务院有关部门制定。”

十五、将第二十一条改为第二十五条，修改为：“生产经营单位应当对从业人员进行安全生产教育和培训，保证从业人员具备必要的安全生产知识，熟悉有关的安全生产规章制度和安全操作规程，掌握本岗位的安全操作技能，了解事故应急处理措施，知悉自身在安全生产方面的权利和义务。未经安全生产教育和培训合格的从业人员，不得上岗作业。

“生产经营单位使用被派遣劳动者的，应当将被派遣劳动者纳入本单位从业人员统一管理，对被派遣劳动者进行岗位安全操作规程和安全操作技能的教育和培训。劳务派遣单位应当对被派遣劳动者进行必要的安全生产教育和培训。

“生产经营单位接收中等职业学校、高等学校学生实习的，应当对实习学生进行相应的安全生产教育和培训，提供必要的劳动防护用品。学校应当协助生产经营单位对实习学生进行安全生产教育和培训。

“生产经营单位应当建立安全生产教育和培训档案，如实记录安全生产教育和培训的时间、内容、参加人员以及考核结果等情况。”

十六、将第二十五条改为第二十九条，修改为：“矿山、金属冶炼建设项目和用于生产、储存、装卸危险物品的建设项目，应当按照国家有关规定进行安全评价。”

十七、将第二十七条改为第三十一条，修改为：“矿山、金属冶炼建设项目和用于生产、储存、装卸危险物品的建设项目的施工单位必须按照批准的安全设施设计施工，并对安全设施的工程质量负责。

“矿山、金属冶炼建设项目和用于生产、储存危险物品的建设项目竣工投入生产或者使用前，应当由建设单位负责组织对安全设施进行验收；验收合格后，方可投入生产和使用。安全生产监督管理部门应当加强对建设单位验收活动和验收结果的监督核查。”

十八、将第三十条改为第三十四条，修改为：“生产经营单位使用的危险物品的容器、运输工具，以及涉及人身安全、危险性较大的海洋石油开采特种设备和矿山井下特种设备，必须按照国家有关规定，由专业生产单位生产，并经具有专业资质的检测、检验机构检测、检验合格，取得安全使用证或者安全标志，方可投入使用。检测、检验机构对检测、检验结果负责。”

十九、将第三十一条改为第三十五条，修改为：“国家对严重危及生产安全的工艺、设备实行淘汰制度，具体目录由国务院安全生产监督管理部门会同国务院有关部门制定并公布。法律、行政法规对目录的制定另有规定的，适用其规定。

“省、自治区、直辖市人民政府可以根据本地区实际情况制定并公布具体目录，对前款规定以外的危及生产安全的工艺、设备予以淘汰。

“生产经营单位不得使用应当淘汰的危及生产安全的工艺、设备。”

二十、增加一条，作为第三十八条：“生产经营单位应当建立健全生产安全事故隐患排查治理制度，采取技术、管理措施，及时发现并消除事故隐患。事故隐患排查治理情况应当如实记录，并向从业人员通报。

“县级以上地方各级人民政府负有安全生产监督管理职责的部门应当建立健全重大事故隐患治理督办制度，督促生产经营单位消除重大事故隐患。”

二十一、将第三十五条改为第四十条，修改为："生产经营单位进行爆破、吊装以及国务院安全生产监督管理部门会同国务院有关部门规定的其他危险作业，应当安排专门人员进行现场安全管理，确保操作规程的遵守和安全措施的落实。"

二十二、将第三十八条改为第四十三条，修改为："生产经营单位的安全生产管理人员应当根据本单位的生产经营特点，对安全生产状况进行经常性检查；对检查中发现的安全问题，应当立即处理；不能处理的，应当及时报告本单位有关负责人，有关负责人应当及时处理。检查及处理情况应当如实记录在案。

"生产经营单位的安全生产管理人员在检查中发现重大事故隐患，依照前款规定向本单位有关负责人报告，有关负责人不及时处理的，安全生产管理人员可以向主管的负有安全生产监督管理职责的部门报告，接到报告的部门应当依法及时处理。"

二十三、将第四十一条改为第四十六条，第二款修改为："生产经营项目、场所发包或者出租给其他单位的，生产经营单位应当与承包单位、承租单位签订专门的安全生产管理协议，或者在承包合同、租赁合同中约定各自的安全生产管理职责；生产经营单位对承包单位、承租单位的安全生产工作统一协调、管理，定期进行安全检查，发现安全问题的，应当及时督促整改。"

二十四、将第四十三条改为第四十八条，增加一款，作为第二款："国家鼓励生产经营单位投保安全生产责任保险。"

二十五、增加一条，作为第五十八条："生产经营单位使用被派遣劳动者的，被派遣劳动者享有本法规定的从业人员的权利，并应当履行本法规定的从业人员的义务。"

二十六、将第五十三条改为第五十九条，修改为："县级以上地方各级人民政府应当根据本行政区域内的安全生产状况，组织有关部门按照职责分工，对本行政区域内容易发生重大生产安全事故的生产经营单位进行严格检查。

"安全生产监督管理部门应当按照分类分级监督管理的要求，制定安全生产年度监督检查计划，并按照年度监督检查计划进行监督检查，发现事故隐患，应当及时处理。"

二十七、将第五十六条改为第六十二条，第一款修改为："安全生产监督管理部门和其他负有安全生产监督管理职责的部门依法开展安全生产行政执法工作，对生产经营单位执行有关安全生产的法律、法规和国家标准或者行业标准的情况进行监督检查，行使以下职权：

"（一）进入生产经营单位进行检查，调阅有关资料，向有关单位和人员了解情况；

"（二）对检查中发现的安全生产违法行为，当场予以纠正或者要求限期改正；对依法应当给予行政处罚的行为，依照本法和其他有关法律、行政法规的规定作出行政处罚决定；

"（三）对检查中发现的事故隐患，应当责令立即排除；重大事故隐患排除前或者排除过程中无法保证安全的，应当责令从危险区域内撤出作业人员，责令暂时停产停业或者停止使用相关设施、设备；重大事故隐患排除后，经审查同意，方可恢复生产经营和使用；

"（四）对有根据认为不符合保障安全生产的国家标准或者行业标准的设施、设备、器材以及违法生产、储存、使用、经营、运输的危险物品予以查封或者扣押，对违法生产、储存、使用、经营危险物品的作业场所予以查封，并依法作出处理决定。"

二十八、增加一条，作为第六十七条："负有安全生产监督管理职责的部门依法对存在重大事故隐患的生产经营单位作出停产停业、停止施工、停止使用相关设施或者设备的决定，生产经营单位应当依法执行，及时消除事故隐患。生产经营单位拒不执行，有发生生产安全事故的现实危险的，在保证安全的前提下，经本部门主要负责人批准，负有安全生产监督管理职责的部门可以采取通知有关单位停止供电、停止供应民用爆炸物品等措施，强制生产经营单位履行决定。通知应当采用书面形式，有关单位应当予以配合。

"负有安全生产监督管理职责的部门依照前款规定采取停止供电措施，除有危及生产安全的紧急情形外，应当提前二十四小时通知生产经营单位。生产经营单位依法履行行政决定、采取相应措施消除事故隐患的，负有安全生产监督管理职责的部门应当及时解除前款规定的措施。"

二十九、增加一条，作为第七十五条："负有安全生产监督管理职责的部门应当建立安全生产违法行为信息库，如实记录生产经营单位的安全生产违法行为信息；对违法行为情节严重的生产经营单位，应当向社会公告，并通报行业主管部门、投资主管部门、国土资源主管部门、证券监督管理机构以及有关金融机构。”

三十、增加一条，作为第七十六条：“国家加强生产安全事故应急能力建设，在重点行业、领域建立应急救援基地和应急救援队伍，鼓励生产经营单位和其他社会力量建立应急救援队伍，配备相应的应急救援装备和物资，提高应急救援的专业化水平。

“国务院安全生产监督管理部门建立全国统一的生产安全事故应急救援信息系统，国务院有关部门建立健全相关行业、领域的生产安全事故应急救援信息系统。”

三十一、增加一条，作为第七十八条：“生产经营单位应当制定本单位生产安全事故应急救援预案，与所在地县级以上地方人民政府组织制定的生产安全事故应急救援预案相衔接，并定期组织演练。”

三十二、将第六十九条改为第七十九条，修改为：“危险物品的生产、经营、储存单位以及矿山、金属冶炼、城市轨道交通运营、建筑施工单位应当建立应急救援组织；生产经营规模较小的，可以不建立应急救援组织，但应当指定兼职的应急救援人员。

“危险物品的生产、经营、储存、运输单位以及矿山、金属冶炼、城市轨道交通运营、建筑施工单位应当配备必要的应急救援器材、设备和物资，并进行经常性维护、保养，保证正常运转。”

三十三、将第七十二条改为第八十二条，第一款修改为：“有关地方人民政府和负有安全生产监督管理职责的部门的负责人接到生产安全事故报告后，应当按照生产安全事故应急救援预案的要求立即赶到事故现场，组织事故抢救。”

增加二款，作为第二款、第三款：“参与事故抢救的部门和单位应当服从统一指挥，加强协同联动，采取有效的应急救援措施，并根据事故救援的需要采取警戒、疏散等措施，防止事故扩大和次生灾害的发生，减少人员伤亡和财产损失。

“事故抢救过程中应当采取必要措施，避免或者减少对环境造成的危害。”

三十四、将第七十三条改为第八十三条，修改为：“事故调查处理应当按照科学严谨、依法依规、实事求是、注重实效的原则，及时、准确地查清事故原因，查明事故性质和责任，总结事故教训，提出整改措施，并对事故责任者提出处理意见。事故调查报告应当依法及时向社会公布。事故调查和处理的具体办法由国务院制定。

“事故发生单位应当及时全面落实整改措施，负有安全生产监督管理职责的部门应当加强监督检查。”

三十五、将第七十七条改为第八十七条，第一款增加一项，作为第四项：“在监督检查中发现重大事故隐患，不依法及时处理的”。

增加一款，作为第二款：“负有安全生产监督管理职责的部门的工作人员有前款规定以外的滥用职权、玩忽职守、徇私舞弊行为的，依法给予处分；构成犯罪的，依照刑法有关规定追究刑事责任。”

三十六、将第七十九条改为第八十九条，修改为：“承担安全评价、认证、检测、检验工作的机构，出具虚假证明的，没收违法所得；违法所得在十万元以上的，并处违法所得二倍以上五倍以下的罚款；没有违法所得或者违法所得不足十万元的，单处或者并处十万元以上二十万元以下的罚款；对其直接负责的主管人员和其他直接责任人员处二万元以上五万元以下的罚款；给他人造成损害的，与生产经营单位承担连带赔偿责任；构成犯罪的，依照刑法有关规定追究刑事责任。

“对有前款违法行为的机构，吊销其相应资质。”

三十七、将第八十条改为第九十条，修改为：“生产经营单位的决策机构、主要负责人或者个人经营的投资人不依照本法规定保证安全生产所必需的资金投入，致使生产经营单位不具备安全生产条件的，责令限期改正，提供必需的资金；逾期未改正的，责令生产经营单位停产停业整顿。

“有前款违法行为，导致发生生产安全事故的，对生产经营单位的主要负责人给予撤职处分，对个人经营的投资人处二万元以上二十万元以下的罚款；构成犯罪的，依照刑法有关规定追究刑事责任。”

三十八、将第八十一条改为第九十一条，修改为："生产经营单位的主要负责人未履行本法规定的安全生产管理职责的，责令限期改正；逾期未改正的，处二万元以上五万元以下的罚款，责令生产经营单位停产停业整顿。

"生产经营单位的主要负责人有前款违法行为，导致发生生产安全事故的，给予撤职处分；构成犯罪的，依照刑法有关规定追究刑事责任。

"生产经营单位的主要负责人依照前款规定受刑事处罚或者撤职处分的，自刑罚执行完毕或者受处分之日起，五年内不得担任任何生产经营单位的主要负责人；对重大、特别重大生产安全事故负有责任的，终身不得担任本行业生产经营单位的主要负责人。"

三十九、增加一条，作为第九十二条："生产经营单位的主要负责人未履行本法规定的安全生产管理职责，导致发生生产安全事故的，由安全生产监督管理部门依照下列规定处以罚款：

"（一）发生一般事故的，处上一年年收入百分之三十的罚款；

"（二）发生较大事故的，处上一年年收入百分之四十的罚款；

"（三）发生重大事故的，处上一年年收入百分之六十的罚款；

"（四）发生特别重大事故的，处上一年年收入百分之八十的罚款。"

四十、增加一条，作为第九十三条："生产经营单位的安全生产管理人员未履行本法规定的安全生产管理职责的，责令限期改正；导致发生生产安全事故的，暂停或者撤销其与安全生产有关的资格；构成犯罪的，依照刑法有关规定追究刑事责任。"

四十一、将第八十二条改为第九十四条，修改为："生产经营单位有下列行为之一的，责令限期改正，可以处五万元以下的罚款；逾期未改正的，责令停产停业整顿，并处五万元以上十万元以下的罚款，对其直接负责的主管人员和其他直接责任人员处一万元以上二万元以下的罚款：

"（一）未按照规定设置安全生产管理机构或者配备安全生产管理人员的；

"（二）危险物品的生产、经营、储存单位以及矿山、金属冶炼、建筑施工、道路运输单位的主要负责人和安全生产管理人员未按照规定经考核合格的；

"（三）未按照规定对从业人员、被派遣劳动者、实习学生进行安全生产教育和培训，或者未按照规定如实告知有关的安全生产事项的；

"（四）未如实记录安全生产教育和培训情况的；

"（五）未将事故隐患排查治理情况如实记录或者未向从业人员通报的；

"（六）未按照规定制定生产安全事故应急救援预案或者未定期组织演练的；

"（七）特种作业人员未按照规定经专门的安全作业培训并取得相应资格，上岗作业的。"

四十二、将第八十三条改为第九十五条、第九十六条，修改为：

"第九十五条　生产经营单位有下列行为之一的，责令停止建设或者停产停业整顿，限期改正；逾期未改正的，处五十万元以上一百万元以下的罚款，对其直接负责的主管人员和其他直接责任人员处二万元以上五万元以下的罚款；构成犯罪的，依照刑法有关规定追究刑事责任：

"（一）未按照规定对矿山、金属冶炼建设项目或者用于生产、储存、装卸危险物品的建设项目进行安全评价的；

"（二）矿山、金属冶炼建设项目或者用于生产、储存、装卸危险物品的建设项目没有安全设施设计或者安全设施设计未按照规定报经有关部门审查同意的；

"（三）矿山、金属冶炼建设项目或者用于生产、储存、装卸危险物品的建设项目的施工单位未按照批准的安全设施设计施工的；

"（四）矿山、金属冶炼建设项目或者用于生产、储存危险物品的建设项目竣工投入生产或者使用前，安全设施未经验收合格的。

"第九十六条　生产经营单位有下列行为之一的，责令限期改正，可以处五万元以下的罚款；逾期未改正的，处五万元以上二十万元以下的罚款，对其直接负责的主管人员和其他直接责任人员处一万元以上二万元以下的罚款；情节严重的，责令停产停业整顿；构成犯罪的，依照刑法有关规定追究刑事责任：

"（一）未在有较大危险因素的生产经营场所和有关设施、设备上设置明显的安全警示标志的；

“（二）安全设备的安装、使用、检测、改造和报废不符合国家标准或者行业标准的；

“（三）未对安全设备进行经常性维护、保养和定期检测的；

“（四）未为从业人员提供符合国家标准或者行业标准的劳动防护用品的；

“（五）危险物品的容器、运输工具，以及涉及人身安全、危险性较大的海洋石油开采特种设备和矿山井下特种设备未经具有专业资质的机构检测、检验合格，取得安全使用证或者安全标志，投入使用的；

“（六）使用应当淘汰的危及生产安全的工艺、设备的。”

四十三、将第八十四条改为第九十七条，修改为：“未经依法批准，擅自生产、经营、运输、储存、使用危险物品或者处置废弃危险物品的，依照有关危险物品安全管理的法律、行政法规的规定予以处罚；构成犯罪的，依照刑法有关规定追究刑事责任。”

四十四、将第八十五条改为第九十八条，修改为：“生产经营单位有下列行为之一的，责令限期改正，可以处十万元以下的罚款；逾期未改正的，责令停产停业整顿，并处十万元以上二十万元以下的罚款，对其直接负责的主管人员和其他直接责任人员处二万元以上五万元以下的罚款；构成犯罪的，依照刑法有关规定追究刑事责任：

“（一）生产、经营、运输、储存、使用危险物品或者处置废弃危险物品，未建立专门安全管理制度、未采取可靠的安全措施的；

“（二）对重大危险源未登记建档，或者未进行评估、监控，或者未制定应急预案的；

“（三）进行爆破、吊装以及国务院安全生产监督管理部门会同国务院有关部门规定的其他危险作业，未安排专门人员进行现场安全管理的；

“（四）未建立事故隐患排查治理制度的。”

四十五、增加一条，作为第九十九条：“生产经营单位未采取措施消除事故隐患的，责令立即消除或者限期消除；生产经营单位拒不执行的，责令停产停业整顿，并处十万元以上五十万元以下的罚款，对其直接负责的主管人员和其他直接责任人员处二万元以上五万元以下的罚款。”

四十六、将第八十六条改为第一百条，修改为：“生产经营单位将生产经营项目、场所、设备发包或者出租给不具备安全生产条件或者相应资质的单位或者个人的，责令限期改正，没收违法所得；违法所得十万元以上的，并处违法所得二倍以上五倍以下的罚款；没有违法所得或者违法所得不足十万元的，单处或者并处十万元以上二十万元以下的罚款；对其直接负责的主管人员和其他直接责任人员处一万元以上二万元以下的罚款；导致发生生产安全事故给他人造成损害的，与承包方、承租方承担连带赔偿责任。

“生产经营单位未与承包单位、承租单位签订专门的安全生产管理协议或者未在承包合同、租赁合同中明确各自的安全生产管理职责，或者未对承包单位、承租单位的安全生产统一协调、管理的，责令限期改正，可以处五万元以下的罚款，对其直接负责的主管人员和其他直接责任人员可以处一万元以下的罚款；逾期未改正的，责令停产停业整顿。”

四十七、增加一条，作为第一百零五条：“违反本法规定，生产经营单位拒绝、阻碍负有安全生产监督管理职责的部门依法实施监督检查的，责令改正；拒不改正的，处二万元以上二十万元以下的罚款；对其直接负责的主管人员和其他直接责任人员处一万元以上二万元以下的罚款；构成犯罪的，依照刑法有关规定追究刑事责任。”

四十八、将第九十一条改为第一百零六条，修改为：“生产经营单位的主要负责人在本单位发生生产安全事故时，不立即组织抢救或者在事故调查处理期间擅离职守或者逃匿的，给予降级、撤职的处分，并由安全生产监督管理部门处上一年年收入百分之六十至百分之一百的罚款；对逃匿的处十五日以下拘留；构成犯罪的，依照刑法有关规定追究刑事责任。

“生产经营单位的主要负责人对生产安全事故隐瞒不报、谎报或者迟报的，依照前款规定处罚。”

四十九、增加一条，作为第一百零九条：“发生生产安全事故，对负有责任的生产经营单位除要求其依法承担相应的赔偿等责任外，由安全生产监督管理部门依照下列规定处以罚款：

“（一）发生一般事故的，处二十万元以上五十万元以下的罚款；

“（二）发生较大事故的，处五十万元以上一百万元以下的罚款；

“（三）发生重大事故的，处一百万元以上五百万元以下的罚款；

“（四）发生特别重大事故的，处五百万元以上一千万元以下的罚款；情节特别严重的，处一千万元以上二千万元以下的罚款。”

五十、将第九十四条改为第一百一十条，修改为：“本法规定的行政处罚，由安全生产监督管理部门和其他负有安全生产监督管理职责的部门按照职责分工决定。予以关闭的行政处罚由负有安全生产监督管理职责的部门报请县级以上人民政府按照国务院规定的权限决定；给予拘留的行政处罚由公安机关依照治安管理处罚法的规定决定。”

五十一、增加一条，作为第一百一十三条：“本法规定的生产安全一般事故、较大事故、重大事故、特别重大事故的划分标准由国务院规定。

“国务院安全生产监督管理部门和其他负有安全生产监督管理职责的部门应当根据各自的职责分工，制定相关行业、领域重大事故隐患的判定标准。”

五十二、对部分条文作了以下修改：

（一）将第一条中的“为了加强安全生产监督管理”修改为“为了加强安全生产工作”，“促进经济发展”修改为“促进经济社会持续健康发展”。

（二）在第二条中的“民用航空安全”后增加“以及核与辐射安全、特种设备安全”。

（三）将第十一条中的“提高职工的安全生产意识”修改为“增强全社会的安全生产意识”。

（四）将第二十三条第一款中的“取得特种作业操作资格证书”修改为“取得相应资格”。

（五）将第二十三条第二款、第三十三条第二款、第六十六条、第七十六条中的“负责安全生产监督管理的部门”修改为“安全生产监督管理部门”。

（六）将第二十六条第二款中的“矿山建设项目和用于生产、储存危险物品的建设项目”修改为“矿山、金属冶炼建设项目和用于生产、储存、装卸危险物品的建设项目”。

（七）将第三十四条第二款、第八十八条第二项中的“封闭、堵塞”修改为“锁闭、封堵”。

（八）将第四十二条中的“重大生产安全事故”修改为“生产安全事故”，将第六十八条中的“特大生产安全事故应急救援预案”修改为“生产安全事故应急救援预案”。

（九）将第四十三条、第四十四条第一款、第四十八条中的“工伤社会保险”修改为“工伤保险”。

（十）将第三章章名修改为“从业人员的安全生产权利义务”。

（十一）将第五十四条中的“依照本法第九条规定对安全生产负有监督管理职责的部门（以下统称负有安全生产监督管理职责的部门）”修改为“负有安全生产监督管理职责的部门”。

（十二）将第六十七条中的“安全生产宣传教育”修改为“安全生产公益宣传教育”。

（十三）将第七十条第二款、第七十一条、第九十二条中的“拖延不报”修改为“迟报”。

（十四）将第七十七条、第七十八条、第九十二条中的“行政处分”修改为“处分”。

（十五）将第八十七条、第八十八条中的“责令限期改正”修改为“责令限期改正，可以处五万元以下的罚款，对其直接负责的主管人员和其他直接责任人员可以处一万元以下的罚款”。

（十六）删去第八十八条中的“造成严重后果”，删去第九十条中的“造成重大事故”。

本决定自2014年12月1日起施行。

《中华人民共和国安全生产法》根据本决定作相应修改，重新公布。

中华人民共和国安全生产法

2014年8月31日第十二届全国人民代表大会常务委员会第十次会议通过全国人民代表大会常务委员会关于修改《中华人民共和国安全生产法》的决定，自2014年12月1日起施行。

目　　录

第一章　总　　则

第一条　为了加强安全生产工作，防止和减少生产安全事故，保障人民群众生命和财产安全，促进经济社会持续健康发展，制定本法。

第二条　在中华人民共和国领域内从事生产经营活动的单位（以下统称生产经营单位）的安全生产，适用本法；有关法律、行政法规对消防安全和道路交通安全、铁路交通安全、水上交通安全、民用航空安全以及核与辐射安全、特种设备安全另有规定的，适用其规定。

第三条　安全生产工作应当以人为本，坚持安全发展，坚持“安全第一、预防为主、综合治理”的方针，强化和落实生产经营单位的主体责任，建立生产经营单位负责、职工参与、政府监管、行业自律和社会监督的机制。

第四条　生产经营单位必须遵守本法和其他有关安全生产的法律、法规，加强安全生产管理，建立、健全安全生产责任制和安全生产规章制度，改善安全生产条件，推进安全生产标准化建设，提高安全生产水平，确保安全生产。

第五条　生产经营单位的主要负责人对本单位的安全生产工作全面负责。

第六条　生产经营单位的从业人员有依法获得安全生产保障的权利，并应当依法履行安全生产方面的义务。

第七条　工会依法对安全生产工作进行监督。生产经营单位的工会依法组织职工参加本单位安全生产工作的民主管理和民主监督，维护职工在安全生产方面的合法权益。生产经营单位制定或者修改有关安全生产的规章制度，应当听取工会的意见。

第八条　国务院和县级以上地方各级人民政府应当根据国民经济和社会发展规划制定安全生产规划，并组织实施。安全生产规划应当与城乡规划相衔接。

国务院和县级以上地方各级人民政府应当加强对安全生产工作的领导，支持、督促各有关部门依法履行安全生产监督管理职责，建立健全安全生产工作协调机制，及时协调、解决安全生产监督管理中存在的重大问题。

乡、镇人民政府以及街道办事处、开发区管理机构等地方人民政府的派出机关应当按照职责，加强对本行政区域内生产经营单位安全生产状况的监督检查，协助上级人民政府有关部门依法履行安全生产监督管理职责。

第九条　国务院安全生产监督管理部门依照本法，对全国安全生产工作实施综合监督管理；县级以上地方各级人民政府安全生产监督管理部门依照本法，对本行政区域内安全生产工作实施综合监督管理。

国务院有关部门依照本法和其他有关法律、行政法规的规定，在各自的职责范围内对有关行业、领域的安全生产工作实施监督管理；县级以上地方各级人民政府有关部门依照本法和其他有关法律、法规的规定，在各自的职责范围内对有关行业、领域的安全生产工作实施监督管理。

安全生产监督管理部门和对有关行业、领域的安全生产工作实施监督管理的部门，统称负有安全生产监督管理职责的部门。

第十条 国务院有关部门应当按照保障安全生产的要求，依法及时制定有关的国家标准或者行业标准，并根据科技进步和经济发展适时修订。

生产经营单位必须执行依法制定的保障安全生产的国家标准或者行业标准。

第十一条 各级人民政府及其有关部门应当采取多种形式，加强对有关安全生产的法律、法规和安全生产知识的宣传，增强全社会的安全生产意识。

第十二条 有关协会组织依照法律、行政法规和章程，为生产经营单位提供安全生产方面的信息、培训等服务，发挥自律作用，促进生产经营单位加强安全生产管理。

第十三条 依法设立的为安全生产提供技术、管理服务的机构，依照法律、行政法规和执业准则，接受生产经营单位的委托为其安全生产工作提供技术、管理服务。

生产经营单位委托前款规定的机构提供安全生产技术、管理服务的，保证安全生产的责任仍由本单位负责。

第十四条 国家实行生产安全事故责任追究制度，依照本法和有关法律、法规的规定，追究生产安全事故责任人员的法律责任。

第十五条 国家鼓励和支持安全生产科学技术研究和安全生产先进技术的推广应用，提高安全生产水平。

第十六条 国家对在改善安全生产条件、防止生产安全事故、参加抢险救护等方面取得显著成绩的单位和个人，给予奖励。

第二章 生产经营单位的安全生产保障编辑

第十七条 生产经营单位应当具备本法和有关法律、行政法规和国家标准或者行业标准规定的安全生产条件；不具备安全生产条件的，不得从事生产经营活动。

第十八条 生产经营单位的主要负责人对本单位安全生产工作负有下列职责：

（一）建立、健全本单位安全生产责任制；

（二）组织制定本单位安全生产规章制度和操作规程；

（三）组织制定并实施本单位安全生产教育和培训计划；

（四）保证本单位安全生产投入的有效实施；

（五）督促、检查本单位的安全生产工作，及时消除生产安全事故隐患；

（六）组织制定并实施本单位的生产安全事故应急救援预案；

（七）及时、如实报告生产安全事故。

第十九条 生产经营单位的安全生产责任制应当明确各岗位的责任人员、责任范围和考核标准等内容。

生产经营单位应当建立相应的机制，加强对安全生产责任制落实情况的监督考核，保证安全生产责任制的落实。

第二十条 生产经营单位应当具备的安全生产条件所必需的资金投入，由生产经营单位的决策机构、主要负责人或者个人经营的投资人予以保证，并对由于安全生产所必需的资金投入不足导致的后果承担责任。

有关生产经营单位应当按照规定提取和使用安全生产费用，专门用于改善安全生产条件。安全生产费用在成本中据实列支。安全生产费用提取、使用和监督管理的具体办法由国务院财政部门会同国务院安全生产监督管理部门征求国务院有关部门意见后制定。

第二十一条 矿山、金属冶炼、建筑施工、道路运输单位和危险物品的生产、经营、储存单位，应当设置安全生产管理机构或者配备专职安全生产管理人员。

前款规定以外的其他生产经营单位，从业人员超过一百人的，应当设置安全生产管理机构或者配备专职安全生产管理人员；从业人员在一百人以下的，应当配备专职或者兼职的安全生产管理人员。

第二十二条 生产经营单位的安全生产管理机构以及安全生产管理人员履行下列职责：

（一）组织或者参与拟订本单位安全生产规章制度、操作规程和生产安全事故应急救援预案；

（二）组织或者参与本单位安全生产教育和培训，如实记录安全生产教育和培训情况；

（三）督促落实本单位重大危险源的安全管理措施；

（四）组织或者参与本单位应急救援演练；

（五）检查本单位的安全生产状况，及时排查生产安全事故隐患，提出改进安全生产管理的建议；

（六）制止和纠正违章指挥、强令冒险作业、违反操作规程的行为；

（七）督促落实本单位安全生产整改措施。

第二十三条 生产经营单位的安全生产管理机构以及安全生产管理人员应当恪尽职守，依法履行职责。

生产经营单位作出涉及安全生产的经营决策，应当听取安全生产管理机构以及安全生产管理人员的意见。

生产经营单位不得因安全生产管理人员依法履行职责而降低其工资、福利等待遇或者解除与其订立的劳动合同。

危险物品的生产、储存单位以及矿山、金属冶炼单位的安全生产管理人员的任免，应当告知主管的负有安全生产监督管理职责的部门。

第二十四条 生产经营单位的主要负责人和安全生产管理人员必须具备与本单位所从事的生产经营活动相应的安全生产知识和管理能力。

危险物品的生产、经营、储存单位以及矿山、金属冶炼、建筑施工、道路运输单位的主要负责人和安全生产管理人员，应当由主管的负有安全生产监督管理职责的部门对其安全生产知识和管理能力考核合格。考核不得收费。

危险物品的生产、储存单位以及矿山、金属冶炼单位应当有注册安全工程师从事安全生产管理工作。鼓励其他生产经营单位聘用注册安全工程师从事安全生产管理工作。注册安全工程师按专业分类管理，具体办法由国务院人力资源和社会保障部门、国务院安全生产监督管理部门会同国务院有关部门制定。

第二十五条 生产经营单位应当对从业人员进行安全生产教育和培训，保证从业人员具备必要的安全生产知识，熟悉有关的安全生产规章制度和安全操作规程，掌握本岗位的安全操作技能，了解事故应急处理措施，知悉自身在安全生产方面的权利和义务。未经安全生产教育和培训合格的从业人员，不得上岗作业。

生产经营单位使用被派遣劳动者的，应当将被派遣劳动者纳入本单位从业人员统一管理，对被派遣劳动者进行岗位安全操作规程和安全操作技能的教育和培训。劳务派遣单位应当对被派遣劳动者进行必要的安全生产教育和培训。

生产经营单位接收中等职业学校、高等学校学生实习的，应当对实习学生进行相应的安全生产教育和培训，提供必要的劳动防护用品。学校应当协助生产经营单位对实习学生进行安全生产教育和培训。

生产经营单位应当建立安全生产教育和培训档案，如实记录安全生产教育和培训的时间、内容、参加人员以及考核结果等情况。

第二十六条 生产经营单位采用新工艺、新技术、新材料或者使用新设备，必须了解、掌握其安全技术特性，采取有效的安全防护措施，并对从业人员进行专门的安全生产教育和培训。

第二十七条 生产经营单位的特种作业人员必须按照国家有关规定经专门的安全作业培训，取得相应资格，方可上岗作业。

特种作业人员的范围由国务院安全生产监督管理部门会同国务院有关部门确定。

第二十八条 生产经营单位新建、改建、扩建工程项目（以下统称建设项目）的安全设施，必须与主体工程同时设计、同时施工、同时投入生产和使用。安全设施投资应当纳入建设项目概算。

第二十九条 矿山、金属冶炼建设项目和用于生产、储存、装卸危险物品的建设项目，应当按照国家有关规定进行安全评价。

第三十条 建设项目安全设施的设计人、设计单位应当对安全设施设计负责。

矿山、金属冶炼建设项目和用于生产、储存、装卸危险物品的建设项目的安全设施设计应当按照国家有关规定报经有关部门审查，审查部门及其负责审查的人员对审查结果负责。

第三十一条 矿山、金属冶炼建设项目和用于生产、储存、装卸危险物品的建设项目的施工单位必须按照批准的安全设施设计施工，并对安全设施的工程质量负责。

矿山、金属冶炼建设项目和用于生产、储存危险物品的建设项目竣工投入生产或者使用前，应当由建设单位负责组织对安全设施进行验收；验收合格后，方可投入生产和使用。安全生产监督管理部门应当加强对建设单位验收活动和验收结果的监督核查。

第三十二条 生产经营单位应当在有较大危险因素的生产经营场所和有关设施、设备上，设置明显的安全警示标志。

第三十三条 安全设备的设计、制造、安装、使用、检测、维修、改造和报废，应当符合国家标准或者行业标准。

生产经营单位必须对安全设备进行经常性维护、保养，并定期检测，保证正常运转。维护、保养、检测应当作好记录，并由有关人员签字。

第三十四条 生产经营单位使用的危险物品的容器、运输工具，以及涉及人身安全、危险性较大的海洋石油开采特种设备和矿山井下特种设备，必须按照国家有关规定，由专业生产单位生产，并经具有专业资质的检测、检验机构检测、检验合格，取得安全使用证或者安全标志，方可投入使用。检测、检验机构对检测、检验结果负责。

第三十五条 国家对严重危及生产安全的工艺、设备实行淘汰制度，具体目录由国务院安全生产监督管理部门会同国务院有关部门制定并公布。法律、行政法规对目录的制定另有规定的，适用其规定。

省、自治区、直辖市人民政府可以根据本地区实际情况制定并公布具体目录，对前款规定以外的危及生产安全的工艺、设备予以淘汰。

生产经营单位不得使用应当淘汰的危及生产安全的工艺、设备。

第三十六条 生产、经营、运输、储存、使用危险物品或者处置废弃危险物品的，由有关主管部门依照有关法律、法规的规定和国家标准或者行业标准审批并实施监督管理。

生产经营单位生产、经营、运输、储存、使用危险物品或者处置废弃危险物品，必须执行有关法律、法规和国家标准或者行业标准，建立专门的安全管理制度，采取可靠的安全措施，接受有关主管部门依法实施的监督管理。

第三十七条 生产经营单位对重大危险源应当登记建档，进行定期检测、评估、监控，并制定应急预案，告知从业人员和相关人员在紧急情况下应当采取的应急措施。

生产经营单位应当按照国家有关规定将本单位重大危险源及有关安全措施、应急措施报有关地方人民政府安全生产监督管理部门和有关部门备案。

第三十八条 生产经营单位应当建立健全生产安全事故隐患排查治理制度，采取技术、管理措施，及时发现并消除事故隐患。事故隐患排查治理情况应当如实记录，并向从业人员通报。

县级以上地方各级人民政府负有安全生产监督管理职责的部门应当建立健全重大事故隐患治理督办制度，督促生产经营单位消除重大事故隐患。

第三十九条 生产、经营、储存、使用危险物品的车间、商店、仓库不得与员工宿舍在同一座建筑物内，并应当与员工宿舍保持安全距离。

生产经营场所和员工宿舍应当设有符合紧急疏散要求、标志明显、保持畅通的出口。禁止锁闭、封堵生产经营场所或者员工宿舍的出口。

第四十条 生产经营单位进行爆破、吊装以及国务院安全生产监督管理部门会同国务院有关部门规定的其他危险作业，应当安排专门人员进行现场安全管理，确保操作规程的遵守和安全措施的落实。

第四十一条 生产经营单位应当教育和督促从业人员严格执行本单位的安全生产规章制度和安全操作规程；并向从业人员如实告知作业场所和工作岗位存在的危险因素、防范措施以及事故应急措施。

第四十二条 生产经营单位必须为从业人员提供符合国家标准或者行业标准的劳动防护用品，并监督、教育从业人员按照使用规则佩戴、使用。

第四十三条 生产经营单位的安全生产管理人员应当根据本单位的生产经营特点，对安全生产状况进行经常性检查；对检查中发现的安全问题，应当立即处理；不能处理的，应当及时报告本单位有关负责人，有关负责人应当及时处理。检查及处理情况应当如实记录在案。

生产经营单位的安全生产管理人员在检查中发现重大事故隐患，依照前款规定向本单位有关负责人报告，有关负责人不及时处理的，安全生产管理人员可以向主管的负有安全生产监督管理职责的部门报告，接到报告的部门应当依法及时处理。

第四十四条 生产经营单位应当安排用于配备劳动防护用品、进行安全生产培训的经费。

第四十五条 两个以上生产经营单位在同一作业区域内进行生产经营活动，可能危及对方生产安全的，应当签订安全生产管理协议，明确各自的安全生产管理职责和应当采取的安全措施，并指定专职安全生产管理人员进行安全检查与协调。

第四十六条 生产经营单位不得将生产经营项目、场所、设备发包或者出租给不具备安全生产条件或者相应资质的单位或者个人。

生产经营项目、场所发包或者出租给其他单位的，生产经营单位应当与承包单位、承租单位签订专门的安全生产管理协议，或者在承包合同、租赁合同中约定各自的安全生产管理职责；生产经营单位对承包单位、承租单位的安全生产工作统一协调、管理，定期进行安全检查，发现安全问题的，应当及时督促整改。

第四十七条 生产经营单位发生生产安全事故时，单位的主要负责人应当立即组织抢救，并不得在事故调查处理期间擅离职守。

第四十八条 生产经营单位必须依法参加工伤保险，为从业人员缴纳保险费。

国家鼓励生产经营单位投保安全生产责任保险。

第三章 从业人员的安全生产权利义务

第四十九条 生产经营单位与从业人员订立的劳动合同，应当载明有关保障从业人员劳动安全、防止职业危害的事项，以及依法为从业人员办理工伤保险的事项。

生产经营单位不得以任何形式与从业人员订立协议，免除或者减轻其对从业人员因生产安全事故伤亡依法应承担的责任。

第五十条 生产经营单位的从业人员有权了解其作业场所和工作岗位存在的危险因素、防范措施及事故应急措施，有权对本单位的安全生产工作提出建议。

第五十一条 从业人员有权对本单位安全生产工作中存在的问题提出批评、检举、控告；有权拒绝违章指挥和强令冒险作业。

生产经营单位不得因从业人员对本单位安全生产工作提出批评、检举、控告或者拒绝违章指挥、强令冒险作业而降低其工资、福利等待遇或者解除与其订立的劳动合同。

第五十二条 从业人员发现直接危及人身安全的紧急情况时，有权停止作业或者在采取可能的应急措施后撤离作业场所。

生产经营单位不得因从业人员在前款紧急情况下停止作业或者采取紧急撤离措施而降低其工资、福利等待遇或者解除与其订立的劳动合同。

第五十三条 因生产安全事故受到损害的从业人员，除依法享有工伤保险外，依照有关民事法律尚有获得赔偿的权利的，有权向本单位提出赔偿要求。

第五十四条 从业人员在作业过程中，应当严格遵守本单位的安全生产规章制度和操作规程，服从管理，正确佩戴和使用劳动防护用品。

第五十五条 从业人员应当接受安全生产教育和培训，掌握本职工作所需的安全生产知识，提高安全生产技能，增强事故预防和应急处理能力。

第五十六条 从业人员发现事故隐患或者其他不安全因素，应当立即向现场安全生产管理人员或者本单位负责人报告；接到报告的人员应当及时予以处理。

第五十七条 工会有权对建设项目的安全设施与主体工程同时设计、同时施工、同时投入生产和使用进行监督，提出意见。

工会对生产经营单位违反安全生产法律、法规，侵犯从业人员合法权益的行为，有权要求纠正；发现生产经营单位违章指挥、强令冒险作业或者发现事故隐患时，有权提出解决的建议，生产经营单位应当及时研究答复；发现危及从业人员生命安全的情况时，有权向生产经营单位建议组织从业人员撤离危险场所，生产经营单位必须立即作出处理。

工会有权依法参加事故调查，向有关部门提出处理意见，并要求追究有关人员的责任。

第五十八条 生产经营单位使用被派遣劳动者的，被派遣劳动者享有本法规定的从业人员的权利，并应当履行本法规定的从业人员的义务。

第四章 安全生产的监督管理

第五十九条 县级以上地方各级人民政府应当根据本行政区域内的安全生产状况，组织有关部门按照职责分工，对本行政区域内容易发生重大生产安全事故的生产经营单位进行严格检查。

安全生产监督管理部门应当按照分类分级监督管理的要求，制定安全生产年度监督检查计划，并按照年度监督检查计划进行监督检查，发现事故隐患，应当及时处理。

第六十条 负有安全生产监督管理职责的部门依照有关法律、法规的规定，对涉及安全生产的事项需要审查批准（包括批准、核准、许可、注册、认证、颁发证照等，下同）或者验收的，必须严格依照有关法律、法规和国家标准或者行业标准规定的安全生产条件和程序进行审查；不符合有关法律、法规和国家标准或者行业标准规定的安全生产条件的，不得批准或者验收通过。对未依法取得批准或者验收合格的单位擅自从事有关活动的，负责行政审批的部门发现或者接到举报后应当立即予以取缔，并依法予以处理。对已经依法取得批准的单位，负责行政审批的部门发现其不再具备安全生产条件的，应当撤销原批准。

第六十一条 负有安全生产监督管理职责的部门对涉及安全生产的事项进行审查、验收，不得收取费用；不得要求接受审查、验收的单位购买其指定品牌或者指定生产、销售单位的安全设备、器材或者其他产品。

第六十二条 安全生产监督管理部门和其他负有安全生产监督管理职责的部门依法开展安全生产行政执法工作，对生产经营单位执行有关安全生产的法律、法规和国家标准或者行业标准的情况进行监督检查，行使以下职权：

（一）进入生产经营单位进行检查，调阅有关资料，向有关单位和人员了解情况；

（二）对检查中发现的安全生产违法行为，当场予以纠正或者要求限期改正；对依法应当给予行政处罚的行为，依照本法和其他有关法律、行政法规的规定作出行政处罚决定；

（三）对检查中发现的事故隐患，应当责令立即排除；重大事故隐患排除前或者排除过程中无法保证安全的，应当责令从危险区域内撤出作业人员，责令暂时停产停业或者停止使用相关设施、设备；重大事故隐患排除后，经审查同意，方可恢复生产经营和使用；

（四）对有根据认为不符合保障安全生产的国家标准或者行业标准的设施、设备、器材以及违法生产、储存、使用、经营、运输的危险物品予以查封或者扣押，对违法生产、储存、使用、经营危险物品的作业场所予以查封，并依法作出处理决定。

第六十三条 生产经营单位对负有安全生产监督管理职责的部门的监督检查人员（以下统称安全生产监督检查人员）依法履行监督检查职责，应当予以配合，不得拒绝、阻挠。

第六十四条 安全生产监督检查人员应当忠于职守，坚持原则，秉公执法。

安全生产监督检查人员执行监督检查任务时，必须出示有效的监督执法证件；对涉及被检查单位的技术秘密和业务秘密，应当为其保密。

第六十五条 安全生产监督检查人员应当将检查的时间、地点、内容、发现的问题及其处理情况，作出书面记录，并由检查人员和被检查单位的负责人签字；被检查单位的负责人拒绝签字的，检查人员应当将情况记录在案，并向负有安全生产监督管理职责的部门报告。

第六十六条 负有安全生产监督管理职责的部门在监督检查中，应当互相配合，实行联合检查；确需分别进行检查的，应当互通情况，发现存在的安全问题应当由其他有关部门进行处理的，应当及时移送其他有关部门并形成记录备查，接受移送的部门应当及时进行处理。

第六十七条 负有安全生产监督管理职责的部门依法对存在重大事故隐患的生产经营单位作出停产停业、停止施工、停止使用相关设施或者设备的决定，生产经营单位应当依法执行，及时消除事故隐患。生产经营单位拒不执行，有发生生产安全事故的现实危险的，在保证安全的前提下，经本部门主要负责人批准，负有安全生产监督管理职责的部门可以采取通知有关单位停止供电、停止供应民用爆炸物品等措施，强制生产经营单位履行决定。通知应当采用书面形式，有关单位应当予以配合。

负有安全生产监督管理职责的部门依照前款规定采取停止供电措施，除有危及生产安全的紧急情形外，应当提前二十四小时通知生产经营单位。生产经营单位依法履行行政决定、采取相应措施消除事故隐患的，负有安全生产监督管理职责的部门应当及时解除前款规定的措施。

第六十八条 监察机关依照行政监察法的规定，对负有安全生产监督管理职责的部门及其工作人员履行安全生产监督管理职责实施监察。

第六十九条 承担安全评价、认证、检测、检验的机构应当具备国家规定的资质条件，并对其作出的安全评价、认证、检测、检验的结果负责。

第七十条 负有安全生产监督管理职责的部门应当建立举报制度，公开举报电话、信箱或者电子邮件地址，受理有关安全生产的举报；受理的举报事项经调查核实后，应当形成书面材料；需要落实整改措施的，报经有关负责人签字并督促落实。

第七十一条 任何单位或者个人对事故隐患或者安全生产违法行为，均有权向负有安全生产监督管理职责的部门报告或者举报。

第七十二条 居民委员会、村民委员会发现其所在区域内的生产经营单位存在事故隐患或者安全生产违法行为时，应当向当地人民政府或者有关部门报告。

第七十三条 县级以上各级人民政府及其有关部门对报告重大事故隐患或者举报安全生产违法行为的有功人员，给予奖励。具体奖励办法由国务院安全生产监督管理部门会同国务院财政部门制定。

第七十四条 新闻、出版、广播、电影、电视等单位有进行安全生产公益宣传教育的义务，有对违反安全生产法律、法规的行为进行舆论监督的权利。

第七十五条 负有安全生产监督管理职责的部门应当建立安全生产违法行为信息库，如实记录生产经营单位的安全生产违法行为信息；对违法行为情节严重的生产经营单位，应当向社会公告，并通报行业主管部门、投资主管部门、国土资源主管部门、证券监督管理机构以及有关金融机构。

第五章 生产安全事故的应急救援与调查处理编辑

第七十六条 国家加强生产安全事故应急能力建设，在重点行业、领域建立应急救援基地和应急救援队伍，鼓励生产经营单位和其他社会力量建立应急救援队伍，配备相应的应急救援装备和物资，提高应急救援的专业化水平。

国务院安全生产监督管理部门建立全国统一的生产安全事故应急救援信息系统，国务院有关部门建立健全相关行业、领域的生产安全事故应急救援信息系统。

第七十七条 县级以上地方各级人民政府应当组织有关部门制定本行政区域内生产安全事故应急救援预案，建立应急救援体系。

第七十八条 生产经营单位应当制定本单位生产安全事故应急救援预案，与所在地县级以上地方人民政府组织制定的生产安全事故应急救援预案相衔接，并定期组织演练。

第七十九条 危险物品的生产、经营、储存单位以及矿山、金属冶炼、城市轨道交通运营、建筑施工单位应当建立应急救援组织；生产经营规模较小的，可以不建立应急救援组织，但应当指定兼职的应急救援人员。

危险物品的生产、经营、储存、运输单位以及矿山、金属冶炼、城市轨道交通运营、建筑施工单位应当配备必要的应急救援器材、设备和物资，并进行经常性维护、保养，保证正常运转。

第八十条 生产经营单位发生生产安全事故后，事故现场有关人员应当立即报告本单位负责人。

单位负责人接到事故报告后，应当迅速采取有效措施，组织抢救，防止事故扩大，减少人员伤亡和财产损失，并按照国家有关规定立即如实报告当地负有安全生产监督管理职责的部门，不得隐瞒不报、谎报或者迟报，不得故意破坏事故现场、毁灭有关证据。

第八十一条 负有安全生产监督管理职责的部门接到事故报告后，应当立即按照国家有关规定上报事故情况。负有安全生产监督管理职责的部门和有关地方人民政府对事故情况不得隐瞒不报、谎报或者迟报。

第八十二条 有关地方人民政府和负有安全生产监督管理职责的部门的负责人接到生产安全事故报告后，应当按照生产安全事故应急救援预案的要求立即赶到事故现场，组织事故抢救。

参与事故抢救的部门和单位应当服从统一指挥，加强协同联动，采取有效的应急救援措施，并根据事故救援的需要采取警戒、疏散等措施，防止事故扩大和次生灾害的发生，减少人员伤亡和财产损失。

事故抢救过程中应当采取必要措施，避免或者减少对环境造成的危害。

任何单位和个人都应当支持、配合事故抢救，并提供一切便利条件。

第八十三条 事故调查处理应当按照科学严谨、依法依规、实事求是、注重实效的原则，及时、准确地查清事故原因，查明事故性质和责任，总结事故教训，提出整改措施，并对事故责任者提出处理意见。事故调查报告应当依法及时向社会公布。事故调查和处理的具体办法由国务院制定。

事故发生单位应当及时全面落实整改措施，负有安全生产监督管理职责的部门应当加强监督检查。

第八十四条 生产经营单位发生生产安全事故，经调查确定为责任事故的，除了应当查明事故单位的责任并依法予以追究外，还应当查明对安全生产的有关事项负有审查批准和监督职责的行政部门的责任，对有失职、渎职行为的，依照本法第八十七条的规定追究法律责任。

第八十五条 任何单位和个人不得阻挠和干涉对事故的依法调查处理。

第八十六条 县级以上地方各级人民政府安全生产监督管理部门应当定期统计分析本行政区域内发生生产安全事故的情况，并定期向社会公布。

第六章 法律责任

第八十七条 负有安全生产监督管理职责的部门的工作人员，有下列行为之一的，给予降级或者撤职的处分；构成犯罪的，依照刑法有关规定追究刑事责任：

（一）对不符合法定安全生产条件的涉及安全生产的事项予以批准或者验收通过的；

（二）发现未依法取得批准、验收的单位擅自从事有关活动或者接到举报后不予取缔或者不依法予以处理的；

（三）对已经依法取得批准的单位不履行监督管理职责，发现其不再具备安全生产条件而不撤销原批准或者发现安全生产违法行为不予查处的；

（四）在监督检查中发现重大事故隐患，不依法及时处理的。

负有安全生产监督管理职责的部门的工作人员有前款规定以外的滥用职权、玩忽职守、徇私舞弊行为的，依法给予处分；构成犯罪的，依照刑法有关规定追究刑事责任。

第八十八条 负有安全生产监督管理职责的部门，要求被审查、验收的单位购买其指定的安全设备、器材或者其他产品的，在对安全生产事项的审查、验收中收取费用的，由其上级机关或者监察机关责令改正，责令退还收取的费用；情节严重的，对直接负责的主管人员和其他直接责任人员依法给予处分。

第八十九条 承担安全评价、认证、检测、检验工作的机构，出具虚假证明的，没收违法所得；违法所得在十万元以上的，并处违法所得二倍以上五倍以下的罚款；没有违法所得或者违法所得不足十万元的，单处或者并处十万元以上二十万元以下的罚款；对其直接负责的主管人员和其他直接责任人员处二万元以上五万元以下的罚款；给他人造成损害的，与生产经营单位承担连带赔偿责任；构成犯罪的，依照刑法有关规定追究刑事责任。

对有前款违法行为的机构，吊销其相应资质。

第九十条 生产经营单位的决策机构、主要负责人或者个人经营的投资人不依照本法规定保证安全生产所必需的资金投入，致使生产经营单位不具备安全生产条件的，责令限期改正，提供必需的资金；逾期未改正的，责令生产经营单位停产停业整顿。

有前款违法行为，导致发生生产安全事故的，对生产经营单位的主要负责人给予撤职处分，对个人经营的投资人处二万元以上二十万元以下的罚款；构成犯罪的，依照刑法有关规定追究刑事责任。

第九十一条 生产经营单位的主要负责人未履行本法规定的安全生产管理职责的，责令限期改正；逾期未改正的，处二万元以上五万元以下的罚款，责令生产经营单位停产停业整顿。

生产经营单位的主要负责人有前款违法行为，导致发生生产安全事故的，给予撤职处分；构成犯罪的，依照刑法有关规定追究刑事责任。

生产经营单位的主要负责人依照前款规定受刑事处罚或者撤职处分的，自刑罚执行完毕或者受处分之日起，五年内不得担任任何生产经营单位的主要负责人；对重大、特别重大生产安全事故负有责任的，终身不得担任本行业生产经营单位的主要负责人。

第九十二条 生产经营单位的主要负责人未履行本法规定的安全生产管理职责，导致发生生产安全事故的，由安全生产监督管理部门依照下列规定处以罚款：

（一）发生一般事故的，处上一年年收入百分之三十的罚款；

（二）发生较大事故的，处上一年年收入百分之四十的罚款；

（三）发生重大事故的，处上一年年收入百分之六十的罚款；

（四）发生特别重大事故的，处上一年年收入百分之八十的罚款。

第九十三条 生产经营单位的安全生产管理人员未履行本法规定的安全生产管理职责的，责令限期改正；导致发生生产安全事故的，暂停或者撤销其与安全生产有关的资格；构成犯罪的，依照刑法有关规定追究刑事责任。

第九十四条 生产经营单位有下列行为之一的，责令限期改正，可以处五万元以下的罚款；逾期未改正的，责令停产停业整顿，并处五万元以上十万元以下的罚款，对其直接负责的主管人员和其他直接责任人员处一万元以上二万元以下的罚款：

（一）未按照规定设置安全生产管理机构或者配备安全生产管理人员的；

（二）危险物品的生产、经营、储存单位以及矿山、金属冶炼、建筑施工、道路运输单位的主要负责人和安全生产管理人员未按照规定经考核合格的；

（三）未按照规定对从业人员、被派遣劳动者、实习学生进行安全生产教育和培训，或者未按照规定如实告知有关的安全生产事项的；

（四）未如实记录安全生产教育和培训情况的；

（五）未将事故隐患排查治理情况如实记录或者未向从业人员通报的；

（六）未按照规定制定生产安全事故应急救援预案或者未定期组织演练的；

（七）特种作业人员未按照规定经专门的安全作业培训并取得相应资格，上岗作业的。

第九十五条 生产经营单位有下列行为之一的，责令停止建设或者停产停业整顿，限期改正；逾期未改正的，处五十万元以上一百万元以下的罚款，对其直接负责的主管人员和其他直接责任人员处二万元以上五万元以下的罚款；构成犯罪的，依照刑法有关规定追究刑事责任：

（一）未按照规定对矿山、金属冶炼建设项目或者用于生产、储存、装卸危险物品的建设项目进行安全评价的；

（二）矿山、金属冶炼建设项目或者用于生产、储存、装卸危险物品的建设项目没有安全设施设计或者安全设施设计未按照规定报经有关部门审查同意的；

（三）矿山、金属冶炼建设项目或者用于生产、储存、装卸危险物品的建设项目的施工单位未按照批准的安全设施设计施工的；

（四）矿山、金属冶炼建设项目或者用于生产、储存危险物品的建设项目竣工投入生产或者使用前，安全设施未经验收合格的。

第九十六条 生产经营单位有下列行为之一的，责令限期改正，可以处五万元以下的罚款；逾期未改正的，处五万元以上二十万元以下的罚款，对其直接负责的主管人员和其他直接责任人员处一万元以上二万元以下的罚款；情节严重的，责令停产停业整顿；构成犯罪的，依照刑法有关规定追究刑事责任：

（一）未在有较大危险因素的生产经营场所和有关设施、设备上设置明显的安全警示标志的；

（二）安全设备的安装、使用、检测、改造和报废不符合国家标准或者行业标准的；

（三）未对安全设备进行经常性维护、保养和定期检测的；

（四）未为从业人员提供符合国家标准或者行业标准的劳动防护用品的；

（五）危险物品的容器、运输工具，以及涉及人身安全、危险性较大的海洋石油开采特种设备和矿山井下特种设备未经具有专业资质的机构检测、检验合格，取得安全使用证或者安全标志，投入使用的；

（六）使用应当淘汰的危及生产安全的工艺、设备的。

第九十七条 未经依法批准，擅自生产、经营、运输、储存、使用危险物品或者处置废弃危险物品的，依照有关危险物品安全管理的法律、行政法规的规定予以处罚；构成犯罪的，依照刑法有关规定追究刑事责任。

第九十八条 生产经营单位有下列行为之一的，责令限期改正，可以处十万元以下的罚款；逾期未改正的，责令停产停业整顿，并处十万元以上二十万元以下的罚款，对其直接负责的主管人员和其他直接责任人员处二万元以上五万元以下的罚款；构成犯罪的，依照刑法有关规定追究刑事责任：

（一）生产、经营、运输、储存、使用危险物品或者处置废弃危险物品，未建立专门安全管理制度、未采取可靠的安全措施的；

（二）对重大危险源未登记建档，或者未进行评估、监控，或者未制定应急预案的；

（三）进行爆破、吊装以及国务院安全生产监督管理部门会同国务院有关部门规定的其他危险作业，未安排专门人员进行现场安全管理的；

（四）未建立事故隐患排查治理制度的。

第九十九条 生产经营单位未采取措施消除事故隐患的，责令立即消除或者限期消除生产经营单位拒不执行的，责令停产停业整顿，并处十万元以上五十万元以下的罚款，对其直接负责的主管人员和其他直接责任人员处二万元以上五万元以下的罚款。

第一百条 生产经营单位将生产经营项目、场所、设备发包或者出租给不具备安全生产条件或者相应资质的单位或者个人的，责令限期改正，没收违法所得；违法所得十万元以上的，并处违法所得二倍以上五倍以下的罚款；没有违法所得或者违法所得不足十万元的，单处或者并处十万元以上二十万元以下的罚款；对其直接负责的主管人员和其他直接责任人员处一万元以上二万元以下的罚款；导致发生生产安全事故给他人造成损害的，与承包方、承租方承担连带赔偿责任。

生产经营单位未与承包单位、承租单位签订专门的安全生产管理协议或者未在承包合同、租赁合同中明确各自的安全生产管理职责，或者未对承包单位、承租单位的安全生产统一协调、管理的，责令限期改正，可以处五万元以下的罚款，对其直接负责的主管人员和其他直接责任人员可以处一万元以下的罚款；逾期未改正的，责令停产停业整顿。

第一百零一条 两个以上生产经营单位在同一作业区域内进行可能危及对方安全生产的生产经营活动，未签订安全生产管理协议或者未指定专职安全生产管理人员进行安全检查与协调的，责令限期改正，可以处五万元以下的罚款，对其直接负责的主管人员和其他直接责任人员可以处一万元以下的罚款；逾期未改正的，责令停产停业。

第一百零二条 生产经营单位有下列行为之一的，责令限期改正，可以处五万元以下的罚款，对其直接负责的主管人员和其他直接责任人员可以处一万元以下的罚款；逾期未改正的，责令停产停业整顿；构成犯罪的，依照刑法有关规定追究刑事责任：

（一）生产、经营、储存、使用危险物品的车间、商店、仓库与员工宿舍在同一座建筑内，或者与员工宿舍的距离不符合安全要求的；

（二）生产经营场所和员工宿舍未设有符合紧急疏散需要、标志明显、保持畅通的出口，或者锁闭、封堵生产经营场所或者员工宿舍出口的。

第一百零三条 生产经营单位与从业人员订立协议，免除或者减轻其对从业人员因生产安全事故伤亡依法应承担的责任的，该协议无效；对生产经营单位的主要负责人、个人经营的投资人处二万元以上十万元以下的罚款。

第一百零四条 生产经营单位的从业人员不服从管理，违反安全生产规章制度或者操作规程的，由生产经营单位给予批评教育，依照有关规章制度给予处分；构成犯罪的，依照刑法有关规定追究刑事责任。

第一百零五条 违反本法规定，生产经营单位拒绝、阻碍负有安全生产监督管理职责的部门依法实施监督检查的，责令改正；拒不改正的，处二万元以上二十万元以下的罚款；对其直接负责的主管人员和其他直接责任人员处一万元以上二万元以下的罚款；构成犯罪的，依照刑法有关规定追究刑事责任。

第一百零六条 生产经营单位的主要负责人在本单位发生生产安全事故时，不立即组织抢救或者在事故调查处理期间擅离职守或者逃匿的，给予降级、撤职的处分，并由安全生产监督管理部门处上一年年收入百分之六十至百分之一百的罚款；对逃匿的处十五日以下拘留；构成犯罪的，依照刑法有关规定追究刑事责任。

生产经营单位的主要负责人对生产安全事故隐瞒不报、谎报或者迟报的，依照前款规定处罚。

第一百零七条 有关地方人民政府、负有安全生产监督管理职责的部门，对生产安全事故隐瞒不报、谎报或者迟报的，对直接负责的主管人员和其他直接责任人员依法给予处分；构成犯罪的，依照刑法有关规定追究刑事责任。

第一百零八条 生产经营单位不具备本法和其他有关法律、行政法规和国家标准或者行业标准规定的安全生产条件，经停产停业整顿仍不具备安全生产条件的，予以关闭；有关部门应当依法吊销其有关证照。

第一百零九条 发生生产安全事故，对负有责任的生产经营单位除要求其依法承担相应的赔偿等责任外，由安全生产监督管理部门依照下列规定处以罚款：

（一）发生一般事故的，处二十万元以上五十万元以下的罚款；

（二）发生较大事故的，处五十万元以上一百万元以下的罚款；

（三）发生重大事故的，处一百万元以上五百万元以下的罚款；

（四）发生特别重大事故的，处五百万元以上一千万元以下的罚款；情节特别严重的，处一千万元以上二千万元以下的罚款。

第一百一十条 本法规定的行政处罚，由安全生产监督管理部门和其他负有安全生产监督管理职责的部门按照职责分工决定。予以关闭的行政处罚由负有安全生产监督管理职责的部门报请县级以上人民政府按照国务院规定的权限决定；给予拘留的行政处罚由公安机关依照治安管理处罚法的规定决定。

第一百一十一条 生产经营单位发生生产安全事故造成人员伤亡、他人财产损失的，应当依法承担赔偿责任；拒不承担或者其负责人逃匿的，由人民法院依法强制执行。

生产安全事故的责任人未依法承担赔偿责任，经人民法院依法采取执行措施后，仍不能对受害人给予足额赔偿的，应当继续履行赔偿义务；受害人发现责任人有其他财产的，可以随时请求人民法院执行。

第七章 附 则

第一百一十二条 本法下列用语的含义：

危险物品，是指易燃易爆物品、危险化学品、放射性物品等能够危及人身安全和财产安全的物品。

重大危险源，是指长期地或者临时地生产、搬运、使用或者储存危险物品，且危险物品的数量等于或者超过临界量的单元（包括场所和设施）。

第一百一十三条 本法规定的生产安全一般事故、较大事故、重大事故、特别重大事故的划分标准由国务院规定。

国务院安全生产监督管理部门和其他负有安全生产监督管理职责的部门应当根据各自的职责分工，制定相关行业、领域重大事故隐患的判定标准。

第一百一十四条 本法自2002年11月1日起施行。

国务院办公厅关于加强城市地下管线建设管理的指导意见

（国办发〔2014〕27号）

各省、自治区、直辖市人民政府，国务院各部委、各直属机构：

城市地下管线是指城市范围内供水、排水、燃气、热力、电力、通信、广播电视、工业等管线及其附属设施，是保障城市运行的重要基础设施和“生命线”。近年来，随着城市快速发展，地下管线建设规模不足、管理水平不高等问题凸显，一些城市相继发生大雨内涝、管线泄漏爆炸、路面塌陷等事件，严重影响了人民群众生命财产安全和城市运行秩序。为切实加强城市地下管线建设管理，保障城市安全运行，提高城市综合承载能力和城镇化发展质量，经国务院同意，现提出以下意见：

一、总体工作要求

（一）指导思想。深入学习领会党的十八大和十八届二中、三中全会精神，认真贯彻落实党中央和国务院的各项决策部署，适应中国特色新型城镇化需要，把加强城市地下管线建设管理作为履行政府职能的重要内容，统筹地下管线规划建设、管理维护、应急防灾等全过程，综合运用各项政策措施，提高创新能力，全面加强城市地下管线建设管理。

（二）基本原则。规划引领，统筹建设。坚持先地下、后地上，先规划、后建设，科学编制城市地下管线等规划，合理安排建设时序，提高城市基础设施建设的整体性、系统性。

强化管理，消除隐患。加强城市地下管线维修、养护和改造，提高管理水平，及时发现、消除事故隐患，切实保障地下管线安全运行。

因地制宜，创新机制。按照国家统一要求，结合不同地区实际，科学确定城市地下管线的技术标准、发展模式。稳步推进地下综合管廊建设，加强科学技术和体制机制创新。

落实责任，加强领导。强化城市人民政府对地下管线建设管理的责任，明确有关部门和单位的职责，加强联动协调，形成高效有力的工作机制。

（三）目标任务。2015年底前，完成城市地下管线普查，建立综合管理信息系统，编制完成地下管线综合规划。力争用5年时间，完成城市地下老旧管网改造，将管网漏失率控制在国家标准以内，显著降低管网事故率，避免重大事故发生。用10年左右时间，建成较为完善的城市地下管线体系，使地下管线建设管理水平能够适应经济社会发展需要，应急防灾能力大幅提升。

二、加强规划统筹，严格规划管理

（四）加强城市地下管线的规划统筹。开展地下空间资源调查与评估，制定城市地下空间开发利用规划，统筹地下各类设施、管线布局，原则上不允许在中心城区规划新建生产经营性危险化学品输送管线，其他地区新建的危险化学品输送管线，不得在穿越其他管线等地下设施时形成密闭空间，且距离应满足标准规范要求。各城市要依据城市总体规划组织编制地下管线综合规划，对各类专业管线进行综合，结合城市未来发展需要，统筹考虑军队管线建设需求，合理确定管线设施的空间位置、规模、走向等，包括驻军单位、中央直属企业在内的行业主管部门和管线单位都要积极配合。编制城市地下管线综合规划，应加强与地下空间、道路交通、人防建设、地铁建设等规划的衔接和协调，并作为控制性详细规划和地下管线建设规划的基本依据。

（五）严格实施城市地下管线规划管理。按照先规划、后建设的原则，依据经批准的城市地下管线综合规划和控制性详细规划，对城市地下管线实施统一的规划管理。地下管线工程开工建设前要依据城乡规划法等法律法规取得建设工程规划许可证。要严格执行地下管线工程的规划核实制度，未经核实或者经核实不符合规划要求的，不得组织竣工验收。要加强对规划实施情况的监督检查，对各类违反规划的行为及时查处，依法严肃处理。

三、统筹工程建设，提高建设水平

（六）统筹城市地下管线工程建设。按照先地下、后地上的原则，合理安排地下管线和道路的建设时序。各城市在制定道路年度建设计划时，应提前告知相关行业主管部门和管线单位。各行业主管部门应指导管线单位，根据城市道路年度建设计划和地下管线综合规划，制定各专业管线年度建设计划，并与城市道路年度建设计划同步实施。要统筹安排各专业管线工程建设，力争一次敷设到位，并适当预留管线位置。要建立施工掘路总量控制制度，严格控制道路挖掘，杜绝“马路拉链”现象。

（七）稳步推进城市地下综合管廊建设。在36个大中城市开展地下综合管廊试点工程，探索投融资、建设维护、定价收费、运营管理等模式，提高综合管廊建设管理水平。通过试点示范效应，带动具备条件的城市结合新区建设、旧城改造、道路新（改、扩）建，在重要地段和管线密集区建设综合管廊。城市地下综合管廊应统一规划、建设和管理，满足管线单位的使用和运行维护要求，同步配套消防、供电、照明、监控与报警、通风、排水、标识等设施。鼓励管线单位入股组成股份制公司，联合投资建设综合管廊，或在城市人民政府指导下组成地下综合管廊业主委员会，招标选择建设、运营管理单位。建成综合管廊的区域，凡已在管廊中预留管线位置的，不得再另行安排管廊以外的管线位置。要统筹考虑综合管廊建设运行费用、投资回报和管线单位的使用成本，合理确定管廊租售价格标准。有关部门要及时总结试点经验，加强对各地综合管廊建设的指导。

（八）严格规范建设行为。城市地下管线工程建设项目应履行基本建设程序，严格落实施工图设计文件审查、施工许可、工程质量安全监督与监理、竣工测量以及档案移交等制度。要落实施工安全管理制度，明确相关责任人，确保施工作业安全。对于可能损害地下管线的建设工程，管线单位要与建设单位签订保护协议，辨识危险因素，提出保护措施。对于可能涉及危险化学品管道的施工作业，建设单位施工前要召集有关单位，制定施工方案，明确安全责任，严格按照安全施工要求作业，严禁在情况不明时盲目进行地面开挖作业。对违规建设施工造成管线破坏的行为要依法追究责任。工程覆土前，建设单位应按照有关规定进行竣工测量，及时将测量成果报送城建档案管理部门，并对测量数据和测量图的真实、准确性负责。

四、加强改造维护，消除安全隐患

（九）加大老旧管线改造力度。改造使用年限超过50年、材质落后和漏损严重的供排水管网。推进雨污分流管网改造和建设，暂不具备改造条件的，要建设截流干管，适当加大截流倍数。对存在事故隐患的供热、燃气、电力、通信等地下管线进行维修、更换和升级改造。对存在塌陷、火灾、水淹等重大安全隐患的电力电缆通道进行专项治理改造，推进城市电网、通信网架空线入地改造工程。实施城市宽带通信网络和有线广播电视网络光纤入户改造，加快有线广播电视网络数字化改造。

（十）加强维修养护。各城市要督促行业主管部门和管线单位，建立地下管线巡护和隐患排查制度，严格执行安全技术规程，配备专门人员对管线进行日常巡护，定期进行检测维修，强化监控预警，发现危害管线安全的行为或隐患应及时处理。对地下管线安全风险较大的区段和场所要进行重点监控；对已建成的危险化学品输送管线，要按照相关法律法规和标准规范严格管理。开展地下管线作业时，要严格遵守相关规定，配备必要的设施设备，按照先检测后监护再进入的原则进行作业，严禁违规违章作业，确保人员安全。针对城市地下管线可能发生或造成的泄漏、燃爆、坍塌等突发事故，要根据输送介质的危险特性及管道情况，制定应急防灾综合预案和有针对性的专项应急预案、现场处置方案，并定期组织演练；要加强应急队伍建设，提高人员专业素质，配套完善安全检测及应急装备；维修养护时一旦发生意外，要对风险进行辨识和评估，杜绝盲目施救，造成次生事故；要根据事故现场情况及救援需要及时划定警戒区域，疏散周边人员，维持现场秩序，确保应急工作安全有序。切实提高事故防范、灾害防治和应急处置能力。

（十一）消除安全隐患。各城市要定期排查地下管线存在的隐患，制定工作计划，限期消除隐患。加大力度清理拆除占压地下管线的违法建（构）筑物。清查、登记废弃和“无主”管线，明确责任单位，对于存在安全隐患的废弃管线要及时处置，消灭危险源，其余废弃管线应在道路新（改、扩）建时予以拆除。加强城市窨井盖管理，落实维护和管理责任，采用防坠落、防位移、防盗窃等技术手段，避免窨井伤人等事故发生。要按照有关规定完善地下管线配套安全设施，做到与建设项目同步设计、施工、交付使用。

五、开展普查工作，完善信息系统

（十二）开展城市地下管线普查。城市地下管线普查实行属地负责制，由城市人民政府统一组织实施。各城市要明确责任部门，制定总体方案，建立工作机制和相关规范，组织好普查成果验收和归档移交工作。普查工作包括地下管线基础信息普查和隐患排查。基础信息普查应按照相关技术规程进行探测、补测，重点掌握地下管线的规模大小、位置关系、功能属性、产权归属、运行年限等基本情况；隐患排查应全面了解地下管线的运行状况，摸清地下管线存在的结构性隐患和危险源。驻军单位、中央直属企业要按照当地政府的统一部署，积极配合做好所属地下管线的普查工作。普查成果要按规定集中统一管理，其中军队管线普查成果按军事设施保护法有关规定和军队保密要求提供和管理，由军队有关业务主管部门另行明确配套办法。

（十三）建立和完善综合管理信息系统。各城市要在普查的基础上，建立地下管线综合管理信息系统，满足城市规划、建设、运行和应急等工作需要。包括驻军单位、中央直属企业在内的行业主管部门和管线单位要建立完善专业管线信息系统，满足日常运营维护管理需要，驻军单位按照军队有关业务主管部门统一要求组织实施。综合管理信息系统和专业管线信息系统应按照统一的数据标准，实现信息的即时交换、共建共享、动态更新。推进综合管理信息系统与数字化城市管理系统、智慧城市融合。充分利用信息资源，做好工程规划、施工建设、运营维护、应急防灾、公共服务等工作，建设工程规划和施工许可管理必须以综合管理信息系统为依据。涉及国家秘密的地下管线信息，要严格按照有关保密法律法规和标准进行管理。

六、完善法规标准，加大政策支持

（十四）完善法规标准。研究制订地下空间管理、地下管线综合管理等方面法规，健全地下管线规划建设、运行维护、应急防灾等方面的配套规章。开展各类地下管线标准规范的梳理和制（修）订工作，建立完善地下管线标准体系。根据城市发展实际需要，适当提高地下管线建设和抗震防灾等技术标准，重要地区要按相关标准规范的上限执行。按照国防和人防建设要求，研究促进城市地下管线军民融合发展的措施，优先为军队提供管线资源。

（十五）加大政策支持。中央继续通过现有渠道予以支持。地方政府和管线单位要落实资金，加快城市地下管网建设改造。要加快城市建设投融资体制改革，分清政府与企业边界，确需政府举债的，应通过发行政府一般债券或专项债券融资。开展城市基础设施和综合管廊建设等政府和社会资本合作机制（PPP）试点。以政府和社会资本合作方式参与城市基础设施和综合管廊建设的企业，可以探索通过发行企业债券、中期票据、项目收益债券等市场化方式融资。积极推进政府购买服务，完善特许经营制度，研究探索政府购买服务协议、特许经营权、收费权等作为银行质押品的政策，鼓励社会资本参与城市基础设施投资和运营。支持银行业金融机构在有效控制风险的基础上，加大信贷投放力度，支持城市基础设施建设。鼓励外资和民营资本发起设立以投资城市基础设施为主的产业投资基金。各级政府部门要优化地下管线建设改造相关行政许可手续办理流程，提高办理效率。

（十六）提高科技创新能力。加大城市地下管线科技研发和创新力度，鼓励在地下管线规划建设、运行维护及应急防灾等工作中，广泛应用精确测控、示踪标识、无损探测与修复、非开挖、物联网监测和隐患事故预警等先进技术。积极推广新工艺、新材料和新设备，推进新型建筑工业化，支持发展装配式建筑，推广应用管道预构件产品，提高预制装配化率。

七、落实地方责任，加强组织领导

（十七）落实地方责任。各地要牢固树立正确的政绩观，纠正“重地上轻地下”、“重建设轻管理”、“重使用轻维护”等错误观念，加强对城市地下管线建设管理工作的组织领导。省级人民政府要把城市地下空间和管线建设管理纳入重要议事日程，加大监督、指导和协调力度，督促各城市结合实际抓好相关工作。城市人民政府作为责任主体，要切实履行职责，统筹城市地上地下设施建设，做好地下空间和管线管理各项具体工作。住房城乡建设部要会同有关部门，加强对地下管线建设管理工作的指导和监督检查。对地下管线建设管理工作不力、造成重大事故的，要依法追究责任。

（十八）健全工作机制。各地要建立城市地下管线综合管理协调机制，明确牵头部门，组织有关部门和单位，加强联动协调，共同研究加强地下管线建设管理的政策措施，及时解决跨地区、跨部门及跨军队和地方的重大问题和突发事故。住房城乡建设部门会同有关部门负责城市地下管线综合管理，发展改革部门要将城市地下管线建设改造纳入经济社会发展规划，财政、通信、广播电视、安全监管、能源、保密等部门要各司其职、密切配合，形成分工明确、高效有力的工作机制。

（十九）积极引导社会参与。充分发挥行业组织的积极作用。各城市应设立统一的地下管线服务专线。充分运用多种媒体和宣传形式，加强城市地下管线安全和应急防灾知识的普及教育，开展“管线挖掘安全月”主题宣传活动，增强公众保护地下管线的意识。建立举报奖励制度，鼓励群众举报危害管线安全的行为。

国务院办公厅

2014 年 6 月 3 日

国务院办公厅关于实施公路安全生命防护工程的意见

（国办发〔2014〕55 号）

各省、自治区、直辖市人民政府，国务院各部委、各直属机构：

“十五”时期以来，全国在普通国省干线公路上实施了公路安全保障工程，有效改善了公路行车安全条件。但是，我国幅员辽阔，公路点多、线长、面广，各地交通环境差异较大，部分公路尤其是农村公路安全隐患仍比较突出，道路交通事故易发多发。为适应工业化、城镇化和农业现代化快速发展要求，全面提升公路安全水平，切实维护人民群众生命财产安全，国务院同意在全国实施公路安全生命防护工程。经国务院批准，现提出以下意见：

一、总体要求

（一）指导思想。深入贯彻党的十八大和十八届三中、四中全会精神，落实国务院的决策部署，牢固树立以人为本、安全发展的理念，坚守发展决不能以牺牲人的生命为代价的红线意识，以防事故、保安全、保畅通为目标，以落实安全生产责任为主线，以加强基层基础建设为抓手，坚持公路建设、管理、养护、安全并举，紧紧抓住农村公路这一工作重心，按照“消除存量、不添增量、动态排查”方针，大力整治公路安全隐患，不断完善安全设施，依法强化综合治理，全面提升公路安全水平，促进全国道路交通安全形势持续稳定好转。

（二）基本原则。坚持突出重点、分步实施，着力整治事故多发易发路段隐患，满足公众安全出行基本需要。坚持属地管理、分级负责，落实地方各级政府的主体责任，加强中央部门的政策指导和资金支持。坚持政府主导、社会参与，切实加大公共财政的投入保障，同时注重发挥市场机制的作用。坚持依法治安、综合治理，严厉打击车辆超限超载违法运输等破坏损害公路设施行为，着力解决影响和制约道路交通安全的源头性、根本性问题，夯实道路交通安全基础。

（三）工作目标。

——2015 年底前，全面完成公路安全隐患的排查和治理规划工作，健全完善严查车辆超限超载的部门联合协作机制，并率先完成通行客运班线和接送学生车辆集中的农村公路急弯陡坡、临水临崖等重点路段约3万公里的安全隐患治理。

——2017年底前，全面完成急弯陡坡、临水临崖等重点路段约6.5万公里农村公路的安全隐患治理。

——2020年底前，基本完成乡道及以上行政等级公路安全隐患治理，实现农村公路交通安全基础设施明显改善、安全防护水平显著提高，公路交通安全综合治理能力全面提升。

二、全面排查治理现有公路安全隐患

（四）全面总结普通公路安全保障工程实施经验，吸收近年来相关标准规范和国内外公路安全隐患治理研究成果，进一步提高公路安全隐患防治水平，抓紧制定《公路安全生命防护工程实施技术指南》。鼓励各地区结合当地实际，制订修订更高要求的公路隐患治理标准并组织实施。

（五）2015年6月底前，各地区要按照《公路安全生命防护工程实施技术指南》，组织力量集中对所有公路进行全面排查，摸清公路安全隐患底数，建立隐患基础台账。要根据公路等级、交通流量、交通事故等情况，坚持动态排查、定期复查。

（六）各地区对排查出的安全隐患要列入治理计划，将隐患按照严重程度区分轻重缓急，实行省、市、县三级政府挂牌督办制度，逐一落实责任单位和责任人，落实治理资金，确定治理方案，明确治理时限。对2015年底和2017年底前要求完成安全隐患治理的重点路段，要按照《公路安全生命防护工程实施技术指南》，做到重点治理、保障到位。

（七）要根据公路状况、事故特征、交通流量等实际，科学判断改造需求，制定切实可行的工程改造方案，注重整条路线的规模效益，科学有序组织实施。安全隐患治理完成后，要按程序组织工程验收，确保隐患整改符合要求。对列入政府挂牌督办的安全隐患，在隐患治理完成后要组织开展治理效果评估，治理效果达不到规定要求的，要继续挂牌督办。对隐患整治不到位的农村公路，不得开通客运班线和校车。已开通的，在隐患整治到位之前要对线路进行调整；因客观条件无法调整的，应当暂停营运。

（八）地方各级人民政府要将公路安全设施维护纳入养护工程范畴，根据安全设施的使用年限定期进行维护更新。安全性能不适应新情况的，应结合公路安全隐患治理规划及时升级改造；安全设施遭到损毁的，要及时进行修复，确保公路及其附属设施处于良好的技术状况。要加大部门联合整治力度，严厉打击、惩治偷盗公路安全设施的违法行为。

三、严格规范公路工程安全设施建设

（九）整合现有标准规定，吸收各地区经验做法，修订完善公路安全设施标准。建立公路工程技术标准的动态发展工作机制，根据经济发展和实际情况不断修订完善标准。着重研究修订低等级公路技术标准，结合农村、山区实际情况，确定线形指标及安全设施设置等相关技术要求，提高技术标准的针对性和实用性。

（十）新建、改建、扩建省级及以上公路时，公路建设投资应按有关要求，认真测算并计列安全设施，审批部门要进行必要的审核，监管部门要加强监督管理，确保安全设施投资足额到位并同步建成。地方各级人民政府要保障农村公路安全设施建设投资，确保新建农村公路符合相关技术标准要求。上级人民政府要加强对下级人民政府保障农村公路安全设施建设投资的监督，确保不形成新的安全隐患。

（十一）各级发展改革部门和交通运输部门要严格落实安全生产“三同时”制度，新建、改建、扩建公路建设项目必须充分考虑安全设施建设，切实做到同时设计、同时施工、同时投入使用。公路工程建设单位在编制项目可行性研究报告时，应充分考虑安全性，制定安全专篇。设计单位应严格依据可行性研究报告进行设计，落实安全对策措施；对技术标准中的非强制性指标，应在确保安全的基础上经过综合论证后确定，避免因过多使用指标下限造成安全隐患。

（十二）公路安全设施建设必须符合有关工程技术标准和合同约定的要求，鼓励采用标准化结构、标准化施工，严格执行基本建设程序，不得随意降低标准、更改设计方案，保证公路安全设施齐全有效。各地区要进一步健全公路工程交工验收制度，严格按照公路工程管理权限吸收相应层级的公安交通管理、安全监管等部门人员参加，将安全设施作为验收重要内容，验收不合格的，不得交付使用、通车运行。

四、切实加大资金投入保障力度

（十三）经营性收费公路的安全设施完善资金由收费企业承担。地方各级人民政府及相关部门要督促收费企业整治安全隐患，加强对治理计划和实施进度的监督检查。

（十四）普通国省干线公路安全设施完善资金通过现有资金渠道予以保障。农村公路安全设施完善资金由县级人民政府财政预算内资金给予保障，省级财政要根据地方实际进行补助，中央财政通过车辆购置税等多种渠道安排资金投入，支持县级人民政府开展农村公路安全隐患治理工作。

（十五）各地区、各有关部门要引导和鼓励汽车制造、公路建设和公路运输、保险等相关行业企业积极参与公路安全设施建设，鼓励社会各界捐赠资金，按照相关规定和市场化原则探索引入保险资金，拓宽公路安全设施建设资金来源渠道。

五、大力推进公路安全综合治理

（十六）积极推动新技术和信息化手段的应用，不断投入交通技术监控等管理设备，在急弯陡坡、临水临崖等重点路段已完善公路安全防护设施的基础上，进一步完善交通管理设施。在货物运输主通道、重要桥梁入口处、高速公路入口处等公路网的重要路段和节点，设立公路超限检测站或设置动（静）态监测等技术设备，加强车辆超限超载情况监测。实行货运车辆在高速公路入口称重，全面禁止超限超载违法运输车辆进入高速公路，探索利用计重收费等检测数据加强治超执法管理。

（十七）进一步加强车辆生产、销售、登记、检验、营运准入等环节的监管，严厉打击非法生产、非法改装车辆的行为，严格追究非法生产、改装企业责任，坚决杜绝非法生产和改装车辆出厂上路。对在用非法生产、改装的车辆要强制予以整改，对非法拼装的车辆要强制拆解。对大件运输专用车辆违规从事普通货物运输的，要坚决予以纠正。抓紧清理、修订并逐步提高机动车安全技术标准，督促生产企业改进车辆安全技术性能，加快落实公路货运车辆安装限载装置制度。

（十八）加快建立客货运驾驶人从业信息、交通违法信息、交通事故信息的共享机制，设立驾驶人“黑名单”制度。研究统一货车超限超载认定标准，严格落实违法超载驾驶人记分制度，积极推广重点货运源头运政人员巡查和派驻制度，坚决遏制货车超限超载违法运输。制定并落实治超责任追究办法，严肃追究货运源头、车辆生产或改装源头和监管源头相关单位、部门及企业的责任。加大对超限超载违法运输车辆驾驶人、车辆所有人、运营管理者及货物托运人的处罚，研究推动将车辆超限超载违法运输行为列入以危险方法危害公共安全行为，追究有关人员刑事责任。

六、进一步加强组织领导和责任落实

（十九）各省（区、市）人民政府对本地区公路安全生命防护工程工作负总责，要加强组织领导，指导市（地）、县（市）人民政府严格执行相关技术标准要求，落实工程建设资金，有序组织实施。要加强督促检查，注重总结经验，优化审批程序，切实做好项目前期、工程质量监督、项目资金管理、工程验收和养护管理等工作，把公路安全生命防护工程建成平安工程、放心工程、廉洁工程。

（二十）各省（区、市）人民政府要结合实际，科学编制本地区公路安全生命防护工程建设规划，统筹安排年度建设任务，确保将农村公路急弯陡坡、临水临崖等重点路段隐患整治低限指标落实到位，同时鼓励有条件的地区将工程规划建设向村道延伸。要尽快明确2015年工程建设任务、投资计划、资金来源渠道等。各市（地）、县（市）人民政府要按照规划因地制宜编制年度实施计划，落实具体项目，并将计划和项目开竣工等情况及时向社会公布。

（二十一）地方各级人民政府要坚持依法严管、标本兼治，强化立足源头、长效治理，综合运用法律、行政、经济、技术等多种手段，加强车辆超限超载治理工作。公安交通管理部门和公路路政执法部门要形成合力，加大路面执法力度，集中开展治超专项行动，严查车辆超限超载违法运输行为。要重点整治非法改装车辆、货物源头装载、营运驾驶员管理等关键环节，从源头上遏制车辆超限超载违法运输。

（二十二）地方各级人民政府要把公路安全生命防护工程列入重要议事日程，纳入政府绩效考核，考核结果作为领导班子和领导干部综合考核评价的重要内容。国务院有关部门要建立约谈和问责机制，对没有完成年度目标任务或者安全隐患整治不符合要求，并由此导致重大人员伤亡和财产损失的，要严格开展责任倒查，依法依规严肃追究行政领导和相关责任人的责任。同时，要限期进行整改，整改到位前暂停该地区新建道路项目的审批。

国务院办公厅

2014 年 11 月 3 日

国务院办公厅关于加快应急产业发展的意见

（国办发〔2014〕63 号）

各省、自治区、直辖市人民政府，国务院各部委、各直属机构：

应急产业是为突发事件预防与应急准备、监测与预警、处置与救援提供专用产品和服务的产业。近年来，我国应急产业快速兴起并不断发展，在突发事件应对中发挥了重要作用，但还存在产业体系不健全、市场需求培育不足、关键技术装备发展缓慢等问题。发展应急产业一举数得。为加快我国应急产业发展，经国务院同意，现提出以下意见：

一、充分认识发展应急产业的重要意义

（一）发展应急产业是提高公共安全基础水平的迫切要求。当前我国公共安全形势严峻复杂，突发事件易发频发，防控难度不断加大。发展应急产业能为防范和应对突发事件提供物质保障、技术支撑和专业服务，提升基础设施和生产经营单位本质安全水平，提升突发事件应急救援能力，提升全社会抵御风险能力，对于保障人民群众生命财产安全、维护国家公共安全具有重要意义。

（二）发展应急产业是培育新的经济增长点的重要内容。随着我国经济发展、社会进步和公众安全意识提高，社会各方对应急产品和服务的需求不断增长。应急产业覆盖面广、产业链长，加快发展应急产业有利于调整优化产业结构，催生新的业态，形成新的经济增长点；有利于促进中小微企业发展，增强经济活力，扩大社会就业。

（三）发展应急产业是提升应急技术装备核心竞争力的重要途径。突发事件处置现场情况复杂，对应急技术装备的适应性、可靠性、安全性要求更加苛刻。我国应急产业起步晚，一些产品技术含量不高，部分关键技术产品依赖进口。加快发展应急产业将带动相关行业领域自主创新和技术进步，促进国际先进技术和理念的引进消化吸收再创新，提升我国应急技术装备在国际市场的核心竞争力，推动经济转型升级。

二、总体要求

（四）指导思想。以邓小平理论、“三个代表”重要思想、科学发展观为指导，深入贯彻落实党的十八大、十八届二中、三中、四中全会精神和国务院决策部署，以企业为主体，以市场为导向，以改革创新和科技进步为动力，加强政策引导，激发各类创新主体活力，加快突破关键技术，不断提升应急产业整体水平和核心竞争力，增强防范和处置突发事件的产业支撑能力，为稳增长、促改革、调结构、惠民生、防风险作出贡献。

（五）基本原则。市场主导，政府引导。充分发挥市场配置资源的决定性作用，完善政府宏观引导和政策激励，进一步推进简政放权，营造良好发展环境，用改革的办法调动市场主体发展应急产业的积极性。

创新驱动，需求牵引。着力推进原始创新、集成创新和引进消化吸收再创新，掌握共性技术，突破关键核心技术，尽快缩小与国际先进水平的差距，促进科技成果产品化、产业化；培育市场需求，推进应急产品在重点领域应用，形成对应急产业发展的有力拉动。

统筹推进，协同发展。健全应急产业发展机制，加快形成适应我国公共安全需要的应急产品体系，推行应急救援、综合应急服务等市场化新型应急服务业态，不断提高应急产业对应对突发事件的综合保障能力。

服务社会，服务经济。把社会效益放在更加重要的位置，引导企业承担社会责任，研发应急产品，储备生产能力，完善应急服务，实现经济效益与社会效益相统一。

（六）发展目标。到 2020 年，应急产业规模显著扩大，应急产业体系基本形成；自主创新能力进一步增强，一批关键技术和装备的研发制造能力达到国际先进水平，一批自主研发的重大应急装备投入使用；形成若干具有国际竞争力的大型企业，发展一批应急特色明显的中小微企业；发展环境进一步优化，形成有利于产业发展的创新机制，为防范和处置突发事件提供有力支撑，并成为推动经济社会发展的重要动力。

三、重点方向

（七）监测预警。围绕提高各类突发事件监测预警的及时性和准确性，重点发展监测预警类应急产品。在自然灾害方面，发展地震、气象灾害、地质灾害、水旱灾害、病虫草鼠害、海洋灾害、森林草原火灾等监测预警设备；在事故灾难方面，发展矿山安全、危险化学品安全、特种设备安全、交通安全、海洋环境污染、重污染天气、有毒有害气体泄漏等监测预警装备；在公共卫生方面，发展农产品质量安全、食品药品安全、生产生活用水安全等应急检测装备，流行病监测、诊断试剂和装备；在社会安全方面，发展城市安全、网络和信息系统安全等监测预警产品。同时，发展突发事件预警发布系统、应急广播系统及设备等。

（八）预防防护。围绕提高个体和重要设施保护的安全性和可靠性，重点发展预防防护类应急产品。在个体防护方面，发展应急救援人员防护、矿山和危险化学品安全避险、特殊工种保护、家用应急防护等产品；在设备设施防护方面，发展社会公共安全防范、重要基础设施安全防护、重要生态环境安全保护等设备。

（九）处置救援。围绕提高突发事件处置的高效性和专业性，重点发展处置救援类应急产品。在现场保障方面，发展突发事件现场信息快速获取、应急通信、应急指挥、应急电源、应急后勤保障等产品；在生命救护方面，发展生命搜索与营救、医疗应急救治、卫生应急保障等产品；在抢险救援方面，发展消防、建（构）筑物废墟救援、矿难救援、危险化学品事故应急、工程抢险、海上溢油应急、道路应急抢通、航空应急救援、水上应急救援、核事故处置、特种设备事故救援、突发环境事件应急处置、疫情疫病检疫处理、反恐防爆处置等产品。

（十）应急服务。围绕提高突发事件防范处置的社会化服务水平，创新应急服务业态。在事前预防方面，发展风险评估、隐患排查、消防安全、安防工程、应急管理市场咨询等应急服务；在社会化救援方面，发展紧急医疗救援、交通救援、应急物流、工程抢险、安全生产、航空救援、海洋生态损害应急处置、网络与信息安全等应急服务；在其他应急服务方面，发展灾害保险、北斗导航应急服务等。

四、主要任务

（十一）加快关键技术和装备研发。通过国家科技计划（专项、基金等）对应急产业相关科技工作进行支持，推动应急产业领域科研平台体系建设，集中力量突破一批支撑应急产业发展的关键共性核心技术。鼓励企业联合高校、科研机构建立产学研协同创新机制，在应急产业重点方向成立产业技术创新战略联盟。鼓励充分利用军工技术优势发展应急产业，推进军民融合。创新商业模式，加强知识产权运用和保护，促进应急产业科技成果资本化、产业化。

（十二）优化产业结构。坚持需求牵引，采用目录、清单等形式明确应急产品和服务发展方向，引导社会资源投向先进、适用、安全、可靠的应急产品和服务。适应突发事件应对需要，推进应急产品标准化、模块化、系列化、特色化发展，引导企业提供一体化综合解决方案。加快发展应急服务业，采用政府购买服务等方式，引导社会力量以多种形式提供应急服务，支持与生产生活密切相关的应急服务机构发展，推动应急服务专业化、市场化和规模化。

（十三）推动产业集聚发展。适应现代产业发展规律，加强规划布局、指导和服务，鼓励有条件地区发展各具特色的应急产业集聚区，打造区域性创新中心和成果转化中心。依托国家储备和优势企业现有能力和资源，形成一批应急物资和生产能力储备基地。根据区域突发事件特点和产业发展情况，建设一批国家应急产业示范基地，形成区域性应急产业链，引领国家应急技术装备研发、应急产品生产制造和应急服务发展。

（十四）支持企业发展。充分发挥市场作用，引导企业通过兼并重组、品牌经营等方式进入应急产业领域，支持有实力的企业做大做强。发挥应急产业优势企业带头作用，培育形成一批技术水平高、服务能力强、拥有自主知识产权和品牌优势、具有国际竞争力的大型企业集团。利用中小企业发展专项资金等支持应急产业领域中小微企业，促进特色明显、创新能力强的中小微企业加速发展，形成大中小微企业协调发展的产业格局。

（十五）推广应急产品和应急服务。加强全民公共安全和风险意识宣传教育，推动消费观念转变，激发单位、家庭、个人在逃生、避险、防护、自救互救等方面对应急产品和服务的消费需求。完善矿山、危险化学品生产经营场所、高层建筑、学校、公共场所、应急避难场所、交通基础设施等应急设施设备配置标准，完善各类应急救援基地和队伍的装备配备标准，推动应急设施设备装备与建设主体工程同时设计、同时施工、同时投入使用。健全应急产品实物储备、社会储备和生产能力储备管理制度，建设应急产品和生产能力储备综合信息平台，带动应急产品应用。加强应急仓储、中转、配送设施建设，提高应急产品物流效率。利用风险补偿机制，支持重大应急创新产品首次应用。推动应急服务业与现代保险服务业相结合，将保险纳入灾害事故防范救助体系，加快推行巨灾保险。

（十六）加强国际交流合作。多层次、多渠道、多方式推进国际科技合作与交流，鼓励企业引进、消化、吸收国外应急先进技术和先进服务理念，提升企业竞争力。鼓励跨国公司在我国设立研发中心，引进更多应急产业创新成果在我国实现产业化。支持企业参与全球市场竞争，鼓励企业以高端应急产品、技术和服务开拓国际市场。鼓励国外先进应急技术装备进口。引导外资投向应急产业有关领域，国家支持应急产业发展的政策同等适用于符合条件的外商投资企业。组织开展展览、双边或国际论坛及贸易投资促进活动，充分利用相关平台交流推介应急产品和服务。

五、政策措施

（十七）完善标准体系。充分发挥标准对产业发展的规范和促进作用，加快制（修）订应急产品和应急服务标准，积极采用国际标准或国外先进标准，推动应急产业升级改造。鼓励和支持国内机构参与国际标准化工作，提升自主技术标准的国际话语权。

（十八）加大财政税收政策支持力度。对列入产业结构调整指导目录鼓励类的应急产品和服务，在有关投资、科研等计划中给予支持。探索建立政府引导应急产业发展投入机制，带动全社会加大对应急产业投入力度。落实和完善适用于应急产业的税收政策。建立健全应急救援补偿制度，对征用单位和个人的应急物资、装备等及时予以补偿。

（十九）完善投融资政策。鼓励金融资本、民间资本及创业与私募股权投资投向应急产业，支持符合条件的应急产业企业采取发行股票、债券等多种方式，在海内外资本市场直接融资。按照风险可控、商业可持续的原则，引导融资性担保机构加大对符合产业政策、资质好、管理规范的应急产业企业的担保力度。鼓励和引导金融机构创新金融产品和服务方式，加大对技术先进、优势明显、带动和支撑作用强的应急产业重大项目的信贷支持力度。

（二十）加强人才队伍建设。建立多层次多类型的应急产业人才培养和服务体系，着力培养高层次、创新型、复合型的核心技术研发人才和科研团队，培育具有国际视野的经营管理人才，造就一批领军人物。支持有条件的高等学校开设应急产业相关专业。依托有关培训机构、高等学校及科研机构，开展应急专业技术人才继续教育。利用各类引才引智计划，完善相关配套服务，鼓励海外专业人才回国或来华创业。

（二十一）优化发展环境。完善相关法律法规，支持应急产业发展。建立应急产业运行监测分析指标体系和统计制度。加强应急产品质量监管，依法查处生产和经销假冒伪劣应急产品的违法行为。依托现有的国家和社会检测资源，提升应急产品检测能力。完善事关人身生命安全的应急产品认证制度。鼓励发展应急产业协会等社团组织，加强行业自律和信用评价。对应急产业发展重大项目建设用地，在符合国家产业政策和土地利用总体规划的前提下予以支持。

六、组织协调

（二十二）健全工作机制。建立由工业和信息化部、发展改革委、科技部牵头的应急产业发展协调机制，及时研究解决重大问题，推动应急产业健康快速发展。选择有特点、有代表性的企业，建立联系点机制，跟踪应急产业发展情况，总结推广成功经验和做法。

（二十三）加强督查落实。各地区、各部门要高度重视应急产业发展，切实加强组织领导，抓紧制定落实各项政策措施分工的具体措施，确保各项政策措施落实到位。应急产业发展协调机制牵头单位要组织对各地区、各有关部门落实本意见的情况进行督查。

附件：重点工作任务分工表

国务院办公厅

2014 年 12 月 8 日

附件

重点工作任务分工表

序号	工作任务	负责部门
1	通过国家科技计划（专项、基金等）对应急产业相关科技工作进行支持，推动应急产业领域科研平台体系建设	科技部、财政部、发展改革委、工业和信息化部会同有关部门
2	鼓励和支持应急产业技术创新战略联盟发展	科技部
3	采用目录、清单等形式明确应急产品和服务发展方向	工业和信息化部会同有关部门
4	采用政府购买服务等方式，引导社会力量以多种形式提供应急服务，支持社会应急服务机构发展	财政部会同工业和信息化部、发展改革委等有关部门
5	打造应急产业区域性创新中心和成果转化中心，形成一批应急物资和生产能力储备基地	工业和信息化部、发展改革委、科技部会同有关部门
6	建设一批国家应急产业示范基地	工业和信息化部、发展改革委
7	利用中小企业发展专项资金等支持应急产业领域中小微企业发展	财政部会同有关部门
8	完善矿山、危险化学品生产经营场所、高层建筑、学校、公共场所、应急避难场所、交通基础设施等应急设施设备配置标准，完善各类应急救援基地和队伍的装备配备标准，推动应急设施设备装备与建设主体工程同时设计、同时施工、同时投入使用	安全监管总局、公安部、教育部、住房城乡建设部、交通运输部、地震局等部门分工负责
9	健全应急产品实物储备、社会储备和生产能力储备管理制度，建设应急产品和生产能力储备综合信息平台	工业和信息化部、发展改革委、财政部会同有关部门
10	加强应急仓储、中转、配送设施建设，提高应急产品物流效率	发展改革委会同有关部门
11	利用风险补偿机制支持重大应急创新产品首次应用	工业和信息化部、科技部会同有关部门
12	推动应急服务业与现代保险服务业相结合，将保险纳入灾害事故防范救助体系，加快推行巨灾保险	保监会会同有关部门
13	鼓励跨国公司在我国设立研发中心，引进更多应急产业创新成果在我国实现产业化。支持企业参与全球市场竞争，鼓励企业以高端应急产品、技术和服务开拓国际市场	商务部、科技部、工业和信息化部、知识产权局等部门分工负责
14	组织开展展览、双边或国际论坛及贸易投资促进活动，充分利用相关平台交流推介应急产品和服务	商务部、工业和信息化部会同有关部门
15	加快制（修）订应急产品和应急服务标准	质检总局、工业和信息化部会同有关部门
16	对列入产业结构调整指导目录鼓励类的应急产品和服务，在有关投资、科研等计划中给予支持	发展改革委、财政部、科技部等部门分工负责

（续）

序号	工　作　任　务	负　责　部　门
17	探索建立政府引导应急产业发展投入机制，带动全社会加大对应急产业投入力度	财政部会同有关部门
18	落实和完善适用于应急产业的税收政策	财政部、税务总局
19	建立健全应急救援补偿制度，对征用单位和个人的应急物资、装备等及时予以补偿	财政部
20	鼓励金融资本、民间资本及创业与私募股权投资投向应急产业，支持符合条件的应急产业企业采取发行股票、债券等多种方式，在海内外资本市场直接融资	财政部、人民银行、发展改革委、国资委、银监会、证监会等部门分工负责
21	引导融资性担保机构加大对符合产业政策、资质好、管理规范的应急产业企业的担保力度	银监会、工业和信息化部
22	加大对技术先进、优势明显、带动和支撑作用强的应急产业重大项目的信贷支持力度	人民银行、银监会
23	建立多层次多类型的应急产业人才培养和服务体系。支持有条件的高等学校开设应急产业相关专业	教育部、人力资源社会保障部会同有关部门
24	建立应急产业运行监测分析指标体系和统计制度	工业和信息化部、统计局
25	加强应急产品质量监管，依法查处生产和经销假冒伪劣应急产品的违法行为。依托现有的国家和社会检测资源，提升应急产品检测能力	质检总局等部门分工负责
26	完善事关人身生命安全的应急产品认证制度	质检总局、工业和信息化部等部门分工负责
27	鼓励发展应急产业协会等社团组织	工业和信息化部会同有关部门
28	对应急产业发展重大项目建设用地，在符合国家产业政策和土地利用总体规划的前提下予以支持	国土资源部
29	建立应急产业企业联系点机制	工业和信息化部、发展改革委会同有关部门

第三部分

党和国家领导人关于安全生产工作的讲话

马凯副总理在全国安全生产电视电话会议上的讲话(摘要)

(2014 年 1 月 15 日)

今天我们召开全国安全生产电视电话会议，主要是认真贯彻落实党的十八大、十八届二中和三中全会、中央经济工作会议精神，特别是去年以来习近平总书记、李克强总理关于加强安全生产的一系列重要指示批示精神，回顾总结 2013 年安全生产工作，深入分析面临的形势，研究部署 2014 年安全生产重点工作。下面，我讲三点意见。

一、在各方面共同努力下，全国安全生产工作取得明显成效

2013 年是新一届政府开局之年，也是安全生产工作进一步加强和改进的一年。党中央、国务院高度重视安全生产工作，党的十八大、十八届二中和三中全会、中央经济工作会议都对安全生产工作作出总体部署，提出明确要求。习近平总书记多次作出重要批示指示，三次主持召开中央政治局常委会专题听取安全生产工作汇报，亲赴青岛“11·12”事故现场考察指导工作并发表重要讲话。李克强总理多次主持召开国务院常务会研究安全生产工作，并作出重要指示批示。今天上午，国务院常务会还审议通过了《安全生产法修正案（草案）》，将进一步提升安全生产工作法治水平。为贯彻落实党中央、国务院的决策部署，国务院安全生产委员会（以下简称国务院安委会）多次召开全体成员会议、全国电视电话会议和有关专题会议，对安全生产和大检查工作作出具体安排部署。各地区、各部门和各单位认真学习领会，狠抓贯彻落实，迅速行动，广泛动员，强化安全生产“红线”意识，切实转变作风，求真务实、攻坚克难、扎实推进，安全生产各项工作取得积极进展。

（一）深入开展全国安全生产大检查和“回头看”。根据党中央、国务院的统一部署，按照“全覆盖、零容忍、严执法、重实效”的总体要求，在全国范围内组织开展了一次彻底的安全生产大检查，并在年底部署开展“回头看”。各地区、各有关部门专门成立领导小组，主要负责同志亲自上手，站到大检查和安全生产工作的第一线，召开动员部署会议，组织督查暗访，省部级领导带队下基层检查达 800 多人次。国务院安委会办公室专门成立大检查办公室，专门制订工作方案，组织 16 个由部级领导带队的综合督查组，对 32 个省级单位进行多轮全覆盖督查，检查抽查近千家企业。全国绝大多数企业开展了自查自改，基本做到了全覆盖。大检查期间，全国共组织 71.8 万个督查检查组，检查生产经营单位 571.8 万家，排查治理隐患 681.5 万项，堵塞了一大批安全监管漏洞，进一步强化了安全生产措施的落实。

（二）不断加大“打非治违”和依法治理力度。在前阶段全国集中开展安全生产领域“打非治违”专项行动的基础上，国务院安委会又召开全国视频会议，督促深化“打非治违”工作。各地区、各部门采取联合执法、专项督查、交叉检查以及发动群众举报等多种形式，坚持“零容忍”和“严”字当头，用铁的手腕查隐患、纠问题、促整改，严格落实停产整顿、关闭取缔、上限处罚、追究法律责任“四个一律”打击措施。全国共查处6种共性非法违法行为112.5万起，治理纠正违规违章行为222.8万起。各级安全监管、纪检监察部门密切协作，加大事故查处和挂牌督办力度，全年共完成查处重特大事故44起，对948人进行刑事追责和党纪政纪处分，其中省部级6人、司局级42人，结案周期平均同比缩短109天，并第一时间向社会全文公布调查报告，用事故教训警示各地、推动工作。

（三）大力推进煤矿治本攻坚和瓦斯抽采利用。始终把煤矿安全摆在重中之重的位置，国务院出台关于进一步加强煤矿安全生产和加快煤矿瓦斯抽采利用的政策意见，国家安全监管总局制定煤矿矿长保护矿工生命安全七条规定，并召开煤矿安全专题视频会进行部署，组织开展专项督查和异地交叉监察推动落实。在全国开展了“保护矿工生命，矿长守规尽责”主题实践活动，建立安全监管监察干部与矿长对话机制，开展面对面谈心交流。启动50个重点县（市、区）煤矿安全攻坚战。全年共关闭煤矿700余个，瓦斯抽采和利用量分别达到108.8亿立方米、36.4亿立方米，瓦斯事故起数和死亡人数同比分别下降20.8%、5.7%。

（四）持续强化重点行业领域安全专项整治。各级安全生产委员会办公室加强统筹协调，有关成员单位密切配合、联合行动，大力推进重点行业、重点企业、重点区域的安全整治。深入推进“道路客运安全年”活动，集中开展货车违法行为大排查、大教育、大整治专项行动，严厉查处各类道路交通违法行为，因“超速、超员、超载和疲劳驾驶”导致的事故同比下降55.8%。国务院办公厅组织有关部门深入开展道路交通安全专项调查，推动国务院有关文件贯彻落实。深入开展金属非金属矿山整顿关闭攻坚战和尾矿库综合治理行动，组织对沿海11个省份化工企业和全国近3万户涉氨企业实施了拉网式专项检查，部署开展油气管线专项排查整治，关闭转产和搬迁危化品企业855家。深化消防“网格化”管理和“防火墙”工程，集中整治建筑施工起重机械、脚手架坍塌等安全隐患，特种设备、渔业安全、民爆、铁路、电力等其他行业领域也有针对性地开展了安全专项治理。

（五）积极推动安全监管监察工作创新。为提高监督检查工作实效，各地区、各部门探索实施了一系列加强安全生产工作的新举措，创新监管方式，普遍采用不发通知、不打招呼、不听汇报、不用陪同和接待，直奔基层、直插现场的“四不两直”方式，开展暗查暗访、突击检查。国务院安委会办公室组织对19个省（区、市）的170余个生产经营场所直接暗查暗访，将典型问题在主流媒体曝光，引起社会很大反响。同时，实行安全生产绩效考核点评机制，每季度进行排名通报，每半年进行视频点评，督促地方加强薄弱环节和突出问题的整改。通过梳理分析各地事故情况，确定了全国50个金属非金属矿山、60个危险化学品、21个烟花爆竹安全生产重点县，实施重点监管，取得初步成效。

（六）着力加强安全生产保障能力建设。积极推进安全生产标准化工作，颁布实施了150余项安全生产和行业标准规范，标准化达标企业达到22.4万家。大力实施“科技强安”战略，落实资金8.95亿元支持安全科技“四个一批”项目，全国已有60个市建成隐患排查治理信息系统并投入运行。广泛开展安全培训，全年培训高危行业特种岗位人员561万人次、农民工1320万人次。为进一步加强生产安全事故救援处置工作，国务院安委会专门制定文件规范应急处置各环节重点工作，7个国家矿山应急救援队全部建成并投入使用。积极开展“安全生产月”主题宣传和安全发展示范城市、安全社区创建活动，持续推进重点行业领域职业危害专项治理。广泛利用广播、电视等媒体开展道路交通、消防等公益性广告宣传。

经过各方面的共同努力，2013年安全生产工作取得了明显成效，全国安全生产形势持续稳定好转。主要表现在“四个下降”：一是事故起数和死亡人数双下降。去年全国发生各类事故30.9万起、死亡6.9万人，同比分别下降8.2%和3.5%。二是较大以上事故明显下降。全国发生较大以上事故

1205 起、死亡 5455 人，同比分别下降 17.7% 和 15.6%。其中，重特大事故 49 起、死亡 865 人，同比分别下降 16.9% 和 5.9%。三是反映安全发展水平的四项相对指标进一步降低。亿元 GDP 事故死亡率下降 12.7%，工矿商贸十万就业人员事故死亡率下降 7.3%，道路交通万车死亡率下降 8%，煤矿百万吨死亡率下降 23%。四是绝大部分重点行业领域事故下降。其中煤矿、道路交通安全成效更为显著，煤矿发生各类事故 604 起、死亡 1067 人，同比分别下降 22.5% 和 22.9%；道路交通较大以上事故同比下降 18.3%，二十多年来首次实现重大事故起数降至 20 起以下，未发生特别重大事故。金属非金属矿山、危险化学品、烟花爆竹、水上交通、铁路交通等其他行业领域事故也明显下降，大部分地区安全生产状况比较稳定。

这些成绩的确来之不易，是在事故连续多年下降的基础上再有如此大的下降，应当予以充分肯定。这些成绩的取得，是在党中央、国务院坚强正确领导下，各地区、各部门和各单位扎实努力、苦干实干的结果，凝结了安全生产战线广大干部职工巨大的心血和辛勤的汗水。这也说明安全生产工作只要用心抓、真正抓、深入抓、持续抓，就一定能够抓出成效。在此，我代表党中央、国务院向大家表示衷心的感谢和诚挚的慰问！

二、清醒认识当前安全生产面临的严峻形势

在充分肯定成绩的同时，必须看到，当前安全生产形势仍然十分严峻，与党中央、国务院的要求和人民群众的期望还有较大差距。一是事故总量仍然偏多。全年共发生事故 30.9 万起，有 6.9 万人在各类事故中失去生命，平均每天发生 800 多起、死亡 180 余人，还有大量的伤残人员和职业病患者，数字触目惊心。二是重特大事故多。全年发生重特大事故 49 起，平均每周要发生一起。其中，特别重大事故 4 起，比 2012 年多两起。三是中央企业事故多。中石油、保利、中储粮、中储棉、中铁建、中石化等中央企业相继发生重特大事故和典型事故，特别是青岛“11・22”事故造成 62 人死亡、136 人受伤，令人十分痛心。四是油气方面事故多。除“11・22”事故外，中石油大连石化公司发生储罐爆炸起火事故，贵州因高铁施工事故造成中石化成品油管道泄漏，西安、温州和四川泸州等地也相继发生天然气泄漏爆炸事故，社会影响恶劣。五是安全生产新情况多。吉林一个禽类屠宰厂发生死亡百人以上事故，上海一个冷藏车间因液氨泄漏事故造成十余人死亡，青岛输油管道泄漏导致城市地下排水暗渠发生爆炸造成重大伤亡，这些新情况、新问题表明，安全生产只有起点没有终点，思想麻痹大意是最大的隐患。各地区、各部门都要深刻反思、引以为戒，多年来比较平静的行业领域也并非没有隐患，安全生产丝毫不能放松。要把安全生产形势估计得更严峻些，把隐患危害的严重性估计得更充分些，把防范措施考虑得更周密些。

这些事故的发生，暴露出一些地方和企业安全意识淡薄、安全管理松懈、违规违章严重、事故防范措施不落实、现场处置不到位等突出问题，反映出大检查和安全生产工作开展还不平衡，还存在一些盲区和死角。具体讲有以下几个方面：

一是安全生产意识薄弱，安全把关不严。一些地方和单位没有牢固树立以人为本、安全发展的思想观念，招商引资、上项目安全把关不严，对危及人民群众生命安全的建设项目、重大隐患视而不见，进行城市规划时忽视安全问题，使有的工业园区成为安全隐患集中区。有的地方对关闭淘汰不符合安全条件的小矿山、小化工和作坊式烟花爆竹生产点等态度不坚决，措施不得力，小矿小厂事故频发。

二是责任体系不健全，安全管理不到位。一些地方换届后，主要领导和分管领导都换了，安全生产职责不清、工作断档。一些企业主体责任不落实，把安全生产只看做政府的事，看做上面要求的事，搞形式走过场，安全管理混乱。安全生产工作在一些地区存在政府热企业冷、上面紧下面松的现象。一些地方对中央企业、省属企业属地管理责任不落实，有的中央企业所属单位拒绝和躲避地方监管。

三是监管执法不严，非法违法行为屡禁不止。一些地区安全监管有法不依、执法不严，对非法违法行为姑息迁就甚至纵容，“四个一律”惩治措施没有真正得到落实。一些地方无证无照、证照不全、私挖滥采、非法用工、违法承包转包等行为屡禁不止，安全隐患大量存在。因非法违法造成的较大以上事故仍占全国总数的 45% 左右。一些地方对事故查处和责任追究失之于软、失之于宽，助长了一些人的侥幸心理。

四是安全基础薄弱，现场应对处置不得力。随着经济社会快速发展，生产经营活动日益活跃，公路护栏、铁路立交道口、大扬程消防车等公共安全基础设施和装备建设相对滞后。油气输送管道和城市地下管网等缺乏统一科学的规划，腐蚀老化严重，隐蔽性致灾因素大量存在。大部分高危行业中小企业占比过大，机械化、自动化程度低，从业人员素质普遍不高。一些地方和企业存在预案不完善、救援不科学、应急能力不足等突出问题，因风险研判不准、处置措施不当导致事故衍生、伤亡扩大的现象屡有发生。

当前我国正处在工业化、城镇化快速发展阶段，也是事故易发高发时期。我们既要对形势的严峻性和安全生产工作的长期艰巨性有清醒的认识，充分估计可能存在的困难，做到思想上警钟长鸣；又要增强做好工作、推动安全发展的信心，坚决破除现阶段事故"不可避免论"，做到行动上常抓不懈，还是要看到抓与不抓大不一样。各地区、各部门要以对党和人民高度负责的精神，利用一切有利条件，整合一切有利资源，充分发挥各个方面作用，扎实做好安全生产各项工作。

三、以改革创新精神做好 2014 年安全生产工作

2014 年是贯彻中央全面深化改革部署的开局之年，也是推进安全生产形势根本好转的关键一年。十八届三中全会对安全生产工作专门提出了明确要求，强调要强化安全等市场准入标准，加大安全生产等指标的考核权重，加强安全生产等重点领域基层执法力量，深化安全生产管理体制改革，建立隐患排查治理体系和安全预防控制体系，遏制重特大安全事故。中央经济工作会议对做好当前和今后一个时期安全生产工作也作出了部署。我们要认真学习领会，在下一步工作中全面贯彻落实。

2014 年的安全生产工作，总的要求是：以党的十八大、十八届二中和三中全会、中央经济工作会议精神为指针，全面贯彻落实习近平总书记、李克强总理关于安全生产的重要指示批示精神，以深化改革为动力，坚持科学发展、安全发展，坚守红线、强化责任，注重预防、狠抓治本，依法治理、夯实基础，有效防范遏制重特大事故，继续降低事故总量，促进全国安全生产形势持续稳定好转。突出抓好以下七个方面工作：

（一）进一步强化红线意识，推动科学发展安全发展。习近平总书记、李克强总理作出的"要始终把人民生命安全放在首位"，以及"发展决不能以牺牲人的生命为代价"的红线不可逾越、不能踩等重要论述，深刻阐明了安全生产的极端重要性，充分体现了中央对抓好安全生产工作的殷切期望，体现了中央推动科学发展安全发展的坚定决心，为做好新形势下的安全生产工作指明了方向。我们要深刻领会，认真贯彻落实，切实把安全生产放在事关我党执政宗旨、事关科学发展、事关经济社会发展全局、事关全面建成小康社会的战略高度来考虑，把安全生产与转变经济发展方式、产业结构调整升级、城镇化建设等结合起来，促进安全生产与经济社会的同步协调发展。要把安全作为规划建设的前置条件，严把建设项目特别是开发区项目的安全生产关，强化安全准入标准，决不能让开发区、高新区成为隐患集中区、事故多发区。

（二）深化安全监管体制改革，健全完善安全生产责任体系。认真贯彻三中全会决定精神，深入推进安全生产领域的改革，建立"党政同责、一岗双责、齐抓共管"责任体系，明确各级党委、政府在安全生产工作中的具体职责，健全协调配合、责权明确、行为规范、奖惩严明的责任制度。按照管行业必须管安全、管业务必须管安全、管生产经营必须管安全的原则，进一步调整和规范有关行业主管部门的安全监管责任。强化安全生产硬约束，加大安全生产指标在经济社会发展、精神文明建设、社会管理综合治理中的考核权重，研究制订安全生产"一票否决"的具体实施办法。强化地方政府属地监管责任，减少监管执法层级，加强基层执法力量建设。

（三）严格落实企业主体责任，筑牢科学管理的安全防线。企业是安全生产责任主体，也是事故防范和先期处置的主体。一人把关一人安、众人把关稳如山，要紧紧依靠广大一线职工做实做细安全生产工作，切实增强所有岗位、全体职工的安全意识，牢固树立"人人抓安全、安全为人人"的思想观念，不断完善规章制度，做到安全投入、安全培训、基础管理、应急救援"四到位"，形成自我约束、持续改进的机制。探索建立监管干部与厂矿长直接对话机制，指导督促厂矿长履行安全生产职责，激发他们保护职工生命安全的责任感和自觉性。加强国有企业、外资合资企业等各类生产经营单位的安全管理和监督，规范明确地方政府与辖区内中央企业的安全监管关系，督促中央企业在安全生产工作上带好头、做表率。健全完善企业应急预案，强化落实责任，加强实战演练，完善地方政府与企业的协调联动机制，加快推进26支中央企业应急救援队伍和培训演练基地建设。

（四）突出抓好煤矿安全治本攻坚，深化重点行业领域专项整治。煤矿安全依然是安全生产工作的重中之重，要认真贯彻落实加强煤矿安全生产和瓦斯治理利用的一系列政策措施，继续开展监管监察干部与万名矿长进行面对面谈心对话，加强对50个煤矿安全重点县（市、区）的密切跟踪、重点指导，不断加大瓦斯防治工作力度。进一步加强道路交通安全整治，开展国务院有关政策文件落实情况专项督查，严厉打击重大交通违法行为，尽快实施道路安全生命防护工程。要针对当前火灾多发频发的态势，切实加强消防安全源头管控，严格建设工程消防审核验收，深入排查整治火灾隐患，突出人员密集场所、易燃易爆单位和高层、地下公共场所等火灾高危单位，进一步督促落实消防安全责任。郭声琨国务委员将召开视频会议对道路交通和消防安全等工作进行专门部署，各地区、各方面要认真贯彻落实。要严格执行危险化学品和烟花爆竹企业安全保障规定，深化氯气、液氨等重点监管危险化学品安全专项检查，深入开展尾矿库综合治理行动。继续推动金属非金属矿山、建筑施工、烟花爆竹、水上交通、农机渔船、铁路和城市轨道交通、民航、民爆等重点行业领域专项整治。

（五）加大监督检查力度，巩固发展安全生产大检查成果。要继续深入开展安全生产大检查“回头看”，扎实做好油气等易燃易爆品输送管线安全专项排查整治，特别是中石油、中石化、中海油以及地方炼化企业等要会同所在地政府痛下决心、真查真改，把油气管线等存在的安全隐患全部排查出来，列表造册、全面整改。国务院安委会将组织有关部门组成督查组赴各地开展专项督促检查。要总结推广安全生产大检查的有效做法，规范完善集中检查、综合督查、专项督查、暗查暗访等制度，把“四不两直”制度化、常态化，探索建立安全生产巡视制度，提高监督检查效率效能。严格落实隐患排查治理责任制，实行“谁检查、谁签字、谁负责”，隐患整改要做到措施、责任、资金、时限、预案“五落实”，对逾期整改不到位的要追究责任。建立国家和地方隐患动态管理数据库，落实重大隐患挂牌督办、公告制度，实行事故查处和限时公开责任制。对近期发生的责任事故和督查暗查发现的问题，要抓典型进行公开曝光，做到“一厂出事故、万厂受教育，一地有隐患、全国受警示”。

（六）深入贯彻施行新修订的安全生产法，切实强化依法治安。《中华人民共和国安全生产法》自2002年颁布实施以来，在规范企业生产经营行为、强化安全生产管理方面提供了根本法制保障。《安全生产法修正案（草案）》将于近期提交全国人大常委会审议通过后公布施行。该草案针对安全生产工作的新特点、新规律，在安全生产方针、安全设施“三同时”制度、安全监管强制措施、隐患排查治理、教育培训、责任保险等多个方面进行了修订完善。各地区、各部门要从依法治国、建立法治政府的高度，狠抓新修订的安全生产法的贯彻落实，加强普法宣传，在全社会形成依法治安的强大舆论氛围。同时，要加快安全生产相关条例、办法等配套法律法规和标准的制订修订，加大执法力度，依法严厉打击非法违法、违规违章行为，全面提升安全生产法治水平。

（七）着力构建长效机制，夯实安全生产基础。安全生产工作必须避免头疼医头脚疼医脚，要增强抓工作的系统性、前瞻性和主动性，从基层和基础环节抓起，逐步夯实安全生产根基。要专题研究构建安全生产长效机制、大力实施安全发展战略的一系列措施办法，在健全完善安全生产责任体系和工作格局、建立隐患排查治理和安全预防控制体系、改革安全生产指标考核制度、完善考核点评机制、建立安全生产“黑名单”和失信惩戒制度、加强事故处理公开公布等方面，抓紧出台规范性文件。要进一步加大资金投入和扶持力度，深入开展安全生产标准化建设，推动安全生产科技进步，加强公共安全基础设施建设，切实提高安全监管监察队伍执法履职能力。以“强化红线意识、促进安全发展”为主题，积极组织开展第13个全国“安全生产月”集中宣教活动，提高全社会安全素质。

最后，我再强调一下，岁末年初历来是事故高发期，冬春季气候干燥，火灾隐患增多；有些企业年底赶任务，容易突击超能力生产；春节即将来临，交通运输繁忙，烟花爆竹燃放集中，冬季取暖安全隐患突出，安全生产任务非常繁重。最近几天，连续发生多起火灾、道路交通和煤矿事故，造成人员伤亡和财产损失，我们一定不能掉以轻心，抓住防火、防爆（包括烟花爆竹）和道路交通安全这三个重点，切实做好以下五件事：一要警钟长鸣，各地区、各部门、各单位要结合本次会议精神的贯彻落实，进行一次安全意识的再教育，通报典型案例，给各地提个醒、拉个警报；二要排查隐患，加强对交通运输和易燃易爆单位的监管检查、重点抽查，督促企业全面开展自查，彻底排除安全隐患，加强安全防范；三要落实措施，督促各地区、各行业领域、各单位将制定的安全规章制度和行动措施落到实处；四要强化责任，围绕已部署的重点工作，坚持"党政同责、一岗双责、齐抓共管"，把责任逐层落实到基层、落实到岗位、落实到人头；五要制定完善应急预案，一旦发生事故，迅速启动预案，进行科学有效处置，努力减少事故伤亡和影响损失。

各地区、各部门和各单位要按照中办、国办有关通知要求，牢牢绷紧安全生产这根弦，密切关注天气气候变化，有针对性采取安全防范措施，强化春运组织和安全管理，加大煤矿、金属非金属矿山、危险化学品等重点行业企业的监督检查力度，严格落实节日停产检修和复产验收安全制度。要切实抓好烟花爆竹产、运、储、销各个环节的安全监管，督促落实消防安全责任制和防火措施，严防煤气中毒和天然气泄漏爆炸，确保人员密集场所和公共场所安全。在此，我还要特别强调，节日期间要高度关注老人、儿童的安全，小孩燃放烟花爆竹必须有大人陪同，老人燃煤取暖要提醒开窗通气，呵护他们的安全是我们应尽的责任，一定要让老百姓平平安安、高高兴兴过大年。

安全生产关乎千家万户，责任重大、使命神圣。让我们紧密团结在以习近平同志为总书记的党中央周围，高举中国特色社会主义伟大旗帜，以高度的责任感和使命感，求真务实，攻坚克难，全面加强安全生产工作，切实维护人民生命财产安全，为经济发展和社会和谐稳定大局作出新的贡献。

王勇国务委员在全国安全生产电视电话会议上的讲话（摘要）

（2014 年 1 月 15 日）

刚才，马凯副总理作了重要讲话，充分肯定了 2013 年安全生产工作取得的成效，客观分析了当前面临的形势和问题，全面部署了 2014 年重点工作，并对做好春节期间及岁末年初安全生产工作提出了五项明确要求。下面，我就贯彻落实会议精神，再强调几点：

第一，要迅速传达学习本次会议精神。这次会议是贯彻落实党的十八届三中全会、中央经济工作会议和习近平总书记、李克强总理关于加强安全生产工作的重要指示批示精神的一次非常重要、非常及时的会议，作出的工作部署是指导当前和今后一个时期安全生产工作的行动纲领。各地区、各部门、各单位要把本次会议精神及时向党政主要负责同志进行汇报，并立即行动起来，认真组织学习，广泛宣传动员，迅速将会议精神传达到每一个生产经营建设单位、每一个企事业单位、每一名领导干部和岗位员工，自觉把思想和行动统一到中央的总体部署和本次会议精神上来，切实增强安全生产红线意识，切实增强做好安全生产工作的责任感、使命感和紧迫感，切实抓好本地区、本部门、本单位的安全生产工作，坚定不移地维护人民群众生命安全。

第二，要全面抓好各项工作落实。各地区、各部门和各单位要牢记习近平总书记提出的"真抓才能攻坚克难，实干才能梦想成真”的要求，按照本次会议的部署，以抓铁有痕、踏石留印的精神，狠抓安全生产工作落实，把工作一项一项地抓下去，切实见到成效。要坚持“党政同责、一岗双责、齐抓共管”，党政一把手要切实负起责任、靠前指挥，分管领导要统筹安排，把措施和责任落实到基层、落实到岗位、落实到人头。各级安全生产委员会及其办公室，要切实发挥综合协调的作用，组织开展好涉及多部门的安全生产工作。各部门要履行好各自职责，积极主动地做好涉及本行业、本领域的安全生产工作，并注意加强与其他部门的协调配合，强化联合行动、联合执法，形成工作合力。所有企事业单位，都要依法依规履行主体责任，加强安全管理，强化基层基础建设，提高安全保障水平。国有企业尤其是中央企业要发挥安全生产带头和表率作用。

第三，要切实加强安全生产监督检查。各地区、各部门、各单位要对会议部署的各项工作落实情况及时组织检查督查。要按照党中央、国务院的决策部署，切实加大安全生产考核权重，落实“一票否决”要求，严格绩效考核评价，确保每项工作落到实处，真抓实干、抓出成效。国务院安委会办公室和安全监管总局要继续组织督导组进行安全生产专项督查，继续采用“四不两直”方式开展暗查暗访、突击检查。各级政府和有关部门要建立督查工作长效机制，将督查工作制度化、规范化，定期或不定期开展安全生产督查工作，狠抓落实，推动各项工作有序有效开展。通过共同努力，促进安全生产工作迈上新台阶、开创新局面。

最后，请各地区、各部门将本次会议传达贯彻落实情况，于今年2月底报送国务院安委会办公室。

第四部分

国家安全生产监督管理总局负责人关于安全生产工作的讲话

国家安全生产监督管理总局主要负责人在50个煤矿安全重点县县委书记座谈会上的讲话（摘要）

（2014年7月31日）

我们把50个煤矿安全重点县的县委书记，以及各个包片督导小组的组长和副组长、相关国有煤炭企业负责人请到这里，主要是学习贯彻习近平总书记关于安全生产的重要讲话和李克强总理的重要批示指示精神，共同研究加强煤矿安全生产的办法措施。讲以下四点意见。

一、认真学习贯彻，做到“五个全覆盖”

党中央国务院高度重视安全生产。党的十八大以来，习近平总书记三次主持中央政治局常委会研究安全生产工作，亲赴山东青岛“11·22”事故现场指导救援工作，发表了重要讲话。李克强总理多次作出重要批示指示，提出明确要求。总书记、总理关于安全生产的重要论述，为安全生产工作指明了方向，提供了根本的遵循。我们归纳了六个基本要点：

一是牢牢坚守生命“红线”，推动实施安全发展战略。安全发展是科学发展的重要内容，科学发展观的核心是“以人为本”，“以人为本”就是要维护人民群众的根本利益。人民群众最根本的利益是什么？当然是生命和健康。总书记要求，要始终把人民群众的生命安全放在首位，发展决不能以牺牲人的生命为代价，这是一条不可逾越的“红线”，不要带血的GDP。总书记提出的要求非常明确，旗帜鲜明。

二是抓紧建立健全责任体系。总书记特别强调，党政一把手必须亲力亲为、亲自动手抓，建立健全“党政同责、一岗双责、齐抓共管”的安全生产责任体系，切实做到管行业必须管安全、管业务必须管安全、管生产经营必须管安全。

三是强化企业主体责任落实。安全不安全，企业最直接、最关键。总书记指出，所有企业都必须认真履行安全生产主体责任，善于发现问题、解决问题，采取有力措施，做到安全投入到位、安全培训到位、基础管理到位、应急救援到位。要举一反三，认真排查和消除安全隐患，建立隐患排查整改、风险防控体系和安全检查责任制。

四是全面构建长效机制。总书记指出，要坚持标本兼治、重在治本，建立长效机制，坚持“常、长”二字，经常、长期抓下去。要抓薄弱环节，抓那些还不够重视的行业领域。总书记还特别强调，安全责任重于泰山，如果一次又一次在同样的问题上付出生命和血的代价，那就不是工作态度和工作作风问题了，而是草菅人命！

五是加快安全监管方面改革创新。总书记强调，安全检查要坚持“全覆盖、零容忍、严执法、重实效”；要深化安全监管体制机制改革；要采用

"四不两直"暗查暗访，防止形式主义走过场；要坚持最严格的安全生产制度，加大安全生产指标考核权重，实行安全生产和重大事故风险"一票否决"；要加快安全生产法治化进程，完善安全生产法律法规体系；要严肃事故调查处理和责任追究，坚决克服和纠正失之于软、失之于宽的倾向；要用事故教训推动工作，做到"一厂出事故、万厂受教育，一地有隐患、全国受警示"。

六是领导干部要敢于担当勇于负责。总书记指出，领导干部一定要有忧患意识和戒惧之心。权力和责任是对等的，当干部不要当得那么潇洒，不要幻想当太平官。对各类事故要有所防范，坚决克服现阶段事故"不可避免论"，要经常临事而惧，要有睡不着觉、半夜惊醒的压力，坚持命字在心、严字当头，敢抓敢管、勇于负责，不可有丝毫懈怠。领导干部抓安全，重视抓、认真抓和不重视抓、不认真抓大不一样。只要大家严于履职、认真抓，就可以把事故发生率和死亡率降到最低程度。

总书记的重要讲话，深刻揭示了我国现阶段安全生产的规律特点，充分体现了科学发展观"以人为本"的核心立场，始终贯穿着立党为公、执政为民的崇高执政理念，把安全生产纳入治国理政重要内容，是实现"中国梦"的应有之义。我们必须认真学习，深刻领会，坚决把思想和行动统一到总书记重要讲话精神上来。为官一任，就要保一方平安，就要保护人民群众的生命安全，决不能以牺牲人民生命为代价来追求发展，牢牢坚守安全"红线"。

国家安全监管总局党组组织 10 个小组到全国各地组织宣讲。我们强调一是以最坚决的态度坚守"红线"，推动安全发展。在安全发展的问题上、坚守"红线"的问题上，我们要与党中央保持高度一致。习近平总书记发出了安全生产的最强音，我们必须要旗帜鲜明、态度坚决地贯彻落实。二是以最严格的要求，落实安全生产责任制。我们每季度召开视频会，对各地区、各行业领域和中央企业安全生产情况当面点评，并报送中组部，作为干部选拔使用的重要依据。三是以最严厉的手段，推动重点行业领域隐患排查治理和事故查处。抓住煤矿、油气输送管道和城市燃气、危险化学品、道路交通、尾矿库五个重点，组织开展安全隐患整治攻坚战。四是以最大的勇气，推动安全生产改革创新。国家安全监管总局和国家煤矿安监局不能既当运动员又当裁判员，要聚精会神搞监督、搞执法。五是以最有效的方法，营造浓厚的安全生产氛围。六是以最严明的纪律，加强安监队伍自身建设。

县委这一级处在基层，贯彻落实总书记、总理的重要论述精神最直接、最关键。县委县政府要坚决与党中央保持一致，把思想和行动统一到重要论述精神上来，认真学习好、贯彻好、落实好。

一是"党政同责"。我们要求省、市、县级党委政府包括企业，都要出台健全安全生产"党政同责"的文件，明确党委负责什么？政府负责什么？目前各省（区市）和 177 个市、1432 个县都已经制定了文件。还没有出台的县回去要抓紧研究，抓紧落实。

二是"一岗双责"。所有领导干部不管负责什么工作，都要负责分管领域的安全生产工作。每位领导都要签订安全生产"一岗双责"责任书。

三是政府主要负责人担任安委会主任。现在全国有 11 个省（区市）、266 个市、2527 个县政府主要负责人担任安委会主任。对于我们县、乡来讲，就是县长、镇长担任安委会主任。这样安委会开会的时候，其他副职都要参加，工作部署和安排就比较到位。

四是安监部门向同级组织部门报送安全生产情况。国家安全监管总局和 26 个省级安监局已经开展这项工作，每季度向组织部门报送安全生产情况，作为干部选拔任用的依据。这也是落实总书记要求的安全生产"一票否决"，希望各个县要抓紧开展，形成制度。

五是落实"三个必须"。即管行业必须管安全，管业务必须管安全，管生产经营必须管安全。希望县委书记一定要把责任体系理顺，所有部门都要落实安全责任，教育局也要负责校车、学生宿舍的安全等问题。比如在青岛"11·22"事故中处理了规划局局长，就是因为规划中没有落实安全第一的原则和要求。这"五个全覆盖"，在我们 50 个煤矿安全重点县中应该率先落实。

二、以更加科学有效的方法抓好煤矿安全工作

50 个重点县煤炭产量规模不足全国十分之一，事故死亡人数却占到四分之一、重特大事故占近三分之一。共同特点：一是矿井规模小，安全保障能力低下。50 个重点县单矿产量 7.7 万吨，为全国水平的四分之一。煤矿采掘机械化程度仅为16%，还有20%的煤矿不能实现正规开采。二是煤炭赋存条件差，瓦斯等自然灾害严重。2789处矿井中，40%以上属于薄煤层和极薄煤层，33%属于高瓦斯、煤与瓦斯突出矿井。三是煤矿企业安全生产主体责任不落实。一些办矿者没有牢固树立安全发展理念，安全投入、安全设施、安全培训、安全管理存在不足，极个别的甚至唯利是图，践踏国家安全生产法律法规。四是政府安全监管能力不足，“打非治违”力度不够。平均每县仅10名安全监管人员。一些监管人员对煤矿非法违法、违规违章姑息迁就。极个别的甚至以权谋私，失职渎职。

煤矿安全年年抓，年年也都见到了一定效果，但是总感觉效果还不够理想，重特大事故时有发生，群死群伤还接连不断。我们要依法治矿、从严治矿，这不是一句口号。那么多煤矿，要达到严格执法的效果，这中间有一条河，我们要解决船和桥的问题。船和桥是什么？国家安全监管总局和国家煤矿安监局反复研究分析，总结了“1+4”工作法，1即握紧一个“方向盘”，认真学习贯彻习近平总书记重要讲话和李克强总理重要批示精神，正确把握全国安全生产和煤矿安全的方向。4即坚持“四轮驱动”，就是贯彻落实“双七条”、警示教育、干部与矿长谈心对话、狠抓50个煤矿安全重点县四项工作。“1+4”工作法，是从严执法、推动安全规定落实的重要举措和途径，要坚定不移地坚持下去，国家的法律法规才能在煤矿真正落实下去。

一是要牢牢坚守发展不能以牺牲人的生命为代价这条“红线”。坚决不要带血的GDP，不要带血的煤，这要作为我们煤矿安全生产总的指导思想。这是总书记、总理的要求，是人民群众的要求，也是我们国家安全监管总局和国家煤矿安监局的要求。安全“红线”意识、安全发展理念必须牢固树立起来。近年来，煤矿和煤炭工业给全社会的概念就是矿难多、矿工伤亡大，很多人有这样的看法。我们必须用安全生产的实际行动、保护矿工生命的实际效果，来树立煤矿和煤炭工业的新形象，树立矿工、矿长和产煤县的良好形象。

二是要认真贯彻落实煤矿安全“双七条”。《煤矿矿长保护矿工生命安全七条规定》（国家安全监管总局令第58号）和煤矿安全治本攻坚七项举措（即国办发〔2013〕99号文），作为煤矿安全重点县的县委书记应该清楚。我们把煤矿安全的规定、规程，聚焦到七条规定这188个字上。简要地讲，就是必须证照齐全，严禁无证照或者证照失效非法生产；必须在批准区域正规开采，严禁超层越界或者巷道式采煤、空顶作业；必须确保通风系统可靠，严禁无风、微风、循环风冒险作业；必须做到瓦斯抽采达标，防突措施到位，监控系统有效，瓦斯超限立即撤人，严禁违规作业；必须落实井下探放水规定，严禁开采防隔水煤柱；必须保证井下机电和所有提升设备完好，严禁非阻燃、非防爆设备违规入井；必须坚持矿领导下井带班，确保员工培训合格、持证上岗，严禁违章指挥。我们制作了宣传册，请大家带回去认真学习，并加强对七条规定贯彻执行情况的监督检查。

同时，还要贯彻落实好七条措施。当前要重点抓好整顿关闭工作。希望各位县委书记认真听一听汇报，深入研究一次。目前煤炭市场供大于求，而且这种局面短期内是不会改变的。第一，煤炭生产能力严重过剩。全国煤炭生产能力50亿吨，去年生产37亿吨，有13亿吨煤的能力放空，而且很多都是新建的高水平、现代化生产能力。现代化的生产能力闲置，一些落后生产能力还在拼命挣扎，从国家整体大局来讲，是不合理的。第二，煤炭需求不会有大的增幅。随着经济发展方式转变和产业结构调整，二产在GDP中所占比重逐步下降，三产比重逐步上升。耗煤量大的二产不断调整结构，高新技术产业越来越多，传统产业越来越少，煤炭消费量越来越小。再加上节能、降耗、环保上的硬约束，PM2.5的治理，都决定了煤炭的需求不会有大的增长。第三，新能源发展迅速。国家现在大力发展核电，一公斤可以裂变的铀相当于2500吨煤，我国稀土资源还比较丰富，稀土提炼的金属铀的产量已经上来了，核电技术也在不断进步，将对煤炭发电是一个很大的替代。另外，水力、太阳能、风能等新能源发电也都在发展。第四，煤炭大量进口。去年煤炭进口3亿吨，今年上半年已经达到1.57亿吨，国外的煤炭比国内同类煤炭便宜50元，很有竞争力。所以，小煤矿确实已经没有生命力，与其挣扎着最终被淘汰，不如早点采取措施、整顿关闭，推动产业转型升级。周二王勇国务委员在四川主持召开煤矿整顿关闭现场会，亲自到两个关闭的矿井实地察看，推广四川“五家抬”的做法，即关小煤矿所需的资金，国家拿一块，省里拿一块，市里拿一块，县里拿一块，然后承接资源的企业再拿一块。四川去年一年就关闭了430多处，占9万吨以下小煤矿的近一半。特别是内江市威远县县委书记曾云忠对科学发展观，对总书记的重要论述，对省委省政府的要求贯彻，理解得很到位，整顿关闭做得最好，这个县上半年没有发生煤矿死亡事故。

小煤矿确实太危险了，即便再精心，再按规定办，由于不具备基本的安全条件，也很难保证安全。一个县小煤矿太多，就会严重威胁安全生产，给县长和县委书记，包括市长、市委书记，省长、省委书记带来很大压力。去年因安全生产事故追究了6个副省级、40多个厅局级、100多个处级干部的责任。今年4月，云南曲靖接连发生的“4·7”透水、“4·21”瓦斯爆炸两起重大事故又处理一批干部，说心里话我们真的不忍心处理，这些市长、县长、县委书记都很年轻，而且干得很好，为了事故受到处理会影响一辈子。所以，扬汤止沸，不如釜底抽薪。县委书记要下定决心，为了人民群众的生命安全，为了矿工不再付出生命，这点煤宁可不要，能关的尽可能关，能早关的尽可能早关，忍痛割掉一点利益来保住平安。

三是要狠抓警示教育。刚才大家都看了警示教育片，肯定会受到教育。四川泸州桃子沟煤矿“5·11”瓦斯爆炸事故，造成28人死亡。煤矿实际控制人被判20年，在监狱接受采访时他也是声泪俱下。泸州市市长，泸县县长、县委书记都被给予党政纪处分。安全生产不仅关系到国家利益、人民利益，还关系到党的执政地位。我们共产党执政，必须让老百姓拥护才行，必须实现社会和谐稳定、科学发展。如果还停留在这样的安全条件下，让矿工生命没有保障，这和“立党为公，执政为民”的要求是格格不入的，是不允许的。所以，警示教育一定要抓好，这个片子大家可以带回去，在县委常委会、党政联席会和县电视台上放一放，让大家切实受到教育，减少事故伤亡。警示教育要坚持“四个看待”：把历史上的事故当成今天的事故看待，警钟长鸣；把别人的事故当成自己的事故看待，引以为戒；把小事故当成重大事故看待，举一反三；把隐患当成事故看待，杜绝侥幸。真正做到“一矿出事故、万矿受教育，一地有隐患、全国受警示”。鲜血和生命换来的教训，绝不能再用鲜血和生命去验证。

四是要跟矿长谈心对话。今年以来，我们结合群众路线教育实践活动，组织了全系统1300多名干部，包括国家安全监管总局和国家煤矿安监局领导以及机关每位司局长，包括有些省、市、县的领导也都出面，深入全国所有煤矿与矿长谈心对话。我的任务是与50位矿长谈话，与矿长当面锣、对面鼓，面对面地谈心，讲党中央、国务院的要求，讲安全生产的重要意义，讲安全生产法律法规，激发矿长保护矿工生命安全的责任感、使命感。到今年6月底，全国15600多位矿长，我们全覆盖地谈了一遍，效果非常好。已经16个月没有发生30人以上的特别重大事故了，这是历史上最长的安全时段。50个县中最多的有98个煤矿，希望各位县委书记，能够当面与矿长谈一谈，跟矿长交朋友，互动一下，听取一下他们的意见建议，共同做好煤矿安全工作。

五是要抓好煤矿安全重点县的工作。面上的工作要先抓好三分之一，盯住关键，抓住重点。全国产煤省份有26个，产煤县有772个，平铺直推，一般性地抓，效果很差。我们这些县的煤矿煤炭赋存条件差，普遍矿井规模小，瓦斯等自然灾害严重，安全保障能力低下，事故相对多发。所以我们就突出50个重点县，由国家安全监管总局和国家煤矿安监局特别监管，特别下点功夫，一竿子插到底。作为煤矿安全重点县，县委书记就要比别的县委书记在煤矿安全上花的更多工夫，希望大家多挤出一点时间，多挤出一点精力，经常研究，经常深入督查检查，推动各项工作落实。今年上半年，效果就非常明显，上半年50个重点县煤矿事故死亡人数下降31.5%，高于全国25.3%的平均水平，有23个县没有发生煤矿死亡事故。这样的成绩很了不起，所以感谢大家做的大量艰苦细致的工作。工作没有白做的，当不当重点抓不一样，重视和不重视又不一样，书记重视和书记不重视那就更不一样了。所以，希望大家还是要高度重视，继续抓紧抓好。

三、统筹兼顾，切实抓好相关行业领域的安全生产工作

一是道路交通特别是危化品运输安全。2012年以来发生的3起特别重大道路交通事故（2012

年“8·26”包茂高速事故、2014年“3·1”晋济高速事故、2014年“7·19”沪昆高速事故），都是危化品运输事故。这要引起我们高度重视，这些事故一定要弄明白，教训是什么？原因是什么？要有针对性的措施。鲜血换来的教训，要吃一堑长一智，不能出过事故就忘记了。特别是要加强危化品运输安全，目前违法改装、认证、挂靠、转包等问题非常突出。我们已经会同交通运输部，采取有力措施，坚决打击。请县委书记们亲自到县里的这些关键位置去看一看，有没有这些问题。现在全国每天发生800余起事故、死亡150人，80%是道路交通事故。不要疲劳驾驶、超员超载、酒后驾车，这些都要千叮咛万嘱咐。

二是油气输送管道安全。去年以来，针对青岛“11·22”事故暴露出的问题，全国开展了油气输送管道隐患排查，12万公里油气输送管道查出3万多处隐患，分为三种情况，安全距离不足、违法占压、违规交叉穿越。国务院安委会已经部署用3年的时间，开展隐患攻坚战。我们这些县要查一查有没有？县城的规划一定要服从安全，要积极整改隐患，发现油气管道上有幼儿园等公共设施的重大隐患，要斩钉截铁、旗帜鲜明、快刀斩乱麻地提出硬性要求，要不管线搬迁，要不幼儿园搬迁，起码要停止使用。绝不能前面走，后面出事。

三是危化品和烟花爆竹安全。我们这些县可能不是危化品和烟花爆竹的重点县，但如果县里有，也要重点抓好。认真落实危化品和烟花爆竹安全生产“双十条”，严防重特大事故。

四是城市燃气和消防。现在很多县的煤改气发展很快。燃气如果没有安全使用，也是吃人的老虎。一个楼上50户，有1户不注意关阀门，就会对整个楼的安全造成很大威胁。要加强安全监管、安全宣传，加强巡查和监控，确保安全用气。要加强“三合一”“多合一”场所清理，深化消防安全大排查、大整治。

五是非煤矿山和尾矿库。大量小矿山污染环境，事故多发，破坏资源，没有多少效益和GDP。今年目标是再关闭5800座，各县要加大工作力度。同时，要严把新建矿山准入关，防止前面关后面建。要加强汛期尾矿库安全监管，防范溃坝、垮坝事故发生。

四、对各位县委书记的几点希望

一是要把保护矿工生命安全作为首要职责。生命安全是人民群众的最根本、最重要的利益。维护人民群众的生命安全利益是我们党的根本宗旨决定的，是各级党组织和党的领导干部的职责所在。要紧密结合正在开展的教育实践活动，深刻认识践行党的群众路线和搞好安全生产的内在联系，真正把安全生产摆上党委、政府的重要日程。否则出了事故就是大事情。韩国“4·16”岁月号客轮沉船事故，造成302人遇难，就是由于政府只重视效益不重视安全。土耳其马尼萨省索马地区的“5·13”矿难，导致全国大罢工、大游行。湖南邵阳“7·19”道路交通危化品爆炸事故，把湖南省的工作全部打乱了。所以，县委书记要清楚认识孰轻孰重。

二是要亲力亲为，亲自动手抓。习近平总书记在亲力亲为抓好安全生产工作方面，为我们做出了表率。目前绝大多数的省委书记、市委书记都积极行动起来了。我们这个体制是党委统揽全局。比较难的工作，比较热点的工作，党委不上手、书记不上手就很难盯得住。千难万难，“一把手”上手就不难。就一个县来讲，县委书记上手我认为没有解决不了的困难，没有克服不了的困难。我们党就是有这个威信，有这种政治优势。希望我们的县委书记，挤出时间，重视一下煤矿安全生产，有一些重点问题甚至要亲自上手、亲力亲为，切实保护矿工的生命安全。

三是要注重工作方法，提高工作效能效果。煤矿安全生产有其内在规律特点，一定要方法对头、措施得力。一是要善于抓主要矛盾。我们做任何工作，都要善于抓关键，抓重点，而不是平铺直叙，“眉毛胡子一把抓”。主次不分，没有关键，找不着重点，这样工作不可能抓好。煤矿安全是个大难题，矿长就是煤矿安全的关键所在。必须抓住矿长的心，促进矿长领会上级精神，思想受到触动，入脑入心。这样才能牵住煤矿安全生产的“牛鼻子”。二是要认真。凡事最怕“认真”二字，认真对待，功夫下到了，就没有做不好的。煤矿安全工作是与自然灾害做斗争，必须求真务实、真抓实干。思路要清晰，方案要具体，认认真真、扎扎实实地抓。三是要组织动员各方面力量齐抓共管。党委政府要统一领导，各级领导要落实“一岗双责”，各个部门齐抓共管，把安全生产的压力层层分解传递下去。安全生产必须人人关心，人人操心，人人尽责，才能有效防范事故。四是要有布置、有检查、有总结、真落实。这是做好工作的基本规律。做好煤矿安全工作，必须要有动员和部署，精心组织，精心安排，不打无准备之仗。抓工作要有要求，有典型，有具体指导；工作结束后有总结，有表扬，有批评，有新的安排和要求，使煤矿安全工作进入持续改进、持续提高的良性循环。

四是要善于抓煤矿安全的重点工作。对重要时段、关键环节、重点单位的煤矿安全生产，以及打非治违、整顿关闭、隐患治理等重大问题，县委要及时提出要求，必要时要开会专题研究。要抓好煤矿安全生产各级领导责任制的建立健全和贯彻落实，严格实行安全生产“一岗双责”，加强监督考核，提高安全生产在政绩业绩考核中的权重，实行较大以上事故“一票否决”。煤矿出现重大险情时，要及时赶赴现场，组织协调公安、武警、矿山救援、医疗等各方面力量，开展抢险救援。要协助国家煤矿安全监察机构做好事故调查和责任追究，落实党政纪处分和刑事责任追究，严查事故背后的失职渎职和腐败行为。

五是要重视加强安监干部队伍和班子建设。50个重点县的安全生产形势和执法环境严峻，广大安监干部责任重、压力大。县委县政府一方面要严格要求，提升他们坚守“红线”、敢于担当、善抓落实、改革创新、廉洁自律“五个能力”，另一方面要关心他们、爱护他们，配齐配强县级安监机构、煤炭行业管理机构领导班子，把那些责任心强、业务精通、作风扎实的干部，选拔配备到安监岗位上来，对工作中做出成绩的要及时表彰，对品质优秀、成绩显著的安监干部要提拔重用，形成激励机制。

县委书记很辛苦，上面千条线下面一根针。希望大家一定要认真贯彻落实总书记重要讲话、总理的重要批示精神，强化“红线”意识，牢固树立以人为本、安全发展的科学理念，把保护人民群众生命安全始终放在首位，把安全生产摆上重要日程，切实加强领导，落实责任，把工作抓实抓细抓好。也希望你们把开展工作中遇到的困难和问题，以及你们创造的一些好经验好做法，及时反映上来。我们共同努力，把50个重点县的煤矿安全生产搞好，促进全国安全生产形势的进一步稳定好转。

国家安全生产监督管理总局主要负责人在宣传贯彻新修订的《安全生产法》视频会议上的讲话(摘要)

(2014年9月26日)

今年8月31日，国家主席习近平签署第十三号主席令，公布了《全国人民代表大会关于修改〈中华人民共和国安全生产法〉的决定》。这是安全生产法制建设史上的一件大事，是党中央依法治国方略在安全生产领域的体现。今天我们召开视频会议，主要是学习《安全生产法》修订案，深刻领会法律修订案的基本精神，切实掌握法律构建的新制度、新规范和新要求；同时对新《安全生产法》的宣贯实施工作做出安排部署，以新《安全生产法》的出台实施为契机，加大执法力度，加强依法治理，加快推进安全生产法治化进程。

一、党和国家高度重视安全生产法制建设，全国人大法工委指导、组织了《安全生产法》的修订工作

习近平总书记多次发表重要讲话，深刻论述了安全生产“红线”、安全发展战略、安全工作责任制、企业主体责任、长效机制建设等重大理论和实践问题，明确指出要严守“发展决不能以牺牲人的生命为代价”这条“红线”，要“加快实施安全发展战略”，抓紧建立“党政同责、一岗双责、齐抓共管”的安全生产责任体系等，为修订《安全生产法》、加强安全生产法制建设提供了明确指导和根本遵循。李克强总理多次作出重要指示。张德江委员长两次主持召开会议，研究审议《安全生产法》修订案，强调要把多年来在安全生产领域的制度创新和工作创新成果写进修订案，并注意把握好“五个有助于”，即：有助于强化各级领导安全生产责任，有助于解决好安全生产和安全监管的“摆位”问题，有助于强化企业主体责任，有助于促进安全生产工作在基层得到落实，有助于强化责任追究。所有这些，都有力地推动了《安全生产法》的修订工作。

全国人大法工委为《安全生产法》的修改和颁布，付出了艰辛努力。在国务院法制办前期工作的基础上，全国人大法工委的领导和同志们，多次深入企业，深入市县基层，召开座谈会，进行调查研究，逐条研究修改意见，逐字逐句推敲论证。全国人大常委会初审后，又针对提出的修改意见，再次组织力量到各地调研，不断规范完善修订案，保证了二审的顺利通过。全国人大法工委这种严谨的工作态度和务实的工作作风，非常值得我们学习。

安监系统各级领导干部和广大干部职工，要从贯彻落实习近平总书记安全生产重要讲话精神、坚守安全“红线”、维护人民生命安全的高度，从贯彻落实党中央依法治国方略、建设社会主义法治国家的高度，从建立安全生产长效机制、实现长治久安的高度，充分认识这次《安全生产法》修订工作的重大意义，抓住新《安全生产法》颁布实施的有利时机，努力学法、知法、用法，推动安全生产法治建设新进程。

二、深刻理解新《安全生产法》的基本精神，准确掌握新《安全生产法》的新亮点

这次《安全生产法》修改的内容很多，刚才阚珂主任已作了全面深刻的解读。概括地讲，新《安全生产法》充分体现了习近平总书记关于安全生产重要讲话精神，贯彻了党中央、国务院近年来关于加强安全生产的一系列重大决策部署，确立了以人为本、安全发展的指导原则，丰富完善了安全第一、预防为主、综合治理的方针，进一步解决了安全生产“摆位”问题，强化了生产经营单位安全生产主体责任，加大了政府安全监管执法和责任追究力度。按照这个基本精神和主要思路，着重从以下几个方面进行了修改：

一是提出了一系列安全生产工作新理念。把近年来在安全生产工作中形成的一些思想理念，上升到了法律规定的层面。如明确了安全生产的目的是保障人民群众的生命和财产安全，促进经济社会持续健康发展；安全生产工作应当坚持以人为本，把人的生命安全放在首位：安全生产应当树立科学发展、安全发展的理念；安全生产工作应当坚持安全第一，预防为主，综合治理的方针；应当制定安全生产规划，把安全生产纳入国民经济和社会发展的总体布局等一系列新的思想理念。所有这些，都有助于切实解决安全生产的“摆位”问题。

二是强化了生产经营单位的主体责任。生产经营单位是生产经营活动的主体，也是安全生产工作责任的承担主体。生产经营单位的主体责任，是指生产经营单位依照法律法规规定，应当履行的安全生产法定职责和义务。新《安全生产法》从18个方面对安全生产的主体责任进行了规定，在此基础上，本法还对生产经营单位主要负责人、安全生产管理机构及管理人员的职责作了明确界定（两个七条）。这样更便于生产经营单位和执法部门对照执行，有利于把生产经营单位的主体责任落到实处。

三是进一步强化了政府监管和社会监督。本法在强化政府监管和加强社会监督方面提出了一系列新的措施，与原法相比，其力度明显加大，可执行性和可操作性更强。按照习近平总书记“三个必须”的要求，明确了安全监管部门的执法地位和监管职责，同时将安全监管职责向乡镇政府及地方政府派出机关进一步延伸，赋予了安全监管执法部门查封、扣押、停供、关停、加重处罚等必要的强制性措施；强化了工会对安全生产工作的民主管理和民主监督；增加了对存在严重违法行为单位公示的规定，强化了社会监督。在此基础上，提出要建立生产经营单位负责、职工参与、政府监管、行业自律和社会监督的机制，目的是形成安全生产工作齐抓共管的合力。

四是加重了对责任单位和责任人的责任追究。新《安全生产法》将行政法规的规定上升为法律条文，按照两个责任主体、四个事故等级，设立了对生产经营单位及其主要负责人的八项罚款处罚明文。大幅提高对事故责任单位的罚款金额：一般事故罚款20万元至50万元，较大事故50万元至100万元，重大事故100万元至500万元，特别重大事故500万元至1000万元；特别重大事故的情节特别严重的，罚款1000万元至2000万元。增加了对企业负责人的处罚规定，对未履行安全管理职责导致事故发生的，按照事故等级，处以上年收入30%、40%、60%、80%的罚款；如果有瞒报、谎报、不立即组织抢救或在事故调查处理期间擅离职守或逃匿的，最高可以处以上年收入100%的罚款。明确主要负责人对重大、特别重大事故负有责任的，终身不得担任本行业生产经营单位的主要负责人。

同时，新《安全生产法》还进一步健全完善了安全生产管理制度，建立了重大事故隐患治理和督办制度、安全生产标准化制度、注册安全工程师制度、安全生产教育和培训制度、安全生产责任保险制度、生产安全事故应急救援和调查处理制度等。

三、抓好新《安全生产法》的宣贯实施工作，做到家喻户晓人人皆知，全社会遵法守法

《安全生产法》修订案发布后的20来天里，各级安监机构按照国家安全监管总局的部署和要求，开展了各种形式的学习、宣传和贯彻活动，也取得了初步的成效。从现在起到法律修订案12月1日正式施行，还有两个多月的时间。各地区、各单位要抓住这段时间，高度重视起来，紧急动员起来，迅速行动起来，调动各方面积极性，运用各种方法途径，掀起一个学习的热潮、宣传的热潮、贯彻落实的热潮。为新《安全生产法》的正式施行，营造浓厚的舆论氛围，创造有利的执法环境，奠定坚实的思想基础和群众基础。

一要形成强大的舆论宣传声势。要通过召开新闻发布会，在《人民日报》、中央电视台等主流媒体发表解读文章、开展专题访谈，举办知识竞赛，拍摄专题片、制作动漫等多种方式广泛进行宣传贯彻，切实做到全覆盖。要研究制定宣传贯彻新《安全生产法》的具体办法，充分利用各类媒体和群众喜闻乐见的方式，宣传普及新《安全生产法》的主要内容。国家安全监管总局将向全国2000多万家生产经营单位负责人发出公开信，阐述新《安全生产法》的基本精神和新亮点，要求企业负责人学法知法、遵法守法，依法搞好安全生产。

二要开展学习培训。通过举办培训班、研讨会和讲座等方式，对省级政府有关部门和市（地）、县（市、区）、乡（镇）政府负责人进行专门培训。各级安全监管监察部门要分期、分批组织安全监管监察执法人员学习，国家安全监管总局机关各司主要负责人、地方各级安全监管部门主要负责人要亲自授课。对生产经营单位要有计划、分层次地推动生产经营单位负责人、安全生产管理人员、从业人员的教育培训工作。新《安全生产法》的学习培训也要做到政府部门负责人、企业主要负责人及安全管理人员、部门安全监管执法人员全覆盖，让安全监管部门、生产经营单位及其相关人员了解、明确生产经营活动中的法定权利和义务，自觉做到学法、懂法、守法。

三要做好新《安全生产法》实施前的相关准备工作。国家安全监管总局将研究制定一些实施细则，抓紧《安全生产法实施条例》的起草工作。各地要从实际出发，制定修订地方性配套法规规章。依据新《安全生产法》的规定，抓紧制定完善安全生产行政执法的相关规定，进一步规范执法行为，严格执法程序，确保新《安全生产法》的要求落实到位，确保相关行政审批事项的调整和监管措施落实到位，确保事故追责工作落实到位。

四要领导带头。各级安监部门要把新《安全生产法》的宣传贯彻作为当前的一项重要任务，切实加强领导，明确责任，抓好落实。主要负责人要亲力亲为、亲自动手抓。一是带头学习，率先掌握新《安全生产法》重要的法律规定；二是带头宣传，深入工厂、矿山和基层，面向企业负责人，面向职工群众，面向县乡村干部，面对面开展宣讲，解疑释惑；三是带头贯彻，尤其要正确履行新《安全生产法》赋予安监人员的职责，敢于拿起法律这个武器，严惩非法违规行为，坚决维护国家法律尊严、政府监管权威和人民群众的安全权益。同时要调动各方面积极性，加强配合协调，形成宣传贯彻的强大合力，推动安全生产法治建设迈上新台阶。

四、加强安全防范，确保国庆节和四中全会期间全国安全生产形势稳定

今年以来，全国安全生产形势总体稳定，1—8月各类事故起数和死亡人数同比下降2.7%和9.4%，发生重特大事故28起、死亡552人，同比分别下降24.2%和14%。但面临的形势依然严峻，重特大事故仍时有发生，9月22日湖南醴陵一花炮厂发生爆炸事故，已造成13人死亡，33人受伤。

“十一”国庆节即将来临，党的十八届四中全会即将召开。各地区、各单位要充分认识做好当前安全生产工作的极端重要性和紧迫性，强化“红线”意识，切实加强领导，落实责任，狠抓各项安全措施落实，严密防范各类生产安全事故发生，确保人民群众过一个欢乐、祥和、平安的节日，为党的十八届四中全会胜利召开创造良好稳定的安全生产环境。

一要全面排查治理安全隐患。各地区、各有关部门和单位要针对节日期间安全生产特点，切实加强煤矿、金属非金属矿山、尾矿库、危险化学品、烟花爆竹、油气输送管道、交通运输、建筑施工、消防、冶金等重点行业领域安全监管，突出重点地区、重点部位、重点环节、重点时段和重点单位，全面彻底排查治理隐患。对不具备安全生产条件、存在重大隐患的，一律责令停产整顿，并落实监管措施，严防发生重特大事故。要认真分析国庆期间群众出行大量增加的实际情况，深入开展道路交通安全大检查，强化隐患排查治理和路面巡查执法，严厉打击各类交通违法违规行为，严格落实长途客运班车凌晨2至5时停车休息制度，强化对运输危险物品车辆通行高速公路隧道的安全监管。要加强人员密集场所消防安全管理，严格落实各类游园及群众性庆祝活动的安全防范措施，严防火灾和拥挤踩踏等群死群伤事故，真正做到国庆活动安全有序、万无一失。

二要深入开展“六打六治”打非治违专项行动和粉尘防爆专项治理。要继续保持高压态势，加大工作力度，深入开展“六打六治”打非治违专项行动和粉尘防爆专项治理。要在前一阶段全面排查和企业自查自纠的基础上，加大联合执法力度，对非法违法、违规违章行为进行严厉打击和整治。坚持“零容忍、严执法”，对照国务院安委会关于集中开展“六打六治”的通知要求，以及严防企业粉尘爆炸“五条规定”，严格落实停产整顿、关闭取缔、上限处罚、追究法律责任“四个一律”措施，确保打出成效。要采取“四不两直”的方式，加大暗访暗查、突击抽查力度，依法严肃查处每一起非法违法行为，严格落实隐患排查治理责任制，做到彻查隐患、及时整改。

三要深化重点行业领域安全专项整治，推动治本攻坚。全面贯彻落实煤矿安全“双七条”、非煤矿山安全五个“十条规定”，打好50个煤矿安全重点县和50个金属非金属矿山安全重点县攻坚战。严格贯彻落实危险化学品、烟花爆竹安全“双十条”，推动相关企业搬迁、退出。深化油气输送管道、城市燃气和消防安全专项整治，确保管道管网平稳运行、人员密集场所安全可控。深化道路交通安全专项整治，加快道路安全生命防护工程建设，加强隧道交通、危险化学品运输和长途客车、旅游包车的安全整治，全面清理整顿长途客运班线和客运企业，危险化学品运输车辆必须安装紧急切断装置。贯彻落实好国家安全监管总局、交通运输部、住房城乡建设部、国资委、铁路局等五部门关于隧道施工安全的“九条规定”，强化隧道交通建设管理。深化尾矿库安全整治，继续加大对危、险、病尾矿库的治理力度，加快整改，提升安全等级，严防溃坝事故发生。继续深化建筑施工、民爆器材、水上交通、农机、特种设备等行业领域安全专项整治。

四要加强应急管理。严格执行领导带班和关键岗位24小时值班制度，一旦发生事故或紧急情况，立即启动应急响应，地方人民政府及其有关部门负责人迅速赶赴现场，在第一时间组织开展应急救援工作。

全系统各级领导干部要进一步转变作风，真抓实干。建立健全、认真执行煤监干部下矿井、安监干部下工厂制度，加强现场检查和现场指导，掌握真实情况，解决实际问题，扎实有效地推动工作。要牢记总书记“打铁还需自身硬”的要求，严格执行中央八项规定和国家安全监管总局党组的“六条措施”，切实加强党风廉政建设，使我们这支队伍始终保持旺盛的精神状态和良好的工作作风，忠实地履行党和人民赋予的神圣职责。

国家安全生产监督管理总局副局长杨元元在全国安全生产政策法规工作会议上的讲话（摘要）

（2014 年 7 月 31 日）

这次会议的主要任务是：深入贯彻落实习近平总书记、李克强总理关于加强安全生产工作的一系列重要指示精神，紧密结合安全生产政策法规工作实际，认真分析新形势下安全监管监察政策研究和依法行政工作的规律特点，总结交流经验，针对存在的差距和问题，研究采取更加有效的措施，进一步加强安全生产政策研究和法制建设，加快形成较为完善的安全生产政策体系和严密规范的安全生产法治秩序，努力推进安全监管执法水平再上新台阶，促进全国安全生产形势实现根本好转。下面我讲三点意见：

一、安全生产政策法规标准工作取得明显成效，同时也面临严峻挑战

加强安全生产的政策、法规和标准建设，是安全生产领域贯彻落实“依法治国”方略，建立依法、科学、长效监管机制，推动实现安全生产长治久安的必然要求和根本举措。国家安全监管总局党组对这方面的工作一向十分重视。国家安全生产监管体制改革以来，总局在推动安全生产政策体系建设、加强安全生产法律法规和标准制修订工作，建立和完善安全生产各项制度等方面，采取了一系列切实有效的办法措施。地方各级安全监管监察机构不断研究制定新政策和新措施，不断创新执法理念，深入探索建立联合执法机制，有力地推动了安全生产政策研究、法制建设和依法行政各项工作，取得了很好的效果。

一是政策研究稳步推进，初步建立了一套与安全生产实践相适应的安全生产政策体系。自国务院成立负责安全监管的直属机构以来，专门为安全生产发了三个重要文件：分别是《国务院关于进一步加强安全生产工作的决定》（国发〔2004〕2 号）、《国务院关于进一步加强企业安全生产工作的通知》（国发〔2010〕23 号）和《国务院关于坚持科学发展安全发展促进安全生产形势持续稳定好转的意见》（国发〔2011〕40 号）。这三个文件，各有侧重，相互衔接，一脉相承，共同构成了国务院关于加强安全生产工作的政策体系。特别是国发〔2011〕40 号文件，对于推进安全生产工作向更高层次的发展具有更加重大的意义。此外，以国务院办公厅、国务院安委会名义印发了 30 余件有关加强安全生产工作的重要规范性文件。为贯彻落实以上文件精神，安全监管总局和国务院其他有关部门下发了近百件规章及规范性文件，内容涉及安全监管执法、事故调查处理、重点行业领域安全专项整治、打非治违、领导现场带班、提取安全生产费用、安全生产风险抵押、安全生产责任保险等各个方面，这些文件比较系统地构成了安全生产政策体系，为安全生产形势的持续稳定好转起到了重要的引领和推动作用。

二是法制建设不断加强，基本形成了较为健全的安全生产法律制度体系。（1）基本建立了以《安全生产法》为主体，由国家相关法律法规、部门规章和标准规程等所构成的安全生产法律法规体系，安全生产各方面工作大致上都可以做到有法可依、有章可循。目前，全国人大常委会正在审议《安全生产法（修正案）》，有望近期公布。（2）基本形成了安全生产行政执法、行政审批等工作规范，包括工矿商贸和安全生产综合监管、煤矿安全“三项监察”（重点监察、专项监察、定期监察）、安全生产许可和建设项目安全设施“三同时”审批、行政处罚、行政复议，以及执法检查、执法监督、执法责任追究等，都有一套比较严格的制度和相对严谨的程序。（3）基本建成了一支与日益繁重的安全生产工作任务相适应、能够依法履行职责使命的安全监管监察执法队伍，目前全国安全生产监管监察和执法机构人数达10万余人。这支安全监管监察执法队伍，是党和国家安全生产方针政策、法律法规贯彻实施的重要保障。（4）初步建立了安全生产法治秩序，通过持续的“打非治违”、重点行业领域专项整治和执法力度不断加大，各类企业安全生产法制观念和全社会安全生产法律意识有了很大提高，遵法守法、依法依规搞好安全生产，已然成为全社会的共识和大多数企业的自觉行动。（5）地方安全法制建设同步推进。全国31个省（区、市）全部出台了安全生产地方性法规，广东、上海等7省（市）已对安全生产条例进行了修订。北京市安全监管局制定了《法规规章贯彻实施办法》，编制完成了《安全生产法制化三年行动计划》。湖南省安全监管局制定了《湖南省安全生产监督管理机关行政检查暂行办法》。山东煤矿安监局制定了不同人员和专业的《保护矿工生命安全七条规定》。还有其他各省（区、市）都制定了一些很好的规定。

三是标准工作持续用力，安全生产技术标准体系得到不断丰富和完善。多年来，逐步建立和完善了以安全生产需求为导向的标准立项机制，严格立项程序，增强标准立项的科学性与合理性。着力做好安全生产标准的制修订工作，国家安全监管总局和国家标准化管理委员会共计制定发布了434项安全生产国家标准和行业标准。这些标准的颁布实施，对落实企业安全生产主体责任，完善安全生产行业标准体系，推动技术进步和产业结构调整升级发挥了重要支撑作用。

在充分肯定成绩的同时，应当更加清醒地看到安全生产政策法规和标准建设工作中存在的问题和差距，认清面临的严峻挑战。

从外部环境看：目前我国正处在工业化、城镇化加速发展时期，社会生产规模、从业人员队伍急剧扩大，一些地方和企业受政绩和利益驱动，不能正确处理安全生产与发展地方经济、提高企业效益的关系，容易出现忽视安全生产的倾向；加之经济成分多样化，一些生产经营单位的背景复杂、关系错综，个别非法业主甚至采用不正当手段腐蚀拉拢执法人员，寻求庇护。安全生产依法行政特别是行政执法工作的阻力大、困难多，执法环境严峻。

从内部因素看：各级监管监察人员的依法行政能力和执法水平还有待于进一步提高。目前仍有一些同志对安全监管监察机构的职责和职能认识不清，职责履行不到位，没有把建设法治政府的工作任务和依法行政的相关要求真正落到实处；一些监管监察人员依法行政意识比较淡漠，存在着重行政措施轻法律手段、重执法内容轻执法程序等问题；一些执法机构和执法人员思想顾虑过多，常常抹不开情面，跳不出关系网，失之于软、失之于宽，执法不严、执法不公，不能有效维护国家安全生产法律尊严、政府安全监管权威和人民群众安全权益。个别的甚至滥用安全生产行政权力，以权谋私、徇私枉法、失职渎职，严重败坏了安全监管监察机构和执法队伍的形象。

从政策法规本身看：政策研究超前意识不强，紧密围绕国家安全监管总局重点工作部署开展政策研究有差距，对安全生产工作中预防治本的措施研究不深入；《矿山安全法》等法律法规制修订的进度不快，尚不能全面适应强化依法行政和依法治安的需要；推进法规标准立改废工作薄弱，尚未形成立法、执法、修法情况反馈工作机制；工作创新意识不强，政策法规创新的思路和办法不多。

我们一定要从安全生产工作和事业长远发展的战略高度，充分认识加强安全生产政策、法规和标准建设的重要性和紧迫性，进一步增强依法依规全面加强安全生产工作的自觉性和坚定性，按照党中央、国务院的部署和要求，紧密结合安全生产领域的实际，把安全生产政策、法规和标准建设作为一项全局性、战略性和基础性工作，摆到应有的重要位置上来，采取行之有效的办法措施，切实抓紧抓好，抓出新的成效。

二、加强政策研究，为做好安全生产工作提供强有力的政策支持

政策研究是一项十分重要的工作。要高度重视政策研究工作，研究大政方针政策，当好领导的参谋助手，通过前瞻性的研究，为开展具体工作提出建设性的意见。下一步，要着力在以下几个方面深入研究：

一要认真学习贯彻中央领导同志重要讲话精神，加强安全生产政策理论体系研究。近年来，习近平总书记相继发表了一系列重要讲话，深刻论述了安全红线、安全发展战略、安全生产责任体系等重大理论和实践问题，为做好安全生产工作提供了强大思想武器和根本遵循。李克强总理先后作出重要批示指示，进一步明确了当前安全生产工作的重点任务和关键环节。马凯副总理和郭声琨、王勇国务委员多次召开会议研究部署工作。为深入学习贯彻中央领导同志的重要讲话精神，国家安全监管总局采取了一系列重要措施，在全系统内掀起了学习贯彻的热潮。各地区党委政府主要负责同志纷纷召开党委常委会、政府常务会议谈体会、提要求，真正站到了安全生产工作第一线。截至7月下旬，全国32个省级统计单位中已有13个省（区、市）出台文件，就贯彻落实总书记、总理的要求，建立健全和严格实行“党政同责、一岗双责、齐抓共管”的安全生产责任体系等作出明确规定，并制定了具体的考核制度，其他各单位的文件也都在起草报审之中；有11个省（区、市）和74.5%的市级、73.6%的县级政府主要负责人担任安委会主任。国家安全监管总局抓住有利时机，明确要以最坚决的态度，坚守红线，推进安全发展；以最严格的要求，强化安全生产责任落实；以最严厉的手段，深化隐患排查治理，严肃事故责任追究；以最有效的措施，营造安全生产的浓厚氛围；以最大的勇气，推进安全生产改革创新；以最严明的纪律，加强安全监管队伍建设。这些措施已经初显了总局贯彻落实总书记重要讲话精神，推动安全生产理论和实践创新的脉络。要沿着这一脉络继续用力，深入研究，丰富和完善相关政策，逐步形成能够指导推动安全生产持续稳定发展、长治久安的强大政策理论体系。

二要结合城镇化、市场化、国际化的经济社会发展战略需求，加强安全生产的规律和特点研究。城镇化、市场化、国际化是国家现代化的重要标志，也是未来社会发展的主要趋势，其进程中的安全生产必有内在规律可循，这是下一步安全生产政策研究工作的重点之一。今年3月份，党中央、国务院印发了《国家新型城镇化规划（2014—2020年)》，明确了未来城镇化的发展路径、主要目标和战略任务。随着城镇化、信息化、国际化的快速发展，人口、资源、环境与发展之间的矛盾日益突出，各类风险逐渐累积、日趋复杂，这必将使安全生产工作迎来新的更加严峻的挑战。我们要站在时代和历史的高度，登高望远，开阔眼界、与时俱进，把握新形势下出现的新矛盾，增强安全生产工作的前瞻性和预见性。要围绕工业化、城镇化和市场化过程中，生产集中度和人员密集程度提高之后，如何有效防范重特大事故，以及大量农民工转移劳动岗位、产业工人队伍结构发生变化的情况下，如何加强从业人员的培训教育；在市场化条件下如何运用法律手段，健全完善安全生产法律法规体系，促进政府监管主体和企业责任主体到位；在国际化环境中如何既学习借鉴国外先进技术和管理，又能够有效防范国际低端产业转移和资本输出可能带来的隐患问题等，深入进行探索，更好地把握安全生产的规律特点，努力掌握安全生产工作的主动权。

三要认真总结安全生产实践经验，加强安全生产的隐患排查治理和预防控制体系研究。事故源于隐患。为了有效地排查治理隐患，把隐患消灭在萌芽状态，近年来国家安全监管总局进行了广泛深入的探索和研究，各地区也都做了大量的艰苦细致的工作，积累了宝贵的经验。为了发挥好经验的指导和推动作用，重点推广了北京市顺义区的隐患排查治理体系和神华集团的风险预控管理体系。各地区在学习借鉴的基础上，可结合本地区、本单位实际研究制定更加科学的办法，推动隐患排查治理和风险预控管理向着更加科学化、自动化的方向发展。

四要着眼于建立安全生产长效机制，加强旨在实现安全生产状况根本好转的安全发展战略研究。从安全生产到安全发展，是一次重大飞跃，它拓展了安全生产的内涵和外延，使我们对安全生产的认识提升到新的境界；从安全发展理念到安全发展战略，是又一次重大飞跃，它使一种意识理念变成了行动纲领，标志着我们党和政府正在着眼于从战略的高度来研究和解决安全生产上存在的深层次矛盾和问题，体现了党和政府实现安全生产状况根本好转的坚定信心，这对推动安全生产形势实现根本好转，具有十分重大的意义。目前，距离实现安全生产状况根本好转目标的时间越来越近，我们必须抓住有利时机，进一步加强对安全发展战略的研究，着眼于建立安全生产长效机制，明确构建安全发展战略体系、实施安全发展战略工程的主要内容和重要措施，加大战略实施力度，加快战略实施进度，拓宽战略实施的广度，努力实现安全生产状况的根本好转和长治久安。

三、加强法制建设，为做好安全生产工作提供强有力的法制保障

加强安全生产法制建设，建立规范的安全生产法治秩序，是实现安全生产长治久安的治本之策，也是新时期安全生产工作的重点任务。安全生产法制建设的总体思路是：坚持以人为本、安全发展的科学理念，坚持“安全第一、预防为主、综合治理”的方针，坚持以《安全生产法》为核心，以建立规范完善的安全生产法治秩序为目标，不断完善安全生产法律体系，推进依法监管监察，强化监督执法力度，促进安全生产各项工作的法制化、规范化和标准化，为构建安全生产长效机制，实现安全生产状况持续稳定好转，提供强有力的法制保障。

按照这个总体思路，下一步要重点抓好以下六项工作任务：

（一）做好安全生产法律法规的制修订工作，进一步健全安全生产法律法规体系

要按照安全生产“十二五”规划的要求，加快《安全生产法》等相关法律法规的制定和修订工作。一是配合全国人大法制工作委员会完成《安全生产法》修改的相关工作，切实做好全国人大常委会8月的二审准备，同时，配合全国人大和国务院抓紧起草新《安全生产法》释义及读本，以指导法律的贯彻实施；二是配合国务院法制办推进《矿山安全法》的修改工作，力促年底或者明年上半年提请国务院常务会议审议；三是加快提请安全监管总局审议《安全生产应急管理条例》，下一步配合国务院法制办做好调研和修改工作；四是抓紧审查修改《高危粉尘和高毒作业职业卫生监督管理条例》《安全生产应急预案管理办法》《石油库安全管理规定》《煤矿工作场所职业病危害防治规定》《生产安全事故隐患排查治理规定》等行政法规和部门规章；五是尽快启动新《安全生产法》颁布实施后相关配套规章和制度的修订工作。各省（区、市）也要结合本地区特点，做好相关地方性法规和政府规章的制定和修订工作。同时，要高度重视开门立法，提高立法质量。凡出台部门规章，参与起草法律法规等，国家安全监管总局都要严格遵守法定权限和程序，广泛征求基层安全监管监察机构和执法人员，以及专家学者和相关各方的意见。要充分发挥机构内部法规工作部门、安全生产法律研究机构和专家学者的作用，建立健全对部门规章、规范性文件等进行合法性审查的工作制度，确保相关规定既符合安全生产实际情况，又符合国家安全生产法律法规的基本精神和原则性要求，做到制度之间相互衔接，进一步增强部门规章和规范性文件的针对性、实效性和可操作性。

（二）深入推进行政审批制度改革，进一步加强和规范行政审批事项

推进行政审批制度改革，是完善社会主义市场经济体制的客观需要，是建设法治政府的内在要求，是提高政府行政能力的有效途径，也是从源头上预防和治理腐败的根本举措。按照国务院的要求，国家安全监管总局将2015年工作任务提前到2014年完成，年底前取消下放7个大项（含22小项），取消下放行政审批事项大项比例达到50%（小项比例达到62.8%），完成国务院提出的目标任务。各省份也都在进行行政审批改革，广东、江西等省已经取消下放部分行政审批事项。一是按照国务院和地方政府要求，进一步取消下放行政审批事项，把应由企业承担或者通过市场手段能够解决的行政审批，坚决取消；把可以由地方承担的行政审批，坚决下放。二是做好行政审批取消下放后的相关法规规章的修订工作，保证有关法律法规在审改前后的衔接。三是做好非行政审批事项和有关规范性文件清理工作。总局已对46项备案、报告、告知、登记等非许可事项进行清理，涉及2件法律、4件行政法规、19件规章和244件规范性文件，这项工作要加快完成。四是加强行政审批取消、下放后的事中事后监管工作，确保监管工作跟进，不出现断档。总局正在抓紧组织起草加强安全生产行政审批事项下放取消后续监管工作的指导意见，待国务院公布取消下放行政审批事项后发布实施。五是对保留下来的行政审批项目，要进一步明确行政审批的项目名称、实施机关、法定依据、申请条件、申请材料、办理程序、审批责任、监督方式、收费标准、收费依据等要素，实现目录化管理并向社会公布。进一步压缩审批时限，逐步推行网上受理和办复，办审分离，不断提高审批效能，从制度上预防腐败。六是加强研究，推进审改制度改革不断深入。要集中力量对安全生产领域行政审批制度改革问题进行专题研究，对安全生产行政审批

制度进行顶层设计，作出规划，逐步推进。要抓好行政审批制度改革试点，研究提出具体的试点方案，指导试点地区开展相关工作，以点带面，全面推进审改工作的深入开展。

（三）加大执法力度，提高执法效能，进一步规范安全生产法制秩序

天下之事，不难于立法，而难于法之必行。国外所谓的安全生产“三大支柱”，其中之一就是监察执法。特别是在当前人们安全法治意识不强、企业缺乏自我约束机制的情况下，加大监督执法力度，尤其必要。做好这项工作，要在以下三个方面狠下功夫：一是切实加强监管监察能力建设，提高安全监管监察队伍执法素质。要通过多种形式的安全培训，全面提高监管监察人员的业务能力、执法能力。要努力创新监管监察执法方式，完善联合执法机制，更好地落实安全监管责任。要推动以立法或地方规章的形式赋予基层政府行政执法权，使其权责统一。要明确乡镇政府对辖区内的安全监管责任，充分发挥基层组织的作用。二是继续严厉打击非法违法生产经营建设行为，促进企业依法依规生产经营。非法违法生产经营建设，仍然是当前重特大事故多发的重要原因，要始终保持“打非治违”的高压态势，严厉执法，穷追不舍，一抓到底。国务院安委会研究部署了今年后5个月要开展“六打六治”打非治违专项行动，以期推动打非治违工作的深入开展。三是健全完善执法程序，努力提高执法质量。在安全生产监管监察执法中，既要防止出现执法不作为，又要防止出现执法乱作为。要认真学习贯彻《安全生产监管监察职责和行政执法责任追究的暂行规定》(总局令第24号)，按照有关要求科学制定年度执法计划，完善安全监管执法标准，全面规范监管监察行为，规范执法程序和执法内容，确保安全监管监察人员正确履职，实现执法闭环管理。通过制定行政执法流程图，细化执法行为环节和标准，明确具体的执法依据、执法内容、执法时效、执法纪律、执法责任追究等，确保做到严格、公正、文明执法。

（四）加强行政复议和应诉工作，及时化解和减少矛盾纠纷

各省（区、市）安全监管部门要高度重视行政复议和应诉工作，避免引进不必要的行政或民事争议。近年来国家安全监管总局行政复议和应诉案件明显上升，上半年总局通过积极沟通、主动协调，妥善处理了6件行政复议和1件民事应诉。特别是山东济南泰山智公司与全国中小学生交通安全教育活动办公室合同纠纷案，牵连到中国关心下一代工作委员会、教育部、国家安全监管总局、国家质检总局。此案案情重大复杂，系总局成立以来作为民事诉讼被告的第一案件。目前，正在进行相关工作，积极应对此案二审。对这项工作各级安全监管监察部门的领导同志一定要高度重视、亲力亲为。要抓紧建立信息公开、信访工作与行政复议的互联互通机制，做好复议前的沟通协调工作，及时启动相关法律程序。要加强安全监管部门与其他部门开展各项活动的审核把关，严格审批程序，严格控制工作机构的设立，严格公章和信笺管理，同时要求根据工作进展定期清理、按期终止相关活动及其工作机构，防止和避免给政府部门造成损失或负面影响。

（五）加强安全生产法制宣传教育，进一步强化全民的安全生产法治意识

建立法治秩序，首要的是强化法治观念，弘扬法治精神。党的十八届三中全会强调指出，“建设法治中国，必须坚持依法治国、依法执政、依法行政共同推进，坚持法治国家、法治政府、法治社会一体建设。”这对加强安全生产法制建设提出了新的更高的要求，我们一定要认真学习，深刻领会，把握精神实质，全面审视安全监管监察立法和执法工作，把它放到全面深化改革的大局中来考量，放到整个依法治国的进程中去研究和把握。要结合普法教育，加强对即将公布的《安全生产法（修正案）》等安全生产法律法规的宣传贯彻，通过报刊、广播、电视、网络等媒体，利用多种喜闻乐见的形式，加大安全生产法制宣传的广度和深度，广泛深入宣传安全生产的法律知识，增强生产经营单位和从业人员学法遵法守法意识，提高各级监管监察部门和执法人员运用法治思维和法治方式破解难题、推动工作、保障安全的能力。要结合一些重特大事故典型事例，以案说法，引导公众树立安全法制观念，推动人人学法遵法守法用法，维护法律权威和社会公平正义。

（六）加强安全生产标准的制定和宣贯工作，进一步发挥标准在安全生产中的重要作用

强制性的安全生产标准作为一种技术规范，近

年来在安全生产工作中发挥了日益重要的作用，但标准工作的本身还难以适应安全生产工作的需求。主要体现在标准的制定与安全生产工作结合得不够紧密，制定标准的技术支撑力量薄弱，制修订标准的质量也有待提高，标准之间的衔接及标准的可操作性和针对性等方面还存在不足，标准的宣贯和实施尚有一定的差距。针对这些情况，下一步工作重点：一要积极配合有关部门推进国家强制性标准体制改革。加强与质检总局、国家标准化管理委员会、环境保护部、住房城乡建设部等有关单位的沟通和协调，建立联合互动机制，加强顶层设计，共同做好安全生产领域的标准统筹规划和体制改革工作；加强与工业和信息化部、国资委、能源局等相关方利益的协调和融合，解决好重要标准在制修订以及实施过程中遇到的重大问题和矛盾，整合优化现行涉及安全生产的强制性国家与行业标准，建立统一、权威的安全生产强制标准体系。二要针对安全生产当前的突出矛盾，制定、修订安全生产工作亟需的标准。近年来，安全生产道路交通事故特别是危险化学品运输和油气输送管道的泄漏、燃烧、爆炸事故多发频发，还有建筑施工、消防火灾、隧道工程冒顶、煤矿透水等事故也时有发生，凸显了安全生产上的主要矛盾。标准工作要围绕这些主要矛盾，有针对性地组织开展标准的设计、制定和修订工作，加快工作进度，进一步提高标准的针对性和实效性。近期要组织好专家对《尾矿库回采安全技术规程》等45项行业标准进行专业技术审查，争取尽快出台。三要建立标准实施反馈机制。选择一定比例的大型、中型和小型企业，调查安全生产标准的实际应用状况和实施效果，及时将评价实施结果及时反馈到标准立项、起草、复审和技术委员会管理等工作中，形成安全生产标准化工作的良性循环。要开展安全生产标准实施效果评估方法研究，及时掌握标准执行情况。四要加强对标准的宣贯和培训。在全国范围内开展多种形式的安全生产关键技术标准宣贯工作，利用网站、在线视频等多种形式，普及安全生产标准化知识，提高全社会对标准化工作的认知度和影响力；重点指导协调相关单位做好《化学品安全标签编写规定》等9项行业标准的宣传贯彻，开展标准化专题宣传活动，举办安全生产标准化专业知识讲座和标准培训班，推动企业安全生产标准化创建活动，规范企业安全生产工作，提高从业人员的标准化素质。

安全生产的政策、法规和标准工作，是安全生产工作的重要内容，也是抓好安全生产工作的重要基础和根本保障。我们一定要提高认识，坚定信心，自觉坚持以科学发展观为指导，以加强改进安全生产政策法规工作质量为重点，进一步强化政策法规意识，努力提高政策研究水平和依法行政能力，推动安全生产工作的进一步规范、有序、高效开展，努力促进全国安全生产形势的根本好转。

国家安全生产监督管理总局副局长王德学在全国安全生产统计工作视频会议上的讲话（摘要）

（2014年7月4日）

这次会议的主要任务是，深入贯彻落实中央精神和总局党组要求，总结近年来安全生产统计工作，部署2014年下半年和今后一个时期统计工作重点任务，动员全系统以改革创新精神和求真务实作风，努力开创安全生产统计工作新局面。下面，我讲三点意见：

一、实事求是，充分肯定安全生产统计工作取得的成效

多年来，由于总局党组的高度重视、正确领导，全系统各级领导干部和广大统计人员的积极努力，我国的安全生产统计工作取得了长足进步，为全国安全生产形势的持续稳定好转做出了积极贡献。

（一）精心组织，做好安全生产控制指标实施工作

2004年，《国务院关于进一步加强安全生产工作的决定》（国发〔2004〕2号）明确提出："建立全国和分省（区、市）的控制指标体系"。从2004年开始，国务院安全生产委员会每年向各省（区、市）及新疆生产建设兵团下达安全生产控制指标。经不断改进、补充，全国安全生产控制指标体系日臻完善，目前已经形成体系比较完整、具有中国特色、基本反映现状、包括4大类27项指标的安全生产控制指标体系，即：总体控制指标1项，重点行业领域控制指标14项，相对控制指标9项，事故起数控制指标3项。10年来，安全生产控制指标实施成效显著。一是重特大事故明显下降。与2004年相比，2013年重特大事故起数由131起下降到49起，累计下降62.6%；死亡人数由2606人，下降到865人，累计下降66.8%。二是事故起数和死亡人数连续10年"双下降"。与2004年相比，2013年全国生产安全事故起数由803753起下降到309295起，累计下降61.5%；死亡人数由136755人，下降到69434人，累计下降49.2%。三是四项相对指标下降幅度尤为明显。与2004年相比，2013年亿元GDP生产安全事故死亡率由0.855下降到0.124，累计下降85.5%；工矿商贸就业人员十万人生产安全事故死亡率由4.13下降到1.52，累计下降63.2%；道路交通万车死亡率由9.9下降到2.3，累计下降76.8%；煤矿百万吨死亡率由3.08下降到0.288，累计下降90.6%。

在总结前期工作经验的基础上，今年的安全生产控制指标有5个鲜明特点：一是突出强化"红线"意识，总体目标要求更加严格；二是突出防范控制重点，对重特大事故实行零控制；三是坚持两套指标并重，实现控制指标全覆盖；四是注重搞好相互衔接，确保整体工作的连续性；五是体现差异性特点，有利于加强分类指导。控制指标分解下达后，总局加大了安全生产控制指标月通报、季发布、年考核"三项制度"执行力度，积极推动各地区控制指标分解实施工作。各地区结合实际，健全工作机制、完善奖惩制度，全面推进安全生产控制指标实施工作。全国绝大多数省（区、市）与市（地、州）政府领导班子、省直部门签订安全生产责任书，并逐级向县（市、区）和乡（镇）延伸。同时，将安全生产控制指标纳入各级领导班子和领导干部政业绩考核体系和县域经济社会发展综合评价考核体系及各种创建、评先活动中，促进了考核指标的实施落实。

（二）抓住重点，不断加强基层基础建设

一是加强了统计机构建设。近年来，总局加大了机构建设工作推动力度，指导和推动各地区加强统计体制完善和机构建设工作，全国52家省级安全监管监察机构中，成立统计机构的有44家，其余8家明确了责任处室，初步建立了统一领导、分级负责的安全生产统计工作体系。许多地方建立了省、市、县三级安全生产统计管理体系，基本上做到了层层有人管、事事有人做、努力去做好，并初步实现了由分散统计向集中统计、单一统计向综合统计、简单统计向加强分析转变。

二是加强了统计队伍建设。各级安全监管监察机构在加强统计队伍思想政治建设的同时，抓住教育实践活动时机，加强了统计队伍作风建设。与此同时，多数地区将统计业务培训纳入省局年度工作计划，每年有75%的省级安全监管局和煤矿安监局以举办培训班或以会代训等形式共举办45期培训班，累计培训6000余人次，使统计人员的业务能力有所提高。

三是加强了统计工作制度建设。近年来，总局相继出台了《安全生产信息报告和统计工作规范》（安监总厅统计〔2012〕130号）、《关于进一步加强安全生产统计工作的指导意见》（安监总统计〔2012〕111号）等规范性文件，制（修）订了《生产安全事故统计报表制度》《煤矿职业卫生统计制度》《安全生产行政执法统计报表制度》《安全生产举报信息统计报表制度》等。各地区也加大了这方面工作力度，目前，初步建立起了以总局制定的工作规章制度和6项专业统计报表制度为主体，控制指标实施进展情况通报、隐患排查治理情况通报和警示通报制度等相配套，各地区统计规章制度为补充的规章制度体系，初步实现了安全生产统计工作各个环节的规章制度全覆盖。

四是加强了统计工作机制建设。近年来，总局分批组织协调统计工作互查互学活动，实行分类点评和通报，得到了基层的支持和好评。广东、内蒙古、新疆生产建设兵团等地建立了生产安全事故信息联动机制，定期召开公安、住房城乡建设等安委

会有关成员单位参加的事故统计工作联席会，加强信息沟通和事故分析研判。湖北等地建立了统计专项考核制度，对本行政区域内安全统计工作的各项内容进行考核，推动了长效机制建设。与此同时，各地区还加大了对事故统计工作督查检查力度，重点查处瞒报、漏报和谎报事故，收到了较好的效果。

（三）加强分析，提高统计工作质量和水平

近年来，安全监管监察系统上报的统计材料经总局领导和省级领导批示的件数是10年前的5倍。每年编印4大类12种多达300篇共计1280余万字的统计资料，为安全生产工作提供大量的信息服务和决策依据。总局统计司利用《安全生产阶段形势预测预判分析系统》课题研究成果，调整充实了调度周报内容，加强了对一周安全生产形势的预测预判。山东、安徽、辽宁、河南、河北、湖南等一些省级煤矿安监局积极探索建立事故预警系统，加强了对安全生产走势的预测预判。黑龙江煤矿安监局依据统计学趋势测算方法编写了《“十一五”以来黑龙江省煤矿伤亡事故规律统计分析及对策研究》，提出了预防煤矿瓦斯、顶板、水害、运输等事故的对策建议。北京、上海、天津、江苏、四川、福建、新疆等一些省级安全监管局注重阶段性安全生产特点、事故原因以及苗头性、倾向性问题的预警工作。

（四）强化服务，不断拓展行政执法统计工作

为全面掌握和分析全国安全生产行政执法情况，总局建立完善了《安全生产行政执法统计制度》，不断加大安全生产行政执法信息服务和决策支持力度。2007年和2011年，先后把安全生产隐患排查治理专项行动进展情况和“打非治违”专项行动统计纳入了行政执法统计的重要内容，建立了相应的统计工作制度。2013年制定并实施《国家安全监管总局机关重特大生产安全事故调查处理工作信息统计报告制度》，定期汇总统计重特大和典型事故的调查处理进展情况，加快了事故的调查处理进度。

（五）积极探索，大力推进职业卫生统计工作

2011年，在调研和试点的基础上建立了煤矿职业卫生统计制度并在全国组织实施，为煤矿职业卫生监管、决策提供了可靠的数据服务。2012年，总局组织天津、黑龙江、江苏、广东4省（市）开展了工矿商贸企业职业卫生统计试点，2013年推广到全国范围内试行。目前，该制度经国家统计局审批后总局已经正式印发，今年起将正式开展制度化工矿商贸企业职业卫生统计工作。

按照“三步走”原则，创新开展了职业病危害防治评估工作。2013年，按照《职业病危害防治评估工作方案》，在北京、山东、黑龙江和重庆4省（市）进行了试点。2014年，正式对2012年底前完成职业卫生职责划转的26个省（区、市）组织开展评估工作。目前，这项工作现场评估已基本结束，正在进行总结。

（六）拓展空间，为创新煤矿等重点行业安全监管监察方式提供信息服务和决策依据

2013年，总局对全国207个重点产煤市（地）的煤矿安全生产状况进行了分析评估，形成了我国重点产煤县（市、区）煤矿安全状况评估报告，据此作出了加强50个重点产煤县安全生产监察的决策，并召开全国50个煤矿安全重点区县安全生产工作座谈会，启动了50个重点县煤矿安全攻坚战，取得了良好进展。此后，根据统计分析评估结果，危险化学品、非煤矿山、烟花爆竹等也相继确定了安全生产重点县，加强了重点监管和直接指导，收到了较好效果。

要特别指出，我们这支安全生产统计队伍总体上是好的。多年来，绝大多数统计工作者默默无闻、埋头苦干、兢兢业业、甘于奉献，为推进安全生产统计事业的创新发展献了计、出了力、流了汗，这些必须充分予以肯定。

二、凝聚共识，高度重视安全生产统计工作

安全生产统计工作虽然取得了很大成绩，但我们必须清醒地认识到，我们的工作总体科学化水平不高，在一些方面与中央及总局党组的要求、与新形势及新任务的要求、与安全生产工作发展的要求相比还有很大差距，还有明显的不适应，切实做好安全生产统计工作任重道远。

（一）思想作风不适应

主要是一些领导干部对统计工作不重视，思想不解放、思路不够宽、摆位不正确、抓得不扎实；少数统计人员不安心统计工作，作风不实、“守门待数”、被动应付，观念不新、眼界不宽、不善创新，不肯钻研、业务不精、水平不高。

（二）机构力量不适应

总局是国务院部门中仅有的3个设立专职统计机构的单位之一，力量配备较强。但地方尤其是基层，机构仍不健全、人员配备不足、力量层层衰减，有的甚至存在机构虚无和边缘化、职能分散和虚弱化、编制不足和事业化现象。如省级单位中还有近10个地区统计工作由多个处室承担，个别地区统计工作由多达6个处室承担。同时，部分统计岗位有约1/3的同志到岗工作时间不足一年，近半数从业人员在岗时间不到2年，个别地区在3年间换了4茬统计人员。市（地、州）以下的统计工作力量更显薄弱，甚至无人管。

（三）业务能力不适应

整体上统计人员专业不对口，理论水平不高、业务能力不强，安全生产相关专业知识和实际经验欠缺。尤其是分析研判及预测能力不高，统计分析只是数据的简单汇总，综合分析不到位、预测研判跟不上，提出的意见、建议针对性不强，偏重于用数字说话，而用话说数字的水平不高。

（四）手段基础不适应

主要是现行的统计体系不够科学，统计手段陈旧、统计方法落后、信息化水平低，统计工作还离不开传统的纸笔加计算器方式，统计系统软件数据不能互通互用。与此同时，一些地方制度不健全、执行不严格、落实不到位，且统计内容大而全，指标繁琐、报表过多、多而不精，基层负担过重。

（五）数据支撑力不适应

主要是统计数据不能及时上报；平行部门之间配合、局内职能业务部门之间衔接得不好，一些数字特别是我们综合监管的有关行业领域统计的数字和我们安全监管系统统计的数字严重“对不上牙”；一些统计数据严重失真，甚至是凭空凑出来的、甚至是拍脑门拍出来的，水分大、靠不住、不可信。

所以，全面加强安全生产统计工作十分紧迫。一是提高思想认识迫在眉睫。要清醒地认识到，统计工作是促进坚守安全生产红线的重要手段，是安全监管监察工作的重要组成部分，是安全生产工作中最基本的基础性工作，是安全生产状况的晴雨表，是分析形势、制定政策、作出决策的基石和支撑，在任何时候任何情况下尤其是在大数据时代，安全生产更离不开统计工作，而且只能加强，不能削弱。二是建设高素质的统计队伍迫在眉睫。我们要牢记，从事统计工作必须严守习近平总书记提出的“三严三实”，必须有好的政治品质和思想作风、工作作风。同时，统计工作是一项专业性很强的工作，是智力型、知识型、密集型的工作，在安全生产的新形势、新要求下，统计人员必须具备较高的政治素质和较强的业务能力。三是坚守统计人员的职业精神迫在眉睫。从事统计工作必须勤勉敬业、严谨细致，必须尊重科学、实事求是，必须公道正派、坚持原则；选择了统计事业，就要树立正确的事业观、权力观、地位观，既要耐得住“寂寞”、守得住“清贫”，更要有淡泊名利的奉献精神。这是统计事业的需要，也是统计工作者的应有品格和职业操守。四是强化统计工作力量和手段迫在眉睫。实践证明，没有组织保证、没有工作机构、没有必要人员，是难以做好统计工作的。同样，没有先进的统计手段、没有精良的武器装备、没有很高的信息化水平，就难以实现统计数据的精准化、难以实现统计水平的大跨越、难以实现统计工作的科学化。

因此，我们必须看到差距、统一认识、凝聚共识，充分认识统计工作的极端重要性，从而高度重视、同心同德，下大气力做好安全生产统计工作。

三、攻坚克难，不断提高安全生产统计工作水平

总局党组高度重视安全生产统计工作，多次组织研究，做出批示指示。我们一定要按照总局党组的要求，坚持问题导向，狠抓薄弱环节，奋力攻坚克难，不断推动安全生产统计工作创新发展。

（一）加强领导，完善体制

各级安全监管部门、煤矿安监机构要进一步加强对安全生产统计工作的组织领导，将安全生产统计工作纳入安全监管监察工作全局，列入重要议事日程，一把手要亲自抓，经常过问，明确分工、落实责任，经常研究、持续改进、不断推进，做到有规划、有部署、有检查、有分析、有总结。要鼓励和支持改革创新，完善措施、加大投入、强化手段，推动安全生产统计工作不断迈上新台阶。尚未建立专职统计机构的省级安全监管部门和煤矿安监机构，要抓紧明确和建立，有专门机构负责管理和组织实施本辖区安全生产信息报告和统计工作，切实落实职责、人员、经费和装备。市（地、州）、县（市、区）级安全监管部门和煤矿安监分局要设置统计机构或岗位，确定职能、落实人员，尽快形成国家、省、市、县四级安全生产统计网络体系，并向基层乡（镇）、街道、社区乃至村屯延伸，保证统计工作有人做并且做得好，实现安全生产统计工作全覆盖。

（二）强化训练，提高素质

要采取有力措施，推动统计队伍政治素质的不断提高，作风建设不断加强；要结合统计队伍的特点，加强业务培训，组织岗位练兵，充分发扬“传帮带”的作用，加大对业务骨干的锻炼和培养力度；要加强学习交流，开展互查互学，相互借鉴互补，推动工作开展。要通过不懈努力，建设一支政治坚定、勇于创新、奋发有为、善于推动安全生产统计事业科学发展的高素质统计人才队伍。与此同时，各级领导干部要关注爱护统计人员，关心他们的工作与生活，关心他们的成长与进步，为他们开展工作创造良好的外部环境。

（三）创新机制，健全制度

要及时总结、大力推广部分地区在建立健全安全生产统计联席会议制度、定期交流检查工作制度、激励约束机制等方面的好经验好做法，研究建立安全生产统计工作考评办法，加强与各级安委会成员单位间的协调沟通合作，强化综合监管、畅通统计渠道、搞好条块结合，统一事故标准、统一统计口径、统一信息发布，强化信息交流、加强汇总综合、搞好资源共享。同时，要加强对安全生产统计机构建设及统计工作的量化考核，推动统计工作科学化、规范化、精准化建设；认真学习借鉴有关部门和地区的好经验、好做法，修改完善《加强统计工作的指导意见》《统计工作规范》；积极推进修订完善《生产安全事故认定办法》《生产安全事故统计制度》和《生产安全事故举报信息制度》，组织实施《安全生产非法违法企业信息发布管理办法》等。在此基础上，各地区还要不断推动强化地方尤其是基层的统计工作规章制度建设。

（四）强化手段，提高能力

要在人财物等方面给予统计信息化建设大力支持，加大硬件投入和系统软件开发，采用先进、适用、高效、精准的技术装备，强化统计工作手段，提高统计工作科技化和信息化水平，及时掌握工作动态，确保信息上报及时、全面、翔实、真实、准确。与此同时，要组织开展安全生产统计理论和方法研究，用先进的理念引领统计工作，用科学理论指导统计实践，用现代化的统计技术与方法提升水平，促进更好发挥统计工作的内能、拓展统计工作的动能、提高统计工作的效能。

（五）强化分析，搞活统计

统计工作要打破旧的思维定式和就事论事、就数论数的传统方式，大力实行“五个转变”，即：由死统计向重分析、由呆板化向灵活化、由过去时向未来时、由粗放式向精细化、由单一化向综合化转变。要努力加强调度，掌握活的因素，强化对瞒报、漏报、谎报行为的核查工作，搞清真实情况、核清数据来源、大力挤压水分；要走出各级机关，下基层、下企业、下现场，了解掌握第一手资料；要强化事先研判和事后分析，对安全生产工作中的苗头性、倾向性、趋势性、全局性重大问题，及时提出切实可行的对策建议和解决问题的有效办法；要对未来走势进行科学预测，提出前瞻性措施，做到把握规律、准确研判、快速反应、正确应对；要掌握党和国家及地方的大政方针，掌握整体、局部和各行业领域的经济形势，跳出统计搞分析，善于在大格局中和深层次上发现问题、研究问题、解决问题，力求有所建树，以使各级安全监管部门和煤矿安监机构乃至各级党委政府掌握安全生产工作的主动权。

（六）完善指标，健全体系

大家要广泛调研、认真钻研，充分听取各方面意见，认真进行梳理，积极献言献策，为创新完善安全生产控制指标体系做出努力。总局将学习借鉴国外安全生产统计指标体系经验，依托有关科研单位，积极推进完善安全生产统计和控制指标体系工作，确保9月底研究提出2015年、“十三五”期间安全生产统计和控制指标体系，在第四季度广泛征求意见，进一步修改完善，完成报送和试点准备工作，确保2015年试行、“十三五”期间启用。

（七）拓展职能，做好工作

一是强化较大事故统计分析工作。要按照总局领导提出的“要遏制重特大事故必须减少较大事故起数，要抓住较大事故这个工作重点”的要求，进一步加强较大事故的统计分析力度，对季度内较大事故多发且同比上升的省级统计单位，由总局领导直接电话警示；对发生4起以上较大事故的市（地）和发生2起以上较大事故的县（区、市），以国务院安委会办公室的名义下发事故警示通报，并责成省级安委会做好整改督促工作。各地区都要从一般事故抓起，通过细化统计分析，强化警示工作。

二是推进事故查处进展统计工作。在继续做好重特大和典型事故调查处理统计工作的同时，按照《国家安全监管总局办公厅关于做好生产安全事故调查处理情况统计工作的通知》(安监总厅统计〔2014〕10号)要求，认真做好工矿商贸领域一般、较大事故调查处理统计工作，加强统计分析，提出对策建议，切实发挥惩戒、警示、震慑作用，用事故教训推动安全生产工作。

三是完成职业病危害防治评估工作。各有关地区要积极配合评估，总局要抓紧对26个地区分别提出评估意见并予反馈，形成26个地区的职业病危害防治工作评估分析报告，并全面总结评估工作情况，提炼工作经验，分析存在问题，研究对策措施，进一步提高评估工作水平。

四是探索为安全监管监察服务新途径。在继续做好50个县煤矿安全生产攻坚战基础统计工作的同时，围绕实施煤矿"1+4"工作法，落实"双七条"，强化煤矿安全生产服务工作。同时，要积极探索为其他重点行业领域加强安全监管工作服务的新思路、新途径、新举措，以使统计工作更加有为。

此外，要做好上半年安全生产统计信息报送工作。上半年全国安全生产工作视频会议即将召开，各省级安全监管局、煤矿安监局要及时汇总、认真核实统计数据，真实、准确、完整、及时地报送统计信息。

安全生产统计工作面临新机遇、新挑战和新考验。我们要认真学习领会习近平总书记、李克强总理等中央领导同志一系列重要讲话精神，贯彻落实总局党组工作部署，振奋精神、扎实工作、锐意进取、勇往直前，不断开创安全生产统计工作的新局面，为促进全国安全生产形势的持续稳定好转直至根本好转做出更大的贡献！

国家安全生产监督管理总局副局长孙华山在全国安全隐患排查治理体系建设现场推进会上的讲话(摘要)

(2014年12月4日)

这次会议的主要任务是：深入贯彻落实党的十八大和十八届三中、四中全会精神，总结近三年来全国隐患排查治理体系建设情况，推广湖北等地的先进经验做法，分析存在的问题，围绕强化企业安全生产主体责任落实，贯彻落实新《安全生产法》要求，改革创新安全监管机制，加快推进隐患排查治理体系建设工作，加强超前防范，有效遏制事故，促进全国安全生产形势的持续稳定好转。刚才，湖北省副省长许克振同志发表了讲话，大家一起观看了湖北省和鄂州市隐患排查治理体系建设视频片，听取了有关地区和单位隐患排查治理体系"两化"(即标准化、数字化)建设的经验介绍。希望大家结合本地区实际认真学习借鉴，加快完善隐患排查治理体系建设，切实发挥对加强安全生产工作的推进和保障作用。李兆前同志还要作进一步部署，提出具体要求，希望大家认真抓好落实。下面，我谈三点意见。

一、全国隐患排查治理体系建设取得了积极进展

2011年10月，我们在总结一些地区、企业创造性开展隐患排查治理工作的基础上，在北京顺义区召开现场会，总结推广了一批先进典型经验。2012年1月，国务院安委办专门发出通知，进一步部署隐患排查治理体系建设工作。中央财政设立

专项资金，鼓励试点地区、企业开展体系建设。各地区、各单位认真贯彻落实中央的决策部署，按照国家安全监管总局统一安排，创新工作机制，狠抓措施落实，取得了积极进展和明显成效。

一是加强顶层设计。国家安全监管总局党组专题研究，制定隐患排查治理体系建设方案，组织总局通信信息中心、中国安科院等有关技术支撑单位制定建设实施方案，明确了省、市、县三级安全监管部门隐患排查监督管理的职责定位，开发了政府版和企业版的信息化管理系统，编制了《全国安全生产监管监察机构代码编制规则》等4个信息数据交换行业标准，制定了《工贸行业事故隐患排查上报通用标准（试行）》，开发了安全生产信息数据交换系统，实现不同系统间的数据传输交换，保证隐患信息互联互通，为全国体系建设提供了制度和技术保障。湖北专门以省政府文件出台了进一步强化制度建设确保安全生产的决定，把隐患排查治理体系建设作为深化安全生产领域改革的重要内容，作为重点推行的安全生产10项制度之一，许克振同志亲自上手抓，指导推进，省市县乡四级分别成立了由政府负责同志担任组长的领导小组和推进办公室，加强责任目标考核。北京以市政府文件印发了推进隐患排查治理体系建设的意见，在全市开展三年行动计划（2015—2017）。

二是深入开展专题培训和示范带动。在组织编写《隐患排查治理体系建设指南》的基础上，国家安全监管总局举办了10期专题培训班，宣贯《指南》、培训专业知识，突出对体系建设中需要掌握的内容，围绕信息系统设计、排查标准制定、考核评估等核心内容进行重点讲解，现场演示信息系统的实际应用，培训有关安全监管、企业负责人近3000人次。组织试点地区开展体系建设经验交流，指导企业建立自查自改自报工作机制。2012年以来先后开展了10个地区的联网试点，开展了52个地区的大范围试点、7个重点地区和3家中央企业的深化试点，积累了不同条件下隐患排查治理体系建设的经验。

三是体系建设向纵深延伸。与三年前相比，全国31个省区市和新疆生产建设兵团（以下统称32个省级单位）对隐患排查治理体系建设的重视程度明显提升，体系建设进一步深入展开。北京、河北、吉林、黑龙江、内蒙古、湖北、四川、宁夏、新疆等9个省（区、市）建立了省级统一的隐患排查治理信息系统。全国53个地市级示范地区登记建档企业数量近42万家，系统中注册的企业数量近20万家。湖北开展全领域调查摸底，按9大行业分类、按风险高低统计、按属地分级监管，注册入网的8.2万家生产经营单位全部实现了隐患自查自报和监督整改，通过系统运行，今年以来全省排查隐患91万项，同比上升67%，整改率99.2%；鄂州市自开展体系建设以来没有发生较大以上事故，全市工矿商贸事故起数和死亡人数分别下降50%和60%。辽宁建立了全省兼容、省县联网、政企联通的隐患排查治理信息系统。福建、浙江、安徽、广西选择部分市县开展创建，取得初步进展。北京顺义区1.2万余家生产经营单位已累计开展了为期4年的隐患排查治理自查自报工作，企业隐患上报率保持在94%以上，累计排查消除各类隐患近33万项。

四是积极推进建设方式创新。湖北以问题为导向，深入分析各行业领域企业可能产生的隐患，制定108个行业隐患排查标准，编制了所有企业隐患排查清单。吉林以网格化管理为依托、标准化建设为手段、信息化控制为支撑、社会化监督为保障，建立属地监管、行业监管和综合监管职责清晰的隐患排查治理机制，形成了“四化融合”、“三位一体”的安全监管防控体系。四川结合隐患排查治理“月调度、季通报”制度，建立起了隐患排查治理“以统促建、以建促统”机制。安徽马鞍山市将安全生产责任保险费率浮动与体系建设相结合，激励推动。广东珠海市以企业覆盖率、上报率、“黑名单”查处率、隐患整改率等达到100%为目标，对区县政府和行业部门进行量化考核，每季度排名，推进体系建设。河南洛阳市政府出台了企业安全生产信用管理暂行办法，把隐患排查治理情况作为企业信用评估的重要依据。湖南长沙市实行体系建设与安全标准化建设、执法检查“三标合一”，整体推进。

五是试点企业突出体系建设的实用性。武钢集团每月对自查自报隐患数据、日常检查数据和监管措施执行情况进行统计分析，对整改投入大、整改效果明显、单位人均隐患填报率居前的实施奖励，累计奖励下属单位25家、奖励金额57.6万元，调动了广大职工自查自报隐患的积极性，全员隐患排查数据上报月增长率达25%。中国建材集团通过专家式“会诊”，对各车间、班组、岗位隐患特点进行了全面梳理，制定了查报清单，实现自动化上报和整改销号。中粮蒙牛乳业搭建自下而上的信息管理系统平台，形成了岗位、班组、处室、工厂、总部的五层级隐患排查治理体系，实施精细化管理。

总结各地区、各单位的情况，感到隐患排查治理体系建立之后，与传统方法相比，具有五个方面的特性：一是常态性，隐患排查治理实现了日常化、经常化、制度化；二是实时性，随时随地排查、报告和监管隐患；三是闭合性，从隐患排查到治理结束，从企业到监管部门，从行业管理到综合监管都形成了完整的链条；四是过程性，信息化系统真实记录了每个环节、每条隐患的上报、整改的全部过程，提高了监管实效；五是应用性，既促进了隐患排查治理，又推动了安全监管方式创新，为预防为主、源头防范提供了有力支撑，促进了安全生产工作由粗放式管理向精细化管理的转变、由企业被动接受监管向主动排查隐患的转变，对于建立安全生产长效机制发挥了重要作用。

二、准确把握隐患排查治理体系建设面临的新形势、新任务，切实增强工作的自觉性和主动性

在肯定工作的同时，我们还要清醒地认识到，一些地区和单位对隐患排查治理体系建设的重要性和必要性认识不高，畏难情绪较重，工作推进不力，甚至毫无动作。一些地区体系建设的基础工作不扎实，企业摸底调查、建立企业台账、组织开展培训、完善隐患排查标准、制定相关制度办法等不完善，工作不到位，机制不健全。一些已经开始运行隐患排查治理体系的地区存在企业排查、上报隐患“两本账”，影响了促进隐患整改的效果。有的地区监管部门存在不愿用、害怕用系统平台的问题，担心工作风险加大，可能被追责。一些企业也忧虑如实上报会被监管部门处罚，积极性不高。

对以上这些问题，各地区、各有关部门和单位要警醒起来，认真查原因、找症结、想办法。进一步提高对新形势下推进隐患排查治理体系建设重要性的认识，切实增强紧迫感和责任感，坚决克服畏难情绪，更加积极主动地投入工作之中。

（一）全面深化安全生产领域改革将隐患排查治理体系建设提上了新高度

十八届三中全会作出的《中共中央关于全面深化改革若干重大问题的决定》，提出了“建立隐患排查治理体系”的要求。习近平总书记强调指出，要加大隐患整改治理力度，坚持防患于未然。今年国家安全监管总局党组成立改革领导小组，将隐患排查治理体系建设作为安全生产领域六项重大改革专题之一，制定改革方案，已经开展试点。大家一定要从贯彻落实十八届三中全会和总书记重要讲话精神、从事关安全生产领域改革成效的高度，重新审视、正确认识隐患排查治理体系建设的重大意义，集中力量把这项工作抓紧抓好。

（二）贯彻落实新《安全生产法》为隐患排查治理体系建设布置了新任务

十八届四中全会通过的《中共中央关于全面推进依法治国若干重大问题的决定》提出了建设法治国家、法治社会的要求。于今年12月1日施行的新《安全生产法》明确规定生产经营单位必须建立隐患排查治理制度，并设立了多项罚则。学习好、宣传好、贯彻好四中全会精神是全国安监系统的一项重要政治任务，抓好新《安全生产法》的实施是做好安全生产工作的重要抓手。按照新《安全生产法》等法律法规的要求，加快构建事故隐患排查治理体系，明确各类事故隐患治理的责任主体和监管责任，规范隐患整治工作流程，严格整治标准，做到有法必依、执法必严、违法必究，建立起高效有序的安全生产法治秩序。

（三）强化企业主体责任为推进隐患排查治理体系建设找准了切入点

企业是安全生产的责任主体，也是隐患排查治理的主体。习近平总书记特别指出，所有企业都必须认真履行安全生产主体责任，采取有力措施，把问题解决在基层，把隐患消灭在萌芽状态。新《安全生产法》把明确安全责任、发挥生产经营单位安全生产管理机构和安全生产管理人员作用作为重要内容。依法治理的重点就是强化企业主体责任落实，将有力促使企业由被动接受监管变为主动排查治理隐患，有效增强企业主体责任意识和提高隐患排查治理能力，这为我们顺利推进隐患排查治理体系建设提供了强大的推动力。

（四）创新安全监管方式为隐患排查治理体系建设提出了新要求

党的十八届四中全会强调指出，要加强行政执法信息化建设和信息共享，提高执法效率和规范化水平。新《安全生产法》明确规定："安全生产监督管理部门应当按照分类分级监督管理的要求，制定安全生产年度监督检查计划，并按照年度监督检查计划进行监督检查，发现事故隐患，应当及时处理。"这些规定，一方面，要求安全监管工作要实施精细化的监管，按照企业不同的安全生产水平分级分类，突出重点，注重实效；另一方面，要采取科学的手段、创新的方法，提高发现隐患的能力和水平，及时跟踪隐患的处理。这些工作创新，将使隐患排查治理体系建设在整个安全生产工作中分量更大、任务更重，各地区、各有关部门、各单位必须不断增强紧迫感，以时不我待的精神加快推进。

三、坚持依法治理，推进隐患排查治理体系建设工作创新发展

下一步，全国隐患排查治理体系建设工作的总体思路是：深入贯彻落实党的十八届三中、四中全会精神，深入贯彻落实习近平总书记、李克强总理等党中央、国务院领导同志一系列重要指示精神，以新《安全生产法》实施为契机，坚持把隐患排查治理体系建设作为强化安全生产责任体系的重要手段，以问题为导向，加强组织领导，健全法制机制，强化基础建设，实行以用促建，全面提高隐患排查治理的科学化、制度化和法治化水平，促进全国安全生产状况的持续稳定好转。

要着力在四个环节上下功夫：一是做好分类分级。要对辖区内各类企业调查摸底，登记建档，注册入网，落实每个企业对应的监管部门，根据企业规模、安全生产基础条件、安全管理水平和危险有害因素等实际状况，实行分类分级管理。二是科学建立标准。要依据安全生产有关法律法规和标准规程，制定各类企业隐患排查的具体标准，一企一清单，使企业知道"查什么、怎么查"，使隐患排查治理工作有章可循、有据可依。三是优化系统平台。围绕政府端、企业端、公众端三个主要方面，建立简洁实用、融合相通的隐患排查治理信息化平台，做到企业隐患排查、登记、整改、评价、销账、报告的闭环管理，并充分发挥员工参与和监督隐患排查治理的作用。四是加强过程考核。加大隐患排查治理在安全生产目标管理考核中的权重，实现由重结果向重过程的转变，鼓励引导各部门和企业把工作重心放在隐患排查治理上。安全监管部门通过隐患排查治理绩效进行动态考核评估，建立隐患排查"黑名单"制度，开展安全生产精准化执法和差别化监管，提高执法效能。

同时，要扎实做好五个方面的工作。

（一）强化组织推动，形成工作合力

加强隐患排查治理体系建设，是强化事中事前监管，实现安全生产状况根本好转的有效手段，各地区、各有关部门和单位要高度重视，通过坚持不懈的努力，使体系建设成为落实企业主体责任、强化安全生产基础、创新安全监管方式、实施依法治安方略的坚强基石。要加强领导和组织协调，明确分工、落实责任，统筹推进体系建设的指导、督促、检查等工作。对涉及多个部门和处室的，要建立相互配合的工作机制，形成体系建设工作合力。要积极争取地方政府领导的重视和财政支持，鼓励以省级单位建立系统平台，成熟一个上线一个。中央企业要带头开展体系建设，针对多层级管理的特点，建立科学化的平台管理隐患。在国家安全监管总局体系建设试点方案的基础上，各地区、各单位应结合实际完善顶层设计，制定本地区、本单位的实施方案，加强监管执法，督促落实体系建设的各项任务目标，有效推进安全生产依法治理进程。

（二）加强制度建设，推进规范运行

新《安全生产法》明确提出了建立隐患排查治理制度的规定要求："生产经营单位应当建立健全生产安全事故隐患排查治理制度，采取技术、管理措施，及时发现并消除事故隐患。事故隐患排查治理情况应当如实记录，并向从业人员通报"，同时规定了相应的罚则。从2014年12月1日起，生产经营单位不建立隐患排查治理制度的，将作为违法行为依法进行处罚。建立隐患排查治理制度，核心是建立隐患发现机制、整改机制、记录机制和通报机制。要以施行新《安全生产法》为契机，加快完善相关法规规章标准，抓紧出台《隐患排查治理规定》，明确建立隐患排查治理体系的内容。要抓紧制定《隐患排查治理体系建设基本规范》，目前初稿已经形成，在本次会议上征求意见后，将进一步修改完善。要健全隐患排查治理标准和程序，指导企业制定隐患排查清单，从源头上提高发现隐患的能力、水平和质量。

（三）坚持典型引路，扩大建设成果

明年国家安全监管总局将进一步加大隐患排查

治理体系建设示范试点工作力度。各地区、各单位既要认真学习借鉴先进地区和单位的经验做法，又要紧密结合各自实际，培养体系建设的先进典型。要集中力量先抓好一两个地市的试点，用试点经验指导推动工作。要坚持扎实推进、重在实效，特别是对涉及技术、管理、资金、人才等方面的问题，要抓紧解决，切实做到建设一个、发挥作用一个，积极稳妥地向前推进。要坚持统筹兼顾、融合发展，按照建立网格化、标准化、信息化、社会化“四化融合”，属地监管、行业监管、综合监管“三位一体”的思路，加快推进隐患排查治理体系和安全监管防控体系的建设。

（四）完善激励约束机制，推动安全监管创新

实践证明，隐患排查治理体系建设对于推动安全监管创新发展具有重要作用，隐患排查治理工作开展好的企业，安全生产工作就主动，监管部门就可以少检查或不检查，反之就要重点检查、反复检查。下一步，各地区一定要在体系建设的激励机制、成果应用和系统完善上多下功夫，以用促建，推动安全监管工作创新发展。要把企业隐患排查制度建立、体系运行质量作为实施差异化安全监管的重要依据，制定有针对性的年度计划开展监督检查，做到好坏有别，鼓励先进，鞭策落后。要把各类安全检查发现的隐患全部录入系统平台，在线跟踪隐患整改。要认真梳理每起事故中暴露的问题，并纳入隐患排查的内容之中，真正吸取事故教训，防范同类事故发生。要推进建立激励约束机制，将体系建设与安全标准化创建、保险费率浮动以及招投标等经济活动予以关联。要把体系建设纳入安全生产诚信建设之中，对企业依照规定开展自查自改自报的隐患不予处罚；对长期存在重大事故隐患的生产经营单位，要向社会公告，并向行业主管部门、投资主管部门、国土资源主管部门、证券管理机构以及有关金融机构进行通报。要积极推行隐患排查“安全管家”服务模式，针对小微企业存在的“不愿管、不会管、没人管”，以及部分企业应用隐患排查治理系统时存在的“不会报、报得少、没人报”等问题，鼓励支持指导安全技术服务机构为企业提供专业化的体系建设服务。

（五）加强培训宣传工作，形成有利的舆论氛围

各地区要学习借鉴湖北等地的经验，大力创新培训的方式、方法，形成多层次、全覆盖的培训机制，重点对隐患自查自报管理方法、企业自查标准、系统操作进行全面培训，使企业知道“怎么查隐患、怎么治理隐患、怎么上报隐患”，使各行业主管部门明白“管什么、怎么管”，明确各自的责任和工作要求。要针对不同的应用对象，组织开展大规模、分层次、分类型的专业培训，将培训工作落实到基层监管部门、企业负责人和信息管理员，特别是要加强对企业车间、班组和一线员工参与隐患排查分类分级标准的专项培训，做到会查、会报、会改隐患。同时，要加强培训检查督导工作，保证各项工作的顺利推进。要抓好典型推广工作，在国家安全监管总局政府网站上及时宣传湖北等地经验做法。各地区要充分利用广播、电视、报纸、互联网等新闻媒体，加大对深化隐患排查治理工作的宣传力度，对一些典型经验进行重点及深度报道，增强做好体系建设的自觉性和主动性，营造体系建设的有利环境。

隐患排查治理体系建设事关安全生产改革发展工作大局，责任重大，使命光荣。我们要以习近平总书记等中央领导同志重要讲话精神统揽各项工作，深入贯彻落实党的十八届三中、四中全会精神，把隐患排查治理体系建设作为强化安全生产基础、大力实施依法治安方略的重要手段，采取有力措施，深化改革创新，持续推进隐患排查治理体系建设，为建立安全生产长效机制，实现全国安全生产状况的根本好转作出新的更大贡献！

国家安全生产监督管理总局副局长付建华在50个煤矿安全重点县县委书记安全生产座谈会上的讲话(摘要)

（2014年7月31日）

国家安全监管总局党组领导同志上午作了重要讲话，全面解读了习近平总书记关于安全生产的重要论述，分析了当前安全生产形势任务，对强化红线意识、贯彻落实“双七条”、深化煤矿事故警示教育、继续开展谈心对话活动、加快推进煤矿整顿关闭和打好50个重点县煤矿安全攻坚战提出了明确要求，希望大家认真学习领会、抓好贯彻落实。十几位县委书记、包片组长、企业负责人在发言中提出了很好的工作意见和建议，我们将结合谈心对话活动收集到的意见建议，一并研究梳理，用于改进工作、解决存在问题。下面，我就学习贯彻总局党组领导同志重要讲话精神、分析煤炭行业形势和坚决打好攻坚战谈四点认识和想法。

一、提高对煤矿安全生产极端重要性的认识

煤炭是我国的主体能源，关系国家经济命脉和能源安全，长期以来占我国一次能源消费的65%以上，为国民经济持续健康发展提供了可靠能源保障，也为地方经济社会发展作出了巨大贡献。我国煤矿绝大多数是地下开采，水、火、瓦斯等灾害严重，事故易发多发。煤炭行业是高危行业，事故造成矿工死亡人数最高时一年超过7000人，新中国成立以来最大事故（山西大同老白洞煤矿煤尘爆炸事故）一次死亡684人。近些年通过各方面共同努力，也包括在座同志们付出的辛苦，全国煤矿安全生产状况持续稳定好转，事故总量、重特大事故和百万吨死亡率大幅下降。借此机会，我代表国家煤矿安监局，对大家的辛勤工作表示衷心的感谢和崇高的敬意，感谢大家对全国煤矿安全生产工作作出的巨大贡献，感谢各地区、各部门对煤矿安全监察工作的支持帮助!

煤矿安全是全国安全生产的重中之重，国家安全监管总局党组始终把煤矿安全摆在首位。煤矿安全形势依然十分严峻，全国安全生产最不可控、不放心的还是煤矿。从历史上看，煤矿重特大事故多发频发。新中国成立以来发生的50起一次死亡百人以上事故中，煤矿事故占25起，近百人的事故还有多起。50个重点县辖区内发生过7起百人事故。从行业间比较看，煤矿事故起数和死亡人数占比较高。去年煤矿发生重特大事故15起（全国50起），占全国重特大事故起数的30%；煤矿各类事故死亡1067人，占工矿商贸领域死亡人数的13.3%。从煤矿现状看，我国煤矿生产力水平相对落后，安全保障能力低的小煤矿大量存在，煤矿灾害严重，有些灾害特别是煤与瓦斯突出，小煤矿基本没有能力治理，能否遏制大事故完全凭运气，再加上煤矿抵御市场变化的能力还不强，煤价低位徘徊、企业经营困难，直接影响安全投入和职工收入，这些会对安全生产带来不利影响，也极易引发大事故。从社会影响看，随着信息化的全面普及和国际化进程的不断加快，人民群众和社会舆论对安全生产的期望值和关注度越来越高，煤矿安全事关数百万矿工生命财产安全，重特大事故不仅影响到国内改革发展稳定大局，也会在国际上造成很大的负面影响。因此，遏制煤矿重特大事故仍然是当前和今后一段时期内煤矿安全生产工作的重中之重，我们对此要十分清醒，决不能掉以轻心。

党中央、国务院高度重视安全生产和煤矿安全工作。党的十八大以来，习近平总书记三次主持政治局常委会听取安全生产汇报，研究安全生产重大问题，发表重要讲话，要求强化安全红线意识，抓紧建立健全“党政同责、一岗双责、齐抓共管”的安全生产责任体系；强化企业安全生产主体责任，推动企业做到安全投入到位、安全培训到位、基础管理到位、应急救援到位。特别是在年初关于安全生产工作的重要讲话中强调指出，对安全生产重点县和重点行业领域要高度关注、紧抓不放。李克强总理在多次国务院常务会上对安全生产提出明确要求，强调要树立以人为本、安全发展理念，提升监管执法和应急处置能力，落实企业主体责任；在今年全国人大二次会议政府工作报告中，李克强总理特别指出，“人命关天，安全生产这根弦任何时候都要绷紧”。

我们要深刻领会、准确把握习近平总书记等中央领导同志重要讲话的精神实质，进一步提高对安全生产极端重要性的认识。今非昔比，绝不能拿过去对安全生产工作的认识、过去的思维方式看待今天的安全生产工作，处理今天的安全与发展、安全与效益的关系。

二、我国煤炭工业形势

给大家简要介绍全国煤炭工业形势，使在座的同志们进一步了解情况、把握全局、结合本地区实际思考煤矿安全工作，正确决策、坚定信心，打好50个重点县煤矿安全攻坚战。

（一）煤炭工业概况

我国是世界第一产煤大国，全国现有各类煤矿12200处，分布在26个省（区、市），共有从业人员525万人，其中井下作业人员304万人（农民工163万人，占一半以上），小煤矿基本上是农民工。2013年煤炭产量36.8亿吨，约占世界总量的47%。

从分布区域看，煤矿数量较多的地区依次为贵州（1574处）、云南（1143处）、山西（1062处）、湖南（915处）、黑龙江（908处）、四川（875处）、重庆（634处）、内蒙古（583处）、陕西（579处）、江西（573处）、河南（546处）。分析近几年全国煤矿安全生产状况特别是重特大事故情况，小煤矿多的省份也是事故多、安全生产任务重的地区。

从产能规模看，2013年煤炭产量较高的省份依次为内蒙古（9.94亿吨）、山西（9.63亿吨）、陕西（4.93亿吨）、贵州（1.99亿吨）、山东（1.57亿吨）、河南（1.52亿吨）、新疆（1.47亿吨）、安徽（1.40亿吨）、云南（1.04亿吨）、河北（0.93亿吨）。这是在大部分高产高效矿井开工率不到80%情况下的产能，如果提高开工率，或市场有需求，产量还会进一步提高。

从开采条件看，我国煤炭资源赋存普遍较深，以井工煤矿开采为主，开采条件复杂。我国井工煤矿占全部煤矿的97%，产量占88%，露天煤矿数量仅占3%、产量占12%。而世界主要产煤国家大部分采用露天开采，美国露天矿产量占69%、印度占73%、澳大利亚占70%、俄罗斯占56%。而且我国大中型煤矿平均开采深度接近500米，深度超过1000米的就有47处，最深的开采深度已经达到1530米。井工开采的灾害远高于露天煤矿。

从灾害情况看，我国煤矿灾害严重，瓦斯、水害、火灾、煤尘、冲击地压等灾害一应俱全，且随着开采强度、深度不断加大，各类灾害的威胁还在增大。全国煤与瓦斯突出矿井有1135处（美国、澳大利亚、南非、俄罗斯等其他主要产煤国家的煤与瓦斯突出矿井已全部关闭，目前仅乌克兰、土耳其、波兰等国家还有少量煤与瓦斯突出矿井），水文地质条件复杂、极复杂矿井905处，冲击地压矿井数量达到142处。具体来说，煤与瓦斯突出矿井主要集中在贵州（340处）、湖南（270处）、四川（114处）、河南（103处）、重庆（91处）和云南（63处）等6个省（市），共有981处，占全国煤与瓦斯突出矿井总数的86.4%。高瓦斯矿井主要集中在贵州、四川、江西、山西、云南、湖南、重庆等7个省（市），共有1303处，占全国高瓦斯矿井总数的77%。水文地质条件复杂、极复杂的矿井主要集中在贵州（112处）、山西（93处）、湖南（89处）、黑龙江（89处）、四川（82处）、河南（63处）、山东（53处）、重庆（45处）、安徽（45处）等9个省（市）。冲击地压主要分布在山东、黑龙江、江苏、河南、河北、山西、辽宁、甘肃、北京等省（市）开采深度深、强度大的国有煤矿。

特别是瓦斯灾害，一直被称为煤矿安全生产的“第一杀手”。矿井瓦斯涌出量最大的为山西晋城寺河矿西井，绝对瓦斯涌出量达到757立方米/分。另一种瓦斯灾害是煤与瓦斯突出。我们给大家介绍的湖南湘煤集团土朱煤矿“3·17”事故就是先突出、后爆炸。煤与瓦斯突出灾害对安全生产威胁极大，突出的瓦斯量大，造成大面积瓦斯超限，一旦发生爆炸，就会井毁人亡。2009 年黑龙江龙煤集团鹤岗分公司新兴煤矿"11·21"特别重大事故就是如此，死亡 108 人。煤与瓦斯突出原因错综复杂，防治煤与瓦斯突出投入大、环节多、工作细，技术装备和管理能力要求高，近年来一些有多年防突经验的国有大矿还接连发生大的突出事故。年产 9 万吨及以下的突出矿井无论从投入、人才、技术、管理和开采的经济性等哪个方面都不具备防治煤与瓦斯突出的能力，对突出征兆也无从辨识，是重大隐患。这些矿井决不是我们发展经济的依靠，只能给在座的各位带来无尽的烦恼和麻烦。要说明的是，高瓦斯矿井和瓦斯矿井随着煤炭开采都有程度不同的瓦斯涌出，只是涌出强度不同，若通风不畅，同样都能造成瓦斯集聚、爆炸。以前说的低瓦斯矿井照样发生瓦斯爆炸事故，近几年这类矿井发生爆炸事故的比例还比较高，认识上的误区是主要原因之一。

从生产力水平看，我国拥有 49 处世界级水平的千万吨级特大型煤矿和 8 处自动化采煤工作面。另一方面，我国为数众多的小煤矿生产力水平低，全国有 3000 余处小煤矿煤层赋存条件不适宜机械化开采，有 3000 余处小煤矿有条件但还没实现机械化开采。这些矿井开采方式落后，劳动生产效率低，井下人员多，一旦发生事故易造成群死群伤。全国采煤机械化程度低于先进产煤国家 40 个百分点。煤矿井下作业人员多以农民工为主，流动性大，安全知识缺乏，是最大的不安全因素。

（二）当前煤炭工业经济运行困难

在经历"黄金十年"后，受煤炭需求增速放缓、产能释放过快影响，目前煤炭行业经济运行困难，已对部分地区经济造成较大冲击，在座的各位都盼望煤炭市场好转、价格回升，但形势变化不明朗。下面我给大家介绍一些情况，也包括专家的看法，供大家参考。

当前的煤炭工业经济形势，总体上可以描述为：一是煤炭产销量同比略有下降。上半年全国煤炭产量 18.16 亿吨，同比下降 1.8%；全国煤炭销量 17.27 亿吨，同比下降 2.1%。二是库存居高不下。到今年 6 月全社会库存已经持续 31 个月在 3 亿吨以上。6 月末，煤炭企业库存 9900 万吨，是历史最高水平；重点发电企业存煤 7906 万吨，可用23 天；7 月 9 日北方主要下水港秦皇岛、曹妃甸、京唐、天津、黄骅等 5 港存煤量 2422 万吨，比年初增长 58%（也就是生产企业、用户和运输企业库存都高，过去发电企业库存保证使用一周，后来到二周，现在三周多了）。三是进口仍处于高位。上半年进口煤炭 1.59 亿吨，同比增长 0.8%；出口 316 万吨，同比下降 22.4%；净进口 1.56 亿吨，同比增长 1.5%。四是全国煤炭消费增幅回落。由前 10 年年均增长 9% 左右下降到去年的 2.7%。五是产能建设超前。全国煤矿在建项目 4670 余处，设计能力 22 亿吨/年，约占全国煤矿现有能力的一半。其中，正在进行联合试运转煤矿 464 处，设计能力 2.5 亿吨/年，新增能力 1.8 亿吨/年。六是市场供大于求、价格低位仍未触底。7 月中旬，秦皇岛 5500 大卡动力煤实际成交价格跌破 500 元/吨，比年初下降 135 元/吨，同比下降 85 元/吨；炼焦煤平均价格 776 元/吨，比年初下降 150～200 元/吨，同比下降 100 元/吨。全国煤炭价格已经降至 2007 年底水平，短期继续下行的概率依然存在。七是煤炭行业效益大幅下降。前 5 个月，规模以上煤炭企业利润同比下降 43.9%，与 2012 年同期相比下降 68.2%。大型企业利润同比下降 34.1%。八是企业亏损面进一步扩大。据最新统计，目前已有超过 70% 的国有煤矿企业出现亏损，一些开采技术落后、系统复杂、煤质较差的煤矿亏损严重。

今年以来，煤矿企业销售困难、资金紧张，安全生产、矿区稳定的矛盾越来越突出。部分国有煤矿企业呈现出"三下降、三不稳"，即经济效益下降、职工工资下降、安全投入下降，一线职工队伍不稳定、技术人员队伍不稳定、管理人员队伍不稳定，增加了发生大事故的风险。历史上的教训必须深刻吸取，时刻警示。大家可以回忆一下与目前煤炭经济运行情况相似时期煤矿事故的情况。2000 年以来煤矿发生的 11 起百人以上事故有 8 起发生在国有大矿，主要原因之一就是企业急于摆脱困境，安全投入不足，超能力、超强度、超定员组织生产。如贵州水城矿务局木冲沟煤矿 2000 年"9·27"特别重大瓦斯爆炸事故，黑龙江鸡西城子河煤矿 2002 年"6·20"特别重大瓦斯爆炸事故等。因此，任何时候、任何情况，特别在经济较为困难的情况下，决不能忽视煤矿的安全生产，否则，一旦引发重特大事故，更是雪上加霜。

（三）煤炭市场供大于求趋势明显

我们分析认为，煤炭需求增速放缓与产能建设超前、进口煤仍处于高位是造成当前煤炭供大于求的主要原因。从中远期看，在可以预计时期内，煤炭仍将是世界的重要能源，煤炭作为我国主要能源地位不会改变。据有关部门预计，到2020年我国能源消费总量将达到48亿吨标准煤（7000大卡/千克），年均增速为3.6%。考虑到生态环境约束不断强化、新能源技术发展等因素，煤炭在能源消费中的比重将逐步下降，但消费总量仍将增长。据测算，2013年底全国现有煤矿产能37亿吨/年，加上在建煤矿全部建成投产新增产能12亿吨/年、目前开展前期工作的煤矿2020年前建成投产2.5亿吨/年，扣除2020年底前大中型煤矿衰老报废产能1.5亿吨/年，到2020年全国煤炭产能可达到50亿吨/年，加上煤炭进口量，大大超出42亿吨的煤炭需求预测目标，煤炭市场供大于求的趋势明显。

特别需要指出的是，国内煤炭运输条件正在改善。随着运煤通道建设改造、铁路电气化改造、高铁建设，国内运输状况大大改善，煤炭运输能力进一步提高。长期以来由于煤炭资源分布、运输条件制约形成的煤炭供应洼地将不复存在，煤炭价格高地将会消失，全国煤炭市场进一步趋向统一。川渝、湘鄂赣等地区处在煤炭供应洼地的煤矿，特别是资源条件差、灾害严重的小煤矿生存空间将进一步压缩，经营会更加困难。

经过多年努力，我国煤炭工业结构调整取得很大进展，尤其是通过近几年持续不断的整合关闭，已退出小煤矿11050处、整合技改4000余处、实现机械化开采1000余处，有6.2亿吨/年落后煤炭产能退出市场。但煤炭工业发展仍然比较粗放，小煤矿多、高瓦斯矿井多、煤与瓦斯突出矿井多，不仅制约全国煤矿安全生产状况实现根本好转，而且影响煤炭行业转方式、调结构，还破坏生态、污染环境。当前，煤炭市场供给宽松、运输条件不断改善，是煤炭工业调整结构的最好时机。坚持关小建大，坚决淘汰落后生产能力，退出不具备安全生产条件的煤矿，彻底解决“三多”问题，不仅有利于煤炭工业转变发展方式、调整优化结构布局、提高生产力水平，也是实现煤炭工业安全、绿色、高效发展的必经之路。大家要认清形势，对照自身条件和优势，准确把握本地区发展煤炭工业的思路和办法，该进则进，该退则退，该稳则稳，不能不顾条件盲目发展，不能不顾安全盲目发展。

三、50个重点县攻坚战以来取得的成效

我们部署开展50个重点县遏制重特大事故攻坚战，计划用2年时间，使50个重点县的煤矿事故死亡人数比对照期（2008—2012年连续五年年均死亡611人）下降50%。为此，我们重点推进六项工作：

第一，做好攻坚战顶层设计。制定了攻坚战工作方案，以“双七条”为主线设计了攻坚战的9个规定动作，即对实际控制人再教育再培训，对煤矿真查、真停、真盯、真改、真验，严格准入、重新核定生产能力，关闭淘汰小煤矿，普查治理水害，推进信息化平台建设，启动机械化升级改造，严格劳动用工管理，严厉打击并彻底遏制无证非法采煤、超层越界开采行为。50个重点县按照国家安全监管总局统一部署，制定了具体方案，我们逐一进行了审查，有37个县的方案退回进行了重新修改。

第二，强化攻坚战组织保障。50个县成立攻坚战领导小组，组长由20位县委书记、30位县长担任。成立36个省市攻坚战联合包片督导小组，组长由30名厅级干部（来自省级煤矿安监局、煤管局、安全监管局等单位）担任。6个重点省份（黑龙江、湖南、重庆、四川、贵州、云南）成立了由分管副省长（副市长）挂帅的省级攻坚战领导小组。50个县内的6家中央企业（21处煤矿，分布在9个县）攻坚战领导小组组长由总部分管领导担任，省属国有煤矿企业（302处煤矿，分布在29个县）攻坚战领导小组由总部主要领导担任。国家安全监管总局、国家煤矿安监局成立了督查巡检组。层层成立机构，责任明确到人。

第三，落实党政主要负责人领导责任。50个重点县县委书记和县长是攻坚战的一线指挥员，对攻坚战工作的重视与否是攻坚战成败的关键。我们重点抓党政主要负责人教育培训，3月25日至29日，举办了50个重点县县长专题培训研究班；这次召开座谈会，50位县委书记、36个包片督导小组组长和副组长、19个省属企业主要负责人参加会议。目的是提高书记、县长们对攻坚战工作的认识，增强工作信心，加强对攻坚战工作的领导。

第四，抓企业关键人物再教育。一是国家安全监管总局、国家煤矿安监局12位领导和6位老领导，以及机关109位司局级干部共与50个重点县域内的2444处煤矿负责人进行了谈心对话，占50个县煤矿总数的88%。通过谈心对话活动，激发了矿长保护矿工生命的责任感和使命感。二是举办50个县矿长培训班。安排27期培训班，计划用4个月时间对所有矿长全部培训一遍。目前已经在湖南、四川、云南、贵州、黑龙江举办了17期、培训矿长1465名。通过培训班，提高煤矿矿长对安全生产重要性的认识，认清当前煤炭工业面临的形势，使其正确选择出路——要么脱胎换骨地改造升级，要么尽快退出转型。同时，安排瓦斯治理、水害普查、机械化改造等技术培训。三是加强警示教育。组织50个重点县县域内所有煤矿集中收看四川泸州桃子沟煤矿"5·11"事故警示教育片，并在50个县电视台黄金时间播放，力求50个县矿矿收看、人人皆知。

第五，打好攻坚战"五真"战役。春节停产、节后复产是小煤矿的一个规律。我们抓住契机，在一季度部署了一场"真查、真停、真盯、真改、真验"战役。申请复产的煤矿，必须按隶属关系由市、县两级政府或省级煤矿安全监管部门对照《七条规定》、煤矿安全质量标准化标准以及当地规定组织验收，并报主要负责人签字后，按程序恢复正常生产；不合格的必须停产，每个停产煤矿由县（市、区）指定一名副科级以上政府或相关部门干部负责监督并落实真正停产。做到"真盯守"和"真签字"是一个较真过程。经过反复督促整改，截至目前，真盯合格率从最初的74%提高到100%，县属煤矿验收签字合格率从最初的1.7%提高到100%。1428处停产整顿煤矿全部由副科级及以上的干部负责盯守。县属及以下煤矿681处验收复产煤矿全部做到由县长（或书记）签字。

第六，狠抓督促检查。一是每季度将50个县煤矿事故情况向所在的12个省份、36个市（地、州）的组织部门进行通报，初步形成了煤矿安全生产激励约束新机制。二是实行"两周一调度、一简报"制度，同时调度各包片督导小组督导检查典型案例，及时统计分析、汇总通报，鼓励先进，督促通报落后。三是利用召开煤矿安全专题视频会、开展督导调研等机会，对个别地区攻坚战工作中存在的问题，点名通报，直言不讳。四是针对部分地区复产验收率较高、事故多发等情况，国家煤矿安监局开展专项督导检查，组织4个检查组赴6个省、8个市、11个县进行专项检查，推动各包片督导小组切实履行职责。通过不断督促检查，调度进展情况，开展警示教育和培训，保证了攻坚战工作从时间上持续不断、常抓不懈，从内容上连续进行、逐步深入。

同时，各地区认真贯彻落实国务院安委会、国家安全监管总局、国家煤矿安监局安排部署，积极跟进、狠抓攻坚战任务落实，做了大量卓有成效的工作。在座的县委书记对攻坚战工作高度重视，把责任放在心上、任务扛在肩上，亲自上手抓，建立攻坚战组织责任体系。省市攻坚战联合包片督导小组尽职尽责，严格审查方案，认真研究政策，从严督促检查，在监管中强化服务，督促攻坚战方案落到实处。中央和省属国有企业领导小组认真组织在50个重点内的煤矿开展攻坚战工作。各地区根据实际，分期分批启动九项规定动作，开展了形式多样的再教育再培训，采取多项硬措施落实"五真"要求。部分地区主动加压，扩大攻坚战范围，增加自选动作，提高工作目标，取得了很好效果。

总之，在大家的共同努力下，攻坚战已取得了阶段性明显成效。

一是事故总量明显下降。有23个县没有发生事故，全部杜绝了特别重大事故（去年同期发生1起）。重大事故大幅度下降，发生重大事故2起、死亡36人，同比分别下降50%和60.9%。事故总量明显下降，共发生事故51起、死亡122人，同比分别下降12.1%和31.5%；与对照期（2008—2012年）上半年平均死亡305人相比，下降60%。

二是办矿秩序有了很大改变，分类监管有了基础。在攻坚战的高压态势下，50个县办矿秩序有了很大改变。煤矿企业对照《七条规定》和安全质量标准化标准，能生产的正常开工，该停产的停产、该整顿的整顿、该关闭的关闭。截至目前，50个县内2789处煤矿中，生产煤矿849处，占30.4%，其中，一直正常生产的煤矿99处，通过验收复产的煤矿750处；停工停产煤矿1813处，占65.0%，其中，自行停工停产的煤矿385处，政府要求停产整顿的煤矿1428处；关闭煤矿127处，占4.6%。停工停产的煤矿改变了原来那种一味等待观望的态度，正在慎重选择出路。一部分煤矿选择了脱胎换骨的改造，如综采机械化提升，这是我们帮扶的对象；一部分主动选择关闭退出，这是我们以奖代补的对象；当然还有一部分会等待观望，甚至会侥幸冒险，这是进一步重点打击和监管的对象。

三是攻坚战治本措施正在有序推进。我们确定的九项规定动作，“五真”、再教育再培训等治标措施得到了全面实施，关闭淘汰小煤矿、严格准入、重新核定生产能力、普查治理水害、推进信息化平台建设、加强劳动用工管理等治本措施也取得积极进展。四川省出台一系列优惠政策措施，去年、今年两年共关闭500处小煤矿，内江市今年主动请求增加11个关闭指标，宜宾市制定煤矿机械化改造奖补政策，市县财政分别按120万元、80万元、50万元的标准奖励。四川省还明确了建设4个一级标准化示范矿井、54个二级标准化示范矿井、50个采掘机械化矿井以及50个产煤县与省监控中心联网、50个县建立技术服务中心的攻坚战目标。湖南省在邵阳市启动了煤矿关闭试点工作，正在有序开展；耒阳市对53处复工复产煤矿进行了井下全面物探，高瓦斯煤矿建立健全瓦斯综合防治工作体系。重庆市5个重点区县全部建立了煤矿“打非治违”常态化工作体制机制，巫山县、奉节县开展“剿非治违”专项行动，并对合法井口登记建档，进行挂牌管理。贵州省将煤矿驻矿安监员列为省长工程，2265名驻矿安监员进入事业编制，要求中专以上学历，划分五级管理，实行考核晋级的激励约束机制。部分地区加强劳动用工管理，保护矿工权益，制定煤矿工人小时最低工资标准，如：重庆奉节县23元/小时、巫山县11.5元/小时，黑龙江宝清县17.16元/小时。重庆市永川区与三所高校合作，为本区培养900名专业人才，并对2万名矿工轮训一遍。贵州省兴仁县出台了《煤矿安全监管“黑名单”制度》，对煤矿集团公司领导班子、“五职矿长”等管理人员实行记分制管理，按照记分分值给予全县通报、黄牌警告、列入黑名单、不允许在本县区域内从业等处理。

四是形成了聚焦重点、精准发力、带动一片的良好工作机制。我们坚持牵“牛鼻子”和“ST管理”工作思路，聚焦50个县，狠抓重灾区。部分省又自我加压，自行增加了24个县为本省的安全重点县，扩大了攻坚战的影响范围。我们聚焦两类关键人物，发挥党政主要负责同志的关键作用，调动整个县区的积极性；发挥矿长的关键作用，带动企业落实主体责任。紧抓“1+4”工作法，即关键人物的“红线”意识和“双七条”刚执行、谈心对话、警示教育，在50个重点县同时精准发力，形成了强大工作合力。运用“四不两直”、向组织部门通报、视频会点评、调度案例等监督检查方式，实现了监管效能叠加。

50个重点县攻坚战取得了阶段性成效，但我们必须清醒地认识到，50个重点县毕竟是煤炭工业30多年的安全重灾区，煤矿安全状况在较短的时间内难以发生根本改变。攻坚战工作方案提出的九项规定动作，开展半年多来，“五真”等治标的工作进展顺利，但治本工作（如：关闭淘汰小煤矿，普查治理水害，推进安全标准化、机械化、信息化等）正在由点到面向前推进，后期工作还任重道远，风险依然存在。主要表现在：

第一，50个县的煤矿安全生产形势依然严峻。一是较大事故起数和死亡人数虽然比对照期大幅下降，但与去年同期相比，死亡人数上升6.1%。二是50个重点县内省属煤矿事故多发，省属煤矿数量仅占1/10，但事故起数和死亡人数分别占29.4%和38.5%，暴露出这些企业对攻坚战重视不够，在规定动作上不发力。

第二，煤矿安全基础整体薄弱的状况没有发生实质性改变。50个重点县共有小煤矿2376个，占煤矿总数的85%。这些小煤矿资源条件、技术和装备水平都比较差，机械化水平、技术进步得到整体提升需要时间。部分煤矿落实“双七条”还不到位，大部分地区整顿关闭和淘汰落后工作进展缓慢、力度不大。部分地区煤矿初中及以下文化程度人员高达77%，安全培训走过场甚至根本不搞培训，今天招来的工人、明天就下井作业，一线人员流动大。有些小煤矿缺少合格的管理人员和工程技术人员，现场管理混乱，以包代管、层层转包等问题大量存在。

第三，个别地区煤矿非法违法生产问题严重。云南省曲靖市麒麟区黎明实业公司下海子煤矿“4·7”事故发生后，曲靖市富源县红土田煤矿不深刻吸取教训，不执行市政府停产指令，继续使用真假“两套图纸”逃避监管，名为一个矿、实为两套独立生产系统，越界违法组织生产、以掘代采，最终酿成事故。这两起事故均比较典型地暴露出非法越界、非正规开采、假图纸行为，反映出受利益驱动侥幸冒险非法违法生产的现象还没有得到根除。

第四，煤矿企业负责人的管理能力和素质有待提高。随着50个重点县不断加大力度，进行煤矿资源整合、兼并重组和整顿关闭，新形成了一批煤矿企业集团，而这些集团的董事长、总经理一部分是原来的煤矿业主但管理水平有限，一部分是来自外地有资金但不懂煤矿的企业集团。这些人成为集团的实际控制人，也有安全风险，应予以重点关注。

第五，部分县党政监管责任和部分煤矿企业主体责任落实仍有差距。个别县（区）经济发展与安全发展不同步、不协调，存在以地方经济发展需要为名不重视煤矿安全，或者口头上重视、实际措施上不重视问题。一些煤矿企业负责人认识上有差距，重生产、重效益、轻安全，没有从思想上真正树立以人为本、生命至上的理念，没有把安全生产作为一条不可逾越的“红线”，没有把保护矿工生命安全作为其最高职责。

四、全力打好50个重点县攻坚战

50个重点县攻坚战不仅关系到全国煤矿安全生产形势进一步稳定好转，而且关系到煤炭工业转型升级，进而为能源革命探索可借鉴的路径。我们要以习近平总书记关于安全生产的重要讲话精神为指导，按照总局党组要求，深入落实煤矿安全“1+4”工作法，坚决打好50个重点县煤矿安全攻坚战。

（一）强化各自责任落实

安全生产工作不仅政府要抓，党委也要抓。各重点县县委书记要按照“党政同责、一岗双责、齐抓共管”的安全生产责任体系要求，强化对安全生产工作的领导，定期听取攻坚战汇报，研究解决重大问题，对落实情况常督促、常过问，对任务落实不力的，要早追究，不要等发生事故再问责。对整顿关闭等治本措施要扭住不放，敢于啃硬骨头。各包片督导小组要继续加大监管监察力度，实行常态化督导检查，要认真研究所包县的关闭奖励、机械化改造、灾害治理、技术指导等方面政策。各有关中央企业和省属企业要进一步提高对攻坚战的重视程度，逐项落实规定动作，不仅不能拖县里的后腿，而且要争取发挥示范引领作用。对50个重点县内的省属煤矿要落实责任到人，每个矿都要有省集团公司的一名领导同志负责督导，建立集团总部领导“一人盯一矿”制度，推进攻坚战任务落实。要尽快确定盯矿责任人并上报名单。

（二）深化再教育和警示教育

一是各地区要重点抓新组建企业集团董事长、总经理和分管安全生产负责人这个关键，加强培训教育、督促责任落实。国家煤矿安监局将联合省局专门举办整合主体企业负责人安全培训班。二是继续办好煤矿矿长培训班，各地区也要根据实际情况，继续强化对煤矿矿长的培训教育。三是做好警示教育。我们针对50个煤矿安全重点县的实际，专门制作了警示教育片，今天上午进行了播放，50个重点县要在本县电视台黄金时段进行播放。另外，各地区也要以自身事故制作警示教育片，用身边事教育身边人，增强警示教育效果。

（三）开展打非治违，整治“两非一假一超”行为

一是按照总局开展“六打六治”统一部署，50个重点县要严厉打击煤矿非法越界、非正规采煤和图纸造假等行为；二是各地区要严格治理超能力生产行为。我们将部署加快灾害严重矿井生产能力核减工作，按照核减从快的原则，2014年底，50个重点县的524个煤与瓦斯突出矿井中，除基本建设矿井和列入关闭名单的以外，全部进行瓦斯抽采达标能力核定，提前一年完成50个县的核减工作。将公示矿井核定生产能力，对超能力生产行为严格处罚。

（四）推进整顿关闭，加快关闭淘汰小煤矿

我们总结了近十年来煤矿整顿关闭工作取得的成绩，分析了当前煤矿安全生产工作问题所在，认为还要进一步加大整顿关闭工作力度。国务院安委会于7月底召开重点地区煤矿整顿关闭工作座谈会，总结经验，研究政策措施，进一步推动煤矿整顿关闭工作。当前许多小煤矿等待观望、进退两难、复产后自行停产，正是整顿关闭、调整结构的好时机，只要政策到位，一些煤矿愿意及早退出。各地区要加快落实关闭计划，要早关、快关、关闭到位。希望各重点县自我加压，关闭比例要高于所在省（区、市）平均水平；要重点关闭9万吨/年

以下的突出矿井、谈心对话活动中找不到矿主和负责人的煤矿以及长期停产整顿达不到整改标准的煤矿。

（五）发挥典型示范作用，推进治本措施落实

一是各地区要加快推进小煤矿机械化升级改造。我们将选出15个左右小煤矿，建设机械化改造示范矿井，引导50个县深入开展“四化”建设。二是各地区要积极推进隐蔽致灾因素排查治理、安全质量标准化自动化和信息化建设、劳动用工管理等规定动作落实。我们将抓紧选树一批适合50个县小煤矿学习借鉴的先进经验和技术装备，以点带面，提升煤矿生产力水平和从业人员素质。三是选定一个先进县做典型，召开现场交流会，再次推动50个县全面开展攻坚战，将攻坚战提高到一个新的水平。各地区也要坚持典型引路，强力推进各项措施落实。四是帮扶愿意脱胎换骨改造的煤矿。各地区要用好已经申请到的中央财政支持资金，并予以地方配套，确保发挥应有作用。我们将继续协调投资主管部门加大对50个重点县的重点支持力度，各地区也要积极申报，同时从技术服务、扶持政策上支持这部分煤矿。

（六）强化督导检查，督促各方面形成强大工作合力

一是各包片督导小组要切实履行职责，加大督导检查力度，及时总结剖析督导检查典型案例。我们将每两周调度一次，并将典型案例印发各攻坚战领导小组，纳入警示教育范围。二是我们继续按季度向省、市两级党委通报事故情况，并在媒体公开曝光发生事故的省属煤矿企业和事故较多、问题严重的地区。三是各地区在巩固“五真”的同时，要加快落实其他规定动作。我们从9月份开始，调度各地治本攻坚“七项规定”动作的进展情况，并对各个规定动作按进展快慢进行排序，定期向省、市两级党委组织部通报，并对进展缓慢的地区主要负责人和对应的包片督导小组组长、副组长进行约谈。

最后，感谢各位对煤矿安全生产工作的关心和支持，期待今后以不同方式继续与大家交流探讨煤矿安全生产工作，共同推进全国煤矿安全生产状况持续稳定好转。

中央纪委驻国家安全生产监督管理总局纪检组组长赵惠令在全国安全监管监察系统党风廉政建设工作视频会议上的讲话（摘要）

（2014年2月26日）

按照总局党组的要求，我向大家报告2013年安全监管监察系统党风廉政建设和反腐败工作情况，并对2014年的工作作出部署。总局党组领导同志还将就如何做好今年工作提出要求，我们要认真贯彻落实。

一、2013年党风廉政建设和反腐败工作回顾

2013年，党中央高度重视党风廉政建设和反腐败斗争，从治国理政、从严治党的高度，提出了一系列新的理念、思路和举措。按照党的十八大战略部署和习近平总书记系列重要讲话精神，根据中央纪委、监察部要求，总局党组紧密结合全国安全监管监察工作实际，抓住深入开展党的群众路线教育实践活动的有利契机，以狠抓中央八项规定精神落实为重点，不断加大办案和巡视工作力度，不断研究和探索加强对权力运行监督的对策措施，不断推进党风廉政建设和反腐败工作向纵深发展。

（一）落实中央八项规定精神坚定不移

2013年，全系统坚持把落实中央八项规定精神作为重点工作任务来抓。一是总局党组率先垂范，深入开展党的群众路线教育实践活动，切实改

进作风，下大气力狠刹“四风”。按照“四不两直”要求，深入基层和工矿企业暗查暗访，查实情、见实效。二是总局党组出台了加强公务接待、会议文件、公务用车和办公用房管理等制度措施29项。各单位也根据各自实际，制定相应政策规定。三是各单位认真学习中央纪委对违反中央八项规定精神典型案件的处理通报，盯住元旦、春节、中秋节、国庆节等重要节点开展检查、抽查，狠刹公款送节礼贺卡、公款吃喝、公款旅游等不正之风。四是驻总局纪检组监察局分别召开全国省级安全监管局和煤矿安监局纪检组长会议，研究解决在落实中央八项规定精神过程中出现的新情况新问题，并切实加强执纪监督。从总体情况看，全系统落实中央八项规定精神是认真的，措施是得力的，效果是明显的。2013 年会议同比下降 25.9%，文件同比下降 17.8%，“三公”经费同比下降 22.8%，公款吃喝、迎来送往、公款送礼风得到了有效遏制。

（二）查办违纪违法案件工作进一步得到加强

在去年党风廉政建设工作会议上，总局党组领导同志强调，要把办案作为考核纪检监察工作绩效的重要依据，表达了总局党组对办案工作的支持和惩治腐败的决心。

经报请总局党组同意，驻总局纪检组监察局组织力量，查办了中国煤矿文工团原团长张成祥在任黑龙江煤矿安监局局长期间，利用提拔任用干部等机会疯狂敛财等问题。对群众举报的新调入某事业单位原处级干部刘振龙伪造干部身份等问题作了调查，并从中发现其涉嫌严重受贿问题。对反映江西煤矿安监局原局长、党组书记贺爱民大操大办子女婚事问题立即进行调查，在调查期间，江西省人民检察院对贺涉嫌受贿问题又作了立案调查。对以上3人，总局党组已决定免去其职务，并移送司法机关，待司法机关调查结束后再作党纪政纪处理。今年年初，根据群众举报，迅速查清了总局监管四司原司长刘云昌的严重违纪问题，总局党组决定给予其撤销党内职务、行政撤职处分。

各省级煤矿安监局党组、纪检组不同程度地加大办案力度。四川、重庆、山东、新疆、安徽、贵州煤矿安监局都组织查处了一些案件。驻总局纪检组监察局在办理有关案件中，辽宁、陕西、安徽、甘肃、山西、山东、河南和贵州煤矿安监局纪检组派人参与，既形成了办案合力，又锻炼了队伍。

据统计，2013 年，总局直属单位共受理信访举报 329 件（次），初核违纪线索 74 件，立案 12 件，结案 9 件，给予党纪政纪处分 21 人。办案工作在 2012 年有了重大突破的基础上，又得到进一步加强。信访举报件数、初核件数和处分人数比 2012 年分别增长 24.2%、13.9% 和 23.5%。

（三）巡视工作进一步规范

针对 2012 年对 8 个单位的巡视情况，总局党组出台《直属事业单位负责人收入分配管理办法（试行）》（安监总人事〔2013〕33 号），并付诸实施。对巡视发现的其他有关问题，派人一一督促整改。总局有关部门会同从江苏、陕西、重庆煤矿安监局选调的同志组成巡视组，对北京、湖北、广西、福建、青海煤矿安监局和中国煤矿工人北戴河、大连、昆明疗养院 8 个单位开展了巡视，发现了作风不扎实、执法不严格、干部选拔任用不规范等问题，排查案件线索 2 件，向总局党组提出整改建议 7 条，向被巡视单位提出整改意见 30 条。

（四）从源头上防治腐败的力度进一步加大

根据多年查办案件、干部考核和巡视工作中发现的带有共性的问题，总局党组加强制度建设，有针对性地制定了《安全生产执法人员履职行为“四个零”规定》（安监总党〔2013〕27 号），下发后，社会反响很好。按照中央纪委统一部署，认真组织开展会员卡专项清退活动，在搞好 236 名专兼职纪检监察干部“零持有”申报的基础上，将范围扩大为总局和国家煤矿安监局机关、各省级煤矿安监局、各直属事业单位及社团组织的在职干部职工。在总局直属单位组织开展了制度廉洁性评估工作，废除和纠正了一些不合法规的制度。总局党组还研究同意了驻总局纪检组监察局会同人事司提出的加强对权力运行监督的六条措施。

同时，全国安全监管监察系统还组织开展了反腐倡廉“警示教育周”活动。各单位根据各自实际，开展了形式多样的教育活动。据不完全统计，总局直属单位党员干部在教育活动中共上交礼金 69.21 万元。

二、存在的主要问题

2013 年党风廉政建设和反腐败工作虽然取得了一定成绩，但必须清醒地看到，我们的工作还存在许多问题和不足，离党中央、国务院和中央纪委的要求，与人民群众的期盼还有很大差距。在党风廉政建设和队伍建设方面，有许多问题亟待我们研究解决，全系统反腐倡廉形势依然严峻。

一是领导干部“一岗双责”落实不到位。相当一部分领导只顾埋头抓业务，对党风廉政建设、队伍建设和思想政治工作重视不够。有的领导没有把党风廉政建设当作分内之事，只是每年开个会、讲个话、签个责任状就万事大吉了；还有的搞无原则的一团和气，对干部疏于教育、疏于管理和监督；个别人甚至说一套做一套，带头搞腐败，带坏了队伍，败坏了风气。

二是对领导班子的监督尤其是对一把手的监督依然乏力。这几年，我们系统内一把手出问题的比较多。前几年，因腐败问题被司法机关追究刑事责任的有：河南省安全监管局、河南煤矿安监局原局长李九成，湖南省安全监管局、湖南煤矿安监局原局长谢光祥，山西省安全监管局、山西煤矿安监局原局长巩安库等。近两年我们总局自己查处的张成祥、贺爱民、刘云昌和已被开除党籍的华北科技学院原党委书记刘咸卫虚报冒领科研经费等案件，都暴露出对一把手监督薄弱的问题。比如，贺爱民大操大办女儿婚礼，邀请个体煤矿老板、国有煤矿企业负责人等参加并收受礼金，江西煤矿安监局相当一部分同志参加了，领导班子成员包括我们的纪检组长也参加了，都送了礼金，无一人劝阻，无一人向上级报告。

三是腐败案件易发多发趋势仍没有得到有效遏制。近5年来，仅总局直属单位中，受到党纪政纪处分的就有106人，其中受到刑事处罚的43人，同其他任何系统相比，这个比例都不算低。去年，给予党纪政纪处分的有21人，同2012年相比，仍然是上升的趋势。

四是反腐倡廉制度有待进一步健全。突出表现在对领导干部监督方面的制度还不完善，部分单位主要领导干部在一个单位任职8年乃至10年以上，自我约束不够，外部监督乏力；部分省级煤矿安监局和在京直属事业单位，选人用人不规范，领导干部利用职权，把亲属子女安排在本单位工作不是个别现象。同时，安全执法、行政审批、中介机构监管、安全培训等方面的制度也不规范。

五是落实中央八项规定精神缺乏主动性和自觉性。从全系统情况看，落实中央八项规定精神的成效是明显的。但是我们不能盲目乐观，有的同志思想认识还不高，抱有观望心态和侥幸心理；有的打着“别撞到枪口上”的算盘，暂时有所收敛了，想“躲过风头”再说。违反中央八项规定精神的问题仍然存在，有的我们已做了处理，有的还在调查之中。

六是纪检监察队伍能力建设还有待进一步加强。总的看，我们纪检监察干部队伍党性强，作风正，要求自己严，对完成上级部署的工作任务坚定不移。但是，纪检监察业务水平不高，尤其是办案能力不强仍然是带有普遍性的问题。还有个别同志原则性不强、老好人思想严重；甚至有个别同志不热爱不安心纪检监察工作。如何建立科学有效的纪检监察工作考核评价机制，我们还需进一步研究和探索。

我们要清醒地看到，安全执法人员经常与煤矿等企业负责人尤其是私企老板打交道，随时都会面临权钱交易的诱惑和陷阱。我们要深刻认识全系统党风廉政建设和反腐败工作的长期性、复杂性、艰巨性，以更大的决心、勇气和智慧，不断把党风廉政建设和反腐败工作引向深入。

三、2014年党风廉政建设和反腐败工作主要任务

新的一年，我们要认真学习贯彻习近平总书记系列重要讲话精神，根据十八届中央纪委三次全会和国务院第二次廉政工作会议的部署，按照总局党组的要求，坚持从严治党、从严抓队伍，狠抓中央八项规定精神落实，加大办案工作力度，强化制度建设，坚定不移地推进党风廉政建设和反腐败工作。要着重抓好以下工作：

（一）强化执纪检查，保证中央重大决策部署在安全监管监察系统的贯彻落实

要加强对党的十八大和十八届三中全会精神贯彻落实情况的监督，严明政治纪律，对违反政治纪律的案件要快查快处，确保安全监管监察系统党员干部坚定政治立场，自觉地同以习近平同志为总书记的党中央在思想上政治上行动上保持高度一致。严明组织纪律，坚决纠正组织涣散、纪律松弛和自由主义现象。对总局作出的决策部署，纪检监察部门也要加大监督检查力度，对执行不力、失职渎职的，要严肃问责，确保政令畅通。

（二）深入落实中央八项规定精神，加大惩戒问责通报力度，持之以恒纠正“四风”

落实中央八项规定精神既是一场攻坚战，也是一场持久战。要巩固已有成果，把目前作风改进的好势头变成我们今后工作和生活的常态。一是坚决落实、严格执行中央和总局党组有关规定。决不允许打擦边球，决不允许搞上有政策下有对策。对党中央和中央纪委今后颁布实施的规定，要不等不靠，尽快组织学习，尽快组织落实。二是加强对教育实践活动整改措施落实情况的监督检查，着力解决执法不严格、作风不扎实和慵懒散、蛮横硬等问题。三是加大专项治理力度。严肃查处党员领导干部到私人会所活动、变相公款旅游等问题。严禁用公款相互宴请、赠送节礼、违规消费等。四是加大惩戒问责力度。对违背中央八项规定精神的问题，要快查快办，严肃处理，点名道姓在全系统乃至全社会通报曝光，同时还要追究有关领导的责任。

（三）要把办案工作放在突出位置，坚决遏制腐败蔓延势头

一是坚持有案必查，有线索必核，执纪必严。二是突出办案重点。严肃查办发生在领导机关和领导干部中的贪污贿赂、买官卖官、徇私枉法、腐化堕落、失职渎职案件，严肃查办发生在行政审批、安全执法、中介机构监管、安全培训、财务管理等关键环节的案件，严肃查办重大责任事故背后的腐败案件。三是加强群众信访举报受理工作，加大初核力度。对有线索不查、瞒案不报的要追究责任。四是建立完善办案工作机制。按照中央纪委关于“查办腐败案件以上级纪委为主，线索处置和案件查办在向同级党委报告的同时必须向上级纪委报告”的要求，各省级煤矿安监局、各直属事业单位的案件线索和案件查办在向同级党组（党委）报告的同时，要向驻总局纪检组监察局报告。五是坚持抓早抓小，让干部少犯错误，不犯大错误。全面掌握党员干部的思想、工作、生活情况，对党员干部存在的问题要早发现、早提醒、早纠正，对苗头性问题及时约谈和警示，促其改正，把问题解决在萌芽状态。六是严明办案纪律，依纪依法安全文明办案，保障被审查人员合法权益。在处理人的问题上，要持慎之又慎的态度，坚决杜绝冤假错案。

（四）加强对权力监督和对领导干部廉洁从政教育，在治本上下功夫

按照中央纪委要求，研究制定贯彻落实《建立健全惩治和预防腐败体系2013—2017年工作规划》实施办法，加大预防腐败力度。

一是认真做好行政审批改革工作。要按照国务院第二次廉政工作会议的要求，取消、合并、下放、简化并举，在加强事后监管的基础上，不断减少行政审批。对保留下来的行政审批，要明确项目名称、实施机关、法定依据、申请条件、申请材料、办理程序、审批责任、收费标准、收费依据，实施行政审批目录化管理并向社会公开。一个窗口对外、压缩审批时限，推行网上受理和办复、办审分离，从制度上预防腐败。

二是狠抓总局党组制定的六条措施贯彻落实。总局党组研究同意的预防腐败六条措施即将下发。其内容是：

（1）直属单位主要负责人不直接分管人事、财务、基建等工作，任职满5年的原则上要交流，任职满8年的必须交流。

（2）总局和各省级煤矿安监局直属事业单位用人计划、招考录用方案要报总局人事司批准。考录工作由人事部门统一组织，纪检监察部门负责监督。

（3）总局、国家煤矿安监局、省级煤矿安监局公务员以及参照公务员法管理的事业单位工作人员的亲属不得安排在本级机关工作，确因工作需要，由总局人事司负责考察，报总局党组会议研究决定。总局党组管理的司局级干部和办公厅、人事司、直属机关党委、驻总局纪检组监察局处级以上干部及总局领导秘书的亲属，不得在本系统安排工作，确因工作需要的，由人事部门考察，分别报总局党组或省级煤矿安监局党组会议研究决定。对上述人员亲属已在本系统工作的情况要进行调查统计备案。

（4）省级煤矿安监局纪检组长在党组中不分管其他业务工作。

（5）各直属单位财务部门主要负责人的任免，须征求总局人事司和办公厅（财务司）意见。总局直属事业单位财务部门负责人实行定期轮岗交流制度。建立财政专项经费支出绩效审计制度。

（6）加强交流干部住房管理，清理纠正交流

干部违规多占住房问题。彻底清理省级煤矿安监局驻京办事机构。

各单位要结合自身实际，制定落实六条措施的具体方案，切实抓紧抓好。

三是加强和改进巡视工作。一要聚焦党风廉政建设和反腐败工作。重点就是“四个着力”，即：着力发现贪污腐败、违反中央八项规定精神、违反政治纪律和选人用人上的不正之风等问题。二要对发现的问题线索一查到底，强化对领导班子特别是党政一把手的监督。三要创新组织形式和方式方法。巡视组临时组建，临时派遣，组长一次一更换。下沉一级延伸了解情况，鼓励群众反映问题，加强成果运用等。四要落实监督责任。巡视组对重大问题应该发现而没有发现就是失职，发现问题没有如实报告就是渎职，就要追究党纪政纪责任。今年，要对河北、贵州煤矿安监局和国际交流中心、档案馆、宣教中心、培训中心6个单位进行巡视。对2013年巡视过的8个单位需要整改的问题，要跟踪检查，确保整改到位。

四是深入开展执法监察。要继续加强执法监察工作研究，完善工作思路和工作方法，切实解决安全执法过宽、行政处罚畸轻畸重等问题，并从中发现背后的腐败问题和案件线索，促进公正执法、廉洁执法。

五是组织开展党风廉政教育活动。深入开展理想信念和宗旨意识、党风党纪和廉洁自律教育。继续组织开展“警示教育周”活动，总局届时将作出统一部署，各单位要结合各自实际，有针对性地开展教育活动，在重实效上下功夫。各省级安全监管局可按照地方党委和纪委的部署要求开展活动。

四、几点要求

总局党组对今年反腐倡廉工作已作出了部署，各单位要按照总局党组要求，加强领导，抓好落实，务求实效。

一是严格落实党风廉政建设责任制。习近平总书记指出：“各级党委特别是主要负责同志必须树立不抓党风廉政建设就是严重失职的意识。”各级党委（党组）要切实担负起党风廉政建设主体责任。各单位主要领导是第一责任人，领导班子成员对分管单位的党风廉政建设负领导责任，各职能部门要抓好自身反腐倡廉工作。要加大责任追究力度，对发生重大腐败案件的单位，按照“一岗双责”要求，实行“一案双查”，既要追究当事人责任，又要追究相关领导责任。

二是纪检监察部门要履行好监督责任。王岐山同志在十八届中央纪委三次全会上强调，要坚决落实各级纪委的监督责任，用铁的纪律打造纪检监察队伍。全系统纪检监察部门要聚焦党风廉政建设和反腐败工作主业，落实监督职责，集中精力抓好纪检监察工作，做到不越位、不缺位、不错位。要依法依规开展工作，提高履职能力。纪检监察干部更要严格要求自己，自觉接受来自各方面的监督。

三是要以扎实的作风狠抓落实。今年工作任务已经明确，方针政策已定，关键要在抓落实上下功夫，干实事，重实效，不摆花架子，不喊大口号，不搞形式主义。

今年反腐倡廉工作任务艰巨，责任重大。我们要在中央纪委、监察部和总局党组的领导下，突出重点，狠抓落实，加强执纪监督，深入推进党风廉政建设和反腐败工作，树立安全监管监察队伍的良好形象，为全国安全生产形势持续稳定好转提供有力保证。

国家安全生产监督管理总局副局长徐绍川在非煤矿山安全生产工作视频会议上的讲话(摘要)

（2014 年 2 月 25 日）

这次会议是按照国家安全监管总局党组安排召开的一次重要会议。刚才，王铃丁同志对非煤矿山安全生产工作作了总结和部署。一会儿，王德学同志还将作重要讲话，请各地区、各单位深入贯彻落实。下面，我重点围绕学习贯彻党的十八届三中全会和习近平总书记系列重要讲话精神，加强非煤矿山安全监管法治能力建设，促进安全生产形势持续稳定好转这一主题，讲五点意见。

一、着力提高法治意识，明确法治方向

我们党始终高度重视社会主义法治建设。党的十五大提出，要健全社会主义法制，依法治国，建设社会主义法治国家。1999 年九届全国人大二次会议决定将依法治国、建设社会主义法治国家写进了宪法。党的十八大提出，要全面推进依法治国，并把“法治”作为社会主义核心价值观的重要内容，把全面落实依法治国方略、基本建成法治政府列为全面建成小康社会的重要指标。十八届三中全会首次提出“法治中国”概念，并把“法治中国”作为全面深化改革的重要奋斗目标。习近平总书记指出，依法治国是党领导人民治理国家的基本方略，法治是治国理政的基本方式；领导干部要带头厉行法治，提高运用法治思维和法治方式深化改革、推动发展、化解矛盾、维护稳定的能力，在法治轨道上推动各项工作。李克强总理指出，政府履行职能必须依靠法治，市场经济的本质就是法治经济。建设法治中国，为全面加强非煤矿山安全监管法治能力建设指明了方向，提供了机遇，提出了新的要求和挑战。全面加强非煤矿山安全监管法治能力建设势在必行、大有可为。

（一）国家治理体系和治理能力现代化要求我们必须把加强法治建设摆上安全生产的首要位置

十八届三中全会将“坚持和完善中国特色社会主义制度，推进国家治理体系和治理能力现代化”确定为全面深化改革的总目标。习近平总书记指出，国家治理体系和治理能力是一个国家的制度和制度执行能力的集中体现；摆在我们面前的一项重大历史任务，就是推动中国特色社会主义制度更加成熟更加定型，为党和国家事业发展、为人民幸福安康、为社会和谐稳定、为国家长治久安提供一整套更完备、更稳定、更管用的制度体系。加强法治建设、提高法治能力，是推进国家治理体系和治理能力现代化的客观要求，是提高安全监管科学化水平的历史性、根本性、战略性的选择，必须摆上安全生产工作更重要的日程。

（二）贯彻落实习近平总书记关于坚守红线的重要思想，要求我们必须依法治安、重典治乱

习近平总书记指出：“发展决不能以牺牲人的生命为代价，这必须作为一条不可逾越的红线。”李克强总理指出：“安全生产是人命关天的大事，是不能踩的‘红线’。”实践证明，安全监管法治不健全，就等于“红线”不“带电”，就难以从根本上铲除逾越“红线”的行为；只有健全安全生产法治，切实做到有法可依、有法必依、执法必严、违法必究，切实做到“让因思想麻痹和侥幸心理而导致事故的责任人员受到更大的震动和教育；让非法违法的肇事企业和责任者付出更大的代价”，才能使“红线”真正成为不能碰、不敢碰的“高压线”，才能有效震慑安全生产违法犯罪分子，铲除生产安全事故滋生的主要土壤。

（三）建设法治中国要求我们必须依靠法治、依法行政

十八届三中全会指出，建设法治中国，必须坚

持依法治国、依法执政、依法行政共同推进，坚持法治国家、法治政府、法治社会一体建设。法律是实践证明的、正确的、成熟的方针政策的制度化、定型化。法治主要是指依靠普遍、稳定、明确的法律规范、法律原则和法律精神治理国家、社会等一切事务。依法治国是党领导人民治理国家的基本方略，是国家长治久安的重要保障，是社会文明进步的重要标志，是浩浩荡荡的历史潮流。只有把非煤矿山安全监管工作纳入建设法治中国的大局之中，纳入法治政府建设的历史进程之中，坚持依法规范、依法治理，建立安全监管法治长效机制，才能实现非煤矿山的长治久安。

（四）非煤矿山安全生产现状迫切要求我们必须加快提高法治能力、强化执法工作

近年来，我国非煤矿山安全生产状况虽然明显好转，但形势依然严峻，影响安全生产的深层次矛盾和问题还没有完全解决。从矿山企业层面看，非法违法和违规违章行为仍然十分严重。有的无视法律，要钱不要命，无证开采、以采代探、违规开采等行为屡禁不止；有的规章制度形同虚设，投入不足、培训不到位、管理混乱、以包代管，重大隐患长期得不到有效治理，安全生产主体责任不落实；有的出了事故盲目施救，甚至谎报瞒报迟报，影响十分恶劣。从政府安全监管层面看，法治意识和法治水平仍然较低。有的习惯于靠行政手段办事，不了解法律，不依照法律监管，缺乏对法律的敬畏；有的把不受责任追究作为工作出发点，考虑法定职责和群众安危少；有的重检查轻执法，对无证开采、超层越界等重大违法行为执法不严、处置不力；有的履职不规范，重处罚轻整改，重事故轻隐患，重检查设备设施轻“三同时”审查、轻安全培训检查；乱执法、粗暴执法现象也一定程度存在，极个别人员甚至知法犯法、贪赃枉法，影响极坏；近几年，行政复议、诉讼案件有逐年增加之势，因履职不到位被追究责任的数量也有所上升。从社会层面看，齐抓共管、有效监督的氛围尚未形成；依靠群众、依靠媒体监督的力度不够，信息公开和群众参与的渠道不畅、相关机制不完善，对非法违法、违规违章行为没有形成过街老鼠、人人喊打的高压态势。上述问题充分表明，非煤矿山安全生产法制状况仍然存在不规范、不严格、不完善、不落实的问题，迫切要求我们全系统必须牢固树立红线意识、法治观念，坚持依靠法律、依靠法治、重典治乱的法治工作思路。也只有这样，才能真正做到依法履行职责，建立更加规范的安全生产法治秩序，推动安全生产形势根本好转。

（五）把握大势，顺势而为，进一步坚定法治能力建设正确方向

首先，要明确总体要求。要按照党的十八届三中全会提出的科学立法、严格执法、公正司法、全民守法的法治建设总要求，围绕坚守安全生产红线、实施安全发展战略和非煤矿山重特大事故零控制的总工作目标，着力完善法律制度，严格行政许可，规范执法行为，增强执法力度，提高执法能力，强化执法监督，全面推进非煤矿山安全监管治理体系和治理能力现代化，促进非煤矿山安全生产形势持续稳定好转。

其次，要坚守法治原则。一是要坚持职责法定原则，做到行政主体依法设立，行政权力依法取得，行政程序依法确定，行政行为依法作出，行政责任依法承担；二是要坚持公平公正原则，做到法律面前人人平等，只服从事实，只服从法律，不偏不倚、不枉不纵，秉公办事；三是要坚持规范透明原则，做到行为方式制度化、程序化、信息化，权力运行公开透明；四是要坚持从严执法原则，做到有法必依、执法必严、违法必究，切实维护法律的尊严和权威；五要坚持执法为民原则，将保护人民群众安全健康、减少事故作为出发点和落脚点，坚持惩戒与教育相结合、执法与服务相结合，树立为民务实清廉形象。

第三，要聚焦工作目标。到“十二五”末，非煤矿山法治能力建设力争达到以下5项目标：一是非煤矿山安全生产法规标准体系进一步完善；二是安全监管人员的法治思维和法治能力明显提升，因非法违法违规违章行为引发的事故明显减少；三是整顿关闭和淘汰落后力度明显加大，非煤矿山结构调整取得明显成效，金属非金属矿山数量下降到6万座（含尾矿库）以下；四是执法监督更加有效，执法行为更加规范透明；五是重特大事故得到有效控制，事故总量和死亡人数逐年下降。

二、坚持和完善非煤矿山安全监管法律制度

（一）准确把握非煤矿山安全生产法律制度

到目前为止，涉及非煤矿山安全生产的法律有4部、行政法规3部、部门规章9部、安全生产行

业标准49个，基本解决了有法可依、有章可循的问题。基本确立了10项法律制度：一是安全监督管理制度。县级以上安全监管部门对非煤矿山企业安全生产情况依法实施监督检查和行政处罚。二是非煤矿山安全准入制度。非煤矿山必须依法取得安全生产许可证，未经许可不得从事生产经营活动。三是矿山企业安全生产保障制度。规定企业必须强化安全生产组织保障、资金保障和管理保障。四是从业人员培训和“三项岗位”人员持证上岗制度。规定企业所有从业人员必须经培训合格上岗；主要负责人、安全管理人员和特种作业人员应当经安全监管部门考试合格颁证后才能上岗。五是建设项目安全设施“三同时”审批制度。规定非煤矿山建设项目应当进行安全条件论证和安全评价；企业新建改建扩建工程的安全设施必须和主体工程同时设计、同时施工、同时投入生产和使用；安全设施设计未经审查批准不得施工建设，安全设施未经竣工验收合格不得投入生产和使用。六是从业人员安全生产权利义务制度。规定了从业人员7项权利和4项义务。七是事故报告、应急救援与调查处理制度。分别对政府、安全监管部门、企业的事故报告、应急救援和事故调查处理作出了明确规定。八是安全生产中介服务制度。规定承担非煤矿山安全评价、认证、检测、检验的中介机构应当具备国家规定的资质条件。九是外包工程安全管理制度。规定发包单位承担外包工程安全生产主体责任，承包单位应向当地安全监管部门报告，接受属地监管，不得转包和非法分包。十是安全生产责任追究制度。

（二）准确把握和落实安全监管工作法定责任

依据上述法律制度，非煤矿山安全监管工作至少应该落实10项法定责任：一是指导督促下级政府和本级政府有关部门抓好非煤矿山安全监管的责任；二是审核颁发非煤矿山企业安全生产许可证，查处不经许可擅自从业和许可后不具备安全生产条件企业的责任；三是审查非煤矿山建设项目安全设施设计和竣工验收的责任；四是考核非煤矿山企业主要负责人、安全管理人员和特种作业人员资格的责任；五是监督检查非煤矿山是否具备安全生产条件并依法实施行政处罚，依法向地方政府和有关部门通报处罚情况的责任；六是对发现的安全生产违法行为或者事故隐患，依法采取现场处置措施并向当地政府通报的责任；七是对责令限期改正、暂时停产停业企业复查验收、依法处罚和建议整顿关闭的责任；八是对非法违法企业采取查封、扣押等行政强制措施的责任；九是依法建立带班值守制度、报告事故、组织指导协调事故救援、参与事故调查处理、检查落实事故整改措施、对事故责任者实施行政处罚的责任；十是依法受理、核实法定职责范围内的安全生产举报事项，办理行政复议和行政应诉案件的责任。

（三）认真抓好法规标准制修订工作

面对新形势、新任务和新挑战，国家安全监管总局将按照以人为本、从严要求、从严追究，问题导向、具体管用、规范有序的原则，顺应审批“做减法”、监管“做加法”的历史趋势，以《安全生产法》修订颁布为契机，抓紧推进《矿山安全法》和《矿山安全法实施条例》修订工作，对现有规章和标准进行系统评估，明显滞后的要抓紧修订，存在缺失的要抓紧制定。各地区要结合实际，不等不靠，切实推动地方立法工作。重点要完善6个方面的法规制度：一是要推动制定提高金属非金属矿山最小开采规模和最低服务年限准入标准，解决非煤矿山准入门槛低、规模小、安全无保障问题。二是要建立非煤矿山安全生产负面清单和权力清单制度，进一步明确非煤矿山许可界限，实现权力规范透明运行。三是要围绕防范重特大事故，抓紧评估修订地下矿山提升、通风、排水、爆破、供电等关键系统和采空区隐患防治、炸药库管理、危险病库等关键环节安全制度标准，研究制定超大规模超深井建设、高陡边坡监测管理、尾矿库综合治理和应急救援联动等方面的标准规范，解决要求偏低、缺项严重以及与现实不符等问题。四是要建立非煤矿山安全生产信息公开和群众参与制度，科学界定安全监管部门、企业、中介机构信息公开内容，制定企业负责人、工会、共青团、妇联和职工代表五方安全生产定期协商议事机制，更加尊重和发挥人民群众安全生产的主体地位和作用。五是要探索第三方监管机制。推行注册安全工程师事务所为中小矿山提供安全生产服务的机制，解决中小矿山企业安全生产无人管、不会管的问题。六是要建立非煤矿山安全目标责任制和绩效考核制度，强化上级对下级监管部门的监督检查和业绩考核。

三、全面提高非煤矿山安全监管执法效能

习近平总书记指出，全面推进依法治国，必须坚持严格执法；有了法律不有效实施，再多法律也是一纸空文，依法治国就会成为一句空话。李克强总理指出，减少行政审批后，政府管理要由事前审批更多转为事中事后监管，这要得罪人，比事前审批难得多。我们必须把严格执法作为非煤矿山安全监管法治能力建设的突破口，推动形成不能违法、不敢违法的法治环境。

（一）全面落实执法内容

对下级地方政府及其有关部门，重点要检查5项内容：一是落实非煤矿山法规标准情况，包括落实政府安全监管责任，建立非煤矿山安全监管体系，建立安全监管机构、投入工作经费、配备执法力量和制定政策等情况。二是建立或落实非煤矿山最小开采规模和最低服务年限准入标准，开展打击非法违法行为和整顿关闭工作等情况。三是制定执法计划，严格执法，健全联合执法机制等情况。四是开展专项整治、挂牌督办重大安全隐患等情况。五是事故查处、事故调查报告公开、责任追究和防范措施落实等情况。

对矿山企业，应重点抓好5大项29小项执法检查：一是安全资格检查，主要检查持有安全生产许可证、“三项岗位”人员持证、其他从业人员培训等情况；二是安全责任检查，主要检查依法加大资金投入、建立全员安全生产责任制、设立安全生产管理机构和配备安全管理人员、健全规章制度、开展安全自查、排查治理隐患、应急预案和应急演练、依法报告事故等8个方面情况；三是安全技术检查，主要检查规划设计、安全评价与评估、系统建设、工艺流程、专业人员配备、运行管理等6个方面情况；四是安全设施检查，主要检查安全设施“三同时”审查、矿安标志、检验检测、在线检测、安全避险“六大系统”、安全警示标志设置、劳保用品配备与使用等7个方面情况；五是作业现场检查，主要检查安全生产标准化建设、外包施工队伍管理、现场安全管理、现场安全设备、从业人员按章作业等5个方面情况。

（二）严格遵守法定程序

程序公正是法治公正的重要内涵，严格执法首先是严格按程序执法，讲程序就是讲原则、讲标准、讲规矩，没有程序公正就很难做到实体公正。在研究制定政策方面，要把公众参与、专家论证、风险评估、合法性审查和集体讨论作为重大决策的必经程序，努力做到依法、民主、科学决策。在实施行政许可方面，关键要在法定范围内开展，不得变相增设、越权越级审批和违规下放审批事项；要严格落实受理、审查、批复、告知、送达、变更、撤销、暂扣、吊销等9个具体步骤，并及时立卷建档。在实施行政处罚方面，要落实立案审批、调查取证、权利告知、陈诉申辩、说明理由、审裁分离、集体决定、文书送达和立卷归档、跟踪督办等10个具体程序，确保执法主体适格、权限合法、程序正当、证据确凿、依据正确、裁量合理、文书使用符合法定形式。在进行事故查处方面，要依法核定事故等级，按等级成立事故调查组，落实挂牌督办制度，依法依规追究责任，按时结案，全文公布事故调查报告。

（三）切实加大处罚和追责力度

一是对非煤矿山安全生产各类非法违法行为，要坚决落实停产整顿、关闭取缔、上限处罚、严厉追责等“四个一律”制度，并实行拒不整改从重处罚、特殊情况向上级机关报送、严重非法违法行为公开曝光等措施，狠抓闭环执法，确保整改措施落实到位。二是要以预防为主，建立非煤矿山隐患排查治理责任追究制度，解决对事故处罚多、追究多，对治理隐患和事前追责处罚不够等突出问题。三是建立部门联动机制。研究具体办法，推进企业安全生产状况与新增项目核准、用地审批、证券融资、银行贷款、保险费率等相互衔接、协同制约，切实解决企业守法成本高、违法成本低问题，真正让安全法规成为悬在企业头上的一把利剑。

（四）不断创新执法方式方法

可以在以下6个方面创新实践。一是联合执法。主要是要发挥安委会办公室和金属非金属矿山整顿工作联席会议作用，形成执法合力。二是交叉执法。主要是要在防止人情干扰，相互学习借鉴和提高执法效率上求实效。三是会诊执法。对重点矿区要组织各个专业领域的安全生产专家，集中进行深入检查，全面排查治理隐患。四是超前执法。对重大建设项目和大型矿山企业，上级安全监管部门应提早介入，超前防范，防止地方保护主义，防止木已成舟，增加执法难度。五是暗查执法。严格落实不发通知、不打招呼、不听汇报、

不用陪同接待，直奔基层、直插现场的“四不两直”制度。六是分级分类执法。要根据安全生产风险程度和非法违法记录等，科学确定执法重点、方式和频次。

（五）紧紧抓住执法重点

各地区、各单位要紧紧围绕防范遏制重特大事故这一核心目标开展执法检查。首先，要抓住重点对象。要切实把非煤矿山多、灾害严重、历史上事故总量大的地区作为重点执法地区，将有重特大事故风险，特别是每班工作超过 10 人的企业作为重点执法企业。其次，要抓住重点工作。要把“打非治违”、整顿关闭作为重中之重，确保今年再关闭 5000 座以上小矿山，全国非煤矿山总量再下降 5% 以上。第三，要抓住关键环节。重点开展防中毒窒息专项执法，督促企业建立完善机械通风系统，强化通风安全管理，落实应急防范措施；重点开展防井下火灾和爆炸事故专项执法，从违规动火、可燃物管理、非阻燃材料使用等源头上防范事故；重点开展防坠罐跑车专项执法，强制按期淘汰 7 类提升设备，强化提升设备设施检测检验；重点开展防透水和塌陷专项执法，积极推行充填法开采，加强对老空区的探测和治理，强化超前探水管理；重点开展露天矿山防坍塌专项执法，强制推行分台阶开采，推行边坡安全监测技术，对高陡边坡进行实时在线监测；重点开展防尾矿库溃坝专项执法，对危库、险库实行挂牌督办，强化应急演练，严防溃坝事故；重点开展防盲目施救专项执法，督促企业加强应急和自救专业培训，配备个人防护和应急救援器材设备，定期开展应急演练；重点开展陆上石油天然气防井喷防硫化氢中毒、海洋石油防台风防风暴潮专项执法，督促企业不断修订完善制度规程，加强岗位人员培训，提高装备设施本质安全水平。

四、强化非煤矿山安全监管执法监督

习近平总书记指出，现在对不作为、乱作为特别是执法不严、不公和腐败问题，群众意见还比较多，反映比较大，要让人民群众在每一个案件中感受到公平正义，推动老百姓相信法不容情、法不阿贵，遵守法律、信仰法律。我们必须扭住制度约束、公开运行等环节加强执法监督，确保非煤矿山安全监管执法工作严格、规范、公正、文明、廉洁。要重点建立 5 项监管制度。

（一）建立审查备案制度

要公布行政处罚依据和行政审批许可目录，实行重要法规制度、重大行政处罚和行政许可集体研究及报上级安全监管部门备案制度，坚决纠正违法违规行为。

（二）建立评议考核制度

要规范非煤矿山安全许可、处罚等执法案卷以及监督检查记录、证据材料、执法文书等工作，建立对下级安全监管部门执法考评指标体系，通过交叉互检等方式，定期对执法情况进行考核和评议。要建立执法典型案件评议制度，及时发现纠正过错，推广优秀经验。

（三）建立信息化管理制度

开发安全执法和监督信息系统，逐步实现执法信息网上录入、执法流程网上管理、执法活动网上监督、执法卷宗网上生成、执法质量网上考核、执法档案网上生成，实现执法全过程可追溯。

（四）建立信息公开制度

习近平总书记指出，执法越公开就越有权威和公信力。我们要把信息公开作为执法监督的重要工作来抓。首先，要推进安全监管政务公开，重点公开执法依据、法定职责和内部分工、行政许可事项和结果、重大危险源和重大安全隐患、安全生产“黑名单”、重大执法处罚文书、决定关闭的非煤矿山名单、事故调查报告等 8 项内容。要注意邀请媒体记者参与重大执法行动，扩大执法效果。其次，要推进企业安全生产信息公开，重点公开历史事故状况、危险危害因素、重大危险源、隐患排查治理和监管部门执法处罚等 5 个方面情况，增加企业安全生产压力和动力。第三，要推进安全中介机构执业信息公开，推动提高安全评价、安全检测检验等服务质量。

（五）建立举报核查制度

要建立安全生产微博、微信和“12350”举报投诉电话，畅通安全隐患、生产安全事故举报监督渠道，认真落实奖励和保护举报制度。要落实举报核查责任，严格按照登记审查、受理告知、核查处理、书面答复、复查复核、结果反馈等基本程序，认真核查群众实名举报案件，做到件件有回音、事事有结果，及时化解矛盾。近年来，约 40% 的安全生产行政复议和行政诉讼案件都是因为来信来访处置不当引发的，需要引起高度重视。对本部门核实确有困难的，要及时向本级人民政府和有关部门反映，争取支持和配合。

五、加强非煤矿山法治能力建设组织领导

（一）领导干部要带头厉行法治

第一，各级安全监管部门和领导干部要带头依法办事，大力推行依法治安，不去行使依法不该行使的权力，不去干预依法不能干预的事情，更不能以言代法、以权压法、徇私枉法。要树立抓业务就要抓法治的理念，将非煤矿山安全监管法治能力建设摆上重要议事日程，贯彻到监管全过程。第二，要把坚不坚持依法行政、愿不愿意依法办事、善不善于运用法治思维和法治手段推进非煤矿山安全监管工作，作为评价干部思想素质和业务能力的重要标准。第三，要层层制定安全监管法治能力建设年度计划，完善措施、落实责任、狠抓落实。第四，要加大改革创新力度，注重总结推广经验，以点带面、推动工作。

（二）推动加强基层执法力量

党的十八届三中全会明确指出，要加强安全生产、环境保护等重点领域基层执法力量。李克强总理强调，监管重心要下移。第一，国家安全监管总局和省级安全监管部门要抓住全面加强基层执法力量的有利契机，把增加非煤矿山监管人员编制，改善人员专业结构作为重要工作来抓，严把新增人员专业背景和选拔条件，注重选送年轻干部到非煤矿山企业生产一线跟班锻炼。第二，要明确区分不同层级非煤矿山安全执法重点。国家安全监管总局层面的事权，重点应在宏观执法监督权，监督检查对象主要是省级政府和有关部门、中央企业；省级安全监管部门层面的事权，应兼顾宏观与微观，监督检查对象主要应是市（地）、县政府，国家和省属重点企业及建设项目；市（地）级及以下安全监管部门主要应行使微观执法监督权，执法监督对象主要是各类生产经营单位，主要是依法查处非煤矿山非法违法行为。第三，要努力改变手摸、眼看、耳听的监察方法，抓紧配备性能先进的检测检验仪器和调查取证设备，大力推动重点企业和重大危险源在线实时监测监控，不断提高执法科学化水平。

（三）强化干部教育培训

首先，要把党性教育放在首位，引导干部坚定理想信念，坚持法治原则，坚守职业道德，担当监管责任，把保护人民群众生命财产安全视为不可推卸的职责使命，自觉摒弃把免受责任追究作为工作出发点和落脚点的错误观念。其次，要建立完善执法资格准入制度和执法证有效期满考试制度，鼓励干部报考注册安全工程师等职业资格，鼓励在职攻读相关专业学历和学位；要建立人才库，发挥专业人员在集中执法和事故调查中的重要作用。第三，要编写专门教材，建立干部网络学院，制定网络学习考试和学分考核管理办法，持续提高法治能力。

（四）大力优化法治环境

习近平总书记指出，法律要发生作用，首先全社会要信仰法律。第一，要牢固树立用宣传推动工作的理念，主动协调各方面媒体，通过字幕、新闻发布会、专栏、专题片等形式，加大安全理念、法规、知识和正面典型宣传力度，及时准确适度报道生产安全事故。对于敏感性问题要提前预判，随时关注进展，发现负面舆情及早妥善处理，防止形成公共舆论事件。第二，今年国家安全监管总局要开展全系统安全监管监察人员评先表彰工作，并将摄制非煤矿山事故警示教育系列专题片。各地区要大力总结宣传非煤矿山安全监管法治能力建设典型，引导企业和干部树立法律信仰，让干部相信法治是解决非煤矿山安全生产问题的最有效、最持久、最根本的方式，让企业相信遵守安全法规才能可持续发展。第三，要树立该严格执法的没有严格执法，该支持保护的没有支持保护都是失职的观念，旗帜鲜明地支持和保护地方安全监管干部严格执法、依法履职，注重运用法律手段维护安全监管干部合法权益。

学习贯彻党的十八大、十八届三中全会和习近平总书记、李克强总理关于法治建设的系列重要指示精神是一个逐步深化的过程，全面加强非煤矿山安全监管法治能力建设是一个重大课题和长期艰巨的任务。我今天讲的体会和认识，很多可能还不够准确、不够全面、不够深刻，希望大家多提宝贵意见。也希望同志们在实践中深入学习研究探讨，努力提升非煤矿山安全监管法治能力建设水平，为全国安全生产形势持续稳定好转作出新的更大贡献。

国家安全生产监督管理总局副局长李兆前在全国安全隐患排查治理体系建设现场推进会上的讲话（摘要）

（2014 年 12 月 5 日）

在大家的共同努力下，全国安全隐患排查治理体系建设现场推进会圆满完成各项会议议程，马上就要结束了。会议期间，孙华山同志作了重要讲话，对隐患排查治理体系建设作了全面总结和部署，大家实地观摩了鄂州市隐患排查治理体系建设情况，听取和观看了湖北省、鄂州市、马鞍山市、洛阳市、珠海市安全监管局，武钢集团、中国建材集团、中粮集团等单位的经验介绍。会议主题明确，内容丰富，开得很及时、很成功。概括起来主要有三个方面的特点：

一是会议资料准备充分。主要包括孙华山同志的讲话，各隐患排查治理体系建设试点地区、企业经验交流材料汇编和专题研究材料汇编，各专题视频片，以及《隐患排查治理体系建设基本规范（征求意见稿）》，还包括我一会儿要讲的工贸行业相关重点工作情况。这些资料对做好隐患排查治理体系建设和工贸行业安全监管工作具有重要指导意义。

二是试点经验特点突出。大家一致认为，湖北省在安全隐患排查治理方面所做的积极探索具有普遍意义，湖北省的经验很有说服力，是全系统的共同财富，应该大力推广。鄂州市等单位的经验介绍，结合本地区本单位实际，各有侧重，特点突出，同样具有典型示范引领作用。

三是会议组织务实创新。这次会议是现场会，会议在组织上严谨、细致、紧凑，经验介绍以播放视频为主，大家耳闻目睹，“听、看、学”有机结合，极大地增强了感性认识，听了很受鼓舞，看了很有启发，学了很有收获。

与三年前相比，安全隐患排查治理体系建设在覆盖的地区、行业领域和企业上有了巨大的进步，典型示范经验更具有普遍意义。湖北省能做到的、鄂州市能做到的，其他地区也应该能做到。关键在于真抓实干，在于持之以恒，在于创新发展。因此，大家一定要深刻领会、全面把握会议精神，在学习先进、用好经验、建立体系上下功夫，切实做到五个方面的落实，努力推动隐患排查治理体系建设取得新成效。一是抓好会议精神学习贯彻的落实。对照会议部署要求，在组织领导上科学安排，落实责任，明确分工，形成合力。对照试点地区的经验做法，找不足、找差距，推进工作。二是抓好基础工作的落实。按照简洁、实用、融合的原则，优化系统平台建设，指导企业建立隐患排查清单，把体系建设的成果与安全监管工作有机结合。三是抓好工作机制的落实。隐患排查治理体系核心是建立隐患发现机制、整改机制、记录机制和通报机制，同时要不断完善激励约束机制。四是抓好典型示范的落实。各地区要继续抓好所属典型示范地区、企业体系建设，用典型示范经验带动工作开展。五是抓好宣传培训的落实。制定培训计划，落实培训内容，提高培训质量，宣传好的经验做法，为体系建设提供支持和保障。

对会议的贯彻落实和隐患排查治理体系建设工作就讲这些。下面我就工贸行业其他重点工作再讲三点意见。

一、2014 年工贸行业安全监管工作取得新成效

（一）围绕确保质量、加快进度、提升水平，深化企业安全生产标准化建设

国家安全监管总局通过制定《企业安全生产

标准化评审工作管理办法（试行）》、编制评审人员培训大纲和培训教材、出台《企业安全生产预测预警技术标准》、印发《冶金等工贸行业小微企业安全生产标准化评定标准》，基本健全了安全生产标准化作为企业安全生产管理体系的框架。在各地区的共同努力下，全国工贸行业企业安全生产标准化建设已经全面铺开，创建企业数量大幅度增长，已完成创建企业232286家，比2010年增加了22万多家，其中一级742家、二级17658家、三级213886家，正在创建的128526家。主要表现在：

一是领导重视，强力推动安全生产标准化建设开展。地方各级党委、政府高度重视，有力推动了企业安全生产标准化建设工作开展。福建省委书记尤权强调，要扎实有效开展安全生产标准化建设，真正实现本质安全。吉林省省长蒋超良在省安委会全体会议上作出部署，要求省内规模以上企业今年全部达到三级以上标准化要求。

二是强化培训，夯实企业安全生产标准化建设基础。企业全员通过培训，熟练了操作规程、熟知了岗位风险、掌握了应急处置，防范了“三违”发生，提高了安全技能；评审人员通过培训，熟悉了评定标准，提升了评审水平；安全监管人员通过培训，明晰了程序流程，掌握了监管重点。北京市成立标准化讲师团，统一编印培训教材，指导和帮助各区县开展多层次的培训，全市共开展培训545期，培训人数55601人次。湖南省今年有23000余人次参加了各地组织的标准化系列培训。

三是因地制宜，突出企业安全生产标准化建设重点。辽宁省安全监管局联合省总工会、团省委制定了《关于开展2014年全省冶金等工贸行业企业创建安全标准化班组活动的通知》，细化班组创建标准，大力推进班组达标创建。云南省针对泡菜腌制和茶叶加工企业较多的特点，组织编制了泡菜（小米辣）腌制和茶叶加工企业安全生产标准化评定标准。江苏、广东、北京、吉林、黑龙江、辽宁、安徽等省（市）制定了小微企业安全生产标准化评定标准和考评办法，推动小微企业开展创建工作。

四是出台政策，有效调动企业安全生产标准化建设热情。各地认真贯彻落实国家安全监管总局等七部门《关于全面推进工贸行业企业安全生产标准化建设的意见》，细化激励政策。北京市连续3年安排3000万元资金对各区县标准化工作给予经费支持；同时全市各级财政和行业部门共投入7365万元用于标准化建设。天津市安全监管局与人力资源社会保障局建立了标准化达标企业公示制度，利用工伤保险费率浮动政策，激励企业开展标准化建设。辽宁省安全监管局将全省2013年二级达标企业通报省经济和信息化、财政等10个部门，为各部门落实标准化相关政策提供依据。江苏省对完成创建标准化一级企业奖励5万元，二级企业奖励2万元。安徽省制定《生产经营单位安全生产分类分级监督管理办法》，将标准化达标建设情况作为企业分级的重要依据，根据分级结果对企业实施差异化监管。

五是严格评审，有效提升企业安全生产标准化建设质量。国家安全监管总局选择了15家一级标准化企业进行示范企业创建，指导示范企业与国际同行先进企业找差距，建成国内行业标杆企业，目前已初见成效。北京市委托市安科院开展达标企业核查工作，定期通报核查结果；同时对在评审过程中存在问题的评审机构实行约谈制度。山东省诸城市建立了“达标—升级—再达标”和“按比率淘汰”的动态创建机制，每年组织达标复评工作，按照不低于3%的比率提请撤销标准化等级认定，引导企业持续改进。河南省规定对存在弄虚作假、转让出借资质、粘贴套用等行为的评审单位，给予警告、暂停业务、取消资格等处理；今年共取消3家评审单位资质、9家单位10项行业评审资格、3人评审资格。

（二）认真落实“六打六治”打非治违专项行动要求，深入开展粉尘防爆等专项整治

各地区按照“六打六治”打非治违专项行动要求，结合当地工贸行业实际，深刻吸取江苏昆山“8·2”特别重大粉尘爆炸事故教训，按照总局统一部署，针对事故易发多发环节，深入开展粉尘防爆、涉氨制冷以及有限空间作业安全条件确认等专项整治工作。

一是全面调查排查，摸清企业底数。各地区全面排查粉尘爆炸危险企业和涉氨制冷企业，基本摸清了企业底数，建立了基础监管台账。截至目前，全国共排查出各类粉尘爆炸危险企业共56054家，其中，浙江、广东、山东、江苏等地均超过4000

家；排查涉氨制冷企业共23712家，主要分布在食品加工、啤酒生产、禽类屠宰和蔬菜果品储存等行业。

二是加强宣教培训，提升安全素质。总局举办了粉尘防爆安全知识专题视频讲座；印制12万份《严防企业粉尘爆炸五条规定》(国家安全监管总局令第68号）宣传手册，逐级发送至市、县、乡镇安全监管机构和所有粉尘爆炸危险企业；在湖南、浙江、广东、河北和内蒙古5个省（区）组织开展有限空间作业安全监管专题培训班，免费送教上门，培训安全监管人员678人。北京市邀请电视台、报社等10多家主流媒体全程参加“四不两直”执法检查，对粉尘整治工作进行密集的宣传报道；利用政务网站举办访谈节目，普及粉尘防爆知识。福建省制作了《粉尘防爆调查》《粉尘防爆重拳出击》专题节目在电视台播出，通过广播电台播放粉尘防爆公益广告。宁夏回族自治区举办全区有限空间作业技能竞赛，通过电视台直播，普及有限空间作业安全知识。重庆市政府和市局领导与涉及粉尘防爆、涉氨制冷、有限空间作业安全的189家企业、375名企业主要负责人开展了谈心对话；指导42个区县政府及其有关部门负责人与2368家工贸企业、3472名企业主要负责人开展谈心对话。

三是创新监管方法，强化服务指导。浙江省积极探索推行市场化监管方式，鼓励企业聘请第三方专业机构或专家进行安全管理，金华市对企业购买安全技术服务、装备改造分别给予最高40%和15%的财政补助。四川省建立“黑名单”制度，将存在严重非法违法行为且不整改、因非法违法行为导致事故的企业列入“黑名单”，及时向社会公告并通报相关部门，在项目审批、证券融资、银行贷款等方面严格限制。北京市对地下有限空间作业监护人员实行特种作业管理。吉林省以涉氨制冷企业为重点，通过信息平台对企业建档管理，推动企业隐患预警、报警和智能化监控。

四是加强联合执法，统筹推进专项整治。辽宁省安全监管局会同消防、质监等部门，组成6个督查组，对全省粉尘防爆等专项整治进行暗查。山东省将粉尘防爆专项整治与“三同时”、标准化建设等工作相结合，推动企业粉尘防爆治理。吉林省明确三项专项整治工作的属地、行业、综合监管以及企业主体责任，将企业全部纳入网格化管理。湖南、广西、江苏、四川、海南等省（区）明确了经济和信息化、质监、消防等部门的监管职责，浙江省各市、县（区）抽调安全监管、住建、消防等部门组成专项整治办公室，集中办公，有力推动了涉氨制冷专项整治。

五是强化监督检查，加大执法处罚力度。山西省重点对煤气区域作业、有限空间作业、高温液态金属吊运浇注和厂内运输作业、粉尘爆炸危险场所作业、液氨使用、外协外委工程项目安全管理等6个方面进行监督检查。检查企业9352家次，下达执法文书9489份。天津市对钢铁企业和使用煤气发生炉、涉氨以及从事金属切割、真空镀膜、喷涂作业的小微企业开展专项检查，检查企业2321家，下达执法文书932份，行政处罚企业77家，罚款235.8万元。停产整顿、关闭小微企业235家。重庆市检查企业5167家，下达专项督查整改通知单1649份，责令停产整顿企业43家，关闭企业16家，处罚136.77万元。广东省实施行政处罚7069次，责令停产整顿248家，关闭企业20家；实施经济处罚2273次，罚款4831.96万元。上海市实施行政处罚382次，罚款1581.54万元。

六是树立典型样板，加强示范引领。河北省在事故企业秦皇岛骊骅淀粉股份有限公司进行观摩，观看事故整改专题片，通过解剖典型，创造性地开展大检查工作；委托32个安全评价机构，对32家涉氨企业进行了安全现状评价和剖析，对每个企业出具完整的现状评价报告，供其他企业借鉴学习。浙江省确立了涉爆粉尘、涉氨制冷和有限空间作业综合整治示范县，召开示范地区交流会总结推广先进经验。

（三）严肃事故查处，充分发挥事故教训对安全生产工作的促进作用

一是严肃查处江苏昆山“8·2”特别重大粉尘爆炸事故。这起事故造成重大人员伤亡和严重社会影响，目前事故调查工作已经结束。事故调查组通过现场勘验、查阅资料、调查取证、实验测试、检测鉴定和专家分析论证，查明了事故发生的原因、经过、人员伤亡和直接经济损失等情况。经调查，事故发生企业、当地政府、相关部门以及有关中介机构在落实企业安全生产主体责任、部门监管责任和政府属地管理责任等方面存在突出问题。现

已形成《事故调查报告》，已按程序上报国务院，待批复后发布事故结案通知，并向社会全文公开。请各地区深刻吸取事故教训，严密防范类似事故发生。

二是加大事故查处和督办力度。针对今年以来工贸行业企业发生的22起较大事故，国家安全监管总局分别进行了现场督导、跟踪督办或约谈，向有关地方安全监管部门和企业发布了事故警示短信，在全国各地起到了很好的警示作用。吉林省依法严肃调查处理了一汽锻造（吉林）有限公司“3·13”起重伤害事故，对事故单位相关责任人9人给予严肃处理，对责任单位给予经济处罚。山西省安全监管局领导及时带队赶赴太钢不锈二钢厂“1·7”中毒窒息较大事故和华泽铝电有限公司“8·6”导热油爆燃较大事故现场，督导事故调查，召开两次专题会议，对事故进行剖析，深刻汲取事故教训，有针对性地采取防范措施。

三是注重用事故教训推动工作。内蒙古自治区安全监管局深入开展案例警示教育，较大事故发生后，组织相关地方政府、安全监管等部门和相关企业负责人、安全管理人员到事故现场召开案例警示教育会，请事故企业主要负责人就事故情况、教训和整改措施等作检讨发言，邀请有关专家对事故原因进行深入解剖分析。今年已组织现场会3次，400多人次参加。广西壮族自治区安全监管局组织召开8次约见警示会，共有7个地市、11个部门、15家企业接受约谈教育。云南省深刻吸取玉昆钢铁集团有限公司“3·23”煤气中毒事故教训，迅速组织专家进行全方位隐患排查，对9家钢铁企业的煤气隔断装置进行了专题调研，总结提出隔断装置中最容易泄漏煤气、作业风险最高的眼镜阀组作业流程“双六条”，指导企业防范事故。

在各地区、各有关部门和企业的共同努力下，工贸行业安全生产形势保持了持续稳定好转的态势，今年1月至10月共发生各类生产安全事故959起、死亡1113人，同比分别下降14.2%和9.2%，其中：较大事故19起、死亡62人，同比分别下降34.5%和42.1%。

总之，今年以来各地区认真学习贯彻党的十八届三中、四中全会精神和习近平总书记、李克强总理等党中央、国务院领导同志关于加强安全生产工作的一系列重要指示，按照全国安全生产电视电话会议、全国安全生产工作会议和全国安全生产标准化建设现场推进会的要求和部署，牢固树立红线意识，以“三个必须”在企业的落实为主线，以企业安全生产标准化建设、安全隐患排查治理体系建设、粉尘防爆、液氨使用和有限空间作业安全专项整治为重点，狠抓企业安全基础管理、主体责任的落实，探索监管方式的创新，转变作风，加强队伍建设，有力促进了工贸行业安全生产形势的进一步好转。

二、工贸行业安全生产工作存在的主要问题

（一）工贸企业安全基础薄弱，安全保障水平低，事故总量较大，重特大事故时有发生

工贸行业企业法人单位达1200多万家，涉及面广、领域宽、数量大，法人单位和从业人员占全国企业的60%以上，除商贸外，7个行业占全国工业企业法人单位总数的86.1%、从业人员总数的81.3%，是我国制造业乃至整个工业的主体产业。在工贸行业中，大部分企业都是中小型和家庭作坊式小企业，这些小企业工艺技术落后，老旧设备和应淘汰设备居多，安全装置缺失，专业技术人员缺乏，管理人员和作业人员文化素质不高，人员流动性大，未经安全培训上岗等问题突出，“三违”现象造成的事故多发。2012年以来，在安全监管系统监管的行业中，工贸行业事故起数和死亡人数均居首位（2012年1463起、死亡1612人，2013年1365起、死亡1502人，2014年1至10月959起、死亡1113人），而且近年来每年都有重大事故发生，特别是今年发生的昆山“8·2”特别重大粉尘爆炸事故，按照《生产安全事故报告和调查处理条例》规定的事故发生后30日报告期，死亡97人、受伤163人。工贸行业的安全生产形势仍然十分严峻。

（二）工贸企业安全生产标准化建设任务依然艰巨

1. 对企业安全生产标准化建设重要性的认识还不到位

一些地方政府没有把标准化建设作为安全发展的重要内容，与转变经济发展方式、加快企业转型升级、提高企业本质安全水平结合起来，只是被动地、应付式地开展工作。一些企业没有认识到标准化是企业安全管理体系，是企业安全管理的基础，自身管理的需要，认为创建标准化耗时、耗力、耗

财，不能在短期内取得直接经济效益，又不是政府强制性的工作，缺乏内在动力和外部压力，积极性和主动性不高。

2. 对企业安全生产标准化建设激励机制落实不到位

一些地区落实国家安全监管总局等7部门《关于全面推进工贸行业企业安全生产标准化建设的意见》(安监总管四〔2013〕8号）不到位，未建立起与工商、保险、银行、诚信和向社会公开相关信息的制度机制。一些地区没有将标准化与工伤保险、安全责任险、质量奖励、优秀品牌等资格荣誉挂钩，也未将标准化作为信贷信用等级及诚信体系依据。

3. 对企业安全生产标准化建设有关要求执行不到位

一些地方未能按照《企业安全生产标准化评审工作管理办法（试行)》(安监总办〔2014〕49号）要求，及时制定相应的具体实施办法。一些地方对标准化信息化工作要求贯彻不彻底，标准化达标信息管理系统使用不充分，甚至未使用，使得系统不能全面统计企业基本信息，以致不能及时掌握工作进展情况。

4. 对安全生产标准化评审工作把关不到位

一些地方在工作中过分追求达标企业数量，创建质量不高、评审过程不规范，创建过程与隐患排查治理、执法检查、宣传培训等基础性工作结合不紧密，存在两张皮、走过场等问题。

（三）部分地区和企业专项整治工作落实不到位

1. 企业主体责任落实不到位，隐患整改不彻底

一些企业在专项整治工作中存在做表面文章、走过场的现象，在每次暗查抽查中，都发现受检企业不按照规定要求进行自查自改的问题。一些粉尘涉爆、涉氨企业仍普遍存在厂房不达标、电气设备不防爆、除尘系统不规范、快速冻结装置区域防控不到位等一系列重大隐患，安全防护措施还没有得到完全落实。

2. 隐患排查治理体系信息系统建设不完善，效果不明显

存在着查报隐患企业不多、系统应用不够，报告隐患数量偏少、质量不高，全员排查治理隐患机制没有形成、效力不够，怕因报告隐患受处罚不愿报、不敢报，隐患排查治理与执法检查等信息共享不落实，激励约束机制建立不完备等问题。

3. 部分地区基础工作不扎实、不细致

部分地区重部署、轻落实，存在底数不清、情况不明，执法检查不严，隐患整改不彻底等问题，甚至有的基层监管部门根本没有进行部署。

4. 部分地区专项整治没有形成合力

部分地区协调力度不够，有关部门监管责任没有落实到位，执法联动机制不健全，没有形成有效的监管合力。

（四）各地区工贸行业安全监管机构不够健全、监管力量严重不足

目前全国只有13个省级安全监管局设立了专门负责工贸行业安全监管的业务处，监管人员少，各类专业对口人员更少，市县级监管力量更加薄弱。经统计估算，全国只有3400人左右，与所承担的监管任务相比严重不足。湖南省14个市（州）只有湘潭市安全监管局单设了监管科，其余13个市（州）均未单设，其中半数左右为“二合一”，有的市（州）与宣教信息、安委办日常工作机构、应急办、人事、事故调查、工会、机关党委等合并在一起，形成了“四合一”甚至“五合一”的科室，14个市（州）负责工贸行业监管人员共计只有20人，县级平均只有0.9人。江苏省有工贸企业20多万家，13个市（地）级安全监管局负责工贸行业安全监管不足25人，126个县级安全监管局负责工贸行业安全监管人员不足200人。其他大部分省（区、市）的情况基本与此类似，监管任务繁重与监管力量不足矛盾十分突出。

以上问题必须引起我们的高度重视，结合各地区实际，采取有效措施加以解决。

三、以党的十八届三中、四中全会精神为指引，扎实推进工贸行业安全生产工作

2015年工贸行业安全监管的总体工作思路是：紧紧围绕总局党组的工作部署，认真落实党的十八届三中、四中全会精神，认真贯彻落实新《安全生产法》，强化依法治安，深入推进企业安全生产标准化和安全隐患排查治理体系建设，持续抓好粉尘防爆、涉氨制冷等专项整治，创新安全监管方式，加强队伍建设，转变工作作风，促进全国安全生产形势持续稳定好转。重点抓好以下四方面的工作。

（一）认真学习贯彻落实新《安全生产法》

党的十八届四中全会作出了全面推进依法治国的决定，明确了全面推进依法治国的总目标、总要求，是全面推进依法治国的纲领性文件，也为推进依法治安指明了方向，提供了根本遵循。新《安全生产法》已于12月1日施行，为我们落实依法治国方略、推进依法治安提供了有力保障。新《安全生产法》有四个突出特点：一是把“以人为本、安全发展”写进了《安全生产法》，以法律的形式明确了发展决不能以牺牲人的生命为代价，这要作为一条不可逾越的红线。二是强化了企业的主体责任。明确了企业必须遵守法律法规，依法依规生产经营建设，不能有丝毫含糊。三是把隐患排查治理纳入法律，强调了安全生产的源头治本，明确了要建立隐患排查治理体系。四是加大了对违法违规责任者的惩处力度。无论是谁，发生事故就要严厉追责，让心存侥幸、无视国家法律法规的肇事企业和肇事者付出更大代价，让责任不落实、监管不到位的地方政府和有关部门负责人受到更大的教育和震动。

国家安全监管总局党组要求，要结合深入学习贯彻党的十八届四中全会精神，从实施依法治国战略的高度来认识新《安全生产法》的重大意义，进一步增强贯彻落实新《安全生产法》的自觉性和坚定性。一是抓好领导干部、执法人员的学习培训以及生产经营单位负责人、安全生产管理人员、从业人员的教育培训工作。各级领导班子成员要带头宣贯，组织全体干部职工认真学习、深刻领会。要推动新《安全生产法》宣贯工作进企业、入社区、到家庭，切实做到家喻户晓、人人皆知，形成全社会学法遵法守法用法的浓厚氛围。二是抓紧制修订有关配套规章制度。在工贸行业安全监管方面，针对事故暴露出的问题，国家安全监管总局制定出台了《严防企业粉尘爆炸五条规定》和《有限空间安全作业五条规定》，同时正在修订《安全生产事故隐患排查治理规定》《冶金企业安全生产监督管理规定》和《企业安全生产标准化基本规范》等规章标准，还在抓紧起草制定机械、建材、纺织企业安全监管规定以及其他有关规范标准。新《安全生产法》对金属冶炼企业和建设项目作出了新的更加严格规定，这些规定将体现到《冶金企业安全生产监督管理规定》和《建设项目安全设施“三同时”监督管理暂行办法》的修订工作中。各地区也要根据实际，抓紧制修订本地区工贸行业安全生产有关规章制度，提高针对性、科学性和可操作性。三是要严格执法、规范执法、文明执法。工贸行业的安全监管要以严格规范文明的执法服务企业的安全生产工作，以执法推动企业安全生产标准化和安全隐患排查治理体系建设，以执法推动企业自主管理安全生产工作的主动性和积极性，以执法推动企业安全生产主体责任的落实。

（二）深入推进企业安全生产标准化建设

新《安全生产法》中，明确提出了推进企业安全生产标准化建设。面对新的形势和挑战，我们要把标准化建设作为落实依法治国、强化红线意识的具体体现，扎实持续抓下去。

1. 强化支撑，加快法规标准制修订工作

一是修订《企业安全生产标准化基本规范》，简化一级要素数量。二是相应地对有关行业评定标准进行修订完善，提升标准水平，进一步提高企业创建工作水平。三是结合工作中遇到的新情况、新问题，研究制定有关行业评定标准。

2. 注重实效，加大培训宣传工作力度

一是各级安全监管部门要将标准化纳入安全培训重要内容，强化对企业负责人、安全监管人员和评审人员的培训。二是各级安全监管部门要推动企业开展全员标准化培训工作，使每个员工都要熟悉岗位操作规程，知道岗位操作风险，懂得应急处置方法，真正做到岗位达标。三是总结推广先进经验和方法，加强舆论宣传引导作用。

3. 提质扩面，提升创建工作水平

一是继续深化示范企业创建工作，在总结15家示范企业经验的基础上，推动一级标准化企业巩固提高，打造更多与国际先进水平接轨的示范标杆。二是解决进展不平衡问题。推动工作进展缓慢地区加大工作力度，扩大创建企业覆盖面；对没有按要求创建的企业，加大指导和监督检查频次和力度，推动企业创建工作。

4. 严格评审，确保创建工作质量

一是按照《企业安全生产标准化评审工作管理办法（试行）》确定的“自主创建、自愿评审”原则，更加高效地开展创建和评审工作，减轻企业负担。二是严格评审收费管理，禁止政府部门有任何收费行为，禁止评审单位将咨询和评审捆绑收费。三是落实评审责任。建立考评机制，实施动态管理，及时清理不负责任、弄虚作假的评审单位，对达不到相应要求的企业要坚决予以撤销等级，确保创建质量和效能。

（三）持续抓好专项整治工作

1. 突出重大隐患和问题整改，严格落实企业主体责任

一是坚决贯彻落实《严防企业粉尘爆炸五条规定》和《有限空间安全作业五条规定》，要确保“双五条”宣贯到每个相关企业，做到全覆盖。二是继续重点治理粉尘涉爆企业安全隐患，督促粉尘涉爆企业严格落实厂房、防尘、防火、防水、制度等方面安全措施，加强粉尘爆炸危险辨识和职工安全培训，严格执行安全操作规程和劳动防护制度。三是继续深化涉氨制冷企业包装间、分割间等人员较多生产场所的氨直接蒸发制冷空调、单冻机物理隔离、疏散通道、安全出口和标识等设置不合规的问题，进一步提升氨制冷机房的氨泄漏报警和应急处置能力，制冷工等操作人员必须持证上岗。四是继续督促企业建立健全有限空间作业审批和安全培训制度，配备必要的防护用品和应急装备。

2. 强化宣教培训，夯实基层基础工作

一是国家安全监管总局将继续在部分省（区、市）举办专题培训班。二是鼓励、支持各地区结合实际情况，开展专项整治业务培训，力争达到每个县级安全监管局和相关企业都有一个明白人的目标。三是各地区要通过电视、电台、网络、报刊等多种载体，广泛宣传粉尘爆炸危险、液氨应急防护、有限空间作业风险等安全知识，加大违法违规企业曝光力度，形成社会舆论氛围。四是各地区要继续深入筛查、辨识和梳理粉尘涉爆、涉氨制冷企业底数，切实做到底数清、情况明，按行业特点、危险程度，做好风险辨识和评估，实施分级分类监管。

3. 修订完善标准规范，淘汰落后危险工艺

一是国家安全监管总局将开展粉尘爆炸机理研究，建立粉尘特性参数数据库，制定出台《铝镁制品机械加工防爆安全技术规范》等标准规范，建立可燃性粉尘重点监管目录，提出涉及可燃性粉尘企业安全设施技术指导意见。二是总局将尽快完成《涉氨制冷企业安全技术规程》的制定工作，进一步明确对氨制冷系统喷淋、防爆、防静电和氨泄漏检测报警等技术要求。三是各级安全监管部门要会同其他有关部门结合当地经济结构调整和产业转型升级，推广湿法除尘、机械自动化抛光等先进技术，提高企业本质安全水平。

4. 加强统筹兼顾，建立健全专项整治长效机制

一是各地区要继续把专项整治与“打非治违”专项行动紧密结合，继续保持对非法违法、违规违章行为的高压态势，按照“四不两直”要求，突出重点区域、重点企业、重点部位、重点环节，加大明查暗访力度，开展专项和联合执法检查，推动企业隐患自查自改落实到位，非法违法行为得到有效遏制。二是要标本兼治，把专项整治与推动企业安全生产标准化建设、隐患排查治理体系建设、“三同时”、职业安全健康等各项工作结合起来，强化企业安全基础建设，提升安全管理水平，从源头上消除重大事故隐患和群死群伤事故风险。三是在专项整治过程中要充分发挥专业服务机构和专家的作用，强化技术支撑，研究探索政府购买服务的方式，引入和培育第三方专业安全管理力量，指导帮助基层和企业解决安全生产问题。同时，加强对中介机构的监管，对弄虚作假和违法违规行为坚决查处。

（四）深入推进信息系统建设

这一部分工作孙华山同志已经作了详细部署，所以我只点点题目。一是借鉴示范地区和企业隐患排查治理信息系统的经验，进一步完善总局信息系统功能，做到更加便捷和完善。二是将安全生产标准化和隐患排查治理两个信息系统的相关功能进行整合，资源共享。三是实现安全生产预警预测系统和事故隐患排查治理信息系统数据接口互联互通。

（五）进一步加强工贸行业安全监管队伍建设

党的十八届三中全会对加强安全生产等重点领域基层法力量提出了明确要求。进一步加强工贸行业安全监管队伍建设特别是基层队伍建设，为依法履行安全监管职能提供强有力的组织和人才保障，是贯彻落实党的十八届三中、四中全会精神的题中应有之义。一是采取有效措施，加强工贸行业安全监管力量，配强监管人员，适应工作需要。二是要不断提高安全监管队伍的思想政治素质。把思想政治建设摆在首位，加强理想信念教育，加强党风廉政建设和反腐倡廉工作，不断增强做好工贸行业安

全监管的责任感和紧迫感。三是加强业务工作能力建设，建立健全安全监管人员资格培训、任职培训、业务培训、知识更新培训等制度，要把加强法律法规学习作为重中之重，牢固树立法治精神和法治思维，采取内部培训、视频专题讲座等多种形式，加强行政执法、安全专业技术、相关法规标准知识和工作技能培训，改善知识结构，拓宽工作视野。四是要进一步转变工作作风。按照中央和国家安全监管总局党组的一系列决策部署，坚持不懈开展作风教育，始终绷紧作风建设这根弦，深入实际，深入基层，勇于负责，敢于担当。

工贸行业安全生产工作任务艰巨，责任重大，让我们以党的十八届三中、四中全会精神为指引，按照国家安全监管总局党组的决策部署，全面落实依法治安方略，不断提升工作法治化水平，进一步坚定信心，转变作风，真抓实干，开拓创新，扎实做好年底和明年的各项工作，促进工贸行业安全生产形势持续稳定好转，为全国安全生产工作实现事故总量、重特大事故、四项主要相对指标“三个继续下降”目标作出新的更大的贡献！

第五部分

安全生产综合监督管理

安全生产宣传和安全文化建设工作

国家安全生产监督管理总局人事司（宣教办）

国家安全监管总局党组高度重视安全生产宣教工作，国家安全监管总局领导多次就安全生产宣教工作发表重要讲话、作出重要指示批示，为做好安全生产宣教工作指明方向，并亲自出席国新办组织的新闻发布会；国家安全监管总局党组成员、副局长徐绍川同志亲力亲为、具体指导，牢牢把握正确的舆论导向。据不完全统计，2014 年国家安全监管总局领导作出有关宣教工作的批示达 510 次。在国家安全监管总局党组的正确领导下，全国安全生产宣传教育工作者认真贯彻落实全国宣传思想工作会议和全国宣传部长会议精神，坚持团结稳定鼓劲的方针，坚持围绕中心、服务大局，牢牢把握正确导向和舆论主导权、主动权，按照“三多三少”的原则，精心谋划、精确定位、精准发声，着力发出安全生产最强音、汇聚安全发展正能量，在实现安全生产全年工作目标、推动安全发展方面发挥了重要作用。

一、重点工作

（一）安全生产红线意识、法治观念得到广泛传播

全国安全生产宣教工作者认真落实“两个巩固”要求，坚持把工作重点放在大力宣传习近平总书记关于安全生产重要论述和全国安全生产监管监察系统以最坚决的态度学习贯彻中央领导同志重要讲话精神、坚守安全生产“红线”、推动安全发展、着力实现全国安全生产形势持续稳定好转的重大举措、丰富实践上。新修订的《安全生产法》经全国人大常委会审议通过后，一方面，国家安全监管总局党组领导带头赴各地开展新《安全生产法》巡回宣讲，各级安全监管监察机构负责人分别到辖区巡回宣讲，与基层群众面对面宣传解读；另一方面，采取多种方式扩大宣传覆盖面，广泛树立安全生产法治思维，推动依法治安。11 月 4 日，国家安全监管总局在国务院新闻办公室召开新闻发布会，面向中外媒体记者宣贯解读新《安全生产法》，并向全国 2000 万家企业负责人发出公开信，动员全国所有企业自觉学法守法。12 月 1 日当天，在中央主流媒体做好集中宣传报道的同时，协调中国移动、中国电信、中国联通 3 家中央通信企业向全国 6 亿余手机用户发送新《安全生产法》宣贯短信息，促进全民知法遵法用法守法，取得良好效果。

（二）中央主流媒体有关安全生产的报道明显增多

2014 年，中央电视台播发安全生产字幕、口播新闻 255 条，其中《新闻联播》栏目播出 12 条；《人民日报》刊发常规稿件 45 篇，编发《安全发展》专刊 5 期、共 10 个整版；新华社发稿 164 篇，刊发新华安全生产内参 2 份；中央人民广播电台发稿 143 篇；《经济日报》《法制日报》《工人

日报》《中国青年报》等共发稿140余篇；与新华网合作在首页推出了《安全中国》栏目，自2014年6月10日启动以来，共发稿880余篇。中央电视台《焦点访谈》中“必须从严落实《严防粉尘爆炸五条规定》”以及《新闻调查》中“被永久关闭的煤矿”等重要报道反响热烈；安全生产公益广告《讲述篇》和《童话篇》，在中央电视台12个频道播出33天、993次，广告价值约1.14亿元，受众逾亿。

（三）安全生产宣教工作基础进一步强化

国家安全监管总局先后印发了《中共国家安全监管总局党组关于创新体制机制强化安全生产网络舆论工作的意见》《国家安全监管总局新闻发布制度》《国家安全监管总局关于加强安全生产新闻宣传队伍建设的意见》《安全生产网络舆情应对预案》等规范性文件，对安全生产宣教工作提出要求、作出规范；以70号总局令印发《企业安全风险公告六条规定》，对企业安全风险公开做出明确规定，促进企业和职工相互监督、安全自律、预防治本。国家安全监管总局建立安全生产宣教周例会制度和总局司局长在线访谈制度，形成安全生产宣教长效机制；在全系统组建安全生产新闻发言人、网评员、通信员、专家及监督员5支队伍，全系统5支队伍建设达到3125人；同时，分别在上海浦东学院举办了安全监管监察系统新闻发言人培训班、在北京举办了安全生产宣教干部业务培训班，共培训230人，成为宣教业务明白人、带头人。

（四）国家安全监管总局安全生产宣教平台建设取得显著进展

一是与中央主流媒体携手共建宣教平台。与《人民日报》联合创办《安全发展》专刊；与中央电视台联合推出《安全生产报告》；与新华网联合创办《安全中国》栏目。二是与中国航天科技集团、中国华录集团联合组建国家安全生产宣传教育数字传媒中心，依托国家安全监管总局宣教中心组建中安传媒，打造安全生产领域的宣教平台。中安传媒已经实现正常播出。三是着力打造国家安全监管总局网站群、双微矩阵和手机报。国家安全监管总局微博微信粉丝量突破300万，手机报用户突破5万户。

（五）安全文化建设扎实开展

一是以“强化‘红线’意识、促进安全发展”为主题，创新开展“安全生产月”和“安全生产万里行”活动，活动组织机构由七部委升格为国务院安委会办公室；万里行由当月行、局部行转为常年行、全国行；“全国安全宣传咨询日”固定为每年的6月16日；活动内容更突出思想建设、隐患排查、应急演练和文化建设，实践证明效果很好。二是召开全国安全生产宣传暨安全文化建设现场会，评选了以红柳林为代表的69家全国安全文化建设示范企业，并总结提炼红柳林式企业安全文化建设经验，在全国宣传推广。三是继续开展安全社区建设。2014年评选江苏省南京市江宁区江宁街道等21个单位为“全国安全社区”。四是加强文化品牌建设。联合国资委、新闻出版广电总局、中华全国总工会开展了“第五届安全生产电视作品展映活动”。支持中国煤矿文工团创作了《祝你平安——放歌安全生产暨安全生产月文艺汇演》，除在人民网、新华网同步在线播出外，在全国巡演50场，反响热烈。五是在新华网《安全中国》开展“寻找百姓生命保护神”活动，以网络投票方式从93名候选人中推出10位“百姓生命保护神”，引起网民广泛关注和积极参与。截至活动结束，网民累计投票4000多万人次，页面日均点击量达到500万人次，较好地展示了安全生产工作者的精神风貌。

（六）安全生产政府信息公开工作继续名列中央部委的前茅

2014年以来，全系统继续坚持“公开为常态、不公开为例外”的原则，着力强化政府信息公开工作。一是继续强化事故调查信息公开。2014年，全国批复结案的47起国务院安委会及其办公室督办的重大事故和非法违法较大事故，全部全文公开了事故调查报告。二是强化重特大事故企业信息和重大安全隐患信息公开。定期在中央主流媒体向社会公开重特大安全生产事故责任企业名单（黑名单）、重大隐患企业信息。同时，结合发生的典型事故案例，组织摄制湖南省湘煤集团土朱煤矿“3·17”事故、四川省泸州市桃子沟煤矿“5·11”事故、中石油“11·22”原油管道泄漏事故、岑溪市三堡镇炮竹厂“11·1”烟花爆竹爆炸事故、黑龙江伊春市华利实业有限公司“8·16”特别重大烟花爆竹爆炸事故、江苏昆山“8·2”爆炸事故等警示片，在全国巡回播映。三是强化舆情监测监控。2014年宣教办会同国家安全监管总局通信信息中心制作发布舆情报告259期，为总局领导同志提供决策参考。特别是在重大工作举措出台、各类事故发生、调查处理结果发布等时段，第一时间向全社会发布官方权威信息，并组织网评员从加强安全工作、提出建言献策、吸取事故教训、落实企业主体责任等方面开展积极正面的网络评论，避免了炒作，确保了舆情稳定。

二、存在的不足

一是顶层设计不够，对“没有事故的情况下如何讲好安全生产故事”的规律把握不够，在充分反映“安监部门有事故忙、没有事故更忙”这一点上，努力的空间还很大。

二是安全生产宣教工作机制建设仍需加强。事故分级报道、有效引导的机制亟待完善；各级安全监管监察机构的宣传责任与考核机制、新闻发布机制、信息公开机制、舆情应对机制等需要健全和落实。

三是安全生产宣教队伍建设需要进一步加强。五支队伍还没有形成统一指挥、系统作战的机制；不敢说、不会说的问题依然突出；不重视、不强化安全生产宣教工作的问题在一些省市依然突出存在。

四是新媒体应用不尽如人意。在国家安全监管总局纳入微博矩阵的省（区、市）只有14个，分别是北京、天津、河北、吉林、上海、江苏、浙江、江西、山东、湖南、重庆、四川、甘肃、贵州；省会城市和计划单列城市只有13个，分别是南京、杭州、宁波、厦门、福州、南昌、广州、郑州、武汉、成都、贵阳、乌鲁木齐和银川。

三、工作体会

（一）领导高度重视是做好安全生产宣教工作的根本保障

国家安全监管总局党组高度重视安全生产宣教工作，特别是总局领导多次作出重要批示指示，提出要摆正宣教工作与业务工作的关系、把握宣教工作重点、加强网络宣传工作、正确对待媒体和社会监督、加强领导，以及“三多三少”等具体要求，为安全生产宣教工作指明了方向；总局副局长徐绍川多次召开会议作出部署，并亲自带队走访中央电视台等部门和单位，对工作的开展起到了极大的推动作用。2014年以来，总局领导通过文件、报刊、简报等就安全生产宣教工作批示510余条，既是工作部署，也是精神鼓舞和工作动力。

（二）加强基础建设是做好安全生产宣教工作的关键

当前，全国各级安全监管监察部门机构设置、思想认识、人员配备、经费保障等水平参差不齐。加强“硬件”和“软件”配置，夯实基础，是推动安全生产宣教工作扎实有序开展的关键。2014年以来，宣教办立足顶层设计，建立健全各项工作机制，充分发动各地区加强安全生产宣教工作，从而为安全生产宣教工作大格局的形成提供可靠的制度保障，但同时也需要各地区高度重视，从机构、人员、经费等硬件上与之相匹配。

（三）资源整合利用是做好安全生产宣教工作的支撑

安全生产宣教工作点多、面广，涉及各个行业领域和部门，做好宣教工作离不开各方力量的支持。一是要牢牢把握中央主流媒体这一发出安全生产最强音的重要阵地和中坚力量；二是要与各有关司局建立良好的信息共享和对接机制，第一时间了解工作动态，进行广泛宣传；三是要充分整合宣教中心、信息中心、中国安全生产报社、中国安科院、信息研究院、文工团等事业单位宣教资源，并使之发挥重要的支撑作用；四是要在规范有序合理的前提下，最大限度地调动社会各方宣教资源，服务安全生产工作大局。

（四）发展新兴媒体是做好安全生产新闻宣传工作的趋势

当前新兴媒体快速发展，移动终端和互联网成为人们获取信息的最主要方式，依托和发展新媒体开展安全生产宣传工作是必然趋势。安全生产宣教工作应立足当下，紧跟时代步伐，以互联网和新媒体的思维，利用图说安全等符合新时期传播、阅读特点的方式，化零为整地普及安全知识、法规政策等。同时，只有明晰宣传受众对象，针对政府、企业和职工等不同群体实现差异化宣传，才能增强宣传实效。

规划科技工作

国家安全生产监督管理总局规划科技司

2014年，规划科技司坚决贯彻、认真落实国家安全监管总局党组的部署和要求，在提高安全保障能力上取得了6个方面明显进展。

一、抓规划实施引领，促安全生产摆位提升

推动安全生产规划的编制、实施与执行，发挥引领约束作用：一是首次将规划的制定实施以法律形式予以明确，写入新《安全生产法》并明确规定“国务院和县级以上地方各级人民政府应当根据国民经济和社会发展规划制定安全生产规划，并组织实施；安全生产规划应当与城乡规划相衔接”。二是继续将亿元GDP事故死亡率和工矿商贸十万从业人员死亡率两项指标作为国民经济社会发展计划和地方政绩考核体系重要内容；将安全生产重点政策纳入《国家规划纲要中期评估调整意见》《能源发展战略行动计划》等13项国家规划。三是落实习近平总书记11月24日重要讲话精神，与国家发展改革委等4部门联合印发了《关于加强城乡规划和建筑、管线工程设计安全管理工作的通知》，并通过新华网进行了解读。四是《安全生产“十二五”规划》实施取得了明显成效。纳入规划考核范围内的13项约束性指标全部实现中期目标；全国从事安全产业的企业达1500多家，销售收入2066亿元，实现利润179.3亿元，安全产业稳步发展；煤矿安全技术改造等9项重点工程全面推动，引导地方和企业累计投入2925亿元。五是全面启动了安全生产“十三五”规划前期工作。制定编制方案，确定了“1+13”（1部总规划加13部专项规划）的规划体系；开展了专题调研和重大课题研究。

二、抓中央投资支持，促执法保障能力提升

2014年，争取落实中央投资15.41亿元用于监管监察基层执法保障能力建设，比上年增加4.01亿元，增幅达35%。一是安全监管部门执法能力建设专项投资8.5亿元，为289个市级、2497个县级安全监管部门配备各类执法装备7.5万台（套）。二是国家安全监管总局自身建设中央投资共3.07亿元，其中0.95亿元用于26个省级煤监局配备各类执法装备近1万台（套）；1.7亿元用于18个省级煤监机构新改扩建8.2万平方米执法场所；0.42亿元用于7个总局直属单位购置专业装备、建设业务用房。三是中央投资0.38亿元，为14支区域矿山应急救援队购置大型关键救援设备。四是中央投资0.65亿元，用于“矿井安全监管物联网应用示范工程”和国家安全生产物联网检测认证公共服务平台建设。五是中央投资2.81亿元，启动了矿用新装备新材料安全准入分析验证中心等13个国家级实验室建设。六是做好重点项目储备。安科院实验基地和国家安全监管监察实训基地两个建设项目的可研报告已获国家发展改革委批复。国家矿山应急救援实训演练基地建设项目正在进行可研报告评估。七是印发了《国家安全监管总局中央预算内投资建设项目管理办法》和《关于进一步严格控制政府性楼堂馆所和办公用房建设的通知》等，完善内控机制、加强项目监管，提高投资效益。

三、抓科技创新驱动发展，促事故防范能力提升

按照国家安全监管总局领导“安全生产根本出路在于科技进步”的指示要求，大力实施“科技强安”战略。一是安全科技“四个一批”项目取得重大进展。“四个一批”共186个项目，落实资金16.8亿元，其中企业自筹14.3亿元。攻关项目已产生研究成果173项，申请专利732项，已批准和授权330项，比2013年分别增长了94%、130%、172%；82项推广和转化项目先进技术装备已在5225个企业（矿井）中应用，增长了

40%；建设的29个示范工程形成标准规范33个，增长了18%，6项成果入选2014年度国家重点新产品，安全科技“四个一批”项目已成为社会影响力很大的安全科技品牌。二是纳入国家科技计划的安全生产重大项目大幅增加。2014年国家重点科技计划共安排安全生产项目69个（其中煤矿项目42个，占61%；油气管道、粉尘防治项目3个），同比增加20个。三是加强安全科技顶层设计。印发了《煤矿瓦斯灾害防治科技发展对策（2014）》《煤矿水害防治科技发展对策（2014）》，正在编制《煤矿火灾防治科技发展对策（2014）》，明确了安全科技路线图。四是征集并发布了国家安全监管总局2014年度安全生产重大事故防治关键技术科技项目472个，调动社会投入安全科技研发资金18.6亿元。五是组织开展了第六届安全生产科技成果奖评审，共603个单位1461个项目申报评审，比上届分别增长16%和102%。经评审，在煤矿、非煤矿山、危险化学品、油气管道、冶金和粉尘防治和应急救援等重点领域产生一等奖先进成果46项。六是印发了《关于开展安全生产科技支撑平台创建工作的通知》，推动9大类技术支撑平台创建工作，初步遴选出124个平台进入建设条件现场考核；在江苏徐州高新区、山西阳高龙泉工业园区、辽宁中国北方安全（应急）智能装备产业园等开展国家安全产业示范园区创建；重点建设华北科技学院“煤炭安全监测监控技术实验室”“物联网关键技术与应用推广实验室”和湖南科技大学“南方煤矿顶板及煤与瓦斯突出灾害预防控制重点实验室”等国家安全监管总局安全生产重点实验室，增强科技发展内生动力。

四、抓信息化建设与应用，促监管执法效能提升

坚持“以用促建、以建保用、注重实效”的原则，大力推进安全生产信息化建设和应用工作。一是推进业务系统整合应用。组织召开了总局信息化工作领导小组会议，印发了《国家安全监管总局信息化建设工作责任分工》，制定了《安全生产信息系统建设与应用管理办法》，对业务系统整合应用工作进行了重点部署。综合政务办公平台试应用已全面展开；政务信息和事故报送系统、安全生产行政执法统计系统、非煤矿山安全生产许可证统一配号系统、隐患排查治理信息系统、煤矿安全生产许可证网上办理系统等运行良好。二是加快安全生产监管信息化工程建设。由国家安全监管总局牵头组织住房城乡建设部等7个部门共建，该项目已获得国家发展改革委的批复立项，初步安排中央预算内投资44597万元，其中总局部分21767万元，为建成信息共享、业务协同的安全生产信息平台奠定了坚实基础。三是强化顶层设计和标准规范体系建设。研究编制了《安全生产信息化工程建设总体方案》，细化了业务应用系统模块、接口规范和技术要求；发布了《安全生产监督管理信息系统隐患排查治理数据规范（试行）》《危险化学品从业单位基础数据规范》等8项标准规范以及《安全生产应急平台信息资源分类与编码标准》等10项应急管理标准规范。四是实施物联网重点示范工程。组织神华集团、中煤集团在7个矿井建设“矿井安全监管物联网应用示范工程”；组织中国安科院和通信信息中心开展国家安全生产物联网检测认证公共服务平台建设。

五、抓专业机构监管改革，促技术服务水平提升

推动评价与检测机构行政审批改革，加强事中、事后监管，完善事故预防技术支撑体系。一是制修订《安全评价机构管理规定》《安全生产检测检验机构管理规定》和《创新和改进劳动保护用品监管工作的若干意见》，改革评价与检测机构、特种劳动防护用品监管体系，严格依法监管。二是制修订《安全评价通则》《安全预评价导则》《安全验收评价导则》《安全生产检测检验机构能力的通用要求》《现状安全评价导则》《安全评价质量过程控制编写指南》等6个标准，提高机构从业规范性和技术服务针对性。三是制定了《安全评价与检测检验机构规范从业五条规定》《关于进一步规范煤矿设备检测检验收费行为减轻企业负担的通知》，会同驻国家安全监管总局纪检组监察局等开展专项治理，通过事故调查、监督检查和专项治理等，对9家机构作出暂停执业、核减业务范围、限期整改、吊销资质的处罚，并将违规人员纳入“黑名单”。四是加强安全标志管理工作，印发了《关于进一步做好煤矿矿用产品安全标志管理工作的通知》，通过监督评审，注销了209家企业1189个产品的安全标志，暂停392家企业3628个产品的安全标志。五是按照中央机构编制委员会办公室要求研究制定了整合安全生产检测检验机构的指导意见，推动成立区域性、行业性的安全生产检测检验集团公司。

六、抓干部队伍建设，促贯彻执行能力提升

一是深入学习贯彻党的十八大和十八届三中、四中全会精神以及习近平总书记等中央领导同志重要讲话、指示批示精神和新《安全生产法》，强化坚守“红线”意识、树立依法治安理念、增强服务安全生产大局意识。2014 年全司先后派出 20 余人次赴 8 省（区）参加安全生产大检查、“四不两直”明查暗访和与矿长谈心对话活动，推动“三级五覆盖”的落实。二是持续加强教育实践活动整改和作风建设，反“四风”转作风。全司发文数量、会议数量与规模较 2013 年均下降了四分之一，并做到 2014 年专项业务工作经费只减不增。三是坚决贯彻落实《2014 年党风廉政建设任务分工》，结合开展“警示教育周”活动，开展廉政风险点大排查、大整治，加强反腐倡廉制度建设，突出加强对关键环节、重点岗位和人员的监督和约束，构筑反腐倡廉牢固防线。四是坚决落实习近平总书记“三严三实”要求，建设一流的领导班子和党员干部队伍。积极派员参加国家安全监管总局党校脱产学习、司局级干部选学，认真组织和参加各类培训和讲座，开展了“推动规划科技工作法治化”集中研讨和专项调研，不断提升全司干部业务素养和依法办事能力，凝聚力、战斗力、执行力明显提升。2014 年，规划科技司党支部被国家安全监管总局机关党委评为先进基层党组织，并被推荐参加中央国家机关先进集体候选。

非煤矿山安全监督管理工作

国家安全生产监督管理总局监管一司（海油安办）

2014 年以来，在国家安全监管总局党组的坚强领导下，监管一司按照总局党组总体工作部署，围绕重点，狠抓落实，各项工作取得明显成效。

一、重点工作

一是事故总量下降。全国非煤矿山共发生事故 534 起、死亡 640 人，同比减少 124 起、150 人，分别下降 18.8% 和 19.0%。自 2005 年以来首次杜绝了年度发生重大事故，连续 18 个月没有发生重特大事故。

二是整顿关闭攻坚战效果明显。全年计划关闭 4887 座，实际关闭 7843 座，完成计划的 160%；争取中央财政关闭资金 7.4 亿元，补助 1542 座关闭矿山（2013 年 6.47 亿元，补助 1146 座关闭矿山）。

三是重点县攻坚克难工作成效显著。50 个重点县中有 38 个县发生事故 100 起、死亡 128 人，同比减少 29 起、22 人，分别下降 22.5% 和 14.7%。

四是专项整治工作持续深入。争取中央财政支持无主尾矿库隐患综合治理资金 8.08 亿元（2013 年 5.78 亿元，共计治理 790 座无主库）；全面实施非煤矿山严防十类事故专项整治，中毒窒息等多发事故得到有效遏制。

五是淘汰落后工作和标准化建设稳步推进。超过 80% 的矿山完成了总局明令淘汰的落后技术和装备；90% 以上的金属非金属矿山达到安全生产标准化等级，标准化水平明显提升，安全保障条件得到改善。

六是督办工作扎实有效。对 24 起较大事故进行跟踪督导；对 7 起非法违法和 2 起重点县较大事故跟踪督办，结案 7 起；对 19 件群众来信举报进行核查。

二、主要措施

一是抓重点地区。对 50 个重点县全覆盖，开展法律法规培训、警示教育和与矿长谈心对话，受众超过 7000 人；召开重点县县长攻坚克难工作座谈会，交流经验，研究对策；对河北省廊坊市、云南省红河州等 10 个地区油气管道、金属非金属矿山进行暗查暗访，暗查抽查企业 45 家，查出安全隐患 2000 余处，责令停产整改企业 30 余家，并在中央电视台等媒体曝光；对较大事故多发地区进行约谈，提出工作措施建议。

二是抓部门联动。召开金属非金属矿山整顿工作部际联席会议第二次会议、全国尾矿库专项整治行动工作协调小组第八次全体会议，分别向国务院报告工作开展情况；首次联合环境保护部对8个重点省开展尾矿库汛期安全生产和环境保护工作联合检查；组织金属非金属矿山整顿部际联席会议成员单位对10个地区工作开展情况进行调研督导；会同公安部、国土资源部开展民爆物品管理专项督查。

三是抓督促检查。组织12个督查组，对陆上、海上石油天然气开展安全生产专项检查，查出安全隐患400余项，下发了16份整改函；7月上旬分两个片区召开非煤矿山安全生产工作座谈会，检查上半年工作落实情况，部署下半年重点工作。全年司领导现场调研和检查天数平均76天。

四是抓法规建设。发布《非煤矿山安全生产十条规定》(总局令第67号)；修订《矿山安全法》和8个非煤矿山部门规章，制定《金属非金属矿山建设项目安全设施目录》《尾矿库安全技术规程》等部门规章和行业标准；印发《国家安全监管总局关于严防十类非煤矿山生产安全事故的通知》(安监总管一〔2014〕48号）等5个规范性文件，进一步强化基础工作。

五是抓安全培训。编写《金属非金属矿山班组长安全管理读本》，免费发放给50个重点县矿山企业；制作《非煤矿山典型事故案例系列警示教育片》(共11集)，在总局政府网站播出；组织开展视频大培训，受训人员3.2万余人；会同人事司联合清华大学开展网络远程培训，参加学员4840人；举办非煤矿山安全监管人员培训班，大力支持各地培训工作；开展中欧合作项目非煤矿山隐患排查和风险评估培训。

六是抓技术推广。对《地下金属矿山数字化建设示范工程》等安全科技“四个一批”项目工程进行验收；研究制定第二批《金属非金属矿山禁止使用工艺设备目录》和第一批《金属非金属矿山鼓励使用的工艺设备目录》；开展《一次性筑坝尾矿库安全基础研究》《我国尾矿库风险等级划分研究》等课题研究。

七是抓转变作风。按照徐绍川副局长指示，分别致信32个省级分管领导和50个重点县县长，充分肯定成绩、客观指出问题，提出工作建议，反馈效果很好；审查批复20个建设项目安全专篇，对13个建设项目进行竣工验收；审核发放48个中央企业和海洋石油企业安全生产许可证；审核公告109家非煤矿山安全生产标准化一级企业和34家海洋石油安全生产标准化二、三级企业；印发事故通报和较大事故查处通报；对11起较大事故发送警示短信；开展山西襄汾“9·8”尾矿库溃坝事故警示教育活动；研究回复各地工作请示5件。

三、存在的问题

一是较大事故同比上升。预防措施不及时、不到位。

二是缺乏足够重视。一些地区存在自满和松懈情绪；一些地区存在工作部署和力量摆布不均衡问题。

三是重点工作推进不平衡。云南红河哈尼族彝族自治州、辽宁朝阳市、河南三门峡市等重点地区，矿业秩序仍然较乱，整合不彻底等问题依然突出，事故总量依然较大。

四是安全准入把关不严。部分地区存在先上车再买票、边关边低水平重复建设现象，全国在建矿山仍然达到7755座（近几年一直徘徊在1万座左右）。

五是基层执行力不强。一些地区安全监管力量薄弱，专业人才短缺，业务培训力度不够，政策措施落实不下去。

交通运输等有关行业领域安全监督管理工作

国家安全生产监督管理总局监管二司

2014年以来，监管二司在国家安全监管总局党组的正确领导下，紧抓事故预防，强化综合监管，坚持部门协调联动，完成了各项工作任务。

一、坚持强化治本攻坚，推动出台事故预防治本之策

一是贯彻中央领导指示精神，牵头组织公安部、交通运输部、财政部、发改委等部门在近两年广泛调研的基础上，研究起草并报请国务院办公厅印发了《关于实施公路安全生命防护工程的意见》，从顶层设计上强化了公路安全隐患综合治理工作。二是会同交通运输部、公安部认真总结动态监控试点工作五年来的经验，以三部门令印发了《道路运输动态监控系统管理办法》，并对实施情况进行了联合督查，全年因超速超员导致的道路交通事故同比下降了17%。三是针对今年以来隧道施工较大和重大涉险事故多发的严峻形势，及时组织交通运输部、国资委、国家铁路局研究起草并联合印发了《隧道施工安全九条规定》，并在重点中央企业分别召开视频会议，将要求直接落实到7.2万名项目经理和施工现场。此外，还会同相关部门对14部法规规章进行了修订，对124件规范性文件提出了修改意见，将新《安全生产法》的有关精神要求落实到相关行业领域。

二、坚持部门协调联动，推动重点行业领域专项整治取得新进展

一是会同公安部、交通运输部连续3年在全国联合部署“道路客运安全年”活动，从人、车、路等多方面采取一系列措施，进一步强化了道路交通安全基础管理。专项行动开展3年来，重特大道路交通事故由27起下降到13起，同比下降了52%。会同农业部连续第5年在全国部署开展“平安农机”示范县创建活动，考核评选出100个示范县。二是以国务院安委会办公室名义部署开展了以“七查七看”为重点的建筑施工预防坍塌专项整治“回头看”活动，督促各地开展大排查、大整治，先后共开展执法行动23.7万次，排查整改隐患37.9万条，全年建筑施工起重机械和脚手架事故同比分别下降18.9%和21.7%。三是会同公安部、中央综治办等八部门组成10个考核组对31个省级政府消防工作进行了年度考核，评选出优秀省份11个、良好省份16个、合格省份3个、不合格省份1个，经报国务院批准，将考核结果向各省进行了通报。为深刻吸取近年来劳动密集型企业火灾事故教训，以国务院安委会名义部署在全国开展了为期一年的劳动密集型企业消防安全专项治理，会同公安部消防局联合召开全国视频会议进行了部署推进，并做客新华网进行了专题解读，督促各地认真开展了企业自查和政府联合监督检查。四是联合交通运输部部署开展了水上交通“打非治违”专项行动，各地共组成160余个省级联合督查组，查处各类违法违规行为16394起。联合农业部开展全国“文明渔港”和全国“平安渔业示范县”创建活动，评选出37个“文明渔港”、88个“平安渔业示范县”，进一步促进了渔业安全生产责任制的落实。

三、坚持明查暗访相结合，深入推进重点行业领域“打非治违”取得实效

一是加强对重点行业领域的指导协调，督促相关行业部门创新监督检查方式，将“四不两直”暗访检查作为一项重要检查方式，在重点行业领域得到了施行。二是贯彻国家安全监管总局党组“把别人的事故当成自己的事故”等要求，深刻吸取韩国“4·16”岁月号沉船事故教训，联合交通运输部对舟山水域、渤海湾、长江沿线、琼州海峡以及沿海7省市水上交通安全工作进行了专项督查。三是会同公安部对长途客车夜间停驶规定落实情况进行了3次集中检查行动，查获非接驳车辆2时至5时违规运行2208起。四是会同住房城乡建设部部署对全国燃气管线6方面39项内容进行专项排查整治，联合对4个重点省市的19家重点企业进行了“四不两直”暗访暗查。五是会同工业和信息化部对全国149家民爆生产企业、408个生产点、846条生产线开展了为期3个月的安全大检查，切实消除事故隐患。此外，还会同公安部、交通运输部、住建部、国家铁路局等部门对地铁运营安全、建筑施工、铁路安全、旅游、农机等行业领域进行了督导检查。

四、坚持强化事故查处和挂牌督办，推动事故整改措施进一步落实

一是认真组织开展特别重大事故调查工作。牵头组织了西藏“8·9”特别重大事故调查处理工作，派员全程参加了山西晋城“3·1”和湖南邵阳“7·19”两起特别重大事故的调查工作，全司共有19人次参加了现场调查，累计工作共253天，顺利完成了事故调查工作任务。二是对全年发生的22起重大事故、12起典型较大事故和4起重大涉险事故进行了现场督导。建立了专人专盯、每周调度、全程督导、约谈通报等制度，进一步加大挂牌督办工作力度。2014年前11个月发生的19起重大事故已全部结案，结案率达到86%。三是强化事故教训吸取和整改措施落实,先后以国务院安委会办公室名义约谈了事故多发的广东、湖南、甘肃、新疆等省区政府及相关部门负责人和发生较大事故的8家中央企业,督促地方和企业切实落实整改措施。

五、坚持用好群众路线教育实践活动成果，进一步加强作风建设和党风廉政建设

一是落实国家安全监管总局群众路线教育实践活动整改方案要求，督促公安部、工信部、交通部等六部门在全国开展了机动车安全隐患大检查工作，各地共查处11.8万辆非法改装和拼装机动车，对2100家非法改装点进行了取缔。通过专项整治，因非法改装车辆导致的道路交通事故同比下降了40%，专项整治取得了积极成效。二是狠抓教育实践活动整改措施的落实。对于监管二司群众路线教育实践活动对照检查出的问题，形成了13项整改措施，明确了时间表和责任人，全面进行了整改。三是加强廉政学习和警示教育，落实党风廉政建设“一岗双责”和“责任区”制度，以事故调查和督办、督查检查和“三同时”备案工作为重点狠抓各项廉政制度的落实。

六、完成了国务院领导同志重要批示件的办理工作

全年共完成81件国务院领导批示件的办理工作。尤其是贯彻国务院领导同志关于长江渡运安全、城市地下管网安全、玻璃幕墙隐患、城市地铁安全等系列重要批示，组织召开了由国家发展改革委、交通运输部、住建部、国家铁路局、民航局、国家能源局等部门参加的重点行业领域事故防范工作专题会，共同研究做好各行业领域事故防范工作的措施，并向国务院领导同志作了专报，会同住建部联合下发了开展城市地下管网普查的通知和加强玻璃幕墙安全防护工作的通知。

危险化学品和烟花爆竹安全监管以及非药品类易制毒化学品监督管理工作

国家安全生产监督管理总局监管三司

2014年，在国家安全监管总局党组正确带领下，在孙华山副局长的直接领导和具体指导下，监管三司认真学习贯彻落实习近平总书记等中央领导同志关于安全生产的系列批示指示精神和总局党组的各项工作部署，积极推动危化品、烟花爆竹、油气输送管道安全生产和易制毒化学品监管重点工作落实，牢固树立“红线”意识和坚持以人为本、安全发展的理念。

认真落实习近平总书记关于“管行业必须管安全、管业务必须管安全、管生产经营必须管安全”要求，通过油气输送管道安全隐患整改工作领导小组办公室和危化品、烟花爆竹安全监管两个部际联席会议制度，积极推动有关部委协同加强危化品、烟花爆竹和油气输送管道安全监管工作。

深入学习新《安全生产法》，完善法规标准、创新监管方式，加大执法力度，努力提高监管效率和效果。

狠抓各项治本之策落实，从推动各级地方政府加快实施化工、烟花爆竹行业安全规划入手，积极推动两个行业实施安全发展战略。

突出重点地区和重点环节监管，总局领导率先垂范，开展企业负责人面对面谈心对话和重点县工作座谈会，强有力地推进攻坚任务完成。

通过严格监督检查和深入基层指导，着力推动企业落实主体责任和指导各级地方政府认真履行监管责任。2014年度事故总量继续保持“双下降”。全国共发生化工和危化品事故114起，死亡166人，同比分别下降20.3%、21.3%，事故死亡人数首次降至200人以下，2010年以来首次全年没有发生重大及以上事故。全国共发生烟花爆竹事故43起、死亡100人，同比分别下降21.8%、10.7%，烟花爆竹事故死亡人数首次降到百人。

一、扎实推进安全生产攻坚工作，淘汰落后企业取得初步成效

一是严格规划布局、安全设计，强化源头管理；推进化工、烟花爆竹行业安全发展规划完善和实施；督促危化品企业加强装置安全设计管理，提高设防标准。

二是开展60个危化品和22个烟花爆竹重点县攻坚工作，分别在上海、天津和江西组织召开重点县工作座谈会，7次约谈事故多发地区和有关中央企业负责人，督促指导各地采取措施，落实攻坚任务。

三是开展22个重点县、3400多家烟花爆竹生产企业主要负责人谈心对话活动。总局领导亲自与22个县委书记集体谈心并赴江西与部分企业主要负责人谈心对话；监管三司共配合5位国家安全监管总局领导及5个司局，与494家企业主要负责人进行了谈心对话。司领导带队对27个危化品重点县开展督导调研，推动重点工作落实。烟花爆竹累计退出关闭烟花爆竹生产企业459家。通过采取综合措施推动企业整顿关闭，2014年有2个省份退出烟花爆竹生产，全国累计退出省份达到14个，另有3个省份正在研究退出。

四是持续深入开展提升危化品领域本质安全水平专项行动，取得了阶段性成果。通过采取升级安全标准、提高准入门槛等措施，推动化工企业关闭和搬迁，已累计搬迁、关闭城镇人口密集区化工企业1242家、转产75家；已改造涉及“两重点一重大”生产储存装置15344套，完成率88.94%；已完成危化品生产储存装置安全设计诊断整改5786套，完成率92.56%。

二、深入开展“打非治违”专项行动

根据分工，认真落实安委〔2014〕6号和安委办函〔2014〕59号文件的要求，指导各地扎实推进危化品运输违法和破坏损害油气管道行为专项整治行动。针对特别重大事故暴露出的液体危险货物罐车未安装紧急切断阀存在重大隐患的问题，由监管三司牵头，国家安全监管总局会同有关部委在全国部署加装紧急切断装置工作，多次召开专题会议协调解决工作中存在的问题，明确和细化要求，全力推动加装工作的落实。

落实国家安全监管总局“四不两直”要求，监管三司已组织开展13次暗查暗访活动，对辽宁、江西、山东等13个省（区、市）的40多家危化品、烟花爆竹企业和13条油气管道、1个储气库进行了暗访暗查、突击检查，查出并落实整改隐患问题250余项，并要求地方举一反三，深化“打非治违”、隐患排查治理等工作。对中石化两条存在重大安全隐患的原油管道依法实施了停输的决定，在中央媒体做了集中报道。

三、完善法规标准体系，坚持在法治轨道上推动工作

一是组织起草完成《危险化学品企业安全生产监督管理规定（送审稿）》《石油库安全监督管理规定（送审稿）》；依据新《安全生产法》，对8个危化品领域的部门规章提出修改意见，并提请总局局长办公会议审议。二是完成了《危险化学品目录（会签稿）》修订工作，由公安部等9部委会签后发布。三是出台了《危险化学品生产、储存装置个人可接受风险标准和社会可接受风险标准（试行）》（总局公告2014年第13号）。四是配套

《化学品物理危险性鉴定与分类管理办法》(国家安全监管总局令第 60 号)，印发了《化学品物理危险性测试导则》等文件。五是颁布《烟花爆竹单基火药安全要求》等 4 项烟花爆竹安全标准；配合国家标准化委员会制定了《化学品生产单位特殊作业安全规范》。六是完成了化学品安全标准数据库建设，指导化学品分标委在全国举办了 4 期化工行业安全标准宣传贯彻工作。七是对 3922 家危化品生产企业进行了登记复核换证，全国共登记危化品生产企业 23539 家。登记数据对安全生产工作的信息支撑作用进一步体现。

四、全力推进油气管道专项整治工作

在油气管道监管职能划转后，监管三司克服任务重、时间紧、人员少等困难，基本摸清全国管道安全基本情况，整改消除了一批隐患，推动建立了全国油气管道安全隐患整改机制。

一是组织协调各地和央企以“七查”为切入点，进行全面排查和自查自纠，摸清底数、列出清单、建立台账，研究制定重大隐患整改方案。

二是协助国务院应急办做好全国油气管道保护和安全管理专题调研，起草加强油气输送管道保护和安全管理工作的指导意见，着力构建管道保护和安全管理长效机制。

三是及时总结油气管道安全专项排查整治工作情况，分析工作中发现的突出问题，提出建议措施，在国家层面建立了管道隐患整改工作领导机制。

四是加强调度，强力推进隐患整治。及时调度并通报各地隐患整治攻坚进展，将隐患整治工作向纵深推进。截至 2014 年 12 月底，全国排查出的 29436 处隐患整改完成 17306 处，整改率达到 58.5%。

五、强力推动企业主体责任落实，从教育培训和加大处罚力度入手，严格安全监管

一是印发《关于进一步严格危险化学品和化工企业安全生产监督管理的通知》，指导各地加大政策法规宣贯培训工作力度，确保企业在学习、理解的基础上，把有关法律法规及规章等要求转化为内部制度，切实得到认真执行；对照“四个一律”的严格要求，督促地方各级安监部门强化日常执法检查，依法严肃事故查处。

二是抓住事故暴露出的突出问题，起草出台了危化品和烟花爆竹十条规定，组织制定《关于加强化工企业泄漏管理的通知》《关于加强化工安全仪表系统管理的指导意见》《加强化工安全人才培养的意见》等规范性文件，明确了安全生产要求。

三是全面推进安全生产标准化工作，公告了第一批 17 家危化品安全标准化一级企业，督促指导地方深入推进烟花爆竹企业标准化达标创建工作。

六、严肃事故查处和责任追究

参与晋济高速公路山西晋城段岩后隧道“3·1”特别重大道路交通危化品燃爆事故和沪昆高速湖南邵阳段“7·19”特别重大道路交通危化品爆燃事故调查工作。完成 2 起重大事故挂牌督办和 8 起较大事故的跟踪督办工作（其中 7 起为非法违法较大事故），督促地方加大责任追究力度，坚决遏制非法违法事故。派员现场督导 18 起事故，提出了针对性防范措施，指导地方落实措施。做好事故警示教育，及时发布在总局网站专栏较大以上事故基本情况，制作事故三维动画和重特大事故警示教育片，督促指导各地深刻吸取事故教训，切实做到“一厂出事故、万厂受教育，一地有隐患、全国受警示”。

七、落实总书记“管行业必须管安全”要求，进一步完善联合执法工作机制

一是国务院批复成立油气输送管道安全隐患整改工作领导小组，国务院领导担任组长，油气管道保护和安全管理长效机制初步构建。

二是召开了危化品、烟花爆竹安全监管部际联席会议，研究部署了加强监管的工作措施，进一步强化协作配合，完善联动机制。

三是会同有关部委做好重点时段烟花爆竹企业安全生产工作。开展了元旦、春节和旺季期间的突击检查，严防事故发生。

八、积极推进非药品类易制毒化学品监管工作

非药品类易制毒化学品监管信息化取得新进展。各级安全监管部门认真学习贯彻中共中央、国务院《关于加强禁毒工作的意见》，进一步明确和推动了促进企业加强易制毒化学品管理、充分发挥信息系统作用工作措施的落实。各地加强数据上报工作，使用信息系统填报的上年度企业年报和季报上报率均超过 98%，达到历史最好水平。为推进二期信息系统应用，召开全国性专题会议，举办 6 期培训班，约 300 人参加了培训；经拓展使二期信息系统初步具备与地区自有系统实现数据交换的能力。加强对企业监管的基础工作，印发了《企业非药品类易制毒化学品规范化管理指南》；推进非药品类易制毒化学品管理示范企业创建工作，发出专门通知和开展督导，各地已确定135家企业作为培育对象开展示范企业工作。认真做好“6·26”国际禁毒日宣传工作，由监管三司领导带队赴江苏开展专项督查，组织《中国安全生产报》刊发专版，对安全监管部门易制毒化学品监管工作以及企业加强易制毒化学品管理的典型事例等进行了宣传报道。

九、切实抓好干部队伍作风建设

做好党的群众路线教育实践活动总结。认真贯彻中央八项规定，落实国家安全监管总局年度党风廉政建设工作要求。完成司内工作制度。坚持司内定期业务学习培训。

工贸行业安全监督管理工作

国家安全生产监督管理总局监管四司

2014年以来，监管四司紧紧围绕国家安全监管总局党组的工作部署，认真学习贯彻落实党的十八大、十八届三中、四中全会和习近平总书记系列重要讲话和批示指示精神，牢固树立“红线”意识，在国家安全监管总局各相关司局的支持帮助下，按照全国安全生产电视电话会议、全国安全生产工作会议和全国安全生产标准化建设现场推进会的要求和部署，以“三个必须”在企业的落实为主线，以企业安全生产标准化建设、安全隐患排查治理体系建设、粉尘防爆、涉氨制冷和有限空间作业安全专项整治为重点，狠抓企业安全基础管理、主体责任的落实，探索监管方式的创新，转变作风，加强队伍建设，全司同志团结协作、攻坚克难，有力促进了工贸行业安全生产形势的进一步好转。2014年1—11月共发生各类生产安全事故1110起，死亡1279人，分别比去年同期下降10.1%和6%，其中较大事故21起，死亡70人，分别比去年同期下降34.4%和42.1%。

2014年重点抓了以下6方面的工作：

一、深化企业安全生产标准化建设，强化企业安全生产基础

（一）完善整体设计，强化体系建设

通过组织修订《企业安全生产标准化基本规范》、制定《企业安全生产标准化评审工作管理办法（试行）》（安监总办〔2014〕49号）、出台《企业安全生产预测预警技术标准》（安监总厅管四〔2014〕63号）、印发《冶金等工贸行业小微企业安全生产标准化评定标准》（安监总管四〔2014〕17号），基本建立健全了安全生产标准化作为安全管理体系的构架。同时，整合完善标准化信息管理系统，增设小微企业接口，扩大了系统覆盖面。实现安全生产标准化信息系统和事故隐患排查治理信息系统数据互联互通。在“4·28”世界职业安全健康日与国际劳工组织蒙古北京局召开的安全生产标准化专题研讨会上，得到国际劳工组织专家的高度认同，并建议在国外中资企业、外国企业中应用，扩大权威性和影响力。

（二）创建示范企业，树立典型样板

选取武汉钢铁股份有限公司炼钢总厂等15家安全生产标准化一级企业进行示范企业创建，配备专家组提供技术服务，指导帮助示范企业做到主要负责人真正履行安全生产第一责任人职责；开展隐患排查治理体系建设并达到优秀水平；完善岗位安全操作规程；做到全员参与、岗位达标；开展安全生产预测预警工作；按照国际先进方法进行事故调查、统计、分析；完善企业现场安全警示标识；开展与国际同行业先进标准的对比分析工作等。同时，总结安全生产标准化一级企业创建经验，开展总体绩效评估并编制视频展示片。通过树立行业标杆，发挥示范引领作用，提升企业安全生产标准化建设水平。

（三）瞄准国际水准，提升标准水平

选取欧盟、英国、美国、日本为对标研究对

象，开展冶金、有色重金属、有色轻金属、建材和机械5个行业领域的国内外安全标准对比研究工作。收集国内标准1303个和国外标准1068个，并对其中的154个标准进行了重点对比研究，形成了研究报告，并分送各省（区、市）学习借鉴。协助组织第七届中国国际安全生产论坛“安全生产基础建设”分论坛，赴国外考察水泥企业拉法基公司的安全管理模式。运用国际对标成果，借鉴国外先进经验，启动了工贸行业企业安全生产标准化评定标准修订工作，已完成冶金（煤气、炼铁、炼钢、轧钢）、水泥等行业评定标准的修订工作。

（四）加强培训宣贯，强化服务指导

为进一步提升评审人员的业务水平和评审工作质量，编制了《企业安全生产标准化评审人员培训大纲》（安监总厅管四函〔2014〕31号）和培训教材，组织开展了5期一级企业评审人员和示范企业安全管理人员培训班，共计培训600人。其中，评审人员456人，企业管理人员144人。

在各地区的共同努力下，全国工贸行业企业安全生产标准化建设已经全面铺开，创建企业数量大幅度增长，已完成创建企业232286家，比2010年增加了22万多家，其中一级742家、二级17658家、三级213886家。在建128526家。

二、推进隐患排查治理体系建设，创新安全监管方式

（一）加强顶层设计，健全工作体系

按照国家安全监管总局深化改革领导工作小组部署的改革课题牵头任务，制定了《安全隐患排查治理体系建设改革专题工作方案》。完成了《安全生产事故隐患排查治理暂行规定》（国家安全监管总局令第16号）的修订稿，印发了《2014年安全隐患排查治理体系试点地区和企业建设方案》（安委办〔2014〕14号）及《企业安全隐患排查治理工作绩效评价办法》和《安全隐患排查治理信息系统模块及功能设计方案》。优化了安全隐患排查治理信息管理系统，会同通信信息中心开发完成了事故隐患排查治理信息系统总局版、地方政府版、企业版，免费提供给各地和企业使用。明确政府、部门、企业在隐患排查治理工作上的职责和企业隐患查报内容、上报期限、上报方法以及量化考核办法等，增加了企业隐患排查按照企业、车间、班组全员查改隐患记录的功能。明确企业建立隐患排查治理制度、进行自查自改自报、不作为监管处罚依据的要求。新增了绩效评估模块，将标准化的扣分项纳入系统日常监管，为体系建设提供制度和方法保障。

（二）开展业务培训，提升素质能力

在武汉、银川、洛阳、马鞍山等地举办了4期专题培训班，围绕信息系统设计、排查标准制定、考核评估等重点环节，讲解隐患排查治理体系建设有关的专业知识和方法，组织试点地区开展经验交流，指导企业建立自查自改自报工作机制，共计培训各级安全监管部门和企业相关负责人586人。

（三）抓好试点工作，注重示范引领

在全国53个示范试点的基础上，2014年重点在湖北等2个省、珠海等5个市和武钢集团等3家中央企业深化试点，安排基础建设专项资金支持，鼓励试点单位探索创新，总结不同条件下体系建设的经验，供各地学习借鉴。2014年12月在湖北鄂州组织召开了全国安全隐患排查治理体系建设现场推进会，总结三年来全国隐患排查治理体系建设情况，推广湖北等地的先进经验做法，分析存在的问题，围绕全面贯彻落实新《安全生产法》要求，进一步实现隐患排查治理的常态性、实时性、闭合性、过程性、实用性，改革创新安全监管机制，加快推进隐患排查治理体系建设工作。

（四）注重调查研究，推进建设方式创新

组织中国安科院等单位完成体系建设基本规范、体系建设与分类分级监管相结合、体系建设试点成效跟踪等3项课题研究，组织各试点地区、企业结合各自实际，分别完成专题创新研究，不断完善体系建设理论支撑，创新方式方法。组织实施浙江省海宁经编产业园、江苏省江阴市纺织产业集群安全管理提升工程试点，举办了3期专题培训班，覆盖了2个试点地区所有规模以上纺织企业和部分小微企业主要负责人和安全管理人员，共计413人；指导帮助6家小微企业进行标准化创建示范试点；组织专家带领当地基层安全监管人员和部分企业安全管理人员到不同类别、不同规模的企业开展现场隐患排查工作，总结归纳不同类型企业现场存在的主要隐患，并共同研究制定整改措施，帮助基层安全监管人员和企业安全管理人员提高业务能力。

通过近三年来的持续推动，全国32个省级地区对隐患排查治理体系建设的重视程度明显提升。北京、河北、吉林、黑龙江、内蒙古、湖北、四川、宁夏、新疆9个省（区、市）建立了省级统一的隐患排查治理信息系统。全国53个地市级示范地区登记建档企业数量近42万家，系统中注册的企业数量近20万家。

三、认真落实“六打六治”专项行动要求，深入开展粉尘防爆等专项整治

（一）深入开展粉尘防爆专项整治

一是配合办公厅以国务院安委会办公室名义印发了《国务院安委会办公室关于深刻吸取江苏省昆山市“8·2”特别重大事故教训深入开展安全生产专项整治的紧急通知》（安委办明电〔2014〕19号），按照国务院安委会在全国集中开展以“六打六治”为重点的“打非治违”专项行动要求，进一步细化完善了《粉尘防爆专项整治实施方案》。二是对各地区冶金等工贸行业所有涉及粉尘爆炸危险的企业全面开展调查排查，建立安全监管基础台账。截至目前，全国共排查出各类粉尘爆炸危险企业56054家，其中，浙江、广东、山东、江苏等地均超过4000家。三是会同办公厅制定了《严防企业粉尘爆炸五条规定》（国家安全监管总局令第68号），举办了专题视频讲座，印发了条文释义和宣传手册，发放宣传手册12万份，覆盖所有省、市、县、乡镇安全监管部门以及排查出的所有粉尘爆炸危险企业。四是建立粉尘爆炸危险企业信息推送平台，将《五条规定》的要求、粉尘防爆有关知识和事故案例信息，通过短信发送至全国已经排查出的粉尘爆炸危险企业有关负责人。

（二）深入开展涉氨制冷企业液氨使用专项治理

经过一年多的专项治理，基本摸清了企业情况，截至2014年底，全国共排查出涉氨制冷企业22835家，主要分布在食品加工、啤酒生产、禽类屠宰、水产品加工、果蔬储存等行业，集中在山东、河北、浙江、辽宁、福建等省份。2014年初制定了《关于继续深入开展涉氨制冷企业液氨使用专项治理的通知》（安委办〔2014〕10号），继续深化涉氨制冷专项治理，重点解决包装间等区域氨直接蒸发制冷空调系统整改不到位、快速冻结装置区域安全防控措施落实不到位的问题。各地对排查出的企业实施了全覆盖执法检查，责令限期整改11894家，停产停业2381家，取缔关闭1673家，排查整改重大隐患3836处，有效遏制了涉氨事故的发生。

（三）深入开展有限空间作业条件确认工作

经分析，2010—2013年，全国工贸行业共发生有限空间作业较大以上事故67起、死亡269人，分别占工贸行业较大以上事故的41.1%和39.9%。针对有限空间作业事故多发的状况，印发了《关于开展工贸企业有限空间作业条件确认工作的通知》（安监总厅管四〔2014〕37号），要求通过落实企业有限空间作业审批制度、开展安全教育培训等工作，力争用3~5年时间基本解决有限空间违章指挥、违章作业和盲目施救等突出问题。一是分别在湖南、浙江、广东、河北和内蒙古等5省（区）举办了专题培训班，培训县级以上安全监管人员678名，采用理论讲解和实际操作相结合、经验介绍和座谈交流相结合等方式，取得了良好的效果。二是重点督促指导上述5省（区）建立完善企业有限空间基础台账，开展多层次的安全宣教工作，如广东省开展了2000多名安全监管人员和部分重点企业管理人员参加的视频培训，向企业累计发放10万份宣传册；浙江省分2期对全省310名乡镇以上安全监管人员进行了培训；呼和浩特市对12个旗县开展了全覆盖的培训。三是加大宣传力度。在《中国安全生产报》刊登了有限空间事故警示、作业安全要求等4篇系列报道，在国家安全监管总局网站发布作业指导和安全常识视频片，通过中央电视台滚动屏播放警示信息，提高从业人员和全社会的安全意识。

（四）坚持“四不两直”，加大督促检查力度

针对事故易发多发环节，司领导带领有关专家、新闻媒体记者组成暗查组，分别对江苏、浙江、广东、海南、重庆、山东等7省（市）进行了6次暗查暗访，典型案例通过央视焦点访谈栏目等曝光，并跟踪整改情况，确保落实到位。对“安全生产隐患严重的劳动密集型加工等企业实施关闭或停产整顿典型案例”上报数据为零的陕西、青海、宁夏等3省（区）进行了突击抽查，对存在严重隐患的6家企业，责成当地安全监管部门按照新《安全生产法》的规定责令停产停业整顿，并通报全国。组织各省（区、市）开展了粉尘防爆、涉氨制冷专项整治和有限空间作业条件确认工

作省际交叉检查，共抽查了75个地市、212个企业，督促整改发现的问题及隐患467项，通过互学互鉴互促，推动工作落实。

四、严肃事故查处，用事故教训推动工作

（一）严肃查处昆山“8·2”特别重大粉尘爆炸事故

认真做好“8·2”特别重大事故调查处理和结案相关工作。报经国务院同意，国家安全监管总局已于2014年12月30日批复结案，事故调查报告已向社会公布。

（二）抓好事故跟踪督办

针对2014年工贸行业企业发生的24起较大和典型事故进行现场督导、跟踪督办或约谈，向有关地方安全监管部门和企业发布事故警示短信，切实做到“一厂出事故，万厂受教育；一地有隐患，全国受警示”。云南省玉溪市玉昆钢铁集团有限公司“3·23”一般煤气中毒事故发生后，监管四司督促云南省安全监管局对该起事故进行挂牌督办。云南省安全监管局迅速组织专家进驻企业，进行全方位隐患排查，共查出各类安全隐患107项，其中重大安全隐患5项，现场隐患95项，管理隐患12项。同时，组织有关专家对云南省玉溪新兴钢铁有限公司等9户钢铁企业的煤气隔断装置进行了专题调研，总结提出隔断装置中最容易泄漏煤气、作业风险最高的眼镜阀组作业流程“双六条”，以煤气安全管理和煤气隔断装置为突破口，在全省开展为期3个月的专项整治，解决影响全省冶金企业安全管理的瓶颈问题。

五、健全规章标准，不断提升工贸行业安全生产工作法治化水平

一是制定出台了《食品生产企业安全生产监督管理暂行规定》(国家安全监管总局令第66号)。二是配合办公厅制定出台了《严防企业粉尘爆炸五条规定》(国家安全监管总局令第68号)。三是配合办公厅制定出台了《有限空间安全作业五条规定》(国家安全监管总局令第69号)。四是起草完成《劳动密集型加工企业安全生产七条规定》送审稿，待总局局长办公会审议。五是制定出台了《冶金有色建材机械轻工纺织烟草商贸行业安全监管分类标准（试行)》(安监总厅管四〔2014〕29号)。六是完成《铝镁制品机械加工防爆安全技术规范》等15项AQ标准的立项论证，列入国家安全监管总局2014年行业标准制修订计划。七是召开《工业企业煤气柜安全技术规程》等5项AQ标准送审稿审查会，修改后形成报批稿。八是完成《制冷企业安全技术规范》《印染企业安全生产规程》2项AQ标准初稿的起草工作。

六、抓班子，带队伍，不断巩固和拓展群众路线教育实践活动成果

（一）加强政治理论学习，提升履职能力

组织全司党员干部认真学习党的十八大、十八届三中、四中全会和习近平总书记系列重要讲话精神。坚持每周一次的政治和业务学习，及时传达学习总局党组的各项工作要求，贯彻落实总局调度会和局长办公会的工作部署。以“建设一流班子，带出一流队伍，力创一流业绩”为目标，充分发挥党支部的战斗堡垒作用和党员干部的先锋模范作用，提升班子成员和党员干部的业务素质、履职能力，有力推动了各项工作的顺利开展。

（二）持续抓好整改落实，不断巩固和拓展教育实践活动成果

按照国家安全监管总局教育实践活动领导小组办公室深化整改落实和持续推进作风建设的要求，针对“四风”方面存在的突出问题，司领导班子对整改工作进行了深入研究，制定了整改方案，确定了5项整改任务17条整改措施。涉及制度建设的11条整改措施已全部按计划完成，用制度机制更好地固化作风建设的成果。其他6条整改措施需要每年持续抓好落实工作。

（三）严格贯彻执行中央八项规定和国家安全监管总局实施办法，大力转变工作作风

司领导班子坚持从我做起、立行立改，带领全司党员干部切实改进调查研究、会风、文风，厉行勤俭节约，敢于动真碰硬，注重实效。注意多到基层、企业和工作进展较慢的地方，深入了解实际情况，发现问题，指导工作。会议通过视频会和现场观摩会的方式，减少了费用，扩大了影响，增强了效果，各类会议数量由2013年的4个，减少到2014年的2个。对于印发各类文件，由司领导分别把关，没有实质内容的文件一律不发。2014年印发文件17份，比上年减少4份，下降19%。

（四）加强党风廉政建设和反腐倡廉工作

把党风廉政建设和反腐倡廉工作与各项业务工作同时研究、部署、检查、落实，努力做到“两

促进、两不误、两提高”。认真贯彻落实国家安全监管总局党组关于落实党风廉政建设“两个责任”的要求、党风廉政建设责任制、“一岗双责”制度和信息公开制度，严格执行廉洁从政准则以及国家安全监管总局党组制定的安全执法人员“九条纪律”“四个零”规定。强化源头监督和管理，把制度建设摆在更加突出的位置，切实做到用制度管权管事管人，进一步健全了司领导班子和全司政治理论和业务学习制度、司党支部工作制度、党风廉政建设和反腐败工作责任等制度。司党支部每半年召开一次全司党风廉政建设和反腐败工作专题会议，检查、总结反腐倡廉工作，没有发现违法违规违纪谋取不正当利益等方面的问题和接到相关信访举报的问题。

职业安全健康监督管理工作

国家安全生产监督管理总局职业安全健康监督管理司

2014年，职业安全健康监督管理司坚持以党的十八大、十八届三中、四中全会和习近平总书记系列重要讲话精神为指导，紧密围绕总局中心工作，组织开展了职业卫生监督执法年活动，重点抓好队伍建设、法规标准、监督执法、宣教培训、专项治理、机构监管、“三同时”监管等各项工作，全力预防、控制职业病危害，努力减少职业病危害事故的发生，维护劳动者的健康权益。

一、积极推进职业卫生监管机构队伍建设

按照《职业病防治法》的要求，积极做好职业卫生监管职能划转和队伍建设工作。一是推进职能划转。全国32个省级单位已经全部完成了职业卫生监管职能划转，88%的地市和82%县区也已完成职能划转。二是加强职业卫生监管队伍建设。截至2014年底，全国安全监管系统专职职业卫生监管人员已达到7928人，其中省级175人，地市级1042人，县区级6711人。三是建立职业卫生专家队伍。国家安全监管总局层面职业卫生专家人数已达到200人，省级层面2450人，地市级层面4500人，县区级层面3200人。

二、推动做好职业卫生法规标准建设

依据新《职业病防治法》，积极做好职业卫生监管配套法规规章标准的制修订工作。一是按照国务院法制办的要求，起草了《高危粉尘作业与高毒作业职业卫生监管条例（草案）》，对高危粉尘作业与高毒作业的组织管理、技术管理及作业管理等作出明确规定，提出了对高危粉尘与高毒作业的特殊监管要求。目前该草案已报政法司进行法审。组织开展了《高危粉尘作业与高毒作业目录》研究，科学、准确地界定高危粉尘作业与高毒作业的范围。二是制定发布了《焊接烟尘净化器通用技术条件》等7项标准，推动做好13项立项标准的制订和30项标准的复审工作。完成了《家具制造业防尘防毒技术规范》《铅作业安全卫生规程》等四项标准的宣传手册的编印工作。组织开展了《钢铁冶炼企业职业健康管理技术规范》《石材加工工艺防尘技术规范》等标准的宣贯工作。三是发布了《国家安全监管总局办公厅关于进一步做好职业卫生监管相关工作的通知》《国家安全监管总局办公厅关于印发用人单位职业病危害告知与警示标识管理规范的通知》等规范性文件。四是积极指导各地开展职业卫生法规标准建设。黑龙江、广东、贵州、江苏、重庆、辽宁、山东、河北等地区制定地方性法规18件，北京、安徽、湖北、重庆、上海、贵州、黑龙江、辽宁等地区制定地方标准48项。

三、推动做好职业卫生监督执法工作

一是在全国组织开展了“工作场所职业卫生监督执法年”活动。各地共监督检查用人单位257697家，发现问题和隐患492189项，下达执法文书222399份，责令当场改正218117项，责令限期改正263635项，对12392家用人单位给予警告，罚款5820万元，责令停产整顿1904家，提请关闭1494家。二是国家安全监管总局对全国32个省级

单位实现了执法检查全覆盖，对190余家用人单位的职业卫生工作情况进行了执法检查（其中以“四不两直”方式暗查抽查了11个地区50余家企业），涉及水泥、石材、玻璃、陶瓷、石英砂、铸造、制鞋、家具、涂料、蓄电池、船舶、冶金、铸造、机械、矿山、化工、建筑施工等10多个职业病危害严重的行业领域，共查出各类问题和隐患1200余项，委托省级或地市安全监管部门下达限期整改执法文书100余份，以国务院安委会办公室名义向地方安委会印发督促整改通知6份，超额完成了国家安全监管总局年初确定检查100家用人单位的任务。三是认真做好粉尘防爆专项整治工作。根据国家安全监管总局统一安排，对重庆、四川、河南等地富士康科技集团旗下8家企业以及其他3家涉铝镁粉尘企业进行了暗查暗访。对陕西等地经济开发区或工业园区12家涉尘企业进行了检查。根据发现的问题，以国务院安委会办公室名义向重庆、四川、河南、陕西等地区安委会发函督促整改落实。四是积极协调茫崖石棉矿区粉尘治理工作。针对中央电视台《新闻30分》栏目对青海茫崖石棉矿区粉尘危害的报道。组织召开了国家发展改革委、科技部等9部门派人参加的茫崖石棉矿区粉尘治理协调会，协调有关部门共同推进茫崖石棉粉尘治理工作。联合工信部、环保部、国家卫生计生委等部门赴茫崖石棉矿区进行了现场调研和检测，掌握了矿区周边环境状况和厂区粉尘危害情况。针对新疆生产建设兵团石棉粉尘治理不力的问题，以国家安全监管总局名义约谈了新疆生产建设兵团相关负责同志。制定下发了《集中开展石棉开采与选矿企业粉尘危害治理工作方案》，利用10个月的时间对全国石棉开采和选矿企业进行粉尘危害专项治理。

四、有序开展职业卫生宣教培训工作

一是与卫生部、人社部、中华全国总工会联合开展《职业病防治法》宣传周活动。各地出动宣传人员5.3万人次，发放宣传材料552万份，深入企业宣传15万次，接受咨询88万人次。二是以图文并茂的形式制作职业病防治宣传挂图2万余套、印制《用人单位职业病防治知识手册》和《职业病防治法》单行本各1万余册下发各地，开展职业病防治宣传工作。三是制作专题宣教片。组织制作了以防治尘肺病、职业中毒为重点内容的宣传片《白伤之痛》下发给各地1万余套，并在国家安全监管总局政府网站进行播放。四是与中华全国总工会联合组织开展了全国职业病防治知识竞赛活动，参赛人员达850余万。五是开展职业卫生业务培训。国家安全监管总局分别在昆明、大连和长沙举办了3期职业卫生监管执法业务培训班，培训职业卫生监管执法人员335名。地方各级安全监管部门共组织监管人员培训1925期，培训68881人，组织企业负责人、职业卫生管理人员培训9284期，培训826563人。

五、深入开展水泥制造和石材加工企业粉尘危害专项治理

印发《国家安全监管总局关于加强水泥制造和石材加工企业粉尘危害治理工作的通知》，积极推进水泥制造和石材加工企业粉尘危害治理工作。赴大型水泥企业进行调研，调查了解其先进生产设备、工艺及全自动无人水泥包装机使用情况，并向各地介绍了水泥生产企业的先进生产工艺，指导地方做好水泥企业粉尘整治工作。督促各地区加强对水泥生产和石材加工企业的专项监督检查。截至2014年底，全国各地区共监督检查水泥生产企业3140家，发现问题和隐患14603项，罚款425万元，责令停产整顿82家，提请关闭181家；监督检查石材加工企业12544家，发现问题和隐患37289项，罚款370万元，责令停产整顿442家，提请关闭665家。

六、稳步推进职业卫生技术服务与支撑体系建设

一是加强制度建设，完善职业卫生技术服务监管法规体系。制定下发了《职业卫生技术服务机构工作规范》，进一步规范职业卫生技术服务机构从业行为。制定下发了《关于职业卫生技术服务机构业务范围划分和认定有关事项的通知》。解决职业卫生技术服务机构业务资质认可及监管中出现的问题。二是推进甲级资质认可及延续工作。对17家申请单位组织专家进行了现场技术评审，对25家资质到期的甲级机构组织进行了现场技术评审，对4家申请资质扩项的甲级机构进行了技术审查。三是加强监督检查，纠正和治理职业卫生技术服务领域突出问题。组织开展以“资质、人员、技术服务客观真实性”为重点的职业卫生技术服务机构专项执法检查。29个省级安监局和6个省级煤矿安监局对477家机构进行了现场检查，发现问题1363项，暂停了126家机构的资质，责令57家机构限期整改，取消了25家机构的资质。按照领导的要求，国家安全监管总局组织3个检查组对北京、江苏等9个省市的10家甲级机构、18家乙级及丙级机构进行了重点抽查，发现问题240项，下一步将对发现的问题进行处理通报。国家安全监管总局还对新疆、江苏、吉林等地职业卫生技术服务机构存在的问题直接进行了调查处理，对浙江两家机构存在的问题分别进行了约谈和通报。四是加强指导培训，提升技术服务机构业务水平。举办了4期职业卫生评价与检测专业技术人员培训和2期放射防护评价与检测专业技术人员培训考核，共有2490名学员参加了培训。组织开展了职业卫生检测能力实验室间比对，共有151家机构参加。

七、积极开展建设项目职业卫生“三同时”工作

一是加强制度建设。制定下发了《建设项目职业病危害预评价报告编制要求》《建设项目职业病防护设施设计专篇编制要求》及《建设项目职业病危害控制效果评价报告编制要求》3个业务文件，进一步规范了预评价报告、设计专篇和控制效果评价报告的内容和格式。下发了《关于印发军工建设项目职业卫生“三同时”实行行业归口监督管理实施方案的通知》，将军工项目相关工作移交国防科工局管理。二是做好建设项目职业卫生“三同时”审查工作。组织专家对浙江秦山核电站二期扩建工程等25个建设项目的职业病防护设施进行了竣工验收。对神华国华宁东发电厂扩建工程等139个建设项目职业病预评价报告进行了合法性审核。对广东韶关发电厂扩建工程等29个建设项目职业病防护设施设计专篇进行了合法性审查。对中石油天然气集团公司西气东输三线等121个建设项目职业卫生“三同时”备案申请材料进行形式审查。三是指导地方做好建设项目职业卫生“三同时”工作。2014年各地完成建设职业卫生“三同时”12671项，其中竣工验收3264项，预评价报告审核4303项，设计专篇审查2069项，预评价和竣工备案3035项。

安全培训教育工作

国家安全生产监督管理总局人事司

2014年，国家安全监管总局人事司认真贯彻党中央、国务院关于加强安全培训工作的决策部署，紧紧围绕国家安全监管总局党组中心工作，不断推进干部教育培训，安全培训体系建设取得明显成效。

一、干部教育培训稳步推进

一是完成处级以上干部学习贯彻十八届三中全会和习近平总书记系列重要讲话精神集中轮训，分专题组织5次集中辅导报告，开展5次分组研讨，2400余人参训。二是制定下发《2014—2017年安全监管监察干部教育培训工作实施意见》，强化干部培训工作中长期部署指导；制定干部政治理论和业务考试工作意见，推动以考促学。三是按计划选派35名司局级以上领导干部参加中央党校等“一校四院”调训学习，51名司局级干部参加选学学习，106名处级干部参加国家安全监管总局党校进修学习，会同机关党委举办“两委”书记培训班，积极推进干部理论学习培训。四是印发了2014年安全监管监察干部培训班计划，分别举办市长班，50个煤矿、50个非煤矿山、60个危化品、22个烟花爆竹重点县县长班（及煤矿重点县县委书记座谈会），安全监管监察人员执法资格班，人事宣传、职业卫生、应急救援专题培训班23期（培训2121人次），组织开展6次视频专题讲座（培训6800余人次），扎实开展业务培训工作。五是召开了部分央企负责人座谈会，组织举办2期安全管理人员资格培训班。

二、安全培训体系建设成效明显

一是强化顶层设计，召开2次全国视频会议（安全培训工作、安全资格考试体系建设）进行专题部署，明确了建成安全培训“五大体系”（责任体系、教学体系、考试体系、信息管理体系和执法体系）和安全资格考试“六个到位”任务要求，并印发了任务分解及责任分工表，进一步明晰安全培训责任体系。

二是完善安全培训教学体系，开展了安全培训优秀教材、优秀教师及课程遴选工作，分类开发30余门安全生产视频课程，与清华大学联合开展金属非金属矿山安管人员、班组长远程安全培训工程（培训5000余人），在宿州市开展民营企业安全培训体系试点工作（培养企业内训师）。

三是突出抓好考试体系建设，分类编制了42个特种作业实操考试标准及28个考试点设备配备标准，分行业健全65个安全资格考试题库，督促各省加快建成省级考试机构32个、市级机构334个、考试点1043个，移交各省使用考试系统并启动机考。

四是大力推进信息管理体系建设，研发建成全国安全培训信息管理平台（含3个网络学院、2个应用系统），制定印发《安全培训信息管理平台总体实施方案》，在全国分3个批次开展平台实施工作（完成山西、贵州、江苏、陕西等4省第一批试点和验收，对第二、三批省份组织2期专题座谈培训和部署推进），开展了考试机构及资格证书有关数据注册报送工作，为实现培训信息化管理、安全知识统一机考、证书联网查询、数据互联共享打下坚实基础。

五是加强安全培训执法体系建设，将起草的《安全培训违法违规行为行政处罚和责任追究暂行办法》重点内容纳入部门规章制修订中，赴北京、安徽、河南等10个重点省份开展安全培训专题行。

三、安全培训基础工作持续深化

一是结合新《安全生产法》，修订了安全培训3个部门规章（3号、30号、44号局长令），起草了《安全培训工作规定（送审稿）》，进一步规范安全培训工作。二是召开央企培训演练基地建设会议，交流建设经验并启动2013年国拨资金支持的10家基地建设。三是按照国务院农民工领导小组部署，牵头赴北京市进行了第八次农民工工作督察；函复了章义和委员关于“提高农民工安全培训实效”政协提案。四是会同信息研究院、国家安全监管总局党校，基本完成了《全民安全素质提升工程研究》《煤监干部煤矿安全监察能力提升》《安全监管监察干部理论学习读本》3个理论课题研究工作。五是完成了全年安全培训经费结算500余万元，拟制了2015年中央部门安全培训专项经费项目申报书。

国际交流与合作

国家安全生产监督管理总局国际合作司

2014年，国家安全监管总局国际合作司认真贯彻落实中央外事工作会议精神和国家安全监管总局党组的部署要求，狠抓外事管理，扩大国际交流，深化对外合作，形成外事工作新格局，提升外事工作支撑保障能力，较好地服务安全生产工作和国家外交大局。

一、国际交流取得新突破

一是第七届中国国际安全生产论坛暨展览会取得新突破。本届论坛暨展览会于9月23—25日在北京成功举办。论坛暨展览以“强化安全基础建设、提高安全保障能力”为主题，来自国内外的政府官员、专家、学者、企业界人士和国际组织代表500多人出席论坛；展览面积共计2.5万平方米，共有270多家单位参展。与往届论坛相比，本届论坛暨展览规格最高、规模最大、内容最丰富、参会代表和演讲嘉宾最多、展览面积最大。10个国家和国际劳工组织派出部级代表团，19个国际组织、协会、机构的领导人出席论坛并演讲。展览会科技含量高，展示的安全科技装备比重较往届大幅度提升；首次设置总局展台，集中展示了近几年安全生产工作新成效。论坛暨展览会的成功举办，在全社会和国际安全健康领域产生了重大而积极的影响。

二是安全生产领域外交取得新突破。通过组织开展中美、中欧、中俄和中加等4个政府间对话活动，出席中英、中韩和中芬等3个政府间定期性会议，签署中美、中德和中英安全健康合作备忘录，加强与国际劳工组织等国际组织的多边交流等方式，建立健全了国家安全监管总局与国外政府间安全健康对话机制，促进了国家安全监管总局与世界主要国家政府部门和国际组织的互联互通，深化了安全生产领域外交。随着我国综合国力增强，国际地位提升，欧美国家主动邀请国家安全监管总局在20国集团、亚太经合组织职业安全健康事务中发挥重要作用；俄罗斯邀请国家安全监管总局参加金砖国家安全生产会议，希望国家安全监管总局在金砖国家安全健康事务中发挥重要作用；土耳其主动提出与国家安全监管总局在采矿安全领域开展合作。

三是研究国外规律、特点、经验及教训取得新突破。通过开展《国外安全生产与职业健康经验》《国外安全生产监管监察体制》和《国内外开发区企业安全监管》等10多项课题研究，总结了部分发达国家、中等发达国家安全发展历程、经验做法，分析了我国与发达国家、中等发达国家的差距及所处的位置，及时跟踪国外安全生产最新动态趋势及重特大安全生产事故案例，为推进安全生产改革创新提供了参考和支撑。

四是中外法规和标准对比研究取得新突破。配合《安全生产法》修订、安全统计指标体系完善、企业安全标准化建设等重点工作，开展中英法规对比研究，组织与美、英、澳等发达国家化学品、冶金等行业安全标准对比研究，把握了中外安全健康法规标准差异和立法特点与重点，系统提出了完善安全标准体系建设的对策建议。

二、扩大国家安全监管总局在国际安全健康领域话语权、影响力取得新进展

一是参与重要国际活动取得新进展。安排6位国家安全监管总局和国家煤矿安监局领导同志出席了世界安全健康大会、国际劳动监察大会、美国安全委员会年会、亚太职业安全健康大会、两岸四地安全健康学术研讨会等重要国际性、区域性和专业性大会，特别是国家安全监管总局领导首次出席世界安全健康大会，在国际安全生产论坛上发表主旨演讲，发出了坚持以人为本、安全发展、坚守“红线”的最强音，提升了国家安全监管总局在国际安全生产领域的影响力。

二是参与国际规则标准制修订工作取得新进展。积极参加了联合国全球化学品统一分类和标签制度会议、国际劳工组织海事安全健康公约会议、矿山安全健康公约会议等国际标准制修订会议，提出了中国方面的建议和意见，发挥了中国作用，增强了中国话语权。

三是承担国家外交相关工作取得新进展。参加中美投资贸易协定谈判工作、中美战略与经济对话；参与《经济、社会及文化权利国际公约》履约和人权保护工作，应对联合国人权理事会国别人权审查；配合国家“走出去”战略实施，调研和指导境外中资企业安全监管。积极推动我国加入国际劳工组织安全健康公约，使我国安全生产工作更好地融入国际社会。

三、引进国外智力和外事管理取得新成效

一是引智工作取得新成效。通过组织17项320名安全监管监察和专业人员出国培训，专题学习借鉴国外安全生产法规标准、监察执法、应急管理等方面的经验和做法，提高监管队伍、科研机构的能力和水平。通过邀请190位国外高水平专家来华传授国外经验，培训国内监管监察和企业管理人员2000多人次，提高安全监管监察能力。通过组织实施中欧职业安全、中日煤矿安全和职业卫生能力建设合作、中美建筑安全等4个政府间合作项目，深入学习借鉴国外发达国家在矿山、化工和建筑安全及职业健康方面的先进理念、技术和经验。

二是外事管理和服务工作取得新成效。成立了国家安全监管总局外事工作领导小组，强化总局党组对外事工作的集中统一领导。实行因公出国（境）计划管理，在控制总量的基础上，确保了重点出访任务顺利完成。严格执行中央八项规定，出国（境）团组和人数分别同比下降21.2%和29.4%。加强出国（境）团组审核、审批、公示和在外管理，加强因公护照管理，全年没有发生违反出国（境）管理规定和外事纪律的情况。每个出国项目都人事相符、去有任务、回有收获。规范国家安全监管总局系统举办的国际论坛、研讨会、展览会等活动和邀请国外人员来华访问交流。

四、对外宣传工作开创了新局面

一是我国安全发展理念得到国际社会普遍认同。通过国家安全监管总局领导在安全生产国际论坛上的主旨演讲和重要外事活动、出访等多种形式，宣示我国党和政府坚守“红线”、保护人权，保障劳动者安全与健康的意志和决心，全面、准确、及时地向国际社会介绍了我国推动安全发展的战略和举措，展示了我国安全生产事业所取得的进步和显著成效，进一步增强了国际社会对我国安全生产工作的了解和认识，彰显了我国负责任大国的良好形象。

二是我国安全生产工作得到国际社会高度赞誉。通过对外宣传，国际社会高度赞赏我国将安全生产纳入经济社会发展总体规划、发挥制度优势和推进依法治安等工作和措施；国际劳工组织、欧美等发达国家机构和团体愿与我们加强合作，共同应对挑战，促进安全健康事业的不断发展。过去一年里，没有听到“带血 GDP”的指责。国际社会，尤其是国际人权组织、国际工联、劳联没有因生产安全事故对中国发难。

第六部分

煤矿安全监察

安全监察工作

国家煤矿安全监察局安全监察司

2014年，国家煤矿安监局安全监察司紧紧围绕国家安全监管总局、国家煤矿安监局的中心工作，团结协作，务实创新，较好地完成了各项工作任务，为全国煤矿安全生产形势持续稳定好转做出了应有的贡献。

一、贯彻实施“1+4”工作法，推动煤矿安全发展

（一）紧紧围绕“双七条”，科学组织监察执法计划的编制和实施

2014年监察执法工作以深入贯彻落实国办99号文件，围绕落实“双七条”，执法见实效为重点。在监察执法计划中首次提出要明确辖区重点煤矿的监察频次，同时要求在计划中对辖区产煤县（区）地方政府煤矿安全监管工作的监督检查实现全覆盖。安全监察司按照确定的审查方式、内容、标准、时间和程序，结合各地特点对各省局报送的2014年度执法计划进行了审查批复，并组织编印了《各省局2014年监察执法计划汇编》，供各单位学习借鉴。

4月下旬，在安徽淮南召开了全国煤矿安全监管监察执法工作座谈会，传达学习习近平总书记、李克强总理等中央领导同志关于安全生产的重要批示指示精神，深入贯彻落实国务院办公厅《关于进一步加强煤矿安全生产工作的意见》，大力实施煤矿安全“1+4”工作法，全面总结2013年煤矿安全监管监察执法成效，交流工作经验，深入研讨严格执法、依法治理，做好煤矿安全工作的具体措施。对2014年的监管监察重点工作进行了部署。

为巩固提高监察执法计划实施效能，9月，安全监察司组织了北京、河北等7个省局，以深入落实“双七条”，切实解决部分地区监察执法力量薄弱和执法工作中存在“两不清”等问题为主要内容，对黑龙江、湖南等7个省（市）的重点产煤市（地）进行了异地集中监察。共计监察矿井78个，查出隐患862项（重大隐患43项，一般隐患819项），行政处罚47次，经济处罚38次，罚款488.2万元；责令停产整顿矿井10处，暂扣安全生产许可证矿井10处，立案调查19矿次，下达执法文书237份。同时对相关地区的监管监察工作提出了要求。安全监察司总结汇总了这次集中监察执法的经验成果。

下发了《国家煤矿安全监察局关于做好2015年度煤矿安全监察执法计划编制工作的通知》（煤安监监察〔2014〕46号）。要求以深入贯彻落实党的十八届四中全会精神和新《安全生产法》的实施为契机，以强化企业安全生产主体责任和地方政府安全监管责任为重点，以降低事故总量、有效防范和坚决遏制重特大事故为目标，进一步督促煤矿企业彻底排查治理事故隐患，夯实煤矿安全基础，加强对超能力下达生产计划、图纸造假和图实不

符、隐蔽致灾因素普查等重大隐患的监察执法。

（二）严格标准，完善安全生产许可证颁发管理工作

安全监察司通过与政法司进行沟通协商，把《煤矿企业安全生产许可证实施办法》（原国家安全监管局令第8号）纳入了国家安全监管总局2014年的修订计划。6月下旬组织召开了10个省局相关专家参加的修订研讨会，对8号令逐条进行讨论修改，完成了修订稿并专题报局领导。

安全监察司定期督促各省局及时更新数据库信息，按规定统计许可证颁发管理数据和煤矿基本信息。该数据库已向煤矿安监局和煤炭工业协会开放，并与应急救援指挥系统联网，为各单位及时了解煤矿基本情况提供参考，为领导决策提供了依据。

（三）研究制定相关措施，规范煤矿托管

针对安徽煤监局提出的托管煤矿如何办理许可证的请示，认真进行研究，收集相关资料，两次召集有关省局和煤炭企业研讨，明确了煤矿托管条件、承托方的安全资质、安全生产责任划分、许可证的申办等方面的问题，向局长办公会议专题汇报后，下发了指导性文件。沈煤集团托管的黑龙江省鸡西市兴运煤矿发生“12·14”重大瓦斯爆炸事故发生后，安全监察司对全国托管煤矿进行了全面摸底，针对托管中出现的问题研究制定了具体措施，并向国家煤矿安监局领导进行了专题报告，制定下发规范煤矿托管的意见。

二、攻坚克难，大力推进煤矿整顿关闭

按照国办发〔2013〕99号文件再关闭2000处小煤矿的要求，及时分解落实下达年度工作目标，进一步完善配套政策措施，推进工作深入开展。完成了年初确定的关闭800处煤矿、力争1000处的工作任务，2014年全年关闭小煤矿1100处。

（一）明确工作目标，分解落实关闭煤矿工作任务

2014年初，会同国家能源局印发了《关于做好2014年煤炭行业淘汰落后产能工作的通知》（国能煤炭〔2014〕135号），向各地下达了2014年关闭小煤矿800处的工作计划，并自加压力，力争关闭1000处。

（二）召开重点地区煤矿整顿关闭工作座谈会，大力推进整顿关闭工作

为督促各地加大工作力度，深入推进煤矿安全治本攻坚，筹备召开了重点地区煤矿整顿关闭工作座谈会，王勇国务委员出席会议并做重要讲话，河北、辽宁等15个省（市）和30个重点市（州）人民政府分管安全生产的领导，以及煤矿行业管理、煤矿安全监管部门和煤矿安全监察机构主要负责人参加了会议。这次会议有力推动了各地整顿关闭工作。座谈会结束后，又会同国家能源局下发了《关于加大煤矿关闭退出工作力度的通知》（国能综煤炭〔2014〕746号），进一步明确2014年关闭800处、力争关闭1000处煤矿的工作目标，并督促各地加大工作力度，早关、快关，按标准关闭到位。

（三）完善配套政策措施和落后产能标准，继续协调落实中央财政奖励资金，督促各地加大财政支持力度

为进一步加大小煤矿关闭退出工作力度，确保小煤矿关闭任务的顺利完成，安全监察司协调相关部委，起草并印发了《国家安全监管总局等十二部门关于加快落后小煤矿关闭退出工作的通知》（安监总煤监〔2014〕44号），进一步明确了关闭对象，关闭标准和保障措施等内容，在关闭任务分解落实、严格准入、煤炭资源管理、配套扶持政策和加强监督检查等方面进一步完善了具体政策措施。2014年安全监察司配合财政部、能源局完成了对各地2013年煤炭行业淘汰落后产能财政奖励资金的审核和下达工作。共对2013年各地上报的1628处淘汰落后产能中央财政奖励资金项目申请进行了审核。经审核符合奖励标准的煤矿有1230处，其中关闭退出804处，共下达奖励资金12.2亿元。同时，督促指导各地加大政策支持力度，推进煤矿关闭工作深入开展。督促广西壮族自治区落实3.5亿元财政资金，在两年内关闭38处小煤矿；督促云南省财政，落实4亿元整顿关闭奖励扶持资金，支持全省两年关闭400处小煤矿工作；督促贵州省财政落实了2013年度煤矿企业兼并重组（关闭退出）奖励资金1.27亿元。

（四）加强对重点地区的督导检查和跟踪督促

由黄玉治带队，对四川、湖南、云南、黑龙江、贵州、湖北等重点地区进行了调研督导，检查关闭煤矿进展情况、宣讲国家政策、总结典型经验、提出工作要求，推动各地落实安全生产“红

线”意识、落实安全生产“双七条”要求，有力推动了小煤矿的关闭工作。

三、严把安全准入关口，加强煤矿建设项目安全核准

一是全年共开展重大煤矿建设项目安全核准22项（其中安徽邹庄煤矿项目为复核），向有关部委反馈了14个项目的安全核准意见，其中对贵州省2个大型煤与瓦斯突出矿井（米罗煤矿、马依西一井）未予通过安全核准。8个项目的安全核准情况准备上报国家安全监管总局局长办公会议审议，其中对内蒙古一大型煤矿（胜利东二露天煤矿）不予通过安全核准。

二是全年开展煤矿建设项目安全设施设计审查44项，新增能力19760万吨/年；竣工验收19项，新增能力8086万吨/年。其中直接组织审查和验收项目5项，参与组织审查的项目2项，其余项目委托相关省级煤矿安监局负责。对往年审查或验收中因存在问题而未批复的1个项目（红庆河煤矿）复核了其整改完善情况。对部分委托审查或验收的项目听取了有关省级煤监局的审验情况汇报，并提出了意见和建议，对其中1个审查项目暂不同意批复，要求建设、设计单位修改完善。

四、深入推进煤矿“六打六治”专项行动，严厉打击煤矿违法违规生产建设

（一）按照国家安全监管总局、国家煤矿安监局统一部署，做好煤矿组“六打六治”相关工作

根据国务院安委会《关于集中开展“六打六治”打非治违专项行动的通知》（安委〔2014〕6号）部署，研究制定了《煤矿行业领域贯彻落实国务院安委会“六打六治”打非治违专项行动实施方案》，经国家煤矿安监局2014年第9次局长办公会议审议通过，并以安监总办〔2014〕100号文印发。按照《“六打六治”打非治违专项行动办公室工作方案》要求，制定了煤矿专业组的工作方案，并负责煤矿专业组日常工作，及时汇总国家煤矿安监局有关工作进展情况报国家安全监管总局“打非办”。

（二）严厉打击违法违规建设、生产煤矿

安全监察司组织各省级煤监局认真核查未批先建煤矿建设项目，共核查出未批先建煤矿项目190处，并专题报告国家安全监管总局领导。经总局呈报国务院领导，引起高度重视，以此促使国家发展改革委、国家能源局、国家煤矿安监局联合印发了《关于全面清查和坚决制止煤矿违法违规建设生产的紧急通知》（发改运行〔2014〕2546号），严厉打击整治违法违规煤矿生产建设行为。安全监察司对两个大型煤矿下达停建、停产指令，下发《国家安全监管总局　国家煤矿安监局关于对国投哈密能源开发有限责任公司大南湖七号煤矿和新疆天山煤电有限责任公司106煤矿实施停止建设、生产的决定》（安监总煤监〔2014〕121号），这两项指令在下达给企业的同时，也送达新疆维吾尔自治区人民政府和新疆生产建设兵团。一方面督促煤矿企业切实履行主体责任，作为中央企业，要带头遵法守法，依法依规组织生产建设；另一方面督促地方政府强化监管，严格执法，对本地区所有煤矿和建设项目进行全面排查清理，对违法违规煤矿建设生产项目一律责令停工停产，并落实各项停工停产措施。同时，印发《国家安全监管总局　国家煤矿安监局关于进一步加强资源整合技改煤矿建设项目安全监管监察工作的通知》（安监总煤监〔2014〕125号），加强对资源整合技改煤矿建设项目的监管监察，严防违规建设，违法生产。

（三）采取“四不两直”，做好暗查暗访

按照国家安全监管总局、国家煤矿安监局统一部署，安全监察司在2014年组织了3次暗查暗访，刘云涛、刘志军、胡海军分别带队在四川、湖南、贵州、湖北等省，深入井下暗查暗访和突击检查，查处了一批隐患。

（四）通过联系重点产煤省制度，推动各项安全生产政策的落实

安全监察司重点联系江苏省和湖北省，通过现场调研、检查，帮地方理清煤矿安全发展思路，解决煤矿安全生产中的实际问题，落实隐患整改措施，推动企业和监管部门责任的落实。

五、全面开展煤矿隐患大排查大治理行动，构筑煤矿安全新防线

国务院安委会办公室于2014年11月6日印发了《全国集中开展煤矿隐患排查治理行动方案》（安委办〔2014〕20号），安全监察司在黄玉治局长的领导下，有6人作为隐患排查治理领导小组办公室成员参加这项工作。主要参与综合协调和负责宣传报道、资料编写，并参加唐山市试点督导。协同配合办公室筹备了煤矿安全生产紧急专题视频会

议和在唐山召开的全国安全隐患排查治理体系建设现场推进会。在《安全生产简报》中专设了《煤矿隐患排查治理行动专刊》，在国家安全监管总局政府网站和《中国煤炭报》设专栏对全国隐患排查治理工作开展情况进行专题宣传报道。

六、贯彻落实新《安全生产法》，提升煤矿安全生产法治化水平

安全监察司认真贯彻落实国办99号文，组织召开了严格煤矿安全准入实施办法研讨会，研究起草了《煤矿建设项目安全准入暂行办法》已经国家煤矿安监局局长办公会审议，待国家安全监管总局局长办公会审议。

随着新《安全生产法》的颁布实施，一系列的法规和部门规章要进行相应的修改，其中很大一部分涉及监察执法和安全准入，安全监察司积极与政法司进行沟通，反馈了“强化安全准入和行政执法”“规范性文件清理”等意见。对有关煤矿建设项目、许可证管理等法规、部门规章提出修改意见。

启动了《煤矿建设项目安全核准基本要求》（AQ 1049—2008）和《煤矿建设项目安全设施设计审查和竣工验收规范》(AQ 1055—2008）2项标准修订工作。在进一步修订的基础上，发布实施《煤矿建设项目安全预评价实施细则》(AQ 1095—2014)、《煤矿建设项目安全验收评价实施细则》（AQ 1096—2014)、《井工煤矿安全设施设计编制导则》(AQ 1097—2014)、《露天煤矿安全设施设计编制导则》(AQ 1098—2014）4项标准。并委托信息研究院开展调研，起草拟定煤矿建设项目安全设施竣工验收监督核查管理办法。

已将《煤矿企业安全生产许可证实施办法》（原国家安全监管局令第8号）列入了国家安全监管总局2014年的修订计划，已经形成初稿，适时提交国家煤矿安监局局长办公会审议。已将《煤矿建设项目安全设施监察规定》(原国家安全监管局令第6号）列入2015年的修订计划。

事故调查工作

国家煤矿安全监察局事故调查司

2014年以来，事故调查司以党的十八大精神为指导，认真落实国家安全监管总局党组和国家煤矿安监局重点工作安排，深入贯彻落实煤矿安全“1+4”工作法，在国家煤矿安监局副局长李万疆的正确指导下，事故调查司领导班子以煤矿事故查处结案为主线，持续强化事故警示教育、执法监督、职业健康等方面工作。事故调查司全体成员团结协作，较好地完成了全年各项重点工作任务。

一、严肃查处煤矿挂牌督办事故，切实提高事故结案率

2014年以来，事故调查司承办结案批复工作的煤矿事故共19起（包括：2013年江西“9·30”瓦斯突出、新疆“12·13”瓦斯爆炸、河南“11·18”透水、黑龙江“10·18”瓦斯爆炸等重大事故），2014年提级调查的黑龙江鹤岗“7·5”瞒报较大顶板事故和2014年煤矿发生的14起重大事故），平均每月需结案近2起，工作任务十分艰巨。在国家安全监管总局、国家煤矿安监局领导的大力支持下，特别是约谈重庆、辽宁、黑龙江省（市）有关负责人后，就事故查处提出了明确要求，强力推进了煤矿重大事故查处的进程，为煤矿重大事故查处结案奠定了坚实的基础，全司人员各负其责，狠抓工作落实。

已按程序批复结案煤矿重大事故17起（其中：2013年4起、2014年13起），批复结案提级调查处理煤矿较大事故1起，事故追责共计538人，其中追究刑事责任170人，党政纪处分350人，关闭矿井7处，实现本年度国务院安委会煤矿重大事故结案率达到94.7%，黑龙江鸡西“12·14”重大瓦斯爆炸事故未到结案期。

二、及时派员参加煤矿事故的抢险救援工作

事故就是命令，接到事故信息后，按照国家安全监管总局和国家煤矿安监局领导的批示指示要求，及时派员赴事故现场指导事故抢险救援工作。2014年发生的14起煤矿重大事故全部派员赴现场参加救援，同时，按照国家安全监管总局、国家煤矿安监局领导批示要求，派员赴湖北省恩施州巴东县东坡二号井煤矿“8·13”较大透水事故、云南省曲靖市小河边煤矿“9·23”较大透水事故等4起较大事故救援工作。事故救援督导工作组到达事故现场后，传达国务院领导和国家安全监管总局领导指示批示精神，指导协调配合地方政府开展科学救援、安全救援，严防次生事故发生。

三、加强煤矿执法监督工作，加大对煤矿瞒报、谎报跟踪督办和事故举报核查力度

《煤矿安全监察执法监督办法（试行）》出台后，及时开展了煤矿安全监察执法监督工作检查，督促各省级煤监局按照要求认真组织自查，及时汇总执法监督工作发现的问题，对下一步执法监督工作提出建议。

2014年共查实11起非法违法瞒报事故，按照要求，事故调查司以国务院安委会名义下发了跟踪督办通知书，已有9起事故结案，并报国家煤矿安监局备案。

2014年以来，共收到事故举报信47件，按照要求，事故调查司及时向省级煤监局或地方政府及有关部门下发了核查函，并定期进行督促。经有关单位组织核查，属实6件，不属实（或未查实）29件，尚未报结果12件。其中，对河北张家口黑石沟煤矿瞒报事故的举报，事故调查司已国务院安委会名义向河北省政府发函，河北省政府已责成河北省安监局牵头组成核查组，制定了核查工作方案，正在对举报信所反映情况进行核查，事故调查司将及时了解进展情况，及时跟踪督办。

四、加强煤矿事故警示教育，坚持用事故教训推动工作

事故调查司坚持用典型案例开展警示教育，及时曝光重大隐患，通报、约谈、督办有关地方政府和企业。一是为深刻吸取事故教训，落实好“一矿出事故，万矿受教育”，制定并严格执行事故警示通报制度。共向全国煤矿累计发送事故警示短信44次，约58万条。二是针对同类事故频繁发生的突出问题，共5次向全国下发事故通报，2014年发生的重大事故基本情况及原因清楚后均进行了通报。同时，在日常工作中，坚持日跟踪、周汇总，图文并茂，对发生的59起煤矿较大以上事故进行了跟踪分析。三是制作完成了煤矿重大事故警示教育片2部，在全国视频会上进行了播放，并发至各煤矿企业学习，吸取教训。四是参加了约谈云南、黑龙江、辽宁、重庆等省（市）和国投集团、中煤集团等有关负责人煤矿安全专题会议。

五、努力推进煤矿职业健康工作

一是研究完成了国家安全监管总局关于调整2014年行政审批事项取消下放计划中有关煤矿职业健康取消和下放行政审批事项的意见。二是制定了《煤炭采选业职业卫生技术服务机构甲级资质专业能力审查条件评审标准及工作程序》，完成了对中国安科院等5家煤矿甲级职业卫生技术服务机构专业能力审查。三是组织开展煤矿粉尘防治技术及其效果调研。四是组织开展了“工作场所职业卫生监督执法年”活动。五是向河北煤监局下发了《关于煤矿建设项目职业卫生“三同时”工作相关问题的函》。

六、进一步完善法规制度建设，规范事故调查处理执法监督、职业健康等方面工作

（1）完成了《煤矿生产安全事故和报告处理规定》前期修订工作。在调研和征求意见基础上，已形成送审稿，待提交局长办公会审议。

（2）完成了《进一步加强和规范煤矿图纸管理和监管监察工作的通知》。

（3）配合国家安全监管总局有关司完成了《煤矿安全监察系统领导干部下井监察报告制度》。

（4）完成了《部分地区煤矿安全联系督促工作方案》。

（5）完成了《煤矿安全监察执法监督办法（试行）》。

（6）修改完善了《煤矿工作场所职业病危害防治规定》，已形成了送审稿。

（7）修改完善了《煤矿建设项目职业病防护设施设计和竣工验收规范（试行）》。

（8）基本完成了《煤矿安全生产工作综合考评办法》和《煤矿安全生产工作综合考评办法评分细则》（送审稿）。

（9）组织专家起草了《煤矿井下放炮安全管理9条规定》（初稿），正在征求意见。

七、切实加强队伍建设和廉政建设

认真贯彻落实党中央、国务院、中央纪委和国家安全监管总局关于党风廉政建设的要求，从严教育、从严监督、从严管理，把队伍建设与反腐倡廉工作相结合，实现两促进。班子成员带头遵守廉政准则，落实“一岗双责”，模范地遵守执行《廉政准则》和中央八项规定、国家安全监管总局党组“九条纪律”、“四个零”等规定。规范自身行为，坚持勤俭节约，反对铺张浪费。扎实开展“五型”机关创建，积极开展反腐倡廉“警示教育周”活动，把作风建设与“创先争优”常态化活动相结合，实现两推动。探索创新“支部工作法”。坚持政务公开、过程“阳光”，增加“透明度”。

八、认真完成其他各项工作

（1）组织召开了煤矿事故调查处理工作座谈会，煤矿水害防治工作座谈会，煤矿执法监督工作座谈会；筹备召开了两次煤矿事故警示教育视频会。

（2）赴湖南、江西两省开展安全生产督查；赴吉林、黑龙江、湖南参加煤矿安全暗查暗访活动；赴江西参加安全生产大检查和开展煤矿安全联系督促工作；派员参加了煤监局组织的异地交叉执法监察活动；派员赴河南、重庆参加了重点地区煤矿安全督导巡视。积极派员参加国务院安委办组织的其他安全督查和专项检查。

（3）推进煤矿信息化平台建设。协调煤监局各机关司（室），报送本单位信息化需求，督促国家安全监管总局信息中心尽快完善平台建设方案，及时提供有关事故情况和数据分析，供领导决策。

（4）认真开展谈心对话等工作。事故调查司在湖南省攸县开展了矿长谈心对话活动；并参加了国家安全监管总局、国家煤矿安监局领导在河北省蔚县，黑龙江省鹤岗市兴山区、兴安区和双鸭山市宝清县，云南省泸县开展的矿长谈心对话活动。

九、存在的主要问题和不足

一年来，在国家安全监管总局党组和国家煤矿安监局的正确领导下，煤矿事故调查处理工作有了新进展，取得了一定的成效，但工作中还存在一定差距和薄弱环节，有待进一步加强。如少数省安委会办公室与煤监局在事故挂牌、跟踪督办工作的协调配合方面需进一步理顺；一些煤矿重大事故甚至较大事故调查报告完成后，在沟通协调及行文程序上时间偏长，影响事故按期结案，影响事故处理的时效性；煤矿职业安全健康工作发展不平衡，部分省级机构相关体制机制有待进一步理顺。

科 技 装 备 工 作

国家煤矿安全监察局科技装备司

按照国家安全监管总局党组和国家煤矿安监局的总体部署，强化瓦斯综合治理，强化法规标准完善，强化科技装备支撑，强化党风廉政建设，较好完成各项工作任务。2014 年，全国煤矿共发生瓦斯事故 47 起，死亡 266 人，同比减少 15 起、101 人，分别下降 24.2% 和 17.5%。

一、深化煤矿瓦斯综合防治

一是认真贯彻落实《国办关于进一步加快煤层气（煤矿瓦斯）抽采利用的意见》（国办发〔2013〕93 号），围绕如何强化推进零超限目标管理、瓦斯抽采达标、防治煤与瓦斯突出等瓦斯综合防治措施落实开展深入调研，研究起草《强化瓦斯防治十条规定（初稿）》；完善并且用好《全国煤矿矿井瓦斯等级鉴定信息管理系统》。二是在西安组织召开了煤与瓦斯突出防治工作座谈会；组织开展了煤矿瓦斯地面抽采治理技术和“先抽后建”技术先导性试验情况等调研工作，支持河南省规划建设“先抽后建”示范区；印发了《国家煤矿安监局关于煤矿瓦斯抽放钻孔兼做探放水钻孔有关问题的复函》；转发了山西省煤炭工业厅煤矿瓦斯防治工作“十二条红线”，推广了贵州毕节瓦斯超限责任追究办法；组织专家在贵州六盘水市开展瓦斯防治专题培训；对山西煤监局偏 Y 型通风方式、江西煤监局煤矿瓦斯超限及次数界定等问题进行了研究回复。三是组织研发煤矿安全监控系统检查分析工具，先后在江苏、安徽、山东3个省煤监局、60多个煤矿进行了130人次试用；研究制定了《煤矿安全监控系统分级报警实施方案（送审稿）》；开展了煤矿移动瓦斯监控系统专题调研。四是加强矿井瓦斯等级鉴定工作，对全国煤矿瓦斯等级情况进行了综合分析，提出了分析报告；召开了煤与瓦斯突出鉴定工作研讨会，对当前全国煤矿突出鉴定工作存在的主要问题进行了梳理和分析，提出了下一步工作措施。及时听取了河南理工大学关于河南省中国平煤神马集团长虹矿业有限公司3月21日煤与瓦斯突出事故（13人死亡）突出鉴定情况汇报。五是研究制定了《煤矿安全监控系统分级报警实施方案（送审稿）》(包括技术方案和实施方案等内容)。

二、大力修订完善法规标准

一是扎实开展《煤矿安全规程》全面修订工作。成立修订领导小组、办公室和编审组，制定《修订办公室工作规则》；组织开展《煤矿新工艺、新技术、新装备的应用对修订煤矿安全规程启示》等3个专题研究，征集部门、企业、科研设计院所和有关单位意见3000余条；在国家安全监管总局政府网站和《中国煤炭报》开设专栏；先后召开4次统稿会，神华、中煤、冀中能源等30余家煤炭企业全方位提供支持，3位院士亲自担任编写组组长或专篇负责人，16个编写小组的组长（单位）带领240余位组员（实际参加的人员超千人）召开近百场专题会议，煤炭工业协会、中煤科工集团等科研单位、中介机构多次组织调研组进行专题调研，集中全行业智慧形成了征求意见稿（初稿）。二是吸取豫新煤业公司“7·5”重大瓦斯爆炸事故教训，完成《防治煤层自然发火暂行规定》的修改完善，出台了《安全监管总局　国家煤矿安监局关于进一步加强煤矿井下防灭火管理的通知》；吸取昆山“8·2”粉尘爆炸事故教训，针对煤炭行业的实际，及时制定出台了《关于加强煤尘爆炸工作防范煤尘爆炸事故的紧急通知》。三是印发了2014年煤炭行业标准和2014年安全生产标准（煤矿部分）制修订计划；委托中国煤炭工业协会组织8位专家，对120项煤炭行业标准分批次进行复审，现已完成60余项；复函中国煤炭工业协会按照章程和相关换届规定，做好第四届煤矿安全和煤矿专用设备两个标准化技术委员会的换届工作。四是大力宣传贯彻新《安全生产法》，组织起草了《国家煤矿安监局关于煤矿安监系统贯彻实施新〈安全生产法〉的通知》；在辽宁煤监局、神华集团神东公司和煤矿企业高管培训班等单位进行了解读宣贯培训。

三、强化煤矿安全科技支撑

一是组织实施“十二五”国家科技支撑计划“深部及中小煤矿灾害防治关键技术研究与示范”项目，9个课题进展顺利；会同规划科技司组织有关专家编制了煤矿瓦斯、水害、火灾防治科技发展对策三项顶层设计；开展了“十三五”煤矿安全科技调研，为争取“十三五”国家科技支撑计划项目做积极准备；配合国家安全监管总局技术委员会建立了国家安全生产专家煤矿组专家库。二是大力推进煤矿安全科技“四个一批”工作，积极推进第一批33个项目、第二批89个项目的实施；组织召开煤矿通信联络技术研讨会，推进煤矿通信“智慧线”等有关技术开发应用；组织征集了以防治煤矿重大灾害治理、煤矿“四化”为主要内容的先进适用技术313项；组织开展了煤矿安全科技进吉林活动。三是争取2014年度煤矿安全改造中央预算内资金支持10个煤矿隐蔽灾害治理示范矿井建设；出版了《煤矿隐蔽致灾因素普查技术指南》和《煤矿隐蔽致灾因素普查及治理工作经验汇编》；对煤矿安全避险“六大系统”建设情况进行了调度总结，对神华神东煤炭集团井下紧急避险系统建设模式进行了专家论证，并函复内蒙古煤炭工业局推广使用。四是积极组织煤矿安全改造项目与示范工程建设，将煤矿隐蔽灾害治理示范工程、50个煤矿安全重点区县煤矿安全改造及中小煤矿安全技术服务机构等，作为2014年煤矿安全改造重点支持方向并纳入项目计划下达；研究起草了《关于开展煤矿安全改造项目专项检查和重大灾害治理示范工程建设项目评估验收工作的通知》复函。

四、提升煤矿安全装备水平

一是配合国家发展改革委制定了《煤炭生产技术与装备政策》，制定了《禁止井工煤矿使用的设备及工艺目录（第四批）》(征求意见稿）和《煤矿井下架空乘人装置通用技术条件》(初稿)，加强对前三批《禁止井工煤矿使用的设备及工艺目录》落实情况的监察，参加了工信部、国家能源局等部委组织的淘汰落后产能考核。二是印发了《关于加强煤矿井下防爆柴油机无轨胶轮车安全管理的通知》；起草完成了《关于加强煤矿斜井（巷）运人系统安全管理工作的指导意见（送审稿）》。三是分3个组到9个重点省开展了煤矿生产工艺和技术装备现状调研；组织查处了2起群众举报煤矿设备没有取得或假冒安全标志产品等违法现象。四是在邢台与国家安全监管总局规划科技司组织召开了安全科技“四个一批”项目先进成果交流推广现场会，随后又召开了全国煤矿科技装备工作座谈会。组织召开了第七届中国国际安全生产论坛第四分论坛和中俄高层对话会；组织召开了2014第14届国际煤层气暨页岩气研讨会。

五、加强党风廉政建设

一是按规定开展党的群众路线实践教育活动，并持续做好整改工作。在健全完善党组织议事决策、民主评议、党员干部述职述廉、党内关怀帮扶等基本党建制度基础上，建立完善了理论学习、工作规则、群众联系、暗查抽查、科技推广、安全改造项目管理、标准制修订机制等7项制度。二是积极参加贯彻十八届三中全会和习近平总书记系列讲话精神集中轮训第11组学习活动；开展反腐警示教育活动；组织党纪党规答题；作为推荐单位参加“创建文明机关争做人民满意公务员”评选活动。三是完成党支部换届工作。

六、其他主要工作

一是完成对黑龙江、吉林煤矿安全督导巡视工作；完成对辽宁、内蒙古煤矿安全联系督促工作；按照国家安全监管总局、国家煤矿安监局安排，积极参加汛期、“六打六治”等各项安全监督检查；组织对江西煤矿安全暗查暗访。二是完成了与四川筠连等地煤矿矿长谈心对话工作。三是协助做好中煤陕西榆林能化公司大海则煤矿“5·14”副立井溜灰管坠落事故抢险工作。四是认真做好政协、人大提案答复工作；及时反馈群众来信来函。

行业安全基础管理指导工作

国家煤矿安全监察局行业安全基础管理指导司

一年来，按照国家安全监管总局、国家煤矿安监局的总体安排，以落实煤矿安全“1+4”工作法为主线，突出50个重点县攻坚战、“双七条”、谈心对话、“六打六治”和煤炭企业脱困等重点工作，并结合行业安全基础管理指导司职责在安全生产“三基”方面取得较好成效。

一、全力以赴开展50个县攻坚战，做到“十抓、十强化”

一抓方案制定，强化顶层设计。研制了攻坚战方案，印发11份规范性文件，审查50个县攻坚方案，并按期全部出台。

二抓组织机构，强化责任落实。50个县全部成立领导小组，20位县委书记、30位县长任组长；成立36个省市包片督导小组（6个省由副省长任组长）；6家央企由总部分管领导任组长。

三抓关键人物，强化思想教育。国家安全监管总局、国家煤矿安监局领导亲力亲为，致12位省委书记的信极大提高了地方党政主要领导重视，增强攻坚战主动性、实效性；举办县长专题班、县委书记座谈会，国家安全监管总局领导和专家亲自授课；国庆期间有43名县委书记、38名县长到482处煤矿检查工作；煤监局对50个县2789名矿长轮训一遍，各县培训17798人。

四抓谈心对话，强化基层沟通。12位国家安全监管总局、国家煤矿安监局领导和6位退休老领导、109位司局级干部分别与50县的2444处煤矿矿长开展谈心对话；行业安全基础管理指导司领导班子赴7省（区、市）与475名矿长谈心对话，占总量的近20%。通过谈心对话，传递正能量。

五抓“五真”落实，强化复产验收。以钉钉子精神紧抓“五真”，制定了相关制度、标准和程序，组织针对性检查。截至2014年底，关闭小煤矿443处；1124处停产整顿煤矿全部由副科级及以上干部盯守，708处复产煤矿做到由县长（或书记）签字。

六抓宣传发动，强化事故警示。赴50县宣贯“双七条”和攻坚战，印发“保护矿工生命、矿长守规尽责”宣传册10万份，发至全国煤矿企业和有关部门；在50个县电视台黄金时段滚动播放警示片，营造良好氛围。

七抓能力核减，强化灾害防治。召开座谈会，对突出矿井生产能力重核进行了部署，年底前基本完成（除部分资源整合矿井外）。已建成135个水害防治示范区、普查治理煤矿982处。

八抓典型示范，强化整体提高。完成机械化改造煤矿145个，在全国推荐44个矿井中拟选了15个示范矿井；45个县建立安全监控信息化平台；27个县实现了劳动用工“五统一”，45个县制定了煤矿工人小时工资最低标准。

九抓督导巡视，强化“打非治违”。成立6个督导巡视组，抽调30名在职和退休领导同志，每组巡视2个省份、1个月，采取“四不两直”和夜查暗访等方式，已巡查12省、379处煤矿，发现2129条隐患和问题，并向国家安全监管总局、国家煤矿安监局专题汇报，分别向各省政府反馈意见，极大推动工作，反响良好，效果明显。

十抓调度统计，强化督导服务。行业安全基础管理指导司坚持“两周一调度、一简报”制度，印发简报22期、专刊15期、资料汇编4本。每季度向12个省、36个市的组织部门进行通报。

攻坚战成效比较显著。2014年，50个县共发生事故91起、死亡202人，同比建设下降33.1%、37.5%；重大事故4起、死亡57人，同比起数持平、人数下降38%；较大事故10起、死亡54人，同比下降37.5%、42.6%；有15个县事故为零，杜绝了特别重大事故；同比少死亡112人，占全国各类煤矿同比少死亡155人的72.3%，与对照期（2008—2012年）年平均值相比下降66.9%，完成下降50%年度目标。这些成绩的取得，主要归功于四点：一是上层谋划得好，国家安全监管总局、国家煤矿安监局领导亲力亲为，突出9项重点任务，又狠抓10项工作，设计缜密、抓住要害，紧抓不放、持续发力；二是关键人物、重点环节抓得好，如国家安全监管总局领导给省委书记致信、召开县委书记座谈会和县长专题班授课，“五真”验收，矿长轮训，督导巡视等工作，抓得紧、抓得实、抓到点子；三是地方推动得好，由于抓住关键人物、重点环节，属地责任、监管部门、主体责任得到更好落实，调动了地方党政、部门和企业的积极性、能动性；四是煤矿落实得好，通过矿长谈心对话、安全轮训、警示教育、安全检查，煤矿思想观念、安全素质进一步提高，实现安全生产工作由被动向主动转变。

二、坚持强基固本，进一步夯实煤矿安全生产基础

（1）创新开展煤矿安全质量标准化工作。审查公告了2013年度684处一级标准化煤矿、18处被取消一级、98处原国家级和一级被降级的矿井名单，现场抽查40余处煤矿，并在央视、报纸和网站予以公布和报道，推动动态达标。

（2）进一步规范培训、考试工作。为贯彻新《安全生产法》，起草了《关于切实做好煤矿安全培训考核工作的通知》，起草、审核了《煤矿井下从业人员考试题库》，编写了《煤矿井下从业人员培训手册》，制定了煤矿主要负责人、安全管理人员和特种作业人员统编教材等。对煤矿网络考试平台进行了升级，实现煤矿“三项岗位人员”考试计划申报、计划审批、在线考试、信息查询、统计分析等全国联网。据统计，2014年全国共培训、复训“三项岗位人员”62.1万人（主要负责人1.4万人，安全管理人员18万人，特种作业人员42.7万人）；举办了2期监管监察培训班、培训140人；5期央企高管班、培训436人。

（3）强化中央企业煤矿安全监管。一是会同国资委开展中央企业煤矿安全检查，共检查8个央企总部和70处煤矿，查出隐患601条（其中重大隐患22条），责令停产停建煤矿7处，处罚773.4万元，并联合召开座谈会，通报了检查情况，就贯彻落实“双七条”、警示教育、“打非治违”等工作提出明确要求。二是编印了《2013年度中央企业煤矿安全生产工作报告》，总结分析了2013年度和近5年来工作，新建了季度报送制度。

（4）修订、宣贯煤矿生产能力新办法。联合发展改革委、能源局修订出台了煤矿生产能力核定标准、管理办法，集中开展宣贯培训，编写了

《煤矿生产能力核定与管理指南》。对神华、中煤等开采技术先进、安全保障能力高的矿井进行了生产能力核定。

（5）开展劳动定员专项调研。对山西、江苏、内蒙古、河南、四川、云南等省18处煤矿进行现场和问卷调查，汇总统计全国单班井人数超过1000人的47处矿井，形成调研报告。

（6）调研推荐小煤矿机械化改造示范矿井。有14个省上报了44处煤矿，初步筛选了15个煤矿为示范矿井。

（7）创新开展煤矿安全生产诚信体系建设。在调研基础上，起草了《煤矿企业安全生产信用等级评定管理办法（试用）》和《煤矿企业安全生产信用等级评定表》，正在会商发改、能源、煤炭工业协会等进行研究，已完成征求意见稿。

（8）探索推进隐患排查治理体系建设。组织神华集团等5家煤炭企业的27处煤矿进行座谈或现场考察，调研煤矿安全风险预控管理体系实施情况。对山西临汾煤矿安全监理工作模式进行了调研。

三、完成领导交办的工作任务，提高办事执行力

（1）开展专题调研。分别对山西煤矿沉陷区采矿区安全状况、青海大通县煤矿采空区居民楼存在重大隐患、黑龙江龙煤集团安全发展面临突出问题等进行调研，向国务院领导同志呈报了专题报告。深入陕煤化集团黄陵矿业公司调研总结智能化无人开采技术经验，形成并印发经验材料进行推广学习。

（2）开展暗查暗访和督导检查。组织对四川宜宾珙县、筠连县暗查，暗查6处煤矿、2处存在违法生产行为，31条重大隐患，责令2处煤矿停产整顿，行政处罚511.2万元。赴山东、江苏、广东、湖南开展汛期督查，山西、陕西开展“六打六治”督导，多次赴新疆及兵团开展大检查回头看和联系督促；配合人事司，评选出10个煤炭行业管理先进单位和78名先进个人。

（3）配合发改委开展煤炭行业脱困工作。国家安全监管总局负责和参与工作有13项，逐项细化了措施，并与“六打六治”，“重点地区督导巡视”和“安全隐患集中排查”等活动结合起来，已召开联席会议23次，煤价已止跌渐稳回升。配合公安部赴甘肃、新疆开展矿区爆炸物品督导检查；配合能源局赴陕西、山西、安徽、山东开展采煤塌陷区治理调研。

四、加强理论学习和廉政建设，提高党员干部综合素质

（1）认真学习、深刻领会党的十八届四中全会和习近平总书记等中央领导同志主要讲话精神，整改落实群众路线教育实践活动存在问题和措施，进一步增强群众观念和宗旨意识。

（2）深入学习新《安全生产法》，在新疆及兵团等地督促联系工作时开展视频讲座和宣贯，掌握新安法的实质、要点、亮点，研究制定安全培训、诚信体系建设等配套制度措施，增强安全生产依法治理意识，提升安全生产法治化水平。

（3）学习党风廉政建设相关规定，贯彻全国安全监管监察系统党风廉政建设工作视频会议精神，开展警示教育周活动，通报和观看违规违纪典型案例，制定落实党风廉政建设“两个责任”的实施方案，增强廉洁自律意识。

（4）定期召开民主生活会，对照《廉洁准则》、“四风”和国家安全监管总局“九条纪律”“四个零”，以及行管司廉政建设“六不准”等制度规定，开展自查自纠活动，查找问题和差距，找出努力方向，制定改进措施，严防违规违纪发生。

第七部分

安全生产应急管理

安全生产应急管理工作

国家安全生产应急救援指挥中心

2014年，各地区、各有关部门和单位认真贯彻落实党中央、国务院关于安全生产工作的一系列决策部署和习近平总书记、李克强总理关于安全生产应急管理工作的重要指示精神，周密筹划，严密组织，真抓实干，攻坚克难，圆满完成各项任务，工作成效明显。

一、应急体系建设进一步加强

一是应急管理机构职能建设得到加强。全国32个省级单位全部建立了安全生产应急管理机构，316个市、1130个县成立了安全生产应急管理机构，分别占市、县总数的94.9%、39.6%，县级以上机构编制人数3340人，实有2933人；纳入统计的50家中央企业全部成立了应急管理机构，所属二级单位安全生产应急管理机构总数达到1590个。地方应急管理机构职能建设不断加强，吉林省重组了省安全生产应急救援指挥中心，处室职能得到强化，人员编制由原来的11人增加到31人；北京市采用政府购买服务的方式，面向社会招聘近4000名专职安全员，建立了6000余人的乡镇、街道（园区）专职安监队伍，协助政府、企业做好安全生产应急管理工作，辽宁、山东等地也采取相应措施加强基层应急管理队伍建设，应急管理逐步向工业园区、街道、乡镇等基层末梢延伸。

二是应急救援队伍体系进一步健全。7支国家矿山应急救援队标准化建设深入推进，14支区域矿山应急救援队建设项目基本完成，47支央企应急救援队和28个培训演练基地建设项目全面实施，全国现有专职矿山救护队578支，救护队员总数32731人，专职危险化学品应急救援队伍480支，救护队员总数41625人。公安部加强了灭火救援攻坚队伍建设，在4361个执勤中队组建各类灭火、抢险救援攻坚组8557个，在444个支队成立高层、地下、水域、山岳、道路交通、建筑倒塌、石油化工等各类灾害事故救援专业队，共有专业救援人员41266人。吉林省依托有关企业加快危险化学品应急救援基地、矿山应急救援基地、油气生产、管道输送应急救援基地、矿山透水应急救援基地等4个省级应急救援基地建设。上海市依托化工园区和专业企业将19支安全生产应急救援队调整为9支危险化学品应急救援队，并吸纳巴斯夫、拜耳等化工企业的专业力量加入。河南省依托大型重点企业建成了5个省级危险化学品应急救援基地。安徽、贵州、陕西、甘肃等地进一步完善了应急救援队伍布局。铁路、水上搜救、海上溢油等专业救援队伍建设稳步推进，全国安全生产应急救援队伍继续保持了35万余人的总体规模。国家安全监管总局争取中央财政每年投入1亿～2亿元专项资金，支持应急救援体系建设运行；各地区在财政日益紧缩的情况下，拿出专项资金保障应急能力建设，江西省投资1150万元建立了应急宣传教育警示基地，甘肃省投资3800余万元为应急救援队伍配备了先进装备，黑龙江、山东、重庆等地每年拿出1000余万元用于应急救援队伍建设，形成了长效投入机制。

三是应急管理机制建设不断完善。坚持落实应急救援联络员制度，在自然灾害信息通报、交通运输应急保障联动方面实现了常态化。在云南曲靖下海子煤矿“4·7”透水事故和湖南怀化双木湾煤矿“6·15”透水事故救援中，解放军总参谋部及时调动飞机运送救援装备，赢得了宝贵的救援时间。国家安全监管总局分六大片区召开了应急联动机制建设会议，建立了沟通协调机制，促进了省际应急联动机制建设。北京、天津、河北积极响应京津冀一体化战略部署，共同签署了应急管理合作协议并召开联席会议，在信息通报、应急信息化建设、应急资源共享、应急演练等方面展开了实质性合作。中石油、中石化、中海油建立了应急联动资源管理平台，对15个作业区域内的应急救援队伍和救援物资装备实施统一登记、统一协调、分区联动管理，提高了救援队伍和物资装备的使用效率，节约了应急管理成本。铁路总公司与铁路沿线1365家医院建立了应急救援协调机制，路地联合、装备规范、机制健全、应对有序的铁路应急医疗救援体系网络基本建成。

四是化工园区应急管理创新试点取得实质成效。自2012年3月大亚湾化工园区应急管理试点工作启动以来，在国家安全监管总局的指导下，广东省惠州市人民政府和大亚湾经济技术开发区管委会按照“政府主导、部门协同、企业参与、共建共享”的建设思路，协调各方力量，筹集建设资金，在建设规划、体制机制、资源整合、队伍建设、规章标准等方面取得了突破，探索了市场经济条件下做好园区应急管理工作的新路子，形成了企业化管理、市场化运作的新模式，为全国提供了宝贵的经验。

二、应急管理法治建设积极推进

一是加强了法规制度建设。在国务院法制办和全国各级应急管理机构的大力支持下，应急管理条例立法工作迈出了新步伐。新《安全生产法》有19条对企业应急救援组织建设、预案演练、事故救援等方面作了明确规定。国家安全监管总局相继制定出台了事故应急处置评估、演练评估等多项规章制度，组织开展了预案管理、培训演练等规章标准和《煤矿安全规程》《矿山救护规程》的修订工作。各地区结合实际，进一步修订完善地方性法规制度，江西省印发了《江西省突发事件预警信息发布管理办法（试行）》，上海市修订了《突发事件信息报告工作管理办法》，江苏省制定了《江苏矿山救护队管理办法》，河北、山西、宁夏等地制定了应急处置、物资储备管理等规定办法，山东、浙江等地组织开展了应急管理示范企业建设活动，积极探索企业应急管理标准化建设工作。中国电力投资集团制定印发了《基层单位应急能力评估标准》，建立了集团应急能力评估工作机制，中海油等中央企业也对本单位应急管理规章进行了修订完善。安全生产应急管理法制基础不断加强，为依法依规行政提供了保障。

二是开展了专项执法检查。吉林、内蒙古、湖北、广东、重庆等地率先在矿山、危险化学品、冶金、烟花爆竹等行业开展了应急管理执法实践，下达整改指令近3000份，处罚金额140余万元，有力促进了企业落实应急管理规定的要求。重庆市安监局全面规范了执法检查工作，较好地解决了执法资格、主体、依据、内容、方式等问题，为应急管理执法检查工作常态化探索了路子，积累了经验。

三是积极推动应急管理专项整治。在安全生产“打非治违”行动中加大应急管理专项整治内容，各地区先后组织了55个暗查组，查处预案管理、培训演练、队伍建设、物资储备等方面非法违法行为385起，在各类媒体公开曝光了12家问题比较严重的企业。国务院安委办组织各级安全生产监管监察人员、矿山救护队员进行为期7个月的煤矿安全隐患排查治理行动，矿山救护队2.2万人次参加了煤矿隐患大排查工作，发现应急管理不到位等隐患13.2万项。

三、应急预案、演练和培训宣教工作不断强化

一是应急预案工作进一步加强。国家、省、市、县和乡镇五级安全生产应急预案体系已经形成，全国高危行业企业预案编制率达100%，中材集团、中国能源建设集团等在海外进行投资的企业还针对所在国发生战争、社会骚乱、病疫等特殊情况编制了专项应急预案。企业、政府预案有机衔接进一步强化，落实了衔接点通联方式、责任人等措施，预案编制、管理日趋规范。广东省修订了预案管理办法实施细则，下放预案备案权限，并推动网上备案，提高预案管理效率；上海市强化了预案的备案管理，严把审核关，对不符合要求的8024份预案责令修改,不予备案,促使企业重视预案编制工作,提升预案的针对性、科学性、实用性和操作性。

二是预案优化试点取得实效。按照国家安全监管总局的统一部署，中石化集团、神华集团等9个重点行业50家企业积极开展了应急预案优化试点，进一步规范了应急预案的编制内容、方法和要求，完善了不同层级应对事故的职责和措施，强化了各类人员岗位应急处置卡运用，预案由“多”变“少”、由“厚”变“薄”、由“虚”变“实”，实现了应急预案简明化、专业化、卡片化和标准化。各地区、各有关单位结合实际，积极开展了预案简化优化工作，预案的实用性、针对性、可操作性进一步增强。

三是应急实战演练广泛开展。全年共开展各类应急演练近84.7万次，参演人员883.8万余人次，应对生产安全事故的能力大大提高。国家安全监管总局与福建省、交通运输部联合开展了隧道特别重大道路交通危化品燃爆事故综合应急演练，探索了复杂条件下组织隧道事故救援的方法和路子。全国各地区、中央企业加大投入，组织开展了以危化品燃爆、长输油气管道泄漏、城市天然气泄漏、海上溢油、船只遇险、台风海啸、煤矿事故、人员密集场所踩踏等事故为背景的实案化、实战化综合应急演练，中央企业与其所在地方政府积极开展联合演练，强化了地企衔接联动效应。

四是应急培训深入展开。坚持将应急管理培训纳入安全生产培训规划之中，统一进行组织实施。全年共培训应急管理人员10086人、企业人员21.3万余人、指挥人员近4万人。四川省将应急管理培训纳入各级党校培训范畴，提高领导干部应急处置指挥能力，还结合当地实际，组织救援队进行了模拟地震搜救培训。宁夏回族自治区编写了应急救援队伍训练大纲，从制度层面对全区应急救援队伍训练内容、时间、标准与要求进行规范，统一了企业应急救援队伍训练及考核的标准，为提升应急救援能力打下扎实基础。浙江省将应急培训制度化，制定了企业员工培训标准、培训题库，开展了应急技能竞赛，提高了培训效果。成功举办了全国第十届矿山救援技术竞赛，有力促进了矿山企业“大练兵”活动的开展。

五是应急宣教工作进一步得到重视。全国各级安全生产监管部门牢固树立“抓宣教也是抓落实”、“抓宣教也是抓治本”、“传播力也是领导力”的理念，扎实推进安全生产应急宣教培训工作，广大从业人员、社会公众的应急意识、素质、能力得到明显提升。各地区认真落实国家安全监管总局安全生产宣教工作会议精神，结合“安全生产月”“应急演练周”等活动，充分发挥宣传教育引导人、激励人、鼓舞人、警醒人和思想引领、舆论推动、精神激励、知识传播、文化支撑和警示教育作用，开展了丰富多彩的应急宣传教育活动，应急管理的社会影响力不断提升。国家安全生产应急救援指挥中心结合近年来发生的典型事故救援案例，组织制作了事故施救不当宣传片、科学施救知识读物和事故案例警示教育片，作为应急管理宣传教育活动样本发到各地区、有关中央企业和救援队，收到较好效果。山东省联合移动、联通、电信三大运营商，免费定期向全省手机用户发送应急避险知识；浙江、湖北等省采取制作播放公益广告、播放专题宣传片、举办知识讲座、开展广场宣传咨询等形式，大力加强应急管理知识宣传教育，培育广大民众应急意识，提高应急逃生避险能力。

四、应急处置能力不断提升

一是应急响应更加快捷迅速。各级应急管理机构始终保持常备不懈的工作态势，及时接受处理事故信息，准确发布预警预报，高效组织应急力量资源参加事故救援。全国应急平台功能进一步完善，全国20个省（区、市）应急平台已建成投入使用，国家安全监管总局指挥大厅与13个省市实现互联互通，应急平台信息不断充实完善，补充了尾矿库、城市地铁线路及油气长输管线等地理信息，实现了事故单位、周边环境和应急资源的快速查询，为智能化辅助决策提供强有力数据支撑，租用专用卫星信道保障了应急通信。小型移动平台运用越来越广，实时将事故现场数据传输到总局指挥大厅，为领导决策指挥提供了信息保障。

二是科技保障能力不断提升。积极推动应急管理领域科研成果的转化运用工作，一批重大科研项目按时推进，新装备、新技术的推广运用显著提高了救援成效。地面大口径快速钻进与救援装备、井下灾区探测机器人、涡喷高泡消防车、72米高喷车等先进技术装备在实战救援中发挥了关键作用。

开展了安全生产应急救援关键技术及装备难题征集工作；编制了应急救援技术难题研究报告；开展了应急救援装备成套性适应性研究，并编制了相关的研究报告。遴选325名各行业（领域）专家，组建了应急救援专家组。黑龙江省组织研发了隐患排查治理信息系统软件，在全省推广使用，提高了隐患排查治理管理效率；重庆市组织研制了“实时应急管理系统”，在基层推广使用，提高了应急救援科技保障能力；三峡集团、中海油等中央企业在危险源实时监控、应急管理系统建设、数据采集等方面加大投入，积极推进，取得了较好效果。

三是应急救援队伍在事故防范方面发挥重要作用。各级各类矿山、危化品等应急救援队伍积极参加了企业预防性检查工作，协助排查生产安全隐患，帮助制订整改措施，消除安全隐患，改善了企业安全生产条件，防止了大部分生产安全事故的发生，同时熟悉了企业生产环境，为发生事故后快速开展救援奠定了基础。2014年，全国各类应急救援队伍开展预防性安全检查259449队次，参与预防性安全检查1018883人次。查出隐患709618项，协助整改687391项，整改率达96.87%。

四是应急处置工作成效明显。全年矿山、危化品等专业应急救援队伍出动近1.6万次，抢救遇险人员4.7万余人；公安消防接警出动93.9万余次，疏散抢救遇险人员17.6万余人；海上水上救援队伍参与救援行动2000多起，抢救遇险人员近1.6万人。其中国家级应急救援队伍起到了骨干支撑作用，国家矿山应急救援淮南队、芙蓉队和中铁二局昆明隧道救援队在相关事故救援中，做到了反应迅速、处置高效。

第八部分

工会劳动保护

工会劳动保护工作

中华全国总工会劳动保护部

2014年，工会劳动保护工作认真学习贯彻党的十八大，十八届三中、四中全会和习近平总书记系列讲话精神，在全国总工会书记处的领导下，按照全国总工会十六届二次执委会和全国安全生产工作会议的部署要求，强化红线意识，坚守底线思维，突出预防为主，依法维护职工安全健康合法权益。

一、加强调查研究，强化源头参与

强化问题意识，加强对全面深化改革过程中安全生产和职业病防治工作趋势、特点的研究，积极开展劳动安全卫生和农民工劳动保护状况调研，分析存在的突出问题，提出对策建议。运用法治思维和法治方式，坚持推动解决当前问题与建立长效机制相结合，积极参与职业安全卫生法律法规、政策标准的制定和修改，先后对《安全生产法（修订）送审稿》《安全生产中长期改革实施规划》《安全生产应急管理条例》等提出修改意见，表达工会的主张，提出工会意见，从源头上维护职工安全健康合法权益。通过人大、政协、安委会、联席会议等渠道，提交提案建议，反映职工的意愿和呼声，推动解决职业安全卫生突出问题。在企业特别是高危行业企业，完善和用好劳动安全卫生专项集体合同、职代会审议劳动安全卫生重要事项等企业民主管理制度，畅通职工利益诉求表达渠道，督促企业落实安全生产责任制，加大安全投入，改善劳动安全卫生条件。

二、深化“安康杯”竞赛等群众性安全生产活动

2014年，全国“安康杯”竞赛活动紧紧围绕推进企业安全文化建设，以巩固成果和提高质量为重点，不断拓展非公有制及民营企业参赛范围和乡镇（街道）、村（社区）、工业园区、经济技术开发区等区域经济圈“安康杯”竞赛活动试点，扩大了竞赛活动覆盖面，参赛企业达47万家，参赛职工达1.1亿人次。进一步加大“安康杯”竞赛活动指导和考核力度，对2013年度全国“安康杯”竞赛活动先进集体和个人进行了年度审核和情况通报，突出对参加全国“安康杯”竞赛活动的非公有制企业的表彰力度，不断增加非公经济企业表彰数量。6月18日，中华全国总工会和国家安全监管总局联合在京召开2013年度全国“安康杯”竞赛表彰暨经验交流电视电话会议，2270家企事业单位、1517个班组分获全国“安康杯”竞赛优胜单位、优胜班组称号。中华全国总工会还分别授予连续五年以上获得全国“安康杯”优胜单位的神华天津煤炭码头有限责任公司等12个单位、吕海生等3名个人和北京凯捷风公交客运有限责任公司周口店客运站等10个班组全国五一劳动奖状、奖章和全国工人先锋号。时任中华全国总工会副主席、书记处第一书记陈豪讲话强调，“安康杯”竞赛已经成为我国安全卫生工作的重要组成部分，各

级工会要认真总结经验，突出重点、提高质量、丰富内容、着眼长远，确保竞赛覆盖所有可能发生安全生产事故的工作场所，覆盖所有面对职业危害的职工群众，不断提高“安康杯”竞赛的科学化水平。国家安全监管总局副局长、国家煤矿安全监察局局长付建华宣读《中华全国总工会关于授予全国“安康杯”竞赛先进集体和优秀个人全国五一劳动奖状、奖章和全国工人先锋号的决定》和《关于表彰2013年度全国“安康杯”竞赛先进集体和优秀个人的决定》。福建省泉州市委、市政府，内蒙古第一机械集团有限公司在会上做了经验交流。中华全国总工会副主席、书记处书记李世明主持会议。国家卫计委、共青团中央、国家铁路局、国家民用航空局、公安部等有关部门领导出席会议并为获奖代表颁奖。中华全国总工会机关有关产业及部门负责同志，国家安全监管总局、卫生部、国家煤矿安监局等有关司局负责同志，北京市总工会、安监局负责同志以及全国各地、各条战线荣获全国“安康杯”竞赛先进集体及优秀个人代表在北京主会场参加了会议。

深入贯彻全国总工会《关于组织职工开展安全生产隐患排查治理工作的意见》，继续发动和组织职工开展群众性隐患排查治理活动。在总结山东省工会开展“查隐患、保安全、促发展”群众性安全生产活动经验做法的基础上，3月27日，在山东济南召开全国工会群众性隐患排查现场经验交流会。会议深入学习贯彻习近平总书记关于安全生产的重要指示精神，总结交流工会开展群众性隐患排查工作经验，推动群众性安全生产活动深入开展，动员职工遵章守纪，减少和杜绝违章作业，发挥行为主体作用，立足岗位主动查找身边隐患，着眼防范事故“最后一小步”问题，把依靠职工群众预防事故落到实处，筑牢安全生产群众基础。会议传达学习陈豪同志关于工会劳动保护工作的讲话精神，李世明同志出席会议并讲话。李世明要求各级工会要紧紧依靠广大职工，立足岗位查身边隐患，充分发挥职工行为主体的作用，打牢安全生产的群众基础。山东省人大常委会副主任、省总工会主席尹慧敏在会上致辞。会上，山东省总工会及市、县、街道、企业，山西、内蒙古、辽宁、江苏、陕西省（区）总工会分别介绍开展隐患排查工作的经验做法。会议期间，与会人员还深入山东法因数控机械股份有限公司、济南炼化等企业，实地考察企业群众性隐患排查情况。中华全国总工会劳动保护部部长尤立新主持会议，部分省总工会分管劳动保护工作副主席，各省（区、市）总工会、新疆生产建设兵团工会劳动保护部部长，各全国产业工会负责同志参加会议。

把推进班组安全建设作为服务企业安全管理的重要抓手，以事故多发的煤炭等行业为重点，总结推广班组安全建设经验，深入开展班组安全建设。围绕“中国梦·劳动美”主题活动，组织职工开展“中国梦·劳动美——我的安全家园”征文活动、“中国梦·劳动美——建设安全家园”班组安全建设成果展示活动，征集到各省推荐的作品200多篇、优秀成果300多项。继续与国家安全监管总局、国家煤矿安全监察局联合在全国煤矿开展争创优秀安全班组、优秀班组长和优秀煤矿安全群众监督员活动，不断加强班组安全建设，注重发挥班组长和特聘煤矿安全群众监督员作用，推进煤矿现场安全管理水平提升、促进煤矿企业安全生产状况持续稳定好转。

三、强化工会参与职业病防治工作

继续贯彻落实全国总工会《关于加强工会参与职业病防治工作的意见》，推动地市级层面建立工会与政府有关部门职业病防治工作协调机制，为基层工会参与职业病防治工作创造良好外部环境。把农民工尘肺病作为工会参与职业病防治工作重点，研究推动解决加强尘肺病农民工医疗保障和生活救助工作的政策措施。总结交流地方和企业开展职业健康管理工作经验，推动企业强化主体责任，完善职业健康监护工作，建立职工职业健康监护档案，加强职业危害预防、控制工作，保障职工安全健康。在总结河南省总工会经验的基础上，5月20日，在河南郑州召开全国工会推进职业健康监护管理工作交流会。会议深入学习党中央国务院关于加强职业病防治工作的部署和要求，总结交流工会推动职业健康监护工作的经验做法，深入分析当前职业健康监护工作的总体形势，对下一阶段工会推进职业健康监护工作进行研究部署。中华全国总工会副主席、书记处书记李世明出席会议并讲话。李世明要求各级工会要充分认识推进职业健康监护工作的重要意义，深入研究全面深化改革过程中出现的新情况、新问题，把职业健康监护作为加强职业病防治工作的重点任务摆上日程，因地制宜，采取有力措施，推动解决涉及职工职业健康的突出问题。时任国家安全监管总局职业健康司司长高世民出席会议并讲话。河南省人大常委会副主任、省总工会主席张大卫在会上致辞。河南省总工会、郑州市总工会、平煤神马集团工会、中原石油勘探局工会、湖北省总工会、天津港工会等先后介绍了推进职业健康监护工作的经验和做法。会议期间，与会代表还到平煤神马集团下属煤矿和职业病防治院进行实地观摩和学习。中华全国总工会劳动保护部部长尤立新主持会议，部分省总工会分管劳动保护工作副主席，各省（区、市）总工会、新疆生产建设兵团工会劳动保护部部长，各全国产业工会负责同志参加会议。

四、加强劳动保护基层基础工作

研究基层工会劳动保护工作面临的困难和问题，探索服务基层、服务职工的途径和工作机制，从技术、信息等方面提供指导和服务。9 月 23 日，在辽宁沈阳召开全国工会劳动保护基层基础建设现场推进会议，会议深入学习贯彻习近平总书记关于安全生产的重要指示，总结交流工会劳动保护基层基础建设工作经验，推动群众性安全生产活动深入开展，防范和减少生产安全事故，切实维护职工安全健康合法权益，促进安全发展科学发展。会议传达学习陈豪同志关于工会劳动保护工作的讲话精神，李世明同志出席会议并讲话。李世明指出，维护职工的生命安全和健康是工会的第一任务，工会要紧紧围绕着党政安全生产中心任务来开展安全生产和职工劳动保护工作，急党政所急，想企业所想，盼职工所盼，切实围绕本地区安全生产重点行业和领域、企业安全生产可能产生的重大隐患、影响职工生命安全与健康的核心因素来开展群众性监督检查工作。在政府的主导性、企业的主体性中，立足工会的群众性，突出工作的主动性，提高活动的实效性。在党政主导的安全生产的大格局中彰显作为，更好地维护职工的生命权、健康权，进而维护生存权和发展权。辽宁省委常委、省总工会主席赵国红在会上致辞。会上，辽宁省总工会及市、县、企业，天津、山西、浙江、河南、湖北、四川、甘肃省（市）总工会分别介绍了基层基础建设工作的经验做法，江苏南通市、四川宜宾市等地市及中铁四局、辽河油田等企业，县（区）基层工会和班组代表作交流发言。劳动保护部副部长王晓涛主持会议，部分省总工会分管劳动保护工作副主席，各省（区、市）总工会、新疆生产建设兵团工会劳动保护部部长，各全国产业工会负责同志参加会议。

继续推进“中小企业职业安全卫生防护工具包适用性研究与推广应用”工作。对煤炭、铸造、化工、电子四个行业“工具包”适用问题论证，获得分行业、分类别检查要点的适用性结果；中华全国总工会与国际劳工组织北京局联合召开职业安全卫生防护工具包适用性研究与推广应用研讨会，深入研究我国推广应用职业安全卫生防护工具包的战略性问题和项目可能涉及的技术性问题。

五、积极参与生产安全事故调查处理，维护职工安全健康合法权益

8 月 2 日，江苏省苏州昆山市中荣金属制品有限公司发生特别重大粉尘爆炸事故，当天造成 75 人死亡，185 人受伤。事故发生后，党中央、国务院高度重视，习近平总书记、李克强总理立即作出重要批示。为防范和遏制重特大生产安全事故频发势头，切实维护职工安全健康合法权益，全国总工会下发紧急通知，要求各级工会坚决贯彻落实中央指示精神，进一步发挥工会群众参与、群众监督的作用，坚决遏制事故多发的势头，增强维护职工生命权、健康权的责任感；充分发挥职工行为主体的作用，立即组织开展群众性安全生产监督检查，群防群控排查事故隐患；深入开展“安康杯”竞赛，广泛开展群众性安全生产活动，积极营造安全生产良好氛围。

为完善工会系统伤亡事故报告工作，加强对已结案的重特大伤亡事故的分析研究，为开展预防和依法监督参与提供依据，全国总工会研究制定了《生产安全事故报告和分析制度》并下发各省（区市）总工会，要求省（区、市）总工会在重大事故、特别重大事故发生后，要在第一时间向全国总工会报告，地方总工会根据事故等级逐级上报事故；同时对事故报告内容、及时补报事故报告后出现的新情况、事故调查报告存档上报、对事故进行综合分析及分析的内容等都做出了明确规定。各级工会组织积极参与生产安全事故调查处理，在事故处理中，坚持“四不放过”原则，依法维护职工安全健康合法权益。

第九部分

相关行业或领域安全生产工作

道路交通运输安全工作

公安部交通管理局

2014年，全国公安交通管理部门以党的十八大和十八届三中、四中全会精神为指导，深入贯彻习近平总书记、李克强总理等中央领导同志关于安全生产工作的一系列重要批示、指示精神，牢固树立底线思维和红线意识，以预防和减少重特大道路交通事故为目标，认真落实《国务院关于加强道路交通安全工作的意见》(国发〔2012〕30号)，大力推进依法治理、源头治理、系统治理、综合治理，在全年汽车增加1707万辆、机动车驾驶人增加2296万人的情况下，确保了道路交通安全形势的持续稳定，重特大道路交通事故预防工作再创佳绩。

一、全国道路交通安全基本情况

2014年，全国接报涉及人员伤亡的道路交通事故起数、死亡人数、受伤人数分别比2013年下降0.8%、0.03%和0.9%。万车死亡率2.2，同比减少0.14，提前完成《道路交通安全“十二五”规划》目标。发生重特大道路交通事故13起，较2013年减少3起，并出现“三个持续向好趋势”：一是重特大事故从2012年的25起降至2013年16起，创历史最低，2014年减少3起，再创新低，总体走势持续趋好；二是发生重特大事故的省份从2012年的18个减少到2013年10个，2014年减少到8个，未发生重特大事故的区域持续扩大；三是客货运重点车辆肇事引发的重特大事故从2013年的14起降至2014年的9起，减少5起，易发生群死群伤事故的重点车辆重大肇事持续下降。

二、主要工作措施

（一）科学分析研判，提升道路交通安全工作决策能力和水平

2014年，各级公安交通管理部门大力推进基础信息化建设，强化海量数据分析，积极把握规律特点，加强针对性预防部署。坚持阶段趋势研判，定期开展综合分析指导，结合经济社会及交通运输行业发展变化，宏观研判总体发展走向，微观查找异常数据变化，定期形成交通管理信息研判报告，为科学决策、科学指导提供客观准确依据。坚持事故问题导向，加强专项分析指导，提前研判春、夏、秋、冬四季交通出行、交通气象、多发交通违法和多发交通事故的规律特点，及时发布安全预警，加强分类指导，努力做到全年各个阶段基本平稳可控。

（二）针对突出隐患，持续开展集中治理

针对高速公路恶劣天气多车相撞事故多发问题，各地连续跟踪排查高速公路团雾多发路段，完善警示提示标志，提高应急处置水平。公安部交通管理局向社会公布了全国1420处高速公路团雾多发路段，提示安全驾驶要点；全国有25个省(区、市）发布了本地高速公路团雾多发路段，高速公路多车相撞事故减少20.2%。针对山西晋济

高速公路“3·1”特别重大事故暴露出的公路隧道安全隐患问题，全国公安交通管理部门会同有关部门开展了为期一年的公路隧道安全隐患排查整治，共排查公路隧道10815道，占隧道总数的95%，至2014年底已完成整治57%。针对湖南沪昆高速公路“7·19”特别重大事故暴露出的危险化学品运输安全隐患问题，开展了“打四非、查四违”专项行动，严厉打击道路旅客运输和危险品运输违法犯罪行为。行动期间，全国平均每天出动警力15.2万人次，警车4.7万辆次，启动执法服务站4200余个，设置临时执勤点1万余个，查获危化品运输“四非”1.2万起、旅客运输“四违”2.8万起，有效遏制旅客运输和危化品运输事故多发势头。

（三）注重源头治理，强化道路交通安全基础

2014年，各级公安交通管理部门认真贯彻落实《国务院办公厅关于实施公路安全生命防护工程的意见》，全国共排查道路隐患1.1万处，协同治理4300处，其中临水临崖危险路段910处。与相关部门密切配合，建立车辆违规生产改装联合执法机制，开展机动车安全隐患大检查，依法查处了294家违规生产、销售、改装企业和200家违规安检机构，查封了54个非法从事车辆生产、改装的黑窝点，督促报废了102万辆逾期未报废车辆。会同交通运输、安全监管部门加强道路运输车辆动态监管，全国接入联网联控系统的“两客一危”车辆达到58万辆，入网率达到74%。严格执行新交规考试项目，突出安全文明驾驶意识和技能考核，促进提高新驾驶人安全驾驶素质，全年2967万人领取驾驶证，同比增加763万人，新驾驶人交通违法和交通肇事同比分别下降了7.4%和18.4%。加强农村交通安全工作，大力推动农村道路交通安全组织体制、机制、力量建设。2014年，全国乡镇设立专职交通安全员10.5万人，新增农村交通安全劝导站10万个，全国各地共投入农村交通安全经费60多亿，解决了部分农村地区道路交通安全问题。大力推动公路交通安全防控体系和机动车缉查布控系统建设，实施全国主干公路交通安全防控体系建设三年规划，全国已投入建设资金42亿元，设立交警执法站3202个，高速公路、国省道视频监控已达51027个、覆盖12万公里，缉查布控系统联网接入15831个道路卡口，基本覆盖了重要路段和关键节点，道路交通管控水平显著提升。

（四）突出管控重点，严管严查严重交通违法

紧紧围绕落实国务院安委会“六打六治”等工作部署，集中整治高速公路超速、超载、占用应急车道、城市酒驾毒驾、闯红灯、不礼让斑马线以及农村地区涉牌涉证、面包车超员等违法违规行为，开展了10次全国统一行动，各地开展专项整治300余次，形成严管严查声势。全年查处超速、超载、酒驾、毒驾、闯红灯、占用应急车道、不礼让斑马线等严重违法9337.2万起，上述七类违法行为导致的交通事故死亡人数同比下降4.5%。紧紧抓住重点地区和重点公路不放松，以高速公路和城市为重点，强化执法管控，全力保障34条国家主干公路日常通行顺畅，缓解657个大中城市交通拥堵。紧紧抓住重点时期不放松，强化勤务管理，合理配置警力，有力保障了春运、“十一”黄金周以及4个小长假期间50多亿客运量的大规模安全出行。

（五）持续开展交通安全宣传教育，实施文明交通综合治理

各级公安交管部门利用新媒体拓展宣传维度，创建开通“122”交通安全门户网站，全国开通微博、微信“双微平台”5000多个，每天点击浏览量超过5000万人次，形成了品牌和集群效应。开展“122全国交通安全日”等系列主题活动，大力宣传法治文明交通理念，引发社会热议和反思交通陋习，取得了良好社会效果。加强多方协作提升共治力度，将交通安全纳入中央综治考评和全国文明城市创建评比，并深入实施第二个“文明交通行动计划”，中央及省级电视媒体共播放交通安全相关新闻6万余条。应用手机短信等方式开展“两公布一提示”服务，更好地保障出行安全和畅通。加强农村交通安全宣传阵地建设，全国有43.2万个行政村安装了交通安全宣传大喇叭，有2375个县（市）在电视台、广播站播出农村交通安全宣传节目，建立了141.5万处农村墙体标语、板报挂图，740万辆农村面包车喷涂粘贴了核载提示牌。

（六）严格落实责任追究，大力推进问题整改

针对重特大事故暴露出的危化品运输安全问题，推动在危化品运输全行业强制安装紧急切断阀，全国8.7万辆完成加装，占总量76%；对车辆检测行业违规检验“零容忍”，查处违规检验机

构347家，撤销了22家严重违规的检验资质，并通过媒体曝光，推进该行业的规范自律。大力推动地方政府加大交通安全投入，全年全国投入160多亿资金用于改善道路交通安全。大力推动车辆生产、运输企业整改隐患问题，在新车登记环节查处273家企业1077辆不合格汽车，约谈85家大型企业责令整改，暂停撤销了453家企业2852个车型公告；针对客运车辆事故暴露的交通违法和监管缺失问题，开展运输企业GPS动态监控大检查，督促509家客运企业整改安全隐患。

水上交通运输安全工作

交通运输部安全委员会办公室

2014年，交通运输系统在党中央、国务院的领导下，以科学发展观为指导，坚持“安全第一，预防为主，综合治理”方针，认真贯彻落实党中央国务院关于加强安全生产工作的一系列重大决策部署，以深入扎实开展“平安交通”建设为载体，以落实安全生产两个主体责任为重点，以公路水路“打非治违”140天专项整治为抓手，全面加强交通运输安全生产工作，实现了交通运输安全生产形势的持续稳定好转。

一、深入推进“平安交通”建设

一是制定出台了“平安交通”建设实施方案，印发了《2014年“平安交通”建设工作目标》和《2014年交通运输安全生产工作要点》，扎实开展“平安交通”建设。二是深入开展“平安交通”建设评价标准研究，编制“平安交通”评价指标体系，印发了《关于扎实开展“平安交通”建设示范工作的通知》，选取了交通运输系统有代表性的28家管理部门和行业企业开展了“平安交通”建设示范工作。三是召开了交通运输大型企业安全生产座谈会，深入了解企业安全生产状况，指导企业加强安全生产工作。四是根据交通运输安全生产的态势，多次组织召开全国交通运输系统安全生产电视电话会议和安全生产专题会议，部署安全生产工作。五是对琼州海峡客滚运输安全生产情况开展了调研，印发了《交通运输部关于进一步加强琼州海峡客滚运输安全工作的意见》。研究调整了水上重点监管船舶和重点监管水域。六是继续深入推进企业安全生产标准化建设，组织起草交通运输企业安全生产标准化建设行业标准，完成了“两客一危”企业达标考评，启动了其他类企业安全生产标准化建设，陪同国务院应急办赴山东、辽宁进行企业安全生产标准化调研。七是加强重点时段安全监管。为确保“两会”、春运、暑期以及“十一”黄金周等重要时期安全稳定，及早部署，周密安排，提前下发通知，完善应急预案，加强预警预防，强化应急值守，防范事故发生。八是强化重点领域安全监管。针对道路水路客运、大型工程建设施工、危化品运输、城市轨道交通等事故风险高、监管难度大的重点领域，积极采取有效措施，督促强化安全监管。

二、深化交通运输安全生产监管机制改革

一是赴云南、安徽、内蒙古、江西、福建、浙江等地开展交通运输安全生产监管机制实地调研，走访了道路运输、水路运输、城市客运、工程建设等行业企业20余家，完成了《交通运输行业安全生产监管机制调研报告》，系统梳理了交通运输行业安全生产监管中存在的突出问题，提出完善交通运输安全生产监管机制的政策建议。二是推进交通运输安全体系建设，梳理了交通运输安全生产法规制度和标准规范，加快相关规章制度的废改立工作，赴湖北省和深圳市开展安全体系建设调研，形成了《交通运输部关于推进交通运输安全体系建设的意见（送审稿）》。三是按照党的十八届三中全会关于建立安全生产预防控制体系要求，积极推进交通运输安全生产风险预防控制体系建设，印发了《关于推进安全生产风险管理工作的意见》，组织编制了安全生产风险等级划分、重大风险源报备制度以及风险源辨识、评估手册，举办了交通运输安全生产风险管理宣贯培训班。四是对2011年版公路水运生产安全事故应急预案进行了评估，提出了工作思路和修订大纲框架。进一步推动交通运输安全管理方式由事故查处向风险预控转变、从局部治理向系统管理转变。

三、全力开展安全生产若干问题集中整治专项行动

一是印发了《关于加强“平安交通”建设集中整治安全生产若干问题的意见》，从8月中旬到年底开展了为期140天的交通运输安全生产集中整治专项工作，突出“打非治违”、道路水路客运和危险品运输、公路隧道整治等重点难点问题，抓根本、抓重点，用实招、用硬招，以点带面，强化监管执法，集中精力解决制约交通运输安全生产的顽症痼疾。二是派员参加了4次国务院安全生产督查；派出多个督查组对湖南、辽宁、广州、江苏等重点地区进行明察暗访，督促指导各地整治工作开展。三是筹备召开了5次交通运输安全生产集中整治电视电话会议，13次周调度例会，印发了13期集中整治动态信息，通报存在的问题，研究部署工作，强力推动各项工作深入、扎实开展。四是印发《交通运输部办公厅关于深入开展公路桥梁和隧道工程施工安全专项整治工作的通知》，提出打非治违“四严禁”、桥梁施工“四必须”和隧道施工“六严格”十四项要求，集中解决当前公路工程施工安全突出问题。五是加大对违规行为的惩处力度，对在甘肃督查中发现的重大质量安全隐患和吉林省督查中发现的试验检测数据资料造假问题进行通报批评，责成甘肃省厅对两家施工企业实施挂牌督办，将吉林省7家机构列入不诚信企业重点监管名单（公布期限为一年），注销工地试验室负责人的试验检测工程师证书。

四、不断加强交通运输安全生产制度建设

一是开展安全生产法规制度框架研究，完成了《交通运输安全生产管理制度体系研究报告》，提出了《交通运输安全生产管理制度框架》。二是完善事故责任追究制度，制定《交通运输部安全生产事故责任追究办法》，监督行业落实安全生产监管责任。三是制定《关于加强公路水运工程质量和安全管理的若干意见》，明确了今后三年工程质量和安全管理总体目标，强化了参建各方主体责任的落实和政府监管职责的落实，指导工程质量安全监管工作。四是落实部领导的批示指示，深入分析近年来危险品运输安全生产事故发生原因，全面梳理当前相关的法律法规、规章制度及标准规范，研究制定了《交通运输部关于加强危险品运输安全监督管理的若干意见》，从危险品运输源头管理、风险管控、跟踪监管等方面提出了具体要求。五是结合新《安全生产法》的颁布实施，组织开展《公路水运工程安全生产监督管理办法》(2007年1号部长令）修订研究工作，拟纳入明年立法计划。六是完善事故统计报表制度。结合我部对危险货物港区安全监管职责的调整，修订了《港口安全生产事故统计报表制度》；结合新形势的发展需求，对《公路水运工程建设安全生产事故报表制度》的相关指标进行了优化调整。七是强化安全管理制度落实。组织召开交通运输安全生产法治工作座谈会，印发《交通运输部安委办关于进一步落实安全生产管理制度的通知》，指导行业贯彻落实部有关安全管理制度，完善交通运输安全生产规章制度体系。

五、大力开展安全生产宣传教育

一是以“安全生产月”为载体，以“平安交通，我担当我尽责”为主题，大力开展“四个两”活动（学两篇讲话，观看两部电影，开展两项活动，撰写两个建议)，并注重与“道路客运安全年”、道路运输危险化学品安全专项整治、公路隧道安全隐患排查治理、公路水运工程“防坍塌、防坠落、反三违”专项整治“回头看”等专项活动相结合。二是坚持“三贴近”（贴近实际、贴近生活、贴近群众)、“三面向”（面向基层、面向企业、面向职工)，深入基层现场，协力传递交通运输安全发展正能量。三是由部领导撰写署名文章，各地、各单位安全处长撰写安全管理论文，编纂出版了《“平安交通”大家谈》，有力地强化了行业红线意识，加强了经验交流，强化了安全知识，营造了良好的安全生产氛围。四是深入查摆安全工作中存在的薄弱环节和固症顽疾，曝光负面典型案例，加强警示教育，并针对暑期、汛期以及其他事故灾害和突发险情，积极组织开展无脚本、重在实战的应急预案演练，同时对辽宁、云南、湖南等地好的经验做法进行了通报。

六、扎实开展交通运输安全生产事故统计分析

一是开展年度事故分析。编制印发《交通运

输安全生产事故报告（2013 年）》。二是强化事故季度分析，印发《交通运输安全生产事故季报》《交通运输部安委办关于进一步加强安全生产事故季度分析报告报送工作的通知》。三是加强重点时段安全生产事故统计分析。组织行业有关单位严格执行春运、两会、国庆等重点时段安全生产事故周报告制度，及时掌握行业安全生产动态，编制了《2014 年春运期间交通运输安全生产事故统计分析报告》《2014 年春节期间交通运输安全生产事故统计分析报告》《2014 年国庆期间交通运输安全生产事故情况报告》。印发了《交通运输部安委办关于2014 年春运期间交通运输安全生产事故情况的通报》，通报春运期间安全生产事故情况，全面部署两会及下一阶段交通运输安全生产工作。

七、积极开展事故处理、警示和整改工作

一是对发生特别重大事故或连续发生重大事故的四川、山西、福建、湖南、西藏 5 个省份开展了安全生产约谈，督促其及时制定和有效落实整改方案，切实提升安全生产事故防范能力。二是协调组织开展事故报送情况调查，就国家审计署《审计简报》中涉及的中海集团安全生产事故迟报、漏报有关问题开展调查，听取中海集团关于有关情况的汇报，并形成书面处理意见报部领导。三是开展事故典型案例分析，起草《交通运输安全生产重特大事故分析报告》，启动《交通运输典型事故案例剖析》图书的编制工作，编制《2014 年几起重特大交通运输事故的启示》和《交通运输重特大事故警示录》。四是严格事故整改措施落实，印发《交通运输部安委办关于落实交通运输安全生产事故防范和整改措施建议工作的通知》，指导行业深入总结分析事故暴露出的隐患，严格落实整改措施。五是完善工程质量安全事故跟踪机制，相继印发《进一步加强公路水运工程安全生产工作的通知》《近期交通运输基础设施建设二起较大以上事故的通报》，建立了公路工程施工安全事故台账，先后跟踪 2014 年几起事故情况。

八、积极开展基础研究和调查研究工作

一是组织开展《交通运输安全生产评价指标体系研究》软课题的研究工作，就安全生产评价模型、方法和指标等进行研究，为安全生产统计、分析、评价等工作奠定基础。二是积极推进《交通运输安全生产事故统计和分析系统》前期研究工作，召开“交通运输安全生产统计座谈会”，就研究的相关思路和方向广泛听取行业意见。三是组织编制《山区高速公路高边坡深基坑施工安全风险评估技术指南和管理办法》，跟踪《复杂条件下港口工程施工安全风险评估制度试点》课题进展。四是举办中美道路运输安全与公路应急救援研讨会，组织行业有关单位学习美方在该领域的经验。

九、加强公路水运工程质量监督

一是修订印发《公路水运工程质量安全督查办法》，开展质量安全综合督查，完成广东、宁夏、四川、贵州、西藏等 11 个省区 19 个公路项目，山东、安徽等 8 个地区和长航局共 10 个水运工程项目综合督查工作，印发了督查意见通报。二是做好公路水运工程质量检测统计分析工作。印发上半年公路水运工程质量检测数据统计分析报告；布置 2014 年度质量统计分析年报工作。重点是梳理发现苗头性、倾向性的共性问题，为明年制定政策措施提供基础性数据。三是做好公路工程质量举报调查处理工作。2014 年共受理公路质量举报 15 起，其中已经调查完毕 12 起。对甘肃临合高速桥隧质量问题和山西岢临高速公路开展了专项调查。

十、加强建设工程安全生产管理工作

一是强化“平安工地”建设，完成 2013 年“平安工地”达标考核情况总结和统计分析，联合国家安全监管总局完成了 2013 年度 27 个项目“平安工程”冠名工作，组织第四批“平安工地”示范创建项目的申报审核、公示公布等工作。二是完成 2013 年工程领域突发事件总结和形势预测，以及 2014 年各阶段的工作总结。三是通报了 2013 年“防坍塌防坠落反三违”专项治理活动总结，部署了 2014 年专项整治回头看活动，进一步加大隐患排查治理力度。四是联合国家安全生产监督管理总局、国资委、国家铁路局颁布了《隧道施工安全九条规定》，切实加强隧道施工安全生产工作。五是印发《关于加强在建公路工程项目施工驻地和设施安全管理工作的通知》，加强在建公路工程项目施工驻地和设施安全管理工作。

铁路交通运输安全工作

中国铁路总公司安全监督管理局

一、安全生产总体情况

2014年，铁路总公司认真贯彻党中央、国务院的决策部署和中央领导同志对铁路工作的重要指示，积极应对挑战，奋力攻坚克难，全面落实安全生产主体责任，坚持“三点共识”和“三个重中之重”，深入推进安全风险管理，完善安全风险防控体系，安全生产持续稳定，铁路改革发展迈上新的台阶。截至2014年底，全路实现了安全年，未发生较大及以上事故，实现无特重大事故658天，创造了历史最好的安全成绩。铁路总公司持续深入推进安全风险管理，以实现安全管理规范化、现场作业标准化、检查整治常态化为抓手，深入推进安全风险管理。健全安全管理制度、工作标准和工作流程，严格干部安全履职情况考核，进一步完善安全管理体系。强化安全生产过程控制，落实作业标准化，加强设备运用和维护，建立日常检查监督机制，狠抓安全隐患排查整治，实现对安全风险的有效防控，提升了安全管理水平。主动承担铁路建设主体责任，认真落实国务院关于加快铁路建设的部署，采取超常规措施，加快推进铁路建设。加大在建项目组织实施力度，落实质量安全风险控制责任，加快施工进度，相继建成投产了兰新高铁、贵广高铁、南广高铁、沪昆高铁长怀段等一批重大工程项目。充分发挥铁路局市场主体作用，进一步明确总公司和铁路局的职能定位和权责划分，深入推进铁路投融资体制改革和土地综合开发，深化干部人事、劳动用工、收入分配制度改革，企业改革取得重要进展。制定科技管理办法，强化技术监督工作，完善铁路技术创新体系。加强铁路技术标准管理，建立了由普速、高速、重载三大体系构成的铁路技术标准体系，编制发布了一批企业技术标准。加快中国标准动车组研制，推进高铁关键技术装备自主化，加大运输安全、工程建设、运营维护等关键技术创新力度，组织实施高速、重载等综合试验，完善新一代客票系统、货运电商系统、运输调度管理系统等，取得一批技术创新成果。推进铁路“走出去”战略，落实铁路“走出去”国家战略的新要求，组建国际公司，完善相关工作机制，加大对中老铁路、中泰铁路、匈塞铁路等项目的推进力度，构建通向欧洲、中亚的便捷铁路运输大通道，中欧、中亚集装箱班列运量实现较大幅度增长。

二、安全生产重点工作

（一）深入推进安全风险管理

一是有序推进安全管理规范化。结合贯彻新《安全生产法》和《铁路安全管理条例》，研究制定了总公司《安全管理规定》。组织修订各层级、各岗位的安全管理职责、工作标准和工作流程，严格干部安全履职考核，健全了安全职责体系。颁布了总公司第一版《铁路技术管理规程》，对既有规章集中清理，制定了38项技术标准，完善了技术规章体系。

二是严格落实作业标准化。进一步健全设备质量标准、作业标准，制定岗位作业指导书，完善了作业标准体系。广泛开展职工岗位作业对标、达标活动，严格作业过程控制，职工标准化作业技能得到提升。

三是推进检查整治常态化。铁路总公司下发了安全检查整治常态化的实施意见，以解决安全管理问题和强化现场控制为重点，坚持采取“四不两直”的检查方式，定期组织对各铁路局开展安全监督检查。根据季节特点和不同时期的安全形势，相继开展了设备质量、施工、治安“三个倾向性”等重点问题，春运、防洪、节假日等重点时期，以及LKJ数据换装、联锁管理、防列车占用丢失等重点环节的专项检查和隐患排查，对倾向性、关键性问题实行挂牌督办，及时发现和解决了一批安全隐患和问题。实行干部联系现场制度，采取跟班作业、现场谈心、定点包保等方式，使各级干部更好地摸实情、接地气、促管理。

四是落实安全风险管控措施。按照“问题在现场、原因在管理、根子在干部”的思路，全面推行安全信息追踪分析、安全问题深度分析、安全对话会、安全预警帮促等制度，发挥物联网和大数据等在事故预防、预测、预警中的作用，从规范管理入手，提高防范安全风险的针对性和有效性。大力推行“红线”管理，建立日常检查监督机制，狠抓安全隐患排查整治，完善各种非正常情况下的安全管控措施，实现了对安全风险的有效防控。

五是严格安全管理责任追究。建立完善干部安全问责机制，实行党政领导安全同责，严格安全管理责任追究，对发生的事故和现场管理失控导致的重大安全隐患，逐级倒查有关管理部门和人员安全管理职责是否落实到位、工作标准和工作流程是否严格执行、安全管控措施是否有效等，并严格追究相关部门和人员的管理责任。根据干部管理权限，依据责任追究办法，2014 年铁路总公司对 9 名局级党政主要领导和分管副职进行了安全责任追究，各铁路局对 713 名处级干部实施了安全责任追究。

（二）强化高铁及客车安全控制

始终把动车、客车安全摆在高于一切、重于一切的位置。在安全管理上，铁路总公司制定了高铁《铁路技术管理规程》和相关专业技术规章，初步形成了我国高铁技术规章制度体系；建立了高铁、动车、客车专项分析制度，每天对涉及高铁、动车、客车的安全信息进行统计分析，查明原因，研判风险，研究把握安全规律，不断提高安全风险防范能力。在设备质量上，坚持严检慎修的理念，每天夜间安排 4 小时的垂直天窗专门用于设备的维修和调试；对动车组依据走行公里和运行时间，严格实行五级修程管理，对重要运行部件和功能系统进行实时监测；动车组检修实施一体化作业，实行多专业联检联修联控作业；高速综合检测列车每 10 天对高速铁路全面检查监测一次；每天安排专人采取添乘动态检查和地面静态检查相结合的方式，加强设备检查监测，确保设备质量动态达标。在人员素质上，严格高铁列车调度员、动车组机械师、机车乘务员等主要行车工种岗位人员配备标准、准入条件、资格培训管理，提前做好新线人员的选拔、储备和培养工作，保证所有高铁主要岗位人员素质高、技能强、经验足。在新线建设、开通管理上，针对不同地域的特殊环境，集中组织对重点、难点问题开展科技攻关，哈大高铁防高寒、兰新高铁防风沙等技术取得突破。安排运营单位提前介入新线建设，严格按流程实施静态验收、动态验收、初步验收、安全评估和试运行，落实开通运营过渡期安全保障措施，适时组织开展“回头看”活动，确保了新线顺利开通运营和安全稳定。

（三）认真开展“安全生产月”活动

按照国务院安委会办公室统一部署，铁路总公司所属各单位紧紧围绕“强化安全意识，促进安全发展”活动主题，组织开展安全警示教育，加强安全检查和隐患排查整治，突出重点抓好运输生产，强化职工安全“红线”意识和防护技能，保持铁路安全持续稳定。

一是加强“安全生产月”活动组织领导。把开展“安全生产月”活动，作为深入推进安全风险管理，全力保障铁路运输安全，营造铁路良好安全环境的一项重要工作抓好落实。各铁路局根据铁路总公司和当地政府要求，均成立了由行政和党委领导为组长的“安全生产月”活动领导小组，各基层单位也成立了相应的活动组织，形成较为健全的组织体系，结合推进安全风险管理和本单位安全工作实际，有序开展“安全生产月”活动。

二是认真部署安排“安全生产月”活动。总公司领导对开展“安全生产月”活动作出重要批示，就结合铁路实际扎实开展“安全生产月”活动提出了具体要求。总公司转发了国务院安委办开展“安全生产月”和“安全生产万里行”活动相关文件，要各铁路局细化活动重点内容，开展形式多样的宣传活动，积极参与“安全生产万里行”活动，加强安全薄弱环节整治，突出重点保障运输安全。各铁路局，专业运输公司也下发通知，结合各自实际，部署开展“安全生产月”活动。

三是开展形式多样的安全生产宣传活动。利用多种宣传载体，宣传贯彻习近平总书记关于安全生产系列重要讲话精神，宣传全国“安全生产月”活动主题、重要意义和主要内容，营造浓厚活动氛围。各单位开展的活动形式和内容各具特色、丰富多彩、贴近生活、寓教于乐，使职工在参与中受教育。深入铁路沿线学校、企业、乡村，通过向学生、村民发放宣传品，展示安全知识展板、举办专题讲座等形式，宣传《中华人民共和国铁路法》《中华人民共和国治安管理处罚法》《铁路安全管理条例》等法律法规和铁路安全常识，做好安全宣传教育。铁路总公司安监局下发《关于加强铁路作业车辆伤害安全风险防范工作的通知》，要求运输生产单位加强伤害事故案例教育、劳动安全警示教育和安全风险常态教育。铁路总公司及所属单位在“安全生产月”活动中，安全教育图片展出7565场，制作安全展板8852块，张贴招贴画2.69万份，悬挂张贴标语横幅4.74万条，发放安全宣传品75.8万份，征集安全论文2.85万篇，参加安全知识考试34.5万人，组织安全知识竞赛1441场，召开安全座谈会8259场（次），组织巡回演讲1028场（次），参加安全宣传教育活动47.9万人（次）。铁路总公司在“安全生产月”活动期间，没有发生较大事故和造成旅客死亡的责任事故，作业人员责任死亡事故起数有较大幅度下降，取得了较好效果。

（四）强化主要行车设备质量

2014年，铁路总公司进一步加大安全生产投入，按照“有目标、有方案、有检查、有通报、有验收、有成效”的要求，组织开展了10项安全专项整治活动，强化铁路行车设备整治。共计投入资金1132.5亿元，其中完成设备大修投入390.9亿元、维修投入612.6亿元、治安投入23亿元、更新改造及运输配套投入106亿元。完成钢轨大修5275千米，更换轨枕942千米，道床清筛4592千米，道岔大修6960组，自闭改造1729千米，整治车站计算机联锁设备700套，更换纯铜承力索780条千米，铁路行车设备质量稳步提高，运输安全保障能力得到全面提升。积极推广应用先进适用的行车安全监测设备，加装机车车载安全防护报警装置6A系统，车辆5T系统和信号微机监测系统实现全覆盖，配置货运计量安全检测设备1800台、供电6C系统320套，推广应用线路、桥梁等固定设备在线自动监测设备，以及高铁防灾、光纤护栏等系统，增强了铁路安全风险防范能力。

（五）强化安全关键环节管控

一是加强施工安全管理。严格落实天窗维修制度，牢固树立“施工不行车，行车不施工”的观念。严格施工作业流程控制，对所有施工和日常维修作业项目的流程和安全控制标准进行全面梳理优化，明确各节点安全重点和卡控关键，把作业标准化的“自控、互控、他控”责任明确到具体岗位和个人。严格现场作业监控，以客车安全为重点，严格作业工点设置，并按分级管理的要求安排施工作业负责人及监护干部。严格邻近营业线施工监管，充分依靠政府监管力量，发生邻近营业线施工事故，及时向地方政府安全监管部门、地区铁路监督管理局等部门报告，加强联合执法；建立健全施工事故经济索赔和与招投标挂钩等制度，健全完善施工“黑名单”制度，加大违法违规施工处罚力度。严格落实施工安全责任，切实发挥干部监控把关的作用，进一步明确计划审批、方案制订、施工准备、施工防护、开通把关等关键环节的责任部门和责任人，把监控检查责任落实到位。对责任不明确、监控把关不到位，导致发生严重安全问题的，严肃追究有关干部和单位领导的责任。

二是强化防洪和地质灾害安全控制。总公司认真贯彻落实国务院领导同志批示要求，树立“有水害无事故、有事故不造成人员伤亡”的工作目标，坚持全年防洪、全员防洪、科学防洪的理念，超前安排防洪预抢工程，强化防洪安全隐患排查，投入10多亿元对防洪重点处所实施专项整治，夯实防洪基础。严格落实汛期行车安全措施，对防洪重点处所落实现场看守、车机联控、加密检查等要求，在暴风雨等恶劣天气条件下坚决采取列车降速、限速、停开等措施，确保了汛期行车安全基本稳定，连续4年杜绝了水害造成的旅客死亡事故。建立山区铁路地质灾害和地震后安全风险评估制度，以隧道进出口、长大路堑地段和高铁线路、客车通道为重点，组织专家定期研判评估地质灾害风险，积极推广应用落石监控等自然灾害综合监测预警设备，提前预警和处置自然灾害隐患。

（六）强化铁路建设安全管理

铁路建设系统牢固树立用工程质量保证运营安全的意识，加强对勘察设计工作源头控制，构建以目标体系、制度体系、责任体系、方法体系和控制体系为主要内容的质量安全管理体系，完善建设规章标准体系，开展不同阶段的安全风险评估，强化开工条件审查把关，确保安全生产费用投入到位和安全技术措施落实到位。强化建设安全生产过程控制，深入推进标准化管理，强化对风险源的有效监控，狠抓安全隐患排查整治，明确要求高风险工点安全专项方案未经批准不得开工，既有线施工方案未经批准各种程序未履行不得开工，隧道安全步距超标和擅自改变开挖方法的必须停工。严格工程质量检验、检测，实行第三方检测，狠抓工程验收开通把关，确保工程质量合格。全年完成建设投资8088亿元，新线投产8427千米，创历史最高纪录，到年底我国铁路营业里程已达11.2万千米，其中高铁1.6万千米。铁路建设系统施工安全事故百亿元投资死亡人数2014年降低到0.65人，连续三年未发生重大及以上生产安全事故。

(七) 加强路外安全环境综合治理

一是加强路外安全宣传工作。会同地方政府和铁路公安部门，定期深入沿线厂矿企业、村庄、学校，加强路外安全宣传，提高沿线人员的铁路安全意识。针对时速120千米以上区段采取全封闭措施，时速160千米以上区段采取加强封闭措施，对1.7万余千米时速120千米以下路外伤亡事故多发地段，采用利旧等措施实施封闭，大力减少路外伤亡事故的发生。二是深入开展“六打六治”打非治违专项行动。按照国务院安委会统一部署，结合铁路特点对邻近既有线施工、专用线通过客运汽车道口、高铁公跨铁立交桥、邻近及下穿营业线油气管道等安全隐患进行了全面排查摸底，以发现和解决问题为导向，建立常态化检查落实机制，对危害铁路安全各种非法违法行为零容忍，加大查处和打击力度，及时协调地方政府和国家铁路局解决处置存在的问题。三是强化道口安全管理。研究制定了《铁路道口管理办法》，投入约7.3亿元完成379处道口平改立，在有人看守道口推广视频监控系统，实行道机联控制度，发现险情及时采取停车措施。对有旅客列车通过的无人看守道口，在旅客列车通过时派人临时监护。2014年，全路发生路外伤亡事故1632起，较2013年减少221起，下降11.93%；死亡1232人，较同期减少101人，下降7.5%。其中发生在客车上、站内的路外事故以及撞大牲畜、撞机动车事故明显下降。

(八) 加大反恐防暴工作力度

研究制定了《关于进一步加强和改进铁路站车反恐怖防范工作意见》，加强顶层设计，完善相关制度，以车站、列车为重点，构建站车反恐怖防范体系。加强高铁防护设施建设，通过补齐警务区岗亭、完善防侵入设施、强力推行车站全封闭管理、强化防护设施管理等手段，提高硬件防护能力。认真落实高铁巡线、巡查、巡守制度，增加巡查守护力量，落实责任，加强考核，形成高压态势，保证沿线治安处于可控状态。强化治安应急处置，制定了铁路治安应急预案，明确报告和处置流程，配备必要的应急处置装备，加强应急演练，提高应急处置能力。加大打击力度，对摆障、爆炸、破坏高铁和客车的案件，各级铁路公安机关集中优势警力，加大破案力度，形成有效的震慑态势。加强治安综合治理，从铁路公安部门到总公司各单位、各部门加强联系和协调，齐抓共管，同时主动协调地方政府和公安机关，开展联合执法、联合巡查，形成治安综合治理的合力。2014年铁路公安部门破获刑事案件21320起、抓获犯罪嫌疑人24860人、打掉犯罪团伙178个。

(九) 强化运输安全监督检查工作

各级安全监督管理部门和专业部门以确保高铁和客车安全为重点，以深入推进“管理规范化、作业标准化、检查整治常态化”为抓手，突出“管理问题是铁路安全的主要风险源”，按照“问题在现场、原因在管理、根子在干部”的要求，加强安全风险排查研判和分析预警，深入剖析管理源头问题，强化安全监督检查，确保了全路运输安全持续稳定。一是大力推进安全管理规范化建设。组织研究制定了总公司《关于推进安全管理规范化的意见》和《安全管理规定》。分别在西安、上海局召开了安全管理规范化建设和安全风险管理现场会。对各局在安全管理方面好的做法和经验，及时进行总结，通过下发《安全工作情况通报》以及在安全对话会上介绍等方式予以推介，互相借鉴。二是加强安全信息梳理汇总和分析研判。利用好全路安全信息大数据，每日交班会对所有安全信息，尤其是动车、客车、高铁安全信息进行分析，对重要安全信息进行追踪调查分析。每周对典型事故和高铁、客车安全突出信息进行综合分析，通报全路进行安全预警。每月对全路安全情况总结分析，结合历史事故教训和安全趋势，提出重点安全风险防控要求。三是及时进行安全风险预警提示。通过下达《安全预警通知书》、编发事故通报、召开安全对话会、约谈单位负责人等方式，对安全管理薄弱的单位及时进行安全预警。四是突出安全问题的管理源头分析治理。在全路推行安全问题深度分析，注重对安全问题的管理原因进行深入剖析。组织相关单位到铁路总公司对典型事故进行扩大分析，深入查找分析管理问题，督促相关单位切实吸取事故教训。五是加强日常安全监督管理工作。针对事故和日常检查发现的普遍性、苗头性、倾向性安全问题，深入组织安全检查调研。在春运、暑运、调整列车运行图以及"五一""十一"节假日等安全重点时期和关键时段，组织检查组深入一线，加强现场检查监督，同时先后组织了防洪安全、施工安全、客车安全、高铁治安防范等阶段性安全专项督导检查。组织开展特种设备、劳动安全和职工安全培训等专项检查调研，开展铁路安全生产领域"六打六治"打非治违专项行动，进一步净化了铁路外部环境。六是继续强化事故管理工作。坚持高铁客车从严、红线问题从严、管理问题从严的原则，引领全路盯住关键、守住底线。根据铁路政企分开改革的新形势，积极与国家铁路部门协调沟通，争取尽快修改《铁路交通事故应急救援和调查处理条例》。

民航交通运输安全工作

中国民航局航空安全办公室

2014 年，民航全行业认真学习贯彻落实中央领导同志对民航安全工作的重要指示批示精神和国务院对安全生产工作的部署，大力推进持续安全战略，强化安全主体责任落实，加大安全监管力度，安全基础不断夯实，我国民航安全保持了平稳向好的发展态势。

2014 年，全行业实现运输飞行 762 万小时、335 万架次，同比去年分别增长 10.2%、8.8%。全年未发生运输飞行事故和空防安全事故，连续实现第十二个"空防安全年"。2005—2014 年，亿客千米死亡人数十年滚动值为 0.001（世界平均水平为 0.012），运输航空百万架次重大事故率十年滚动值为 0.04（世界平均水平为 0.54），同比分别降低 58.8% 和 54.7%。自 2010 年 8 月 25 日至 2014 年 12 月 31 日，中国民航实现运输航空连续安全飞行 52 个月、2812 万小时，创造了新的安全飞行纪录，安全水平保持国际领先水平。

2014 年民航安全各项工作积极有序推进，主要表现在以下几个方面：

一、安全掌控力度不断加强

按照国务院"稳增长、促改革、调结构、惠民生"的总体要求，加大航空安全简政放权力度，简化安全类项目审批程序。稳妥处理安全与发展的关系，加大对航空公司人机比配备情况的监控力度，适时发布飞行人员疲劳指数，强化机队配置计划管理，适当调节飞机引进速度。进一步加强安全政策引导，把航空公司、机场的运行保障能力和安全状况作为分配航班时刻、审批飞机引进和新开航线等关键资源的重要依据，鼓励安全保障能力充裕、安全记录好的单位优先发展。充分发挥民航局安委会职能，及时分析和掌握行业安全运行形势，对安全保障能力不足、安全形势出现反复的单位，采取严格监控措施，削减其飞行总量、暂停航线航班和设立分（子）公司的申请，督促其加强安全管理、整改安全隐患。落实国务院安委会"六打六治"打非治违专项行动部署，组织开展飞行安全、瞒报危险品和通航安全等专项整治，组织开展输油管道安全隐患、外航在境内的无线电通信中断专项治理。完成 8 个机场鸟击防范、7 个机场外来物管理专项评估和 105 个支线机场空管运行单位的评估工作。推进全国机场鸟情预警系统建设，以及外来物探测设备研发。联合国家邮政局和工信部，加强对锂电池生产和邮件、快件运输的源头管控。改进航空安全信息系统，完善安全信息收集、研判和决策机制。建立健全航空安全预警机制，及时发布《航空安全预警信息》53 期、近 150 条信息，及时提出预防措施和安全建议。与美国、新加坡等国家和地区签署双边协议，加强安全信息交换、适航认证、战略举措等方面的国际交流与合作。

二、安全主体责任进一步落实

落实“党政同责，一岗双责”的要求，不断完善安全生产责任体系。规范安全责任书签订，突出各企业对社会和旅客的安全承诺，狠抓安全生产一线和管理岗位职责落实。督促运输航空公司开展运行风险管控专项整治，加强安全管理、明晰责任和流程，加大安全投入、改进技术装备，切实提高企业安全生产保障能力。开展了 CCAR－121 部飞行员岗位技能检查。举行签派员岗位职业技能大赛。开展民航专业人员资质排查，深化专业技术人员资质管理。完善飞行人员心理健康标准。实施安全管理体系审核，依法实施行政约见、行政处分和限制运行，督促企业健全安全管理的长效机制。严肃查处机场净空问题，落实安全生产主体责任。各地区管理局结合辖区内安全工作的特点，完善贯彻落实规章标准的细化办法和措施。民航企事业单位及时修订安全运行手册和管理手册，将规章标准规定的权利、义务细化到岗位，从业人员的法治意识和责任意识稳步提升。

三、行业监管体系进一步完善

对标《安全生产法》，加强航空安全规章、标准的立、改、废工作。完成《民用航空标准化管理规定》《民用航空空中交通管理规则》等 8 部航空安全规章修订，起草《机场除冰剂撒布机》《飞机地面柴油机气源机组》等 7 项国家标准，发布《小型航空器飞行记录系统性能规范》《民用航空自动转报系统技术规范》等 19 项行业标准。完善安全监管体系评估标准和办法，开展监管体系评估试点。开发安全管理体系审核系统和移动电子检查工具。改进飞行标准监督管理系统功能，加强监察评估管理、数据分析，加强对 CCAR－121 部航空公司的持续监察，推进维修“一证多地”和“工程外委”监管方式。宣贯新《安全生产法》，组织开展全国“安全生产月”活动。进行《民航机长读本》和安全自愿报告系统宣讲，10 余家运输航空公司、4000 余名飞行人员参加了学习。加大安全管理培训力度，完成 1937 人次企事业中高级安全管理人员和 3898 人次的培训任务。开展国产民机事故故障数据库开发、飞行品质监控基站建设等研究。

四、重点领域工作取得新的进展

适航攻关取得新突破，适航领导小组审议通过攻关方案，并已开始实施。正式启动国家大飞机重大专项任务。完成 ARJ21 支线飞机型号审定的地面试验和试飞工作。推进 C919 大型客机等国产航空产品型号合格审定。成立发动机适航审定中心。完成 1 号航空生物燃料航油适航审定，实现国产航空生物燃料可正式投入商业运营。加强与美国适航合作，拓展中美运输类飞机双边适航，推进中欧适航双边磋商进程。完成 30 余个机场 PBN 飞行程序设计。推动航空公司加快运行控制卫星通信能力建设。开展机场 HUD 低能见度运行试点。优化机场跑道特性材料拦阻系统（EMAS）新一代材料和设计模型，完成国内外 4 个机场 EMAS 初步设计。开展上海浦东机场卫星着陆系统（GLS）演示验证工作。推广使用Ⅱ型除防冰液。这些新技术的推广运用，降低了航空器运行风险，提高了安全裕度和运行效率。

五、事故应急处置和调查能力不断增强

马航 MH370 和 MH17 事件发生后，民航局立即启动应急预案，配合国家相关部门全力以赴做好事故调查、家属安抚、法律援助等工作。根据中央领导同志重要批示精神，系统查找民航安全的薄弱环节，研判国际民航安全的新趋势、新动态，拟定了系统提升航空安全监控能力、技术装备支撑能力、应急救援处置能力建设的中长期规划和路线图。根据国际民航组织公约要求，参与事故调查，维护遇难中国旅客家属的权益。督促国际民航组织完善航空安全管控机制，参加冲突地区风险管控高级别工作组，提升我国民航在国际安全管理领域的地位。按照国家安全委员会要求，完成重大航空事故灾难情景再现方案，提升了特情综合应对能力。进一步加强与美国、欧盟、澳大利亚等国家和地区在事故调查方面的合作机制。在西藏完成民用航空器事故调查高原地区专项演练；华北管理局开展了沙漠地区事故调查员技能竞赛；东北管理局开展了通航事故调查演练；西南管理局开展了危险品航空运输泄漏应急处置演练，增强了调查队伍在复杂条件下的生存、协同处置和调查操作能力。加大投入力度，提升行业事故调查及应急处置能力。

六、空防安全工作不断深化

面对复杂的反恐和空防形势，全行业紧紧围绕“防劫机、防炸机、防袭击”的工作核心，深入开展风险防控和应急处突工作。全年共保障专包机警

卫任务 262 架次，圆满完成亚信峰会、青奥会和 APEC 峰会等重大会议和国家重要活动的运输及安全保障任务。共查处 66 起编造虚假恐怖威胁信息的非法干扰事件，其中 23 起相关人员受到刑事处罚。按照“六个不发生”的工作目标，完成“平安机场”建设专项行动，强化航站楼公共区域治安防控、机场应急处突和企事业单位内部人员管理，治安防控和应急处突能力得到明显提升。针对少数民族旅客不熟悉空防安全动态预警和分级制度，通过多种渠道解释说明在机场安检工作中所谓“歧视”的误解，积极开展空防相关法律法规宣传和解读工作。

建筑施工安全生产工作

住房和城乡建设部工程质量安全监管司

2014 年，建筑施工安全监管各项工作积极有序推进，主要表现在以下几个方面：

一、加强工作部署

一是召开全国建筑业改革发展暨工程质量安全工作会议，研究提出建筑施工安全监管改革创新的实施意见；二是组织召开部分地区建筑施工安全监管工作座谈会，部署建筑施工安全监管改革创新工作；三是印发《预防建筑施工起重机械脚手架等坍塌事故专项整治“回头看”实施方案》，组织召开建筑施工安全生产专项整治工作会，部署开展以建筑起重机械、模板支架为重点的安全专项整治工作。

二、完善规章制度

一是印发部门规章《建筑施工企业主要负责人、项目负责人和专职安全生产管理人员安全生产管理规定》，强化建筑施工企业关键岗位人员安全责任；二是印发《建筑施工安全生产标准化考评暂行办法》，规范企业和项目安全生产标准化考评工作；三是印发《房屋市政工程项目经理质量安全责任十项规定》，进一步明确和落实项目经理质量安全责任；四是印发《房屋建筑和市政基础设施工程施工安全监督规定》《房屋建筑和市政基础设施工程施工安全监督工作规程》，明确监督工作职责，规范监督工作流程。

三、强化事故通报

一是印发 2013 年房屋市政工程生产安全事故查处情况通报，督促各地加大事故查处力度；二是印发 2014 年以来每月及每季度全国房屋市政工程生产安全事故情况通报，督促事故多发地区强化安全监管；三是上网通报 2014 年发生的 29 起较大事故的相关企业及法定代表人、项目经理、项目总监，并向省级住房城乡建设部门下发事故查处督办通知书；四是印发《关于对 2013 年以来房屋市政工程质量及转包违法行为典型案例查处情况的通报》。

四、开展监督检查

一是开展全国建筑工程质量安全大检查，对存在重大隐患的项目下发《建设工程质量安全监督执法建议书》，并对检查的情况进行了全国通报；二是转变检查方式，改变事先发通知、打招呼的检查方式，采取随机检查、“扫马路”等方式，真实了解施工现场安全生产状况，消除各类安全隐患；三是突出检查重点，以安全事故多发的城市、企业、项目为重点，实行差别化监管，集中力量开展以起重机械、模板支架为重点的专项整治，有效遏制群死群伤事故发生；四是加强事故督查，江西吉安“10·20”模板坍塌较大事故、广东佛山“11·10”基坑坍塌较大事故、宁夏吴忠“11·20”模板坍塌事故、河南信阳“12·19”模板坍塌事故、北京清华附中“12·29”钢筋笼坍塌事故发生后，派出事故督查组赴现场了解事故情况，对发现的问题及时在新闻媒体上曝光。

五、加强宣传培训

一是按照国务院安委会的统一部署，在全国住房城乡建设系统开展以“强化红线意识，促进安全发展”为主题的安全生产宣传教育活动；二是组织开展新疆维吾尔自治区建筑工程质量安全监管人员培训班，对新疆住房城乡建设系统各级建设主管部门、质量安全监管机构负责人、一线监督员及部分企业质量安全管理人员共计240余人进行培训；三是研究编制建筑施工企业主要负责人、项目负责人及专职安全生产管理人员安全生产考核培训教材。

六、推进长效机制

一是按照国家发改委关于安全生产监管信息化工程（一期）项目建议书的批复，积极推进建筑施工安全监管信息化工作；二是按照全国政协要求以及国务院领导的重要批示，参加建筑工人工伤维权情况调研，并会同人力资源社会保障部、国家安全监管总局、全国总工会制定出台了《关于进一步做好建筑业工伤保险工作的意见》(人社部发〔2014〕103号)；三是组织开展了起重机械一体化管理、危险性较大分部分项工程安全管理等课题研究。

2014年，在各级住房城乡建设主管部门及广大建筑企业的共同努力下，全国建筑安全生产形势保持总体稳定。据统计，2014年全国共发生房屋市政工程生产安全事故522起，死亡648人，分别比2013年同期下降了1.14%和3.86%。其中，较大事故29起、死亡105人，同比分别上升16.00%和2.94%，其中重大事故1起，未发生特别重大事故。

消 防 安 全 工 作

公安部消防局

2014年，全国各级公安消防部门以党的十八大、十八届三中、四中全会精神和习近平总书记系列重要讲话精神为指针，坚持“现实斗争、长远建设”两手抓，不断创新消防治理、改进灭火救援工作、夯实基层基础，提升火灾防控水平，全国消防安全形势保持总体平稳，未发生特别重大火灾事故。

一、持续开展隐患排查整治，有效改善社会消防安全环境

把维护消防安全形势稳定作为重中之重，坚持问题导向，保持高压态势，深入排查整治隐患。针对消防安全突出问题和阶段性火灾特点，公安部先后组织开展“清剿火患”战役、重大火灾隐患集中整治、今冬明春火灾防控专项行动，紧盯人员密集、公共娱乐场所和建筑消防设施等重点，健全落实“网格化”排查、“户籍化”管理、重大隐患挂牌督办、舆论监督等工作机制，组织全面排查整治火灾隐患。针对元旦、春节、元宵、国庆、圣诞等节假日，全国统一开展消防安全大检查和“零点夜查”等集中行动，围绕全国“两会”、亚信峰会、青奥会、APEC会议等重大消防安保任务，各级公安消防部门下沉警力，加大重点单位场所检查力度，督促落实“点线面”火灾防控措施，确保重大节点、活动的消防安全。深刻吸取山东寿光等地重大火灾事故教训，报经国务院同意，国务院安委会部署全国从2014年12月上旬至2015年底，开展劳动密集型企业消防安全专项治理。2014年，全国公安消防部门共检查社会单位992.3万家，督促整改火灾隐患6146.9万处，责令“三停”24.6万家，查封47.1万余起。同时，提请省市县政府挂牌督办整改重大隐患单位8930家、区域性隐患846处，中央媒体两轮集中曝光重大隐患单位313家。2014年，全国共接报火灾39.5万起，死亡1815人，受伤1513人，直接经济损失47亿元。与2013年相比，火灾起数上升1.6%，死亡人数下降14.1%，受伤人数下降7.6%，直接经济损失下降3%，其中，重特大火灾起数同比下降16.7%。

二、深入贯彻国务院46号文件，精心组织实施首次“国家公务员考试”

充分发挥主推手和“国家公务员考试”指挥棒作用，加强顶层设计，逐级建立健全消防安全责任制，推动政府加强对消防工作的组织领导。公安部会同中央综治办等八部门组成10个考核组，对31个省级政府2013年度消防工作进行了实地考核，考核结果划分为优秀、良好、合格、不合格4个档次，报经国务院同意后通报省级政府和相关部委。通过考核强化了各级政府和有关部门的消防工作责任意识，相关地方政府领导针对考核发现的问题，亲自组织研究整改工作，考核不合格的吉林省政府向国务院专题上报整改落实情况，推动解决消防经费投入、公共消防设施建设、重大隐患整治、消防力量发展等重大问题，夯实公共消防安全基础。

三、积极推进消防治理创新，加快消防工作社会化步伐

围绕全面深化改革要求，坚持社会化方向，强化依法治火，不断提高社会消防管理水平。强化法治消防建设，启动修改《消防法》，公安部颁布《社会消防技术服务管理规定》，发布30项急需的国家和行业消防标准，制定《消防受理窗口工作规范》等执法制度，各省（区、市）均出台火灾高危单位管理规定。创新社会消防治理，将消防安全不良行为公布制度纳入公安机关16项便民措施，探索开展消防行政审批方式改革，组织清理各地消防行政审批前置条件135个，与人力资源社会保障部认定首批147名一级注册消防工程师。强化社会消防责任落实，会同住建、卫生、旅游、文物等部门加强行业消防安全管理，推动2.8万个乡镇和7621个街道落实网格化管理、36.6万家重点单位实行户籍化管理，评选表彰第二届全国119消防奖。强化消防宣传培训，协调各级媒体高频次播发消防公益广告和提示，组织首次国民消防常识知晓率调查，联合教育部、民政部推进消防知识进学校、进养老机构，广泛开展"119消防日""九九消防平安行动"等主题宣传活动，增强群众消防安全意识。

四、夯实消防基层基础，不断增强城乡抗御火灾能力

把抓基层打基础作为固本之举，把握机遇、跟进措施，推动消防基层基础建设新发展。统筹城乡消防建设，协调发改委将消防安全纳入《国家新型城镇化规划》，各地编制修订消防规划，加强公共消防设施建设，进一步发展多种形式消防队伍，新增政府专职消防队员和消防文员2.7万余人。加强消防科技信息化建设，推进实施50个信息化项目，推广应用消防接处警等27个系统，图像和语音综合集成手段为可视化指挥提供支撑，"十二五"国家科技支撑计划消防项目通过科技部验收，8个科研项目获部科技奖、32项成果得到推广应用。争取中央和地方财政支持，改造营房737个，新建支队训练基地45个，新增执勤消防车2382辆、抢险救援器材4.1万件套，为150个国家级贫困县、藏区和新疆等地消防部队配发装备物资。

五、改进执勤训练工作，着力提升火灾应急救援能力

围绕"能打仗、打胜仗"目标，坚持战斗力标准，开展纵深内攻和紧急避险训练、全勤指挥部和整建制中队实战化训练，举行北方五省份地震救援拉动演练，并组织调查测试12万余家重点单位建筑消防设施。加强建筑坍塌、石油化工等特殊灾害处置研究和战例研讨，规范接警调度、作战安全等工作。狠抓专业队建设，建成地震、高层建筑、地下工程、石油化工、交通事故、危险化学品事故、搜救犬等各类专业救援队1533个，特勤消防队站503个，13支医疗救护队、4支运输保障队正式投用。2014年，全国消防队伍（含非现役消防队伍）共接警出动114万起，营救遇险被困人员17.6万人，抢救保护财产价值512亿多元，有效处置了济南泰山国际大厦火灾、云南鲁甸地震和南方地区洪涝等灾害事故，共有13名消防员在灭火救援战斗中英勇牺牲，16名消防员负伤。

工业和通信业安全生产工作

工业和信息化部安全生产司

2014年，工业和信息化部认真贯彻落实党中央、国务院关于安全生产工作的重大决策和部署，结合工业产业结构调整和转型升级，以行业准入、标准、规划等为抓手，加强工业、通信业安全生产指导，继续强化民爆行业安全监管，大力推进民爆行业深化改革，推动技术进步、两化融合，促进工业通信业、民爆行业不断提升本质安全水平。

一、加强工业和通信业安全生产指导

（一）加强安全生产领域标准建设

近年来，随着对安全生产工作的逐渐重视，安全生产标准体系已经不能适应要求，工业安全生产标准缺失、老旧的问题日益凸显。经过对化工、石化、机械、有色、船舶、汽车等19个工业行业的统筹考虑并制定工作计划，将逐步建立完善健全安全生产标准化体系，更好地指导各类企业加强安全管理、规范安全生产行为，防止和减少伤亡事故。2014年，共组织完成了安全生产领域24项行业标准的制修订，其中化工行业8项、机械行业3项、建材行业2项、有色行业1项、民爆行业10项。

（二）加大安全技改项目支持力度

在2014年技改项目中加大了对高风险工业产品、生产工艺和装备的技术改造支持力度，加快对安全生产管理与监测预警系统、应急处理系统、危险品生产储运设备设施等技术装备的升级换代。

（三）推动两化融合在工业安全生产上的应用

利用2014年度物联网专项资金支持了约20个物联网技术促进安全生产试点项目，重点在人员感知、设备感知、灾害监测等方面，开展矿山安全物联网应用试点；在公共安全监控、地下管网安全监控、车辆安全监控等方面，开展城市安全物联网应用试点。组织对中石油天然气运输公司等单位进行调研，掌握车联网在“两客一危”车辆安全监控系统中的应用，完成《车联网安全应用及发展模式研究报告》。

（四）培育安全产业，增强全社会安全保障能力

贯彻落实国家培育和扶持安全产业的有关精神，指导组建中国安全产业协会；会同国家安全监管总局赴安徽合肥开展安全产业园区调研工作，将中国北方安全（应急）智能装备产业园列为国家安全产业示范园区创建单位，指导重庆市、江苏徐州、辽宁营口、山西阳高等地研究制定安全产业园区发展规划，形成了《安全产业集聚发展战略研究报告》等研究成果。

（五）参与开展多项专项安全生产工作

作为危险化学品、烟花爆竹、职业病防治部际联席会议成员单位，积极配合公安、安监、交通、住建、能源、民航等部门，参与开展了车辆安全、锂电池安全、烟花爆竹安全、城市地下管线安全、危爆物品安全、尾矿砂放射性安全以及职业病防治等专项安全生产工作。派员赴甘肃、新疆完成了国务院油气管道第四专题调研组专项调研工作。

二、继续加强民爆行业安全生产管理

（一）组织开展民爆行业“打非治违”专项行动

按照“全覆盖、零容忍、严执法、重实效”的总体要求，在全国146家民爆生产企业和576家民爆销售企业自查基础上，组织了15个督查组，对内蒙古、辽宁等重点省份进行了安全生产专项督查。

（二）强化民爆生产销售全过程安全管控

针对当前较为严峻的安全生产和公共安全形势，特别是生产链上涉及的两个末梢环节问题较多，组织研究制定了专项措施，印发了《工业和信息化部关于加强民用爆炸物品生产销售全过程安全管控的通知》（工信部安〔2014〕266号），确保

民爆物品生产、配送、爆破服务一体化安全运行。

（三）组织开展民爆产品质量抽检

制订了民爆产品质量安全性检测方案，启动民爆产品质量安全性抽检专项工作，计划用三年时间，连续抽检包装型乳化炸药、现场混装乳胶基质以及工业雷管等民爆产品，并在现行民爆产品标准基础上，借鉴适用相关安全性标准，借鉴应用国际通行检测技术和安全标准完善部分检测项目，客观反映我国民爆产品安全水平及相关要求。

（四）组织开展民爆科技成果转化应用

完成了《起爆具熔注药连续化自动化工艺技术和设备》等8个科技成果的鉴定工作，引导企业完成了近20项鉴定成果的转化并在生产线上应用。

（五）推进民爆行业生产经营动态监控系统建设

民爆行业生产经营动态监控信息系统自2010年开始建设，主要用于对地面生产作业系统的工作状态进行信息采集、动态监控。民爆行业生产经营动态监控系统完成了行业数据中心建设，生产经营动态监控系统、行业管理系统等应用系统的开发与集成，行业基础资源数据库的信息采集规范编制和填报培训等工作；民爆行业视频联网监控平台于2014年7月正式上线试运行，有关省民爆行业主管部门也已针对监控平台的使用进行了系统应用培训。经过建设，监控系统初步实现所有民爆物品生产全过程的视频监控、危险工房在线作业人数的远程监测、产品产量和库存信息的自动采集以及工业炸药现场混装车与民爆专业运输车车辆地理位置信息的实时监控，为实现民爆行业安全生产网络化监测和动态监管建立起较为完善的信息采集渠道。

（六）推进民爆行业两化深度融合

组织开展民爆行业智能化装备研发及应用，联合有关部门印发《民爆安全生产少（无）人化专项工程实施方案》(工信厅装〔2014〕271号)。积极组织开展机器人在民爆生产关键环节应用的试点，在广东、安徽和云南建设了多条试验示范线并推广。如广东天诺民爆有限公司兴宁分公司智能生产试验示范线可以自动采集各关键设备的运行状况，具有故障诊断、报警功能，各工艺段初步实现了联动；并且在包装环节使用了机器人，使乳化炸药生产线全线操作人员达到5人以下。

三、认真做好安委会部署工作

作为国务院安委会成员单位，认真贯彻落实国务院安委会要求，在苏波副部长带领下，会同有关部门和单位，组成国务院安委会第二专项督查组，完成了对北京市和河北省的安全生产专项督查工作；按要求派员参加了山西晋城“3·1”特大交通事故、江苏昆山“8·2”特大粉尘爆炸事故调查工作。

农业安全生产工作

农业部安委会办公室

2014年，农业部坚决贯彻落实党中央、国务院安全生产重大决策部署，积极适应经济发展新常态，紧紧围绕农业农村经济工作大局，依法落实行业安全生产监管责任，全面强化“红线”意识，狠抓政策措施落实，农业安全生产形势总体稳定，农业安全生产工作取得明显成效，农机、渔业行业没有发生重特大生产安全事故。据统计，2014年发生在国家等级公路以外的农机事故共计1744起，死亡300人，受伤556人，直接经济损失1450.04万元，死亡人数、受伤人数和直接经济损失同比分别下降30.56%、11.89%、15.28%；渔业船舶水上事故共计发生290.5起、死亡（失踪）286人，同比减少39起、161人，事故起数、死亡人数实现双下降。

一、坚决贯彻党中央国务院部署，切实加强安全生产工作组织领导

农业部高度重视安全生产工作。2014年组织召开了4次安全生产工作会议，及时传达贯彻国务院会议精神和中央领导同志的重要批示，全面部署农业安全生产工作。按照国务院统一部署要求，以农机、渔业等行业领域为重点，积极组织开展了“安全生产月”活动、“六打六治”打非治违专项行动，并针对重点领域重要时段，组织开展了多次检查督查活动，不断改进和强化安全生产工作。全面落实“管行业必须管安全、管业务必须管安全、管生产经营必须管安全”的要求，积极将安全生产工作纳入农业部绩效管理考核的核心指标，进一步细化各级目标任务，强化责任落实。结合全国“两会”、元旦、春节、国庆以及农业生产重要时段，转发、印发了《农业部办公厅关于加强微耕机安全生产工作的通知》《农业部办公厅关于加强“春节”和“两会”期间渔业安全生产工作的紧急通知》《农业部办公厅关于做好汛期渔业安全生产工作的通知》等14个文件通知，及时对安全生产工作进行部署，加强组织领导，强化督导检查，采取有力措施，全力确保生产安全。

二、积极推进依法治安，全面加强安全生产法制建设

农业部按照深化行政改革、建设法治政府的要求，认真贯彻落实新《安全生产法》《农业保险条例》等涉及农业安全生产的法律法规，扎实推进农业安全生产监管机制创新和法治能力建设。农机部门及时研究制定了《NY 2608—2014 联合收获机械　安全标志》《NY 2609—2014 拖拉机　安全操作规程》《NY 2610—2014 谷物联合收割机　安全操作规程》《NY/T 2612—2014 农业机械机身反光标识》等行业标准，切实提升农业机械标准化管理水平；渔业部门加强管理制度顶层设计，结合渔船检验执法监督三大行动，全面启动制度完善和修订工作，制定、修订了《中华人民共和国渔业船员管理办法》(农业部令2014年第4号)、《渔业船舶检验管理办法》《渔业船舶法定检验规则（2000）》《渔业船用产品检验管理规定》《渔业船舶船用产品检验规程》等多部制度规定及技术标准，进一步完善渔业安全生产法规制度体系。认真落实安全生产惠农政策，加强对各地落实情况的督导，在多个省份推进农机定期免费检验制度的实行，推动地方政府将农机牌证发放、安全检验、培训考试、报废回收、事故保险等费用纳入当地财政补贴，落实免除小型微型企业农机牌证收费，顺利开展安全生产防护性能提升试点工作。据统计，截至2014年底，全国81%的省（自治区、直辖市）开展了免费管理试点工作，北京、天津、上海、陕西、青海、宁夏、大连、青岛和宁波等地实现了免费管理全覆盖，试点县数量增至585个。地方各级农机部门切实转变作风，创新监管方式，重心下沉，走村入户，送服务到农村场院、田间地头，就近集中检验，以实际行动推动便农惠农政策落实，调动了广大农民群众接受农机安全监管的积极性，全国农机“上牌率”“年检率”和“持证率”稳步提升。积极适应当前渔业安全生产形势，大力开展渔业安全生产政策措施调研，推动完善渔业安全生产法律法规、制度规定以及行业标准；多方争取政策支持和项目资金，加大渔业安全生产政策性投入，积极推动中央和地方继续加大对沿海渔船救生、通信设备、船位监控系统、自动识别防碰撞系统（AIS）的财政补助，启动政策性保险补贴项目，扩大渔业互助保险覆盖面，渔业安全生产能力建设得到进一步加强。

三、深化平安创建活动，着力构建安全生产长效机制

2014年农业部继续以争创“平安农机示范县”“平安渔业示范县”“文明渔港”为抓手，通过创新机制、规范内容、细化标准，抓点带面，不断深化农机、渔业行业平安创建活动，着力构建安全生产监管长效机制。农业部根据新形势新要求，总结以往经验，会同国家安全监管总局，及时印发《农业部　国家安全监管总局关于调整“平安农机”创建工作的通知》(农机发〔2014〕3号)，对创建活动方案进行了调整，进一步明确创建活动新思路，并把平安农机创建活动纳入农业部深入开展“为民服务”活动八项重点内容之一，指导各地认真组织开展创建活动，全年共推出96个全国“平安农机”示范县（区、市）、177名农机安全监理示范岗位标兵。按照渔业创建活动实施方案，及时部署开展第三批“文明渔港”创建活动，并且加大对创建活动的指导，进一步提升活动实效。2014年度，创建第三批全国“文明渔港”11个，复核通过前两批全国“文明渔港”36个。创建活动的深入持续开展，切实调动了各级农业部门抓安全生产工作的积极性，强化了安全生产责任落实，进一步夯实了安全生产工作基础。

四、突出重点行业领域，持续开展“打非治违”专项行动

按照国务院安委会统一部署要求，农业部积极组织开展以“六打六治”为重点的“打非治违”专项行动，不断深化农机、渔业等重点行业生产安全隐患治理，依法查处多起非法违法行为。农机系统聚焦无牌行驶、无证驾驶、未检验作业、违规发放牌证、瞒报谎报事故等方面，全面加强非法违法行为治理。活动开展以来，全国农机安全监理系统共计组织执法检查组3万余个，参加执法检查人员17万余人次，开展安全检查10万余次，检查农业机械及驾驶操作人员157.7万余台人次，纠正违章行为15.6万余起，排查隐患120717项，隐患整改120023项，整改率约为99%，监理机构之间签订安全生产责任书8.2万余份，监理机构与农机手签订安全生产责任书245.3万余份。渔业系统加大对“三无”及套牌渔船、渔船救生设备、渔港安全设施配备情况，以及渔船船员持证情况、渔船和船用产品生产企业资质管理等情况进行检查督查，组织基层政府、管理部门和生产经营单位开展行业自查，同时加强对重点区域和重要环节的督查，加大对违法违规行为的查处力度。全年结合渔船检验执法监督三大行动，对18万余艘渔船进行了隐患排查，查处安全隐患渔船2.8万余艘、假冒伪劣产品1.2万余件。

五、加大宣传培训力度，不断强化安全生产意识

农业部牢固树立“抓宣传就是抓落实、抓宣传就是抓治本”的理念，始终把宣传工作作为推动落实的有力手段，积极挖掘媒体资源，加大宣传力度，加强舆论引导和社会监督，坚持形式多样、突出重点、注重实效，广泛开展安全生产宣传教育活动。全年结合“安全生产月”活动，围绕“强化红线意识，促进安全发展”的主题，充分依托中央电视台农业频道、《农民日报》《农村工作通讯》、中国农业信息网、《中国农机化导报》、中国农民手机报等部属媒体，加大对农业安全生产情况的宣传报道，大力营造安全生产氛围。地方各级农业部门按照国务院和农业部统一部署，积极组织广大干部职工深入田间地头、厂矿车间、渔船码头因地制宜开展宣传活动，普及安全知识，弘扬安全文化，营造安全氛围。农机部门组织开展了全国农机安全管理培训班，指导地方农业部门结合“三夏”农机安全生产大检查，广泛开展送农机安全知识下乡、农机安全生产事故警示教育、农机监理“为民服务”、农机安全咨询日等活动。渔业部门高度重视渔业安全培训和宣传工作，组织召开了《渔业船员管理办法》宣贯暨渔业安全生产座谈会，努力推动安全政策措施落实；督导地方各级渔业部门加强渔业船员培训机构管理，定期组织开展渔业安全生产培训和宣传活动，加强船员持证情况检查，进一步强化了渔业船员安全生产意识，提高了渔业部门安全生产监管水平。

水利安全生产工作

水利部安全监督司

2014年，水利安全生产工作按照国务院安委会的部署和部党组的要求，认真贯彻部党组的决策，全面推进安全意识、制度、生产状况掌控和有效监督“四个全覆盖”，以事故防控为主线，以责任制落实为基础，以隐患排查督导为重点，积极转变工作方式方法，狠抓监督检查、事故督办和长效机制建设，水利安全生产工作取得了显著成效。全年水利行业共发生生产安全事故12起，死亡18人，其中发生较大事故2起，死亡6人，未发生重特大生产安全事故。同比2013年实现事故起数、死亡人数双下降，水利安全生产形势保持持续稳定向好的态势。

一、强化组织领导，全面部署落实

矫勇副部长先后主持召开了全国水利安全生产

工作视频会议和 2 次部安全生产领导小组全体会议，传达贯彻国务院安委会全体会议和全国安全生产电视电话会议精神，部署安排水利安全生产各项工作。水利部结合工作实际，印发《2014 年水利安全生产工作要点》，进一步明确安全生产工作的目标、任务和要求。组织召开全国水利安全生产监督管理工作座谈会，研究贯彻落实全国水利安全生产会议精神，探讨做好 2014 年水利安全生产工作的具体举措。认真贯彻落实国务院安委会有关文件精神，及时印发了《关于切实做好春季防火工作的紧急通知》《关于深刻吸取近期事故教训进一步加强安全生产工作的紧急通知》《关于进一步加强水利安全生产工作的紧急通知》《关于学习推广甘肃兰州客运中心和陇运快客公司安全生产工作经验的通知》，转发了国务院安委会办公室《关于切实加强城镇地面开挖和地下施工管理保障油气等危险化学品管道安全的紧急通知》等一系列文件，并切实抓好落实工作。

二、坚持预防为主，强化专项整治和督导检查

一是深入开展水利行业重要管线工程安全专项排查整治。根据国务院安委会的要求，广泛开展了水利行业重要管线工程安全专项排查整治。印发水利行业重要管线工程安全专项排查整治实施方案，分工程类型提出了规划设计、建设管理、运行管理、应急管理和安全基础管理等五个方面的具体排查内容和整治要求。全国共排查水利企事业单位近 15 万个，查出安全隐患 31890 个，整改率 97%；各级水行政主管部门共检查抽查水利企事业单位 17769 个，占自查自纠单位数量的 12%，有力地促进专项整治工作向纵深延伸。3 月，水利部组织 10 个检查组对各地排查整治工作进行了督查。

二是组织开展水利行业“六打六治”打非治违专项行动。根据国务院安委会有关要求，印发了水利行业集中开展“六打六治”打非治违专项行动工作方案，明确重点打击水利勘测设计、水利工程建设和运行、农村水电、河道采砂、水文监测、防火防爆和危险化学品等 6 个重点领域的 39 项非法违法、违规违章行为，并提出了工作要求。水利行业企事业单位认真自查自纠，切实抓好整改。各级水行政主管部门按照职责分工，加强了对分管领域的督导检查和执法检查。水利系统共查处违法违规行为 3822 起。各级水行政主管部门检查抽查企事业单位和场所 22077 家次，采取“四不两直”、暗查暗访检查 3983 次。12 月，水利部组织了 7 个组对各地“六打六治”情况进行了综合督查。

三是认真开展水利工程建设领域深化预防施工起重机脚手架等坍塌事故专项整治“回头看”工作。按照国务院安委会的要求，对照《水利部关于开展水利工程建设领域深化预防施工起重机脚手架等坍塌事故专项整治的通知》(水安监〔2013〕254 号)，迅速印发了专项整治“回头看”工作方案，对水利工程高边坡、深基坑、高大模板支撑体系、围堰、起重机械、隧洞以及施工现场围挡、临时设施等易发坍塌、倒塌事故的危险源重点开展“八看八查”，并提出了整治要求。各单位认真制定实施方案，在专项整治的基础上，继续大力开展自查整改和监督检查，做到不留死角。各级水行政主管部门共派出检查组 270 个，检查工程 2423 个，对发现的 1361 个隐患都进行了整改。

四是加大病险水库除险加固力度。在近年来开展大中型和重要小型病险水库除险加固的基础上，2014 年着力推进小（2）型病险水库除险加固工作，年底完成 17528 座小（2）型水库的除险加固主体工程施工，治理了安全隐患，降低了事故发生的风险。通过开展专项整治和监督检查，全面排查治理隐患，严厉打击了水利非法违法行为，取得了显著的效果。

三、加大安全宣教培训力度，不断提高全员安全素质

一是按照国务院安全会办公室关于开展“安全生产月”活动的要求，印发了关于水利“安全生产月”活动的通知，组织开展全国水利安全生产知识网络竞赛活动、“我身边的隐患”安全生产主题摄影比赛、强化“红线”意识主题宣传等活动。水利安全生产网络知识竞赛共有 4379 家企事业单位参加，84787 人次在网页答题，答题次数达到 943172 次，参赛人数和答题次数分别高于去年 23% 和 35%。“我身边的隐患”安全生产主题摄影比赛共收到 969 幅摄影作品。组织了安全生产现场检查教学，全国“安全生产月”活动组委会的同志亲临现场观看，给予了高度评价。我部太湖流域管理局被国务院办公室评为全国“安全生产月”先进活动单位。二是编辑制作了《水利行业安全生产应知应会读本》、水利生产安全事故警示教育片、水利水电工程施工企业“三类人员”培训视频课程，启动了安全生产远程网络培训。三是继续强化施工企业“三类人员”培训考核，水利部本级全年共举办培训班（考试）39期，培训考核9400余人。四是贯彻落实新《安全生产法》，组织开展研究水利安全生产监督执法权有关事宜。举办了水利专业人才安全生产知识更新高级研修班，邀请全国人大法工委领导就新《安全生产法》相关内容在水利行业进行宣贯。

四、以“三项制度”建设为重点，建立完善安全生产长效机制

一是围绕“责任制落实、隐患排查治理、事故调查处理”等三大工作重点，制定了《关于建立健全水利安全生产责任体系的指导意见》《关于加强水利安全生产事故隐患排查治理工作的指导意见》和《水利生产安全事故处置和督导暂行办法》。组织开展《水库大坝安全管理条例》《水利安全生产监督管理规定》等法规和有关技术标准的制修订工作。二是强力推进信息化建设。把信息化建设作为实现安全生产由模糊监管到精确监管的变革性手段，全力推动安全生产信息化建设工作。我部参加的由国家安全监管总局牵头统一立项的水利安全生产信息化工程项目建议书已通过中咨公司评估并上报发展改革委。三是组织编写了水利安全生产标准化系列丛书，认定了18家水利安全生产标准化评审机构，培训考核了500余名评审人员，举办了4期水利行业安全生产标准化宣贯培训班。水利安全生产标准化达标建设工作全面展开，有40个单位向水利部提交达标申请。

五、强化工作考核和事故督导，提高监管效能

进一步完善考核标准和方式，组织了12个考核组对7个流域机构和32个省级水行政主管部门2014年工作进行考核。加强水利生产安全事故防范和督导，对2013年水利生产安全事故情况以及有些地区连续发生生产安全事故的情况进行了通报；对有的地方事故处理久拖不办、从轻从宽的问题，先后以现场、电话、写信、发文等方式进行了严格督导，起到了很好的效果，达到了一地出事故，全国受教育的目的。

2014年以来水利安全生产形势虽然保持了平稳向好，但与党中央、国务院的新要求以及水利发展的新形势、新需要相比还存在不少差距。从监督检查尤其是“四不两直”督查可以看出，少数地方和单位对安全生产工作重视程度还不够，一些领导和安全管理人员安全生产底线思维和红线意识不强，思想上还存在麻痹思想和侥幸心理，在管理中还存在安全责任制不落实、安全制度不完善、安全投入不足、安全教育不深入等问题。地县两级水利部门安全监管力量仍然较薄弱，机构不健全，人员素质普遍不高，工程建设和运行等环节监管的制度体系还未形成。一些一线从业人员安全观念淡薄，安全防范意识薄弱，应急避险能力低，现场监管不落实、不到位情况较普遍，水利安全生产监管任务十分艰巨。

特种设备安全监察工作

国家质检总局特种设备安全监察局

2014年，在国务院安委会的正确领导下，在国家安全监管总局的大力支持下，国家质检总局不断加大特种设备安全监察与节能监管工作力度，全系统以党的十八大精神为引领，围绕“抓质量、保安全、促发展、强质检”的工作方针，按照“创新发展、真抓实干、稳中求进”的基本要求，细化措施，狠抓落实，扎实推进各项工作，圆满地完成了各项任务。主要工作情况如下：

一、积极推进改革

一是推进职能转变。修订特种设备目录，大幅调整了监管内容和范围，提升了监管的科学性和有效性；结合《特种设备安全法》的贯彻实施，组织完成了特种设备安全监管顶层设计方案的制定。

二是深化行政许可和检验工作改革。制定了

《特种设备行政许可改革方案》，向国务院审改办提出了取消、下放特种设备行政审批项目的意见；开展了非行政许可审批清理，提出了相应的处理意见。组织制定了《特种设备检验检测机构整合试点方案》，推动特种设备检验检测机构纵向整合试点。中国特检院与甘肃、青岛等8家单位签署了组建中国特检集团的合作协议；在江苏、福建、湖南、宁夏、广东（部分地市）等省内特检机构整合试点的基础上，2014年湖北、河南、江西、广西等地也启动并基本完成特检机构整合。

三是改进监管工作方式。组织修订了《特种设备现场安全监督检查规则》，将安全生产大检查与日常监督检查有机结合，建立了安全大检查长效工作机制。研究制定了改进压力管道监管方式的专项方案，与能源、安监、住建等部门建立协调机制，明确了质监部门在生产环节、检验环节和标准归口管理的监督职责。制定了全面深化电梯安全监管改革创新的方案，提出了6项改革创新的措施，并以质检工作专报形式上报国务院领导；出台了《推进电梯应急处置服务平台建设的指导意见》，提高应急处置能力。在改进电梯安全监管方式上，广东以省政府名义印发了电梯安全监管体制改革方案；天津、江苏、湖北探索建立电梯维保单位量化记分、评星分级等制度，进一步规范维保行为，提升维保质量；广东、新疆在全省（自治区）范围内推行电梯安全责任保险统保示范项目，各地电梯责任保险推进力度明显加大；上海以问题为导向，提出了8项措施的治理方案，并向全社会广泛宣传；北京明确了将电梯紧急维修纳入住宅专项维修资金使用的简化工作程序；重庆全面完成老旧住宅电梯改造更新工作。

二、完善工作机制

一是健全“一岗双责”责任体系。在质量工作考核指标中，建立特种设备监管“一岗双责”制度、重大质量安全隐患挂牌督办及公告制度。各地加快建立多元共治工作格局，积极推动地方政府和相关部门落实“一岗双责”。浙江在全国率先建立了由19个部门参加的特种设备安全工作联席会议制度；陕西以省政府名义印发了加强特种设备安全工作的意见；北京配合市编办制定了相关部门落实特种设备安全专项监管职责的意见；湖南、上海、江苏、河北等地以省政府的名义印发文件，将特种设备安全纳入安全生产目标考核。

二是创新监管手段。加快在电梯、气瓶、移动式压力容器等领域推进物联网试点应用，会同国家安全监管总局在部分大型起重机械推广应用安全监控管理系统。北京、福州、南京、无锡、杭州、淄博积极开展电梯、气瓶等特种设备物联网示范工程建设试点；新疆、甘肃、江西、辽宁等地加大车用气瓶信息化建设力度；陕西在A级游乐设施使用单位安装监控系统；贵州完善特种设备监督管理平台，设备使用登记率和检验率显著提升。

三是推进分类监管。分区域、分设备推进分类监管。针对涉氨企业事故多发的现状，以烟台、威海、舟山和海南为试点，组织100家涉氨制冷特种设备使用单位进行现场评价，并提出有针对性的分类监管措施。天津积极探索区域化使用单位分级监管，构建基于风险分析的使用单位分类监管工作机制；上海探索建立了风险评价方法和基于风险的综合监管方法；安徽出台相关管理办法，对电梯维保单位实施分类监管；青海、海南颁布实施《特种设备使用安全管理评价规则》，推动安全管理标准化。

三、加强监督检查

一是开展监督抽查。全系统加大对特种设备生产单位和检验检测机构取证后的监督抽查力度，对不再持续满足许可条件的单位、机构进行了处理。质检总局着力开展对特种设备生产单位和检验检测机构评审后、发证前的过程监督抽查，实施鉴定评审工作的监督，对存在严重问题的3家鉴定评审机构进行了处理；利用电梯专项经费，组织对近3000台老旧电梯安全状况进行了抽查和风险分析，发现并消除了一批隐患。

二是开展专项整治。按照国务院安委会的统一部署，配合有关部门在全国范围内开展长输油气管道、建筑施工起重机械等专项整治工作，并认真开展了全国安全生产大检查“回头看”活动。组织检查相关企业20339家，累计发现长输油气管道安全问题和隐患6722个、公用管道和工业管道以及其他特种设备的安全问题和隐患871个。

三是开展“六打六治”专项行动。以打击盛装危化品移动式压力容器、整治长输油气管道隐患等工作为重点，集中开展了“六打六治”打非治违专项行动，打击、整治了一批突出的特种设备非法违法、违规违章行为。在实际工作中，特别注重“三个结合”，即专项行动与日常工作相结合，与重大活动重点工程服务保障相结合，与加强日常监察、建立长效机制相结合，取得了良好效果。

四、服务发展大局

一是加强高耗能特种设备节能监管。加强特种设备节能标准执行情况监督检查，落实锅炉设计文件节能审查、定型产品能效测试和定期能效测试制度；开展能效测试工作质量监督抽查及测试机构能力核查，抽查能效测试报告，促进测试质量和服务水平提升。“工业供热系统和高耗能特种设备能效促进”项目获得全球环境基金理事会批准，2015年将推动实施。四川积极争取政府和相关部门支持，建立专项经费，推进节能工作；上海加强工业锅炉节能监管，推进清洁能源替代工作，成效显著；广东组建锅炉节能公共服务平台，畅通各方信息沟通渠道，充分发挥市场机制作用推进节能工作。

二是大力推进燃煤锅炉节能环保综合提升工程。2014年10月，质检总局与发展改革委等七部委联合发布了《燃煤锅炉节能环保综合提升工程实施方案》，从强化法规标准约束，加强政策激励，增强市场主体内生动力等方面，提出了进一步构建锅炉安全、节能与环保三位一体监管体系的工作要求。

三是加大服务保障力度。圆满完成了南京青奥会、北京APEC会议等重大会议服务保障工作；上海主动服务自贸试验区建设，积极做好迪士尼乐园特种设备工程服务保障；海南、云南、浙江加强特种设备安全保障，服务超强台风、地震等灾后恢复和重建工作。

五、夯实监管基础

一是完善法规标准。修订了《特种设备目录》，并出台了相应的实施意见；确立了大规范制修订规划，压力容器、起重机械、使用管理等大规范试点取得突破性进展；成功实现了美国ASME与我国部分锅炉压力容器钢板材料标准的互认，在国际产生重大影响。中国特种设备安全与节能促进会（以下简称中特促进会）启动多项团体标准建设；山东坚持开门立法，积极推进《山东省特种设备安全监察条例》修订工作；河南完成了《河南省电梯安全监督管理办法》首部地方规章；广东将《广东省特种设备安全条例》纳入立法计划，积极推进首负责任、安全责任险等改革举措；上海加快推进《上海市电梯安全管理办法》等地方性法规的修订出台，着力解决电梯使用单位主体不明晰、责任不落实的问题。

二是加强队伍建设。连续举办全国特种设备安全监察处长、地市质监局长培训班；督促指导各地逐步提高作业人员的理论和实操水平。加大援疆援藏工作力度，专门为新疆举办气瓶检验员资格考核班，帮助西藏特检所技术人员赴湖北罐车检验基地进行实地培训；深入开展廉政风险教育，防范队伍风险。中特促进会结合行业特点和需求，开展多层次、多渠道、多模式的教育培训，提高了基层人员的专业水平；安徽按照质检总局文件要求，在县区级三局合并的新形势下，为全省2000多名基层特种设备安全监察人员进行了系统培训；湖南在全省首次表彰54名特种设备安全监察先进个人。

三是强化风险管理和应急保障。着手开展了三级特种设备风险监测和应急处置机构建设相关调研，组织修订《质检总局特种设备重特大事故应急预案》，启动了特种设备事故舆情监测系统软件开发。妥善处置了焦点访谈专题报道、3·15晚会曝光和在用机动车油改气群体上访等突发事件。

六、加大宣传力度

一是全面宣贯《中华人民共和国特种设备安全法》（简称《特种设备安全法》）。利用召开“纪念《特种设备安全法》颁布一周年”座谈会等方式，广泛宣传《特种设备安全法》。广西将《特种设备安全法》相关内容纳入自治区年度普法教材；中特促进会以及湖南、新疆等地通过多种方式加大宣贯力度。各地宣传工作方法特色鲜明，形式多样，效果显著，在全行业、全社会形成了学习宣贯《特种设备安全法》的新高潮。

二是采取多种形式宣传普及特种设备安全知识。组织“六一”儿童乘梯安全教育亲子体验活动；参与教育部“中小学生安全教育日”活动。河南拍摄完成中国首部特种设备安全系列电影科教片《美丽中国梦　质检安全行》；黑龙江将特种设备安全知识宣传普及到农村，积极服务新农村建设。在“电梯安全宣传周”期间，举办了应急处置现场观摩交流、学术报告、公布专项检查结果及公益短信推广等四大主题活动，“电梯安全宣传周”已成为特种设备领域较有影响力的宣传品牌。

三是加强国际合作交流。深化与罗马尼亚特种设备安全监察方面的合作，启动特种设备焊接作业人员的资格互认；推动有关标准化技术机构与ASME成立了ASME第二卷、第八卷中国国际工作组；与英国焊接学会就焊接和无损检测技术发展进行了交流；与韩国电梯安全管理院就电梯检验、维保、应急等工作进行了深入探讨；在电梯安全国际研讨会上，来自欧美、亚洲等5个国家和地区的行业专家，就国际电梯安全管理模式新变化、国际电梯标准的新要求进行了交流。

七、全面完成国务院安委会下达的事故控制指标

2014年，通过全系统的共同努力，全国未发生特种设备重特大事故，未出现重大负面影响社会事件，特种设备安全状况总体平稳。2014年，全国共发生特种设备事故283起，死亡282人，受伤330人，与2013年同期相比，事故起数增加56起，上升24.67%，死亡人数减少7人，下降2.42%，受伤人数增加56人，上升20.44%，全国未发生特种设备重特大事故。2014年特种设备万台设备死亡率为0.39，较2013年下降15.22%，较好地实现了国务院安委会下达的万台设备死亡人数不超过0.46的控制目标。

电力安全监管工作

国家能源局电力安全监管司

一、电力安全监管工作总体情况

（一）电力安全生产工作取得明显成效

2014年，电力行业各单位认真贯彻落实党中央、国务院关于加强安全生产工作的决策部署，狠抓责任落实，强化制度建设，加强安全监管，整治薄弱环节，各项工作取得积极进展。

一是安全生产责任进一步落实。各单位高度重视安全生产工作，按照“党政同责、一岗双责、齐抓共管”的要求，不断完善安全生产责任体系，切实履行安全生产责任，主要负责同志牵头部署安全生产工作，落实安全生产措施，有效保证了安全生产工作的顺利开展。

二是注重建章立制并取得长足进展。国家能源局和电力企业以新《安全生产法》颁布为契机，不断完善安全生产监督管理规章制度，制修订了一批安全生产规章和规范性文件，以及企业安全生产相关的导则、规范和标准，为依法依规开展安全生产工作奠定良好基础。

三是隐患排查治理工作进一步深化。国家能源局会同电力企业加大力度，全面梳理安全隐患，有针对性地开展排查整治，坚持和不断完善重大隐患挂牌督办制度，确保人身、电网和大坝安全。

四是安全监管工作不断强化。按照国务院安委会统一部署，国家能源局组织开展电力行业“六打六治”打非治违专项行动，集中打击整治一批问题突出的非法违法、违规违章行为，进一步规范安全生产法治秩序。同时，突出问题监管，强化安全执法，2014年开展的六个安全专项监管取得明显成效。

五是重大保电任务圆满完成。各有关单位加强组织领导，完善工作机制，强化应急处置，团结协作，顽强拼搏，圆满完成APEC峰会和青奥会等重要活动电力保障工作任务，成功应对“威马逊”超强台风、云南昭通、普洱地震和四川康定地震等重大自然灾害，体现了电力行业高度的政治责任意识。

六是电力安全生产基础进一步夯实。电力行业各单位多措并举，圆满完成2014年迎峰度夏防洪度汛工作任务；扎实开展第十三个“安全生产月”活动，加强宣传教育培训，强化水电站大坝安全和电力可靠性监督管理，配合公安部门做好网络与信息安全，电力设施保护和反恐怖防范工作，电力安全生产基础保障能力得到进一步提升。

（二）电力安全生产形势保持持续稳定

在党中央、国务院的正确领导下和全行业的共同努力下，2014 年，全国没有发生重大以上电力人身伤亡事故，没有发生重大电力安全事故，没有发生较大电力设备事故，没有发生电力系统水电站大坝垮坝、漫坝以及对社会造成重大影响的事件，电力供应基本满足了我国经济社会发展和人民生活的需求。2014 年电力事故和电力安全事件呈现以下特点：

一是电力人身伤亡事故继续下降。全年发生电力人身伤亡事故 49 起、死亡（失踪）75 人，同比分别下降 16% 和 4%。

二是电力人身伤亡责任事故下降。全年发生电力人身伤亡责任事故 47 起、死亡 65 人，同比分别下降 15% 和 3%。

三是电力生产人身伤亡责任事故显著下降。全年发生电力生产人身伤亡责任事故 30 起、死亡 35 人，同比分别下降 36% 和 38%。

四是电力建设人身伤亡责任事故大幅上升。全年发生电力建设人身伤亡责任事故 17 起、死亡 30 人，同比分别上升 113% 和 173%。

五是因触电、高处坠落、坍塌、物体打击导致的电力人身伤亡责任事故多发。据统计，因以上原因造成的事故起数分别占事故总起数的 32%、19%、13%、10%，死亡人数分别占事故死亡总人数的 26%、20%、23%、9%。

六是电力安全事件大幅下降。全年发生电力安全事件 16 起，同比下降 41%。自然灾害是引发电力安全事件的主要原因，占事件总起数的 44%。

二、电力安全监管重点工作

2014 年，国家能源局认真贯彻落实党中央、国务院关于加强安全生产工作的一系列重要决策部署，牢固树立底线思维和红线意识，认真履行电力安全监管职责，继续将“保人身、保电网、保大坝”作为工作重点，坚持转作风转职能，创新工作方式方法，强化各项监管措施，工作成果显著。

（一）加强电力安全监管法规体系建设

一是着力推进原电监会规章的修订工作，原《电力二次系统安全防护规定》目前更名为《电力监控系统安全防护规定》，并以国家发展改革委令印发；《电力安全生产监督管理办法》已原则通过国家发展改革委主任办公会审议，拟进一步修改完善后印发；《水电站大坝运行安全监督管理规定》《电力可靠性监督管理办法》《电力建设施工安全监督管理办法》已基本通过国家发展改革委法规司的合法性审查，目前正在做上会的各项准备工作；考虑电力项目质监总站等机构设置未批复的情况，《电力工程质量监督管理办法》还在起草过程中。二是制定并发布《电力安全事件监督管理规定》《电网安全风险管控办法（试行）》《防止电力生产事故二十五项重点要求》《电力行业网络与信息安全管理办法》《国家能源局重大突发事件应急响应工作制度》《电力企业应急预案管理办法》等十余项规范性文件，强化电力人身安全、系统安全、设备设施运行安全和网络与信息安全监督管理工作，提升电力安全监管工作规范化、制度化水平。

（二）开展电力安全专项监管工作和打非治违专项行动

全年分两个阶段开展了六项专项监管工作。一是开展电网安全风险管控专项监管，建立以科学防范为导向、严密管理流程为手段、全过程闭环监管为支撑的风险管控机制，编制发布《电力系统安全风险管控驻点广东监管报告》《海南电网安全运行监管报告》等，督促落实电网运行安全风险防控的各项措施。二是组织开展电力企业网络与信息安全专项监管，驻点辽宁对电力企业网络与信息安全进行现场督查，编制印发《电力企业网络与信息安全驻点辽宁监管报告》，披露网络与信息安全管理中存在的突出问题，提出整改措施和监管意见。三是开展电力建设工程施工安全专项监管，针对电力建设施工安全和燃煤发电企业脱硫脱硝系统改造施工安全等问题，驻点福建进行监督检查，发布《电力建设施工安全生产专项监管驻点福建督查报告》，促进电力建设工程施工安全水平提升。四是开展重要输电通道运行安全专项监管，驻点四川，重点在华东、华中区域以及青海、四川和贵州开展监管，对 ±800 千伏哈密南—郑州（天中直流）、±800 千伏西昌—同里（锦苏直流）等 16 条重要输电通道开展了现场督查并发布了专项监管报告，督促企业强化重要输电通道安全管理，防止电网大面积停电事故的发生。五是开展电力建设工程质量专项监管，驻点江西，重点在东北、山西、安徽、江西、甘肃、湖南、贵州开展监管，在江西、湖南两省现场召开工程质量问题通报会，发布专项监管报告，提高项目建设质量。六是在上半年的基础上继续开展电力企业网络与信息安全专项监管，驻点浙江，重点在北京、山东、浙江、广东开展监管，发布专项监管报告，提高网络与信息安全工作水平。七是按照国务院安委会的总体部署，开展电力行业“六打六治”打非治违专项行动，制定工作方案，召开视频会议，开展工作督查，发布专项督查报告，严厉打击非法违法生产经营行为。

（三）加强电网安全监管工作

一是编制发布《电网运行安全风险分析报告（2013）》《电网安全监管专项调查研究报告汇编》和《全国跨区跨省输电线路安全运行统计表（2013年）》，梳理全国范围内电网安全风险。二是对涉及民生和人民群众正常可靠用电的重大问题进行专题研究，对藏中电网冬季安全稳定运行及青藏直流输电问题、海南电网2014年电力供应紧张问题、华北区域（山西送京津唐）跨区输电线路安全监管等问题重点关注，提出电网安全运行监管意见。三是会同有关派出机构开展疆电外送电网运行安全风险分析、直流系统设备故障分析及防护措施、电力系统风险分析及脆弱性评估试点等课题研究工作。四是推进电网企业标准化创建工作。

（四）加强发电安全监管工作

一是落实中央关于简政放权的工作要求，研究修订发电机组并网安全性评价和安全生产标准化达标评级的有关规范性文件，强化后续监管。二是印发《燃煤发电厂液氨罐区安全管理规定》，强化发电厂重大危险源管理。三是印发《国家能源局综合司关于加强风电场安全管理防范风机火灾事故的通知》（国能综安全〔2014〕260号），防范风机火灾事故。四是开展核电安全调研，了解政府部门对核电厂（核电建设工程）的安全监管情况以及核电企业安全管理现状；配合在建和运行中的核电厂开展应急专项督查，编制《核电站电力应急情况监管报告》，提出核电应急监管意见。

（五）加强电力工程质量监督管理和电力建设工程安全监管

一是制定《加强电力工程质量监督管理工作的通知》（国能安全〔2014〕206号），明确现阶段监管机构、质监机构、企业三方在质量监督工作中的责任和义务。二是编制火电和输变电工程质量监督检查大纲，规范火电和输变电工程质量监督检查工作。三是加强与中编办等部门沟通协调，推进电力工程质量监督总站、中心站和项目站的三级全国电力工程质量监督机构设置工作。四是加强在建电力建设工程统计分析，完成了全国在建电力建设工程基本信息统计工作，为强化能源监管提供参考。印发《电力建设施工安全现场督查手册》，规范建设施工现场督查行为。五是部署开展燃煤发电机组环保改造施工安全专项督查工作，对浙江、陕西、新疆等地集中开展专项检查，防范人身伤亡事故的发生。六是组织开展电力行业工程建设领域预防坍塌事故专项整治“回头看”督查工作。七是针对今年以来电力建设人身伤亡事故多发高发情况，召开电力建设施工安全专题视频会议，通报事故情况，部署近期电力建设安全监管工作。八是积极推进电力建设项目、电力建设企业安全生产标准化达标评级工作。

（六）开展网络与信息安全监督管理工作

一是编制并印发了《电力行业网络与信息安全管理办法》《电力行业信息安全等级保护管理办法》并开展宣贯工作，开展网络与信息安全相关培训。二是就信息安全等级保护、工控系统安全管理等工作与公安部、工信部等部委沟通衔接，建立了沟通协调机制。三是开展燃气发电企业生产监控系统信息安全基本情况调查，开展南京“青奥会”前江苏省电力二次系统安全防护评估工作，推进电力工控PLC设备隐患排查和漏洞整改工作。四是完成电力行业信息安全等级保护测评中心资质申请，形成“1+5”（1个中心和5个实验室）工作模式；组织开展电力行业信息安全等级保护基本情况摸底调查，制定下一阶段工作计划。五是开展能源行业网络安全规划的制定工作，做好电力行业网络与信息安全信息通报及信息安全保障工作。六是组织开展电力、石油石化行业2014年网络检查工作。

（七）加强水电站大坝安全监管和隐患排查治理

一是修订水电站大坝安全注册和定期检查办法，做好水电站大坝安全注册（备案）工作，办理了石龙等43座水电站大坝安全初始注册和换证注册批复工作。二是加强丰满水电大坝重建工程安全监管，召开丰满水电站重建工程安全工作现场会议，对丰满水电站重建工程质量和施工安全情况进行了专项督查，督促企业加强隐患排查，及时整改查找出的问题，保证重建工程安全。三是对重大隐患进行挂牌督办，督查协调湖南白云电站坝体渗漏治理工作，与大坝中心沟通协调做好隐患治理方案审查、约谈国电集团抓紧制定落实整改治理计划和资金，推进白云电站大坝安全隐患治理工作积极推进。四是印发《关于公布2014年全国水电站大坝管理单位安全责任人名单的通知》(国能综安全〔2014〕408号)，公布了418座水电站大坝运行单位和主管单位安全责任人名单。五是加强调查研究，会同有关单位，对三峡工程、全国大型水库水电站大坝安全工作进行调研，形成报告并上报国务院。

(八) 开展电力可靠性监督管理工作

一是印发火力发电机组和供电企业可靠性评价实施办法，开展30、60和100万千瓦机组和含农村的全口径供电可靠性评价和核查工作，公布2013年度火力发电机组和供电企业可靠性评价结果。二是召开电力可靠性指标发布会，发布2013年度全国电力可靠性指标，促进可靠性信息的全社会共享，促进可靠性技术手段在电力安全生产中的应用。三是赴浙江、河南、四川、陕西、黑龙江开展供电可靠性调研，编制《供电可靠性调研报告》，强化供电可靠性监督管理工作。四是发布燃气发电机组和终端用户可靠性专项分析报告，强化可靠性数据在设计、选型、生产、营销等环节的指导作用。五是完成各级调度机构在电力可靠性管理工作中的职责和供电可靠性基础性评估研究课题，创新可靠性监管手段，研究探索提高供电可靠性指标的途径和方法。

(九) 做好电力行业迎峰度夏(冬)和防洪度汛工作

一是提前谋划、周密部署电力行业迎峰度夏(冬)和防洪度汛工作，印发《关于切实做好2014年迎峰度夏和防洪度汛期间电力安全生产工作的通知》《关于开展2014年电力行业防汛抗旱检查工作的通知》等文件，确保迎峰度夏(冬)和汛期电力系统安全稳定运行和电力可靠供应。二是加强对电力设备和水电站大坝防洪度汛工作的监督检查，对华中、南方、四川、浙江、福建等地区进行了督查，保证迎峰度夏和汛期各项安全措施落实到位。三是及时跟踪灾害天气变化情况，实时发布预警，督促指导电力企业做好应急准备工作。

(十) 做好APEC会议、青奥会等重要活动保电工作

一是加强APEC峰会保电工作组织领导，成立了由局领导担任组长的国家能源局保障APEC会议供电工作小组和电力行业保证APEC会议安全供电工作领导小组，制定工作方案，召开专题会议，为保证APEC会议电力安全提供有力的组织保障。二是加强监督指导和协同配合，针对河北省临时压减发电运行机组容量带来的电网运行和电量平衡困难的问题，国家能源局有关工作负责同志带队专程赴河北省大气污染防治工作领导小组办公室沟通商谈，制定并落实确保会议期间电网运行安全与大气污染防治效果的具体措施。三是强化安全生产监督检查，局领导分别带队对重要保电场所开展现场督查，指导电力企业落实保电措施。四是强化应急值守，会议期间，严格执行值班制度，及时处置突发事件，保证了会议期间安全供电的万无一失，实现了“零闪动、零差错、零投诉”的保电目标。五是提前部署青奥会保电工作，局领导带队开展相关电力企业保电准备工作督查，组织江苏省电力二次系统安全防护评估工作，青奥会期间，加强应急值守，圆满完成青奥会保电工作。

(十一) 做好电力设施安全保护相关工作

一是负责全国电力电信广播电视设施安全保护工作部际联席会议、全国公路水路安全联防工作小组和中央综治委护路护线联防专项组联络工作，承担其交办的任务。二是与公安部联合制定《电力设施治安风险等级和安全防范要求》，并要求电力企业认真贯彻落实。三是按照中央领导同志有关指示精神，积极开展电力设施安全保护工作，在全国范围内开展了跨海(江、河)高压输电线路安全运行情况专项督查统计，确保跨淮河高压输电线路安全稳定运行；对外力破坏威胁电网安全的情况进行了调研督查，减少外力破坏对电网安全稳定运行造成的风险。四是贯彻落实2014年全国“三电”设施安保重点工作任务分工，组织开展“三电”设施安全保护工作安全大检查隐患大整改活动，组织开展全国“三电”设施安全保护宣传月活动，对“三电”问题突出的重点地区进行挂牌整治。

(十二) 做好电力应急管理工作

一是加强应急制度建设，制定《国家能源局

重大突发事件应急响应工作制度》，制修订《电力企业应急预案管理办法》及《电力企业应急预案评审与备案细则》，进一步完善应急响应制度，加强预案管理。二是配合国务院应急办继续组织修订《国家大面积停电应急预案》，目前已经进入国务院办公厅报批程序；推动和参加贵阳市、遵义市电网大面积停电联合应急演练，青海省、河南省大面积停电联合功能演练和广东“西电东送”大通道故障应急综合演练工作。三是贯彻落实《重要电力用户供电电源及自备应急电源配置技术规范》，编制《关于重要电力用户供电电源及自备应急电源配置情况的通报》。四是联合国家反恐办开展电力系统反恐怖防范目标梳理备案工作，要求电力企业按照《电力行业反恐怖防范标准（试行）》梳理本企业反恐怖防范目标，完成一级重要反恐目标梳理备案工作，为企业按照要求配备人防、物防、技防打下基础。五是强化灾前预警，积极应对海南“威马逊”台风、云南“普洱”、鲁甸地震等重大灾害，加强灾害信息报送和研判，迅速落实国务院领导有关批示要求，现场督促指导相关电力企业开展抢险复电和灾后重建工作。六是推进电力系统自然灾害灾后损失评估机制和标准研究、水电站大坝安全应急管理研究、能源局系统电力应急平台互联互通研究等课题研究工作。七是按照国务院应急管理办公室和国家抗震救灾指挥部要求，报送每季度电力安全生产形势分析报告和年度抗震救灾工作报告。

（十三）加强电力安全生产事故（事件）调查和处理

一是强化电力事故（事件）信息报送、统计和分析工作，开展电力事故（事件）信息管理系统使用培训，要求企业及时、准确、完整地报送事故（事件）信息。二是研究制定电力事故（事件）警示通报和约谈制度，定期通报全国电力安全生产情况，督促企业加强管理、吸取事故教训，防范类似事故（事件）再次发生。三是做好“4·11”东莞停电事件、“5·15”江苏南京部分地区电网故障、“7·1”青海停电事故等事故（事件）调查跟踪，对国家能源局有关派出机构上报的事故（事件）调查处理报告进行认真研究，并对“12·4”西门子监控系统网络故障导致上海石洞口燃机电厂全停事件进行通报。四是加强事故（事件）警示，委托有关单位制作或出版了《水电站（大坝）安全事故（风险）警示片》《2013年全国电力事故事件汇编》《2005—2012年全国电力建设人身伤亡事故汇编》。

（十四）进一步夯实电力安全监管基础

一是落实《电力行业安全培训工作实施方案（2013—2015年）》，编制完成电网、发电、电力建设施工企业安全管理人员培训大纲、考核标准和培训教材，开展电力安全培训机构师资培训工作，为国家能源局派出机构全面开展企业安全管理人员培训奠定基础。二是开展电力企业安全生产风险预控体系建设工作，研究制定加强电力企业安全风险体系建设的指导意见。三是部署开展电力行业“安全生产月”活动，举办了电力行业“安全生产月”启动仪式，开展了“强化红线意识、促进安全发展”主题征文活动和摄影比赛活动，营造有利于安全生产的良好氛围。

国防科技工业安全生产工作

国家国防科技工业局安全生产与保密司

2014年，军工系统安全生产工作按照国务院安委会总体要求，认真贯彻落实国家国防科技工业局党组决策部署，紧紧围绕安全生产年度工作目标和计划，扎实开展各项工作。截至目前，军工系统共发生武器装备科研生产死亡事故7起，死亡7人，未发生较大以上事故，安全生产形势总体保持稳定。

一、落实安全生产责任体系

将学习贯彻习近平总书记、李克强总理等中央领导重要讲话精神作为军工系统安全生产工作的首要任务。局党组书记许达哲要求，一是军工系统各部门、各单位要强化安全生产“底线”思维和“红线”意识，将完善“党政同责、一岗双责、齐抓共管”责任体系作为全年工作的重中之重，严格落实责任制；二是狠抓危险化学品等重点危险源的安全管控、高危场所的安全检查，做好重点型号安全保障工作；三是局党组成员在抓业务时，务必抓好安全生产工作。全系统将落实安全生产责任进行了重点部署、重点检查，认真组织签订“零死亡”责任状，覆盖率达到100%。各军工集团公司和所属成员单位细化了责任追究制度，加大了安全绩效考核力度。

二、推进依法治安

积极组织宣贯新《安全生产法》，举办了专题培训班，邀请国家安全监管总局政策法规司有关同志进行宣讲，由国防科工局领导亲自主持，各省级国防科技工业管理部门和各军工集团公司主要负责人参加；研究编制了2020年国防科技工业安全生产法规制度体系，编制了未来5年的立法计划；印发了《国防科技工业安全生产专家管理办法》和《国防科技工业安全生产技术服务机构管理办法》等3个规范性文件，启动了《国防科技工业危险化学品管理办法》编制工作。

三、强化隐患整改

加大对固体和液体推进剂、火炸药、科研试验、燃气管线、有限空间等高危单位和高危作业的检查力度，组织开展了安全生产专项督查、汛期检查、交叉检查，其中国防科工局共组织检查军工单位55家，共排查隐患600余项，整改率达到98%，一时难以整改到位的，已按照“五落实”要求制定整改计划；组织开展了APEC期间安全生产检查，安排专人应急职守。会议期间，北京及周边地区安全形势稳定。在2014年召开的三次国务院安委会议上，国防科工局的工作成绩得到了肯定和表扬。

四、推进安全生产标准化建设

在2013年完成达标333家的基础上，2014年完成现场审核约313家单位，其中30家一级达标单位已由国防科工局公告，累计达标率超过80%，完成了年度达标计划，为2015年年底前全部达标奠定了坚实基础；多次组织有关专家研究总结达标工作开展以来的经验和问题，提出了“四统一、一加强”的工作要求；增办了三期培训班，共培训评审人员1000余人；对部分已达标单位进行了抽查复查；完成了航天科工和中船重工两家集团安全生产标准（修订版）的审查工作。

五、完善重大危险源管控

制定了规范化管理要点和检查程序，配合相关业务司局完成安改项目审查工作。2014年，全系统投入安改资金共计14亿元。组织开展了对兵器工业521所等三家机构的申请扩充评价业务范围的审查工作，完成了向国家安全监管总局的推荐工作。

六、推进军工建设项目职业卫生“三同时”监管工作

积极协调国家安全监管总局，理顺了军工建设项目职业卫生“三同时”监管工作机制，印发了《国家安全监管总局　国家国防科工局关于对军工建设项目职业卫生“三同时”实行行业归口监督管理的通知》，开展了推荐职业卫生专家和技术服务机构等相关准备工作，为2015年3月1日正式接手这项工作打好了基础。

七、深化安全文化建设

组织“安全生产月”和“安全生产万里行”活动，全行业积极响应，效果好于往年，国防科工局连续四年被评为全国“安全生产月”先进组织单位。开展了对2014年安全生产培训计划的监督检查，组织专家审查了课程体系，补充了师资库，修订了《国防科技工业安全生产责任制》和《国防科技工业职业卫生》2本教材。

第十部分

各省、自治区、直辖市及计划单列市安全生产工作

北京市安全生产工作综述

一、安全生产总体情况

2014年，北京市安全监管监察系统认真学习贯彻党的十八大、十八届三中及四中全会精神，以习近平总书记系列重要讲话精神为指导，紧紧围绕市委十一届四次全会提出的安全生产“四化三体系双基”的总任务，开拓创新，狠抓落实，扎实工作。

2014年，全市共发生道路交通、生产安全、火灾、铁路交通死亡事故1003起，死亡1096人，事故起数同比增加66起，上升7.0%，死亡人数同比增加64人，上升6.2%。从指标控制情况看，考核性生产经营事故总量占国务院安委会下达年度指标的77.7%。相对指标控制情况较好，亿元地区GDP生产安全事故死亡率为0.051，与国务院安委会下达指标0.056相比，减少0.005；工矿商贸企业从业人员10万人生产安全事故死亡率为0.91，与国务院安委会下达指标1.27相比，减少0.36；煤矿百万吨煤死亡率为0.9，与国务院安委会下达指标1.685相比，减少0.785。

二、安全生产重点工作

（一）“四化三体系双基”总任务开局成效显著

1. 安全生产法治化建设深入推进

制定新《安全生产法》宣贯方案，采取多种方式加大宣传力度。制定并实施安全生产法治化三年行动计划。《北京市安全生产隐患排查治理办法》已经市政府法制办批准正式立项。《北京市危险化学品安全管理办法》和《北京市商业零售经营单位安全生产规定》《北京市餐饮经营单位安全生产规定》简易修订立法项目列入市政府规章立法计划。全年制定、修订地方标准项目达到12项，《石油储罐机械化清洗施工安全规范》等7个项目已提交市质监局送审。安全生产百部地方标准制定方案得到了市质监局的积极认同和大力支持，并列入首都标准委员会重大项目。整理出明确规定市、区安监局行政处罚权力的法律法规58部，行政处罚权699项，摸清权力底数，为制定安全生产行政处罚权力清单奠定基础。开展行政处罚案卷评查，对本系统行政执法人员在行政处罚证据运用、法律法规适用各类问题298处进行了全面梳理，提出156条具体改进意见。在全系统各执法处（科、队）配备专（兼）职法制员，负责本部门执法案卷制作等日常执法行为的规范把关。

2. 安全生产信息化建设稳步提升

新建安全生产培训考核管理系统，实现本市相关从业人员安全生产培训、考核、发证的全流程网上管理。新建区县安全生产综合考核系统，实现考核指标下发、区县上报、市级评定、个性化考核等功能。建设安全生产条件普查系统，实现普查数据的录入、分级审核和上报汇总功能，并对普查数据进行分析和利用。完善危化品管理、安委会日常管理、隐患自查自报、综合指标、职业卫生和协同办公等多个系统功能。启动实施安全生产行政许可及电子监察项目。安全监管物联网示范工程基本建成

并投入试运行。安全监管信息平台整合集成12个业务系统，7类安全生产核心业务，各类业务数据达到6000余万条。朝阳区、顺义区、西城区、大兴区、怀柔区5个区县建立了安全生产信息平台，海淀区、门头沟区、房山区等区县建立了信息系统，逐步实现了与市局核心业务数据的信息共享。开发区、石景山区、东城区、房山区、昌平区、西城区、轨道交通建设管理公司、纺织集团、市市政市容委、市住建委分别投入财政专项资金用于安全生产信息化建设。

3. 安全生产标准化建设成效明显

制定《北京市安全生产标准化三年行动计划》。注重提升标准化企业创建质量，不断规范标准化评审工作，建立标准化评审单位约谈制度，制定《北京市安全生产标准化评审单位管理办法》《北京市安全生产标准化评审组织单位管理办法》《北京市安全生产标准化评审单位评审过程控制指南》《北京市安全生产标准化二级标准化企业称号管理办法》《北京市安全生产标准化核查管理办法》等系列评审管理文件，规范评审管理，逐步建立对评审单位全过程、全流程的监督、考核、通报、退出工作机制。加大标准化工作核查力度，委托北京市安全生产科学技术研究院开展全市安全生产标准化核查，定期通报核查结果。全市各级财政共计投入7365万元用于安全生产标准化建设。截至2014年12月底，全市完成达标企业数量51843家，其中一级标准化企业42家，二级标准化企业498家，三级标准化企业12025家，小微岗位达标企业39278家。16个区县、北京经济技术开发区全部完成标准化年度达标任务。

4. 安全生产社会化建设取得突破

市局成立了安全生产科技促进会、职业病防治联合会、安全生产技术服务协会、安全文化促进会4家社团组织。14家注册安全工程师事务所完成注册登记。酝酿7年之久的安全生产责任保险制度试点工作取得突破，经市政府同意，以市安委会名义印发《关于建立安全生产责任保险制度试点工作指导意见》和《实施方案》，确定按照“政府推动、市场化运营”的方式在本市传统高危行业、道路交通、人员密集场所等11个重点领域建立安全生产责任保险试点，试点工作全面启动。依托市安科院以事业法人登记方式成立北京市安全生产技术服务中心和安全生产技能鉴定所，取得相应资质，为安科院发展带来了新的生机活力。适应政府购买服务的新要求，适应财政资金拨付方式的转变，对全市安全生产领域社团组织建设提出了明确要求。

5. 安全生产责任体系不断完善

着眼实现首都战略定位，以市委、市政府名义印发了《关于大力实施安全发展战略，促进和谐宜居之都建设的意见》(京发〔2014〕21号)。这是本市贯彻落实党中央、国务院和习近平总书记关于安全生产工作的批示、讲话精神的重要举措，是对北京市安全生产工作实践的科学总结，是指导北京市今后一个时期安全生产工作的纲领性文件。市委办公厅、市政府办公厅印发了《北京市安全生产党政同责暂行规定》，市政府印发了《关于进一步完善和加强市政府工作部门安全监管（管理）职责的通知》(京政发〔2014〕27号)。同时，以市政府办公厅或市安委会名义分别制定了安全生产约谈、警示、通报制度。连同2013年出台的《北京市安全生产“一岗双责”暂行规定》(京政发〔2013〕38号)，形成了以京发〔2014〕21号文件为统领、7个文件为支撑的“1+7”的北京市安全生产责任体系，标志着北京市安全生产领域“明责”环节的工作初步完成。印发《关于进一步完善市政府有关部门安全生产综合考核工作的意见》，新增7个部门作为考核对象，制定共性与特性双重考核内容，推动政府部门履行安全监管职责。

6. 隐患排查治理体系建设取得积极进展

市政府印发《关于推进安全生产隐患排查治理体系建设的意见》(京政发〔2014〕23号)，设计了“两个责任落实体系”“五个运行机制体系”“五个支撑保障体系”的“二五五”建设框架。市安委会印发《隐患排查治理体系建设三年行动计划》，明确了体系建设总体思路、主要任务和保障措施。发挥典型带动示范作用，大力推广顺义区隐患排查治理体系建设经验。市财政加大隐患治理资金投入，2014年安排资金6475万元，用于液氨等重大隐患治理和安全生产条件普查等，彻底完成了110家涉氨制冷企业重大事故隐患的治理。

7. 安全预防控制体系建设有序推进

已经完成了前期的课题研究，形成《北京市

安全预防控制体系建设研究》调研报告，科学推进安全预防控制体系建设。

8. 安全生产基层基础不断夯实

加强基层安全生产检查力量。市政府办公厅印发《关于建立乡镇、街道（园区）安全生产专职安全员队伍的意见》（京政办发〔2014〕31号），乡镇、街道（园区）安全生产检查力量薄弱这个多年困扰我们的难题得到有效解决。科学组织，严格程序，认真培训，以专职安全员队伍组建为契机，带动了乡镇安全生产机构、装备、办公条件的设定和改善。全面加强市局机关建设和干部队伍建设。坚持公平、公正、公开的原则，形成了“一个机制和六个体系”的干部队伍建设总体思路，市局机关建设和干部队伍建设走上了更加规范、有序、高效和公平公正的轨道。在全市安监系统鼓励报考注册安全工程师（助理注册安全工程师），全市注册安全工程师报名人数比2013年翻一番，考核通过人数达到了1974名，同比增加128名。推动安全资格考点示范工程建设，健全完善安全资格考试制度体系，共培训考核三项岗位人员17万人，核发安全资格证12万个。

（二）安全生产中心重点任务得到扎实落实

危险化学品集中管理体系建设取得重要进展。市政府办公厅印发了《关于建立北京市危险化学品集中管理体系的若干意见》，明确了体系建设的总体思路、主要任务和保障措施。成品油、剧毒和气体（包括工业气体、车用燃气、瓶装液化气）首批纳入集中管理体系。稳步推进房山区危险化学品集中管理体系试点。以东方石油化工有限公司化工四厂转型升级为契机，整合周边生产、物流、仓储资源，建设区域危险化学品物流枢纽基地。完善了北京燕星宇国际石化产品交易市场，初步建成房山区危险化学品交易专业分市场。

加大重点行业领域监督执法和专项整治力度。持续推进“安全·和谐”矿山建设，加强金属非金属矿山的整顿关闭，对5家许可证到期的企业下达了停产指令。持续开展了城乡结合部、“六打六治”、粉尘作业、石油天然气长输管线、加油站贯标改造、危险化学品一书一签、电气安全暨特种作业“双打”等专项整治，全年共计消除事故隐患29.9万项。

全力做好重大政治活动安全生产监管工作。圆满完成了党的十八届四中全会、新中国成立65周年庆祝活动、全国“两会”，以及重要节假日等各个重要时期、关键节点的安全生产监管工作。采取进驻方式对APEC会议雁栖湖会址开展了持续1年的执法检查，制定危险化学品等高危行业特殊管控措施，强化社会面、重点场所周边，焰火在京临时储存、燃放阵地现场施工和高空作业，以及水立方改造、领导人焰火观礼台等会场和活动场所临建设施的安全监管，确保了APEC会议期间全市安全生产形势的稳定。

（三）安全生产工作方式方法得到持续改进

稳步推进安全生产领域改革试点工作。落实国务院安委会《关于在北京等8省份开展全面深化安全生产领域改革试点方案》要求，以市安委会名义印发《北京市安全深化安全生产领域改革试点工作方案》和《北京市安全深化安全生产领域改革试点工作分工方案》。经市政府批准，确定通州区为体制机制综合改革试点区，建立安全生产监管责任体系、监管监察体系、隐患排查治理体系和社会共治体系；朝阳区为社会化改革试点区，建立政府监管与社会参与相结合的安全生产治理模式；房山区为危险化学品（烟花爆竹）安全监管政策试点区，建设危险化学品集中管理体系。

全面启动北京市第一次安全生产条件普查。制发普查工作方案和管理办法，明确分工职责。确定普查标准，设计了一般法人、个体工商户和在建工程3类普查表、189项普查指标，加强普查的可操作性。西城区、朝阳区等7个区县率先完成普查试点任务，共普查生产经营单位3万余家。

开辟安全生产宣传教育新方式。举办以“坚守红线意识，保障城市安全”为主题的“安全生产月”系列活动，首次面向家庭组织开展了“家庭安全知识竞赛”，首次面向全市安全监管系统开展了“十佳安全生产监管卫士评选”。由北京汽车集团公司冠名赞助150万元启动了“十佳安全宣传员”的评选。

进一步提升安全生产应急救援能力。成功主办了北京市第一届矿山救援技术竞赛。推进属地政府与重大危险源企业“一对一”预案应急演练、油气输送管线事故应急演练，全年共组织各类安全生产演练活动9200余次。

持续深化行政审批制度改革。简化审批流程，制发《北京市安全生产监督管理局行政审批工作管理办法》《北京市安全生产监督管理局行政审批事项办理规定》，将许可事项按照不同情形从原来的四级决定权限简化为三级决定权限。加强服务窗口建设，通过推行工作日“延时服务制”、完善申请审批信息化系统、实行“一站式服务”等方式，提高审批效率，各项行政许可办理时间减少了10个工作日左右。

不断夯实职业卫生监管基础。编制《职业卫生地方标准编制大纲（2015—2020）》。制发《关于进一步做好本市用人单位职业卫生培训工作的指导意见》，进一步规范企事业单位职业卫生培训工作。制定《北京市职业病防治工作评估标准》，在全国率先开展职业病防治评估，完成对16个区县和开发区的评估结果“一对一”反馈。督促用人单位建立职业健康监护档案，共涉及接触职业危害的劳动者约17万人，全年建档率达到90%以上。制定《北京市乙级职业卫生技术服务机构认可指南》，严格规范职业卫生技术服务机构资质评审，审批认定服务机构28家。

天津市安全生产工作综述

一、安全生产总体情况

2014年，天津市委、市政府高度重视安全生产工作，全市上下认真贯彻落实市委、市政府和市领导关于安全生产工作的指示精神，以落实安全生产责任制为主线，以深入开展安全生产大检查和“六打六治”打非治违专项行动为抓手，积极推进各项安全生产措施落到实处，保持了全市安全生产形势的基本稳定。2014年，全年共发生各类（工矿商贸、生产经营性道路交通、铁路交通、农业机械）安全生产死亡事故310起、死亡366人；同比，事故起数减少55起、下降15.07%，死亡人数减少44人、下降10.73%；占全年控制指标的81.70%，在控制指标进度目标之内，少82人。1—12月发生工矿商贸领域死亡事故71起，死亡80人；在控制指标进度目标之内，少11人。从事故情况看，主要表现为“两个下降”和“三个比较稳定”，即：事故总起数下降和死亡人数下降；工矿商贸等多个行业领域形势比较稳定，大部分区县安全生产状况稳定，重大节日和重要政治活动期间安全生产形势比较稳定，并且未发生重特大安全生产事故。

二、安全生产重点工作

（一）以落实责任制为核心，进一步完善安全生产责任机制

全市各级各部门认真贯彻落实新《安全生产法》和《天津市党政领导干部安全生产“党政同责、一岗双责”暂行规定》的有关要求，通过层层签订责任书、严格考核、加强督查等手段，切实将安全生产责任落实到基层。市安委会办公室分解下达了2014年安全生产控制考核指标。并组织了对16个区县政府、16个市政府有关部门以及国资委所属各集团公司2013年度安全生产责任制落实情况的考核，各地区、各部门安全生产责任制落实情况较好。研究制定了市安委会会议制度、安全生产情况通报制度等4项市安全生产委员会工作制度，进一步强化了安委会成员单位的责任意识。

（二）以消除各类安全隐患为目标，深入开展安全隐患排查治理

2014年以来，全市各级各部门对全市危险化学品、建筑施工、人员密集场所、特种设备等重点行业领域开展了全面的隐患排查治理。市安委会还先后组织各相关部门开展了预防硫化氢中毒、涉氨企业、劳动密集型企业、油气管道、建筑施工“三防”、道路交通安全等专项检查，排查治理了一批安全隐患。同时，全市各级、各部门以危险化学品、非煤矿山等行业和领域为重点，认真开展“六打六治”打非治违专项行动，共检查生产经营单位31043家，排查隐患27392项，下达整改指令10751次，处罚2283余万元。

（三）强力推进全市安全生产大检查

全市各级各部门按照“全覆盖、零容忍、严执法、重实效”的总要求，突出春季、暑期、冬季和节日等重点时段，在全市范围内开展了安全生产大检查。各区县、各部门、各单位党政一把手和分管领导亲自带队，采取“四不两直”的方式，深入一线暗查暗访，督促企业排查治理隐患。据统计，一年来全市各相关部门共检查企业 119130 家次，发现一般事故隐患 236018 项，已整改 228529 项，发现重大隐患 376 项，已整改 317 项，落实隐患治理资金 6.16 亿元。

（四）以开展安全标准化为基础，努力构建安全生产长效机制

天津市安监局在不断加快全市危险化学品、非煤矿山和冶金等重点行业领域企业安全生产标准化建设推进速度的同时，加强对企业分类分级指导和差异化监管，建立了安全生产事故通报、警示约谈和“黑名单”等多项制度，不断建立安全生产长效机制。2014 年，全市危险化学品企业达标 1457 家，冶金等工贸企业达标 821 家，非煤矿山企业达标 55 家，交通运输企业达标 318 家。并完成危化企业分类分级 1514 家，其他工贸企业 20069 家。

（五）以事故预警预防为立足点，不断强化安全生产应急管理

天津市安监局以进一步完善市、区、行业三个层次应急预案体系建设为重点，积极开展应急预案演练活动，不断提高安全生产应急保障能力。市安委会制定完善了《天津市安全生产重大隐患挂牌督办暂行办法》《天津市生产安全事故查处挂牌督办办法》等一系列制度和措施，制定下发了《天津市安委会办公室关于加强危险化学品重大危险源监督管理工作的实施意见》，对全市 194 家，286 处危险化学品重大危险源进行了备案，建立了重大危险源数据库；编制完成了《天津市生产安全事故综合应急预案》和《天津市危险化学品事故应急预案》，并成功处置了 53 起危险化学品涉险事故。

（六）以安全生产月为契机，认真做好安全生产宣传教育和培训工作

深入持续开展“安全生产月”活动、“《职业病防治法》宣传周”和新《安全生产法》学习等宣传教育活动。先后向全市发放宣传挂图、视频宣传片、安全宣教系列手册等宣传资料 68000 余套，在新《安全生产法》学习中制发放新的安全生产法单行本 76000 册、安法修改前后对照表、宣传展板、挂图等 12000 余套。天津市安监局专门成立了新《安全生产法》宣讲团，编制了针对不同对象的宣讲课件，在培训 80 余名各区县局宣讲骨干的基础上，分头对各级安监干部、各类企业主要负责人、安全生产管理人员进行了专题培训。同时加强对企业重点人员的培训教育，共计培训特种作业人员 74783 人、生产经营单位主要责任人 8487 人、安全管理人员 24956 人。

总的来说，2014 年天津市安全监管工作取得了一定成效，安全生产形势保持了基本稳定。但是，与市委、市政府的要求和人民群众的期望相比，工作还存在很大差距：一些生产经营企业安全主体责任落实不力，安全投入不足，安全管理不到位；一些行业和领域安全培训教育不到位，隐患排查治理不彻底，各类事故仍时有发生；安全监管基层基础还比较薄弱，安全监管手段比较落后。对于这些问题和薄弱环节，全市上下必须高度重视，采取切实有效的措施予以解决。

河北省安全生产工作综述

一、安全生产总体情况

2014 年，河北省安全生产形势总体稳定，事故起数和死亡人数双下降，但较大事故起数上升，部分行业事故多发，重大事故仍有发生。

（一）安全生产总体情况平稳

2014 年，全省事故总起数和死亡人数同比双

下降。共发生各类事故8981起，同比减少248起，下降2.7%；死亡2822人，同比减少65人，下降2.3%；受伤3935人，同比减少341人，下降8%；造成经济损失22450.5万元，同比减少3836.8万元，下降14.6%。发生较大事故28起，同比增加2起，上升7.7%，死亡107人，同比减少5人，下降4.5%；发生重大事故1起、死亡13人，均同比持平；未发生特别重大事故。2014年以来，全省事故起数和死亡人数连续12个月保持双下降。

（二）多个行业（领域）事故下降

2014年，全省各行业（领域）中，工矿商贸、道路交通和农业机械3个行业（领域）事故起数和死亡人数同比双下降，事故起数分别下降26.4%、3.7%和15.6%，死亡人数分别下降22.4%、0.1%和33.3%。工矿商贸各行业事故起数和死亡人数均同比双下降。具体是：煤矿事故同比减少6起、20人，分别下降27.3%和57.1%；金属与非金属矿事故同比减少11起、7人，分别下降45.8%和26.9%；建筑业事故同比减少17起、17人，分别下降34.7%和26.6%；危险化学品事故同比减少5起、7人，分别下降71.4%和77.8%；烟花爆竹事故同比减少2起、6人，分别下降66.7%和85.7%；工商贸其他行业事故同比减少14起、3人，分别下降13.6%和2.4%。

（三）部分行业（领域）和地区较大事故下降

2014年，从各行业（领域）情况看，全省危险化学品、烟花爆竹、铁路路外和农业机械4个行业（领域）均未发生较大事故；生产经营性消防火灾较大事故同比减少3起、15人，均下降75%。从各地情况看，定州和辛集2个市均未发生较大事故；石家庄和承德2个市较大事故起数和死亡人数同比双下降；邯郸、沧州和廊坊3个市较大事故起数同比持平，死亡人数同比下降。

（四）多数市工矿商贸领域安全生产状况稳定

2014年，全省多数市工矿商贸领域安全生产状况稳定。其中，石家庄、唐山、秦皇岛、保定、张家口、承德、沧州、廊坊和辛集9个市事故起数同比下降，降幅为4.7%~78.9%，其中石家庄降幅最大。石家庄、秦皇岛、保定、张家口、承德、廊坊和辛集7个市死亡人数同比下降，降幅为17.6%~83.3%，其中辛集、石家庄降幅较大。石家庄、秦皇岛、保定、张家口、承德、廊坊和辛集7个市事故起数和死亡人数同比双下降。

（五）部分行业（领域）和地区事故上升

2014年，全省部分行业（领域）事故上升。其中，铁路路外事故起数和死亡人数同比上升，分别增加8起、6人，上升7.5%和8.5%。部分行业（领域）和地区较大事故上升。从各行业（领域）情况看，工矿商贸较大事故增加5起、3人，分别上升50%和7%；道路交通较大事故增加1起、10人，分别上升9.1%和21.7%。工矿商贸各行业中，煤矿发生1起经济损失超过1000万元无人员伤亡的较大事故，金属与非金属矿发生较大事故2起、死亡7人，去年同期上述2个行业均未发生较大事故；建筑业较大事故同比增加3起、7人，分别上升150%和77.8%；工商贸其他行业较大事故起数同比增加1起，上升16.7%。从各地情况看，邢台发生较大事故3起（分别为铁矿透水事故、供气站爆炸事故和交通事故），张家口发生较大事故2起（均为交通事故），衡水发生较大事故1起（交通事故），分别死亡12人、13人和4人，2013年同期上述3个市均未发生较大事故；唐山较大事故同比增加1起、4人，分别上升33.3%和40%；秦皇岛较大事故起数同比持平，死亡人数增加1人，上升33.3%；保定较大事故起数同比增加1起，上升33.3%。

（六）各类安全生产指标完成情况

2014年国家下达河北省4大类、16项控制考核指标，其中铁路交通事故死亡77人，超出全年控制指标（70人）；重大事故1起，超出全年控制目标（零控制），其他各项指标均在控制范围以内。

二、安全生产重点工作

（一）强化安全生产责任落实

2014年是河北省委、省政府在落实安全生产责任上力度最大的一年。河北省委、省政府出台了《河北省安全生产“党政同责、一岗双责”暂行规定》，省政府办公厅先后印发了《河北省深化安全生产承诺制工作方案》《河北省企业安全生产诚信管理办法》等文件。按照省委、省政府的部署要求，11个设区市、2个省直管县（市）以及186个县（市、区）都结合本地实际，以不同方式出台了党政同责的相关规定。全省有11.6万家企事业单位与当地政府签订了《安全生产承诺书》，初步建立了多部门共同合作的安全生产激励约束机制。进一步加大了事故查处和责任追究力度，2014年由各级安监部门牵头调查的安全事故111起，已结案88起，给予党纪政纪处分146人，移送司法机关35人，行政处罚1360万元。全省11个设区市、2个省直管市以及186个县（市、区、开发区）都出台了“党政同责”相关规定。

（二）完成了高危重点行业（领域）专项整治年度目标

在煤矿方面，11月1日，周本顺书记在张家口与蔚县县委书记谈话，就打好煤矿安全生产攻坚战、落实安全生产责任等提出要求；5月21日和28日，张杰辉副省长分别在张家口、邯郸市主持召开煤矿矿长谈心对话会，省煤管局先后组织16场次、与97名煤矿矿长进行了谈心对话。省煤管局建立健全了煤矿瓦斯防治能力评估制度和标准，制定下发了《河北省煤矿瓦斯等级鉴定机构管理办法》，并对5家瓦斯鉴定机构的资质进行了考核。在非煤矿山方面：狠抓了3个国家重点县、6个省重点县攻坚克难专项行动，开采秩序混乱、非法违法问题严重等深层次问题正在逐步得到解决。由省政府出资490万元，聘请29家技术服务机构，对全省所有地下矿山进行了全面排查治理，查出安全隐患和问题1.1万条，重大安全隐患120条，下达整改指令1046份，建议关闭系统53个、整合系统34个。在尾矿库方面，全省各级政府和企业千方百计筹集资金18亿元，整治尾矿库1242座，关闭550座，超额完成了年初确定的目标。制定了《尾矿库生产运行作业规范》，已作为河北省地方安全标准正式发布。在油气管网方面，全省安监部门共组成118个检查组，出动检查人员900余人次，共排查设备设施及安全管理方面存在隐患317项、违法占压和安全距离不足隐患1395处，相关企业投入整改资金2375.5万元，整改隐患271项，清理占压及安全距离不足问题21处，达成清理协议18处，剩余1356处已移交发改部门协调解决。在危险化学品方面，依法注销了210家企业的安全生产许可证，完成了589家企业自动化控制改造和321家企业的在役装置设计诊断，对全省95个化工园区（化工集中区）开展了为期3个月的安全专项整治；出资100万元，聘请17家技术服务机构，对200家重点化工企业和18家烟花爆竹生产企业开展深层次、大规模的隐患排查治理专项行动。

（三）扎实开展“六打六治”打非治违专项行动

全省各企事业单位共排查治理事故隐患43.4万处，已整改42.5万处，整改率97.9%。各级各部门组织2.5万个执法检查组，参加执法人员16万人次，检查企事业单位和场所7.9万处，组织开展跨地区、跨部门联合执法1189次，对重大非法违法行为备案477件，向社会公告“黑名单”企业143家，关闭非法违法企业284家。

（四）深入开展涉爆粉尘企业安全生产大检查

河北省安委会先后4次下发文件进行安排部署，确定了“四个100%，两个零指标”的目标；省安委办组织了两轮专项督导检查，召开了两次现场调度会、两次大规模的培训活动，对262名各市安监部门主管科（处）长、100家安全中介机构技术负责人、91家涉爆铝镁粉尘企业安全技术负责人进行了强化安全培训。为查清底数，对7大类、1725家涉爆粉尘企业的基本信息进行了摸底统计。大检查中各级共查出问题和隐患2.8万条，责令停产整顿63家。

（五）安全生产警示教育活动取得成效

全省共组织宣讲404场，11.6万家企事业单位主要负责人接受了警示教育，市、县两级也参照省级模式，组织安委会成员单位干部职工、企业安全管理人员和一线员工共计860多万人开展了警示教育活动。

（六）狠抓安全生产应急救援体系建设

出台了《河北省生产安全事故应急处置办法》和《河北省生产安全事故应急处置评估暂行办法》；成功举办了全省煤矿瓦斯爆炸事故应急救援演练观摩会和河北省2014年长输管道泄漏爆炸事故应急救援演习。全年各级共开展应急演练4800次，投入2500多万元，参演30余万人；18万多家生产经营单位编制了应急预案，完成了1208家重大危险源企业、8600余处重大危险源点的评估备案工作。省安全生产应急救援指挥中心（救援训练基地）工程建设进展顺利，指挥中心大楼、综合训练馆、教学培训楼、装备库等主体工程已完工，2015年6月之前能够全部建成，投入使用。

（七）全面加强安全生产基层基础工作

河北省政府办公厅印发了《乡镇（街道）安全生产监管规范化建设实施意见》，省安监局组织召开了全省乡镇安全生产监管规范化建设现场会。各级培训机构对2.2万名企业主要负责人、1.5万名安全管理人员、10万名特种作业人员进行了安全培训，102万名职工接受了全员安全培训。积极开展了安全生产标准化创建活动，1.2万家企业通过了验收。

山西省安全生产工作综述

一、安全生产总体情况

2014年，全省上下认真贯彻落实党中央、国务院和省委、省政府的决策部署，强力推动制度措施落实，全省安全生产形势持续明显好转。

（一）各类事故起数和死亡人数双下降

全省共发生各类安全生产事故12629起，死亡2318人，分别下降7.81%和3.58%。其中，生产经营性事故1947起，死亡1127人，分别下降9.06%和4.65%。

（二）重点行业领域事故起数和死亡人数双下降

全省煤矿发生事故26起，死亡35人，分别下降35%和53.33%；道路交通事故5118起，死亡2080人，分别下降3.49%和2.48%，其中生产经营性事故1806起，死亡959人，分别下降7.67%和1.84%；建筑施工事故15起，死亡23人，分别下降6.25%和8%；化工和危险化学品事故2起，死亡5人，分别下降50%和37.5%；非煤矿山未发生事故。

（三）安全生产四项相对指标持续下降

煤炭百万吨死亡率0.036，下降53.25%。道路交通万车死亡率、亿元地区生产总值死亡率、工矿商贸10万就业人员死亡率同比分别下降0.69%、8.66%和5.83%。

全省各类生产经营性事故控制指标为国家下达控制指标的86.16%。全省11个市和主要行业事故死亡人数均在控制指标进度以内。

二、安全生产重点工作

（一）全面加强对安全生产工作的领导

山西省委、省政府高度重视安全生产工作，把安全作为发展的前提、保障和头号民生问题来抓，大力推进安全发展战略。王儒林书记、李小鹏省长多次做出重要指示批示。省政府召开2次常务会、4次安委会、多次专题会研究部署安全生产工作，以省政府1号文件明确工作任务和分工。各地、各部门和各单位主要领导亲自抓，分管领导具体抓，齐抓共管，有力促进了安全生产制度措施的落实。

（二）着力推进安全生产责任落实

山西省委、省政府印发了《关于实行安全生产党政同责的意见》，实行安全生产和重大事故风险“一票否决”，促进安全生产责任落实。全省11个市、119个县（市、区）和18个开发区（园区）实现了党政同责“五覆盖”。省政府明确了油气输送管道的主管部门及相关部门的责任。各有关部门对分管的企业和生产经营单位普遍实行了挂牌责任制。全省广泛开展了“知责、履责”活动，推动安全生产责任的落实。

（三）扎实开展安全大检查和“六打六治”专项行动

为深刻吸取“3·1”隧道爆炸事故教训，省政府部署在各行业领域开展了为期6个月的安全大检查。同时在煤矿等重点行业领域扎实推进“六打六治”专项行动。省长、副省长多次采取“四不两直”方式带队进行检查。省政府组织5个督查组，进行了两轮督查。各地严厉打击非法违法生产经营建设行为，坚决纠正治理违规行为，深入排查治理隐患。全省共组织督查检查组21460个，检查企业39万余家，发现并整改隐患72万条，打击和查处非法违法行为为4455起。

（四）深入推进重点行业领域安全整治

煤矿方面，实施“三个严格控制”，深入开展“与矿长面对面谈心对话”活动，按照“一矿一组”“一矿一案”要求排查治理隐患，指导大同市做好煤矿安全隐患排查治理行动试点工作，严厉打击非法违法生产行为。道路交通运输方面，深刻汲取事故教训，开展“打四非查四违”、隧道桥梁及危险化学品运输专项排查整治行动，查处交通违法行为784万人次。油气输送管道方面，省政府成立了油气输送管道安全隐患整改工作领导小组，扎实推进攻坚战，重点整治管道占压、安全距离不足、交叉穿越等安全隐患。责令临汾市蒲县、浮山县停止西气东输管道保护范围内的一切施工活动。消防和人员密集场所方面，组织开展了重大火灾隐患集中整治、住宅小区内餐饮等经营场所和劳动密集型企业专项整治。非煤矿山方面，以20个重点县为抓手，全面整顿安全生产秩序。危化品方面，以落实《化工（危险化学品）企业保障生产安全十条规定》为重点，强化罐区、泄漏、化工等重点环节安全监管。建筑施工、民爆物品、特种设备等行业领域安全整治持续推进，安全监管力度进一步加强。

（五）注重用事故教训推动安全生产工作

2014年，对91起事故进行了严肃查处，给予党纪政纪处分354人，追究刑事责任66人。对省内外发生的重特大事故和典型事故及时发布警示信息，下发事故通报23份，努力做到“一厂出事故、万厂受教育，一地有隐患、全省受警示”。

（六）加强安全生产宣传教育

以新《安全生产法》实施和“安全生产月”活动为契机，开展了三晋安全行、煤矿事故“回头看”等活动，大力宣传新安法，提高全社会遵纪守法意识。

内蒙古自治区安全生产工作综述

一、安全生产总体情况

2014年，在国家安全监管总局的大力指导下，内蒙古安全生产工作立足全区经济社会发展大局，坚持服务与监管并重，强力推动“党政同责、一岗双责、齐抓共管”安全生产责任落实，深入开展安全隐患排查和“九打九治”等专项整治，扎实推进分级分类监管、事故案例教育、重大风险源管控等各项重点工作，全年安全生产形势总体平稳，事故起数和死亡人数同比分别下降4.02%和9.49%，12项指标均在控制范围之内，未发生重大以上生产安全事故。内蒙古自治区属于事故起数和死亡人数“双下降”，且没有发生重特大事故省市区之一。

二、安全生产重点工作

由于经济下行压力导致企业效益下滑，安全投入不足，管理跟不上，员工情绪不稳，安全生产的不确定性增大。对此，安全生产工作一方面加强协调服务，主动帮助企业克服困难，增加效益；另一方面深化隐患排查和专项整治，严格安全监管，控制事故总量，强化本质安全，保障全区经济安全发展。

（一）增强服务意识，用安全生产保障经济社会稳定发展

牢固树立保障安全生产就是对地方、企业经济发展最大的支持和贡献；安全生产是最大的资源和成本节约意识。

一是提升服务效率。主动掌握对接重大项目和工程，建立审批绿色通道，优化工作流程，指导企业依法快速办理相关手续，加快项目实施进度。凡涉及安全生产的事项均一次性告知，并及时上门实行全程跟进服务。在全区积极开展为期3个月的井下开采的非煤矿山企业谈心对话活动，送安全服务到基层。同时将4项安全生产行政许可审批事项委托下放到盟市，提高效率，方便群众。

二是创新服务方式。组织非煤矿山、危险化学品、冶金等行业领域425位专家帮助企业把脉会诊，对企业安全状况及重大事故隐患进行评估，为重大风险源的管控提供技术支持（如对危化企业采取了加大储罐安全距离、合理加装自控阀、并联水喷淋保护等保障措施），实现安全与生产并举。

三是严格监督管理。对小散乱差、多次督促整

改仍不具备安全生产条件的企业，实行“零容忍”，依法停产关闭，严防发生生产安全事故，影响自治区经济社会稳定发展。

（二）深化改革创新，推进安全生产依法治理

按照自治区深化改革的部署和要求，6 项安全生产领域的改革已全面推开，相关配套措施进一步完善。

一是制定出台《关于加强和改进安全生产行政执法工作的实施意见》《安全生产暗查暗访工作制度》《安全生产督查汇报制度》《安全生产行政执法文书使用、归档规范》《安全生产专家聘用管理制度》《安全生产重大隐患排查治理跟踪督查制度》《依靠专家查隐患促整改工作制度》《关于加大危险化学品储罐间距的通知》《密闭电石炉原料控制及料面处理岗位操作基本要求》等文件，进一步完善了安全生产法律法规及监管责任体系。

二是结合行业形势、事故特点、季节特征和工艺环节等情况，科学编制年度行政执法计划，合理规划执法重点，避免多头重复检查，防止出现监管空白。在重点时段有针对性地开展了专项整治。

三是制定工作方案，细化内容和标准，在全区组织开展安全生产行政执法案卷评查，不断提高行政执法工作水平。

四是新《安全生产法》颁布后，自治区安委办及时制定方案，利用视频会议、专题培训、展览、考试等多种形式，推动领导干部、执法人员、企业认真学好用好新法，并广泛开展社会性宣传。同时实现无缝对接，做好新《安全生产法》实施前准备工作，全面启动《内蒙古自治区安全生产条例》修订工作。

五是支持基层监管能力建设。2014 年为全区旗县级安监部门争取中央预算投资建设项目 7020 万元，配置执法专业装备设施 5944 台（套）。经过自治区安监局积极协调，兴安盟安监局升格为正处级单位；全区没有单独设立安监部门的旗县区正在积极推动此项工作。

（三）健全完善制度体系，推动落实安全生产责任

一是推动落实发生较大以上事故或重大事故风险控制不力地区党委政府主要负责人“双约谈”制度。2014 年自治区共对 9 个旗县区的党政主要负责人“双约谈”，各盟市共实施安全生产约谈告诫 133 次。

二是推动落实较大以上事故挂牌督办制度。不定时现场督办，事故调查报告必须经自治区安委办审核把关，依法对相关旗县区级领导的责任应追尽追，并跟踪督查落实情况。

三是充分发挥安委办统筹协调作用，推动行业主管部门履职尽责。重新调整自治区安委会人员组成，巴特尔主席亲自担任主任，负有安全生产监管职责的重点部门均由主要负责人担任安委会成员。实行“日报告、周调度、月分析、季通报、年考核”制度，定期向有关部门通报安全生产形势（2014 年共对 5 个地区、1 个部门和 1 个区直企业下达了安全生产警示告知书）；季度召开分析调度会，点评各地各行业存在问题，提出整改要求。督促能源、住建、公安、交通等行业部门牵头负责各自行业领域专项检查，推动落实“三个必须”。

四是推动加大党委政府“三位一体”考核中安全生产占比权重，实行安全生产单独考核，强化“一票否决”事项，有力促进各级各部门认真履行职责。

经过一年的不断尝试、完善和修正，这些制度和措施在安全生产工作实践中显现了较好效果。自治区党委、政府高位推动，出台《安全生产“党政同责、一岗双责”暂行办法》，进一步明确了各级党委、政府及其工作部门和领导干部安全生产职责，安全生产齐抓共管的机制得到强化。

（四）严格行政执法，深化安全生产专项整治行动

坚持“三个一批”（取缔关闭一批不具备安全生产条件的非法违法企业；治理整改一批液氨使用存在安全隐患的企业；提升一批安全管理基础较好的企业）原则，突出矿山、危险化学品、油气管道、道路交通、建筑施工、消防等重点行业（领域），深入开展安全隐患排查和专项整治。通过专项治理活动，强化源头管理，确保安全生产。

一是“九打九治”专项行动。按照国家“六打六治”打非治违专项行动总体部署和要求，内蒙古自治区结合自治区绿色农畜产品精深加工输出基地和有色金属生产加工新型产业基地发展思路，增加了涉氨制冷企业、粉尘场所和矿山使用氰化物、火工品 3 个安全专项整治，增加为“九打九治”，并成立由相关行业主管部门牵头负责的 9 个

专项督查组，推动归口管理、各履其职、各尽其责。同时自治区安委办成立3个综合督查组，对各地各部门工作开展情况进行督导检查和调度协调。全区共组织各类工作组3452个，出动执法人员37167人次，参加检查专家1114人次，检查各类单位和场所17178家次，开展跨地区、跨部门联合执法511次，实施暗查暗访1612次。共打击矿山企业无证开采、以采代探、私挖滥采、超越批准的矿区范围采矿行为，整治图纸造假、图实不符问题607起；打击矿山企业非法使用氰化物、火工品行为，整治氰化物、火工品购买、保管、运送、领用不规范问题69起；打击破坏损害油气长输管道行为，整治管道周边乱建乱挖乱钻问题50起；打击破坏损害城市燃气管网行为，整治管道安全防护距离不足、占压、老化、超期服役、市政施工人为破坏问题226起；打击无资质施工行为，整治层层转包、违法分包问题805起；打击危化品非法运输行为，整治无证经营、充装、运输，非法改装、认证，违法挂靠、外包，违规装载等问题956起；打击客车非法营运行为，整治无证经营、超范围经营、挂靠经营及超速、超员、疲劳驾驶和长途客车夜间违规行驶等问题6546起；打击"三合一""多合一"场所违法生产经营行为，整治违规住人、消防设施缺失损坏、安全出口疏散通道堵塞封闭等问题2217起；打击粉尘场所"三违"行为，整治不具备安全生产条件、现场管理混乱、潜在风险较多等问题521起；打击危险化学品"三违"行为，整治不具备安全生产条件、现场管理混乱、潜在风险较多等问题1546起；打击涉氨制冷企业"三违"行为，整治不具备安全生产条件、现场管理混乱、潜在风险较多等问题386起。

二是危化生产企业分级分类监管。针对近年来自治区危化行业迅猛，企业之间工艺、设备、自动化程度、人员素质、基础条件差距较大等实际，立足强化基础，着眼长远，对现有危化生产企业进行全面"清盘"评估，实行分级分类监管。研究制定统一标准，聘请专家打分，分好、中、差三类，实施差别化安全管理和末位淘汰制度。评估工作已按期完成。根据评估结果，对32户安全条件差的企业下达了停产指令，对51户安全条件好的企业指导达标升级，对其余264户企业督促整改。

三是整顿关闭落后产能。全区650户涉氨制冷企业中，已关闭及退出涉氨制冷行业的企业有165户；金属非金属矿山整顿关闭工作取得阶段性成效，全区完成关闭金属非金属矿山318家。

四是环境保护、节能减排和安全生产专项督查。根据自治区政府总体安排部署，重点对全区重点行业（领域）的92个单位进行了督导检查。共发现安全生产类问题191种，查出安全隐患568项。已完成隐患整改129项，剩余439项隐患已逐条逐项反馈各盟市和相关部门，并提出了相关建议，督促整改落实。

（五）强化能力建设，夯实安全生产基础

一是以"安全生产大讲堂"为统领，全面加强安全生产宣传培训教育工作。先后制作《珍爱生命、谨防毒气》《坚守红线》《平安回家》《思平安、得幸福》《井下作业安全提示》《汛期安全防范重点》《安全燃放鞭炮》《行车安全》《春季安全生产》9部公益广告片，在自治区、各盟市、旗县区电视台连续播放，播报新闻稿件41650余条，面向全社会宣传安全发展理念，普及法律法规，传播安全知识。编制《案例教育——工矿商贸生产安全事故选编》《预防有限空间作业有毒有害气体中毒窒息事故》《预防大型储油设备燃爆火灾事故》等警示教育资料，面向一线安监干部、企业负责人、班组长和从业员工，用惨痛的事故教训警醒企业重视安全生产，真正让从业者入心入脑，竭力减少因对安全知识的无知无解、对安全隐患的无畏无惧和对习惯性违章恶习的无视无改造成事故发生，成效初显（中毒和窒息、高处坠落事故死亡人数，同比分别下降35.09%和33.33%）。实现"教考分离"，从办培训向管考务方向转变，进一步规范安全生产培训考务管理（今年以来共培训生产经营单位主要负责人、安全管理人员和特种作业人员68694人，机考率达97.91%）。全区共组织事故案例宣讲团608个，组织宣讲人员1808人，开展宣讲活动2659次，参与企业3700家，受教育人数18.77万人次。

二是深刻吸取有关省市事故教训，有效提高应急能力。积极建立地方政府值班、公安、消防、安监信息联动机制，特别是对较大涉险危化品事故，无论是否有人员伤亡，无论原因、损失是否查明，无论情况是否准确，都要求第一时间上报，做到第一时间掌握事故信息，第一时间调集应急资源组织

救援。2014年以来全区共组织呼和浩特燃气管网泄漏事故等较大规模演练387次。

三是以标准化达标为抓手，加大执法检查力度，推动企业落实主体责任。目前全区非煤矿山企业完成标准化建设1273户；危险化学品生产、经营企业完成标准化建设3992家；冶金、工贸等规模以上企业完成标准化建设1593家。对在规定期限内未达标的企业，责令停产整顿；对整改逾期仍未达标的，坚决予以关闭。

四是对新上项目核准、“三同时”、试生产等方面严把安全准入关，实现安全风险源头控制。

（六）强化队伍作风建设，巩固群众路线教育成果

一是深入学习贯彻落实习近平总书记重要讲话和国家安全监管总局、内蒙古自治区党委政府关于加强安全生产的重要部署，切实用安全发展理念和安全“红线”意识武装头脑，安监干部的政治自觉、思想自觉和行动自觉进一步增强。

二是上下联动，定期评估，持续用力推进整改落实。精简文山会海，压缩三公经费，开展局领导下基层调研和定点联系基层、“送课下基层”、与企业主要负责人谈心对话等活动，全面落实“三到村三到户”扶贫攻坚任务，采取“四不两直”检查方式，严格落实“四个一律”执法原则，认真执行安全执法人员履职行为“四个零”规定等，行风作风进一步改进。

三是坚持抓安全必须抓廉政，强化党风廉政建设责任。首次在全区召开安监系统党风廉政建设工作座谈会，研究制定系统党风廉政建设意见，持续开展警示教育活动，进一步健全廉政风险防控工作机制，坚决依法严查安全生产责任事故和事故查处失之于软、失之于宽背后、安全生产“打非治违”工作当中的不正之风和腐败行为，树立安监干部为民务实清廉的良好形象。

辽宁省安全生产工作综述

一、安全生产总体情况

2014年，全省各地区、各部门、各企业牢固树立以人为本、安全发展的理念，强化安全生产“红线”意识，进一步健全完善“党政同责、一岗双责”的安全生产责任体系，全面深化事故隐患排查，深入开展“六打六治”打非治违、粉尘防爆治理等专项行动，建立安全生产长效机制，有效防范和遏制重特大事故的发生，全省安全生产工作取得了显著成效，安全生产形势持续保持了总体平稳的发展态势。

（1）事故总量、死亡人数实现双下降。全省统计口径共发生各类事故1937起，死亡1204人，事故起数和死亡人数同比分别下降3.5%和2.8%，低于考核进度9.1个百分点。

（2）重点行业领域事故起数和死亡人数双下降。非煤企业、经营性道路交通、铁路交通、农业机械等行业领域事故起数同比分别下降2.4%、1.5%、32.2%和26.5%；死亡人数同比分别下降7.0%、0.5%、21.1%和17.4%。全省非煤工矿商贸企业实现了31个月无重大以上生产安全事故。

（3）较大事故起数和死亡人数上升，发生一起重大事故。全省发生较大事故40起，死亡139人，同比分别上升48.1%和18.8%。其中道路交通发生较大事故27起，死亡98人，同比分别上升170%和113%。煤矿发生1起重大事故，同比重大事故起数增加1起，死亡28人。安全生产形势依然严峻。

二、安全生产重点工作

（一）加强安全生产组织领导，不断完善安全生产责任体系

省委、省政府高度重视安全生产工作，认真贯彻落实“党政同责、一岗双责”的要求，全力推行各级政府行政首长安全生产责任制，不断完善安全生产责任体系。9月4日，省委第86次常委会审议通过了《辽宁省安全生产党政同责暂行规定》，明确了各级党委、政府及部门和领导干部的安全生产工作职责。省政府常务会议对省安委会领导成员做出重大调整，李希省长亲自担任安委会主

任，各部门主要负责人担任安委会成员。各市市委、市政府和两个省管县积极贯彻省委文件精神，态度坚决，行动迅速，出台了本地安全生产党政同责规定，14个市、两个省管县的政府主要领导全部担任本级安委会主任。省政府按照“三个必须”的要求，落实了政府相关部门的安全生产工作职责，并强化了安全生产绩效考核。全省基本建成安全生产党政同责的责任体系，形成齐抓共管的新局面，从领导制度上为安全生产事业的长远发展提供了领导和组织保障。

（二）扎实开展“六打六治”打非治违专项行动，重点行业领域专项整治行动取得新成效

全省各地各部门以“六打六治”打非治违专项行动和粉尘防爆专项整治为重点，持续抓好非煤矿山、危化品、烟花爆竹、油气输送管道、交通运输、建筑施工安全等重点行业领域专项整治。一是打好非煤矿山整顿关闭攻坚战。加强对废弃矿井的监管，关闭非煤矿山321座，累计关闭641座，超额完成国务院安委会下达的任务。省市两级安全监管部门与902家企业矿长进行了谈心对话。二是全力推进危险化学品本质安全专项行动。全省危化品生产储存装置完成了安全设计诊断、危险化工工艺自动控制改造和重点危化品生产企业自控系统改造，全面完成重大危险源自动化监控。三是深刻吸取江苏昆山“8·2”特大爆炸事故教训，在全省开展了粉尘防爆专项整治行动。经过专项整治，摸清了全省2291家粉尘爆炸企业情况，逐户建立了企业档案和隐患排查治理信息台账。四是推动成立了省油气输送管道隐患整治工作领导小组，省及各级发改部门均设置或指定机构负责管道保护工作。召开了全省油气输送管道隐患排查整治推进会，11个涉管道市与中石油驻辽相关企业进行了油气输送管道隐患治理对接，签订保护、整治协议，建立隐患台账，逐项明确治理整改措施，建立管道保护长效机制。五是配合有关部门组织开展了全省道路交通货物运输源头治理超限超载专项整治行动、城市轨道交通运营安全隐患排查治理专项行动、全省危化品道路运输和公路隧道安全隐患整治专项行动、全省水上交通安全“打非治违”专项整治行动、建筑施工预防坍塌事故专项整治行动和旅游安全专项检查，落实企业主体责任，完善安全生产措施，治理各类隐患。充分发挥省安委会综合协调职能，研究解决挂靠经营货运车辆及其驾驶员安全管理不到位，建筑施工领域“以包代管”“包而不管”和军工企业火工品储存、运输环节安全隐患等问题，提出解决隐患治理对策措施。

（三）扎实推进安全生产标准化工作，提高企业安全生产管理水平

省政府召开全省安全生产标准化推进会。省安监局会同省中直6个部门联合下发文件，出台政策推动交通运输、电力、城市公用事业、邮政等部门开展安全生产标准化建设。全省共有1195家有储存装置的危化品经营单位完成安全生产标准化达标建设。122家烟花爆竹批发经营企业取得标准化等级，其中19家达到二级安全生产标准化。全省共有3826家非煤矿山企业取得标准化等级，占总数的97.7%。72家石油天然气开采企业取得安全标准化等级，占总数的64.9%。冶金等工贸行业完成评审企业1450家，完成年度创建指标的116%。交通运输、电力、邮政、通信、城市公用事业和索道行业企业按照要求，全面推进企业安全生产标准化建设。

（四）强化事故报告和调度统计，不断加大事故查处和责任追究力度

强化日常事故报告和较大以上事故报告工作，第一时间接报各类事故，并及时向省委、省政府和国家安全监管总局报送较大以上事故快报、续报。对发生的较大以上事故及时跟踪调度。定期开展事故统计分析工作，有效推动工作。

依法依规严肃查处各类生产安全责任事故。省安委会对抚顺市清源县“7·28”较大道路交通事故、朝阳市建平亿隆建筑工程有限公司“11·10”起重伤害事故等18起较大生产安全事故实行了挂牌督办，现已批复结案16起，追究刑事责任16人，给予党纪政纪处分49人。处罚事故责任单位12家，处罚责任人34人，罚款340万元。各级安全监管部门查处工矿商贸生产安全事故286起，批复结案260起，平均查处时间47.16天。对责任单位经济处罚3684.15万元，对责任人经济处罚708.11万元，给予党纪政纪处分167人，追究刑事责任49人。

（五）严格实施安全生产许可制度，有效落实简政放权

省、市安全监管部门认真履行职责，在规范程

序、严格标准上做了大量卓有成效的工作，对不符合安全生产条件的新建项目不予审批发证，加强对已经取得许可企业的日常监督检查。做好危化品登记工作。按照国务院和省政府的要求，深化行政审批制度改革，依法清理审批事项。取消5项行政许可，取消5项其他权力事项审批，委托下放6项审批事项，取消1项其他权力审批事项，减少了审批环节。在简政放权的同时，加强事前预防和过程监管，做好取消和下放行政职能的衔接工作，做到平稳过渡。抓住新《安全生产法》颁布实施的有利契机，依法修订相关地方性法规、规章，及时提出《辽宁省安全生产条例修正案》，申报2015年省政府立法计划，切实加强安全生产法制建设。

（六）深入开展安全生产宣传教育和培训工作，提高全社会安全意识

组织全省各地开展以“强化红线意识，促进安全发展”为主题的“安全生产月”活动。省安委会组建百余人的安全生产宣讲团，深入各市宣传贯彻习近平总书记有关安全生产工作的重要讲话精神，举办百余场宣讲活动，受众人数2万多人。全省招募31500名志愿者，参与安全生产法规宣传、安全生产知识普及等活动。6月16日全省“安全生产月”宣传咨询日当天，全省14个市同时举行安全生产志愿者志愿服务活动启动仪式。全省组织开展各种群众喜闻乐见的宣传教育活动。《安全生产法修正案》颁布后，省安委会及时召开全省宣贯工作会议，请国家安全监管总局政法司支同祥司长解读新《安全生产法》。沈阳、大连、鞍山、锦州、营口等市专题组织召开学习宣贯新《安全生产法》会议，全省各地、各部门及国有大中型企业组织新《安全生产法》专题培训班百余场，在全社会形成学法知法、遵法守法的浓厚氛围。各类媒体相互配合，优势互补，“网、报、刊”联动，在全省形成了重视安全生产、宣传安全生产的强大声势，扩大了活动的影响力。创建24家省级安全文化建设示范企业和38个全国安全社区，增强了全民安全意识。加强安全生产培训。全年共考核和复审高危行业主要负责人35787人、安全生产管理人员55088人，特种作业人员73242人。培训农民工419366人、安全生产监管人员1718人，注册安全工程师760人。

（七）做好安全生产规划科技工作，加强安全生产应急救援能力建设

组织开展了安全生产“十三五”规划编制前期工作。开展安全生产“十二五”规划实施情况督查工作。积极推进安全监管部门专业执法装备项目建设，将6652台（套）监管执法专业装备配发给了14个市局和100个县（区）局，指导相关市、县（区）局开展了固定资产划拨工作。加强了对安全生产技术服务机构的监管和安全生产信息化工作。强化省级安全生产应急平台体系建设，做好国家与省应急平台及省与市应急平台互联互通工作。跟踪指导省矿山救援基地建设工作。加强汛期安全生产应急管理工作，制定工作措施和应急预案，做好应急值守。

（八）加强铁路道口安全管理工作，不断完善机场净空安全管理工作运行机制

做好铁路道口安全目标管理考核工作。加强铁路道口安全管理培训工作。针对“两节”“两会”和“十一”黄金周等特殊时段，全面开展铁路道口安全大检查，增加检查频次，采取添乘机车、现场检查、暗查暗访的方式，排查事故隐患。加强铁路道口工程项目建设，下达第一批铁路道口工程建设项目，共安排项目181个，总金额343.3万元。积极推进铁路道口安全标准化工作，全省48处监护道口全部完成安全标准化现场评审验收。

持续督办沈阳桃仙机场净空超高问题。协调解决鞍山机场净空隐患。与民航东北管理局交流做好净空安全保护工作的建议。深入鞍山、锦州、丹东市调研机构、职责落实情况及机场净空安全存在的问题，提出解决意见和建议，为开展工作打下良好基础

（九）加强职业卫生基础建设，切实履行安委会办公室职能

全省27882家用人单位完成了职业病危害项目申报工作，同比增长49.9%，普查接触职业病危害职工70.3万人，为50余万职工建立职业健康监护档案。督促企业为37.2万接触职业病危害职工进行职业健康检查，检出3078名职业病病例，并及时作出调岗和医疗救治处置。协调有关部门联合出台提高企业高温津贴标准的文件，将辽宁省存在高温作业企业的高温津贴标准调整为200元/月，发放时间为7月、8月、9月三个月，有效地保障从事高温作业劳动者的切身利益。

认真履行安委会办公室职能。筹备召开每季度的安委会扩大会议、全省安全生产电视电话会议。组织开展安全生产大检查、督查。编制安全生产简报，通报各市、各部门安全生产工作情况。

（十）全面加强基层安全监管队伍建设，创新安全监管机制

各市按照省安监局与省编制办公室联合下发的《关于加强县乡两级安全监管队伍建设的意见》（辽安监办〔2013〕259号）精神，进一步完善安全监管体制，机构编制、人员配置向县区倾斜，大幅增加一线执法力量。据统计，经过这次增编，县区、乡镇和街道共增编3696人。从根本上解决县乡两级安全监管力量薄弱、专业力量缺失、疲于应付的被动局面，促进安全监管关口前移、重心下移。

吉林省安全生产工作综述

一、安全生产总体情况

2014年，吉林省安全生产形势持续稳定好转，各项考核指标均实现历史最好水平。事故共导致1498人死亡，首次降至1500人以内，同比少死亡274人，下降15.5%，是2004年以来降幅最大的一年。生产经营性事故918起、死亡518人，同比减少33起、少死亡155人，分别下降3.47%和23.03%，死亡人数占全年控制指标的76.3%，低于指标进度23.7个百分点。按行业划分，煤矿事故16起、死亡26人，同比增加1起、少死亡57人，分别上升6.67%和下降68.67%；金属与非金属矿事故10起、死亡10人，同比减少4起、少死亡16人，分别下降28.57%和61.54%；建筑业事故30起、死亡34人，同比减少36起、少死亡37人，分别下降54.55%和52.11%；化工和危险化学品企业发生事故3起、死亡5人，同比增加2起、多死亡4人，分别上升200%和400%；烟花爆竹企业无亡人事故，同比持平；冶金机械等制造业事故12起、死亡13人，同比减少10起、少死亡10人，分别下降45.45%和43.48%；特种设备事故2起、死亡2人，同比增加1起、多死亡1人，均上升100%；道路交通事故2792起、死亡1323人，同比增加336起、少死亡21人，分别上升13.68%和下降1.56%（其中生产经营性道路交通事故760起、死亡361人，同比增加39起、少死亡22人，分别上升5.41%和下降5.74%）；消防火灾事故13232起、死亡8人；铁路交通（路外）事故61起、死亡45人，同比减少20起、少死亡10人，分别下降24.69%和18.18%；农业机械事故6起、死亡2人，同比增加1起、上升20%，2013年同期事故无死亡。水上交通无事故，2013年同期1起、死亡2人。按事故等级划分，全省未发生一次死亡30人以上重特大事故，全省发生重大事故1起、死亡10人；发生较大事故23起、死亡85人，同比增加3起、多死亡8人，分别上升15%和10.39%。

二、安全生产重点工作

（一）落实安全生产责任

吉林省委常委会议、省政府常务会议定期专题研究安全生产工作，省政府先后召开4次省安委会全体会议部署工作，重要时段、重大节日、重点时期，省委和省政府主要领导、分管领导均带队检查并反复强调安全生产工作。组织各地、各部门严格贯彻执行《省委、省政府关于加快构建安全发展长效机制的意见》，健全完善“党政同责、一岗双责、齐抓共管”的责任机制，实行党委领导、政府负责、党政同抓、分工负责，切实将管行业必须管安全、管业务必须管安全、管生产经营必须管安全“三个必须”原则落到实处。全面加强制度建立和落实工作，密集出台了一系列配套制度措施，建立了省市县三级安监局长季度恳谈、省安监和煤监局长与产煤县（市、区）长双月碰头制度，共召开季度恳谈会和双月碰头会8次。出台了《安全生产巡视工作暂行规定》和《安全生产暗访工作规则》，建立周调度、月通报、季点评制度，及时约谈问题地区和企业，有效推进安全责任落实。出台《吉林省安全生产事故隐患排查治理责任追究暂行规定》，坚持从严从速，强化事前问责。不

断充实监管力量，省交通运输厅、教育厅、商务厅、民政厅、水利厅、住建厅、旅游局、粮食局、省管局等9部门成立专职安全处，所有开发区及工业园区全部组建安全监管机构，乡镇（街道）配备专兼安全监管人员，积极健全完善安全责任体系，实现省、市、县、乡“四级五覆盖”。

（二）推进安全生产改革创新

国务院安委会办公室将吉林省确定为全国8个安全生产综合改革试点省（市）之一。按照国家安全监管总局总体部署，吉林省以“四化融合”“三位一体”安全监管防控体系（网格化管理、标准化建设、信息化控制、社会化监督和属地监管、行业监管、综合监管）为框架基础，在全省范围内大力推进安全生产改革创新，确定四平市、梅河口市、集安市、长春市经济开发区、吉林市龙潭区、农安县开安镇、延吉市新兴街道等7个省级试点单位，进行先试先行，以此带动全省安全监管防控体系建设整体升位。全省安全监管防控体系基本达到“四全”。一是网格化管理“全覆盖”。37.1万户生产经营单位纳入网格化监管，政府监管人员、行业监管人员、综合监管人员、专业技术人员“四员”到位率100%。二是标准化建设“全铺开”。编制隐患自查标准95个；3803户高危企业、2682户规模以上企业达到标准化3级以上水平，其中煤矿、非煤矿山生产企业100%达标。小微企业标准化建设有序实施。三是信息化控制“全启动”。基本完成“一个中心、三大平台”硬件建设，并与吉煤集团视频监控及数据监测系统、省运管局车辆动态监控系统联接并网；3G隐患排查执法系统实现全网应用，10个地级和66个县（市、区）全部完成安全监管网站建设，远程监控监测预警建设项目通过专家论证。四是社会化监督实现诉求“全回应”。出台《吉林省生产安全事故隐患举报奖励办法》，10个地级和83个县级全部开通“12350”监督举报平台，全省共接报案件1027起，办结853起，办结率83%，兑现奖励资金15.4万元。

（三）开展安全生产大检查

持续巩固2013年安全生产大检查大整改和“回头看”成果，在全省范围内开展了“春季行动”“夏季攻坚”和“秋冬会战”三大战役，落实专家查隐患、明查暗访、群众举报、停产整顿等措施，组织拉网式排查治理。组成13个巡视组不间断地深入各地区开展巡视督导工作。成立暗访办，采取专题暗访、综合暗访、“回头看”暗访等形式，开展煤矿、危险化学品运输、油气开采等暗访19次，抽查企业351户和属地政府、行业监管部门72个，排查隐患1450项。全省共暗访企业47385户、排查隐患54795项。2014年，全省共排查各类企业18.7万户，排查隐患205.29万项，整改205.25万项，整改率99.9%。排查企业及治理隐患数量同比增长30%。

（四）实施重点行业专项整治

深刻吸取吉煤集团通化矿业公司八宝煤矿事故教训，强力推进煤矿“脱胎换骨”改造。着力推进煤矿企业兼并重组工作，全省煤矿企业由193户降至46户，企业规模不低于30万吨。加大小煤矿关闭退出力度，坚决淘汰落后产能，两年共关闭43处，超国家关闭计划23处。采取“三减一降一清理”（减孔、减面、减人、降产能、清理外包队）措施，科学核定产能，防控超能力生产形成的安全隐患，煤矿产能由年5528万吨减至4749万吨。所有生产矿井全部安装了煤矿安全监控系统、压风自救系统、供水施救系统、通讯联络系统、人员管理（定位）系统，50处矿井建成紧急避险系统，建设避难硐室83个。江源区、和龙市2个国家级和浑江区、蛟河市2个省级煤矿安全重点县攻坚工作强力推进。全面加大非煤矿山、危险化学品和烟花爆竹、冶金机械等直管行业专项整治力度，组织开展了石油天然气长输管道、尾矿库、露天矿山、危险化学品罐区和运输、冶金有色、涉氨制冷、涉爆粉尘专项治理等专项治理行动，治理停产停建废弃尾矿库84座、关闭17座，关闭非煤矿山39座、超国家计划9座，完成72套危险化工工艺装置、79套重点监管危险化学品装置、97个重大危险源自动化改造任务，全省710座金属非金属矿山、13个石油天然气生产企业、40座选矿厂、2479户危化品生产和带储存设施的经营企业、1030户冶金机械规模以上企业达到安全生产标准化水平。深入开展职业病危害专项治理，在国家安全监管总局确定对水泥制造和石材加工两个行业企业进行专项治理的基础上，增加石英砂加工、木质家具制造、石棉制品、非煤矿山开采、冶金、汽车4S店等13个行业领域。开展粉尘危害重点行业领域用人单位专项治理，制定下发了《吉林省企业粉尘作业防爆十条禁令》和《吉林省用人单位职业病危害粉尘防治十条禁令》，从严规范和监督用人单位开展粉尘防治工作。全省存在职业病危害的用人单位申报率为88.39%，接触职业病危害因素的劳动者培训率73.71%，用人单位职业卫生建档率61%，基本达到职业卫生基础建设目标要求。省安委办充分发挥协调督导职能，组织公安、消防、教育等部门开展了道路运输、规范行人交通秩序、人员密集场所、水源地周边安全等专项治理行动。

（五）加强安全生产应急管理

制定《吉林省安全生产应急管理十条红线》，确定十大“禁区”，强化红线管控。组织各地、各相关部门进一步加大应急演练频次，全省共举办应急演练10236次，参演人员107万人次。建立高危行业企业每月、重点行业企业每季、非重点行业企业每半年开展一次应急演练制度，全省共开展危险化学品和煤矿事故大型应急演练100余次。全面落实《关于进一步加强生产经营单位一线从业人员应急培训的通知》，强化生产经营单位应急培训主体责任和各行业管理部门应急培训监管责任，切实加大应急培训力度，提高从业人员自救互救和应急逃生能力。组织开展提高重点行业领域应急能力宣讲活动，共宣讲70余场，收听宣讲近万人。省安全监管局与省气象局签订协作框架协议，及时发布极端天气变化情况，提早部署事故防范工作，全年发布安全生产预警信息8期。突出抓好四大省级应急救援基地建设，依托中国石油吉林石化公司建立省级危险化学品应急救援基地，依托延边州和海沟金矿建立省级矿山应急救援基地，依托中国石油吉林油田公司建立管道事故应急救援基地，依托白山矿山救护队建立矿山水害事故应急救援基地，已纳入省安全生产专项资金使用计划。4月2日，中铁十九局施工的吉林珲春高铁隧道发生坍塌事故，省委、省政府第一时间进行紧急部署，经过87个小时科学施救、惊险营救，12名被困工人全部获救。

（六）开展安全生产宣传教育

组织开展了“安全生产月”、白山松水安全行、百名记者百矿行、安全生产吉林行等活动，深入各地区和重点企业进行专题宣讲。在省电视台开设每周一期的《安全视界》专栏，创建“吉林安监”政务微博和微信公众平台，开通《吉林手机报》安监版，会同省委宣传部在吉林日报、吉林人民广播电台、吉林电视台等媒体，定期刊播专题报道、系列评论文章、短评和时评、安全生产法律法规、警示用语、安全常识等相关内容，全方位营造安全生产大宣传氛围；在省委党校开展安全发展专题讲座，集中培训省直厅处级干部和各市、县领导干部。举办专题培训班，对新任县（市、区）政府分管领导和安监局长进行专门培训；在省安监局设立两周一次的安全生产大讲堂，聘请专家，通过视频讲座形式培训各级监管干部。大力宣传贯彻新《安全生产法》，各级政府分管负责人、安全监管干部、规模以上企业高管、高危企业和有重大危险源企业主要及分管负责人、各级安委会成员单位分管负责人及联络员培训率实现100%全覆盖。通过多种措施全面提升社会公众的安全意识、领导干部的安全发展意识、安全监管干部的业务素质和从业人员的安全技能，奏响安全生产最强音，传播生命至上正能量，打造安全发展第一大环境。

黑龙江省安全生产工作综述

一、安全生产总体情况

2014年，在省委、省政府的高度重视和坚强领导下，全省上下深入学习贯彻习近平总书记、李克强总理关于安全生产的重要批示、指示和讲话精神，认真落实国家安全监管总局和省委省政府关于安全生产的部署要求，强化措施，加强监管，狠抓各项工作落实，促进了全省安全生产形势持续稳定好转。全省共发生各类事故22559起，死亡1467人，伤3709人，直接经济损失26505.8万元，可比口径（火灾事故不列入同比范围）同比增加142

起、减少28人、增加252人和减少352.9万元，分别上升4.02%、下降1.94%、上升7.38%和下降2.13%。

二、安全生产重点工作

（一）强力推进安全生产责任体系建设

省委省政府制定出台《关于加强安全生产责任体系建设的意见》，各市（地）、县（市、区）及相关部门都制定出台相关文件，认真落实“党政同责、一岗双责、齐抓共管”和管行业必须管安全、管业务必须管安全、管生产经营必须管安全的“三个必须”要求，全面实现了三级“五个全覆盖”。重新调整省政府安委会，由陆昊省长亲自担任安委会主任，其他副省长担任副主任，省直有关单位主要负责同志为成员，提高组织规格，强化安全生产工作领导。推进市（地）、县（市、区）由政府常务副职或常委副职分管安全生产工作，由政府主要负责人担任安委会主任，省、市、县三级基本调整到位。省、市（地）、县（市、区）、乡（镇）及相关部门层层签订安全生产责任状，明确工作任务、逐级落实责任。全省各地普遍将安全生产纳入经济社会发展、精神文明建设、社会管理综合治理工作，进一步加大安全生产考核权重。各级政府安委会及办公室坚持对事故控制指标实行月通报、季公告、半年检查、年终考核制度。严格制度，省政府和省政府安委会及办公室组织约谈8次，下发警示通报15次，挂牌督办61次。严厉问责，2014年因安全事故受党政纪处分192人，追究刑事责任71人，进一步强化了责任落实。

（二）加强安全生产法治建设

2014年初，通过积极争取，省政府将《黑龙江省安全生产条例》(简称《条例》）纳入2014年立法计划正式项目。省长陆昊强调，《条例》立法要贯彻落实习近平总书记关于安全生产系列重要论述精神，坚持“三个必须”原则，明确企业主体责任、领导责任、行业监督责任、行业管理责任和综合监管责任，并结合黑龙江省实际，尽可能具体、细化相关内容。省安监局积极发挥起草部门作用，深刻分析全省安全生产工作存在的突出问题，明确《条例》立法要紧紧围绕全省经济社会发展大局，建立完善重预防、抓治本的长效机制，既要将新《安全生产法》的有关规定具体化，又要结合黑龙江省实际有所突破和创新，解决黑龙江省安全生产重点、难点问题，充分发挥地方立法对安全生产工作的引领和推动作用。《条例》起草工作得到了省政府和省人大常委会的充分肯定。2014年9月11日，省政府第31次常务会议讨论通过了《条例（草案)》。12月17日，省第十二届人大常委会第十六次会议审议全票通过《条例》，于2015年4月1日起正式施行，实现当年立项、当年出台，在全国率先完成新一轮安全生产地方立法工作。《条例》共6章103条，深入贯彻了习近平总书记一系列重要讲话精神，并结合黑龙江省实际，突出了煤矿、危险化学品、地下人员密集场所三个重点行业领域，强化了企业安全生产主体责任、政府及部门监管措施和责任追究，是深入贯彻落实新《安全生产法》的具体体现和实际行动，对黑龙江省强化依法治安具有重大意义。

（三）认真组织开展“六打六治”打非治违专项行动

根据国务院安委会和省政府的统一部署，及时制定方案，成立领导小组，部署全省“六打六治”工作，建立信息报告、统计分析、跟踪督办工作机制，推动工作落实。各地严格落实联合执法、约谈警示、“一案双查”工作制度和停产整顿、关闭取缔、上限处罚、严厉追责“四个一律”执法措施，大力推动“六打六治”打非治违专项行动。专项行动期间，全省共组织1万多个督查检查组，广泛采取“四不两直”方式，实施突击检查和暗访暗查3960次，检查企事业单位和场所7.2万户，排查各类隐患问题2.1万个，实施关闭取缔18户，暂扣或吊销有关许可证23个，责令139个单位停产整顿，追究刑事责任5起，有力打击和震慑了安全生产非法违法行为，净化了安全生产环境。

（四）扎实推进煤矿整顿关闭

黑龙江省委、省政府对煤矿整顿关闭工作高度重视，为了加大工作推进力度，省委将全省煤矿整顿关闭领导小组办公室调整到省安监局。制定《黑龙江省煤矿整顿关闭工作指导意见》，明确整顿关闭的目标、条件、原则、标准以及相关政策，为全省煤矿整顿关闭工作提供遵循和依据。适时组织召开推进会、现场会和座谈会，深入产煤市（地）、省直有关部门和龙煤集团督导调研，及时协调解决煤矿整顿关闭工作中遇到的重点难点问题。出台煤矿整顿关闭审查办法、工作职责以及限时办结、通报等制度和措施，严格审查程序。各产煤市（地）党委、政府克服困难，积极工作，全部确定关闭矿井名单，上报煤矿整顿关闭实施方案，为有序推动全省煤矿整顿关闭工作奠定了基础。2014 年全省关闭煤矿 78 处，超出国家下达指标 3 处。

（五）积极推进重点企业安全监管

制定出台《加强重点企业安全监管工作的意见》，把直接监管行业领域规模较大、安全管控风险较大和近年来事故多发的企业纳入重点监管对象。经筛选，全年把 24 户非煤矿山企业、40 户工贸行业企业、30 户危险化学品企业和 20 户职业卫生企业确定为重点监管企业。通过开展风险评估、强化执法检查、跟踪问效等有效措施不断强化对重点企业的监管，全面提升了企业安全管理水平。

（六）进一步加强安全生产监管执法

继续清理安全监管行政审批事项，取消下放行政许可 21 项。完善简化行政审批流程，推进网上审批，全年完成行政审批事项 454 项，审批率达 100%。各级安全监管部门认真制定年度执法计划，严格按执法计划开展执法检查。省安监局对 137 家企业采取"四不两直"方式，集中开展了 4 次执法检查，查出各类隐患问题 1283 项，下达责令限期整改指令 174 份。全省安全监管系统共实施行政处罚 2259 起，罚款 2452 万元，没收违法所得 36 万元，责令 116 个单位停产停业，暂扣和吊销安全生产许可证 21 户。

（七）深化重点行业领域安全整治

组织开展油气输送管道整治，成立了以胡亚枫副省长为组长的油气输送管道安全隐患整改领导小组，制定方案，及时部署，认真排查整治隐患。全省共排查安全隐患 423 项，整改 269 项，整改率 63.6%。组织开展非煤矿山安全整治，全省关闭矿山 200 个，超额完成年度关闭任务。组织开展粉尘防爆安全整治，查出隐患问题 2610 项，下达隐患整改指令 486 份，责令 15 个单位停产整顿。组织开展涉氨制冷安全整治，查出隐患问题 2511 项，下达隐患整改指令 439 份，限期整改 206 个，责令 56 个单位停产整顿，取缔关闭 17 个。开展职业健康安全整治，推动汽车修理、木质家具、水泥制造、石材加工等专项治理和用人单位粉尘作业场所职业病危害专项治理，共检查用人单位 3583 个，责令停产整顿 8 个，取缔关闭 25 个。

（八）加强安全生产应急管理

加强省安全生产应急平台建设，15 个地市实现对接。投入资金 4302 万元建设省级油气田、危化品和水上基地，油气田和危化品救援基地全面建成。推进 5 个省级矿山救援基地建设，采购救援装备 8595 万元，基本完成采购任务。推进救援队伍建设，14 支市（地）级骨干救援队伍建设全部完成。强化应急预案演练，组织开展油气管道、矿山、危险化学品和校园安全应急演练，加强政企联动和预案衔接。"安全生产月"期间，全省组织开展政企联动应急演练 160 余次，参演人员近 3 万人。加强重大危险源监管，编制《黑龙江省安全生产重大危险源管理暂行办法》，对全省重大危险源重新摸排建档，开展一、二级重大危险源安全评估。

（九）加强安全生产宣教培训和安全文化建设

认真组织开展新《安全生产法》系列宣贯活动，广泛采取专题培训、领导专访、署名文章和送法进基层等形式，积极营造全面学法、知法、用法、守法的浓厚氛围。组织开展第 13 个"安全生产月"和"6·16"主题咨询日系列宣传活动，取得了良好效果。组织开展以安全隐患曝光行、媒体记者煤矿行、打非治违专题行和安全培训专题行为主要内容的"安全生产龙江行"活动，对存在重大安全隐患和问题的 17 家单位在省主流媒体公开曝光。加强安全生产宣传平台建设，开通省局官方政务微博，及时发布相关信息，在国家和省内主要媒体刊发稿件近 200 篇，编发政务信息 148 条。推进安全文化建设，备案国家级安全社区创建单位 59 家、省级 271 家，大庆油田阳光家园社区和乘风社区被正式命名为国家级安全社区；哈尔滨汽轮机厂、电机厂和中石油大庆第三采油厂 3 家企业被命名为"全国安全文化建设示范企业"。加强安全培训，全省举办"三项岗位"人员安全资格培训班 2505 期，培训 7.5 万人。

（十）加强安全生产基础工作

加强隐患排查治理体系建设，全省 13.3 万家企事业单位开展隐患排查治理工作，覆盖率 99.2%，排查各类事故隐患 16.9 万项，整改率 99.5%。扎实开展安全生产标准化建设，全省非煤矿矿山二级标准化企业达到 8 个、三级 481 个；二级标准尾矿库5个、三级43个；一级标准危险化学品生产储存企业2个、二级17个；有10个烟花爆竹批发经营企业达到二级标准；一级标准工贸企业达到13个、二级260个、三级2229个。加强省安全生产协会、注册安全工程协会建设，积极发挥其在安全生产标准化评审、注安师队伍建设、安全生产责任保险推进、安全社区和安全文化示范企业建设中的作用，有序推进安全生产社会化服务。

（十一）加强基层安全监管能力建设

为及时贯彻落实新《安全生产法》和省委省政府《关于加强安全生产责任体系建设的意见》，省局与省委组织部联合举办全省县（市、区）和省政府安委会成员单位领导干部专题培训班，统一思想认识，强化责任落实。加强乡镇（街道）安全监管机构建设，哈尔滨、绥化、黑河等市在乡镇（街道）建立了安全监管机构、配备专兼职人员，促进了基层安全监管工作落实。继续推进安全监管执法装备建设，完成了市（地）、县（市、区）8194台装备的采购和发放工作。加强安全监管培训，组织全省安监干部执法资格培训班4期，培训专兼职执法人员700余名。

上海市安全生产工作综述

一、安全生产总体情况

2014年，上海市安全监管部门在市委、市政府的正确领导下，在国务院安委会以及国家安全监管总局等部门的有力指导下，全面贯彻落实党的十八大和十八届三中、四中全会精神，始终坚持科学发展安全发展理念，牢固树立安全生产“底线”思维和“红线”意识，坚持稳中求进、改革创新、依法治理，统筹推进简政放权、健全责任体系、强化有效管控、夯实安全基础，不断提高城市安全管理水平。

全年全市道路交通、火灾、工矿商贸、铁路交通、农业机械五大类生产安全事故发生7364起、死亡1186人，与上年相比分别下降38.02%和3.1%。五大类生产安全事故中，发生一次死亡3~9人的较大事故5起（道路交通2起，火灾3起），死亡18人，与上年相比分别下降44.44%和47.06%。没有发生重特大生产安全事故。安全生产指标总体控制在国务院下达的指标范围内，生产经营性道路交通、工矿商贸、铁路交通、农业机械事故死亡474人，占国务院安委会下达控制指标（541人）的87.62%，较大生产安全事故占全年控制指标（12起）的41.67%。亿元国内生产总值生产安全事故死亡率为0.050，与上年相比下降12.28%；工矿商贸企业从业人员10万人死亡率为2.062，与上年相比下降7.95%；道路交通万车死亡率为3，与上年相比下降6.25%，全市安全生产形势总体稳定受控。

二、安全生产重点工作

（一）全面深化安全生产领域改革试点

作为全国8个全面深化安全生产领域改革试点地区之一，全面深化安全生产领域改革工作。有序推进“建立健全安全生产责任体系、完善安全生产控制指标考核体系、深化安全生产行政审批改革、建立完善安全生产法规标准体系、完善安全生产监管体制机制、创新监管方式强化事中事后监管、强化安全生产隐患排查治理体系、加强安全生产重点区域先行先试”等8个方面35项工作。20余项审改措施列入上海市第七批取消和调整的行政审批事项目录。深化安全生产信用体系建设，“危险化学品信用管理”项目获得“上海市社会信用体系建设优秀成果二等奖”。

（二）有效发挥安全生产综合监管职能

提请市委办公厅、市政府办公厅印发实施《上海市建立党政同责一岗双责齐抓共管安全生产责任体系的暂行规定》（沪委办发〔2014〕39号），明确了6个适用主体、确立了6项基本原则、厘清了党委的7项主要职责和政府的11项主要职责、规定了其他3类相关部门的主要职责，提出了8项保障措施和约束制度，进一步明确和落实安全生产工作责任。发挥市安委会办公室平台作用，集中开展了“六打六治”打非治违专项行动、粉尘防爆专项整治、亚信峰会安全生产大检查、地下空间安全管理专项检查、油气输送管线专项整治、城市轨道交通运营安全隐患排查治理专项活动、道路危险化学品运输违法行为专项行动、职业卫生技术服务机构专项检查、装配式建筑推进情况联合检查、重点电力用户联合执法检查等重点安全检查，进一步强化安全生产重点治理。继续抓好安全生产责任制签约、控制考核指标下达和安全生产履职考核督查，有效推动安全生产责任落实。

（三）持续强化危险化学品综合管控

制定并发布《上海市禁止、限制和控制危险化学品目录》（第二批），强化危险化学品区域清单目录管理模式。完成23家非工业园区危险化学品企业布局调整工作（累计完成413家），减少危险化学品生产、使用量6.53万吨（累计减少275.96万吨）。奉贤、金山、闵行、青浦4个试点危险化学品集中交易平台（市场）全部挂牌运行，引进600余家危险化学品经营企业落户。启动危险化学品集聚区域（上海化学工业区、金山区、奉贤区）安全生产联动联控，自2014年7月1日起全面实施三区联动联控各项举措，在区域内率先实现安全生产相关行政审批的流程再造和第三方审查，形成“日常检查—专项检查—综合督检—查罚衔接”的安全生产执法联动机制，通过专家共享、备案共享、队伍共享提升应急处置联动能力。印发《关于加强间歇式化工生产安全管理的通知》，建立属地备案、申请许可、变更许可等制度，形成间歇式化工生产安全监管长效机制。继续落实危险化学品行业提升本质安全水平三年行动计划，督促6个未经正规设计的危险化学品生产储存在役装置开展安全设计诊断工作。完成87个危险化学品重大危险源登记备案工作。开展495个化学品罐区安全专项整治工作。落实市级危险化学品安全监管联席会议制度，召开15个成员单位参加的年度全体会议，重点加强本市油气输送管线专项整治、散装汽油购销安全监管、道路危险货物运输等社会面安全管理工作，深化协同监管机制。执行各项危险化学品行政许可和备案，完成危险化学品建设项目“三同时”安全审查255个，其中，已通过安全条件审查77个、安全设施设计审查87个、安全设施竣工验收91个；新颁发、延期、变更危险化学品安全生产许可证157张（累计413家），不予颁证6家；经营许可证3524张（累计8261家），依申请注销13家。全面推广危险化学品安全责任保险，年内投保企业1466家、保费1013.38万元，至2014年底累计投保企业5219家、累计保费6745.60万元。

（四）持续强化职业卫生监管

深入开展全市职业病危害项目信息申报核查工作，对上年排查的3466家职业病危害严重用人单位共抽检557家。全年排查职业病危害“较重”类用人单位9618家，申报企业7112家，申报率73.9%；进行职业病危害因素检测的企业3777家，检测率39.2%；进行现状评价的企业681家，评价率7.1%。排查职业病危害“一般”类用人单位5889家，申报企业3705家，申报率62.9%；进行职业病危害因素检测的企业1668家，检测率28.3%；进行现状评价的企业101家，评价率1.7%。完成115个建设项目职业卫生“三同时”审查，其中，已通过职业病危害预评价报告审查75个、职业病防护设施设计审查31个、职业病防护设施竣工验收9个。建立重点行业领域或重点职业病危害因素公告制度，发布了电焊作业、重金属（铅镉）企业、水泥制造与石材加工行业、硅尘和铸造粉尘职业病危害现状分析专题报告。完成全市职业病危害防治评估工作。深入开展《职业病防治法》宣传周活动，4月25日至5月1日宣传周期间，全市安全监管部门发放宣传资料近万份，组织企业宣传84次，接受职业健康咨询1050次，举办培训班24期，企业负责人、乡镇街道安全干部、车间负责人、施工负责人等2786人参加了培训。

（五）持续强化安全生产执法检查

完善《安全生产违法行为行政处罚程序规范指引》，编印《安全生产常用法律依据汇编》，制定《安全生产监管执法工作计划编制管理规定》《安全生产暗查暗访工作制度（暂行）》，进一步加强和规范安全生产行政执法工作。在全市范围内组织开展安全生产日常检查和专项检查，始终保持安全生产执法检查高压态势。各级安全监管部门全年出动检查37.75万余次，检查生产经营单位19.34万余家。查出隐患并要求整改237254项、年内实际完成整改230347项、整改率97.09%。实施行政处罚1093次，其中：对生产经营单位处罚836次，对主要负责人处罚257次。实施罚款1023次，其中：事故罚款358次，监督监察罚款665次。全年罚款金额4087.63万元，年内实际收缴罚款3556.19万元，收缴率87.00%。深入开展涉氨制冷企业液氨使用专项治理、油气输送管道事故隐患专项整治、高铁高架桥下事故隐患专项整治、道路危险化学品运输违法行为集中整治、职业卫生技术服务机构专项检查等专项整治。涉氨制冷企业专项治理期间，共出动检查465人次，排查涉氨企业328家，其中：液氨生产1家、液氨储存23家、液氨使用304家（其中：涉氨制冷189家）；取缔关闭37家，改用氟利昂制冷5家。油气输送管线专项治理中，共拔除隐患点90处，打击破坏损害油气管道行为115起。其他专项整治期间，共打击危险化学品非法运输行为604起；打击无资质施工行为352起；打击客车客船非法营运行为2417起；打击“三合一”“多合一”场所违法生产经营行为4356起。对3项市级挂牌督办治理和1项市级重点协调推进的重大事故隐患项目实施挂牌督办，并完成整改。

（六）加强事故查处和应急救援

全年全市安全监管部门共查处生产安全事故234起，年内结案205起，结案率87.61%，给予政纪处分2人，给予党纪处分2人，移送追究刑事责任13人。对事故责任单位罚款3043.93万元，占全部罚款的74.5%。协同修订《上海市突发事件应急联动处置暂行规定》，印发《市安全生产委员会关于切实加强生产安全事故应急处置工作的意见》，健全专业救援应急保障机制。印发了《市安委会办公室关于加强灾害性突发天气和防汛防台期间安全生产工作的通知》，通过短信平台发送预警信息900多条，加强灾害性天气安全生产应对工作。充实调整9支危险化学品应急救援队。督促开展各类应急预案演练7800余次，参演人数27万余人。

（七）夯实安全生产基础工作

继续深入推进企业安全生产标准化建设，全年工贸企业达标1783家（累计达标4508家，其中一级达标134家，二级达标1303家、三级达标3071家）；危险化学品企业复评200家（累计达标648家，其中生产企业434家、储存企业76家、使用企业121家、经营企业17家）。以“城市·美丽家园”“城市·不能忘记”“城市·责任在肩”三大板块为核心，围绕“三不伤害”主题，建立“月月都是安全月，日日都是安全日，人人都是安全员”的“安全生产月”活动长效机制。以安全生产公益广告片、案例教育片、事故警示片，安全生产杂志、职业健康与应急救援期刊、国内外安全生产动态，画报、宣传画等为媒介，加强安全生产宣传警示教育。按照国家和上海市关于转变政府职能和简政放权的一系列要求，稳步推进上海市安全生产培训考核工作的简政放权，取消对上海市安全培训机构的资质认定，积极推进安全培训工作市场化。全年共培训农民工322707名，超额完成市政府实事项目30万农民工安全培训目标。培训考核特种作业人员186455名，生产经营单位负责人21187名，安全生产管理人员38976名。培训危险化学品生产经营单位负责人3463名，安全生产管理人员7526名，其他从业人员24787名。全市累计15个区县的85家街镇启动安全社区创建工作，其中“上海市安全社区”73家，“全国安全社区”43家，加入“国际安全社区网络成员单位”25家。

江苏省安全生产工作综述

一、安全生产总体情况

2014年，江苏省委、省政府坚决贯彻落实习近平总书记、李克强总理等中央领导同志对安全生产工作的一系列重要指示精神，高度重视安全生产工作。全省安全生产形势继续保持了总体稳定、持续好转的发展势头。全省发生各类事故13747起，死亡5222人，同比分别下降1.5%和0.08%。全省各类生产经营性事故死亡人数占省下达控制指标的99.91%；较大事故起数占省下达控制指标的81.48%；列入国家考核范围的行业（领域）较大事故起数占国家下达控制指标的88.64%。全省青奥会、国庆长假和国家公祭日期间未发生较大以上事故，春节、“两会”等重要时段，安全生产形势保持平稳。

二、安全生产重点工作

（一）着力健全完善安全生产责任体系

坚持把建立完善的安全生产责任体系作为构建安全生产长效机制的关键。继续强化任务目标管理，省政府与各市政府、省行业监管部门和单位分别签订年度安全生产目标管理责任书、任务书，按要求分别进行千分制和百分制考核，严格奖惩兑现，严肃查处事故，严格追究责任。扎实推进“三级五覆盖”工作。代拟起草的《江苏省安全生产“党政同责、一岗双责”暂行规定》以省委13号文件下发，进一步明确了全省各级党委、政府的安全生产责任。13个市全部制定出台了相关实施办法和配套规定。

（二）扎实开展新《安全生产法》宣贯工作

结合学习贯彻四中全会精神，集中时间、集中力量，部署开展了新《安全生产法》“十个一”专题宣贯活动。召开省、市、县三级新《安全生产法》学习报告视频会，邀请专家作辅导报告。在《新华日报》和《中国安全生产报》刊发专版，并发表署名文章，提高新《安全生产法》宣贯影响力。通过举办县（市、区）安监局长业务研究班、组织有关专家和处室人员深入基层等方式广泛开展了专题宣讲。

（三）深入开展重点行业领域安全整治

按照“全覆盖、零容忍、严执法、重实效”的总要求，严格落实重点行业领域安全监管措施，全力打好隐患整治攻坚战。非煤矿山方面，制定下发冶金煤气、涉氨制冷、有限空间、粉尘防爆等4个专项治理方案，累计检查矿山689家次，发现隐患5818个，责令停产整顿企业5家，提请政府关闭企业1家。超额完成金属非金属矿山整顿关闭计划，共关闭企业20家。认真组织开展全省所有金属非金属地下矿山矿长的谈心对话活动，强化矿长的“红线”意识和责任意识。烟花爆竹方面，以南京青奥会为契机，加大对烟花爆竹经营企业检查力度，全力做好青奥会焰火燃放产品临时储存、重点活动设施过程的安全监管，为青奥会营造了安全稳定的社会环境。危险化学品方面，扎实开展危险化学品领域安全隐患排查治理专项行动，抽查危险化学品企业9110家，责令停产停业整顿144家，立案查处79家，关闭10家。大力推动提升本质安全专项行动，基本完成涉及重点危险化工工艺的自动化改造。对全省所有化学品输送管道进行了全面排查，隐患整改率达到94%。搬迁关闭了261家城镇人口密集区化工企业。

（四）深入推进“打非治违”，着力构筑防控体系

1. 深入开展安全生产检查整改专项行动

对煤矿、危险化学品、金属粉尘等19个重点行业领域实施了深度排查和综合督查。8月上旬，组织13个综合督查组，以“四不两直”方式，对各市专项行动开展情况进行综合督查，昆山“8·2”特别重大事故后，又组成若干专项督查组，对各地铝镁制品机加工产生金属粉尘企业停产检查情况进行了专项督查。前后共督查28个县（市、区）、26个乡镇（街道），抽检企业82个，查找问题隐患268条，督查结果当场反馈给当地党委、政府，并督促整改。

2. 强势推进“六打六治”打非治违专项行动

持续开展“六打六治”打非治违专项行动，组织了7个组分赴各地开展跨地区、跨部门的联合执法。共组织执法检查组2714个，检查企事业单位和场所137116家（次），开展跨地区、跨部门联合执法3527次，对重点地区和单位开展“四不两直”暗查暗访2799次，关闭非法违法企业303家。

3. 有序推进隐患排查治理体系建设和安全生产标准化工作

组织完成隐患排查治理体系建设市级信息平台标准版，在各市安监局推广使用，并对市级隐患排查治理体系建设和信息平台进行了验收。实现各市局与县（市、区）局的联网，截至11月底，系统覆盖乡镇1234个、行业主管部门1577个，覆盖率分别达到88.5%和86.6%；系统上报隐患68万余条，整改率达到98%。深入推进企业安全生产标准化工作，制定下发了3个规范性文件，明确了标准化建设的目标任务、责任区分和工作要求。按照《江苏省工贸行业小微企业安全生产标准化基本规范》地方标准要求，全面加快小微企业标准化建设步伐。全省安全生产标

准化达标企业共48405家，其中一级达标企业129家，二级达标企业799家，三级达标企业47477家。全力推进有关行业安全生产标准化创建工作，江苏发电企业一级达标30家，二级达标49家；军工集团企业一级达标28家，二级达标69家；民爆及民品配套企业二级达标52家；船舶行业一级达标1家，二级达标6家；烟花爆竹批发企业二级达标8家。组织对全省2000年以前注册成立、未按安全生产新标准验收换领新证的老旧企业全面开展安全隐患排查。

（五）大力推动改革创新，不断务实基层基础

1. 着力强化科技支撑

加快安全生产综合实验室建设进程。发挥大专院校、科研机构、国家和省级重点实验室、企事业单位的技术优势，调整充实了121名安委会专家组成员，建立了350人的安全生产隐患排查专家库。扎实推进感知矿山等基于物联网的安全生产信息化建设。组织推荐申报全国第六届安全生产科技成果奖53项，科技支撑平台9个，国家安全生产重大事故防治关键技术22项。

2. 深入推进行政审批制度改革

不断优化行政服务，认真梳理行政权力责任清单，着力规范权力运行流程，推动行政审批服务与政务大厅对接。通过梳理调整，行政许可权力由17项减少到8项；行政处罚、强制和其他权力由202项减少到160项。在明确行政审批事项的同时收集、调研负面清单的编制范围、编制依据和编制要求，积极筹划负面清单的制定工作。

3. 不断完善安监队伍机构能力建设机制

在深入调研的基础上，为省政府起草了《关于切实加强全省开发区安全生产监管监察能力建设的意见》，现已下发，确保开发区安全生产工作有健全的机构、得力的人员负责，有效提升全省开发区安全监管和行政执法成效。分2期对100个县（市、区）的安监局长举办业务研究专题培训班，举办了14期基层执法人员业务培训班。为317个基层乡镇配备安全监管执法用车。6月下旬，在扬州化工园区举行了首次执法演练竞赛，充分检验了执法队伍能力水平。

4. 继续推进事故应急处置能力建设

继续推进省级和市级安全生产应急信息平台建设，建成上联国家安全监管总局、下联市安监局的全省安全生产应急信息系统，实现信息互联互通。加强应急预案管理，修订完成《江苏省重特大生产安全事故灾难应急预案》，由省政府办公厅印发颁布实施。加快推进沿江危化品和矿山应急救援基地建设进程。组织指导南京市危险化学品仓库氯气泄漏、徐州地区煤矿瓦斯爆炸重大涉险、苏南成品油管道泄漏涉险等事故应急演练，进一步提高了应对突发事故灾难的处理和协调能力。

5. 进一步加强安全培训和文化建设

抓好生产经营单位主要负责人的培训教育，全年培训生产经营单位“三项岗位”人员62万余人次，其中主要负责人和安全生产管理人员38万余人次，特种作业人员24余万人。继续推进安全培训“教考分离”工作，全面建成全省安全培训考核体系，省考核审批中心进行了升级改造，各市考试中心建设得到进一步提升和完善，顺利完成全省考试系统和总局平台的对接试点。强化特种作业实际操作技能考核，组织研制开发高压电工、空调与制冷、危险化学品等工种的智能化实操考试设备，江苏省安全培训考核工作在全国继续保持先进。通过省政府新闻发布平台，定期召开新闻发布会，扩大宣传覆盖面。在江苏卫视、省电台以及地铁、公交等移动媒体滚动播出安全生产公益广告，提升群众安全意识。加强省局政务微博管理，建立手机宣教云平台，与新华网合作编印舆情参考，宣传载体不断丰富。会同省质监局出台了《安全文化建设示范企业评价规范》的省级地方标准。持续深入开展“安全生产月”和“安全社区”、“安康杯竞赛”等安全文化活动，营造浓厚的安全文化氛围。

浙江省安全生产工作综述

一、安全生产总体情况

2014 年，全省共发生各类事故（包括工矿商贸企业、道路交通、水上交通、渔业船舶、铁路路外事故，以下同）17752 起，死亡 5023 人，受伤 17283 人，同比分别下降 6.2%、9.0% 和 7.2%。发生较大事故（包括工矿商贸企业、道路交通、水上交通、火灾、海上交通、渔业船舶、铁路路外、其他事故，以下同）40 起，死亡 146 人，同比减少 6 起、40 人；发生重大事故 1 起，死亡 16 人，同比增加 1 起、16 人。按国务院安委会下达的控制指标同口径统计，各类事故共造成 5023 人死亡，占国家下达的全年控制指标数的 88.6%。全年共发生较大事故 40 起，占国家下达的全年控制指标数的 54.1%。全省 11 个市的各类事故起数、死亡人数二项指标同比均实现下降，各市生产安全事故死亡人数均在省政府下达的控制指标之内。全省安全生产形势继续保持稳定好转态势。

二、安全生产重点工作

（一）完善安全生产责任体系

2014 年是全面贯彻落实浙江省委 5 号文件（《中共浙江省委浙江省人民政府关于加强安全生产促进安全发展的意见》）的第一年，全省各地按照“党政同责、一岗双责、齐抓共管”和“三个必须”等要求，制定出台了 5 号文件贯彻实施意见，进一步明确了各级党委、政府领导班子成员对分管领域安全生产工作的领导责任，全面落实各级党委、政府和各职能部门的安全责任。如舟山市制定出台了《舟山市安全生产“一岗双责”及部门工作职责暂行规定》；宁波、衢州等市调整安全生产责任书签订方式，市长与各分管副市长签订责任书，分管副市长与分管部门签订责任书。各地、各有关部门和单位按照“分级管理”和“属地管理”的原则，层层签订安全生产责任书，将安全生产责任制逐级落实到了乡镇（街道）、村（居）和企业。另外，为进一步强化行业监管的安全责任，省安监局会同省编制办、省法制办对工矿生产、商贸经营、油气管网、危险化学品等重点行业领域的安全责任进行了进一步明确，确保了安全监管责任全覆盖。

在推动安全监管责任的落实上，积极发挥安全生产考核的导向作用，在责任制考核内容中设置“三个体系、一个能力”等考核指标，突出“党政同责、一岗双责、齐抓共管”和“三个必须”的要求，加大较大恶性事故、重大责任事故及责任制落实过程的考核权重。完善安全生产通报制度，将安全生产事故情况及安全生产责任制考核结果定期通报组织部门，作为组织部门评价领导干部业绩的重要依据，有力推进了安全生产“党政同责、一岗双责”的落实。继续实施安全生产点评制度、督查制度、警示制度、告诫谈话等制度，对事故多发地区进行警示、通报。如杭州市通过每月通报、每季履职、半年督查和不定期暗访暗查等形式，督促各级政府、各部门落实安全生产责任。丽水市建立安全生产工作进度排名通报制度，对事故控制指标、安全标准化创建、非事故案件办理等重点工作进展等情况进行排名通报，并抄送当地党委、政府主要负责人，对工矿企业事故控制指标超进度的县（市、区）和市直部门主要负责人下发警示告知书。

（二）开展隐患排查治理工作

部署开展了岁末年初安全生产大检查大整治、“打非治违”专项行动两个大的综合整治活动，对全省安全隐患进行全面排查治理。在“打非治违”专项行动中，结合浙江省实际，增加了渔业船舶、涉及可燃爆粉尘作业场所、无证无照生产经营企业等三个重点领域，确保了浙江省“打非治违”工作的全覆盖。在油气输送管线安全专项整治方面，省安委办专门提请省政府下发了《关于切实加强油气输送管道安全监督管理的通知》，进一步明确了油气管道安全监管职责、管道隐患整改时间表及路线图。在尾矿库治理方面，深入推进尾矿库综合利用项目实施，积极探索从根本上消除尾矿库安全风险的有效途径。在涉氨企业整治方面，积极督促涉氨制冷企业将隐患治理与推动涉氨制冷企业转型升级相结合，构建涉氨制冷企业事故防范长效机制。此外，浙江省安监局还会同交通、消防、海洋渔业等部门在有关行业领域开展了安全生产专项整治。

据统计，2014 年，全省共排查事故隐患 13 余万项，取缔关闭企业近 3000 余家，实施行政处罚 4300 余次，下达各类执法文书近 20 万份，处罚金额超过 1 亿元，通过一系列安全综合整治和专项整治，安全环境得到进一步改善。

（三）加快实施事故防范体系建设

积极推进安全生产综合整治，在 2013 年试点的基础上，新增了 11 个安全生产综合整治试点县（市、区），试点地区同时作为贯彻实施省委 5 号文件的示范点，在落实省委 5 号文件“三个体系，一个能力”建设的基础上，结合产业转型升级及“五水共治”“三改一拆”“四换三名”攻坚战，实施重点行业领域安全隐患的综合治理，消除了一批区域性安全隐患。如台州温岭市通过开展消防领域的综合整治，累计拆除违法建筑 700 多万平方米，整治企业 6883 家、出租房 3693 户，火灾发生率同比下降 44.6%，既从很大程度上消除了制约当地经济发展的安全隐患，又有力促进了当地制鞋产业的升级发展。

进一步强化安全风险源头管控，强力推进危险化学品领域本质安全三年提升整治。截至 2014 年底，杭州等 4 个市和建德等 27 个县（市、区）完成了化工行业安全发展规划编制，全省 34 个县（市、区）明确不再发展化工产业。同时，组织开展了危险化学品、矿山重点县安全生产攻坚，全面提升危险化学品、矿山集中区域的安全治理水平。

强化安全生产应急救援能力建设，进一步加大区域性安全生产专业骨干队伍组建力度，与省财政厅联合公布 11 支全省安全生产应急救援专业骨干队伍名单，落实队伍年度补助资金 240 万元。加强安全生产事故应急预案编制、备案和演练，精心组织开展各种形式的应急救援演练。如省安监局联合衢州市政府举行衢州市重大化学事故应急救援演练，舟山市举行危化品运输事故应急处置演习，温州市举行“海陆空”多领域危险化学品事故应急实战演练等，救援实战能力进一步提升。

（四）提高安全生产治理能力

积极探索安全生产社会化服务。针对浙江省中小微企业量大面广、安全生产基础薄弱的现状，制定出台《关于推进浙江省安全生产社会化服务工作的指导意见》，探索构建政府、企业和第三方安全专业服务组织良性互动的安全生产社会治理机制，取得了初步成效。如宁波市鄞州、宁海、江北等试点开展的安全隐患排查治理外包服务，通过引入第三方安全服务机构，为企业提供安全隐患代查代报服务，中小微企业隐患排查治理的水平得到切实提升。

大力推进行政审批制度改革。将 90% 以上的危险化学品安全审批事项、50% 以上的矿山安全审批事项及“四类人员”的安全培训、考核及发证事权下放至各市县安监部门。完成安全生产权力清单、责任清单编制，并通过浙江政务服务网向社会公布。将省级安全审批事项办理全部纳入浙江政务服务网，并与浙江政务服务网同步开通上线，实现“三集中三覆盖”（权力事项集中进驻、网上服务集中提供、信息资源集中共享，网上审批事项全覆盖、流程全覆盖、办件全覆盖），被评为 2014 年度浙江政务服务网建设绩效考评优秀单位，走在了省级部门前列。联合省国土资源厅下发《关于做好砂石土矿产开发管理与安全生产监管工作的通知》，强化矿山选址联合踏勘工作，建立矿区范围划定论证制度，明确新设立砂石土矿山选址须符合矿山安全生产条件，有助于解决我省部分露天矿山定点划界不合理、周边环境复杂、矿山开采规模小、集约化程度不高给露天矿山带来的先天性安全隐患和开采困难等问题，既大大简化了审批流程，为企业提供了实实在在的方便，又有效提升了企业本质安全水平，改善了矿山生态环境，提高了土地的集约利用，一举多得。这个文件的出台得到了国务院安委办的高度肯定，并转发各地借鉴学习。

安徽省安全生产工作综述

一、安全生产总体情况

全省安全监管系统认真学习贯彻习近平总书记、李克强总理关于安全生产工作的重要指示、讲话精神，按照省委、省政府的要求，紧密结合实际，进一步强化安全生产“红线”意识和“底线”思维，主要负责同志亲力亲为，各地、各省政府安委会成员单位分管负责人更是靠前指挥，深入一线，全省上下安全发展的理念进一步确立，安全生产的行动更加自觉，有力促进了安徽省安全生产形势持续稳定好转。2014 年与 2009 年相比，在国内生产总值增加 1.08 万亿元、增长 107.4% 的情况下，死亡人数从 3484 人降到 3027 人、下降 13.1%；较大以上事故起数从 70 起降到 38 起，死亡人数从 265 人降到 162 人，分别下降 45.7%、38.9%；亿元 GDP 事故死亡率、工矿商贸从业人员 10 万人事故死亡率、煤矿百万吨死亡率、道路交通万车死亡率分别下降 58.6%、45.6%、18.1%、38.6%。

2014 年以来，全省安全生产形势继续保持稳定向好的态势，实现了“三个继续下降、三个控制良好”：

一是事故起数和死亡人数继续下降。全省共发生各类生产安全事故 19922 起、死亡 3027 人，同比分别下降 7.3%、1.7%。二是较大事故继续大幅下降。发生较大以上事故 38 起、死亡 162 人，同比分别下降 25.5%、22.1%。三是反映安全发展水平的主要相对指标继续下降。全省亿元 GDP 事故死亡率 0.145，工矿商贸十万从业人员事故死亡率 0.984，道路交通万车死亡率 2.162，同比分别下降 11.5%、8.0% 和 1.1%。四是重点行业领域安全生产控制良好。金属与非金属矿山事故 17 起、死亡 18 人，同比分别下降 43.3%、43.8%；建筑业事故 85 起、死亡 101 人，同比分别下降 14.3%、7.3%；工矿商贸其他事故 99 起、死亡 105 人，同比下降 12.4%、21.1%；未发生渔业船舶、农电和民航飞行事故。五是大多数统计单位安全生产控制良好。在 22 个统计考核单位中，有 20 个单位事故总量在控制范围之内，有 21 个单位较大事故在控制范围内。六是安全生产主要指标控制良好。各类生产安全事故死亡人数占国家下达的全年控制指标 92.3%，低于全年控制指标 7.7 个百分点；较大事故起数占全年控制指标的 60.0%，低于全年控制指标 40.0 个百分点。

二、安全生产重点工作

（一）抓落实，使责任体系日臻完善

省委、省政府进一步加强组织领导、提升决策层级，王学军省长担任安委会主任，增加组织部门为安委会成员单位，调整相关单位主要负责人为安委会组成人员。省委常委会 2 次、省政府常务会 3 次听取安全生产工作汇报，省政府安委会 5 次召开会议进行研究部署。在省政府全体会议上，省政府与 16 个市政府、11 个省直部门主要负责人签订了年度安全生产目标管理责任书。省委印发《关于贯彻“党政同责一岗双责齐抓共管”要求进一步贯彻落实安全生产责任制的通知》，推动全省构建“党政同责、一岗双责、齐抓共管”的安全生产责任体系，安委会各成员单位按照“管行业必须管安全”的要求，分别成立安全生产工作领导小组或设立安全生产部门，在系统内层层签订了安全生产责任书，全省各市、县（市、区）全部实现了“五个全覆盖”，安全生产责任体系进一步健全。

（二）抓督查，使隐患排查强势推进

制定了安徽省安全生产重大安全隐患“月建月销”工作制度、重大安全隐患挂牌督办办法、安全生产暗查抽查工作制度，拟定了《安徽省安全生产事故隐患排查治理办法》。组织开展了全省冬季安全生产大检查及“回头看”综合督查、春季安全生产大检查、夏季和汛期安全生产大检查、汽车加油加气站安全专项检查。结合第 13 个全国安全生产月活动，深入开展安全隐患曝光行、媒体

记者企业行和“打非治违”专题行的“三行”活动。

煤监机构共监察690矿次，查处隐患3802条，责令1对矿井停产整顿、98个采掘工作面停止作业、37套设备停止使用。危险化学品领域督促116家企业进行危险化工工艺自动化控制改造、180家企业进行重点监管危险化学品自动化控制改造、214个危险化学品重大危险源完善自动化监控措施、140套未经正规设计的化工装置进行设计诊断。油气输送管道建立了隐患整改情况月报制度，专项排查整治活动排查出的508处油气管道安全隐患，已完成408处的整改，整改率80.3%。消防部门连续7年挂牌督办50处省级重大火灾隐患，扎实开展“守护平安”“清剿火患”、重大火灾隐患集中整治。公安、交通部门深入开展以“平安公路、平安车船、平安港站、平安渡口、平安工地”为抓手的“平安交通”建设，安排6300万元资金专项用于重大安全隐患治理补助，治理了多年未解决的2处重大渡运安全隐患。排查确定公路危险点段81处，实行省、市、县三级政府挂牌督办整治，已治理80处。排查出存在安全隐患的高速公路隧道61座，大部分已得到有效整改。全省共排查生产经营单位138452家，排查出一般隐患254815项，整改率98.2%；排查出重大隐患53项，整改率96.2%。

（三）抓整治，使专项整治扎实有力

深刻吸取青岛中石化输油管道“11·22”泄漏爆炸事故、山西晋城“3·1”事故、韩国“4·16”沉船事故、土耳其“5·13”矿难事故、江苏昆山“8·2”粉尘爆炸事故和安徽省“8·19”东方煤矿事故教训，开展了油气输送管线、煤矿、非煤矿山、尾矿库、隧道、水上交通、粉尘防爆等专项检查。继续开展液氨制冷、建筑施工脚手架倒塌等专项行动。以安庆石化油气输送管道隐患排查治理为重点，全力打响隐患治理攻坚战。强力推进高危行业关闭退出，依法取缔和关闭规模小、管理水平差、安全不达标的煤矿、非煤矿山，2014年共关闭小煤矿42座，非煤矿山367座；稳步推进烟花爆竹生产企业有序退出，全省现有的40家企业全部关闭退出。

（四）抓“打非”，促“六打六治”重拳出击

省政府成立了“六打六治”打非治违专项行动领导小组，制定工作方案，组织9个综合督查组，督促各地开展“六打六治”工作。各地、各有关部门按照“全覆盖、零容忍、严执法、重实效”的要求，开展“地毯式”排查、“清剿式”打击，对发现的非法违法行为，按照“四个一律”要求予以严惩，通过集中处罚一批、停产一批、取缔一批非法违法典型，查处一批非法违法和失职渎职人员，打出了成效，打出了声势。行动开展以来，全省共组织执法检查组17145个，参加执法检查人员126167人次，打击治理各类非法违法行为150784起，关闭非法违法企业155家，对13起严重违法行为追究了刑事责任。

（五）抓法制，广泛宣传新《安全生产法》

一是新《安全生产法》颁布实施后，安徽省立即制定宣传贯彻方案，并报经省政府安委会全体会议审查通过。二是省政府安委办印发了新《安全生产法》宣传贯彻意见，对各市、县和有关单位、企业学习贯彻新《安全生产法》提出了明确要求和具体安排。三是省政府安委会举办新《安全生产法》宣传贯彻培训班，邀请了国家安全监管总局政策法规司领导进行辅导授课，省政府安委会成员单位，省、市、县三级安全监管部门领导班子成员，省属企业分管负责人、安全管理人员等共1000余人参加培训。四是成立了新《安全生产法》宣讲团，深入各市进行宣讲。各市、县，有关单位、企业也纷纷举办新《安全生产法》宣贯班近百场，3万多人参加培训。五是购买了《安全生产法》宣传资料和挂图展板，发送各地在办公场所和公共区域展示。六是在省安全监管局网站、《安徽省安全生产》杂志上开办学习新《安全生产法》专栏。七是在新《安全生产法》实施当日，在《安徽日报》开辟宣传专版，在安徽卫视黄金时段打出宣传字幕，在广场面向社会公众发放宣传资料，组开展全省新《安全生产法》知识竞赛，烘托宣传氛围。八是积极开展新《安全生产法》的相关配套工作，制定安全生产行政处罚自由裁量权基准，对相关行政审批进行事项的调整。

（六）抓支撑，快速提升保障能力

2014年共安排省级煤矿安全生产专项资金4123万元，引导企业安全投入近11亿元。非煤矿山领域着力加强地下矿山“六大系统”和尾矿库监测监控信息化建设，全年支持非煤矿山安全技改

项目45个，带动非煤矿山安全技术改造资金投入10亿元。非煤矿山和危险化学品领域制定出台了攻坚克难工作方案，分别确定了10个重点县（区），全面提升安全生产水平，实现安全生产标准化、自动化、信息化。先后组织开展了安庆石化油气输送管道、轨道交通建设工程、城市燃气管网、索道、大面积停电等省级应急救援演练，检验提升了快速反应、协同作战和抢险救援能力。举办全省第一届非煤矿山救援技术竞赛和首届职工安全生产知识技能竞赛，进一步提高事故应急救援能力和职工安全技能。创建一级安全生产标准化企业35家，二级安全生产标准化企业367家，三级安全生产标准化企业5739家。

（七）抓规章，创新发展制度建设

制定了《安徽省小型水库安全管理办法》《安徽省火灾高危单位消防安全管理规定》《安徽省主干公路交通安全防控体系建设三年规划》《安徽省加强企业安全生产诚信体系建设实施方案》等一系列规章制度；出台了《电梯使用安全管理规范》《电梯安装、改造、修理和年度自检规范》等地方标准；开展《安徽省非煤矿山建设生产管理条例》等立法调研；建立安徽省工程建设监管和信用管理平台；全面推行消防安全重点单位户籍化管理。其中，《安徽省生产经营单位安全生产分类分级监督管理办法》，国务院安委会办公室转发全国学习借鉴。

（八）抓典型，使警示教育深入人心

开展了煤矿、非煤矿山、危化企业负责人谈心对话活动，省政府杨振超副省长先后与部分省属企业和“两个十个重点县（区）”政府主要负责人进行了谈心对话。全省各地积极开展谈心对话活动，现有417家危险化学品生产企业、1606家非煤矿山企业、51处国有重点煤矿、10处地方煤矿实现了全覆盖。先后2次召开非煤矿山管理人员现场会，举办3期危化品企业安全警示教育培训班，4期煤矿企业安全生产主体宣讲会，2000多名企业主要负责和安全管理人员受到了培训。省政府安委会办公室先后组织召开了4次安全生产形势分析会暨新闻通气视频会，引起各大主流媒体广泛宣传和社会各界的大力关注。组织开展“我为安全生产建言献策”活动，并将优秀征文结集出版《金点子——我为安全生产建言献策》一书，扩大宣传的影响力。创建51家省级安全文化示范企业、44个省级安全社区，为推动企业安全管理重点工作、提升社会安全保障能力和服务水平奠定安全文化基础。严肃事故查处，较大事故2个月内结案，所有省政府牵头调查的事故处理报告全文上网公开，全省各级共调查事故246起，结案182起，给予党纪政纪处分338人，移交司法机关追究刑事责任51人，罚款3609.9万元。

（九）抓队伍，不断强化作风建设

大力加强作风建设，机关呈现出崭新的精神风貌。一是重点围绕放权、规范、监督等环节，在清理下放一批行政审批项目的基础上，对15个行政审批事项进行流程再造，压缩审批时限30%；还将9个行政审批项目由承诺件改为即办件，压缩审批时限96%。开发建成了省安全监管局网上申报审批系统，为企业提供集账号管理、网上申报、办理状态查询、网上公示、服务质量于一体的在线办事服务。二是深入开展行政权力清理、涉企收费清理。对原有的168项行政权力，经清理确权，保留61项，取消和暂行实施107项，减少63.7%，促进了权力在阳光下运行。三是巩固和深化党的群众路线教育实践活动成果，对教育实践活动整改落实工作认真开展了“回头看”，并对整改落实情况进行了通报，明确了责任人、责任部门和整改时限，主动在网上公布，自觉接受群众监督。这些安全生产长效机制的建立健全，将彻底改变查出事故隐患“一罚了之”，发生事故企业生产“一停了之”，事故查处挂牌“一挂了之”的现象。四是围绕“责”“权”“廉”，把党风廉政建设贯穿于安全监管工作的始终，落实“两个责任制”，加强监督，促进监管人员依法履职，廉洁自律，干净做事，筑牢拒腐防变“防火墙”。并公布安全生产“12350”举报电话、投诉信箱，自觉接受群众、社会监督和舆论监督，努力打造一支为民、务实、高效、清廉的安全生产监管队伍。2014年，省安监局首次荣获“安徽省文明单位”称号。

福建省安全生产工作综述

一、安全生产总体情况

福建省委、省政府高度重视安全生产工作，认真贯彻落实习近平总书记、李克强总理等中央领导同志关于安全生产的重要批示指示精神，强化“红线”意识和底线思维，坚持把安全生产纳入经济社会发展大局，做到同研究、同部署、同落实。省委书记尤权在开春上班第一天就主持召开省委常委会听取安全生产工作汇报，亲自审定修改《福建省安全生产“党政同责、一岗双责”规定》，多次对安全生产工作作出指示批示；省长苏树林亲自担任省政府安委会主任和省道路交通安全综合整治工作领导小组组长，多次主持召开省政府常务会议、务虚会研究安全生产工作，经常对安全生产工作提出明确要求。省委、省政府其他领导在贯彻落实安全生产“党政同责、一岗双责”方面也亲力亲为，扎实抓好分管行业领域的安全生产工作。

2014 年，福建省各级各相关部门在国家安全监管总局的指导下，按照省委、省政府的决策部署，认真履职，扎实推进各项工作落实，取得较好的成效，全省安全生产形势持续稳定好转，各类事故连续 9 年较大幅度下降，是全国 10 个没有发生重特大事故的省份之一，工作总体情况为历史最好年份。全省各类事故死亡人数同比下降 5.1%，较大事故起数 38 起、同比下降 2.6%，继 2013 年历史性降到 39 起的基础上又创历史新低，未发生重大及以上事故；重点行业领域事故明显下降，全省工矿商贸事故死亡人数同比下降 4%（其中非煤矿山下降 12%，建筑施工下降 7.3%，危险化学品企业没有发生亡人事故），生产经营性火灾下降 8.6%，道路交通下降 4.8%（其中生产经营性下降 14.6%），铁路交通下降 5.7%，农业机械下降 7.7%，渔业船舶下降 10%；10 个设区市（含平潭综合实验区）事故死亡人数同比全部下降，都控制在省政府年初下达的控制指标之内。国务院安委会、全国人大财经委调研组来闽调研和国务院安办督查组三次来闽督查时都给予了充分的肯定。

二、安全生产重点工作

2014 年，福建省各级各部门和单位认真贯彻落实习近平总书记关于安全生产的重要讲话精神，牢固树立“红线”意识和底线思维，认真履行安全生产工作职责，强化协调配合，狠抓监管执法，各项重点工作取得了积极的进展。

（一）认真贯彻落实“党政同责、一岗双责”规定

根据习近平总书记关于加快建立安全生产“党政同责、一岗双责、齐抓共管”责任体系的重要指示要求，省政府安办组织起草了《福建省安全生产“党政同责、一岗双责”规定》(简称《规定》)，经省委书记尤权、省长苏树林亲自审定修改，省政府常务会研究和省委常委会审议通过，省委、省政府联合以闽委发〔2014〕25 号文件印发执行。福建省《规定》得到了国务院领导和国务院安办的充分肯定，国务委员王勇作出重要批示：福建省的规定把安全生产各方面责任体系健全起来，清晰明确，操作性强，应予以充分肯定；国务院安办转发供全国各地学习借鉴。省政府安委会下发了宣贯通知，督促市、县两级制定“党政同责、一岗双责”规定，到 2014 年底实现了省、市、县“三级五覆盖”，各级党委、政府及部门责任意识更加增强，安全责任体系更加完善，工作成效更加明显。严格事故督办和问责，省政府安委会对 27 起生产经营性较大事故实施挂牌督办，已办结 23 起，正在办理 4 起（未到期），共追究刑事责任 26 人、党政纪处分 65 人、行政处罚单位或企业 24 家、责任人员 17 人，发挥事故查处的警示教育作用，促进安全责任有效落实。

（二）扎实推进安全生产标准化建设提升工程

省政府决定从 2014 年开始再用 3 年时间，在全省开展安全生产标准化建设提升工程三年行动，下发了通知，并在南安召开了现场推进会。省政府

安委会及时印发了实施方案，省政府安委办召开了专题视频会和专题业务培训班进行动员部署，经常组织专家深入企业开展指导，并督促各级各部门结合实际，及时制定具体方案，推出许多有效措施。各地也都召开专题会议进行部署，出台了具体实施方案，福建省在30个行业领域开展，其中采用“国标”21个，制定“省标”9个，同时出台了一系列激励约束措施，扎实有序开展创建工作。到2014年底，全省共有27776家单位评审达标，评审达标率39.2%，超额完成预定的年度目标任务。

（三）全力推进道路交通安全综合整治

省政府安委办会同道安办对2014年道路交通事故死亡人数较多、上升幅度较大的10个重点县（市、区）政府主要负责人进行约谈，并督促各地各相关部门按照“三年行动”总体部署，狠抓各项工作落实。列入2014年省委省政府为民办实事项目的1118处道路隐患整治任务已全部完成，普通公路危桥200座、国省道干线公路安保提升工程500千米、农村公路安保工程4500千米整治任务均已超额完成，高速公路和溪路段分两车道整改工程已竣工验收；部署开展道安“百日会战”，扎实推进客运（旅游）车辆、校车、渣土车及摩托车等重点车辆专项整治行动，有效打击了各类违法违规行为；农村基层道安工作得到加强，全省1121个乡镇及大多数村共配备专职协管员11322人、兼职交通安全员18548人；广泛开展道路交通安全宣传教育，在宁德霞浦县召开了全省道路交通安全宣传教育进学校进课堂现场会，并开展“小手拉大手”活动，不断提高全社会交通安全意识。2014年，全省道路交通事故死亡人数和较大事故起数与2010—2012年三年平均数相比，分别下降33.81%和41.56%。

（四）强化煤矿安全监管监察

认真组织开展与矿长谈心对话活动，福建煤监局4名局领导分期分批下基层与全省所有煤矿矿长、实际控制人共460人进行谈心对话，做到“全覆盖”；全面开展隐蔽致灾因素普查，强制实测填图和图纸交换，建立井下采掘工人透水征兆必知必会、报告奖励和核实论证等水害防治制度，推动隐患突出矿井开展试点治理；创新监察执法方式，邀请专家参与，实行解剖式检查，煤矿安全暗查暗访形成常态化，打非治违工作全面推进；持续推动“联合办学、委托培养”煤矿专业技术人员，5年来累计培养910名煤矿专业学生。2014年，全省煤矿事故死亡6人，同比减少2人。根据国务院安委会的统一部署，从2014年12月起至2015年4月底利用半年左右时间在全省煤矿集中开展隐患排查治理行动，成立了以分管省领导为组长的省煤矿隐患排查治理行动工作领导小组，下设办公室挂靠在煤监局。全省共抽调近400名救护队员、技术人员和专家，组成52个检查组，将分4批次做到一矿一组、每矿检查时间不少于5天。截至2014年底，完成对全省所有269家煤矿企业的隐患排查任务，累计发现各类隐患和问题4656条，已整改2092条。2014年，全省煤矿安全生产形势持续稳定好转，煤矿事故死亡6人，同比减少2人。

（五）深入开展油气输送管道隐患整治攻坚战

根据国务院安委会的统一部署，省政府开展油气输送管道隐患整治攻坚战，并成立了分管副省长任组长的省油气输送管道安全隐患整改工作领导小组，加强统筹协调，争取用3年左右时间完成全部隐患整治工作。2014年11月，分管副省长带领省直有关部门负责人和专家，深入福州、厦门、漳州、泉州、莆田等地和10家管道企业督导调研和现场检查油气管道安全生产工作，研究完善油气管道规划布局、建设管理、运行维护的工作措施和构建油气输送管道保护、安全管理的长效机制；11月下旬，省油气输送管道安全隐患整改工作领导小组召开了第一次全体成员工作会议，对全省油气输送管道安全隐患整改工作进行了部署，这项工作正在顺利推进中，取得了阶段性的成果。截至2014年12月底，全省成品油管道共排查隐患183处，已整改99处，整改率54.1%，包括成品油穿越华侨大学厦门工学院校区等3项重大隐患已全部整改到位；危化品输送管道共排查隐患75处，已整改68处，整改率90.7%。

（六）持续开展重点行业领域专项整治

危险化学品方面：深化本质安全三年行动，涉及重点监管危险化工工艺的生产装置和设施的自动化控制系统改造工作已完成96%；继续淘汰不具备安全生产条件、工艺落后的危化品企业，推动城镇人口密集区域危险化学品31家企业完成搬迁，全年没有发生亡人事故。非煤矿山方面：认真开展与矿长谈心对话活动，省安监局领导与全省500多名矿长面对面谈心对话，实现“全覆盖”；关闭非煤矿山115家，超额20%完成整顿关闭任务；制定尾矿库安全管理制度，开展地下矿山安全生产专项整治；组织专家“会诊式”检查、抽查46家非煤矿山，发现问题和隐患253项，并督促落实整改。职业健康方面：开展职业卫生基本情况摸底调查，开发监督管理信息系统；出台省级建设项目职业卫生“三同时”制度，完成职业卫生“三同时”建设项目12个；开展水泥制造和石材加工企业粉尘危害治理专项整治。此外，消防安全、建筑施工、水上交通、渔业船舶、特种设备、学校和粉尘防爆等重点行业领域专项整治持续推进，安全生产状况持续改善。

（七）全力开展“六打六治”打非治违专项行动

各级各相关部门认真按照国务院安办及省委、省政府关于“六打六治”工作部署，加强指导协调，强化督查检查，狠抓整改落实，取得了阶段性的成效。“六打六治”开展以来，全省共出动执法人员13.48万人次，检查企业8.01万家（次），打击非法违规行为、整治安全隐患3.95万起（项），实施关闭取缔148家，责令停产整顿262家，追究刑事责任19起，对重大非法违法行为备案496起。道路交通方面：打击客车非法违规行为2.76万起、危化品运输车辆非法违规行为1171起；消防方面：打击非法违规行为6527起，立案处罚2349起，罚款3088.9万元；建筑施工方面：打击非法违规行为386起，暂扣或吊销有关许可证8起，责令停工整顿31家；水上交通方面：打击危化品非法运输行为13起、无资质施工4起、客船非法营运9起；非煤矿山方面：打击非法违规行为475起；粉尘防爆方面：整治安全隐患2033项。

（八）深化安全生产领域改革

福建省安全生产领域改革列入全国综合改革8个试点省份之一和全省社会治理体制改革重点内容之一。省政府安办组织起草的《福建省深化安全生产领域改革试点实施方案》，经省社会治理体制改革领导小组审核并报国家安全监管总局批准，由省委办公厅、省政府办公厅以闽委办发〔2014〕42号文件正式印发执行，明确了安全生产领域改革的时间、步骤和具体措施；成立了省深化安全生产领域改革工作领导小组，强化各项措施，稳步推进各项改革工作，取得了阶段性成果，截至2014年12月底，已完成了9项改革任务，其他10项改革工作正在有序推进中。推进安全生产行政审批制度改革，全面梳理精简行政权力，行政权力事项由改革前579项精简为182项，清理比例达68.6%；公共服务事项由改革前21项精简为9项，清理比例达57.1%。其中，行政权力事项省级行使为51项，实行属地管理131项，省级行使权力仅占28%。并进一步简化行政审批程序，将所有的行政审批事项的审批环节压缩到5个以内，总体审批时限控制在法定时限的50%以内。福建省宁德市寿宁县将安全生产工作以占总分五分之一权重列入乡村干部千分制考评制度，得到国家安全监管总局的充分肯定。

（九）加强安全生产宣传教育

新组建了新闻发言人、理论专家、通讯员、评论员、监督员“五支队伍”；健全完善安全生产宣传教育联席会议制度，在省政府新闻办的支持下，连续5年在新年首场新闻发布会上通报安全生产工作情况；与15家主要新闻媒体合作开辟安全生产专版专栏，大力普及安全生产法律法规和安全常识，在福建电视台公共频道开设《安全直通车》，已播出51期，受教育面广，反响良好；坚持从幼儿、小学生抓起，4月30日省安监局与省教育厅联合在漳州东山县召开全省中小学生安全教育进学校进课堂现场推进会，教育孩子从小树立安全意识；集中开展“安全生产月”活动，组织了安全生产“宣传咨询日”“海西安全发展行”等系列活动。坚持以创建安全社区、安全园区和安全文化建设示范企业为载体，大力推进安全文化建设。全省有155个乡镇（街道）、54个工业园区参与安全社区、安全园区创建，已建成了全国安全社区2个、省级安全社区63个、省安全园区39个，有6家企业获得“全国安全文化建设示范企业”称号。福建省安监局在全国安全生产宣传教育视频会上作了典型经验介绍。特别是新《安全生产法》颁布施行以来，制定下发了学习宣贯实施方案，通过组织专题辅导讲座、专家授课、召开新闻发布会，利用电视、广播、报刊等媒体，多形式、全方位开展宣传教育，并落实国家安全监管总局致企业一封公开信，督促各地各相关主管部门与所有行业领域企业签订学习宣传贯彻新安法的承诺书，营造了学法、懂法、守法和用法的良好氛围。

（十）积极推进应急救援工作

争取国家支持泉港化工基地应急救援装备5220万元，建立石化、油气危化品输送管道企业与管道沿线地方政府应急联动机制。7月16日国家安全监管总局、交通运输部和福建省政府联合在南平市举行隧道重大道路交通危险化学品燃爆事故综合应急演练，取得了很好的效果，得到国家安全监管总局和交通运输部领导的充分肯定。特别是12月5日零时30分许，厦蓉高速公路龙岩段扩容工程A3合同段后祠隧道出口段发生塌方事故，导致21人被困。福建省立即启动应急救援应急预案，组织专业救援队伍、设备，迅速展开救援。这次救援工作方案得当，现场组织有序，措施精准有效，舆论引导主动，在较短的35个小时内成功解救出全体被困人员，得到了国家安全监管总局、交通运输部领导的充分肯定。

江西省安全生产工作综述

一、安全生产总体情况

2014年，在江西省委、省政府和国家安全监管总局正确领导下，经过全省上下的艰辛努力，以杜绝重特大事故为标志，2014年全省安全生产工作取得积极进展，有力保持了安全生产形势总体稳定、持续好转的态势，突出表现为“一杜绝、两下降、一良好”：一是杜绝重特大事故。全年没有发生一起死亡10人以上事故，为全国10个杜绝重特大事故的省份之一。是继2006年之后再度实现杜绝重特大事故的一年，且连续9年杜绝特别重大事故。二是事故总起数、死亡人数同比下降。发生生产安全事故3114起，死亡1637人，同比分别下降1.08%和0.06%。其中：列入国务院安委会考核的领域发生事故1120起，死亡839人，同比少66起、少42人，分别下降5.56%和4.77%，实现了事故总起数、死亡人数连续14年“双下降”。三是绝大多数行业（领域）事故死亡人数同比下降。化工和危险化学品、烟花爆竹、煤矿、金属与非金属矿山、建筑业、工矿商贸其他和生产经营性道路交通、水上交通等领域的事故死亡人数，同比均有不同程度下降，民航飞行无事故。四是控制指标实施情况良好。除煤矿领域超11.11%外，其他指标均在国务院安委会下达的控制考核范围内。事故总死亡人数为85.44%；较大事故起数为92.06%；工矿商贸为83.33%，其中，化工和危险化学品为18.75%、烟花爆竹为41.67%、非煤矿山为86.36%、建筑业为98.15%；水上交通为37.50%；生产经营性道路交通为87.56%；铁路交通为100%；农业机械为11.76%。11个设区市事故死亡人数均在省安委会下达的控制考核范围内。

二、安全生产重点工作

（一）深入学习贯彻习近平总书记重要指示，坚定安全发展战略定力

江西省委、省政府出台《江西省安全生产“党政同责、一岗双责”暂行规定》，这是江西省首个明确和落实各级党委、政府及其工作部门和党政领导干部安全生产工作责任的规范性文件，国务院安委会办公室全文转发全国各地借鉴；国家安全监管总局领导专程来江西同企业负责人开展谈心对话，江西省副省长李贻煌亲自与烟花爆竹重点产地县党政主要负责人和煤矿企业负责人谈心对话，集中宣讲了习近平总书记关于安全生产重要论述；省安委会办公室组织宣讲组分赴各地，全面宣讲了习近平总书记重要论述要点；省委组织部、省安监局联合举办全省县级领导干部安全生产专题研讨班，省安监局召开全省安全生产工作座谈会，专题研讨了用习近平总书记重要论述指导推动安全生产工作。

（二）全面深化安全生产领域改革，强化安全监管效能

建立健全责任体系上，省、市、县三级“五个全覆盖”普遍落实到位，为安全生产事业长远发展提供了组织保障；深化管理体制改革上，在新

一轮机构改革中强化了省安监局煤矿安全监管职能；完善目标控制考核上，加大了市县科学发展综合考核评价中的安全生产考核权重，出台了《江西省安全生产目标管理考核办法》；深化行政审批制度改革上，两批次取消和下放了18项安全生产行政审批事项；建立隐患排查治理和预防控制体系上，制定了《江西省生产安全事故隐患排查分级实施指南》，印发了指导生产经营单位排查治理隐患的意见；强化法制和行政执法上，开展了行政许可规范化专项治理和安全生产行政执法督查评议，下发了《关于规范建设项目安全设施“三同时”若干问题的试行意见》；同时将烟花爆竹批发许可、危险化学品经营许可等22项管理权限，赋予省直管试点县（市）实施。

（三）整体推进重点行业领域整顿关闭工作，改善安全生产条件

实施涉氨制冷企业液氨使用、粉尘防爆、造船安全等重点整治和高危行业整顿攻坚，全年关闭退出煤矿23处、金属非金属矿山213座、烟花爆竹生产企业101家，园区外的化工企业搬迁13家；扎实推进隐患排查治理，全省共排查工矿商贸、交通运输等重点行业（领域）企业7万余家，查出安全隐患和问题11.33万项，其中重大隐患1323项，已整改1307项、整改率98.79%，累计落实治理资金7887万元。依法严肃查处各类事故，工矿商贸领域发生的9起较大事故，结案7起，给予行政处分54人、党纪处分15人，移送司法机关追究刑事责任17人。

（四）集中开展“七打七治”打非治违专项行动，规范生产经营秩序

集中开展了为期4个月的“七打七治”打非治违专项行动，共组织检查组3284个，开展跨地区、跨部门联合执法645次，进行暗查暗访1837次，累计查处非法违法、违规违章行为5万余起，其中，实施关闭取缔25起、暂扣或吊销有关许可证30个、责令停产整顿企业197家、追究刑事责任的严重非法违法行为13起。

（五）切实加强宣传教育培训，营造安全发展氛围

精心组织以“强化红线意识、促进安全发展”为主题的第13个“安全生产月”活动；省政府举行新《安全生产法》宣贯电视电话会议，邀请国家安全监管总局副局长杨元元作辅导报告；拓宽宣传渠道，联合《新法制报》，创办《江西安全生产》专刊；在省政府网站、人民网江西频道、省广播电视台，举行安全生产相关在线访谈4次；扎实推进安全培训工作，累计培训高危企业“三项岗位”人员40余万次；各级领导干部与煤矿、非煤矿山、烟花爆竹生产企业负责人谈心对话全覆盖，强化了企业负责人安全意识。安全社区建设实现新突破，3个社区首次注册备案为“全国安全社区”建设单位，28个社区通过“全省安全社区”现场评审。

（六）着力夯实基层基础工作，提升安全保障能力

非煤矿山、危险化学品、工矿商贸、烟花爆竹四大行业安全生产标准化创建有序推进，截至2014年底一级达标企业21家、二级411家、三级3309家；非煤矿山地下开采企业完成“六大系统”建设145家，危化企业完成重大危险源监测监控系统改造127家，爆竹生产企业应用自动装药机械1124家；江西省烟花钝感技术研究等2个项目，获得全国第六届安全生产科技成果奖三等奖；爆竹引火线湿法制引工艺在全省推广使用，并被国家安全监管总局初步立项，经完善后将定型为国家行业标准；筹资950万元加强安全生产应急救援装备建设，成功举行“2014江西省生产安全事故专项应急预案暨江铜（德兴）因自然灾害（强降雨）引发生产安全事故应急演练；市、县两级安监局监管执法专业装备建设项目实施进展顺利；完成《尾矿库安全检测技术规范》等6个地方标准。

（七）广泛开展“争做五好安监员”主题活动，巩固教育实践活动成果

巩固和扩大省安监局机关党的群众路线教育实践活动成果，指导和推动市、县安监部门扎实开展教育实践活动，在全省安监系统广泛开展争做积极有为的服务员、务实创新的宣传员、业务精通的指导员、严格执法的监督员、勇于担当的护航员主题活动，切实提高广大安监干部坚守“红线”、敢于担当、善抓落实、改革创新、廉洁自律“五个能力”。

同时，职业卫生监管工作取得积极进展，11个设区市全部划转职业卫生监管职责，80%的县

（区）完成划转；省安科中心取得职业卫生技术服务机构甲级资质，填补了甲级机构“空白”；5个设区市安监局新建乙级职业卫生技术支撑机构；对3400家企业进行了执法检查，下达执法文书2538份；职业卫生“三同时”等工作有序推开。

山东省安全生产工作综述

一、安全生产总体情况

2014年，全省纳入考核统计范围的七个行业（领域）累计发生各类生产安全事故3115起，死亡1526人，事故起数与2013年同期相比下降了8.3%，死亡人数与2013年同期相比上升了10.0%，全省事故总量持续下降，事故死亡人数和较大事故起数均控制在国务院安委会下达的控制指标以内。

二、安全生产重点工作

（一）认真学习贯彻中央和省委省政府领导同志重要指示精神，强力推进责任体系建设

一是省安监局认真参与筹备了省委理论学习中心组安全生产专题报告会，邀请国家安全监管总局领导到会作辅导报告，与省委组织部联合举办培训班，对全省市厅级和县（市、区）政府分管负责同志进行了专题培训。二是省安监局组织力量起草了《关于进一步加强安全生产工作的意见》，认真贯彻落实“党政同责、一岗双责、齐抓共管”和“三个必须”要求，经省委常委会和省政府常务会议研究后，以鲁办发〔2014〕32号文件印发实施。省、市、县三级都出台了文件，明确了党委和政府安全生产工作领导责任；都按照“一岗双责”的要求，对相关领导岗位的安全生产工作职责做出规定；各级安委会主任，都由政府主要负责人担任；安监部门都定期向组织部门报送安全生产情况，强化了安全生产绩效考核；都按照“三个必须”的要求，落实了相关部门安全生产工作职责。总结推广了每个生产经营单位都落实一个主管部门的实名制安全监管经验，全省已有27.3万家企业纳入了实名制监管。三是落实企业主体责任。开展了全省企业主体责任专项执法检查和安全生产资质专项检查，共检查企业28.7万家次，查处非法违法行为1.47万起。

（二）攻坚克难，加大安全监管和整治力度

在非煤矿山监管工作中，以省政府名义召开了全省地下非煤矿山安全生产攻坚克难工作现场会议，对22个重点县实施攻坚克难。结合产业结构调整，全省关闭了482家非煤矿山企业。制定实施了《山东省金属非金属地下矿山安全生产条件规定（暂行）》。开展了地下矿山关键环节专项整治和露天采石场安全专项检查。积极推进非煤矿山“五化”建设，树立了机械化开采示范矿山，淘汰落后装备。对地下矿山和大中型露天矿山的矿长、分管矿长、安全科长和外包工程施工单位负责人进行了培训和考核，开展了谈心对话活动。在危险化学品监管工作中，确定了30个危化品重点县实施攻坚克难。大力推动化工企业退城进园，80%以上的化工企业搬迁入园。组织开展了全省百家化工企业主要负责人谈心对话和学习万华集团“十大安全理念”、杜绝违章违规行为活动。推广化工企业实行外聘专家查隐患制度，突出抓好危险化学品输送管道、“两重点一重大”装置设施、外来施工队伍等专项检查。推进重点监管危险化学品的生产储存装置、设施自动化控制改造。完善了重大危险源监控措施，对全省6家光气及光气化产品生产企业进行了安全诊断。在烟花爆竹监管工作中，开展了烟花爆竹百日安全专项整治行动，各地向所有烟花爆竹生产企业派驻了安全督导员。开展了烟花爆竹生产企业主要负责人谈心对话活动，全面推进烟花爆竹企业机械化生产改造，组织专家对20家生产企业进行了严格审查和验收，对不符合要求的企业停止了生产，注销6家生产企业许可证。在工商贸监管工作中，狠抓了企业标准化建设和隐患排查治理，开展了粉尘防爆、液氨使用、冶金煤气、高温熔融金属和有限空间作业专项治理，制定了加强涉氨制冷企业和粉尘爆炸危险企业安全管理指导意

见，推进企业基础管理。省安监局组织5个督查组，对各市和27个重点县（市、区）进行了督导检查，全省共检查企业9035家，停产整改876家，取缔关闭710家。在职业卫生监管工作中，积极推进企业职业卫生基础建设，全省共有2.23万家企业达到基础建设要求。组织职业危害专项治理，整治水泥制造和石材加工企业2054家，现场检测涉爆粉尘企业3350家。在全省开展了“工作场所职业卫生监督执法年”，开展执法检查2.53万家次，发现整改问题5.03万项。在油气输送管道隐患整治工作中，在省安监局设立了油气管道隐患整治工作办公室，组织制定《山东省油气管道隐患整治工作方案》，各项工作全面展开。完成了29家管道企业、60条管道所有隐患的调查摸底、等级划分和签字确认工作，共确认隐患2929处，其中重大隐患1281处。

（三）充分发挥安委会及其办公室作用，深入开展安全生产大检查和打非治违专项行动

省政府调整充实了安委会，省长郭树清亲自担任主任，加强了对安全生产工作的组织领导。一是组织开展“六打六治”打非治违专项行动。组织17个包市督查组和4个联合执法组对各地进行督导和检查，全省共打击非法违法、治理纠正违规违章行为80余万起，向社会公告列入“黑名单”企业400家，关闭非法违法企业291家。二是组织开展安全生产百日攻坚行动。动员各级各部门和进一步加大安全生产工作力度，全面落实各项防范措施。省安委会办公室成立巡查组，对各市和各行业领域进行巡查和督导。三是组织开展全省冬季安全隐患大排查大整治工作。开展为期4个月的安全隐患大排查、大整治专项行动。制定行动方案，成立领导小组及办公室，加强综合督查和暗访暗查，全省共排查治理安全隐患11.34万处。四是推动各部门开展相关行业领域专项整治。在道路交通领域深化“平安行·你我他”行动，推进校车安全专项整治。在水上交通和渔业领域开展“平安海区”和文明渔港创建活动。在建筑施工领域开展起重机械、脚手架等专项整治。在消防领域开展重大火灾隐患集中整治、劳动密集型企业消防专项整治。推动有关部门开展特种设备、农机、铁路、民航等领域安全整治。

（四）加强安全生产法制建设，推进依法治安

一是学习贯彻新《安全生产法》，加快安全生产立法和地方标准制定工作。通过全省视频会形式，举办了新《安全生产法》专家视频讲座。启动了《山东省安全生产条例》修订工作，积极推动《山东省安全生产行政责任制规定》和《山东省危险化学品安全管理办法》两部政府规章立法工作。结合新《安全生产法》，已着手对5个省政府规章进行修订。会同省质监局审查发布了3项安全生产地方标准。二是严格执法监察。各级执法队伍严格检查、严厉处罚、严谨办案，共实施行政处罚3.9万次。认真做好举报信访工作，省安监局直接查办举报191起、接访120次，全部按规定进行了妥善处理。三是严肃事故查处。2014年3起重大事故发生后，经省政府批准，省安监局分别牵头成立了省政府事故调查组，共追究法律责任18人，党纪政纪处分71人。各市对去年发生的10起工矿商贸领域较大事故进行了调查处理，已有7起批复结案并公布处理结果，共追究法律责任25人，党纪政纪处分56人。省政府安委会办公室对8起较大事故查处和30处重大隐患整改进行了挂牌督办，约谈了2个县（市、区）政府主要负责人。

（五）深化改革，创新监管工作方式

按照省委、省政府部署，不断深化安全生产领域改革。一是探索建立抓落实的倒逼机制。综合运用执法监察、督导检查、暗访暗查、媒体曝光、定期通报、挂牌督办、约谈警示、“黑名单”“一票否决”、严厉追责等法律法规和行政手段，进一步加大对各级各部门的督办落实力度，确保安全生产法律法规、国家和省里的决策部署落到实处。二是改进检查方式方法。采取“四不两直”形式进行暗查暗访，各级安监部门共派出暗访组1231个，检查企业4714家，发现重大隐患167处，责令143家企业停产整顿，提请关闭企业39家。三是发挥舆论监督作用。积极配合宣传部门推进舆论监督，邀请电视台等新闻媒体参加暗查暗访，对发现的非法违法问题和安全隐患公开曝光，起到了很好的警示作用。四是建立控制指标通报制度，以省委办公厅和省政府办公厅名义通报了2014年事故控制指标执行情况。省委组织部和省综治委把事故指标执行情况，纳入各级各部门的科学发展观考评和社会综合治理考核工作中。五是创新宣传形式。重要节假日期间，在山东卫视黄金时段播出安全生产系列

公益广告。7 月，在山东电视台开辟了《问安齐鲁》栏目，每周播出 1 期，引起社会广泛关注。通过山东电信、移动和联通 3 家运营商，每周向全省手机用户免费发送 1 条安全生产公益短信。利用“山东安监”政务微博发布安全信息 350 多条。围绕“强化红线意识、促进安全发展”活动主题，开展了“安全生产月”“安全生产齐鲁行”等活动，受教育职工达 510 多万人次。

（六）强化基层基础工作，提高安全生产保障能力

一是狠抓监管执法队伍建设。开展了执法队伍标准化建设，全省已有 16 个市级执法支队和 151 个县级执法大队达到标准化队伍要求。二是加强应急管理。开展应急管理示范点创建活动，指导企业编制完善车间、岗位现场处置方案。组织推动各级各部门和企业开展应急预案演练，共举行各类演练 3.5 万场次。以省政府安委会名义举行了全省石油化工灭火救援综合演练。积极推进应急救援体系建设，市级应急救援队伍已达到 10 个、专职救援人员达到 680 余人。积极做好风险预警，利用手机短信发送安全生产预警信息提示 57 期、10 万人次。三是大力推进安全标准化企业和安全社区创建工作。召开了全省安全生产标准化建设现场会，全省共有 1.38 万家企业达到创建标准。大力推进安全社区建设，全省共有国家和省级安全文化示范企业 177 家，全国和省级安全社区 366 个。四是加强培训和服务机构管理。2014 年共培训企业负责人、安全管理人员和特种作业人员 39.8 万人次。推进安全资格考试体系建设，合理设置考试中心，制定考场规则，制定完善了省级考试题库。五是加强科技和信息化建设。公布了 134 项山东省安全生产科技发展计划项目，向国家申报了 330 项安全生产科技成果奖。积极推进安全生产信息化建设，认真做好信息网络和视频会议系统升级改造工作。

（七）加强队伍作风建设，树立良好形象

一是召开了全省安监系统党风廉政建设会议，强力推进全系统党风廉政建设。二是构建学习型机关，加强监管执法人员培训教育。以考取注册安全工程师为抓手，推动在职干部加强业务学习，全省安监系统共有 1277 人通过了注册安全工程师资格考试。三是理清行政权力清单，确定了安监部门 6 大类行政权力，77 项具体权力，在省政府网站和省安监局网站向社会公开，认真做好齐鲁民声网上线工作，接受群众监督。

河南省安全生产工作综述

一、安全生产总体情况

2014 年，河南省坚持以习近平总书记关于安全生产工作重要指示精神为统领，不断强化“红线”意识，以科学发展安全发展为主线，积极完善和健全“五级五覆盖”责任体系，认真抓好“百千万”对话谈心、重点行业领域专项整治、“六打六治”专项行动、宣贯新《安全生产法》等重点工作落实，着力构建安全生产长效机制，构筑安全生产基层基础，全省安全生产形势继续保持稳定好转的良好态势。2014 年全省共发生各类生产经营性伤亡事故（不含火灾事故）1895 起，死亡 880 人，同比事故起数减少 78 起，死亡人数减少 49 人，分别下降 3.95% 和 5.27%，没有发生特别重大事故。

二、安全生产重点工作

（一）深入学习贯彻中央领导重要指示精神

一是各级领导带头宣讲贯彻。2014 年先后召开 1 次省委常委会，2 次省政府常务会议，4 次省安委会全会，反复宣讲中央领导重要指示精神，研究推进安全生产工作。二是强力推进安全生产“五级五覆盖”。省级层面已经实现五个“全覆盖”，市、县、乡和规模以上企业年内也将全部实现。三是组织开展“百千万”对话谈心活动。省市县三级安委会采取“下谈一级”的方式，与各县区、各乡镇党政主要领导、规模以上企业主要负责人开展对话谈心，学习中央领导的重要指示精神，督促各级“明责、尽责、知厉害”。四是采取多项措施集中推进。结合“安全生产月”和新

《安全生产法》宣贯活动，分别邀请国家安全监管总局新闻发言人黄毅、政策法规司副司长邬燕云、中国安全生产科学研究院院长刘铁民等领导和专家，通过电视电话视频会议“五级同训”形式，对省市县乡四级党政领导和企业负责人进行授课辅导，学习中央领导指示精神。

（二）突出抓好煤矿等重点行业领域专项整治

煤矿方面，认真贯彻落实国办发 99 号文和“七条规定”，深入推进重点产煤县攻坚战，突出瓦斯治理和水害防治，扎实做好兼并重组和地方主体煤矿复工复产复核工作。非煤矿山方面，继续实施非煤矿山资源整合和关闭整顿，以灵宝等 9 个县为重点深入开展非煤矿山攻坚克难，做好停产地下矿山复工复产验收工作，全年关闭非煤矿山 120 座；油气输送管线方面，省政府安委办先后 5 次召开协调会、专题会议，有计划、有步骤地推进专项治理工作。截至 10 月底，全省累计排查隐患 1507 处，已完成整改 655 处，整改率为 44%。危险化学品和烟花爆竹方面，严格执行《化工（危险化学品）企业保障生产安全十条规定》，强力推进危化生产进园区、经营进市场和烟花爆竹生产经营改选升级。责令停产整顿企业 122 家，提请关闭 56 家；道路交通方面，组织实施省政府道路交通安全三年综合整治，抓好重点时段、重点部位的安全监管。截至 10 月底，发生道路交通事故 4510 起，死亡 1050 人，同经分别下降 8.48%、17.65%。建筑施工方面，组织开展了预防建筑施工起重机械脚手架等坍塌事故专项整治“回头看”等 4 专项治理，排查治理各类安全隐患 28000 余项，责令停业整顿 13 家，对 7 家外省企业清出河南省建筑市场。消防领域，深入开展消防安全基层基础建设年活动，不断夯实消防安全基础，先后组织开展 6 次消防安全专项行动，共督改隐患 155.8 万处，依法临时查封 1790 处，责令关停 2562 家。粉尘防爆方面，安排部署了全省铝镁制品机加工等工贸企业粉尘防爆专项整治，排查存在粉尘爆炸危险工贸企业 1983 家，整治违反《严防企业粉尘爆炸五条规定》的安全隐患 1565 项。

（三）扎实开展“六打六治”打非治违专项行动

全省各地各有关部门按照省政府和国务院安委会部署要求，不断加强组织领导，完善工作机制，强化督促检查，严厉打击整治各类非法违法、违规违章行为。截至 11 月底，全省共组织各类执法检查 15092 次，暗查暗访 5687 次，出动检查执法人员 105072 人次，参加执法检查专家 5384 人次，组织开展跨地区、跨部门联合执法 1631 次；集中打击整治 6 类非法违法、违规违章行为 39514 起，向社会公告列入“黑名单”46 家，配合公检法机关开展典型案例公开处理、审判 28 次，关闭非法违法企业 239 家。

（四）全面强化安全生产基层基础建设

一是持续推进安全河南创建。围绕全面落实国务院安委会下达的各项控制指标、深化重点行业领域安全生产整治、持续加强宣传教育培训、持续开展安全创建示范和组织实施工作等 5 个大项、21 个小项的目标任务，扎实开展创建工作。二是组织“安全生产月”系列活动。围绕“强化红线意识、促进安全发展”主题，以开展“习近平总书记重要讲话精神专题宣讲周”“事故应急救援演练周”“安全生产隐患集中排查周”“打非治违整治周”四个活动周为基础，突出抓好“安全生产月”系列活动。三是持续开展各类安全教育培训。2014 年以来，各级安全监管部门以检查促培训，以执法促培训，以考核促培训，培训力度进一步加大。四是推进安全标准化和风险预控。结合河南省实际，组织全省 38000 余家规模以上企业分期分类参与安全生产标准化创建。五是加快推进基层监管执法能力建设。落实中央财政支持资金 5450 万元，为市县安全监管局争取装备 5565 台套。加强监管执法人员业务培训，培训换证市县执法人员 395 名。

（五）改革创新安全生产监管监察方式方法

一是推进安全生产重点管理。坚持自我加压，在国家通知的基础上，河南省确定 4 个煤矿重点县、8 个非煤矿山重点县、2 个危化重点县，分类制定下发重点县推进方案，督促当地政府实施治理攻坚。二是推行“四不两直”的监察方式。将“四不两直”暗查暗访活动与隐患排查、打非治违有效结合，制定方案，扎实推进。三是加强社会舆论监督。强化重大问题公开督办，积极推进较大事故和重大隐患挂牌督办，及时将事故调查处理报告、许可审批等信息进行公开，接受社会监督。四是积极运用科技手段。在洛阳、济源等地开展安全隐患排查治理机制创新试点，将监督检查、隐患管理、行政执法等工作纳入系统监管，打造“智慧安监”网络，全面提高安全监管执法的效率效能。

（六）推进依法治理，加强政风行风建设

深入开展群众路线教育实践活动，对照“六问六带头”认真查摆“四风”方面问题，广泛征求各方面意见建议，积极开展批评和自我批评，全面加强安全监管队伍思想作风建设。共梳理归纳15条问题，确定整改事项20项，完善规章制度10项，解决热点难点问题6项，重大专题2项，推进改革发展重大举措2项，群众评议总体评价满意率97.5%。认真贯彻执行中央“八项规定”和省委省政府20条意见，完善机关管理措施9项，“三公”经费等支出更加规范节约。

三、存在的主要问题

安全生产基础仍然比较薄弱，安全生产责任不落实、安全防范和监督管理不到位、违法生产经营建设行为屡禁不止等问题仍然较为突出：

一是安全生产形势依然严峻。尽管生产安全事故总量和死亡人数逐年降低，但事故下降的趋势变缓，下降的空间越来越小，难度越来越大。工矿商贸事故死亡人数，占全省生产安全事故死亡人数的80%以上。

二是重特大事故尚未得到有效遏制。2014年3月21日，汝州市河南省长虹矿业有限公司发生煤与瓦斯突出事故，造成13人死亡。

三是安全生产基础依然薄弱。安全生产宣传教育不够深入，安全文化氛围不够浓厚，从业人员素质普遍不高，社会公众安全意识总体还比较淡薄，公共安全基础设施和装备建设相对滞后。

四是安全生产长效机制不完善。近几年，非法违法行为、违规违章现象屡禁不止，一些行业和领域事故多发的情况尚未彻底扭转，需要完善安全生产长效机制。

五是安全生产监督管理能力亟待提高。河南省的市、县、乡三级安全监管队伍和监察队伍力量不足，在编制、人员、经费、技术装备水平等方面与省政府相关要求差距较大，还远不能适应安全生产监管执法工作的需要。

湖北省安全生产工作综述

一、安全生产总体情况

2014年，湖北省安全生产工作成效明显。全省各类事故死亡人数历年最少，较大事故历年最少，重特大事故实现零记录；湖北省是全国既没有发生重特大事故，又实现事故起数、死亡人数“双下降”的少数几个省份之一；湖北省被国家安全监管总局列为全国8个省级综合性改革试点省份之一，同时也是全国2个省级专项改革（隐患排查治理体系）试点省份之一。安全生产呈现“三个下降、一个良好”的特点：一是各类事故总量持续下降。全年共发生各类事故11086起，死亡2147人，同比分别下降7.83%和8.29%。二是各重点行业领域和大部分地区事故死亡人数下降。工矿、道路交通、消防火灾、铁路交通和农业机械等重点行业事故死亡人数同比下降。15个市州和高速公路事故死亡人数继续保持下降，其中11个地区事故起数和死亡人数“双下降”。三是较大事故大幅下降。发生较大事故36起，死亡140人，同比分别下降28%和35.78%。鄂州、荆门、神农架、仙桃4个市区未发生较大事故，特别是鄂州市和神农架林区连续5年和4年未发较大事故。四是控制指标实施良好。国务院安委会下达湖北省的各类事故（工矿、生产经营性道路交通、铁路交通和农业机械合计）实际死亡980人，比控制目标数1364人少死亡384人。17个市州和高速公路事故死亡人数均在省政府下达的控制指标进度数以内。

二、安全生产重点工作

（一）健全完善安全生产责任体系，形成齐抓共管新格局

全省以最坚决的态度贯彻落实习近平总书记、李克强总理关于安全生产的重要讲话精神，围绕强化“红线”意识，全面推动构建“党政同责、一岗双责、齐抓共管”的安全生产责任体系。省委、

省政府制定出台了《湖北省安全生产党政同责暂行办法》(鄂发〔2014〕16号)，以党内法规形式对全省各级党委、政府安全生产职责作出了明确规定，强化了各级党委领导责任、政府和部门监管责任以及企业主体责任的落实。国务院安委办全文转发全国各省（市、区）学习借鉴。建立了各级政府行政首长担任安委会主任制度，王国生省长担任省安委会主任。全省省、市、县、乡四级安委会主任全部调整为政府一把手担任，进一步强化了对安全生产工作的领导。各级安委会成员单位按照“三个必须”的要求，认真履行职责，密切协作配合，强化行业领域安全监管。提请省政府修订印发了《湖北省安全生产工作责任目标考核办法》(鄂政发〔2014〕29号)，加大了安全生产在经济社会发展中的考核权重，把安全生产纳入领导干部政绩业绩考核内容，定期向组织、纪检等部门报送市州政府、省安委会成员单位安全生产情况。在省委省政府示范带动下，全省所有市州党委政府都制定了“党政同责”具体规定，所有市州都落实了“一岗双责”，武汉市基本做到了“五个全覆盖”。通过强化党政同责，坚持大员上阵，落实企业主体责任，实施责任目标考核等措施，较好地形成了齐抓共管新局面，有力推动和加强了全省安全生产工作。

（二）全面建立隐患排查治理体系，不断提高事故预防能力

湖北省安委会创新建立隐患排查治理“两化”（标准化、数字化）体系，在全省初步形成了以企业分级分类管理为基础，以隐患排查标准为依据，以网络信息系统为平台，以企业自查自改自报、部门实时监控为核心的隐患排查治理体系，实现了企业安全监管全覆盖，极大提升了预防事故的能力。2014年，全省安监系统珍惜国家安全监管总局在湖北省试点机遇，将“两化”体系建设纳入责任目标考核内容，切实加强组织领导，全面调查摸底，制定标准清单，优化监管平台，实时指导督办，积极开展推进工作竞赛，由扩大试点阶段转入全面推行，鄂州市、武汉市江岸区、十堰市、孝感市、咸宁市等市州和省交通运输厅、国防工办等部门走在了全省前列。特别是鄂州市隐患排查治理体系长效化机制建设，得到国家安全监管总局充分肯定，并推荐在“安全生产国际论坛”进行了宣传介绍。2014年，全省共组织培训2492批次127907人次，完成调查摸底企业169417家，入网运行企业92902家，建立监管平台4223个，入网企业均实现隐患对标自查、自改、自报。全省共排查各类隐患115.6万条，整改114.4万条，整改率99.49%，隐患排查整改数量为前三年总和，形成排查治理隐患大幅上升，安全生产事故大幅下降的良好局面。省安办挂牌督办的12个重大隐患全部完成了整改销号。通过建设“两化”体系，不仅构建了隐患排查治理长效机制，而且借助信息化管理手段，提升了安全监管质效，促进了企业落实主体责任，湖北省“两化”体系建设经验被国家安全监管总局推广。

（三）狠抓治本攻坚，扎实开展重点行业领域安全专项整治

坚持问题导向，在全省开展了矿山、尾矿库、危化品、烟花爆竹、油气管道及燃气管线、涉氨制冷、道路交通、消防、水上交通、建筑施工等专项整治。省安委会及办公室先后组织开展3次综合督查、4次专项督查、273次实地检查，覆盖所有县市区，共抽查829个企业和生产经营场所，督促整改隐患和问题3976个，责令87家生产经营单位停产停业整顿。开展工矿行业安全生产攻坚克难，在全省选择10个产煤重点县，20个金属非金属矿山重点县（乡），10个危化品重点县，4个烟花爆竹重点县，实行重点调度、重点突破。综合运用事故查处、谈心对话、市场倒逼等手段，扎实推进矿山整顿关闭，全年关闭煤矿60家、金属非金属矿山535家，超额完成目标任务。黄石市关闭8家煤矿，提前一年超额完成关闭任务，城区率先实现了无煤矿目标。加强职业卫生监管，建立了联席会议制度，大力推进职业病危害项目申报和评估工作，全省38640家企业参加了用人单位网上申报，对77家用人单位工作场所的职业病危害状况开展了现场评估。省安委会集中开展了为期5个月的“六打六治”打非治违专项行动，公安、交通、国土、安监等部门密切配合，形成严厉打击的高压态势。江苏省昆山“8·2”特大粉尘爆炸事故后，湖北省安监局及时部署全省铝镁粉尘作业企业大检查，组织专班对148家粉尘企业进行了全覆盖检查，广泛宣传粉尘防爆安全知识，受到省委充分肯定。

（四）大力推进依法治安，严肃事故查处和责任追究

自2014年初以来，全省集中开展了十八届四中全会精神和新《安全生产法》学习宣贯活动，推动依法治安。荆州、仙桃、随州等地把新《安全生产法》、安全知识列入党校教学内容，组织党政干部、企业负责人集中学习。省安监局会同住建、交通、公安等部门，制定下发了《建筑施工企业保护工人生命安全七条规定》《关于加强隧道交通安全工作的通知》《防范顶板事故保护矿工生命安全七条规定》等。狠抓计划执法和监督检查，全省安监系统共开展现场执法195410次，监督检查生产经营单位80270家，给予行政处罚1856次，提请关闭生产经营单位91个。省安监局组织对纳入省发改委统计的131家经济开发区进行了首次全面检查。严格事故责任追究，及时在《湖北日报》等媒体公开事故查处情况，用事故教训推动工作。先后两次召开新闻发布会，通报了2014年以来较大以上事故查处情况。对8起较大事故实行挂牌督办并全部结案，共有88人受到责任追究，其中追究刑事责任21人，党纪政纪处分67人（含县处级3人）。

（五）深化安全生产改革，创新安全监管机制

省政府成立了由许克振副省长任组长的湖北省全面深化安全生产领域改革领导小组，制定了《湖北省全面深化安全生产领域改革方案》。省安监局成立7个专项小组，围绕7个方面任务，在11个市、县开展改革试点。积极推进行政审批制度改革，行政许可事项由原来的10大项20小项缩减为6大项12小项。宜昌市优化再造审批服务流程，精减63个环节，优化率达到36%。改革目标考核方式，省政府修订印发《湖北省安全生产工作责任目标考核办法》（鄂政发〔2014〕29号），区分政府、安监局、安委会成员单位、重点企业4个层级，分别确定责任目标和考核主体，实施以责定考。建立季度点评机制，坚持每季度召开全省安全生产视频会，对各市州的安全生产工作逐一点评，分类批评表扬，推动各地落实监管责任。创新安全教育培训方式，实行理论考试上网机考和实训定点考核。全年共培训企业主要负责人20773人，安全管理人员31716人，特种作业人员154403人，班组长67202人，农民工296590人。创新安全技术人才评价机制，成立湖北省安全工程专业高级技术职务评委会，填补了全省安全生产领域高级人才评审的空白。

（六）加强基层基础建设，提高安全保障能力

坚持重预防、抓治本，狠抓安全生产基础基层工作。全面实施企业标准化创建工作，全省创建安全生产标准化企业9585家，企业本质安全水平明显提高。大力推进“科技兴安”，全省494家金属非金属地下矿山完成安全避险“六大系统”建设任务，湖北三鑫金铜股份有限公司列入国家安全监管总局示范项目。20家地下矿山实施推广了尾砂充填采矿技术，22座三等以上尾矿库基本建成在线监测系统，123家化工企业完成自动化改造，366个危险化学品重大危险源完善了监控措施。加强安全监管能力建设，连续两年为市、县安监部门配备移动执法装备320套，执法车辆128台，有力改善了基层执法条件。完善安全生产应急救援体系，全省安全生产应急平台已初步具备了内网运行应急数据库、外网接受应急预案报备的功能，实现了与国家总局平台互联互通。各地积极开展应急演练，不断提高应急处置和救援水平。落实安全生产经济政策，大力推进安全生产责任险，全省生产经营单位投保安全生产责任险8366余万元，承保责任限额155亿元。

（七）加强安全文化建设，营造安全发展浓厚氛围

全省扎实开展了安全生产月、职业病防治法宣传周、安康杯竞赛等主题宣教活动，黄冈市、恩施土家族苗族自治州、襄阳市、荆门市荣获2014年度全国安全生产月活动优秀单位。省安监局先后在巴东县沿渡河镇启动了湖北省安全生产宣传咨询日活动，组织开展了安全生产知识网络竞赛、书法比赛和安全文化下乡等活动。继2013年成功开展寻找“十佳最美基层安全卫士”活动之后，2014年又开展了“十佳安全生产示范企业”评选活动，湖北三江航天红峰控制有限公司、武汉钢铁集团矿业有限责任公司程潮铁矿、湖北宜化化工股份有限公司等10家企业获此殊荣。狠抓特色活动宣传，创办了《湖北安全生产杂志》《安监月报》、《聚焦安全》媒体栏目，获得良好社会反响。推进安全文化示范创建，命名武汉林骏汽车饰件有限公司等24家企业为“2013年度湖北省安全文化建设示范

企业”，武汉市洪山区珞南街道金桥社区等22个社区为首批“湖北省安全社区”。武汉钢铁股份有限公司设备维修总厂、中国石化湖北荆门石油分公司被国家安全监管总局命名为全国安全文化建设示范企业。襄阳市获批创建全国安全发展示范试点城市（全国共13家）。进一步增强了全民安全意识，浓厚了全社会安全生产氛围。

湖南省安全生产工作综述

一、安全生产总体情况

2014年，湖南省各级各部门牢固树立以人为本、安全发展理念，认真贯彻党中央、国务院和省委、省政府关于安全生产工作的决策部署，齐心协力、扎实工作，在连续多年各项事故指标大幅下降的基础上，实现了安全生产状况总体稳定可控。

（一）事故总量及行业领域和地区分布情况

2014年，全省累计发生各类生产经营性事故5522起，同比减少289起，下降5%；事故死亡995人，同比少死亡68人，下降6.4%。其中水上交通事故死亡人数下降62.5%，煤矿下降23.2%，建筑业下降20%，道路交通下降9.2%，铁路运输下降7.2%。亿元GDP生产安全事故死亡人数0.0833，同比下降16.5%；工矿商贸十万人生产安全事故死亡人数1.21，同比下降3.2%；煤矿百万吨死亡率1.07，下降18.9%；道路交通万车死亡人数1.79，下降16.7%。全省长沙市、株洲市、湘潭市、衡阳市、岳阳市、常德市、益阳市、娄底市、郴州市等9个市州事故死亡人数同比下降，其中益阳市、衡阳市、常德市降幅超过20%。

（二）较大事故情况

2014年，全省发生生产经营性较大事故37起，死亡151人，同比减少3起21人，分别下降7.5%和12.2%。其中，道路交通23起，煤矿4起，非煤矿山3起，烟花爆竹2起，建筑业、危险化学品、消防火灾及水上交通各1起，其他领域1起。发生较大事故的单位：高速公路9起，邵阳市7起，怀化市5起，娄底市4起，衡阳市、郴州市及张家界市各2起，长沙市、株洲市、湘潭市、岳阳市、常德市、益阳市各1起。

（三）重特大事故情况

2014年，全省发生特大生产安全事故1起，死亡58人；重大生产安全事故2起，死亡25人。分别是：

7月10日，长沙市岳麓区发生重大道路交通（校车）事故，死亡11人。

7月19日，沪昆高速邵阳段发生特别重大道路交通危化品爆燃事故，死亡58人。

9月22日，株洲市醴陵市浦口南阳出口鞭炮烟花厂发生重大爆炸事故，死亡14人。

二、安全生产重点工作

（一）深入开展安全生产宣传教育培训

认真学习宣贯习近平总书记关于安全生产重要讲话精神，切实强化各级领导干部安全生产红线意识。编发《学习习近平总书记关于安全生产重要论述宣传读本》7000余册。组织省市县三级安全生产宣讲团深入市县乡、厂矿车间宣讲3200多场，参与听讲37万多人。扎实开展“安全生产月”活动，组织观看安全生产警示教育片7800多场，参与观众42万多人；开展与企业负责人谈心对话2800余人次；制作、悬挂宣传标牌标语16万余个（条）。与《湖南日报》、红网、新湘评论等媒体合作开设《安全生产瞭望台》《安全频道》《主题阅读》等专栏；手机短信群发平台发送安全生产短信13万多人次；开通“湖南安监”官方微博、微信。邀请主流媒体记者暗查暗访400多次，暗访企业1000多家，公开曝光182次。开展安全生产微电影动漫作品征集活动，征集作品113部。加大新《安全生产法》宣传贯彻力度，印发《中华人民共和国安全生产法》单行本8万本，发放《〈中华人民共和国安全生产法〉释义读本》4600本。提请省人大常委会修订《湖南省安全生产条例》，组织专家为省直部门、市县党委中心组和大中型企业开展专题辅导120余次，3万余人参加。深入开展安全生产培训，完成专题培训高危行业企业主要负责人20376名、安全生产管理人员30150名和特种作业人员61494名；完成专题培训生产经营单位班组长49742名、农民工94.5万名。全省非煤矿山、危险化学品、烟花爆竹行业主要负责人和管理人员持证上岗率98%以上，特种作业人员持证上岗率95%以上。

（二）着力健全安全生产责任体系

省委、省政府相继出台《关于建立领导干部带队检查安全生产工作制度的通知》《关于采取断然措施坚决遏制重特大事故的通知》。市县两级党政领导班子按照要求调整分工，市县委安排一名副书记或常委联系安全生产，市县政府安排常务或常委副职分管安全生产。加强督查督办，抓了一批工作不落实，严重不作为、慢作为、乱作为的典型，问责领导干部60人，警示约谈领导干部134人。将领导干部带队检查安全生产工作制度执行情况、八条断然措施的贯彻落实情况，纳入了安全生产工作考核内容。全省各级安全生产工作的组织领导进一步得到强化，政府属地管理、部门直接监管和安监部门综合监管责任进一步得到强化，“党政同责、一岗双责、齐抓共管”的安全生产责任体系进一步落实。

（三）持续推进“打非治违”专项行动

2014年初省政府统一部署，省直相关厅局领导带队，对25个安全生产重点县市区“打非治违”实行驻点督导、包干负责，有效遏制了非法违法现象。杜家毫省长和省政府全体领导亲自带队，组成9个检查组，开展全省安全生产专项检查，形成严管高压的强大声势。按照国务院安委会的统一部署，扎实开展“六打六治”，通过集中执法、部门联合执法、媒体曝光跟踪、事前严格问责等措施，严厉打击非法违法行为。全省共组织5.99万次集中执法行动，检查生产经营单位26.7万家，排查发现隐患32.6万处，已整改30.7万处，责令停产整顿企业5361家，取缔非法生产经营建设单位3958家，关闭企业933家，抓捕涉嫌犯罪人员639人，经济处罚9282万元，问责工作不力领导干部125人。集中开展道路交通、危险化学品和校车三大安全生产大检查专项行动，查处货车重点交通违法行为39641起，依法扣留违法货车1099辆，现场切割非法改拼装货车504辆，拘留违法驾驶人7人，驾驶证降级88人次；开展危险化学品专项检查执法行动2988次，检查企业（单位）1万家次，排查隐患8280处，责令停产停业单位105家，取缔非法生产经营单位226家，提请关闭企业11家，抓捕涉嫌犯罪人员11人；深入学校、幼儿园13302家，检查校车16702辆次，取缔“黑校车”129辆，取消校车驾驶资格234人，查处校车交通违法651起，曝光校车典型案例19起。

（四）切实强化安全生产专项整治和隐患排查治理

煤矿整顿关闭取得重大进展，已关闭小煤矿329对。关闭非煤矿山509座，超额完成原计划300座的年度任务。尾矿库整改销号3座危库、32座险库，病库数量由2013年的175座减少到75座。衡阳、郴州、邵阳等地的矿山关闭、治超等专项整治工作成效显著，省政府工作组进驻醴陵专项督导烟花爆竹综合整治。全省油气管线专项治理共排查管线4235公里，涉氯涉氨企业专项治理共排查整治254家涉氨企业和153家涉氯企业；粉尘爆炸专项整治共排查全省工贸行业存在粉尘爆炸场所企业1500余家。认真总结推广株洲经验，在全省非煤矿山、烟花爆竹、危险化学品和有色、冶金行业全面推行隐患自查自改月报制度，部门监管责任、企业主体责任得到较好落实。

（五）着力夯实安全生产基层基础

大力推进安全生产“四大三基”三年行动计划，进一步充实监管力量，强化安全生产保障能力建设，夯实基层基础。6月18日，省委、省政府出台了《关于加强县乡安全生产监管能力建设的意见》，按照“属地管理、权责一致”的原则，以县市区、乡镇（街道）为重点，完善安全生产监管体系，强化安全生产监管责任，健全安全生产监管机制，保障安全生产监管投入，提升基层安全生产监管执法能力，关口前置、重心下移，推动安全生产各项工作落实到基层。坚持进度服从质量，积极引导企业自主自愿开展安全生产标准化建设，全年二级达标企业262家，企业本质安全水平稳步提高。提请省政府办公厅制定出台《湖南省安全生产示范创建工作管理办法》，祁阳县、韶山市、长沙市开福区成功创建省级安全生产示范县，新增省级示范乡镇86个。在全省工矿商贸行业全面推行安全生产责任保险，参保企业已达2.8万家，归集保费8420万元，初步构建了安全生产风险社会化防控机制。着力推进“科技强安”，强化安全生产科技支撑，矿山安全避险“六大系统”建设、露天矿山中深孔爆破、煤矿瓦斯高效抽采利用、尾矿库在线监测监控、烟花爆竹机械化生产、道路交通动态监控等安全技术工程稳步推进。

（六）着力加快应急救援体系建设

矿山应急救援基地和队伍建设步伐加快，煤田地质救援中心已经建成，邵阳基地、湘煤郴州基地、娄底基地、黄金基地建设有序推进。加强安全生产应急预案管理，省政府修订印发湖南省非煤矿山、危险化学品、烟花爆竹安全生产事故三个专项应急预案，全省组织开展各类应急演练10821次，安监部门直管高危企业预案备案率达到90%以上，应急管理水平和救援能力不断提升。年内安监部门启动省级安全生产应急救援预案4次，启动市级预案35次，出动应急救援55队次、636人次，抢救遇险人员49人，生还21人。

（七）严格事故查处与责任追究

完善落实“四不放过”和依法依规、实事求是、注重实效的事故调查处理原则，加大跟踪督办力度，严肃事故查处，严格责任追究。年内全省共立案查处生产安全事故101起，（不包括一般和较大道路交通事故，下同），其中一般事故78起、较大事故20起、重大事故2起，沪昆高速湖南邵阳段“7·19”特别重大道路交通危化品爆燃事故1起。已经结案79起，共追究责任人员319人，其中党纪政纪处分225人、追究刑事责任98人。被追责人员中，厅级干部8人，处级干部60人，科级干部112人。沪昆高速湖南邵阳段“7·19”特别重大道路交通危化品爆燃事故已经批复结案。2起重大事故中，长沙市岳麓区“7·10”重大道路交通（校车）事故已完成调查并经省政府和国务院安委办批复结案（另行公布），株洲市醴陵市浦口南阳出口鞭炮烟花厂“9·22”重大爆炸事故仍在调查中。

（八）切实加强监管队伍及作风建设

严格按照国家和省委、省政府深化行政审批制度改革的要求，省安监局继续取消2项行政许可事项。积极推进省安监局新一轮机构改革和职能调整，着力实现“行政许可相对集中、许可与监管相对分离”，进一步理顺机制，凝聚合力。各级安全生产监督管理相关部门职能职责不断完善，机构队伍建设得到加强。积极争取各级财政加大安全生产投入，重点支持重大安全隐患治理、安全生产示范创建和应急救援体系、执法监管体系、安全生产信息化建设、宣传教育培训体系建设、科技支撑及检测检验体系建设、安全生产奖励资金、事故处置等专项补助。继续深化群众路线教育实践活动，贯彻落实中央“八项规定”、省委“九项规定”和省安监局作风建设23条规定，深入开展纠正安全生产领域损害群众利益行为专项治理，着力解决安全生产行政不作为、慢作为、乱作为，监管执法不严、执法不公，责任追究不到位等群众反映强烈的问题，安监系统队伍作风和能力建设取得新进展。

尽管做了大量艰苦的工作，但是全省安全生产形势依然十分严峻，主要表现在：一是全省安全生产基层基础工作仍然薄弱，重特大事故出现反弹；二是一些地方和企业安全责任意识淡薄，仍然重发展、重效益、轻安全，企业主体责任不落实，打非治违任务任重道远；三是安全监管体系不健全，安全投入总体水平较低，相关部门安全监管能力、应急保障能力、依法行政能力与繁重的监管任务不适应。

广东省安全生产工作综述

一、安全生产总体情况

2014年，广东省各地、各有关部门认真贯彻落实国家和省委、省政府的决策部署，大力推进安全生产管理体制改革，落实安全监管责任，着力推进重点行业领域专项整治，持续开展“打非治违”，保持了安全生产形势总体稳定。2014年全省安全生产形势总体稳定，各类事故起数、死亡人数、受伤人数和直接经济损失均呈下降趋势。全省共发生各类事故49396起，死亡6226人，受伤30866人，直接经济损失60945.0万元，其中：生产经营性事故12307起、死亡2225人、受伤4987人、经济损失49883.2万元，同比分别下降4.9%、4.9%、10.2%和6.8%；发生各类较大事故76起，死亡280人，同比下降13.6%和14.9%；发生重大事故5起（含发生在广东省海域珠江口的“5·5”重大水上交通事故），死亡63人。全省大部分地区和行业领域安全生产状况进一步好转。

二、安全生产重点工作

（一）积极推进安全生产领域改革

2014年7月，广东省被国务院安委会确定为全国开展全面深化安全生产领域改革的8个试点地区之一。制定印发了《广东省全面深化安全生产领域改革试点实施方案》，确定“1+9+3”改革任务(“1”是深化安全生产行政审批制度改革；“9”是建立健全安全生产监管9大体系；“3”是建立完善3个工作机制)，先易后难、稳步推进、重点突破，取消或下放安全生产行政审批事项。研究制定了完善安全生产“党政同责、一岗双责、齐抓共管”责任体系、强化安全生产责任制考核奖惩、加强安全监管机构队伍建设、创新规范检查督查方法和推进实施安全生产责任保险等一系列制度文件，有力推动了全省安全生产工作法制化、制度化、规范化。

（二）强化“红线”意识，严格落实安全生产责任制

习近平总书记提出强化安全生产“红线”意识，广东省进一步落实“党政同责、一岗双责、齐抓共管”责任体系。以省委办公厅、省政府办公厅名义印发实施《关于进一步完善安全生产责任体系的通知》，进一步明确全省各级党委、政府及其部门安全生产职责。组织了全省2013—2014年安全生产责任制考核。充分发挥省安委会办公室的综合协调职能，及时提请省政府召开安全生产专题会议，组织全省性安全生产大检查，多次召集有关地市和省直部门召开协调会，协调解决道路交通、铁路、民航等重大隐患问题。健全和组织召开了非煤矿山、危险化学品、职业卫生、安全监察执法等联席会议，及时协商解决安全监管工作中遇到的重大问题。牵头组织查处揭阳“3·26”重大火灾、高州市“5·3”重大坍塌、河源市“12·13”重大交通和顺德区“12·31”重大爆炸等事故。加大较大事故调查处理的挂牌督办工作，对55起较大事故调查处理实行了挂牌督办。严肃责任追究，完成查处较大以上生产事故58起，党政纪处分124人，移交司法机关进行刑事追责68人。

（三）开展“八打八治”打非治违专项行动

按照国务院安委会的统一部署，广东省从8月至12月底集中开展“八打八治”打非治违专项行动，突出油气管道、非煤矿山、危险化学品、交通运输、建筑施工、消防、渔业船舶、粉尘爆炸危险等重点行业领域，采取联合执法、专项督查、交叉检查以及发动群众举报等多种方式，用铁的手腕查隐患、纠问题、促整改。全省各地、各部门共出动检查人员113230人次，检查企事业单位和场所225428家次，实施关闭取缔978家，停产整顿1125家，暂扣或吊销许可证133家，没收非法所得并按国家规定上限罚款2416家，集中打击、整治一批突出的非法违法、违规违章行为。

（四）持续深化重点行业领域安全专项整治

广东省安委会成员单位大力推进重点行业、重点企业、重点区域、重点时段的安全整治。深入推进公路隧道安全隐患和道路客运、道路危险货物运输等交通安全整治；突出人员密集场所、易燃易爆单位、高层、地下公共场所等火灾高危单位开展消防安全整治；开展危险化学品重点县（市、区）和重点企业安全生产攻坚工作；大力整治各类油气输送管道违章占压、违章施工、重叠铺设、乱搭乱建等重大隐患问题；加强和巩固涉氨企业安全整治成果；持续开展金属非金属矿山整顿关闭攻坚战和尾矿库综合治理行动；强化金属加工、木质材料加工、食品加工等可能产生粉尘爆炸和制鞋箱包、电子制造、建材生产、宝石加工等职业危害严重的作业场所安全整治；集中整治建筑施工起重机械、脚手架坍塌等安全隐患；稳步推进特种设备、水上交通、渔业船舶、民爆、铁路、电力等其他行业领域安全专项治理，各项治本攻坚措施有效落实。

（五）着力提升企业本质安全水平

深入推进安全生产标准化达标创建工作。全省完成达标建设企业累计达6.8万多家、同比增长

49.5%。继续加强危险货物运输车辆、客运班车、旅游包车等重点车辆推广使用卫星定位行驶记录仪等应用道路交通安全先进适用技术装备。督促各类企业不断完善规章制度，做到安全投入、安全培训、基础管理、应急救援“四到位”，形成自我约束、持续改进的机制。

（六）加强安全生产保障能力建设

大力实施“科技强安”战略，深化信息技术在安全生产领域的应用，完成第六届安全生产科技成果奖申报推荐、安全生产科技支撑平台创建和第二届安全生产专家组的换届等工作。加大安全生产投入，完善安全基础设施建设，创新以因素法分配为主、竞争性分配为辅的安全生产资金分配方法，有效提高专项资金安排的科学性与规范性。完成惠州大亚湾化工园区应急基地建设，危险化学品、矿山救援基地和专业救援队伍建设取得突破，应急管理能力明显提升。探索乡镇、街道、园区专职安全监督检查员制度，推动职业卫生监管职能调整和队伍建设，夯实了安全生产基层基础。

（七）扎实推进安全生产法治建设

以广泛宣传新《安全生产法》和深入实施《广东省安全生产条例》为契机，加强安全生产宣传教育和培训，2014 年以来在省主流媒体播出安全生产公益广告 3500 多次，培训高危行业特种岗位人员和安全生产管理人员 170 多万人次，创新每月通过视频会议系统举办“广东安监讲座”培训基层安全监管人员。深入开展“安全生产月”“安全社区”创建等活动，3 个街镇成功获得全国安全社区命名，广州、珠海创建全国安全发展试点城市工作扎实推进。

广西壮族自治区安全生产工作综述

一、安全生产总体情况

2014 年，全区共发生各类安全生产事故 1438 起，死亡 1167 人，受伤 959 人，直接经济损失 8929.27 万元，事故起数、死亡人数、受伤人数、直接经济损失同比分别下降 9.90%、7.53%、14.83%、17.44%；各类事故死亡人数占国务院安委会下达控制指标的 87.61%，少死亡 165 人。全区没有发生一次死亡人数 10 人以上的重特大事故，是全国没有发生重特大事故的 10 个省（区、市）之一，也是自 2004 年国家实施控制指标以来在排名上取得的最好成绩。

二、安全生产重点工作

（一）自治区党委、政府高度重视安全生产工作

全年，自治区彭清华书记对安全生产工作作出 9 次重要批示，主持召开 1 次常委会研究部署安全生产工作，与全国煤矿安全生产重点攻坚县田东县党政主要领导谈心谈话，听取田东县、百色市和自治区安监局工作汇报。自治区主席陈武担任自治区安委会主任，对安全生产工作作出 16 次重要批示指示，主持召开 5 次常务会，听取安全生产工作汇报，部署安全生产工作。昆山“8·2”特别重大粉尘爆炸事故后，陈武主席带领有关部门领导到自治区安监局视察工作，听取工作汇报，部署全区安全生产大检查。自治区副主席陈刚对安全生产工作作出 88 次重要批示指示，召开 9 次专题会议，研究部署安全生产工作；3 次带领安监局领导到国家安全监管总局汇报工作，争取国家安全监管总局支持；经常深入基层调研安全生产工作。自治区党委政府的高度重视，为全区做好安全生产工作提供了根本保证。

（二）开展“六打六治”打非治违专项行动

根据《国务院安委会关于集中开展“六打六治”打非治违专项行动的通知》，8 月 15 日，自治区安委会下发《广西壮族自治区安全生产委员会关于集中开展“六打六治”打非治违专项行动和深入开展安全生产专项整治的通知》，成立了全区“六打六治”打非治违专项行动和专项整治领导小组，统一组织领导全区“六打六治”打非治违专项行动和安全生产专项整治。8—12 月“六打六治”期间，集中打击、整治了一批表现突出的非法违法、违规违章行为。矿山领域：共组织检查有

证矿山企业2748家，发现问题324件，整治图纸造假、图实不符问题917起，毁闭矿点608个，没收违法开出矿产品5867吨，遣散开采人员3722人次。煤矿事故起数、死亡人数同比分别下降42.86%、40%，非煤矿山事故起数、死亡人数同比分别下降34.9%、33.9%。没有发生尾矿库垮坝、漫坝、溃坝事故。油气管道领域：共打击破坏损害油气管道行为、整治管道周边乱建乱挖乱钻问题369起。没有发生危险化学品安全生产事故。道路运输和危化品运输领域：道路运输方面，重点加强"两客一危"运输车辆动态监控管理和加强落实长途客运凌晨2—5时停车休息制度。各级公路管理部门累计开展安全检查4234次，参加检查人员15819人次，排查出隐患2124处，整改隐患2089处，整改率达98.4%。整治无证经营、超范围经营、挂靠经营及超速、超员、疲劳驾驶和长途客车夜间违规行驶等问题18547起。危险化学品运输方面，整治无证经营、充装、运输，非法改装、认证，违法挂靠、外包，违规装载等问题2598起。建筑施工领域：共打击无资质施工行为、整治层层转包、安全制度不落实、安全标准不执行、违法分包问题1191起。全区受监督的房屋建筑和市政基础设施工程发生安全生产责任事故27起，死亡33人，同比事故起数减少4起，死亡人数持平。水上交通领域：开展联合执法737次，查处非法违法行为1720件次。客运船舶未发生安全事故。消防领域：共检查单位3.66万家，督促整改各类火灾隐患1.56万处，下发责令改正通知书1.23万份，办理行政处罚案件1490起，临时查封单位251家，责令"三停"单位210家，行政拘留13人。发生事故4844起，死亡62人，同比少死亡5人，下降7.46%。

"六打六治"期间，各地各部门深入开展安全生产专项整治。煤矿：按照"真查、真停、真盯、真改、真验"要求，加强水害、瓦斯、火灾、粉尘、顶板以及安全培训、持证上岗等方面安全隐患的排查治理，查处整治隐患7830项，责令15对矿井停产整顿。金属非金属矿山：重点对列入自治区明确关闭的22种情形矿山，严格按照关闭程序和标准要求实施关闭，做到关严、关实、关死。烟花爆竹：重点加强合法企业隐患排查治理工作，对不符合当地产业发展规划或厂房布局、不符合工程设计安全要求的企业，坚决实施停产整改，拒不整改的坚决关闭；同时做好烟花爆竹产业整顿提升工作，督促企业开展以"三库"（中转库、药物总库和成品总库）和"四防"（防爆、防火、防雷、防静电）设施为重点的基础设施提升改造工作。

"六打六治"专项行动共组织开展跨地区、跨部门联合执法2345次，打击整治非法违法行为31777起，备案685件，其中，关闭取缔246件、暂扣或吊销有关许可证60件、停产整顿305件、没收非法所得并按国家规定上限罚款72件、追究刑事责任的严重非法违法行为2件，向社会公告"黑名单"企业18家，全区因非法违法行为导致的生产安全事故明显下降。

（三）开展高危行业重点县安全生产攻坚工作

2014年，自治区继续开展22个高危行业重点县安全生产攻坚工作，加快推动高危行业企业整顿关闭和产业转型升级。煤矿：以关闭落后小煤矿、严格安全准入、加强水害隐蔽致灾隐患治理、推进机械化升级改造为攻坚重点，对列入自治区明确关闭的10种情形煤矿，严格按照《关闭矿井"六条标准"》实施关闭。非煤矿山：以整合关闭、提高准入门槛、严格安全标准化建设、强化示范矿山机械化建设为攻坚重点，对列入自治区明确关闭的22种情形矿山，严格按要求关严、关实、关死。在重点县（区）南丹县、金城江区、靖西县、平桂区建立了辖区内金属非金属矿山基础信息数据库。全年共关闭矿山369座。烟花爆竹：以推动生产企业整顿关闭、落实企业主体责任、打击非法生产经营行为、全面提升安全监管水平为攻坚重点，成立了2个由副厅级领导干部担任督导组长的攻坚督导组，对重点县（区）宾阳县、合浦县、灵山县、玉州区进行督导。全年共排查生产企业339家（次），排查隐患3101处，整改3081处。危险化学品：全面完成了"两重点一重大"企业的自动化监控系统改造工作，全区涉及危险化工工艺的56家企业自动化控制改造全部完成，涉及重点监管危险化学品企业生产储存装置已完成自动化控制系统改造80家，重大危险源自动监控改造完成143处，同时完成了268套在役化工装置的设计诊断。通过努力，22个高危行业重点县都按时完成了2014年度安全生产攻坚工作阶段任务。

（四）开展粉尘防爆专项整治

江苏昆山“8·2”特别重大爆炸事故发生后，8月3日，自治区安委会对全区粉尘防爆工作作了全面部署，自治区安委会办公室督促自治区工信、林业、食药监、粮食、水产畜牧等部门按照管行业必须管安全的原则，制定本行业领域粉尘防爆实施方案。8月下旬，安委会办公室组织8个检查组深入市县，对全区1348家涉尘企业逐一排查检查，造册登记，一企一档，并明确整治重点和范围。10月下旬至11月，安委会办公室组织工信、公安消防、林业、商务、卫生计生委、国资委、工商、食药监、粮食、水产等部门，组成6个督查组对全区所有涉尘企业开展联合执法检查，整治隐患754项，对30家企业下达整改通知书，对11家企业责令停产停业整顿。全年全区没有发生粉尘爆炸事故。

（五）加强保障能力建设

全年举办1期分管安全生产县（区）党政领导专题研究班、7期全区安监人员执法培训班、11期自治区局机关干部素质提高班、40多期企业人员业务学习培训班。争取到国家3800万元专项资金，并从自治区安全生产专项资金中安排部分资金，用于基层安监部门装备建设。完成了各区市和绝大部分县（市、区）执法监察队伍的组建和职业卫生监管职能的划转。全区14个地级市均成立安全生产执法监察支队，已设立安监机构的118个县（市、区）中有107个成立了安全生产执法监察大队，执法监察队伍网络基本形成。全年共监督监察生产经营单位59153个（次），下达执法文书41578份，行政处罚476次，罚款1635.07万元，责令停产停业168个，提请关闭7个，查处事故157起，对12起较大事故挂牌督办。在职业卫生宣传培训、职业病危害项目申报、用人单位职业卫生基础建设达标等方面工作取得了初步成效，累计培训企业负责人和管理人员16098人，完成职业危害申报10440家，用人单位职业卫生基础建设达标2197家，批准8家乙级、2家丙级职业卫生评价机构。积极推进安全生产应急救援北部湾基地建设，争取到国家2000万元资金用于配备应急救援装备。举办各类应急救援综合和专项演练120多次，参加人员6万多人次。广西安全生产技术中心、广西安全工程职业学院等安全生产“十二五”规划重点项目建设稳步推进。

（六）宣贯新《安全生产法》

自治区各级党政部门各单位高度重视新《安全生产法》的学习宣贯。全区共举办培训班、研讨会和讲座400多场次，参加培训、研讨、学习人数10万多人。自治区安委办组成8个宣讲团深入全区14个市和自治区重点企业开展宣讲，宣讲对象为各市安委会成员单位领导、安监部门全体干部、重点生产经营单位领导和安全管理人员。自治区安监局举办6期专题视频讲座，授课内容包括安全生产监管部门监管职责、生产安全事故隐患排查治理、违法行为查处及责任追究、安全生产教育培训、作业场所职业危害防治、安全生产应急救援抢险、生产安全事故调查处理、安全生产强制措施、安全生产分级分类执法、乡镇政府安全生产职责及烟花爆竹安全监管等，各市政府分管领导、部门分管领导、各市安监局领导、各县（区、开发区）安监局领导班子在分会场收看讲座，听课人数共12000多人次。《广西日报》、广西人民广播电台、广西电视台等主流媒体刊发刊播新《安全生产法》宣讲新闻100多条。

（七）开展“安全生产月”活动

自治区各级安委会成员单位紧扣“强化‘红线’意识，促进安全发展”安全生产月活动主题，大力宣传习近平总书记关于安全生产的重要讲话精神，宣传自治区加大安全生产监管执法力度、增强从业人员安全生产责任意识、降低安全生产事故成功经验等。各级党报党刊开辟安全生产月专题、专栏、专版宣传党委政府重视支持安全生产工作，宣传安全生产先进单位和人物，介绍安全生产管理先进经验和先进技术，普及安全生产常识，营造了浓厚的宣传氛围。活动期间，广西电视台、广西人民广播电台播发播放安全生产新闻37条，《广西日报》刊发安全生产工作新闻报道6篇，《广西法制日报》《广西工人报》《安全生产与监督》及各地市主流媒体多次报道安全生产月活动开展情况。广西移动、电信、联通三大手机营运商向全区手机用户发送安全生产公益短信65万条。活动启动当日，各市县都组织开展了宣传咨询日活动，各级安委会成员单位参加了当地的宣传咨询活动。活动通过采取现场咨询和发放安全生产知识手册、宣传资料等方式，提供政策法规、职业卫生、应急救援等方面的咨询服务。

（八）公布实施《广西壮族自治区安全生产“党政同责、一岗双责”暂行规定》

2014年12月1日，自治区十届党委常委会112次会议审定通过了《广西壮族自治区安全生产“党政同责、一岗双责”暂行规定》(以下简称《暂行规定》)，12月5日正式实施。《暂行规定》共六章二十五条，对各级党委、政府及其工作部门履行安全生产工作责任进行了科学系统地阐述，提出了构建“党政同责、一岗双责”责任体系，落实“管行业必须管安全、管业务必须管安全、管生产经营必须管安全”的具体要求；明确了各级党委7项安全生产职责、各级政府10项安全生产职责及各级安全生产委员会、各级政府有关部门的安全生产工作职责；明确了5项工作制度、5项保障措施、3项考核奖惩措施。《暂行规定》的出台实施是自治区深入贯彻落实习近平总书记关于安全生产工作一系列重要讲话精神，贯彻落实依法治国总体部署和新《安全生产法》的具体体现。

海南省安全生产工作综述

一、安全生产总体情况

2014年，海南省认真学习贯彻习近平总书记、李克强总理等中央领导同志关于加强安全生产工作的重要讲话和批示指示精神，强化安全责任和治理措施落实，有效防范各类生产安全事故，确保了安全生产形势总体平稳。全省发生各类生产安全事故3539起，死亡652人，受伤2890人，直接经济损失7912.57万元。与2013年相比，事故起数增加123起、死亡人数增加58人、受伤人数增加48人，分别上升3.60%、9.76%、1.69%，直接经济损失减少361.2万元，下降4.37%。发生一次死亡3~9人的较大生产安全事故16起，死亡60人，与2013年相比，事故起数增加6起、死亡人数增加26人。全省各类事故死亡人数、较大事故起数均在国务院安委会下达的控制指标内，没有发生一次死亡10人以上的重特大事故，是全国没有发生重特大事故的10个省份之一。

二、安全生产重点工作

（一）大力宣贯习近平总书记重要指示精神和新《安全生产法》

海南省把深入学习贯彻习近平总书记等中央领导同志关于安全生产重要指示精神和宣传贯彻新《安全生产法》作为现阶段安全生产工作的中心任务来抓。省委常委会、省政府常务会多次听取安全生产情况汇报和研究工作，做出了重要部署。省委书记罗保铭等省领导多次作出重要批示指示，明确了安全生产工作的努力方向、重点任务和重要措施。省长蒋定之亲自在海南电视台发表安全生产公开讲话，在《海南日报》等媒体署名发表安全生产公开信，引导社会各界关注安全、支持安全生产工作。李国梁副省长多次带队到基层、到企业督查调研，推动全社会力量齐抓共管安全生产工作。省安委会举办领导干部安全生产专题培训班，邀请国家安全监管总局专家授课。海口市举办了新《安全生产法》电视知识竞赛活动，三亚、澄迈等市县把宣贯范围覆盖到了各乡镇和行政村，万宁、陵水、保亭等市县党政主要负责人到场参加宣讲活动。省安监局组织全省安监系统人员学习新《安全生产法》并严格考试，水务、国资等部门组织全系统员工进行学习。各企业把新安法作为“三项岗位”人员培训教育重要内容。全省共举办学习贯彻习总书记重要指示精神和新《安全生产法》培训班351场次，培训人员10.5万人次，形成了坚守“红线”、推进工作的共识和合力。

（二）建立完善安全生产“党政同责、一岗双责”责任体系

省委、省政府联合出台了《关于安全生产“党政同责、一岗双责”的决定》，首次明确和落实各级党委、政府和党政领导干部的安全生产工作职责，全面实行安全生产情况通报、年度述职、目标考核、责任约谈、一票否决、问责制6项制度，尤其是实行重特大事故和考核不达标“一票否

决”、定期向各级组织部门报告安全生产工作情况等措施，促使安全生产履职尽责意识明显提高。各市县（区）都相应出台了“党政同责、一岗双责”实施意见，实现了省市县三级覆盖，在安全生产责任体系建设上迈出了一大步。

各级政府主要负责人担任本级安委会主任，把党委组织、宣传、综治等有关部门充实为各级安委会成员单位，调整各部门“一把手”为组成人员，加强了安全生产工作领导。各市县召开党委常委会38次、政府常务会议59次，专题听取安全生产汇报和研究部署安全生产工作。各部门和重点企业明确了主要负责人为安全生产第一责任人、副职分管领导为直接责任人，落实了“一岗双责”。各级领导干部逐级签订安全生产责任书，层层抓好落实。出台《海南省安全生产责任目标考核管理办法》，组织开展专项督查和年度目标考核，强力推动了安全生产属地管理、行业监管和企业主体责任落实。

（三）集中开展“八打八治”打非治违专项行动

按照国务院安委会的统一部署，在油气管道、危险化学品、交通运输、建筑施工、消防、矿山“六打六治”的基础上，海南省增加了打击海上非法旅游和特定区域非法燃放孔明灯行为，集中开展“八打八治”打非治违专项行动，同步推进粉尘防爆、危险化学品、烟花爆竹等行业领域专项治理。省安委会召开专题会议研究部署，省安委会办公室组织开展专项督查，各市县、各部门和各单位采取措施扎实推进。在专项行动中，全省组织执法检查组2.51万个，参加检查人员13.25万人次，开展跨地区和跨部门联合执法904次，检查企业和单位5.73万家次，排查治理隐患3.75万项，按照“四个一律”要求查处非法违法行为1.62万起，取得了明显成效。

（四）深入开展安全生产专项整治

海南省以深入开展安全生产专项整治为抓手，强化重点行业领域安全监管，规范了生产经营秩序。一是深入开展油气输送管道安全隐患整治。省政府制定隐患整治攻坚战方案，工信、公安、安监、质监、消防等部门联合开展4次安全检查，全覆盖排查全省2597千米油气管道，完成了72处隐患整改，整改率达77.4%，全国排名第二。二是深入开展劳动密集型企业消防安全专项治理。各级政府制定了工作方案，明确工作职责，层层抓落实。各级消防部门分批次、分行业开展集中授课和救援疏散演练，海口、三亚等市县政府领导带队现场解决消防安全问题，澄迈、东方等市县组织人员深入企业、家庭小作坊开展面对面宣讲。全省通过摸排确定的1375家劳动密集型企业和单位完成了消防安全自查自纠。三是深入开展道路交通安全专项整治。公安、交通、安监、住建等部门联合行动，组织开展了“疏堵保畅”、“三超一疲劳”等9个道路交通安全专项整治，加大路面巡逻防控力度，查处各类交通违法行为164.89万起，确保城乡道路通行安全有序。四是深入开展孔明灯专项整治。万宁、文昌、三亚、海口、陵水等市县大力整治孔明灯，收缴违法销售孔明灯8700只，现场劝阻违规燃放行为1825次，维护了民航、高铁安全运行环境。五是深入开展其他行业安全专项整治。旅游、公安、海洋渔业、工商等部门联合查处海上非法旅游行为406起；工信、安监等部门排查粉尘燃爆企业267家，整改隐患651项，责令停产整顿企业3家；安监、质监、渔业、农业、消防等部门继续开展涉氨企业液氨使用专项整治，关停企业29家；国土、安监等部门累计整合关闭小矿山114家，住建部门开展建筑施工“防坍塌、防坠落”专项整治，教育部门开展校车安全专项整治，铁路、民航、电力、水利、卫生、文体、旅游、商务、农机、林业等部门从实际出发，富有成效地开展了专项整治，重点行业领域安全状况得到了明显改善，非煤矿山、危险化学品、民爆、烟花爆竹等高危行业实现零事故。

（五）深化安全生产隐患排查治理

海南省以事故预防为主攻方向，按照“全覆盖、零容忍、严执法、重实效”的要求，不断创新方式，加大检查力度，持续推进隐患排查治理工作。一是实行安全生产暗查抽查。省安委会出台了安全生产暗查抽查工作制度，各市县、各部门和各单位采取不确定时间、不划定范围、不预先通知的方式，对重点行业领域安全生产开展暗查抽查，全年全省共派出暗查抽查组4663个，开展查访1.2万次，通过查访共发现和整改隐患5.3万项，挂牌督办578项，立案查处334项。三亚市采取部门联动，万宁市落实隐患举报奖励资金，东方市严格实行隐患整改责任倒查制度，效果尤为明显。中海石油化学股份有限公司、中石油海南分公司、海南海汽运输集团公司等企业实行隐患动态监控管理，全部落实隐患整改。通过暗查抽查全面推动了隐患排查治理工作，全省1.9万家生产经营单位共排查治理各类隐患14.7万项，整改率达98.2%，有效防范了各类事故发生。二是组织安全生产专项督查。为督促市县、部门和企业解决安全生产突出问题，省安委会办公室牵头，各有关部门和单位参与，采取明查暗访、专家诊断、媒体监督等方式，组织开展了西环高铁、危险化学品、非煤矿山、道路客运和危险品运输等8次全省性安全生产督查。对督查发现的隐患和问题，省安委会办公室给相关市县和企业下达了整改通知书，同时送达企业主要负责人和抄送属地党政“一把手”，确保隐患整改到位。公安、交通等部门集中治理高速公路安全隐患122处；交通部门投入2796.5万元完成国务院安委会挂牌督办的大茅隧道隐患整改，按规范标准进行安全设施升级改造并实现通车；消防部门报请各级政府挂牌督办并督促整改重大火灾隐患140家、区域性火灾隐患11处；澄迈县政府、海南福山油田勘探开发公司共同投入1.2亿元治理油气管道隐患。全省整改消除了一批重大隐患和突出问题，重特大事故得到遏制。

（六）加强安全生产基层基础建设

海南省18个市县安监部门均设为同级政府工作部门，万宁、文昌等16个市县设立了乡镇安监所168个、增加安监人员219人；三亚、屯昌等13个市县成立了安全生产执法队伍，增加执法人员41人。交通、水务、住建、渔业、质监、消防等部门设立安全监管机构，26个行业主管部门指定专职监管人员，基本建立了覆盖各级政府及其有关部门的安全监管网络。继续落实中央资金680万元为22个市县（区）安全监管部门配置了执法装备，安监部门投入960万元实施“两重一高”监管平台和监管网络信息化建设，交通部门投入5000多万元建设应急指挥信息中心，渔业部门持续投入1.2亿元建立渔船北斗系统，洋浦经济开发区投入2.48亿元建成首个海陆消防站，投入1.08亿元配置了亚洲最大沿海型消防船，安全保障能力得到了加强。同时，全省大力强化企业安全基础。职业卫生基础建设取得突破，创建了示范企业72家。工矿商贸行业安全管理得到加强，出台了汽车制造、烟草两个行业的地方性安全管理规范。企业安全生产标准化建设不断推进，全省烟花爆竹批发企业、民爆企业100%实现了安全生产标准化三级达标，520家危险化学品生产经营企业已实现三级以上达标，6家井工矿山选矿厂完成标准化达标评审，258家客危运输企业、11家电力企业达到三级以上标准，住建、水利等行业标准化也取得了新进展，企业整体安全水平不断提升。以地方性法规为保障，在矿山开采、危险化学品、化工和烟花爆竹四大高危行业实施安全生产责任险，累计投保2786万元，保障从业人数17.95万人，转移风险责任271.52亿元，得到了国家安全监管总局的肯定和推广。质监部门以落实电梯首负责任和安责险工作推行电梯监管改革，已有2430家单位、1.02万台电梯投保安责险。积极推进安全生产行政审批制度改革，清理安全监管行政审批事项，共取消下放行政许可17项。完善简化行政审批流程，积极推进网上审批，全年完成行政审批许可事项2.25万项，审批率100%，无超时办理和投诉现象。

（七）加强安全生产宣传教育

海南省采取政府主导、企业为主、全民参与方式开展“安全生产月”活动，组织开展了主题咨询日、事故警示教育等活动，发送手机警示短信200万条，发放宣传资料50万份，发出《致企业主要负责人安全生产一封信》2万份，举办事故案例巡回展1600余次，接受教育群众达130万人次。发挥媒体舆论引导作用，宣传报道安全生产信息，在省内各电视台每天滚动播放安全生产公益广告，在公交车、出租车、户外广告牌连续播放安全标语，营造了良好的安全生产氛围，全民安全生产意识得到了进一步增强。

（八）严肃事故调查处理和责任追究

完成文昌“4·10”较大道路交通事故调查处理，严肃追究相关单位和人员责任，移送司法机关2人、党纪政纪处分9人，及时向社会公布了调查报告。指导海口“7·1”慧谷药厂爆炸事故、琼海“6·14”交通事故等较大事故的查处工作，督促海口、三亚、文昌、东方等市县查处4起野蛮施工破坏燃气管道事故，处罚相关企业7家并通报全省，以事故教训推动了安全生产工作。

（九）强化安全生产应急演练和重大活动安全

保障

海南省组织开展应急救援演练周活动，指导市县、企业修订和完善安全生产应急预案，加强了上下级政府之间、政府与企业之间的应急联动。省安委会办公室、澄迈县政府联合开展了油气管道泄漏事故应急演练，海口市政府、海口海事局联合举办了琼州海峡客滚船防污救援综合演练，三亚市举办了大型客船消防救生演习，住建部门开展了行业应急救援演练观摩会，全省共组织具有一定规模的应急演练50次，参演人员1万多人次，投入资金1000多万元，动用装备器材1500余台（套）。海南电网公司、民生燃气公司等企业启动应急预案，有效应对了“威马逊”“海燕”等超强台风袭击，严防因自然灾害引发生产安全事故，确保了安全运行。同时，省安委会办公室牵头，各有关市县和部门共同参与，完成了博鳌亚洲论坛年会、世界旅游旅行大会、“三月三”、欢乐节等6次重要会议和重大活动的交通、供水、供电、通信、消防等方面安全生产保障任务，实现了“零事故、无差错”的工作目标。

重庆市安全生产工作综述

2014年，重庆市深入贯彻落实习近平总书记重要讲话精神，按照市委、市政府“严字当头、落实到位”“改善安全保障基本面”要求，狠抓企业安全标准化创建、突出问题专项整治、安全保障基础建设和责任落实、谈心对话、常态督查等措施，安全生产形势持续向好。

一、安全生产总体情况

2014年，全市安全生产在连续10年下降基础上，继续保持下降态势，呈现出“三个下降、两个较好”的良好态势。

（1）“三个下降”。一是事故起数下降。共发生各类安全事故1207起、同比减少139起、下降10.3%。二是死亡人数下降。各类事故死亡1379人，同比减少120人、下降8%。三是较大事故起数下降。发生较大事故30起，同比减少13起、下降30.2%。

（2）“两个较好”。一是多数区县较好。41个区县、经开区统计考核单位，有30个持平或下降，占73.2%。其中，江津、铜梁、彭水、城口、梁平、荣昌、万盛、涪陵、北部新区、石柱、渝北、南岸、忠县等13个区县（经开区）降幅在15%以上。二是多数行业较好。农机和渔船行业“零死亡”；非煤矿山行业死亡5人、下降66.7%；烟花爆竹行业死亡1人、下降50%；建设领域死亡205人、下降13.9%；冶金建材领域死亡27人、下降10%；铁路死亡36人、下降10%；一般道路死亡717人、下降9.5%；工贸其他死亡87人、下降2.2%；生产经营性消防火灾死亡2人，同比持平。

同时，从全年安全事故数据分析，也存在三大差距。一是2个行业发生重大事故。包茂高速黔江段“3·25”翻车事故，死亡16人；能投集团南桐矿业砚石台煤矿“6·3”瓦斯事故，死亡22人。二是4个行业事故同比上升。分别是：长江干线水域死亡11人，上升83.3%；高速公路死亡202人，上升3.1%；煤矿死亡85人，上升1.2%；危化死亡1人，同期零死亡。三是事故相对集中在交通、建设、煤矿3个行业。3大行业事故占总量的87.7%（其中道路66.6%、建设14.9%、煤矿6.2%）；全市84%的较大事故及重大事故，集中在这3个行业。

二、安全生产重点工作

（一）完善责任体系，构建齐抓共管格局

一是市委、市政府在年初出台安全生产“三基”建设意见基础上，又出台了《关于安全生产“党政同责、一岗双责”的意见》（渝委发〔2014〕22号），进一步明确各级党委、政府及其领导安全生产工作责任。二是市政府安委会出台《安全生产工作约谈警示制度》，市政府安委会办公室每季度定期向市委、市政府以及市纪委、市委组织部报送重点目标任务完成情况，督促各级党委、政府及领导班子认真履行安全生产职责。三是加大对区县落实情况督查力度，全市所有区县均按照“五个

全覆盖”要求出台了责任制建设规定，政府安委会主任均由“一把手”担任，“三个必须”得到全面落实。

（二）推进标准化建设，落实企业主体责任

把企业安全标准化建设作为落实企业安全生产主体责任的重要载体，通过实行分级监管、动态监管、激励约束、社会监督和“黑名单”制度，把企业安全标准化等级与许可、招标、税收、金融挂钩。2014年来，全市共建成8个国家一级和260个二级质量标准化煤矿矿井；道路客运和危险品运输企业100%达标；开展建筑施工诚信评价37216个次；完成1492家非煤矿山企业升级达标；危化生产企业及烟花爆竹生产经营企业全面达标，加油站达标率85%；规模以上工贸企业标准化创建率100%；创建职业卫生基础建设示范企业121家，培育安全培训示范企业54家。同时，对全市2.4万家达标企业开展“回头看”，重新评估定级，实现持续改进。

（三）狠抓“六打六治”，深化重点专项整治

按照“全覆盖、零容忍、严执法、重实效”的总体要求，将“六打六治”与重点行业专项整治、“压事故、保安全”百日攻坚行动有机结合，突出矿山、交通、建设、危化等重点行业领域，无证无照、死灰复燃、擅自生产、无证上岗等重点行为，上限处罚、顶格问责。一是持续深化道路交通“两化一整治”，共查处危化品运输车辆“四非”127起、客运车辆“四违”665起、货车违法4401起。二是全面落实煤矿“双七条”，查处煤矿重大隐患25条，责令停产整改98矿次。三是深入开展建设“两防”专项整治，严厉打击无资质施工、违法分包等建设行为，检查在建施工项目5496个、下发停工通知1159份。四是开展油气管道隐患整治攻坚克难，共排查隐患400处，整改成品油输送管道隐患29处，天然气长输管线隐患113处。五是扎实开展粉尘防爆安全专项整治，共排查隐患6400余条，整改5900条，整改率86.7%。同时，组织开展了非煤矿山“三字经”、危化“四化”、消防“四个能力”和烟花爆竹、水上交通、特种设备安全专项整治。

（四）加强宣传教育，提升全民安全文化素质

一是推进安全社区创建。制定《重庆市安全社区评审认证管理办法》，成功命名市级安全社区418个、全国安全社区12个、国际安全社区1个。二是加强全员教育培训。实施干部素质提升工程，举办安监业务骨干培训班、安全监管业务专题培训班、基层安监干部执法资格培训，开展乡镇安监干部征训，培训率100%。加强企业全员培训，组织开展特种作业人员考试12.1万人次；企业主要负责人、安全管理人员考试2.5万人次，企业主要负责人、安全管理人员、特种岗位作业人员100%持证上岗。建成颁证机构、考试机构、区县考试分中心、考试点四级安全资格考试体系。三是加大全民安全宣传。深入开展“安全生产月”、安全知识“十进”“最美安全员”评选等活动，群众安全知识知晓率不断提升。利用《渝州安全》《中国安全生产报》《安全与法》等载体，累计刊发各类信息1252篇。发挥“12350”平台预警作用，累计发布各类事故预警、应急救援等信息53次、9700余条。

（五）夯实基层基础，改善安全保障基本面

一是强化安全基础。大力淘汰落后产能，新关闭小煤矿40个、非煤矿山75个，实现三年关闭煤矿100个的任务两年完成；2014年已完成1100千米、累计完成1.6万千米道路“生命工程”防护栏建设；完成危桥改造141座、危隧改造10座、渡改桥18座；投入1亿元，启动14个区县第二轮安全监管能力建设。二是推广运用先进科学技术。加快推进安全生产产、研、学、用一体化建设，推广应用地下矿山顶板整治先进适用技术、农村道路交通安全管理信息系统和道路货运安全管理信息化系统等先进科技成果，煤矿、非煤地下矿山“六大系统”全面建设完成，59家企业危险工艺、159个危化品重大危险源、148套重点危化品生产储存装置完成自动化改造；主城区新开工项目和其他区县重大建设项目施工现场实施100%电子监控。三是加强应急救援体系建设。全面建成国家区域矿山应急救援重庆天府（安稳）队基地、120支兼职救护队和1支特级、4支一级、12支二级质量标准化矿山救护队。完成全市高危行业领域重大危险源普查、登记、建档工作，事故应急救援市、区县、现场三级连接全面形成。开展水上应急救援演练3次，成功组织2014年重庆危化品水上运输事故应急处置演练。

（六）健全长效机制，推动各项工作落实

一是实施常态督查。充分总结以往综合督查经验，组建6个市政府常态督查组，分别由厅局级领导带队，采取不发通知、不打招呼、不听汇报、不陪同接待，直奔基层、直插现场的“四不两直”方式，对区县、部门实施每季度轮回督查。全年共督查4次，督查单位721个，督促整改事故隐患和突出问题1997个。二是开展谈心对话。在充分借鉴煤矿谈心对话经验基础上，采取请进来谈、上门谈、分片谈、重点谈等方式，深入开展“千名干部与万名企业负责人安全谈心对话活动”，覆盖了全市所有高危行业领域。全市共开展谈心对话12161次，42万余名企业负责人、安全管理人员参加了谈心对话活动。三是改进工作作风。结合党的群众路线教育实践活动，各级安全监管部门采取“六个三”的方式，坚持每月三分之一的时间、三分之一的力量，走出机关、深入基层、检查执法，传导压力、示范工作，进一步推动了责任落实、工作落实。

2015年全市安全生产工作将深入贯彻党的十八届三中四中全会和重庆市委四届四次、五次、六次全委会精神，全面实施新《安全生产法》，持续深化平安重庆建设，切实推动安全生产“三基”工作，不断加强企业安全管理标准化、政府安全监管法治化和全民安全文化素质建设，深化重点行业专项整治，夯实安全保障基础，推进安全生产形势持续稳定好转，为实施五大功能区域发展战略提供有力保障。

四川省安全生产工作综述

一、安全生产总体情况

2014年四川省发生各类安全事故27249起、死亡2614人、受伤11075人，直接经济损失41004万元，同比减少2884起、720人、481人和6613万元，分别下降9.6%、21.6%、4.2%和13.9%。其中发生生产经营性事故2147起，死亡1121人，受伤2239人，直接经济损失23155万元，同比减少527起、357人、292人和9217万元，分别下降19.7%、24.2%、11.5%和28.5%。全省共发生较大事故53起、死亡209人，同比减少11起、38人，分别下降17.2%和15.4%；发生重大事故1起、死亡11人，同比减少2起、49人，分别下降66.7%和81.7%；未发生特别重大事故。纳入国家考核的4项相对指标大幅下降，降幅明显高于全国水平，亿元GDP死亡率降幅高于全国水平（12.1%）19.4个百分点，工矿商贸10万从业人员事故死亡率降幅高于全国水平（7.0%）25.5个百分点，煤矿百万吨死亡率降幅高于全国水平（12.2%）1.2个百分点，道路交通万车死亡率降幅高于全国水平（7.7%）17.9个百分点。纳入考核的生产经营性道路交通、工况商贸、铁路交通、农业机械事故死亡人数同比全面下降。全省总体控制指标首次控制在国务院安委会下达指标的70%以内，实际为66.9%；纳入控制指标考核的较大事故起数首次控制在60起以内，实际为53起；工矿商贸事故死亡人数降幅首次超过30%以上，实际为34.8%；煤矿事故死亡人数首次控制在50人以内，实际为49人。

二、安全生产重点工作

（一）积极推进安全生产管理体制改革创新

一是建立健全责任体系。省委办公厅、省政府办公厅正式印发了《四川省安全生产“党政同责”暂行规定》，明确了党委7项职责、政府9项职责和7项保障机制，督促省、市、县三级全面落实了国务院安委会提出的“五个全覆盖”要求，各级党委政府抓安全生产工作已进入制度化轨道。二是积极调整煤炭管理体制。在深刻吸取系列煤矿事故教训的基础上，借鉴其他省份的做法，组建成立了四川省煤炭工业管理办公室，整合了涉煤监管资源和力量，理顺了煤炭行业管理体制。三是强化考核考评。与各市（州）政府签订了《2014年度安全生产工作目标和任务责任书》，明确全年22项重点工作任务。省政府对市（州）政府的综合目标考核中将安全生产工作权重提高到4%。印发《四川省安全生产目标管理奖励暂行办法》，兑现了奖励资金。建立了干部安全生产履职情况定期报送制度，在干部选拔任用、评优评先时对其安全生产工作履职情况进行专项考察。四是简化行政审批。开发了“危化品安全生产许可证网上审批与制证系统”，积极推进网上办理。全面清理行政审批25项，取消行政审批3项，依法取消（下放）行政审批项目11项，所有审批项目办结时限比法定时限缩短50%以上，办结提速率达到91.7%，实现了行政审批按时办结率、现场办结率、群众满意率三个100%。

（二）全面加强重点行业领域安全监管

一是突出整治煤矿安全。认真落实煤矿安全“1+4”工作法。强力推进煤矿整顿关闭，全面完成两年关闭500处小煤矿的任务。狠抓重点攻坚，将煤矿安全攻坚战重点县由国务院安委会办公室确定的8个增加到24个，并将2个国有重点煤矿企业纳入攻坚战实施范围。积极推进煤矿安全质量标准化、机械化、信息化建设。创新隐患排查方式，聘请外省专家进行抽查会诊，对发现的隐患及问题“发点球”督促整改。组织172个隐患排查小组将对全省所有煤矿开展为期6个月的隐患大排查，并对各市（州）患排查治理情况进行暗访督查。对全省保留煤矿的1200余名矿长和业主全部进行了谈心对话，组织全省所有产煤市（州）、县（市、区）政府及其监管部门领导座谈，研究制定煤矿安全发展、有序发展的长效机制。二是扎实开展道路交通安全综合整治攻坚年行动。省政府将2014年确定为道路交通安全综合整治攻坚年，成立由省长魏宏任组长、3位副省长任副组长的专项领导小组，魏宏省长召开专题会议多次研究部署，明确了6大整治内容。通过开展客货运机动车生产、检验、销售、维修、改装、装载、使用等全过程全环节的专项整治。高速公路货车“双超”治理取得明显成效，全省未发生一起因货车造成的较大以上道路交通事故。全省建成公路安保工程（路侧护栏）1.73万千米。三是切实加强其他重点行业（领域）安全监管。扎实推进非煤矿山整顿关闭行动，关闭（退出）金属非金属矿山863个。积极开展油、气管线及城镇燃气、危化品输送管线专项整治行动，共查出油、气、危化品输送管线安全隐患3918处，已治理整改3230处，重大隐患实行省政府挂牌督办。出台非煤矿山、危险化学品、烟花爆竹安全监管刚性措施，认真开展消防、建筑安装、特种设备、人员密集场所等行业（领域）专项治理，重点行业领域事故全面下降。

（三）大力推进依法治安工作

一是认真开展“法律七进”活动。“以案说法”开展事故警示教育，组织举行警示教育会、巡回演讲81场次，组织企业人员集中观看警示教育片（图片展）2165场次，接受安全生产法制教育人数24.87万人。在全省煤矿、非煤矿山、危险化学品、烟花爆竹等重点行业（领域）开展为期3个月的以“依法治企、依法办企”为主题的谈心对话进企业活动。将“法律进社区活动”与安全社区建设相互融合，并联合教育、卫生、人社、农业、司法、经信等省级部门开展了校园“大手拉小手·手拉手”安全文明出行活动、工伤赔偿、尘肺病救治等法律援助服务活动。二是大力宣传新《安全生产法》。召开了全省宣传贯彻新《安全生产法》电视电话会议，副省长刘捷对贯彻落实工作进行了安排部署。各级政府安委会将新《安全生产法》纳入领导干部、执法人员培训计划，通过举办培训班、研讨会和讲座等方式开展专题培训。在主流媒体开设专栏专刊，在户外公共场所播放公益短片。三是积极规范执法行为。出台了《安全生产行政执法监督检查实施细则》《安全生产罚款行政处罚案件结案管理办法》等20余项文件，修订《四川省安全生产行政执法裁量标准》，进一步规范行政执法自由裁量权。四是始终坚持严管重罚。对南充市仪陇县“3·6”重大道路交通事故等4起典型事故，约谈了相关市政府分管领导、县委县政府主要领导以及监管部门和企业主要负责人。对外聘专家抽查发现煤矿问题较多的7个县的县长进行了约谈。严格规范中介机构管理，对存在问题的纳入黑名单。对凉山州盐源县田坝煤矿、宜宾市筠连县大地煤矿、珙县翔源煤矿的非法违法生产行为，按照把重大隐患当事故查处的要求，会同凉山州、宜宾市政府进行调查处理，对3个企业进行了顶格处罚，对9名企业人员追究了刑事责任，对3个县11名县级领导和32名部门及乡镇干部给予党纪政纪处分。

（四）深入开展安全生产专项治理活动

一是在全省范围内部署开展了以“查隐患、严执法、压事故、保平安”为主题的“百日安全生产活动”。检查各类企事业单位和场所11.94万家（次），发现隐患7.44万条（整改完成6.91万条），落实隐患整改资金8938.2万元。二是主动开展新一轮安全生产大检查。按照“全覆盖、零容忍、严执法、重实效”的总体要求，在全省范围集中开展了新一轮安全生产大检查。期间，各地、各部门共组织安全大检查督查组21145个，参加检查人员159891人次，监督检查各类企事业单位和场所109239家（次）。三是深入开展“六打六治”打非治违专项行动。全省各级各部门共组织执法检查组2万余个，出动执法人员15万人次，打击整治非法违法、违规违章行为13万余起，其中打击六类非法违法行为35675起。

（五）全面开展安全隐患排查治理和安全生产检查督查

一是不断创新安全隐患排查治理体系建设，深入开展隐患排查治理工作。研究制定隐患排查标准，全面建成隐患排查治理信息系统，实现了安全隐患排查治理工作全过程记录和闭环管理。26个监管行业、184个企业类型的9.56万家企业完成登记建档，基本实现省、市、县、乡、村、企业“六级”互联互通；实行隐患排查治理“三步工作法”，对重大隐患挂牌督办，在《四川日报》等主要媒体公示，倒逼限期整改。二是全面加强安全生产检查督查。省政府安委会派出21个综合督查组，对全省开展的新一轮安全生产大检查进行督导检查，确保了真查、真改。省级层面相继完善出台了警示通报、挂牌督办、诫勉约谈、目标考核、举报奖励等制度办法，并采取每月通报、季度点评、联合督查、行政问责等措施，督促责任和工作落实。省政府安办多次派出暗访组，按照“四不两直”的方式进行督查，对发现的隐患和问题建立台账，对整改情况进行回访暗查。各市（州）、省直相关部门主要负责同志积极带头开展安全生产督查检查，推动了安全生产责任和措施的全面落实。

（六）切实抓好安全保障能力建设

一是大力实施科技兴安战略。加快推进安全生产信息化建设，完成了省到县全覆盖的全省安全生产应急会商系统建设项目、四川省安全生产监管部门监管信息化及应急准备建设项目等。组织对影响和制约四川省安全生产的14项重大关键技术进行科技攻关，推动9项业务支撑工程建设。二是抓好基层安全能力建设。深入推进“专家驻点进基层、专业托管进基层、技术推广进基层、智力帮扶进基层”常态化，派出技术专家4266人次，进驻服务企业2375家。开展工业园区安全监管能力和基层执法力量专题调研，形成对策建议送市（州）党委政府主要领导，促进了基层监管力量加强。以省安委会办公室名义多次协调，解决了长期困扰阿坝藏族羌族自治州卧龙特区安全监管职责划分、九环线旅游安全监管联动机制、都汶高速公路隧道安全隐患治理突出问题。三是着力提升应急救援能力。省级财政投入2800余万元，大力推进全省6个区域性综合救援示范基地建设，进一步完善了上下联动和跨区域、跨行业协调合作机制。建立了省、市、县三级互联互通的应急会商视频系统。深入开展应急救援综合、专项实战演练和技术比武，不断提高快速反应、科学处置和救援能力。及时有效处置三级报警8994次，参加全省矿山救护队参加预防检查498次，包括邻水县葛麻湾煤矿“1·6”瓦斯事故、宣汉县丁木沟煤矿“11·24”顶板事故在内抢险救援22次，抢救遇险人员27人，搜寻遇难人员16人。在云南“4·7”下海子煤矿透水事故排水抢险中得到国家安全监管总局、云南省政府的肯定和感谢。

（七）不断强化安全文化建设

一是规范推进安全社区建设。省委、省政府继续把安全社区建设纳入民生工程，大力开展“安全社区建设规范年”行动。在全国率先出台省级安全社区建设地方标准《安全社区建设与管理基本规范》，进一步规范了安全社区建设的内容及程序。全年省级投入财政资金4195万元，推动市（州）、县（市、区）、乡（镇）三级投入财政资金142亿元，建成全国安全社区15个，四川省安全社区164个，实施促进项目7254个。根据对2014年已建成安全社区的安全状况统计，工作场所事故起数同比（下同）下降57.12%，道路交通事故起数下降45.1%，火灾事故起数下降66.35%，群众满意度提高了15个百分点，达到94.8%。二是扎实开展宣传教育培训。组织编印了学习习近平总书记安全生产重要讲话宣讲提纲、《党政干部安全生产知识读本》并印发各级各部门学习；将安全生产教育列入各级党校（行政院校）日常教学内容，把安全生产知识纳入全省拟任县处级领导干部任职资格必考内容。组织开展“寻找最尽职的安全操作手、最负责的安全管理者、最履职的安全监管者”活动，参与人数300万人次，并对当选者给予“四川省五一劳动奖章”荣誉称号。积极开展“安全生产月”活动，活动期间全省共计开展各类安全宣传咨询活动750余场，开展安全文艺演出、演讲比赛和知识竞赛300余场，社会公众参与安全宣传教育活动450万人次。认真清理培训工作中存在的突出问题，出台了《关于进一步加强干部学习教育培训工作的意见》，培训工作更加规范，全省共组织培训各类人员106.23万人次。其中，“三项岗位”人员34.21万人次、其他从业人员70.37万人次、乡（镇）领导及安全监管监察部门人员等1.65万人次。

贵州省安全生产工作综述

2014年，贵州省安全监管监察系统以党的十八大、十八届三中全会和省委十一届四次全会精神为指引，全面贯彻落实习近平总书记、李克强总理等中央领导同志关于安全生产工作重要指示批示精神，以深化改革为动力，坚持科学发展、安全发展，坚守“红线”、强化责任，持续在“打非治违”“隐患排查治理”“提升安全保障能力”等方面上狠下功夫，扎实推进了企业主体责任、部门监管责任和政府属地责任的落实，并取得了显著的成效。

一、安全生产总体情况

（一）全省安全生产事故总体情况

2014年，全省共发生各类生产安全事故1268起，死亡981人，同比分别下降10%和10%（不含消防火灾事故起数和死亡人数），死亡人数首次降至1000人以内，占控制考核指标80.8%。其中：发生较大事故50起，死亡205人，同比分别下降13.8%和13.1%，占控制考核指标（事故起数）63.3%；发生重大事故3起，死亡31人，同比分别下降25%和50%；道路交通首次在年度内未发生重大事故。自2007年毕节市纳雍县“11·8”特别重大事故以来，已连续85个月（7年）未发生特别重大事故。

（二）各行业领域安全生产事故情况

工矿商贸事故56起，死亡140人，同比分别下降42.3%和32%。其中：煤矿事故12起，死亡59人，同比分别下降42.9%和43.8%，占控制考核指标47.2%；非煤矿山事故2起、死亡9人，同比起数下降71.4%，死亡人数上升12.5%；烟花爆竹事故1起，死亡5人，2013年同期未发生事故；化工和危险化学品事故1起，死亡1人，同比分别下降50%和66.7%；建筑业事故27起，死亡44人，同比分别下降37.2%和29%；冶金等8行业事故3起，死亡7人，同比分别下降75%和46.2%；工商贸其他事故10起，死亡15人，同比起数下降16.7%，死亡人数持平。

道路交通事故1145起、死亡795人，同比分别下降8.3%和6.1%，占控制考核指标94.0%，其中，生产经营性道路交通事故432起，死亡388人，同比分别上升22.7%和15.5%。铁路运输事故66起，死亡46人，同比分别上升11.9%和35.3%。农业机械事故1起，死亡0人，同比分别下降50%和100%。渔业船舶、水上交通、其他水上行业领域未接到事故报告。

（三）安全生产四项指标完成情况

安全生产4项相对指标继续实现大幅下降，除煤矿百万吨死亡率接近全国平均水平外，其余3项已达到全国平均水平。其中，亿元GDP死亡率为0.106（全国0.109），同比下降24.3%，比“十二五”规划目标（0.22）低0.114；工矿商贸从业人员10万人死亡率为1.322（全国1.418），同比下降25.3%，比“十二五”规划目标（6.72）低5.398；道路交通万车死亡率为1.759（全国2.123），同比下降16.2%，比“十二五”规划目标（2.4）低0.641；煤矿百万吨死亡率为0.319（全国0.255），同比下降41.9%，比“十二五”

规划目标（1）低0.681。

二、安全生产重点工作

（一）全面深化安全生产领域改革

一是省委将“安全生产监管体制改革”列为2014年度重大问题调查研究课题，明确由省委政研室和省安监局共同负责，要求年内完成。通过深入六盘水市、毕节市和遵义市，以及部分县（市、区）、产业园区、乡镇和生产经营单位开展实地调研，联合调研组圆满完成了《贵州省安全生产监管体制调研报告》，并得到了省委、省政府领导和评审专家组的一致好评。整个调研工作历时近5个月。二是为深化安全生产领域改革，省委、省政府研究出台了《贵州省实行安全生产党政同责一岗双责齐抓共管暂行规定》(黔委厅字〔2014〕76号)，进一步建立健全安全生产责任体系。同时，全省9个市（州）、贵安新区、88个县（市、区、特区）也按要求实现安全生产责任体系“五个全覆盖”，即“党政同责”全覆盖、“一岗双责”全覆盖、“政府主要领导同志担任安委会主任”全覆盖、“向党委组织部门报送辖区内安全生产工作情况”全覆盖，以及“管行业必须管安全，管生产必须管安全，管业务必须管安全”全覆盖。三是为确保改革取得成效，省安监局、贵州煤监局成立了由局主要领导任组长、局领导班子成员为副组长、相关处室（单位）负责人为成员的安全生产深化改革领导小组，下设办公室，并抽调15名同志负责具体工作。研究制定了《安全生产监管体制机制改革专题组2014年改革实施方案》和《2014年安全生产监管体制机制改革重点工作责任分工方案》。截至12月底，2014年安全生产监管体制机制改革任务全部完成。

（二）强化组织领导和管理

一是省委、省政府多次召开常委会、常务会认真贯彻习近平总书记等中央领导同志重要批示指示精神，研究安全生产工作。省委书记赵克志、省长陈敏尔2014年作出相关批示指示36次。陈敏尔省长亲自担任安委会主任，并与煤矿安全重点县党政主要负责人谈话、主持召开全省安全生产紧急电视电话会和省安委会全体会议。副省长王江平组织召开13次省政府电视电话会、安委会全体成员会等。二是结合贵州省实际，自我加压，研究提出了全省安全生产从严控制目标，其中：（1）全省事故死亡人数控制在1090人以内；（2）道路交通事故死亡人数控制在806人以内；（3）煤矿事故死亡人数控制在94人以内。三是省政府分别与9个市、州政府和省安委会有关成员单位签订了2014年度安全生产目标责任书，分解下达了各类目标任务。贵州省安监局、贵州煤监局会同省能源局、省国资委与19家国有及国有控股煤矿企业签订了煤矿安全生产工作目标责任书，对国有及国有控股煤矿企业实行单列考核。四是围绕国家和省的总体部署和要求，制定了《2014年安全生产工作要点》，梳理了10个方面42项重点工作。

2014年，贵州省安监局、贵州煤监局共办理省政府交办的人大建议、政协提案10件，其中：人大建议1件、委员提案8件、党派提案1件。同时，办理“省长信箱”群众来信5件，网民留言2件；接待群众来访35人次，受理来信195件（含省群众工作中心窗口受理86件），实际办结186件。

（三）严厉打击非法违法生产经营建设行为

全省始终对非法违法行为保持高压态势，以“四不两直”检查方式为主，突出针对夜间、节假日等监管薄弱时段，先后开展了“两季”“两节”“两会”专项督查、节后复工复产验收督查、汛期安全专项督查、油气管线专项治理等一系列督查检查，严厉打击非法违法、违规违章行为。8月到年底，在全省范围内组织开展了以“六打六治”为主要内容的打非治违专项行动，和以“除大隐患防大事故”为主要目的的安全生产大检查，按照“全覆盖、零容忍、严执法、重实效”的总体要求，严格落实停产整顿、关闭取缔、上限处罚和严厉追责的“四个一律”执法措施，集中打击、整治一批当前表现突出的非法违法、违规违章行为。自专项行动和大检查开展以来，全省各级、各部门、各单位迅速行动，及时制定工作方案，明确工作的总体要求、主要目标、组织领导、实施步骤、主要内容及责任分工，全面动员部署，督促企业开展自查自纠，并组织开展了联合执法和督促检查。截至12月底，全省共组织执法检查组23618次，开展联合执法2078次，实施暗查暗访6362次。打击整治7类非法违法行为40973起，均分类予以处置。

（四）突出狠抓煤矿安全生产工作

瓦斯治理：一是组织开展了瓦斯防治专项检

查，要求各地重点对辖区内突出矿井和按突出管理的矿井开展检查，抓住重点部位和关键环节，确保检查取得实效。二是印发了关于河南平煤神马集团长虹矿业公司“3·21”重大煤与瓦斯突出事故、永贵能源开发公司新田煤矿“10·5”重大煤与瓦斯突出事故等多起事故通报，提出了加强煤矿瓦斯综合治理特别是防治煤与瓦斯突出的相关工作措施。三是对瓦斯事故地区进行了警示通报。针对新宜矿业公司普安县宏兴煤矿“12·21”较大瓦斯爆炸事故和晴隆县中田煤矿“1·4”较大煤与瓦斯突出事故，省政府对黔西南布依族苗族自治州州长、普安县和晴隆县县长进行了约谈，省安委会办公室对黔西南布依族苗族自治州政府下发了《关于黔西南布依族苗族自治州连续发生煤矿较大生产安全事故的警示通报》，并责令新宜矿业（集团）公司所属13处煤矿全部停产停建整顿。四是针对突出事故暴露的责任不落实、假钻孔、假达标等问题，研究出台了《关于进一步加强煤与瓦斯突出防治工作的意见》，对煤矿企业防突岗位责任、防突基础工作、区域防突措施、局部防突措施、安全防护措施、消突工程过程管控等工作提出更加严格更加具体的要求。五是继续加大瓦斯抽采利用工作力度。全年下达瓦斯抽采计划23亿立方米、利用计划6亿立方米。截至12月底，完成瓦斯抽采24.29亿立方米、利用6.57亿立方米，分别完成计划的105.6%和109.5%。

整顿关闭：一是认真落实煤矿“双七条”规定，加快推进淘汰落后产能和煤矿企业兼并重组，全年公告关闭299处煤矿（含矿权），将全省正常生产建设的煤矿控制到808处，圆满完了成省委、省政府提出的目标任务。二是深入开展煤矿安全重点县攻坚战。截至12月底，10个煤矿安全重点县攻坚战取得阶段性进展，事故死亡人数同比下降47.6%，其中6个县未发生事故，得到了国家安全监管总局的肯定。三是加快推进煤矿安全质量标准化工作。全省所有生产矿井都达到三级及以上标准，国有煤矿及煤与瓦斯突出矿井、水害严重矿井达到二级及以上标准。2014年，全省申报煤矿一级质量标准化矿井77处，2013年申报的47处一级质量标准化矿井（占全国的6.9%，居第六位）已在国家安全监管总局网站进行公示。四是大力推进煤矿采掘机械化。在习水县召开全省煤矿采掘机械化现场会，交流推广了煤矿采掘机械化典型经验；制定《贵州省加快推进煤矿采掘机械化实施方案》，确保到2017年全省各类煤矿基本完成采掘机械化改造。

安全监管监察：一是全面完成“千名干部与万名矿长谈心对话活动”。省、市、县133名干部与1526名矿长开展了谈心对话活动，共收到建议意见491条，问题反映218条，各级已逐步帮助解决。二是对煤矿驻矿安监员实行分级管理。制定并落实《贵州省煤矿驻矿安监员分级管理暂行办法》，通过采取岗前培训和严格考核，共考核上岗煤矿驻矿安监员2145人，其中：640名驻矿安监员参加晋级资格考试，403名获得4级资格。同时，有关部门落实了四级驻矿安监员相关待遇。三是实施煤矿企业分类监管措施。对全省正常生产建设的808处煤矿开展了安全程度评估工作。其中，评估A类（安全矿井）62处、B类（基本安全矿井）552处、C类（安全较差矿井）194处，并实施了分类监管措施。四是对全省煤矿“五职矿长”安全资格证实行A/B证分类管理制管理。贵州省明确规定国有及国有控股煤矿、生产能力或核定生产能力30万吨/年及以上煤矿、煤与瓦斯突出煤矿的“五职矿长”必须持A类证书，持B类证书不得从事A证范围的管理。举办了“五职矿长”A证考试，1713人参加考试人员，合格1077人。五是借鉴交通领域对驾驶执照记分的管理办法，对煤矿矿长安全资格实行记分管理制。研究制定了《贵州省煤矿矿长安全资格扣分管理办法（试行）》（黔安监煤矿〔2014〕25号）。通过矿长记分软件系统，根据煤矿“五职矿长”在日常安全管理工作中的表现，以煤矿安全监管监察部门查出对煤矿的安全隐患，倒追“五职矿长”的责任，对矿长资格证进行记分管理，记满12分的则强制脱岗进行培训学习。六是严格执行煤矿安全执法监察计划，组织开展以煤矿节后复产（工）、汛期安全，水害防治、建设项目为重点的安全专项监察。一年来，贵州煤监局共开展“三项监察”1162矿次，完成全年计划的144.8%。

（五）扎实推进重点行业和领域专项整治

2014年，全省各级、各部门按照“全覆盖、零容忍、严执法、重实效”的要求，以隐患排查治理为重点，深入开展道路交通等行业领域安全专项整治。截至12月底，全省共排查一般隐患573221条，整改率100%，其中重大隐患101条，已整改100条，整改率99%。

道路交通：一是深入开展道路客运安全年活动，重点开展了春运安全督查、冬季道路交通安全"百日整治"等系列专项行动，排查公路交通安全隐患1867处。二是深化公路隐患治理工作。对2013年省政府挂牌督办治理的28处公路隐患治理情况进行了复查验收，并按程序销号。确定了2014年度省级挂牌督办的34处公路隐患。对2013年国务院安委会督查组要求整改的兰海高速公路贵遵段隐患，投入1亿余元进行了治理，并由交通、公安、安监部门联合进行了验收，确认达到治理要求。三是配合交通运输和公安部门建设完成了"贵州省重点营运车辆公共服务平台"，并成功通过中国交通通信信息中心审核，将全省"两客一危"车辆纳入监管，实现了交通、公安、安监部门信息共享。四是配合公安、交通部门建设"贵州省道路交通安全综合管理平台"，并已完成压力测试。

非煤矿山和尾矿库：一是深入开展非煤矿山整顿关闭工作，全年关闭非煤矿山企业563家。二是组织开展重点县（区）非煤矿山攻坚克难工作，将七星关区、红花岗区等10个县（区）确定为贵州省金属非金属矿山安全生产攻坚克难重点县，并组织对10个重点县的安全监管人员及矿山主要负责人进行安全教育培训，共举办培训班11期，培训人员1003人，其中安全监管人员374人，矿山管理人员729人。三是进一步推进安全生产标准化建设和地下矿山安全避险"六大系统"建设工作。全省累计有4430家（二级61家），其中2014年有266家（二级15家）达三级以上标准；累计有143家企业建成安全避险"六大系统"，其中2014年有8家企业建成安全避险"六大系统"。四是深入开展尾矿库专项整治工作，对4座尾矿库履行了闭库手续。全省有25座尾矿库建成在线监测系统，27家尾矿库实现了干式堆排，7家实现了尾矿充填。出台了贵州省地方标准《磷石膏库安全技术规程》。

危险化学品和烟花爆竹：一是严把危险化学品和烟花爆竹企业行政许可审查关，严格执行"延期换证企业必须达到三级标准化"的规定，进一步推进了标准化达标建设工作，烟花爆竹生产经营企业实现了装混药、插引、烘干等危险工序机械化。二是组织开展2期烟花爆竹企业主要负责人和安全管理人员安全培训，累计培训200余人次。开展了烟花爆竹生产企业主要负责人谈心对话活动。三是加强对非药品易制毒生产经营企业的流向监管，建立了案件倒查机制，防止非药品易制毒化学品流入非法渠道。四是建立了《贵州省危险化学品输送管道安全保护工作联席会议制度》，明确各成员单位工作职责。五是深刻吸取湖南省醴陵市南阳出口花炮厂"9·23"爆炸事故教训，在全省范围内组织开展了烟花爆竹企业突击检查。

冶金等工贸行业：一是制定《贵州省冶金等工贸行业小微企业安全生产标准化考评办法》，扎实推进工贸行业规模以上企业安全生产标准化创建工作。全省工贸行业规模以上企业有265家达标（其中：一级达标企业数为9家、二级达标企业数为77家、三家达标企业数为179家）、完成自评并与评审机构签约正在开展外部评审的有749家。二是在督促指导贵阳、遵义两试点地区加快安全隐患排查治理体系建设的同时，大力推进多功能模块的市级体系平台建设，并已审核立项。三是深刻吸取江苏昆山"8·2"特大粉尘爆炸事故教训，组织开展了工贸企业粉尘作业安全专项治理，并组织对仁怀市相关部门、乡镇安监站安全监管人员以及200余家酿酒企业相关负责人进行了粉尘防爆安全知识及预防措施的培训。

职业卫生方面：一是深入开展"职业卫生监督执法年"活动，重点对水泥生产、金属冶炼、非煤矿山和建筑施工等企业进行了检查，其中检查水泥生产企业106家，提请地方政府关闭20家。二是以"防治职业病，职业要健康"为主题，开展了职业病防治法宣传周活动，发放宣传资料近4000份。三是开展了职业卫生技术服务机构乙级资质认可工作。全省认可乙级职业卫生技术服务机构17家，丙级职业卫生技术服务机构4家。四是开展了金属冶炼、水泥生产企业粉尘危害专项治理工作，并基本摸清了底数。全省金属冶炼企业208个，员工总数55852人，生产一线工人42127人，接触职业病危害24564人，参保51543人，体检29544人；水泥生产企业106个，员工总数23247人，生产一线工人14025人，接触职业病危害

9183 人，参保 14425 人，体检 14254 人。

此外，积极配合有关部门，开展了建筑施工、铁路交通、水上交通、消防、特种设备、电力、教育、旅游、民航等行业和领域的安全生产专项整治和隐患治理。

（六）加强安全生产应急救援管理工作

一是组织对全省 11 个物资储备点和省安全生产物资储备中心储备的煤矿应急救援储备物资（装备）进行了核查登记。二是组织开展了矿山水害事故救援排水演练、危险化学品事故应急救援演练和贵州省应急救援队伍紧急出动演练，指导全省矿山救护队进行水害、煤与瓦斯突出、瓦斯爆炸、火灾等各类演练 60 余次，参演指战员 2000 余人次。三是参与云南省曲靖市麒麟区东山镇下海子煤矿“4·7”透水事故的抢险救援工作，历时 18 天，共抢运遇难人员 21 人，受到云南省政府的表扬。在安江高速 TJ6 标段两天窝隧道（K71 +435 处，铜仁市石阡县甘溪乡晒溪村大坡组）“8·10”坍塌事故抢险救援中，经过 140 小时的连续奋战，13 名被困人员全部获救，创造了在复杂地质条件，国内隧道全封闭抢险救援零伤亡的首个成功案例，获得了省政府的表彰。四是在陕西铜川举办的第十届全国矿山技术竞赛中，贵州省荣获综合体能团体第 1 名，业务团体第 2 名，被授予全国“五一劳动奖状”。

（七）加强安全生产宣传和教育培训工作

一是组织开展了第十三个“安全生产月”系列活动，仅宣传咨询日当天，全省各地出动宣传人员 20 余万人，设置宣传咨询台 7000 余个，发放各类宣传资料 900 余万份，设置警示教育展板挂图 20000 余件。全月全省发送公益宣传短信 120 余万条，设置户外大型公益广告 1000 余幅，张贴安全生产标语 60000 余条。二是深入开展新《安全生产法》宣贯工作。邀请国家安全监管总局副局长杨元元作新《安全生产法》专题讲座，600 余人参加；印发新《安全生产法》学习宣贯实施意见，发送新《安全生产法》手机短信 200 多万条；印发 21 万余份致企业负责人的公开信。三是加快推进安全文化示范创建工程，完成各类安全文化示范创建 332 个，其中：示范矿区 37 个、示范企业 64 个、示范社区 39 个、示范乡镇 45 个、示范校园 119 个、示范客车站 16 个、示范工业园区 12 个。四是培复训矿山、危险化学品等高危行业主要负责人、特种作业人员、安全管理人员 75294 人次。考核办理煤矿安全管理人员资格证 5226 个，非煤安全管理人员资格证 3911 个；煤矿特种作业证 23565 个，非煤特种作业证 22278 个。

（八）全面推进“科技兴安”战略

一是开展《贵州省“十二五”安全生产专项规划》等规划实施中期评估工作，并形成了《贵州省安全监管部门和煤矿安全监察机构监管监察能力规划（2011—2015 年）实施情况中期评估报告》。安排专项资金 3800 万元，实施《贵州省“十二五”安全生产专项规划》重点工程 57 项。二是总投资 140 万元的“盘江矿区隐蔽致灾因素普查示范项目”，通过国家煤矿安监局科技装备司组织的专家评审。总投资 4250 万元的盘江精煤股份有限公司火烧铺煤矿隐蔽致灾因素普查治理工程已进入实施阶段。三是协调 400 万元补助 39 县（市、区）和贵安新区安全监管部门执法能力建设。利用煤矿技改资金安排市、县两级安全监管部门执法能力、应急救援、信息化等能力建设 28 项，涉及补助资金 1490 万元。四是启动省“十三五”安全生产规划前期工作，研究提出了“十三五”安全生产规划 12 个方面的调研课题 66 项。五是组建省级安全生产专家库，省级第一批入库专家 130 人，17 人被聘为国家级安全生产专家。此外，举办第十三届煤矿安全生产技术装备展览会，358 家企业展出产品 1000 多种，参观人员达 26000 人。组织开展煤矿生产工艺和技术装备调研，清理淘汰 Z15 自救器 1345 台（件），建议淘汰设备工艺 7 项。

（九）严格安全生产行政许可

加大简政放权力度，将行政许可事项从 13 项减少为 11 项、行政处罚事项从 635 项规并为 126 项、行政强制事项 5 项，并将“行政许可事项”“行政处罚事项”“行政强制事项”等权力清单在贵州省安全生产信息网公布。严格煤矿准入，一律不予审批 45 万吨/年以下煤与瓦斯突出矿井和 30 万吨/年以下高瓦斯矿井及瓦斯矿井的安全设施设计。2014 年 1—12 月，贵州省安监局、贵州煤监局共受理各类行政许可 781 件（含新办证、换证、建设项目），发证 682 件，其中：煤矿受理 343 家，核准 324 家；非煤矿山受理 123 家，核准 111 家；

危险化学品生产企业受理125家，核准108家；烟花爆竹生产企业受理112家，核准61家；职业健康评价机构受理7家，核准7家；职业卫生建设项目受理62家，核准62家；安全评价机构受理1家，核准1家；矿山救护队受理8家，核准8家。

（十）严格事故查处和责任追究

严格落实“一矿出事故，万矿受教育”要求，对水矿集团马场煤矿“3·12”重大事故、安顺市平坝县大山煤矿“5·10”重大事故公开宣判，在主流媒体曝光青菜冲赤泥库、盘县松林煤矿等典型案例；制作黔西南州普安县楼下镇宏兴煤矿“12·21”较大瓦斯爆炸事故、湖南省煤业集团金竹山矿业公司土朱煤矿“3·17”较大煤与瓦斯突出事故的警示教育片，下发到各市（州）安监局和煤矿企业。组织开展了煤矿生产安全事故责任追究落实情况专项检查，印发了《贵州省煤矿较重大瓦斯事故原因分析报告》。2014年，对全省发生的50起较大事故按要求进行了严肃查处；对3起重大事故及时开展事故调查，并全部批复结案。全年煤矿事故到期应结案12起，实际结案12起，到期结案率为100%，共追究事故责任人213人，其中，移送司法机关47人。

（十一）加强安全监管监察队伍建设

截至2014年12月31日，省、市、县三级安全生产监管机构编制2694名（行政编制991名），实有人员2561人；省、市、县三级安全生产执法队伍编制1544名（行政编制65名，其余为事业编制），实有人员1075人；乡镇安监站（办）人员编制6171名，实有5146人；乡镇安全生产执法队伍编制592名（均为事业编制），实有人员595人（以上数据均不含驻矿安监员）。

云南省安全生产工作综述

一、安全生产总体状况

2014年，云南省安全生产形势总体保持平稳，生产安全事故呈“三下降、两突出、一控制”的态势：全年各类生产安全事故总量和死亡人数同比下降、工矿商贸事故起数和死亡人数同比下降、煤矿事故起数和死亡人数同比下降；较大和重大生产安全事故上升并在全国排位突出；考核指标得到有效控制（低于国务院下达云南省的控制指标117人）。全年没有发生特别重大生产安全事故。

二、安全生产重点工作

（一）落实安全生产责任

2014年，云南省委、省政府出台了《云南省安全生产党政同责暂行规定》，建立健全了党委、政府主要负责人为本地区安全生产第一负责人，政府主要负责人担任安全生产委员会主任，常务副职分管安全生产工作，党委、政府领导班子其他成员按照“一岗双责”原则，负责分管领域安全生产工作的“党政同责、一岗双责、齐抓共管”安全生产责任体系。截至2014年12月31日，16个州（市）和滇中产业新区、129个县（市、区）、1371个乡（镇、街道办事处）全部出台了党政同责规定，所有州、市、县、区均由政府主要领导担任安全生产委员会主任、常务副职分管安全生产。省委1次常委会、省政府6次常务会专题研究安全生产工作，省委书记李纪恒、省长陈豪与14个安全生产重点县、8个州（市）党委政府主要领导进行安全生产集体谈话。省政府调整充实安全生产委员会，省长亲自任省安委会主任，常务副省长和其他3位副省长任安委会副主任。8位省政府领导分别带队、分片包干，对16个州（市）和滇中产业新区每月开展1次“稳增长、保安全”督查。各行业监管部门严格落实“三个必须”要求，16个厅局分别包干1个州（市），采取“四不两直”方式，以问题为导向，深入基层、深入企业，细化检查，签字背书，推动各级各部门和企业认真落实安全生产监管责任和企业安全生产主体责任。

（二）建立和完善安全生产大检查机制

探索建立了以企业自查并上网申报为基础，以部门专项检查、专家明查暗访、政府综合督查为手段，配以建立和完善监管对象目录化管理、企业自查情况月度申报、隐患和问题清单化管理、隐患整改责任化落实“四项保障机制”的“1+3+4”大检查机制。通过建立和完善安全生产大检查机制排查清理出4.27万户重点监管对象并全部上网录入基础信息库，全省共查出一般隐患23.84万项，整改率99.3%，重大隐患199项，全部由省、市、县三级政府挂牌督办，其中省政府挂牌督办51项。

（三）实施煤矿整顿关闭和转型升级

2014年，以曲靖市“4·7”“4·21”两起重大煤矿事故为推动，在全省开展煤矿整顿关闭和转型升级攻坚战。省委、省政府联合召开了煤矿整顿关闭和转型升级工作会议，印发了《关于促进煤炭产业转型升级实现科学发展安全发展的意见》，通过“整合重组一批、改造升级一批、整顿关闭一批”，明确了两年内关闭400对以上的矿井，到2015年底，煤矿矿井数量低于800对，全省煤矿百万吨死亡率力争控制在0.8以内的目标。2014年，全省共关闭285对矿井，超进度完成年度关闭任务。各级各部门大力推进煤矿机械化和安全质量标准化、自动化、信息化“四化”建设，以落实煤矿安全“双七条”为重点，以推进煤炭产业转型升级为目标，对停产整顿的煤矿实行专人盯守，对正常生产的煤矿实行限期检查、排除隐患、签字背书、落实责任的管控措施，进一步推进煤矿安全生产形势持续稳定好转。通过一系列措施，使得多年努力推动但未取得实质进展的煤矿整顿关闭工作实现了历史性突破，既促进了煤炭产业持续健康发展，又有效控制了事故发生。

（四）开展安全生产“六打六治”打非治违专项行动

2014年，云南省政府及时下发了《云南省人民政府办公厅关于集中开展“六打六治”打非治违专项行动的通知》，采取多项措施推进“六打六治”工作。副省长刘慧晏担任全省“六打六治”工作领导小组组长，多次听取工作情况汇报，进行安排部署，督促工作落实。“六打六治”期间，在《中国安全生产报》《云南日报》等媒体上刊载了409篇相关报道，向国务院安委会办公室报送了147条“六打六治”专项行动相关信息。按照“六打六治”工作要求，对逾期未办理安全生产许可证的企业进行公示，云南煤监局公布了203对安全生产许可证逾期矿井（坑）名单，省住房和城乡建设厅公布了372户安全生产许可证年检不合格的施工企业，云南省安监局公布了206户注销安全生产许可证的企业名单。2014年，各级各部门组织执法检查组9076次，抽查检查企事业单位和场所42231家，开展跨地区、跨部门联合执法1732次。省安委会办公室制定了《“六打六治”专项行动重大非法违法行为备案表》，严格要求州（市）及时上报关闭取缔、暂扣或吊销许可证、责令停产整顿、没收非法所得或罚款、追究刑事责任等5项重大非法违法行为的情况。全省共备案重大非法违法行为401件，其中实施关闭取缔137件、暂扣或吊销许可证19件、责令停产整顿228件，没收非法所得并按国家规定上限罚款17件。对全省矿山、油气输送管道、危险化学品等7大类行业领域进行明查暗访。“六打六治”期间，组织3787次的明查暗访，打击非法违法行为13112起，查出整治安全生产隐患问题20749条。省安委会办公室及时对“六打六治”问题进行了全面梳理，对存在的23类突出问题，向16个州（市）政府和16个分片包干部门下发了《督查督办通知》，并进行跟踪督办。通过“六打六治”打非治违专项行动有效地遏制了因非法违法生产导致的各类生产安全事故。

（五）开展重点行业领域安全生产专项整治

2014年，按照国务院安委会办公室的统一部署，全省深入开展了油气输送管道、劳动密集型企业消防安全、煤矿隐患排查治理等重点行业领域专项整治。油气输送管道：制定了《云南省油气输送管道隐患整治攻坚战实施方案》，对全省4257千米的油气输送管道进行了排查，梳理出了516处安全隐患，其中重大隐患24处、较大隐患31处、一般隐患461处，分阶段进行集中整治。煤矿：省安委会下发了《关于印发云南省集中开展煤矿隐患排查治理行动实施方案的通知》，在全省开展煤矿隐患排查治理行动，截至2014年底，全省复产煤矿75座，煤矿企业自查隐患314条，已整改304条，整改率96.82%，全省集中排查煤矿75座，共查出隐患983条，已整改949条，整改率96.54%。劳动密集型企业消防安全：省委办公厅、省政府办公厅下发了《关于狠抓工作落实进一步做好当前安全生产和人员密集场所安全管理工作的紧急通知》，省安全生产委员会下发了《劳动密集型企业消防安全专项整治方案》，成立了由分管副省长担任组长的领导小组，各级各部门均成立了领导小组，制定了方案，设计了7套表格，对消防安全隐患进行全面摸底调查，全省共排查劳动密集型企业1710户，发现并督促整改火灾隐患2569处。此外，还开展了非煤矿山、危险化学品、道路交通、在建铁路公路隧道、建筑施工、粉尘防爆、涉氨制冷、受限空间作业等重点行业和领域的专项检查和在役化工装置安全设计诊断、液体危险货物罐车加装紧急切断装置、职业病危害重点行业专项整治。对运输企业及车辆、农村机动车及驾驶人、道路安全隐患、严重交通违法行为等进行了专项治理。开展了古城、古镇、人员密集场所火灾隐患排查整治专项行动。

（六）加强安全生产宣传教育

2014年，全省安全生产宣传教育工作以学习贯彻新《安全生产法》为主线，开展了发布一条短信、滚动播出一条宣传信息、发出一封公开信、刊登一篇署名文章、开辟一个专栏、社会各界谈安全、设立新《安全生产法》专栏宣贯等“七个一”活动；印发了《关于组织学习致全国企业负责人公开信的通知》，将公开信印发到每一名企业主要负责人手中，全省共有27773户企业主要负责人对公开信的学习进行了“签字背书”；组织开展“安全生产纵深行”活动，采访报道红河州委、州政府“党政同责、一岗双责、齐抓共管”安全生产责任体系建设的经验和做法；开展“安全隐患曝光行”活动，结合安全生产大检查和专家暗访工作，在安全生产月期间组织云南电视台、《云南日报》等新闻媒体深入安全生产重点地区进行暗查暗访，对典型案例进行曝光，推动矿山整顿关闭、隐患排查治理和“打非治违”工作落实。以提高全民安全意识和从业人员安全技能为重点，在全省范围内广泛开展了各类人员的安全培训工作，全省共培训生产经营单位主要负责人19652人次、安全管理人员38270人次、特种作业人员54971人次。

（七）落实生产安全事故调查处理

2014年，全省共查处4起重大生产安全事故，移送司法机关32人、党纪政纪处分64人、行政处罚7人、罚款3368.45万元，按期结案率100%。查处工矿商贸领域一般生产安全事故198起、较大生产安全事故11起，给予党纪政纪处分53人、移送司法机关24人。

西藏自治区安全生产工作综述

一、安全生产总体情况

全区共发生各类事故500起，死亡262人，与上年同期847起、死亡315人相比，减少347起53人，分别下降41%和17%。其中，生产经营性事故135起、死亡136人，与上年同期239起、死亡138人相比，减少104起2人，分别下降44%和1%。较大事故15起、死亡59人（较大道路交通事故13起、死亡53人，较大火灾事故1起、死亡3人，较大建筑事故1起、死亡3人），与上年同期18起、死亡65人相比，减少3起6人，分别下降17%和9%；重大道路交通事故1起、死亡16人，特大道路交通事故1起、死亡44人。

（一）道路交通方面

全区共发生道路交通事故388起，死亡247人，与上年同期717起、死亡290人相比，减少329起、43人，分别下降46%和15%。其中，发生生产经营性道路交通事故101起，死亡125人。

（二）火灾方面

全区共发生火灾事故105起、死亡4人，与上年同期114起、死亡4人相比，起数减少9起、下降8%，死亡人数持平。其中，发生生产经营性火灾事故27起，无人员死亡，与上年同期26起、无人员死亡相比，起数增加1起、上升4%，死亡人数持平。

（三）工矿商贸领域方面

全区共发生工矿商贸事故7起，死亡11人（矿山3起、死亡3人，建筑3起、死亡6人，工矿商贸其他1起、死亡2人），与上年同期16起、死亡21人相比，减少9起10人，分别下降56%和48%。

（四）铁路交通、水上交通和农业机械方面

全区铁路交通、水上交通和农业机械等行业（领域）未发生亡人事故。

二、安全生产重点工作

2014年以来，自治区安监局以深入学习贯彻落实习近平总书记、李克强总理等中央领导同志关于加强安全生产工作的一系列重要批示指示要求和讲话精神及十八届三中、四中全会、全区经济工作会议、全区维护社会稳定工作会议等精神为主线，以维护社会公共安全和人民群众生命财产安全为核心，以严防重特大公共安全事故为重点，以强化“两个意识”，落实“两个要求”，加快推进“十项建设”，提高“十个能力”为抓手，以真抓实干、转变作风为保证，抓预防、打基础、降总量、上水平，有力地推动了各项工作的顺利开展。

（一）强化安全生产“红线”意识，牢固树立科学发展、安全发展理念

2014年以来，自治区持续以强化落实各级党委政府及行业主管部门安全生产“党政同责、一岗双责、齐抓共管”和管行业必须管安全、管业务必须管安全、管生产经营必须管安全为抓手，全面推动建立区、地、县、乡镇四级安全生产责任体系，着力做到“五个全覆盖”。一是健全完善责任体系。为进一步建立健全完善全区安全生产责任体系，由区安委会办公室（区安全监管局）牵头，在充分调研论证的基础上起草制定了《西藏自治区安全生产党政同责暂行办法》(简称《暂行办法》)，已由藏党办发〔2014〕49号文件正式印发执行。该《暂行办法》的出台，明确了各级党委总揽安全生产全局的职责和各级政府属地监管责任，明确了各级党政一把手安全生产第一责任人责任、各行业主管部门安全生产直接监管责任、各企业安全生产主体责任，是做好自治区安全生产工作的重要指导性文件。二是及时安排部署，强化责任落实。2014年先后召开了6次全区安全生产工作电视电话会议、4次自治区安委会全体会议和1次全区安监局长座谈会等会议，及时认真传达贯彻落实党中央、国务院和自治区党委政府关于加强安全生产工作的一系列决策部署及重要会议精神，明确职责分工，切实抓好组织实施，强化责任落实。三是着力强化安全生产目标责任考核。根据国务院安委会下达给西藏自治区2014年安全生产各项工作目标任务，自治区政府办公厅印发了2014年全区安全生产重点工作任务分工，自治区政府与7地（市）和20家区中（直）单位签订了2014年度安全生产目标责任书，进一步明确落实了各重点行业主管部门和各地（市）责任。自治区安委会办公室正组织5个考核组即将分赴各目标考核单位进行严格考评，确保各项目标任务和责任落实到位。四是加强动态监控。在坚持安全生产情况通报制度、事故查处督办制度、重大隐患挂牌督办制度的同时，不断完善“月通报、年考核”制度，每月把各地（市）安全生产形势和控制指标执行情况及时通报给地（市)、县（市、区）两级党委、政府的主要领导、分管领导和自治区安委会成员单位，对安全生产形势严峻的地（市）和行业主管部门及时发出预警通知，强化日常监控跟踪，督促责任落实。五是推行安全生产点评制度，每季度对各地各部门安全生产形势进行排名，在全区安全生产电视电话会议上进行通报点评，并将通报和整改落实情况作为年度考核的重要内容。六是严肃事故责任追究。严格按照“四不放过”和依法依规定、注重实效的原则，及时牵头组织有关部门，先后对1起重大事故进行调查处理，对13起较大事故下发督办通知，完成了4起较大事故的批复结案工作，对“8·9”和“8·18”重特大交通事故相关责任人进行责任追究，对迟报事故的地（市）进行全区通报，责令查清原因，严格责任追究。办结非法违法生产经营建设行为举报（信访）案件6起，进一步规范了全区安全生产秩序。

（二）认真抓好“六打六治”打非治违和安全生产大检查、大排查、大整治行动

一是制定下发了《西藏自治区安全生产委员会关于印发“六打六治”打非治违专项行动工作方案》，从8月底至12月初，分4个阶段，以道路交通、旅游、建筑施工、非煤矿山、油气和消防、烟花爆竹和民爆物品等高危行业（领域）为重点，继续深入开展“六打六治”打非治违专项行动。全区5424家企业开展了自查自纠，发现各类隐患和问题14568个，现场纠正非法违法违规行为26543处，对各类违法违规违章行为继续保持了高压严打态势，全区安全生产秩序得到进一步规范。二是按照“全覆盖、零容忍、严执法、重实效”的总体要求，制定印发了《全区安全生产大检查、

大排查、大整治行动专项督导检查工作方案》，明确了督导检查的目标要求、方法步骤、重点任务和保障措施，决定从8月15日至12月31日，分3个阶段，在全区所有地（市）和行业领域、所有生产经营单位，开展安全生产大检查、大排查、大整治行动专项督导检查活动。同时，迅速成立了由40多家单位、52名人员组成的7个督导检查组，实行组长负责制，全程跟踪指导检查和督促指导各地（市）安全生产大检查、大排查、大整治行动，一督到底，直至大检查、大排查、大整治行动结束。共检查发现各类隐患800余处，现场整改435处，下发整改指令书281份。

（三）切实强化重点行业领域安全专项整治

一是深入开展道路交通安全专项整治。按照交通运输部、公安部、安全监管总局有关部署，结合“平安交通”创建活动，印发了《自治区安委会办公室关于进一步加强道路交通安全工作的紧急通知》(藏安委办〔2014〕20号)，对切实强化道路交通安全监管和专项整治提出了具体要求，继续深化“道路客运安全年”活动，不定期抽查各地（市）贯彻落实情况，确保了行动落到实处，见到实效。积极协调督促公安交警、交通运管部门以继续深入开展道路交通“双下降”为目标，以全区安全生产大检查为依托，以客运企业为重点，深入开展了道路交通秩序百日大整治和“3月敏感期道路交通安全专项整治行动。2014年1—10月，协调督促和配合公安、交通、旅游等相关部门先后组织执法力量对7地（市）道路交通安全监管工作开展了9次明查暗访和督查活动，期间共排查治理各类交通安全隐患3651处，其中排除隐患车辆3895辆，整治危险路段500处，完善、修建各类提示牌562处，治理其他安全隐患2607处。二是积极推进非煤矿山安全专项整治。积极开展非煤矿山复产检查验收，4月组织召开了全区非煤矿山安全生产专题会议，点评2013年工作和安排部署2014年全区非煤矿山安全监管重点工作，讲解非煤矿山企业安全管理知识，及时动员组织地、县二级安全监管局对辖区内所有开采的非煤矿山、在建矿山、勘探点进行了全面的检查验收，自治区安监局组织3个检查验收组分赴7地（市）重点矿山企业进行抽查，及时消除安全隐患，确保矿山企业安全复工。强化源头监管许可，严格审查非煤矿山企业安全生产初步设计及安全专篇12家，实行安全预评价备案14家，延期办理金属矿山企业安全生产许可证7家，变更安全生产许可证5家，新办采掘施工企业安全生产许可证1家。严格验收，抓好指导服务，对重点矿山建设和存在重大隐患的烨鑫矿业尾矿库、博盛矿业尾矿库项目聘请国家安全监管总局安全生产专家现场审查指导及验收。积极推进监测监控体系建设，自治区一级、7地（市）二级、4家矿业企业三级监测监控平台已建成并接入运营，2座三等以上尾矿库已全部安装使用在线监测监控系统，实现了安全隐患的动态监控和实时上报，初步构建起自治区、地（市）及重点高危企业动态隐患排查治理监控体系。做好汛期安全生产监督管理，建立和完善了电话查勤制度，定时不定时的对尾矿库汛期值班、管理、安全生产情况进行了抽查，先后抽查7个地（市）及中凯矿业、宝翔矿业、华钰矿业、博盛矿业、金和矿业等企业29家（次），督促指导企业落实责任、完善预案、加强值班值守。切实加强非煤矿山外包工程安全监管，对9家未按规定进行备案和签订国家安全监管总局统一合同协议的企业下达了限期整改指令。三是着力抓好危险化学品安全专项整治。积极组织开展全区油气管道安全专项整治工作，全区共排查油库10家、油气管道250公里，发现安全隐患50个，已整治45个；深入开展运输危险化学品槽罐（油罐）车辆监督管理安全专项整治，全面排查存在的安全隐患，严厉打击违法违规行为；继续深入开展涉氨企业安全专项整治，对拉萨市润通商贸和拉萨啤酒两家企业存在重大安全隐患进行调查核实，向拉萨市政府下达了《自治区安委会关于拉萨市相关涉氨制冷企业压力容器和压力管道重大安全隐患限期整改督办的通知》(藏安委〔2014〕16号)；深入开展烟花爆竹领域安全专项整治，强化烟花爆竹行业“打非治违”工作力度，对逾期不换证，非法经营的拉萨市8家烟花爆竹企业给予停产停业整顿。制定印发了《危险化学品登记管理实施细则》，完成了全区4家危险化学品生产企业的登记上报工作。同时，积极配合自治区相关部门深入开展了建筑施工、消防、特种设施、旅游市场、环保、民爆物品等专项整治，及时消除和整治了一批安全隐患。

（四）深入推进安全生产标准化建设

深入开展企业安全生产标准化达标创建活动，积极推动实施安全生产“以奖代补”政策，加快推进工矿商贸企业安全标准化和地下矿山安全避险“六大系统”建设。2014年以来，共完成矿山企业安全标准化建设6家，危险化学品企业8家，制定了《西藏自治区矿山、危险化学品、烟花爆竹、工贸行业安全标准化和地下矿山安全避险“六大系统”建设以奖代补政策实施方案》，即将正式印发。

（五）切实强化宣传教育培训等基础性工作

顺利举办了全国第13个安全生产月系列活动，开展了“安全生产月”和“安全生产万里行”启动仪式、“咨询日”一条街活动，全区共悬挂宣传横幅、标语9500余条（幅），设置咨询台310多个，摆放宣传展板、挂图4200块，发放各类安全生产宣传资料、宣传品5万多套，参加单位1000多家，受教育群众3万多人次。组织举办了工矿商贸企业负责人、安全管理人员、特种作业人员的专业技术培训和企事业单位主要负责人、管理人员的职业健康专题培训，培训人员达1181人。联合区党委组织部在国家安全监管总局华北科技学院举办了7地（市）安监局局长和30个重点县分管安全生产领导专题业务培训班，培训分管县长30人，地（市）安全监管局局长7人；在四川省矿山安全技术中心举办了基层安监局局长培训班，培训了37人；举办了1期执法资格培训班，培训128人，进一步提升了其领导和管理水平。加快推进职业健康基础性工作，对区直行业主管部门所属大中型企业以及对拉萨市7县1区安监系统及重点企业等积极开展职业病防治宣传教育及指导工作，发放宣传资料约2万份；组织开展全区企事业单位企业负责人、管理人员职业卫生专题业务培训，已完成了3期培训工作，培训人员达600多人；组织有关单位参加《职业病防治法》知识竞赛活动，有力地推动了自治区职业卫生工作宣教工作的深入开展；完成全区560多家企业网上申报工作，委托西藏职业安全健康技术研究院有限公司对拉萨市7县1区的非煤矿山（采选）、建材、水泥、炸药、木材加工、石材加工、家具制造、制药等130多家企业作业场所进行职业危害检测，指导县级安全监管局下发整改通知书350多份；深入开展“职业卫生执法监督年”活动，制定的《西藏自治区作业场所职业卫生监督管理工作联席会议制度》。积极推进安全生产应急管理工作，对部分地（市）安全生产应急管理机构设置及工作开展情况进行调研，提出全区安全生产应急救援体系建设的意见建议，拟定了《关于加强安全生产应急管理工作的意见》，启动了全区安全生产应急救援通信项目建设，组织开展了全区汛期安全生产应急预案演练。管理运营好“12350”举报投诉特服电话，充分发挥其监督举报咨询作用，制定出台了“12350”特服电话管理办法，起草了《西藏自治区安全生产举报奖励办法（暂行）》。

（六）加快推进安全生产基层基础建设

编制申报全区安全监管部门执法交通工具和安全生产应急救援指挥中心可行性研究报告，争取全国安全监管监察部门监管能力建设“十二五”规划所涉及西藏安全监管部门的建设项目资金2015年全部批复下拨实施。完成了40个重点防控县安全监管部门执法车辆采购配备任务，剩余34个县安全执法车辆配备申报采购工作正在进行中。制定了全区安全监管部门监管执法专业装备配备方案，采购申报工作正在实施中。积极协调解决地（市）安全监管局办公场所问题，在与区发改委协商的基础上，上报了关于建设地（市）安全生产应急救援指挥中心项目的请示，争取尽早开工建设。加快提升和改善区安全监管局办公生活条件，自治区安监局综合业务用房主体工程已基本完工，相关附属设施及干部职工周转房正按程序报批。

（七）切实强化机关及安全监管队伍建设

一是切实强化政治理论和业务知识学习培训。以学习贯彻党的十八大三中、四中全会及区党委政府重要会议、重点文件和安全监管业务知识为重点，以自治区安监局党组中心理论学习组专题学习会、各党支部小会、全体干部职工大会、考察学习、党校培训、执法资格培训、干部专项培训为抓手，共组织传达学习相关会议、重点文件精神30余次，进一步提升了全局干部职工政治理论和业务素质。二是严格干部选拔任用。严格按照新的《干部选拔任用工作条例》开展干部选拔任用工作，积极深化干部人事改革，推行竞争上岗，在以德为先的条件下，确保能干事、干成事的并得到群众认可的优秀干部走向领导岗位。三是持续深入开展群众路线教育实践活动和强基惠民活动。为确保教育实践活动整改落实、建章立制、巩固成果落实到位，自治区安监局党组召开专题会议进行研究部署，将任务分解落实到相关处（室）、个人，制定、修改、完善相关规章制度20余份，出台了《关于加强安全监管监察系统教育实践活动的指导意见》，切实推动解决安全监管部门“四风”方面突出的问题，在强化安全监管的同时，切实提升指导服务职能。局党组多次开会研究解决强基惠民相关事宜，积极选拔优秀干部到驻村工作队进行锻炼培养，在自身经费紧张的情况下协调帮助2个驻村工作队筹集资金154万元，为当地群众解难事、办好事，自治区安监局领导班子成员也多次深入到驻村工作点进行检查指导和调研，及时解决驻村工作队员遇到的困难和问题。健全完善党员干部直接联系服务群众制度，出台了《关于严格落实完善党员干部直接联系群众制度的规定》，确保党员干部真正解民情、了民意，为群众办好事、办实事。四是强化机关作风建设。持续深入开展党风廉政建设，严格落实局领导班子成员“一岗双责”，重点管控县处级领导干部，紧盯行政审批许可、监管执法、事故调查处理、基建、设备采购等重点环节，简政放权，严格落实中央“八项规定”和自治区党委“约法十章”“九项要求”，确保在安全监管严格到位的情况下，为监管对象指导好、服务好，确保权力在阳光下运行。狠抓机关党的建设，制定下发年度党建工作计划，严格“三会一课”制度，通过了党建考核验收工作。

陕西省安全生产工作综述

一、安全生产总体情况

2014年，陕西省安全生产工作在省委、省政府的正确领导下，认真学习贯彻习近平总书记重要讲话精神，不断强化红线意识，大力推进“三化”建设，深入开展“四严双查”和“六打六治”专项行动，切实加强党风廉政建设和党建工作，强化目标责任，狠抓工作落实，圆满完成了全年的各项目标任务。2014年陕西省共发生各类安全事故8965起，同比减少893起，下降9.06%；死亡1879人，同比减少140人，下降6.93%。其中：生产经营性事故5454起，同比减少290起，下降5.05%；死亡866人，同比增加33人，上升3.96%。发生一次死亡3～9人的较大事故20起（道路交通事故7起，煤矿事故3起，金属与非金属行业事故1起，建筑施工行业事故4起，工商贸其他事故5起），同比减少8起，下降28.57%；死亡65人，同比减少57人，下降46.72%。发生一次死亡10～29人的重大事故1起（煤矿），同比持平，死亡13人，同比增加3人，上升30%。未发生一次死亡30人以上的特别重大事故。重点行业领域事故大幅下降，危险化学品、道路交通、建筑施工领域事故死亡人数分别下降50%、9.72%、11.11%，烟花爆竹、水上交通实现了零事故。

二、安全生产重点工作

（一）全面落实“党政同责、一岗双责、齐抓共管”

狠抓省委、省政府办公厅《关于进一步加强安全生产工作的意见》的落实，全力推动“五个全覆盖”。省、市、县三级“党政同责、一岗双责”实现全覆盖；“管行业必须管安全、管业务必须管安全、管生产经营必须管安全”得到有效落实；安全生产在目标责任考核中的权重进一步加大；省安委会办公室每季度对全省安全生产形势进行排名通报，并向省纪委、省委组织部和省考核办报送安全生产指标完成情况；绝大多数市县主要领导任安委会主任。

（二）大力推进安全生产“三化”建设

围绕贯彻落实省政府《关于深入推进安全生产“三化”建设的意见》和《关于加强企业安全生产过程控制推进精细化管理的意见》，周密部署，加强督办，组织召开了全省“三化”建设现场推进会。省、市、县、乡、村（社区）五级监管网格基本建成，全省建立企业基础台账13.5万余家、隐患治理台账4.4万余项；4285家企业实现精细化管理，149个县级以上行业管理部门积极探索专业化管理经验。2014年10月，国家安全监管总局在榆林召开了全国企业安全文化建设现场会，推广陕西省红柳林煤矿精细化管理的经验。

（三）深入开展重点行业重点区域专项整治

扎实开展煤矿、非煤矿山、尾矿库、危险化学品、烟花爆竹、油气管网、粉尘作业场所等行业领域专项整治，突出抓好6个煤矿重点县、6个非煤矿山重点县、13个危化重点县（开发区）、2个烟花爆竹重点县安全监管工作。全省共关闭小煤矿36处，煤矿百万吨死亡率控制在0.09，国家安全监管总局总结了陕西省黄陵一号矿综采工作面无人开采的经验，认为这是煤矿生产由机械化到智能化开采的一次革命；关闭非煤矿山281座，3年已累计关闭880座；落实尾矿库治理资金7000余万元，已基本完成18座危库主体治理工程；加大小化工企业监管力度，关闭不符合安全生产条件的小型危化企业31家；对全省10个化工园区（集中区）、榆林市46家重点危化企业进行了安全评估和专家会诊，对200多处油气管网安全隐患进行了整治，绘制了《全省油气管网走向分布图》；关闭不符合安全生产条件的烟花爆竹生产企业132家，查处非法制售烟花爆竹案件46起；排查涉及粉尘作业企业613家，对94项安全隐患进行了严格整治。

（四）扎实开展“四严双查”和“六打六治”专项行动

按照陕西省委常委会要求，制定下发了《关于贯彻落实省委常委会加强安全生产工作部署的实施意见》，对严格执行制度、严格排查隐患、严格整改隐患、严格进行验收，严肃查究企业负责人的事故责任和有关领导的领导责任的“四严双查”提出了明确要求。并以此为着力点，组织开展全省性检查6次、集中性暗查暗访9次；邀请200多名行业领域专家参与，开展了“隐患排查治理专家在行动”，全省累计排查各类隐患10万项，已整改9.8万项。在“六打六治”打非治违专项行动中，坚持把“四严双查”贯穿始终，组织联合执法1096次、暗查暗访2127次，检查企业2.6万余家，关闭非法违法企业79家，暂扣或吊销有关许可证80家。严厉查处事故，已批复结案6起较大以上事故，移送司法机关5人，党纪政纪处分47人，在规定时限内事故结案率达到了100%；编制了《陕西省生产安全事故灾难应急预案》，全省组织开展各类应急演练600多场次。国家安全监管总局在铜川举办了全国矿山救援技术竞赛。

（五）不断深化安全生产领域改革创新

积极推进简政放权，取消审批事项5项，下放、委托审批事项4项，精简审批程序4项。制定了《安全生产暗查暗访工作制度》，以问题为导向，盯住重点、难点和热点问题，采取“四不两直”的检查方式（不发通知，不打招呼，不听汇报，不用陪同和接待，直奔基层，直插现场），加大暗查暗访工作的力度和频次，对查出的问题和隐患，及时下发整改指令，跟踪督办，并对典型案例在主流媒体上予以曝光。围绕安全生产诚信建设，制定出台了《陕西省安全生产监管“黑名单”制度》。积极推进安全监管社会化服务，拟定了《注册安全工程师事务所管理办法》，促进社会发展注册安全工程师事务所，引入第三方监管。

（六）切实加强宣传教育和培训

先后投入资金170余万元，采取多种措施和方法，广泛深入开展了以“强化红线意识、促进安全发展”为主题的各项安全宣传活动，集中开展了新《安全生产法》宣传教育和培训，大力推进创建安全社区、安全城市和安全企业，营造了良好氛围，增强了全社会安全意识。不断改进培训方法和手段，省、市两级建立了安全资格考试中心，全面提升了培训质量。共举办各类安全生产培训班650期，培训生产经营单位主要负责人和安全生产管理人员31928人、特种作业人员48921人、农民工40545人、企业班组长39886人。举办市县安全监管人员执法培训3期，共培训383人。首次举办了2期乡镇（街道办）安监站长培训，共培训安监站长289人。

（七）不断加强党风廉政建设

严格落实党风廉政建设“一岗双责”，制定下发了《2014年党风廉政建设和反腐败工作任务分工表》，将全年反腐倡廉工作任务细化为7大类31项，层层签订党风廉政责任书，全年召开党风廉政建设汇报会3次。严格落实“两个责任”，制定出台了《关于落实党风廉政建设主体责任和监督责任的实施意见》，进一步强化党组主体责任和纪检组监督责任，对纪检组长分工进行了调整。强化作风建设，严格落实陕西省安监局《十条纪律》和《“六个零”规定》，坚持“每季一课”制度，开展了警示教育周活动。强化案件查办，陕西省安监局监察室共受理群众来信来访、上级转办信件12件，并进行了认真查处，已全部结案。对直属单位财务管理问题进行调查核实，1名科级干部给予警告处分，1名正处级干部诫勉谈话。对19家安全生产中介评价机构开展了专项整顿，取消了1家评价机构的部分业务，向2家机构下达了整改指令书。强化执纪监督，严格落实“八项规定”，持续反对“四风”，局机关文件、会议、公务接待费和因公出国（境）费用支出分别下降3.4%、16.7%、74%和50%。

（八）认真抓好党建工作

坚持把党的建设作为灵魂和核心，持之以恒，常抓不懈。一是切实加强领导班子建设。陕西省安监局党组坚持以党的十八大、十八届三中、四中全会和习近平总书记系列重要讲话精神为统领，紧紧围绕中心任务，加强工作指导，贯彻民主集中制原则，坚持党组中心组学习制度，先后组织集体学习10次；举办了两期处级干部学习贯彻习近平总书记系列讲话精神集中轮训班；开设“安监大讲堂”，先后举办14期，参加1120人次。二是严格执行《党政领导干部选拔任用工作条例》（简称《条例》），把“信念坚定、为民服务、勤政务实、敢于担当、清正廉洁”作为选拔的标准，2014年提拔交流处级干部15名，所提干部在程序和任职资格上都符合《条例》的刚性规定，同时根据工作岗位特点，也提一些供推荐参考的条件，做到既尊重民意，又体现党管干部的原则。三是在全省安监系统开展了“抓整改、建机制、促工作”暨“强本领、顾大局、敢担当、守纪律”主题实践活动，局机关严格执行政务公开制和服务承诺制，主要做法在《陕西日报》刊登。四是推进党的群众路线教育实践活动整改工作落实，制定了《教育实践活动整改方案落实分工表》，将27项整改任务细化到每位局领导和责任处室，确保整改落实。按照省委群众路线教育实践活动领导小组要求，陕西省安监局党组先后两次召开专题会议，对教育实践活动整改落实情况进行“回头看”，在多方征求意见的基础上，进一步明确整改思路和举措，按时上报了整改落实情况等报告。截至目前，27项整改任务已基本整改到位。五是严格落实党建责任。贯彻《机关基层组织工作条例》，陕西省安监局机关党委与12个党支部签订了《陕西省安监局党建工作目标责任书》。注重转变作风，深入开展“走、察、转”调研活动，陕西省安监局领导带队分别对煤矿、非煤矿山、危险化学品、烟花爆竹等300余家企业进行检查调研，与企业负责人开展了面对面谈心活动。六是认真开展“对标定位、晋级争星”和评议党员活动，积极参加省直机关第七届职工运动会和第二届业务技能竞赛，获得“优秀组织奖”，局里两名干部分别获得“档案管理竞赛优秀选手”和“窗口服务技能竞赛优秀选手”。通过“抓、建、促”主题活动，机关党员干部作风进一步转变，服务基层、服务企业的意识明显提升，纪律观念明显加强，精神面貌明显改观，树立了安监干部的良好形象，促进了机关制度健全，依法行政，团结和谐。

甘肃省安全生产工作综述

2014年，甘肃省安全生产工作坚持以党的十八大、十八届三中全会精神和习近平总书记的指示批示为指导，认真落实“安全第一、预防为主、综合治理”的安全生产方针，着力构建安全生产“党政同责、一岗双责、齐抓共管”的责任体系，落实安全责任、创新监管方式，按照“全覆盖、零容忍、严执法、重实效”的要求，以打非治违、隐患排查治理、安全生产大检查三项行动为抓手，积极转变作风，狠抓责任落实，安全生产形势持续稳定好转。

一、安全生产总体情况

2014年，全年共发生各类生产安全事故5058起，同比基本持平；死亡1542人，同比下降2.3%；受伤3599人，同比上升6%；直接经济损失8397.3万元，同比下降27%。全省生产安全事故总死亡人数和较大事故起数实现“双下降”，主要控制指标低于国家下达的指标，形势总体稳定。

二、安全生产重点工作

（一）健全责任体系

围绕贯彻落实省委、省政府《关于进一步加强安全生产工作的意见》，省委办公厅、省政府办公厅出台《甘肃省安全生产“党政同责、一岗双责”制度实施细则》《甘肃省党政领导班子和领导干部安全生产目标责任考核办法》，增补了省安委会成员单位，明确了48个成员单位的工作职责，进一步细化了各级党委、政府、部门和企业的安全生产职责范围、责任形式、考核内容、保障措施，走在了全国前列，受到国务院安委会充分肯定。全省14个市州、大多数县区制定了实施细则和工作制度，将安全责任落实到部门、落实到基层、落实到企业。安全生产综合监管、行业监管、属地监管的责任进一步加强，“管行业必须管安全、管业务必须管安全、管生产经营必须管安全”的工作机制基本形成。各级政府将安全生产考核纳入经济社会总体考核之中，把责任落实情况作为政绩考核的重要指标，加大考核权重，安全目标管理和责任考核制度进一步完善。

（二）治本攻坚取得成效

各级各部门各单位按照“全覆盖、零容忍、严执法、重实效”的要求，加大检查督查力度，深化事故隐患排查治理，大力开展打非治违专项行动。采取企业自查自改、部门督促落实、政府挂牌督办的方式，整改消除了一大批事故隐患。省委书记王三运、省长刘伟平与平川区党政干部谈话谈心，刘伟平省长还亲自致信15个煤矿安全重点县区党政一把手，推动煤矿安全治本攻坚，全省76处3万吨及以下煤矿全部关闭退出。道路交通、工矿、建筑施工、油气管道、特种设备、消防、农机、水利、电力、旅游、铁路、民航等行业领域扎实开展隐患排查治理行动，整改隐患9.64万个，整改率为94%。同时，全省组织开展了为期5个月的“六打六治”专项行动，采用联合执法、巡回执法、跨地区跨部门执法等方式，累计组织各级各类执法检查组1468个，检查企事业单位和场所10686处，关闭非煤矿山54户，完成无主尾矿库隐患综合治理41座，关闭其他非法违法和不具备安全生产条件的生产经营单位106户，注销安全生产许可证13户，责令停产整顿74户，有力地打击和震慑了非法违法行为，规范了安全生产秩序。

（三）改善安全基础建设

各地各部门各有关单位坚持预防为主、标本兼治、重在治本的原则，加大安全投入，推进标准化建设。煤矿行业持续推进安全质量标准化和井下“六大系统”建设，严把停产停工、复产复工验收，严格落实领导带班下井和全员培训制度。非煤矿山坚持危险性较大设备设施检测检验制度，积极推广应用超前钻探、中深孔爆破、机械铲装等技术，改造设备、优化工艺，提升矿山安全水平。危险化学品行业和领域持续加强“两重点一重大”监管，不断推进化工企业出城入园，提升企业本质安全水平。烟花爆竹行业严格流向监管，加大仓储设施改造。冶金等工贸行业积极开展涉氨制冷、粉尘防爆和有限空间作业场所专项治理，大力推进安全生产标准化建设，截至2014年底，共有1590家企业达标。职业健康监管工作稳步推进，660家企业完成了职业病危害防治评估，全省初步建成了重点用人单位职业卫生档案。交通运输、建筑施工、特种设备、消防、水利、教育、旅游、电力等18个重点行业，按照《全省重点行业（领域）公共安全保障工程实施方案》，加大投入，精心组织，全面实施，取得了一定成效。

（四）提升能力建设

各市州认真落实省委、省政府《意见》精神，保障安全生产专项经费，加大对安全监管能力建设的支持力度。安监部门落实中央资金3140多万元，为14个市州、86个县市区配备各类执法装备2085台套。省财政列出专项资金，为省、市、县三级安监部门配备执法用车65辆。14个市州应急指挥平台和15个省级应急救援基地建设稳步推进。86个县市区全部成立了安监执法机构，天水、庆阳、定西等市所有乡镇设立了安监站，配备了专（兼）职工作人员。安全生产资格考试网络管理系统建设顺利实施，省级中心通过验收，市州分中心及企业考点建设全面启动。临夏、酒泉率先建成应急救援指挥系统。结合开展党的群众路线教育实践活动，全省安监系统切实加强宗旨意识、责任意识、大局意识、服务意识教育，监管人员的政治素养、业务素质和廉政意识明显改进，监管能力、执法水平进一步提高。

（五）持续加强宣传教育

全省上下围绕“强化‘红线’意识、促进安全发展”主题，广泛开展了“安全生产月”活动。在安全生产宣传咨询日当天，省长刘伟平在《甘肃日报》发表署名文章，副省长黄强亲临现场进行指导，各市州、各有关部门及重点企业设立咨询点，进行宣传咨询。省委宣传部、省安监局组织省内主流媒体、新闻单位开展“安全陇原行”系列宣传报道活动。采取新闻发布会、安全警示教育、“阳光在线”等方式，引导社会舆论、营造安全氛围。省安监局创刊《生产与安全》杂志、白银市创办《白银安全生产》月报，免费向社会发放；甘南藏族自治州在州电视台开设安全宣传专栏；临夏回族自治州开展安全生产进宗教、进寺院活动，利用宗教场所进行宣传教育。安全培训工作进一步加强。围绕宣贯新《安全生产法》，省安委会办公室邀请国家安全监管总局有关领导进行电视电话专题讲座，省、市、县三级政府及安委会成员单位负责同志、全体安监干部和重点企业主要负责人共3000余人参加学习；省安监局在省委党校举办两期县处级安监干部培训班，对全局处以上干部进行了轮训；兰州、白银邀请专业人员对600多名安监执法人员进行了执法业务培训；其他市、州也开展了各类业务培训，全省安全生产领导能力、监管能力、执法水平得到提高。全年培训企业主要负责人、安全管理人员、特种作业人员85600人次，企业的安全管理水平得到提升。

青海省安全生产工作综述

2014年，在省委、省政府的正确领导和国家安全监管总局的有力指导下，全省各地区、各部门认真贯彻落实党中央、国务院及省委、省政府关于安全生产的重要部署，进一步强化“红线”意识，全面落实各项责任，不断加强综合监管，履职尽责，敢于担当，安全生产工作取得新进展。

一、安全生产总体情况

2014年，青海省安全生产呈现“两个继续下降、两个连续保持、一个提前完成”的特点。一是事故总量继续下降。各类事故起数、死亡人数同比分别下降12.13%、14.56%，降幅比全国平均水平高8.63个百分点和9.66个百分点。二是四项相对指标继续下降。亿元GDP死亡率、工矿商贸十万从业人员死亡率、煤矿百万吨死亡率和道路交通万车死亡率四项相对指标同比分别下降11.7%、7.7%、10%和9.5%。三是安全生产指标连续11年控制在国务院安委会下达的指标范围之内。2014年，全省各类事故死亡人数低于控制指标16个百分点，较大事故起数低于控制指标10个百分点。在全国排名第5位。四是连续4年未发生重大及以上事故。（2014年全国32个统计单位中，共有10个省市区（包括青海）未发生重大及以上事故），受到了国务院安委会的重点表扬。五是提前一年完成了全省安全生产“十二五”规划的目标任务。

二、安全生产重点工作

（一）认真学习贯彻省委、省政府重大决策部署，进一步落实安全生产责任

2014年，省委、省政府高度重视安全生产工作，省委常委会和省政府常务会多次听取安全生产工作汇报，研究出台《关于进一步加强安全生产工作的意见》和《各级政府及有关部门安全生产工作职责规定》，省政府各位副省长多次召开专题会议，深入基层和企业督导检查，“党政同责、一岗双责、齐抓共管”“三个必须”和“三级五个全覆盖”的要求得到较好落实。各市州、县（市、区、工行委）召开常委会议、常务会和专题会议，听取安全生产工作情况汇报，研究解决重大问题，形成了全省上下齐抓共管的良好局面。

（二）充分发挥“牵头抓总”作用，切实加强综合监管

省安委会办公室通过召开全省安全生产工作会议、电视电话会议、专题会议、联络员会议和指标通报分析、督查检查、目标责任考核等方式，及时安排部署和督促落实全省安全生产重点工作。调整补充省安委会成员单位。突出道路交通、铁路交通、工矿商贸、建筑施工、油气管线、消防等重点领域，协调督促有关部门组织开展了一系列整治活动和“六打六治”打非治违专项行动，有效防范了重特大生产安全事故的发生。共组织执法检查组1953个（次），参加执法检查人员17863人（次），打击六类非法违法行为21249起。省级专项行动领导机构对重大非法违法行为跟踪督促和备案231件。全省排查治理隐患企业23394家，排查一般隐患62816项，整改60496项，整改率为96.3%，隐患排查覆盖率为98.4%，在全国排名第4位。

（三）突出工矿商贸领域，严格监管执法

认真履行工矿商贸领域安全监管职责，研究制定执法工作计划和专项工作方案，落实责任，严格执法。2014年全省工矿商贸安全生产实现“四下降”，共发生伤亡事故57起，死亡71人，同比分别下降5%、6.58%；发生较大事故3起，死亡9人，同比分别下降25%、40%。重点开展了以下6项专项整治。一是组织开展油气输送管道专项整治。对全省39条油气输送管线和城镇燃气安全生产情况进行专项检查，建立完善油气输送管线安全监管信息数据资料，绘制了4426千米油气输送管线走向分布示意图，建立了“涩宁兰管道占压物清理责任档案”。排查占压和安全距离不足等隐患36处，已整改30处。召开全省油气输送管道专项整治工作会议，省政府办公厅印发《关于进一步加强油气输送管道保护和安全运行的工作意见》，推进油气输送管道专项整治工作。成立青海省油气输送管道安全隐患整改工作领导小组，省政府办公厅印发《青海省深入开展油气输送管道隐患整治攻坚战实施方案》，利用3年时间开展全省油气输送管道隐患整治攻坚战。召开专题协调会议，研究确定海东市境内涩宁兰天然气管道改迁总体方案，对存在重大隐患的一期管道改迁工作进行了具体安排部署。二是组织开展涉可燃爆粉尘专项整治。摸清涉尘企业的基本情况，对重点地区涉可燃爆粉尘企业专项治理情况进行督查，共检查企业73家，查出各类隐患205条，下达限期整改执法文书57份。各地区和部门及时开展自查自纠，完善和建立基础台账，企业自查安全隐患530余条，已全部得到整改。三是组织开展涉氨制冷企业专项整治。对液氨制冷企业进行全覆盖检查并开展了为期3个月的涉氨制冷液氨使用企业专项治理“回头看”活动，查出各类隐患185条，整改131条。对国家安全监管总局暗查暗访组通报的23项涉氨制冷企业安全隐患进行督促整改，除因气温原因无法施工的4项隐患外，其余已全部整改完毕。四是开展非煤矿山企业清理整顿。对全省19个重点县（市）非煤矿山企业进行清理整顿，依法取缔关闭、注销非煤矿山企业215家，安全生产许可证持证率从45.8%提高到82.5%。五是加强危险化学品和烟花爆竹“打非治违”工作。投入9000余万元资金，对一批较大安全隐患进行了整改，化工企业本质安全水平得到明显提升。全省共查获收缴非法生产、储存、销售假冒伪劣烟花爆竹14780箱，案值220余万元，捣毁非法窝点11个，3人被依法处理。六是组织开展职业病危害专项整治。开展用人单位职业卫生监督执法年活动。对中央电视台曝光的茫崖石棉矿严重粉尘危害情况进行调查核实，协调投入资金420万元，对部分除尘设备进行技术改造。开展职业健康体检3万多人，400多家企业申报了职业病危害项目，对90家企业进行了职业病危害防治评估。

（四）围绕中心工作，加强安全监管

一是落实省政府柴达木循环经济工作座谈会议精神。组成专项检查组，对海西蒙古族藏族自治州16家重点企业进行了专项检查，查出163条隐患并提出整改要求。组织召开海西片区会议，研究制定工作措施。2014年上半年海西蒙古族藏族自治州工矿商贸事故13起，死亡17人，占全年工矿商贸安全生产控制指标的68%。7—12月，海西蒙古族藏族自治州工矿商贸领域发生事故4起，死亡5人，事故多发频发的势头得到遏制。二是落实省委、省政府关于加强生态保护的重大工作部署。牵头组成联合调查组，深入木里矿区对涉及煤炭资源开采和煤矿建设的10家企业逐一进行全面调查取证，形成《关于木里矿区非法开采和违法建设情况的调查报告》，提出了处理意见。对存在非法违法建设行为的企业进行了行政处罚。按照省政府开展生态环境保护大检查的工作部署，逐条对照

《全省生态环境保护大检查省重点督办问题清单》，加大对相关地区和企业的督办力度，确保各项工作任务按期完成。三是落实省委省政府东部城市群建设工作会议精神。向海东市委、市政府主要领导发送亲启信，提出进一步加强安全生产工作的具体建议。加大协调力度，推动海东境内涩宁兰天然气管道改迁，解决存在的严重安全隐患。四是落实省政府与西藏自治区政府《关于建设格尔木藏青工业园区的合作框架协议》。制定下发了《关于进一步加强藏青工业园区安全生产工作的指导意见》；会同西藏自治区安监局和藏青工业园区管委会，研究起草了《关于协商做好藏青工业园区安全生产工作有关问题协议》；主动向国家安全监管总局汇报衔接，将藏青工业园区安全生产指标进行单列、单独统计考核。

（五）紧扣重点任务，全面推进改革

制定《青海省安全监管局2014年改革重点工作方案》，逐条梳理全省安全生产监管领域改革重点任务，提出工作措施，明确责任和完成时限，推动了重点改革任务的完成。一是以西宁市为试点，提升完善信息平台，建立安全生产隐患排查治理体系，实现了中心机房与区县、园区、部门及各企业的信息连接。二是以贯彻落实新《安全生产法》为契机，下发《关于进一步加强省级工业园区安全生产工作的指导意见》《青海省安全生产暗查暗访工作制度（试行）》《安全生产举报奖励办法（试行）》等一系列规范性文件，搭建安全预防控制体系的制度框架，提高安全生产依法治理水平。三是加强安全质量标准化建设，全省所有生产煤矿和187家非煤矿山企业、320家危险化学品从业单位完成了安全标准化建设，所有三等别以上尾矿库完成了在线监控系统建设，6家地下矿山完成了安全避险“六大系统”建设。四是严格执法过错责任追究。不断加强事故调查处理和责任追究工作，对2014年发生的3起工矿商贸较大事故进行了挂牌督办并按期结案。五是会同中国保险监督管理委员会青海监管局下发了《关于在全省高危行业推进安全生产责任保险工作的实施意见》，积极推动高危行业安责险试点工作。六是取消行政审批事项3项，下放审批事项11项。将保留的7类27项省级安全生产行政许可审批事项全部纳入省政府政务大厅窗口受理，省安监局窗口连续5个月被评为优秀窗口单位。七是开展行政执法层级监督，对海东、海西12个县（市）安监部门进行执法监督检查，纠正存在的问题，规范了执法行为。完成了规范性文件清理工作。八是持续开展暗查暗访。全省各地区、部门共派出暗访组607个，参加暗访1861人（次），检查企业单位1522家（次），发现隐患2523项，责令停产整顿9家，提请取缔关闭4家。

（六）加强教育培训，强化安全基础

开展了第十三个“安全生产月”和宣传咨询日等活动，通过向企业转发“公开信”、专版刊登问答报道、举办网络知识竞赛、举办宣贯培训班等方式，大力开展新《安全生产法》和省委省政府《关于进一步加强安全生产工作的意见》的宣传贯彻。全省各地向企业印发《公开信》18949份，占全省企业总数的81%；举办新《安全生产法》宣贯培训班32期，培训3085人（次）；全省957家企事业单位、7951人参加了安全生产法网络知识竞赛；通过省局门户网站和微博、微信、短信平台，发布文件、动态等信息605条，向社会和群众发布微信233条、微博143条、短信22051条次，约5万名各界群众关注和收到安全生产信息的提示。加强安全生产培训工作，举办各类培训班230多期，培训人员18000多人。

宁夏回族自治区安全生产工作综述

一、安全生产总体情况

2014年，宁夏回族自治区安全生产形势稳定趋好，实现了“两个下降、两个控制、一个提前完成”。一是事故起数和死亡人数同步下降。全年共发生各类生产安全事故3017起，同比减少144起、下降4.56%；死亡467人，同比减少6人、下降1.27%。二是事故总量和重特大事故得到有效控制。全区生产经营性事故死亡249人，比国务院安委会下达控制指标低24人。连续2年未发生重大及以上事故，工矿商贸领域连续5年未发生重大及以上事故。三是“十二五”规划主要目标任务提前完成。亿元GDP生产事故死亡率0.17，工矿商贸十万人死亡率2.49，道路交通万车死亡率2.09，煤矿百万吨死亡率0.12，均低于规划目标。工矿商贸事故死亡人数和金属非金属矿山、烟花爆竹、铁路、消防火灾事故死亡人数及较大事故起数等指标全部下降至规划指标以下。

二、安全生产重点工作

（一）安全生产责任体系建设迈出较大步伐

认真贯彻习近平总书记关于安全生产重要指示精神，狠抓“五个全覆盖”，着力构建“党政同责、一岗双责、齐抓共管”安全生产责任体系。以政府规章出台《安全生产行政责任规定》，落实各级政府及部门的安全监管责任，在全国率先实现了安全生产责任法定化，国务院安委会办公室推广各省市学习。《安全生产党政同责、一岗双责规定》已上报自治区政府，研究通过后将报自治区党委印发实施。各市、县（区）政府主要领导担任安委会主任、定期向组织部门报告安全生产情况全部落实，党政同责、一岗双责和“三个必须”规定抓紧推进。住建、交通、公安等负有安全监管职责的部门也整合强化了安全监管机构，18个县（区）实现了安监部门单设和独立办公。

（二）企业安全生产基础有了明显改善

突出企业安全生产主体地位，围绕企业主要负责人履职、安全投入、教育培训、基础管理、应急救援“五个到位”目标，紧扣8个时间节点，扎实开展“落实企业安全生产主体责任年”活动。1830户企业建立和完善了高风险岗位作业票制度，1680户高危企业开展了危险有害因素辨识；全面排查认定重大危险源，94%的危险源实现远程监控；督促新建项目落实安全生产和职业卫生“三同时”，对20户不履行“三同时”企业立案查处或停产整顿；全面推进应急救援预案修订并落实各类演练2200余次；全区新增标准化企业238家，企业安全生产一些基础性、普遍性问题得到初步解决。

（三）隐患排查治理体系取得实质进展

进一步强化隐患就是事故的理念，着眼长效，立足预防，在认真总结石嘴山市先行先试经验基础上，突出企业自查、自改、自报，融合行政执法检查和安全达标升级，进一步优化系统功能，完善标准体系，落实目标任务，在全区工矿企业启动隐患排查治理信息系统建设。截至2014年底，全区上线企业2078家，累计排查隐患17961条，整改17797条，整改率99.1%，反映出企业由“要我安全”向“我要安全”的积极转变，也为各级监管部门提供了高效的监管平台，迈出了隐患排查治理工作规范化、常态化的重要一步。

（四）重点领域安全生产秩序进一步规范

坚持问题导向，突出重点行业领域，结合重点时段和全国重特大事故教训，深入开展安全生产“十大专项行动”，按照立即整改、挂牌督办、停产整顿“三个一批”措施和“六打六治”要求，集中排查整治了一大批安全隐患和非法违规行为。道路交通查处各类违法行为216.9万起；人员密集场所整改火灾隐患54347处；建筑施工下发整改通知书305份、将11家厂商清出宁夏建筑市场；煤矿整改安全隐患1288条；化工园区全面推行安全规划和风险评估，开展了2个国家级、6个自治区级重点县（园区）专项攻坚，61家危化企业完成自动化改造，铁合金矿热炉自动上料出铁系统研发成功；清理居民楼和办公楼烟花爆竹经营点500余户；长输油气管线摸清了全区2850千米管线安全现状，整改隐患38处；责令10家职业病危害严重企业停产整顿，整治危害446项。专项行动中累计排查各类隐患68861项，整改68488项，整改率99.5%，打击企业非法违规行为24.7万起。

（五）公共安全保障能力有了新的提升

坚持开展安全宣传“五个一”活动，积极拓展覆盖面和效果。安全生产第一线播出52期、近40小时，免费发放安全知识读本10万册，专家巡讲近百次，培训三项岗位人员3万余人，各市县、各行业也开展了丰富多彩的安全教育活动。继续下大力气整治公共领域安全隐患，改造老旧燃气管道近50千米，实现了城市区加油气站限时接卸油气、危险化学品限时运输，区内97%的危险货物罐车加装紧急切断装置；道路交通投资近2亿元改造危桥10座，治理了事故多发路段隐患；25家商场市场完成隐患整改；水利投入13.5亿元，加固病险水库26座，治理河流防洪432千米。积极推进应急救援体系建设，建立了“零报告”“季通报”“重点时段点名”等8项值班值守制度，成功举办全区氨泄漏爆炸事故应急演练，安监、交警、消防等部门与各地政府密切配合，及时处置7起危化品运输泄漏突发事故，未造成人员伤亡。

（六）安全生产综合改革步伐加快

扎实推进全国安全生产综合改革试点工作，制定出台转变职能服务发展21条意见，取消审批事项7项，下放80%，全面优化审批流程，简化小微企业项目审查程序，合并安全设施和职业病防护设施“三同时”审查，实现由单纯简政放权向架构科学合理安全审查制度转变。积极探索专家和专业技术机构对安全监管的技术支撑，在64家危化企业开展了专家会诊，对50家涉氨企业进行了技术抽检，建立了与行政执法有机结合的“三位一体”综合监管机制。推进亿元GDP生产安全事故死亡率进入国民经济和社会发展综合指标体系，进入市县效能目标管理重点考核指标体系，进入自治区经济发展统计监测快报，迈出了安全生产与经济社会发展同规划、同部署、同考核、同落实的坚实一步，国家安全监管总局向全国推广了这一做法。各级安全监管部门认真开展群众路线教育实践活动和“转作风、抓发展”活动，尽职履责，公正执法，作风明显转变，安全生产监管监察能力进一步提升。

新疆维吾尔自治区安全生产工作综述

一、安全生产总体情况

2014年，全区共发生各类生产安全事故6739起，死亡998人，受伤1346人，直接经济损失11901.42万元，同比事故起数、死亡人数、受伤人数和直接经济损失分别下降2.39%、5.04%、15.45%和5.74%。其中，发生较大事故46起，死亡189人，同比事故起数持平，死亡人数下降7.35%；发生重大事故1起，死亡16人，同比事故起数、死亡人数分别下降50%和56.76%。

四项相对指标：亿元国内生产总值生产安全事故死亡率0.23，同比下降11.54%；工矿商贸十万从业人员事故死亡率4.50，同比下降16.67%；道路交通万车死亡率3.95，同比下降15.24%；煤炭百万吨死亡率0.29，同比下降25.64%。

工矿商贸企业事故195起，死亡248人，同比分别下降11.76%和7.46%；建筑施工事故45起，死亡55人，同比分别下降29.69%和21.43%；非煤矿山事故29起，死亡34人，同比分别下降21.62%和12.82%；生产经营性道路交通事故1278起，死亡687人，同比分别下降4.77%和1.29%；铁路交通事故21起，死亡11人，同比分别下降12.50%和21.43%；农业机械事故93起，死亡50人，同比分别下降19.13%和3.85%；生产经营性火灾事故5152起，死亡2人。

二、安全生产重点工作

（一）完善安全生产责任体系

2014年，自治区各地州、各单位紧紧抓住中央对新形势下新疆工作新的全面部署、建设丝绸之路经济带和全面深化改革三大历史机遇，以党的十八大、十八届三中全会和自治区党委八届六次全委（扩大）会议精神为指导，深入学习贯彻习近平总书记关于安全生产一系列重要讲话和指示精神，按照自治区安全生产工作会议的安排部署，坚持科学发展，深化改革创新，牢固树立安全生产“红线”意识，推动安全发展战略，强化安全责任，全面实行安全生产党政同责，切实转变工作作风，狠抓各项措施落实，防范各类事故的发生，确保了全区安全生产形势持续稳定好转。

（二）开展安全生产目标管理

自治区在2014年初将全年安全生产控制目标细化为67项具体任务，分解下达各地、各有关部门和单位，并逐级层层分解落实，细化目标任务、加强对安全生产目标任务落实的全过程控制。完善安全生产目标考核制度，实行安全生产事故和风险“一票否决”制。抓源头管理，严格建设项目准入关，严把安全生产准入关，对各地招商引资、项目安全审批的情况进行全面检查，把安全生产作为城市规划的重要内容，加强各类开发区、工业园区、重点建设项目的安全监管，严守安全生产“红线”，积极发挥综合监管职能。

（三）开展安全生产专项整治

深刻吸取“11·22”青岛输油管道特大爆炸事故教训，开展油气和危险化学品输送管道、城市管网的专项治理。加强路面管控，严格治理超限、超速、超载、疲劳驾驶等违法行为。实施“道路交通安全生命保障工程”，完善道路安全防护设施。加强非煤矿山、危险化学品、工贸行业、职业卫生等行业领域安全监管，推进矿山安全避险“六大系统”建设，实施化工园区安全一体化管理。强化煤化工企业安全监管，开展液氯、液氨等重点危险化学品专项整治，积极推进烟花爆竹连锁经营。加强火灾高危单位监管，推进社会单位消防安全“四个能力”建设。

（四）严格安全生产监管执法

按照自治区人民政府要求，组织全区安全监管系统认真开展安全生产执法检查工作。各级安全监管部门按照“全覆盖、严执法、见实效”的总要求，开展全面、彻底的安全生产检查，督促生产经营单位全面落实安全生产主体责任，铁腕打击非法违法行为，狠抓安全生产各项工作落实，严厉打击非法违法生产经营建设行为，严格落实停产整顿、关闭取缔、上限处罚、追究法律责任的“四个一律”要求。

整顿关闭117家无证开采、越界开采行为的金属非金属矿山。整治油气管道周边乱建乱挖乱钻问题2188起。道路交通部门整治客车非法营运行为2236起。消防部门整治违规住人、安全出口疏散通道堵塞封闭等问题2万余处。全年共查处非法违法行为16.2万余起，责令停产停业670余家，关闭非法企业140余家。

（五）加强职业卫生安全监管

2014年4—10月，自治区安监局在全区范围内开展“工作场所职业卫生监督执法年”活动。按照“广覆盖、零容忍、严执法、重实效”的原则，以贯彻落实《职业病防治法》、国家安全监管总局“一规定、四办法”为主线，结合用人单位职业卫生基础建设活动和职业病危害专项治理，加大对非煤矿山、化工、冶金、有色、建材、机械、火力发电、石英砂加工、木质家具制造、石棉制品、水泥生产、石材加工、皮革及其制品、电镀、蓄电池等职业病危害严重的行业领域的职业卫生监管力度，严厉查处各类职业卫生违法违规行为，全力抓好用人单位落实职业病防治主体责任落实。

对全区352家水泥制造和石材加工企业（水泥制造企业95家，石材加工企业257家）开展职业病危害专项治理工作。督促企业自查整改，确保职业病危害警示告知率、职业健康检查率、职业病危害测评率均达到100%。对安全生产执法检查结果，实行每季度进展通报。淘汰不符合产业政策且职业病危害严重的水泥制造和石材加工企业2家。对由于历史原因未经职业病危害预评价、职业病防护设施设计审查和竣工验收就投入生产运行的建设项目，责令建设单位补办职业病危害控制效果评价和职业病防护设施竣工验收手续。

（六）完善隐患排查治理体系

严格落实隐患排查治理责任制和重大隐患挂牌督办制度。完善隐患排查治理信息系统，实现监管部门与企业联防联动的隐患自查自报自改信息化、常态化闭环管理。开展油气输送管道专项检查，查出占压和安全距离不足隐患771处，整改率61.7%。实施道路交通安全“生命防护工程”，认定危险路段5595处，涉及3415千米。排查各类运输企业45196家次，发现问题隐患44163项，整改43084项，隐患整改率达98%。强化农机安全源头管理，对近11万台农业机械进行了实地检验。组织开展“清剿火患”等消防专项行动，检查单位11.6万余家，整改隐患12万余处，查出重大隐患285家，投入整改资金1.31亿余元，整改207家。检查重点建筑工程项目1593个，查出一般隐患3651项、重大隐患96项。2014年全区共检查企业38097家次，暗查暗访12699次，查出隐患42557项，已整改41711项，整改率97.7%。

（七）安全生产应急救援工作开展情况

3月31日，自治区召开了由自治区交通运输厅、煤炭工业管理局、气象局、公安厅消防总队等18个成员单位参加的2014年安全生产应急救援工作第一次联络员会议，研究部署了自治区安全生产应急救援工作。5月举办了2014年自治区安全生产应急管理人员业务培训班，全区各级安全监管部门的102名学员参加了培训。6月16—17日，在乌鲁木齐市召开了西北区域应急救援联动机制座谈会，观摩了新疆维吾尔自治区安全生产事故灾难应急预案“双盲”演练。

（八）宣贯新《安全生产法》

2014年9月30日自治区安委会办公室下发了《关于认真学习宣传贯彻〈安全生产法〉的通知》（新安监〔2014〕103号），对学习宣传贯彻工作作出了安排部署。各地、各部门充分利用报刊、电视台、电台、网络等媒体，通过开办专栏、开展知识竞赛、专题讲座和设立板报、学习园地、宣传专栏及悬挂张贴横幅标语等形式，对新《安全生产法》进行了广泛的宣传。截至2014年12月30日，全区共组织各种新《安全生产法》培训班1000余期，参加培训人员达7000余人次。

（九）开展第十三届运动会安全检查

为贯彻落实自治区第十三届运动会筹备工作协调会议精神，自治区安委会办公室会同道路交通、消防、住建、质监、气象等部门相关人员及专家于7月10—12日对自治区第十三届运动会前期安全生产重点工作进行专项检查。检查组检查了运动员村、市体育馆、市体育局田径场、市游泳馆等。检查了比赛场馆、运动员住宿地等重点部位。检查以综合督查与专项督查相结合、面上检查与随机抽查相结合、检查工作与推动整改相结合的方式开展。检查中发现的主要问题：一是比赛场馆、运动员住宿地设施设备检验检测进度和人员培训有待加快。二是比赛场馆、运动员住宿地、企业安全生产管理工作有待提高。三是应急救援准备工作有待加强。

（十）开展全国“安全生产万里行”活动

按照国务院安委会办公室关于开展2014年全国“安全生产月”和“安全生产万里行”活动，自治区于2014年6月1—30日，开展以“强化‘红线’意识，促进安全发展”为主题的“安全生产月”活动。

自治区组织安委会成员单位及企业职工2000余人参加咨询日活动，设立60余个安全生产咨询台，共发放各类安全手册、安全管理专业书籍、宣传单5000余份。全区15个地州市、99个县市区及各企业都同步举办了安全生产主题咨询日宣传活动，自治区、地区、县三级住村工作组的同志以及全县各乡（镇）、各单位、企事业单位近2000多人参加了咨询日活动。

6月10—20日，自治区组织有关部门安全监管干部、媒体记者和安全生产专家共19人组成安全生产天山行活动组，深入到乌鲁木齐市、昌吉回族自治州、阿勒泰地区、塔城地区、克拉玛依市的32家企业和基层单位进行宣讲、采访、报道和督查检查活动。天山行活动组行程近3000千米，共举办专题讲座10场，播放安全生产警示录像26场，向基层监管部门、企业赠送安全生产书籍、光盘1500多本（盘），新疆电视台、广播电台、天山网、《新疆日报》等主要媒体刊发安全生产深度报道稿件78篇。

（十一）推行安全生产标准化

推动重点行业企业安全标准化达标创建工作，对已达标的企业开展“回头看”，通过持续改进，不断强化企业安全生产规范化建设。全区742家非煤矿山、1808家危险化学品和670家工贸企业完成三级以上安全标准化达标创建任务。

（十二）加强企业安全生产基础建设

加强企业安全管理、企业班组建设，狠抓安全生产基层、基础、基本功“三基”建设，提升企业安全管理水平。全区76家非煤矿山建成安全避险“六大系统”。47家企业完成了液体危险化学品金属万向充装系统改造，98家企业完成了涉及危险化学品“两重点一重大”生产储存装置自动控制改造。长途客车、重型货车100%实现卫星定位监控。烟花爆竹零售网点92%实现连锁经营。落实安全生产经济政策，加大安全生产投入，积极推行安全生产责任险，全区3845家高危企业投保安全生产责任保险。

（十三）开展“安全生产服务月”活动

自治区开展以“助力基层企业，共筑安全防线”为主题的“安全生产服务月”活动，通过实地调研、现场交流、蹲点帮办等形式，了解基层、企业对安全生产的服务需要，针对基层和企业在安全生产方面存在的问题和难题，主动上门开展安全生产服务活动，为企业提供更多更好的服务和指导，帮助企业在安全生产工作中排忧解难，促进全区安全生产形势持续稳定好转。

（十四）加强安全生产宣传工作

根据《国家安全监管总局关于加强安全生产新闻宣传队伍建设的意见》精神，按照“建设五支队伍，提高五种能力”的要求，组建新闻发言人队伍15人，其中自治区安监局1人、14个地州市各1人；组建理论专家队伍9人，其中企业4人本系统5人；组建安全生产通讯员队伍共115人；组建网络评论员队伍共214人；借助新浪、腾讯等成熟网站平台，在14个地州市、88个县市开通了微博；与自治区主流媒体新疆电视台、新疆人民广播电台、新疆天山网、《新疆日报》签订合作协议，指派专题记者常年跟踪开展安全生产宣传报道活动。

在全区中小学和高等院校组织开展了以“安全伴我在校园，我把安全带回家”为主题的有奖征文活动，征文活动分小学组、初中组、高中组和大学组4个类别，全区共有12000名学生参赛，累计上报作品12500余篇。

（十五）开展安全生产教育培训

开展了地、县党政领导干部培训和安全监管人员执法业务培训，共有660余人参加了培训。对企业“三项岗位”人员进行培训，近12万人通过了安全培训考核。

2014年自治区安全生产工作虽然取得了很大的成绩，但更要清醒地看到，经济发展的新形势、新常态、新机遇将给安全生产工作带来更大的挑战。

习近平总书记指出：“人命关天，发展决不能以牺牲人的生命为代价，这必须作为一条不可逾越的‘红线’”。深刻阐明了安全生产工作的极端重要性，彰显了党和政府为人民谋福祉的执政理念。自治区领导强调，安全生产是最大的民生，要把安全生产作为“总阀门”，在一切工作中都要守住安全生产关。

安全生产工作事关人民群众生命财产安全，事关经济发展和社会稳定。全疆上下深入学习贯彻第二次中央新疆工作座谈会和新疆党委八届七次全委（扩大）会议精神，为确保新疆社会稳定和长治久安而奋斗。面对新形势、新任务、新要求，新疆安全监管等部门将坚持把安全生产工作摆在更加突出的位置，牢牢把握安全生产工作主动权，采取更加有力的措施，为新疆创造良好的安全生产环境。

新疆生产建设兵团安全生产工作综述

一、安全生产总体情况

2014年兵团党委、兵团深入贯彻落实习近平总书记、李克强总理安全生产重要指示批示精神，高度重视安全生产工作，政委车俊、司令员刘新齐多次召开会议，研究部署安全生产工作。各师、各部门、各单位在兵团党委、兵团的正确领导下，在国家安全监管总局的统一部署下，牢固树立以人为本、安全发展理念，始终坚守“红线”意识，狠抓“党政同责、一岗双责、齐抓共管”和“三个必须”落实，认真开展安全生产大检查和“六打六治”打非治违专项行动，深化隐患排查治理，安全生产基层基础工作得到了进一步加强，安全生产长效机制得到不断健全完善。主要表现在以下几个方面：一是“党政同责、一岗双责、齐抓共管”得到全面落实；二是“三个必须”进一步落实到位；三是安全目标考核和“一票否决”得到认真贯彻落实；四是2014年除煤矿外，其他行业未突破国家下达控制指标，没有发生较大以上事故，许多行业保持了零死亡。14个师有13个师没有突破兵团下达的控制指标，二师、三师、十一师、十二师、十三师5个师没有发生生产安全死亡事故。2014年兵团发生生产安全事故7起，死亡31人，其中非煤矿山4起、4人，煤矿3起、27人。

二、安全生产重点工作

（一）狠抓安全生产责任落实

1. 认真落实了安全生产“五个全覆盖”

兵团审议并通过了《兵团关于新形势下加快构建安全生产长效机制的意见》等3个重要文件，明确了各级党政安全生产领导责任、企业安全生产主体责任和行业部门安全生产监管责任。安全生产“五个全覆盖”（即“党政同责”全覆盖；“一岗双责”全覆盖；“政府主要领导同志担任安委会主任”全覆盖；“向党委组织部门报送辖区内安全生产工作情况”全覆盖；“三个必须”全覆盖）已得到全面落实。一是兵、师、团都制定了“党政同责”具体规定；二是兵团司令员担任安委会主任；三是师、团党政主要领导同时担任安委会主任；四是各级安监部门每季度定期向同级组织、监察部门报送了安全生产工作情况；五是行业（领域）“三个必须”的安全责任得到落实，完善了安全生产责任体系。

2. 加强对安全生产的领导，推进监管责任的落实

2014年田建荣常委主持召开电视电话会议2次，安委会全体会议6次，针对各阶段安全生产形势，及时对安全监管、行业管理部门和企业安全生产工作进行了安排部署。兵团办公厅组织开展了安全生产重点工作专项督查检查；兵团安委会强化综合监管和行业监管责任以及辖区管理责任的落实；兵团相关部门认真履行职责，密切协作配合，强化行业领域安全监管，多次组织了由各成员单位领导带队的安全大检查和工作督查，这些都有力地推动了“党政同责、一岗双责、齐抓共管”的安全生产责任的落实。

3. 严格考核，实现了安全生产“一票否决”制

将安全生产考核指标纳入到每年兵团对师、团争先进位和领导干部政绩业绩考核内容，层层签订了责任书。年底安委会组织7个考核组对各师、直属单位、安委会成员单位安全生产工作进行了考核。对综合治理、精神文明、劳动模范、先进工作者等评先评优审核严格把关，对突破指标或发生重大及以上事故的师和企业实行了“一票否决”。

（二）狠抓安全生产专项整治，严厉打击了“非法违法”行为

1. 按照“零容忍、全覆盖、严执法、重实效”的要求，扎实开展安全生产大检查

兵团全年共组织136个检查督查组，累计1623人次，采取“四不两直”、暗查暗访和突击抽查、集中检查、全面排查的方式，抽查、暗访3989家企业（生产经营场所），整改各类隐患41021处，责令停产、停业、停止建设和整顿生产经营单位417家。关闭烟花爆竹生产企业2家，取缔烟花爆竹零售点67家，没收非法所得并按国家规定上限罚款2家，全年经济处罚870余万元。通过安全大检查，严厉打击了一批违法违规生产经营场所，及时消除了一批事故隐患，安全生产日常监管力度得到进一步加强。

2. 以“六打六治”为抓手，深入开展打非治违专项行动

兵团安监、国土、交通、旅游、建设、公安、水利、农业、商务、教育、卫生、质监等部门认真履行安全生产监督管理职责，紧紧围绕“六打六治”工作要求，在煤矿、金属与非金属矿山、危险化学品、油气管道、交通运输、建筑施工、消防等重点行业领域集中开展了打非治违专项行动。兵团组织跨地区、跨部门联合执法796次，检查企事业单位和场所8669家，打击非法违法行为2759起，关闭取缔生产经营单位28家，暂扣或吊销有关许可证41件，责令停产整顿生产经营单位269家。

3. 集中开展油气管网专项检查

工信、质监、建设、公安、安监等部门对兵团辖区内的油气管线、城市燃气管线、团场供气管道、化工管道等进行了专项整治，排查了13条油气长输管道、17条天然气输送管线，对存在的107处安全隐患，下发了责令改正通知书3份，责令1家企业进行了停业整改，3家企业进行管线检测，11家企业进行管线安全维护，75处安全隐患已整改完毕，32处已列入整改计划。

在专项整治中，二师、三师、八师、十三师师长和兵团质监局、国土局局长亲自带队进行检查；消防、交通运输、建筑、工业企业、农机、旅游、特种设备、教育等行业（领域）单位领导带队，深入持续地开展了安全生产大检查和“六打六治”专项行动；一师、二师、三师、十三师安监局局长全年下基层检查，走遍了师里的每一个企业。通过深化安全生产专项整治，消除了一大批事故隐患，重大节假日、全国“两会”、兵团成立60周年等重要时段安全无事故，安全生产专项整治工作取得了实效。

（三）狠抓煤矿安全工作落实，严肃事故查处

1. 认真开展谈心对话活动

以“保护矿工生命，矿长守规尽责”为主题，于2014年2月21日，在兵团集中举办了重点煤矿党委书记、董事长、总经理、矿长等主要负责人面对面谈心对话座谈会。田建荣常委亲自讲解并签订86份谈心记录，兵团安委办组织了4个组对所属

煤矿进行谈心对话，做到了全覆盖。

2. 强化煤矿监察，大力推进“1+4”工作法

2014年兵团煤监局以贯彻国办〔2013〕99号文件为重点，强力落实“双七条”、与矿长谈心对话、事故警示教育工作，扎实推进煤矿安全“1+4”工作法。累计监察128矿次，完成全年监察计划（118矿次）的109%。共下达各类执法文书252份，查处各类事故隐患1283条，落实整改1264条，隐患整改率达98.5%以上。责令停产整顿11矿次，停止采掘矿井5处，限期整改55矿次，暂扣煤矿企业安全生产许可证4个，罚款290余万元。

3. 主动研究煤矿安全治本之策，大力开展“四个一批”实施工作

专题研究编写《兵团煤矿灾害现状及防治战略研究》并经兵团专家组评定获三等奖，积极推进煤矿隐蔽致灾因素普查治理和安全科技“四个一批”项目实施，围绕采煤方法改造、瓦斯治理、水灾治理、火灾治理等4个方面，确定了7处矿井，开展煤矿重大灾害治理技术攻关，积极推广了新技术、新产品和适用先进成果的应用。

4. 深化隐患排查，严肃事故查处

按照“一矿一组、一矿一案、一矿一策”要求，兵团组织10个专项检查组，以瓦斯、煤尘和水害为重点，进一步加大了煤矿隐患排查治理工作力度，做到“真查、真停、真盯、真改、真验”。对大黄山豫新煤业有限责任公司“7·5”重大瓦斯爆炸事故、天山煤电公司“10·13”较大顶板事故进行了严肃查处，对事故负有责任的人员移交司法3人，党纪政纪处理14人，其中师级1人，起到了一矿出事故，万矿受教育的警示作用。全年兵团煤矿事故起数3起，较上年减少了3起，其中一师、二师、四师、五师、七师、八师、十二师、十三师煤矿没发生事故，七师、八师、十二师首次实现煤矿全年无事故。

（四）狠抓安全基层基础工作落实，各行业企业本质安全水平得到提升

1. 基层基础工作不断加强

一是深入开展以岗位达标、技术达标、专业达标、企业达标为内容的安全生产标准化建设。兵团煤矿生产企业全部达到三级以上安全质量标准化，金川矿业公司两个煤矿达到国家一级质量标准化，其他工矿商贸行业中8家企业达到二级安全标准化，773家企业达到三级，交通运输企业29家达到三级以上。二是大力开展职业危害申报，已申报职业病危害作业场所的企业278家，从业人员169340人，一师12团16连、八师142团获得全国职业病防治知识竞赛优胜奖。三是积极开展安全创建工作，130项工程荣获兵团级“文明工地”称号，9个项目荣获了“国家AAA安全文明标准化诚信工地”称号，12个团场被评定为“平安农机”团场，兵团二师二十一团、六师土墩子农场、十三师红星二场被确定为全国“平安农机”示范点，贾金录、王永新、周芳玲、朱伟4名同志被评为全国农机安全监理示范岗位标兵。四是不断加强了基层安全监管执法能力建设，争取中央财政资金8700万元，为14个师和176个团场安全监管部门配备了专业执法装备。

2. 保证安全投入，行业企业安全水平得到提升

自2010年来，兵团每年安排安全生产专项资金2000万元，用于先进适用安全技术的推广和落后安全设施设备改造。煤矿生产矿井井下紧急避险系统如期建设，防跑车保护装置联网监控系统逐步推广；危险化学品生产企业重点工艺、环节和设施设备实现安全监控闭锁联动；非煤矿山采取大边坡梯级开采和中深孔爆破工艺，实现机械化开采；客运和危险化学品运输车辆全部安装使用具有卫星定位功能的行车记录装置，并实现联网监控；大部分油库（加油站）安装了阻燃防爆装置；学校出入口、炸药库、商场、人员密集场所等重点部位实现动态远程实时监控管理，各行业企业本质安全水平得到了不断提升。

（五）加强安全文化宣传教育培训，提高安全保障能力

1. 认真组织培训，落实全年培训计划

全年举办培训班87期，培训煤矿“三项岗位”（企业主要负责人、安全管理人员、特殊工种）人员3548人次；认真安排部署了全国“安全生产月”和“安全生产万里行”“安康杯”活动，发放宣传材料和光碟31822份，出动宣传车46车次，张贴宣传标语14200余张，安全宣教得到全社会广泛好评。

2. 加强值班值守和应急救援管理工作

保证值班人员24小时在岗，强化应急预案管理，及早发布灾害预警，举行各类应急救援演练441场（次），参加队伍492个，参演人员3143人，观摩职工和群众58200余人，成功举办了兵团第二届矿山救援技术竞赛活动，组队参加了全国第十届矿山技术救护比武竞赛活动，取得了较好成绩，金川矿山救援队和天业危化救援队已建成并具备区域抢险救援能力，兵团的安全生产应急救援水平得到了大幅度提升。

3. 加大新《安全生产法》宣贯力度，营造良好氛围

新《安全生产法》颁布后，组织了13次集中辅导学习，兵团电视台进行了重点播放和报道宣传，《兵团日报》做了全文刊登，兵团安委会办公室定制发放读本和释义1万多册，在干部职工中形成了浓厚的宣传学习贯彻氛围。

深圳市安全生产工作综述

一、安全生产总体情况

2014年，深圳市认真落实党的十八大、十八届三中、四中全会精神，全面贯彻习近平总书记、李克强总理等中央领导关于安全生产重要指示批示，牢固树立安全发展理念，坚持依法治安、坚守安全“红线”，深化安全生产领域改革，严格落实安全生产责任制，大力推进安全生产法制体制机制建设，强化安全生产综合整治，维护社会稳定，不断提高群众安全感和满意度。2014年，全市累计发生各类安全生产事故3189起，死亡536人，受伤1023人，直接经济损失3485.76万元。其中，生产经营性事故1604起，死亡203人，受伤209人，直接经济损失2278.42万元。全市亿元本地生产总值生产安全事故死亡率为0.0335，低于控制指标（0.045）；道路交通万车死亡率为1.598，低于控制指标（2.1）。全市安全生产形势保持总体平稳、持续好转，未发生重特大事故。

二、安全生产重点工作

（一）发布公共安全白皮书

2013年，深圳市发布的《深圳市公共安全白皮书》(以下简称《白皮书》）为全国第一份城市公共安全白皮书，也是对整个城市公共安全情况进行综合评估的创新做法。《白皮书》针对安全生产、火灾、地质灾害等各类公共安全事件分类提出了预防和应对措施，明确城市公共安全工作目标和要求。2014年，市政府将《白皮书》的贯彻实施工作列为当年重点工作之一，市长许勤、常务副市长吕锐锋在年初全市安全生产工作会议上进行了专门部署。市安委会办公室立即牵头制定了相应实施方案，将《白皮书》内容细化为226项主要任务和指标，分解落实到各责任单位，明确了进度安排，并通过会议、现场检查等方式，对贯彻落实过程中存在的问题进行协调，对工作人员进行专题培训，强化方案的贯彻落实。2014年，全市共组织推进《白皮书》贯彻实施项目46个，其中已立项并落实资金保障的治理项目12个，准备于2015年立项的治理项目22个，需建章立制、编制地方法规、出台规范性文件的项目12个。总体工作进展顺利。

（二）开展全市安全生产大检查

2014年8月，按照国务院、广东省政府的统一安排，深圳市组织开展了为期一个半月的全市安全生产大检查专项行动，检查内容覆盖全市所有辖区、所有行业领域和所有生产经营单位，突出油气管道、可燃性粉尘、消防、道路交通、建筑施工、危险化学品、特种设备等重点行业领域。大检查期间，全市共排查生产经营场所5913家，整治隐患20770处。

（三）协调解决安全生产突出问题

根据副市长刘庆生在2014年2月10日全市安全生产工作座谈会上的要求，全市各区（新区）、各部门结合实际，认真梳理了需要市政府协调解决的问题，共计118项。市安委会办公室按照紧急、迫切的原则，从中选出了商事登记制度改革、城中

村消防设施供水和保养维护、燃气和输油管线保护及隐患整改、基层安全生产和消防监管职能划分、“织网工程”与安全隐患排查、危险品库区选址建设、交通建设工程内特种设备检测、安全生产标准化建设、新区委托执法主体、福田保税区及前海安全管理职责等10个与安全生产有关的问题。6月16日，副市长刘庆生召开专题会议，逐项做了研究，分别提出了解决方案，明确了责任部门。10项问题均已基本解决。已收集到的其他问题也将按照轻重缓急原则分批解决。

（四）完善安全生产管理体制

深圳市深刻吸取2013年“12·11”光明新区重大火灾事故教训，积极落实省政府及省有关部门对事故提出的整改意见，进一步完善安全生产管理体制。一是调整市级部门培训职能，增加执法协调力量。在市编制委员会的大力支持下，市应急管理办公室增设了执法协调处，加挂深圳市安全生产执法监察支队牌子，负责全市安全生产执法的综合协调和监督检查；承接市人力资源保障局原承担的特种作业人员安全资格培训考核的组织、指导和监督职责，以及企业安全生产培训考核和发证相关职责，同时相应增加了领导职数和人员编制。二是加强新区安全监管力量，参照市里模式调整新区安全监管机构设置。市编制委员会已印发文件对光明、坪山、龙华、大鹏4个新区的安全监管机构和职能作出调整，新区应急办加挂安监局、安全生产执法监察大队、安委办牌子，承接区经济服务局原承担的安全生产监管职责，各新区新增10个安全生产专项编制。三是协调理顺全市各级安全管理议事协调机构和职能的设置。针对基层安全生产管理机构职责不清、安监部门工作压力过重等问题，市政府对全市安全管理委员会、消防安全管理委员会、预防道路交通事故联席会议等3个议事协调机构及其办事机构的职能、设置等情况进行了全面梳理，印发了《深圳市人民政府办公厅关于进一步理顺安全管理委员会、消防安全委员会和预防道路交通事故联席会议职能及运行机制的通知》（深府办函〔2014〕63号），要求各区（新区）、街道按照与市级层面安全生产管理协调机构设置一致的原则，完善3个议事协调机构，并对其职责作了区分，明确了工作要求。此项工作得到省安委会的充分肯定，并拟在全省推广经验。

（五）全面推广应用隐患排查治理信息系统

深圳市安全生产事故隐患排查治理信息系统（以下简称系统）于2012年开始建设，2013年试点运行，2014年全面推广。全市纳入系统管理的单位共70649家，完成安全生产基础信息采集的单位70175家，累计排除各类隐患466020条，整改413333条，整改率为88.69%，系统总体运行稳定。一是统一标准，建设系统，制定制度，督促企业开展自查自报。首先，编制了全市统一的隐患排查标准，指导企业开展隐患排查治理。编制完成了《深圳市事故隐患自查和巡查基本指引》，共分工业、商贸服务、建筑施工和交通运输4大类、103个模块和1423条项目。每类《检查指引》均包括基础通用检查项、现场通用检查项和专用检查项3部分。其次，在统一制定隐患标准、对各检查标准进行模块化处理的基础上，系统能够根据企业录入的安全生产基础信息自动生成相对应的安全检查表。再次，出台了《深圳市安全生产事故隐患排查治理自查自报工作管理暂行办法》，各区和各相关行业主管部门也出台隐患自查自报的实施细则，引导企业自查自报工作更加规范化、科学化、制度化，全面推进隐患排查治理工作。二是明确职责分工，自动分流隐患，落实政府部门隐患排查工作。系统根据企业的地理位置、行业类型和危险特性，对每家企业都关联了属地管理、行业管理和专项监管三类部门，不管是企业自查出来的隐患，还是政府部门巡查发现的隐患，都通过系统自动传递给属地管理、行业管理和专项监管三类部门，三类部门均有义务督促企业整改隐患，从而有效避免了隐患在部门之间来回移送或相互扯皮，真正落实政府部门的安全监管责任和企业的安全生产主体责任，实现隐患排查治理工作的“齐抓共管”。三是实施绩效评分，季通报，年考核，调动各区和各部门隐患排查治理工作积极性。编制了考核评分细则，设置了企业基础信息采集率、企业自查率、政府部门巡查率、隐患整改率等考核指标和得分计算公式，自动生成各区、各有关部门的得分排名，每季度将考核结果通报全市，同时计入市政府对各区、各部门的绩效考核和安全生产年度考核内。系统按照制定的考核评分细则，根据设置的企业基础信息采集率、企业自查率、政府部门巡查率、隐患整改率等考核指标和得分计算公式，促使各区、各部门将更多的精力转移到预防工作上来，体现“安全第一、预防为主、综合治理”的方针。

（六）规范安全生产行政执法

积极贯彻落实十八届四中全会精神，践行依法治国理念，梳理当前安全生产执法工作存在问题，印发了《深圳市安委会关于进一步加强安全生产行政执法工作的通知》（深安〔2014〕14号），明确安全生产行政执法的基本原则、职责、工作任务、法定程序等，进一步推进了全市安全生产执法逐步实现标准化、规范化、高效化。

（七）深入开展“八打八治”打非治违专项行动

根据国务院、广东省政府的统一安排，结合深圳市实际，针对消防、交通运输、建筑施工、危险化学品、特种设备、油气管道、金属粉尘、渔业船舶等8个行业领域开展打非治违专项行动。行动期间，全市累计检查企业60102家，处罚8928家，取缔关闭368家。

（八）开展安全生产宣传培训

一是充分利用各类媒体渠道，广泛开展面向公众的宣传教育。以市安委会办公室为例，持续多年，定期在广播电台播出公益广告，宣传最新的安全生产法律法规和安全常识；组织拍摄系列安全类的电视片、微电影，除了在传统媒体播出，还通过网站、微博、微信等新媒体手段予以推送，以达到广泛传播的效果；还积极与深圳报业集团合作，例如在《深圳商报》设置“深圳公众应急安全常识”专栏，与《深圳晚报》合作举办新《安全生产法》知识竞赛等。其他行业主管部门秉承“管行业必须管安全，管业务必须管安全”的原则，利用媒体积极开展了各自领域的安全宣传。二是建设安全生产培训教育阵地，提高公众安全技能和自救互救能力。在开展安全宣传的同时，发现公众仅仅增强安全意识和掌握安全知识远远不够，更应该掌握实实在在的安全技能，具备自救互救的能力。为此，建立了“深圳市现代安全实景模拟教育基地”，并免费对外开放。教育基地从2010年正式对外开放以来，综合运用实景模拟、展板展示、实物展示、互动体验等形式，力求使参观者达到“一次体验、终身受益”的效果。几年来，教育基地共接待中小学生、企业员工和普通市民共约110万人次，接待国家安全监管总局、国务院应急管理办公室、省安监局、香港职业安全健康局和兄弟省市安监、应急、人防、地震等部门考察学习团100多批次，举办各种以安全为主题的论坛讲座80多场，社会反映良好。参照安全教育基地取得的成功经验，深圳市在全市全面推广安全实景模拟教育模式，实施“十百千工程”，即在“十二五”期间，逐步在全市所有区、街道、社区，陆续建设10个规模不等的安全实景模拟教育馆、100个安全屋、1000个安全宣传栏，做到区有教育馆，街道有安全屋，社区、工业区有安全栏，切实实现安全教育全民化、普及化、常态化。全市共有安全类场馆22个，全部实现免费对外开放。三是加强安全文化建设，持续推进“安全社区”“安全文化建设示范企业”创建工作。“安全社区”是社区民众、机构和各类社会团体共同努力和广泛参与，分析、诊断社区风险和隐患，有针对性地落实安全促进项目，改进安全状况，提升安全事故、意外伤害的预防和自救互救能力的社会生活共同体。深圳市福田区2006年开始率先试点，并以整区建制通过国际安全社区评审，在减少各类事故伤亡方面取得了良好的效果。2012年8月，市政府在全市范围内以“1+N”的模式推广全国安全社区创建工作。全市57个街道中，除福田区10个街道获得国家安全社区称号外，余下的47个街道已有39个街道启动了创建工作。2014年8月，福田区香蜜湖街道办等4个街道又通过了国家安全社区促进中心满5年再命名的复评验收。按照国家、省的统一部署，自2011年以来，深圳市积极推动各类企业开展安全文化建设示范企业创建工作，取得一定成效。全市共有310家企业被命名为安全文化建设示范企业，其中，全国示范企业1家，省级示范企业19家，市级示范企业290家。四是严把安全生产资格培训考核关，力促安全生产培训质量上台阶。为保证安全生产培训考核工作质量，深圳市狠抓安全生产培训考核基础工作建设，规范考务流程、加强考务组织、严格考试纪律，建立市区考核管理联动机制。首先，加强教师队伍建设。邀请国家安全监管总局、省安监局专家对深圳市培训机构教师进行专门培训和继续教育，共3批次300余名教师参加了培训；其次，精心培育安全生产培训机构。为抓好安全培训的源头管理，提出培训机构的建设标准，组织专家现场提出改进意见，现在全市共有20多家安全生产培训机构开展安全生产培训工作；再次，及时更新考试题库。按照最新的法律法规有关规定，邀请省、市专家对安全生产资格考试题库进行修订，共删减试题544道，新增试题574道；最后，加强考试队伍建设。为规范考试秩序，分别举办了考评员、考务员和督考员培训班，共培训142名考评员、179名考务员和76名市、区督考员。共组织3批安全生产资格培训考核工作，全市共有15069人参加考试，其中理论考核量达20631人次，实操考核量达4421人次，核发资格证书5272本。

大连市安全生产工作综述

一、安全生产总体情况

2014年，大连市安监局在市委、市政府的正确领导下，认真贯彻党的十八大和十八届三中、四中全会关于安全生产工作的要求，以构建“党政同责、一岗双责、齐抓共管”的安全生产责任体系为核心，以开展“工作落实年”建设活动为主题，加快构建安全生产“十大体系”，推进安全生产长效机制建设，全市安全生产形势持续稳定好转，安全生产工作取得明显成效。

2014年，全市各类事故总死亡人数、较大事故起数，以及各行业领域事故死亡人数均控制在省政府考核指标之内，全市安全生产形势总体稳定。

二、安全生产重点工作

（一）加强制度建设，为安全生产依法行政提供制度保障

1. 市委、市政府高度重视安全生产工作

市委、市政府先后多次召开市委常委会、政府常务会议、市长专题办公会，深入学习领会习近平总书记、李克强总理等中央领导关于安全生产工作的讲话精神，深入贯彻落实省委常委会、省政府常务会议的精神，分析安全生产形势，专题研究部署安全生产工作，大力推进“党政同责、一岗双责、齐抓共管”的安全生产责任体系，推进安全生产长效机制建设。市政府每季度定期召开重特大事故防范暨安委会全体会议，全面深入贯彻落实国家、省领导同志关于安全生产工作讲话精神，部署强化事故防范与安全生产重点工作。市安监局先后13次召开党组（扩大）会议，40次召开安监系统工作会议、安全生产专项工作会议，专题学习贯彻国家、省领导关于安全生产工作的讲话精神。

2. 建立健全安全生产责任体系

全面贯彻实施《辽宁省安全生产党政同责暂行规定》，建立“党政同责、一岗双责”责任体系。2014年1月，大连市率先以市委市政府名义出台了《关于进一步加强安全生产工作的意见》（大委发〔2014〕6号，简称《意见》），文件不仅提出了构建“党政同责、一岗双责、齐抓共管”安全生产责任体系的目标任务，细化了各级党委、政府和各相关部门的安全生产责任，完善了安全生产工作会议制度、安全生产大检查大排查制度，还在强化企业安全生产主体责任、安全保障体系、安全监管监察体系建设等方面都做了部署和安排。5月，市委办公厅、市政府办公厅联合下发贯彻落实《意见》的《重点工作分工方案》(大委办〔2014〕17号)，明确了责任分工，推进了《意见》的贯彻落实。

结合辽宁省《安全生产党政同责暂行规定》，大连市制定了《大连市关于贯彻实施辽宁省安全生产党政同责暂行规定的意见》，就贯彻落实省《党政同责暂行规定》提出具体要求，进一步推动全市上下“党政同责、一岗双责、齐抓共管”安全生产责任体系建设。

深入贯彻落实《辽宁省各级政府及部门安全生产工作职责规定》。依据《辽宁省各级政府及有关部门安全生产工作职责规定》，按照省、市上下职能部门对应和安全生产职责基本对应原则，大连市制定了《大连市各级政府及有关部门安全生产工作职责规定》(大政发〔2014〕49号)，明确细化了48个市政府有关部门和有关驻连中、省直部门的安全生产职责，并以市政府文件形式印发实施。

另外，按照省加强县乡两级安全生产监管队伍建设意见，结合大连各县乡安监队伍实际，市安监局会同市编制办公室研究制定了《关于加强县乡两级安全生产监管队伍建设的实施意见》(大安监法规〔2014〕378号)，成为全市县乡两级安全生产监管队伍建设的指导性文件。

（二）加大力度，深入学习贯彻新修订的《安全生产法》

全国人大《关于修改〈中华人民共和国安全生产法〉的决定》公布后，市安监局第一时间向市委报送了关于组织全市各级领导干部认真学习贯彻新《安全生产法》的建议，市委书记高度重视并做出重要批示。按照批示精神，组织开展了新《安全生产法》的宣贯工作。在领导层面，邀请国务院参事闪淳昌为全市市管干部宣讲习近平总书记关于安全生产系列讲话精神及新《安全生产法》，市委宣传部专门下发文件，要求各级党委中心组集体学习新《安全生产法》，市委党校在领导干部培训班中，增加了新《安全生产法》的培训内容。在安监系统层面，组织了10期培训班，对各区市县安监局、乡镇（街道）安监站工作人员进行全面培训，旅顺口区还对乡镇（街道）党工委书记进行了全员培训。在企业层面，市安监局印发《关于学习贯彻习近平总书记有关安全生产重要讲话精神及新修订的〈安全生产法〉的通知》，要求企业开展全员培训。在社会层面，通过《大连日报》和大连电视台滚动字幕等媒介，适时宣传报道新法“十大”亮点，为全面实施新法营造舆论氛围。

（三）强化依法治理，加大重点领域的执法力度

1. 集中开展“六打六治”打非治违专项行动

8月，按照国务院和省政府安委会视频会议的部署，大连市同步召开会议，专题部署“六打六治”打非治违专项行动，组建了由分管安全生产工作的副市长任组长，22个市政府部门为成员单位的行动领导小组，针对大连化工产业高风险的实际，制定专项行动实施方案，增加了打击和整治危险化学品非法违法生产经营建设有关内容，采取属地查和行业查相结合、拉网查和重点查相结合、企业自查和政府督查相结合、领导带队查与专家查相结合、明查与暗访相结合的“五个结合”的方式，全面深入开展“六打六治”打非治违专项行动。全年共组织执法检查组2145个，参与检查人员3.8万人次，采取“四不两直”的方式，对重点地区和单位实施暗查暗访1245次，共打击非法违法行为1.3万余起，关闭非法违法企业18家。严格事故查处和责任追究，查处结案事故37起，49户企业和203名责任人受到经济处罚，11人受到行政处分，7人被追究刑事责任。市安委会坚持每季度专题听取事故情况汇报，吸取事故教训，采取有针对性措施，对事故隐患坚决责令整改，“六打六治”打非治违专项行动取得初步成效。

2. 扎实推进粉尘防爆专项整治

昆山“8·2”金属粉尘爆炸事故后，市委、市政府高度重视，要求深刻吸取教训，立即开展隐患排查和督查检查工作，做好粉尘燃爆风险辨识，采取切实有效的防范措施，坚决防止粉尘爆炸事故发生。市政府多次听取工作进展情况的汇报，推动粉尘防爆专项整治行动深入开展。按照省安委会的部署，市政府安委会办公室组织对全市涉及从事铝镁制品、粮食、饲料、棉纺、煤炭、合成材料（塑料、染料）、木材加工等存在粉尘爆炸危险企业进行全面排查。全年共组织专项行动检查1032人次，检查企业172家，查出各类安全隐患477项，整改完成285项，责令限期整改166项，下达整改指令书101份，责令停产停业整顿1家。市安监局印制《大连市粉尘作业企业隐患排查治理知识手册》1500册，作为培训教材，发放到各区市县、街道和粉尘作业企业。

3. 完成了建设项目安全“三同时”专项督查工作

按照市政府安委会的工作安排，7月，市安全生产监察支队对各区市县、先导区和相关部委办局落实《大连市政府安委会关于对建设项目限期办理安全设施“三同时”手续情况的督办通知》(大安委办〔2013〕33号)、《大连市政府安委会办公室关于对建设项目安全设施“三同时”专项执法检查方案的通知》(大安委办〔2014〕6号)和《大连市安监局关于印发开展工矿商贸企业建设项目安全设施“三同时”专项检查工作方案的通知》(大安监执法〔2013〕117号)情况进行专项督查。督查发现，全市2007年以来在建和已建成的经营性建设项目中，未按规定履行安全“三同时”

手续的共1335个。其中投资额在2000万元以下项目（可由企业自行组织评审）、停产停业项目及无实质性建设的项目497个；投资额在2000万元以上、应履行安全“三同时”手续的建设项目838个，完成整改583个，占应整改项目的69.57%，正在整改项目244个，占应整改项目的29.12%，尚未整改的11个，占应整改项目的1.31%。

4. 完成了企业落实安全生产主体责任的专项检查督查工作

根据市安委会的工作部署和市安监局党组的要求，从2014年7月20日至10月15日，市安全生产监察支队分自查、督查两个阶段，采取自下而上的方式，组织企业落实安全生产主体责任专项检查、督查行动。其中区市县、先导区共组成检查组386个，出动检查人员8390余人次，检查企业12221家，查出隐患24141项，全部整改完毕24141项，责令停产停业企业278家，查封场所、设备767台（件），立案566起，罚款人民币1234.37万元；各行业主管部门检查企业、业户191家（户），监区10个，排查老旧房屋6900余栋，建筑施工现场375个，排查暂舍1074间，加固塔吊455台，车辆1042台（次），排查从业人员1846人次，查出各类隐患5486项，全部整改完毕5486项。安全生产监察支队二大队，对全市14个区市县、先导区和12个行业主管部门，开展企业落实安全生产主体责任自查情况进行了督查，督查企业12家，查出隐患25项，整改25项，向5家企业下达了责令限期整改指令书，复查企业5家。

5. 完成了对中介机构的专项执法检查工作

按照市安监局党组的安排，8月，市安全生产监察支队会同相关业务处室，围绕中介机构是否存在租借资质、资格证书，超资质范围和区域开展业务，是否有转包项目、是否依法签订服务合同，是否违规招揽业务，是否存在不正当竞争、从业人员是否参加现场评价活动，是否有安全监管部门以及其工作人员指定中介机构进行评价、咨询、检测等情况对全市安全评价机构、职业卫生技术服务机构及标准化评审机构，进行了专项联合执法检查，共检查中介机构30家，抽查档案41份。通过检查，中介机构资质证书齐全，没有发现有租借资质证书或超资质开展业务及转包项目的情况；评审、检测人员持有与本机构资质相符的培训证书，对不同行业配备相应的专家，按照相应资质条件配备符合规定要求的评审人员，抽查项目档案资料基本满足要求。多数机构能够认真履行国家相关法律法规规定，在具体工作中严格落实。

6. 扎实开展隐患专项治理，深入推进“三管网”专项整治

按照国务院、省政府安委会的工作部署和市委书记唐军的批示要求，深刻吸取青岛“11·22”中石化东黄输油管道泄漏爆炸特别重大事故教训，在全市深入开展“三管网”专项整治行动。分管安全生产工作的刘岩副市长先后召开两次专题会议，研究部署和推动“三管网”整治工作，多次组织责任部门、地区政府和相关企业共同研究重大隐患整治工作。市安监局多次召开党组、局长办公会议，深入推进“三管网”隐患整治工作，下发《关于深入开展全市油气输送管道、危险品管道和城镇管网事故隐患排查治理行动的通知》（大安委〔2013〕37号），明确专项行动工作目标、内容和要求。市安监局、市发改委联合出台《大连市石油天然气、危险化学品管道相关区域工程施工联合审批暂行规定》，规范相关工程施工行为。市安委会先后分3批下达了挂牌督办通知，要求做到隐患整改的措施、责任、资金、时限和预案“五落实”。

（四）采取有力措施，扎实推进安全防控体系建设

1. 开展化工园区管控一体化工作

大孤山化工园区65个管控项目基本完成。委托中国安科院对大孤山化工园区进行风险评价，对管控一体化项目实施效果进行评估认定，全面开展西中岛石化园区安全风险评价工作。

2. 加强应急管理工作

组建了首支液化天然气专业应急救援队伍，全市专业救援队伍达到15支。出台危化品事故应急救援现场处置细则，编制应急预案13部，在大孤山、松木岛、长兴岛等大型化工园区集中开展了原油罐区起火等十大生产安全事故应急预案演练。成功组织“6·30”中石油原油管道泄漏燃烧事故、“12·6”丹东港沉船事故应急抢险救援处置工作，有效避免了次生灾害的发生。

3. 稳步推进安全社区创建工作

2014年，大连市安全社区创建工作继续走在全国前列，有普兰店市经济开发区、金州新区董家沟街道、庄河市青堆镇、大连保税区二十里堡街道等19个单位获“全国安全社区”称号，7个街道通过评定，全市累计有122个乡镇街道获“全国安全社区”称号，10个区（县）整建制获“全国安全社区”称号，命名数量居全国之首，具备了创建全国安全社区城市的条件；累计有8个单位获“国际安全社区”网络成员命名，其中行政区3个，街道5个。9月5日，中国职业健康协会受国家安全生产监督管理总局委托发来确认函，沙河口区南沙河口、春柳、白山路、马栏、黑石礁5个街道通过“全国安全社区”复评。至此，沙河口区9个街道全部通过“全国安全社区”5年1次的复评，成为大连市第一个整建制通过国家复评的区级“全国安全社区”。

（五）夯实安全生产基础工作

1. 深入推进安全生产标准化创建和安全体系认证工作

全年核准工贸行业企业标准化创建352家，495家有固定储存的危化经营企业全部达标。企业安全管理体系认证工作方面取得积极进展，市安监局、质监局联合组织举办专题培训班，在危化企业率先推行HSE、OHSAS 18000等安全管理体系，全市126家危化生产企业全部制定认证计划，103家通过安全管理体系认证。

2. 强化应急救援体制机制建设

不断完善安全生产应急管理机构，指导推动甘井子区、金州新区、普兰店市、瓦房店市和长海县安全生产监督管理局成立安全生产应急管理职能部门。完善安全生产应急预案，分别以市政府和市安监局文件发布应对危险化学品输送管道泄漏、液氯泄漏、液氨泄漏等市安监局直接监管的行业事故应急预案13部；12个区市县（先导区）安监局完成部门预案修订，发布预案47部；104家与市政府签订安全生产责任状的市属以上企业编制完成生产安全事故应急预案。

3. 继续加大教育培训力度

全年共培训考核企业负责人和安全管理、特种作业，以及企业班组长、外来劳务人员12.8万人。扎实开展安全生产月、职业病防治法宣传咨询周等活动。积极推进安全文化示范企业创建工作，全市共有26家企业通过国家、省市验收。

青岛市安全生产工作综述

一、安全生产总体情况

2014年，全市安全生产形势总体趋稳向好，按照“寻标、对标、达标、夺标、创标”要求，各项工作平稳推进。

二、安全生产重点工作

（一）顶层设计

建立了“党政同责、一岗双责”的安全生产领导体制和市政府主要领导任主任，分管领导任副主任的安全生产委员会，组建行业安委会27个。认真落实安全月、安全周制度。先后向市委、市政府和六项治理总指挥部汇报工作16次；组织市政府安委会9次，安全生产电视会议和专题会议18次；协调市领导带队开展5轮督查，推动行业主管部门持续开展专项检查督查，促进安全生产工作深入开展。

（二）建立安全生产体制机制

建立安全生产治理指挥体制和工作机制。推进安全监管“实名制”，明确1.1万余家重点企业的属地和行业监管责任人，实行安全生产“一票否决”和履职考核；实施“安监站进社区”模式，配备社区安全巡查员4757名，形成了覆盖市、区、镇街、社区和企业的网格化信息平台体系。

（三）查纠隐患

推动46340家企业自觉查纠隐患29.27万余项。推行企业安全生产标准化建设。全市所有非煤矿山、烟花爆竹批发企业和危化品生产、储存企业和435家加油站达到三级以上标准化。联合10个部门和3家金融机构下发企业安全生产诚信体系建设意见，重点落实企业安全生产承诺、诚信报告、诚信评价、诚信档案、“黑名单”管理和诚信监督6项制度。建立全市职业病防治信息系统，备案职业病危害项目申报企业8700余家。

（四）开展宣传和培训工作

培训考核企业“三项岗位”人员6万余人次；培训企事业单位主要负责人3.6万余人；对事故发生单位108名主要负责人和安全管理人员进行安全强化培训。分批对780名区市、部门、镇街领导干部和4万余名机关工作人员进行安全培训。结合新《安全生产法》的颁布实施，在电视、媒体、网络上进行解读宣传，利用移动传媒、微博、微信推送新安法相关知识；邀请国家安全监管总局领导和相关负责人两次来青岛市进行专题辅导讲座；对所有企业主要负责人进行培训，与规模以上企业主要负责人进行见面谈话，做好新《安全生产法》实施的准备工作。与青岛市新闻媒体开展合作，发布各类信息150余条，播出专题电视栏目13期；参加《行风在线》、六项治理新闻发布会、“六项治理大家谈”和“民情零距离”栏目，组织开展机关干部“进社区”义务奉献日活动，与广大市民交流互动。6月“全国安全生产月”期间，接待咨询人员20余万人次，发放宣传材料50余万份。累计对8批312处重大隐患，200家消防重点单位，80家发生死亡事故的工矿商贸企业，279家涉氨制冷关停企业通过媒体、网络公开曝光。

（五）开展重点行业专项整治

在全市17个重点行业领域开展了贯穿全年的专项整治活动，累计组织跨区市、跨部门联合执法526次，暗查暗访2497次，共检查企业5.2万余家次，检查各类资质、资格证书5.8万余份，排查整改隐患5.6万余处，打击非法违法行为3.2万余起，责令停产停业整顿244家，取缔关闭506家。

（六）开展安全生产顽症治理

制定下发了安全生产治理10项措施，发布了严厉打击危险化学品道路运输违法行为和加强烟花爆竹生产经营安全监管的2个通告，在危化品、非煤矿山、烟花爆竹三个高危行业组织专家诊断检查，排查整改隐患2700余处；持续对全市974家涉氨单位逐户检查、反复治理，关停279家，改用其他制冷介质355家，全市涉氨制冷企业减至340家；对全市排查的312处重大隐患予以挂牌督办。

（七）打击非法违法行为

联合青岛市总工会开展“查隐患、保安全、促发展”群众性安全生产活动，全市250多万名职工参与活动；与移动、联通、电信三家运营商合作，每月4次以短信形式进行公益宣传，开设“青岛安监发布”微信、微博，鼓励职工群众举报身边隐患。“12350”接听电话4684个，受理有效举报707件，兑现奖金9万元。依法对89起工矿商贸事故进行调查，查处3起涉嫌瞒报事故行为，传唤、拘留、逮捕101人，追究刑事责任22人；对17名机关工作人员予以党政纪处分。

（八）制定规范标准

梳理安全生产行政处罚项目460项，明确了自由裁量标准；明确优化工作流程88项，建立涉企检查计划和重点企业检查报批等制度，规范了行政执法和涉企检查工作。

（九）进行源头治本

组织专家对黄岛石化区进行安全风险评估；严把项目审查关和企业准入条件，依法对5家加油站和4个危化品建设项目不予通过；注销危化品生产、经营许可证458个，非煤矿山企业25家。

（十）创建标准化执法队伍

采取岗位练兵、交叉执法等措施，加强标准化执法监察队伍建设，提高监管执法和服务水平。建立党组成员直接联系群众、自觉接受监督、谈心谈话等制度，每名局级干部联系1家企业、1个镇街、1个社区，严格执行中央“八项规定”，为基层办实事、解难题，全面办结上年度市民意见建议，完成18项制度建设任务和12个专项整治项目。

（十一）开展应急处置工作

市级备案企业预案560余项，9427家企业按计划完成演练，危险化学品、地下矿山、烟花爆竹等184家高危行业企业每年2次实战演练。全局工作人员24小时保持通信畅通，完善了安全生产事故现场救援处理制度。

厦门市安全生产工作综述

一、安全生产总体情况

2014年，厦门市安监局深入开展以“六打六治”为主线，围绕创建全国安全发展示范城市和企事业单位安全生产标准化建设两大重点的安全生产工作。强化安全措施，加大监管力度，有效防范和坚决遏制重特大事故，确保了全市安全生产状况总体平稳。2014年，厦门市共发生四类生产安全事故192起，死亡87人，受伤156人，直接经济损失481万元，与2013年同期相比，事故起数、死亡人数、直接经济损失有所上升，受伤人数下降；发生5起较大事故，未发生重特大事故。2014年，厦门市安全生产事故相对指标情况：亿元GDP死亡率0.026、工矿商贸十万人死亡率1.13、万车死亡率1.26，均大幅低于国务院安委会和省下达控制指标。

二、安全生产重点工作

（一）完善安全生产责任体系

2014年11月，市委、市政府和6个区委、区政府均制定出台《安全生产“党政同责、一岗双责”规定》。健全完善了厦门市安全生产“党政同责、一岗双责、齐抓共管”的责任体系，明确了各级党委、政府及有关部门主要负责人和班子成员相应的安全生产责任。强调了“管生产经营必须管安全、管行业必须管安全、管业务必须管安全”和“行业主管部门直接监管，安全监管部门综合监管，地方政府属地监管”的原则。加大安全生产指标在经济社会发展、精神文明建设、社会治安综合治理、机关效能建设中的考核权重。落实安全生产和重大事故风险“一票否决”，建立有力的考核评价和约束机制。

（二）创建安全发展示范城市

2014年8月，市安委会办公室抽调相关人员，专门成立了创建办公室，具体抓好协调落实工作，由原计划2018年底实现创建目标，全面提速到2015年。具体工作如下：

（1）优化创建方案。方案围绕“一个中心”“八大体系”“三个能力”的创建内容，根据厦门经济社会发展的实际，突出把创建安全发展示范城市融入美丽厦门共同缔造，突出形成安全生产宣传教育全民参与机制，突出特区先行先试并在安全生产体制机制上有所创新，突出对台交流与合作，突出城市安全管理信息化、智能化建设，突出“多规合一”整体规划和产业结构布局优势，形成厦门的创建特色。

（2）完善制度建设。建立各区、各部门联络员制度、通报制度、交流制度、例会制度，及时交流工作进展，推进创建工作。同时，将创建工作纳入年度责任目标考核体系，通过考核推动各区、管委会和20个部门全面开展创建工作。

（3）加大宣传力度。制定《厦门市创建国家安全发展示范城市宣传教育工作方案》。围绕制作宣传短片、宣传手册，编发宣传栏，知识竞赛，征文活动及媒体报道等形式全方位、多角度、深层次推广创建工作动态，提升市民对创建工作的知晓率及认知程度，凝聚共创的强大合力。

（4）完善创建工作责任体系。细化全市考评指标体系，分解任务分工。将创建工作目标任务完成情况纳入政绩业绩年终考核内容和安全生产年度责任目标考核方案，并作为能力评价、选拔任用和奖励惩戒的重要依据。

（三）开展安全生产标准化建设

2014年是福建省实施安全生产标准化建设提升工程三年行动的第一年，厦门市安委会办公室按照省政府的统一部署，稳步推进企事业单位安全生产标准化建设：

（1）分别制定工贸行业、危险化学品、非煤矿山等行业领域安全生产标准化建设的具体实施方案，进行分类指导。确保各区、各行业抓好典型示范企业，为同类企业有效开展达标创建工作树立样板。

(2) 制定落实定期报告、定期通报、走访调研、指导服务、联络员会议、信息化管理、考核督导、年度总结表彰等8项工作制度，强化对各行业领域“安全标准化提升工程三年行动”全过程掌控。

(3) 实现调查摸底全覆盖、宣传教育培训全覆盖、抓典型示范全覆盖、面对面指导服务全覆盖、严格评审全覆盖、各行各业全覆盖共六大覆盖，推动企事业单位安全生产标准化创建工作扎实有效的开展。全市各行业领域应达标企事业单位按照“国标”或“省标”已通过评审达标2893家，达标率36.3%，非煤矿山、道路交通、电力、烟草、渔业船舶行业企业已全部达标。其中冶金等七行业企业全部采用“国标”、使用“信息系统”进行达标管理，大中型应达标企业1043家，有584家进行了现场评审，达标537家（三级518家、二级19家），达标率51.5%，未达标企业47家；小微应达标企业3262家，已达标499家，达标率15.3%。

(四) 提升应急救援能力

2014年，厦门市安监局采取系列措施全方位强化应急救援能力：

(1) 完成《厦门市生产事故灾难应急预案》《厦门市危险化学品事故灾难应急预案》《厦门市非煤矿矿山事故应急预案》的修订，经市政府同意后印发实施。

(2) 督促企业加快应急预案备案工作，截至2014年底，全市共有529家危险化学品企业完成应急预案备案登记，14家非煤矿矿山企业全部完成应急预案备案登记。

(3) 大力推动我市应急救援演练活动，2014年全市各单位共组织各类演练10000多场次，194541多人次参加。其中，6月27日由市安委会会同湖里区政府联合各相关部门于湖里万达广场组织开展了一场超大型商贸综合体安全生产事故应急救援综合演练。检验和提升了厦门市超大型公众聚集场所发生事故后的事故应急处置和人员疏散能力。

(4) 全面加强应急管理信息化建设，完成安全生产应急通信系统项目招标。

(5) 启动安全生产应急平台升级项目，2015年将对厦门市重大危险源监测预警应急指挥系统进行全面升级改造。

(6) 规范应急响应程序，制定《厦门市安全生产监督管理局应急响应规程（试行）》，明确应急处置分工任务，提出应急保障措施要求，全面提升安监部门应急响应能力。

(五) 开展重点行业领域专项整治

2014年，厦门市安监局深入开展重点行业领域专项整治。

(1) 强化危险化学品安全专项整治。先后开展火灾隐患排查整治、液氨制冷企业、剧毒化学品生产、制氧企业安全等专项整治。开展石油天然气管道设施保护专项行动，协调解决中石化福建石油分公司地下石油管道穿越华侨大学厦门工学院事故隐患整改；中航油管道隐患整改和迁改有关工作；西气东输三线东段管线涉及安全的问题。共出动检查组2943人次，组织检查企业1406家次，查改隐患1165条，发出整改通知书83份，责令停产整顿6家，关闭企业3家。

(2) 强化非煤矿山安全专项整治。全年厦门市共出动人员400多人次，对所有持许可证书企业和可能存在违法行为地区实行了全覆盖、多层次、高频率的检查，发现和督促整改161条隐患。通过督促整改，隐患整改基本到位。严厉打击违法行为，对厦门市部分矿区违法开采死灰复燃的现象予以坚决查处，共发现并查处无证采矿点26处，对涉及刑事犯罪的5宗违法采矿行为移送区公安分局立案侦查。

(3) 强化其他重点行业领域专项整治。协调配合其他部门对道路交通、轨道交通、建筑施工、水上交通、民航、渔业船舶、农业机械、民爆器材等行业领域深入开展专项整治，进一步强化监管，确保安全。

(六) 开展城镇燃气安全生产大检查

2014年，全市发生了两起燃气生产安全事故（湖里区家乡瓦罐煨汤馆“9·19”较大燃气爆炸事故、思明区味味川菜馆“11·25”较大燃气爆炸事故），给社会造成了较大影响。两起事故均已查处结案，并对责任人和责任单位进行处理。为深刻吸取事故教训，防范类似事故发生，厦门市市政园林局、市安监局牵头，会同相关部门采取了系列措施，全面整顿全市燃气安全：

(1) 开展燃气安全专项整治。通过市、区、镇三级联合执法，开展餐饮企业燃气安全大检查，依法取缔违法经营城镇燃气的单位和个人，建立互通共享的城镇燃气行业管理台账资料。

（2）理顺燃气管理体制。建立健全餐饮企业燃气使用安全管理的工作机制，修订《厦门市燃气管理条例》，明确市直各部门责任分工，理顺市、区、镇（街）、村（居）委会分级管理机制，建立健全市区齐抓共管、部门协调配合、职责分工明确、网格化全覆盖的燃气管理体制机制。

（3）完善机构设置。加强人员配备，于市级、各区分别成立燃气管理中心，协助做好燃气监管相关工作，保障上下响应、工作有序对接。

（4）落实燃气企业安全主体责任。监督燃气经营企业依法严格落实企业主体责任，健全完善安全管理制度和事故应急救援预案，强化从业人员教育培训及安全责任。

（5）加快管道燃气建设。积极推广管道燃气的运用，并推广应用燃气安全技术装置，主动防范燃气事故。

（6）加大燃气安全科普力度。通过媒体渠道、政府网站、燃气经营单位等平台，加大对广大城镇燃气使用者的宣传教育，提高全社会城镇燃气安全使用水平，提高全民安全意识和自防自救能力。

（七）开展“六打六治”打非治违专项行动

2014 年 8—12 月，市安委会办公室按照国务院、省政府关于“六打六治”专项行动的统一部署，下发了《关于集中开展“六打六治”打非治违专项行动方案》。成立了以李栋梁副市长为组长的工作领导小组，结合厦门市实际，增加旅游设施、粉尘防爆、有限空间作业、瓶装燃气等 4 个整治方面，拓展为厦门版“十打十治”，细化为 21 个整治方向，将任务具体分解到 31 个责任单位，全面开展打非治违专项行动。全市各级各部门按照“全覆盖、零容忍、严执法、重实效”的总要求，建立多部门联合执法机制，深入开展“六打六治”打非治违专项行动，遵照“四个一律”要求，严厉打击安全生产非法违法生产经营建设行为。据统计，行动开展以来，检查企业 8230 家（次），排查治理隐患 9135 条，打击违法行为 7495 起。

（八）开展安全生产宣传教育工作

2014 年，厦门市安全生产宣传教育工作围绕 4 大要点展开：

（1）持续加强与主流媒体沟通研讨、建立稳定良好的合作共赢机制，新闻宣传成效明显。全年在各类媒体专题报道共 68 篇（期），制作“安全视角”专题节目 25 期。厦门市安全生产信息网刊用各区、各部门、各企业安全生产信息 2830 篇，日均更新 8 篇。

（2）贯彻落实新《安全生产法》宣贯，在主流媒体开辟专栏，大力宣传新《安全生产法》颁布实施的重大意义。辅助企业负责人、安全管理员等对新安法重点内容的深入学习，增强学习的针对性和有效性。

（3）开展第十三个“安全生产月”活动，包括安全生产咨询日、安全生产事故警示教育、安全文化宣传、安全生产应急预案演练、“安康杯”竞赛、建设系统技能竞赛等一系列针对性强、内容丰富、形式多样、社会广泛参与的宣传教育活动。此次活动共发放宣传材料 40.5 万余份，发送短信 211 万余条，张贴横幅标语 2580 余张，开展各类培训 1300 场次。

（4）全新开辟“厦门安监”微信公众平台，嵌入门户网站相关功能，打造成便民服务与舆论引导相结合的宣传阵地。截至 2014 年，有 800 余人关注，推送资讯 21 期。

宁波市安全生产工作综述

一、安全生产总体情况

2014 年，全市上下认真贯彻落实中央和省委、省政府的决策部署，不断强化“红线”意识，全面深化改革创新，深入开展专项整治，实现了安全生产状况总体平稳、可控，为“平安宁波”建设奠定了重要基础。宁波市在全省安全生产考核中获优秀等次。全年共发生各类生产安全事故2599起，死亡690人，同比分别下降9.3%、7.4%，实现“十连降”；死亡人数比省政府下达控制指标减少64人；较大事故起数、死亡人数分别下降50%、58.8%，创10年新低；未发生重特大事故。劳动工伤事故从2008年的5.7万起，减少到2014年的3.4万起。

二、安全生产重点工作

（一）建立健全安全生产责任体系

认真贯彻落实中央领导指示精神，建立起“党政同责”“一岗双责”和“三个必须”的安全生产责任体系。党的十八大和十八届三中、四中全会把安全生产作为全面深化改革、全面推进依法治国的重要内容，中央领导作出一系列重要指示，全国人大审议通过《安全生产法》修正案，省委、省政府出台了关于加强安全生产促进安全发展的意见。市委、市政府高度重视安全生产，根据中央和省委、省政府的总体部署，研究出台了《关于加强安全生产促进安全发展的意见》(甬党发〔2014〕9号）文件，明确了今后一段时期全市安全生产的总体要求、工作目标和重点任务，并推出了一系列改革创新举措。一是加强党委对安全发展的领导。明确市委常委、公安局长为安委会副主任，把组织、编制办公室等党委部门列为安委会成员单位。党委部门对安全生产给予高度关注，宣传部把安全生产纳入市委中心组理论学习的重要内容，组织部把安全生产列入各级领导干部专题培训的课程安排，不断推动形成做好安全生产工作、促进安全发展的良好氛围。二是完善安全生产责任机制。实行政府行政首长与分管副职、分管副职与所分管的安全生产重点部门主要负责人逐级签订责任书，并加大了对县（市）区政府安全生产的考核权重；交通、住建等重点行业部门推进落实“一岗双责”责任机制，进一步增强了安全生产齐抓共管、一级抓一级、逐级抓落实的工作合力。三是对市安委会组织架构进行重大改革调整。增设7个专业委员会，由分管副市长亲自“挂帅”，负责专业领域内的安全生产工作。各位副市长均已向市长提交安全生产履职报告。经过一年多的努力，在市、县两级基本建立起“党政同责”“一岗双责”和“三个必须”的安全生产责任体系。

（二）加大隐患整治攻坚力度，有效提升重点领域风险防范水平

各地、各部门深入开展油气管道、危化品、消防、建设、交通、海洋渔业以及“三场所两企业”（涉案制冷、涉爆粉尘、有限空间、喷涂、船舶修造）等领域的安全专项整治，隐患整治工作形成常态化，有效控制了易引发群死群伤的重大风险。尤其是“八打八治”专项行动开展以来，多批次密集开展领导督查、执法检查、专家检查、夜查暗访，全面排查出涉爆粉尘企业762家、涉氨制冷企业433家、油气管道7500多公里，关闭、整顿各类企业1000多家，黑名单警示49家，并对113项重大隐患实施省、市、县三级政府挂牌督办。各地还根据本区域内的实际情况，加大了对重点隐患、薄弱环节的整治力度，都取得了良好的实施效果，区域安全风险得到有效控制。强化了企业自查自纠隐患的组织工作，纳入隐患排查治理信息系统的重点单位扩大到3.8万余家、增长138%，排查治理隐患31万余项。全省隐患排查治理体系建设现场推进会在宁波召开。

（三）创新监管方式方法，探索安全生产长效机制

以网格化、制度化、社会化、信息化为抓手，推动安全生产监管方式方法的创新，取得了较为明显的工作成果。一是推进基层安全生产网格化管理体系建设。基层力量更加充实，网格职责更加明确，工作程序更加规范，安全责任更加落实，协管作用更加发挥。二是创新安全生产社会化服务机制。针对宁波市企业多、规模小、基础弱、监管力量不足的现状，为了解决小微企业“没人管、不会管”安全生产的现实问题，引导50多家中介机构、600多名专家积极投入到企业提供安全生产专业服务。宁海、石化等地的做法颇具典范性，得到了省、市领导的高度肯定。中国安科院宁波分院已正式实体化运作。三是探索创新政府部门安全生产监管机制。完善综合监管及专业安委会的工作运行机制，制定出台了警示约谈制度，油气管道、水上休闲等重点领域长效监管机制取得了新的进展。四是推广科技与信息化建设应用。住建部门全面推进施工现场在线监控，质监部门的电梯智能监控试点初见成效，“智慧安监”项目建设取得重大进展。推动企业探索安全生产管理信息化，宁波金丰机械的经验得到省领导的充分肯定。此外，还与宁波工

程学院签订战略协作协议，就创办宁波安全工程学院、共同推进安全工程师人才培养、开展安全生产科学研究与咨询服务等方面加强战略合作。

四、夯实基层基础，提升安全生产管理能力

一是深化安全生产标准化建设。加强对已达标单位的监管，首次对12家责任事故单位实行“摘牌”。重点推进规下企业标准化建设，年内创建达标企业2599家。以标准化为重要基础，开展安全生产信用等级综合评定，相关做法得到了省领导的充分肯定。宁波市已对7000多家工矿企业、1000多家建设单位、近200家特种设备单位、7万多家车辆和运输单位实施了ABCD安全信用等级评定，纳入“信用宁波”体系。2014年以来，信用管理在工程车安全领域发挥了积极作用。二是加强行政执法督促企业落实主体责任。尤其是加大典型事故、较大事故查处力度，共查结各类生产安全事故59起，判处涉及危害生产安全罪27人，进一步扩大事故警示、以儆效尤。三是实施“深化全员安全培训”民生实事工程，开展“双百双千”安全骨干培育，积极探索中介机构参与的订单式企业安全培训，培训各类从业人员91万，培育中小企业安全骨干2230人，促进提升企业安全管理水平和劳动者的安全意识与技能。四是广泛深入开展宣传教育。突出加大新《安全生产法》的宣贯力度，并纳入“六五”普法。首次在《光明日报》专题报道，被评为全国安全生产好新闻，新华网、人民网等数十家大型门户网站全文转载，产生了积极的社会效果和反响。扎实开展安全生产系列专项宣传，全国“安康杯”竞赛试点工作经验推广会在宁波市召开。五是强化应急管理建设。成功举办省级油气管道应急演练，连续第五届举办危化一线员工应急技能大赛，成功处置“算山码头污油泄漏”险情，“政企联动、部门协作、快速反应、群众支持”的应急处置机制经受住了实战考验。六是推动乡镇（街道）安监站（所）规范化建设。2014年规范化达标率为96%，提前完成三年创建计划。国家安全监管总局领导在调研基层安监机构建设时，充分肯定了鄞州高桥镇的建设成果。

第十一部分

主要产煤省（自治区、直辖市）煤矿安全监察工作

北京市煤矿安全生产工作综述

一、煤矿安全生产总体情况

2014年，北京煤监局在国家安全监管总局、国家煤矿安监局和北京市委市政府的正确领导下，深入学习贯彻十八届三中、四中全会精神和习近平总书记系列重要讲话精神，牢固树立红线意识，重点实施“1+4”工作法，深化隐患排查治理，严格监管监察，较好地完成各项工作任务。

二、煤矿安全生产重点工作

（一）强化红线意识，推进“1+4”工作法

1. 落实国办文件印发实施意见

以市政府名义印发《关于进一步加强煤矿安全生产工作的实施意见》（京政办发〔2014〕30号，简称《实施意见》）。《实施意见》除严格落实国办发99号文件外，针对北京首都特点和煤矿安全生产实际，固化了北京煤监局近几年行之有效的7项工作机制：建立健全安全生产责任体系，严格落实煤矿矿长责任制度，建立健全管理人员责任制度，隐患排查治理体系，加强对轻重伤及涉险事故调查，加大根治“三违”力度和加强班组建设。结合煤矿实际增加安全预防控制体系建设、推进煤矿安全生产法治化建设、加强职业危害预防、加强环境保护、加强对特种作业人员的管理等5项内容。

2. 采取有效措施推动落实“双七条”

牢牢抓住“双七条”贯彻落实不放松，每次下矿监察都对“双七条”内容进行宣讲，实现员工全覆盖。开展“双七条”专项监察，结合实际情况将顶板管理是否符合规定、通风系统是否可靠、监测监控系统是否运转安全有效、矿领导下井带班情况等列为检查重点，每矿必查。共检查14矿次，查出问题和隐患71条，已督促全部整改。

3. 扎实开展事故案例警示教育活动

制定《2014年事故案例警示教育工作计划》，将安全警示教育工作作为监察的重要内容，采取检查记录、询问职工等形式到矿必查。开展监察员人矿进行警示教育活动，要求全体监察人员制作宣讲课件，要宣讲到煤矿、段队、班组、职工，做到煤矿全覆盖、人员全覆盖。

4. 扎实开展与矿长谈心对话活动

制定与矿长谈心对话活动方案。煤监局领导与矿长平等交流，充分谈体会、谈问题、谈办法、谈建议、谈意见。在谈心对话活动中，对矿长提出贯彻落实“五要”的工作理念：要有政治思维、大局意、法纪观念；要学懂“双七条”，领会“双七条”，落实“双七条”；要带着责任抓安全，带着感情抓安全，有敬畏之心、责任心；要常思问题和不足，善于学习，不断充实和提高自己；要敢于担当，善于治矿，不断创新煤矿安全管理的新方法、新途径、新机制。

5. 扎实开展“六打六治”打非治违专项行动

结合北京市煤矿特点，确定煤矿打非治违专项行动8条主要内容：超层越界或者巷道式采煤、空顶作业的；采掘工程平面图、通风系统图与实际不

相符的；防尘降尘措施落实不到位的；通风系统不合理、不完善的；汛期“三防”措施不落实的；机电设备不符合国家或行业安全标准的；隐患排查治理制度不完善、重大隐患治理“五落实”不到位的；员工培训不合格或无证上岗的。“六打六治”期间，采取“四不两直”开展暗查暗访，深入井下、深入现场，做到不留死角、全面细致。突出问题整改，对专项行动中查出的问题和隐患，要求煤矿要举一反三，全面自查自纠。坚持从严执法，加强跟踪督办，确保隐患和问题整改落实到位。

（二）坚持依法治安，开展煤矿安全监察

1. 依法开展“三项监察”

分解全年监察执法计划，细化每季、每月监察执法主要内容，编制月度监察执法计划和监察执法方案，着力开展专项监察。开展全国“两会”期间及煤矿春节后复工验收专项监察，监督煤矿企业按照停复工标准和程序认真组织验收，“两会”期间组织多频次的监察执法；开展“一通三防”专项监察，督促煤矿加强通风、瓦斯防治工作，预防发生窒息等事故；开展机电运输和采掘工作面等辅助环节机械化专项监察，指导煤矿不断提高对机电运输和采掘工作面等辅助环节的机械化、自动化水平；开展隐患排查治理专项监察，督促指导煤矿加大隐患排查治理，严格隐患排查治理“五落实”，有效防范较大以上事故发生；开展职业危害预防专项监察，改善井下作业环境，预防和减少尘肺病的发生。全年共监察62矿次，完成全年监察计划的147.6%，监察矿井覆盖率100%，下达执法文书280份，实施经济处罚221.25万元。

2. 强力推进三项重点工作

开展“两个体系”建设工作。制发《北京市煤矿安全生产事故隐患排查治理体系建设工作指导意见》《北京市煤矿安全风险预控体系建设工作指导意见》，两个意见明确提出煤矿隐患排查治理和安全风险预控建设内容、方式方法、目标任务和煤矿主体责任，为北京市煤矿安全生产提供基础保障。开展重点煤矿安全督查。为遏制长沟峪煤矿事故多发、连发的问题，对该矿进行重点督查。督查组每月至少对长沟峪煤矿开展一次检查，每月参加一次煤矿安全办公会或安全例会、一次科段级安全例会，通过组织召开不同层次人员参加的座谈会等形式，共同研讨、分析安全管理中存在的薄弱环节，查找隐患和“三违”发生的原因，提出有针对性的防范措施。重点督查工作取得了较好成效，2014年长沟峪煤矿未发生伤亡事故。开展“安全·和谐”示范班组建设工作。督促指导昊华能源公司完善班组达标系列奖励评比办法，明确班组建设基金额度、奖励方法及标准。督促指导煤矿制定班组安全建设具体工作方案。会同市总工会，评选出6个市级“安全·和谐”示范班组和6名“安全·和谐”优秀班组长。

3. 严肃事故查处

按照“四不放过”原则，从现场管理、施工设计、作业规程、管理制度和领导责任等方面，深入查找事故发生的深层次原因，分析技术管理、安全管理中存在的问题。及时组织召开事故分析会，分析事故原因，提出针对性的整改措施；及时召开事故通报会，在较大范围内通报事故调查处理结果，使更多单位和人员吸取事故教训。在自由裁量权范围内，一律高限处罚；对事故相关责任人在行政处分的同时进行经济处罚。2014年，北京市的煤矿共发生死亡事故5起死亡5人，5起事故共计罚款205.05万元，对事故煤矿有关责任人，追究刑事责任2人，撤职8人，记过、警告14人。

4. 深化安全质量标准化达标工作

推进岗位达标工作。按照国务院23号文件要求并结合北京市煤矿实际情况，提出企业（矿井）达标、专业达标、科段达标、班组达标和岗位达标为内容的质量标准化建设体系，明确科段达标率、班组达标率、岗位达标率，督促指导企业制定科段达标、班组达标和岗位达标的标准和考评办法。完成年度达标考核工作。会同市发展改革委并聘请6名专家，组成考核验收组，对昊华能源公司所属4个煤矿2014年度安全质量标准化矿井达标工作进行现场检查考评。考评组分成采掘、通风、机运、地测防治水和安全管理5个专业组，采取听取汇报、查阅相关资料和井下现场抽查的考核方式，逐矿考核验收。经考核，北京市4个煤矿标准化得分等级均达到了二级标准。

（三）着眼长效机制，深化隐患排查治理行动

1. 加强组织领导

成立以主管副市长为组长的煤矿隐患排查治

理行动领导小组，成员单位包括北京市安监局、北京煤监局、市发展改革委、市国资委、市国土局和京煤集团，领导小组办公室设在北京煤监局，负责指导、协调、推动此次隐患排查治理行动。下设4个集中排查组，每组都由熟悉煤矿业务的处级干部担任组长，每组成员包括市政府有关部门干部3名、昊华能源公司管理人员2名、昊华能源公司救护队指战员6名、煤矿管理人员4名。

2. 认真制定方案

在广泛征集相关部门意见基础上，以市安委会办公室名义印发《北京市煤矿隐患排查治理行动实施方案》，明确各排查组组成和被查矿井名称，确定排查重点，明确排查、整改、督查等各个环节的具体方法、措施等。

3. 加强宣传动员

召开领导小组成员单位、昊华能源公司和所属煤矿、煤矿救护队有关人员参加的现场动员会，要求煤矿企业按照实施方案落实隐患排查治理主体责任，对生产系统、采掘工作面、硐室和设备等进行全面排查，真查实治。强调要抽调专业素质强、工作经验丰富、能检查、会检查的安全、技术人员参加隐患排查治理工作；通过此次全国煤矿隐患排查治理行动，政府部门和煤矿企业要建立起隐患排查治理工作的长效机制，为以后的煤矿安全生产工作打下坚实基础。

4. 开展集中全面排查

排查组按照“一矿一组、一矿一案、一矿一策”的要求，结合各矿自排自查情况，开展集中全面排查。排查组采取逐项摸排建档的方式，对采掘工作面及主要硐室范围内所有巷道、机电设备、安全设施等开展“地毯式”检查，认真排查煤矿“边缘地带”存在的安全隐患，共排查隐患154条，排查组人员已登记造册并反馈给煤矿，提出了整改意见和整改期限。

5. 编制工作简报和工作文本

及时编写工作简报，推动煤矿隐患排查治理行动高效、有序开展，2014年共编制印发10期。结合北京市煤矿隐患排查治理工作实际，制发《北京市煤矿隐患排查治理行动工作手册》《顶板管理专项隐患排查检查表》《煤矿隐患排查治理行动隐患汇总表》等11个工作文本。

（四）加强党风廉政建设，提高干部队伍建设水平

1. 加强党风廉政和反腐败机制建设

制定《党组关于落实党风廉政建设主体责任的意见》，从充分发挥党组党风廉政建设政治领导核心作用等7个方面，明晰了职责与责任、健全了体制机制、细化了工作要求。制定北京煤监局《党风廉政建设和反腐败工作领导小组及工作分工》《2014年党风廉政建设责任制工作检查考核办法》《落实党风廉政建设主体责任重点任务分工》《党风廉政约谈制度》等，并层层签订了党风廉政责任书。

2. 加强廉洁执法机制建设

完善《北京煤监局监察执法工作程序规定》《北京煤监局事故调查工作程序规定》《北京市煤矿安全监察常用行政处罚自由裁量实施细则（试行）》。制定《北京煤监局执法文书点评制度》《北京煤监局监察执法文书“四查”制度》《北京煤监局监察执法检查方案制度》《北京煤监局监察执法主办监察员管理制度》《北京煤监局煤矿较大以上事故隐患跟踪督办制度》等，促进公平执法、公正执法、廉洁执法。

3. 持之以恒抓好纪律作风建设

坚持理论联系实际、密切联系群众之风。根据北京煤监局《党员领导干部联系点工作制度（试行）》规定，班子成员自觉利用工作调研、日常监管、暗查暗访、督查督办、事故救援及调查处理之机，带着问题进现场，带着专家搞服务，为广大生产经营单位、各行各业劳动者把脉会诊、保驾护航，以实际工作促整改，在实践中检验整改的含金量。坚持求真务实作风，杜绝“五个了之”现象。严格贯彻落实国家安全监管总局关于加强监察执法工作要求，进一步转变工作作风，切实解决查出隐患一罚了之、停产整顿一停了之、事故查处挂牌督办一挂了之、有关会议一开了之、事故通报一发了之等“五个了之”现象。坚持“四不两直”工作方法，严格监察执法。做到查前要保密，查中要严格，查后有整改，并使其制度化、常态化，实现严格执法、规范执法、公正执法、廉洁执法。

（五）典型工作方法

1. 延伸谈心对话范围，强化员工“红线”意识

深挖谈心对话活动内涵，将谈心对话活动进一

步延伸，要求各煤矿开展矿长和班组长、副总以上矿领导与单人独岗作业人员进行全覆盖的谈心对话活动。据统计，各煤矿矿长共和892名班组长进行了谈心对话，副总以上矿领导和1050名单人独岗人员进行了谈心对话。大安山煤矿分6个专业，围绕产业结构调整时期的人心稳定、班组工作中存在的问题、二次分配状况等内容，分别和班长进行了谈心对话。长沟峪煤矿在谈心对话活动中，班组长重点反映了违章联责、安监人员纠违凑指标、避重就轻等问题。

2. 坚持问题导向，出台顶板管理五条措施

通过分析京西煤矿历年来发生的事故，55%为顶板事故，特别是2014年发生的5起事故，有4起为顶板事故。为坚决防范和遏制顶板事故发生，研究制定了顶板管理五条措施：一是必须严格规范支护设计，严禁无视规程措施施工；二是必须支护到位，严禁空顶作业；三是必须严格执行敲帮问顶制度，严禁顶帮活石、伞檐不处理施工作业；四是必须严格执行地质变化带管控流程，严禁措施不到位冒险作业；五是必须严格落实矿压监测管理规定，严禁监测系统失效或预报后未采取措施继续生产。

3. 规范执法程序，开展文书点评和“四查”

制定执法文书“四查”制度和点评制度，“四查”即当天检查、每月检查、每季度和半年检查。重点检查执法方案与年度监察执法计划是否对应，执法文书制作是否规范，问题描述是否准确，问题（隐患）处理是否到位，处罚决定书所依据的法条是否准确，处罚决定与专题会研究决定是否一致等。通过点评，有效推动了执法程序、文书制作进一步规范，执法方案更具针对性和操作性，达到了避免盲目、随意执法的目的，促进了煤矿安全监察执法公平、公正、有效开展。

河北省煤矿安全生产工作综述

一、煤矿安全生产总体情况

2014年，河北省共发生煤矿事故13起，其中死亡事故12起、死亡12人，同比死亡事故增加1起、死亡人数减少11人，煤矿百万吨死亡率为0.18，未发生较大以上死亡事故，事故死亡人数控制在国家下达的考核指标（36人）以内，事故死亡人数为全省煤矿安全生产历史最好水平，全省煤矿安全生产形势实现了持续稳定好转。

二、煤矿安全生产重点工作

（一）提升煤矿安全监察执法整体水平

坚持更新执法理念，推进监察创新，注重分析和研讨煤矿安全生产工作的新问题和新矛盾，采取切合实际的监察手段，努力提升监察效能和效果。一是严格推行计划监察，切实抓好“三项监察”工作。全系统以督促落实煤矿安全“双七条”为主线，突出重点地区、重点矿井，开展了煤矿瓦斯、水害、建设项目“三同时”等重点监察活动，集中组织了安全生产许可证、煤矿在用设备检测检验、煤矿作业场所职业危害等专项监察。4—6月，河北煤监局对12处煤与瓦斯突出矿井和高瓦斯矿井、水文地质极复杂矿井以及8处资源整合矿井实施了解剖式监察，查处安全隐患138条，实施行政处罚70.5万元；11月集中对5处新升级为煤与瓦斯突出的矿井实施“回头看”监察执法。全年共实施“三项监察”822矿次，计划完成率121.4%，查处安全隐患2235条，制作执法文书9160份，行政罚款2509.33万元。二是创新监察方式，提升监察效能。全系统强化“零容忍，严执法”的理念，持续推进超前式、解剖式、集中式、审计式、闭合式、示范式监察，严格落实“四不两直”暗查暗访执法制度，有计划地组织突击检查活动，从严从快查处各类煤矿安全隐患和非法违法行为。二季度，各监察分局之间开展了异地交叉监察执法，既促进了公正严格执法，又达到了相互学习的目的。三是完善监察制度体系，规范行政执法行为。制定完善了《关于加强监察服务型执法的意见》《实施行政许可配套制度》《九项行政许可事项办理工作程序》等文件制度，对每一项

行政许可的办理程序、时限要求进行了统一规定。结合近年来上级文件和新修订《安全生产法》的规定，组织修订了《河北煤矿安全监察局行政处罚自由裁量实施基准》。同时，着力抓好执法案卷和文书考核、案件审理以及定期通报等工作，进一步规范了监察程序、文书制作和行政处罚。四是履行监督检查职责，强化安全监察监管。河北煤监局领导多次带队深入各产煤市县以及煤矿企业，严查地方煤矿"双停"监管情况，严厉打击煤矿违法违规生产建设行为，尤其在"两节""两会"等重要时段坚持督查督导不断线、监察执法不放松。各监察分局坚持定期对辖区内各产煤县区监管工作进行监督检查，共检查发现未按规定驻矿、监管力量不足等130多条问题，及时通报各地方政府，并提出加强和改善安全监管建议30多条。

（二）推动煤矿安全"双七条"落到实处

坚持强化红线意识，增强底线思维，切实把"双七条"作为煤矿安全生产工作的"生命线"和"高压线"来抓，大力实施"1+4"工作法，依法督促煤矿企业落实主体责任，坚定不移地推进"双七条"刚执行。一是持续宣贯。认真贯彻河北省政府出台的《关于进一步加强煤矿安全生产工作的实施意见》，督促煤矿企业加强煤矿安全"双七条"的学习领会，真正做到入脑入心，深入掌握其精神实质，并作为铁律，坚决贯彻执行，努力提升煤矿企业"一把手"保护矿工生命安全的责任理念。四季度，利用多种宣贯形式，迅速掀起了学习宣贯新《安全生产法》的热潮，做到宣传贯彻覆盖到每一个煤矿和广大职工。二是认真开展与矿长谈心对话活动。按照上级安排部署，为切实推动煤矿矿长牢固树立"红线"意识，河北煤监局与河北省煤管局研究制定了谈心活动方案，联合开展了"领导与煤矿矿长谈心对话活动"，将全省所有生产、建设、整合技改、停产整顿煤矿的矿长全部纳入谈心对话范围，把8个产煤市的262处煤矿分解到人，确保了全覆盖。5名局领导先后与114名煤矿矿长进行了面对面的谈心对话，切实提高了煤矿矿长保护矿工生命安全的责任感、守规尽责的自觉性，并征集煤矿企业意见和建议287条，指导解决实际问题260个。三是突出打好重点县煤矿安全攻坚战。认真落实国家安全监管总局和河北省安委会的工作部署，积极参与重点县煤矿安全攻坚督导工作，督促张家口市蔚县、邢台市沙河市制定煤矿安全生产攻坚战实施方案，督查指导落实各项攻坚举措，切实改进地方煤矿安全管理现状和提升安全监管水平。四是深入开展煤矿"六打六治"专项行动，推进集中开展煤矿隐患排查治理行动。按照国务院和河北省安委会关于"六打六治"打非治违专项行动统一部署，河北煤监局与河北省煤管局研究制定了煤矿安全生产"六打六治"工作方案，明确了打非治违的工作重点和整治重点，联合组成了4个执法督导检查组深入到全省8个产煤市，督促各地市落实煤矿"六打六治"工作实施方案，从严检查煤矿"六打六治"自查自纠情况，督促各煤矿企业建立健全图纸定期报备管理和随机抽查制度，并坚持采取"四不两直"方式，深入煤矿从严从细查处煤矿安全隐患和违法行为，确保了十八届四中全会期间全省煤矿安全生产，有效遏制了各类煤矿事故发生，共组织开展执法活动58次，出动执法人员246人次，监察煤矿161处，发现安全隐患和非法违法行为1069条，行政罚款351万元，责令改正和限期整改528件。11月，按照国家安全监管总局"集中开展煤矿隐患治理行动"的工作部署，参与了河北省集中开展煤矿隐患治理行动唐山市试点工作。1名局领导督查巡视，抽调12人组成6个排查组进驻煤矿开展了为期10天的隐患排查治理，下井182人次，排查覆盖了矿井所有的生产区域、工作面和硐室。为落实12月10日全国煤矿隐患排查治理行动经验交流推广会议精神，参与召开了全省集中开展煤矿隐患排查行动启动会议，并抽调34人组成19个排查组于12月中旬进驻全省78处煤矿开展了隐患排查治理活动，共排查各类安全隐患2326条，责令停产停工12件，限期整改861件。

（三）夯实煤矿安全基础管理，有效防范重特大事故

始终把煤矿瓦斯治理、防治水作为煤矿安全生产工作的重中之重来抓，坚决防范和遏制重特大安全事故的发生。一是加强煤矿瓦斯防治。坚持加大对煤与瓦斯突出和高瓦斯矿井的监察执法力度，认真落实国办发〔2013〕99号文件要求，对5处2013年升级为煤与瓦斯突出的矿井集中组织了专项监察活动，各监察分局对所有突出矿井都加大了监察频次，督促落实两个"四位一体"综合防突

措施，完善安全监控系统，强化现场安全管理，不断提升防突治理水平。其中，冀东分局常设专项检查组，对升级为煤与瓦斯突出的矿井紧盯不放、实施跟踪监察，依法指导加快矿井设备设施升级改造，并督促2处相邻矿井完成瓦斯突出鉴定工作。二是突出抓好水害防治。结合河北省煤矿水害特点及地质水文状况，坚持有针对性地开展煤矿防治水专项监察，重点检查煤矿建立防治水制度、健全防治水机构和人员、完善水文地质基础资料、探明矿井周边采空区等情况，依法督促煤矿企业落实探放水制度、防治水措施和水害应急救援措施，先后监察水文地质条件复杂和极复杂矿井21处，查处安全隐患和问题197条，责令改正和限期整改56件。为认真汲取2014年2起水害事故教训，三季度组织开展了防治水专项监察“回头看”，督促煤矿加大隐患整改进度，及时消除各类水害隐患。三是切实抓好煤矿安全避险“六大系统”建设。按照国家安全监管总局统一部署，督促生产矿井完善安全避险“六大系统”建设，到2014年6月底，全省81处应建紧急避险系统的矿井全部完成并验收通过。同时严格监察地方整合技改矿井“六大系统”建设情况，凡未按规定建设完善的，一律不予验收通过。四是加强煤矿隐蔽致灾因素排查治理工作。督促煤矿企业贯彻落实《煤矿地质工作规定》，认真开展隐蔽致灾因素排查治理，加大矿井采空区积水等隐蔽致灾因素普查力度，5月完成了隐蔽致灾普查因素及治理工作经验的征集上报工作。五是加强安全中介机构监管，增强技术支撑保障。修订完善了《煤矿安全生产检测检验机构监督管理办法》《煤矿安全评价机构监督管理办法》以及《河北煤矿安全生产检测检验机构考核标准》，定期对安全检测检验机构开展业务考核考评，进一步规范了中介机构监管工作。积极推进煤矿职业卫生技术服务机构建设，坚持严格标准和审查验收，为4家技术服务机构颁发了乙级资质证书。

（四）严把煤矿安全生产准入关

从规范行政许可入手，做到简化程序、提高效能，从严格安全标准入手，做到源头治理、严格把关。一是着力规范行政许可审批工作。集中对现有行政许可审批事项办理流程重新进行了规范，共核减了3个许可项目，取消了11个审查环节，明确了一个窗口对外、两岗审核终结等制度。制定了《关于进一步推动行政权力规范运行的意见》，认真推行行政许可事项和重要执法情况公示制度，对所有审查审批事项和3万元以上行政处罚案件、暂扣或吊销煤矿安全生产许可证和主要负责人安全资格证、责令煤矿停产整顿等6种重要执法情况，定期在河北煤监局门户网站进行公示，做到了公开透明、阳光运行。二是严格落实各项安全生产许可制度。以督促煤矿企业加强安全生产条件动态管理为核心，严格抓好申请审查、现场验收和审批发证各环节，全年共受理了56个煤矿企业的安全生产许可证申请，办结54个。以严格执行“三同时”为前提，从严掌握标准，认真抓好煤矿整合技改等建设项目的安全设施设计审查和竣工验收工作，对安全设施设计未经审查合格的，一律不准开工建设和技改施工。全面推行煤矿建设项目职业卫生“三同时”的要求，依法督促煤矿企业建立健全职业危害防治领导和管理机构，落实职业病危害防治措施。以严格考试考核为抓手，扎实开展了煤矿“三项”岗位人员的培训考核发证工作，全年共培训煤矿主要负责人146人，安全管理人员7869人，特种作业人员17539人，组织职业卫生培训220人。并召开了考试点建设座谈会，研究制定了实际操作考试点建设标准和验收办法，先后验收了18个申请考试点。三是发挥联合执法优势，推进地方煤矿整顿关闭和整合技改工作。始终与省、市煤矿监管部门协调作战、合力共为，多次开展联合执法活动，分片深入到各产煤市县和煤矿生产一线，严厉查处煤矿“三非”“三违”“三超”问题，督促各地政府及煤矿整合主体企业加快煤矿资源整合和整顿关闭工作进度，对经公告决定关闭的煤矿，督促关实关死，重点对地方停产整顿、整合技改矿井从严执法，严查非法生产建设行为。

（五）加强了煤矿事故调查处理工作

坚持警示教育和严查追责两手抓，不断提高煤矿事故调查处理效能，用事故教训推动煤矿安全工作，全年全省煤矿发生死亡事故12起，应结案11起，实际结案11起，按期结案率100%。一是强化事故案例警示教育。结合全省煤矿实际状况，有针对性地分片召开了8次煤矿事故案例警示教育活动，深刻剖析事故原因，警醒吸取事故教训，提升了煤矿企业的事故防范意识，并将典型事故案例光盘发送到各煤矿企业，切实做到了安全警示教育覆盖到每一个煤矿，达到了“一矿出事故，百矿受教育”的目的。二是严肃查处煤矿事故。在事故查处中，坚持严格落实事故挂牌督办、公示和约谈等制度，依法追究事故责任人的责任，并配合河北省政府有关部门对2013年事故责任追究落实情况进行了全面督查。三是坚持加强举报事故核查，严肃责任追究。始终对每一件举报都明确核查责任，限期查办，不放过任何一条线索，做到有举必查、查必有果。其中，各监察分局主要领导均亲自挂帅任组长，研究制定举报事故核查方案，组织地方煤管、公安、监察等部门进行联合核查，并积极探索创新事故核查方式方法，努力破解事故举报核查难题，共查实了3起举报事故。

（六）推进了党风廉政和队伍建设

河北煤监局党组认真履行党风廉政建设主体责任，坚持把党风廉政建设和反腐败工作作为煤矿安全监察队伍的“生命工程”来抓。一是严格落实党风廉政主体责任。2014年初，组织召开了全系统党风廉政建设工作会议，精心部署了年度反腐倡廉工作任务，明确了工作重点和目标任务，落实了“一岗双责”。河北煤监局党组重点加强对各监察分局的专项检查考核，并定期通报、督促整改，确保各项重要决策部署工作落实。河北煤监局党组党风廉政建设第一责任人，在反腐倡廉推进过程中亲自协调有关事宜，亲自带队对两个分局开展了执纪检查活动。第一责任人与各党组成员、党组成员与分管处室负责人签订党风廉政建设责任状，形成了一级抓一级的责任体系。领导班子其他成员严格落实“一岗双责”，对分管范围内的反腐倡廉工作认真负责，与业务工作同部署、同督促、同检查，11月，河北煤监局领导班子成员分别听取分管处室、事业单位党风廉政建设和反腐败工作专题汇报。二是认真履行党风廉政监督责任。纪检组加快推进“三转”，突出执纪监督问责，聚焦纪检主业，积极协助河北煤监局党组加强党风廉政建设和组织协调反腐败工作，及时督促检查全系统落实惩治和预防腐败工作任务。2014年组织开展了全方位的执纪检查活动，分两次对各单位年度党风廉政建设责任制进行了检查和考核，并及时通报检查考核结果。三是持续强化反腐倡廉教育。深入开展了理想信念、党风党纪、岗位廉政教育和廉洁自律教育，组织全体党员干部观看了多部警示教育片。精心组织了第五个“警示教育周”活动，组织学习了党纪政纪条规和警示教育案例通报，开展了8个方面的自查自纠工作，进行了廉政百题知识测试和廉政党课教育活动。四是积极推进惩防体系建设。中央关于《建立健全惩治和预防腐败体系2013—2017年工作规划》和国家安全监管总局党组《关于贯彻落实〈建立健全惩治和预防腐败体系2013—2017年工作规划〉的实施办法》下发后，研究制定了具体实施细则，对惩防体系建设做出了总体部署，提出了6个方面56项工作任务和具体措施。在财政部《中央和国家机关差旅费管理办法》正式执行后，及时下发了《关于加强差旅费管理和监督检查的通知》，进一步严肃财经纪律，严格差旅费报销管理。五是加强权力运行监督。继续加大了对权力运行的监督力度。主动接受外部监督，到煤矿企业进行走访调研和座谈交流，召开行风监督员座谈会4次，走访煤矿企业8个、行政相对人60余人。加强了执法监察，查阅4个分局的监察执法和行政许可案卷48份，查摆问题12条，提出意见和建议8条。贯彻落实国家安全监管总局党组预防腐败六条措施，河北煤监局党组书记、局长调整了分工，不再分管人事、财务等工作，各分局和事业单位主要负责人也按照要求调整了分工。六是加强干部交流和选拔任用。新的《党政领导干部选拔任用工作条例》(简称《条例》）出台以后，河北煤监局党组高度重视，对照新旧条例的变化，深刻学习领会精神实质，并在全系统视频会议上进行解读，提高了大家学贯《条例》的自觉性，为加强群众监督、选好用好干部打下了基础。在干部选拔任用过程中，加强监督，严把“八个关口”，杜绝了不正之风。

山西省煤矿安全生产工作综述

2014年，山西煤监局按照国家安全监管总局、国家煤矿安监局和山西省委、省政府安全工作决策部署以及煤炭产业“六型”转变发展思路，全面落实国办发99号文件精神、煤矿安全“1+4”工作法和“双七条”规定，不断强化瓦斯综合治理和水害防治监察，深入推进煤矿隐患排查治理，扎实开展煤矿安全生产大检查和“六打六治”打非治违专项行动，抓源头、严执法、强基础、重预防、治根本。与此同时，持续加强监察队伍思想、组织、作风、能力、廉政建设，提升依法行政水平和队伍综合素质。通过与各地、各部门和各煤炭企业的共同努力，2014年山西省全省煤矿安全生产形势持续稳定好转。2014年全省煤炭产量9.767亿吨，发生死亡事故26起、死亡35人，同比减少14起、40人，分别下降35%和53.3%；死亡人数比国务院安委会下达的控制指标少33人、减幅48.5%。其中发生较大事故3起、死亡11人，同比减少2起、14人，分别下降40%和56%。煤矿百万吨死亡率0.036，同比下降53.9%。杜绝了重大及以上事故。煤矿安全创历史最好水平。

一、学习贯彻习近平总书记重要讲话精神

深入开展学习习近平总书记关于安全生产工作重要讲话精神系列活动，一是通过参加国家安全监管总局视频讲座、组织专题学习研讨等形式，结合监察工作实际，使全体监察员从生命意识、政治意识、责任意识、忧患意识等多个角度，深刻理解讲话精神的科学内涵。二是举办专家讲座，认真学习习近平总书记在十八届四中全会上的重要讲话和全会《中共中央关于全面推进依法治国若干重大问题的决定》，深刻理解依法治国、依法治安的重大意义。三是加强安全宣传工作，山西煤监局领导班子成员带头深入各市、县（区）和煤矿企业，与地方政府领导和煤矿安全监管人员、煤矿管理干部座谈交流，宣传“红线”意识，进一步提高各级管理人员思想认识，凝聚安全发展共识。四是按照国务院安委会“五个全覆盖”要求，加强对市、县党委、政府贯彻落实中央领导同志重要讲话精神的监督检查，督促建立健全“党政同责、一岗双责、齐抓共管”安全生产责任体系，进一步促进地方政府安全监管责任和煤矿企业安全生产主体责任的落实。五是坚持把宣传贯彻习近平总书记重要讲话精神与学习党的十八届四中全会精神相结合，与学习宣传新《安全生产法》相结合，在组织全局干部职工学习的同时，山西煤监局领导班子成员深入各地市，向监察人员、市县监管部门和煤矿企业相关人员宣讲新《安全生产法》，普及安全生产法律知识。六是充分发挥新华网、《中国安全生产报》《中国煤炭报》《山西日报》、山西人民广播电台等媒体及法律顾问的作用，以开展“安全生产月”活动为契机，加大宣传力度，努力营造浓厚的安全法治氛围。

二、精心组织煤矿矿长谈心对话活动

按照国家安全监管总局、国家煤矿安监局的要求，山西煤监局会同省煤炭工业厅联合下发了《关于开展百名干部与千名矿长谈心对话活动的通知》，进行详细安排布置。为确保活动的顺利开展，省局和各监察分局（站）针对不同谈话对象，进一步细化工作方案。一是围绕国家安全监管总局谈话提纲，结合省政府要求和辖区煤矿实际做了充分准备，拓展谈话内容，做到安全形势讲清楚、存在问题剖析透、防范措施要求严。二是谈话形式推心置腹，山西煤监局和省煤炭厅领导班子成员，各监察分局（站）、各市煤炭局主要负责人共计45名领导干部，与1276名煤矿主体企业主要负责人、煤矿矿长（董事长、总经理、实际控制人）进行面对面地谈话，相互真心交流，达成安全共识。三是对谈话结果进行认真总结，根据矿长们提出的建议，出台加强监察执法、推动问题解决的相关措施，同时建立“谈心对话”制度，促进常态化。

三、深入推进煤矿重大灾害治理

山西煤监局领导带头，机关处室和监察分局（站）同志一道深入到全省270多对瓦斯灾害严重矿井井下，调研检查煤矿瓦斯治理情况，督促煤矿企业进一步转变瓦斯治理理念、加大技术创新力度、强化现场安全管理，采用成熟的理念、技术、装备、工艺，实行“一矿一策”“一面一策”解决瓦斯治理难题。加大瓦斯治理监察执法力度，对未落实两个“四位一体”综合防突措施、未按规定建立瓦斯抽采系统和瓦斯抽采不达标、安全监控系统运行不正常、通风系统不完善以及存在重大隐患的矿井，坚决责令停产整顿，按规定上限进行处罚，并及时通报地方政府或主体企业。对部分煤矿采煤工作面采用不可靠、不稳定、不科学多巷道进、回风通风方式，督促其尽快整改取消。在水害防治上，山西煤监局组织各监察分局（站）结合实际开展专项监察，共检查矿井232对，查处隐患1128条；专项监察以整合矿井隐蔽致灾因素普查为重点，督促做好原始资料收集积累，特别是基础地质资料的收集掌握，制定切实有效的“一井一制”“一矿一策”水害防治措施；督促煤矿企业健全探放水机构，加强现场管理，落实“预测预报、有掘必探、先探后掘、先治后采”十六字方针，着力构建“预测探查、综合治理、效果评价、安全评估”防治水工作体系，煤矿水害事故明显减少。

四、全面开展煤矿安全隐患排查治理行动

根据国家安全监管总局、国家煤矿安监局召开的全国安全生产视频会议和安委办〔2014〕20号文件要求，按照山西省政府安排部署，山西煤监局组织开展了大规模的煤矿隐患排查治理行动，严格落实“全面摸清底数、全面查清隐患、全面制定措施、全面组织整改、全面落实责任”目标要求，坚持“查大系统、治大隐患、防大事故”，突出瓦斯治理、防治水和隐蔽致灾因素普查等重点，针对不同类型的矿井，明确重点排查内容，强化安全隐患排查工作措施落实。一是“细排查”。成立了38个隐患排查组，每组由一名处级领导担任组长，同时安排5名工程技术人员和3名救护队员。各排查组根据煤矿实际情况，逐矿制定排查方案，做到不留死角、不留盲区，确保排查到位。二是“严治理”。对排查出来的隐患督促煤矿抓紧整改，对一时难以整改的重大隐患，由排查组组长挂牌督办，确保措施、资金、责任、时限、预案“五落实”。三是“重实效”。山西煤监局工作指导组认真做好信息报送和统计分析工作，全面掌握工作进展情况，及时总结好经验和做法，分析问题，制定有针对性工作措施。针对排查组反映焦煤汾西矿业水峪、柳湾煤矿工作面采用均压通风方式、有害气体异常涌出等现象，山西煤监局领导亲自带领有关人员进行现场调研，并会同有关专家制定解决方案。截至今年1月底，已按照要求完成了对同煤集团、焦煤集团和阳煤集团所属156对矿井第一阶段排查工作，共排查各类安全隐患5678条，已整改隐患3195条，收到了预期效果。

五、扎实做好监察执法工作

一是结合辖区煤矿安全生产实际，科学制定监察执法计划，认真编制监察预案和现场检查方案，按计划有序开展“三项监察”。组织开展了煤与瓦斯突出、水害严重和近两年发生较大以上事故矿井重点监察，“一通三防”、机电设备、安全避险“六大系统”、建设项目、安全许可、安全费用、职业病危害防治、领导带班下井、安全培训等专项监察，以及汛期、节假日、全国“两会”期间及特殊时段定期监察。2014年，山西煤监局全局共完成监察工作日34306个，超计划12%；开展三项监察1626矿次、14527工作日，分别完成计划的117%和113%。二是扎实开展煤矿安全生产大检查和“六打六治”专项行动，山西煤监局由6名局领导带队成立省级督查组，聘请有关专家深入煤与瓦斯突出、高瓦斯、水害严重以及安全基础薄弱矿井督查，严肃查处煤矿生产过程中各类隐患，严厉打击无证开采、超层越界开采行为，整治图纸造假、图实不符问题。三是注重执法创新，不定期开展“四不两直”突查暗访，全年共检查282对矿井，查处各类安全隐患721条，形成强大的打击、震慑声势。四是认真开展监察执法分析，完善工作措施，加大执法力度，全年共查处各类安全隐患10258条，督促按期整改10144条，其中53条重大安全隐患全部整改完毕；下达各类执法文书5345份，责令停产整顿矿井19对，行政罚款8668万元。五是坚持监察执法与指导地方政府日常煤矿安全监管工作和服务煤矿企业相结合，在依法查处各类隐患的同时，积极帮助煤矿企业解决治理重大灾害技术难题，有针对性地提出加强和改善安全管理意见和建议；进一步完善通报制度，对重要建议和现场检查发现的重大隐患直接抄送地方党委、政府主要领导和企业董事长、总经理，推动“两个责任”落实。六是加强监察执法监督，规范监察执法行为，推进监察执法责任落实。山西煤监局制定了《开展执法监察工作实施办法》《煤矿安全监察执法案卷评查办法》，组织开展120套执法案卷评查和10套优秀案卷评选竞赛活动，聘请兄弟省局监察员和有关法律专家参与，交流执法经验，分析存在问题，探索建立“政法释疑、执法监督、纪检监察”三位一体的监督工作机制。

六、严肃查处煤矿生产安全事故

坚持“四不放过”原则和“科学严谨、依法依规、实事求是、注重实效”要求，对全年发生的26起煤矿事故进行了严肃查处，结案23起，317名相关责任人受到责任追究，其中9人追究刑事责任；落实事故约谈、通报、较大事故省局督办制度，及时公开事故调查处理结果，接受社会监督。同时加大瞒报事故查处力度，对举报查实的10起瞒报事故进行严厉处罚。会同山西省煤炭厅分别召开山西全省煤矿瓦斯、水害事故警示教育视频会议，认真分析近年来煤矿瓦斯和水害事故发生的原因，针对存在的薄弱环节和突出问题，提出具体工作要求，进一步统一思想认识，明确工作思路和措施。国家安全监管总局领导在山西煤监局上报的会议材料上作了重要批示，对警示教育活动予以充分肯定。同时，根据国家安全监管总局部署，邀请5家主流媒体组织“事故煤矿回头看”记者采访活动，督促煤矿企业深刻吸取事故教训，落实防范措施，严防类似事故发生，取得了非常好的教育、警示、引导、监督效果。

七、不断强化煤矿安全基础

一是严格行政许可，严把准入门槛。全面实行煤矿安全许可网上办理，提高工作效率，方便煤矿企业。全年受理煤矿企业安全许可申请资料342个，办结313个；受理办结建设项目安全设施设计审查申请114个和安全设施竣工验收申请84个。制定了《煤层气企业安全生产许可证实施办法》《煤层气地面开采建设项目安全设施监察办法》和《煤层气地面开采建设项目安全设施设计审查和竣工验收规范（试行）》，全年受理办结煤层气地面开采企业安全生产许可证25个，受理办结煤层气开采建设项目安全设施设计审查申请2个。二是大力推进安全技术创新，推广安全生产先进适用技术。推荐申报第六届安全生产科技成果奖98项，征集安全生产先进实用技术38项，推荐申报安全生产科技支撑平台14个，征集安全生产重大事故防治关键技术科技项目20项。三是加强对煤矿安全生产专业服务机构及其从业人员的监督管理，修订了《规范煤矿安全生产专业服务行为的规定》《煤矿安全生产专业服务机构不良行为记录和处罚规定》《检验报告格式》和《安全检验合格证》，并开展年度考核工作，规范煤矿安全生产专业技术服务行为。四是做好职业危害防治工作。按照标准规定对3家煤矿职业卫生技术服务机构（乙级）进行了资质认定，配合国家煤矿安监局对1家甲级职业卫生技术服务机构进行专业能力审查。举办煤矿职业卫生技术服务人员安全培训班，共培训134人。开展“工作场所职业卫生监督执法年”活动、煤矿作业场所职业危害防治专项监察，对2014年度煤矿职业卫生工作进行统计分析。五是认真开展“安全生产月”集中宣教活动，突出“强化红线意识、促进安全发展”主题，组织和参与安全宣传咨询下基层、“三晋安全行”、安全文化宣讲、事故警示教育、安全应急演练等活动，促进各级各部门和煤矿企业不断强化安全生产意识，推动安全生产工作。六是大力推进煤矿安全文化建设，组织申报省级煤矿安全文化建设示范企业现场考评，命名长治王庄煤业有限公司等4家煤矿为省级煤矿安全文化建设示范企业；开展三期煤矿安全文化建设培训班，500名煤矿安全监管监察人员和煤矿企业负责人参加；组织开展安全理念征集评议、示范创建成果展示活动。

八、持续加强监察队伍建设

一是强化党的建设工作。把党建工作纳入山西煤监局全局工作规划，统筹谋划、整体布局，落实“一岗双责”制度，使党建和业务工作两结合、两不误、两促进。认真开展“基层组织提升年”活动，巩固党的群众路线教育实践活动成果，突出抓好问题的整改，全局“两方案一计划”63项任务全部完成。按照山西省省委部署，在全局开展了学习讨论落实活动。二是制定《关于进一步加强煤矿安全监察干部教育培训工作的实施意见》《选派干部到煤矿企业学习锻炼暂行办法》等，加强监察员培训教育。一年来，选派18人参加国家安监总局党校学习和业务培训，组织11名监察员到企业进行为期3个月的脱产学习锻炼；举办监察员业务培训班三期，培训234人，煤层气业务培训班一期，培训58人。制定事业单位公开招聘人员实施细则，规范招聘工作，严把入口关。三是加强党风廉政建设和反腐败工作。召开了全局党风廉政工作会议，对全年反腐倡廉工作进行全面部署，认真分解党风廉政建设责任，狠抓各项工作落实，对工作进展情况及时进行督导检查。健全完善相关制度，出台了《建立健全惩防腐败体系2013—2017年工作规划实施办法》《关于基层党组织纪检委员履行职责的若干规定》《纪检监察信访举报和案件查处工作规则》等制度。开展反腐倡廉“警示教育周”活动，集中开展廉政谈话、到监狱听取服刑人员现身说法等六项活动。开展执纪监督和执法监察活动，重点查找和纠正“三项监察”过程中存在的苗头性、倾向性问题，排查违纪违法线索。加强案件查办工作，全年省局共收到群众举报及上级交办事项19件，目前正在组织深入调查核实。

九、严格规范行政事务管理

按照国家安全监管总局和上级有关部门的规定，结合群众路线教育实践活动整改方案，修订和新出台各类规章制度30余项。建立法律顾问制度，聘请两名法律专家担任省局常年法律顾问，提供法律支撑，开展法治教育，推进依法行政。修订了党组工作规则和行政工作规则，明确党组会、局长办公会决策范围和流程，提高决策的科学性。4月以来，山西煤监局共召开党组（扩大）会23次，讨论研究重大事项47项；召开局长办公会议20次，讨论研究有关事项206项。

山西煤监局组织召开了全局预算编制和财务管理工作视频会，对做好2015年财务预算、加强财务管理和监督工作进行安排部署，初步树立“全民预算、全民参与”“先预算后支出、无预算不支出”的理财观念。加强统计、调度、信息工作，及时上报安全生产情况，为领导决策提供真实依据。加强应急救援工作，开展救护队质量标准化考核和救护队员培训，成功举办了山西省第九届矿山救援技术竞赛，组织开展煤矿安全生产应急预案演练，参加3起较大事故的抢险救援工作。规范档案管理，认真做好各类档案的收集、整理、归档等工作。安全培训中心主动适应煤矿安全生产和安全监察工作需要，不断拓展安全培训业务；安全技术中心扎实开展检测检验、职业危害检测等重点工作，加强安全技术交流和研发，为安全生产提供了技术支撑。

内蒙古自治区煤矿安全生产工作综述

一、煤矿安全生产总体情况

2014年，内蒙古煤监局以党的十八大和十八届三中、四中全会精神为指导，按照国家安全监管总局、国家煤矿安监局以及自治区党委、政府的部署和要求，认真履行“三项监察”职能，以安全生产大检查和“六打六治”专项行动为抓手，全面实施煤矿安全生产“1+4”工作法，有力促进了全区煤矿安全生产形势稳定好转。全年自治区煤矿发生死亡事故24起、死亡27人。通过全系统的共同努力，在全区煤炭产量基本持平的情况下，煤矿安全生产形势实现了“三个继续下降，两个基本控制，两个全国领先”。一是死亡人数继续下降。较2013年减少2人，已连续3年下降，并连续7年控制在50人以内；二是百万吨死亡率继续下降。百万吨死亡率0.027，创历史最好成绩，同比下降8%，已连续5年下降；三是较大事故起数继续下降。2014年发生较大事故1起、死亡3人，比2013年减少1起、4人，已连续3年下降；四是基本遏制了重特大事故。自2010年以来，全区煤矿已57个月未发生重特大事故；五是基本控制了瓦斯、水害事故。全年未发生瓦斯、水害事故，为建局以来首次；六是煤炭产量全国第一。全年产量10亿吨，占全国总产量的四分之一，死亡人数仅占全国总数的3%；七是百万吨死亡率全国最低。

二、煤矿安全生产重点工作

（一）坚持红线思维，大力实施煤矿安全生产“1+4”工作法

紧握习近平总书记重要讲话精神、坚守“红线”意识这个“方向盘”，坚持四轮驱动。一是继续宣传贯彻双七条与新《安全生产法》。充分利用矿长谈心对话和事故警示教育等平台，由内蒙古煤监局领导和业务处室负责人为全区煤矿企业负责人和矿长逐条讲解“双七条”及新《安全生产法》，督促煤矿企业负责人和煤矿矿长知法懂法、依法建矿。二是开展矿长谈心对话活动。全年与煤矿矿长谈心对话1300多人次。对话聚焦“生命”“责任”和“红线”，使矿长牢固树立安全生产“红线”意识，全面正确履行职责。三是抓好重点县攻坚战。按照国家安全监管总局重点县攻坚战的思路，结合自治区实际制定了工作方案。确定了7个全区煤矿安全生产重点旗县（市、区），加强了监察监管，对杜绝重大事故发挥了积极作用。四是开展事故警示教育活动。以四川桃子沟煤矿“5·11”事故及区内典型事故警示教育片为素材，在全区产煤旗县或矿区举行了近30场警示教育会，各级煤矿安全监管部门的负责人和煤矿企业“五职矿长”共计2500多人参加了会议，包括停产停工煤矿基本做到了全覆盖。

（二）坚持计划执法，严格“三项监察”

局机关和各监察分局（站）严格执行年度监察计划，坚持规范执法、严格执法。全年现场监察4893人次，监察各类煤矿584个，监察覆盖率100%。查出一般事故隐患4427项，已完成整改4358项，按期整改率98.6%。查出重大事故隐患37项，已完成整改37项，按期整改率100%。下达煤矿安全监察执法文书3896份。实施经济处罚5400万元，占全国总数的11.5%，其中50万元以上大额处罚35笔，共2112万元。先后开展了春季和全国“两会”期间专项督查，煤矿应急管理、粉尘防治、雨季三防、煤矿图纸管理、“一通三防”和安全生产许可证持证条件等专项监察，以及一系列有针对性的重点监察，消除了一大批安全隐患。

（三）坚持打非治违，严格事故查处和责任追究

从7月开始在全区范围组织开展了为期半年的煤矿安全生产大检查和“六打六治”专项行动。各监察分局（站）会同盟市、旗县煤矿安全监管部门共检查煤矿580矿次，覆盖全区11个产煤盟市和51个产煤旗县，查出各类隐患和问题2254条，其中重大隐患13条，实施经济处罚977万元，责令停产煤矿7处，暂扣安全生产许可证16处；局机关6个督查组按照“四不两直”的方式，对7个盟市、22个旗县、96处煤矿进行了重点督查，共查出各类隐患和问题743条，责令煤矿企业按照“五定”原则立即整改。

2014年发生的24起事故已全部结案。共处理事故责任人214人，其中行政处罚169人，行政处分40人，党纪处分2人，移交司法机关处理3人，事故罚款822.1万元。全年共受理举报煤矿事故11起，查实4起，处理事故责任人28人，其中行政处罚26人，行政处分2人，经济处罚1094万元，每起瞒报事故处罚均在200万元以上；受理重大隐患举报5起，查实2起，处罚均在50万元以上。

（四）坚持深化改革，不断创新工作方法

一是迅速开展隐患排查。由自治区全煤监系统55人带队，对全区所有国有重点井工煤矿开展了集中排查工作，第一轮排查已全部结束，共查出各类隐患2000余条，平均每矿近40条，要求煤矿按照“五定”原则认真整改落实。二是不断改进监察方式。制定了《“四不两直”暗查暗访工作制度》，全年通过“四不两直”方式监察396矿次，查出隐患1305项，经济处罚1898.2万元。各监察分局（站）也都积极探索安全监察的新方法，并收到了很好的效果。呼伦贝尔分局对辖区大型煤矿开展集中剖析式监察，查找企业安全生产方面的深层次症结；赤峰分局对企业安监部门进行监察，充分发挥安监部门的职能作用，推动企业主体责任落实；鄂尔多斯分局全年对6处煤矿开展了集中示范精细化监察，查出安全隐患214条，经济处罚151万元；乌海分局采取定期排查、专家会诊、致灾因素普查等手段，确保了辖区3个重点产煤县的安全生产；锡盟站坚持边建站边监察，克服困难，实现了辖区零死亡。三是积极推进简政放权。经局长办公会专题研究，并在全局监察执法座谈会上进行广泛讨论后，对内蒙古煤监局实施的17个大项20个子项许可项目，取消3项，调整3项，保留14项，

进一步规范了审批行为，简化了审批程序，提高了审批效率。全面梳理归纳了内蒙古煤监局权力清单，并向社会公告。四是继续提高服务意识。出台了《关于履职尽责强化服务的意见》和《关于开展监察与服务相结合的办法》，通过在安全监察和安全生产大检查中向煤矿企业宣传新政策、介绍新技术，推广好做法、提出好建议，得到了企业的支持和认可。五是及时填补监管空白。针对近年来井下无轨胶轮车事故多发的问题，要求全区煤矿对井下无轨胶轮车定期进行检验，弥补了煤矿井下无轨胶轮车管理的空白。全年共有2088辆无轨胶轮车接受了检验，发现安全事故隐患900余条，未发生无轨胶轮车运输事故。

（五）坚持固本强基，提高企业安全保障能力

一是进一步加强安全培训工作。培训中心开设了网络学院和生产远程培训平台，实现了全员培训远程教育，减轻了企业负担。2014年培训矿长和其他煤矿从业人员近5万人次，并将新《安全生产法》作为主线贯穿在培训教学中，促进了全区煤矿从业人员素质的提高。二是检测检验工作取得新进展。检测检验中心成为中国西部地区唯一一家职业卫生甲级技术服务机构，与全区311个矿山企业签订了职业危害检测评价技术服务合同。安全技术中心共出具检测检验报告18000份，检测设备20余万台（套），有力促进了企业设备安全管理。三是继续加强应急救援工作。制定了煤矿生产安全事故应急预案，新建了一支专业救护队伍，建设了国内仅有的两处煤矿井下演习训练基地，进一步完善了全区煤矿救援体系。

（六）坚持自身提高，加强队伍建设

按照习近平总书记“打铁还需自身硬”的要求，不断加强自身建设。一是加强班子建设。全年召开党组中心组（扩大）学习会15次，加强理论武装；召开党组会30次，确保各项重大决策规范化、民主化、科学化，建成了一支注重团结、敢于担当、善抓落实的班子。二是加强作风建设。完成了教育实践活动“整改落实、建章立制”环节相关工作；开展了执法文书审查评比；对各监察分局（站）进行了执纪检查。三是加强队伍建设。对22名处级干部、14名科级干部进行了交流；对全系统监察人员和事业单位工作人员共137人进行了集中封闭培训；设立了锡林郭勒监察站，对分局监察人员编制进行了调整，进一步优化了全区煤矿监察力量。四是加强党建工作。组织召开了机关党员大会，完成了机关党委换届选举；组织处级以上党员领导干部集中学习和研讨活动6次，组织视频辅导讲座4次，认真学习党的十八届三中、四中全会和习近平总书记系列重要讲话精神。五是加强党风廉政建设。制定下发了落实党风廉政建设“两个责任”的实施意见；对处级干部开展廉政谈话87人次；开展了反腐倡廉“警示教育周”活动；研究制定了《建立健全惩治和预防腐败体系建设实施意见》和《关于落实国家安全监管总局从源头上预防腐败六条制度性措施的实施方案》。

辽宁省煤矿安全生产工作综述

一、煤矿安全生产总体情况

2014年，辽宁煤监局以贯彻国办99号文件为主线，着力实施煤矿安全“1+4”工作法，深入贯彻落实“双七条”，强化监察执法，深化“打非治违”，扎实开展隐患排查治理，不断加强基础工作和队伍建设，各项工作取得了新进展、新成效。全年全省煤矿发生事故22起，死亡52人，同比减少2起、增加10人，其中，发生重大事故1起，死亡28人，百万吨死亡率1.036。

二、煤矿安全生产重点工作

（一）深入贯彻“双七条”，扎实开展谈心对话活动

1. 突出抓好宣贯工作

按照国家安全监管总局的统一部署和要求，深入开展了“保护矿工生命，矿长守规尽责”主题实践活动，在全省进行重点宣贯和解读了国办99号文件，组织监察分局召开辖区监管监察工作联席会议，积极推进各级政府、监管部门研究制定具体

实施办法。

2. 组织开展专项监察

将“双七条”作为推进煤矿安全生产的具体措施，纳入日常监察执法重要内容，开展了“双七条”落实情况专项监察，严格查处违反“双七条”违法违规行为。

3. 扎实开展谈心对话活动

紧紧围绕“双七条”贯彻落实，聚焦“生命”“责任”和“红线”，有计划、有步骤开展了领导干部与矿长谈心对话活动，全省所有煤矿矿长全部参加了活动，做到了面对面、全覆盖。

（二）深化“打非治违”，深入开展安全生产大检查

按照“六打六治”工作要求，结合实际对“打非治违”重点内容进行了补充、完善，把煤矿未经过验收擅自复工复产、超层越界开采、以技改名义组织生产、超能力生产以及违反密闭管理制度、“真假两套图纸”等作为重点内容，确定了13个重点产煤县（区、市）为重点地区，47处煤矿为重点矿井。

对重点地区、重点矿井采取“四不两直”“三不定”（不定时间、不定地点、不定矿井）的监察方式。暗查、抽查、巡查、夜查相结合，对违法违规行为重拳出击，严格落实“四个一律”措施。上半年，巡查发现丹东凤城市一处煤矿未经验收擅自组织生产，在给予大额经济处罚同时，对当地政府进行了约谈，督促其加大监管力度。被确定为“打非治违”重点地区的丹东凤城市杜绝了死亡事故。

先后3次与辽宁省煤管局联合分阶段组织开展全省煤矿安全大检查。不间断的督导检查，有力地推进了煤矿监察执法工作的深化。2014年，全局累计监察矿井908矿次，查出隐患问题3529条，下达各类行政执法文书2423份，暂扣安全生产许可证72矿次，停止采掘工作面87个，责令停产44矿次，行政罚款883万元。

（三）突出监察重点，加大隐患排查治理力度

1. 强化隐患专项整治

开展了全省煤矿瓦斯防治专项检查督查活动，分别对抚顺、阜新矿业集团8处矿井和阜新、抚顺、本溪市5处高瓦斯矿井，开展了瓦斯防治专项督查。开展了煤矿防治水及隐蔽致灾因素普查专项监察，从7个方面对各地区及煤矿企业防治水工作进行了专项检查。开展了煤矿粉尘安全隐患集中整治专项行动。各分局结合辖区实际，先后开展了安全监控系统、人员定位系统、顶板管理、图纸管理、汛期“三防”、煤矿建设项目“三同时”、职业卫生防治等多项专项监察。

2. 强化隐患跟踪落实

对2014年初国有煤矿和地方煤矿座谈会上确定的各地区煤矿存在的突出问题和隐患，紧盯不放、一抓到底，严格督促煤矿企业做到措施、责任、资金、时限、预案“五落实”，一批多年遗留的问题得以逐步解决。

3. 强化重大隐患挂牌督办

先后对南票煤电公司等重大隐患实施挂牌督办，保证了这些重大隐患得到及时治理。对北煤公司冠山煤矿重大隐患，责成地方政府实施挂牌督办，对该矿已实施关闭，隐患已经消除。

（四）加强检查指导，强化煤矿安全生产基础工作

1. 积极推进监管机构建设

辽宁煤监局及各分局按计划安排，结合安全大检查，对辖区各产煤市、县（区）两级监管工作进行了监督检查，收到较好效果。有关县、区完善了煤矿监管体制，充实了专业人员，经费得到保障；多个县、区监管部门补充完善了人员和装备。

2. 积极推进地方煤矿机械化改造

按照国办99号文件要求，着力推进地方煤矿机械化改造工作，铁岭市的2个煤矿实现了综采综掘和带式输送；抚顺市的3个煤矿等部分系统实现了机械化；阜新市计划有11处地方煤矿进行机械化改造，其中1家煤矿已经进行改造施工。

3. 积极推进职业病危害防治

召开了全省煤矿职业卫生工作会议。组织开展了煤矿企业职业卫生监督执法年活动，推进了全省煤矿职业卫生工作的开展。督促北煤公司组织对关闭矿井的1527名接尘职工进行了离岗前健康检查。

4. 积极推进煤矿整顿关闭

主动协助省市两级政府制定煤矿整顿关闭计划，明确关闭目标和时限。全年关闭小煤矿99处，超额完成省政府年初确定的关闭50处目标。

（五）强化警示教育，不断加大事故查处力度

1. 开展事故警示教育

召开了阜新孙家湾煤矿"2·14"矿难九周年警示教育专题视频会议和全省煤矿事故警示教育会议。各分局结合辖区实际，制作了大量典型事故案例警示教育片，分地区开展警示教育巡回宣讲。阜矿集团恒大煤业公司"11·26"重大煤尘爆燃事故发生后，及时召开了全省安全生产紧急工作会议，通报有关情况，分析事故原因，提出相关要求。

2. 严格事故查处

全年22起事故全部结案，共处理事故责任人236人。其中，追究刑事责任9人，党政纪处分84人（并处15人），行政处罚163人（并处5人）、罚款171.15万元。事故罚款合计786.15万元。去年，对受理的26件群众举报案件，全部依法进行了核查和处理。

3. 坚持用事故教训推动工作

针对南票煤电公司小凌河煤矿同一作业地点连续发生2起同类事故，辽宁煤监局、辽南监察分局分别对南票煤电公司和小凌河煤矿相关负责人进行了约谈，深刻剖析事故发生的原因，查找工作漏洞，提出整改要求，并对防范措施落实情况开展了专项监察。同时，对辽宁省煤矿发生的每起事故，都以手机短信方式发送给各集团公司安监局长、国有重点煤矿矿长和各产煤市煤矿监管部门主要负责人，及时提醒、进行警示，增强防范意识，防止类似事故。

（六）开展执法监督，全面规范监察执法行为

1. 强化内部监督

各监察分局坚持每季对执法文书进行一次全面评查，认真查找执法文书制作过程中存在的问题，及时开展内部监督、改进不足。

2. 开展执法效能监察

对监察分局开展了执法效能监察，针对发现的问题及时向全局进行了通报。

3. 建立煤矿基本信息数据库

各监察分局对辖区煤矿企业基本情况进行了补充完善，完成了辖区煤矿企业基本信息数据库的建设，为规范监察执法、提高监察执法效能提供了技术支撑。

（七）坚持从严要求，不断加强队伍自身建设

1. 加强思想政治建设

组织党员干部认真学习党的十八大、十八届三中、四中全会精神，聘请省直工委党校教授来辽宁煤监局进行十八届四中全会精神理论辅导，20名处级干部参加了省直工委党校干部培训。把各总支、支部政治理论学习纳入工作目标考核，作为评先评优重要依据，有力促进了机关、分局、事业单位政治理论学习深化。

2. 加强能力建设

利用春节期间监察任务较轻的时段，举办了煤矿安全监控系统培训班，邀请多名专家学者讲解了煤矿安全监控系统的理论和应用知识。新《安全生产法》出台后，开展了知识竞赛活动，并组织各单位主要负责人撰写体会文章。

3. 加强廉政建设

召开了党风廉政建设工作会议，对反腐倡廉工作进行了全面部署，开展了"学条规用条规，加强纪律建设"为主题的反腐倡廉"警示教育月"活动，组织党员干部参观省反腐倡廉警示教育基地。在"局监察人员工作纪律（十不准）"基础上，依据中央八项规定进行了补充完善，印发了《落实中央八项规定精神"二十不准"》。

吉林省煤矿安全生产工作综述

一、煤矿安全生产总体情况

2014年，吉林省煤矿事故死亡26人、创历史最好成绩；煤炭百万吨死亡率继2011年后再次降到1以下、实现历史最好水平；自2013年4月20日后连续近20个月未发生重特大事故、创历史最长周期。全省煤炭产量2675.43万吨，同比增加

14.9%。发生生产安全事故16起、死亡26人（其中较大事故3起、死亡11人），煤炭百万吨死亡率0.971，事故起数同比增加1起、上升6.7%，死亡人数同比减少57人、下降68.7%，煤炭百万吨死亡率同比减少2.592、下降72.7%。其中，吉煤集团所属煤矿发生生产安全事故10起、死亡13人，煤炭百万吨死亡率0.548，同比分别下降16.7%、79.4%和82.6%；市地属煤矿发生生产安全事故6起、死亡13人，煤炭百万吨死亡率4.228，事故起数同比上升100%，死亡人数、煤炭百万吨死亡率同比分别下降35%和31.6%。

二、煤矿安全生产重点工作

（一）深化落实煤矿安全“1+4”工作法

深化落实以“双七条”刚执行、谈心对话、警示教育和重点县攻坚战为主要内容的煤矿安全“1+4”工作法。一是落实“双七条”由刚性约束向柔性服务延伸、力推落地生根。用刚性约束提高执行力度。制定防治瓦斯和防治水“双十条”红线，把触碰红线的比照事故严肃查处；在执行“铁规定”上突出严字敢亮剑，消除软字敢担当，防止怕字敢碰硬，对吉煤集团两处煤矿违反“七条规定”的行为分别处以50万元以上罚款。用柔性服务推动硬性规定。组织开展“煤矿安全科技进吉林”活动，邀请省内外50多名技术专家，深入煤矿企业进行技术对接；先后4次跟踪调研推动，在冲击地压防治、煤层水力压裂、空区温度连续监测等方面取得初步成效，江源区19处矿井与科研院校签订科技攻关协议。二是谈心对话由煤矿矿长向产煤县长延伸、落实两个主体责任。与煤矿矿长谈心对话、推动企业落实主体责任。不但同矿长谈，还召集既管钱、又管权的法人代表、实际投资人及企业董事长、总经理谈，并对新任职的企业负责人进行任职安全谈话，采取拉家常的方式，既谈事故风险、又谈对策建议。与产煤县长约谈交流、发挥政府监管积极作用。主要领导抓，吉林省委书记、省长亲自与煤矿安全重点县党政一把手约谈；抓主要领导，实行吉林煤监局局长、省安全监管局局长与产煤县（市、区）长双月碰头制度，开通省里与地方交流的直通车。三是警示教育由事故警醒向隐患追责延伸、增强推动效果。扩大事故警醒面。一般事故召集段队长以上人员通报处理结果；较大事故由吉林煤监局挂牌跟踪督办，公开处理并在局网站全文公布调查报告；组织召开全省煤矿事故处理新闻发布会一次、煤矿事故警示教育视频会两次，并在主流媒体刊发警示教育专题文章。厉行隐患追责。把隐患当事故处理、一查到底。对江源煤业公司两次一氧化碳、瓦斯超限问题扭住不放，尽管没有造成人员伤亡，也按事故严肃追查；把异常当隐患对待、紧盯不放。吸取九台营城煤矿“2·24”突出事故教训，督促煤矿树立“异常就是隐患”的理念，一旦发现监测数据异常，即使没有超限也必须及早采取措施妥善处理，遏制酿成隐患的苗头。四是治本攻坚由重点县向全行业延伸、助推脱胎换骨。抓住牛鼻子、深化重点县治理。在2个国家级重点县的基础上，又增加2个省级重点县；逐一审查《攻坚战实施方案》，对负责包片的2个重点县进行不间断检查、指导，推动攻坚战工作持续深化。2014年4个重点县中3个未发生煤矿事故。严把安全关、推进达标升级。安全准入坚持“凡许可必核查”原则，把县级政府前置审查、六大系统验收合格、质量标准化达三级及以上、矿井复产复工或停产整顿验收合格4个证明文件，作为安全许可的必备条件，并实行省局机关、属地分局、异地分局三方联合审查，集体讨论把关。

（二）集中开展煤矿“三打击八整治”专项行动

结合吉林煤矿安全实际，深入开展打非治违专项行动，并明确重点内容为“三打击八整治”，即严厉打击无证开采、超层越界、停产整顿未经验收擅自生产行为，集中整治假图纸、假报告、假报表、假证件、假规程、假设计、假密闭、假工作面等突出问题。一是暗查暗访和解剖监察相结合。把暗查暗访作为每次督查的必要手段。采取“四不两直”方式抽查矿井次数占总监察矿次的70%以上。同时把解剖一处矿井作为每次督查的必要环节，分13项专业制定《煤矿安全监察表》，利用3~4天的时间对井上下进行解剖监察，并及时向企业和地方政府通报，起到以点带面的效果。二是监督检查和座谈交流相结合。集中1个月的时间对8个产煤市州进行监督检查，推动落实属地监管、行业监管、综合监管责任，始终保持打非治违高压态势；在“请上来”倾听意见的基础上，“沉下去”到26个产煤县区走访座谈，宣贯解读促进煤炭行业平稳运行的政策措施，督促地方加大打非治违和整顿关闭力度。三是强化事前防范和严厉事后问责相结合。紧急叫停白山市浑江区部分煤矿违规整改维修行为，约谈政府及相关部门负责人，要求从严核准整改方案，严防借维修之机违规出煤。提级调查2人事故，要求市州政府相关部门参加事故调查，并会同吉林省安监局组成工作组现场督导，提升事故调查规格，严肃追究事故责任。

（三）组织煤矿隐患排查治理专项行动

吉林省副省长谷春立牵头启动煤矿隐患排查治理行动，统一编组、统一分工、统一组织。一是从下至上明确排查组人员和煤矿名单。由产煤县初步确定排查组人员和对应煤矿，市州根据煤矿数量和区域救护队力量，指定排查组组长、配备救护队员。抽调17名煤矿专业的处级以上干部带队，分两轮对26处省属煤矿进行指导监督。12月1日专题培训后，所有排查组全部进点驻矿。二是分门别类明确排查重点。停产的查三个方面，重点是停得住，在原有包保的基础上再加强力量；建设的查三个方面，重点是查处非法建设行为；生产的查十个方面，重点是“一通三防”、防治水，打击“三超”、惩治“三违”。集中排查情况分门别类、登记造册，及时反馈给被查企业，提出具体对策建议。三是循序渐进明确时限步骤。30万吨及以下矿井，配备7名人员，排查5天；30万吨以上矿井，配备7～10人，排查10天。2014年11月企业自查，2014年12月集中排查，2015年3月进行复查。对存在重大隐患的煤矿责令停产整改，由属地政府挂牌督办；对不落实整改或整改不合格的，依法严厉处罚。

（四）深度学习宣贯新《安全生产法》

一是加强自身学习，强化法治思维。结合新旧“对照学”，吉林煤监局主要领导在专题学习会上背诵新安法修改的主要章节和主要内容，在《中国安全生产报》发表署名学习体会文章；人手一套《〈安全生产法〉释义》和《〈安全生产法〉读本》，从对照学习中梳理原法与新法的不同之处，掌握新举措、新亮点。结合实践“重点学”。结合监察执法实践，对强化企业主体责任和隐患排查治理、加大监管监察和责任追究力度等，进行重点学习，明确定位、明晰职责，撰写体会文章50余篇。结合案例“讨论学”。召开新《安全生产法》学习研讨会，结合案例解读新《安全生产法》的主要特点，交流学习体会，提出具体措施、办法和建议。组织闭卷测试、竞赛答题等活动，激发学习热情，检验学习效果。二是加强宣传贯彻，营造法治氛围。通过媒体宣传、送法到矿、领导宣讲等多种方式，广泛深入向煤矿企业宣传贯彻，让煤矿企业及其相关人员了解、明确生产经营活动中的法定权利和义务，自觉做到学法、懂法、守法。结合“双月碰头”交流、对地方政府监督检查等工作，广泛深入向地方党委政府宣传贯彻，进一步落实“党政同责、一岗双责、齐抓共管”的安全生产责任制。利用联合执法、通报反馈、专题讲座等形式，广泛深入向地方监管部门宣传贯彻，增强敢抓敢管的责任意识、提高依法行政的能力水平。三是加强执法监督，推进依法行政。按照从细、从严的原则，抽调专人对43套案卷进行检查，查找问题、剖析原因、提出建议；制定煤矿安全监察执法工作责任落实和绩效考核、事故隐患整改落实跟踪检查、现场检查方案编制及执行、煤矿生产安全事故报告和调查处理实施细则，为进一步规范执法行为奠定制度基础；开展专项执法调研，结合文书检查、隐患排查，严正指出执法标准不严、执法力度不大的原因和危害。

（五）强化煤监系统党风廉政建设

一是主动负起党风廉政建设“两个责任”。制定《落实党风廉政建设党组主体责任和纪检组监督责任的实施意见》，明确吉林煤监局党组5个方面主体责任、纪检组7项监督责任内容；班子成员与监察分局处级干部和机关处室、事业单位党政主要领导廉政约谈72人次；支持纪检组大胆监督，既“捕风捉影”调查了解问题，又妥善处理苗头性、倾向性问题。二是廉政教育经常化，以身边典型弘扬廉政正能量。把元旦、春节等节日连成线，以发文件、送短信的形式，重申严禁接受非公务活动的公款接待、严禁用公款购买赠送节礼等要求，有效防治“节日病”；吸取历史的、现实的廉政教训，变“警示教育周”为“警示教育月”，每年确定一个主题，开展专题教育；远学先进典型，近树身边模范，组织学习清正廉洁的刘春权和不计得失的纪小工，汲取榜样力量，自觉勤政廉政。三是监督预防常态化、多元化。坚持监察执法活动向行政相对人发放廉政监督卡，主动接受相对人监督；将监察执法、事故调查处理、行政许可等工作程序和结果全部在局网站公开、公告、公示，主动接受社会监督；采取事前制定廉政预案、事中廉政提醒、事后廉政写实报告等方式对监察执法全过程进行监督，使队伍严守纪律“高压线”、风险“警戒线”，经受住检验和考验。

黑龙江省煤矿安全生产工作综述

一、煤矿安全生产总体情况

2014 年，全省煤矿发生各类事故 20 起、死亡 64 人，与去年同期事故 20 起、死亡 64 人相比，事故起数、死亡人数均持平。其中，国有重点煤矿发生事故 5 起、死亡 9 人、百万吨死亡率 0.18，与去年同期事故 6 起、死亡 28 人、百万吨死亡率 0.58 相比，事故起数减少 1 起、死亡人数减少 19 人，分别下降 16.7%、67.8%，百万吨死亡率下降 0.4。地方煤矿发生事故 15 起、死亡 55 人、百万吨死亡率 4.61，与去年同期事故 14 起、死亡 36 人、百万吨死亡率 3.22 相比，事故起数增加 1 起，死亡人数增加 19 人，分别上升 7.14%、19%，百万吨死亡率上升 1.39。

二、煤矿安全生产重点工作

（一）治本攻坚，建立健全煤矿安全长效机制

2014 年，黑龙江省大力推进煤矿安全治本攻坚，建立健全煤矿安全长效机制，着力促进全省煤矿安全生产形势稳定好转。

1. 加快落后小煤矿关闭退出

2014 年，黑龙江省被列为国家 9 个重点关闭地区之一，国家下达的关闭任务是 75 处，任务比较艰巨。为确保完成此项任务，黑龙江省煤矿安全整治整合工作领导小组决定，重点关闭 9 万吨/年及以下不具备安全生产条件的煤矿，关闭超层越界拒不退回和资源枯竭的煤矿，关闭拒不执行停产整顿指令仍然组织生产的煤矿，关闭不能实现正规开采的煤矿。对没有达到安全质量标准化三级标准的煤矿，限期停产整顿，逾期仍不达标的，依法实施关闭。省煤矿安全整治整合工作领导小组制定关闭规划，一次性下达 2014—2015 年关闭指标并推进落实。各产煤市（地）政府（行署）一次性确定关闭对象，确定关闭时限，分年度公告和实施。

2. 严格煤矿安全准入

严格限定矿井最低生产规模和开工标准。凡开工的地方煤矿必须具备硬性条件：缴纳 3000 万元安全保证金；具备不低于 9 万吨/年井型规模；符合安全达标标准和落实安全生产责任；严格履行市（地）政府（行署）主要负责人签字手续。否则，一律禁止开工生产。

严格实施煤矿建设项目核准和生产能力核定。一律停止核准新建生产能力低于 30 万吨/年的煤矿，一律停止核准新建生产能力低于 90 万吨/年的煤与瓦斯突出矿井。停止核准改扩建（含资源整合）后生产能力低于 15 万吨/年的煤矿项目。对煤与瓦斯突出、冲击地压及灾害危险性级别较高生产矿井的生产能力重新核定，核减煤与瓦斯突出、冲击地压等灾害严重的生产矿井。并严格落实“谁核准、谁签字、谁负责”的责任追究制度。

3. 配齐配强煤矿生产安全专业管理团队

明确要求煤矿必须配齐配全矿长、总工程师和分管安全、生产、机电的副矿长，以及负责采煤、掘进、机电运输、通风、地质测量工作的专业技术人员。年生产能力 30 万吨及以上煤矿和煤与瓦斯突出煤矿的矿长、总工程师和分管安全、生产、机电的副矿长必须具备煤矿相关专业大专及以上学历，并具有安全资格证和 3 年以上煤矿相关工作经历。严禁矿长、总工程师和分管安全、生产、机电的副矿长在其他煤矿兼职。

4. 搭建煤矿专业化管理团队与地方煤矿的合作平台

支持龙煤集团等省内外大中型国有煤炭企业以托管、入股等方式管理小煤矿；鼓励和吸引省内外专业化管理团队，参与黑龙江省地方小煤矿兼并重组和煤矿生产经营管理工作。由省煤炭生产安全管理局会同有关部门制定煤矿专业化管理团队综合能

力认定体系，制定评审标准和认定办法，科学界定管理矿井的类型和范围，保证管理能力与矿井灾害危险性级别相匹配。

5. 深化煤矿瓦斯综合治理

一是加强瓦斯防治工作领导，建立健全各级煤矿瓦斯防治工作领导小组及其办公室，明确各成员单位职责，理顺工作关系。加强煤矿瓦斯防治工作标准化、制度化、规范化建设，做好煤矿瓦斯防治的日常工作。二是推进煤矿瓦斯抽采和利用。高瓦斯、煤与瓦斯突出矿井必须严格执行先抽后采、不抽不采、抽采达标的准则。加强煤矿防突工作，严格要求煤与瓦斯突出矿井必须按规定落实区域和局部防突措施。三是加强安全监测监控，煤矿安全监测监控系统必须确保可靠有效。四是严格煤矿企业瓦斯防治能力评估。由黑龙江省煤炭生产安全管理局负责组织开展煤矿企业瓦斯防治能力评估工作。规定未申请评估或经评估不具备瓦斯防治能力的煤矿企业，不得申请高瓦斯和煤与瓦斯突出矿井建设项目；不得兼并重组高瓦斯和煤与瓦斯突出矿井。

6. 强制查明隐蔽致灾因素

明确要求煤矿企业要加强建设、生产期间的地质勘查，查明井田范围内的瓦斯、水、火等隐蔽致灾因素，查明矿井范围内及周边可能存在的老空区、废弃井巷、采空区、主要含水层情况以及主要导水断层分布情况，并在采掘工程平面图等图纸上标明位置。未查明的必须综合运用物探、钻探等勘查技术进行补充勘查并于2015年底前完成，否则一律不得继续建设和生产。各产煤市（地）政府（行署）和龙煤集团负责组织本辖区内水害普查与治理工作，对每个煤矿的老空区积水，根据矿井的地质构造、水文地质条件、煤层赋存条件、围岩物理力学性质及岩层移动规律等因素计算划定警戒线和禁采线，落实和完善预防性保障措施。

7. 推进煤矿机械化、标准化、自动化、信息化建设

加快推进小煤矿机械化建设。鼓励和扶持小煤矿进行机械化改造，改造后的生产能力不低于15万吨/年。新建、改扩建、资源整合矿井不采用机械化开采的，一律不予核准。

大力推进煤矿安全质量标准化建设。从2014年1月1日起，建设项目验收时，达不到煤矿安全质量标准化二级及以上的煤矿，不批准联合试运转。大力推进煤矿自动化、信息化建设。煤矿的安全监测监控、人员定位、通信联络等系统必须符合“系统可靠、设施完善、管理到位、运转有效”的要求，充分利用和整合现有的生产调度、监测监控、办公自动化等信息化系统，补建煤矿安全质量标准化和隐患排查治理信息系统，建设完善安全生产综合调度信息平台，做到视频监视、实时监测、远程控制。

8. 严格落实煤矿矿长责任制度

煤矿矿长必须确保煤矿各项证照齐全，严禁无证照或者证照失效非法组织生产；必须在批准区域正规开采，严禁超层越界或者巷道式采煤、空顶作业；必须做到通风系统可靠，严禁无风、微风、循环风冒险作业；必须做到瓦斯抽采达标，防突措施到位，监控系统有效，瓦斯超限立即撤人，严禁违规作业；必须落实井下探放水规定，严禁开采防隔水等保安煤柱；必须保证井下机电和所有提升设备完好，严禁非阻燃、非防爆等国家明令禁止及淘汰设备违规入井；必须坚持矿领导下井带班，确保员工培训合格、持证上岗，严禁违章指挥。

9. 规范煤矿劳动用工管理

在鸡西市鸡东县、双鸭山市宝清县、七台河市茄子河区、鹤岗市兴山区及兴安区率先开展规范煤矿劳动用工管理服务试点，加强煤矿企业招工信息服务。推行统一组织报名和资格审查、统一考核、统一签订劳动合同和办理用工备案、统一参加社会保险、统一依法使用劳务派遣用工的“五个统一”制度。改进煤矿特种作业人员管理方式，加快安全培训考试信息化建设，完善煤矿特种作业网络考试平台，实行网络申报、审核和考试，推动特种作业人员培训工作制度化、规范化、流程化和标准化。严格实施工伤保险实名制，严厉打击无证上岗、持假证上岗，严禁井下工程以承包、转包等方式由不具备施工资质的队伍施工。

10. 落实停产整顿煤矿验收责任

各级政府按照管理权限落实停产整顿煤矿的监管和验收责任。省属煤矿和中企煤矿由省煤炭生产安全管理局组织验收，煤监、国土资源、公安、工商、工会、电力、监察等部门参加验收，省煤炭生产安全管理局主要负责人签字；市属煤矿要由市级煤矿安全监管部门组织验收，市（地）政府主要

负责人签字；其他煤矿要由县级煤矿安全监管部门组织验收，县（市、区）政府主要负责人签字。坚持谁主管谁负责的原则，加强职责与责任追究相一致的制度落实。

11. 加快煤矿应急救援能力建设

加强推动4个省级矿山应急救援基地建设，支持10支市（地）骨干矿山应急救援队伍建设。矿山应急救援基地和应急救援队伍建设资金纳入同级政府财政预算，并探索建立矿山应急救援专项基金。煤矿企业按照规定建立专职应急救援队伍。加强煤矿应急救援装备建设。制定应急物资储备制度和储备标准。加快研制并配备能够快速打通"生命通道"的先进设备。支持重点开发煤矿应急指挥、通信联络、应急供电等设备和移动平台，以及遇险人员生命探测与搜索定位、灾害现场大型破拆、救援人员特种防护用品和器材等救援装备。

（二）矿井整治整合

2014年，黑龙江省在进行煤矿整顿关闭的同时，着力做好矿井整治整合这篇大文章。按照省政府的要求，各产煤市（地）均制定了煤矿矿井整治整合方案。重点把握两条标准，一个是安全达标，另一个是贯彻落实国家淘汰落后产能的行政指令。同时，认真研究国家有关煤矿整治整合的相关政策，并从长远考虑，做好长期规划，既考虑到当前的安全问题，又考虑到各产煤地区的长远发展问题。因此，各市（地）在制定方案时都把关闭、停产、整合通盘统筹考虑，进行真正意义上的产权整合。

为了确保煤矿整顿关闭与整治整合工作取得实效，省内各级政府及有关部门采取多项措施，有序推进。一是加强组织领导。成立由市（地）政府主要负责人任组长、分管负责人任副组长、有关部门主要负责人参加的组织领导机构，切实担负起组织领导责任，对煤矿关闭、停产、整合通盘统筹考虑，及时组织研究制定工作方案和政策措施，冲破阻力、破解难题、凝聚合力、扎实推进。二是明确工作职责。各市（地）、县（市、区）政府和龙煤集团是煤矿整顿关闭与整治整合工作的责任主体，负责认真组织实施辖区煤矿整顿关闭与整治整合工作，及时解决各种问题。国土资源、煤管、煤监、发改、环保、工商、财政、税务等相关部门各司其职、密切配合，强化服务、简化程序，限时办结各类审批事项。煤矿整顿关闭工作领导小组办公室负责协调督促，推动工作积极稳妥开展。三是加强舆论宣传和政策引导。各地各部门广泛深入宣传国家和省委、省政府开展煤矿整顿关闭与整治整合工作的重要意义和有关政策措施，为煤矿整顿关闭与整治整合工作创造良好的舆论氛围。同时，各地各部门结合实际制定相应政策措施。四是强化激励约束。省政府把此项工作纳入对市（地）政府及龙煤集团考核内容，加大考核奖惩力度。省煤矿整顿关闭与整治整合工作领导小组定期督导检查，对责任不落实、工作推诿、推动不力的，进行通报批评，并追究所在地相关领导责任。五是强化安全监管。各级政府及龙煤集团把整顿关闭与整治整合期间煤矿安全生产作为头等大事，认真研究制定各项安全防范措施。煤管、国土资源、煤监等部门履职尽责，强化日常安全监管，确保安全生产。尤其是严格执行矿井开工验收安全标准，坚持谁验收、谁签字、谁负责，明确并落实限期生产矿井安全生产责任主体，明确并落实限期生产矿井的安全监管部门及监管人员。对安全条件不达标、安全生产主体责任及监管部门和监管人员不明确的矿井，一律不得验收、批准生产建设。对违反规定组织验收、批准生产建设或未经批准擅自组织生产建设的，特别是由此引发生产安全事故的，依法依规严厉查处、严肃追责。六是严厉打击非法违法行为。煤管、公安、国土、工商、煤监等部门实施联合执法，严厉打击"三违"和"三超"生产、停产整顿期间擅自开工、关闭矿井死灰复燃、非法使用火工品、盗采煤炭资源、超层越界开采、违规对停产整顿煤矿供电等行为。七是确保社会稳定。各地各部门超前研判，深入分析和有效应对整顿关闭与整治整合过程中可能出现的矛盾和问题，妥善解决涉及职工切身利益的各方面问题，切实维护社会稳定。对工作责任不落实、不到位造成重大社会影响的，严肃追究有关领导和相关责任人的责任。

（三）煤矿安全监察

2014年，黑龙江煤矿安全监察机构牢固树立"红线意识"和"底线思维"，认真贯彻执行国家安全监管总局"1+4"工作法，较好地完成了煤矿安全监察执法各项工作任务，为确保黑龙江煤矿安全生产形势持续稳定，做出了不懈努力。

1. 以监察执法为主要手段，深入推进“双七条”贯彻落实

认真制定执行监察执法工作计划，把“双七条”作为总抓手，扭住不放，做到铁规定、钢执行、全覆盖、真落实、见实效。黑龙江煤监局和各分局均将“七条规定”纳入监察执法工作中，与“打非治违”和隐患排查治理工作相结合。其中：黑龙江煤监局组织了“两会”期间、煤矿建设项目、安全生产许可证持证条件、煤矿水害防治、隐蔽致灾因素普查治理、“一通三防”、煤炭企业从业人员安全培训和持证上岗、领导干部带班入井、职业危害防治、煤矿设备安全、贯彻落实新《安全生产法》、对地方政府监督检查等监察执法活动，积极采取“四不两直”的方式，开展了有针对性监察执法工作，有力地推进了“双七条”的贯彻落实，查处了一大批非法违规行为。2014 年，实际监察矿井 682 矿次，制作各类执法文书 2041 份，实施行政和经济处罚 237 矿次，罚款 390.86 万元；发现查处问题和隐患 1392 条，其中一般隐患整改率 99.2%，重大隐患整改率 100%。

2. 抓住“牛鼻子”，打好 5 个重点县煤矿安全攻坚战

在全面分析、掌握全省 5 个重点县（区）煤矿安全工作情况的基础上，制定下发了《5 个煤矿重点县区遏制重特大事故攻坚战监察实施方案》，成立了组织领导机构，明确了监察攻坚的方式方法和监察执法重点。开展了对两市 3 个县（区）的专项督导检查；与省煤管局配合对全省 5 个重点县（区）联合开展了巡视督导工作，配合当地政府开展了重点县攻坚战活动，推动了各产煤地市煤矿行业管理部门及煤矿企业普查煤矿隐蔽致灾因素工作的开展和大型国有企业对煤矿重大隐患的专项治理。

3. 严肃事故调查处理工作

依法依规认真查处每一起事故，并举一反三吸取教训，用事故教训推动工作。在哈东、鹤滨分局辖区组织开展泸州市桃子沟煤业有限公司“5·11”重大瓦斯爆炸事故警示教育大会；组织了由龙煤集团双鸭山分公司各国有重点煤矿副处级以上干部参加的龙煤双鸭山分公司安泰煤矿“5·11”较大顶板事故调查处理情况通报会；协助省政府组织全省煤矿安全生产工作现场会议，对鸡西市城子河区安之顺煤矿“8·14”透水事故进行了现场警示教育。通过警示教育，提升了从业者的安全意识，规范了企业的行为，增强了对事故的防范措施。2014 年，按时限应结案 13 起事故，结案 13 起，结案率 100%；共有 149 名事故责任者受到处理，其中移交 16 人，检察院直接立案 23 人，给予党政纪处分的 76 人；对事故罚款 169.46 万元。对 22 件举报案件及时受理，有 7 件查实，其中事故 3 件、隐患 2 件、违法违规 2 件。

4. 认真组织开展宣贯活动，提升依法治安意识

黑龙江煤监局认真组织开展“千名干部与万名矿长谈心对话”活动，共对 906 处煤矿企业领导开展了谈心对话。开展了新《安全生产法》宣贯活动，在《黑龙江日报》发表了题为《学习贯彻新〈安全生产法〉提高安全生产治理能力》的理论文章；将国家安全监管总局印发的《致全国企业负责人公开信》发至全省煤炭企业；各监察分局（站）与地方政府配合，充分利用广播、电视、报纸、杂志等媒体和群众喜闻乐见的宣传方式，广泛宣传新《安全生产法》，做到家喻户晓、人人皆知，营造了良好的安全生产法制氛围。按照国家安全监管总局要求，组织开展了“百名记者百矿行”活动，邀请中国安全生产报、《中国煤炭报》驻黑龙江记者深入基层和企业，随同全国煤矿安全督导巡视组开展明察暗访，督导各地煤矿“六打六治”专项活动。

5. 加强对地方政府有关工作的监督检查，推动两个责任的落实

2014 年，省内煤矿安全生产出现了诸多不确定因素，面对新情况新问题，两级煤监机构主动出招，推动地方政府和煤矿企业主体责任的落实。第一，进一步搞好对地方政府及其安全监管部门的监督检查，探索对地方煤矿安全监管工作监督检查的新方法、新途径。通过每年两次对地方政府的监督检查和“三项”监察所掌握的情况，认真分析安全工作中存在的问题和漏洞，找准影响和制约煤矿安全生产工作的各种因素，及时有针对性地向各级政府及地方煤矿安全监管部门提出意见和建议。2014 年，向黑龙江省政府报送专项监察报告 7 次，各监察分局（站）向各地市政府、监管部门提出监察意见和建议 26 次。第二，两级煤监机构积极

参加省、地市政府及部门组织的各项联合执法活动，在活动中，发挥部门人员的专业特长，为地方政府加强和改善安全管理出谋划策，建立了相互信任、相互支持的协作关系，形成了良好的执法合力，为有效、有力开展监察工作创造了条件。第三，积极推动煤矿关闭整治整合工作，多次提出意见和建议，为完善整治整合方案出谋划策。第四，针对煤矿托管过程中出现的煤矿安全监管责任不落实的新情况，主动向省政府汇报，与煤管局协商，研究制定规范煤矿托管工作的具体政策措施。第五，针对龙煤集团经济下滑，安全投入不足等问题，与龙煤集团座谈，共同研究治本攻坚办法，取得了较好效果。

6. 严把“准入关口”，提高行政许可水平

一是认真执行许可程序和纪律，做到受理审批分开，严格审核、集体决策、限时办结、依法颁证。在“入口把关”和“动态管理”两方面严格要求。对取得许可证后安全生产条件滑坡、不再具备规定颁证条件、到期未按照规定申请延期、安全生产许可证有效期限内发生伤亡事故的矿井依法暂扣、吊销或重新办理安全生产许可证，并通过黑龙江煤监局门户网站向社会公布。二是针对地方煤矿安全整治整合工作的实际，对未经省煤矿安全整治整合工作领导小组批复同意、能力在年产9万吨以下的煤矿企业，不予受理安全生产许可证延期、变更等申请，从源头配合、推进整治整合工作。三是坚持依法行政，一律停止核准新建生产能力低于30万吨/年的煤矿和新建生产能力低于90万吨/年的煤与瓦斯突出矿井。将设计生产能力在30万吨/年及以下煤矿的改建和扩建项目的安全设施设计审查权限下放给各监察分局（站），并依据新安法调整了建设项目竣工验收工作。

2014年，共受理许可证申请事项191个，依法注销安全生产许可证23个。对1处新建煤矿项目进行了安全核准，对3处煤矿建设项目安全设施设计安全专篇进行了审查，对6处矿井的安全设施进行了竣工验收。向国家安全监管总局申办1家检测机构由乙级资质升为甲级资质，批准了1处职业卫生技术服务机构乙级资质和1家安全评价机构的乙级资质。

7. 认真抓好班子和队伍建设，努力提高监察人员素质

黑龙江煤监局高度重视队伍建设工作，注重干部的学习教育，以党组中心组学习带动干部学习，形成制度化常态化，请学者、专家作专题辅导，对中央精神和反腐败工作进行讲解。举办了两期新《安全生产法》培训班和公务员年度培训，进一步提升煤矿安全监察队伍综合素质和行政能力。各监察分局（站）坚持开展每周一题、每月一讲学习活动，中层以上干部轮流上讲台，并指定1~2名业务水平较高、执法经验丰富的同志“以老带新”，帮助新同志尽快提高执法能力。新公务员考录，坚持公开、公平、公正，充实10名新同志到各监察分局（站），增强了一线监察力量。加强了基层班子和干部能力、业绩考察，重点考核基层领导班子主要负责人统领全局、协调指挥的能力水平；考察班子整体功能发挥和团结协作，全面了解干部思想动态，工作实绩情况；掌握干部的工作态度和工作作风，使各级干部求真务实、服务大局的意识得到弘扬和加强。

8. 统筹兼顾，技术支撑和后勤保障等各项工作稳步推进

在信息统计、安全培训、设备安全检验、救援指挥、机关服务、煤矿建设质量监督等方面加强了业务、制度和基础设施建设，提高服务质量，为监察执法主干线工作提供优质服务和可靠保障。2014年，共培训复训各类安全管理人员、师资人员6894人，检验检测各类煤矿设备6727台套，对全省9万吨以上的矿井开展了职业卫生检测、评价工作，对全省6处已完工的新建、改扩建矿井进行工程质量认证工作。积极推进煤矿安全生产应急体系建设工作，全省救护队伍质量标准化建设有了较大发展。实施了远程监察平台建设项目和业务保障用房项目。

江苏省煤矿安全生产工作综述

一、煤矿安全生产总体情况

2014年，在国家安全监管总局、国家煤矿安监局和江苏省委、省政府的正确领导下，江苏煤监局认真贯彻落实党中央、国务院的重要决策部署，狠抓各项工作措施落实，按照国家煤矿安监局2014年煤矿安全工作要点和“1+4”工作法要求，扎实开展三项监察，组织开展煤矿“十打十治”打非治违专项行动、安全生产大检查和隐患排查治理行动。全省煤矿杜绝了较大以上生产安全事故，安全生产形势保持了持续平稳。2014年，全省煤矿发生4起一般事故，死亡5人，百万吨死亡率0.249。

二、安全生产重点工作

（一）强化“红线”意识，严格落实煤矿安全“1+4”工作法

一是认真学习贯彻习近平总书记、李克强总理等中央领导关于安全生产的重要论述，牢固树立了“红线”意识，强化立党为公、执政为民的理念。组织全体煤矿安全监察员学习贯彻党的十八届三中、四中全会精神和国家安全监管总局的工作。

二是严格落实煤矿安全“双七条”规定。组织开展了“七条规定”专项监察，做到全覆盖。召开了18场次职工群众座谈会，听取职工群众改善安全生产工作的建议，发放测评表359份，对煤矿主要负责人贯彻落实《煤矿矿长保护矿工生命安全七条规定》履职情况进行测评。查出各类隐患108条，提出监察意见及建议23条，隐患整改率100%。

三是开展与矿长谈心对话活动。按照国家煤矿安监局要求，江苏煤监局精心组织了与全省18名煤矿矿长的谈心对话活动，省分管领导、局党组成员全部参加，为了放大谈心对话效果，将谈话范围由煤矿主要负责人扩大到煤矿领导班子成员，体现出分层次、全参与、全员谈的特点，在全省煤矿营造了谈心对话良好氛围，做到了全覆盖，并提前1个月实现了谈心对话目标。

四是开展事故警示教育活动。召开全省煤矿安全生产事故教育警示专题会议，通报全省煤矿2014年发生的煤矿事故情况，播放全国2014年几起典型事故警示教育片，并将近10年全省煤矿典型事故制成动漫光盘发放到所有煤矿；下发《关于深刻吸取事故教训，切实加强煤矿安全生产工作的紧急通知》，部署落实加强煤矿粉尘、机电设备管理、矿工劳动保护用品管理等工作。

（二）严格履行职责，认真开展煤矿安全监察执法工作

一是加强系统监察，开展安全生产条件审查。从查“大系统”入手，组织21名监察员对全省18对生产矿井采掘机运通等各系统进行了安全审查，共发现问题131条，提出审查意见建议39条。

二是加强源头治理，开展矿用安标产品生产企业现场评审监督。累计现场督查600多家矿用安标产品生产企业，加强备案管理、网上公示、提高入矿产品的安全可靠性。

三是加强执法创新，开展“三项监察”执法工作。以问题为导向，从“抓大隐患，防大事故”入手，紧抓重点矿井、重点头面，始终紧盯关键问题和隐患，开展重点监察；以重点时段为节点，开展定期监察；以季节性和煤矿灾害特点为抓手，开展专项监察。以打非治违提高监察执法效能为主线，探索开展专家诊断式监察。

四是加强监察执法信息化建设，提高监察执法效能。完成煤矿安全监察执法文书自动生成实时查询系统，实现监察执法人员现场电子制作文书、自动生成和实时查询、快速统计等功能，开展江苏煤矿安全远程监管监察平台示范工程建设，着力提高煤矿安全生产监察执法效能和水平。

（三）加强打非治违，深化煤矿安全隐患专项整改行动

一是严厉打击重点时段煤矿非法违法行为。在

南京青奥会期间组织全省煤矿安全生产检查整改专项行动，成立专门领导小组，开展顶板管理及冲击地压防治、“雨季三防”及矿井防治水、“一通三防”及高温热害防治等专项监察，做到全覆盖、零容忍、严执法、重实效。共检查69矿次，查出各类隐患333条，制作现场检查笔录48份，调查取证笔录42份，下达现场处理决定书18份，立案11起，下达行政处罚决定书17份，处罚83.5万元，下达加强和改善安全管理合理化意见书2份。

二是严厉打击煤矿超能力、超强度、超定员组织生产行为。认真贯彻落实国家发展改革委等四部委《关于加强煤矿井下生产布局管理控制超强度生产的意见》，督促煤矿企业定期报送矿井采掘接续计划、重点工程安排、各类图纸等资料，江苏煤监局组织人员进行审查，防止矿井超能力、超强度、超定员组织生产。加强日常值班调度，及时掌握重点矿井安全生产情况，发现异常情况，立即跟踪监察，对发现的“三超”行为，坚决从严从重进行处罚。

三是认真组织开展煤矿“十打十治”专项行动。对国务院安委会部署的“六打六治”专项行动内容作进一步细化和扩展，按照动员部署、自查自纠、集中打击、巩固深化4个阶段开展工作，确定以煤矿企业无证或证照过期开采、超能力生产、瓦斯超限作业等10个方面为打击重点的煤矿“十打十治”专项行动。

（四）加强组织领导，认真部署全省煤矿集中开展隐患排查治理专项行动

一是加强组织领导。江苏省委、省政府高度重视隐患排查治理工作，成立以分管副省长任组长的隐患排查治理行动领导小组，省安委会按照国务院安委会总体部署及省领导小组批示、指示精神，结合江苏煤矿实际，研究制定印发《全省集中开展煤矿隐患排查治理行动方案》（苏安〔2014〕32号），有关产煤市（县）按照方案要求，建立隐患排查领导小组，指派相关业务骨干参加隐患排查治理行动。

二是细化排查方案。按照“一矿一组”的要求，由省市（县）各级煤矿安全监管监察、行业管理部门34名骨干，各煤矿企业106名救护队指战员，“一通三防”、水害防治、防冲等各专业39名专家组成18个隐患排查组。开展隐患排查治理示范试点工作，通过典型示范，总结经验，提高隐患排查治理的质量和效果。

三是加强信息报送和舆论宣传。确定统计工作负责人及工作人员，加强信息报送工作的落实，按照时限要求及时如实汇报隐患排查治理行动开展情况；通过江苏安全生产网、《徐州矿工报》、政务微博等新闻媒体，积极营造煤矿隐患排查治理行动良好的舆论氛围。

安徽省煤矿安全生产工作综述

一、煤矿安全生产总体情况

2014年，安徽煤监局在国家安全监管总局、国家煤矿安监局和安徽省委、省政府的正确领导下，认真学习贯彻党的十八届三中、四中全会精神，以贯彻国办〔2013〕99号文为主线，围绕煤矿安全“1+4”工作法、“双七条”的落实和省政府“抓大、管中、关小”煤炭行业发展思路，突出瓦斯治理和水害防治，严格煤矿安全准入，深入开展煤矿打非治违，加强地方煤矿安全监管工作监督检查，不断创新监察方式，扎实开展监察执法工作，有力推动了煤矿企业主体责任的落实。2014年全省共发生死亡事故21起、死亡51人，百万吨死亡率0.385。

二、煤矿安全生产重点工作

（一）大力宣贯习近平总书记重要讲话精神和安全生产法律法规，红线意识和法治意识进一步增强

一是深入学习宣传十八大、十八届三中、四中全会和习近平总书记关于安全生产工作系列重要讲话精神。组织开展了干部集中轮训，多次组织专题学习研讨。结合监察执法和督查调研，深入煤矿企业宣传贯彻，全体监察员和煤矿企业管理人员红线

意识、责任意识和担当意识进一步增强。二是大力宣贯新《安全生产法》。会同省经信委开展了新《安全生产法》集中宣讲活动；编印了新《安全生产法》宣传手册，发放至全省煤矿安全生产管理人员；充分利用网络、报刊广泛宣传，营造浓厚氛围。三是组织开展“千名干部与万名矿长谈心对话”活动。安徽省政府和国家煤矿安监局领导以及安徽煤监局、安徽省安监局、安徽省煤炭行业管理部门负责人与全省煤矿102名矿长及实际投资人开展了面对面的谈心对话，强化红线意识。四是持续开展安全生产普法教育和警示教育。召开了全省煤矿事故分析会，剖析了安徽省煤矿2起典型事故，播放了全国煤矿3起事故警示教育片；安全生产月期间，在全省分4个片区开展了法律法规集中宣讲，编印发放了《煤矿安全生产违法违纪行为责任追究有关规定汇编》和《安徽省煤矿安全管理基础知识100问》。

（二）科学确立“145221”工作思路，监察执法体制机制进一步完善

一是确立“145221”工作思路。即：找准1个定位（国家监察），处理好4个关系（与地方政府、地方安监部门、地方煤矿安监部门、大型煤企内部安监机构的关系），抓好5项监察（责任监察、技术监察、安全设施监察、安全资格监察、作业现场监察），发挥好2个作用（事故隐患通报警示作用、行政监察机关监督检查作用），实现2个转变（角色定位由煤矿企业安全检查员向煤矿安全国家监察员转变，工作方式由相对单一的现场查隐患向责任监察等高层次监察转变），健全1项机制（煤矿安全生产诚信机制）。二是完善监察执法体制机制。针对全省小煤矿数量大幅减少的实际，调整了3个分局监察区域，监察执法力量进一步均衡；调整优化了机关有关处室及职能，将安全监察一处、安全监察二处合并为安全监察处，设立职业健康处，统计中心（救援指挥中心）增加负责远程监察的职能。

（三）创新开展责任监察和远程监察，监察方式进一步丰富

一是开展责任监察。针对安徽四大矿业集团长期存在向所属煤矿超能力下达生产计划、证照不全非法生产、未经核准违法建设和潜水电泵应急排水系统建设滞后等问题，对四大矿业集团开展了责任监察，重点监察集团公司领导和职能部门安全生产责任制建立及落实情况。责任监察，是安徽煤监局组建以来的第一次，对煤矿企业高管特别是集团公司董事长、总经理以及煤矿矿长触动很大，在推动企业主体责任落实上收到了非常好的效果。二是开展远程监察。充分发挥已有的“两图两系统”的作用，运用科技手段实施远程监察。通过适时查看煤矿采掘工作面瓦斯和一氧化碳浓度、领导带班下井、井下作业人数等，检查煤矿安全监控系统的运行管理和矿领导带班下井情况，并及时通报监督整改，实现了由单一的现场监察向远程和现场双重监察的转变，有效推动了煤矿企业及时消除事故隐患。三是积极开展“四不两直”暗查暗访。先后组织35个暗访组303人次，检查了53个煤矿，查处隐患422条，提请关闭煤矿1个。

（四）组织编制煤矿企业安全生产责任制范本，企业安全责任体系进一步完善

一是组织制定安全生产责任制范本。针对责任监察发现的煤矿企业安全生产责任制不健全、落实不到位的问题，结合新《安全生产法》，借鉴“事故树”理论，组织编写了问题导向煤矿企业安全生产责任制范本（讨论稿）。二是建立煤矿企业管理人员安全违法违规行为责任追究机制。制定了《安徽省煤矿企业副矿级以上管理人员安全生产违法违规行为管理办法》及实施细则，建立了全省副矿级以上管理人员安全生产违法违规行为档案。

（五）继续强化重大灾害治理监察，煤矿安全基础建设进一步推进

一是加强瓦斯、水、火等灾害治理监察。督促煤矿企业强化瓦斯区域治理，落实防治水措施和防灭火措施。制定了安徽省煤矿井下紧急情况停产撤人规定和采空区管理办法。二是组织开展煤矿安全专家会诊和隐患排查治理行动。制定了安全专家会诊工作方案，召开了专家会诊工作座谈会，举办了专家会诊培训班。三是加强职业病危害防治监察。组织对全省53个煤矿粉尘、高温、噪声等逐矿进行现场检测，基本掌握了全省煤矿职业病危害因素现状。开展了职业病防治法宣传周和职业卫生监督执法年活动，举办了煤矿职业病危害防治专题培训班。四是开展在用电缆、矿用产品专项监察，对2家公司入井矿用产

品无“MA”标志，分别处以重罚；对3家企业2个产品安标证书予以撤销、12个产品安标证书予以暂停。五是推进煤矿企业加强应急管理。制定了《安徽省煤矿救护培训管理办法》，组织开展了第五届安徽省煤矿救援技术竞赛，指导淮北救护基地建设和淮南救护基地功能拓展，现场指导煤矿开展综合示范性应急预案演练。六是发挥安全技术中心对煤矿安全监察工作的支撑保障作用，中心管理制度不断完善，质量管理体系和实验室能力不断提高。

（六）严格落实安全准入退出制度，小煤矿关闭力度进一步加大

一是严格安全准入条件。坚持外网申请、内网审批、外网反馈，严格受理、审查、审批程序，网上受理煤矿安全行政许可审批68项；颁发、延期和变更68个煤矿企业安全生产许可证；审查5个煤矿安全改建工程安全设施和职业病防护设施设计，验收2个煤矿安全设施和职业病防护设施。二是推进小煤矿关闭。落实全国重点地区煤矿整顿关闭工作座谈会精神，特别是淮南市谢家集区东方煤矿“8·19”重大瓦斯爆炸事故后，协助安徽省政府出台了《关于加快推进小煤矿关闭退出实施意见》(皖政办〔2014〕28号)，督促产煤地市实行市长负责制，落实市政府关闭工作主体责任。2014年，全省计划关闭小煤矿21个，实际关闭42个。三是实行地方煤矿安全生产公告制度。出台了《安徽省地方煤矿实行井口安全生产公告栏制度》，全省小煤矿公开矿井矿界、采掘工程平面图、举报电话等，鼓励职工群众举报超层越界开采等违法行为。四是加强对地方煤矿安全监管工作监督检查。围绕贯彻国办发〔2013〕99号和皖政办〔2014〕10号文，以及小煤矿整顿关闭工作，对宿州市、淮北市、铜陵市和淮南市煤矿安全监管工作开展了监督检查，下达监察建议书3份。

（七）严肃查处事故和安全违法行为，加大责任追究和监察执法力度

一是严肃查处煤矿生产安全事故。全年共查处结案事故20起，处理责任人245人。二是落实事故约谈制度。针对皖北煤电集团1—4月事故多发的严峻形势，及时约谈了皖北煤电集团及恒源煤电公司董事长、总经理、总工程师等负责人，剖析问题，提出要求，敲响警钟。三是开展了事故调查处理落实情况和安全培训专项监察。监察煤矿6个，查处问题34条，对2起安全违法行为立案查处，推动了事故批复意见的落实。四是依法处理非法违法行为。按照法定职责，将11个煤矿非法生产、违法建设问题，以及远程监察发现的部分煤矿工人井下作业严重超时问题，及时移送省政府有关部门依法处理，有效解决了国有重点煤矿违法建设、非法生产等长期未解决的难题。五是建立月度监察执法例会制度，加强执法分析和执法监督；建立查审分离制度，进一步规范监察执法行为。六是落实监察执法计划，加大执法力度。2014年，“三项监察”541矿次，是全年计划的104.8%；全年共监察744矿次，查处隐患4128条，下达执法文书4172份，责令1对矿井、106个采掘工作面停止作业、40台（套）设备停止使用，实施经济处罚1573万元。

（八）切实加强领导班子和队伍建设，监察执法中心工作的保障能力进一步提升

一是加强班子建设。修订了安徽煤监局党组工作规则和安徽煤监局工作规则，推进了各项工作规范化。调整充实了3个分局和安全技术中心、统计中心领导班子。二是规范干部选拔任用工作。修订了《干部选拔任用工作暂行办法》，发挥选人用人的导向作用。2014年，提任正处级干部2名、副处级干部1名，3名副处监察专员分别转任副处长和分局副局长。加强干部交流，共交流干部27人。三是加强能力建设。积极开展“社会主义核心价值体系践行年”活动，认真践行安徽煤监精神，组织开展了“我是谁、依靠谁、为了谁”大讨论。举办专题视频讲座4次，选派18人外出参加业务培训、10人到煤矿一线学习锻炼。制定了《监察执法先进个人评选办法》，对监察员实行量化考核，评选出6名监察执法先进个人，监察员的执法意识得到进一步提高。四是加强党风廉政建设。签订了党风廉政建设责任状，全局党员干部书写了廉政承诺书。制定了《贯彻落实〈建立健全惩治和预防腐败体系2013—2017年工作规划〉实施办法》和落实党风廉政建设“两个责任”实施意见等。持续加强廉政教育，组织开展了反腐倡廉“警示教育周”活动。五是巩固教育实践活动成果。安徽煤监局领导班子明确了6项整改任务、38项整改措施、17项专项整治任务，推进了“执法

不严格、作风不扎实”和“五个了之”问题的持续改进；废止制度11项，修订、制定制度24项，严格控制“三公经费”、会议费等一般性支出，着力构建反“四风”的长效机制。

福建省煤矿安全生产工作综述

一、煤矿安全生产总体情况

2014年，福建省煤矿实际死亡人数比国家下达的绝对控制指标（10人）少4人，占60%。相对指标（百万吨死亡率）比国家下达的相对指标（0.524）低0.124，占76.34%。煤矿死亡人数连续10年均控制在国家下达的控制范围内。杜绝了较大以上事故发生，2014年全省5起事故均为一般事故，没有发生较大以上事故。2005—2014年，全省煤矿事故起数从78起下降5起，下降93.59%；死亡人数从95人下降到6人，下降93.68%，煤矿死亡人数已连续五年控制在10人以内；百万吨死亡率从6.01下降到0.4，下降93.34%。

二、煤矿安全生产重点工作

（一）深入开展谈心对话，全面宣贯新安法

深入开展“与煤矿矿长谈心对话”活动，福建煤监局领导深入基层、煤矿，面对面与460名矿长、实际控制人谈心对话和座谈交流，全面宣贯国办、闽政办文件精神，宣传政策法规，强化红线意识，听取意见建议，实现了全省所有煤矿全覆盖。在《福建日报》、福建电视台等媒体开展政策解读和宣传报道，在龙岩、三明等地组织宣贯会和巡回宣讲7场、事故警示教育11场，并举办产煤市、县（区）、乡镇（街道）政府分管领导和各级煤管部门负责人专题业务培训。福建省政府出台贯彻落实国办发〔2013〕99号文的实施意见及重点任务分工方案，推动各级各部门按照职责分工抓好落实。掀起新《安全生产法》和福建省“党政同责、一岗双责”规定宣贯热潮，组织全省煤矿矿长学习新《安全生产法》，组织宣讲团深入重点矿区宣讲、解读8场次，并向各产煤市、县（区）党委、政府主要负责人寄送新《安全生产法》和“党政同责、一岗双责”规定读本。全省各地迅速掀起学法、知法、用法、执法的热潮，福建省能源集团公司实现全系统从业人员学习全覆盖，龙岩、三明、泉州等地出台了进一步加强煤矿安全生产工作的实施意见和任务分工，多形式开展宣贯活动。

（二）创新执法方式，强化煤矿安全监管监察

福建煤监局创新监管监察执法方式，规范监管监察程序，“四不两直”暗查暗访和突击性检查逐步形成常态化，解剖式监察执法和隐患剖析工作也有新的创新和成效。一是认真落实监管监察执法计划，全年监察煤矿56矿次，暗查暗访煤矿9矿次，责令煤矿停工停产8矿次，查处各类隐患551条，实施经济处罚91.5万元，“三项监察”计划完成率116.7%；督查各级煤炭行业管理部门24次，指导地方煤炭行业管理部门行政立案2起，实施经济处罚11万元。三明市对大田县3个煤矿开展“四不两直”暗查暗访，三明电视台全程跟踪报道，并在市政府安委会会议上播放点评。二是严厉打击非法违法行为，以整治超层越界开采、图纸造假等5种违法违规行为、10种隐患和问题为重点，开展煤矿“打非治违”专项行动。各级煤矿安全监管监察部门累计检查748矿次，排查各类隐患5218条；责令煤矿停产整改16家，立案查处17起，实施经济处罚126.5万元。三是按照“六个统一”要求，组织近400名监管监察干部、专业人员、救护队员和煤矿安全专家，集中开展隐患排查治理专项行动。全省269家煤矿全部完成自查自改，排查隐患2635条；组织煤矿开展自查自改“回头看”，排查隐患2389条，限期抓好隐患问题的整改落实。截至2015年1月底，全省第一轮排查基本完成，52个排查组共排查隐患4656条，已落实整改2092条，其余隐患督促煤矿按隐患整改“五落实”要求，制定整改方案并限期整改。

（三）突出水害等灾害治理，严防严控事故

组织煤矿开展地质类型划分、隐蔽致灾因素普查治理，生产矿井按期完成地质类型划分等工作；

督促指导煤矿建立完善井下采掘工人透水预兆必知必会、有疑带薪停产（工）撤人、报告奖励和核实论证等水害防治3项制度，落实实测填图和图纸交换。新罗、永定、永春等地指导煤矿在采掘工作面悬挂水害预兆等牌板；龙岩市、永定县出台政策，对发现、报告重大水患并经核实的有功人员予以不低于3000元的奖励；永定县政府与福建煤电公司联合出资66万元，对龙潭井田开展区域水害普查；福建省能源集团所属煤矿全面安装井下应急广播系统，提高煤矿应急指挥和救援能力。推动建立省、市、县、企业事故隐患分析会制度，在永定等8个地方开展试点，采用多种形式督促煤矿树立“隐患就是事故”理念，构建隐患排查与治理工作长效机制。为防止纳入淘汰关闭的煤矿在退出前弱化管理、降低条件、突击生产，福建煤监局提出“三个更加”“五个确保”要求，促进各地加强日常监管监察。

（四）加强安全基础建设，提升基础强矿水平

推动煤矿淘汰关闭工作，计划关闭的15家煤矿（省能源集团4家、龙岩市10家、三明市1家）全部关闭，淘汰落后产能111万吨/年。推进煤矿安全质量标准化建设提升工程三年行动，突出现场管理、事故防范、动态考评奖惩，指导推动煤矿提升改造。永安煤业公司积极推进示范矿井、示范采区建设，树立标准化典型。截至2014年底，全省195家正常生产或建设的煤矿经考评均达到三级及以上等级，其中还降级1家、重新考评1家。福建煤监局联合龙岩市政府、市煤管局开发了煤矿安全质量标准化信息管理系统。推进煤矿“六大系统”建设完善，生产矿井全部完成紧急避险系统建设验收，新、改扩建矿井按“三同时”要求建设；建成市、县级分控中心14个，实现安全监控、人员定位系统四级联网运行，并加强日常巡查，发出警示通报94份、整改指令5份。加强从业人员安全培训教育，推动全省二、三级煤矿培训机构网络考试平台建设，全年举办“三项岗位人员”培训69期，培训合格并发证3859人。加强安全文化建设，3年来扶持培育28家省级煤矿安全文化示范矿井。持续推动专业人才培养和储备，采取校企合作、联合办学模式，已累计培养煤矿专业学生910名。推进煤矿应急救援能力建设，健全省、市、县三级应急调度联络机制，联合省总工会、团省委举办首届全省矿山救援技术比武竞赛，获得优秀成绩的3位同志推荐为省“五一劳动奖章”人选、2位同志获省“杰出青年岗位能手”称号、3位同志获省“青年岗位能手”称号、6位同志获“金牌工人”称号，3个集体推荐为省“工人先锋号”。全省煤矿累计开展应急演练302场次，矿山救护队开展演练282场次。组队参加全国第十届矿山救援技术竞赛，取得较好成绩。

（五）严肃事故查处，发挥警示震慑作用

规范事故查处方式和程序，全年依法查处煤矿事故5起，追究事故责任人44名，实施经济处罚118.8万元。对全省2011年以来发生事故的煤矿组织回访检查，将近年来省内外7起典型煤矿事故制作成“警示光盘”，开展全覆盖、生动有效的警示教育，做到“一矿出事故、各矿受教育”。健全预警预报网络平台发布制度，不定期向全省煤矿矿长、煤矿一线从业人员发布事故警示、安全警言等信息。

三、存在的不足和差距

2014年全省煤矿安全工作虽然取得新成效，但与国家安全监管总局、国家煤矿安监局和福建省委、省政府的要求和期望相比，仍有一定差距，突出表现在：一是煤矿安全基础仍然薄弱，小煤矿数量多、办矿起点低、历史欠账多，安全生产形势依然比较严峻。二是超层越界开采、私拆密闭偷生产等非法违规行为和边建设边生产、假技改偷生产等现象仍然存在，个别地方非法小煤窑屡禁不止，隐蔽性高，打击难度大。三是水害问题等隐蔽致灾因素普查还不够细、不够彻底，容易发生重大人员伤亡的煤矿水害威胁仍然可能存在；企业安全投入不足，从业人员培训不够到位，安全管理水平不高。四是地方煤矿安全监管部门敢于担当的底气不足、正气不强，依法行政的意识、监督检查的力度、工作作风和能力水平等方面有待进一步提升。

江西省煤矿安全生产工作综述

一、煤矿安全生产总体情况

2014年，江西省煤矿安全监管监察系统和煤矿企业深入贯彻落实党中央、国务院关于加强安全生产的重要指示精神，按照国家安全监管总局、国家煤矿安监局和江西省委、省政府的工作部署，大力实施煤矿安全“1+4”工作法，扎实开展“七打七治”活动和煤矿隐患排查治理行动，推动全省煤矿重视安全生产工作。全省共发生煤矿事故33起，死亡40人，事故死亡人数同比下降2.4%，没有发生10人以上重大事故，保持了江西煤矿安全形势基本稳定。

二、煤矿安全生产重点工作

（一）大力宣贯安全生产“红线”意识

一是要求全省煤矿安全监管监察干部和煤矿企业管理人员结合江西实际，认真学习贯彻习近平总书记、李克强总理等中央领导同志关于加强安全生产的系列重要指示精神，坚守“发展决不能以牺牲人的生命为代价”这条红线，坚决克服“煤矿事故不可避免论”的错误思想，坚持命字在心、严字当头、敢抓敢管、勇于负责，把控制事故当作硬任务、硬指标，狠抓落实。二是广泛宣传新《安全生产法》。利用网站、杂志等媒体广泛宣传新《安全生产法》，普及安全生产法律知识，做到知法、守法、用法，认真履行安全生产的主体责任。三是在各类会议和开展调研、监察、煤矿安全监察员下矿监察执法时，大力宣贯新《安全生产法》，进一步提高煤矿企业的安全生产意识、主体责任意识，营造良好的安全生产法治氛围。在全省分赣西南、赣中、赣东北三个片区召开煤矿矿长保护矿工生命“双七条”宣贯会，680余名煤矿安全监管监察干部和煤矿企业主要负责人参加。通过宣传政策、解读措施，使他们真正感到“双七条”是铁规定，必须刚执行、全覆盖、真落实、见实效，进一步提高了对煤矿安全生产工作重要性的认识，坚定以人为本，生命至上，安全发展的方向。

（二）积极开展“七打七治”打非治违专项行动

根据国务院安委会统一部署和《江西省集中开展“七打七治”打非治违专项行动实施方案》要求，江西煤监局制定了《江西煤监局集中开展“七打七治”打非治违专项行动实施方案》，成立了组织机构，明确了工作重点和时间安排，并在9月采取“四不两直”方式开展监察检查，加大了对违法违规行为的执法力度。宜春市严厉打击煤矿无证开采、超层越界、瓦斯防治不力、粉尘超标和图实不符等行为，以强有力的措施纠正了一批非法、违法和违章、违规作业行为，有效遏制了事故发生。江西省能源集团公司组织开展了“打假”专项行动，严厉整治了“假钻孔、假验收、假报表、假检查、假处理和假瓦斯数据”现象。

此次活动共查处各类事故隐患和违法行为180条，责令停止作业采掘工作面17个、停止生产采区6个、全矿井停止生产1处，移送国土资源部门调查处理1件。9月以来，全省煤矿未发生较大以上事故，“七打七治”活动初见成效。

（三）深入开展煤矿隐患排查治理行动

根据国务院安委会统一部署，江西省安委会印发了《江西省集中开展煤矿隐患排查治理行动工作方案》，进一步明确了工作目标、工作原则、组织机构、排查重点和工作步骤。江西煤监局按照工作方案要求，积极开展煤矿隐患排查治理行动，立足查大系统、治大隐患、防大事故，摸清底数，制定对策。对证照不齐、发生事故的矿井，隐患整改不到位的一律停产整顿，坚决防范重特大事故。始终把防治瓦斯、水害和控制顶板事故放在工作的重中之重。严禁小煤矿开采突出煤层和受茅口、长兴灰岩水害威胁的煤层，持续组织开展了防治水、瓦斯防治、煤矿安全许可证、建设项目“三同时”、职业危害防治、机电运输、煤矿技术服务机构行为规范等专项监察、定期监察。萍乡矿业集团完善了

"一通三防五个三"管理操作体系，推进了闭环式安全隐患排查，严格执行"35696"隐患排查治理操作体系，有效落实了隐患排查治理责任追究，确保全方位闭环。2014 年，萍矿仅 1 月有 1 处矿井瓦斯超限次数超过了 2 次，充分证明了瓦斯可治和瓦斯超限可防、可控。萍乡市积极推进煤矿"站栏"式管理，创新地面物探与井下雷达探测相结合等手段探明矿井积水位置和区域，坚持矿井生产区域井下、地面物探全覆盖，有效遏制了煤矿水害事故。江西煤监局开展了重点监察，共监察矿井 797 矿次，下达执法文书 3129 份，查处各类事故隐患 3898 条，责令停产整顿矿井 11 处，责令停止生产矿井 90 处，责令停止作业头面 203 个。

（四）做好预警信息发布

在雨季利用短信平台持续不断向煤矿企业主要负责人及煤矿安全监管监察人员发送暴雨洪灾预警短信 7266 条，防范了暴雨洪水伤亡事故。5 月 24 日，江西部分地区普降暴雨，萍乡市上栗县多处山体滑坡，14 处矿井被淹，宜春市袁州区多处发生泥石流，4 处矿井地面、井下严重受损，由于预警及时、措施得力，较好避免了人员伤亡。

（五）督促煤矿企业落实瓦斯抽采利用

全省煤矿企业完成瓦斯抽采量 1.34 亿立方米，同比增加 169.3 万立方米、增长 1.4%，利用量 0.5 亿立方米，同比增加 335.4 万立方米、增长 7.9%。

（六）大力实施煤矿重点攻坚

尽管江西没有产煤县列入全国 50 个煤矿安全重点产煤县名单，但江西煤监局会同江西省安监局在综合分析江西近几年煤矿安全生产事故和当前煤矿安全生产形势的基础上，确定了丰城市、上饶县、上栗县等 10 个县（市、区）以及省煤炭集团公司为当前煤矿安全生产工作重点县（单位）。以江西省安委会名义印发了《江西省煤矿安全重点县（市）遏制较大事故攻坚战工作方案》，明确了攻坚战的目标和任务，江西省煤炭集团公司也单独制定了实施方案。方案实施以来，各地认真落实各项措施，10 个重点县及省煤炭集团公司没有发生较大以上事故。

（七）积极开展煤矿事故警示教育

在全省煤矿组织开展了吉林八宝煤矿"3·29"特大瓦斯爆炸事故和四川桃子沟煤矿"5·11"重大瓦斯爆炸事故的警示教育活动，定期对全省煤矿发生的事故进行通报。督促江西省煤炭集团公司在 9 月开展了全公司事故警示教育月活动，认真吸取 2012 年、2013 年在 9 月各发生 1 起重大事故的教训，坚决防范再次发生重大事故。针对 2014 年上半年煤矿事故出现反弹，在 7 月召开了全省煤矿事故警示教育会，对瓦斯、水害等主要灾害提出了防范要求，建立完善了事故通报、事故约谈、"黑名单"、事故处理公告、事故防范措施落实等"五项制度"。各监察分局也分别在有关发生事故的县（区）和企业召开事故警示教育座谈会或事故分析会，深刻吸取事故教训，落实防范措施。江西煤监局召开了系统内部事故调查工作座谈会，进一步规范事故调查处理工作，对 2014 年以来发生的事故加快调查结案、分析原因，全文公开事故调查处理报告，接受社会和舆论监督。会同江西省安监局、江西省煤炭行业管理办公室对江西鸣山矿业有限责任公司"7·11"较大瓦斯事故和乐平市宝山煤矿"9·14"透水事故进行约谈，特别是鸣山矿业有限责任公司"7·11"事故经国家安全监管总局同意批复结案后，江西煤监局及时将事故调查报告在政务网站全文公开，接受社会监督，对处理结果及时通报，相关人员及时移送司法机关处理。针对第四季度江西省煤矿事故出现反弹，为认真贯彻落实国家安全监管总局煤矿安全生产紧急专题视频会精神，确保年末煤矿安全生产形势稳定，江西煤监局下发了《关于采取果断措施坚决遏制事故确保年末安全生产的通知》(赣煤安字〔2014〕135 号)，从严格准入、监管监察、事故调查等 3 个方面提出了 11 条断然措施。对超过全年事故控制指标的赣州市、上饶市、九江市，分别发出了《加强和改善煤矿安全生产管理有关建议的函》，督促三市煤矿实施全面停产整顿，加强事故分析，开展警示教育和安全培训，切实用事故教训推动安全生产工作，较好地遏制了事故多发势头。

全年共发生事故 33 起，所有事故的调查处理工作已全部完成，实施党纪政纪处分 90 人、行政处分 81 人、移送司法机关 6 人、罚款 1204.2 万元，按期结案率 100%。

（八）组织开展与矿长谈心对话活动

协调组织 25 名领导与全省所有煤矿矿长进行谈话，实现了全覆盖。分管副省长李贻煌专门到萍乡矿区与煤矿矿长进行了谈心对话，并将讲话稿印发给全省所有煤矿，要求矿长始终把矿工生命安全放在首位，以对党和人民高度负责的精神，完善制度、强化责任、加强管理、严格监管，把安全生产责任制落到实处，增强了煤矿矿长搞好安全生产、保护矿工生命的责任感和紧迫感。

（九）严格安全生产准入

根据《国务院办公厅关于进一步加强煤矿安全生产工作的意见》（国办发〔2013〕99 号文）、《江西省政府办公厅关于进一步加强煤矿安全生产工作的实施意见》（赣府厅发〔2014〕7 号）要求，结合江西实际，出台了江西省第三轮煤矿安全生产许可证延期相关的指导意见、实施方案、操作办法等，严把安全准入关口，对不符合“双七条”要求的煤矿不予受理。全年共办理煤矿安全生产许可证延期 33 个，有 79 处小煤矿安全生产许可证到期未申请延期，已全部责令停止生产，并全部对社会公布。同时，配合做好淘汰落后产能工作，注销煤矿安全生产许可证 13 个。

（十）严格监管监察执法

持续组织开展了防治水、瓦斯防治、煤矿安全许可证、建设项目“三同时”、职业危害防治、机电运输等专项监察和重点监察。江西煤监局还对 8 个产煤设区市、分局对 41 个产煤县（区）的煤矿安全监管工作开展了监督检查，并将监督检查情况反馈给地方政府，提出加强和改进煤矿安全监管工作的建议，推动落实地方政府属地管理责任和部门监管职责，形成了煤矿安全工作合力。全年煤监部门共监察矿井 883 矿次，下达执法文书 3129 份，查处隐患 3904 条，责令停产整顿矿井 11 处，责令停止生产矿井 90 处，责令停止作业头面 203 个。

（十一）大力抓好煤矿安全支撑体系建设

一是以应急预案管理、救护队建设、救护培训为抓手，狠抓应急救援工作。全年参与或指导各类事故救援 41 起，共救出被困人员 35 名，特别是棠浦煤矿“2·27”溃浆事故救出 4 人、大罗煤矿“5·1”透水事故救出 3 人，为全省煤矿安全工作做出了突出贡献。二是以中介资质管理为重点，狠抓中介服务工作。检测机构检测矿井 567 矿（次），检测设备、仪器仪表 7852 台（件、套），发现问题 1735 条，并提出整改意见和措施，促进了煤矿提高安全生产保障能力；评价机构现场评价 48 个、竣工验收评价 29 个、安全预评价 6 个，发现并督促整改问题 767 条，促进了煤矿企业改善安全生产条件。三是通过规范培训、强化管理、严格考核，狠抓安全培训考核发证工作。一年来，共培训考核“三项岗位人员”10780 人、救护队员 1404 人，清理纠正“人证岗”不符人员 255 人，提高了从业人员的素质和安全管理水平。

（十二）深入推进依法行政

一是认真开展新《安全生产法》宣贯工作，以视频讲座、专题座谈、知识竞赛等形式，组织全体监察员深入学习讨论新安法，全面掌握并运用在工作中，督促煤矿企业贯彻落实好新安法，落实企业主体责任。二是针对多项煤矿安全行政许可进行调整的情况，落实国家安全监管总局的工作要求，取消了一批行政审批，切实做到依法行政。三是认真落实《煤矿安全监察执法监督办法（试行）》（安监总煤调〔2014〕93 号）要求，组织对江西煤监局的《执法工作规范》《行政执法评议考核办法》《行政执法监督办法》等逐一进行了修订，并认真开展了执法监督工作，抽查事故调查案卷 9 份、执法文书 31 份，现场执法监督 6 矿次，共查出问题 60 条并督促整改，改进了在行政处罚、事故调查处理、执行执法计划、执法档案管理等方面的不足，规范了全局的监察执法工作，提高了依法行政的自觉性。

（十三）开展江西煤矿安全发展战略研究

针对江西煤矿地质条件复杂、开采难度大的实际情况，按照国家安全监管总局领导在江西调研时的要求，开展全省煤矿安全发展战略研究，目前已形成《江西省煤矿安全发展战略研究（讨论稿）》，通过实施安全发展战略，淘汰关闭一批、整合重组一批、改造提升一批煤矿企业，提升江西煤矿办矿水平，促进江西煤炭工业健康有序发展。

（十四）扎实推进自身建设

1. 深化机关作风建设

一是坚定不移贯彻落实中央“八项规定”精神，坚决反对“四风”，建立完善了监督检查机制，全局公文、会议和“三公”经费均较 2013 年同比下降。二是认真落实习近平总书记“三严三实”要求，研究制定了《中共江西煤矿安全监察局党组关于进一步加强机关建设的意见》，切实强化思想作风、业务能力和党风廉政三项建设。三是逐步理顺工作秩序，建立工作例会制度，定期对全局工作进行研究部署和督促检查，保障各项工作措施落实到位。

2. 深化群众路线教育实践活动

开展了群众路线教育实践活动“回头看”，落实深化整改责任，抓好党组班子和领导干部个人存在问题的整改落实，开展“四风”突出问题专项整治和培训中心清理整顿，对4项整改任务26条措施进行了逐一梳理，整改工作已全部落实到位；全面完成教育实践活动制度建设计划，进一步建立完善和修订了各项工作制度，共废止制度6项、修订制度14项、新制定制度6项。

3. 深化党风廉政和干部队伍建设

一是抓好干部队伍思想建设，组织学习十八届三中、四中全会精神和习近平总书记系列讲话精神，进一步武装思想、凝聚力量。二是严格落实党风廉政建设“两个责任”，紧紧围绕“深刻吸取教训、恪守廉政底线”，扎实开展廉政警示教育，坚持边查边改，加强对权力的制约和监督，完善工作规范。

山东省煤矿安全生产工作综述

一、煤矿安全生产总体情况

2014年，在国家安全监管总局、国家煤矿安监局和山东省委、省政府的正确领导下，全省煤矿安全生产形势持续稳定，山东煤监局各项工作稳步推进、同步发展。国家安全监管总局领导两次作出批示，对山东煤监局的工作给予充分肯定。全省煤矿安全生产情况主要体现为“六好”特点：

一是煤矿安全状况好。全省煤矿共生产原煤1.48亿吨，发生事故10起，死亡14人，百万吨死亡率0.09，继续保持全国领先水平。

二是监察执法绩效好。紧紧围绕国家安全监管总局工作部署，创造性地抓好落实，将创新作为推动工作的源动力、解决关键问题的硬措施。推进发展煤矿安全“1+4”工作法，为使国家“双七条”落地生根，山东煤监局出台了9个“七条规定”；率先制定了“自由裁量权基准”、行政权力清单制度；坚持和深化“六个执法”，开展谈心对话、打非治违、警示教育等活动，取得明显成效。全年共监察矿井573矿次；监察覆盖率294%；制作笔录性文书1148份，决定性文书1598份；暂扣安全生产许可证4矿次，责令停产作业12矿次；停头、停面63个；行政罚款1647.59万元。推动关闭30万吨/年以下小煤矿14处。

三是队伍建设面貌好。坚持打造“七型”队伍，提高“五种能力”，作风不断改进，素质不断提高，得到了政府的信任、企业的支持、社会的认可。《中国安全生产报》专版报道山东煤监局队伍建设做法；在国家安全监管总局队伍建设会上，山东煤监局作了典型发言。

四是教育实践活动整改效果好。认真学习国家安全监管总局领导视察山东时作出的重要指示，坚持机构不撤、力度不减，抓好制度建设，开展“回头看”活动，作风建设常态化、制度化，收到了很好的效果。

五是各项工作发展势头好。坚持统筹兼顾、协调全面发展的工作思路，各项工作责任清晰，措施落实。内部环境和谐融洽，风正气顺，形成了平稳、有序、创新发展的良好势头。

六是外部协调氛围好。外部加强与政府、部门、企业关系的沟通协调，督促落实地方政府和部门监管责任、属地管理责任和企业主体责任，主动协调配合，凝聚工作合力，加强检查指导，形成良好的监察执法氛围和环境。历任分管省领导都亲临山东煤监局指导工作，2014年，2位分管副省长先后来山东煤监局调研指导。

二、煤矿安全生产重点工作

2014年，山东煤监局按照执法计划，紧紧依靠地方党委政府，在各部门、各方面的大力支持和密切配合下，重点抓了以下6项工作：

（一）全面创新落实煤矿安全“1+4”工作法和“双七条”

始终把保护全省50万矿工生命安全作为工作的出发点和落脚点，牢固树立“红线”意识，坚持底线思维，切实提升贯彻落实“1+4”工作法和“双七条”的积极性、主动性和创造性。代省政府起草了《山东省贯彻落实国办发99号文件实施意见》，国务院安委会办公室转发全国学习借鉴；紧密结合山东实际，创新制定了9个“七条规定”，把国家煤矿安全“双七条”的要求进一步具体化、深入化、系统化，国家安全监管总局领导亲自作出批示予以充分肯定，国家煤矿安监局转发全国学习借鉴；对全省煤矿副矿级以上领导干部举办贯彻落实国办发99号文件集中全覆盖培训班；强化事故警示教育，把别人的事故当成自己的事故，把小事故当成大事故，全年召开2次专题警示会议，切实吸取事故教训，举一反三、痛定思痛，坚决防范同类事故发生；把国家煤矿安全“双七条”和山东煤监局9个“七条规定”作为监察执法重要内容，通过强化执法推动落实；适时调整监察执法工作重点，积极采取“一问四查”“四不两直”等针对性方式，超前防控“最后的疯狂”现象，牢牢把握工作的主动权。

（二）认真组织谈心对话活动

联合山东省煤炭局及时制定活动方案，强化宣传、营造氛围；成立谈心对话活动领导小组，设立活动办公室，建立重要事项会商制度；创新谈话对话方式，实行“四不两直”谈话法（不遮掩真相、不避重就轻、不扣“帽子”、不打“棍子”，直奔主题、直面问题）；由分管副省长亲自启动，全面完成了与所有矿业集团公司和煤矿主要负责人的谈心对话任务；各监察分局积极跟进，将覆盖面扩大到煤矿副矿级干部，并下延至区队长、班组长，直面问题、统一思想，增进了交流、推动了工作。共计谈心对话2549人，其中，矿长198人、董事长和总经理42人、其他人员2309人。

（三）扎实开展“六打六治”打非治违专项行动

牵头组织山东省煤矿的“六打六治”打非治违专项行动，及时召开会议，与省煤炭局联合下发《关于集中开展煤矿“六打六治”打非专项行动的通知》，运用问题和事故倒逼机制，抓主要矛盾和问题、矛盾和问题的主要方面，从6个方面入手，确定了山东煤矿“六打六治”打非治违的主要内容；制定下发《山东煤矿安全监察局关于成立“六打六治”专项工作小组的通知》，强化组织领导；采取机关处室与监察分局上下联动，监管监察密切配合，局领导带队开展专项督查、监察分局间跨区域监察等多种形式，推动专项行动的高效务实开展，特别是在党的十八届四中全会召开期间，集中开展“四不两直”暗查暗访，确保了重点时段的安全生产。活动期间，共监察煤矿147矿次（其中“四不两直”监察65矿次，专项督查8矿次，与地方煤矿安全监管部门联合执法31次），查处问题和隐患1965条，提出建议112条，责令一个采区停止作业，停止采掘作业22处，停止设备使用13台次，行政罚款429万元，取得明显成效。

（四）切实抓好新《安全生产法》的宣传贯彻

新《安全生产法》一颁布，山东煤监局即迅速制定宣贯方案，成立领导小组，召开专题视频会议，局主要负责人率先对各地市煤矿监管部门主要负责人、省属煤矿企业（集团）主要负责同志进行了宣贯；其他局领导带队，以分局辖区为单位，分片开展集中宣贯培训，实现了煤矿安全监管监察部门负责同志和所有煤矿矿长全覆盖；各监察分局根据各自实际及时跟进，分局主要负责同志带头，继续开展集中宣贯培训，实现了煤矿副总工程师以上其他下井带班领导全覆盖；举办两期煤矿企业承担安全培训工作的骨干教师培训班，共计210人参加，为强化煤矿企业的新《安全生产法》全面培训搭建了载体；各煤矿企业积极利用上岗培训、专题培训、班前会等形式，对科区长、班组长直至一线从业人员开展全覆盖培训；推出《山东煤炭科技》贯彻新《安全生产法》专刊，山东煤监局、各级监管监察部门和煤矿企业纷纷开辟网站专栏等多种形式，大力宣传报道新《安全生产法》宣贯实施中的好做法、好经验，营造了浓厚氛围；迅速行动，扎实做好行政处罚自由裁量基准、监察执法手册、执法文书模板、行政审批等内部制度的配套“废改立”工作。

（五）扎实开展隐患排查治理行动

积极配合山东省煤炭局制定活动方案，坚持把隐患排查治理专项行动与“六打六治”“三项”监察执法、年终收尾、年初起步等各项工作“统筹兼顾、协同推进”，强化执法推动，督促煤矿企业认真开展隐患自查自纠。强化组织领导，科学调配人员，严格落实“全覆盖、零容忍、严执法、重实效”的要求，真正做到“一矿一组、一矿一案、一矿一策”，确保活动扎实深入开展。自2014年12月开始，山东煤监局共牵头5个排查组，对全省24处省属煤矿进行了全覆盖集中排查、复查，共查出事故隐患521条、提出建议107条，没有发现重大隐患，1个煤矿在自查自改阶段发生一次死亡2人事故。期间，启封两个采煤工作面4道密闭墙、停止1个掘进工作面施工，依法推进关闭1个大型煤矿，督促煤矿投入隐患整改费用700余万元，除了9个隐患正在整改期内，隐患按时整改率达到100%。

（六）持续推进工作创新

坚持“改革、创新、落实”的原则，对原“表格式监察”法进行提升完善，修订形成了《安全监察执法手册》，将监察执法重点细化为30个专业、184项内容、713个条款；对现行58部相关法律法规中涉及的800余条处罚条款进行分类整合，制定出台23类、170条处罚内容的《行政处罚自由裁量实施基准》，并根据新《安全生产法》的要求及时进行了修订，先后经山东省法制办两次备案后印发执行；制定出台《执法文书制作规范和常用文书制作模板》，进一步规范文书制作、提升文书质量；积极探索推进“电子化”辅助执法，在全国煤监系统率先制定出台权力清单；将山东煤监局执法监督职责调整至纪检组监察室，明确专人负责，深化“前有监察，后有督查”式执法监督，严格内部纠偏、推进执法到位；全面推行监察周志制度，探索实现工作量化考核，推动工作落实等等，这一系列创新措施的制定实施，大大激发了工作活力，提升了工作实效。

河南省煤矿安全生产工作综述

一、煤矿安全生产总体情况

2014年，河南煤监局认真贯彻落实国家安全监管总局、国家煤矿安监局和河南省委、省政府的工作部署，围绕防范重特大事故核心目标，突出瓦斯治理和水害防治监察重点，大力实施煤矿安全“1+4”工作法，扎实履行监察职责，有力推动了企业主体责任和地方监管责任落实。全省生产原煤1.35亿吨，发生伤亡事故20起，死亡47人，百万吨死亡率0.348，未发生特别重大事故，安全生产形势总体稳定。

二、煤矿安全生产重点工作

（一）推进综合治安

一是强力推动“双七条”规定落实。协助制定了河南省落实国办发〔2013〕99号文件的实施意见，召开了全省宣贯会议，制定了违反“七条规定”处罚办法，将“双七条”纳入监察内容，推动煤矿机械化、安全质量标准化和井下语音广播系统等重点工作取得新的进展。二是扎实开展“谈心对话”活动。承办了国家安全监管总局领导4次到河南与150名矿长谈心对话组织工作。河南煤监局6名班子成员分别与106名矿长开展了谈心对话，全省51名领导干部、24名集团公司负责人、527名矿长参与了谈心对话活动，增强了领导干部安全责任意识。三是坚决打好重点县攻坚战。按照省政府工作方案成立了包片督导组，坚持每季度开展1次对新密市、登封市的包片督导，采用常规检查和突击夜查等方式，抽查煤矿24家，提出问题和建议81项。河南省重点县攻坚战受到全国安全生产工作会议表扬。四是深入开展“六打六治”专项行动。以打击和整治煤矿图实不符、粉尘超限等问题为重点，开展安全打假专项行动。《中国煤炭报》以《河南煤监局：图实不符者休想蒙混过关》为题，报道了河南煤监局行动开展情况。五是集中开展隐患排查治理。牵头组织全省煤矿隐患排查治理集中行动，加强沟通协调，完善行动方案，召开动员大会，建立工作制度，共排查矿井459处，查处隐患10959条，推动了隐患排查治理常态化。六是大力宣贯新《安全生产法》。党组中心组进行了2次集体学习，解读新《安全生产法》，研究适用问题。组织了新安法知识竞赛，河南煤监局211人、煤矿企业1万余人参加了竞赛答题。各单位开展了形式多样的学习宣传活动，掀起了尊法、知法、守法、用法的高潮。

（二）深化监察执法

突出瓦斯治理和水害防治工作重点，立足于抓大系统、治大隐患、防大事故，严格落实年度执法计划，深入推进监察执法。全年监察矿井312处、955矿次，完成计划的111%。查处问题3465项，实施行政处罚490次，罚款3035万元，暂扣安全生产许可证6次。以灾害严重和基础薄弱矿井为监察重点，组织了8次专项监察。郑州分局对重大违法行为立案查处。豫北分局开展“雷霆行动”，重拳打击违法行为。豫西分局将监察执法、技术服务、法律宣传有机结合。豫南分局着力规范执法行为，推行集中执法和科室联合执法。豫东分局“量身订做”监察方案，提高了监察执法针对性。通过严查重处，促进了煤矿依法生产。

（三）严格安全准入

办理许可审批事项335起、安全管理人员资格证26139人。注重源头管控、超前预防和重点突破，抓住安全设施与条件、安全措施与制度、安全投入与保障等关键环节，依法依规组织资料审查、专家论证和现场核查，推动了“双七条”、安全质量标准化、煤矿机械化、职业卫生、应急救援体系、隐蔽致灾因素普查等工作有效落实。

（四）严肃事故查处

按照“四不放过”原则，完成了李粮店煤矿“11·18”透水事故、长虹煤矿“3·21”煤与瓦斯突出事故等20起事故调查工作。与河南省检察院建立了配合联系机制，及时向上级汇报事故调查工作。对2011年以来重大事故责任追究、防范措施落实情况进行了督查。针对平煤集团事故多发问题，代表省政府约谈了平煤集团领导，分析形势，查找原因，提出要求。及时通报事故，向煤矿企业发放警示教育片200套，召开了全省防治煤与瓦斯突出事故警示教育会，发挥了警示教育作用。

（五）发挥科技支撑

以“四个一批”项目为引领，以安全科技发展计划为指导，推动煤矿安全科技创新。向煤矿企业推广应用先进适用技术及装备220项。组织了第六届煤矿安全科技进步奖评审和安全科技活动周。以年度考核和监督评审为手段，监察督促中介机构提高服务水平，发挥技术支撑作用。

（六）强化监督检查

紧紧依靠省政府推进安全监管责任落实。对11个产煤省辖市、4个直管县煤矿安全监管工作进行了监督检查，对地方监管部门设置进行了调研，向省政府、国家安全监管总局报告了检查及调研情况。监察分局对辖区县（市）、区进行了两轮监督检查，与安全监管部门建立了联席会议制度，开展了联合执法，凝聚了地方监管和国家监察合力。

（七）加强队伍建设

河南煤监局党组认真执行民主集中制，科学民主决策，形成了较强的凝聚力和战斗力，做到了执行上级决策部署态度坚决、措施有力。开展了群众路线教育实践活动“回头看”、习近平总书记系列重要讲话专题学习。组织160名监察员到淮南接受业务培训，36人参加了国家安全监管总局培训或出国培训。与煤炭企业互派12名干部挂职锻炼，提拔交流干部27人。严格落实“两个责任”实施意见和党风廉政建设责任制，增强“底线”意识，紧抓八项规定执行，开展整风肃纪。紧盯班子决策和权力运行，强化监督制约，把党风廉政建设和反腐败工作不断引向深入。

（八）狠抓创新发展

班子成员带队到6个兄弟省局考察学习，深入基层开展调查研究15次。河南煤监局党组以“广开言路、集思广益、开门纳谏”的态度，召开了许昌务虚会。建立完善了《河南煤监局党组工作规则》《河南煤监局工作规则》等17项制度，以制度用权、管人、议事的机制更加完善。形成了党组会和局务会决策、局长办公会部署、局长业务会落实的工作机制。建立了监督检查和业绩考核机制，促进了责任落实和效能提升。实施更加严格的执法监督制度，局领导带队对五个分局的执法工作进行了监督检查，全面推进依法行政和文明执法。创新执法方式，以集中执法行动解决突出问题，以高位监察、高层沟通解决深层次问题，以开展安全普查解决底子不清问题，以强化执法监督解决执法不严谨问题。协助省政府出台了《河南省强化煤矿安全生产暂行规定》《河南省防治煤与瓦斯突出十项措施》《关于进一步加强煤矿安全管理的通知》等重要文件。

湖北省煤矿安全生产工作综述

一、煤矿安全生产总体情况

2014年，在国家安全监管总局、国家煤矿安监局和湖北省委及省政府的正确领导下，湖北煤监局领导班子精诚团结，认真履责，勤政廉政，带领全局干部职工锐意进取，扎实工作，实现了全省煤矿安全生产形势持续稳定。

二、煤矿安全生产重点工作

（一）巩固教育实践活动成果，持续改进工作作风

湖北煤监局党组认真贯彻国家安全监管总局党组要求，严格落实第四督导组的督导意见，坚持边学边改、边查边改、闻过即改，不断巩固教育实践活动成果。

一是坚决执行中央八项规定。修订了《湖北煤监局会议费管理暂行办法》《湖北煤监局公务接待费管理暂行办法》《湖北煤监局工作规则》等9项制度，以制度约束党员干部的行为。2014年以来，全局公务接待费同比减少1.14万元，下降7.5%；公务车辆运行维护费减少6.14万元，下降20.25%；因公出国培训学习费用11.8万元，与去年持平，“三公”经费总额有较大幅度下降；会议费用同比减少15.08万元，下降49.15%；文件印发数量174个，同比减少131个，下降43%。

二是强化重点问题整改落实。湖北煤监局党组高度重视教育实践活动的深化整改工作，党组书记亲自部署，分管领导具体检查督办。2014年以来，共召开8次党组会及办公会研究落实集中受理行政审批、安全生产执法和制度建设等整改工作；湖北煤监局党组3次集中听取各处室整改落实进展情况汇报；3次专题约谈事故多发的地方政府领导、未落实行政处罚的煤矿企业；6次召开局务会议推进煤矿安全监察工作。湖北煤监局领导班子整改方案确定的31项整改任务、“四风”问题专项整治方案中确定的12项整改任务、制度建设计划确定的13项任务，均已全部完成。所有查摆出的问题都得到了真整改、措施得到了真落实、效果实现了真达标。

三是重点解决“五个了之”的问题。针对隐患一罚了之的问题，制定了《湖北煤监局监察执法行政处罚管理办法》和《煤矿重大隐患整改闭环管理办法》，建立了隐患登记、整改、分级挂牌督办、跟踪督导、销号闭环管理的工作机制；针对停产整顿一停了之、挂牌督办一挂了之的问题，制定了《关于进一步加强事故矿井整改和现场核查工作的通知》《煤矿安全生产暗查抽查工作制度》及《关于进一步加强对地方政府煤矿安全监管工作监督检查的实施意见》，督促地方政府及安全监管部门和企业严格对照标准查隐患，并严把整顿验收关，防止矿井以停代整、停而不整甚至违法组织生产；针对会议一开了之、事故通报一发了之的问题，出台了《煤监局工作落实督办制度》，建立了对局务会、办公会及重大决议事项的跟踪督办机制，并及时通报，确保了工作有安排，过程有记载，落实有效果。

四是立足长远狠抓制度建设。以教育实践活动深化整改为契机，不断提升管理科学化水平。在落实制度建设计划方面，计划修订制度6项、新定制度7项，实际修订制度9项、新定制度24项，构建了一整套完善的制度管理体系。在密切联系群众方面，下发了《湖北煤监局党组关于开展党的群众路线教育实践活动局领导联系党支部工作的通知》《湖北煤监局党组关于印发领导干部联系点工作制度的通知》《湖北煤监局解决“门难进、脸难看、事难办”问题的实施办法》及《湖北煤监局党组成员直接联系群众制度》等制度文件，保证了第一时间听取基层和群众的声音，密切了工作感情，提高了行政效能。

（二）立足监察职能，狠抓工作落实，煤矿安全监察工作取得明显成效

深入贯彻落实煤矿“双七条”，着力实施国家安全监管总局提出的煤矿安全“1+4”工作法，严格监察执法，强化指导服务，深入开展“与煤

矿矿长谈心对话”“六打六治”打非治违和“查隐患、促整改、降事故”专项行动、煤矿整顿关闭退出等一系列活动，工作取得了显著成效，全省煤矿安全生产形势总体稳定。

一是主动协调谋划，整体推进煤矿安全工作。认真履行国家监察职能，多方借力，确保实现煤矿安全全省一盘棋。主动汇报，争取支持。积极争取省领导对煤矿安全生产工作的重视支持，高位推进工作。8月份，省政府召开常务会议，专题研究小煤矿关闭退出工作，要求坚决关闭淘汰落后产能和不具备安全生产条件的矿井。湖北煤监局草拟文稿、组织反复征求意见并提请省政府于11月出台了《关于加快小煤矿关闭退出工作的意见》(鄂政发〔2014〕48号)，明确了全省煤矿关闭退出的目标、任务及措施。主动沟通，加强协作。建立了部门联席会议制度，与省安监局、省经济和信息化委员会（简称经信委）联合印发了《全省煤矿安全生产工作要点》，联合开展了与煤矿矿长谈心对话、专项督查、整顿关闭等系列活动。主动邀请，联合督查。坚持煤监局领导带队，积极邀请地方党政领导、监管监察干部、企业负责人一同下井检查。2014年，共有12位县级政府主要领导、28位分管领导和123名煤矿主要负责人参与监察执法，达到了“监察一个点、指导一个面、影响一大片”的效果。

二是强化“三项监察”，着力提升煤矿安全法制化水平。以宣贯新《安全生产法》为契机，强化监察执法，严格安全许可和事故查处，推动企业落实主体责任。严格“三项监察”，全年计划监察矿井70矿次，实际监察矿井87处（下达执法文书矿井)，完成全年计划的124.3%，实现了对8个产煤市（州）监察执法全覆盖。其中，重点监察25矿次，完成全年计划的100%；专项监察48矿次，完成全年计划的137%；定期监察14矿次，完成全年计划的120%。共下达监察执法文书181份，下达安全生产隐患整改指令1209条，责令矿井停工整顿8个，暂扣煤矿安全生产许可证23个，实施经济处罚228.13万元，比2013年提高45%。严格安全许可，设立了统一的行政审批窗口，实行办审分离。对32处安全生产许可证过期的矿井下发了通报，对83家安全生产许可证到期情况进行了预警。共办理安全生产许可证70个，审查《煤矿建设项目安全专篇》27矿次，验收矿井18处。强化对延证矿井的现场核查，提请地方政府依法关闭了2处不具备安全生产条件的矿井，对6处关闭矿井的煤矿安全生产许可证进行了注销。严格事故查处，对发生死亡事故的矿井严格实施“五个一律”：一律暂扣证照、一律停产整顿、一律按高限处罚、一律到省局说清楚、一律按照“六化”标准整改验收。全年按期审结事故21起，移送司法机关追究刑事责任5人，党纪政纪处分30人，行政处罚74人次，撤销《安全资格证》24人，罚款723.7万元。

三是坚持部门联动，深入开展“谈心对话”活动。落实责任“分片谈”，与省安监局、省经信委联合印发了《全省谈心对话活动方案》，对谈心对话对象和责任进行了分解落实、分片包干，各地对辖区内所有煤矿企业进行了再细化、再分工，确保谈心对话煤矿覆盖率100%。部门联动“层层谈”，湖北省副省长许克振亲力亲为，为谈心对话活动做出了表率。湖北煤监局和湖北省安监局、省经信委先后对宜昌等6个市州的269家煤矿开展了谈心对话活动。各地方政府及部门以谈心对话为契机，强化了日常监管和专项检查。

四是强化专项治理，有效防范重特大事故发生。结合湖北省煤矿灾害特点和事故高发的严峻形势，开展了5个方面的专项治理行动。开展了“查隐患、促整改，降事故”专项整治和“六打六治”打非治违专项行动。针对6月、7月煤矿安全事故多发的问题，湖北煤监局党组决定集中开展“查促降”专项行动，并将这个专项行动与国务院安委会部署的“六打六治”打非治违专项行动有机结合，由局领导带队组成4个督查组，分别对黄石、咸宁、十堰、荆门、恩施5个市州、20个县市区的45家煤矿进行了两轮督查，查出隐患363条，督促企业整改到位342条，整改合格率达到94%。开展煤矿重点县克难攻坚。结合湖北近几年煤矿事故特点、矿井灾害程度等因素，全省确定了秭归、长阳、远安、利川、建始、巴东、南漳、大冶、通山、东宝区10个县（市、区）为全省煤矿安全重点县，省、市、县三级集中火力重点督查、整改提高。其中，5个重点县煤矿事故大幅下降、2个重点县煤矿2014年有望实现安全生产。开展了煤与瓦斯突出矿井专项治理。组织开展了全省煤与瓦斯突出矿井专项检查，召开了事故警示教育会和防治工作现场办公会，责令全省36处煤与瓦斯突出矿井全部停产整顿，邀请国内防突专家开展了会诊式专项监察，督促企业落实两个“四位一体”综合防突措施。同时，还集中部署开展了煤矿水害防治和顶板管理专项治理，全省煤矿安全生产保障能力逐步提高。启动了煤矿隐患排查治理行动。按照国家安全监管总局统一部署，由省安监局统一组织，全省煤矿安全监管监察人员、专家、煤矿企业管理人员和矿山救护队员共791人，分成113个排查组，按照“两轮三批次”模式，对全省317个煤矿开展了煤矿事故隐患排查治理集中行动。

五是立足以管促关，强力推进煤矿关闭退出工作。8月11日，省政府常务会议对全省小煤矿关闭退出工作做出部署以后，湖北煤监局及时与省安监局、省经信委、省国土资源厅沟通衔接，联合组成8个调研组，采取现场察看、查阅资料和座谈交流、个别谈心等形式，实地走访70家煤矿，与全省所有矿主见面，实地听取基层部门和企业的意见和建议。在此基础上，立足监察职能，落实以管促关各项措施。2014年，共关闭事故矿井7处。

六是深化改革创新，着力提高安全监察执法效能。针对湖北省煤矿数量多、开采水平低、监察人员少、执法半径大等难题，将全省8个产煤市（州）划分为2个片区，由业务处室包片开展煤矿安全监察执法、行政许可、建设项目“三同时”、事故调查和救援指导等工作，综合处负责执法监督、沟通协调，优化整合了全局有限的人力资源，提高了执法频率，落实了监察责任。开展专家会诊式监察，聘请了省内外10名专家，利用两周时间，采取查资料、审图纸、下矿井、专家会诊、集中反馈的方式，对恩施、宜昌和襄阳3个市州的26对煤与瓦斯突出矿井进行了解剖式排查。检查结束后，集中向县安监局和煤矿企业反馈意见，共下达专家意见书21份，排查隐患509条，责令7处矿井停产整改。强化暗查暗访，严格执行“四不两直”暗查暗访工作制度，先后对黄石、荆门等地煤矿进行了暗查暗访，责令停止井下一切采掘活动，并与黄石市政府主要领导交换了意见，下达了监察意见书。2014年以来，共开展“四不两直”暗查暗访活动8次，监察矿井27处，发现隐患147条，其中重大隐患2条，提请地方政府关闭矿井2处，责令停产整顿矿井4处。

（三）加强队伍建设，规范选拔任用，不断充实煤矿安全监察队伍

认真执行《党政领导干部选拔任用工作条例》，2014年以来，提拔了1名处级干部，招录、选调了2名公务员，4名同志进行了轮岗交流，煤矿监察力量进一步充实。

一是加强干部管理。按照国家安全监管总局党组的安排部署，认真做好干部管理和选拔任用等基础性工作，提升队伍建设水平和干部整体素质，出台了《关于进一步加强煤矿监察干部队伍建设的意见》《科级干部任用管理办法》，草拟了《机关干部选拔任用暂行办法》《事业单位聘用人员管理暂行办法》等制度文件，从制度层面规范了干部队伍建设工作。

二是狠抓学习培训。2014年以来，先后安排2人参加国家安全监管总局党校、省直机关工委党校培训，安排4人参加煤矿瓦斯防治现场培训，安排10人参加机关党建、纪检监察、新闻宣传、政府采购、信息化建设等各类专题业务培训，提升了业务能力。

三是规范选拔任用。坚持正确用人导向，以“组织放心、群众满意”为准则，注重选拔事业心强、想干事、能干事、干成事，实绩突出的干部；注重选拔公道正派、组织放心、群众满意的干部；注重选拔来自基层一线的干部，让能干事者有机会、干成事者有舞台。严格遵守《党政领导干部选拔任用工作条例》，认真落实集体酝酿、民主推荐、组织考察、党组讨论、上报备案、任前公示等规定程序，不临时动议调整干部，不降低选人用人标准，不违规超编进人，规范了选拔任用工作，保证了队伍整体质量，一批德才兼备的同志选拔到了适合的工作岗位。1名处级干部提拔到中国煤矿工人大连疗养院任党委书记，1名科级干部通过遴选进入国家煤矿安监局工作，2名基层煤矿专业人员到湖北煤监局交流挂职，充实监察执法力量。

四是完善监督机制。在沟通酝酿环节充分听取湖北煤监局领导意见，达不成共识不上党组会；在组织考察环节充分吸收各方面反映，有不同意见及

时鉴别；在研究决定环节，坚持集体研究决定。认真落实《党政领导干部选拔任用工作责任追究办法》等4项监督制度，在干部选拔调整过程中，设立专门的举报电话、举报信箱，畅通监督渠道；在公务员招考和事业单位公开招聘考察时，坚持由考察对象主管部门出具廉政材料，确保考察对象清正廉洁；严格执行上报备案规定，选拔情况及时向国家安全监管总局人事司上报备案。同时，在民主推荐计票、干部考察、任前公示等环节，坚持邀请湖北煤监局纪检组全程参与监督，确保了选人用人公信度。

（四）狠抓“两个责任”贯彻落实，强化党风廉政建设

围绕湖北煤监局党组主体责任和纪检组监督责任双落实，狠抓党风廉政建设。全年没有出现干部职工违法违纪或违反“八项规定”的问题。

一是抓责任体系建设。湖北煤监局党组研究制定了《关于落实党风廉政建设党组主体责任和纪检组监督责任的实施意见》，将主体责任分解为局党组领导班子、党组主要负责人、领导班子成员和职能处室党支部67条具体措施，将局纪检组的监督责任细化为22条具体措施，确定了责任边界、责任内容，构建和完善了落实“两个责任”体系。同时，结合体制机制建设，及时印发了《贯彻落实〈建立健全惩治和预防腐败体系2013—2017年工作规划〉实施意见》，将全局惩防体系分解为118项具体任务，并在每项任务中明确了牵头单位、责任单位和完成时限，确保防控工作重点突出、有的放矢。

二是抓源头监督防范。印发了《开展岗位廉政风险防控的指导意见》，初步编制了包括煤矿安全监察业务、机关行政管理和岗位廉政责任等在内的《湖北煤矿安全监察局廉政风险防控手册》，全局明确岗位职责49个，梳理了27项职权目录清单，对应每个职权事项和岗位，分别列出了主要职责、工作阶段、关键环节及可能出现的廉政风险点、风险等级和防范措施，并绘制了相应的权力运行流程图。同时，从加强对主要领导和领导班子的监督、加强对干部人事工作的监督、加强对财务运行的监督和加强对监察执法业务工作的监督等4个方面，提出了规范领导职责权限的12项源头治理措施，加强了对权力运行的监督制约。

三是抓思想警示教育。2014年以来，湖北煤监局党组先后12次安排中心组学习，传达贯彻有关改进作风和反腐倡廉重要讲话、文件、通报精神。同时，按照国家安全监管总局党组的部署，全局开展了以“学条规用条规，加强纪律建设”为主题的反腐倡廉警示教育周活动；学习了煤监系统违法违纪案例通报；开展了党纪政纪条规知识测试；观看了煤矿事故警示教育片；组织参观了中共五大会址和廉政警示教育基地等，用多种形式的廉政教育，强化党员干部的廉洁自律意识。

四是抓日常监督检查。突出约谈提醒。2014年8月，由湖北煤监局领导带队对各处室落实责任制情况进行了检查，对检查发现的问题进行了通报，并对责任落实不到位的单位负责人进行了约谈，起到了很好的促进作用。突出执法监督。集中开展了2次执法监督和执法监察，检查各类执法卷宗33卷、执法文书24份，现场检查煤矿4家，发现各类问题62条，下达监察意见书3份，促进了规范执法、依法监察。

三、存在的问题

尽管湖北煤监局在2014年的工作中取得了一定的成绩，但全省煤矿安全生产形势依然严峻而复杂。一是全省煤矿数量多、开采方式落后、装备水平差、管理水平低的状况没有根本改变，事故多发的局面还未得到有效遏制，安全压力很大。二是监察任重繁重与监察力量不足的矛盾依然十分突出，监察执法的效能打了折扣。

湖南省煤矿安全生产工作综述

一、煤矿安全生产总体情况

2014年，湖南煤监局依法履职，严格执法，各项工作稳步推进。全年共发生事故56起、死亡86人（比国家考核122人指标少36人，比省政府控制100人以内的奋斗目标少14人），事故总起数和死亡总人数同比分别下降26.3%和23.2%，煤矿安全状况创历史最好水平。

二、煤矿安全生产重点工作

（一）把推进小煤矿关闭退出作为实现湖南煤矿安全治本的根本手段

一是加强宣传引导促进关。对无资源、无资金、整改无望的矿井，充分利用监察执法、谈心对话、情况通报、警示约谈等活动，积极宣传当前煤炭产能过剩、市场持续低迷难以改变的行业形势，宣传国家、省政府的奖补政策，宣传《安全生产法》等法律法规对煤矿安全生产基本条件的要求，使绝大多数煤矿积极向政府申请关闭。二是注销许可证促进关。对煤矿安全生产许可证定期进行清理，对未按时申请延期、被责令停产整顿未按期申请验收或验收不合格的矿井，及时注销安全生产许可证并函告地方政府和有关部门。督促地方政府重点关闭整改无望和注销安全生产许可证的煤矿。一年来，共分11次注销了全省513处矿井安全生产许可证。三是严格执法促进关。对整改无望仍在等待观望的落后小煤矿，通过严格执法，彻底打消其侥幸念头。

（二）把落实有关法律法规和规范性文件的规定作为提升煤矿安全基础的总抓手

针对煤矿安全管理、通风、瓦斯防治、防尘防火、防治水、机电运输和采掘部署等方面存在的主要问题，依据有关法律法规和规范性文件的规定制定了《安全监察执法“七十条底线”要求》，明确了执法的依据和处理处罚的标准，做到监察内容表格化、处理处罚规范化。科学制定监察计划，结合“打非治违”专项行动，对非法违法、违规违章行为出重拳、零容忍、严执法。一年来，下发执法文书3555份，行政处罚1959万元，依法提请关闭煤矿6个，查处安全隐患和违法行为10051条，督促整改率96.5%。

（三）把打好重点县攻坚战作为扭转煤矿安全工作被动局面的切入点

湖南共有10个煤矿安全重点县，占全国的20%，省委、省政府高度重视重点县攻坚工作，省委书记徐守盛亲自与10个煤矿安全重点县的县委书记谈心对话。湖南煤监局按照统一部署，成立由局领导带队的5个工作小组，围绕“九个规定动作”，对5个重点县进行分片督导，开展现场督导60批次，下发督导函15份。针对重点县复工复产工作不规范的问题，联合省煤炭管理局及时制定了《关于进一步规范煤矿节后复工复产工作的意见》，全面规范了复工复产程序和标准。2014年，10个重点县死亡人数同比下降62%，攻坚战取得阶段性成果。

（四）把开展谈心对话活动作为强化“红线”意识的有效载体

务实开展“千名干部与万名矿长谈心对话”活动，突出以习近平总书记“发展决不能以牺牲人的生命为代价作为一条不可逾越的红线”，起草了《谈心对话提纲》，参与完成了与405个矿长谈心对话，单独完成了与255个矿长谈心对话。既召集存在共性问题的煤矿矿长集中谈，又带领矿长深入井下现场谈，还针对重点煤矿“一对一”谈。谈心对话活动结束后，及时将收集到的意见梳理汇总，向省政府专题报告，为省政府决策提供参考依据。

（五）把开展警示教育活动作为督促煤矿深刻吸取事故教训的重要平台

2014年发生的事故已全部调查批复结案，给予党政纪处分208人，移送司法机关处理8人，均召开了调查情况通报和警示教育会。同时要求各煤矿每月明确1天为事故警示教育日，定期开展警示教育。在湖南煤监局门户网站开辟了煤矿安全《历史上的本周》专栏，将每周本省和全国历史上煤矿发生的典型事故案例上网，结合湖南实际，重温原因和教训，采取针对性的防范措施。特别是深刻吸取湘煤集团土朱煤矿“3·17”瓦斯爆炸事故教训，出台了《强化10项煤矿安全生产险情必须停产撤人》的规定。

（六）把改革创新工作机制作为提高执法效能的有力举措

坚持关口前移、重心下移，落实监察责任，出台了《省局班子成员联系分局制度》《机关处室业务分工负责和专项监察制度》《分局班子成员业务分工负责和处级干部联系、挂靠科室制度》《分局分区域监察执法制度》《分局监察人员联系矿井制度》等5项制度。进一步明确了省局班子、机关处室、分局班子、分局科室和监察员的工作职责和工作重点，推进内部管理制度化、规范化、程序化，增强了执法的计划性、针对性、实效性。

（七）把加强队伍建设作为促进煤监事业发展的重要保障

针对部分监察员在严格执法、自身素质、廉洁自律等方面存在的问题，湖南煤监局党组以巩固和拓展党的群众路线教育实践活动成果为契机，以营造风清气正的氛围为目标，在全系统开展大学习、大培训、大讨论，促使全体监察员牢固树立“红线”意识和“底线”思维，做到勇于担当、严格执法。同时定期开展与干部职工交心谈心，认真解决干部职工在工作上、生活上的实际困难，注重年轻干部培养，不断增强队伍的凝聚力和战斗力。

三、存在不足

一是全省煤矿事故总量仍然偏大。虽然事故起数和死亡人数同比有较大幅度下降，但仍然是全国煤矿事故高发地区。

二是安全重点县事故仍然多发。10个煤矿安全重点县除邵阳县外，其余9个县均发生了事故，共发生事故30起、死亡50人，占全省事故总起数和死亡总人数的53.6%和58.1%。

三是事故地区集中，顶板、瓦斯事故多发。娄底市、郴州市、怀化市3市共发生事故28起、死亡42人，占全省事故起数和死亡人数的50%和48.8%。全省发生顶板事故36起、死亡46人，占事故起数和死亡人数的64.3%和53.5%；发生瓦斯事故7起、死亡19人，占事故起数和死亡人数的12.5%和22.1%。

四是保留煤矿基础条件仍然薄弱。规划保留下来的煤矿，相当部分达不到国家安全质量标准化和瓦斯防治能力要求，煤矿机械化开采程度低，实现安全发展任重道远。

广西壮族自治区煤矿安全生产工作综述

一、煤矿安全生产总体情况

2014年，在国家安全监管总局、国家煤矿安监局的正确领导下，广西煤监局认真贯彻落实国办99号文件精神以及国家安全监管总局、国家煤矿安监局工作部署，以落实煤矿安全“1+4”工作法为抓手，扎实推进煤矿安全监察执法各项工作的开展，取得明显的成效。2014年，广西共发生煤矿事故9起，死亡10人，同比减少6起、6人，分别下降40%和37.5%。比控制指标减少6人。广西煤矿安全生产形势持续稳定好转。

二、煤矿安全生产重点工作

（一）强化“红线”意识，积极宣贯国家安全生产方针、法律、法规

认真抓好习总书记及中央领导同志关于安全生产的重要讲话、国办99号文件和新《安全生产法》学习宣贯工作。2014年，广西煤监局认真抓好习近平总书记、李克强总理等中央领导同志关于加强安全生产的系列重要指示精神学习贯彻工作，树立安全生产“红线”意识、“底线”思维。多次组织干部职工学习领会国办99号文件和新《安全生产法》，利用召开会议、下矿监察执法、安全检

查等各种机会，积极做好对煤矿企业的宣贯工作，确保习近平总书记、李克强总理等中央领导同志关于加强安全生产的系列重要指示及国办99号文件、新《安全生产法》深入到煤矿，推动国办99号文件精神和新《安全生产法》在全区上下的贯彻落实。

（二）积极推进广西煤矿整顿关闭工作

以深化煤矿关闭整顿、提高煤矿安全准入为先导，突出关闭年产9万吨以下小煤矿，突出推进小煤矿机械化改造。牵头组织起草了广西贯彻落实国办发99号文件的实施意见和广西煤炭产业结构调整方案。2014年5月，广西壮族自治区人民政府办公厅下发了《广西自治区人民政府办公厅关于印发广西煤炭产业结构调整方案的通知》《广西壮族自治区关于进一步加强煤矿安全生产工作的实施意见》文件，明确规定至2015年上半年，全区关闭矿井38对，自治区财政安排3.2亿元资金作为关闭补偿经费；“十二五”期间自治区财政安排的5亿元推进煤矿机械化改造专项资金继续滚动使用；所有生产矿井在2015年底前、技改矿井在批准的施工期限内必须完成机械化改造并投入生产。

（三）深入开展“千名干部与万名矿长谈心对话”活动，推进“双七条”的贯彻落实

成立了8个工作组，分别深入煤矿企业与102名煤矿矿长，402名煤矿企业和煤矿总工程师及副矿长，28名煤矿企业主要负责人，46名煤矿主要投资人，63名产煤县（市、区）政府分管领导及管理部门负责人进行了谈心对话活动，有力地推动“双七条”进一步落实。

（四）扎实开展煤矿“六打六治”专项行动

根据上级的统一部署并结合广西煤矿安全工作实际，采取“四不两直”明查暗访的方式，对兴宁区、右江区、兴宾区、合山、罗城、宜州、都安等重点矿区进行专项巡查，并督促指导有关市县相关部门开展“六打六治”专项行动工作。对21处矿井进行了暗访抽查和复查，对非法采矿现象比较严重的县（区）政府下达了2份《加强和改善安全管理建议书》，督促其加大对非法采矿的打击力度。

（五）严格开展煤矿安全监察执法

认真开展以瓦斯、水害和火灾事故预防的专项监察执法；突出对重点区域、重点企业的监察；加强对田东等5个煤矿安全重点县（市）的煤矿安全监察执法，推动煤矿企业落实安全生产责任。2014年共监察煤矿82矿次，查处安全隐患问题共计321项，其中重大隐患15项，已全部按期完成整改。实施行政处罚6矿次，其中责令停产整顿2矿次，经济处罚4矿次，暂扣煤矿安全生产许可证1矿次。

（六）严肃查处煤矿事故，做好警示教育工作

对2014年发生的10起煤矿死亡事故，按照“四不放过”的原则，逐一进行调查处理，共处理事故责任人55人，提出36条整改和防范措施。分别组织召开罗城合城煤业有限责任公司五矿“1·10”顶板事故、右江矿务局有限公司那音一矿“2·21”顶板事故、环江雅京煤矿1号井“6·15”瓦斯事故、环江下金煤矿“11·19”顶板事故约谈警示会。与区安监局、工信委联合下发了《关于进一步加强煤矿顶板管理工作的通知》，提出了10条具体防范顶板事故的措施。

（七）认真部署广西集中开展煤矿隐患排查治理专项行动

对国务院安委办《关于在全国集中开展煤矿隐患排查治理行动方案》认真学习研究的基础上，对行动方案内容和任务进行了分工及责任落实。下发了《关于做好全区集中开展煤矿隐患排查治理自查自改及相关准备工作的通知》，召开了全区煤矿救护队长工作会议，与自治区安监局等部门共同研究出台《广西集中开展煤矿隐患排查治理行动方案》。派出3人参加在百集团集集中开展的煤矿隐患排查治理试点工作，派出5人参加自治区安委会煤矿隐患排查治理行动工作督导组、宣传组等工作。

（八）加强技术支撑体系建设，发挥安全保障作用

完善了《广西煤矿安全监察局网站信息工作制度》等有关工作制度，积极与自治区有关部门和煤矿企业对接，完成了市县人民政府职能部门的行政执法和煤矿产量的统计工作。加强了日常应急值班和重大活动（节假日）应急值守值班工作。认真做好煤矿安全评价、职业卫生技术服务、检测检验机构年度监督考核、新证审发和业行为的日常监管工作。对全区获得矿用产品安全标志的企业开展年度评审监督评价工作。下发《关于加强煤矿

职业病防治工作的通知》，加强对煤矿企业开展职业危害申报、职业卫生技术服务机构开展检测评价工作的指导。

（九）加强队伍建设，提高煤矿安全监察执法效能

强化理论武装，继续抓好创建学习型机关，落实党组中心组学习制度和干部理论学习制度，以学习贯彻党的十八大、三中、四中会全会精神为重点，用科学发展观指导推动煤矿监察工作实践。抓好中央“八项规定”的贯彻落实，群众路线教育实践活动取得了阶段性成效，干部职工服务意识明显提高，精简了文件、会议，严格了公务接待、差旅管理，加强了政务公开和公务车辆管理等，有效控制“三公经费”等相关费用，废止有关“四风”方面的制度9项，修订制度13项，新制定制度11项。认真抓好党风廉政建设工作，开展干部违规多占住房专项清理工作，进一步规范干部轮岗交流、公车管理、公务接待、监察执法工作。建立了定期组织观看警示教育片制度，认真开展第5个警示教育周，邀请自治区检察院专家开展职务犯罪预防等专题讲座，组织全体干部职工赴自治区廉政教育基地柳州监狱进行一次案例警示教育，开展党纪政纪条规知识学习和测试活动和廉政文化书画展等，取得了较好的效果。通过开展教育活动，使广大党员的思想认识与宗旨意识明显强化，全体党员干部的工作作风与精神风貌明显提高，党群、干群关系明显改善，制度建设的长效机制得到初步确立。

2014年，广西煤监局在严格监察执法、严肃查处煤矿事故、扎实推进煤矿科技进步、积极推进广西煤矿整顿关闭、认真开展与煤矿矿长谈心对话、深入开展“六打六治”和集中开展煤矿安全隐患大排查专项行动等方面，做了大量的工作，并取得了一定的成效，但广西煤矿安全生产形势仍然严峻。煤矿安全基础差的局面没有从根本上得到改变，煤矿安全管理水平低的状况尚未根本改观，煤矿事故仍然没有得到有效遏制，重特大事故的隐患依然时有出现。安全风险高、事故总量高、技术装备水平低、从业人员素质低的问题仍然十分突出。

重庆市煤矿安全生产工作综述

一、煤矿安全生产总体情况

2014年，重庆煤监局、重庆市煤炭工业管理局在国家安全监管总局和重庆市委、市政府的正确领导下，进一步统一思想认识，科学谋划、全面部署和总结年度各项工作，主动适应煤矿安全面临的新情况、新机遇、新挑战，开拓进取，多措并举夯实安全基础，着力打造重庆煤矿安全生产新常态。全年，全市煤矿安全生产总体保持平稳态势，实现原煤产量3196万吨，发生煤矿生产安全事故50起，死亡85人，减少15起8人，分别同比下降23.08%和8.6%，事故死亡人数为国家下达指标（93人）的91.39%。

二、煤矿安全生产重点工作

（一）增强忧患意识，准确把握全市煤矿安全生产形势

2014年全市煤矿安全生产工作虽然取得了新的成效，但与上级的要求和人民群众的期盼相比还存在较大差距。

一是形势稳定好转，基础依然薄弱。2014年，全市煤矿安全实现事故起数和死亡人数“双下降”，但同时，煤矿安全生产基础依然十分薄弱，无论是各级政府的安全监管工作，还是企业的安全生产主体责任落实都存在薄弱环节。一是煤矿事故总量仍然较大，全年煤矿事故死亡人数高居全国第二，百万吨死亡率达2.59，同比上升11.5%，高居全国第一。二是重大事故未能杜绝，较大事故时有发生。重庆能投集团南桐矿业公司砚石台煤矿“6·3”重大瓦斯爆炸事故造成22名矿工遇难，南川东胜煤矿“8·22”顶板事故、奉节寨官煤矿“11·12”瓦斯爆炸事故分别夺去5名、3名矿工的生命，防控较大以上事故的任务还相当艰巨。三是非法违法行为仍然突出。部分煤矿企业负责人法

律意识淡薄，蓄意组织超层越界非法生产，发生事故后迟报、瞒报、缓报，习惯性违法违章行为屡见不鲜；一些地方整顿关闭不符合安全生产条件的煤矿态度不坚决，“打非治违”措施不力，非法违法行为屡禁不止。

二是新老问题交织，防范任务艰巨。当前全市煤矿安全生产形势平稳，但安全生产老问题还没有根本解决，新情况又不断出现，安全生产形势依然严峻。一是老问题主要表现在：企业安全基础薄弱，全市煤矿“多、小、散、弱、差”的局面没有根本改变；煤矿事故频发、多发的态势没有根本改变；非法违规生产现象屡禁不止，安全隐患大量存在的现状没有根本改变；基层责任不实、监管不到位的工作状况没有根本改变。二是新情况突出表现在：重庆煤炭行业经济效益持续下滑、亏损面不断加大，企业普遍减少安全投入、推迟安全技术改造，一些设备带病运转，职工情绪波动，给煤矿安全生产带来不利影响；这些老问题和新情况，矛盾交织，反复出现，使安全生产形势变得更为复杂，事故隐患增加，防范任务艰巨。

（二）深入开展谈心对话，牢固树立安全生产意识

按照国家安全监管总局党组统一部署，开展“千名干部与万名矿长谈心对话活动”。一是目标明确。通过谈心对话，把煤矿矿长思想和行动统一到中央关于安全生产的一系列决策部署上来，使其充分认清煤矿安全生产的形势和极端重要性，督促煤矿矿长严格履行《煤矿矿长保护矿工生命安全七条规定》，守规尽责。进一步听取煤矿矿长对煤矿安全监管监察系统的意见、建议，共同探讨加强和改进煤矿安全工作的对策、措施。二是内容明确。通过谈心对话，重点宣传习近平总书记等中央领导同志关于安全生产的一系列重要讲话以及对煤矿安全生产工作提出的新要求。切实落实《国务院办公厅关于加强煤矿安全生产工作的意见》《煤矿矿长保护矿工生命安全七条规定》和煤矿安全治本攻坚的具体举措、对煤矿安全生产的具体要求，以及矿长应当履行的职责。三是对象明确。市政府分管领导、区县主要领导和分管领导以及各级监察监管部门负责人与全市2456名煤矿矿长及其他管理人员进行了谈心对话，使煤矿企业和矿长进一步牢固树立了安全生产意识。

（三）加强监察监管执法，推进煤矿安全依法治理

一是推行划片包干工作责任制。明确重庆煤监局4名局领导和相关处室分别对口联系4个基层监察机构，从市级层面牵头统筹四大片区煤矿安全监察监管工作。二是较好完成计划执法任务。全年开展煤矿监察监管执法855矿次，计划完成率142%，查处一般安全隐患9572条，分级挂牌督办重大安全隐患26条，整改率100%。实施行政处罚442矿次，罚款2528万元。三是开展“四不两直”暗查暗访，践行“1+4”工作法，出台“九条刚性措施”，开展“蹲点督查”“煤矿安全百日攻坚”“压事故保平安”等系列专项行动。四是开展隐患排查治理，组织137个排查组，按照“一矿一组、一矿一策、矿矿见效”要求，启动全市煤矿隐患排查治理集中行动。截至目前已完成第一轮排查，预计2015年4月底全面完成“回头看”工作。五是深入开展“打非治违”，全市累计开展238次联合执法行动，检查煤矿1365矿次，责令50个煤矿、134个采掘工作面停产整治，责令取缔22处非法井口。六是扎实推进煤矿安全重点区县攻坚战，5个煤矿安全重点区县累计关闭21个煤矿，取缔156个非法井口，停产整治73矿次，安全治理成效明显。

（四）调整优化产业结构，着力改善煤矿安全“基本面”

紧紧围绕重庆五大功能区域发展战略，加快淘汰落后产能，调整优化煤炭产业结构。健全“市级督导、区县主体、部门协作、乡镇盯守、联合执法”工作机制，按照“一次规划、分步实施”要求强力推动煤矿整顿关闭。积极筹措“以奖代补”资金，累计投入资金78160万元，整顿关闭40个煤矿，提前1年完成“十二五”后三年煤矿整顿关闭任务。市政府已审查通过2015—2017年全市再关闭200个左右煤矿的方案。推进兼并重组，坚持“一个矿区由一个主体开发”原则，组建大型煤炭集团企业，提高煤炭生产集中度和安全发展保障能力。全年复查验收合格煤矿集团54个，兼并重组煤矿327个。加快推进煤矿技术改造升级，严格实施煤炭产业发展规划，累计竣工验收82矿次，验收生产能力537万吨/年，淘汰落后煤炭产能214万吨/年。

（五）扎实推进“三基”建设，提升企业本质安全水平

一是大力实施煤矿安全质量标准化建设，国家一级质量标准化矿井达到14个。二是加大煤矿安全投入，争取国债和上级财政配套资金5.83亿元，提升煤矿安全保障能力。三是推进科技推新，加快落实煤矿安全科技“四个一批”项目，推动新技术、新装备、新工艺成果应用。四是加强水害普查治理和防范，全年未发生一起水害事故。五是切实强化煤矿安全培训，累计完成煤矿“三项岗位”人员安全资格培训22125人，实施专业培训10批次2938人，培训区县和乡镇煤矿监管人员528人。六是加强应急救援工作，建成国家区域矿山应急救援重庆天府（安稳）队基地，成功举办第十届重庆市矿山救援技术竞赛。全市专兼职矿山救护队伍达到2800余人，在砚石台煤矿“6·3”瓦斯爆炸事故、“9·1”特大暴雨灾害等抢险救援中做出了突出贡献。

（六）依法从严查处事故，强化警示教育作用

依法开展煤矿事故调查处理，2014年发生的47起一般事故全部完成批复结案。加快“6·3”重大事故调查处理和责任追究，国务院安委会办公室已正式批复结案；依法查处了巫山官河煤矿2013年“9·13”较大瓦斯爆炸（瞒报）事故和南川东胜煤矿2014年“8·22”较大顶板事故。全年实施事故罚款1310万元，移送追究刑事责任34人。强化事故警示教育，提请市政府相继召开了防范煤矿安全生产事故约谈会、国有煤矿安全生产专题会和煤矿安全重点区县攻坚战专题会。针对较大以上煤矿安全事故和阶段性煤矿安全生产工作适时制发警示通报，及时约谈事故责任单位。向全市29个产煤区县党政主要负责同志发出煤矿安全生产警示信，将典型事故情况通报至煤矿负责人、班组长直至矿工个人，强化警示教育作用。

（七）加强党风廉政建设，以优良作风保障“依法治安、从严治矿”取得实效

一是深入学习贯彻习近平总书记重要讲话精神。按照要求，制定了贯彻学习方案，明确学习的内容、方式、目的和要求，全市煤矿安全监察监管系统特别是领导干部带头学习并撰写学习心得体会，重点学习习近平总书记在十八届中央纪委第二次、第三次全会等重要会议上的一系列重要讲话，深刻理解在新的历史条件下党风廉政建设的重大理论和现实问题，读懂吃透习近平总书记提出的新思想、新观点、新论断、新要求，把思想和行动统一到习近平总书记重要讲话精神上来，统一到国家安全监管总局党组和重庆市委的工作要求上来，更好地掌握核心要义和精神实质，真正领会透、落实好，在武装头脑、指导实践、推动工作上见成效。

二是落实主责、突出主业、强化主线，扎实推进党风廉政建设。2014年，在国家安全监管总局党组和重庆市委的坚强领导下，全市煤监煤管系统加快转职能、转方式、转作风，聚焦中心任务，取得了较好成效。一是抓主责，着力强化“两个责任”落实。理清了党组织领导班子、领导干部17项主体责任和纪检主责主业7项工作，落实了纪检负责人季度报告工作等7项纪检监察任务。二是抓主业，切实突出监督执纪问责，进一步聚焦党风廉政建设中心工作，加大办信办案力度，突出执纪监督问责，全年共受理纪检监察信访举报25件（次），初核22件，初核转立案并结案3件，给予5人党纪政纪处分；通过查办信访案件，诫勉谈话3人，提出监察建议12条。坚定不移整治“四风”问题，严格执行贯彻落实中央八项规定月报制度，强化常态化督促检查，机关作风明显好转。三是抓主线，齐心协力推进预防腐败工作。始终把牢教育、监督、制度三道关口，切实加大预防力度，持续推进党风廉政教育、党纪政纪知识教育和案例警示教育，扎实开展了谈心谈话。加强干部监督管理，强化制度刚性约束，制定了《关于行政事业单位领导班子主要负责人不直接分管人财物等工作的暂行办法》《安全执法人员履职行为“四个零”规定的实施办法》等系列规定。严格执行领导干部个人重大事项报告制度、廉政监督反馈卡制度，开展了落实四个“零”专项检查，对全局13个单位及5个经济实体2013年度财务决算进行了专项审计，对新选拔任用的6名处级干部、6名新招公务员和4名选调干部工作进行了全过程监督。

三是坚持从严治内，加强干部队伍建设。深入推进“依法治内”，持续巩固拓展教育实践活动成果，努力抓好班子、带好队伍。加强制度建设，局机关、基层监察机构分别修订、新建了系列制度规定，进一步完善了职能职责和工作流程。修改完善局党组会议议事规则和“三重一大”决策

规范，严格执行领导班子主要负责人不直接分管干部人事、财务等工作的规定。创新学习方式，创立“渝煤论坛”，举办煤监煤管干部专题培训班，220余名干部参加集中学习。改进工作作风，局机关会议、文件、简报数量大幅精简，公务接待费同比下降22.8%，会议活动费下降15.8%，车辆使用费下降15%。推进“一线工作法”，提高干部执行力，全局处级以上领导干部定点联系全市5大矿业公司、8个重点区县监管部门及54个煤矿。全年局领导下基层调研和指导工作共530次838天。

四川省煤矿安全生产工作综述

一、煤矿安全生产总体情况

2014年，全省煤炭产量4180.19万吨，同比减产1251.34万吨。全年煤矿共发生各类事故36起，死亡49人，同比减少18起、45人，分别下降33.3%和47.9%。其中：在建矿井（新建、技改扩能、资源整合矿井）事故9起，死亡14人，分别占事故总量的25%和28.6%；生产矿井事故27起，死亡35人，分别占事故总量的75%和71.4%。煤矿百万吨死亡率0.837，同比下降13.4%。在36起事故中，较大事故为3起、死亡12人，同比增加2起，5人，分别上升200%和71.4%，未发生重大事故。

按事故煤矿性质分：国有重点煤矿、国有地方煤矿、其他煤矿生产原煤分别为1596.34万吨、236.71万吨、2347.14万吨，分别占全省总产量的38.2%、5.7%和56.1%。国有重点煤矿百万吨死亡率为0.564，同比下降49.2%；国有地方煤矿百万吨死亡率0.422；其他煤矿百万吨死亡率1.065，同比下降54.3%。

按事故类别分：顶板事故16起，死亡22人，同比减少17起、16人，分别下降51.5%和42.1%；运输事故8起，死亡8人，同比减少2起、2人，分别下降20%；瓦斯事故2起，死亡3人，同比减少2起、34人，分别下降50%和91.9%；机电事故3起，死亡3人，同比减少1起、2人，分别下降25%和40%；水害事故1起，死亡2人，同比增加1起、2人；其他事故6起，死亡11人，同比增加3起、7人，分别上升100%和175%。

按事故区域分：在14个产煤市（州）中，自贡、攀枝花、德阳、巴中和凉山5个市（州）未发生煤矿生产安全事故；泸州、乐山、广元、广安和内江5市煤矿事故死亡人数同比下降；宜宾、雅安和达州3市煤矿事故死亡人数同比持平。

在控制指标方面，国务院安委会下达四川省2014年煤矿死亡人数控制指标为135人，实际全年全省煤矿事故死亡人数49人，占全年控制指标的36.3%；下达四川省煤矿较大事故起数控制指标为5起，实际发生煤矿较大事故3起，占全年控制指标的60%。14个产煤市（州）指标均控制在省政府安委会分解下达的年度指标内；省属重点企业中，古叙煤田开发公司超年度指标。

二、煤矿安全生产重点工作

（一）切实抓好煤矿整顿关闭和煤矿企业兼并重组工作

加大煤矿整顿关闭力度，将整顿关闭工作有关责任、资金、政策、维稳“四个落实”到位。2014年，全省在2013年关闭400处小煤矿的基础上，再关闭100处，煤矿数量从1300余处减少到770余处。四川省煤矿整顿关闭工作得到了国家层面的充分肯定，在2014年7月召开的全国煤矿整顿关闭现场会上，王勇国务委员要求全国学习四川的做法、经验、态度和决心。

有序推进煤矿企业兼并重组。省重组办会同有关部门按对口联系分片负责的要求，督促指导市、县重组办编制兼并重组分批实施计划，协助解决煤矿企业在兼并重组过程中产权变更、证照审批中等具体问题。2014年，已有30余户完成兼并重组工作，绝大部分企业均有序开展清产核资、股份确认、筹组建公司和证照变更等工作。

（二）扎实开展遏制煤矿重特大事故攻坚战活动

制定全省煤矿遏制重特大事故攻坚实施方案，在国务院安委办确定的宜宾市筠连县等8个重点县的基础上，又新增16个产煤县（市、区）和省煤炭产业集团、省古叙煤田开发公司2个省属重点企业开展遏制重特大事故攻坚。会同各产煤市（州）成立了12个包片督导小组，开展包片督导，并与26个攻坚单位签订了《四川省遏制煤矿重特大事故攻坚战责任状》，明确九大攻坚目标，督促指导重点县（市、区）、企业制定攻坚战方案，定期对包片联系的区域进行了暗查暗访。每季度召开一次包片督导小组联络员会议和专题会议，向各包片督导小组、各市（州）安委会、各县（市、区）委书记和县长通报攻坚战情况，共同研究对策。2014年，全省24个重点县（市、区）和2个重点企业共发生事故25起，死亡32人，同比减少15起、45人，分别下降37.5%、58.44%。

（三）广泛开展谈心对话活动

创新活动方式，将谈心对话活动与宣传煤矿安全相关政策措施、警示教育、矿长培训相结合，增强实效。2014年1—6月，全省共组织所有保留煤矿1200余名矿长、业主、实际控制人全部参加了谈心对话活动。7—12月，结合贯彻新《安全生产法》，启动了以“依法办矿，依法治矿”为主题的谈心对话活动，与全省35个产煤县（市、区）771处煤矿矿长、业主（实际控制人）进行了谈心对话。

（四）外聘专家对复产复工煤矿进行安全抽查

2014年6月，聘请重庆20名煤矿专家对四川省13个产煤市（州）28个产煤县共50处煤矿进行了抽查会诊，共发现各类安全隐患和问题788条，其中安全隐患452条，问题336条，提出整改意见建议313条。在此基础上，四川省安监局、四川煤监局梳理出27处矿井存在不符合安全生产基本条件方面隐患和问题44条、10处矿井存在重大安全隐患20条、其他隐患和问题724条。省安委会办公室采取“发点球”的方式向各产煤市（州）政府进行通报，督促各地举一反三，按期整改。

（五）全面排查治理隐患

创新实施“专家查、定期督、严惩处”三步工作法，对每个煤矿、每个环节进行全方位隐患排查治理，及时发现整治问题和隐患，严防重特大事故发生。即：第一步为专家检查、市（州）政府分管领导签收。通过组织专家开展“剖析式”安全生产检查、异地交叉监察、厅（局）级领导到所联系市（州）蹲点等多种形式，深入一线开展检查，对检查发现的问题和隐患建立台账，由分管市（州）长签收，落实整改责任。第二步为基层整改、定期反馈。对列入整改的问题和隐患，明确市（州）每半个月报送1次整改情况，倒逼责任落实。第三步为回访暗查、严格奖惩。对整改情况进行暗访复查，从操作层面倒查企业安全生产主体责任落实情况，倒逼政府及部门加强监管，并书面通报所在市（州）党委和政府主要负责人，以严格的奖惩要求推动安全生产责任落实到位。

（六）认真开展煤矿安全异地交叉监察

2014年8月中旬至9月上旬，组织6个交叉监察小组对宜宾、泸州等10个重点产煤市（州）和省煤炭产业集团、省古叙煤田公司62处煤矿开展了异地交叉监察，共查出各类安全隐患1808条，责令36处矿井立即停止井下采掘作业、暂扣安证8矿次、责令停产整顿矿井1处，对25处矿井罚款111.7万元。为确保安全隐患治理到位，分别向10个市（州）和省煤炭产业集团、省古叙煤田开发公司“发点球”进行督办，并通报全省。

（七）强化警示教育

通过诫勉约谈、警示教育、座谈交流等措施，强化警示震慑效果。针对外聘专家抽查发现煤矿问题较多的仁寿、珙县、筠连7个县的县长进行了约谈，针对省属国有企业古叙煤田开发公司在安全生产工作中存在的突出问题，约谈了公司主要负责人。协助国家局制作了泸县桃子沟煤矿“5·11”事故警示教育片。组织煤矿安全监管及煤炭行业管理部门、重点产煤乡镇、煤矿驻矿安监员和所有煤矿矿长、法人代表、实际控制人集体观看攀枝花市肖家湾煤矿“8·29”事故和泸州市泸县桃子沟煤矿“5·11”事故等警示教育片81场（次），召开各类座谈会81场（次）；各煤矿企业组织煤矿有关管理人员、从业人员集中观看2165场次，直接受教育人数达248686人。各产煤市（州）、产煤县（市、区）在当地电视媒体黄金时段播出“5·11”事故警示教育片151场次，广泛进行社会宣传。2014 年 9—10 月，分片召开全省 14 个产煤市（州）、县（市、区）政府及其监管部门领导座谈，研究制定煤矿安全发展、有序发展的长效机制。

（八）扎实推进全省煤矿隐患排查治理专项行动

按照国务院安委会办公室的统一部署，制定了《四川省集中开展煤矿隐患排查治理行动方案》，从 2014 年 11 月底至 2015 年 4 月底，由有关部门人员、专家、矿山救护队员共同组成的 172 个隐患排查小组，按照“全覆盖，零容忍，严执法，重实效”的要求对全省所有煤矿开展隐患大排查，同时成立 12 个暗访督查组，对各市（州）患排查治理情况进行暗访督查。

（九）认真履行煤矿安全监察职责

针对四川省煤矿监管体制不顺、职能职责交叉、监管效能不高的突出问题，组建成立了四川省煤炭工业管理办公室，整合涉煤监管资源和力量，理顺了煤炭行业管理体制。2014 年，全省各煤监分局共计监察矿井 726 处、1272 矿次，使用各类执法文书 3152 份（“三项监察”524 矿次，完成全年计划的 113.9%），实施行政处罚 676 次，处罚罚款 2570.65 万元（监察罚款 1143.65 万元，事故罚款 1427 万元），责令煤矿停产整顿 61 矿次，共查处煤矿生产安全事故 37 起，应结案 33 起，实际结案 33 起，按期结案率 100%。

贵州省煤矿安全生产工作综述

一、煤矿安全生产总体情况

2014 年，贵州省共发生煤矿事故 12 起，死亡 59 人，同比分别下降 42.9% 和 43.8%。其中，较大事故 4 起，死亡 22 人，同比均下降 50%；重大事故 3 起，死亡 31 人，同比起数持平，死亡人数下降 38%；全年未发生特别重大事故。全省煤矿事故死亡人数比国家下达的控制考核指标少 66 人，全省 9 个市（州）和 1 个新区中，除六盘水市，其余全部实现了事故起数和死亡人数“双降”目标，其中 6 个市（州）和 1 个新区保持了零事故；全省全年实际原煤产量为 1.85 亿吨，煤炭百万吨死亡率为 0.319，同比下降 41.9%，比“十二五”规划目标降低 0.681。

二、煤矿安全生产重点工作

（一）继续深化瓦斯治理工作

一是组织开展了瓦斯防治专项检查，要求各地重点对辖区内突出矿井和按突出管理的矿井开展检查，抓住重点部位和关键环节，确保检查取得实效。二是印发了关于河南平煤神马集团长虹矿业公司“3·21”重大煤与瓦斯突出事故、永贵能源开发公司新田煤矿“10·5”重大煤与瓦斯突出事故等多起事故通报，提出了加强煤矿瓦斯综合治理特别是防治煤与瓦斯突出的相关工作措施。三是对瓦斯事故地区进行了警示通报。针对新宜矿业公司普安县宏兴煤矿“12·21”较大瓦斯爆炸事故和晴隆县中田煤矿“1·4”较大煤与瓦斯突出事故，贵州省政府对黔西南布依族苗族自治州（以下简称黔西南州）州长、普安县和晴隆县县长进行了约谈，贵州省安委办对黔西南州政府下发了《关于黔西南州连续发生煤矿较大生产安全事故的警示通报》，并责令新宜矿业（集团）公司所属 13 处煤矿全部停产停建整顿。四是针对突出事故暴露的责任不落实、假钻孔、假达标等问题，研究出台了《关于进一步加强煤与瓦斯突出防治工作的意见》，对煤矿企业防突岗位责任、防突基础工作、区域防突措施、局部防突措施、安全防护措施、消突工程过程管控等工作提出更加严格更加具体的要求。五是继续加大瓦斯抽采利用工作力度。全年下达瓦斯抽采计划 23 亿立方米、利用计划 6 亿立方米。截至 12 月底，完成瓦斯抽采 24.29 亿立方米（全国第二）、利用 6.57 亿立方米，分别完成计划的 105.6% 和 109.5%。

（二）扎实推进煤矿整顿关闭和标准化建设工作

一是认真落实煤矿“双七条”规定，加快推进淘汰落后产能和煤矿企业兼并重组，全年公告关闭299处煤矿（含矿权），将全省正常生产建设的煤矿控制到808处，圆满完成了贵州省委、省政府提出的目标任务。二是深入开展煤矿安全重点县攻坚战。截至12月底，10个煤矿安全重点县攻坚战取得阶段性进展，事故死亡人数同比下降47.6%，其中6个县未发生事故，得到了国家安全监管总局的肯定。三是加快推进煤矿安全质量标准化工作。目前，全省所有生产矿井都达到三级及以上标准，国有煤矿及煤与瓦斯突出矿井、水害严重矿井达到二级及以上标准。2014年，贵州省申报煤矿一级质量标准化矿井77处，2013年申报的47处一级质量标准化矿井（占全国的6.9%，居第六位）已在国家安全监管总局网站进行公示。四是大力推进煤矿采掘机械化。在习水县召开全省煤矿采掘机械化现场会，交流推广了煤矿采掘机械化典型经验；制定《贵州省加快推进煤矿采掘机械化实施方案》，确保到2017年全省各类煤矿基本完成采掘机械化改造。

（三）深入开展煤矿安全生产专项整治

贵州省始终对煤矿非法违法行为保持高压态势，以“四不两直”检查方式为主，突出针对夜间、节假日等监管薄弱时段，先后开展了“两季”“两节”“两会”专项督查、节后复工复产验收督查、汛期安全专项督查等一系列督查检查，严厉打击煤矿非法违法、违规违章行为。5—7月，针对煤矿7大系统38项检查内容，对全省正常生产建设矿井开展了常态化、全覆盖的查大系统、除大隐患、防大事故专项行动，并将中央在黔和省属国有煤矿作为省级检查的重点进行全覆盖。为深刻吸取江苏昆山中荣金属制品公司“8·2”特别重大粉尘爆炸事故教训，对专项行动重大问题进行了回头看，并组织开展了煤矿粉尘防治专项检查。从8月开始，按照国家和贵州省的统一要求和部署，在煤矿行业，集中开展了以“六打六治”为主要内容的打非治违专项行动、以“除大隐患防大事故”为主要目的的安全生产大检查。其间，按照“全覆盖、零容忍、严执法、重实效”的总体要求，严格落实停产整顿、关闭取缔、上限处罚和严厉追责的“四个一律”执法措施，集中打击、整治一批当前表现突出的非法违法、违规违章行为。截至12月底，全省共打击矿山企业无证开采、超越批准的矿区范围采矿行为，整治图纸造假、图实不符问题1404起，排查隐患227150条，已整改225141条，整改率99.1%，其中重大隐患25条，已整改23条，整改率92%，均实施了分级挂牌。

按照国家煤矿安监局的统一部署和要求，贵州以省安委会名义印发了《贵州省煤矿隐患排查治理行动工作方案》(黔安〔2014〕16号)，组织78个排查组，分别对全省808处正常生产建设煤矿和停产、关闭矿井进行排查，其中，中央在黔煤矿、省属国有煤矿和规模120万吨/年以上的正常生产建设煤矿，由省有关部门处级以上领导干部带队排查治理；其他正常生产建设煤矿，由各市（州）、省直管试点县（市）按照属地管理原则，负责组织开展隐患排查治理，各煤监分局派员参加。截至12月底，全省已排查和正在排查的煤矿103处（其中：已完成排查的煤矿88处，正在排查的煤矿15处)，共查出隐患2055条（重大安全隐患14条)，分别对5处煤矿作出了责令停产整顿的行政处罚，对其余煤矿分别作出了责令停产整改、限期改正等现场处理决定。

（四）加大煤矿安全监管监察工作力度

一是全面完成“千名干部与万名矿长谈心对话活动”。省、市、县133名干部与1526名矿长开展了谈心对话活动，共收到建议意见491条，问题反映218条，各级已逐步帮助解决。二是对煤矿驻矿安监员实行分级管理。制定并落实《贵州省煤矿驻矿安监员分级管理暂行办法》，通过采取岗前培训和严格考核，共考核上岗煤矿驻矿安监员2145人，其中：640名驻矿安监员参加晋级资格考试，403名获得4级资格。同时，有关部门落实了四级驻矿安监员相关待遇。三是实施煤矿企业分类监管措施。对全省正常生产建设的808处煤矿开展了安全程度评估工作。其中，评估A类（安全矿井）62处、B类（基本安全矿井）552处、C类（安全较差矿井）194处，并实施了分类监管措施。四是对全省煤矿“五职矿长”安全资格证实行A/B证分类管理制管理。贵州省明确规定国有及国有控股煤矿、生产能力或核定生产能力30万吨/年及以上煤矿、煤与瓦斯突出煤矿的“五职矿长”必须持A类证书，持B类证书不得从事A证范围的管理。举办了“五职矿长”A证考试，1713人参加考试人员，合格1077人。五是借鉴交通领域对驾驶执照记分的管理办法，对煤矿矿长安全资格实行记分管理制。研究制定了《贵州省煤矿矿长安全资格扣分管理办法（试行）》（黔安监煤矿〔2014〕25号）。通过矿长记分软件系统，根据煤矿“五职矿长”在日常安全管理工作中的表现，以煤矿安全监管监察部门查出对煤矿的安全隐患，倒追“五职矿长”的责任，对矿长资格证进行记分管理，记满12分的则强制脱岗进行培训学习。六是严格执行煤矿安全执法监察计划，组织开展以煤矿节后复产（工）、汛期安全，水害防治、建设项目为重点的安全专项监察。一年来，贵州煤矿安监局共开展“三项监察”1162矿次，完成全年计划的144.8%。

（五）认真开展煤矿安全生产许可工作

将“行政许可事项”“行政处罚事项”“行政强制事项”等权力清单在贵州省安全生产信息网公布。严格煤矿准入，一律不予审批45万吨/年以下煤与瓦斯突出矿井和30万吨/年以下高瓦斯矿井及瓦斯矿井的安全设施设计。2014年，贵州煤监局受理煤矿类行政许可343家（含新办证、换证、建设项目），完成324家。

（六）加强煤矿安全宣教培训工作

一是深入开展新《安全生产法》宣贯工作。邀请国家安全监管总局副局长杨元元来贵州省作新《安全生产法》专题讲座，600余人参加；印发新《安全生产法》学习宣贯实施意见，发送手机短信200多万条；印发21万余份致企业负责人的公开信。发放新《安全生产法》单行本、《〈中华人民共和国安全生产法〉释义》《中华人民共和国安全生产法读本条文释义与案例适用》三本书，组织机关干部和职工进行了学习，并开展了以新《安全生产法》为主要内容的安全生产知识答题。二是加大“三岗人员”培训力度。一年来，按照“考培分离、持证上岗”的要求，全省共培训复训煤矿企业主要负责人和安全管理人员1528人和5226人，煤矿企业特种作业人员23565人。

（七）进一步推进“科技兴安”战略

一是积极组织安全科技创新申报工作。组织推荐《西南（贵州）煤矿瓦斯重大灾害防治关键技术研究》等8项安全科技成果，参加国家安全监管总局第六届安全科技成果奖评奖。组织推荐了贵州大学复杂地质矿山开采安全技术工程中心等5项安全科技创新平台创建申报项目。遴选推荐2014年煤矿安全先进适用技术1项。二是启动煤矿隐蔽致灾因素普查工作。总投资140万元的盘江矿区隐蔽致灾因素普查示范项目，通过了国家煤矿安监局科技装备司组织的专家评审。总投资4250万元的盘江精煤股份有限公司火烧铺煤矿隐蔽致灾因素普查治理工程已进入实施阶段。

（八）强化矿山应急救援队伍建设

一是组织对贵州省11个物资储备点和省安全生产物资储备中心储备的煤矿应急救援储备物资（装备）进行了核查登记。二是组织开展了矿山水害事故救援排水演练和贵州省应急救援队伍紧急出动演练，指导全省矿山救护队进行水害、煤与瓦斯突出、瓦斯爆炸、火灾等各类演练60余次，参演指战员2000余人次。三是参与云南省曲靖市麒麟区东山镇下海子煤矿“4·7”透水事故的抢险救援工作，历时18天，共抢运遇难人员21人，受到云南省政府的表扬。四是在陕西铜川举办的第十届全国矿山技术竞赛中，贵州省荣获综合体能团体第1名、业务团体第2名，被授予全国“五一”劳动奖状。

（九）严肃查处各类煤矿事故

严格落实“一矿出事故，万矿受教育”要求，对水矿集团马场煤矿“3·12”重大事故、安顺市平坝县大山煤矿“5·10”重大事故公开宣判，在主流媒体曝光盘县松林煤矿等典型案例；制作黔西南州普安县楼下镇宏兴煤矿“12·21”较大瓦斯爆炸事故、湖南省煤业集团金竹山矿业公司土朱煤矿“3·17”较大煤与瓦斯突出事故的警示教育片，下发到各市（州）安监局和煤矿企业。组织开展了煤矿生产安全事故责任追究落实情况专项检查，印发了《贵州省煤矿较重大瓦斯事故原因分析报告》。2014年，全省煤矿事故到期应结案12起，实际结案12起，到期结案率为100%，共追究事故责任人213人，其中，移送司法机关47人。

三、存在的主要问题

贵州省煤矿安全生产形势依然十分严峻，与国家安全监管总局、国家煤监局的要求相比仍然有较大差距，主要表现为：一是较大及以上事故仍然多发、频发，特别是重大事故仍未得到有效遏制。二是瓦斯治理工作效果不明显。瓦斯仍是造成煤矿群死群伤事故的主要灾害，3 起重大事故全是瓦斯事故。这些暴露出一些地方和企业仍存在煤矿安全责任不落实、安全管理松懈、非法违法行为严重等突出问题，究其原因主要有以下几方面：

（1）安全“红线”意识不强。一些地方和煤矿企业未牢固树立科学发展、安全发展理念，对煤矿安全生产工作重视程度不够，坚守安全生产“红线”的意识不强，在安全生产与发展经济、与提高效益发生矛盾时，往往重速度效益、轻安全生产，舍不得加大安全投入，对事故教训、隐患问题置若罔闻，安全工作敷衍了事、得过且过、进展迟缓。部分重点攻坚县仍存在党政主要负责人“挂名不挂帅”的问题，真正亲力亲为、亲自主抓煤矿安全攻坚工作的较少。

（2）“打非治违”和隐患排查治理工作不扎实。一些地方和部门在打击煤矿非法违法行为、煤矿整顿关闭和安全专项整治等方面，积极性不高、执法不严，没有真正严格落实“四个一律”措施，对检查发现的隐患和问题，后续监管和督促整改存在薄弱环节，未形成闭合，导致非法违法事故频发，造成非法违法、违规违章行为屡禁不止。特别是一些国有大中型煤矿企业对隐患排查治理重视不够、整治不力，造成事故多发。

（3）瓦斯防治工作措施落实不到位。一些煤矿企业防突措施未能真正落实到现场，采掘作业区域未消突，防突钻孔存在打假钻、编假数据等弄虚作假的现象。部分突出矿井仍在没有采取开采保护层或专用瓦斯巷穿层预抽煤层瓦斯等区域性防突措施的情况下，就直接进入煤层进行施工。对地质测量工作重视不够，不能及时掌握煤层层位、地质构造以及瓦斯赋存和涌出等情况，采取针对性的防突措施。

（4）煤矿安全基础依然十分薄弱。贵州省高瓦斯矿井和煤与瓦斯突出矿井数量分别占全国的 27.98% 和 40.38%，均居全国之首，灾害十分严重，加之投入不足、管理粗放，抵御风险、防范事故的能力依然十分薄弱。煤矿专业技术人员严重缺乏，一线从业人员绝大部分是农民工，缺乏自保互保能力，违规操作造成的事故频发。基层煤矿安全监管力量薄弱，难以满足实际工作需要，特别是随着贵州省煤矿兼并重组工作进入“深水区”，兼并重组煤矿在安全投入、安全管理等方面的不确定因素增多，煤矿安全监察监管的压力大、难度高。

云南省煤矿安全生产工作综述

一、煤矿安全生产总体情况

2014 年，云南省煤矿累计生产原煤 4740.86 万吨，同比减少 6295.14 万吨，下降 57.04%。全省煤矿累计发生生产安全事故 19 起、死亡 63 人，同比减少 38 起、28 人，分别下降 66.67% 和 30.77%。其中：较大事故发生 2 起、死亡 8 人，同比减少 3 起、23 人，分别下降 60% 和 74.19%；重大事故发生 2 起、死亡 36 人，2013 年同期没有发生重大事故；全省原煤生产百万吨死亡率为 1.329，同比增加 0.504，上升 61.09%。与国务院安委办和省政府下达的年控制指标相比，煤矿事故死亡总人数少 22 人，低 25.88%；较大事故少 5 起，低 71.43%；重大事故多 2 起；百万吨死亡率多 0.478，超 56.17%。

二、煤矿安全生产重点工作

（一）煤矿安全监察

2014 年，云南煤监局通过严格落实“三项监察”计划、采取“四不两直”（不发通知，不向地方政府打招呼，不听取一般性工作汇报，不用当地煤矿安全监管部门人员陪同，直奔基层，直插现场）暗查暗访、组织督查组督查检查等方式，全面加强煤矿安全监察工作。“三项监察”计划监察矿井（坑）659 矿次，实际完成 714 矿次，计划完成率为 108.3%。其中重点监察计划 319 矿次，实际完成 338 矿次，计划完成率为 106.0%；专项监察计划 255 矿次，实际完成 273 矿次，计划完成率为107.1%；定期监察计划85矿次，实际完成103矿次、计划完成率为121.2%。查出各类事故隐患3545条，督促完成隐患整改3505条，按期整改率为100%。制作并下达各类执法文书2646份，实施行政处罚222矿次，罚款2210.56万元。

（二）事故查处和事故警示教育

2014年，云南煤监局按照“科学严谨、依法依规、实事求是、注重实效”和“四不放过”的原则，严肃查处各类煤矿事故。全年全省共发生各类煤矿事故19起，应结案19起，实际结案19起，按期结案率100%。追究刑事责任37人，给予党纪、政纪处分67人，暂扣、吊销各类证照29个；给予煤矿企业行政罚款5095.45万元（含地方政府负责收缴的处罚罚款），责令停产整顿矿井2处，关闭矿井6处。同时，针对全国和曲靖市2014年发生的两起重大事故，制作并向全省所有煤矿企业发放了警示教育光盘，督促8个煤矿安全重点区县在当地电视台黄金时段连续播放事故警示教育片；通过累计向全省所有煤矿企业、各级煤矿安全监管部门发送事故警示信息8万余条。

（三）行政许可工作

2014年，云南煤监局规范了煤矿安全生产许可证申请、颁发、延期、变更、补办以及暂扣、撤销、吊销、注销条件和审查程序；调整了煤矿建设项目安全设施和职业卫生“三同时”行政许可分级负责范围，将设计生产能力30万吨/年及以下的煤矿建设项目安全设施和职业病防护设施下放至各监察分局负责核准（备案）和设计审查；实现了行政许可事项网上审批，规范了流程，提高了效率；与云南省煤炭工业管理局、云南省国土资源厅、云南省安监局联合印发《关于印发云南省煤炭产业结构调整转型升级煤矿建设项目安全核准实施暂行办法的通知》（云煤安发〔2014〕99号），规定新建、扩建煤矿建设项目核准前应进行安全核准，同时对需进行安全核准的新建煤矿建设项目、需进行安全核准的扩建煤矿建设项目、安全核准权限以及安全核准按资料受理、审查、核准、办结等程序和不得通过安全核准的情况作出了明确规定。全年共受理各类行政许可事项762件，全部按期办结。

（四）划定煤矿安全生产“红线”“底线”

2014年10月30日，云南煤监局与云南省煤炭工业管理局联合印发《云南省煤矿安全生产“红线”暨煤矿安全行政执法“底线”暂行规定》（云煤安发〔2014〕106号，简称《暂行规定》）。《暂行规定》明确了非法违法组织生产、建设，超能力、超强度、超定员、超界限组织生产，开拓部署、生产布局、顶板管理不符合规定，通风系统不合理、不完善、不可靠组织生产，瓦斯防治工作不到位，粉尘防治工作不到位，防灭火工作不到位，执行防治水规定不严格，爆炸材料和爆破管理不严格，运输提升设备使用管理不符合规定，供电系统不可靠或者电气设备管理不严格，应急处置工作不到位，使用明令禁止使用或者淘汰的设备、工艺，安全培训工作不到位，安全管理工作不到位等15条共计100项煤矿安全生产“红线”。同时，制定了《云南省煤矿企业触碰安全生产“红线”实施行政处罚表》，细化了对煤矿100项违法违规行为的处罚依据、处罚内容和处罚底线标准，煤矿企业一旦触碰“红线”，就会受到严厉惩处。《暂行规定》还明确，煤矿企业安全生产“红线”也是煤矿安全监察监管机构行政执法的“底线”，各级煤矿安全监察监管机构及其执法人员必须坚守“底线”，严格履行煤矿安全行政执法职责，对执法不严、失守“底线”的，也将追究相关责任。

（五）煤矿整顿关闭

2014年，云南省大力推进煤矿整顿关闭工作，全面启动新一轮煤炭产业转型升级。截至年末，全省累计审查确认保留煤矿788个，确认退出煤炭行业煤矿5个，确认2014—2015年关闭煤矿424个，共现场核查关闭煤矿267个。各有关州（市）、云南煤化工集团公司上报已实施关闭煤矿共294个，淘汰落后产能1257万吨/年。超额完成了国家下达的关闭煤矿120个、淘汰落后产能360万吨/年的任务。

（六）煤矿安全重点区县“攻坚战”

按照国家安全监管总局、国家煤矿安监局和云南省政府的统一部署，云南煤监局出台并下发了攻坚战实施方案，与昭阳区、镇雄县两区县签订责任状，组织两县煤矿安全监管部门176人、煤矿企业实际控制人或矿级安全管理人员553人参加了专题培训。及时贯彻全国50个煤矿安全重点县县委书记安全生产座谈会精神，要求云南省8个煤矿安全重点区县转型升级的矿井一律按照攻坚战示范矿井的要求进行建设，深入推进煤矿安全攻坚战工作。2014年对全省8个重点县实施监察254矿次，查出各类隐患1208条，隐患整改率98.4%，实施行政处罚88次，罚款金额1300.75万元。

（七）与煤矿矿长“谈心对话”活动

按照《国家安全监管总局国家煤矿安监局关于开展“千名干部与万名矿长谈心对话”活动的通知》（安监总煤办〔2014〕6号）的统一安排，云南煤监局承担了云南省“谈心对话”活动的组织协调工作。2014年2—5月，全省开展了“谈心对话”活动，国家安全生产监管总局、国家煤矿安监局、省政府及省级各有关单位、有关州（市）、县（市、区）党政主要领导等分别与煤矿矿长开展了“谈心对话”，宣贯煤矿安全生产方针政策、法律法规，帮助煤矿企业解决安全生产工作中的热点难点问题。截至5月25日，全省谈心对话活动工作全面完成，参加谈心对话的有省（部）级领导4人，厅（局）级领导27人，县（处）级领导168人，谈话煤矿达到1133个。

（八）应急救援工作

2014年，云南省所有矿山救护队伍按照“险时搞救援、平时搞防范”的原则，在全面完成煤矿应急救援工作任务的同时，积极参与煤矿企业安全生产预防检查工作和社会抢险救援工作。全年参与煤矿事故抢险救援19起，出动31队次，抢救遇险遇难矿工63人，其中生还5人；参与社会抢险救援36起，共出动55队次、540人次，救出遇险人员69人。同时，全省27支专业矿山救护队伍累计出动1045队次、7886人次参加煤矿预防性安全检查，共排查治理安全隐患9039条，现场督促整改隐患8827条；出动93队次、824人次参与非煤矿山预防性安全检查，共查出事故隐患228条，现场督促整改隐患198条。

（九）“8·3”“10·7”地震抗震救灾

云南省昭通市鲁甸县“8·3”6.5级地震发生后，云南煤监局迅速启动应急预案，第一时间派出工作组，组织、带领全省9支专业矿山救护队共149人赶赴灾区开展了抢险救援工作。在余震不断、救援难度极大、危险性极高、补给严重不足的情况下，工作组及救护队伍人均徒步一百余公里，不分昼夜地搜救遇险遇难人员、转移受伤群众、抢运救灾物资。截至8月10日，工作组及救护队伍在灾区的救援工作全面结束，累计在进入龙头山镇途中、龙头山镇震中区域、龙头山镇龙井村等地救出、转移重伤员25名，搜救出遇难人员11名，转移群众297名，搜索房屋115间，清理垮塌面积约1520平方米；在后期执行直升机中转点装卸及安保任务过程中装卸转运救灾物资8车，装运篷架150套、篷体1650套、大米20吨、矿泉水828件、方便面2380件、帐篷80套（顶）、棉被50床。特别是工作组和救护队伍挺进龙井村开展救援，为救助当地的受灾群众起到了重要的作用。地震发生后，云南煤监局党组会议研究决定向鲁甸地震灾区捐款30万元，同时，局机关、各监察分局、局属各事业单位干部职工主动捐款、奉献爱心，共有391名干部职工累计捐款95070元。9月22日，共青团云南省委、云南煤监局对在昭通市鲁甸县“8·3”地震抢险救灾工作中表现突出的9支矿山救护队授予了“青年突击队”荣誉称号。

云南省普洱市景谷傣族彝族自治县“10·7”6.6级地震发生后，云南煤监局迅速派出工作组，组织、带领全省9支矿山救护队伍参与救援工作。期间，共查看2个村民小组受损严重的房屋31间，帮助村民从危房中搬出粮食80袋、约3吨；组织4个检查组，就预防“10·7”地震次生灾害等工作对普洱市煤矿停产撤人情况进行了全覆盖检查，并对全市煤矿在地震灾害中人员伤亡以及地面建筑、巷道和机电设备等的受损情况进行了逐矿排查统计。

（十）开展首届“云南煤炭科学技术奖”评选活动

经云南省科技厅批准，云南省煤炭学会认真组织开展了首届“云南煤炭科学技术奖”评选活动，并于10月31日对10个获奖项目进行了表彰。其中，云南东源煤电股份公司后所煤矿的“复杂地质条件下的煤矿综合机械化采掘技术”、云南省小龙潭矿务局的“创新排土工艺提高生产效益”项目获一等奖；云南能源职业技术学院的“‘五化一体’模拟矿井实训平台建设探索”、云南省一九八煤田地质队的“云南煤矿瓦斯地质研究”、昆明煤炭科学研究所的“昭通小发路矿区优质无烟煤深加工产品开发”项目获二等奖；云南东源煤电股份公司后所煤矿的“云南省后所煤矿远程数字化管控集成平台建设”、云南省小龙潭矿务局的“布沼坝露天采煤爆破方案优化研究”、云南能源职业技术学院的“矿山运输与提升”项目获三等奖；云南省小龙潭矿务局的“D1100 - 86 × 3B2 型防洪水泵的优化改造与效果”、云南能源职业技术学院的“CIED 网络练习考试系统”项目获鼓励奖。

陕西省煤矿安全生产工作综述

一、煤矿安全生产总体情况

2014 年，在国家安全监管总局、国家煤矿安监局和省委、省政府的坚强领导下，陕西煤监局以围绕“保护矿工生命、矿长守规尽责”主题实践年活动，以全面落实“双七条”要求为主线，坚守“红线”、务实创新、攻坚克难，较好履行了煤矿安全监察职责，促进了全省煤矿安全形势保持总体稳定。

全省共有煤矿 579 处（石煤矿井 53 处），煤层气抽采企业 5 处。按照煤矿类型划分：持证矿井 305 处、新建矿井 43 处、资源整合矿井 231 处。按照煤矿属性划分：国有重点煤矿 62 处，国有地方煤矿 97 处，乡镇煤矿 420 处。597 处煤矿总能力 59865 万吨/年，其中煤与瓦斯突出矿井 5 处，能力为 415 万吨/年，高瓦斯矿井 14 处，能力为 3595 万吨/年，瓦斯矿井 560 处，能力为 55855 万吨/年。2014 年，全省煤炭产量 5.15 亿吨，同比增长 4.46%。

全年累计监察矿井 1270 矿次，执法计划完成率 118.69%，下达执法文书 3363 份，提出监察建议意见书 72 份；查处安全隐患 4693 条，督办重大隐患 12 条，按期整改 4684 条，按期整改率 98.46%；实施行政处罚 113 次。依法依规查处煤矿事故 32 起，事故按期结案率 100%，查实上一年和往年的瞒报事故 8 起 12 人，追究刑事责任 7 人，给予党政纪处分 116 人，做到重大事故、较大事故调查报告全文网上公开。

全年发生事故 32 起、死亡 54 人（其中：煤矿发生事故 31 起死亡 51 人，石煤矿发生事故 1 起死亡 3 人），事故矿井占全省矿井总数的 4.66%，百万吨死亡率 0.101，较控制指标 0.122 下降 17.2%。发生较大事故 3 起、死亡 10 人，较控制指标起数持平，事故矿井占全省矿井总数的 0.34%；发生重大事故 1 起、死亡 13 人，事故矿井占全省矿井总数的 0.17%；杜绝了特别重大事故。按投资类型分：央企煤矿 2 起 15 人、省属煤矿 7 起 8 人、市县属煤矿 23 起 29 人。

二、煤矿安全生产重点工作

（一）牢固树立“红线”意识，扎实落实“1 + 4”工作法

一是牢固树立“红线”意识。认真学习宣贯习近平总书记、李克强总理等中央领导同志关于加强安全生产的系列重要指示精神，坚守发展决不能以牺牲人的生命为代价这条“红线”。利用矿长谈心对话活动和召开片区会议、煤矿瓦斯防治工作座谈会和煤矿防治水工作专题会，大力向煤矿企业宣贯党中央、国务院和总局一系列会议及文件精神，安全生产月期间组建 4 个宣讲团，由局级领导任团长，分赴 4 个重点产煤市开展了 10 场次 900 余人参加的“强化红线意识、促进安全发展”主题宣讲活动。

二是积极贯彻落实“双七条”。组织宣讲团开展了“双七条”宣讲活动，对部分矿长进行了“双七条”专题培训，逐矿下发了《国办意见学习辅导读本》《矿长“七条规定”顺口溜》《致矿长的一封信》、煤矿事故警示教育片等资料。

三是扎实抓好韩城市煤矿安全攻坚战。与渭南市政府在韩城市联合召开了全市安全生产重点县攻坚战督查暨安全生产警示会，分析了近年来的煤矿安全生产状况，剖析了典型事故案例。突出对韩城地区高瓦斯和煤与瓦斯突出矿井的监察，联合韩城市煤炭局对 10 处矿井进行了集中监察；紧盯重点区域隐患苗头，针对 2 处矿井井下 CO 超限，多方位采取综合措施，有效处置了险情。韩城辖区全年发生事故 1 起，死亡 1 人，安全生产形势明显好转。

四是依法依规查处事故，广泛开展煤矿事故警示教育活动。落实事故分析会制度，落实事故通报制度，召开片区座谈会，严肃事故查处，严格责任追究。严肃瞒报事故的查处，印发了《瞒报谎报煤矿生产安全事故行为查处办法（试行）》。对全省2013年发生的各类煤矿事故进行了认真的分析，形成了《陕西省2013年度煤矿事故分析报告》。

利用事故查处对煤矿企业进行警示教育。将国家局制作的《煤矿百人事故案例警示教育片》分发给全省各煤矿，组织全体监察员和煤矿企业观看了《四川省泸州市桃子沟煤矿"5·11"重大瓦斯爆炸事故警示教育片》和《湖煤集团金竹山矿业公司土朱煤矿"3·17"较大瓦斯爆炸事故警示教育片》，制作了《中煤陕西榆林能源化工有限公司大海则煤矿"5·14"重大溜灰管坠落事故警示教育片》，不断扩大警示教育效果，做到"一矿出事故，万矿受教育。"

五是扎实开展谈心对话活动。联合省煤管局成立了活动领导小组，制定了活动方案，把全省所有煤矿落实到人。各级领导对570处矿井的671名矿长进行了谈心对话，累计谈话649矿次，300余名监管监察干部参与，圆满完成了谈心对话任务，做到了零距离、面对面、全覆盖，激发了矿长保护矿工生命的责任感和使命感，提升了矿长依法办矿意识，有效发挥了矿长安全生产的关键作用。

（二）严格规范执法，强化责任落实

认真落实监察计划，突出瓦斯防治、防灭火、防治水、防治顶板、机电运输、职业病防治等"六个转业"，印发《监察方案》，明确重点监控矿井名单，集中业务骨干，对位监察，摸清查实，做到"三个到位"，即执法文书到位，行政处罚到位，督促整改到位。同时兼顾"六大系统"建设、安全生产许可证管理、井下防爆胶轮车运输、建设项目"三同时"、安全培训管理和安全费用提取使用、煤层气抽采及煤矿洗选、打击超层越界开采治理图实不符、煤矿安全监控系统等专项监察和节后复产、"两会""五一""十一"期间的定期监察。积极探索和推行授课式、督察式、督导式、区域式、产量核查式、提前介入式监察，不断提高监察执法效能。查处了一大批事故隐患，有效防范了特别重大事故。重新修订了《监察执法工作分级管理规定》，进一步明确监察职责，推进煤矿监察执法的制度化和常态化。

（三）认真开展"六打六治"专项行动，强化隐患排查治理

成立了领导小组，由局领导带队，围绕打击煤矿企业无证开采、图纸造假和超层越界、煤尘严重超标，部署实施了"六打六治"专项行动。按照"准、细、严、实"要求，认真落实重大安全隐患跟踪、整改、销号闭环管理制度，对存在重大安全隐患的矿井，实施跟踪监察，对存在突出问题、区域性问题的矿井组织相关部门、专业技术人员、专家等进行研究论证，提出整改措施，督促落实，切实做到安全隐患"零容忍"。对隐患严防死守，紧盯不放，及时召开了矿井负责人座谈会，逐矿分析了隐患排查治理措施并提出了整改要求，逐矿落实一名监察员进行定期跟踪回访，严防隐患失控酿成事故。对发生突水淹井、切断天然气井、煤层自燃导致井下有毒有害气体超限、采空区大面积冒顶等涉险事故均在第一时间赶赴现场并进行应急处置，有效避免了次生事故的发生。按照《陕西省安委办关于印发〈全省集中开展煤矿隐患排查治理行动实施方案〉的通知》要求，陕西煤监局党组成员带队已对韩城矿区、神府矿区、铜川矿业公司开展了煤矿隐患排查治理行动，消除事故隐患。

（四）强化安全准入，着力提升煤矿办矿水平

分关中、陕北、陕南3个区域召开了全省煤矿企业安全生产许可证座谈会，通报了安全生产许可证专项监察情况，宣贯了《无瓦斯石煤矿井安全生产许可证颁发实施细则》，听取了煤矿安全监管部门和煤矿企业的意见和建议，发放了《煤矿安全生产许可证申报颁证流程图》。督促煤矿企业增强做好安全生产许可证申办的自觉性和主动性，继续坚持"一个窗口"和"四个集中"的有效做法，认真做好安全生产许可证颁发延期工作。全面推广网上申办工作，实现了纸质文件与网上申报审核同步进行，走在了全国前列。印发了《煤矿建设项目安全设施和职业病防护设施联合竣工验收实施办法（试行）》。认真做好中介机构的资质认定和监管工作，制发了《煤矿建设项目职业病危害评价报告评审和监督工作的指导意见》《煤矿职业卫生技术服务机构乙级资质认可条件评审项目标准及认可工作程序》，不断规范中介机构从业行为。组织

相关处室对中介机构开展了年度考核。对行政许可事项进行核实确认，按照省编办文件要求及时清理了现有的行政许可事项，依法取消了矿山（煤矿）救护队资质认定、煤矿建设项目安全设施竣工验收，现保留行政许可事项6项。继续扎实推进了煤矿安全文化建设示范企业创建工作，开展评查督导，命名9家省级示范企业，拟推荐4家国家级示范企业，不断发挥文化引领作用。尤其是选树了红柳林矿业公司示范企业的安全文化建设成果，得到了国家安全监管总局领导的肯定和赞扬，国家安全监管总局10月在红柳林煤矿召开全国安全文化建设现场会暨安全月总结交流会予以推广学习。

（五）强化应急管理，着力提高应急救援能力

为了提升陕西省应急救援能力，陕西煤监局下发了《关于规范全省煤矿兼职（辅助）矿山救护队人员培训工作的通知》，对2805名救护指战员进行了救护技术培训，同时选送67名救护队员参加国家应急救援指挥中心培训，现场应急救援技战术能力进一步提高。组织开展救护队质量标准化达标活动，全省矿山救护队有8支达到国家特级、1支达到国家一级、3支达到国家二级、8支达到国家三级。积极指导煤矿企业按标准建设专兼职救援队伍，提高煤矿应急救援的初期处置能力，全省有专职救护队30家，兼职救护队15家。督导完成了铜川国家区域矿山应急救援基地建设，积极协调圆满完成了第十届全国矿山救援技术竞赛工作，得到了王德学副局长的充分肯定，陕煤化代表队取得团体第二名，荣获“全国五一劳动奖状”等诸多称号。

（六）强化基础建设，着力提升技术支撑保障能力

完成了隐蔽致灾因素调查工作，征集煤矿安全先进适用技术10项，在全省范围内推广陕煤集团红柳林矿业公司煤矿安全先进适用技术，向国家安全监管总局推荐黄陵矿业公司一号井智能化采煤工作面和陈家山煤矿瓦斯治理先进典型。安全技术中心继续开展对口专业化技术服务，完成777矿（次）的检测检验和评价任务，发现了311处安全隐患，提出了524条整改建议，为煤矿安全超前预防和事前控制提供强有力的技术支撑。完成了检测中心的资质升甲，上报了职业健康中心资质升甲申请资料，积极开展安全技术中心业务保障用房项目前期工作，完成了办公楼改造项目竣工验收，李家村住宅楼拆迁合建项目正在有序开展。

（七）组织开展煤矿工作场所职业病防护执法年活动，不断提升职业防治工作水平

成立了活动领导小组，印发了活动实施方案，开展了重点抽查活动，共计监察矿井192处，下达执法文书201份，发现问题隐患597项，警告矿井7处，责令停产整顿5处，罚款17.8万元，煤矿企业普遍树立职业病防治意识，职业病防治主体责任得到进一步落实。召开了全省煤矿职业安全健康经验交流会暨煤矿尘肺病防治现场会，组织与会人员分组深入3家煤矿进行了职业病防治工作参观学习，组织6家煤矿企业的典型经验交流。严把煤矿建设项目职业病防护设施竣工验收关口，未履行职业卫生“三同时”审查和竣工验收的煤矿建设项目，不予颁发煤矿安全生产许可证。积极办好煤矿职业卫生管理人员培训班，共培训14期，培训1069人，对23名矿长进行了职业卫生专题培训。开展了煤矿工作场所《职业病防治法》宣传周活动，订购宣传挂图620套，法律法规汇编520本，对32处矿井进行了宣讲和督查。积极组织职业卫生知识竞赛活动，共完成答题卡230份。

（八）强化队伍建设，着力提升履职能力

一是强化理论学习。组织了6次处级以上干部学习贯彻十八届三中全会和习近平总书记系列讲话精神集中轮训和2期学习贯彻十八届四中全会精神和社会主义核心价值观培训班。二是强化制度建设。继续认真贯彻落实中央政治局关于改进工作作风密切联系群众八项规定，简化接待工作，出台了《会议费管理暂行办法》《机关差旅费管理办法》《严肃财经纪律严格财务管理的特别规定》和《公务卡使用管理补充规定》，严格控制会议经费，不断改进工作作风。三是加强干部人事管理工作。对56名干部进行了职务调整，特别是在国家安全监管总局党组的关怀下，向外省煤监局选送了1名副厅级干部，进一步调动了大家的工作积极性，有效激发了队伍的生机和活力。四是扎实开展群众路线教育实践活动。召开了党的群众路线教育实践活动总结大会。五是加强党风廉政建设。深入开展廉政风险排查防控工作，坚持工作日期间严禁饮酒规定，推行行政执法党风廉政反馈卡制度和纪检监察

全程参与行政许可现场验收，不断规范约束权力运行。出台了《陕西煤监局党组关于贯彻党风廉政建设“两个责任”的实施意见》，明确了领导班子及成员的主体责任和纪检组的监督责任。制定了《安全生产执法人员履职行为“四个零”规定细则》和《陕西煤监局重大事项报告制度》，切实做到用制度管人管事。

（九）扎实开展深入学习宣贯新《安全生产法》，增强依法行政能力

制发了学习宣贯新安法文件，征订并发放了新《安全生产法》单行本以及读本和释义三本书，保证全员人手一册。在陕西煤监局网站上开设了新《安全生产法》的学习专栏，在陕西煤监局一楼大厅屏幕滚动播放了新《安全生产法》宣传提纲和学习宣传重点内容，制作了宣传牌板，为学习宣贯新《安全生产法》营造了浓厚的氛围。分两期举办了学习贯彻新《安全生产法》主题培训班，邀请国家安全监管总局新闻发言人黄毅作新《安全生产法》专题辅导报告，全员脱产集中学习、研讨，交流学习心得考试，组织培训考试，增强了依法监察的能力和水平。利用下矿监察，大张旗鼓宣贯新安法，让煤矿企业及其相关人员了解、明确生产经营活动中的权利和义务，自觉做到学法、懂法、守法。

甘肃省煤矿安全生产工作综述

一、煤矿安全生产总体情况

2014 年，甘肃省共发生煤矿安全事故 13 起，死亡 13 人（其中基本建设安全事故 1 起，死亡 1 人），同比增加 3 起（上升 30%），死亡人数减少 1 人（下降 7.14%），事故死亡人数、百万吨死亡率以及较大及以上事故起数均控制在国务院安委会下达的降幅指标以内，煤矿安全生产形势总体平稳，死亡人数为历史最低水平。具体呈现以下特点：

（1）煤矿安全生产控制指标实施进展情况较好。全省各类煤矿共发生死亡事故起数和死亡人数控制在国务院安委会下达的降幅指标以内。全省共生产原煤 4752.98 万吨，同比增加 72.49 万吨，增长 1.55%。煤矿百万吨死亡率为 0.252，控制在国务院安委会下达的降幅指标以内，低于全国平均水平。

（2）有效遏制了较大以上事故和瓦斯事故。全省未发生较大及较大以上事故，同比减少 1 起，死亡人数减少 4 人；未发生瓦斯事故，控制在国家能源局下达的 2 起、8 人指标以内。

（3）原国有重点煤矿事故总量同比下降。原国有重点煤矿全年共发生死亡事故 4 起，死亡 4 人，同比减少 1 起、2 人，分别下降 20% 和 33.33%。

（4）市县国有煤矿事故总量同比下降。市县国有煤矿企业未发生死亡事故，同比减少 1 起，死亡人数减少 1 人。

（5）大部分市州安全生产状况稳定。全省 10 个产煤市州中，酒泉、张掖、武威、金昌、陇南、甘南、庆阳 7 个市州未发生煤矿死亡事故，安全生产状况稳定。

二、煤矿安全生产重点工作

（一）突出监察重点，监察执法成效显著

突出“4 个 6”的监察重点，科学制定了监察执法计划，组织开展了“两节”“两会”、国庆、十八届四中全会等重点时段和重要时期的大规模重点督查和重点监察；先后配合国家安全监管总局、国家煤矿安监局有关领导开展了对甘肃省安全生产督查工作和安全生产政策的宣贯工作；配合国家安全监管总局督导巡视组对甘肃省开展了为期 1 个月的督导巡视工作。制定了《煤矿安全生产暗查抽查工作制度》，积极组织开展暗查暗访活动；全年共监察矿井 245 处 652 矿次，监察覆盖率 100%，计划完成率 117.9%，执法计划超额完成；查处一般事故隐患 1974 项，完成整改 1692 项，隐患整改率 95%；查处重大事故隐患 6 项，完成整改 6 项，重大隐患整改率 100%；下达执法文书 1497 份，实施行政处罚 172 次，责令停产整顿企业 20 个，

实施经济处罚134次，对13起伤亡事故认真进行了调查处理，事故时限结案率100%。

（二）抓实“四个阶段”，确保全年安全稳定

一是以推进“双七条”贯彻落实为重点，通过谈心对话促安全，确保了一季度的安全稳定。制定全省谈心对话活动实施方案，召开了全局谈心对话活动动员大会，积极配合完成了国家安全监管总局和甘肃省政府领导的“谈心对话”活动，由甘肃煤监局领导带队，36名副处级以上干部参与，先后开展“谈心对话”活动25场次，与全省32户煤矿企业、236处煤矿、276名矿长进行了谈心对话，圆满完成了工作任务。二是以专项整治为重点，开展专项监察推安全，确保了上半年安全稳定。积极组织开展了全省煤矿建设项目、应急管理、安全生产许可证、煤矿《七条规定》、煤矿机电设备安全管理、煤矿作业场所职业危害防治和全省煤矿汛期安全生产工作专项监察7个专项监察，确保了上半年的安全稳定。三是以“六打六治”为重点，强化重点督查强安全，确保了三季度安全稳定。召开了全局监察执法工作座谈会，全面安排部署了下半年工作。派出六个重点督查监察组，以“六打六治”为重点，自8月开始开展了为期4个月的重点督查和监察专项行动，确保了三季度的安全稳定。四是以隐患排查治理专项行动为重点，围绕“三个目标”保安全，实现了全年安全稳定。与甘肃省有关部门共同制定了全省隐患排查治理专项行动实施方案，成立了甘肃煤监局行动领导小组，抽调了40多名监察业务骨干，全面参加专项行动和综合督查任务，确保了全年安全稳定。

（三）强化宣传教育，全力推进新《安全生产法》学习宣贯

印发了关于认真学习宣传和贯彻落实新《安全生产法》的通知，提出了10条要求和举措。召开了全局学习宣传贯彻新《安全生产法》专题视频会议，征订购买了相关书籍和宣传挂图，在甘肃煤监局、各分局办公楼张贴悬挂；编辑刊出了学习宣传专题板报，在《甘肃日报》上发表了局主要领导的署名专题文章，在《中国安全生产报》《中国煤炭报》和官方网站上发表刊登了相关新闻报道；动员号召煤矿安全监管部门、各级各类煤矿企业踊跃参加新《安全生产法》系列知识竞赛活动；对部分煤矿企业宣贯工作的落实情况进行了抽查；及时将新《安全生产法》提出的新要求贯彻落实到监察执法工作实际，着力推动新《安全生产法》的贯彻落实。

（四）坚持求实创新，监察执法效能明显提高

一是深入开展了“精细化监察年”活动，提出了精细化监察“严、精、细、新、实”的核心和“八化”目标，把尽职尽责和“严标准、依程序、重细节、求闭合”的要求贯彻到每一个监察员的身上、体现在执法的每一个细节，不断完善监察促动、经验带动、教训推动工作思路，推动了工作落实，提高了执法效能。二是强化执法监督，组织了四个季度的3次执法监督。积极组织开展了煤矿安全监察执法监督工作检查活动，组织分局之间进行了互检和交叉检查。三是开展了全省第四轮持证执法的各项工作，组织执法人员完成了法律知识考试。四是按照半年检查、全年考核要求，对各单位、各部门三个责任制落实情况进行了检查考核。

（五）强化监督检查，监管责任有效落实

严格落实国家安全监管总局关于建立健全“三级五覆盖”的要求，加大了对市县党委、政府及其监管部门监管责任落实督查力度，推动各级党委的领导责任、政府的监管责任、企业的主体责任落实到位。督促平川区和白银市党委、政府逐级落实重点产煤县区攻坚战责任和包片督导责任。积极组织全省各产煤市州安全监管部门、重点产煤县区政府负责人以及中央在甘和省属煤矿企业主要负责人和相关负责人参加全国事故警示教育视频会议；组织开展了事故落实情况的专项督查，确保了事故处理到位。

（六）强化安全基础，深入推进整顿关闭

大力推进煤矿整顿关闭、资源整合和兼并重组。积极配合相关部门做好工作，加强了对停产整顿矿井的巡查监察；强力推进煤矿关闭工作，对省政府公告关闭的76处3万吨小煤矿及时吊销了煤矿安全生产许可证，积极工作、强化督促，确保了关闭到位。从严执行安全准入标准，严格落实煤矿建设项目安全核准和两个“三同时”工作，严把安全设施设计和职业病防护设施设计审查与竣工验收关口。严格落实安全许可证颁发管理办法，加强动态管理。不断加强安全培训工作，先后举办煤矿企业负责人、管理人员职业安全健康管理培训班2期247人；举办全省煤矿职业危害因素监测人员培

训班2期194人；举办注册安全工程师继续教育培训班1期共76人；举办煤矿安全培训机构师资培训班1期70人。

（七）坚持惩防并举，队伍建设和党风廉政建设取得新的成效

一是加强十八届三中全会和习近平总书记系列重要讲话集中轮训，制定了集中轮训工作方案，严格考勤，参训人数323人次；分4个讨论组，先后四次组织处级以上干部250人次参加分组研讨交流，组织1次全局大会交流。二是强化“四风”问题整改落实，紧紧围绕“两方案一计划”，全面完成了整改方案所列32条问题和整治方案所列19条整治内容，修订完善制度15项、新建制度18项；开展了整改落实工作“回头看”，教育实践活动取得明显成效。三是严格落实“八项规定”，大力压缩“三公经费”、会议费，各项费用同比明显下降，其中接待费同比下降17.4%，车辆运行费同比下降5.8%，会议费同比下降47.4%。对甘肃煤监局机关办公楼的104间办公用房进行摸底调查，对超标办公用房进行调剂清理和整改。四是着力加强廉政教育，拒腐防变思想不断加强。组织开展了“六个一”系列活动为主要内容的第5个“警示教育周”活动；开展了“学思践悟”系列重要文章学习活动；强化基层党组织建设，举办了全局基层党组织书记培训班；配合国家煤矿安监局局长黄玉治对甘肃煤监局领导进行了廉政谈话；局主要领导和纪检组长对机关各部门、直属各单位18名党政主要负责人进行了廉政谈话，签订了党风廉政建设谈话提醒书；各分管领导和纪检组长分别对分管部门处级以上干部开展了廉政谈话；对新任职的领导干部，集中3次进行了任前廉政谈话和廉政法规知识测试；“年有教育周、月有警示片、网站有专栏、节日有提醒、个人有承诺、任前有谈话测试”的反腐倡廉教育长效格局不断深化。五是着力加强制度建设，制定了《贯彻落实〈建立健全惩治和预防腐败体系2013—2017年工作规划〉实施方案》《关于贯彻落实党风廉政建设主体责任和监督责任实施办法》《关于进一步加强岗位廉政教育工作的通知》《规范权力运行制度监督检查办法》4项制度，党风廉政制度体系不断健全完善。六是着力加强廉政监督，落实监察执法廉政工作带队人负责制度，强化事前教育、事中监督和事后汇报。充分发挥特邀廉政监督员作用，召开廉政监督员座谈会5次，发放“廉政情况问卷调查表”70多份。收回“监察日志”259份、“廉政监督卡”88份、“问卷表”70份，均未发现监察员有违纪违规问题。

（八）统筹协调推进，全局各项事业全面发展

在监察执法工作取得积极进展的同时，全局各项事业协调发展、同步推进。“双联”工作的有序开展；国家煤矿安监局下达甘肃省的4个煤矿安全课题圆满结题；安全生产许可证网上申办系统顺利运行；老干部工作开拓创新、形式多样、有声有色；安全技术协会积极开展工作，完成了3A社团组织级别审核、票据网络升级，煤炭志编纂工作完成大纲编写，得到国家安全监管总局认可表扬并在全国推广；成功举办了甘肃省第十届煤矿救援技术竞赛，组织靖煤集团救援大队参加了第十届全国矿山救援技术竞赛并取得了模拟救灾项目三等奖；安全技术中心业务范围不断拓展，经营收入稳步增加，各项工作稳步发展；事业单位业务保障用房建设项目顺利开工，建设进度处于全国先列，得到国家安全监管总局表扬；统计中心不断加强调度统计和值班值守工作，机关服务等各项工作也取得一定成效。

青海省煤矿安全生产工作综述

2014年，青海省各产煤地区、各有关部门和煤矿企业深入贯彻落实关于煤矿安全生产的一系列决策部署，牢固树立红线意识，以煤矿保安全、强基础、提水平为目标，以落实《煤矿矿长保护矿工生命安全七条规定》和治本攻坚“七项举措”为核心，扎实推进煤矿安全生产各项重点工作，取得明显

成效，保持了煤矿安全生产形势的稳定向好。

一、煤矿安全生产总体情况

2014年，青海省煤矿安全生产呈现“两个继续下降，一个连续保持”的特点：一是事故总量继续下降，煤矿生产安全事故和死亡人数分别为3起、4人，同比分别下降50%和20%；二是煤矿百万吨死亡率继续下降，煤矿百万吨死亡率为0.25，下降10%，低于全国平均水平；三是连续10年未发生重大及以上事故。

二、煤矿安全生产重点工作

（一）推进“七措并举、四轮驱动”

一是全面落实《青海省贯彻落实国务院办公厅关于进一步加强煤矿安全生产工作的意见实施办法》，与全省所有煤矿的110多名主要负责人和分管安全负责人开展了“谈心对话”活动，并组织各煤矿负责人签订落实“七项规定”承诺书，取得了良好效果。在2015年全国安全生产工作会议上，青海省谈心对话活动得到了国家安全监管总局的表扬。二是先后9次组成督查组深入重点产煤地区开展督查，进行分类指导，督促煤矿企业开展隐患排查治理、深化煤矿专项整治、加强安全质量标准化建设等重点工作，推进煤矿治本攻坚工程。三是加强重点煤矿监控，确定灾害相对严重、事故多发和管理水平低的8处煤矿作为重点防范对象，加大安全检查的次数和力度，督促指导和帮助企业夯实基础，强化管理，实现安全生产长效化。海北藏族自治州采取强化监督、派员盯守等措施，加大对存在煤层发火、重大水患等矿井的监督管理，杜绝了安全事故发生。青海省能源发展公司在建立完善安全生产责任制的同时，细化现场安全管理，使大通煤矿扭转了事故频发的局面，实现了2014年“零”事故。各地区、各企业加强对煤矿建设工程的安全管理，实现了施工建设规范、安全、有序，为顺利通过安全设施竣工验收和建成投产打下了坚实基础。

（二）开展“六打六治”打非治违专项行动

制定印发全省集中开展煤矿“六打六治”打非治违工作方案，成立领导小组，深入开展了打非治违专项行动。各产煤地区组织辖区内煤矿企业开展自查自纠，组织安全监管部门开展执法活动，及时查处一批煤矿违法违规生产建设问题，执法检查煤矿覆盖率达到100%。按照青海省政府的统一部署，查处木里矿区无证非法开采、未批先建等重大问题，对违法单位实施煤矿安全监察行政处罚共270余万元，并责令各违法企业停止非法违法生产建设活动。加强巡查，发现和查处建设煤矿违法施工行为和生产煤矿习惯性违章行为，对个别煤矿回采面采用木支护组织生产等违法问题责令限期整改，对部分建设项目未批先建等违法违规行为，果断采取停工措施。通过开展“打非治违”专项行动，进一步规范了全省煤矿安全生产秩序。

（三）集中开展隐患排查治理行动

结合青海省实际，制定隐患排查治理工作方案，组织召开动员部署会议，按照“统一谋划、统一编组、统一组织、统一协调、统一实施”和“一矿一组、一矿一案、一矿一策”的要求，集中开展了覆盖全省所有煤矿的隐患大排查大治理行动。较以往同类活动相比，此次集中排查行动呈现出排查煤矿最广，排查人员最多，排查时间最长等特点。共查出和落实整改安全隐患242项，其中一般隐患237项，重大隐患5项，及时消除了煤矿事故隐患，实现了2014年四季度全省煤矿无事故。

（四）落实瓦斯防治政策措施和小煤矿关闭退出

各产煤地区督促煤矿企业完善、优化矿井通风系统，认真落实瓦斯防治各项制度措施。开展瓦斯防治专项治理，督促各矿井严格按标准管理和运行安全监测监控系统，严查矿井无风、微风作业等违反瓦斯防治“十条禁令”问题。针对部分老煤矿采区多、采掘面多和下井人员多等问题，采取加强执法与政策引导等积极稳妥的措施，督促指导煤矿精简生产系统，优化采区布置，加强现场管理。各企业克服煤炭市场疲软，经济效益大幅下滑带来的压力，尽力保持安全投入不减少。同时积极协同有关部门帮扶重点企业缓解安全投入困难，每年为企业争取煤矿安全改造中央预算内投资，2014年达到2051万元，带动地方国有煤矿自筹资金7788万元，极大促进了煤矿安全技术改造，安全生产条件不断改善。积极落实国家关于小煤矿整顿关闭政策措施，紧密结合实际，稳步实施小煤矿关闭退出，多次向灾害严重的煤矿宣讲整顿关闭政策，引导企业主动关闭退出，实现安全发展提质增效，顺利关闭了4处9万吨/年以下的小煤矿。2013年以来，为关闭小煤矿争取到了国家淘汰落后产能专项补助资金400万元，对煤矿整顿关闭发挥了积极作用，全省小煤矿总量减少了27%。

（五）深化煤矿安全质量标准化建设

各煤矿企业按照青海省安全质量标准化实施方案要求，建立资金保障、责任落实、整改管理、内部考核等工作运行机制，深化企业达标、专业达标和动态达标建设，以达标建设促进国家有关安全生产法律法规、政策规定和技术标准有效执行，促进煤矿安全生产条件不断改善，推动煤矿自我约束、持续改进的安全生产长效机制建设。认真落实全省煤矿安全质量标准化领导小组职责，强化对企业达标建设工作的指导、协调和考评，在组织对30万吨/年以上煤矿开展新标准达标考核的同时，对各地区考核情况进行督促、指导，推动了全省煤矿安全质量标准化工作。全省生产煤矿达标率实现了100%，其中大煤沟矿和高泉昆源煤矿被评为（国家级）一级标准，地方国有煤矿基本达到了二级以上水平。

（六）认真开展宣传教育和事故调查处理工作

一是认真组织开展“安全生产月”和新《安全生产法》宣贯等集中宣传活动，营造浓厚的学法、知法、用法、守法和执法氛围。二是坚持事故调查和警示教育并行，及时组织事故所在地区各煤矿企业和有关部门召开现场事故警示教育会，深刻剖析事故原因，提出工作意见和建议；及时通报省内外煤矿典型事故案例，集中宣讲并组织播放典型事故案例警示片，将2006年以来全省煤矿生产安全事故汇编成册并印发，教育和引导煤矿企业举一反三，认真吸取事故教训。三是组织开展“三项岗位人员”安全培训，2014年共举办培训班12期，培训煤矿主要负责人和安全管理人员608人、特种作业人员716人、矿山救护队员90人，全面提高了企业管理人员和业务技术人员的安全知识水平和操作技能。四是严格事故查处，按照“四不放过”和依法依规、实事求是、科学严谨、注重实效的原则，组织对2014年发生的3起煤矿生产安全事故开展调查，按期结案率100%。依法对3家事故责任单位和19名相关负责人分别给予了66万元的行政罚款。

（七）加强职业危害防治和应急救援能力建设

全面落实煤矿职业危害防治措施，执行基建煤矿职业危害防护设施“三同时”制度，开展职业危害申报工作，实现了从源头治理职业危害的基本目标。认真抓好煤矿救援队伍建设，2014年投入502万元用于国家（区域）矿山应急救援青海队的装备和队伍建设，大幅提高应急救援整体能力。组织参加全国第10届矿山救护队伍比武竞赛，获团体优秀奖。定期组织开展救护队质量标准化达标建设和应急演练，保障队伍建设专项投入，不断提高队伍的快速反应、应急机动和综合保障能力。

宁夏回族自治区煤矿安全生产工作综述

一、煤矿安全生产总体情况

2014年，宁夏回族自治区累计生产原煤8560.42万吨，同比下降3.21%。发生事故8起，死亡10人，同比起数增加6起、死亡人数增加8人。2014年国家下达给宁夏煤矿安全控制指标是百万吨死亡率控制在0.140以下。奋斗目标为煤矿事故死亡人数力争控制在8人以下。2014年煤矿百万吨死亡率为0.117，低于全国平均水平，控制在国家下达的指标之内，但死亡人数超过奋斗目标。

二、煤矿安全生产重点工作

（一）以“红线”意识为统领，谋划安排全年的监察执法工作

一是以最坚决的态度贯彻中央领导同志关于安全生产工作的重要批示指示精神，宁夏煤监局党组率先学习，深刻领会习近平总书记提出的“要始终坚守发展决不能以牺牲人的生命为代价这条红线”的指示，力求入脑入心，用“红线”意识统领煤矿安全监察执法工作，在思想上摆正安全生产之位。二是贯彻落实全国安全生产电视电话会议、

全国安全生产工作会议精神，在全面总结2013年的工作、分析面临的形势和任务的基础上，年初召开了2014年度工作会议，确定了应该做好的6个方面32项重点工作。三是组织开展了以“强化红线意识、促进安全发展”为主题的第13个全国“安全生产月”活动。安全咨询日当天组织监察执法人员上街宣传。在开展监察执法工作时，向企业管理人员、广大矿工宣讲中央领导的指示精神和安全生产的新要求，推动形成了坚守生命红线、加强安全生产的广泛共识和强大合力。

（二）以安全生产控制指标为抓手，落实全年的责任

2014年国家给宁夏煤矿仅下达了相对指标，即百万吨死亡率控制在0.140以下。宁夏回族自治区安委会考虑到宁夏煤矿安全生产实际情况，未将煤矿指标向各市县分解。为此，宁夏煤监局在通盘考虑的基础上，将相对指标换算为绝对数量，分解到银北、银南监察分局，并与两个监察分局签订了安全生产责任书，分局再次分解，落实到各个监察科室，层层签订了责任书。

（三）以开展矿长谈心对话活动为契机，谈心交心，调动矿长做好安全生产工作的积极性

一是主动向宁夏回族自治区人民政府汇报，同时在与安全监管、行业管理等有关部门沟通协商的基础上，宁夏煤监局牵头制定了谈心对话工作方案，成立了协调机构，确定了煤矿矿长谈心对话活动的内容、方式、对象，提出了相关保障措施。二是宁夏回族自治区人民政府分管安全生产的领导同志带头，安监、煤监、产煤市的负责同志协同，各市县煤矿安全监管部门积极参与，自上而下，形成了一个整体构架，贯通到煤矿矿长的谈心对话责任体系。三是将中央的关怀和上级领导的关心传达给每一位矿长，将中央领导同志有关安全生产的批示指示精神、煤矿安全“双七条”政策措施宣讲到位，使矿长们能满怀对矿工的深厚感情，抓好煤矿安全生产工作。四是鉴于宁夏煤矿数量不是很多，宁夏煤监局将谈心对话扩大到煤矿“五职”矿长，对应参加谈心对话的100处矿井507位“五职”矿长及公司主要负责人进行了全覆盖。五是谈心对话面对面、一对一，谈问题不回避、不掩饰，谈建议出实招、求实效，最大限度地掌握新情况、了解新问题，增强矿长做好安全生产工作的紧迫感、责任感。事实表明，谈心对话是把煤矿安全工作落到实处的有效举措，面对面谈心对话的实际效果，远胜于一般工作号召。

（四）以推动落实安全生产主体责任为目标，多管齐下，开展煤矿安全专项行动

一是按照宁夏回族自治区人民政府的要求，宁夏煤监局制定了落实主体责任年实施方案，成立了领导机构，确定了目标任务，对各个时间节点的工作任务进行了排队，努力推进“一年打基础、两年上台阶、三年大变化，推进安全生产标准化、信息化、规范化、法制化”的目标任务，并及时参加宁夏回族自治区安委会组织的督查活动。二是将落实企业主体责任年活动与专项行动相结合，组织开展了煤矿安全“六打六治”、安全大检查大整治等专项行动。制定了方案，确定了12项重点检查内容，组织开展了专项督查行动。在督查过程中，对违规建设的12处建设矿井下达了停止建设指令，同时向地方人民政府及其监管部门下达《加强和改善安全管理建议书》和《加强和改善安全管理监察意见书》。抓住非法建设典型进行严肃查处。对存在重大隐患的神华宁煤集团石炭井焦煤分公司二号井等3处国有煤矿，由宁夏煤监局挂牌督办。对神华宁煤集团石槽村煤矿和宁夏银星煤业有限公司各处108万元的罚款，极大地震慑了违规建设矿井。三是开展隐患排查治理。建立健全了煤矿重大安全生产隐患督查、销号制度。对煤矿重大隐患逐条进行登记备案，盯住隐患排查、上报、整改、落实4个过程，按照谁检查、谁签字、谁负责的原则，落实隐患的排查治理责任，实现了隐患排查到整改落实的闭合管理。加大了隐患复查力度，银北、银南监察分局2014年下达复查意见书92份，同比增加57份；针对市县乡镇煤矿的一些重大隐患，向地方政府监管部门下达意见书，督促其落实隐患排查治理的监管责任。

（五）以“三项监察”为履职尽责的方式，严格落实监察计划

始终把做实做细“三项监察”作为履职尽责的主要方式之一。一是在全面分析宁夏煤矿安全生产现状、合理使用监察执法力量的基础上，科学合理地制定了全年监察执法计划，监察分局将年度计划分解到月度进行落实。二是狠抓“双七条”的落实。将监察计划与“双七条”结合起来，按计

划开展定期监察，适时组织开展专项监察，突出重点监察，在敏感时期和关键时段组织开展安全大检查。2014 年实际监察矿井 100 个，监察覆盖率为 100%；监察矿井 520 矿次，完成全年监察计划的 116%。查处事故隐患 1336 条，应完成整改的隐患 1325 条，实际完成整改的隐患 1323 条，隐患按期整改率为 99.8%。加大了执法力度，行政罚款 627.45 万元，同比增加 64.3 万元，其中监察执法罚款 363.40 万元，占全部罚款的 57.9%。三是创新监察方式。对多年来的监察方式认真总结，采取两个分局之间的交叉监察，针对突出问题采取突击监察、回马枪式监察，暗查暗访采取“四不两直”等方式，力求看到真情况、发现真问题、解决真隐患。四是严查煤矿安全事故，认真开展警示教育。针对全年发生的 8 起事故，按照“四不放过”的原则和科学严谨、依法依规、实事求是、注重实效的基本要求，严肃调查处理，并追究相关责任人的责任。组织召开了上半年全区煤矿事故通报会，组织煤矿安全管理人员参加国家安全监管总局召开的事故警示教育视频会，观看事故警示教育片，发布事故警示信息，开展事故警示教育，坚持“把别人的事故当成自己的事故”，坚持“一矿出事故、万矿受教育”，用事故教训推动安全生产工作。认真核查安全生产举报，全年接到群众或国家安全监管总局转交的举报 26 件，对每一件举报都进行了认真核查。

（六）以安全质量标准化工作为手段，夯实煤矿安全根基

一是会同宁夏回族自治区有关部门，制定了宁夏煤矿安全质量标准化考核评级办法，细化了基本要求及评分方法，编印成册向煤矿免费发放。二是开展了标准化条款内容的宣贯培训，组织开展了煤矿企业和煤矿安全监管部门有关人员的培训，分专业对各条款逐项进行解读，加深其对相关内容的理解和认识。三是推进安全质量标准化信息管理系统建设，大部分生产矿井和年内竣工验收的建设矿井都安装了信息系统，具备了信息上传和直报的功能。四是组织开展考核评定。全年组织开展了两次抽查。2014 年 10 月会同煤矿安全监管等部门，对标准化开展情况进行了考核评定，其中，达到二级的矿井 17 处，三级 20 处，对预评达到一级的 7 处矿井，向国家煤矿安监局申报。五是加大培训力度，宁夏煤矿培训机构共培训复训“三项岗位人员”11469 人次。

（七）以科技进步为支撑，提升煤矿安全保障能力

一是六大系统建设按期完成。按照国家安全监管总局关于六大系统建设时间的要求，截至 2014 年 6 月底，40 家井工煤矿生产井六大系统全部按期建设完成，并通过了中介机构的安全评价，煤矿的安全避险系统进一步得到完善。二是强化煤矿设备检测检验。支持安技中心开展煤矿设备检测检验工作，完成了检测检验项目正式收费标准的测算报批工作，组织召开了煤矿电气设备诊断技术现场观摩会，邀请有关专家举办现场讲座，交流管理经验，发挥技术支撑作用。三是重视职业危害防治工作。组织开展“工作场所职业卫生监督执法年”活动。配合开展了“煤矿作业场所粉尘管理限值研究”和“井下无轨胶轮车环境和职业健康影响”项目的调研。四是加强应急值班值守和统计工作，为监察执法提供保障和支持。五是强化应急救援管理工作。报批了应急救援有偿服务收费标准。组织开展专业救援队伍技术竞赛活动，组织救护队积极参加第十届全国矿山救援比武竞赛和国际矿山救援比武竞赛活动，加强了救护队员的培训和复训工作，锻炼队伍，检验能力，提升救援技术水平。六是组织开展了煤矿建设项目工程质量认证、审核和监督，开展了工程质量大检查，煤矿建设工程有 5 项获得优质工程称号，2 项获得“太阳杯”工程称号。

新疆维吾尔自治区煤矿安全生产工作综述

一、煤矿安全生产总体情况

（一）实现煤炭总量调控目标

全疆原煤产量14195.61万吨（含兵团948.00万吨，下同），与上年相比减少488.11万吨、下降3.32%。其中，直管煤矿企业产量4817.9万吨，占总产量33.94%，同比减少550.19万吨，下降10.25%；地方国有煤矿产量2024.88万吨，占总产量14.26%，同比增加113.62万吨，增长5.94%；乡镇煤矿产量7352.83万吨，占总产量的51.8%，同比减少51.54万吨，下降0.7%。

（二）安全生产呈现“三减少三下降”

全区各类煤矿及洗（选）厂发生生产安全事故21起、死亡39人，同比，事故起数减少6起、下降22.1%；死亡人数减少11人、下降22%；百万吨死亡率为0.29，同比减少0.08，下降21.6%。死亡人数占国务院安委会下达新疆煤矿安全生产控制指标的70%。发生1起重大顶板事故，造成16人死亡、11人受伤，直接经济损失1586万元。

（三）煤层气开发利用推进顺利

全疆煤层气预测资源量约9.5万亿立方米，2014年末，探明储量30亿立方米，生产井123口，产能建设0.8亿立方米。阜康白杨河煤层气开发利用示范工程进展顺利，52口井压裂工作已全部完成，陆续开始排采。扩大煤矿瓦斯抽采利用规模，全区有20处矿井开展瓦斯抽采，抽采总量为7224万立方米，瓦斯发电、供热等项目年利用瓦斯367.7万立方米。

（四）行政执法注重实效

全区共有各类煤矿402处，实际监督监察煤矿388处，监察覆盖率96.5%；实际监督监察煤矿482矿次，煤矿“三项监察”计划完成率119.7%；发生煤矿事故21起，应结案21起，实际结案21起，按期结案率达100%；实施行政处罚次数245次，其中对生产经营单位处罚55次；实施经济处罚次数217次，其中事故罚款180次、监督监察罚款37次，总计罚款3609.7万元，实际收缴罚款1201.6万元；下达各种执法文书合计2176份。

（五）产业结构调整成果突出

全年通过关闭退出、兼并重组、改造升级等方式淘汰8处小煤矿，淘汰落后煤炭产能193万吨/年。115处煤矿项目开工建设，其中40处年生产能力百万吨、千万吨的现代化煤矿陆续建成投产；煤矿单井核定生产能力提高到27.7万吨/年。国有重点煤矿采煤机械化程度达100%，全员工效达11.66吨/工，其中回采工效达42.6吨/工；地方乡镇煤矿机械化程度达62.84%。哈密地区加快重点项目建设步伐，加快基地建设进程，大中型煤矿项目规模已突破亿吨/年，区域内煤矿平均单产达200万吨/年以上。

二、煤矿安全生产重点工作

（一）坚持依法治安，强化“红线”意识

以习近平总书记关于依法治国、安全生产重要讲话精神为指引，坚持“安全第一、预防为主、综合治理”的方针，严守发展决不能以牺牲人的生命为代价这条“红线”，切实把煤矿安全生产作为关系大局、民生、社会、稳定和政治问题重点工作来谋划、推动，坚持行业发展、安全生产、社会稳定齐抓并举，牢牢掌握煤矿安全生产主动权，加快新疆煤炭工业和煤矿安全监管监察工作法制化建设新步伐。

深入贯彻落实第二次中央新疆工作座谈会和自治区党委八届七次全委（扩大）会议精神，紧紧围绕社会稳定和长治久安总目标，坚持依法治疆、团结稳疆、长期建疆。10月17日召开全区电视电话会议，11月19日开展全系统“与法同行”万人宣讲活动，宣传贯彻十八届四中全会、自治区党委八届八次全委（扩大）会议精神，学习贯彻新《安全生产法》和《中华人民共和国煤炭法》。组织12次党组中心组学习会，围绕维护稳定、煤炭

发展和安全生产主题，不断把学习引向深入。

（二）坚持转型发展，强化结构调整

面对煤炭行业经济运行新常态，主动调节产量计划，规范煤矿生产行为。自治区9个部门联合制定印发《自治区现代化标准煤矿建设管理办法》，有效指导现代化煤矿建设。积极推进煤炭洗选加工与清洁利用，全区建成洗（选）厂39家，年洗（选）能力5981万吨；全年入选原煤3982万吨，入选率为30.63%，洁净煤生产水平不断提高。倡导和推行煤矿绿色开采，坚持“两个可持续”，倡导煤矿“三废”利用，严把设计、建设、生产、管理各关口，确保煤矿环境保护、水土保持、节能减排等设施与煤矿项目“三同时”建设。加强煤田火区治理。又有2个一般火区治理工程通过竣工验收；完成2个重点火区、4个一般火区年度灭火施工任务，启动玛纳斯塔西河重点火区灭火施工项目；《新疆第四次煤田火区普查报告》获得自治区人民政府批准。

（三）坚持强基固本，强化基础建设

推动安全科技“四个一批”项目实施，促进产学研用相结合。全区煤矿企业与科研院所开展50项科研攻关，已结题27项，其中2项分获中国煤炭工业协会科技进步二、三等奖。昌吉回族自治州政府安排800万元专项资金，加强煤矿综合联网监控系统建设，实现对联网煤矿实时监测、超限报警、预警预报。神华新疆公司投入科技资金3500万元，实施“急倾斜特厚煤层放顶煤安全开采新技术与新工艺研究”“回采工作面冲击地压防治研究”等14项科技攻关项目，实现冲击地压可防可控。推进小煤矿机械化改造，有59处小煤矿开展机械化改造，其中11处矿井已经完成并通过生产能力核定，煤矿产能从141万吨/年提高到615万吨/年。河南能源新疆公司龟兹矿业公司东井，机械化改造后人员工效由3.37吨/工提高到10.1吨/工，增长近200%；吨煤完全成本由162.24元降至130.86元，下降近20%。推进煤矿安全质量标准化，114处煤矿中，达标煤矿111处，达97.37%。其中一级13处，二级33处，降级及取消4处。聘请专家举办8个培训班、10场技术讲座，组织1600人次参加培训；先后组织8批近70人次赴内地调研并举行专题报告会；强化煤矿企业“三项岗位”人员培训，全年共培训煤矿主要负责人420人、安全管理人员6771人、特种作业人员5560人。组织各矿山应急救援队伍进行各类技战术应用和演练223队次、1971人次。与全区各级矿山救援队伍建立信息联络机制，与自治区应急办建立视频联络专线，及时发布安全生产预警信息。严把建设项目安全准入关，对70多处在建矿井现场进行质量监督检查。地质找矿取得新进展，新增煤炭资源量190亿吨，其中哈密三道岭南获得煤炭资源量116亿吨；在南疆三地州新增探明资源量近1亿吨。

（四）坚持打好组合拳，强化“1+4”工作法

按照国家安全监管总局提出“1+4”工作法，推动煤矿科学发展、安全发展。紧握一个方向盘，即认真学习贯彻习近平总书记、李克强总理等中央领导关于加强安全生产系列重要指示精神，坚守发展决不能以牺牲人的生命为代价这条“红线”，坚定以人为本，生命至上，安全发展的工作方向。大力实施“四轮驱动”，即实施“双七条”、警示教育、谈心对话、重点县攻坚战重点工作。一是大力实施“双七条”。制定并由自治区政府办公厅印发《贯彻落实国务院办公厅关于进一步加强煤矿安全生产工作意见的实施意见》，提出煤矿安全治本攻坚七条二十九项举措；制定印发《煤矿矿长保护矿工生命安全七条规定细化要求》和《违反七条规定处罚办法及裁量标准》，全面履行《煤矿安全生产承诺书》。二是突出抓好煤矿事故警示教育。向各地煤炭管理部门、煤矿企业发放煤矿事故案例汇编、事故警示教育片1100套，举办5期事故煤矿企业主要负责人培训班，40人参加培训、360人受到教育。录制昌吉回族自治州呼图壁白杨沟煤矿“12·13”重大瓦斯爆炸事故警示教育片《山之殇》和新疆宝山煤矿“5·11”隐瞒事故案例片，发至各级煤炭管理部门和煤矿企业作为首要学习教材。三是扎实开展“谈心对话”活动。自治区领导挂帅，全面部署、精心组织、及时启动全区“千名干部与万名矿长谈心对话”活动，与全疆309处矿井的596名矿长、企业法人代表进行了谈心对话，签订329份《煤矿矿长安全生产保证书》和谈心对话签字单。四是打好重点县煤矿安全攻坚战。在9个重点县开展煤矿安全生产攻坚战。各重点县围绕攻坚战目标任务，成立由政府主要负责人亲自挂帅的攻坚战领导小组，明确职责、理顺关

系、完善机制、加强保障，效果明显。2014 年以来，9 个重点县中有 4 个县未发生生产安全事故；2 个县煤矿生产安全事故总量下降。

（五）坚持依法行政，强化监管监察

采取“四不两直”、交叉互检、联合执法、专家会诊等方式，组织开展了百日安全大检查以及放顶煤开采、机电运输、顶板管理、粉尘防治等专项监管监察活动。100 多处安全生产许可证到期矿井被责令停产，15 处采矿许可证到期矿井被暂扣安全生产许可证，责令煤矿 35 台设备停止使用，责令 15 处矿井工作面停止作业。结合实际，将国务院安委会办公室涉及煤矿“二打二治”细化扩展为新疆煤炭行业“六打六治”，制定实施方案，成立领导小组，进行严密部署，明确工作重点，提出严格要求，分 3 个片区全面开展煤矿“六打六治”专项行动和专项检查“回头看”活动。严格事故调查与责任追究。对 2014 年 21 起事故都进行认真调查处理，平均调查时间 19.5 天；其中应结案 19 起，到期结案率 100%，追究刑事责任 19 人、行政处分 22 人；吊销 24 人安全资格证。全年接受举报案件 41 件，对核查属实的瓦斯超限继续作业等 16 件进行严肃处理。加强隐患排查治理，组织 98 个工作组，每组 7～9 人，集中开展煤矿隐患排查治理专项行动。高瓦斯、灾害多、条件复杂矿井排查时间不少于 10 天，其他矿井不少于 5 天，两轮排查间隔 2 个月。检查矿井 1515 矿次，实现矿井安全监管监察全覆盖，查处各类安全隐患上万条，整改落实达 90% 以上。贯彻落实《自治区安全生产隐患排查治理条例》，对存在重大隐患 9 处煤矿由自治区政府挂牌督办，其中 3 处煤矿已整改完毕。

（六）坚持以人为本，强化民生改善

喀什地区、和田地区、克孜勒苏柯尔克孜自治州、阿克苏地区、阿勒泰地区、自治区监狱管理局、新疆焦煤集团等 7 个统计单位实现事故为零好成绩；昌吉回族自治州、哈密地区、阿克苏地区以及神华新疆能源公司对去年全区煤矿安全生产贡献率分别为 20.92%、11.43%、9.85% 和 13.70%；河南能源新疆公司、保利新疆能源公司进疆以来，加大资源整合与技术改造力度，未发生过生产安全事故。喀什地区和克孜勒苏柯尔克孜自治州，坚持社会稳定与安全生产两不误、两促进，连续 3 年未发生生产安全事故。针对全区煤矿职业危害防治工作特点，采取“一矿一案”措施，解决部分煤矿职业病危害防治难题，发挥引领示范作用。全力保证职工收入，各煤矿企业积极应对煤炭工业经济下行影响，在确保安全投入基础上，保证工资发放，稳定职工队伍。神华新疆公司年人均收入达 8.58 万元；河南能源新疆公司一线职工收入较上年增长 10%。改善职工生产生活环境。各煤矿企业矿区面貌、“两堂一舍”有所改观。神华新疆公司投资 4 亿元进行棚户区改造，解决 3000 多户、上万人住房问题；投入 4000 万元建设单身公寓，改善职工生活条件；碱沟、乌东矿区致力于现代化绿色矿山建设，加强环境绿化，铺设绿化管道近 10 千米，植树 53000 株，绿化面积 20 万平方米。

（七）坚持群众路线，强化队伍建设

按照自治区党委“访民情、惠民生、聚民心”活动要求，新疆煤监局选派 14 名干部，组成 2 个住村工作组，分别由 2 名局级领导带队，从 2014 年 3 月 5 日入驻克州乌恰县巴音库鲁提乡 2 个村，1 名党组成员于 7 月 6 日起带队参加重点乡镇反恐维稳工作。工作组开展一系列维稳扶贫工作，共募集和投入资金 194.6 万元，修建牧道桥，架设供电线路，修建鱼塘，改良草场，修建牧民活动中心，修理压水井，帮助适龄青年免费参加专业技能培训。巩固扩大党的群众路线教育实践活动成果，认真落实党的群众路线教育实践活动整改工作，梳理汇总 4 大类 53 项问题，其中 51 项已经整改完毕。严格执行中央八项规定和自治区十条规定，严格落实国家安全监管总局“四个零”要求，使之成为约束全体煤矿安全监管监察人员行为“红线”“底线”“高压线”。加快转变职能、强化服务意识，3 个项目取消审批，取消煤矿生产许可证及经营许可证审批；监管方式向事中事后转变，建立并开展煤矿生产能力公告及生产要素公示制度，对所有审批事项进行分类梳理。为解决煤炭行业脱困问题，紧紧围绕自治区煤炭行业平稳运行、项目审批、税费改革、安全费用提取等，积极向自治区政府反映情况，加强与相关部门沟通协调、争取支持。自 2014 年 12 月 1 日起，自治区煤炭矿产资源补偿费费率降为零，取消煤炭资源地方经济发展费，取消各地煤炭各项收费基金。新的安全费用提取标准在新疆得到落实；提出自治区煤炭资源税税率改革建议，有关部门正在测算。积极协调解决煤矿建设项目前期手续。已开工项目中，26 处煤矿项目取得核准手续，25 处煤矿项目颁发采矿许可证。

面对复杂严峻经济形势，新疆煤炭事业取得新进展、新成效、新突破，为自治区经济建设和社会发展做出了新成绩，先进集体、优秀个人不断涌现。南疆监察分局荣获全国民族团结先进集体称号，新疆矿山救护基地获得第十届全国矿山救援技术竞赛团体优秀奖和竞赛精神文明奖，煤田灭火工程局荣获煤炭行业优秀地质勘查单位称号；自治区煤管局、新疆煤监局驻克州乌恰县巴音布鲁提村工作组被自治区评为“访惠聚”活动先进工作组。神华新疆公司屯宝煤矿综采队队长吾买尔江·依明荣获全国“五一劳动奖章”，阿不都·米吉提连续两年被评为自治区青年岗位能手；新疆煤田地质局161 地质勘探队吴斌荣获第七届新疆青年科技奖。

新疆生产建设兵团煤矿安全生产工作综述

一、煤矿安全生产总体情况

2014 年是新疆生产建设兵团（简称兵团）成立 60 周年，更是全面完成“十二五”规划的关键之年。一年来，以习近平总书记重要讲话为指导，以宣贯新《安全生产法》为契机，以落实“双七条”为主线，以兵团煤监分局党组部署的九项重点工作为中心，贯彻落实煤矿安全“1＋4”工作法，深入开展煤矿矿长谈心对话活动，突出“六打六治”重点，集中开展隐患排查治理行动，强力推进隐蔽致灾因素普查和安全科技“四个一批”项目实施，努力做好煤矿安全生产各项工作，较好完成全年工作目标和任务。2014 年兵团煤矿共发生生产安全事故 3 起，死亡 27 人，兵团煤矿安全生产形势十分严峻。

二、煤矿安全生产重点工作

（一）强化“红线”意识，贯彻落实国家安全生产方针、法律、法规

一是深入学习贯彻习近平总书记重要讲话精神，强化“红线”意识。兵团党委、兵团始终高度重视安全生产工作，多次对煤矿安全生产工作做出重要指示批示。兵团领导在常委会上专题学习习近平总书记关于安全生产一系列重要讲话精神；司令员办公会对安全生产工作进行专题研究和部署；兵团全年共组织召开 6 次安委会全体会议。出台了《关于加快构建安全生产长效机制的意见》《新疆生产建设兵团安全生产目标管理考核奖惩办法》等一系列文件，严格落实安全生产“党政同责”“一岗双责”领导责任，明确各级党委主要领导是安全生产第一责任人，各分管领导对分管行业负安全生产领导责任，各师一把手与兵团签订了年度考核目标责任书。

兵团司令员刘新齐、党委常委田建荣多次深入各师、煤矿企业检查指导煤矿安全生产工作。兵团全体煤矿安全监管监察系统人员以饱满的工作热情，良好的工作态度，努力做好各项工作。

二是制定贯彻落实国办发 99 号文实施意见。结合兵团实际，制定下发《关于进一步加强煤矿安全生产工作的实施意见》(新兵办发〔2014〕15 号），对每一条款进行分解细化，明确工信委、发改委、安监局、煤监局、国土局、人社局、财务局、工会等部门职责分工，并成立兵团煤矿整顿关闭工作领导小组，明确各成员单位职责。

三是大力推进新《安全生产法》的贯彻实施。深入贯彻学习新《安全生产法》等国家安全生产法律、法规、方针、政策，指导兵团煤矿做好各项安全生产工作。一是在多个场合举办《安全生产法》知识讲座；二是兵团第五次安委会全体会议组织安委会成员单位对新《安全生产法》进行学习和宣贯；三是全体煤矿监察执法人员通过各种途径开展自学，写出《安全生产法》学习心得；四是兵团安监局、煤监局领导利用深入煤矿企业安全检查时，现场宣贯《安全生产法》有关知识。

四是贯彻落实煤矿“1＋4”工作法，深入开展“千名干部与万名矿长谈心对话”活动。成立

组织机构，制定下发《兵团安监局兵团煤监局关于开展“千名干部与万名矿长谈心对话”活动的通知》，全面深入开展“谈心对话”活动。2月21日，田建荣常委在乌鲁木齐市与兵团年产60万吨以上重点煤矿（企业）52位董事长、总经理和矿长开展了面对面的集中谈心对话活动，学习传达中央领导关于安全生产的一系列重要讲话和指示批示精神，详细解读99号文及兵团贯彻实施意见。兵团安监局、煤监局领导和各监察室积极行动，分赴各煤矿，与煤矿主要负责人开展谈心对话活动。第一轮谈心对话活动于4月底结束，比原计划提前2个月。

（二）认真履行“三项监察”职责，扎实开展工作，全面完成监察执法计划

一是拟定“三项监察”工作方案。2014年初，编制上报《2014年兵团煤矿安全监察执法工作计划》，并取得批复，2014年累计开展“三项监察”128矿次，完成全年监察计划（118矿次）的109%。共下达各类执法文书252份，累计查处各类事故隐患1283条，隐患整改率达98.5%。责令停产整顿11矿次，停止采掘矿井5处，限期整改55矿次，暂扣煤矿企业安全生产许可证4个，罚款290余万元。

二是年度监察执法计划完成情况。按照国家煤矿安监局批复的2014年监察执法计划，全年总监察工作日为2469天，实际完成2535天，完成全年计划的103%，其中，“三项监察”工作日全年计划644天，实际完成740天，完成计划的105%；监督检查地方煤矿安全监管工作日全年计划389天，实际完成402天，完成计划的102%；其他监察工作日全年计划1436天，实际完成1456天，完成计划的101%。

（三）开展“六打六治”专项行动及各类安全大检查

一是按照兵团安委会集中开展“六打六治”专项行动总体部署和要求，结合煤矿实际，制定《兵团煤矿“六打六治”打非治违专项行动工作方案》，完善专项行动工作制度，任务目标具体细化、分解到每月。

二是按照“全覆盖、零容忍、严执法、重实效”的总要求，采用“四不两直”的检查方式，8—11月，兵团煤监局集中力量开展“六打六治”，开展以“六打六治”落实情况、“双七条”执行情况及防灭火、防尘和图纸管理文件落实情况为主要内容的重点监察执法。

三是贯彻落实国家六部委联合召开的“六打六治”活动视频会议精神。9月，兵团组织安监局、交通、公安、国土、农业、建设、工信委等部门牵头的7个督导组，对各师、各单位、重点行业“六打六治”打非治违专项行动进行督导。按照兵团安委会安排，陪同国务院安委会督察组，对五师、七师、八师安全生产情况进行督察。

（四）集中开展隐患排查治理行动

一是完善方案，集中开展隐患排查治理行动。按照国务院安委会总体部署，以兵团安委会名义制定下发《兵团集中开展煤矿隐患排查治理行动方案》，从2014年11月开始到2015年4月底结束，集中半年时间，由兵团安委会办公室牵头，共编排10个组，每组不少于7人，其人员由兵、师煤炭行业管理、国土资源、投资主管、安全监管、煤矿安全监察等部门干部，本地煤矿救护队指战员及煤炭企业工程技术和管理人员组成，并抽调兵团煤矿专家库部分专家参与，对兵团52处煤矿开展隐患排查治理行动。

二是为确保第四季度兵团煤矿安全生产，结合国家煤矿安监局对兵团煤矿安全联系督促要求，兵团安委会办公室制定了《2014年第四季度确保兵团煤矿安全生产工作方案》，以宣传贯彻新《安全生产法》为契机，提出9个方面内容和措施，力争第四季度实现煤矿生产安全事故零死亡目标。结合煤矿隐患排查治理行动，下派5个组对兵团重点煤矿开展督导工作，对发现重大隐患的矿井，一律停产整顿。

三是指导煤矿开展隐患排查治理工作，坚持每季度兵团煤矿重大隐患排查报告制度。每季度末催报、审核隐患排查报表，汇总后编制分析报告，对重大隐患进行登记建档，并挂牌督办，按照“五落实”要求跟踪落实。对重大隐患排查和上报工作不力的师、企业，进行全兵团通报。

（五）夯实煤矿安全基础，提升安全管理水平，及时向各师及有关部门提出意见和建议

一是继续强力推进煤矿安全质量标准化工作。国家煤矿安监局新标准印发后，制定《关于贯彻落实〈煤矿安全质量标准化考核评级办法（试

行)〉及〈煤矿安全质量标准化基本要求及评分方法(试行)〉的通知》,2014 年初制定全年达标规划方案和措施,兵团每年、各师每半年、煤业公司每季度、煤矿每月开展安全质量标准化验收工作情况。加强指导和验收工作,督促各师、各煤矿企业按期完成达标工作。按照 2014 年兵团煤矿达标规划要求,兵团 2 处矿井达到一级标准化,6 处矿井达到二级标准化矿井,其他矿井均达到三级标准化。

二是认真做好安全生产许可证颁发管理工作。严格执行安全设施“三同时”。把发证与安全质量标准化、职业安全健康挂钩,对达不到安全质量标准化建设要求、不按规定开展职业卫生安全工作的矿井,不予发放安全生产许可证。对转让或自行封闭的兵团煤矿安全许可证照进行全面清理。

三是稳步推进兵团煤矿职业危害防治工作,组织开展作业场所职业危害防治的专项监察,大力宣传有关法律、法规,对职工个体防护进行指导,提高了从业人员的个人防护意识。深入开展煤矿尘肺病危害及防治措施现状调研工作,抽检兵团的 16 处煤矿已完成网上申报。认真开展煤矿职业卫生“三同时”工作。一是完善审查程序和要求,依法依规审核和批复煤矿企业建设项目职业病防护设施专项设计和职业病防治评价报告。二是将职业卫生内容纳入安全质量标准化考评和安全生产许可证发证审查重要内容。

(六)严格落实停产整顿及节后复产验收程序和标准

新疆“7·5”重大瓦斯爆炸事故发生后,为扭转兵团煤矿十分严峻安全生产形势,兵团煤监局下发《关于兵团所属煤矿全面停产整顿的通知》(兵煤监局发电〔2014〕2 号),兵团煤矿全部停产整顿。新疆“10·13”较大顶板事故发生后,兵团下发了《关于煤矿全面停产整顿的紧急通知》(兵安办发电〔2014〕14 号),对兵团煤矿再次停产整顿,严格落实兵团停产整顿指令,兵团所有煤矿开展停产整顿,深入开展隐患排查治理,制定整改方案,做到“五真”,切实消除一切安全隐患。进行跟踪落实督导,坚持“达不到验收标准的矿井坚决不予复产验收”原则,坚持“谁检查、谁签字、谁负责”,复产验收必须由师主要负责人签字同意。

(七)积极推进煤矿隐蔽致灾因素普查治理和安全科技“四个一批”项目实施

一是根据国家要求及兵团自身迫切需要,兵团煤监局将安全科技“四个一批”项目推进工作纳入全年重点工作进行力推。成立以王建新局长为组长的“四个一批”项目推进工作小组,亲自安排部署此项工作。制定下发《关于开展煤矿隐蔽致灾因素普查治理和安全科技“四个一批”项目实施的通知》(兵安监局发〔2014〕13 号),围绕采煤方法改造、瓦斯治理、水灾治理、火灾治理 4 个方面,确定了梅斯布拉克煤矿、金川煤矿等 7 处具有代表性矿井,先行推进安全科技“四个一批”项目。

二是督促煤矿企业对瓦斯、水、火及地表裂隙等隐蔽致灾因素开展普查工作,限期于 12 月底前提交普查报告,逾期未开展普查工作提交报告或已提交普查报告但没有落实防治措施的,一律停产整顿。煤矿企业在掘进作业时必须严格落实“逢掘必探”要求。对井田范围内的瓦斯、水害、火区等情况不明的矿井,严禁建设和生产。

(八)严格事故责任追究,持续开展事故警示教育

一是严格按照“四不放过”和“科学严谨、依法依规、实事求是、注重实效”的原则,由兵团煤监局牵头,对大黄山煤矿“7·5”重大瓦斯事故、中煤天山煤电公司 106 煤矿“10·13”较大顶板事故开展调查处理工作,仔细分析事故原因,认真总结事故教训,并提出了处理建议和防范措施。

二是全年持续开展“一矿出事故,万矿受教育”事故警示活动。2014 年,兵团连续发生“7·5”“10·13”事故,河南、云南、山西、吉林、陕西、贵州、黑龙江、安徽及新疆等地相继发生多起煤矿事故。基于这种严峻的安全生产形势,兵团及时向各师安监局、煤矿企业主要负责人,共 30 次发送警示信息进行通报,督促煤矿企业认真吸取事故教训,提出针对性要求,以事故教训推动工作,切实做到举一反三。

三是为深刻吸取事故教训,组织召开兵团煤矿停产整顿暨事故警示会议,各师安监局局长和重点煤矿企业主要负责人参加,通报全国及兵团煤矿较大以上事故情况,观看典型事故警示教育片,将四

川省泸州市桃子沟煤矿“5·11”瓦斯爆炸、大黄山煤矿“7·5”瓦斯爆炸等煤矿重大事故案例刻录成光盘，发给煤矿企业观看，做到了警示教育全覆盖。

（九）加强队伍建设，努力适应煤矿安全监察执法工作的新形势和新要求

一是开展富于特色的党组织活动。兵团煤监局党支部制作党务、政务宣传牌板，警示教育牌板，积极向网络投稿。举办了“走上讲台活动”、1次集中党课学习、专业知识讲座、“户外徒步”“读书演讲”“读书心得体会展评”等活动。通过活动，凝聚人心，增强监察队伍团结协作精神。

二是积极参加“三民”活动。2014年，新疆维吾尔自治区、兵团部署，为期3年下派20万名干部到各地驻村，开展“访民情、惠民生、聚民心”活动。兵团煤监局踊跃报名参加，并选派1名同志第一批赴和田皮山农场驻村一年。

三是加强党风廉政教育，开展了新疆维吾尔自治区党校廉政教育基地参观、兵团建设大讲堂活动、新疆长治久安与兵团特殊使命报告等讲座，多次组织观看廉政教育警示片，进一步筑牢廉洁从政、拒腐防变的思想道德防线。认真落实“四个零”“八项规定”党风廉政建设的规定，做到依法行政、文明执法，自觉树立执法权威和监察队伍的良好形象。

第十二部分

重点中央企业安全生产工作

中国石油天然气集团公司安全生产工作

中国石油天然气集团公司安全环保与节能部

2014年，中国石油天然气集团公司（简称中国石油）全面贯彻党的十八届四中全会精神，落实安全生产工作要求和部署，立足当前严格监管阶段的形势特征，坚持以深化HSE体系推进作为工作主线，认真贯彻落实新《安全生产法》，强化监管确保责任落实到位、制度执行到位，突出抓好管道隐患整治，狠抓基层基础管理，始终把握隐患治理、事故防范和风险管控的主动权，本质安全水平进一步提升，安全生产形势继续保持总体稳定态势。

回顾一年来的安全生产工作，中国石油面对油价下行的压力，认真贯彻落实国家对安全生产工作的一系列政策要求，坚持体系推进不动摇，坚持严格监管不放松，坚持夯实基础不懈怠，以前所未有的决心和力度，扎实推进各项工作的有效落实，生产领域杜绝了较大及以上事故。

中国石油立足于“防大风险、除大隐患、确保不发生大事故”的基本思路，针对国家监管趋严趋紧、社会关注持续提升、风险领域不断扩大的现状，重点抓了以下工作：

一、抓好责任归位，安全生产责任有效落实

中国石油领导率先垂范，主要领导参加了所有重大安全生产活动，把安全工作与生产经营同步安排、同步检查、同步落实，连续八年与各专业分公司和企事业单位主要负责人签订安全环保责任书。制定了《安全生产和环境保护责任制管理办法》《总部安全生产与环境保护管理职责规定》等制度，推动建立和完善“党政同责、一岗双责、齐抓共管”的安全责任体系。制定下发了《安全生产和环境保护指标考核细则》，严格过程管理和业绩考核。针对昆仑能源公司12个项目与托管企业安全责任不清的问题，连续召开4次协调推进会，督促昆仑能源与9家企业分别签订安全生产合同。针对商业储备库划转到大港石化公司实行专业化管理后的安全监管问题，组织在交接过程中进行专项检查，并督促储备油分公司与受托企业签订安全生产合同，明确各自安全责任。各专业分公司和企业组织对各级人员HSE职责进行全面梳理、修订，确保了责任落实归位、不挂空挡。炼化板块制定了从专业公司机关到生产岗位普通人员的安全生产责任制样本，逐一对号入座。寰球工程公司发布实施了机关521个岗位的安全生产责任制。广东石化公司组织承包商、监理单位编制各级人员安全环保职责，确保承包商责任有效落实。

二、实施挂牌督办，隐患治理工作效果明显

按照国务院要求，中国石油成立了由总经理任组长的管道隐患整改领导小组，明确责任分工，加强统筹协调。主要领导亲赴甘肃与地方政府共同总结10年来管道保护的经验做法，分管领导深入现场对秦京线管道隐患整改情况进行督查和现场办

公。先后4次召开管道隐患整治专题会，研究部署重大管道隐患整治工作。组织开发了管道隐患信息报送和网上整改督办两个平台，开展管道隐患地理信息系统研究。针对隐患较为集中的辽宁地区，中国石油分管领导、安全环保与节能部以及各专业分公司先后在大连、锦州、葫芦岛、盘锦组织召开5次管道隐患治理推进会。实施“周协调、月通报、挂牌督办”制度，对隐患整改完成率较低的企业严肃通报，加快了管道隐患治理进度。辽河油田积极协调地方政府，完成治理盘锦石材市场、城区人口密集区等15个重大隐患项目，解决了长达十多年的占压顽疾。

三、注重过程监管，风险防控能力进一步提升

全面开展安全生产大检查活动，共查1338个二级单位，发现36913个问题。深入开展一年两次的体系审核，审核了123家企业1413个现场，发现问题7536项，提出建议4005条，进一步提高了审核质量和效果。扎实开展炼化企业HSE咨询指导，深化HSE管理理念和工具方法的应用。制定《生产安全风险防控管理办法》及《生产安全风险防控导则》等制度标准，确定了11个专业试点单位，组织对132个主要生产经营单位辨识出的848个重大风险，逐项落实管控措施，建立了责任分层、风险分级、层层负责的风险防控机制。针对辽河油田、吉林油田等改革试点单位经营自主权下放，大港油田赵东项目作业权交接，独山子石化公司生产的轻烃首次涉足国际采购运输业务，以及国Ⅳ车用柴油质量升级置换等生产经营活动带来的变化，及时调整监管方式，制定方案措施，确保了风险受控。组织专家开展油品储罐清洗专项巡视，对施工队伍进行统一清理、规范。强化承包商监管，组织专家分两次对45家企业开展承包商监管专项巡视，及时发布通报，督促整改发现的问题。坚持承包商事故一查到底并严肃处理，对冀东油田2014年“10·31”事故的承包商提出扣款意见。工程技术板块深刻吸取“8·11”事故教训，完成128支套牌井队的清理。工程建设板块开展“违法转包、违规分包、违规选商”及承包商管理检查活动，共取消226家承包商准入资格。

四、加强新法宣贯，安全基础工作不断夯实

中国石油加强新《安全生产法》的学习宣贯，组织召开新法学习宣贯视频会议，分管领导在会上作新法辅导报告，机关部门、专业公司和企事业单位6000余人参加了学习。同时专门组织对各企业一把手进行新法培训和考核，并通过网络对全系统的安全部门领导及安全总监、副总监共400余人统一进行了在线考试。组织开展安全管理制度合规性分析，逐条梳理研究100余项国家安全生产相关法律法规，完善总部层面管理制度顶层设计框架。制定《员工安全环保履职考评管理办法》，规范开展员工安全环保履职考评工作，强化了对关键岗位领导人员聘任前应进行安全环保履职能力评估要求。组织12家企业针对22个主体专业，开发了239个基层操作岗位的HSE培训矩阵，编制了1726个以风险控制为核心的培训课件，覆盖了主要专业关键岗位的培训需求。研究编制了《基层站队HSE标准化建设通用规范》，分专业选取辽阳石化公司常减压装置、管道公司输油站和渤海钻探工程公司钻井队，试点开展了基层队HSE标准化建设活动。大连石化公司利用装置停工检修对连锁系统进行改造，目前2998个联锁系统投用率达到100%。工程设计公司编制了作业现场、营地、设备、工器具等7个种类的《安全标准化图集》。西部管道公司以岗位作业指导书为抓手，编制了《岗位作业标准化手册》。

五、坚持从严考核，事故问责力度进一步加大

中国石油印发了《关于进一步规范事故调查程序的规定》《生产安全事故和环境事件升级调查和升级处理补充规定》，进一步明确并强化了甲乙双方安全环保责任，对发生在重大风险领域、影响恶劣的事故事件的二级单位党政主要领导给予免职或撤职，对发生较大以上安全环保事故的企业实行“一票否决”。2014年对管道公司“6·30”原油管道泄漏等3起事故进行升级调查；在长庆油田公司“12·12”缓冲罐爆炸事故发生后，第一时间对采油二厂主要领导给予免职处理，起到了警示警戒效果。组织召开安全生产紧急视频会、HSE体系审核总结会，昆仑燃气公司、冀东油田公司、乌鲁木齐石化公司主要领导在视频会上做深刻检查。充分利用事故资源，先后3次召开事故案例教育视频会，强化警示警戒效果。从严惩处瞒报谎报事故行为，制定下发了《生产安全事故瞒报谎报行为举报查处办法》，对瞒报事故的8家企业进行追加考核。积极落实“四不两直”要求，加大现场暗查抽查力度，查处和曝光了一批突出问题，点名通报，约谈主要负责人，引起广泛震动、起到震慑作用。2014年共处理事故相关责任人957人，其中局级干部3人，处级干部145人。

六、强化应急管理，突发事件处置能力持续增强

在国家“一案三制”应急管理体系建设原则指导下，中国石油应急预案体系不断完善。在总部建成应急指挥大厅，重点单位配备54台应急通信指挥车，解决了“最后一公里”问题，完善应急通信指挥系统。从主营业务和重大风险应对实际出发，建立完善了中国石油井控、管道、海上三大专业救援中心和消防、管道维抢修两大专职救援体系，形成了对下业务指导、对上响应联动的应急救援体系。井控应急救援响应中心具备70兆帕以下200万方/天高含硫油气井井喷失控着火应急处置能力。管道应急救援响应中心设立廊坊、沈阳、西安3个分中心，具备1016毫米以下管径、X80以下钢级等油气管道应急抢修能力。海上应急救援响应中心设立曹妃甸、盘锦、塘沽3个分中心，具备处置国家Ⅱ级以上溢油事故处置能力。在大庆、大连、深圳以及兰州等地与当地政府联合举行管道、城市燃气泄漏等突发事件实战演练，增强了应急联动的协调处置和救援能力。全年共开展各类应急演练20多万次，其中企业局、处级演练26000多次。

中国石油化工集团公司安全生产工作

中国石化集团公司安全监管局

2014年，中国石油化工集团公司（以下简称集团公司）认真贯彻落实党中央、国务院关于加强安全生产工作的指示要求，以科学发展观统领安全生产工作全局，始终坚持“安全第一、预防为主、综合治理”的安全生产方针，牢固树立“发展决不能以牺牲人的生命为代价”的理念，深刻吸取“11·22”事故教训，层层落实安全生产责任制，加大隐患排查治理工作力度，总体实现了安全平稳生产，为集团公司生产经营和改革发展奠定了坚实基础。

一、强化安全法律意识，推进安全生产责任落实

一是认真做好新《安全生产法》的学习宣传。邀请权威专家对新《安全生产法》进行解读，通过视频会议形式组织全系统高层管理人员、安全监管人员进行集中学习，提高了全体管理人员的安全生产法律意识。对照新《安全生产法》等有关规定，及时修改集团公司有关规章制度，做到依法经营。

二是层层分解落实企业安全生产主体责任。按照“谁主管、谁负责”“一岗双责、党政同责、齐抓共管”原则，不断完善安全责任体系，切实将安全生产责任层层落实到各级领导、职能部门和全体员工。修订完善了总部机关部门（单位）安全生产责任制，进一步明确了总部部门的安全责任。1月17日召开了全系统安全工作会议，全面部署全年安全工作。党组领导与各企业主要领导、主管领导签订了安全生产责任状，明确各单位安全考核指标，传递安全生产工作压力，严格安全生产业绩考核。

三是严格事故管理。制定了集团公司生产安全事故领导干部处分办法，严格事故责任追究。对发生典型事故的企业，由分管党组成员带队到企业召开现场会，严肃追究有关人员的管理责任。全年有6名党组管理的领导人员因安全事故被问责。各事故单位也加大了责任追究力度，207人受到了责任追究。

二、集中开展隐患排查治理和“六打六治”行动

一是积极开展隐患排查，启动了油气输送管道暨厂际管道和罐区隐患排查整治攻坚战。相继开展了安全间距、管网和油气管线隐患专项排查，共排查出各类管道安全问题18117处；列为集团公司重点监管，需要多方协调解决的隐患4840处；需要政府协调才能解决的隐患1745处，其中重大隐患219处、较大隐患202处、一般隐患1324处。

二是及时下达隐患治理计划，跟踪治理进度。按照统筹兼顾、集中治理的要求，各事业部、管理部及专业公司对检查出的隐患集中梳理，统一立项，确认隐患整治项目11662项，治理资金280多亿元。按照分期治理和分级监管的原则，计划3年（2014—2016年）完成治理。

三是落实国务院安委会要求，集中开展“六打六治”打非治违专项行动。结合集团公司实际，重点就危险化学品、油气管道、工程施工和交通运输安全四个方面进行了集中整治，收到了较好的效果。集团公司工程部针对工程施工方面的违法违规问题，组织开展了专项整治，通过自查自纠和集中检查，共查出转包、违规分包、无资质施工等方面问题199项，通过完善制度、责任追究和挂牌督办等措施督促整改。

三、开展安全巡视、安全大检查和“四不两直”专项检查

一是为加强现场监管，集团公司成立了8个安全巡视组，由退居二线的领导带队，组织专门人员长期在企业开展巡视检查。全年共完成了对115家企业的巡视，提交了89份巡视报告和涪陵页岩气、元坝气田、普光气田、镇海炼化大检修等4份专题报告，查出问题1800余个，提出整改建议291条。

二是组织了年度安全大检查。成立了16个安全大检查组，对83家企业、2个上游工区和4个重点工程建设项目进行了检查，组织各类演习258次，书面考试991人次，夜查及“回头看”38次，座谈会94次，查出各类问题4585项。年底前整改完成3347项，整改率达73%。对一时不能整改的问题都落实了相应的防护措施，列入了隐患整改计划。

为提高大检查水平，安全监管局组织编制了安全检查表，对检查项目进行了量化赋值，选聘了148名同志为集团公司安全检查专家，建立了安全检查专家库。

三是开展了“四不两直”专项检查。先后检查了10家重点企业，查出各类问题245项。5月13—26日，分3组对东部、西北、东北和西南片区的油田企业进行了井控和海（水）上安全专项检查，查出问题559项，促进了现场管理水平的提高。

四、不断加强突发事件应急能力建设

一是修订了集团公司总体应急预案和安全生产应急预案。各企业修订完善专项预案800余个，制定现场处置方案85000余个。

二是开展各级各类应急演练。组织了境外应急综合演练和原油长输管道泄漏爆炸事故应急预案桌面演练，打通了总部应急指挥中心与境外现场的协同应急处置联络通道。据不完全统计，2014年共开展直属企业级应急演练80余次，其他各级应急演练上千次。

三是完成了中国石化应急指挥系统一期建设。实现了总部与燕山石化、镇海炼化、广州石化、扬子石化、胜利油田、普光分公司6家企业的一体化应急指挥，做到了总部应急指挥中心与14辆应急通信指挥车、83家企业应急值班电话的互联互通。

五、进一步强化承包商和现场作业的安全监管

针对近年来承包商事故多发态势，集团公司研究制定了强有力的措施，切实加强承包商和现场作业的安全监管。

一是推行作业现场双监护制度，对于风险重大作业、关键装置和要害（重点）部位边生产边施工、带有介质的油（球）罐作业等，业主和施工单位必须同时安排专人监护。

二是集中组织对承包商主要负责人、安全管理部门负责人和项目经理进行安全培训，考核合格后颁发中国石化安全培训合格证书。已完成培训43期，培训4310人。

三是开展承包商安全管理的专项检查。安全监管局会同各事业部和专业公司组织了10个针对承包商安全管理的专项检查组，检查了29家企业，抽查了171家承包商，查出各类问题386项。工程部还组织检查了16家炼化企业在建的37个脱硫脱硝项目，发现问题337项。

六、以人为本，着力推进职业健康管理

一是加强职业病危害风险防控。以有毒有害作业现场为重点，全面落实职业病危害防治措施，确保了职业危害风险有效受控。各作业场所职业危害因素综合检测率大于96%，职业危害合同告知率和警示标识设置率达到100%。

二是加强员工劳动防护。制定了《个体劳动防护用品配备要求》和《劳动保护服装技术要求》等9项集团公司标准。对企业的安全帽、防护服装、防护鞋、安全带和安全网进行了监督检测检验；开展了在用劳动防护用品实际防护性能的检测检验；进行了化验室（实验室）专项整治，落实职业病危害防控措施，保障员工健康。

中国海洋石油总公司安全生产工作

中国海洋石油总公司质量健康安全环保部

2014年，中国海洋石油总公司（简称公司）共生产原油6959万吨、天然气212.3亿立方米；其中中国海域油气产量保持了5000万吨级水平、实现了连续五年稳产，尼克森公司整合取得明显成效、国际化经营水平不断提高。针对海洋石油行业固有的高风险特点，中国海油始终高度重视安全生产工作，把安全生产工作作为“天字号”工程，始终坚守“发展决不能以牺牲人的生命为代价”这一不可逾越的红线，强化底线思维，致力于建设海油特色安全文化、不断夯实安全生产基础、持续提高本质安全水平。近年来，公司没有发生较大及以上级别生产安全事故，安全生产形势总体保持平稳。

一、以QHSE核心价值理念为指引，推进安全文化建设

深刻理解和准确把握“红线”意识和“底线”思维，首先要解决安全生产定位问题。中国海油进一步明确了安全生产工作在企业生产经营中“天字号工程”的定位，提出“安全第一、环保至上，人为根本、设备完好”的核心价值理念，作为指导企业生产经营活动的价值判断准则；特别强调“抓好发展是业绩，抓好安全更是业绩”“公司发展到了今天，我们绝不要带血的油气、带血的利润”，要求全体领导干部必须树立正确的业绩观和利润观。公司上下提升了观念、统一了认识，从思想上解决了安全生产工作的总方向。

公司以开展主题活动为抓手，促进公司安全文化建设。精心做好“安全月”“质量月”等活动的组织工作外，还组织开展HSE主题视频大赛、“高处作业安全日”等一系列公司范围的安全主题活动；各基层单位结合实际开展了安全生产宣传咨询、生产安全事故警示教育、安全生产应急预案演练、安全文化和安全摄影、书画、征文及知识竞赛等活动。通过系列活动，进一步加强了核心价值理念的影响力，有效推动了安全文化建设，提升了全体干部员工的安全生产意识，促进了安全生产工作的开展。

二、突出企业主体责任，不断完善安全生产责任制体系

按照新《安全生产法》及总局关于落实企业安全生产主体责任的相关规定，公司以“明确的健康安全环保责任、严格的事故责任追究、针对性的绩效考核”为目标，进一步完善安全生产责任体系，强化落实，突出企业主体责任，形成“一岗双责、党政同责、齐抓共管”的良好局面。

组织制定了《安全环保责任事故累积记分暂行办法》，强化了对事故单位党政一把手的责任追究力度，切实体现“党政同责”。推动建立完善业务类事故管理规定，细化了工程技术、工程建设、炼化销售、开发生产等领域安全生产管理职责，形成了安全生产“齐抓共管”的格局。依据新《安全生产法》规定的企业主要责任人、安全管理机构及人员的职责，修订完善总公司管理层、机关各职能部门QHSE职责，进一步明确了岗位安全生产职责。

公司还进一步突出QHSE绩效考核的引导作用，优化考核指标，以目标为导向促进各层级企业及人员的安全生产责任分解和落实，突出企业主体责任，不断提高各层级执行力。

三、主动适应变化，持续改进 QHSE 管理

一是加强 QHSE 工作的前瞻性，主动跟踪新《安全生产法》和《环境保护法》的立法动态，在加强法规识别、解析法规要求的基础上，编制成可对照自查的检查表，要求所属单位针对法规的要求主动开展摸底调查，明确差距，尽快整改。

二是继续强化 QHSE 工作的系统性，坚持体系化思维和管理模式，持之以恒地开展审核、检查，促进 QHSE 管理持续改进。完成了 8 家单位的 HSE 体系上级审核，对重点单位进行环保专项督查和监督性环境监测，对潜水和直升机承包商进行专项审核。

三是在全面完成企业达标的基础上，稳步推进岗位、专业达标。上游应进行达标的 45 家单位，均已通过国家安监总局审核公示，其中达到安全生产标准化一级 7 家、二级 37 家、三级 1 家。同时，组织了四期船舶管理现场会，推广“船舶提高工作标准”活动经验，在企业达标的基础上进一步促进了专业、岗位达标工作的深入开展。

四是以重大危险源及隐患排查系统为工具，使隐患报告渠道深入到基层，覆盖 302 家不同层级分支机构。全面掌握各单位隐患排查整改进度，对所有上报隐患实现了“整改责任、措施、资金、时限、预案”五到位，截至 2014 年 12 月 31 日，累计上报隐患 69438 项，已整改 69012 项，整改率达 99.4%。

四、精心组织“六打六治”专项行动，推进管道专项整治

按照国务院安委会关于集中开展“六打六治”打非治违专项行动的要求，中国海油成立了以总经理任组长的专项行动领导小组，及时制定了详细的工作方案，并与重点单位一对一沟通行动方案，明确任务、落实责任、达成共识。公司组织了系列抽查工作，进一步促进各单位横向比较，以发现差距、不断推进专项行动。各单位积极组织落实，期间共上报隐患 6652 项，已整改 6584 项，整改率 99%，收到了明显效果，形成隐患排查治理长效机制。

在深入开展的油气管道隐患排查治理工作中，共上报管道隐患 144 项，已整改 83 项，其余尚未完成整改。按照国务院安委会油气输送管道隐患整治攻坚战相关部署，公司明确了三年工作目标和分年度工作任务，按“五定”原则逐一制定整改方案，并列入总公司挂牌督办。

五、全面完成企业达标，稳步推进岗位、专业安全标准化

按照国务院安委会、国家安全监管总局的部署，2014 年重点推动石油天然气行业企业达标，部署已完成企业达标的单位将工作重点转为专业达标和岗位达标。

通过实施标准化系统、协调相关所属单位确保资源投入、优化自评和现场评审、积极督促专家审核等措施，按照总局要求应进行石油天然气行业安全生产标准化达标的 45 家所属单位，均已通过评审机构的现场评审和石油工业安标委专家审核，完成了总局审核公示，其中达到安全生产标准化一级 7 家、二级 37 家、三级 1 家。

为进一步分板块、分专业推动岗位达标、专业达标工作，以中海油服在岗位达标和专业达标方面开展的有益探索为例，分别在深圳、上海、深圳和湛江四地组织了海洋石油船舶安全管理现场会，交流船舶岗位专业达标活动、班组安全文化建设、强化船员履职等工作的开展情况。各所属单位根据现场会情况，结合本单位实际继续深入推动专业达标和岗位达标工作。气电集团启动了六大板块专业、岗位达标工作标准编制，覆盖所有主要岗位和设备；化学公司海南、湖北基地完成岗位达标模板 188 个；销售公司建立加油站、油库的岗位及专业达标模板 7 个；各单位达标工作深入开展。

六、以人为本，加强职业健康管理

根据公司业务特点，组织开展职业病危害因素控制优先性分级专项研究，针对 72 种职业病危害因素，提出了中国海油的职业危害后果严重程度分级原则，并编制了 47 种主要职业病危害因素危害程度分级清单，综合《职业健康管理系统》中已有的接触水平数据，确定对具体危害因素的控制优先性分级。

组织“预防噪声聋—制定听力保护计划”研讨会，聘请了国际知名公司的听力防护专家进行授课，系统介绍了噪声基本知识、噪声危害和防护等，取得了良好效果，并为开展噪声专项危害普查及治理奠定了基础。

组织开展“健康走遍海油”全员健康促进工作，当前《中国海油全员健康促进管理系统》在

线人员3198人。根据试点单位统计结果，共274人参加活动，136人参与统计分析，113人出现体重下降等健康指标改善，健康改善率83.1%。

七、跟踪行业良好实践，加强海外QHSE管理

积极参与SPE、IOGP和IPIECA等国际组织活动，及时了解业界QHSE动态，学习和引进国际石油行业HSE管理先进做法，瞄准国际一流的HSE管理水平，积极推动公司国内外业务的HSE管理。2014年，公司在“全球石油行业溢油应急能力对比研究”成果基础上，正式加入OSRL（溢油应急反应组织），极大地提高了公司海外溢油应急能力，利用该组织的全球资源，可以满足公司在全球所有水域从事石油作业的溢油应急响应需求。

根据公司海外业务的发展形势，逐一澄清海外项目的HSE管理职责，明确对海外作业项目的重点管控内容。在此基础上，根据项目的周边环境和作业特点，完成了东南亚公司、乌干达公司和伊拉克公司的HSE管理方案。

2013年对海外收购的重大资产进行HSE审核之后，2014年再次抽调HSE及相关专业的专家对该资产进行重点HSE审核。两次审核收到了明显效果，该资产HSE管理绩效持续向好，2014年达到了历史最好水平。

八、加强员工培训，提高人员安全素质

2014年，按照《国务院安委会关于进一步加强安全培训工作的决定》和总公司《关于强化全员安全培训工作的通知》要求，进一步完善安全培训管理制度，构建安全培训支撑平台，全面推进所属单位安全培训工作，持续提升员工综合素质。

一是针对公司安全培训目标，不断完善培训保障体系建设。建立HSE内训师制度并组织了四期培训；继续推进“实物培训教室”建设，强化新入职员工和承包商员工基本安全素质培训；推动全员安全培训课程体系开发，已确定课件850个；应急救援培训基地已完成14个培训模块建设，全年完成2116人次培训。

二是针对员工培训需求，组织安全生产资格证、英国职业健康培训（NEBOSH）、体系审核员、危险与可操作性分析（HAZOP）、海外HSE从业资质等各类培训37次，共培训2473人次。所属单位及基层单位都安排了年度培训计划并认真实施，全年参加培训人员达4万多人次。

三是加强队伍建设，针对QHSE工作涉及领域多、专业性强等特点，打破各专业岗位壁垒，通过加强培训、多渠道信息交流和人员流动换岗，培养综合型、复合型、一专多能的人才。

九、积极探索QHSE领域信息化、工业化融合，不断提升QHSE监管能力

2014年，紧紧围绕QHSE业务发展规划，重点关注应急、安全、环保、职业健康等核心专业需求，开展信息系统整合，突出信息化对QHSE核心业务的有效支持。从信息化现状、信息化需求分析、信息化目标、信息化工作任务和计划、指导原则和资源保障五方面着手，对工作目标、业务现状和需求、信息化建设现状及存在问题进行了分析，制定了未来建设发展的总体目标、指导原则和信息化体系架构，对比分析了预期与现状之间的差距，提出了未来一个时期信息化工作内容、项目计划。

同时，继续做好在运行系统推广，QHSE领域信息化、工业化“两化融合”取得显著成效。继续深化标准化系统应用，对855项标准进行解析形成检查表，588项已上线，供各级单位直接上网自我评估，从而帮助各单位更方便地通过这一工具识别现行标准的实质要求并在实际工作中加以贯彻。依托环保管理信息系统对公司110家生产单元共1895个排放口排污情况实现了实时监控，督促实现稳定达标排放；深化建设项目环保全生命周期管理，确保遵法合规运营。以重大危险源及隐患排查系统为工具，全面掌握各单位隐患排查整改进度，现隐患报告渠道深入到基层，全面覆盖包括所属单位等302家不同层级分支机构；对所有上报隐患实现了“整改责任、措施、资金、时限、预案”五到位，截至2014年12月31日，上报隐患69438项，已解决69012项，整改率达99.4%。

十、推动应急能力建设，提高应急处置能力

一是完善制度建设，发布了《中国海油兼职应急救援队伍建设指南》，明确了中国海油对“四位一体”应急管理体系建设的指导原则。二是统一标准，按照国家应急装备物资分类办法，建立了全球应急资源管理平台，摸清人、物应急资源底数，全面掌控基层生产单元应急资源信息。三是推进三家石油公司应急联动机制，对应急救援队伍及可动用的物资和装备实施统一登记、统一协调、分区联动管理模式，2014 年 12 月 28 日三家石油公司签署了《溢油应急战略联盟协议书》，标志着环渤海区域应急救援联动协调机制正式成立。

全年开展各级应急演练 19109 次，参演人次 465806 人次。有效应对 8 个台风影响，共动用直升机 1006 架次、船舶 78 航次，安全动复员人员 22541 人次，未发生次生事故。

中国核工业集团公司安全生产工作

中国核工业集团公司安全环保部

2014 年，中国核工业集团公司（简称中核集团）认真贯彻落实党中央、国务院科学发展、安全发展的决策部署和国家安全监管总局有关安全生产工作的各项要求，围绕集团公司 2014 年度重点任务开展工作，狠抓安全生产责任制落实，强化安全环保风险管控，扎实推进安全生产标准化建设，全面排查治理事故隐患，保障了集团公司安全环保形势的平稳。

中核集团切实加强安全管理，安全环保形势保持平稳。一是核与辐射安全保持良好记录。集团公司核电站、核燃料循环设施、放射性废物贮存与处理处置设施，退役核设施、尾矿库、放射源等安全受控。二是工业安全形势平稳。生产安全事故得到有效控制。三是环境安全受控。重点核设施流出物排放低于或远低于国家规定的排放限值。四是职业危害得到控制。全年无超剂量照射发生，未发生一般及以上职业病危害事故。

一、周密部署全年安全生产工作

中核集团高度重视安全生产工作，2014 年 1 月 4 日即向全系统印发了《中核集团公司 2014 年安全环保工作要点》，明确了集团公司 2014 年度安全生产工作的思路和目标，全面布置了全系统 2014 年重点安全生产工作。

1 月 13—14 日，中核集团召开 2014 年度工作会议，董事长孙勤在会上做了工作报告，总经理钱智民对会议进行了总结。会议强调，核安全是核工业的生命线，安全环保是核工业可持续发展的保障线，安全生产关系着事业发展、公众利益、社会稳定，是集团公司发展的根本前提和本质要求。会议要求，集团公司要确保核安全万无一失；各单位要切实落实安全生产责任制，对责任事故坚决实行一票否决；要加强核安全文化建设，严格执行操作规程，保守决策；要加大“十二五”核安全规划落实力度，加快核设施安全改造，加强安全环保风险管理；要规范开展安全隐患排查与治理，加快安全生产标准化建设。

2014 年，中核集团加大安全生产监督检查力度，集团公司领导共带队 29 次对 29 家安全生产重点单位进行了安全检查，大大推动了相关单位的安全管理水平。

全系统各单位按照年初工作部署，落实安全环保管理责任，加强安全监管，采取有效措施，确保了全年安全环保形势的平稳。

二、扎实推进安全生产标准化建设

2014 年，中核集团将安全生产标准化工作作为健全安全环保管理体系、提升安全环保管理水平的重要抓手。中核集团于 2014 年 1 月和 10 月两次召开全系统安全生产标准化工作推进会，推动安全生产标准化工作。全系统各单位按照两次推进会议要求，落实责任、强化措施、保障资源，扎实开展安全生产标准化建设工作。截至 2014 年底，集团公司已有 54 家成员单位通过安全生产标准化企业达标认定，其中，19 家单位通过了一级达标认定，33 家单位通过了二级达标认定，2 家单位通过了三级达标认定。

安全生产标准化建设取得了良好成效。一是通过对标整改，硬件和安全管理得到了提升；二是在各板块树立了标杆，也找出了差距较大的单位；三是调动了全员的积极性，做到了全员参与，得到了职工的拥护，推动了“我要安全”机制的形成。

四是搭建了交流平台，促进了各单位互相学习共同进步。五是各单位进一步明确了全员责任，推动了安全生产责任制落实。六是找出了单位短板，进一步加强了安全生产基础。通过安全生产标准化建设，各单位遵守国家安全环保规范标准和集团相关规定的主动性明显增强，履行安全主体责任的自觉性显著提高。

通过标准化现场评审，也发现了集团公司安全环保管理的薄弱环节。针对个别单位安全环保管理体系不健全的情况，集团公司有针对性地加强了监督检查和督促。

三、继续推行全面安全环保风险管理

2014 年，中核集团继续将安全环保风险管控作为“事前预防”的重要抓手，认真落实安全环保风险管控措施，特别是各级领导的分级督办责任，积极推动安全环保风险隐患治理，取得了较大进展。

在集团公司领导督促、指导和协调下，各板块及所属成员单位积极落实重点安全环保风险管控措施，推动隐患整改，部分重大安全环保风险得到了消除或缓解，全系统固有安全性得到提升。

各板块、各单位按照集团公司要求制定并实施了本系统、本单位安防环保风险管理制度，规范开展了风险辨识，建立风险档案，落实风险督办、监管与治理责任等工作，并对重点风险定期开展巡检、月度分析及半年度评估工作，加快了隐患的整改，进一步增强了单位风险管控能力。部分安防环保风险较大的单位推行了安全风险抵押金制度，使安全环保业绩与个人待遇挂钩，通过激励约束机制的完善，进一步提高了全员风险管理意识。

四、组织开展“六打六治”打非治违专项行动

为贯彻落实《国务院安委会关于集中开展“六打六治”打非治违专项行动的通知》，中核集团成立了以钱智民总经理任组长的“六打六治”打非治违专项行动领导小组，制定并印发了《中核集团集中开展“六打六治”打非治违专项行动实施方案》，组织全系统各单位于 2014 年 9—12 月之间集中开展“六打六治”打非治违专项行动。

期间，中核集团按照“全覆盖、零容忍、严执法、重实效”的工作要求，采用成员单位自查自纠、专业板块检查、集团公司督查相结合，全面排查与重点整治相结合的形式，以铀矿山、核设施、电力企业以及建筑施工、消防、危险化学品等为重点，扎实开展了“六打六治”打非治违专项行动，杜绝生产运行中的违规现象，积极整改现场作业中的违章行为，排查并消除了大量安全隐患，进一步巩固了安全生产基础，提升了安全管理水平，有力地推动了安全生产整体水平的提升，确保了安全形势的持续稳定。

五、加强安全隐患排查治理

2014 年，中核集团牢固树立“隐患就是事故”的理念，健全完善安全生产隐患排查治理体系，深入开展隐患排查治理工作，坚持隐患排查与安全生产标准化建设相结合，坚持隐患排查治理工作的制度化、规范化和常态化，坚持隐患排查工作的闭环管理，以法律法规标准规范为依据，及时发现和整治了大量安全隐患。

2014 年，集团公司全系统共排查安全隐患 39364 项，完成整改 38942 项，整改率达 98.93%。对于短期难以整改的隐患，制定了整改方案，明确了整改责任人，落实了整改资金，采取了控制措施。通过隐患排查治理工作，有效预防和减少了各类生产安全事故的发生。

六、加强应急能力提升

在应急能力提升方面，集团公司所属设施单位核事故应急响应能力建设项目进展顺利，各有关单位建设了应急指挥中心，具备了相应的应急指挥能力，补充了应急辐射监测系统、提升了医疗救护、去污洗消和消防等应急响应能力，完善了应急电源和应急物资。集团公司所属核电厂添置了移动电源和移动泵，应急能力得到了显著提升。核电应急救援基地建设正在按计划推进。

国家国防科工局依托集团公司所属中国辐射防护研究院、中国原子能科学研究院、核工业航测遥感中心、核工业总医院、核工业 416 医院、核工业 417 医院、核工业 419 医院建设了国家级核应急辐射防护技术支持中心（分队）、国家级核应急监测技术支持中心（分队）、国家级核应急航空辐射监测技术支持中心（分队）、国家级核应急医学救援技术支持中心（分队）共四个国家级核应急技术支持中心和七个救援分队，初步形成了为国家提供辐射防护、应急监测、去污洗消和医学救援等方面的技术支持和现场救援能力。

中核集团组织成员单位定期开展应急演练。据不完全统计，各成员单位2014年共举办各类应急演练约500次，参加人数约16000人次，其中综合应急演练25次，专项（单项）应急演练475次。

七、开展安全活动，弘扬安全文化

2014年，中核集团连续开展了“4·6安全日”“安全生产月”、安康杯竞赛、职业病防治知识竞赛等活动，得到了国家有关部门的认可。中核集团、中国核电工程有限公司、四川红华实业有限公司荣获国家安全监管总局和中华全国总工会联合颁发的“全国职业病防治知识竞赛优胜单位奖”；中核四〇四有限公司被国务院安委会办公室评为“2014年全国‘安全生产月’优秀活动单位”；三门核电有限公司被国家安全监管总局和中国企业文化研究会评为“中国企业安全文化建设示范单位”。

2014年，中核集团公司继续委托南华大学举办安全工程领域工程硕士班，对17家成员单位的36名安全生产工作骨干进行安全教育，推进基层单位安全管理水平的持续提高。中核集团所属核电厂邀请国际组织和国内外同行开展了6次同行综合评估和5次同行专项评估。

通过一系列安全文化建设活动，积极营造了良好的安全生产氛围，增强了全系统员工做好安全工作的责任感、自觉性和主动性，提高了广大员工的安全意识和安全技能。

党的十八大以来，习近平总书记高度重视核事业的发展。习近平总书记指出，核工业要坚持安全发展、创新发展，坚持安全与发展并重。中核集团将在新的一年里继续认真贯彻总书记指示、再接再厉，更加扎实地开展各项安全环保工作，创造更加良好的安全环保业绩，为中核集团深化改革、创新发展、做强做优保驾护航。

中国核工业建设集团公司安全生产工作

中国核工业建设集团公司安全质量环保部

2014年，中国核工业建设集团公司（简称集团公司）认真贯彻落实习近平总书记等中央领导同志关于安全生产工作的一系列指示精神，按照国务院及有关部委对安全生产工作的总体部署和要求，以推进安全生产标准化达标工作和落实安全生产责任为重点，加强安全生产监管，深入开展“安全生产专项督查”“安全生产月”和“打非治违专项行动”等多项活动，强化和规范安全生产管理，落实安全生产主体责任，强化“红线”意识，安全生产管理体系运行总体适宜、有效，未发生安全生产责任事故，实现集团公司下达的安全生产管控目标，安全生产形势持续平稳。

2014年集团公司进入实质性转型升级阶段，按照“以核为本、两业并重、适度多元”的发展方针，在保持军工、核电、工业与民用等工程建设主业稳定增长的同时，新增了水电开发运营等业务板块。在重点监控建筑施工企业的基础上，将水电开发运营及环保水务业务板块也纳入监控重点。从组织机构、制度体系、隐患排查、风险管控等几方面入手，通过管理渗透、业务指导、培训交流、监督检查等管理手段，将集团公司安全质量环保管控要求渗透到了新增业务板块及新组建公司，实施了有效管理。

2014年，集团公司及各单位勇于创新，锐意进取，呈现出一批管理亮点。例如：中核中原率先实行了安全总监制度；中核二三安全考核侧重于正向激励；中核华兴安全投入到位，安全教育培训工作形式和内容较好；新华发电将行为安全观察引入安全管理体系，使管理更加精细化；中核投资水务业务管理到位，业绩突出。

一、落实主体责任，全面部署安全生产工作

按照国家有关部委对安全生产工作的要求，将“红线意识、底线思维”贯穿始终，创新工作机制，力争将安全生产工作从就事论事到系统防范转变，从事后查处到源头监控转变，从事故指标到安全绩效转变，从迫于教训到基于规律转变。

一是按照集团公司安全生产工作要求，年初以集团公司1号文件将全年安全生产工作目标和工作重点下发至全系统，提出杜绝3人以上较大责任事故、群死群伤事故、军品科研项目生产死亡事故为零、一般安全事故死亡率控制在0.021人/亿元以下的安全生产管控目标。

二是按照“党政同责、一岗双责、齐抓共管”和“管生产必须管安全、管业务必须管安全”的原则，调整了集团公司、股份公司安全生产委员会，集团公司设立了安全总监，与各成员单位签订了《安全生产责任书》。在4月份召开的安全质量环保工作会议上，对近十年的事故统计进行数据分析，查找了薄弱环节，明确了今后的工作重点。

三是为进一步完善安全生产制度体系，对安全生产管理制度进行了梳理，重新修订并发布了《安全教育培训制度》《安全生产检查制度》《安全生产责任制》等三项制度，明确了各层级、各职能部门安全生产管理职责。

四是为更好贯彻落实习近平总书记等中央领导关于安全生产工作的指示精神，决策部署2015年安全生产工作，12月26日，集团公司暨股份公司召开了2014年安委会全体会议。对“十二五”安全生产工作进行回顾，分析总结存在问题，对2015安全生产工作进行部署。

二、规范安全管理，推进安全生产标准化达标

为形成自我约束、自我完善、持续改进的安全生产长效机制，建立了集团公司安全生产标准化工作机制，持续开展安全生产标准化达标。

为有效开展安全生产标准化达标工作，参评单位着重从以下几个方面开展活动：一是组织开展安全生产标准化现场推进和经验交流会，观摩、交流良好实践和管理经验。二是开展短板提升活动，针对存在的薄弱环节和突出问题，制定重点工作计划予以实施。三是印发“班组安全管理提升”实施方案，编制《班组安全手册》，规范作业人员安全行为。四是严格控制分包准入，推进“分层管理、上下联动、相互制约”的模式。五是充分应用信息系统，强化对施工项目的管控。通过安全管理系统平台数据信息进行综合分析，查找存在的薄弱环节和共性问题，做好安全趋势预测、预警和经验反馈工作。截至2014年底，已取得军工系统安全生产标准化一级达标单位5家、三级达标单位1家，13家水力发电厂完成电力系统安全达标。

按照住建部颁发的《建设工程项目施工工地安全文明标准化评价办法》，组织集团公司所属单位开展“AAA级安全文明标准化工地”评审。福清核电厂1号、2号机组核岛安装工程（中核二三）、田湾核电项目部承担田湾核电站3号、4号机组核岛土建工程（中核华兴）、海南昌江核电厂1号、2号机组土建工程（中核二二）、山东液化天然气（LNG）项目一期工程（中核五公司）获得中建协授予全国“AAA级安全文明标准化工地”。

三、强化安全监管，组织开展安全生产各项活动

为了加强安全生产过程管控，集团公司分阶段、分批次地组织专家，对所属单位及在建工程进行监督检查，认真开展“安全生产月”“打非治违”等专项行动。

一是根据国家有关部委安全生产工作要求，结合集团公司安全管控重点和工作安排，下发了《关于开展安全生产专项督查的通知》，要求所属各成员单位全覆盖地开展自查活动，并对海南、深圳、四川、西安等地区涉及成员单位12个工程项目进行了抽查。两个督查组共查出问题122项，通报所属单位进行整改。

二是在“安全生产月”期间，集团公司领导到华能山东石岛湾高温气冷堆示范工程项目、山东海阳核电项目现场检查指导工作；集团公司及各成员单位针对夏季高温、台风、暴雨等异常气候，对现场模板、脚手架、起重吊装、临时用电、危险化学品管理等内容，通过联合安全检查、专项安全检查、HSE观察等，共检查各类安全隐患8405项，整改率为99.5%。经集团公司推荐，中核华兴公司获得全国“安全生产月”组委会颁发的“安全生产月”优秀组织单位。

三是按照国家有关部委部署，集团公司组织开展“打非治违”专项行动。集团公司及所属成员单位深入基层，重点对工程承包资质、安全生产许可证、组织机构及人员配置、安全风险防控、应急管理等方面进行核查。通过自查、上级抽查等形式，不符合项约23215项，各单位整改回复率达95%。

四是为全面提升中央企业安全生产水平和应急救援能力，保障涉核工程（包括涉密工程）建造期间施工事故的应急救援，按照国家安全监管总局要求，就应急队伍组织形式、培训基地设置及运作方式、项目申请编制、分工等组织了专题讨论，编制完成《涉核工程施工应急救援队伍建设项目资金申报书》，确保了项目申报工作顺利实施。

四、促进安全管理提升，开展安全生产绩效考核

安全生产考核不是目的，却是促进管理提升的重要手段。按照工作计划，制定2014年安全生产绩效考核实施方案，目的在于进一步落实企业安全生产主体责任，切实采取有效措施，加强安全保障能力建设。通过分析近三年安全绩效考核数据，集团公司安全生产绩效整体呈上升趋势，在制度建设、教育培训、绩效考核方面卓见成效，考核结果也为确定今后一段时间的工作导向提供了重要依据。

中国航天科工集团公司安全生产工作

中国航天科工集团公司安全保障部

2014年，中国航天科工集团公司（简称航天科工）高度重视安全生产工作，将深入学习贯彻落实习近平总书记加强安全生产工作重要批示指示作为长期的重大政治任务，全面执行国家安全监管总局、国资委、国防科工局等上级部门安全生产工作要求，大力推进“依法治安、科技兴安、法治强安”，突出重点，深入攻坚，安全生产工作取得新进展和新成效。航天科工作为“中央企业管理提升活动安全生产专项提升先进单位”，2014年全系统未发生重大及以上级别生产安全事故，未出现职业病新增病例，安全生产形势持续平稳，安全生产工作成效创历史最好水平。航天科工安全生产工作显著成效得到国家上级部门高度肯定。国务委员王勇高度评价航天科工安全生产和职业卫生工作取得的成效。总经理曹建国作为企业界的唯一代表向全国社会各界介绍航天科工安全生产工作先进经验。

一、领导高度重视，全员落实责任

航天科工高度重视安全生产工作，董事长高红卫强调“保护员工生命安全，是我们的最高职责，全员抓安全，领导是关键”。总经理曹建国强调“坚持科学发展、安全发展，深刻牢记安全第一”。宋欣副总经理专门组织召开专题会议，策划和布置各项安全生产工作，亲临生产一线督查指导。沈维伟安全生产总监带队开展粉尘防爆安全专项检查。航天科工各位领导在开展业务工作时一并对安全生产工作进行部署，亲临一线督导检查。各单位提高对安全生产工作极端重要性的认识，将安全生产工作作为重要政治任务抓紧抓实，进一步强化“一岗双责”，积极推进管理创新，及时将安全生产管理延伸到新收并购企业、境外单位和建设项目，层层签订安全生产责任书，严格考核奖惩，形成了完整的责任链条。

二、夯实基层基础，推进标准化管理

在国家安全监管总局、国防科工局和中国安全生产协会的支持指导下，航天科工继续深化安全生产标准化达标，修订颁发《安全生产标准化考核评级办法》以及《安全生产标准化规范》《安全生产标准化考核评分细则》等企业新标准，启动了安全生产标准化第三轮达标，完成宣贯新标准、培训审核专家；41家单位通过现场评审，其中军工单位32家，19家单位达到安全生产标准化一级，二级22家。航天科工《基于安全生产全要素的军工企业集团安全生产标准化管理》科研成果荣获2014年度国防科技工业企业管理创新成果安全生产领域一等奖。六院四十一所喷管试验控制组、二一〇所二车间模压班、〇六一基地贵州航天风华精密设备有限公司201车间电缆组荣获“全国青年安全生产示范岗”称号。七院2个建筑工地荣获“全国AAA级安全文明标准化工地”称号。

三、强化科技兴安，推进本质安全

航天科工加强安全传感器工程运行、应用和管理，对易燃易爆Ⅰ级危险点实现动态监管，升级搭建符合涉密信息系统分级保护测评要求的视频架构，并开展试点工作。着力从源头进行安全把关，组织编制技术安全标准，审核重大危险源和10人以上作业Ⅰ级危险点，飞行试验“四阶段”技术安全评审率100%，开展安全生产技术课题立项和研究，组织总装、火化工品作业单位开展专项安全工艺和“本质安全评估体系”研究，举办第二届固体推进剂安全技术学术交流会，编辑出版建筑施工领域安全生产专题技术交流论文集。航天科工3项科研成果分获中国航天企业联合会第十六届企业管理现代化创新成果一、二、三等奖。加快推进安全生产关键技术及装备研发和技术改造，不断提升科研生产条件和工艺过程的本质安全度，对危险性大的岗位实行人机隔离操作，实现远程控制。

四、狠抓工作落实，实现闭环管理

全系统按规定足额计提安全生产费用，制定完善安全生产规章制度。开展高危作业清理、评审和审批工作，组织危险作业和“五新”安全评审，严格生产组织，严肃工艺纪律，制定和落实整改措施。严格贯彻落实《中央企业安全生产禁令》，对靶场试验队进行综合安全督查，对大型试验安全管理提出严格要求。四院红峰公司荣获“湖北省首届十佳安全生产示范企业”称号和“湖北省安全生产红旗单位”称号，七院河南航建公司荣获“河南省建筑安全先进企业”称号。

五、强化排查整改，深化治理隐患

全系统采取“四不两直”检查、暗查暗访、突击检查、夜间检查、回头检查等多种创新检查方式，开展“六打六治”打非治违专项行动、粉尘防爆安全专项整治、危险爆炸物品隐患排查整治和安全生产大检查，航天科工领导亲自带队督查。据统计，2014年全系统组织各级各类安全生产检查5267次、发现隐患问题20145个，组织“安全生产万里行”暗查组104个、曝光隐患问题933个，整改率达100%。

六、夯实职业卫生基础，加强建设项目安全监管

航天科工强化职业病防治主体责任，规范职业卫生档案管理并组织专项督查，首次组织开展危害项目申报。进一步深化建设项目安全监管，落实各方安全责任。组织职业卫生“三同时”备案、审查、审核和竣工验收。航天科工荣获“全国职业病防治知识竞赛优胜单位”，总部刘陆同志荣获“全国职业病防治知识竞赛优秀组织者”。二院八〇一厂、六院三五九厂荣获“全国‘安康杯’竞赛优胜单位”称号。十院航天天马公司荣获“贵州省‘安康杯’竞赛优胜单位”称号，深圳公司所属深圳市航天物业管理有限公司荣获“全国‘安康杯’竞赛深圳市优胜单位”称号，一院八五一一所产品部机加班组荣获“江苏省‘安康杯’竞赛优秀班组”称号，十院凯星液力公司制造二部装配组荣获“贵州省‘安康杯’竞赛优胜班组”称号。

七、扎实开展安全宣教，营造浓厚安全氛围

航天科工创新发放136736份《党中央、国务院领导同志安全生产重要论述宣传折页》，组织70场演讲比赛和290支宣讲队、6799人宣讲习近平总书记加强安全生产重要论述，编制第12集《生产安全事故启示录》录像片并组织全员观看，征集警句23575条，设计卡通形象172个，录制宣教短片127部，90237人参加专题讲座，607人参加专题论坛，安全生产文化征文1591篇，创建20个航天科工“青安岗”。国务院安委会办公室通报表扬了在全国“安全生产月”活动中表现突出、成绩显著的二院、六院、〇六一基地，六院专门在全国总结交流会议上作典型发言，介绍好经验、好做法。航天科工积极组织参加全国安全生产卡通形象创意大赛，荣获“优秀组织奖”，8件“入选作品”受到表彰。四院三〇七厂荣获“全国安全文化建设示范企业”称号。二院、四院各有一件新闻作品分获全国“安全生产月”暨“安全生产万里行”好新闻三等奖和优秀奖。二院、三院荣获“2014年北京市安全生产月活动优秀组织奖”。

八、强化全员安全培训，不断提升知识技能

航天科工邀请国家安全监管总局新闻发言人黄

毅专题宣讲习近平总书记批示指示精神，宣贯新《安全生产法》。航天科工举办12期安全生产和职业卫生管理岗位培训班，1457人取得证书；组织评选、聘任首批13名安全生产"金牌教师"；创新实施"考培分离"，试点举办4期火化工品从业人员安全专项培训班。各单位专项安全生产和职业卫生培训2098次、123776人参加，一线生产作业人员安全培训普及率以及高危行业从业人员持证上岗率均达100%。航天科工正式出版发行两部安全生产工具书，《安全生产标准化达标应知应会手册》是国内第一部由企业编制并直接指导基层单位、车间、班组和从业人员开展标准化建设的工具书。

九、创新安全监管建设，发挥支撑机构作用

航天科工党组会议审议通过《安全生产总监管理办法》，设置集团公司安全生产总监。坚持安全生产总监季度报告、年度述职制度；90%以上安全生产管理人员具有国家注册安全工程师资格，3倍于国家2020年安全生产人才发展目标；组织45岁以下科研生产管理人员考取国家注册安全工程师执业资格。航天科工牛东农、刘陆等2人入选第五届全国安全生产专家组，牛东农、高宏、周文胜等3人被评为全国"百名安全生产管理典型人物"。航天科工职业病危害评价中心取得国家职业卫生技术服务机构甲级资质，与航天科工安全生产专家组、职业卫生专家组以及安全生产培训中心、安全评价中心、固体推进剂安全技术研究中心和研究分中心等共同成为安全生产工作的重要技术支撑力量。

十、强化应急管理能力，深化战略合作

航天科工组织各单位对总装工房、产品库房、试车台、施工现场等重点部位加大应急管理力度，与政府有关部门联合开展实际演练。航天科工举办建筑施工生产安全事故应急救援预案演练观摩活动，演练贴近实战，达到了"快、真、实"的效果。据统计，全系统共组织各类安全综合应急预案演练5579次、现场演练1689次。航天科工与国家安全监管总局深化战略合作，提高品牌影响力，大力推介安全产品，用航天技术和装备为安全生产和经济建设服务。组织参加第七届中国国际安全生产及职业健康展览会，"城市地下管线安全综合管理系统暨智慧管网"荣获展会"技术创新奖"。

中国航空工业集团公司安全生产工作

中国航空工业集团公司质量安全部

一、安全生产工作目标完成情况

2014年，中国航空工业集团公司（简称集团公司）全面贯彻国家安全监管总局、国资委和国防科工局关于安全生产工作的各项要求，积极落实国防科工局"安全生产闭环管理、班组达标活动、签订零死亡责任状、杜绝违章作业"四项重点工作，强力推进安全生产标准化建设，安全生产形势相对稳定，全年未发生较大及以上级别生产安全事故，无新增职业病病例。

2014年集团公司共发生重伤以上生产安全事故4起，造成3人死亡3人重伤，比上年同期（1死1重伤）增加。此外，全集团共发生轻伤事故138起，轻伤140人，轻伤人数相比上年同期下降18%（2013年共发生轻伤事故171起，轻伤171人）。

二、安全生产重点工作

（一）建立健全专业管理规章制度体系

2014年，集团公司修订并颁布了《中国航空工业集团公司生产安全事故应急预案（2014年）》（航空质〔2014〕1678号）；结合集团公司安全生产实际，修订并颁布了《中航工业安全生产标准化系列考评标准》（质字〔2014〕49号），规范了集团公司安全生产标准化审核工作；印发了《中国航空工业集团公司建筑施工单位分包工作安全生产管理办法》（质字〔2014〕118号），规范了集团公司建筑施工单位分包工作安全生产管理工作；印发了《中国航空工业集团公司职业健康监护管理办法》（质字〔2014〕135号），规范了集团公司职业健康监护管理工作。

（二）发挥职工主导作用，推进群众性隐患排查试点

为推进安全生产闭环管理，集团公司加大隐患排查治理力度。2014年，集团公司启动了群众性隐患排查治理试点工作，共有9家直属单位所属13家单位的1276个试点参加了此项活动。经过一年的探索与实践，试点单位建立了由一线员工主导的“自下而上”的隐患排查机制，明确隐患排查主体和内容，以工作中的“安全生产一小时活动”为手段，让一线员工“学会排查”和“主动排查”，围绕自身工作岗位和作业环境自主识别安全隐患，提出治理需求，由单位统筹组织整改。该项工作与安全生产标准化“借助外部专家”的隐患排查机制形成互补，有效地规避了外部检查“死角多”“容易漏项”的问题。同时，通过群众性隐患排查工作，增强了职工的责任意识，充分发挥了职工在安全生产工作中的作用，调动了职工参与安全生产管理工作的积极性，对企业安全生产现场管理有较大的促进作用。

（三）开展一系列专项整治工作，强化高风险作业危险识别与管控

为进一步加强高风险作业的危险识别及管控，降低重点场所和部位的事故风险。集团公司先后组织开展了以油库及输油管线、粉尘防爆、异地外场高风险作业为主的专项整治工作。上述专项整治共涉及9家直属单位及其所属的69家单位，共计发现问题486项。通过一系列的专项整治工作，进一步摸清了集团公司高风险作业的安全生产管理现状，各有关单位针对发现的问题落实责任、认真整改，有效地预防了生产安全事故的发生。

（四）以安全生产标准化创建为契机，完善隐患排查治理体系

为全面推进安全生产标准化达标工作，确保高质量完成标准化达标任务，集团公司针对近两年安全生产标准化推进过程中存在的问题，组织修订了安全生产标准化审核标准及相关制度，规范了审核流程，保障了审核质量。截至2014年底，共有112家单位完成安全生产标准化达标创建工作，占应完成单位总数的82%。各单位以安全生产标准化建设为契机，建立了隐患治理和持续改进为重点的安全生产标准化运行模式，完善了企业自身隐患排查治理体系，促进隐患排查治理的常态化和制度化。

（五）完善职业卫生制度，维护劳动者基本权利

2014年，为落实《职业病防治法》的相关要求，规范职业卫生管理工作，以维护劳动者基本权利和保障职业健康为宗旨，将职业病防治和职业卫生管理纳入安全生产监督管理体系。集团公司发布了《职业健康监护管理办法》和《职业卫生专家管理办法》，依法明确了劳动者职业健康权利。创建了“集团公司职业卫生信息系统”，实现了职业卫生关键数据定期监控。此外，还通过发布职业卫生法规汇编、建立行业专家库、组织开展专业人员培训等，提升各单位职业卫生管理能力和专业队伍素质。部分直属单位及成员单位制定了本单位相应的规章制度，规范了职业健康监护工作。

（六）依法责任追究，从事故中吸取教训

为规范事故处理，强化“红线”意识，依据《生产安全事故报告调查处理条例》和《国防科研生产安全事故报告和调查处理办法》，集团公司分别组织直属单位和行业专家，协助行政主管部门对生产安全事故开展事故调查及责任追究；对事故进行全行业通报并组织专项督查。按照生产安全事故“四不放过”的原则，事故单位分别进行了事故责任追究、自查整改和举一反三工作，从中深刻吸取事故教训。

中国船舶工业集团公司安全生产工作

中国船舶工业集团公司质量安全部

2014年是中国船舶工业集团公司（简称集团公司）推进全面转型发展战略的攻坚之年。这一年来，集团公司认真贯彻落实习近平总书记系列重要讲话精神，进一步强化"红线"意识，树立以人为本、生命至上的理念，继续落实"党政同责、一岗双责、齐抓共管"的安全责任体系；持续围绕推进安全管理提升的主线，健全完善安全管理规章制度，大力开展全员管理和培训工作，深化专项隐患排查治理，全面推进安全生产标准化达标工作，切实加强安全生产技术研究与推广工作。这一年中，集团公司多次组织召开安全生产专题会议研究部署各项安全工作，采取多种手段推动安全生产形势稳定好转，为提升企业核心竞争力、打造品牌价值、确保全面转型发展战略取得决定性成果奠定了坚实的安全基础。

一、高度重视，加强组织领导，强化责任落实

集团公司领导高度重视安全生产工作，主要领导亲自部署相关工作。2014年初，集团公司组织召开了质量安全专题工作会议，总结了安全生产工作成果，分析了当前面临的新形势，并对2014年安全生产工作进行了全面部署，强调要从根本上解决当前安全工作中存在的问题，必须强化"红线"意识，树立以人为本、生命至上的理念；必须健全"党政同责、一岗双责、齐抓共管"的责任体系；必须深化推进安全生产大检查工作。

6月下旬，为了进一步加强对安全生产工作的组织领导，在集团党建工作会议上，集团领导对安全生产工作进行了部署，重申和强调要健全"党政同责、一岗双责、齐抓共管"的责任体系，提高安全管理考核比重。

10月，在集团公司召开的三季度经济运行分析会上，把安全生产工作放到提高经济运行质量的高度。集团公司领导指出企业领导班子要心系员工、始终关注员工的健康特别是生命安全，要坚守生命至上、严守规程的安全理念，坚持安全第一的方针，坚决不要带血的GDP，采取切实有效的措施，坚决把安全生产放在第一位。同时，对四季度的安全工作进行了部署，强调狠抓制度执行，对加班作业等特殊时段，建立规范化、常态化预防机制。

二、健全完善安全管理规章制度，建立安全生产长效机制

安全生产管理规章制度是保障企业安全管理正常运行的基础。只有明确各单位、各部门、各岗位的安全生产职责，分清责任，各尽其责，才能形成科学严密的安全管理规章制度体系。集团公司认真贯彻落实国家安全生产工作相关指示要求，加强集团公司顶层设计，在健全完善安全管理规章制度方面做了以下工作：

一是修订发布《中国船舶工业集团公司安全生产管理规定（试行）》，强化了集团公司安全管理制度保障。二是修订发布《中国船舶工业集团公司生产安全事故应急预案》，预案简洁、明了、易记、有效，规范了事故应急处置工作。三是制定发布《中国船舶工业集团公司生产安全事故调查和责任追究实施办法》，明确了事故调查处理流程，从取消评先资格、扣减年度绩效总评分、绩效薪酬等方面，加大事故问责力度。

为了更好地贯彻落实新《安全生产法》和集团公司制修订的各项安全管理规章制度，促进各成员单位安全生产工作有序进行，集团公司于12月中旬，分别在上海、广州组织各企事业单位对新《安全生产法》和上述3个制度进行宣贯。

三、深化专项隐患排查治理，夯实安全生产基层基础工作

坚持"安全第一，预防为主，综合治理"的

安全生产方针，一个重要环节就是主动排查、综合采取各种有效手段，治理各类隐患和问题，把事故消灭在萌芽状态。集团公司始终把隐患排查治理作为安全管理工作的重要手段，通过不同形式和方法，不断加大对基层单位的安全检查力度，做到防微杜渐，狠抓落实，从而保持基层单位良好的安全生产秩序，构筑起防范各类安全事故的防线，促进企业安全生产状况进一步稳定好转。在隐患排查治理方面主要开展了以下工作：

3 月，组织各单位吸取中石化“11·22”特大事故教训，全面排查厂区范围内各类地下管网的使用维护情况，消除燃爆事故隐患；4 月，组织各单位举一反三，结合自身实际开展防火防爆隐患排查，重点对狭小舱室明火涂装作业、危险化学品站房等进行排查；5 月，组织各单位针对厂区及外租外借作业场地的叉车进行隐患排查，明确了叉车驾驶员、叉车车辆和叉车作业管理 3 个方面 17 项要求；8 月，组织各单位吸取昆山“8·2”特大粉尘爆炸事故教训，重点对喷砂车间、狭小舱室的粉尘进行治理，消除爆炸事故隐患。同时，还组织各单位集中开展打击非法违法、违规违章生产经营建设行为。强化现场安全监管，重点打击惩处违章指挥、违章作业、违反操作规程行为。

2014 年集团公司开展了多项安全生产专线检查。7—9 月，成立了 26 个安全生产交叉检查组，按照军工安全生产标准化关键要素的要求，制定了详细的、有针对性的安全生产交叉检查方案，对各工业企业进行了安全生产专项检查；10 月，成立 3 个安全生产回头看检查组，对各工业企业在交叉检查中发现的隐患的整改落实情况进行检查。

四、继续做好安全教育培训，提高各层次人员安全素质与技能

在安全管理工作中，人员自身素质过硬是各项工作开展好的前提和基础。集团公司领导高度重视并着力推进安全生产培训工作，将培训教育作为提升员工安全素质的最根本途径，坚持提升素质与强化宣传教育相结合，要求分层次、多形式地开展安全教育培训工作。

2014 年 6 月下旬集团公司组织举办了各成员单位安全生产分管领导培训班，宣贯国家安全生产政策法规、集团公司安全生产工作要求，介绍美孚石油、韩国大宇等先进的安全管理理念和管理方法；7 月上旬举办各成员单位安全处长培训班，宣贯集团公司党建工作会议精神，强化安全生产责任，研究落实安全管理提升工作。此种分层次、多形式的培训为各层次安全管理人员搭建了相互交流的平台，促进了安全生产工作交流和经验分享，使大家更加全面的了解我国安全生产状况，认清了安全生产工作所面临的问题，学到了新的安全生产管理理念和方法，同时也增强了管理者搞好安全工作的强烈责任感，激发了做好安全工作的高度热情。

2014 年全年集团公司依托中国船舶工业安全生产培训中心，共举办了安全管理资格、作业审批、安全操作培训等培训班 198 期，培训学员 10833 人次。

五、启动注册船舶安全工程师培训，着力提升基层安全管理人员业务素质

为了提升安全管理队伍素质，强化企业基层安全管理人员的安全管理水平，促进企业现场安全管理工作健康发展，2015 年起，集团公司将组织对各单位专职安全管理人员及相关岗位人员实施统一培训和注册（即为注册船舶安全工程师）。为确保注册船舶安全工程师培训工作的顺利进行，2014 年 10 月编制起草了《中国船舶工业集团公司注册安全工程师管理办法》《初、中、高级注册船舶安全工程师培训课程及培训大纲》；12 月中旬举办了一期为期 8 天的注册船舶安全工程师师资培训班，集中强化授课技能、专业知识，编写培训教材并同步开展培训师选拔。

六、全面开展企业安全生产标准化达标，加强规范企业安全生产行为

为了继续贯彻落实《国务院安委会关于深入开展企业安全生产标准化建设的指导意见》（安委〔2011〕4 号）以及国防科工局《关于印发军工系统安全生产标准化建设实施方案的通知》（科工安密〔2012〕269 号），规范企业安全生产行为，自 2013 年起集团公司在下属单位全面推进企业安全生产标准化达标建设工作。各成员单位按照集团公司制定的推进计划，积极开展安全生产标准化达标准备工作，截至 2014 年底已评审单位 25 家；尚未评审的单位 11 家。通过开展安全生产标准化达标建设，进一步提高了企业对安全生产管理工作的重视程度，完善了安全管理内容和实施要求，推进了安全生产工作规范化、标准化和科学化管理，促进了安全生产长效机制的建立，提高了安全生产管理水平和安全管理人员素质。

同时，集团公司为了推动岗位作业安全标准化，组织对造修船企业船坞（船台）区域的作业岗位进行梳理，进一步细化明确了14大类、75个作业岗位，并编制了简洁、明了、针对性强的岗位作业安全标准。

七、着力推进安全生产技术研究，提高企业本质安全水平

为了推动船舶行业安全生产科技进步和科技创新，将船舶行业安全生产技术与造船工艺技术相互融合，系统开展造船行业安全生产技术研究，加快推进工艺工装技术、监测监控技术、劳动防护技术、安全培训技术的研究和应用推广，着力提高造船企业安全生产技术防范能力，提高造船作业本质安全度和劳动防护水平，减少安全事故和职业健康伤害的发生。2014年集团公司依托上海船舶工艺研究所成立了“中国船舶工业集团公司安全生产技术研究中心”，并于8月20日举行安全生产技术研究中心挂牌仪式。研究中心将从构建安全生产技术防范体系，建立安全生产技术标准，快速提升集团公司安全生产工艺工装水平，推动新兴技术在安全生产领域的应用，革新安全培训理念、创新安全培训技术，推进新型劳动防护用品的研制和推广应用等方面重点开展工作。

安全生产技术研究中心主要开展了以下研究工作：一是开展了“基于区域阶段安全生产技术防范体系”的软课题研究；二是开展了预防叉车事故专项技术研究；开展了便携式气体测爆仪、起重机械安全监控系统、磁吸式工装等先进技术的适用和论证；三是与成员单位开展技术合作，牵头开展了“脚手架标准研究与制定”“基于物联网的码头作业集成管控系统”等专项技术研究。

八、突出文化引领，营造良好的安全生产氛围

集团公司在2014年6月组织了以“强化红线意识，促进安全发展”为主题的“安全生产月”“安全生产万里行”活动。各成员单位结合自身安全生产工作实际，开展了事故警示教育、应急预案演练、隐患专项治理、安全技术培训等类型多样的活动，强化了党政领导和各级管理人员的安全“红线”意识和“底线”思维，落实“党政同责、一岗双责、齐抓共管”责任体系，提升公司全体人员的安全意识和安全素质。

各地区、各成员单位始终将加强安全宣传和开展群众性活动贯穿全年，充分运用各种宣传途径和手段，开展了内容丰富、形式多样的安全主题活动，营造安全第一、预防为主的安全氛围，确保安全工作迈上新台阶。

中国船舶重工集团公司安全生产工作

中国船舶重工集团公司生产经营部

中国船舶重工集团公司（简称集团公司）认真贯彻落实党中央、国务院关于安全生产工作的各项要求及《安全生产法》的各项规定，以保障集团公司安全发展为中心，坚持“以人为本”，坚持“安全第一、预防为主、综合治理”的方针，以推动安全生产标准化建设工作为主线，强化以责任制为核心、制度为保障的安全管理体系建设，统筹兼顾，重在预防，注重实效，狠抓落实，不断提升本质安全水平和安全管理能力，有力保障了军民品科研生产活动的正常进行。

一、强化“红线”意识、“底线”思维，促进安全发展

为有效遏制生产安全事故，1月27日集团公司召开了安全生产视频会议。会上，总经理李长印对集团公司安全生产工作提出了明确要求，一是安全生产必须警钟长鸣、常抓不懈。二是要真抓实干，做到“四个必须”（必须时时刻刻高度重视安全生产；必须扎扎实实落实安全生产责任；必须认认真真贯彻执行安全生产制度；必须仔仔细细排查安全生产隐患）；三是坚决实行安全生产“一票否决”。

为深刻吸取昆山“8·2”粉尘爆炸事故教训，举一反三，预防生产安全事故发生，8月4日集团公司再次召开了安全生产视频会议。李长印总经理要求，一要在安全管理上狠下功夫，切实做到“四个到位”，即安全投入、安全培训、基础管理、应急救援要到位，努力实现安全发展；二要不断健全“党政同责、一岗双责、齐抓共管”的安全生产责任体系；三要进一步完善安全生产制度；四要认真排查安全生产隐患，特别是对于重点和要害部位，要经常排查、定期排查，把工作做在前面，力求把事故消除在萌芽状态；五要扎实做好突发事件的应急处置工作，提高应急指挥能力和自救互救能力，做到紧急情况下科学施救、有效施救，力求把损失降到最低。

视频会议提升了集团公司各级领导、同事的安全生产意识，激发了做好安全生产工作责任感、使命感的紧迫性和自觉坚守“红线”“底线”的必要性，各单位积极采取措施，针对安全生产的薄弱环节，加强隐患排查治理，有效促进了安全生产工作。

二、强化落实安全生产主体责任

集团公司不断强化对成员单位安全生产主体责任的管理力度，一季度初由集团公司李长印总经理与87家成员单位行政一把手“一对一”的签订了《安全生产责任状》，明确了成员单位2014年安全生产目标和责任，各成员单位对《安全生产责任状》进行了层层分解，层层签订了《安全生产责任状》，实现集团公司全覆盖。为加强对各成员单位安全生产责任落实情况的监督检查，通过标准化现场评审、集团公司安全月活动等方式，检查各单位责任状的签订情况；通过查看安全生产记录，检查安全生产责任履职和责任落实情况。同时按照自评、考评、审议审定的工作程序和2013年安全生产责任状，对成员单位2013年安全生产业绩进行严格考核，并对10家落实安全生产责任较好、安全生产业绩比较突出的单位进行表彰，实现了安全生产责任的闭环管理。

三、学习贯彻新《安全生产法》，加强制度体系建设

新《安全生产法》自2014年12月1日起施行以来，集团公司积极开展多种形式的学习和宣贯工作。集团公司生产经营部组织全部门员工学习宣贯新《安全生产法》，对修改条款进行重点解读，阐述了修订的背景、意义及主要亮点，为集团公司强化安全生产管理、完善制度体系起到了促进作用。各成员单位高度重视对新《安全生产法》的学习宣贯，六五〇四厂、六九七一厂、七〇二所、七一九所等多家企业和科研院所通过讲座、培训、网络等多种形式开展宣传贯彻活动。

各成员单位在认真学习新《安全生产法》的基础上，开展了安全生产规章制度的制定修订工作，落实新《安全生产法》的各项规定，完善本单位的安全生产制度体系。2014年集团公司各成员单位新制定规章制度、操作规程及企业标准共计1235项，修订规章制度、操作规程及企业标准共计1127项。

四、扎实推进安全生产标准化达标建设工作

集团公司组织制定并发布了《中国船舶重工集团公司安全生产标准化考核评分细则——舰船设备研制单位（2014版）》，作为集团公司舰船设备研制单位安全生产标准化的评审标准，通过了科工局的备案审查。制定并发布了《中国船舶重工集团公司安全生产标准化建设指南》，明确了舰船设备研制单位安全生产组织体系建设、制度体系建设、作业现场管理、隐患排查治理等各项工作标准、规范，为安全生产管理制度化、程序化、规范化的长效机制建设和实现岗位达标、专业达标和企业达标奠定了基础。

2014年集团公司举办了标准化专家培训班，系统培训了安全生产标准化专家76人。全年有1家单位通过一级达标现场评审，23家单位通过二级评审。截至2014年底，集团公司共有5家单位通过标准化一级达标评审、51家单位通过二级达标评审、2家单位通过三级达标评审。

五、深入风险辨识，防范生产安全事故

提高作业人员辨识能力是防范生产安全事故、杜绝违章操作、遵守劳动纪律和确定隐患排查治理重点的基础性重要工作。为此，集团公司积极推动风险辨识工作的深入开展，分别在集团公司“安全生产月”和安全生产大检查期间开展两次全员、全方位、全过程的安全风险辨识活动，系统辨识了科研生产系统和作业环境的安全风险，完善了安全制度和操作规程；科学评估、合理划分风险等级，健全安全风险台账，制定安全风险控制措施；组织开展针对性的教育培训工作，重点提高班组、作业人员的危险因素辨识、防范能力。七二五所对全所35个安全重点部位实行四级管控，重点加强了作业现场二级风险点的确认管控，健全完善安全风险台账，对风险点策划实施多级巡查管理。通过努力，各成员单位隐患排查治理系统化、规范化、制度化程度得到了有效提高，作业人员的“三违”行为得到了控制。

六、积极组织开展“安全生产月”活动

3月组织开展了以“警钟长鸣，安全发展”为主题的集团公司“安全生产月”活动，重点开展“学习活动、警示教育、风险辨识、隐患排查治理、自查自纠”等五项活动。6月组织开展了以“强化红线意识，促进安全发展”为主题的全国“安全生产月”活动，重点开展学习提高认识周、警示教育周、应急演练周、检查总结周“四项”重点活动。各成员单位充分利用“安全生产月”活动，结合单位实际，组织开展形式多样、内容丰富的活动，对强化职工的安全生产意识、提高职工安全操作和风险防范技能起到促进作用。

昆船公司在全国“安全生产月”活动中以一线班组为重点，开展生产安全事故案例分析教育、职业危害教育、观看安全警示教育片等活动。以《安全生产标准化知识手册》为主要内容，组织处级干部进行“安全生产知识答卷”活动。各子公司组织职工进行安全知识考试，考试成绩计入职工安全培训档案。

七、开展安全生产大检查，促进各项工作落实

集团公司围绕《2014年安全生产工作要点》，组织3次全覆盖的安全生产大检查，重点检查了《安全生产责任状》的签订、三级教育的落实及质量、危险因素辨识、重点危险源的管理、隐患整改情况、可燃爆粉尘场所排查和应急处置方案的针对性和有效性等，深化了隐患排查治理工作，进一步促进了各单位对重点工程项目、重要时段、关键作业以及重点管理环节的安全生产工作，危险性较高的作业管理得到了进一步加强。各成员单位以安全生产大检查活动为中心，开展多次隐患排查治理工作，六二二一厂开展了可燃爆粉尘专项检查，查出并整改问题9项，对可燃气体管线、特种设备、危化品等进行了检查。检测阀门井、直埋管线旁电缆沟、污水井43点；检测各区域气体阀门483处，修理可燃气体阀门、法兰8处，箱体4个；检查特种设备393台，发现并整改问题571项。

各成员单位全年共排查各类事故隐患35474项，其中，一般事故隐患35429项，现已完成整改34982项，整改率为98.738%；重大事故隐患45项，现已完成整改45项，整改率为100%。尚未完成整改的事故隐患，均已制定整改措施或治理方案，整改工作正按计划进行。

八、强化教育培训，提高职工安全素质

集团公司高度重视安全生产教育培训工作，5月举办了一期用人单位职业卫生基础建设培训班，系统培训了职业卫生基础达标建设标准、规范和工作要求，123人参加培训并取得了培训合格证书；8月举办了一期主要负责人、安全生产分管领导、安全生产部门负责人安全生产培训班，73家单位的94名人员参加培训并取得了国家安全监管总局宣教中心颁发的培训合格证；举办了两期涂装审批与可燃性气体测爆技术资格培训班，培训测氧测爆技术人员152人，进一步加强了测氧测爆技术力量，实现持证上岗；按计划举办了注册安全工程师继续教育培训班，共有102名注册安全工程师参加了培训并取得注册资质，进一步加强了集团公司安全管理队伍建设，完善了注册安全工程师专业知识结构，促进安全管理能力进一步提升。

各成员单位积极开展安全生产教育培训工作，不断加大员工安全教育培训力度。四二六厂借助本单位安全短信平台，发布安全日宣传教育活动信息，扩大了宣传范围，并且专门设计了模拟密闭舱室粉尘燃爆的实验，使作业人员直观的了解了燃爆事故的危害性和预防措施。2014年集团公司各成员单位共组织各级、各类安全生产从业人员34.8万人次，安全生产教育培训支出共1000余万元。

九、开展危险化学品清查清理、危险化学品重大危险源和易燃易爆危险点普查工作

集团公司于8月组织成员单位进行了一次危化品清查清理及危化品重大危险源和易燃易爆危险点普查工作。通过对各成员单位上报情况进行统计分析和梳理总结，对集团公司存有的剧毒品、危化品、火工品、易燃易爆危险点、重大危险源的单位、数量及相关信息进行了统计和调查。通过开展本次危化品清查清理及危化品重大危险源和易燃易爆危险点普查工作，进一步提升了各成员单位的安全意识，加大了对危险化学品、重大危险源及易燃易爆危险点的管理力度，加强了动态监控，进一步强化了危险化学品安全管理、重大危险源及易燃易爆危险点的安全防控工作。

十、强化应急管理，提升事故应急处置能力

集团公司坚持预防为主、预防与应急相结合的原则，在持续推进全系统的安全生产工作的同时，不断推动应急管理工作的深入开展。各成员单位按照集团公司要求，完善应急组织体系，提高应急预案的针对性、可操作性，明确职责分工，强化与地方的协同配合，加强应急预案培训与应急演练工作，不断提升应急指挥、自救互救及科学施救能力，全系统应急管理工作得到进一步的发展。2014年，全系统共组织开展775次应急演练，其中，综合预案演练71次，专项预案演练672次，参演人数达3.2万余人。

各成员单位认真开展应急预案的修订和完善工作，全年修订综合预案9个，修订专项预案60个、新编专项预案22个，修订现场处置方案82个、新编现场处置方案115个。

各单位全部按照专职和兼职两种类型建立了应急救援队伍。船厂、重型铸锻厂、武备厂以及地处偏远的三线厂共15家企业的专职消防队属企业专职应急救援队伍，全部战斗员在年内都接受了当地消防部门的专业培训、训练和检查指导。2014年，15家配有专职消防队的企业共开展了874次预防性安全检查活动，查出一般隐患4485项，已全部整改完毕。

中国兵器工业集团公司安全生产工作

中国兵器工业集团公司科技与安全环保部

2014年，中国兵器工业集团公司（简称集团公司）深入学习贯彻习近平总书记等中央领导同志关于安全生产工作的重要指示精神及国务院安委会、国家安全监管总局、国资委及国防科工局的重点工作部署，认真落实集团公司全价值链体系化精益管理战略，坚持“安全第一，预防为主，综合治理”的安全生产方针，坚持以人为本、安全发展，持续推进安全生产标准化管理体系建设，加强隐患排查治理和过程监管，严厉打击“三违”，严格责任追究，努力培育“零容忍”的安全文化，全面完成了《2014年安全生产工作要点》确定的工作任务及目标。

一、签订“零重伤”责任书，强化责任落实，严格责任追究

一是明确责任。集团公司与各子集团和直属单位（以下简称各单位）签订了“不发生重伤及以上生产安全事故”的安全生产工作考核指标，同时结合各单位的特点确定安全生产考核事项。各单位层层签订责任书，分解细化安全责任。二是狠抓责任落实。将安全生产责任落实情况作为“飞行检查”、综合检查、专项检查的重要内容，通过各类监督检查，各级各类人员安全生产责任得到进一步落实，各单位安全管理意识明显提升。三是严格责任追究。对发生死亡和重伤事故的单位以及安全管理问题突出的单位即时实施了责任追究认定，对“飞行检查”中问题突出的单位领导进行了警示约谈。四是对“三违”行为进行重罚惩戒。坚持“违章行为视同违章后果”进行处罚，2014年，集团公司各单位查处违章3267人次，处罚金额261.98万元。

二、突出重点，加大安全检查力度

一是继续深入开展“飞行检查”工作。对25家单位进行了安全生产“飞行检查”，并对整改落实情况进行了“回头看”。按月下发检查情况通报，将查出的问题和隐患在全系统进行揭示，促进“飞行检查”成效最大化。二是认真做好重大节假日前综合安全大检查。集团领导亲自动员部署，总部业务主管部门认真策划组织，各单位结合实际具体实施，认真履行检查主体责任，深入细致开展安全检查，确保了节假日期间安全生产。三是结合全国范围内开展的以“六打六治”为主题的“打非治违”专项行动，开展民爆、危险品公路运输、粉尘防爆、油气管线、炸药混合工序等专项检查调研。民爆专项检查重点抽查了4家单位7个生产点，查出问题57项，全部完成整改。危险品公路运输普查做到了全覆盖，8家民用危险化学品运输单位和15家军工危险品运输单位对查出的有关问题全部进行了整改。按照国务院安委会统一要求对相关单位地上地下输油管线、天然气管网等进行了专项检查，重点对华锦集团油气管线安全管理、日常巡检、管道监控、隐患排查治理、突发事故应急处置等方面进行了多次检查，并认真督促整改，及时将隐患整改情况向国务院安委会办公室进行了报告，目前87%隐患已经完成整改。深刻吸取江苏省昆山市“8·2”特别重大事故和航天科技四院“3·3”混合锅爆炸事故教训，对集团公司粉尘作业场所及危险程度较高的炸药混合工序进行了专项检查，对存在的问题进行了整改。四是利用国防科技工业安全生产交叉检查之机，学习兄弟集团安全生产方面的先进方法和管理手段。按照国防科工局的安排，集团公司和广东省经信委组成检查组，对中船工业集团黄埔文冲船舶有限公司和中核建设集团阳江核电工程项目部进行了安全生产交叉大检查，检查过程中相互学习，取长补短，取得了良好的成效。

三、完善隐患排查治理机制，持续提升本质安全水平

一是继续深入开展隐患排查治理。各单位按照集团公司的工作要求，持续加强一般事故隐患治理。2014年，全集团查出安全隐患6718项，已经整改6644项，整改率为98.9%。落实一般隐患整改资金7571.68万元，本质安全水平进一步提高。二是在大量查改事故隐患的基础上，突出监管重点，完善重大事故隐患动态监管机制。制定了重大事故隐患判定标准依据，对集团公司重大事故隐患情况进行了全面系统的调查梳理，梳理出生产、储运环节重大事故隐患34项，为加强重大事故隐患日常监管及督办整改奠定了基础。三是把好建设项目安全生产入口关。按照国家和集团公司有关建设项目安全管理要求，组织对17个项目进行了竣工验收前的安全评审，从源头上提升了建设项目本质安全程度。四是加强安全生产技术创新。积极推动军工燃烧爆炸品安全技术专项的立项实施和火炸药工艺创新专项立项实施，充分发挥支撑单位作用，开展了大量前期研究探索工作，为后续工作的开展做好了准备。

四、强化基础管理，推进改革创新，不断提高安全生产管理水平

一是确保安全生产标准化体系运行有效。全年对27家单位的安全生产标准化工作进行了考评验收（其中9家单位一级，18家单位二级），安全生产标准化体系建设取得新进展。二是扎实推进安全生产领域改革创新。根据国资委的要求，与有关部门多次深入论证，研究提出了在高风险行业设立安全总监的具体方案。根据总部简政放权有关要求，修改完善了有关制度和工作流程，下放了2项审批事项。三是开展“对标”学习。组织华锦集团相关管理人员赴中石化镇海炼化和燕山石化进行对标学习，现场领悟中石化先进的管理理念和管理方法，体会管理差距，明确改进方向，为提升华锦集团安全生产管理水平奠定了基础。四是强化应急管理，开展应急演练，提升应急处置能力。“安全生产月”期间与地方政府联合在华锦集团开展模拟原油泄漏事故应急演练，组织一百多人参加观摩学习。通过演练，检验了石化企业应急管理能力，积累了应对突发事故的实战经验，也为集团公司危化品企业应急管理提供了一个典型的示范案例。各单位在重点岗位开展了专项应急预案和现场处置方案的演练，2014年，全集团共组织安全生产应急演练1825次，参加演练49401人次。五是加强安全生产信息化建设。按照统一安排，对集团公司安全管理信息系统进行了全面升级改造并投入了试运行，进一步提高了安全生产科学化管理水平。

五、创新安全生产宣教形式，着力提升广大员工安全生产意识

一是开展巡回警示演讲，反响强烈。组织开展了全集团安全生产演讲竞赛活动，37家子集团和直管单位94人参加。挑选14名优秀演讲选手深入重点科研生产单位进行巡回演讲。演讲团跨越21个省市，历时38天，演讲28场，参与单位71家，参加人数近万人。巡回演讲主要针对一线管理人员和班组长，是安全生产教育形式的一次成功尝试。

二是加强安全生产教育培训，进一步提高从业人员安全生产知识水平。全年共举办7期国防科技工业安全生产资格培训班，845人参加了培训，其中130人为各单位及所属各子公司主要负责人、分管负责人。举办了3期安全生产标准化考评标准宣贯培训，510人参加了培训。为6家单位提供安全生产标准化现场服务培训，共有598人参加了培训。2014年，各子集团和直管单位采用案例教育，警示教育、观摩学习等方式开展培训教育275897人次。三是认真开展“安全生产月”活动，营造良好的安全生产氛围。重点围绕“强化红线意识、促进安全发展”的主题，组织开展了“安全生产月”“安全生产万里行”及安全生产论文征集活动，共征集论文170篇，对优秀论文进行了通报表彰。“安全生产月”期间各单位组织召开各种会议、培训1139场，60435人次参加；开设习近平总书记、李克强总理等国家领导人关于安全生产重要讲话专版专栏350块；发放《习近平总书记关于安全生产重要讲话精神学习读本》2231册；发放宣传资料共40895份；参加生产安全事故案例教育共75076人；观看《生命的红线》《盲洞·迷途》等影片共100754人；参与全国“安康杯”知识竞赛92239人；参加“职业病防治”知识竞赛73253人；参加“强化红线意识、促进安全发展”论坛、安全文化征文共1886人。集团公司及9家单位获得“全国职业病防治知识竞赛”活动组织奖，集团公司所属华锦集团获得国家“安全生产月”先进单位称号。

中国兵器装备集团公司安全生产工作

中国兵器装备集团公司改革与管理部

2014年，中国兵器装备集团公司（简称集团公司）认真贯彻落实全国安全生产电视电话会议精神及国资委召开的安全生产视频会议精神，严格按照集团公司工作会和两次安委会会议的决策部署、要求，深入学习宣贯习近平总书记关于安全生产重要讲话精神，坚守安全生产“红线”，全面推进安全生产标准化建设，全面修订、完善安全生产管理制度，深化隐患排查治理体系，继续强化对高风险企业和重要危险场所的安全监管，确保了集团公司安全生产形势平稳发展。2014年安全生产主要工作如下：

一、深入学习习近平总书记关于安全生产工作系列讲话精神

一是集团公司总部及所属企业通过召开党组（委）扩大会及安委会会议，公司领导层深入学习习近平总书记关于安全生产重要讲话，从上层逐级落实“管生产必须管安全、管业务必须管安全、管行业必须管安全”及“党政同责、一岗双责、齐抓共管”。

二是购置《习近平总书记关于安全生产重要讲话精神学习读本》下发至各企业，组织全员开展学习，将总书记重要讲话精神层层“落地”，强化全体干部职工的安全“红线”意识和“底线”思维。

三是针对国家最新提出的“管生产必须管安全、管业务必须管安全、管行业必须管安全”及“党政同责、一岗双责、齐抓共管”，组织各企业全面修订完善安全生产责任制，安全履职涵盖到所有岗位、所有人员。

四是针对《习近平总书记关于安全生产重要讲话精神学习读本》，细化分解形成考题，对各级人员开展履职闭卷考试。

二、全面推进安全生产标准化建设

一是截至2014年底，集团公司二级、三级企业基本实现安全生产标准化达标。其中，取得武器装备科研生产许可的军工企业有36家，非军工企业有88家。

二是深化安全生产标准化的班组落地、岗位落地。制定《集团公司安全生产标准化班组达标、岗位达标管理办法》对班组达标、岗位达标进一步细化、分解，监督指导各企业建立班组达标、岗位达标机制，确保安全生产标准化建设落地到班组及一线岗位。

三、全面修订、完善规章制度

根据国家法律法规最新要求，集团公司对现有的安全生产规章制度进行了全面、系统梳理，基本涵盖了安全管理的方方面面，构建、完善了集团公司安全制度体系。

综合管理方面，修订了《安全生产管理规定》《职业卫生管理规定》，新增了《环境保护管理规定》，明确安全生产、职业卫生、环境保护方面的总体管理要求。

责任制方面，修订了《安全生产责任规定》，进一步明确了专业公司事业部、总部各部门以及所属企业各管理层级的安全生产职责，将压力层层传递到各级领导，将职责层层落实到每个岗位。

责任追究方面，修订了《安全生产责任追究办法》，一是按照“党政同责、一岗双责”要求，完善了对事故企业责任人的相关责任追究规定；二是增加了对安全生产过程管理不到位实施责任追究的相关规定。

针对安全培训、事故管理、安全生产应急管理、所属企业班组安全管理、建设项目“三同时”、境外企（作）业、危险源（点）、危险作业、相关方以及安全履职等重点内容，制定或修订了相应的管理办法。

四、全面深化隐患排查治理体系

一是采取“四直”（直奔现场、直入基层、直接取证、直接问责）检查方式，对企业开展四次突击检查，集团公司领导亲自带队，受检企业119家，发现问题（隐患）2557项，并建立了隐患排查治理台账。

二是“拿隐患当事故”处理，对隐患整改不力及存在重大安全隐患的企业，除下发整改通知单外，对相关责任人按照“直接取证、直接问责”的原则，进行了严肃处理。

三是建立隐患整改曝光台，通过金戈网对各企业隐患整改情况进行全面曝光，及时跟踪、监督各企业隐患整改情况，确保隐患整改闭环。

五、严格事故管理

一是深入剖析事故原因。对发生事故的企业，及时赶赴现场，勘察事故现场、分析造成事故的直接原因及管理上存在的问题。

二是举一反三，吸取教训。每起事故发生后，及时组织召开视频会议通报事故的原因和教训，要求各企业查找自身存在的薄弱环节并落实整改，防范类似事故重复发生。

三是严格事故责任追究。对发生生产安全责任事故的企业领导，严格按照新修订的《安全生产责任追究办法》，对主要负责人、党委主要负责人和分管领导予以责任追究。

六、持续提升应急能力

组织各企业不断修订完善事故应急救援预案，制定年度应急演练计划，开展应急演练。全年共组织重大危险源火药库爆炸、淬火油井火灾事故、触电事故、防汛抢险、锅炉蒸汽管道爆炸、消防疏散、环境污染事故、高处坠落、物体打击、机械射击伤害、氯气泄漏、自然灾害、起重机械事故、中暑、电镀中毒等应急救援演练293场，企业应急救援能力持续得到提高。

七、做好日常基础管理

一是围绕“强化红线意识，深化安全履职，促进安全发展”主题，开展以生产安全事故警示教育、安全生产咨询日、“四项重点工作”、岗位安全履职达标创建、应急演练等为内容的“安全生产月”活动。通过活动，各级人员履职达标率进一步提高，全员安全意识进一步提升，加深了全员对安全生产“红线”的认识，促进了安全管理工作的流程化、标准化、规范化管理。

二是积极开展科研试验、输油管线、燃气管网、危险化学品运输、铝镁粉尘、易燃易爆等安全专项整治活动，发现并消除了大量的安全隐患。

三是举办安全部长培训班，聘请清华大学知名教授进行专题培训，促进安全部长提升沟通、目标管理、激励、执行、团队建设能力。

四是编辑《安全生产简报》5期，及时报告安全生产法律法规、标准规范信息，通报典型事故案例，供各企业学习、借鉴。

神华集团公司安全生产工作

神华集团公司安全监察局

一、安全生产总体情况

2014 年，在国家安全监管总局、国家煤矿安监局的正确领导下，神华集团公司认真贯彻落实国家安全生产工作要求和集团 1 号文件精神，深入推进体系建设，强化风险预控，加强安全管理，安全生产继续保持平稳运行态势。

——安全生产状况总体稳定。2014 年，全集团没有发生重大及以上安全生产事故，360 个三级生产建设单位有 346 个消灭死亡事故，实现了安全生产，占到 96.1%。电力、港口、航运企业实现了“零死亡”的安全目标，电力板块在机组数量增加的情况下，连续两年消灭了死亡事故，机组非停事故同比下降 22%。

——煤矿百万吨死亡率控制在较低水平。神华集团公司原煤生产百万吨死亡率为 0.019，相当于全国平均水平的 7.6%。神东公司生产煤炭 2.28 亿吨，原煤生产百万吨死亡率为 0.0044。全集团有 56 个煤矿安全生产周期超过 1000 天、33 个超过 2000 天、14 个超过 3000 天。

——本安体系建设扎实推进。全集团 27 个生产子分公司全部建立了本安体系，现代安全管理模式基本形成，过程管控力度逐步加强，体系建设已经成为各级安全管理的主要抓手。经过严格审核评价，有 7 个子分公司达到本安二级、16 个达到本安三级；审核验收的 309 个三级单位，达到本安一级 55 个、本安二级 111 个、本安三级 92 个、本安四级 29 个，本安一、二级企业达标率为 53.7%。

——安全管理信息化系统初步建立。8 月，集团本安信息化建设通过验收，首批 13 家子分公司正式上线运行。成为国内首个同时适用于集团总部、子分公司和生产单位三级安全管理的一体化信息平台，实现了从危险源辨识、风险评估、标准执行、监督考核等全业务流程的信息化管理，为本安体系“落地”提供了重要的技术支撑。

二、安全生产重点工作

2014 年，围绕全年的安全生产目标和任务，主要开展了以下几项工作。

（一）全面加强本安体系建设

进一步修订完善了本安体系建设标准及考核办法，组织编写了 30 个体系考核标准和 13 个管理标准。积极开展新标准的宣贯学习，进一步强化本安体系培训，普及体系知识，分板块举办了 27 期本安体系培训班，培训学员 2150 多人（次）。在 8 月集团领导干部学习贯彻十八大精神轮训班上，增加了 5 期本安体系专题讲座，各子分公司班子成员、集团总部处长以上管理人员近 500 人参加培训，并举办了本安体系内审员资格培训，160 人通过严格培训考核，获得体系内审员资质。

同时，全面改进安全检查方式方法，以体系审核评价取代年度安全生产大检查。从 2014 年 9 月下旬开始，集团公司成立 26 个本安体系审核组，抽调 228 名体系内审人员，集中 2 个月时间，组织对 27 个子分公司的 309 个三级单位进行全面审核，查出各类安全隐患和问题 16711 项，其中主要隐患和问题 295 项、重大隐患和问题 65 项。通过对各单位本安体系建设情况开展全要素、全过程的逐项审核与打分验收，推进了安全生产过程管理和业务保安，改变了过去长期存在的重结果、轻过程，重问题、轻分析，重现场、轻管理，重制度、轻落实，重基层、轻领导的检查方式，调动了全员、全过程、全方位抓安全的主动性和自觉性，初步建立起网格化管理、链条式传递、量化式考核的安全生产格局，为促进体系的真正“落实”寻找到更加科学有效的方法。

（二）着力强化督导检查，全面落实各级领导安全责任

神华集团公司新一届领导班子始终把安全工作摆在突出位置，在不到一年的时间里先后31次召开集团安委会会议、总经理安全专题会议以及安全生产视频会议，及时通报安全情况，研究解决安全问题，提出一系列攻坚治本的重要举措。各级领导坚持深入基层，深入现场，靠前指挥，严格执行领导干部值班带班制度，切实强化现场管理，持续开展自查自改，始终保持了安全生产的高压态势。全年各子分公司通过开展夜间检查、“四不两直”突击检查、重点时期专项督查等活动，查出各类重大安全隐患和问题172项，完成整改136项，按期整改率达到97%，进一步强化了安全基础工作。

（三）深入开展安全评估会诊，强化重大隐患排查整治

组织开展了神东、乌海、新疆、大雁、榆神等公司16个基本建设矿井的专项排查和安全会诊，从安全管理、责任落实、系统可靠性及重大灾害防治等方面进行调查分析，排查各类问题628项，提交了16份近55万字的安全会诊评估报告，严厉查处了抢工期、赶进度、忽视安全生产等行为。

煤化工板块先后开展了危化品储运系统、民爆器材、防雷防静电3个专项检查，提前半年完成了在役装置危险与可操作性分析；铁路板块专门聘请了6名专家派驻重点单位，排查解决日常运营管理中的重大隐患和技术难题。通过组织专家评估会诊，找准了一些单位存在的重大隐患和主要问题，提出了针对性的防治措施，保障了重点单位、重要部位、关键环节的安全生产。

（四）集中开展了反“三违”专项行动

针对一段时间内安全生产形势严峻，事故多发频发，“三违”现象屡禁不止等突出问题，集团公司果断采取措施，在煤炭板块开展了“强化标准作业，狠反“三违”行为，坚决遏止事故多发势头”的专项行动。各单位迅速落实集团要求，以提升安全意识、推进体系“落地”、强化标准化作业，夯实“三基”工作为重点，持续加大“三违”打击力度，严厉查处“三违”现象。活动开展期间，仅煤矿企业就查处各类“三违”行为4560人（次），开除“三违”人员128名，参加“三违”学习班3856人（次），违章罚款总计425万元。

（五）深入开展事故案例分析与警示教育活动，用事故教训推动安全生产工作

神华集团组织对最近10年的煤矿事故进行统计分析，深入研究事故发生规律，总结安全管控重点，并从中选取41个典型事故，制作成事故案例视频教育片，在集团内部广泛开展警示教育活动。各单位按照集团公司的统一部署和要求，充分利用集中培训、安全例会和班前会等形式，认真组织观看事故案例，结合岗位实际对照讨论学习，针对典型事故暴露出来的问题，举一反三，吸取教训，研究制定防范措施，切实防止同类事故重复发生。

三、存在的问题

尽管做了大量工作，付出了巨大努力，也取得了一定成绩，但是安全生产仍然面临很多实际问题和严峻挑战。

（一）重大灾害防治任务十分艰巨

随着煤矿开采深度的逐年增加，地质条件逐渐复杂，灾害愈加严重，开采难度和安全风险也随之增大。部分井工煤矿仍然存在高瓦斯和煤与瓦斯突出、水文地质条件极其复杂、受火灾严重威胁、冲击地压等灾害威胁，还有部分矿井多种灾害并存，同时受到水、火、瓦斯等重大灾害。此外，部分煤制油化工企业还存在设备日常检修维护不及时，现场无组织排放、监测监控措施不到位等问题；电力、路港企业也面临着装置保护不完善、主变压器不绝缘和机车、设备安全状况差等方面的问题。

（二）部分单位“三违”现象依然严重

据统计，2014年前11个月各单位共查出各类“三违”人员8652人（次），日均发生“三违”现象几十人（次），入井人员近20%有过“三违”行为。特别在调查中发现，习惯性违章、重复性违章、集体性违章、区队（班组）长带头违章等现象仍有发生，“三违”问题已经成为影响和制约安全生产的重要因素。

（三）本安体系建设还存在差距

部分单位还不同程度地存在体系不“落地”、责任不落实、风险不受控、考核不到位等问题。突出表现在，危险源辨识方法单一，辨识结果不全面、不彻底；业务部门安全职责与体系要素不清晰、不匹配；体系应用考核不到位，考核评价成果追溯性差，与安全结构工资、安全奖罚办法等衔接不够紧密等。

中国中煤能源集团有限公司安全生产工作

中国中煤能源集团有限公司安全监察局

2014年，中煤集团认真贯彻落实国家关于安全生产方面的各项决策部署，紧紧围绕环境为基础、素质为保障、责任为纽带的“环境、素质、责任”三项建设，进一步推进安保型企业建设，加强管理，落实责任，强化管控，主要开展了以下重点工作。

一、强化安全基础建设

（一）进一步深化安全质量标准化建设

2014年，中煤集团下发了安全质量标准化三年滚动发展规划和年度实施计划，完善扩充了10个行业575名安全质量标准化专家库，修订印发了煤化工安全质量标准化标准及考核评级细则，组织召开了安全质量标准化现场推进会，促进了标准化新台阶。加大安全质量标准化动态考评力度，实行全覆盖考评，2家企业达到安保型企业、5家企业达到特级企业、7家企业达到标准化企业，60个矿（厂、处）达到一级标准，16个煤矿达到国家一级安全质量标准化煤矿。

（二）进一步推进安全责任落实

由单一安全目标考核向安全过程考核延伸，加强安全目标和安全管理双考核。制定安全管理考核标准，细化煤矿、矿建、煤化工、装备制造等企业安全管理考核检查表，并将管理考核内容纳入企业安全生产责任书。上半年对18家企业及所属24个矿（厂、处）进行了安全管理考核检查指导。下半年对26家企业及所属20个矿（厂、处）进行了安全管理考核，对256名两级班子成员进行了安全知识考试，提升了各级负责人的安全责任意识，推动了安全责任层层落实。

（三）进一步改善安全生产环境

2014年，中煤集团累计安全投入22.9亿元，修复失修巷道37832米，完成“一通三防”、机电运输、供电线路等系统改造工程224项，安全基础保障能力进一步提升。组织煤炭企业开展了“技术优化”活动，编制并实施了技术优化方案。

（四）进一步增强应急救援能力

2014年，中煤集团完善应急预案1065个，开展各类应急演练1006次，参与人员41016人次，进一步增强了应急处置能力。

二、加大安全管控力度

（一）从管理上进行严约束

中煤集团修订完善了《企业负责人安全生产奖罚办法》《安保型企业及安全质量标准化企业考核办法》《企业负责人下井（下现场）检查管理规定》，制定了《安全管理办法》《外委队伍安全管理办法》《基建矿井井筒施工作业总人数规定》等。中煤集团所属各单位增设安全管理机构12个，增加安全管理人员452名，制定、修订安全生产管理制度3382项、流程1285项，进一步强化安全管理。

（二）从过程上进行严控制

中煤集团通过召开月度安全生产视频会、季度安监局长例会，以及约谈事故单位、跟踪督办重大风险和重大隐患，强化日常安全管控。开展了帮扶式指导，组织内外部专家对基建矿井的系统装备抗灾能力进行了综合诊断，提出了针对性的改进意见。

（三）从监管上进行严督促

中煤集团重点开展了“一通三防”、防治水，以及春节、“两会”等重点时段的安全检查，强化现场盯防，每月至少在现场两周时间。所属企业共开展6213次安全检查，对110处作业点进行了停产整顿，对740人进行了责任追究，持续营造安全高压态势。

三、提高安全风险预控能力

（一）突出风险预控

2014年初，组织企业编制了108个矿（厂、处）的安全风险报告，系统梳理出794项中高级安全风险，并纳入月度安全办公会进行分析确认，落实责任领导和部门，制定了防范措施。

（二）深化隐患排查治理

组织编制印发了煤矿、矿建、煤化工、建筑施工、装备5个行业企业的隐患排查手册和煤化工隐患排查指南，规范隐患排查程序。中煤集团所属各单位结合实际进一步细化，制定适合煤矿、工厂、工程处和项目部使用的隐患排查手册。中煤集团持表排查了11家企业、29个矿（厂、处）、10个矿建项目部。各级企业负责人亲自参与，组织专业人员，持表定期排查隐患，全年共排查出隐患60998个，下发整改通知单7319份。

（三）开展隐蔽致灾因素普查

组织煤矿、煤化工等企业利用各种手段，开展为期2个月的隐蔽致灾因素普查。以矿（厂、处）为单位，初步摸清了老采空区、水文及地质构造、火区、陷落柱、封闭不良钻孔、油气井等隐蔽致灾因素。

四、提升全员安全意识

（一）积极营造安全文化氛围

中煤集团以第四个“警示三月行”、第十二个“安全生产月”“百日安全”及群众性安全活动为平台，积极宣传安全先进理念，坚持党政工团齐抓共管，促进员工从“要我安全”到“我要安全”的转变，提升全员安全意识和安全技能。中煤华晋公司认真开展应急救援比武活动，荣获第十届全国矿山救援竞赛团体优秀奖。

（二）组织开展安全培训活动

2014年，中煤集团不断加强取证和日常教育培训工作，举办知识竞赛和技能比武496次，参与5.6万人；举办安全培训班5245期，培训18.5万人次。

（三）落实党管安全责任

加强班组建设，开展群众性安全活动。平朔集团制定《党管安全专项提升方案》，严格执行三大会议制度，组织召开安全状况分析会271次，安全生产专题民主生活会36次，安全专题会议28次。

（四）认真开展反“三违”专项整治行动

中煤集团从8月初至年底开展为期4个月的反“三违”专项整治行动。各单位都制定了活动实施方案，动员部署，深入推进，严格考核，共发现“三违”人员34056人次，罚款1071.3万元。通过集中整治，营造反“三违”高压态势，狠刹“三违”之风，员工遵章守纪意识得到提升。

中国华能集团公司安全生产工作

中国华能集团公司安全监督与生产部

2014年，中国华能集团公司（简称华能集团）系统深入贯彻落实党和国家的各项决策部署，坚持“以人为本，科学发展，安全发展”理念，强化“红线”意识，扎实开展“外包工程安全专项整治年”“落实煤矿安全生产双七条”和“六打六治”等活动，狠抓安全生产责任落实，完善安全生产工作机制，大力推进华能电厂安全生产管理体系建设，全面加强过程管控，安全生产管理水平得到有效提升，安全生产形势保持平稳，为顺利完成各项工作任务提供了可靠的安全保障和良好的安全氛围。

2014年，华能集团煤炭产量7230万吨，百万吨死亡率0.083。其中马蹄沟煤矿连续安全生产达3911天。

2014年，海门3号、伊敏3号和5号、嘉祥1号等电厂的9台机组实现全年连续运行。其中太仓电厂4号机组连续运行593天。

2014年，华能集团在安全生产方面重点做了以下工作：

一、认真学习安全生产“红线”意识

华能集团系统认真学习、深刻领会习近平总书记关于安全生产“红线”意识的论述。通过学习，各级党政一把手增强了做好安全生产工作的责任感和使命感，认真履行安全生产责任，按照“党政同责、一岗双责、齐抓共管”的要求，坚持“三带头”“三亲自”（带头贯彻落实安全管理制度，亲自研究部署安全生产工作；带头深入现场开展安全检查，亲自调研掌握安全管理现状；带头督促考核事故隐患整改，亲自组织制定安全防范措施），确保安全生产工作的顺利开展；广大干部员工的“红线”意识、责任意识得到了进一步增强。

二、稳步提升外包工程安全管理水平

针对外包工程安全管理短板，华能集团开展了“外包工程安全专项整治年”活动，进一步加强外包工程安全管理，形成了行之有效的外包工程安全管理办法，管理的深度和范围不断延伸。一是严格落实外包工程安全生产主体责任。通过加强招投标管理和资质审查，整顿和优化了承包商队伍，违规招标、违法转包、违规分包现象得到杜绝。二是全面推动外包单位自身建设。将外包单位纳入企业安全生产管理体系，加强对外包单位的帮扶指导和教育培训，提高外包单位自身管理水平和人员素质。三是切实加强外包工程安全监管。规范现场作业流程和工艺工序，完善危险点预控措施，严格履行“无监护，不开工”，现场安全风险得到全面控制。四是营造企业和外包单位和谐发展的良好氛围。开展形式多样的活动，增进外包人员的归属感、成就感，使外包人员自发提高工作的责任心和使命感。通过“外包工程安全专项整治年”活动，各单位的外包工程管理水平不断提升，承包商队伍更加规范和专业，事故隐患有较大幅度减少，为系统内150台机组的脱硫、脱硝、除尘环保改造工程的顺利完成提供了有力的保障。

三、大力推进华能电厂安全生产管理体系建设

华能集团全面推进安全生产管理体系建设，完成了景洪、曲阜、鹤岗、大连、福州等39家电厂体系现场确认。通过体系建设和运行，各单位的管理流程更加明确，管理界面和职责更加清晰，管理方式和内容更加规范，各级人员遵章办事的履职能力进一步提高，实实在在地促进了安全生产管理提升。一是促进了“安全生产，人人有责”的管理理念深入人心。各级安全生产责任制得到落实，安全保障体系和监督体系高效运作。二是促进了班组管理工作上台阶。通过关口前移、重心下移，突出员工主人翁地位，实现班组精细化管理。三是促进了安全生产管理制度和流程的优化完善。总结、提炼好的工作经验，固化为制度或管理方法，形成常态机制。四是促进了新投产项目快速走上标准化管理道路，建章立制工作更加高效和规范。结合体系建设，华能集团各电厂基本完成安全生产标准化达标工作，一级达标生产企业40家，在行业保持领先。

四、加强设备管理工作

华能集团加大设备治理力度，加快推进检修标准化管理，深入开展“降缺陷、控非停”工作，2014年共投入53.5亿元用于设备整治和改造，设备可靠性水平进一步提升，41家电厂全年实现无非停。华能集团加大机组大修指导和帮扶力度，增加现场动态检查频次，检修质量明显提升，大修机组全优率达到74%，同比提高1.5个百分点，威海3号、大坝3号、上安6号、长春热电2号等机组A修后连续运行均超过300天。

五、加强基建工程安全管理

华能集团加强工程建设安全管理，严格落实风险管控措施，实现了所有在建工程全年无生产安全事故。藏木水电站发扬“缺氧不缺精神、艰苦不言辛苦、奉献不计得失”的精神，克服了高原缺氧、道路交通安全隐患突出、基础保障性差等困难，顺利实现安全投产；长兴电厂两台高效超超临界机组顺利通过168试运，投入商业运营，标志着中国电力设计、制造、安装和调试水平又迈上了一个新的台阶；石岛湾公司与火电建设企业开展安全文明施工经验交流，提升了现场安全管理水平，圆满完成年度进度目标；曹妃甸公司“走出去，请进来”，借鉴电厂安全管理先进经验，港口建设平稳有序；乌弄龙、里底等水电工程精细部署，成功实现截流。煤业公司强化了对煤矿建设项目外包工程安全生产工作的统一、协调管理，加强现场动态管控，现场安全风险有较大幅度降低。

六、不断夯实煤矿安全管理基础

华能集团煤矿企业不断完善安全生产工作机制，狠抓安全生产薄弱环节，突出瓦斯防治、防治水、防火、顶板管理、机电运输等工作重点，扎实开展安全生产大检查工作，强化针对性培训和过程管控，加大隐蔽致灾因素和隐患排查整改力度，不断推进安全质量标准化建设，各项工作进一步规范，煤矿安全保障能力得到有效提升。扎煤公司对煤矿领导带班下井、交接班情况进行检查、考核，对存在问题的单位和个人，进行通报，严格处理，有效推进责任落实；马蹄沟煤矿强力实施精细化4E管理工作，针对各工种、各岗位，确定每个人、每件事、每一天、每一处（4E）的具体工作内容和工作标准，严格界定岗位责任，为安全生产工作打下坚实基础。

七、不断提高应急处置能力

华能集团按照国资委要求，进一步理顺应急管理机制，修订了《重大突发事件应急管理办法》以及相关应急预案，提高了防范和处置各类突发事件的能力。安全生产月期间，华能集团在北京热电厂组织了电力行业首次反恐防范应急演练，得到了国家能源局充分肯定；北京热电、杨柳青、上都等电厂统筹联动，顺利完成党的十八届四中全会和APEC保电任务；云南鲁甸地震发生后，滇东矿业分公司、澜沧江公司救援队伍第一时间奔赴受灾现场，积极参与救援和堰塞湖排险工作，受到了地方政府好评；海南公司针对超强台风“威马逊”“海鸥”，及早防范、提前部署、措施到位、处置得当，将损失降到最低程度。

2014年，华能集团绝大部分企业实现了“零伤亡”目标，总结安全生产工作搞得好的企业，有4个方面共同特点：一是坚持“红线”意识不动摇。把“防范人身事故、保护员工生命”作为一切工作的出发点和落脚点，改进作风，切实把“安全第一”落到实处，保障安全生产形势的稳定。二是坚持问题导向不偏离。在不断变化的内、外部环境中，找准安全生产面临的问题，抓住薄弱环节和管理短板，有的放矢，对症下药，保证安全生产的可控、在控。三是坚持责任落实不松懈。建立奖惩分明、行之有效的激励考核机制，各级人员能够立足岗位、各负其责，真抓实干，把各项工作做实、做细。四是坚持能力培养不间断。将队伍建设和人才培养作为企业发展的基础，狠抓教育培训，不断强化各级人员能力培养，提升员工综合素质，夯实基础，实现本质安全。

中国大唐集团公司安全生产工作

中国大唐集团公司安全生产部

2014年，中国大唐集团公司认真落实国务院安全生产电视电话会议和电力行业安全生产工作会议精神，按照集团公司安全生产一号文件、集团公司工作会议部署，以“优化运行”专项活动为主线，强化责任落实、制度落实，狠抓改造工程现场安全管理，切实加强对重大危险源的监督管理，着力建立管控流程和长效机制，落实各项措施，有效应对台风、地震等自然灾害，确保度汛安全，深入开展发电企业安全风险控制评估工作，建立隐患排查长效机制，推进标准化、规范化建设，加强流程管控，提高本质安全型企业管理水平。通过全系统的共同努力，未发生较大及以上人身和设备事故，公司系统保持了平稳的安全生产局面，确保了APEC等重大政治活动期间的安全发电和供热安全。

一、安全管理方面

2014年，按照安全生产工作会议的总体部署和要求，中国大唐集团公司组织对本质安全发电企业管理体系系列文件进行了修订，下发了《发电企业安全风险控制评估工作管理办法（2014版）》，火电、水电、风电企业《安全风险控制指导手册（2014版）》，组织分子公司制定了风险评估外审计划，明确了内审、外审的评估方式及组织流程，明确了三级责任主体的职责，组织开展安全风险控制评估专项培训。各基层企业全面开展安全风险控制评估内审工作。大唐国际、湖南、河北、江苏、安徽、甘肃、贵州、陕西、云南等公司严格按计划完成外审工作，全年共完成20家企业的外审工作。大唐国际托克托、盘山、吕四3家火电企业外审风险度低于15%，率先实现指标达标。结合安全风险控制评估工作的开展，同步推进安全生产标准化达标工作，截至2014年底，集团公司通过电力标准化达标企业共138家，其中通过电力标准化一级达标企业25家。

开展安全风险排序，创新监管方法和手段，提高管控能力。各分、子公司按照风险度高低，每月对所属基层企业进行安全风险排序并加强管控，集团公司结合排序结果，针对防汛重点区域企业、安全生产风险较高和环保改造、机组检修较为集中的企业进行“四不两直”的安全检查和专项安全督导检查。检查结果以《安全监管意见书》的形式下发给分子公司，同时加强对问题整改验收情况的跟踪和监管，强化闭环管理，进一步推进企业安全生产主体责任的落实和管控能力的提升。

突出重点，加强重点专业领域安全监管。加强环保改造的安全监管，2014年，集团公司组织8家分、子公司，对环保改造集中的14家基层企业，开展了安全质量专项互查工作；各分、子公司累计督查环保改造工程现场202次，各基层企业进一步强化了施工安全组织保证，突出交叉作业、高空作业、起重机械和大型脚手架等安全风险管控，加大现场管理力度，确保了环保改造施工安全。

按照国务院安委会、国家能源局关于集中开展“六打六治”打非治违专项行动的有关要求，成立了集团公司打非治违专项行动组织机构，制定了“打非治违”专项活动实施方案，在全系统范围内全面深入开展打非治违专项排查治理活动。各分、子公司结合实际，制定“打非治违”专项行动具体实施方案，各基层企业要按照实施方案要求，迅速动员部署，结合安全生产重点工作和隐患排查治理，认真开展自查自纠工作，通过对照检查，共发现问题1291项，并逐项制定了整改计划。集团公司结合督导检查，对部分基层企业专项行动开展情况进行了抽查，并要求各分子公司进一步加强对整改工作的监督落实，提高依法依规安全生产管理水平。

2014年11月，我国在北京主办了2014年亚太经合组织（APEC）领导人会议。APEC会议期间，中国大唐集团公司系统各有关企业，特别是北京周边的发电企业按照集团公司保电和保证空气质量工作的总体要求，认真落实保电各项组织措施和技术措施，严控安全风险，加强保设施的运行维护，严格执行24小时值班制度和“零报告”制度，及时报送相关信息。会议期间，公司系统保持了平稳的安全生产局面，没有发生人身伤亡事故及设备损坏事故，没有环保超标排放事件，圆满完成APEC会议保电任务。

各发电企业及多种产业企业2014年第一季度完成了5621项重大危险源评估工作，评估结果及时录入集团公司重大危险源监督管理系统，其中集团公司级一级、二级重大危险源8项，三级重大危险源44项，四级重大危险源5569项，较2013年有所增加；2014年，发生一般人身伤亡事故3起，与2013年持平。

二、设备治理方面

一是落实重点反措，有效遏制设备事故的发生。针对发电机、变压器、机炉外小管道的管理，开展了专项反事故检查，有效遏制设备事故的发生。针对哈尔滨电机厂绝缘问题，开展逐台排查，发现了大量隐患。

二是深入探索，不断完善，持续推进点检定修工作。将点检定修制作为加强生产管理、提升设备可靠性的主要抓手，实现了公司系统点检定修设备管理的全覆盖，储备点检人员后备力量，设备维护质量稳步提升，设备管理和可靠性水平有了较大幅度提升。

三是强化机组检修管理，检修质量明显提高。继续实行机组大修修前策划互查，全年公司系统共实施300兆瓦及以上机组大修检查40台次，实现了检修质量的“源头”把控。严格机组修中质量控制，实施大修监理和分子公司关键节点验收，及时进行机组修后性能试验和评价验收，实现检修管理持续改进。2014年，火电机组完成机组检修149台，已有45台机组修后连续在网运行超过180天，同比2013年提高了8.3个百分点；39台机组大修后的性能试验，热耗平均下降了164千焦/千瓦时，机组煤耗平均下降约6.56克/千瓦时。

四是深化可靠性管理，提高设备健康水平。继续深化和推进“降缺陷、降非停、创金牌”工作，开展“四管”泄漏专项治理，对重点企业挂牌督办。2014年重点督办企业“四管”泄漏同比减少了16台次。全年共发生与设备有关的非计划事件88次，同比减少了50台次，降幅达36.23%；有34家企业“零非停”，同比增加了11家。集团公司有14台机组获全国2013年度“可靠性A级机组”称号，占比29.8%；获奖机组数量连续多年保持全国第一。

三、应急管理方面

中国大唐集团公司一贯高度重视安全生产应急体系建设，制定了《大唐集团公司安全生产危急事件管理工作规定》《中国大唐集团公司突发事件总体应急预案》《中国大唐发电企业安全生产应急预案范本》等一系列支持性文件。《大唐集团公司安全生产危急事件管理工作规定》明确了危急事件管理工作实行行政正职负责制，明确了集团公司、分子公司、基层企业三级责任主体在安全生产应急管理工作中的职责，规定了应急预案编制内容和演练要求，明确了危急事件发生后的应急处置原则；《中国大唐集团公司突发事件总体应急预案》进一步完善了应急管理组织机构。在集团公司突发事件应对工作领导小组下设安全生产应急管理工作小组、燃料保障领导小组、社会稳定应急管理小组、公共卫生突发事件等5个领导小组和工作小组，明确了各工作组职责。各分子公司及基层企业均建立健全了本企业应对突发事件领导机构，做到突发事件应对工作有人抓、问题有人管、责任有人担，形成了信息及时报告反馈、险情及时预警处置的应急管理运行机制。

《中国大唐发电企业安全生产应急预案范本》包括了专项预案23个和现场处置方案40个。各分子公司和基层企业按照集团公司的要求，参照典型应急预案，结合实际修订和完善基层企业应急预案。截至2014年底，各基层企业修订并上报集团公司的应急预案总数为4479个，形成了覆盖三级责任主体、覆盖各类突发事件的总体预案、专项预案、现场处置方案的应急预案体系。

建立了应急物资监管、生产、储备、调拨和紧急配送体系，实现对各类应急物资动态管理，确保突发事件处置中的应急物资保障。认真组织开展应急演练，健全应急预警机制，全年共进行应急演练2667次，其中实战演练689次。在“安全生产月”期间，大唐集团电力生产、基建、煤矿、煤化工以及多种经营企业分别结合自身生产特点，有针对性地开展应急演练446次，为了检验应急演练的针对性、严谨性和可操作性，共开展57次预先不通知的演练抽查，提高了应对突发事件的处置能力。

有效应对了各类突发事件，2014年，影响公司系统企业的台风有5次，4.0级以上地震6次，系统各有关企业落实各项措施，加强应急管理，及时启动应急预案，有效应对了第9号超强台风“威马逊”和云南鲁甸6.5级地震等重大自然灾害，确保了安全生产稳定局面。

四、安全教育方面

中国大唐系统认真贯彻落实《国务院安委会关于进一步加强安全培训工作的决定》各项要求，切实履行企业安全培训主体责任，把安全培训不到位作为重大安全隐患来抓，建立安全培训约束和激励长效机制。中国大唐系统各企业基层企业每年6月分专业开展安全工作规程考试，9月开展运行规程、检修规程等专业规程考试，大力开展案例教育，强化安全“红线”意识。积极组织开展了安全心理学、消防、交通、安规、电力基础知识、急救常识、事故案例等专项知识培训，向一线员工普及职业病防护及现场急救常识，提升员工自我防护、自救互救能力和应急处置能力。

在安全生产月期间开展了形式多样的安全教育培训，安排了5项宣传活动和10项专题活动。全系统按要求开展了一系列有特色、针对性强的活动，取得了良好效果。深入开展警示教育活动，认真吸取淮北“4·25”人身伤亡事故教训，召开了事故现场会，进一步提高各级安全生产管理人员的忧患意识；组织分、子公司主要领导及安全生产分管副职29人参加国家安全监管总局组织的安全资格培训班，举办了两期注册安全工程师继续教育培训，中国大唐系统各单位共500多人参加了培训，加强各级人员安全培训工作，提高全员安全意识和技术水平。

2014年8月31日，新《安全生产法》正式颁布，并于12月1日实施，集团公司举办“安全生产大讲堂”，邀请《安全生产法》修订委员会技术小组组长、中国安全生产科学研究院副院长张兴凯对新《安全生产法》进行解读和辅导，强化各级安全生产管理人员，特别是企业主要负责人的“红线”意识，提高依法履行安全生产职责的自觉性。

五、职业安全健康方面

随着国家职业卫生监管部门职责分工的调整，自2012年始，大唐集团职业卫生管理职能由人力资源部划归安全生产部，设置兼职职业卫生管理人员，统筹集团系统职业卫生管理工作。二级公司设置兼职职业卫生管理人员，按照《工作场所职业卫生监督管理规定》(国家安全监管总局令第47号）第八条要求，职业病危害严重的基层单位，指定安全监督部门归口职业卫生监督管理工作，并逐步配齐专职职业卫生管理人员。其他存在职业病危害的用人单位，配备兼职职业卫生管理人员。

公司系统共有职业病危害严重的企业98家，其中81家配备了专职职业卫生管理人员，另外17家配备了兼职职业卫生管理人员，职业病危害较重和职业病危害一般的企业，大部分配备了兼职职业卫生管理人员。系统各企业共有专职职业卫生管理人员81人，兼职职业卫生管理人员500多人。

在制度建设方面，中国大唐集团公司制定了《中国大唐集团职业卫生管理规定（试行)》(大唐集团制〔2014〕38号)，印发了企业职业卫生管理制度清单，明确了各级责任主体的责任界面和各部门的责任分工，以及职业卫生管理主要工作的重点要求；部分分、子公司印发了《职业卫生法律规范汇编》及《职业卫生标准、规范目录》，转发了《职业卫生档案规范》《职业卫生建设主要内容及检查方法》等相关文件；基层企业不断完善职业卫生管理制度，制度体系涵盖了《工作场所职业卫生监督管理规定》要求的12项制度。

中国大唐集团公司积极宣传、普及国家《职业病防治法》(修订版)、《职业病分类和目录（2013版)》《职业卫生档案管理规范》等法律法规，针对职业病危害风险严重的领域，制定了《中国大唐集团公司煤矿职工职业病危害防治计划及实施方案》，组织基层单位按照《职业卫生建设主要内容及检查方法》开展职业卫生建设情况调研工作，各分子公司、基层单位按照相关规定积极推进和落实。2014年，组织系统各企业3万多人参加了国家安全监管总局和中华全国总工会联合组织的全国职业病防治知识竞赛，其中大唐太原第二热电厂等单位获得了优胜单位奖。

根据《职业卫生档案管理规范》完善企业职业卫生档案。对在岗期间的职业健康检查，根据岗位职业危害因素，按照《职业健康监护技术规范》等国家有关职业卫生标准，确定接触职业病危害员工的检查项目和检查周期；并按照《用人单位职业健康监护监督管理办法》的规定，建立职业健康监护档案，内容包括劳动者的职业史、职业病危害接触史、职业健康检查结果、处理结果和职业病诊疗等有关个人健康资料。

系统企业能够按照《劳动防护用品配备标准（试行)》《个人防护装备选用规范》等标准的规定，并结合企业的行业特性，针对不同的职业危害因素为从事接触职业病危害作业的员工配备相应的个人防护用品，接触粉尘的人员配备防尘口罩，接触噪声的人员配备耳塞，接触有毒物质的人员配备防毒面具，接触射线作业的人员配备报警仪和个人剂量计等。

各企业切实加强个人防护用品管理工作，在采购防护用品时，严格审查制造厂商的资质情况，确保产品符合要求，必要时通过试验进行验证，对于特种劳动防护用品，要求具有安全生产许可证、产品合格证、安全鉴定证和劳动防护安全标志“LA”；在工作过程中，督促、指导员工正确佩戴、使用职业病防护用品；同时根据防护用品使用的频度等情况，及时做好补充与更新，确保防护用品完备、可用，保障员工的身体健康。

华润（集团）有限公司安全生产工作

华润（集团）有限公司环境健康和安全部

华润（集团）有限公司严格遵守国家安全生产法律法规，坚决贯彻落实党中央、国务院关于加强安全生产工作的要求，在国资委、国家安全监管总局等上级主管部门的指导下，认真贯彻落实集团傅育宁董事长、乔世波总经理关于安全生产的指示要求，积极完善具有华润特色的价值创造型安全生产管理体系，始终坚持把员工的生命安全放在首位，坚持发展决不能以牺牲人的生命为代价。2014年，集团在安全生产和职业健康等方面开展了一系列工作，安全生产形势保持稳定，为公司的生产经营和创新发展奠定了坚实的基础。

一、领导重视，大力推动安全生产管理

华润集团董事长、总经理高度重视安全生产管理工作，明确安全生产方向，建立健全安全生产管理组织体系，深入基层强化安全监督管理，推动安全生产管理工作更上一层楼。

（一）明确方向，追求高境界、高标准

集团领导高度重视安全生产工作。在集团年度EHS大会上，傅育宁董事长提出“做实EHS，追求高境界、高标准”的要求，给安全生产工作指明了方向。在集团EHS委员会和季度工作会上，乔世波总经理指出安全生产工作事关集团声誉，要常抓不懈，并对安全生产管理工作做出具体部署和安排。

（二）建立健全安全生产管理组织

健全的安全生产管理组织是有效开展安全管理活动的前提和基础。为使环境健康和安全组织建设制度化，集团发布了《华润集团EHS组织体系建设指引》，明确提出，集团各单位须设置EHS委员会，必须由本单位主要负责人担任委员会主席（主任），必须明确本单位分管EHS工作的高层领导，必须独立EHS监督管理职能，集团各区域首席代表应当履行EHS相关职责。

2014年6月，华润集团总部成立环境健康和安全部，将其列入集团一级职能部门序列，负责集团环境保护和节能减排、职业健康和安全生产、质量和食品药品安全管理工作。集团旗下水泥、电力、置地、燃气、医药等战略业务单元，纺织、化工、万家、雪花、五丰、饮料等一级利润中心均建立了具有独立职能的安全生产监督管理部门。

（三）亲力亲为，深入基层检查指导安全生产工作

傅育宁董事长和乔世波总经理深入电力、置地、水泥、燃气、啤酒、饮料、万家、五丰、医药等多个基层企业检查指导安全生产工作，有力推动了各级企业安全管理工作的有效开展。

二、强化意识，持续推进安全生产责任落实

（一）强化安全意识

按照“谁主管、谁负责”和“一岗双责、党政同责、失职追责”原则，不断强化领导层的安全意识和责任意识，2014年在原安委会的组织架构基础上，设立集团EHS委员会，进一步强化职能，明确安全生产分管领导，定期召开EHS季度工作会议、EHS委员会会议，落实安全生产工作方向和要求。

（二）坚持责任到人

2014年4月，集团乔世波总经理与各战略业务单元、一级利润中心负责人签署安全生产责任书，明确安全生产责任和工作要求。集团和利润中心总部，利润中心总部与区域公司，区域公司和基层企业之间均签订安全责任书，基层企业全员签订安全责任书，形成横向到边、纵向到底的安全生产责任体系。

（三）加强责任管理

实施全员安全管理，各基层企业修订完善岗位安全生产责任制，强化自我管理，将安全生产标准和要求不折不扣地落实到每一个操作岗位、作业过程，切实提高安全生产保障能力。

三、深入基层，开展安全生产检查活动

集团各级企业积极丰富安全生产监督检查的方式方法，通过安全生产大检查、管理体系内审、安全评价、专项检查、突击检查等形式，加强检查的深度和力度，确保监督检查取得实实在在的成效。

（一）开展年度安全生产大检查

在基层企业自查、利润中心总部抽查互查的基础上，集团从有关利润中心抽调42位安全管理专业人员分8个小组，对33家基层企业（涉及16个利润中心）进行了安全大检查集团抽查工作。突出对燃气公司、煤矿、有矿山的水泥基地、事故发生单位、新并购单位，以及有在建项目或人员密集场所等重点企业的检查，查出隐患和问题398项。受检企业均按要求对检查发现的隐患和问题进行了整改，做到闭环管理。

（二）实施管理体系内审

集团组成审核小组，对19家利润中心总部安全生产管理体系的运行情况进行全面审核。审核内容包括组织建设、目标责任、制度建设、教育培

训、风险控制、监督保障、政策/承诺、评价奖惩、管理工具、实施项目等，现场打分并出具审核报告，帮助受审核单位发现安全生产管理方面存在的问题并提出改进建议，同时发掘分享受检单位在安全管理方面好的经验与做法。

（三）开展多形式的安全监督检查活动

华润五丰、华润燃气、华润水泥、华润置地、华润医药、华润纺织开展了安全生产管理体系审核。华润电力组织开展了反恐专项检查。华润水泥采用基地自查、大区督查与抽查、控股全面评价的方式开展安全检查，还对84家基地开展半年度安全环保评价检查。华润三九组织危化品、易燃易爆品专项安全检查。华润雪花采取“不打招呼、直奔现场”的方式检查下属工厂，进一步掌握了工厂的安全生产状况。

2014年集团各单位共开展安全检查64047次，发现事故隐患250258项，其中重大隐患151项，问题和隐患整改率为96.87%。短期未整改完成的隐患，已纳入下一年度企业安全生产重点工作计划。

四、严格事故事件管理，强化责任追究

华润集团严格遵守《安全生产法》，认真贯彻落实国资委相关规定，强化事故事件管理，不放过任何人员伤亡事故，严肃处理失责行为。

（一）严格制度遵守

集团严格依照《华润集团安全生产处罚条例》和安全生产考核制度，对事故发生单位和相关责任人予以处理、追究，彰显制度的严肃性。

（二）严格事故处理

各单位对发生的每一起安全事故，严格按照“四不放过”原则开展事故调查和处理，处理结果报集团备案，集团将事故发生的经过、直接原因、间接原因、处罚情况等在集团EHS网站、《EHS信息》上曝光，发挥警示和教育作用。

（三）严格事故追责

集团所属利润中心、基层企业对发生轻伤及以上安全事故的责任人均进行了严肃处理，2014年全年累计追究责任人949人次，发出通报警示提醒7287份。

五、加强应急管理，提升应急处置能力

华润集团各级企业在完善安全生产应急预案和开展预案演练的同时，加强对各类安全事故事件发生后的应对管理，注重提高安全应急管理的实际操作能力。

（一）修编应急预案

为规范较大及以上安全生产事故的应急处置与救援工作，根据国家应急管理有关法律法规变化和应急预案定期评估的规定，集团对原生产安全事故综合应急预案进行修编，形成了新的《华润（集团）有限公司生产安全事故综合应急预案》（2014版），明确了集团应急处置工作原则、应急组织机构与职责、信息报送和应急处置程序，为下属企业应急预案修订和应急处置提供指导。

（二）开展应急演练

集团各级企业根据企业实际组织开展了各类安全应急演练，以检验应急救援队伍的反应能力、应急物资和装备的保障状态、应急预案的可操作性等，增强各级人员对有关应急预案的熟悉程度，提高其应急处置能力。集团分别与部分利润中心联合开展了演练，与华润电力在四川华润鸭嘴河水电开发有限公司联合开展了突发地震灾害应急预案桌面演练；与华润燃气在江门市开展了LNG储罐燃气泄漏应急预案实战演练；与华润五丰在龙岗分公司开展氨泄漏应急预案实战演练。

华润雪花组织开展了氨泄漏事故、火灾事故、中暑、防汛等各类应急演练；华润电力举办了反恐防暴、煤炭顶板事故及火灾事故等应急演练；华润置地组织了电梯事故、坍塌、触电救援等演练；华润水泥开展了危险化学品事故、山体滑坡事故救援等演练；华润银行组织开展了防抢、防诈骗、消防等预案演练；华润饮料、华润双鹤、华润微电子、华润纺织等多个工厂举办了应急疏散、火灾应急演练；华润化工举办了生产车间热媒油泄漏、聚酯厂热EG泄漏应急演练。

截至2014年底，集团及各利润中心总部共有应急预案135部，集团各级企业全年开展应急演练14869次，其中实战演练2306次，参加人员累计达97万余人次。

六、强化安全教育培训，提高各级人员的安全素质和能力

集团把安全教育培训作为一项长期的基础性管理工作。集团各级企业结合自身特点，认真开展培训需求调查，精心策划培训课程，组织培训资源，分级分类实施教育培训，促进各类人员达到、超越所从事工作有关安全方面的能力和素质要求。

（一）组织开展职业健康与安全培训需求调查

调查涵盖了集团各职能部门、各战略业务单元、一级利润中心及下属基层企业，对象包括各层级企业的领导、专兼职安全生产管理人员、基层管理人员、普通员工。发出调查问卷5396份，回收有效问卷4619份。对培训需求进行了统计分析，形成了《华润集团职业健康和安全生产培训需求调查分析报告》，全面掌握了各级人员的培训需求，有利于开展针对性培训，提高培训实效。

（二）开展安全管理工具和方法培训

举办了集团第四期“EHS应急管理培训”和第五期“行为安全及本质安全管理培训”，集团近210人次参加了培训。培训借助案例分析、视频宣教、分组研讨等形式，向广大参训人员传授了EHS应急管理的理论、机制与危机处置流程，以及本质安全基本原理、危险源识别与评价管理、常见安全防护技术，分析讲解了行为观察的工作原理、工作步骤、沟通技巧与要点等。通过培训，提高了参训人员的安全专业能力和管理技巧，推动了集团基层企业安全管理水平的提升。培训结束后，还组织学员从授课人、课程内容、会务组织等方面对培训效果进行了问卷调查，为今后改进提升安全培训效果提供了依据。

（三）开展新员工安全和环保培训

集团组织人员编制培训教材，联合有关利润中心分期对2400多位新员工进行了入职前个人安全防护常识、安全标示、差旅安全（交通、住宿）、应对自然灾害的生存常识、常见消防设备设施和使用方法、人员密集场所应急常识、生产企业工作场所安全常识、食品安全、环境保护和节能减排等方面的培训，加深了新员工对集团EHS理念、文化的理解，提升了新员工的安全和环保意识。

（四）参加上级主管部门组织的安全教育培训

组织有关利润中心25位安全生产管理人员参加由国家安全监管总局举办的中央企业安全生产管理人员安全资格培训班，系统地学习法规、案例和安全生产管理理论，通过考试，使参训人员取得从事安全生产管理所必需的资格证书；组织有关利润中心31位安全生产管理人员参加由国家安全监管总局举办的安全生产事故应急预案建设、预防火灾与隐患排查治理培训班，学习了应急预案的主要内容与编制程序、企业火灾事故预防措施与近期重大火灾事故案例、隐患排查治理主要内容和方法，并取得结业证书。

集团还组织各级企业参加了由国家安全监管总局和中华全国总工会主办，中国职业安全健康协会协办的全国职业病防治知识竞赛活动。各利润中心积极组织基层员工参与答题竞赛活动，宣传、普及职业病防治知识，提高了员工的职业病防治意识，推进了职业病防治工作的有效开展。集团共收集到925家下属基层企业提交的104666份答题卡，并向竞赛组委会办公室进行了统一提交。华润集团、华润万家、华润雪花、华润置地、华润水泥、华润医药、华润三九、华润双鹤、华润微电子、华润纺织10家单位获得全国职业病防治知识竞赛优胜单位奖。

各利润中心结合企业实际，组织开展了针对性强、形式多样的安全培训。如：华润饮料针对下属企业安全管理人员举办了“履行职责、提升能力”专项培训；华润燃气举办了注册安全工程师培训班；华润电力组织安全管理人员对如何加强相关方安全管理进行了研讨；华润置地开展了风险管理工具培训；华润水泥举办了矿山安全管理培训；华润双鹤举办了“作业条件危险性评价方法”专题培训等。

2014年集团各级企业在生产安全方面共培训196.3万人次，其中相关方安全生产培训53.3万人次，全集团共有36578名特种作业人员均持有效证件上岗。

七、实施安全生产项目，促进安全管理提升

安全生产项目是集团安全生产管理体系架构的组成部分，是保障安全管理要求有效落地的重要途径。各战略业务单元、一级利润中心组织开展了近千项安全项目，通过项目实施，推进安全管理提升。

集团精选一些代表性项目作为重点关注项目。2014年，集团从各战略业务单元、一级利润中心实施的安全生产项目中，选择华润万家深圳龙岗店火灾事故应急预案可视化项目、华润电力（菏泽）有限公司安全隔离系统项目、华润古交原相煤矿安全监控系统升级改造等10个项目作为集团年度重点关注的安全生产项目，并加强项目实施过程的跟踪检查、指导和协调，密切关注项目成效，及时总结和推广项目成果。在年度 EHS 大会上，集团对取得突出成效的华润雪花安全生产战略解码等 8 个安全生产项目进行了表彰。

八、建立制度，完善 EHS 奖惩机制

为增强 EHS 工作责任心，激发 EHS 工作热情，做到奖励与处罚并重，完善正向激励机制，集团发布《华润集团卓越 EHS 奖年度评选办法》，明确了 EHS 奖项设置、评选、表彰与奖励等工作原则和方法，对年度内在 EHS 方面取得卓越绩效和为华润集团 EHS 管理水平提升作出重要贡献的组织和个人进行奖励。

2014 年，共评出 EHS 管理奖 11 项、EHS 项目奖 18 项、贡献之星 12 人。在华润集团 EHS 大会上，集团对获奖的有关单位和个人进行了表彰。

九、加大安全投入，提升本质安全

2014 年，集团各级企业加大安全方面的资金投入，共计投入 11.8 亿元，完善安全生产技术，运用新工艺、新设备，安装或改造生产设备设施的安全防护装置等，提高了生产线的机械化和自动化水平，减少了人机交互机会，使作业人员难以触及机器的危险部位，持续提升本质安全。

2014 年，华润电力投入 8964 万元，对现场设备、设施实行安全防护改造，对生产现场进行安全整治；华润水泥投入 1368 万元，通过不断改造和完善现场设备安全，完成基层企业安全生产标准化建设。

中国黄金集团公司安全生产工作

中国黄金集团公司安全环保部

2014 年中国黄金集团公司（简称集团公司）认真贯彻落实国务院国资委、国家安全监管总局和国家环保部等上级主管部门的工作要求和集团公司部署，牢固树立“人命关天，发展绝不能以牺牲人的生命为代价”的“红线”意识，推行精细化安全管理，以“三基”为抓手，进一步加强安全环保培训，进一步加大安全环保隐患排查治理力度，针对重点部位、薄弱环节开展专项整治，深入推进安全标准化和安全避险“六大系统”建设，完善环保设施建设，开展环保监测，落实减排指标，通过深入细致的工作，各企业安全环保基础工作明显加强，安全生产条件明显改善，集团公司安全生产形势稳定好转，环保管理得到提升，职业健康体系初步形成。

一、强化现场安全管理，防控事故的发生

现场安全是安全管理工作的核心。一是统一确认内容、确认程序、确认职责，以“水滴石穿、绳锯木断”的韧劲儿，在地下矿山企业（包含施工队）大力推行现场安全确认制，坚持执行“不确认、不生产；不安全、不生产”的原则。对所有采掘作业面实施挂牌确认制度，爆破后挂上禁止入内的牌子和拦挡线，下一班上班前必须进行炮烟浓度、顶板浮石、照明、通道、通风设施、通道设施等安全确认，确认合格才能作业。二是严格落实隐患排查治理制度，为提高隐患排查水平，保证排查标准，根据有关安全规程和企业实际，设计了地下采掘系统、提升系统、尾矿库等 10 类安全检查表，作为安全管理工具发放给各企业，大大提高了各企业、各生产模块的隐患排查能力。三是严格执行顶板分级管理制度，结合矿山实际，选择合理的采矿方法，推行主动支护。

二、开展了一个活动、三个专项整治

为强化基层、基础和基本功的“三基”建设，开展了安全基础管理年活动，重点落实了基层安全组织建设、员工安全培训、安全隐患排查治理等一系列工作。为强化提升系统安全管理，开展了提升系统专项整治活动，重点加强了提升设备设施的日常检查和检验检测，国家禁止使用设备及工艺的淘汰。为强化外包工程施工队安全管理，落实施工队现场管理责任，开展了以强化承包方式、施工队人员管理、施工设备设施及施工工艺管理、现场管理和企业对施工队的监管为主要内容的外包工程专项整治。对小秦岭区域企业所属坑口开展了小秦岭区域坑口专项整治，通过关闭一批坑口、整改一批坑口、保留一批坑口，虽然损失了部分利润，但确保了该区域企业生产的安全。

三、加大安全投入，提升企业本质安全能力

2014 年共计对 30 个企业，实施了 44 个安全技改项目，对通风系统、提升运输系统、供电系统都系统进行升级改造，对采空区进行治理。全年安全技改和隐患治理共计投入资金 4.5 亿元。河南金源、湖北三鑫、内蒙古包头等十余家企业大幅度提高了井下装备水平，引进了凿岩台车、铲运机、天井钻机、自动化卷扬机等高效安全的现代化设备；二十余家企业完成了井下电机车架线安全改造，机车运行区段是工作电压，机车运行区段之外的所有机车架线都是 36 伏安全电压。通过这一系列安全投入，改善了企业的安全生产条件。集团公司强化采空区管理，有计划、有行动地对采空区进行有效处置，逐年减少采空区存量。对大型采空区，集团聘请资质单位进行设计，严格按设计进行处理。对存在地表沉降或塌陷危险的采空区，需要搬迁塌陷区域范围内人员，果断组织搬迁，并在地表设置警戒区并经常检查和维修警戒护栏、铁丝网、警示牌等，防止出现人畜误入。

四、转变培训理念，做实做优培训工作

创新安全培训模式，贴近企业生产实际，重新修订编制了班组长安全培训教材、作业人员安全培训教材和职工安全知识手册共 3 套 17 本安全培训教材。将集团公司 2000—2013 年安全事故整理形成了《2000—2013 年矿山事故案例分析》，印发各企业组织事故案例警示教育。利用三门峡技校的师资力量，变“到学校培训”为“上门送课”，到企业进行管理人员、员工安全培训，2014 年合计培训企业生产作业人员 17797 人次，主要负责人、分管安全负责人、安全部经理等管理人员 804 人次。

五、完善应急体系建设，提高应急救援能力

为提高地下矿山应急救援能力，缩短事故发生后的第一救援时间，制定了《地下矿山坑口应急救援物资统一配备最低标准》，在地下矿山各坑口配置了必须的救援装备和物资。为提高地下矿山“六大系统”服务于安全管理的作用，强化了地下矿山“六大系统”使用、维护工作。加快推进国家应急救援基地和应急培训演练基地建设，做好应急装备招标、验收和基地建设，合理合规使用中央国拨资金。

六、加强职业健康管理，构建职业健康管理体系

为强化各产尘点的粉尘整治，集团公司开展了粉尘专项治理，要求权属企业配备粉尘监测仪器，配备专职人员、制定检测制度，开展作业现场粉尘监测。各类除尘装置和通风装置有效运转，确保作业现场粉尘浓度达到国家标准；为职工配备符合国家标准或行业标准的劳动防护用品，并确保员工上岗过程中正确佩戴；每年一次为接触职业危害职工进行职业体检，并按照一人一档的模式为员工建立职业健康档案。

七、打造安全“标杆”班组、推动企业安全文化建设

河北峪耳崖公司安全班组建设，以“树典型、立标杆”为突破口。经综合对比选取和创建一个试验班组，围绕“基层、基础、基本功”的丰富内涵和精神实质，以完善制度、多样化学习、严格考核奖惩标准、灵活考核等手段，打造“标杆”班组，摸索经验并总结推广，促进企业安全班组建设整体进步。该安全班组建设方式灵活，“以点带面、以局部促整体”的实施步骤具有实际操作性，集团公司组织各生产企业借鉴学习，逐步提升班组安全文化水平，充分发挥班组作为安全管理基层组织的各项作用，强化企业自主安全管理能力。

第十三部分

安全生产协会、学会工作

中国职业安全健康协会安全生产工作综述

2014年，中国职业安全健康协会（简称协会）认真学习贯彻落实党的十八大、十八届三中、四中全会精神，在国家安全监管总局党组和协会理事会的领导下，在广大会员单位的大力支持下，认真履责，求真务实，各项工作取得了显著成绩，“三个服务”（为政府服务、为会员服务、为社会服务）的水平和质量不断提升。

一、职业健康工作稳步推进

2014年以来，协会从关心全国亿万从业者的职业健康出发，克服了人员少、任务重等诸多困难，做了大量富有成效的工作，得到国家安全监管总局、国家煤矿安监局领导的充分肯定。

一是完成延续课题并通过验收。在2013年工作的基础上，完成了《煤矿作业场所粉尘浓度管理限值调研》《延长石油职业安全健康发展规划》和《煤矿工人劳动防护用品安全性调查》3项延续课题任务。其中，课题《煤矿作业场所粉尘浓度管理限值调研》已提交神华集团等待验收，《延长石油职业安全健康发展规划》和《煤矿工人劳动防护用品安全性调查》已通过验收顺利结题。

二是实施煤矿尘肺病危害及防治措施现状调研。受国家煤矿安监局委托，组织30余人课题组，开展全国煤矿尘肺病危害及防治措施现状调研项目。调研由书面抽样调查和现场实地调查两部分组成。通过建立网上填报系统，全国26个产煤省的1000余份书面调查问卷已基本填报完成。由协会副理事长带队的5个调研小组，分赴辽宁、河南等7省区，完成了35个煤矿的实地调研工作。已提出调研总报告初稿。

三是开展职业卫生三同时评审。全年组织开展建设项目职业病防护设施竣工验收评审16项；召开评价报告盲审会议5次；组织建设项目职业病危害预评价报告评审20项。累计组织专家100余人次，撰写完成结论性报告30余篇。

四是开展石油行业安全生产标准化评审。组织7家评审单位的100余名专家开展石油行业安全生产标准化评审，对200余家企业提交的申请资料进行了审核，对评审单位提交的第一批90项评审报告进行了形式审核，为企业颁发了证书。对评审单位提交的第二批98项评审报告的形式审核，已报送国家安全监管总局监管一司待批。期间，对相应企业进行了20余次现场监督。

五是做好防尘防毒标准组织制修订工作。承担防尘防毒标委会秘书处职责，协助国家安全监管总局健康司完成了职业健康分技术委员会的筹建工作。完成了26项待发布标准的修改工作，其中7项标准已正式发布，完成了13项标准的组织立项和组织编写工作。

六是组织做好高等学校安全类专业认证工作。承担安全类专业认证分委会秘书处职责，依照程序，组织完成对中国矿业大学（北京）、南京理工大学等6所学校的安全工程专业认证申请受理、自评报告评审、现场考查及认证报告编写等一系列认证相关工作，圆满完成了中国科协和中国工程教育认证协会安排的工作任务。

七是开展设立职业卫生师的研究。组织与美国、加拿大等国外相关机构专家的职业卫生师职责、定位于能力要求等方面的座谈，与国内相关专家的座谈，了解国外职业卫生师的相关情况，探索建立中国职业卫生师的必要性和可行性，为2015年立项研究协会建立职业卫生师能力要求、考核大纲、考试题库及试点考试及注册奠定基础。

八是出版相关教材。组织专家研讨和审稿，对《职业卫生监督管理培训教材（第三版）》进行了修改完善，已正式出版，作为培训教材，用于全国职业健康监管干部业务培训工作。

二、安全社区建设取得新进展

安全社区建设是社会管理创新的重要方面。国家安全监管总局副局长杨元元在成都12月2日召开的全国安全社区工作会议上，代表国家安全监管总局党组对近年来安全社区建设取得的成绩给予高度评价，他指出：全国安全生产形势持续稳定好转，这其中，安全社区建设工作也作出了积极的贡献。2014年安全社区建设工作有以下6个方面的创新点：

一是安全社区建设的质量和数量得以提升。2014年启动建设安全社区271个，超额完成132个安全社区年度建设计划。本年度新命名全国安全社区94个。对命名已经满5年的安全社区进行复评，再次获得命名的全国安全社区40个，累计达到79个。截至11月底，在协会备案、已经启动和建设全国安全社区的单位达2606个，其中已经建成的安全社区达到552个。分布在26个省、市、自治区，占省级行政区（未含香港、澳门、台湾）的81.35%，覆盖人口超过了1.5亿。

二是全国安全社区工作经验得到提升并广泛推广。12月2日在成都召开了2014年度全国安全社区工作会议，杨元元副局长代表国家安全监管总局出席会议并讲话，张宝明理事长作工作报告。广东佛山北滘镇、重庆黑山镇的9家代表作了经验介绍，并组织了现场参观，这些经验真实感人，可信可学。会议期间，还举行了第一届五次安全社区工作委员会会议。

三是安全社区支持中心的合作得到加强。走访了成都、广东等支持中心。并重组了山东支持中心；新发展了青岛支持中心。全国安全社区支持中心总数达到14个。

四是规范了收费程序。自2014年开始收取适当的评定费用，补贴安全社区工作经费的缺口。出台了收费协议，规定了收费程序等工作。

五是国际安全社区建设工作有新进展。已有17家通过认证，还有6家正在准备接受认证。至此，全国共有78个社区成为国际安全社区网络成员，占全球346个的22.5%，占亚洲143个的54.6%。

六是安全社区信息管理平台正式运行。建立安全社区信息管理平台和全国安全社区网站并正式运行。启用安全社区登录系统，初步实现了信息资源的公开共享。

三、科技交流工作扎实推进

2014年以来，协会重点围绕职业安全健康当前的热点和难点展开，深度探讨研究解决这些问题的途径和方法，推动安全生产和职业健康领域新技术、新理论和新成果的推广应用。

一是2014年度科技奖评奖有序进行。2014年度“中煤能源杯”中国职业安全健康协会科学技术奖评奖工作共收到236项申报项目，经审查，实际评审项目224项。组织了8个专业组进行了函评、初评。

二是完成2014年度学术年会筹备工作。学术年会以“工业防降尘与个体防护”为主题，组织专家准备了学术报告，完成了前期准备工作。

三是完成科技人才和奖励的推荐和申报。在协会理事单位中，择优确定神华集团公司徐会军博士、教授级高工为协会全国优秀科技工作者提名人选。推荐2013年度协会科技奖4个获一等奖项目作为国家安全监管总局2014年度国家科学技术奖候选项目，其中2个项目获准入围。同时还启动了中国职业安全健康协会青年科技奖评奖工作。

四是推广应用和开发新技术。组织开展了《“智慧矿山”产业技术创新战略联盟》的筹建工作；完成《煤矿井下瓦斯事故个体逃生装置》技术鉴定后，组织了生产车间、设备、实验室等建设，正在申请批复；组织完成了《矿井粉尘综合治理新技术措施的研究与应用》国家科技专项计划建议项目的研讨、上报；与北京东辉盛源科贸有限公司签订合作协议书，共同推广煤矿井下粉尘捕捉剂产品和技术。

四、安全培训进一步提高

提高企业和广大职工的素质，是职业健康的基础和保障。2014 年以来，按照国家安全监管总局加强培训工作的有关要求，重点开展了职业健康和安全社区培训。

一是加大培训力度。2014 年共举办培训班 10 期，培训人员 1610 人。其中职业卫生监管执法业务培训班 3 期；煤矿主要负责人培训班 2 期；全国安全社区建设标准和方法培训班 4 期；吉林市职业卫生技术服务机构检测和评价人员资质培训班 1 期。

二是加大协作力度。继续和首都经济大学密切合作，联合举办国内首届安全工程专业硕士研究生班，完成了前期合作办学实施计划的论证工作。依托首都经贸大学，成立了安全科学与工程专业师资培训班的培训教程体系编写组，并且制定培训教材大纲实施方案。

三是拓宽培训教材编写领域。完成中小学安全健康读本的大纲编写工作和市场调研工作。

四是教学指导委员会工作有序开展。按照有关要求，做好安全工程学科教学指导委员会秘书处的相关工作。

五、宣传教育和舆论阵地建设得到加强

一是发挥优势，扩大影响。利用和依靠《劳动保护》杂志冠名协会会刊的优势，加大宣传职业安全健康工作，扩大了协会影响力和知名度。

二是充分发挥网站作用，进一步加大舆论宣传。1—11 月，网站上传信息共 808 篇，并整理上传了 2014 年安全图书目录；继续做好专家答疑栏目，为会员提供服务；及时更新理事、会员及分支机构信息；收集、整理安全健康科普资料；及时办理网站变更手续，确保网站规范、合法运营。

三是高质量办好《中国安全科学学报》。2014 年已出版 10 期，收稿刊出率 12.7%。向中国科学技术协会提交了《精品期刊项目第三期总结报告》。同时，与有关企业进行合作；聘请国际编委，开展学术调研；不断提高学报的运营效果，办报质量和影响力。

六、咨询服务、分支机构建设和对外交流取得扎实成效

一是安全咨询服务进展明显。2014 年为企业咨询服务方面，共签订咨询和评价合同 100 多份，合同总金额约 1000 多万元，超额完成了协会秘书处签订的经济指标，实现了经济效益和社会效益的双丰收。

二是分支机构建设进一步加强。现有分支机构 26 个（3 个工作委员会、13 个专业委员会、10 个分会）。各分支机构都先后召开了一系列会议，在各自的领域或行业中进行学术研讨、业务研究和科普推广与展览会，提高专业委员会的工作质量、学术水平和新技术推广。部分专业委员会还进行了换届工作，充实加强了组织建设，保证工作顺利开展。

三是积极开展对外交流与合作。完成 2014 年出国（境）组团工作，派出团组 4 个，选派出国人员 13 人。依照外事程序和纪律，接待外事来访 5 批 19 人。通过对外交流，提高了协会的知名度和协作工作力度。

七、持续推进党风廉政和队伍建设

一是发挥党支部的战斗堡垒作用。组织开展党的群众路线教育实践活动和回头看工作，认真贯彻落实中央八项规定和国家安全监管总局六条实施办法，坚决执行中组部的有关规定。积极参加“向计划生育的贫困母亲献爱心”捐款活动。

二是加强学习，提高思想和业务水平。定期组织员工进行理论学习和业务学习，传达党中央、国务院以及国家安全监管总局关于安全生产的指示精神，并服务于重点工作。参加了 6 次国家安全监管总局举办的安全生产管理专题讲座，协会组织了新《安全生产法》宣贯班。

三是加强组织建设和财务管理。严格履行干部任用程序，补聘了部分岗位 6 名领导干部，促进了干部队伍的年轻化、知识化、专业化。进一步加强财务管理，完成了 2013 年财务年度决算和税务汇算清交以及全年日常工作，为协会完成工作提供了有力保证。

四是进一步壮大协会会员队伍。截至 11 月底，协会会员总数达到 4928 家（名），同比增加 9%。其中个人会员 1930 名，同比增加 2%；单位会员 1744 家，同比增加 28%；网站注册会员 1254 名，与去年持平。理事会成员为 292 家（名）（个人理事 164 名，理事单位 128 家）。截至 11 月底，共收到会费 127 万元。

2014 年，继续秉承社会效益、经济效益一起抓的方针，协会全年总收入2161万元，成本费用支出2009万元，结余152万元。回首全年的工作，概括起来有5点体会：（1）推进安全社区建设是推动“双基”建设的有效途径。（2）加强职业健康工作是贯彻“以人为本”科学发展的长远立足点。（3）加大科技工作力度是实现科技兴安的重要举措。（4）大力开展安全培训是实现长治久安的基础。（5）注重舆论宣传与合作沟通是提高知名度和拓宽市场的必要手段。

八、存在不足

2014年尽管取得了许多成绩，但离国家安全监管总局党组的要求和广大会员单位的期望还有差距：

一是“三个服务”水平需进一步提高。在开展有影响力的活动方面，特别是在全国有轰动效应的活动方面还有待于加强，在为政府服务方面还要进一步采取针对性的措施，在找对、找准服务空间上下功夫。

二是在为会员单位服务、反映企业诉求方面还要进一步加强。深入基层调查研究的力度、深度、频度不够，协会的人才资源优势和专家委员会是作用发挥的不够，还有待于进一步加强。

三是对协会自身的认识还有待于加深。协会的资源是协会的宝贵财富，但任何资源都是有形的、无形的，潜在的、现实的。怎样充分利用这些资源？那就需要从学习上、从研究问题的能力和水平上找对策、找规律。

四是协会的凝聚力和向心力有待进一步增强，激励机制有待进一步加强。协会人才队伍建设滞后，发展不平衡，年龄偏大，结构不尽合理。要采取得力措施，把热爱协会事业、懂业务的大学生、研究生吸纳到协会中来，进一步增强协会的凝聚力、向心力，提高队伍整体素质，使协会逐渐成为一个思想敏锐、务实创新、业务精通、勇于探索、年富力强、勤奋敬业的战斗集体。

中国煤炭工业安全科学技术学会
安全生产工作综述

2014年，中国煤炭工业安全科学技术学会（简称中煤安科学会）在国家安全监管总局党组和机关党委的领导下，紧紧围绕学习贯彻党的十八届三中、四中全会及习近平总书记系列重要讲话精神和国家安全监管总局的中心工作，以党风和廉政建设统领和保障学会各项工作，以工作创新、制度创新和机制创新为理念，夯实工作基础，注重工作实效，把“三服务一加强”作为工作的出发点和落脚点，切实有效地推进各项工作，不断提升学会工作的整体水平。实现了发展主线清晰、重点突出、目标明确、一步一步前进的有序发展。2014年具体做了以下几方面工作：

一、认真抓好学习型组织建设，强化理论武装，强化责任意识，切实增强履职能力

按照中央和国家安全监管总局党组的总体部署，学会认真组织了各种学习活动，认真学习和深刻领会党的十八届三中、四中全会以及习近平总书记系列重要讲话精神，加强思想政治理论和业务知识学习，全面把握学会发展思路、目标、重点和措施，深入思考促进安全生产形势稳定好转等一些全局性、重大和深层次问题，切实发挥了学会的服务职能。凡指定学习的内容，做到有布置、有检查，抓紧抓实，不走形式。增强了学习自觉性和主动性，把学习作为提高素质能力、履行好职责的重要方法、手段和途径，树立终身学习的理念，养成善于学习的习惯，向书本学习、向实践学习、向群众学习，通过学习理清发展思路，破解工作难题，推动工作创新。坚持理论联系实际，从解决实际问题的需要去学习。树立学习工作化、工作学习化理念，把学习融入工作之中，在干中学，在学中干，紧密联系工作实践，在学习中提高推动学会工作发展的水平，在学习中开动脑筋，发现矛盾、总结经验、探索规律、解决问题，在更高的水平上推动工作；同时，建立和完善了集中学习制度、学习交流制度、调查研究制度等，把学习成果转化为解决问题、指导工作、推动发展的工作实效。

二、加强党风廉政建设，营造风清气正环境，党建和行政工作整体推进

深入持续地开展党的群众路线教育实践活动，不断巩固和扩大教育实践活动所取得的成果，对照整改方案，认真抓好建章立制和落实整改工作。从党要管党、从严治党的高度按照国家安全监管总局党组和机关党委的要求认真落实党风廉政建设两个责任。以构建拒腐防变思想道德防线为重点，加强示范教育和警示教育，把政治思想教育落实到党员干部日常管理工作之中，推进政治思想教育工作常态化。要求党员干部自觉遵守廉洁自律各项规定，时刻以《中国共产党章程》《中国共产党党员领导干部廉洁从政若干准则》和八项规定严格要求和规范行为，做到勤政务实、勤俭节约、生活正派。深入持久地开展“四风”防范管理工作，把反对和防范“四风”作为一项长期的工作来抓，通过建章立制防范“四风”风险，运用管理手段保证制度执行。努力使每个党员做到：理论上成熟，政治上过硬。努力营造和谐环境，求团结，求稳定、求发展。

在党建和业务工作上要做到以党建、纪检促“政”，保持干干净净为人民做事。积极推进学会的思想建设、组织建设、作风建设、制度建设和业务建设，用加强党建、纪检廉政建设，保证队伍充满生机、富有活力，促进各方面工作顺利开展。

三、积极探索有利于适应新形势和学会特点的有效机制与途径

学会领导班子紧密围绕学会发展，找准定位、明确目标、理清思路、积极作为。一是完善机构，充实人员，抓好招聘、网站、专家库、刊物建设和部分专委会备案工作。二是建章立制，加强管理。改革完善薪酬制度、课题管理办法、工作规则、有偿服务项目管理办法等，建立正确的约束和激励机制，确保正确导向。三是加强作风和能力建设，提高自身和队伍人员政治、业务素质。

四、围绕国家安全监管总局中心工作，发挥服务政府职能

为配合国家安全监管总局、国家煤矿安监局开展50个煤矿安全重点县攻坚战相关工作，根据宋元明副局长和黄毅会长的批示，中煤安科学会组成调研组，于2014年6月11日至7月12日，先后对河北、贵州和湖南三省5个县（区）的煤矿安全监管部门及其所属7个煤矿进行了实地考察和调研，摸清了这些煤矿安全重点县煤矿安全监管部门及所属煤矿安全生产监控信息化平台建设的情况，形成了《50个煤矿安全重点县（市、区）安全生产监控信息化平台建设调研报告》，同时制定了《50个煤矿安全重点县煤安全生产监控信息化平台建设相关标准编制工作方案》和《50个煤矿安全重点县煤安全生产监控信息化平台建设技术培训工作方案》，得到了国家安全监管总局及国家煤矿安监局领导的高度肯定和支持。

完成了国家煤矿安监局委派的内蒙古银宏能源开发有限公司泊江海子煤矿和山西大同煤矿集团有限责任公司梵王寺煤矿的安全核准审查工作。

积极组织实施国家安全监管总局及国家煤矿安监局指派的标准、规范的制修订工作。

五、加强与各专委会联系，凝心聚力，共谋发展

一年来，中煤安科学会领导班子及有关部门负责人经常深入各专业委员会和有关单位调研，参加各专委会举行的学术研讨和技术交流会议，参加指导专业委员会换届工作，2014年先后有水害防治和降温专委会进行了换届。同时听取各专委会及相关单位对学会的意见和建议，进一步找准学会的定位、理清工作思路，改进工作方式和方法，积极探索有利于调动各方面积极性、凝聚共识与形成合力、适应新形势和学会特点的有效机制与途径。牢固树立服务的思想，把学会打造成能够真正整合、凝聚煤矿安全科技资源的平台、开展有效合作与协作的平台，为煤炭工业安全发展提供有力的技术支持。

六、围绕煤矿安全主题，组织开展课题研究

一是开展淮北矿业集团“54321”全面安全管理体系课题项目研究。经过课题组多次召开专家研讨会研讨，深入淮北各矿基层实地调研，结合淮北矿业集团实际从理论的高度对原有的安全体系从框架结构到各要素之间的逻辑关系进行了优化、丰富、完善和创新，经与淮北矿业集团反复沟通并多次修改完善，取得了阶段性成果，得到了淮北矿业集团的充分肯定。该课题的研究成果将有利于淮北矿业集团构建安全生产长效机制，建立健全体系闭合运转的考核办法和运行机制，进一步增强体系建设的科学性、实效性和可操作性，同时符合煤炭企业安全生产的规律特点，力求创新性、科学性、超前性、针对性和实用性，在全国具有推广价值。

二是开展“煤矿安全生产危险源辨识与风险评估指南”专项课题研究项目。有针对性地解决煤矿企业在贯彻执行《煤矿安全风险预控管理体系规范》(简称《规范》）过程中的问题与难点，以科学方法对煤矿采、掘、机、运、通等各系统环节、作业现场的危险源进行全面梳理辨识，逐个进行风险评估，并建立一一对应的管理措施和管理标准，对煤矿企业执行《规范》，建立真正发挥安全效益的安全风险预控管理体系，提升煤矿安全管理水平，具有现实意义。

三是已与中滦科技有限公司签订全面合作框架协议，开展基于物联网技术的全息矿山技术课题研究。

四是积极谋划与东华软件公司合作开展煤矿安全信息自动化领域的课题研究。

五是已与山东淄博祥龙测控技术有限公司达成意向协议，合作开展煤矿自燃火灾防治专家系统课题研究。

六是已与北京国泰民安文化发展有限公司达成意向协议，合作开展煤矿安全文化的课题研究。

七、积极开展煤矿安全“四新”的推广应用

中煤安科学会本着“三服务、一加强”的宗旨，着力将自身打造成连接煤矿企业、科研院所、设备生产企业的桥梁和纽带，加强与各方面联系，积极推广与煤矿安全相关的新技术、新工艺、新材料、新设备，组织专家举行“四新”成果鉴定，全心全意为煤矿企业的安全生产服务。2014 年，中煤安科学会在“四新”推广方面和开展多元化服务方面，主要做了以下工作：

一是组织专家组赴山东曲阜东宏管业股份有限公司实地考察、洽谈，就合作推广该公司生产的新型矿用管道达成意向。

二是在 2014 年初，中煤安科学会领导亲自带队赴葫芦岛市白云端救援装备有限公司调研、洽谈，达成合作研发和推广液态二氧化碳多功能救援、救护、灭火系统及火区快速密闭系统装备的意向协议。

三是已与山东东宏管业达成信息化平台建设项目的协议，已约定近期签订合同。

四是组织专家赴山东恒远机电设备有限公司考察洽谈，就合作推广瓦斯抽放监控系统及工作面上隅角瓦斯吹散装置达成协议。

五是已与华北制药达成信息化平台建设有关协议，即将签订合同。

六是已与湖南湘潭赫施曼电控科技有限公司达成协议，合作推广井下电机车节能变频技术。

七是已与双鸭山新业矿山安全科技有限责任公司达成协议，合作推广斜巷防跑车系列装置。

八是已与山东淄博祥龙测控技术有限公司达成协议，合作推广火区气体监测束管正压输气监测系统和及智能配气甲烷仪表校验系统。

九是已与淮南万泰集团达成协议，合作推广井下带式输送机节能变频技术。

十是已与安泰万强科技（北京）有限公司达成协议，合作研发和推广煤矿作业规程和应急救援编制软件。

十一是与山西中煤财产保险有限责任公司达成战略合作协议，开展煤矿安全技术培训、安全会诊及安全风险评价等方面工作。

八、开展煤矿安全生产行业法规、技术标准的制修订工作

一是参加《煤矿安全规程》修订工作。在前期完成实地调研，收集意见和建议，进行归纳、梳理和提炼，并在形成了《〈煤矿安全规程〉全面修订前期调研工作的报告》的基础上，积极参与后续修订工作，提出修改意见和建议。

二是牵头实施《煤矿建设项目安全设施设计审查和竣工验收规范》的修订工作，制定了修订工作实施意见，成立了修改工作领导小组，确定了各修改专家组及其成员。

三是完成《煤矿井下避难硐室基本要求》初稿（国家煤矿安监局批示暂停)。

四是完成《矿井 CO_2 防灭火技术规范》编制工作，已上报标委会批准。

五是组织修改《矿用潜水空气呼吸器》。

九、围绕煤矿安全技术，开展安全技术交流与培训

2014 年，中煤安科学会积极筹备召开全国防灭火新技术专题报告会，对国内煤矿防灭火方面存在的问题和解决这些问题的最新研究成果、方法、思路、技术手段进行了深入的调研和挖掘，收集、梳理、归纳总结了现阶段煤矿防灭火方面存在的7大问题和相应的解决办法，落实了围绕解决这些问题的国内权威专家及其报告主题，旨在举办一次真正为煤矿企业解决防灭火方面实际问题的高质量专题报告会。

2014年，中煤安科学会共举办了各类安全技术培训班3期，共培训541人次，受山西中煤保险委托举办了煤矿开采技术及安全管理培训班2期，共培训640人次，收到很好的效果。

第十四部分

重特大事故案例

矿山事故

云南省曲靖市麒麟区黎明实业有限公司下海子煤矿“4·7”重大水害事故

2014年4月7日4时50分，曲靖市麒麟区黎明实业有限公司下海子煤矿（以下简称下海子煤矿）发生一起重大水害事故，造成21人死亡，1人下落不明，直接经济损失6689万元。

一、事故发生及抢险救援经过

（一）事故发生经过

2014年4月7日2—8时班，当班出勤26人，带班副矿长1人，电工1人，运输上山上部推车工3人，下部带式输送机机尾1人，C24煤层2401残采工作面10人，2401运输巷掘进工作面5人，2401补巷掘进工作面5人。1时20分，带班副矿长杨××召开班前会，进行工作安排。1时40分，班长王××带领工人相继入井作业。1时50分，带班副矿长杨××由风井入井，现场检查后于3时左右升井。推车工殷××、殷××、汤××在地面装料后2时左右入井。4时30分左右，殷××、殷××、汤××在+1914米水平溜煤眼处听到下面第一次爆破声，陆续听到“第二声、第三声”爆破声，4时50分左右突然听到下面巷道传来“轰轰”的声响，三人立即用电话向带式输送机机尾联系，机尾电话无人接听。于是，由殷××去机尾查看情况。殷××还未到机尾便看到了水已经淹满下部巷道。返回后，殷××打电话到绞车房报告情况，接电话的是杨××（杨××3时升井后在绞车房烤火）。杨××接到“井下透水”报告，立即打电话报告矿长，但矿长陈××未接电话。于是，杨××去检身房查看出井人员名单，随后去找机电副矿长张××组织下井救人。推车工殷××等3人升井后，5时30分到矿长家里报告情况。5时40分，陈××下井查看，发现水已经从带式输送机机尾淹上来20多米。出井后，6时2分向高家村煤管所报告事故。

（二）事故抢险救援经过

接到事故报告后，高家村煤管所所长带领人员立即赶赴事故现场，同时向麒麟区煤炭局上报事故情况。麒麟区煤炭局接到事故后报告，立即派人赶赴现场，并逐级上报事故情况。接到事故报告后，云南省委省政府、曲靖市委市政府、麒麟区党委政府和省直有关部门领导立即赶赴事故现场，启动应急救援预案，成立了以省政府刘慧晏、尹建业副省长为指挥长，曲靖市委高劲松书记、云南煤矿安监局邹立生局长、曲靖市人民政府市长范华平、省安监局汤忠明副局长、省工信委王祥副主任为副指挥长的应急处置指挥部，组成专家组，迅速开展救援工作。

国家安全监管总局、国家煤矿安监局领导及时协调四川、贵州的救援队伍、设备设施，协调河南、山西的大型排水设备，协调中国人民解放军总参谋部作战部、空军、民航运输排水管道，协调公安部、交通运输部为设备运输提供支持。云南省及曲靖市领导调集专业、兼职矿山救护队、武警官兵、公安干警、驻地军队、电力、通信、医疗卫生队伍和广大干部职工，全力投入事故抢险救援、人员核实、后勤保障、善后处理、信息发布、社会维稳等工作。至4月18日，找到21名遇难人员，1人失踪，救援指挥部仍组织力量对1名失踪人员进行搜寻。这次救援，共调集云南省内9支专业矿山救护队、60支煤矿兼职救护队、3支钻井队，大型排水设备49台件，采购大型物资设备94台件，电缆8000米，排水管8000米，施工钻孔5个共484.22米，排水100640立方米，抢险救援人员投入1800余人。至4月28日16时，因矿井仍然透水，巷道垮塌严重，采空区有害气体升高，灾区巷道复杂难辨，人员搜寻非常困难。经专家组研究认定，建议停止救援，指挥部决定停止救援。截至4月28日，此次事故共造成21人死亡，1人下落不明。

（三）善后处理情况

曲靖市、麒麟区党委政府全力做好事故善后处理工作，抽调干部成立事故善后处理组，包户耐心细致地做思想工作，及时按照相关政策落实善后处理及赔偿工作。矿区社会秩序稳定。

二、事故原因和性质

（一）直接原因

下海子煤矿非法越界开采陆东煤矿三号井保安煤柱，掘进工作面不进行探放水作业，冒险蛮干，爆破贯通采空区积水，诱发透水，造成事故。

（二）间接原因

1. 下海子煤矿安全主体责任不落实，越界开采，违法组织生产，不执行探放水措施，安全管理混乱

（1）非法越界组织生产，蓄意逃避监管。发生事故的2401补巷掘进工作面位于陆东煤矿三号井井田范围内，非法越界组织生产原煤8606.2吨。为了逃避政府监管，该矿采用统一口径、真假两套图、事故区域不安设甲烷传感器和人员定位读卡分站、不填报表、采取提前打密闭等手段掩盖违法生产行为。

（2）节后违规组织生产。该矿2月19日进行节后复产验收，3月27日区人民政府领导签批同意复产验收意见，在报批期间（2月20日—3月26日），该矿违规组织生产煤炭5100吨。

（3）安全管理混乱。未设置专门安全管理机构，井下随意布置采掘工作面，事故发生前井下共布置5个掘进工作面，其中事故区域布置3个掘进工作面同时作业。事故区域掘进工作面不编制作业规程，爆破距离不符合《煤矿安全规程》规定，爆破时未撤出邻近巷道的作业人员。劳动组织管理混乱，班长自行招录井下作业人员，随意安排作业，事故当班带班领导提前升井。部分矿领导下井不签字、不检身，一些从业人员未经培训入井作业，部分特种作业人员无证上岗。

（4）防治水措施不落实。该矿C24煤层补巷掘进工作面未执行“预测预报、有疑必探、先探后掘、先治后采”的探放水规定，探放水措施不落实，冒险蛮干。

（5）煤矿隐蔽致灾因素普查工作未开展。《国务院办公厅关于进一步加强煤矿安全生产工作的意见》（国办发〔2013〕99号）、《云南省人民政府办公厅关于进一步加强煤矿安全生产工作的实施意见》（云政办发〔2014〕5号）和《国家安全监管总局　国家煤矿安监局关于印发煤矿地质工作规定的通知》（安监总煤调〔2013〕135号）明确规定，要强制查明井田范围内的瓦斯、水、火等隐蔽致灾因素，特别是对小煤矿集中的矿区，要组织进行区域性水害普查治理，对每个煤矿的采空区积水划定警戒线和禁采线。事故发生前，下海子煤矿未按照规定开展此项工作。

2. 在煤矿安全监管工作中，政府相关职能部门工作落实不到位

（1）麒麟区煤炭工业局及高家村煤管所，对辖区内煤矿的安全生产监督管理工作不到位，技术管理工作不扎实，对矿井探放水制度规定的落实及隐患排查工作不到位；组织开展“打非治违”工作不力，对煤矿长期存在的超层越界开采行为失察；对下海子煤矿复产验收、二级标准化矿井审核把关不严；对安全检查组、挂矿安全员和驻矿监督员的履职行为督促检查不到位。

（2）麒麟区安全生产监督管理局（麒麟区安全生产委员会办公室），履行安全生产综合监管职责不到位，未有效协调、监督煤矿安全生产工作，未积极采取有效措施加强对辖区煤矿安全生产的综

合监管。

（3）麒麟区国土资源分局，对下海子煤矿长期存在的超层越界行为监管不到位、督促整改不力。在组织对煤矿开采状况进行实测中发现煤矿普遍存在超层越界问题后，虽按有关规定进行了督促整改，但未采取有效措施制止超层越界违法行为。

（4）麒麟区公安部门落实民用爆炸物品管理规定不到位，向下海子煤矿批供爆炸物品审核把关不严。在下海子煤矿2014年春节复产验收未完成审批的情况下，东山镇派出所2月19日、麒麟区公安分局治安大队2月20日违规批准下海子煤矿购买民用爆炸物品。

（5）曲靖市煤炭工业局履行煤矿安全生产监督管理工作职责不到位，组织排查治理煤矿存在的安全隐患工作不到位，开展煤矿“打非治违”工作不到位，对辖区煤炭部门履行监管职责督促指导不力，对煤矿超层越界非法组织生产行为失察。

（6）曲靖市国土资源局对煤炭资源开采监管不到位，对煤矿实测发现的超层越界非法开采行为查处及督促整改落实工作力度不够。

3. 各级政府落实煤矿安全生产“属地监管”责任不到位

（1）麒麟区党委、政府贯彻落实党和国家安全生产法律法规、方针政策和上级党委、政府有关煤矿安全生产工作的部署和要求不到位；政府和有关职能部门履行法定职责和煤矿安全生产监管职责不到位，组织开展煤矿“打非治违”、隐患排查治理等工作不力。

（2）曲靖市政府贯彻落实党和国家有关安全生产特别是煤矿安全生产方针政策和法律法规、上级党委、政府有关煤矿安全生产工作部署和要求不到位，督促指导麒麟区政府及有关职能部门履行煤矿安全生产监管职责不到位；督促开展煤矿“打非治违”、隐患排查治理等工作不力；对有关职能部门履行职责情况监督不到位。

4. 上级煤矿安监部门监察力度不够

云南煤监局曲靖监察分局对辖区内煤矿开展安全监察不力，督促指导煤矿开展“打非治违”、隐患排查治理等工作不到位。

（三）事故性质

经调查认定，下海子煤矿“4·7”重大水害事故是一起责任事故。

三、事故责任划分及处理结果

（一）不再追究责任人员

王××，下海子煤矿当班班长。参与越界违法生产活动；在C24煤层没有进行探放水的情况下，带领当班作业人员冒险作业，导致事故发生。鉴于已在事故中死亡，不再追究责任。

（二）司法机关已采取措施人员

（1）杨××，下海子煤矿副矿长，负责一采区井下带班。因涉嫌重大责任事故罪，被司法机关于4月18日刑事拘留，5月23日批准逮捕。吊销其安全工作资格证。

（2）张××，下海子煤矿副矿长，负责一采区生产及井下带班。因涉嫌重大责任事故罪，被司法机关于4月18日刑事拘留，5月23日批准逮捕。

（3）张××，下海子煤矿副矿长，分管机电和负责一采区探放水工作。因涉嫌重大责任事故罪，被司法机关于5月8日刑事拘留，5月23日批准逮捕。吊销其安全工作资格证。

（4）许××，下海子煤矿副矿长，分管煤矿技术、地测工作。因涉嫌重大责任事故罪，被司法机关于4月23日刑事拘留，5月23日批准逮捕。吊销其安全工作资格证。

（5）陈××，下海子煤矿技术负责人，负责全矿安全生产技术管理工作。因涉嫌重大责任事故罪，被司法机关于4月18日刑事拘留，5月23日批准逮捕。吊销其安全工作资格证。

（6）陈××，下海子煤矿矿长，全面负责煤矿安全生产工作，煤矿安全生产第一责任人。因涉嫌重大责任事故罪，被司法机关于4月18日刑事拘留，5月23日批准逮捕。吊销其矿长资格证、安全工作资格证，终身不得担任任何煤矿的矿长。

（7）黎××，黎明实业有限公司下海子煤矿投资人之一（持有公司5%的股份），下海子煤矿法定代表人。因涉嫌重大责任事故罪，被司法机关于4月18日刑事拘留，5月23日批准逮捕。吊销其安全工作资格证。

（8）沈××，黎明实业有限公司下海子煤矿投资人之一（持有公司20%的股份），受公司实际控制人张克祥委托，负责煤矿全面工作。因涉嫌重大责任事故罪，被司法机关于4月18日刑事拘留，5月23日批准逮捕。

（9）张××，黎明实业有限公司下海子煤矿实际控制人（持有公司75%的股份）。因涉嫌重大责任事故罪，被司法机关于4月18日刑事拘留，5月23日批准逮捕。

（10）冯××，驻矿监督员。因涉嫌玩忽职守罪，4月26日取保候审，6月24日移送审查起诉。由发证机关吊销其云南省行政执法证。

（11）刘××，高家村煤管所挂矿人员。因涉嫌滥用职权罪，4月25日取保候审，6月24日移送审查起诉。由发证机关吊销其云南省行政执法证。

（12）黄××，高家村煤管所副所长，分管技术，挂拖古片区。因涉嫌滥用职权罪、受贿罪，被司法机关于5月20日批准逮捕，6月24日移送审查起诉。由发证机关吊销其云南省行政执法证。

（13）韩××，高家村煤管所所长，负责煤管所全面工作。因涉嫌滥用职权罪，被司法机关于5月20日批准逮捕，6月24日移送审查起诉。由发证机关吊销其云南省行政执法证。

（14）黄××，麒麟区煤炭工业局2014年节后复产验收组成员。因涉嫌玩忽职守罪，4月29日取保候审，6月24日移送审查起诉。

（15）吴××，麒麟区煤炭工业局2014年节后复产验收组成员。因涉嫌玩忽职守罪，4月29日取保候审，6月24日移送审查起诉。

以上人员待司法机关处理后，由有关单位按干部、人事管理权限给予相应的党纪、政纪处分。事故调查中，如还存在其他职务犯罪行为或其他涉嫌犯罪行为的，由检察机关、公安机关调查处理。

（三）给予行政处罚人员

（1）杨××，下海子煤矿班长。参与越界违法生产；在C24煤层没有进行探放水情况下，冒险组织生产。对事故的发生负有重要责任，给予罚款2万元处分。

（2）张××，下海子煤矿班长。参与越界违法生产；在C24煤层没有进行探放水情况下，冒险组织生产。对事故的发生负有重要责任，建议给予罚款2万元。

（3）张××，下海子煤矿班长。参与越界违法生产；在C24煤层没有进行探放水情况下，冒险组织生产。对事故的发生负有重要责任。给予罚款2万元处分。

（4）罗××，下海子煤矿生产副矿长，主要负责二采区煤矿安全生产工作。参加C24煤层安全检查活动；在煤矿节后复产验收报批期间，违规组织生产。对事故的发生负有重要责任。给予罚款2万元处分。

（四）给予党纪、政纪处分人员

（1）傅××，曲靖市委常委、麒麟区委书记。对事故的发生负有重要领导责任。给予其党内警告处分。

（2）朱××，麒麟区委副书记、区政府区长，区安全生产第一责任人。对事故的发生负有重要领导责任。给予其行政记过处分。

（3）周××，麒麟区委常委、区政府常务副区长，分管国土资源和安全生产委员会等工作。对事故的发生负有重要领导责任。给予其行政记大过处分。

（4）缪××，麒麟区政府副区长，分管安全生产和煤炭生产等工作。对事故的发生负有主要领导责任。给予其行政记大过处分，免去副区长职务。

（5）刘××，麒麟区煤炭工业局局长，煤炭工业局安全生产第一责任人。对事故的发生负有主要领导责任。给予其行政记大过处分。

（6）敖××，麒麟区煤炭工业局副局长，分管安全生产工作，煤炭局挂片东山镇高家村辖区领导。对事故的发生负有主要领导责任。给予其行政降级、党内警告处分。

（7）刘××，麒麟区煤炭工业局副局长，分管生产技术等工作。对事故的发生负有主要领导责任。给予其行政记大过处分。

（8）吕××，麒麟区煤矿安全监督管理局副局长，分管煤矿安全监管执法、驻矿监督员管理等工作。对事故的发生负有重要领导责任。给予其行政记过处分。

（9）李××，任麒麟区煤炭工业局安全科科长、煤矿安全监管执法大队大队长。对事故的发生负有主要领导责任。给予其行政记大过处分。

（10）杨××，任麒麟区煤炭工业局生产技术科科长。对事故的发生负有重要领导责任。给予其行政记过处分。

（11）刘××，任麒麟区煤炭工业局安全科工作人员。对事故的发生负有重要领导责任。给予其行政记过处分。

（12）张××，麒麟区煤炭工业局高家村煤管所副所长，分管煤矿安全监管等工作。对事故的发生负有重要领导责任。给予其行政记过处分。

（13）张××，曲靖市国土资源局麒麟区分局副局长，分管矿产开发科、执法监察大队工作。对事故的发生负有重要领导责任。给予其行政记过处分。

（14）柳××，在任曲靖市国土资源局麒麟区分局矿产开发科科长期间，2013 年 6 月委托云南华联矿产勘探有限责任公司对麒麟区东山镇管的下海子煤矿进行实地勘察，发现该煤矿存在超层越界行为后，未采取有效措施制止超层越界行为，对事故的发生负有主要领导责任。给予其行政记大过处分。

（15）唐××，曲靖市国土资源局麒麟区分局执法监察大队队长，负责矿产资源违法行为的查处。对事故的发生负有主要领导责任。给予其行政撤职、党内严重警告处分。

（16）董××，曲靖市麒麟区安全生产监督管理局副局长，分管麒麟区安全生产综合监督管理工作。对事故的发生负有重要领导责任。给予其行政记过处分。

（17）窦××，曲靖市公安局麒麟分局治安管理大队大队长。对事故的发生负有重要领导责任。给予其行政记过处分。

（18）范××，曲靖市委副书记、市政府市长，安全生产第一责任人。对下海子煤矿“4·7”重大事故和红土田煤矿“4·21”重大事故发生负重要领导责任。给予其行政警告处分。

（19）许××，曲靖市委常委、市政府常务副市长，分管安全生产工作。对下海子煤矿“4·7”重大事故和红土田煤矿“4·21”重大事故的发生负重要领导责任。给予其行政警告处分。

（20）张××，曲靖市市委常委、市政府副市长，分管煤炭工作。对下海子煤矿“4·7”重大事故和红土田煤矿“4·21”重大事故的发生负重要领导责任。给予其行政记过处分。

（21）高××，曲靖市煤炭工业局局长，安全生产第一责任人。对下海子煤矿“4·7”重大事故和红土田煤矿“4·21”重大事故的发生负重要领导责任。给予其行政记过处分。

（22）杨××，曲靖市煤炭工业局副局长，分管安全监管执法等工作；负责分片督导麒麟区。对下海子煤矿“4·7”重大事故和红土田煤矿“4·21”重大事故的发生负有主要领导责任。给予其行政记大过处分。

（23）吕××，曲靖市煤炭工业局总工程师，煤炭工业局技术负责人。对下海子煤矿“4·7”重大事故和红土田煤矿“4·21”重大事故的发生负有重要领导责任。给予其行政记过处分。

（24）查××，曲靖市煤矿安全监管执法支队支队长。对下海子煤矿“4·7”重大事故和红土田煤矿“4·21”重大事故的发生负有主要领导责任。给予其行政记大过处分。

（25）张××，曲靖市煤炭工业局安全监管科科长。对下海子煤矿“4·7”重大事故和红土田煤矿“4·21”重大事故的发生负有重要领导责任。给予其行政记过处分。

（26）傅××，曲靖市国土资源局副局长，分管矿产开发科、执法监察支队。对下海子煤矿“4·7”重大事故和红土田煤矿“4·21”重大事故的发生负有重要领导责任。给予其行政记过处分。

（27）阳××，曲靖市国土资源局矿产开发科科长，负责指导、监督矿产资源开发、利用和保护工作。对下海子煤矿“4·7”重大事故和红土田煤矿“4·21”重大事故的发生负重要领导责任。给予其行政记过处分。

（28）王××，云南煤矿安全监察局曲靖监察分局副局长。对下海子煤矿“4·7”重大事故和红土田煤矿“4·21”重大事故的发生负重要领导责任。给予其行政记过处分。

（五）对下海子煤矿处理结果

（1）下海子煤矿违法违规生产导致重大事故，依据《生产安全事故报告和调查处理条例》（国务院令第 493 号）第三十七条规定，给予 198 万元罚款，并由云南煤矿安全监察局收缴。

（2）下海子煤矿非法越界开采、违规生产销售煤炭共 13706.2 吨，依据《中华人民共和国行政许可法》第八十条、《国务院关于预防煤矿生产安全事故的特别规定》（国务院令第 446 号）第十一条规定，由麒麟区人民政府没收下海子煤矿违法所得 438.60 万元，并处 3 倍罚款计 1315.80 万元。

（3）依据《国务院办公厅关于进一步加强煤

矿安全生产工作的意见》(国办发〔2013〕99号)、《云南省人民政府办公厅关于进一步加强煤矿安全生产工作的实施意见》(云政办发〔2014〕5号)等规定，由麒麟区人民政府对下海子煤矿实施关闭，由颁证部门吊销相关证照。

(六) 对其他单位的处理结果

责成麒麟区区委、区政府向曲靖市市委、市政府作出深刻的书面检查；责成麒麟区常务副区长、分管副区长向市委、市政府作出深刻的书面检查。

四、防范措施

(1) 切实做好煤矿隐蔽致灾因素普查和矿井防治水工作。地方各级人民政府和煤矿企业要深刻吸取教训，强化防治措施，切实做好煤矿水患隐蔽治灾因素普查和井下防治水工作。要结合“雨季三防”工作重点开展水害普查治理，尤其要查清资源整合、矿界重叠、受地面水威胁、省属煤矿周边矿以及小煤矿比较集中的矿区煤矿的水体情况，对每个煤矿的老空区积水划定警戒线和禁采线，彻底查清隐蔽致灾因素。煤矿井下作业要坚持“预测预报、有疑必探、先探后掘、先治后采”的探放水规定，探放水措施不落实的要责令停产整顿。要坚决打击和严厉查处擅自开采保安煤柱等违法行为。

(2) 切实落实煤矿安全生产主体责任。地方各级人民政府和有关部门要针对这起事故暴露出的安全管理混乱、劳动组织混乱、技术管理缺失等问题，督促煤矿企业严格落实《煤矿矿长保护矿工生命安全七条规定》(国家安全监管总局令第58号) 和煤矿安全“七项攻坚举措”。

(3) 切实加强煤矿“打非治违”。下海子煤矿越界违法违规组织生产问题，不是个案，应引起地方各级人民政府和有关部门的高度重视。要结合煤矿停产整顿，认真组织开展“打击煤矿超层越界开采”专项整治行动，重点打击超层越界开采的矿井、违法违规生产的矿井、边建设边生产的矿井、未经复产验收擅自恢复生产的矿井和私挖滥采等。要把“打非治违”与关闭退出工作相结合，将瓦斯、水患灾害严重、整治无效的小煤矿纳入关闭退出对象。各有关部门要切实加强矿产资源管理，严格采矿许可证审核和年检；要严格火工物品审批程序，严格把关，对于煤矿不按程序申请的，坚决不予审批。要严格落实煤矿“打非治违”工作责任，对“打非治违”工作不力的单位，要严肃追究相关责任人员的责任。

(4) 切实做好煤矿停产整顿工作。地方各级党委政府和煤矿安全监管部门，要严格按照云政办发〔2014〕19号文及近期上级有关文件会议精神要求，对9万吨/年及以下停产整顿的煤矿，要指定专人盯守，确保真盯、真停，坚决防止明停暗开；要严格验收程序，坚持“谁验收、谁签字、谁负责”的原则进行复产验收，确保真查、真验。要加大对9万吨/年以上煤矿的巡查力度，对照“双七条规定”和安全质量标准化标准进行隐患排查，坚决执行限期检查、排除隐患、签字备案、落实责任的管控措施。

(5) 切实做好煤矿“雨季三防”工作。目前，要督促煤矿企业切实加强“雨季三防”管理工作，加强地面防洪工作，必须按要求制定针对性强的雨季“三防”工作方案，雨季前必须对防治水工作进行全面检查，应组织抢险队伍、储备足够的防洪抢险物资。要认真贯彻落实《煤矿防治水规定》，切实加强水文地质基础工作，完善水文地质资料，尤其要查清资源整合、矿界重叠、地面水库威胁、省属煤矿周边以及小煤矿比较集中的矿区的周围老窑、采空区及含水构造情况，要坚持“预测预报，有疑必探、先探后掘，先治后采”的水害防治原则，切实加强井下探放水工作，防治水害事故的发生。

(6) 切实加快促进煤炭产业转型升级。各主要产煤州(市) 要按照云政办发〔2014〕5号文、《云南省人民政府关于促进煤炭产业转型升级实现科学发展安全发展的意见》(云政发〔2014〕18号) 以及2014年4月22日在曲靖市召开的“云南省煤矿安全生产煤炭产业转型发展工作会议”要求，坚决关闭不符合安全生产条件和产业政策的小煤矿，通过实施“整合重组一批、改造升级一批、整顿关闭一批”，切实减少煤矿企业数量。各产煤州(市) 要坚持走资源利用率高、安全有保障、经济效益好、环境污染少和可持续发展的煤炭工业发展道路，加快推进煤炭企业兼并重组，提高煤炭集约化程度，大力推进煤矿机械化和安全质量标准化、自动化、信息化建设，改善和提高煤矿安全生产基础条件，促进煤炭产业转型升级，实现科学发展、安全发展。

（7）切实加大煤矿安全监管工作力度。这起事故暴露出安全监管工作不严不细，日常安全监管存在缺位、失效等问题。地方各级人民政府和煤矿安全监管部门要切实加强对煤矿基础较弱、安全管理较差、矿井灾害较重、违法违规生产的煤矿企业监管监察力度。要加大对煤矿监管人员的培训力度，提高煤矿专业技术管理水平与行政执法能力。特别是要认真研究驻矿安全监督员的管理体制、用人机制存在的问题，彻底扭转驻矿监督员“形同虚设”的现状。要强化驻矿安全监督员责任，促使其认真履行职责，落实对煤矿企业的日常监管及隐患排查等各项监管责任，真正发挥驻矿作用。对不负责任、知情不报甚至失职渎职的人员要严肃处理，涉嫌犯罪的，移送司法机关依法追究刑事责任。

（8）切实提高煤矿应急救援能力和装备建设。地方各级人民政府和有关部门要结合这次事故暴露出救援工作的薄弱环节，结合国家级、区域级救援基地建设，抓紧完善救援装备和物资储备，健全区域性矿山救援协作联动机制和统一调度指挥机制，完善制约、激励工作机制。特别要在重点产煤地区迅速建立市、县两级矿山救援物资储备库，重点储备大型通风、排水、机电、钻探、破拆、支护等救援设备，建立健全矿山应急救援物资储备、调用、配送体系。同时，要加快省、市级矿山应急救援信息平台和基地建设，完善应急演练制度，提高队伍的应急响应和科学施救能力，形成政府领导、部门配合、社会参与、统一指挥、协调有序、保障有力、处置高效的矿山应急工作格局。

云南省曲靖市富源县后所镇红土田煤矿“4·21”重大瓦斯爆炸事故

2014年4月21日0时23分，曲靖市富源县后所镇红土田煤矿（以下简称红土田煤矿）发生一起重大瓦斯爆炸事故，造成14人死亡，直接经济损失1498万元。

一、事故发生及抢险救援经过

（一）事故发生经过

2014年4月20日19时30分，当班出勤77人，带班副矿长为瞿××，安全员为肖××，瓦检员为李××、敖××、耿××。工作分工为C17煤层121701炮采工作面10人采煤，121702工作面回风巷5人掘进，其他人员安排在C18煤层、C20煤层各作业点作业。由于带班副矿长瞿××在矿上开会，便安排耿××和其他人员先行入井作业。

19时40分，瓦检员耿××和其他作业人员共73人开始入井作业。其中，小班长李××带领9人到121701炮采工作面采煤，李××负责爆破。小班长张××带领4人到121702回风巷掘进工作面进行掘进作业（其中一名工人张××临时有事于21时55分升井）。到达二采区后，瓦检员耿××先后对121702回风巷掘进工作面、121701炮采工作面、221704炮采工作面、221702机采工作面等地点进行了瓦斯检查。21时瞿××在会议结束后带领巡回检查安全员肖××、瓦检员李××、敖××共4人由风井入井。到二采区后，4人分别到各作业点进行瓦斯检查。22时左右，瞿××、李××2人来到121701炮采工作面，工人正在打眼，未见瓦检员耿××，检查了工作面瓦斯浓度为0.26%，随后到121702回风巷掘进工作面、221704炮采工作面、221702机采工作面等地点检查瓦斯。

21日零时23分，瞿××、耿××、李××、敖××4人在221702工作面运输巷相遇，在一起交接工作时，就听到221701炮采工作面“轰”的爆炸声，看到进风巷有很大的烟雾和粉尘，意识到可能发生事故了，3人立即分头组织井下职工撤离，并向地面报告井下发生了事故。在清点升井职工后，发现在121701炮采工作面和121702回风巷掘进工作面共有14名人员没有撤出。

（二）事故抢险救援经过

4月21日0时40分，煤矿投资人陈××接到事故报告后，组织煤矿兼职救护队员入井抢救，并向后所煤炭分局和后所镇政府报告了事故情况。煤矿兼职救护队员入井后因井下救护条件复杂，难以施救，撤出地面。接到事故报告后，云南省副省长、省政府副秘书长等领导，省直有关部门、曲靖市委、市政府、富源县委、县政府领导及时赶赴现场，迅速成立抢险救援指挥部，制定方案，调集富源矿山救护队、后所煤矿救护队共4个小队全力以赴、争分夺秒地开展抢险救援工作，截至4月21日15时50分，14名遇难者全部运出地面，抢险救援工作结束。按照抢险救援指挥部安排，救护队对井下再次进行全面侦查和搜寻，没有发现遇难者。至此，当班入井77人，63人成功升井，本次事故共造成14人死亡。

（三）善后处理情况

曲靖市及富源县党委、政府全力做好事故善后处理工作，抽调干部成立事故善后处理组，包户耐心细致地做思想工作时按照相关政策落实善后处理及赔偿工作。矿区社会秩序稳定。

二、事故原因和性质

（一）事故直接原因

该矿非法越界组织生产，121701炮采工作面采用非正规采煤方法，采用局部通风机供风进行采煤，违规串联通风、循环风，工作面微风作业，造成瓦斯积聚并达到爆炸浓度界限，违章爆破产生火焰引起瓦斯爆炸。

（二）事故间接原因

1. 红土田煤矿安全主体责任不落实，越界开采，非法组织生产，不落实瓦斯防治措施，安全管理混乱

（1）发生事故的121701炮采工作面位于该矿矿界以外，非法越界组织生产。为掩盖非法生产行为，煤矿绘制了真假两套图纸，对外使用假图纸，事故地点未安设甲烷传感器和人员定位读卡分站，编制的采掘作业规程未按规定上报煤矿安全监管部门审查，蓄意逃避安全监管。

（2）通风管理混乱。121701炮采工作面遇断层后，采用局部通风机通风采煤，导致通风不可靠，工作面风量不足，出现微风、循环风。

（3）瓦斯管理不到位。事故当班井下共有8个采掘作业点，瓦斯检查员只有5人定点跟班作业，事故地点瓦斯检查空班漏检，未安设甲烷传感器，安全监控缺失。

（4）火工物品管理混乱。井下违规爆破作业，未使用水泡泥，爆破员配备不足，没有执行“一炮三检”和“三人连锁”爆破制度。

（5）劳动组织管理混乱。煤矿矿长只是挂名，不履行矿长职责。主要管理人员工作职责不清，多数是兼职。采掘区队长、班组长自招自用工人。煤矿作业人员实行“三八”制，矿领导带班为两班制，矿领导带班下井制度不落实。部分特种作业人员无证上岗。

（6）该矿没有按照规定组织开展瓦斯隐蔽致灾因素普查工作。

2. 在煤矿安全监管工作中，政府相关职能部门工作落实不到位

（1）富源县煤炭工业局和后所煤炭分局，对辖区内煤矿的安全生产监督管理工作不到位，对矿井通风管理、瓦斯防治等制度规定的落实及隐患排查工作不到位；组织开展，打非治违工作不力，对煤矿长期存在的超层越界开采行为失察；对红土田煤矿采掘作业点审批把关不严；对挂片安全检查组和驻矿监督员的履职行为督促检查不到位。

（2）富源县国土资源局对辖区内煤矿长期存在的超层越界行为监管不到位、督促整改不力。在组织对煤矿开采状况进行实测中发现煤矿普遍存在超层越界问题后，虽按有关规定进行了督促整改，但未采取有效措施制止超层越界违法行为。

（3）曲靖市煤炭工业局履行煤矿安全生产监督管理工作职责不到位，组织排查治理煤矿存在的安全隐患工作不到位，开展煤矿“打非治违”工作不到位，对辖区煤炭部门履行监管职责督促指导不力，对煤矿超层越界非法组织生产行为失察。

（4）曲靖市国土资源局对煤炭资源开采监管不到位，对煤矿实测发现的超层越界非法开采行为查处及督促整改落实工作力度不够。

3. 各级政府落实煤矿安全生产“属地监管”责任不到位

（1）乡镇党委、政府贯彻落实上级党委、政府有关煤矿安全生产工作的部署和要求不到位；组织开展煤矿“打非治违”专项行动和隐患排查治理工作不力。

（2）富源县党委、政府贯彻落实党和国家安

全生产法律法规、方针政策和上级党委、政府有关煤矿安全生产工作的部署和要求不到位；政府和有关职能部门履行法定职责和煤矿安全生产监管职责不到位，组织开展煤矿“打非治违”、隐患排查治理等工作不力。

（3）曲靖市政府贯彻落实党和国家有关安全生产特别是煤矿安全生产方针政策和法律法规、上级党委、政府有关煤矿安全生产工作部署和要求不到位，督促指导富源县政府及有关职能部门履行煤矿安全生产监管职责不到位；督促开展煤矿“打非治违”、隐患排查治理等工作不力；对有关职能部门履行职责情况监督不到位。

4. 机械化扩能改造项目验收中，现场检查、审核不到位

负责红土田煤矿机械化扩能改造项目验收中，专家组在审核工作中把关不严，现场检查工作不到位，未发现机械化改造验收项目位于矿界以外。对煤矿通风、采掘、供电系统存在的问题审核把关不严。

5. 上级煤矿安监部门监察力度不够

云南煤监局曲靖监察分局对辖区内煤矿开展安全监察不力，督促指导煤矿开展“打非治违”、隐患排查治理等工作不到位。

（三）事故性质

经调查认定，红土田煤矿“4·21”重大瓦斯爆炸事故是一起责任事故。

三、事故处理结果

（一）不再追究责任人员

李××，红土田煤矿当班班长。无爆破员资格证，在121701炮采工作面违章爆破，导致事故发生。对事故发生负有直接责任，鉴于已在事故中死亡，不再追究责任。

（二）司法机关已采取措施人员

（1）耿××，红土田煤矿瓦检员，负责当班瓦斯巡回检查工作。因涉嫌重大责任事故罪，被司法机关于6月10日刑事拘留，7月4日批准逮捕。

（2）胡××，红土田煤矿采掘队队长，负责本队安全生产管理工作。因涉嫌重大责任事故罪，被司法机关于6月10日刑事拘留，7月4日批准逮捕。

（3）瞿××，红土田煤矿安全副矿长，负责安全生产工作，事故当班带班副矿长。因涉嫌重大责任事故罪，被司法机关于4月23日刑事拘留，5月30日批准逮捕。吊销其安全工作资格证。

（4）丁××，红土田煤矿安全副矿长，负责安全生产工作和井下带班。因涉嫌重大责任事故罪，被司法机关于4月23日刑事拘留，5月30日批准逮捕。吊销其安全工作资格证。

（5）敖××，红土田煤矿安全副矿长，负责安全生产工作。2014年4月23日，因涉嫌重大责任事故罪，被司法机关于4月23日刑事拘留，5月30日批准逮捕。吊销其安全工作资格证。

（6）钱××，红土田煤矿安全副矿长，负责安全生产工作。因涉嫌重大责任事故罪，被司法机关于4月23日刑事拘留，5月30日批准逮捕。吊销其安全工作资格证。

（7）敖××，红土田煤矿机电副矿长（无安全工作资格证），负责机电管理工作。因涉嫌重大责任事故罪，被司法机关于4月23日刑事拘留，5月30日批准逮捕。

（8）严××，红土田煤矿法定代表人，兼任矿长，安全生产第一责任人。因涉嫌重大责任事故罪，被司法机关于4月23日刑事拘留，5月30日批准逮捕。吊销其矿长资格证、主要负责人资格证。

（9）王××，主管红土田煤矿全矿安全生产工作（无矿长资格证）。因涉嫌重大责任事故罪，被司法机关于4月23日刑事拘留，5月30日批准逮捕。

（10）钱××，红土田煤矿技术副矿长，负责技术管理工作。因涉嫌重大责任事故罪，被司法机关于4月23日刑事拘留，5月30日批准逮捕。吊销其安全工作资格证。

（11）陈××，红土田煤矿实际控制人。因涉嫌重大责任事故罪，被司法机关于4月23日刑事拘留，5月30日批准逮捕。

（12）黄××，富源县煤炭工业局后所分局驻矿监督员。因涉嫌玩忽职守罪被立案并取保候审，7月4日提起公诉。由发证机关吊销其云南省行政执法证。

（13）王××，富源县煤炭工业局后所分局工会主席。因涉嫌滥用职权罪被立案并取保候审，7月4日提起公诉。由发证机关吊销其云南省行政执法证。

（14）胡××，富源县煤炭工业局后所分局副局长，分管技术工作，2013 年挂片红土田煤矿。因涉嫌滥用职权罪，被司法机关于 5 月 19 日批准逮捕，7 月 4 日提起公诉。由发证机关吊销其云南省行政执法证。

（15）钱××，富源县煤炭工业局后所分局局长，全面负责后所镇地方煤矿安全生产监督管理工作。因涉嫌滥用职权罪，被司法机关于 5 月 19 日批准逮捕，7 月 4 日提起公诉。由发证机关吊销其云南省行政执法证。

（16）徐××，富源县煤炭工业局副局长，后所片区挂片领导，原后所分局局长。因涉嫌滥用职权罪，被司法机关于 5 月 19 日批准逮捕，7 月 4 日提起公诉。由发证机关吊销其云南省行政执法证。

以上人员待司法机关处理后，由有关单位按干部、人事管理权限给予相应的党纪、政纪处分。事故调查中，如还存在其他职务犯罪行为或其他涉嫌犯罪行为的，由检察机关、公安机关调查处理。

（三）给予行政处罚人员

（1）丁××，红土田煤矿采掘队队长。对事故的发生负有重要责任，给予罚款 2 万元处分。

（2）田××，采矿高级工程师，红土田煤矿机械化改造项目验收专家组副组长。对事故的发生负有重要责任，给予罚款 5000 元处分。

（3）方××，通风与安全高级工程师，红土田煤矿机械化改造项目验收专家组成员。对事故的发生负有重要责任，给予罚款 5000 元处分。

（四）给予党纪、政纪处分人员

（1）唐××，富源县委书记。对事故的发生负有重要领导责任。给予其党内警告处分。

（2）陈××，富源县委副书记、县政府县长，安全生产第一责任人。对事故的发生负有重要领导责任。给予其行政记过处分。

（3）许××，富源县委常委、县政府常务副县长，分管安全生产工作，2014 年县委政府挂钩后所镇领导。对事故的发生负有重要领导责任。给予其行政记大过处分。

（4）龙××，富源县政府副县长，分管煤炭安全生产和国土资源工作。对事故的发生负有主要领导责任。给予其行政记大过处分。

（5）杨××，富源县政府副县长，协助分管安全生产工作，协助分管县安全生产监督管理局、县煤炭工业局。对事故的发生负有主要领导责任。给予其行政记过处分，免去副县长职务。

（6）黄××，富源县煤炭工业局党委副书记、局长，负责煤炭局的全面工作，安全生产第一责任人。对事故的发生负有重要领导责任。给予其行政记过处分。

（7）丁××，富源县煤炭工业局副局长，分管煤矿安全监管工作。对事故的发生负有重要领导责任。建议给予其行政记过处分。

（8）周××，富源县煤炭工业局安全科副科长、后所片区安全检查组组长，分片挂钩后所镇片区。对事故的发生负有主要领导责任。给予其行政记大过处分。

（9）姜××，富源县煤炭工业局后所分局党支部书记，分管煤矿安全监管和驻矿监督员日常管理等工作。对事故的发生负有主要领导责任。给予其撤销党内职务、行政降级处分。

（10）肖××，富源县国土资源局副局长，负责指导监督矿产开发综合利用和保护工作。对事故的发生负重要领导责任。给予其行政记过处分。

（11）张××，富源县国土资源局后所镇国土分局局长，主持后所镇国土资源分局全面工作。对事故的发生负主要领导责任。给予其行政记大过处分。

（12）冯××，富源县国土资源局副局长兼执法监察大队大队长，负责矿产资源违法行为的查处。对事故的发生负重要领导责任。给予其行政记过处分。

（13）余××，富源县国土资源局矿产开发科科长，负责监督检查矿产资源开发、综合利用和保护工作。对事故的发生负主要领导责任。给予其行政记过处分。

（14）杨××，后所镇党委书记。对事故的发生负有重要领导责任。给予其党内警告处分。

（15）李××，后所镇党委副书记、镇政府镇长，主持镇政府全面工作，安全生产第一责任人。对事故的发生负有主要领导责任。给予其行政记大过处分。

（16）尹××，后所镇政府副镇长，分管安全生产和煤炭工作。对事故的发生负有主要领导责任。给予其行政记大过处分。

（17）谭××，省工信委副调研员，富源县红土田煤矿机械化提能改造项目验收负责人。对事故的发生负有重要领导责任。给予其行政记过处分。

（18）张××，云南地方煤矿事业局局长助理，采矿高级工程师，富源县红土田煤矿机械化改造项目验收专家组组长。对事故的发生负有主要领导责任。给予行政记过处分。

（19）范××，曲靖市委副书记、市政府市长，安全生产第一责任人。对下海子煤矿“4·27”重大事故和红土田煤矿“4·21”重大事故发生负重要领导责任。给予其行政警告处分。

（20）许××，曲靖市委常委、市政府常务副市长，分管安全生产工作。对下海子煤矿“4·7”重大事故和红土田煤矿“4·21”重大事故的发生负重要领导责任。给予其行政警告处分。

（21）张××，曲靖市市委常委、市政府副市长，分管煤炭工作。对下海子煤矿“4·7”重大事故和红土田煤矿“4·21”重大事故的发生负重要领导责任。给予其行政记过处分。

（22）高××，曲靖市煤炭工业局局长，安全生产第一责任人。对下海子煤矿“4·7”重大事故和红土田煤矿“4·21”重大事故的发生负重要领导责任。给予其行政记过处分。

（23）杨××，曲靖市煤炭工业局副局长，分管安全监管执法等工作；负责分片督导麒麟区。对下海子煤矿“4·7”重大事故和红土田煤矿“4·21”重大事故的发生负有主要领导责任。给予其行政记大过处分。

（24）吕××，曲靖市煤炭工业局总工程师，煤炭工业局技术负责人。对下海子煤矿“4·7”重大事故和红土田煤矿“4·21”重大事故的发生负有重要领导责任。给予其行政记过处分。

（25）查××，曲靖市煤矿安全监管执法支队支队长。对下海子煤矿“4·7”重大事故和红土田煤矿“4·21”重大事故的发生负有主要领导责任。给予其行政记大过处分。

（26）张××，曲靖市煤炭工业局安全监管科科长。对下海子煤矿“4·7”重大事故和红土田煤矿“4·21”重大事故的发生负有重要领导责任。给予其行政记过处分。

（27）傅××，曲靖市国土资源局副局长，分管矿产开发科、执法监察支队。对下海子煤矿“4·7”重大事故和红土田煤矿“4·21”重大事故的发生负有重要领导责任。给予其行政记过处分。

（28）阳××，曲靖市国土资源局矿产开发科科长，负责指导、监督矿产资源开发、利用和保护工作。对下海子煤矿“4·7”重大事故和红土田煤矿“4·21”重大事故的发生负重要领导责任。建议给予其行政记过处分。

（29）王××，云南煤矿安全监察局曲靖监察分局副局长。对下海子煤矿“4·7”重大事故和红土田煤矿“4·21”重大事故的发生负重要领导责任。给予其行政记过处分。

（五）对红土田煤矿处理结果

（1）红土田煤矿违法违规生产导致重大事故，建议依据《生产安全事故报告和调查处理条例》（国务院令第493号）第三十七条规定，给予罚款198万元，并由云南煤监局收缴。

（2）红土田煤矿超出采矿许可证载明的坐标控制范围开采C17、C18、C20煤，组织生产销售煤炭2.07万吨，依据《中华人民共和国行政许可法》第八十条、《国务院关于预防煤矿生产安全事故的特别规定》（国务院令第446号）第十一条规定，由富源县人民政府没收红土田煤矿违法所得548.55万元，并处3倍罚款1645.65万元。

（3）依据《国务院办公厅关于进一步加强煤矿安全生产工作的意见》（国办发〔2013〕99号）、《云南省人民政府办公厅关于进一步加强煤矿安全生产工作的实施意见》（云政办发〔2014〕5号）的规定，由富源县人民政府对红土田煤矿实施关闭，由颁证部门吊销相关证照。

（六）其他处理结果

责成富源县县委、县政府向曲靖市市委、市政府作出深刻的书面检查；责成富源县常务副县长、分管副县长向曲靖市市委、政府作出深刻的书面检查。责成曲靖市市委、市政府向省委、省政府作出深刻的书面检查；市政府常务副市长、分管副市长分别向省政府作出深刻的书面检查。

四、防范措施

（1）切实牢固树立安全生产“红线”意识。“4·7”“4·21”连续两起重大事故的发生，给人民生命财产造成极大损失。各级各部门、各煤矿企业要充分认识当前煤矿安全生产工作的严峻性、紧迫性，牢固树立发展决不能以牺牲人的生命为代价的红线意识，深刻吸取事故教训，紧紧围绕省委省政府的安排部署，深入分析本地区煤矿安全生产工作存在问题和不足，结合实际，进行再研究、再部署、再落实，确保煤矿安全生产。

（2）切实深入开展打击煤矿“超层越界”违法行为。“4·7”“4·21”这两起事故都暴露出煤矿非法越界开采的突出问题，不是个案。因此，地方各级人民政府和国土资源部门要切实引起高度重视，按照《中华人民共和国矿产资源法》、国办发〔2013〕99号、云政办发〔2014〕5号文等法律法规规定、文件要求，进一步明确各地国土资源管理部门是查处打击煤矿“超层越界”的执法监管责任主体。国土资源部门要切实履行职责，采取有效措施，加强监管，严厉打击煤矿超层越界违法违规行为，杜绝类似事故再次发生。

（3）切实做好当前煤矿停产整顿工作。地方各级党委政府和煤矿安全监管部门，要严格按照云政发〔2014〕19号文及近期上级有关文件会议精神要求，对9万吨/年及以下停产整顿的煤矿，要指定专人盯守，确保真盯、真停，坚决防止明停暗开；要严格验收程序，坚持“谁验收、谁签字、谁负责”的原则进行复产验收，确保真查、真验。要加大对9万吨/年以上煤矿的巡查力度，对照“双七条规定”和安全质量标准化标准进行隐患排查，坚决执行限期检查、排除隐患、签字备案、落实责任的管控措施。

（4）切实加快促进煤炭产业转型升级。各主要产煤州（市）要按照云政办发〔2014〕5号文、《云南省人民政府关于促进煤炭产业转型升级实现科学发展安全发展的意见》（云政发〔2014〕18号）以及云南省人民政府2014年4月22日在曲靖市召开的“云南省安全生产煤炭产业转型发展工作会议”要求，坚决关闭不符合安全生产条件和产业政策的小煤矿，通过实施“整合重组一批、改造升级一批、整顿关闭一批”，切实减少煤矿企业数量，到2015年底，全省煤矿数量在2013年基础上减少不低于400对。各产煤州（市）要坚持走资源利用率高、安全有保障、经济效益好、环境污染少和可持续发展的煤炭工业发展道路，加快推进煤炭企业兼并重组，提高煤炭集约化程度，大力推进煤矿机械化和安全质量标准化、自动化、信息化建设，改善和提高煤矿安全生产基础条件，促进煤炭产业转型升级，实现科学发展、安全发展。

（5）切实加强瓦斯治理，严格落实煤矿安全主体责任。“4·21”事故充分暴露出煤矿企业法律意识淡薄、矿井通风瓦斯管理混乱、安全管理制度不落实等突出问题。地方各级人民政府及有关部门，要认真督促煤矿落实企业主体责任，健全完善各种安全生产规章制度，严格落实《煤矿矿长保护矿工生命安全七条规定》和瓦斯治理“十条禁令”。

（6）切实加强监管队伍建设。要切实加强煤矿安全监管队伍建设，健全完善安全监管工作机制，在监管执法工作中，要不断创新工作方式方法，提高执法效果。要采取明查暗访、突击检查等多种方式，查清煤矿真实情况，防止煤矿弄虚作假、逃避检查。要认真研究驻矿安全监督员的管理体制、用人机制存在的问题，彻底扭转驻矿监督员“形同虚设”的现状。对驻矿安全监督员要严格教育和管理，促使其认真履行职责，真正发挥驻矿监督作用。对不负责任、知情不报甚至失职渎职的人员要严肃处理。

（7）切实加强中介服务机构的监督管理。专家组在该矿机械化扩能改造项目验收中，对煤矿提供的虚假图纸审核及现场检查不认真，对煤矿超层越界、弄虚作假行为存在失察。各有关部门对中介服务机构要切实严格监督管理，加强对专业技术人员的法制教育和诚信教育，不断提高法治意识和专业服务技能。各中介服务机构必须依法依规，严格技术标准，提供科学真实客观的检测、评价、验收评审报告。对工作失职、提供虚假报告的中介服务机构和相关责任人必须严肃追究责任。

中煤陕西榆林能源化工有限公司大海则煤矿“5·14”重大溜灰管坠落事故

2014年5月14日7时23分，中煤陕西榆林能源化工有限公司大海则煤矿发生一起重大溜灰管坠落事故，造成13人死亡，16人受伤，直接经济损失2933万元。

一、事故发生单位概况

中煤陕西榆林能源化工有限公司大海则煤矿（以下简称大海则煤矿）为新建矿井，位于陕西省榆林市榆阳区西部，井田面积280.03平方千米，矿井资源储量50.5829亿吨，可采储量32.7506亿吨。2012年2月，国家能源局批复大海则煤矿矿井总规模1500万吨/年，一期规模1000万吨/年。国家能源局要求该矿“未经项目核准，初步设计和安全设施设计审查批准，不得进行井筒开挖等主体工程施工”，该矿未取得项目核准批复，属违规开工建设。

二、事故发生经过、抢险救援情况

5月14日2时左右，一号副立井掘进队队长阚凤云组织召开班前会，3时15分至3时40分，36名工人陆续入井，到达立井吊盘施工。因井口5时20分左右反映溜灰管下灰速度慢，7时整，掘进队队长阚凤云带大铁锤、吹风管、扳手等工具下井处理堵管。7时23分，井筒内传出强烈异响，稳车钢丝绳剧烈抖动。此时，井下共有作业人员37人。7时48分，施工方3人下井观察，发现溜灰管大部分坠落，西部半个吊盘被毁损，多名工人被困。

事故发生后，大海则煤矿和中煤一建公司立即组织抢险救灾，经救援，共有26人升井（其中2人在医院抢救无效死亡），11人被困井下。5月14日11时45分，榆林市政府接到矿井报告后，立即成立了事故抢险救援指挥部，分头开展抢险救援工作。截至5月20日15时30分，找到11名被困人员遗体。至此，事故共造成13人死亡。

三、事故原因和事故性质

（一）事故直接原因

施工方违反作业规程使用溜灰管输送C70混凝土，在输送混凝土过程中发生堵管，在未撤出井下人员的情况下，违章使用大锤、吹风管、扳手等工具处理，造成溜灰管与法兰盘焊缝撕裂，溜灰管相继坠落造成本起事故。

（二）事故间接原因

违反施工作业规程和施工组织设计；安全生产责任落实不到位；安全培训工作不到位；违规组织施工建设；政府及相关部门监管不到位。

（三）事故性质

经调查认定，中煤陕西榆林能源化工有限公司大海则煤矿“5·14”重大溜灰管坠落事故是一起责任事故。

四、事故责任的认定以及对事故责任人员和责任单位的处理结果

（一）不再追究责任人员

阚××，中煤一建四处大海则煤矿一号副立井项目部掘进队队长。鉴于在事故中死亡，不予追究。

（二）移送司法机关处理人员

（1）韩××，中煤一建四处大海则煤矿一号副立井项目部经理。移交司法机关依法处理。

（2）居××，中煤一建四处大海则煤矿一号副立井项目部生产副经理。移交司法机关依法处理。

（3）赵××，中煤陕西公司大海则煤矿项目部施工管理部副经理。移交司法机关依法处理。

（4）卢××，移交司法机关依法处理。

（三）给予党纪、政纪处分人员

（1）田××，中煤一建四处大海则项目部安监站站长，负责安全监管工作。给予行政开除、留党察看一年处分。

(2) 单××，中煤一建四处大海则项目部机电队长，负责机电设备安装、运行、维护等工作。给予行政撤职、党内严重警告处分。

(3) 熊××，中煤一建四处大海则项目部技术副经理，负责技术管理工作。给予行政撤职、取消其预备党员资格。

(4) 梁××，中煤一建四处大海则项目部党支部书记兼副经理，负责项目部党建、宣传和职工培训工作。给予行政撤职、撤销党内职务处分。

(5) 王××，中煤一建四处处长，负责四处的全面工作。给予行政降级、党内警告处分。

(6) 付××，中煤一建大海则项目部常务副经理，负责项目部日常工作。给予行政撤职、党内严重警告处分。

(7) 梁××，中煤一建副总经理兼大海则项目部经理，负责项目部全面工作。给予行政撤职、党内严重警告处分。

(8) 赵××，中煤一建总经理，负责公司全面工作。给予行政记大过处分。

(9) 张××，中煤西安设计公司工程总承包公司副总经理，大海则项目部施工管理部副经理。给予行政记大过处分。

(10) 孙××，中煤西安设计公司副总经理，兼大海则项目主任组副主任。给予行政警告处分。

(11) 王××，康迪监理公司大海则项目工程总监理工程师，全面负责大海则项目的监理工作。给予行政撤职、党内严重警告处分。

(12) 张××，康迪监理公司执行董事、总经理，负责公司全面工作。给予行政记大过处分。

(13) 张××，中煤陕西公司大海则项目部安健环质部副经理，负责安全和一通三防工作。给予行政撤职、党内严重警告处分。

(14) 杨××，中煤陕西公司大海则项目主任组副主任，负责安全和机电设备安装工作。给予行政撤职、党内严重警告处分。

(15) 惠××，中煤陕西公司副总经理兼大海则项目部主任组执行主任，负责项目部的日常工作。给予行政降级、党内警告处分。

(16) 姜××，中煤陕西公司执行董事、总经理，兼大海则项目部主任组主任，负责项目部全面工作，为建设单位第一责任人。给予行政记大过处分。

(17) 丁××，中煤建设集团有限公司副总经理，负责生产和××海外项目。给予行政记大过处分。

(18) 殷××，中煤建设集团有限公司执行董事，总经理，负责公司全面工作。给予行政记过处分。

(19) 李××，中煤集团副总经理，负责基本建设工作。给予行政警告处分。

(20) 张××，榆阳区煤炭局局长，负责榆阳区煤炭局全面工作。给予行政记过处分。

(21) 雷××，榆阳区政府副区长，分管煤炭、安监工作。给予行政警告处分。

(22) 王××，榆林市能源局总工程师，负责市煤炭行业安全监管工作。给予行政警告处分。

（四）进行诫勉谈话人员

郭××，榆林市发展和改革委员会主任，负责市发改委全面工作。对其进行诫勉谈话。

（五）其他

由陕西省分管副省长对榆林市委、市政府负责同志进行约谈；责成中煤能源集团有限公司向国务院国资委作出深刻检查，并抄送国家安全监管总局和监察部；榆林市委、市政府向省委、省政府作出深刻检查；陕西煤矿安全监察局榆林监察分局向陕西煤矿安全监察局作出深刻检查。

（六）行政处罚

由陕西煤矿安全监察局榆林分局对中煤第一建设有限公司第四工程处处以100万元罚款；由陕西煤矿安全监察局榆林分局对大海则煤矿处以100万元罚款；由陕西煤矿安全监察局榆林分局对对姜殿臣处以罚款29万元。

五、事故防范措施

(1) 认真吸取教训，强化安全生产“红线”意识，切实加强安全生产工作。

(2) 加强建设项目的安全管理，强化内部制度建设，严格落实企业主体责任。

(3) 强化现场安全管理，加强安全培训教育，提高企业安全管理水平。

(4) 规范和强化应急处置管理，提高事故应急处置能力。

(5) 提高履职能力，落实责任，做好煤矿安全监管工作。

贵州省六枝工矿（集团）公司新华煤矿“6·11”重大煤与瓦斯突出事故

2014 年 6 月 11 日 0 时 5 分许，贵州六枝工矿（集团）公司（以下简称六枝工矿）新华煤矿（以下简称新华煤矿）发生重大煤与瓦斯突出事故，突出煤（岩）量约 1010 吨，瓦斯涌出量约 12 万立方米，造成 10 人死亡，直接经济损失 1634 万元。

一、基本情况

（一）矿井概况

新华煤矿为设计生产能力 120 万吨/年、手续齐全的新建矿井，隶属于贵州华隆煤业有限公司（以下简称华隆煤业）。华隆煤业是由六枝工矿和华润电力控股有限公司于 2007 年 9 月 13 日注册成立的合资企业，其中六枝工矿占股 51%，华润电力控股有限公司占股 49%，组建初期按《中华人民共和国公司法》独立运作。由于两家股东在管理上存在分歧，2012 年 3 月后，经股东双方商定，由六枝工矿履行对华隆煤业新华煤矿的管理职责，华隆煤业主要工作是办证、融资和对外协调。

（二）事故点简况

事故点 1601 回风顺槽 2 号联络巷开口点位于 101 瓦斯巷，距 101 瓦斯巷开口点 336 米。设计从底板揭穿 M6 煤层，长度 51.59 米，坡度 +25 度 30 分，与 1601 回风顺槽方位夹角 20 度。设计净断面 10.03 平方米，其中净宽 3.5 米，净中高 3.25 米，采用锚网喷支护，锚杆间排距 0.8 米 ×0.8 米，顶板破碎地段采用 U 形棚支护，排距0.8 米 × 0.8 米；掘进方式为爆破掘进。

二、事故发生及抢险救援情况

（一）事故发生经过

2014 年 6 月 10 日 14 时 30 分，当班地面值班矿领导、新华煤矿机电副总工程师雷 × ×组织召开四点班调度会。当班出勤 129 人，分别在井下 9 个地点作业，其中，1601 回风顺槽 2 号联络巷班长曾 × ×带 6 人掘进施工，巡查员 1 人。

四点班井下带班矿领导为生产副总经理朱 × ×，由于当天下午特区执法局在该矿进行安全检查，朱 × × 陪同于 12 时 40 分左右入井检查，16 时左右升井参加交换意见，20 时左右才检查结束，朱 × × 实际未入井带班。

川煤新华项目部 16 时左右开完班前会，曾 × ×带领当班工人陆续到达 1601 回风顺槽 2 号联络巷，开始出渣、架棚作业。10 日 23 时 45 分左右，四点班矿调度员刘 × ×在撤出除事故区域的其他作业地点人员后，交班给 11 日 0 点班调度员刘 × ×时说：“井下除 1601 回风顺槽 2 号联络巷作业人员外，其余人员已全部撤出，等中班安检员施绍波汇报后就可以爆破”；24 时整施 × ×向 11 日 0 点班矿调度员刘 × ×汇报“2 号联络巷工作面人员已撤完，岗站好，电源已停，准备爆破”，刘 × ×同意爆破。11 日 0 时 5 分，1601 回风顺槽 2 号联络巷工作面发生煤与瓦斯突出，该工作面的 T1 瓦斯浓度 10%，T2 瓦斯浓度 4.13%。经清点 10 人被困（含事故点 10 日 4 点班未撤出的 8 人，恒达公司 1 名工作人员，0 点班提前入井瓦检员 1 人）。

（二）事故信息上报情况

6 月 11 日 0 时 5 分，新华煤矿发生煤与瓦斯突出事故，1 时 32 分，新华煤矿电话向六枝特区安监局值班中心报告了事故情况；2 时 25 分，六枝特区书面将事故情况向六盘水市安监局应急救援中心报告；2 时 53 分，六盘水市安监局应急救援中心电话向贵州省安监局调度值班室汇报了事故情况；3 时 9 分，六盘水市安监局应急救援中心书面向贵州省安监局调度值班室汇报了事故情况；贵州省安监局于 6 月 11 日 3 时 10 分向贵州省应急管理办公室报告。

（三）事故救援情况

当班调度员发现井下瓦斯大面积超限后，立即向矿有关领导进行汇报，总工程师陈 × ×于 11 日

0时6分到达调度室，通过监控系统发现瓦斯异常，初步判断是爆破后发生煤与瓦斯突出。0时8分，陈××安排立即停掉井下全部动力电源，并将1340西轨道大巷、1601回风顺槽、主平硐进风联络巷11日0点班已入井人员全部撤到地面；同时通知增大矿井风量，避免了事故进一步扩大；安排驻矿救护队入井侦察，并召请六枝工矿救护大队。驻矿救护队从措施井进入侦察，0时40分侦察到措施斜井310米处发现第1名遇难人员，此后在措施斜井及井底车场陆续发现7名遇难人员，侦察到措施井井底车场往里50米处发现第9名遇难人员，身上背有光学式瓦斯检测仪和爆破器；2时20分，六枝工矿救护大队到达矿上，立即从主平硐入井侦察，沿1340进风巷、3号联络巷，经1350总回风进入101瓦斯抽放巷，在进去340米处发现最后一名遇难人员，随身携带光学式瓦斯检测仪和瓦斯检查记录本。

接事故报告后，省、市、特区三级政府及相关部门人员立即赶赴现场指导抢险救援和善后处理工作；六枝工矿、特区政府及相关部门等先期赶到矿上，立即成立事故临时抢险救援指挥部，积极组织抢险；国家煤矿安监局副局长李万疆、贵州省副省长王江平率有关人员及时赶赴现场指导抢险、善后处理和事故调查工作。

抢险指挥部根据现场侦察的情况，命令将遇难人员搬运出井。5时10分救护队将10名遇难人员全部搬运出井，抢险救援结束。

三、事故原因及性质

（一）直接原因

该矿区域和局部防突措施落实不到位，1601回风顺槽2号联络巷揭穿的M6煤层未消除突出危险性，石门揭煤时放炮诱发煤与瓦斯突出。

（二）间接原因

1. 新华煤矿

（1）防突措施落实不到位。一是煤矿未对揭煤区域煤层松软、煤层过厚、煤层透气性等瓦斯地质条件进行认真分析，抽采钻孔由于垮孔严重，使得钻孔中垮孔位置以里的部分抽放效果受到影响甚至没有抽放效果；且未对区域抽放钻孔施工和验收进行管理，致使钻孔不能按设计施工到位。二是该掘进工作面消突评价报告中区域效果检验采用1年前的检验结果，未考虑停抽后瓦斯重新分布情况。三是工作面局部防突措施采用钻孔排放瓦斯，排放孔无设计、无施工管理记录、无验收，不能保证局部防突措施落实到位。四是局部防突措施效果检验不符合规定要求，在6月6日测定的K1值达0.79后，矿上施工了排放钻孔，但在6月7日中班瓦斯排放完毕后仅测定了瓦斯涌出初速度，未按规定测定K1值，便作出已消除突出危险的结论，但实际未消突。

（2）管理混乱，安全设施存在严重问题。一是爆破措施不落实。事故当班1601回风巷2号联络巷掘进工作面爆破，未严格按要求落实爆破前撤人、警戒，造成突出时掘进工作面本班作业人员和在1601回风巷掘进工作面巡查的瓦检员未撤出。二是通风设施不合格。1601回风巷顺槽2号联络巷反向风门设计不严谨，施工管理不到位，竣工未验收；风门设置位置不合理，最后一道反向风门距工作面距离小于70米，仅设置了2道反向风门，且反向风门墙体厚度和强度均达不到设计要求。三是在公司安全监察部发现该矿自查38条隐患有4条未整改完成，作出验收不通过后，矿安监部擅自在综合验收结论栏填写“复查合格，同意复工”，并将两份验收表格作为六枝工矿验收合格的依据，向新华安监站申请复查予以恢复建设。四是矿井监测监控系统、人员定位系统维护和管理不到位。监测监控系统5月1—19日无监控数据，事故发生后总回瓦斯传感器浓度最大为0.61%，系统运行不正常；人员定位系统存在传输程序未编制，数据不能上传、漏卡等现象。

2. 施工及监理单位

（1）四川煤矿基本建设有限公司对新华项目部未实施有效管理。新华项目部主要负责人无安全资格证；未设置安全管理机构，也未配备特种作业人员；对招录的从业人员未签订劳动用工合同，也未对从业人员进行岗前培训；在揭煤爆破前未组织撤人、站岗。

（2）河南工程咨询监理有限公司未按要求认真履行监理职责，质量监理不到位，安全隐患监督整改力度不够。

3. 六枝工矿

（1）管理关系不顺，计划审批不结合实际。一是六枝工矿作为控股单位，未处理好与股东之间的关系；在取消华隆煤业管理职责，将所属矿井生产建设、安全管理并入六枝工矿内部管理后，未及时完善相关手续，且管理不到位。二是针对新华煤矿上报的2014年生产计划（原煤60万吨、掘进进尺5200米），六枝工矿经审批要求完成原煤产量35万吨，并且要求首采面8月份要形成、10月进行联合试运转，但对新华煤矿准备煤量的瓦斯抽采是否到位、突出危险性是否消除等未进行进一步核实和论证，导致煤矿冒险蛮干。

（2）制度不健全，技术措施审批不到位。一是未严格按规定进行防突专题研究，也未做到由企业主要负责人每季度、每月进行防突专题研究。二是未按有关规定和要求建立瓦斯抽放钻孔的施工、验收、管理及通风设施的设计、施工、验收等制度，也未督促所属煤矿健全相关管理制度，导致新华煤矿1601回风顺槽2号联络巷揭M6煤层的区域措施钻孔未按设计施工到位，通风设施质量不符合要求。三是未按规定程序先审批《消突评价报告》后再审批《揭煤安全技术措施》。四是会审中已发现新华煤矿消突评价报告中的区域措施钻孔“揭煤点前方钻孔过稀，达不到设计抽放半径要求”，未退回采取补充措施，确保达到设计要求后再批复。

（3）隐患排查、治理工作不到位。一是隐患排查工作不到位。多次到矿检查，未能排查出新华煤矿在钻孔施工、验收等方面存在的重大隐患。二是隐患排查、治理工作不闭合。对查出的“无通风设施检查、维护制度和反向风门砌筑专项设计”“各类钻孔施工管理、记录不规范，上图分析不及时”等重大隐患，未督促煤矿整改落实到位；对查出新华煤矿“矿井未配备地测副总和通风副总”的隐患，至事故发生相关人员仍未配备到位，而在隐患信息平台中显示已整改完成。

（4）未认真吸取玉舍煤矿“5·25”事故教训。一是玉舍煤矿“5·25”事故后，六枝工矿虽开了会、下了文件，但未从事故发生的真正原因上去分析、去采取措施，也未从公司管理层面上去查找存在的问题，虽然制定出台了一些制度和措施，但未严格督促公司各级、各部门、各单位认真贯彻落实。二是对停产（建）煤矿验收把关不严。六枝工矿相关部室5月31日到新华煤矿就恢复建设进行复查验收，在新华煤矿自查隐患未整改完毕，同时又查出井下存在新的20条隐患，现场提出验收未通过，但安全监察部主要负责人却作出了“整改合格，确认无隐患，同意申请复查，同意恢复生产”的验收结论，使煤矿“带病”恢复了建设。

4. 六枝特区政府和相关部门

（1）六枝特区安监局及新华安监站执法能力不足，驻矿安监员管理制度不完善。对现有人员的专业技术水平不能满足对省属国有煤矿监管工作需要，未采取针对性措施解决；驻矿安监员发现煤矿存在重大安全隐患时，只明确其向安监站汇报，并由安监站处置，没有要求驻矿安监员和安监站及时向特区安监局汇报。

（2）六枝特区行业管理工作不细、不实。一是执行上级相关检查的文件存在缺漏，在落实《关于开展全省基本建设煤矿安全大检查的通知》（黔能源科技〔2014〕27号）文件时，未对辖区内国有及国有控股煤矿基本建设矿井进行检查。二是对5月26日到新华煤矿进行检查发现“1601风巷揭煤后煤门成为全煤巷，正在施钻排放，但排放钻孔数量不足，巷道两侧未分布”等5条隐患，督促落实不到位。

（3）六枝特区政府在贯彻落实《国务院办公厅关于进一步加强煤矿安全生产工作的意见》（国办发〔2013〕99号）和《省人民政府办公厅关于贯彻落实〈国务院办公厅关于进一步加强煤矿安全生产工作的意见〉的实施意见》（黔府办发〔2013〕60号）上存在差距，在对省属国有煤矿属地监管工作上存在不足；煤矿包保人未按照《关于调整六枝特区煤矿安全生产联系和包保责任制的通知》（六特办通字〔2014〕37号）每月分别不少于1次的要求，对新华煤矿进行监督检查。

（三）事故性质

经调查认定，新华煤矿“6·11”重大煤与瓦斯突出事故是一起责任事故。

四、对事故责任人和责任单位的处理结果

（一）移送司法机关追究刑事责任的人员

（1）刘××，新华煤矿事故当班调度员。对事故的发生负直接责任，移送司法机关追究其刑事责任。

（2）王××，2014年5月30日起任新华煤矿通防工区副区长（5月30日前任通风队副队长，负责矿井通风设施的构筑和维护工作）。对事故的发生负直接责任，移送司法机关追究其刑事责任。

(3) 罗××，2014年5月30日起任新华煤矿通防工区副区长（5月30日前任通风队队长），负责通风技术管理工作。对事故的发生负主要责任，移送司法机关追究其刑事责任。

(4) 张××，2014年1月26日起任新华煤矿安监部部长。对事故的发生负主要责任，移送司法机关追究其刑事责任。

(5) 朱××，新华煤矿安全副总经理。对事故发生负主要责任。事故后已免职。2014年6月13日被公安机关依法刑事拘留。由司法机关依法追究其刑事责任，并吊销其煤矿管理人员安全资格证。

(6) 陈××，新华煤矿总工程师，揭煤工作总指挥。对事故的发生负直接责任，事故后已免职，移送司法机关追究其刑事责任，并吊销其煤矿管理人员安全资格证。

(7) 段××，六枝工矿安全监察部部长。对玉舍煤矿“5·25”较大、新华煤矿“6·11”重大两起事故的发生负主要责任，移送司法机关追究其刑事责任。

(8) 毛××，四川煤矿基本建设有限公司新华煤矿项目部项目经理，负责项目部全面工作。对事故的发生负主要责任，移送司法机关追究其刑事责任。

(9) 朱××，新华煤矿生产副总经理（6月9日总经理刘永军到贵阳学习期间主持全矿行政工作）。对事故发生负主要责任，事故后已免职，2014年6月13日被公安机关依法刑事拘留。由司法机关依法查处。

以上人员待司法机关作出处理后，由有关单位按干部人事管理权限及时给予相应的党纪、行政处分。

(二) 给予处分及行政处罚的企业人员

(1) 税××，四川煤矿基本建设工程公司总经理，负责公司经营、管理工作。对事故发生负重要责任，鉴于其2014年4月刚上任，给予记过处分。

(2) 陈××，河南工程咨询监理有限公司新华项目部总监。对事故的发生负有重要责任，给予记过处分。

(3) 张××，2014年5月30日起任新华煤矿通防工区区长，负责通防工区全面工作。对事故发生负主要责任，给予撤职、党内严重警告处分。

(4) 雷××，新华煤矿机电副总工程师，事故当班值班矿领导。对事故的发生负主要责任，给予撤职、党内严重警告处分。

(5) 李××，新华煤矿党委书记，分管党务及宣传工作。对事故的发生负重要领导责任，给予党内严重警告处分。

(6) 刘××，新华煤矿总经理、党委委员，煤矿安全生产第一责任人。对事故的发生负主要责任，事故后已免职，给予撤职、撤销其党内职务处分，并吊销煤矿企业主要负责人安全资格证，终身不得担任任何煤矿企业的主要负责人；依据《中华人民共和国安全生产法》第八十一条的规定，处以19万元的罚款。

(三) 对玉舍煤矿“5·25”、新华煤矿“6·11”两起事故一并处理人员

(1) 赵××，六枝工矿通风瓦斯部部长。对玉舍煤矿“5·25”较大、新华煤矿“6·11”重大两起事故的发生负主要责任，给予降级、党内严重警告处分。

(2) 周××，六枝工矿副总工程师，协助总工程师抓“一通三防”工作。对玉舍煤矿“5·25”较大、新华煤矿“6·11”重大两起事故的发生负重要责任，给予记大过、党内警告处分。

(3) 皮××，六枝工矿总工程师，负责“一通三防”等工作，分管通风瓦斯部、计划部等部室。对玉舍煤矿“5·25”较大、新华煤矿“6·11”重大两起事故的发生负主要领导责任，事故后已免职，给予降级、党内严重警告处分；依据《安全生产违法行为行政处罚办法》(国家安全监管总局令第15号）第四十四条的规定，处以9000元的罚款。

(4) 高××，六枝工矿党委委员、副总经理，负责安全生产、质量标准化等工作，分管安全监察部等部室，包保新华煤矿。对玉舍煤矿“5·25”较大、新华煤矿“6·11”重大两起事故的发生负主要领导责任，事故后已免职，给予降级、党内严重警告处分；依据《安全生产违法行为行政处罚办法》(国家安全监管总局令第15号）第四十四条的规定，处以9000元的罚款。

(5) 何××，六枝工矿副董事长、党委副书

记、总经理，六枝工矿安全生产第一责任人。对玉舍煤矿“5·25”较大、新华煤矿“6·11”重大两起事故的发生负重要领导责任，给予记大过、党内警告处分；依据《安全生产法》第八十一条的规定，处以19万元的罚款。

（6）施××，六枝工矿董事长、党委书记，主持六枝工矿董事会、党委全面工作。对玉舍煤矿“5·25”较大、新华煤矿“6·11”重大两起事故的发生负重要领导责任，给予记大过、党内警告处分；依据《安全生产法》第八十一条的规定，处以19万元的罚款。

（四）给予党、政纪处分的国家机关工作人员

（1）李××，六枝特区新华安监站站长，负责新华、牛场等4个乡镇的煤矿日常监管工作。对事故的发生负主要责任，给予行政降级、党内警告处分。

（2）熊××，六枝特区煤炭局副局长，负责煤矿兼并重组、新华乡、箐口乡等片区煤炭等工作，分管行管股、煤矿技术服务中心。对事故的发生负重要领导责任，给予行政记大过处分。

（3）丁××，六枝特区煤炭局、经信局局长。对事故发生负重要领导责任，给予行政记过处分。

（4）牛××，六枝特区安监局党组成员，执法局专职副局长，受局长委托，负责执法局日常工作。对事故的发生负重要领导责任，给予行政记大过处分。

（5）吴××，六枝特区安监局党组副书记，安监局、执法局局长，主持行政全面工作。对事故的发生负重要领导责任，给予行政记过处分。

（6）周××，六枝特区人民政府副区长，负责安全生产等工作，分管特区安监局、煤炭局等，新华煤矿包保联系人。对事故的发生负重要领导责任，给予行政警告处分。

责成六枝特区区委、区政府分别向六盘水市委、市政府作出书面检查。

对这起事故有关部门的国家机关工作人员，如涉嫌渎职犯罪的，由检察机关依法查处。

（五）对责任单位的处理结果

（1）新华煤矿未严格落实两个“四位一体”的综合防突措施，对发生的重大事故负有责任。事故后已被责令停建整顿，依据《安全生产事故报告和调查处理条例》（国务院令第493号）第三十七条的规定，处以100万元的罚款。

（2）四川煤矿基本建设有限公司对新华项目部未实施有效管理。新华项目部主要负责人无安全资格证；未设置安全管理机构，也未配备特种作业人员；对招录的从业人员未签订劳动用工合同，也未对从业人员进行岗前培训。依据《国务院关于预防煤矿生产安全事故的特别规定》（国务院令第446号）第十六条的规定，对四川煤矿基本建设有限公司处以49万元的罚款。

四川煤矿基本建设有限公司新华项目部负责人无资格承接工程，安全管理混乱，中止其在新华煤矿的施工。

（3）河南工程咨询监理有限公司未按要求认真履行监理职责，对煤矿相关的规程及安全技术措施未认真进行审查；6月以来未对1601回风顺槽2号联络巷进行现场监理，履行监理职责，对事故的发生负有责任。违反《建设工程安全生产管理条例》（国务院令第393号）第一十四条的规定，由所在地建设管理部门依据《建设工程安全生产管理条例》（国务院令第393号）第五十七条的规定，对河南工程咨询监理有限公司处以29万元的罚款。

五、防范措施

（1）六枝工矿所属煤矿要停产（建）进行隐患自查，编制整改方案，报经六枝工矿批复同意后进行整改；整改结束，报经六枝工矿组织预验收合格后，报请贵州省安全生产监督管理局验收合格，方能恢复生产和建设。

（2）六枝工矿要切实加强煤矿防突，特别是石门揭煤工作。要严格执行《防治煤与瓦斯突出规定》，认真落实两个“四位一体”综合防突措施，加强对现场钻孔施工的管理，严厉打击弄虚作假行为；进一步优化矿井采掘部署，切实减少煤矿井下石门揭煤次数；进一步加强煤矿井巷揭煤的安全管理，井巷揭穿突出煤层必须制定揭煤安全技术措施，严格执行远距离放炮安全防护措施，严格落实停电、撤人和警戒等专项措施；高度重视揭煤防突专项设计的审批和区域效果检验的审查备案工作，确保设计和措施落实到位。同时对所属矿井进行安全检查时，在瓦斯治理方面必须检查综合防突措施的编制、审批和落实情况。鉴于新华煤矿存在煤与瓦斯突出的重大隐患，由六枝工矿组织专家进行专题分析和研究，制定出具有针对性、切实可行

的瓦斯治理方案。

（3）要加强通风设施和施工验收管理。新华煤矿要加强“一通三防”管理力度，通风设施均要有专项的设计及审批，井下通风设施要进行现场的验收，且验收资料要存档备查，确保通风设施安设合理、质量可靠。

（4）认真开展隐患排查治理工作。六枝工矿要建立隐患排查治理长效机制和重大隐患分级挂牌督办制度，实现隐患排查治理工作常态化、规范化、科学化。重大生产安全隐患排查治理工作要按照“五落实”的要求，真正做到措施不落实、隐患不排除不得生产和建设，必须按要求进行复查和验收，确保隐患消除。切实开展好“查大系统、除大隐患、防大事故”活动，以矿井通风系统、瓦斯抽采系统和防突为重点，切实加强煤矿通风设施的检查，对通风设施设置不合理、数量不足、质量不合格等重大隐患，必须做到真查、真改和立查、立改；对安全系统存在重大隐患的，必须坚决停产停建，及时治理隐患。

（5）严格建设项目的管理。要严格落实对建设项目的合法性审查，督促其健全建设手续，依照批复的开采方案设计和安全设施设计进行建设；并严格执行国家有关部门的规定，建设单位不能将井下三期工程外包，监理单位要切实履行质量和安全监管职责，施工单位要建立安全管理机构、配齐特种作业人员，项目负责人要具备相应的从业资质。

（6）各级政府及部门要切实履行煤矿安全生产监管责任。继续加强监管队伍建设，强化对基层监管人员和驻矿安监员专业知识和业务能力的培训，切实加强基层安监站巡查检查力量，加大监管执法力度，同时，要进一步完善安全监管工作管理制度，确保监管工作落到实处。要按照《国务院办公厅关于进一步加强煤矿安全生产工作的意见》（国办发〔2013〕99号）和《省人民政府办公厅关于贯彻落实〈国务院办公厅关于进一步加强煤矿安全生产工作的意见〉的实施意见》（黔府办发〔2013〕60号）的要求，进一步明确安全监管职责，进一步加强对辖区国有煤矿的监督和检查，细化工作措施，完善安全生产工作机制。

新疆大黄山豫新煤业有限责任公司一号井“7·5”重大瓦斯爆炸事故

2014年7月5日20时43分（北京时间，下同），新疆生产建设兵团第六师新疆大黄山豫新煤业有限责任公司一号井（以下简称豫新公司）+708米水平西翼中大槽煤层综采工作面顶板巷在锁风启封压缩板闭时发生一起重大瓦斯爆炸事故，造成17人遇难、3人受伤，截至8月5日，直接经济损失1800多万元。

一、事故发生经过及抢险救援情况

（一）事故发生经过

6月20日，百花村公司党委副书记兼总经理、豫新公司董事长侯××主持召开了由公司聘请的专家及豫新公司、百花村公司、师有关部门和安全技术管理人员参加的豫新公司防灭火专题会，会议主要议题是：大黄山煤矿西翼火情及其治理。

6月24日公司调度室副主任何××主持召开了公司防灭火专题会议，要求救护队6月25日早晨拿出+708米封闭区侦查方案。

6月25日百花村公司党委副书记兼总经理、豫新公司董事长侯××要求按程序对《大黄山豫新公司一号井+708米回采工作面封闭区域侦查、压缩方案及安全措施》（以下简称《压缩方案》）报批。

6月26日公司救护队尝试从+780米边界上山进入+708米工作面进行侦查，因巷道垮落严重，未能进入。

7月1日豫新公司总经理冉××、分管生产副总经理李××、分管安全副总经理赵××、总工程师赵××及有关部门负责人召开了+735米和

+708 米回采工作面接替和开拓掘进专题会议，对 +735 米和 +708 米回采工作面接替及开拓掘进进行了研究。会议认为从 +735 米工作面启封时的检测气体指标看，所采取的注氮、灌浆等灭火措施距离火区较远，火区高温并未消除；同时认为 +708 米工作面前方 +735 米工作面采空区可能存在火区，必须超前治理，决定对 +708 米顶板巷密闭墙进行压缩，在距工作面煤帮以东施工灭火措施巷，治理 +708 米工作面火区，同时超前处理上部 +735 米工作面采空区，确保 +708 米工作面启封后的安全生产。会议决定在 +708 米顶板巷的水抽完后，锁风启封原密闭墙，清理巷道，综掘二队配合在带式输送机尾处重新打密闭墙。

7 月 2 日公司救护队尝试从 +750 米底板巷进入 +708 米工作面进行侦查，因巷道积水严重，未能进入。

7 月 2 日 17 时总经理冉××再一次主持召开了公司防灭火专题会议，安排救护队修订《压缩方案》和制定瓦斯排放安全措施。

7 月 2 日 17 时 36 分开始对 +708 米巷道断层处的积水进行抽排，至 7 月 4 日 3 时左右积水降到巷道顶板以下。

7 月 3 日公司救护队修订的《压缩方案》和瓦斯排放安全措施经公司通风部、安监部有关负责人和公司安全副总、总工程师审核通过。

7 月 4 日 23 时—7 月 5 日 1 时期间组织救护队进行了封闭区锁风侦察，在 +708 米工作面的上、中、下部采样点对氧气、瓦斯、一氧化碳、环境温度等进行了现场检测和取样，并对综采支架、高压管、电缆线等进行了现场观察记录。现场检测氧气最高浓度为 10%，一氧化碳最高浓度为 0.002%，瓦斯最低浓度为 15%、最高为 30%，温度最低为 22℃、最高为 26℃；取样化验瓦斯最低浓度为 6.12%、最高为 37.26%；取样化验氧气浓度多处超过 19%。在第 27 副支架处发现垮落较为严重；第 27～第 45 副支架前端柱均已卸压；第 27～第 45 副支架间的高压管已被烘烤露出铁丝保护网；监控线缆过火后只剩铜丝线，并可捏成粉状；第 45 副支架以上的塑料把手已高温变形。救护队侦查后立即将情况向调度室进行汇报。

7 月 5 日，总经理冉××、分管安全副总经理赵××召集有关管理及技术人员召开了晨会，分管安全副总经理赵××通报了侦查情况和现场气体检测数据，晨会对侦查情况进行了研究，决定对 +708 米顶板巷进行锁风启封压缩板闭。

7 月 5 日中班井下共安排 5 个作业地点，即 +735 米工作面回采工人 28 人，+733 米工作面回采工人 19 人，+750 米底板巷喷浆工人 15 人，+708 米顶板巷救护队锁风启封 13 人、运送封闭材料和清理巷道等 9 人（因矿灯故障其中 1 人提前升井），+772 米顶板巷钻孔工人 34 人，向井下放材料的工人 14 人，区队管理人员 7 人，豫新公司管理人员 7 人，值班领导 1 人，共入井 147 人。

16 时救护队 13 人到达井口布置锁风启封压缩 +708 米顶板巷板密闭任务，综掘二队派 9 名工人配合运料和清理断层处的巷道，16 时 30 分救护队到达 +708 米顶板巷原板闭处，留 2 名救护队员管理锁风闭，其他队员进入封闭区施工新的板闭，救护队总工孙××负责检查气体。进入后，确定在距工作面 1.8 米处施工板闭墙，检测瓦斯浓度为 2%，无一氧化碳。完成第一道板闭后，留两名队员抹面，其他队员后退 1.5 米施工第二道板闭，救护队总工孙××检测瓦斯浓度超过 2%，氧气很充足，要求大家干活快点，小心点。20 时 31 分完成板闭施工任务，第一道板闭用时近 2 小时，第二道板闭用时 1 个多小时。此时外面两道板闭锁风门已打开、两道板闭均被拆掉 2 块板（0.3 米 ×2.0 米），风筒口距锁风闭约 3 米远。

施工完后，救护队副队长田××出去打电话汇报，其他救护队员收拾好工具撤离，其中一名救护队员段××负责收尾工作，正在与综掘二队副队长耿××商量建砖闭位置和运料事宜。此时救护队副队长田××进来告诉段××其妻子受伤，让段××立即升井，段××立即往外走。走出约 100 米处遇到掘进队几个人在清理淤泥、杂物，先前撤出救护队员也行至此处。段××继续急行通过断层积水处，正准备翻下皮带时，突然感觉到耳膜一鼓，听到一声闷响，将其冲倒并前推 6～7 米。当他反应过来时，感觉呼吸到高温气体，嗓子有灼烧感，右后耳有灼烧感觉，并闻到有头发烧焦的气味。

（二）抢险救援经过

7 月 5 日 20 时 43 分，矿井调度室监控系统显示 +708 米顶板巷临近区域气体波动，沿途气体、温度传感器断线，判断井下发生事故。值班调度员陈××立即于20时45分通知豫新公司有关领导和救护队，并利用人员定位系统紧急呼叫井下人员撤离。22时17分井下除被困和入井搜救人员外全部撤离。

救护队13名指战员接警后立即赶到井口待命，21时16分安监部部长谭××带领第一组6名队员入井进行搜救,21时26分分管生产副总经理李××带领第二组6名队员入井支援搜救。

救护队进入+708米巷道后，在350米处发现局部通风机风筒已脱节（局部通风机仍在运行)，此处检测瓦斯浓度为0.3%。在450米处检测瓦斯浓度为2%，一氧化碳浓度为零。在断层处检测瓦斯浓度为3%，一氧化碳浓度为0.03%，氧气浓度为15%，水深约0.8米。自断层向西约100米处检测瓦斯浓度为3.4%，一氧化碳浓度为0.1%，氧气浓度为12%，温度为26℃，烟雾较大，能见度为1米左右。

救护队在搜救过程中发现第一名幸存者在断层积水段以东约5米处；4名遇难人员在2号上山处；2名遇难人员在2号上山东面约10米处；再往东不远处又发现第二名幸存者，在其附近发现2名遇难人员；在两名遇难人员东不远处的输送带下发现第三名幸存者；在此往东约10米处，发现1名遇难人员，未找到其他人员。至7月5日23时50分成功救出3名幸存人员，17名人员遇难，所有入井搜救人员于7月6日零时5分全部升井。

与此同时，豫新公司立即启动应急预案，并向第六师和兵团报告。兵团主要领导，兵团安监局、煤监局、公安局、公安局消防局、工信委等部门及第六师主要领导先后赶赴现场指挥救援，成立了抢险救援指挥部，下设抢险救灾组、善后组、安全保卫组、后勤组、宣传组和事故处理总值班室，全力开展抢险救援工作。抢险救援指挥部协调调动自治区矿山救援基地25人、八师天富电力集团矿山救护队17人、二师金川矿业有限责任公司救护队12人、昌吉回族自治州救护队14人先后赶到事故现场参加灾害事故处理工作。

7月6日，专家组和救援指挥部成员对灾区的情况进行了科学分析，鉴于遇险人员在高浓度一氧化碳环境已无生命体征，井下有再次发生瓦斯爆炸的危险，第六师决定采取先灭火后搜寻的处置方案，对矿井西翼+708米以上进行全部封闭，建立防爆墙。

7月7日开始实施临时封闭，7月9日完成；7月11日开始施工防爆密闭墙，至7月15日早班对矿井西翼+708米以上全部封闭，抢险救援工作暂告结束。

（三）事故善后情况

按照兵团领导同志的要求，第六师、百花村公司及豫新公司积极努力地开展伤员救治、遇难矿工家属的安抚和赔偿工作。

二、事故原因和性质

（一）直接原因

该矿在+708米工作面密闭火区未熄灭的情况下，盲目决定缩小封闭范围。在违规打开原密闭、施工新密闭过程中，新鲜风流进入封闭区域，氧气和瓦斯浓度达到爆炸界限，遇采空区明火，发生瓦斯爆炸。

（二）间接原因

1. 企业安全生产主体责任不落实，违章指挥，违规作业

1）豫新公司安全责任不落实

（1）百花村公司党委副书记、总经理兼豫新公司党委书记、董事长，既要全面负责百花村公司的日常工作，又要承担安全生产第一责任人职能职责，不能经常在矿和深入井下履行安全生产监督管理职责，履职不到位；豫新公司总经理负责公司日常生产经营和安全管理工作，属于非煤专业人员，到公司工作6个月左右时间，到任前长期从事政工工作，履职能力不足。

（2）分管生产、安全和技术的副总经理、总工程师未认真履行安全生产职能职责，把关不严，在火灾隐患未得到有效治理和不具备启封条件情况下积极主导和推动《压缩方案》的实施。

（3）组织结构不清，职责不明，豫新公司和一号井实为一体，公司即是一号井，一号井又为公司，公司直接对一号井生产经营、安全生产等进行管理，原一号井副矿级领导干部和职能科室等行政机构撤销后，保留矿长职位，由分管生产的副总经理兼任，无决策权力，形同虚设。

2）豫新公司技术管理不到位

（1）没有以科学的态度和方法对矿井隐蔽致灾因素进行普查，特别是对矿井火区分布情况掌握

不清把握不准，没有采取有效措施对地面、井下采空区等火区进行有效治理。

(2) 没有科学研究制定急倾斜特厚煤层、煤与瓦斯突出矿井安全开采技术方案，在火区下部区段进行开采未留设隔离煤柱，开采后垮落导致上下采区相通，下部开采区向上部采空区漏风，上部采空区火灾向下部开采区蔓延。

(3) 以总工程师为首的技术管理体系不健全，安全、生产、通风等技术管理部门，未认真履行“一通三防”技术管理职责，未对照《煤矿安全规程》对灾区侦查基础资料进行认真分析，并严格按照《煤矿安全规程》有关规定对《压缩方案》审核把关。

3）豫新公司火区管理不力

(1) 地面裂隙与井下相通，导致向封闭的采空区漏风；水封巷道抽水后，通过板闭向封闭区严重漏风。

(2) 未按《煤矿安全规程》规定在708工作面预先设置防火门。

(3) 对采取的注浆、注氮措施效果以及相关检测数据是否满足防灭火需求未进行认真分析。

4）豫新公司锁风启封方案不科学

制定的《压缩方案》章节不全，内容不完善，无启封时井下或相关区域必须停电撤人规定，未明确井下基地设置地点，设定的瓦斯超限撤人浓度不符合规定等。

5）劳动（施工）组织混乱无序

(1) 在危险区域内施工密闭时，安排大量人员井下多地点平行作业，特别是在实施锁风启封区域同时安排清理巷道，致使人员长期滞留在危险区域内。

(2) 未严格按照《煤矿安全规程》和《矿山救护规程》的相关规定进行火区处理，事故发生时地面指挥部总指挥冉××、副总指挥赵××、赵××、李××（单位派其带队外出）和前线指挥部负责人陈××均不在岗。

(3) 未向配合单位综掘二队提交+708米工作面锁风启封方案，未告知作业人员锁风启封作业的危险性。

(4) 救护队在危险区域内作业时未按《矿山救护规程》规定检测瓦斯、一氧化碳、氧气等气体浓度，在瓦斯浓度超过2%、氧气浓度充足情况下未立即终止施工，撤出人员。

(5) 安排实习救护队员无证上岗。

6）豫新公司未执行监管监察指令和相关规定擅自启封火区

(1) 未执行兵团煤监局、第六师安监局要求对+735米、+708米工作面火灾隐患挂牌督办监察指令，在火灾隐患未得到整改情况下，组织人员入井生产。

(2) 未执行兵团煤监局《关于加强煤矿井下密闭管理及启封工作的通知》(兵煤监局发〔2013〕9号）规定，在《压缩方案》未经批准的情况下，擅自实施708工作面锁风启封。

7）百花村公司对豫新公司安全管理不力

(1) 对师安监局下达的《煤矿重大安全隐患挂牌督办通知书》执行不力。

(2) 未认真检查指导豫新公司煤矿的“一通三防”工作，对豫新公司未严格执行火区管理制度和防灭火措施失察。

2. 第六师的安全生产监管责任不落实，相关部门未认真履行对豫新公司的安全生产监管职责

1）第六师

(1) 贯彻落实国家有关煤矿安全生产法律法规不到位，未认真督促检查相关部门履行对所属煤矿安全监管职责情况。

(2) 落实兵团煤监局针对现场检查时发现的+708米工作面火区管理存在的问题下达的《加强和改善安全管理建议》监察指令不力。

2）第六师工业局

(1) 煤炭行业安全监管职能职责不到位，未贯彻落实管行业必须管安全的要求。

(2) 对豫新公司未严格执行火区管理制度和防灭火措施失察。

3）第六师安监局

(1) 重大隐患挂牌督办责任落实不力，未认真指导和督促检查百花村公司对重大火灾隐患及时整改。

(2) 对豫新公司安全生产工作监督检查不到位，对豫新公司未严格执行火区管理制度和防灭火措施失察。

(三) 事故性质

经调查认定，豫新公司“7·5”重大瓦斯爆炸事故为责任事故。

三、对事故有关责任人员及责任单位的处理结果

（一）因涉嫌重大责任事故罪，移送司法机关处理人员

（1）冉××，豫新公司总经理，全面负责公司生产经营和安全生产工作，锁风启封指挥部总指挥。对事故发生负主要责任。涉嫌犯罪，移送司法机关立案查处。

（2）赵××，豫新公司总工程师，负责公司和矿井“一通三防”和技术管理工作，锁风启封指挥部副总指挥。对事故发生负主要责任。涉嫌犯罪，移送司法机关立案查处。

（3）赵××，豫新公司安全副总经理，负责公司和矿井安全管理工作，锁风启封指挥部副总指挥。对事故发生负主要责任。涉嫌犯罪，移送司法机关立案查处。

以上人员属中共党员或行政监察对象的，由纪检监察机关给予相应的党纪、政纪处分。

（二）给予党纪、政纪处分人员

依据《中国共产党纪律处分条例》、《行政机关公务员处分条例》（中华人民共和国国务院令第495号）、《安全生产领域违法违纪行为政纪处分暂行规定》（中华人民共和国监察部、国家安全生产监督管理总局令第11号），对下列人员给以党纪、政纪处分。

（1）陈××，豫新公司安监部副部长兼救护中队队长，负责公司安全监管和救护中队工作，锁风启封指挥部成员兼井下基地指挥。对事故发生负主要领导责任。给予其撤职处分。

（2）何××，豫新公司调度室副主任，负责生产调度和井下气体监控工作，锁风启封指挥部成员。对事故发生负主要领导责任。给予其撤职、党内严重警告处分。

（3）吴××，豫新公司通风部部长，负责“一通三防”管理工作，锁风启封指挥部成员。对事故发生负主要领导责任。给予其撤职、党内严重警告处分。

（4）谭××，豫新公司安监部部长，负责安全隐患排查工作，锁风启封指挥部成员。对事故发生负主要领导责任。给予其撤职、党内严重警告处分。

（5）刘××，豫新公司总经理助理、副总工程师兼生产技术部部长，锁风启封指挥部成员，负责编制审查采掘作业规程、安全技术措施。对事故发生负主要领导责任。给予其撤职、党内严重警告处分。

（6）李××，豫新公司党委副书记。对事故发生负重要领导责任。给予党内严重警告处分。

（7）李××，豫新公司生产副总经理，负责公司生产技术管理工作，是名义上的矿长，锁风启封指挥部副总指挥。对事故发生负主要领导责任。给予其撤职、党内严重警告处分。

（8）侯××，百花村公司党委副书记、总经理兼豫新公司党委书记、董事长，全面主持百花村公司的日常经营管理工作，是豫新公司法定代表人，安全生产第一责任人。对事故发生负主要领导责任。给予其记大过、党内严重警告处分。

（9）温××，百花村公司总工程师，分管生产技术工作。对事故发生负重要领导责任。给予其记过处分。

（10）王××，百花村公司副总经理，分管安全工作。对事故发生负重要领导责任。给予其记过处分。

（11）刘××，百花村公司党委书记、董事长，公司安全生产第一责任人。对事故发生负重要领导责任。给予其警告处分。

（12）拜××，第六师工业局局长。对事故发生负重要领导责任。给予其行政记过处分。

（13）王××，第六师安全生产监督管理局局长。对事故发生负重要领导责任。给予其行政记过处分。

（14）董××，第六师党委常委，副师长，分管工业和安全生产工作。对事故发生负重要领导责任。给予其行政警告处分。

（三）行政处罚

（1）由兵团煤监局对该矿井停产整顿、暂扣煤矿企业安全生产许可证和撤销一级安全质量标准化矿井命名，并对豫新公司处199万元罚款。

（2）由兵团煤监局对豫新公司副总经理兼一号井矿长李××处以上一年年收入60%的罚款；由考核发证部门撤销李××主要负责人安全资格证，终身不得再取得煤矿企业主要负责人安全资格证，也不得再担任任何煤矿的矿长。

（3）由兵团煤监局对豫新公司总经理冉××

处以上一年年收入60%的罚款；由考核发证部门撤销冉××主要负责人安全资格证，终身不得再取得煤矿企业主要负责人安全资格证，也不得再担任任何煤矿企业主要负责人。

（4）由兵团煤监局对百花村公司党委副书记、总经理兼豫新煤业公司党委书记、董事长侯××处以上一年年收入60%的罚款；由考核发证部门撤销侯××主要负责人安全资格证。

（5）由兵团煤矿安全监察局对百花村公司党委书记、董事长刘××处以上一年年收入60%的罚款。

四、事故防范措施

（一）严格落实企业安全生产主体责任，严禁违章指挥、违章作业行为

（1）要牢固树立"安全第一，预防为主，综合治理"的安全生产方针，严格按照"党政同责、一岗双责、齐抓共管"的总要求，坚持管行业必须管安全，管业务必须管安全、管生产经营必须管安全的具体要求，落实各级安全生产责任。

（2）要建立健全安全管理体制，理顺公司和矿井的关系。建立以董事长和总经理为公司安全生产第一责任人的安全生产管理体系，安全责任落实到部门和人头。建立以矿井长为矿井安全生产第一责任人的安全生产管理体系，严格落实《煤矿矿长保护矿工生命安全七条规定》和煤矿攻坚克难"七大举措"，切实做到铁七条、刚执行、全覆盖、真落实、见实效。

（3）要加强企业技术管理工作。技术管理工作要严谨、细致，以科学的态度和方法对矿井进行隐蔽致灾因素普查治理工作，认真排查和治理井下采空区的火灾隐患，按规定采取有效的防灭火措施，并加以彻底治理。给决策层提供科学的依据，并严格遵守国家的相关法律法规和《煤矿安全规程》的要求，严禁提供伪数据。

（二）进一步加强井下采空区的防灭火管理

（1）要摸清搞准矿区火区情况，编制相应的防止自然发火技术措施，采取地面覆盖和井下预防性灌浆或全部充填、注阻化泥浆、注惰性气体等措施对采空区、冒落孔洞等空隙进行处理，要在作业规程中明确灌浆（注惰气）时间、灌浆（注惰气量）和防灭火效果检验手段，发现自然发火征兆时，必须停止作业，采取有效措施进行处理，在自然发火征兆得不到有效控制时，必须远距离封闭发火危险区域。进行封闭施工作业时，所有区域非救护队员必须全部撤出。

（2）要加强封闭采空区的管理，特别是要防止已自然发火的采空区漏风，要建立自然发火预测预报制度，明确自然发火预测预报指标气体，明确指标气体浓度、温度的预报临界值；必须建立自然发火早期预测预报监控系统，采取监控系统、人工巡查和定期取样化验"三位一体"的综合监测方法，及时检测和发现气体浓度、温度变化情况。

（3）要提前制定防止自然发火及一旦发火及时封闭的专项措施，按规定构筑防火门，确保防火门能随时有效关闭。必须严格执行有关火区启封和注销的规定，启封前要对矿井灭火效果进行有效监测、分析，科学论证启封条件，科学制定启封方案，严禁违法违规擅自启封火区。

（三）进一步加强安全教育与培训，强化劳动施工组织管理，切实保障煤矿企业员工权益

煤矿企业要加强职工的安全培训工作，严格从事煤炭安全生产管理人员和特种作业人员的学历和资格审查工作，100%持证上岗，全员考试合格后上岗。尤其是要有针对性地开展新工人上岗前的安全培训工作，向作业人员如实告知作业场所和工作岗位存在的危险因素、防范措施以及事故应急措施，增强防范事故的能力；有针对性地开展防治煤与瓦斯突出矿井的安全技术培训；要增强职工的安全意识和维权意识，严禁灾区救护队员和工人平行作业。

（四）进一步加强对第六师下属煤炭企业技术保安工作的监管和监察

第六师及其煤炭行业管理部门、安全监管部门以及负有安全生产监管职责的有关部门，要坚持管行业必须管安全的原则，认真履行职责、严格进行把关，深入基层、深入现场，加大执法力度，深入开展"打非治违"工作，认真整治煤矿安全生产中的突出问题，发现企业存在重大隐患不治理的，要进行追责。第六师下属煤矿企业的地质条件十分复杂，应进一步加强在技术保安方面的日常监督检查。一是要对急倾斜煤层区段煤柱留设，要监督企业根据煤层厚度、倾角、硬度、结构及构造影响等

实际情况，进行组织论证，科学留设，严防发生安全问题。二是要对采空区容易引发的安全问题引起高度重视，淘汰国家明令禁止的采煤方法和采煤工艺，突出煤层中的突出危险区、突出威胁区，严禁采用放顶煤采煤法、水力采煤法、非正规采煤法采煤。加强对自然发火煤层管理监督力度，依法依规、科学有效打好密闭，并对密闭质量等加强常态监管，确保不出现安全隐患问题。

（五）进一步建立健全事故应急预案，科学处置井下各类灾害

加强矿山救护基地和救援队伍建设，熟练事故应急预案，煤矿进行灾害处置时，应认真分析灾区现状以及可能发生的危险，以国家、新疆生产建设兵团的法律法规、规定、办法和《煤矿安全规程》为依据、以安全可靠为原则来制定科学的应急处置方案。

黑龙江省鸡西市安之顺煤矿“8·14”重大水害事故

2014年8月14日11时10分，黑龙江省鸡西市城子河区安之顺煤矿发生重大水害事故，死亡16人，直接经济损失1860万元。

一、事故发生及抢险救援经过

2014年8月14日7时15分，该矿当班入井56人。11时10分，在24号煤层上山作业的贾××和冯××突然听到轰隆一声响，看到24号煤层（－203米标高）平巷内顶板有一股气浪往上冲，随后有水流往外冲出，水面与下帮顶板一样高，水流将上山工作面下部的刮板输送机机头瞬间冲走，贾××和冯××急忙退到上山头处等待救援。

发生透水后，大量积水从24号煤层平巷涌出。到21时核实确认，事故发生前后共有31人安全升井，25人被困井下。涌出积水已将矿井24号煤层平巷（－203米标高）以下所有作业地点及井巷全部淹没。

接到事故报告后，鸡西市成立了抢险救援指挥部，启动了事故抢险应急预案，紧急调动相关抢险救援设备、器材，迅速组织人员开展抢险救援工作。经过龙煤集团鸡西分公司、沈焦集团鸡西盛隆公司、鸡西地方煤矿三支救护队抢险，累计排水8670立方米，排放瓦斯220立方米，恢复绞车道和冒落的巷道442米，清理巷道淤泥浮货124米。于8月15日10时，有9名被困工人成功获救升井。从16日开始，抢险救援人员陆续发现遇难者，至9月1日发现最后3名遇难者为止，事故共造成16人不幸遇难，抢险救援工作结束。

二、事故原因及分析

（一）直接原因

安之顺煤矿违法超层盗采，五段反上24号煤层平巷工作面掘至邻近废弃矿井采空区边界后，造成与废弃矿井采空区之间煤柱变小，废弃矿井老空积水压垮煤柱并溃入井下，导致水害事故发生。

（二）间接原因

（1）煤矿企业未落实煤矿安全主体责任，违规组织生产，违法超层盗采煤炭资源，冒险组织作业。一是该矿在回收回撤期间，违规组织回收煤炭资源，并在多次出现透水征兆的情况下，未能采取有效防范措施，仍在有透水隐患区域附近冒险组织作业。二是该矿长期超层盗采煤炭资源，开采布局混乱，通风系统、排水系统、监测监控系统、人员定位系统等均存在严重问题。该矿自2012年开始，擅自超层开采29号、27号、24号、25号煤层。矿井自五段以下，为独眼开采，没有回风系统，使用局部通风机为采煤工作面供风，掘进工作面使用风机接力供风，五段反上25号煤层平巷掘进工作面使用五段反上24号煤层上山掘进工作面的乏风串联供风。矿井排水系统不健全，六段斜下、五段反上的水通过单个水泵单趟管路排至四段27号煤层采空区。该矿在监控系统上采取伪装手段，将五段反上24号煤层上山掘进工作面、五段反上25号

煤层平巷掘进工作面、六段斜下25号煤层采煤工作面的瓦斯监控传感器伪装成37号煤上层、37号煤层下层、37号煤层回风等地点的瓦斯监控传感器，用以逃避监管。人员定位系统不能反映五段以下监控信息，部分人员入井不佩戴人员定位识别卡。三是该矿技术管理缺失。该矿没有专职技术负责人和专职技术人员，矿井3处作业工作面均没有作业规程。对周边临近矿井的相关资料掌握不清楚，对废弃矿井旧区旧巷位置及积水情况不掌握，未采取有效的探放水措施。四是矿井培训工作弄虚作假，主要安全管理人员均没有经过培训，没有取得相应资格证。全部入井人员均未经过2014年上岗培训及相关复训。2013年、2014年均未开展事故灾害应急演练。

（2）鸡西市旭升煤炭销售有限公司对安之顺煤矿委托管理流于形式，违规审批《紧急维修报告》《回收回撤报告》，为该矿到区政府及管理部门报批紧急维修工程和回收回撤提供便利。

（3）城子河区煤矿监管部门日常监督管理工作不到位。一是不严格履行监管职责，对安之顺煤矿监管不到位，违规审批《回收回撤报告》。驻矿监管员在发现该矿存在与维修、回撤不相符的采掘以及超层违法盗采行为时，未及时汇报和制止。二是日常检查流于形式。2013年以来，城子河区煤管局监管二科及总工办人员在检查中，多次发现该矿存在系统不健全、超层违法盗采行为，但未采取措施制止或打击，也未将该矿超层盗采行为移交给国土部门处理。三是技术管理不到位。没有严格执行煤矿定期交换图纸的规定，多年不与安之顺煤矿交换图纸，对该矿实际采掘工程进展情况不清，对该矿存在的四段以下系统不健全、独眼延伸等问题未及时制止和处理。四是对安之顺煤矿《整改报告》《紧急维修报告》及《回收回撤报告》审批、把关不严格。在对安之顺煤矿2013年以来，连续以井下风道、绞车道年久失修的名义申请进行整改、维修工程，审批前现场把关不严，审批后对工程进展情况检查缺失。五是对该矿存在的安全管理人员人、证、岗不符行为监督、检查不到位。

（4）鸡西市煤炭生产安全管理局对城子河区安全生产监督和煤炭管理局监管、行管检查指导不力。监管三科对安之顺煤矿监督检查频次过低。2014年计划对该矿巡查4次，截至事故发生前，仅在“两会”期间巡查过1次，对停产矿井监管力度不够。

（5）劳动保障部门监察工作不到位。城子河区劳动保障监察局在2013年8月6日和2014年5月15日对安之顺煤矿进行劳动情况监督检查工作中，采取了以罚代处的方式，未能制止该矿违反有关法律法规雇用多名女工从事井下作业行为，致使该矿雇用女工从事井下作业问题长期存在，事故中有1名女工在井下遇难。

（6）火工品审批不严格。2013年11月，在对安之顺煤矿火工品审批、审核工作中，城子河区公安局治安大队和长青派出所未按审批数量审核把关，造成超量供应。

（7）年度储量动态监测监管不到位。国土资源部门对安之顺煤矿逾期仍不进行2013年度储量检测的违规行为，没有按照规定进行处罚，造成该矿超层盗采等违法行为未及时得到制止和打击。

三、对事故责任人员和责任单位的处理

（一）不再追究责任人员

安之顺煤矿实际生产矿长，负责全矿的生产组织和安全管理工作。对事故负有主要责任。鉴于其已在事故中遇难，不再追究责任。

（二）移送司法机关处理人员

（1）安之顺煤矿法定代表人、实际控制人，负责全矿重大事项决策、管理工作。对事故负有主要责任。移交司法机关依法处理。依据《〈生产安全事故报告和调查处理条例〉罚款处罚暂行规定》第十三条的规定，对其处以2013年年收入100%的罚款，罚款24000元。

（2）安之顺煤矿实际矿长，是该矿安全生产的第一责任者，负责全矿的行政管理工作。对事故负有主要责任，移交司法机关依法处理。

（三）检察机关已立案侦查的人员

（1）安之顺煤矿驻矿监管员，负责安之顺煤矿驻矿日常检查和监督隐患整改。2014年8月24日，检察机关对其立案侦查。

（2）城子河区安全生产监督和煤炭管理局驻矿监管员，2014年7月22日前负责安之顺煤矿驻矿日常检查和监督隐患整改。2014年9月12日，检察机关对其立案侦查。

（3）城子河区安全生产监督和煤炭管理局监察二科科长，负责所辖区域煤矿的日常安全检查。

2014年9月15日，检察机关对其立案侦查。

（4）城子河区安全生产监督和煤炭管理局总工办采掘技术员，负责矿图交换和采掘技术审批。2014年9月17日，检察机关对其立案侦查。

（5）城子河区安全生产监督和煤炭管理局总工办机电运输技术员，负责指导煤矿在新技术新工艺新装备的推广运用，指导检查煤矿机电管理、指导检查煤矿质量标准化建设和安全生产、检查煤矿淘汰落后的机电设备、技术装备的更新等。2014年9月17日，检察机关对其立案侦查。

（6）城子河区安全生产监督和煤炭管理局总工办通风技术员，负责通风技术管理和对煤矿安全检查。2014年9月17日，检察机关对其立案侦查。

（7）城子河区安全生产监督和煤炭管理局总工办主任，负责总工办全面工作，实际履行总工程师职责。2014年9月12日，检察机关对其立案侦查。

（8）城子河区安全生产监督和煤炭管理局总工程师，实际履行行管副局长职责，负责一通三防、质量标准化和煤矿开工验收、整改验收及证照的管理、煤矿的资料管理工作。2014年9月12日，检察机关对其立案侦查。

（9）城子河区安全生产监督和煤炭管理局副局长，负责城子河区西部监察区域内矿井的井下安全监察工作。2014年9月12日，检察机关对其立案侦查。

（10）城子河区安全生产监督和煤炭管理局副局长，负责城子河区东部监察区域内矿井的井下安全监察工作。2014年9月12日，检察机关对其立案侦查。

（11）城子河区安全生产监督和煤炭管理局局长，负责区安全生产监督和煤炭管理局全面工作。2014年9月12日，检察机关对其立案侦查。

（四）给予党纪政纪处分的责任人员

（1）城子河区安全生产监督和煤炭管理局总工办科员，负责对煤矿安全检查。对事故的发生负有主要责任。给予行政降级处分。

（2）城子河区劳动保障监察局监察员，负责区域内劳动监察工作。在对安之顺煤矿执行劳动情况监督检查工作中，未能制止该矿违反有关法律法规、雇用多名女工从事井下作业行为，致使事故中有1名女工在井下遇难，对此负有重要责任。给予行政记大过处分。

（3）城子河区劳动保障监察局局长，负责区劳动保障监察局全面工作。对安之顺煤矿执行劳动情况监督检查工作中，未能制止该矿违反有关法律法规、雇用多名女工从事井下作业行为，致使事故中有1名女工在井下遇难，对此负有重要领导责任。给予行政记过处分。

（4）城子河区公安分局长青乡派出所民警，负责辖区煤矿火工品供应量初步核查工作。对事故发生负有重要责任。给予行政记过处分。

（5）城子河公安分局治安大队危管员，负责辖区煤矿火工品供应量核查工作。对事故的发生负有重要责任。给予行政记过处分。

（6）城子河区政府副区长（主管安全生产工作），2014年1月调任鸡东县政府副县长。对事故的发生负有重要领导责任。给予行政记过处分。

（7）城子河区政府副区长，负责全区安全生产工作。对事故的发生负有重要领导责任。给予行政降级处分。

（8）城子河区政府区长，负责城子河区政府全面工作，全区安全生产工作第一责任人。对事故的发生负有重要领导责任。给予行政记大过处分。

（9）城子河区委书记，负责城子河区委全面工作。对事故的发生负有领导责任。给予党内警告处分。

（10）鸡西市国土资源局矿产资源储量科副科长，负责鸡西市矿产资源储量动态检测管理工作。对事故的发生负有重要责任。给予行政记过处分。

（11）鸡西市国土资源局矿产资源储量科科长，负责鸡西市矿产资源储量动态检测管理、采矿权证年检工作。对事故的发生负有重要责任。给予行政记过处分。

（12）鸡西市煤炭生产安全管理局监管三科科长，负责城子河区安全生产监督和煤炭管理局安全监管工作质量的监督和检查工作。对事故的发生负有重要责任。给予行政记过处分。

（13）鸡西市煤炭生产安全管理局副局长，分管监管三科。对事故的发生负有领导责任。给予行政记大过处分。

(14) 鸡西市煤炭生产安全管理局局长，负责该局全面工作。对事故的发生负有领导责任。给予行政记过处分。

(15) 时任鸡西市政府副市长，分管全市安全工作。对事故的发生负有领导责任。给予行政警告处分。

(五) 对事故矿井的处罚

依据《黑龙江省安全生产条例》第三十七条第（六）项的规定，由鸡西市政府对安之顺煤矿予以关闭。

安徽省淮南市谢家集区东方煤矿“8·19”重大瓦斯爆炸事故

2014年8月19日3时56分，安徽省淮南市谢家集区东方煤矿（以下简称东方煤矿）非法越界区域发生重大瓦斯爆炸事故，造成27人死亡、1人受伤，直接经济损失4511.05万元。

一、事故发生经过

2014年8月18日20时40分，生产副矿长殷学林、总工程师沈××主持召开夜班调度会。随后，掘进副矿长刘××到采煤队召开班前会，安排采煤队在-530米C13回煤工作面作业，一个头回煤，一个头退后8米掘进煤巷。合法区域未安排采掘作业。爆破员陶××领取10发雷管和20卷炸药。当班共安排39人下井作业(带班矿领导韩××当班未下井，实际下井38人)，其中：采煤队22人、运输队10人、瓦斯检查员2人。21时30分，作业人员下井。19日3时56分，-530米C13回煤工作面爆破时发生瓦斯爆炸。

二、事故抢险救援情况

8月19日3时56分许，第4部带式输送机司机柏××突然听到“轰隆”一声，一股烟雾冲过来，他立即撤至-450米绕道新鲜风流中，并电话向矿调度室汇报。3时58分，调度室接报告后，立即报告矿领导。4时50分，安全副矿长韩××电话报告矿长于××；在外地的于××于4时58分电话向淮南市煤炭管理局（安监局）报告；同时，东方煤矿调度室调度员方××电话向淮南市谢家集区煤炭管理局（安监局）报告。淮南市煤炭管理局（安监局）及谢家集区煤炭管理局（安监局）接报告后立即逐级上报。

19日6时25分，淮南市政府、安徽省政府接到事故报告后，立即启动事故应急预案，成立了省、市事故救援现场指挥部，调集淮南矿业集团救护大队开展事故抢险救援。经自救和救援，11人（含1名受伤的瓦斯检查员）安全升井；至8月26日0时50分，井下事故区域外围的6名遇难人员升井。

因事故区域巷道断面狭小、垮落严重，设备、材料阻塞巷道，瓦斯浓度一直在1%左右，且时常有爆破声，救援工作十分困难。9月1日，淮南市政府第45次常务会对抢险救援专家组提交的《东方煤矿“8·19”爆炸事故井下职工生存状况评估报告》和《东方煤矿“8·19”爆炸事故救援情况评估报告》进行了研究，决定将现场救援工作转为遇难人员遗体搜寻。9月3日，省事故现场救援指挥部根据安徽省委、省政府主要领导指示精神，决定在保证救援人员绝对安全的前提下，将整体工作转入遇难人员遗体搜寻阶段。同时，聘请中煤科工集团重庆研究院研究员孙东玲等5位专家对事故现场条件进行评估。9月20日，专家组提交《安徽省淮南市谢家集区东方煤矿“8·19”瓦斯爆炸事故现场条件评估及搜寻工作意见》，鉴于被困人员已无生还的可能，而后续的巷道恢复和搜寻工作期间具有再次发生瓦斯爆炸以及发生煤与瓦斯突出事故的风险，专家组建议停止事故遇难人员搜寻，做好善后工作。9月22日，淮南市政府第47次常务会对专家组评估意见进行了研究，决定终止遇难人员搜寻。10月8日，淮南市政府决定对东方煤矿闭坑封井，至10月12日井口密闭结束，21名遇难人员遗体遗留井下。

三、事故原因和性质

（一）直接原因

事故区域煤层瓦斯含量高，没有进行瓦斯抽采；采用国家明令淘汰的“以掘代采”的采煤方法；通风能力不足，局部通风机循环风；瓦斯积聚。违章爆破产生的火源。引起瓦斯爆炸。

（二）间接原因

1. 东方煤矿

（1）非法越界开采。2010年9月至2014年8月19日事故发生，该矿非法越界开采时间长达近4年，开采C13煤层面积约0.27平方千米，开采煤量20余万吨。

（2）拒不执行淮南市防汛抗旱指挥部汛期小煤矿停产指令。淮南市防汛抗旱指挥部汛期小煤矿停产指令下达后，除7月8—10日因排除提升绞车故障没有生产外，其他时间均正常生产。

（3）蓄意隐瞒非法违法生产行为。通过开掘暗道，采取假图纸、假资料、假密闭、假视频监控、假人员定位以及遮挡绞车天轮、及时转运非法生产的煤炭、设置暗哨等手段逃避监管。

（4）越界区域现场管理混乱，不具备基本安全生产条件。

（5）违法储存使用爆炸材料。2013年7月23日以来，该矿私自启用被公安机关责令停止使用的非法爆炸材料存储点；淮南市防汛抗旱指挥部汛期小煤矿停产指令下达后，擅自启封封条、领取和使用爆炸材料。

2. 监管监察部门

（1）淮南市国土资源局对小煤矿超层越界开采监督检查不到位，对煤炭资源开采监督管理不到位，“打非治违”工作不力。

（2）淮南市谢家集区煤炭管理局（安监局）履行煤矿日常安全监管职责不到位，“打非治违”工作不力；有关人员失职、渎职。

（3）淮南市煤炭管理局（安监局）履行煤矿日常安全监管职责不到位，“打非治违”工作不力。对东方煤矿存在的假图纸、假资料、假密闭、假视频监控、假人员定位行为监督检查不力；对东方煤矿拒不执行淮南市防汛抗旱指挥部汛期小煤矿停产指令等问题监督检查不到位；检查指导谢家集区煤矿安全监管工作不到位。

（4）淮南市公安局谢家集区公安分局对东方煤矿爆炸材料监管不到位，个别民警涉嫌渎职。

（5）淮南市公安局执行民用爆炸材料管理规定不到位。对谢家集区公安分局监督不力，对东方煤矿使用非法爆炸材料存储点失察；对东方煤矿新建爆炸材料库验收和核发许可证把关不严。

（6）安徽煤矿安全监察局皖南监察分局对淮南市地方煤矿安全监管工作监督检查不力。

3. 地方党委、政府

（1）淮南市谢家集区党委、政府贯彻落实党和国家有关煤矿安全生产方针政策、法律法规不到位，“打非治违”工作不力；履行煤矿安全监管职责不到位，对区煤炭管理局（安监局）有关人员失职、渎职行为失察；2014年1—4月，区煤炭管理局（安监局）原领导班子因受贿被采取司法措施后未按规定及时配备领导班子和监管人员。

（2）淮南市委、市政府贯彻落实党和国家有关煤矿安全生产方针政策、法律法规不到位；督促有关职能部门开展煤矿“打非治违”工作不力；未有效监督市政府相关职能部门及谢家集区政府落实监管职责。

（三）事故性质

经调查认定，东方煤矿“8·19”重大瓦斯爆炸事故是一起责任事故。

四、对事故有关责任人员和责任单位的处理结果

（一）司法机关已采取措施人员

（1）缪××，东方煤矿法定代表人、实际控制人、安全生产第一责任人。对事故的发生负有直接责任，涉嫌犯罪。2014年9月3日被刑事拘留，9月26日被执行逮捕。

（2）缪××，东方煤矿经营副矿长，参与东方煤矿重大事项决策并负责销售、财务等工作。对事故的发生负有直接责任，涉嫌犯罪。2014年8月20日被刑事拘留，9月26日被执行逮捕。撤销其安全生产管理人员资格证。

（3）于××，东方煤矿矿长，负责全矿安全生产工作，安全生产第一责任人。对事故的发生负有直接责任，涉嫌犯罪。2014年8月20日被刑事拘留，9月26日被执行逮捕。撤销其矿长安全资格证，终身不得担任任何煤矿的矿长、总经理、董事长。

(4) 韩××，东方煤矿安全副矿长，事故当班带班矿领导，分管煤矿安全生产工作。对事故的发生负有直接责任，涉嫌犯罪。2014年8月20日被刑事拘留，9月26日被执行逮捕。撤销其安全生产管理人员资格证。

(5) 殷××，东方煤矿生产副矿长，分管煤矿生产安全管理工作。对事故的发生负有直接责任，涉嫌犯罪。2014年9月9日被刑事拘留，9月26日被执行逮捕。撤销其安全生产管理人员资格证。

(6) 刘××，东方煤矿掘进副矿长，分管煤矿掘进安全管理工作。对事故的发生负有直接责任，涉嫌犯罪。2014年8月26日被刑事拘留，9月26日被执行逮捕。撤销其安全生产管理人员资格证。

(7) 朱××，东方煤矿机电副矿长，分管煤矿机电安全管理工作。对事故的发生负有直接责任，涉嫌犯罪。2014年9月9日被刑事拘留，9月26日被执行逮捕。撤销其安全生产管理人员资格证。

(8) 沈××，东方煤矿总工程师，分管煤矿技术和“一通三防”管理工作。对事故的发生负有直接责任，涉嫌犯罪。2014年9月16日被刑事拘留，10月23日被执行逮捕。撤销其安全生产管理人员资格证。

(9) 刘××，东方煤矿通风副总工程师，分管煤矿“一通三防”技术管理工作。对事故的发生负有直接责任，涉嫌犯罪。2014年8月20日被刑事拘留，9月26日被执行逮捕。撤销其安全生产管理人员资格证。

(10) 宁××，东方煤矿采掘副总工程师，分管编制煤矿作业规程、安全技术措施，井下测量、图纸填绘及上报等技术管理工作。对事故的发生负有直接责任，涉嫌犯罪。2014年8月26日被刑事拘留，9月26日被执行逮捕。撤销其安全生产管理人员资格证。

(11) 鲁××，东方煤矿地测副总工程师，分管煤矿防治水技术管理工作，协助采掘副总工程师开展巷道测量工作。对事故的发生负有直接责任，涉嫌犯罪。2014年8月26日被刑事拘留，9月26日被执行逮捕。撤销其安全生产管理人员资格证。

(12) 梁××，东方煤矿通风队长，负责煤矿“一通三防”管理工作。对事故的发生负有直接责任，涉嫌犯罪。2014年8月22日被刑事拘留，9月26日被执行逮捕。撤销其安全生产管理人员资格证。

(13) 平××，东方煤矿安全科科长，负责煤矿安全生产管理工作。对事故的发生负有直接责任，涉嫌犯罪。2014年8月20日被刑事拘留，9月26日被执行逮捕。撤销其安全生产管理人员资格证。

(14) 李××，东方煤矿爆炸材料管理员，负责煤矿爆炸材料的申请、购买和运输工作。对事故的发生负有直接责任，涉嫌犯罪。2014年8月20日被刑事拘留。9月26日被执行逮捕。撤销其特种作业人员操作资格证。

(15) 宫××，东方煤矿爆炸材料管理员，负责爆炸材料的发放工作。对事故的发生负有直接责任，涉嫌犯罪。2014年8月20日被刑事拘留，9月26日被执行逮捕。

(16) 宫××，事故当班瓦斯检查员。对事故的发生负有直接责任，涉嫌犯罪。2014年9月16日被刑事拘留，10月23日被执行逮捕。撤销其特种作业人员操作资格证。

(17) 刘××，淮南市谢家集区煤炭管理局(安监局)驻东方煤矿安全监督员。对事故的发生负有直接责任，涉嫌犯罪。2014年9月18日被刑事拘留，9月30日被执行逮捕。

(18) 匡××，淮南市谢家集区煤炭管理局(安监局)驻东方煤矿安全监督员。对事故的发生负有直接责任，涉嫌犯罪。2014年9月18日被检察机关决定取保候审。

(19) 赵××，淮南市谢家集区公安分局治安大队原副大队长、一级警督。对事故的发生负有直接责任，涉嫌犯罪。2014年10月10日被刑事拘留，10月23日被执行逮捕。

(20) 余××，淮南市谢家集区煤炭管理局(安监局)原总工程师，分管谢家集区地方煤矿安全监管和行业管理工作。对事故的发生负有直接责任。因犯受贿罪已于2014年8月18日被判处5年有期徒刑。

(21) 柏××，淮南市谢家集区煤炭管理局(安监局)原局长。对事故的发生负有主要领导责任。因犯受贿罪已于2014年8月18日被判处5年零6个月有期徒刑。

以上人员属中共党员或行政监察对象的，待司法机关作出处理后，按照干部管理权限给予相应的党纪、政纪处分。

（二）给予行政处罚人员

邱××，东方煤矿机运队队长。对事故的发生负重要责任。撤销其安全生产管理人员资格证；依据《安全生产违法行为行政处罚办法》(国家安全监管总局令第15号）第四十四条规定，处以9000元罚款。

（三）给予党纪、政纪处分人员

（1）杨××，淮南市国土资源局潘集区国土资源分局书记，2009年4月至2014年7月任淮南市国土资源局地质综合科科长，负责全市煤矿资源储量动态监测监管工作。对事故的发生负有重要责任。依据《安全生产领域违法违纪行为政纪处分暂行规定》(监察部、国家安全监管总局令第11号）第八条第（五）项之规定，给予记大过处分。

（2）张××，淮南市国土资源局工会主席，2009年5月至2014年7月任淮南市国土资源局矿管科科长，负责全市煤矿资源开采监督管理工作。对事故的发生负有主要责任。依据《安全生产领域违法违纪行为政纪处分暂行规定》第八条第（五）项之规定，给予撤职处分；依据《中国共产党纪律处分条例》第一百二十七条之规定，给予党内严重警告处分。

（3）王××，淮南市国土资源局副局长，分管矿管科、地质综合科。对事故的发生负有主要领导责任。依据《安全生产领域违法违纪行为政纪处分暂行规定》第八条第（五）项之规定，给予降级处分；依据《中国共产党纪律处分条例》第一百二十七条之规定，给予党内严重警告处分。

（4）段××，淮南市国土资源局党组书记、局长，负责国土资源局全面工作。对事故的发生负有重要领导责任。依据《安全生产领域违法违纪行为政纪处分暂行规定》第八条第（五）项之规定，给予记大过处分。

（5）吴××，淮南市谢家集区煤炭管理局（安监局）副局长，主持区煤炭管理局（安监局）工作。对事故的发生负有主要责任。依据《安全生产领域违法违纪行为政纪处分暂行规定》第八条第（五）项之规定，给予撤职处分；依据《中国共产党纪律处分条例》第一百二十七条之规定，给予党内严重警告处分。

（6）汤××，淮南市煤炭管理局（安监局）煤矿安全监督管理科科长，负责全市地方煤矿日常安全监督管理工作。对事故的发生负有主要责任。依据《安全生产领域违法违纪行为政纪处分暂行规定》第八条第（五）项之规定，给予撤职处分；依据《中国共产党纪律处分条例》第一百二十七条之规定，给予党内严重警告处分。

（7）李××，淮南市煤炭管理局（安监局）总工程师，分管全市地方煤矿安全监管和行业管理工作。对事故的发生负有重要责任。依据《安全生产领域违法违纪行为政纪处分暂行规定》第八条第（五）项之规定，给予记大过处分。

（8）王××，淮南市煤炭管理局（安监局）党组书记、局长，负责全市地方煤矿安全监管和行业管理工作。对事故的发生负有重要领导责任。依据《安全生产领域违法违纪行为政纪处分暂行规定》第八条第（五）项之规定，给予记过处分。

（9）张××，淮南市公安局谢家集区公安分局治安大队民警。对事故的发生负有重要责任。依据《安全生产领域违法违纪行为政纪处分暂行规定》第八条第（五）项之规定，给予降级处分。依据《中国共产党纪律处分条例》第一百二十七条之规定，给予党内严重警告处分。

（10）顾××，淮南市公安局谢家集区公安分局治安大队大队长，负责治安大队全面工作。对事故的发生负有重要责任。依据《安全生产领域违法违纪行为政纪处分暂行规定》第八条第（五）项之规定，给予记大过处分。

（11）唐××，淮南市公安局谢家集区公安分局副局长，分管治安工作。对事故的发生负有重要责任。依据《安全生产领域违法违纪行为政纪处分暂行规定》第八条第（五）项之规定，给予记过处分。

（12）马××，淮南市公安局谢家集区公安分局党委书记、局长，负责分局全面工作。对事故的发生负有重要领导责任。依据《安全生产领域违法违纪行为政纪处分暂行规定》第八条第（五）项之规定，给予记过处分。

（13）洪××，淮南市公安局党委副书记，分管治安工作。对事故的发生负有领导责任。依据《安全生产领域违法违纪行为政纪处分暂行规定》第八条第（五）项之规定，给予警告处分。

（14）刘××，淮南市谢家集区政府副区长，分管全区煤矿安全生产工作。对事故的发生负有主要领导责任。依据《安全生产领域违法违纪行为政纪处分暂行规定》第八条第（五）项之规定，给予撤职处分；依据《中国共产党纪律处分条例》第一百二十七条之规定，给予党内严重警告处分。

（15）许××，中共淮南市谢家集区区委副书记、区长、区政府党组书记，主持区政府全面工作，谢家集区政府安全生产第一责任人。对事故的发生负有主要领导责任。依据《安全生产领域违法违纪行为政纪处分暂行规定》第八条第（五）项之规定，给予降级处分；依据《中国共产党纪律处分条例》第一百二十七条之规定，给予党内严重警告处分；依据《关于实行党政领导干部问责的暂行规定》第五条、第七条之规定，免去中共谢家集区委副书记、区长、区政府党组书记职务。

（16）吴××，淮南市人大常委会副主任、中共淮南市谢家集区区委书记，负责区委全面工作。对事故的发生负有重要领导责任。依据《中国共产党纪律处分条例》第一百二十七条之规定，给予党内严重警告处分；依据《关于实行党政领导干部问责的暂行规定》第五条、第七条之规定，免去中共谢家集区委书记职务。

（17）成××，淮南市政府党组成员、副市长，分管淮南市国土资源局。对事故的发生负有领导责任。依据《安全生产领域违法违纪行为政纪处分暂行规定》第八条第（五）项之规定，给予记过处分。

（18）乔××，淮南市市委常委、市政府党组副书记、常务副市长，分管全市安全生产工作。对事故的发生负有领导责任。依据《安全生产领域违法违纪行为政纪处分暂行规定》第八条第（五）项之规定，给予记过处分。

（19）陈××，安徽煤矿安全监察局皖南监察分局监察二室主任，负责淮南市谢家集区地方煤矿安全监察工作。对事故的发生负有重要责任。依据《安全生产领域违法违纪行为政纪处分暂行规定》第八条第（五）项之规定，给予记过处分。

（20）王××，安徽煤矿安全监察局皖南监察分局副局长，分管淮南市地方煤矿安全监察工作。对事故的发生负有领导责任。依据《安全生产领域违法违纪行为政纪处分暂行规定》第八条第（五）项之规定，给予记过处分。

（四）对有关责任单位的处理结果

东方煤矿在法定开采区域外非法组织生产，依据《中华人民共和国行政许可法》和《中华人民共和国矿产资源法》等有关规定，由淮南市政府没收东方煤矿非法违法所得，并处以罚款。

由有关部门依法吊（注）销东方煤矿采矿许可证、安全生产许可证、工商营业执照。

责成淮南市委、市政府向省委、省政府写出书面检查。

五、防范措施

（1）扎实推进煤矿“打非治违”专项行动。地方各级人民政府要切实加强对煤矿安全生产工作的领导，按照国务院安委会和省政府安委会“六打六治”专项行动的统一部署，扎实开展煤矿“打非治违”专项行动，进一步细化各部门煤矿“打非治违”工作及煤矿停产期间的责任，重点打击证照不全或过期、非法超层越界开采、假图纸或图实不符及超能力组织生产、建设的行为。要健全资源监管、安全监管、行业管理以及其他有关部门的联合执法工作机制，加强对煤炭行业发展、安全生产工作中重大问题的沟通协调并及时研究解决，形成煤矿安全监管工作合力；督促各职能部门深入基层，深入现场，做到严格执法、公正执法、廉洁执法，促进煤矿安全生产形势持续稳定好转。

（2）切实落实各部门监管职责。国土资源、煤矿安全监管、公安、税务、供电等部门要切实履行职责，建立健全煤矿监管工作机制和执法体系。国土资源部门要完善对煤炭资源开采的执法监察制度，建立打击煤矿非法盗采举报奖励制度，并在井口公布矿井的开采范围、开采煤层、举报电话，对举报非法开采的单位和人员，一经查实给予重奖。煤矿安全监管部门要强化煤矿日常安全监督检查工作，加强对派驻煤矿的安全监督员的管理，加大对煤矿非法违法生产行为的查处力度。公安部门要加强对煤矿爆炸材料的监管，严厉查处非法储存和使用爆炸材料的行为，并联合煤矿安全监管部门，根据矿井的实际生产能力量化煤矿爆炸材料的需用量。供电部门要对煤矿停产期间的供电负荷进行校核，采取只维持矿井通风、排水等保安负荷的限电措施。税务部门要加强对煤矿实际产能的监控，掌握煤矿实际产量。

(3) 深入推进煤矿整顿关闭。地方各级人民政府和有关部门要按照国办发〔2013〕99 号、国家安全监管总局等十二部委《关于加快落后小煤矿关闭退出工作的通知》和皖政办〔2014〕10 号的要求加快淘汰落后小煤矿，明确关闭矿井目标及监管、保障措施，从源头上进一步优化煤炭产业结构、淘汰落后和不具备安全生产条件的小煤矿。

(4) 督促煤矿企业严格落实安全生产主体责任。地方各级人民政府和有关部门要针对这起事故暴露出的问题，督促煤矿企业认真学习贯彻新修订的《安全生产法》和《国务院关于进一步加强企业安全生产工作的通知》，健全完善安全生产责任制等各项安全生产规章制度，严格落实《煤矿矿长保护矿工生命安全七条规定》和瓦斯治理“十条禁令”；自觉做到不超层越界开采，合理采掘布局，严格瓦斯管理，完善安全监控系统和人员定位系统；加强爆炸材料管理，严格执行煤矿爆炸材料领退、保管等制度和井下爆破作业规定，严格执行“一炮三检”和“三人连锁”爆破制度；严格技术管理，加强职工培训。

贵州省永贵能源开发有限责任公司新田煤矿“10·5”重大煤与瓦斯突出事故

2014 年 10 月 5 日 18 时 46 分，永贵能源开发有限责任公司黔西县新田煤矿发生一起重大煤与瓦斯突出事故，造成 10 人死亡，4 人受伤，直接经济损失 1935 万元。

一、基本情况

(一) 矿井概况

新田煤矿为设计生产能力 60 万吨/年的生产矿井，隶属于永贵能源开发有限责任公司（以下简称永贵公司）。其管理层级是：河南能源化工集团有限责任公司为河南省国资委下属国有独资企业。永城煤电控股集团有限公司为河南能源化工集团有限公司下属全资子公司；永煤集团股份有限公司是永城煤电控股集团有限公司控股子公司，其持股比例为 61.9%，两公司实际管理层为“两块牌子、一套班子”，其煤炭产业方面的管理职能主要以永煤集团股份有限公司组织实施。永贵公司为永煤集团股份有限公司下属全资子公司，具有独立法人资格。永贵公司现有新田煤矿等 8 处矿井（其中 2 处为托管）。

(二) 事故点简况

事故发生于 1404 回风顺槽，设计长度 1181 米，2014 年 4 月开始施工，在南翼回风大巷开口，沿 M4 煤层底板正坡掘进至 200 米揭穿 M4 煤层后，沿煤层掘进，至事故发生时已掘进 375 米。巷道为矩形断面，净宽 4.6 米，净高 2.8 米，断面为 12.8 平方米，采用锚网、钢带、锚索联合支护，综合机械化掘进，带式输送机运输。

二、事故发生及抢险救援情况

(一) 事故发生经过

2014 年 10 月 5 日，新田煤矿按惯例星期天不召开早班调度会，工作由各区队自行安排。中班各区队共计安排入井 134 人，分别在井下 6 个地点作业。其中，掘进一队队长罗 × × 于 14 时召开班前会，对 1404 回风顺槽掘进工作面的工作进行了安排，由跟班队长张 × ×、瓦检员何 × ×（冒名顶替有证人员熊 × ×）率领工人李 × ×、罗 × ×、吴 × ×、卢 × ×、刘 × ×、陈 × × 共计 8 人到 1404 回风顺槽正常掘进。

10 月 5 日 17 时 17 分，地面监测监控系统显示 1404 回风顺槽 T1 探头瓦斯浓度超限，最大值达 1.21%，超限时长 7 分 27 秒。当班监控员冯 × × 立即向值班调度员张 × × 汇报，同时给总工程师李 × × 等人发了超限信息；张 × × 随即打电话向值班矿领导赵 × ×、总工程师李 × × 等人进行了汇报；值班矿领导赵××仅要求张××向李××汇报并查明原因，没有按照制度规定在10分钟内赶到调度室指挥撤人（直到事故发生后才赶到调度室）。李××接报后要求张××查明原因后再向其反馈情况。张××随后打电话告知掘进一队地面值班员王××“1404回风顺槽瓦斯超限，要求其查明原因”。王××立即给掘进一队队长罗××打电话汇报，罗××要求其联系1404回风顺槽作业的掘进一队跟班队长张××，了解瓦斯超限原因，根据情况决定是否撤人；王××马上和张××取得了联系，张××称因片帮引起瓦斯超限，之后王××将瓦斯超限原因向矿调度室做了汇报。不久，李××给张××打电话询问瓦斯超限原因，张××称是片帮引起的，随即李××给永贵公司总工程师王××进行了汇报。至18时4分，该工作面又连续3次瓦斯报警，瓦斯浓度在0.8%～1.0%之间（瓦斯报警浓度为0.8%），张××均按规定进行了汇报，但未引起矿领导重视。18时46分，1404回风顺槽发生突出，突出煤岩量约2500吨，突出瓦斯量约22万立方米。经清点人数，升井126人（其中2人死亡，4人重伤），8人失踪。

（二）事故信息上报情况

10月5日18时46分，新田煤矿发生煤与瓦斯突出事故后，煤矿未将事故情况向黔西县政府及有关部门报告。县安监局领导接到县监控中心新田煤矿井下瓦斯大面积超限的报告后赶赴事故现场，19时45分到达煤矿时，煤矿还未核实清楚井下人员情况；县政府及有关部门接到县安监局报告后赶到新田煤矿，立即要求煤矿清点人数。经核查，确定事故造成6人受伤，8人被困。22时56分，黔西县安监局将事故情况向毕节市安监局报告；23时24分毕节市安监局应急救援中心书面向贵州省安监局调度值班室汇报了事故情况；23时55分贵州省安监局以较大涉险事故专报上报国家安全监管总局总值班室；10月6日6时30分，经再次核实，受伤的6人中有2人已死亡；6时55分，贵州省安监局以重大涉险事故上报了国家安全监管总局总值班室。

（三）事故救援情况

事故发生后，值班调度员张××立即将事故情况向总工程师及有关矿领导进行了报告。矿长李××、总工程师李××、值班矿领导赵××等先后赶到调度室，并启动了应急预案。19时20分，李××召请永贵救护大队参加救援。永贵救护大队2个救护小队赶到矿上后，于19时50分入井侦察后开展搜救工作。

经全力抢险，陆续在1404回风顺槽突出堆积的煤岩中搜寻到8名失踪人员（均已遇难），10月15日12时16分，最后一名遇难人员搬运出井，抢险救援结束。

三、事故原因及性质

（一）直接原因

1404回风顺槽掘进工作面施工进入复杂地质构造带，未调整区域防突措施，钻孔覆盖面未达到要求，煤体实际未消突；在有突出预兆的情况下，综掘机掘进诱导煤与瓦斯突出。

（二）间接原因

（1）新田煤矿防突工作不到位，瓦斯超限撤人制度不落实，管理混乱，隐患治理工作存在差距。

（2）永贵公司瓦斯管理制度不完善，管理不严格，隐患治理工作不扎实，隐患统计分析不到位，技术审批不严格，防突工作不认真，防突新技术应用管理不到位。

（3）河南能源化工集团有限责任公司的下属子公司永城煤电控股集团有限公司（永煤集团股份有限公司）安全管理不严格，且河南能源化工集团有限责任公司对下属子公司安全生产工作督促检查不力。

（4）黔西县安全生产监督管理局（黔西县煤矿安全生产监督管理局）安全监管工作不力。黔西县工业经济和能源局行业管理工作不扎实。黔西县政府在贯彻落实《省人民政府办公厅关于贯彻落实〈国务院办公厅关于进一步加强煤矿安全生产工作的意见〉的实施意见》（黔府办发〔2013〕60号）上存在差距，在督促相关部门对国有煤矿监管工作上存在不足。

（三）事故性质

经调查认定，新田煤矿“10·5”重大煤与瓦斯突出事故是一起责任事故。

四、对事故责任人和责任单位的处理结果

（一）移送司法机关追究刑事责任的人员

（1）郭××，新田煤矿防突队队长。对事故的发生负直接责任。移送司法机关依法追究其刑事责任。

（2）解××，新田煤矿通风瓦斯部副部长（主持工作）。对事故的发生负主要责任。移送司法机关依法追究其刑事责任。

（3）赵××，新田煤矿机电副矿长，事故当班值班矿领导。对事故的发生负直接责任，事故后已免职。移送司法机关依法追究其刑事责任。

以上人员待司法机关作出处理后，由有关单位按干部人事管理权限及时给予相应的党纪、行政处分。

（二）给予处分及行政处罚的企业人员

（1）邢××，新田煤矿安全部副部长（主持工作）。对事故的发生负主要责任。给予撤职、党内严重警告处分。

（2）于××，新田煤矿调度室主任。对事故的发生负主要责任。给予撤职、党内严重警告处分。

（3）祁××，新田煤矿生产技术部副部长（主持工作）。对事故的发生负重要责任。给予记大过处分。

（4）郭××，新田煤矿矿长助理，分管开拓和掘进工作。对事故的发生负主要责任。给予撤职处分。

（5）丁××，新田煤矿安全副矿长，事故当班带班矿领导。对事故的发生负主要责任。给予撤职、党内严重警告处分。

（6）李××，新田煤矿总工程师，党总支委员。对事故的发生负主要责任。给予开除、撤销党内职务处分。

（7）李××，新田煤矿矿长，党总支委员，水力压裂项目领导小组组长。对事故的发生负主要责任，事故后已免职。给予撤职、撤销党内职务处分，并吊销煤矿企业主要负责人安全资格证，终身不得担任任何煤矿企业的矿长（董事长、总经理）职务。

（8）高××，新田煤矿党总支书记。对事故的发生负重要责任，事故后已免职。给予党内严重警告处分。

（9）薛××，永贵公司值班调度员兼监控员。对事故发生负主要责任。给予开除处分。

（10）王××，永贵公司通防部副部长（主持工作），负责“一通三防”工作。对事故发生负重要责任。给予记大过、党内警告处分。

（11）华××，永贵公司安监部部长，负责安全监察工作。对事故发生负重要责任。给予记大过、党内警告处分。

（12）黄××，永贵公司总经理助理，生产技术部部长，事故当班公司值班领导。对事故发生负主要责任。给予撤职、党内严重警告处分。

（13）王××，永贵公司总工程师，负责“一通三防”工作，新田煤矿包保人。对事故发生负主要责任，事故发生后已免职。给予降级、党内严重警告处分。

（14）田××，永贵公司副总经理，分管安全生产等工作。对事故发生负重要责任。给予记大过处分。

（15）马××，永煤集团股份有限公司副总经理，永贵公司董事长兼总经理。对事故发生负重要责任。给予记大过处分，并依据《中华人民共和国安全生产法》第八十一条的规定，处以15万元的罚款。

（16）张××，永城煤电控股集团有限公司党委副书记，永贵公司党委书记。对事故发生负重要责任。给予党内警告处分。

（17）彭××，永城煤电控股集团有限公司总工程师。对事故的发生负重要责任。给予记过处分。

（18）王××，永城煤电控股集团有限公司安监局局长。对事故发生负重要责任。给予记过处分。

（19）上官××，永城煤电控股集团有限公司（永煤集团股份公司）副董事长、党委副书记、总经理。对事故发生负重要责任。给予警告处分。

（20）曹××，河南能源化工集团有限责任公司董事，永城煤电控股集团有限公司（永煤集团股份公司）董事长、党委书记。对事故的发生负重要领导责任。给予警告处分。

责成河南能源化工集团有限责任公司向河南省人民政府写出深刻书面检查。

（三）给予党、政纪处分的国家机关工作人员

（1）江××，黔西县煤矿安全生产监督管理局谷里煤安分局副局长，新田煤矿包保人。对事故发生负主要责任。给予行政降级处分。

（2）司××，黔西县煤矿安全生产监督管理

局谷里煤安分局局长，负责甘棠镇等3个乡镇煤矿安全生产日常监管全面工作。对事故发生负重要责任，给予行政记大过处分。

（3）徐××，黔西县煤矿安全生产监督管理局副局长，兼任监管二组组长，负责谷里等3个片区煤矿监管工作。对事故发生负重要责任，给予行政记大过处分。

（4）吕××，黔西县煤矿安全生产监督管理局局长。对事故发生负重要责任，给予行政记大过处分。

（5）罗××，黔西县安全生产监督管理局局长。对事故发生负重要领导责任，给予行政记过处分。

（6）刘××，黔西县工业经济和能源局副局长。对事故发生负重要责任，给予行政记大过处分。

（7）李××，黔西县工业经济和能源局局长。对事故发生负重要领导责任，给予行政记过处分。

（8）雷××，黔西县政府副县长。对事故发生负重要领导责任，给予行政记过处分。

责成毕节市政府向省人民政府写出深刻书面检查。

（四）对责任单位的处理结果

新田煤矿两个"四位一体"的综合防突措施落实不到位，对发生的重大事故负有责任。事故后已被责令停产整顿，依据《安全生产事故报告和调查处理条例》（国务院令第493号）第三十七条第三项的规定，处以100万元的罚款。

五、防范措施

（1）永贵公司所属煤矿要停产（建）进行隐患自查，编制整改方案，报经永贵公司批复同意后进行整改；整改结束，报经永贵公司组织预验收合格后，报请所属市（州）人民政府组织验收合格，方能恢复生产和建设。

（2）煤矿企业要加强防突基础管理工作。一是要加强瓦斯地质工作，采用物探先行、钻探验证的方式，进行超前探测，做好地质编录工作，科学进行地质构造分析，及时准确地掌握煤层层位、地层产状和构造形态，根据构造特点采取有针对性的措施；二是严格井下穿层抽放、顺层抽放等瓦斯抽采钻孔的施工管理工作。施工钻孔的开口位置、钻孔倾角等必须由技术人员现场给定。钻孔验收时，必须有钻孔参数内容，要采取有效的监督方式，并由验收人员及监督验收人员在小票上签字，确保验收钻孔的参数按设计施工到位。验收成果图必须严格按有效的验收小票上图，严禁使用设计图上图；三是严格防突区域、局部措施的校检工作。

（3）公司及煤矿要健全并完善瓦斯超限撤人等相关制度。一是集团公司及煤矿要依据国家有关规定和行业技术规范的变化，及时修改完善相关的安全管理制度、岗位责任制等，并采取有效措施落实到位；二是要牢固树立瓦斯超限就是事故的管理理念，井下一旦出现瓦斯超限，要立即停电、撤人。

（4）煤矿必须加强引进新技术试验和运用的管理工作。一是试验和运用必须提高管理层级和加强审批管理；二是引进的新技术、新工艺，要结合本矿区煤层赋存特点，优化设计，充分进行论证，选取危险性相对较小的煤层进行实验，完善相应的核心指标后方能运用；三是对新技术与原有技术混合使用时，必须重新编制专项设计和安全技术措施，对防突等重点工作必须重新确定相关的技术参数。严禁违背程序实施新技术。

（5）认真开展隐患排查治理工作。一是集团公司要加强对各种验收排查报表、检查文书、专题会议成果的分析运用，针对所属煤矿存在的主要隐患、习惯性违章等问题，明确部门和责任人，跟踪督促整改落实到位；二是要从瓦斯治理方案、现场实施及抽采达标等方面查明真正的超限原因，采取有效措施防止瓦斯超限。

（6）各级政府及部门要进一步理顺监管关系，确保监管责任落实到位。要按照《国务院办公厅关于进一步加强煤矿安全生产工作的意见》（国办发〔2013〕99号）和《省人民政府办公厅关于贯彻落实〈国务院办公厅关于进一步加强煤矿安全生产工作的意见〉的实施意见》（黔府办发〔2013〕60号）的要求，进一步明确行业管理、安全监管和各级政府的监管职责，完善安全生产工作机制，配备能满足监管工作需要的装备、专业技术人员，确保监管到位。

贵州省六盘水市盘县松河乡松林煤矿“11·27”重大瓦斯爆炸事故

2014年11月27日3时52分，六盘水市盘县松河乡松林煤矿发生一起重大瓦斯爆炸事故，造成11人死亡、8人受伤，直接经济损失3003.2万元。

一、事故经过

2014年11月27日零点班，由值班矿领导刘××主持召开生产调度会，安排103人到1705采面及1705工作面改造巷等7个作业点作业，其中1705采面及1705工作面改造巷共27人。

凌晨1点30分左右，井下1705采面区域（即：1705工作面改造巷、1705采面）停电。1705工作面改造巷当班6名支护工到达作业点发现1705工作面改造巷局部通风机停电，不能作业后升井；采煤队负责人和安全员到运输巷外面查找停电原因，此时在1705采面区域的人员为19人。此后，机电队长带领3名电工检查停电的原因，查明1703监控分站漏电，甩开分站电源后，约3时50分恢复送电。3时52分，发生瓦斯爆炸。

二、事故原因及事故性质

（一）直接原因

因井下监控分站电源漏电造成1705工作面区域停电，1705工作面改造巷停风、瓦斯积聚；恢复送电后，采取“一风吹”的方式将1705工作面改造巷内积聚的高浓度瓦斯压出；误启动1705改造巷开口往里4米位置闲置的风机，变形叶片运转产生摩擦火花，造成瓦斯爆炸。

（二）间接原因

一是松林煤矿局部通风、机电管理混乱，安全监测监控系统弄虚作假，蓄意隐瞒越界、多面非法组织生产，安全管理制度不落实。二是吉龙公司安全管理不到位，对所属矿井监管不到位，“六打六治”等专项行动不落实。三是贵州丰顺矿山安全生产技术咨询服务有限公司对松林煤矿开展煤矿储量动态监测及测绘工作，长期不入井实测，伙同煤矿弄虚作假。四是松河乡属地监管不到位。盘县国土资源管理局及松河国土资源所对越界盗采打击不力。盘县安全监管局（执法局）、松河乡安监站煤矿日常监管不到位。盘县煤炭局行业管理工作弱化，直接监管工作不到位。五是盘县政府打非治违工作存在漏洞。

（三）事故性质

经调查认定，松林煤矿“11·27”重大瓦斯爆炸事故是一起责任事故。

三、事故处理结果

（1）苏××，事故当班安全员，负责当班现场安全管理。对事故发生负直接责任。鉴于已在事故中死亡，不再追究其责任。

（2）袁××，松林煤矿机电矿长。事故发生后，因涉嫌构成重大安全责任事故罪，已于2014年11月29日被盘县公安局依法刑拘。

（3）何××，松林煤矿安全矿长。事故发生后，因涉嫌构成重大安全责任事故罪，已于2014年11月29日被盘县公安局依法刑拘。

（4）邓××，松林煤矿总工程师。事故发生后，因涉嫌构成重大安全责任事故罪，已于2014年11月29日被盘县公安局依法刑拘。

（5）刘××，松林煤矿矿长。事故发生后，因涉嫌构成重大安全责任事故罪，已于2014年11月29日被盘县公安局依法刑拘。

对司法机关已经采取措施的人员，其安全资格证依法吊销。

（6）杨××，松林煤矿生产矿长。对事故发生负主要责任。移送司法机关依法追究其刑事责任。

（7）杨××，松林煤矿总经理。代表股东对煤矿的日常工作进行管理。对事故发生负主要责任。移送司法机关依法追究刑事责任。

（8）缪××，煤矿实际控制人，代表股东负责煤矿全面工作。对事故发生负主要责任。移送司法机关依法追究刑事责任。

(9) 王××，贵州丰顺矿山技术咨询服务有限公司盘县片区测绘负责人。对事故发生负主要责任。移送司法机关依法追究其刑事责任。

(10) 刘××，松林煤矿事故当班机电队长，负责当班井下机电运输管理工作。对事故发生负重要责任。依据《生产安全事故报告和调查处理条例》(国务院令第493号) 第四十条的规定，吊销其特种作业人员资格证；依据《安全生产违法行为行政处罚办法》第四十四条规定，处9000元的罚款；责令煤矿对其进行解聘。

(11) 牛××，吉龙公司生产部部长。松林煤矿包保人。对事故发生负主要责任。依据《生产安全事故报告和调查处理条例》(国务院令第493号) 第四十条的规定，吊销其安全资格证；依据《安全生产违法行为行政处罚办法》第四十四条规定，处9000元的罚款；责令公司对其进行解聘；依据《中国共产党纪律处分条例》第一百三十三条的规定，给予留党察看一年处分。

(12) 范××，吉龙公司总经理。对事故发生负重要责任。依据《中华人民共和国安全生产法》第八十一条第二款的规定，处19万元的罚款。依据《生产安全事故报告和调查处理条例》(国务院令第493号) 第四十条的规定，吊销其煤矿主要负责人安全资格证。撤销总经理职务，自执行撤职处分之日起，终身不得担任任何煤炭企业的矿长（董事长、总经理）职务；依据《中国共产党纪律处分条例》第一百三十三条的规定，给予留党察看一年处分。

(13) 管××，吉龙公司董事长。负责吉龙公司全面管理工作。对事故发生负主要责任。依据《中华人民共和国安全生产法》第八十一条第二款的规定，处19万元的罚款。撤销公司董事长职务，自执行撤职处分之日起，终身不得担任任何煤炭企业的矿长（董事长、总经理）职务。

(14) 刘××，松林煤矿驻矿安监员。对事故发生负主要责任。给予开除处分。

(15) 王××，松林煤矿驻矿安监员。对事故发生负主要责任。给予开除处分，并留党察看一年处分。

(16) 孔××，盘县国土资源局松河国土资源所负责人。对事故发生负主要责任。给予开除公职处分，并留党察看一年处分。

(17) 黄××，松河乡安监站站长。对事故发生负主要责任。给予开除处分，并留党察看一年处分。

(18) 严××，松河乡政府副乡长，分管安全等工作。对事故发生负主要领导责任。给予行政撤职处分。

(19) 张××，松河乡党委副书记，松河乡政府乡长，松河乡安委会主任。对事故发生负主要领导责任。给予行政撤职、撤销党内职务处分。

(20) 蒋××，松河乡党委书记。对事故发生负主要领导责任。给予党内严重警告处分。

(21) 黄××，盘县国土资源局矿山资源管理股股长。对事故发生负主要责任。给予行政撤职、党内严重警告处分。

(22) 浦××，盘县国土资源局党组成员，执法监察大队大队长。对事故发生负主要责任。给予开除公职处分，并留党察看一年处分。

(23) 吴××，盘县国土资源局党组成员、总工程师。对事故发生负主要领导责任。给予行政降级、党内严重警告处分。

(24) 刘××，盘北开发区国土分局局长兼盘县国土资源局党组书记、局长。对事故发生负主要领导责任。给予行政降级、党内严重警告处分。

(25) 包××，盘县安全生产监督管理局党组成员、副局长。对事故发生负主要责任。给予撤职、撤销党内职务处分。

(26) 王××，盘县安全生产监督管理局党组书记、局长。对事故发生负主要责任。给予行政降级、党内严重警告处分。

(27) 蒋××，盘县煤炭局党组成员、副局长。对事故发生负重要责任。给予行政记大过、党内警告处分。

(28) 朱××，盘县煤炭局党组副书记、局长。对事故发生负重要责任。给予行政记大过、党内警告处分。

(29) 路××，盘县政府副县长，分管国土资源等工作。对事故发生负重要领导责任。给予行政记过处分。

(30) 邹××，盘县政府副县长，分管煤矿安全等工作。对事故发生负重要领导责任。给予行政记过处分。

（31）松林煤矿对越界盗采国家煤炭资源、非法生产发生重大事故负有责任，矿级领导带班下井制度不执行。依据《中华人民共和国矿产资源法》第四十条规定，由盘县人民政府对松林煤矿越界盗采国家煤炭资源依法依规进行核定、处理，并处30%的罚款；依据《煤矿领导带班下井及安全监督检查规定》第二十条的规定，处罚款200万元；依据《生产安全事故报告和调查处理条例》（国务院令第493号）第四十条的规定，吊销其安全生产许可证。

同时，将松林煤矿纳入被兼并重组对象。

（32）吉龙公司对所属矿井监管不到位，对松林煤矿在越界盗采区域冒险作业导致重大事故发生负有责任。依据《生产安全事故报告和调查处理条例》（国务院令第493号）第三十七条和《安全生产许可证条例》（国务院令第397号）第十四条的规定，处190万元罚款，并暂扣其安全生产许可证。

（33）贵州丰顺矿山安全生产技术咨询服务有限公司，对事故发生负有责任。依据《生产安全事故报告和调查处理条例》（国务院令第493号）第四十条的规定，其资质管理部门吊销其资格证书。

（34）责成六盘水市人民政府向省人民政府作出深刻书面检查。

交通运输事故

云南省昆明市禄劝县"1·15"重大道路交通事故

2014年1月15日，昆明市禄劝县马鹿塘乡境内一辆长安面包车冲出路面，坠入81米深山崖，造成12人死亡。

一、事故经过和救援情况

（一）事故发生经过

2014年1月15日，禄劝县马鹿塘乡新槽村委会庄房村村民王××驾驶云AT816U号"长安"牌小型普通客车，载乘12人，从马鹿塘乡新槽村前往马鹿塘乡集镇。当日8时45分许，王××驾车行驶至上龙厂村附近积雪结冰路段上坡转弯时，车辆驶出路面，翻坠入道路右侧81米深的山崖，造成车内乘坐人员尹××等11人当场死亡、王××经现场抢救无效死亡、车辆损毁的重大道路交通事故。

（二）事故救援情况

2014年1月15日8时46分，禄劝县马鹿塘乡新槽村委会党支部书记善治祥接到事故报警，即组织专职安全员和100余村民赶往现场进行救援，发现仅驾驶人王××有生命体征，其余11人均已死亡；9时40分，禄劝县公安局马鹿塘派出所民警赶到现场，组织群众迅速抢救卡于车内的王××及另1名遇难者；9点50分，马鹿塘乡卫生院医务人员到达现场，对王××及其余11名人员认真检查，最后确诊12人全部死亡；9时54分，禄劝县公安局110指挥室接警后，立即启动道路交通事故应急处置预案，禄劝县县委、县政府成立了由县委副书记、县长李开德任组长的"1·15"事故应急处置工作领导小组，迅速组织公安、安监、消防、卫生等相关职能部门赶赴现场，救治伤员，开展事故现场处置工作。10时25分，禄劝县交警大队民警赶到现场进行相关勘查及调查取证工作；12时10分，禄劝县消防官兵赶到现场，对肇事的小型普通客车侧门进行破拆，将车内最后1名遇难者救出；16时许，死者遗体全部搬离现场，运往殡仪馆，现场处置结束。

二、事故原因和事故性质

（一）直接原因

驾驶人王××驾驶严重超过核定载人数的机动车，行驶至急弯陡坡的冰雪路段时，操作不当，致使车辆产生侧滑，翻坠入山崖，造成事故。

（二）间接原因

经调查，“1·15”重大道路交通事故发生的间接原因主要表现在3个方面：

一是禄劝县政府、马鹿塘乡政府和有关部门，对安全生产工作重视不够，安全生产责任制、农村道路交通安全包保责任制落实不到位，落实道路交通安全法规、开展道路交通安全工作的督促检查不到位，推广“丘北经验”、创建“县乡平安出行”工作的措施要求落实不到位，对乡村道路交通安全的监管措施、资金投入落实不到位，履行道路交通安全宣传责任、建立健全交通安全宣传长效机制落实不到位，安排部署多、监督检查弱、具体落实差。乡村公路安全设施、警示标志缺乏，部分乡村道路事故隐患突出。县交通安全委员会在昆明市监察局和公安局检查“推丘”工作明确要求排查整治乡村道路交通事故隐患的情况下，虽然进行了安排部署，但未对工作落实情况进行督促检查。

二是禄劝县公安、交警部门落实道路交通管理、丘北经验推广工作措施不到位，指导相关部门开展道路交通安全工作和监督检查不到位，开展道路交通安全大检查和农村地区小（微）型普通客车交通违法行为专项整治不到位，会同有关部门排查治理公路危险路段工作落实不到位。县交警大队履行县“推丘办”等工作职责不到位，监督检查工作不深不细；撒营盘交警中队监管职责落实不到位，在乡村道路交通安全管理、隐患排查等工作中存在盲点和疏漏，对微型车超员等严重交通违法行为整治打击不力；马鹿塘派出所履行参与道路交通安全管理工作职责，落实宣传教育、源头管理、隐患登记等工作不到位，在机动车户籍化管理工作中弄虚作假，“一盯一”“一帮一”安全管理措施落实不到位。

三是禄劝县交通运输部门安全生产管理制度、措施流于形式，会同有关部门制定公路危险路段整治计划、方案等工作落实不到位，在马鹿塘至新槽公路路面硬化工程施工中，安全保通工作落实不到位，督促施工单位落实安全保障措施不到位。

（三）事故性质

经调查，昆明市禄劝县“1·15”重大道路交通事故是一起责任事故。

三、事故责任认定及处理结果

（1）王××，负此次事故的全部责任，其行为涉嫌交通肇事罪，因其在事故中死亡，根据《中华人民共和国刑事诉讼法》第十五条第（五）项之规定，不再追究其刑事责任，由公安交通管理部门注销其机动车驾驶证。

（2）周××，马鹿塘乡副乡长，分管安全生产、道路交通安全工作。对事故负主要领导责任。给予行政记大过处分。

（3）付××，禄劝县公安局治安大队副大队长，事故发生时任马鹿塘乡党委副书记、政法委书记和派出所所长，分管道路交通安全和“推丘工作”。对事故负主要领导责任。给予行政记大过处分。

（4）李××，马鹿塘乡乡长、党委副书记，为马鹿塘乡安全生产第一责任人。对事故负重要领导责任。给予行政记过处分。

（5）胡××，禄劝县公安局副局长、县交安全委员会副主任、县“推丘办”常务副主任，分管交警大队。对事故负重要领导责任。给予行政记过处分。

（6）黄××，禄劝县交通运输局副局长，分管农村公路建设和路政管理工作。对事故负重要领导责任。给予行政记过处分。

（7）李××，禄劝县公安局看守所副所长，事故发生时任县交警大队副大队长，联系包保撒营盘交警中队辖区道路交通安全和“推丘工作”。对事故负重要领导责任。给予行政记过处分。

（8）刘××，禄劝县公安局交警大队撒营盘中队中队长。对事故负重要领导责任。给予行政记过处分。

（9）王××，禄劝县公安局交警大队党支部书记。对事故负重要领导责任。给予行政记过处分。

（10）昌××，禄劝县政府副县长、县公安局局长、县交通安全委员会主任、县“推丘工作”领导小组组长。对事故负重要领导责任。给予取消当年评优评先资格、责令作出书面检查问责。

（11）李××，马鹿塘乡党委书记。对事故负重要领导责任。给予取消当年评优评先资格、责令作出书面检查问责。

（12）朱××，禄劝县交通运输局副局长，分管公路养护和安全工作。对事故负重要领导责任。给予取消当年评优评先资格、责令作出书面检查问责。

（13）责成昆明市政府向云南省政府作书面检查，昆明市政府分管道路交通安全工作的领导向云南省政府作书面检查，昆明市将“1·15”重大道路交通事故及责任追究情况在全市范围内进行通报。

（14）责成禄劝县县委县政府向昆明市委市政府作书面检查，禄劝县政府分管道路交通安全工作的领导向昆明市政府作书面检查。

四、事故防范措施

（1）切实抓好安全生产责任制、农村道路交通安全包保责任制的落实。要切实抓好《云南省道路交通安全综合治理规定》和《云南省人民政府贯彻落实国务院关于加强道路交通安全工作文件的实施意见》等文件的贯彻落实，按照“党政同责、一岗双责、齐抓共管”和“谁主管、谁负责，谁审批、谁负责”的要求，提高思想认识，落实目标责任，加强监督检查，严格责任追究，让群众利益和安全生产、道路交通安全工作的责任、制度、措施等，实实在在地入心入脑，融入到工作中，落实到行动上。

（2）切实抓好《云南省人民政府办公厅关于深入推广丘北经验切实加强道路交通安全工作的意见》的贯彻落实。“丘北经验”是用血的教训换来的、经过实践检验的有利于提高农村道路交通安全管理水平、解决农村群众出行难和出行不安全问题的重要抓手。要在提高认识上下功夫，在加强监督检查上下功夫，在狠抓落实上下功夫，进一步做好农村机动车户籍化管理、道路事故隐患排查、农村道路交通安全四级包保责任制的落实，建立健全“一盯一”“一帮一”管理措施，建立农村道路交通安全综合防控体系。

（3）加强派出所参与道路交通安全管理工作，加强乡村道路安全设施、交通标牌建设，加强农村赶集等重点时段的乡村公路路面管控。在加强重要干道交通安全监管的同时，要合理调配警力、整合各方面力量，切实关注乡村道路事故隐患的排查整治，强化赶集、年节、婚嫁等群众聚集出行重要时段的道路交通安全监管，加强农村道路交通安全设施建设，紧紧盯住农村微型面包车，深入开展农村非法客运市场专项整治，加大对超载、超速、酒后驾车等严重道路交通违法行为的治理力度，着力减少恶性道路交通事故的发生。

（4）持之以恒开展道路交通安全宣传教育，创造条件解决山区群众出行难问题。要建立并落实道路交通安全宣传教育的长效机制，深入广大农村及边远山区、进村入户，充分利用农村广播、闭路电视、宣传橱窗等平台和农业科技培训、劳动力转移培训、中小学生安全培训等时机，广泛开展宣传，普及道路交通安全知识。要利用道路交通事故典型案例，强化宣传效果。各级政府要积极创造条件，加大资金投入，大力发展农村客运，尽力改善老百姓出行难的问题，确保老百姓安全出行。

晋济高速公路山西晋城段岩后隧道“3·1”特别重大道路交通危化品燃爆事故

2014年3月1日14时45分许，位于山西省晋城市泽州县的晋济高速公路山西晋城段岩后隧道内，两辆运输甲醇的铰接列车追尾相撞，前车甲醇泄漏起火燃烧，隧道内滞留的另外两辆危险化学品运输车和31辆煤炭运输车等车辆被引燃引爆，造成40人死亡、12人受伤和42辆车烧毁，直接经济损失8197万元。

一、基本情况

（一）发生事故前路段交通情况

2月28日17时50分，晋济高速公路全线因降雪相继封闭；3月1日7时10分，解除交通管制措施。

3月1日11时起，事故路段车流量逐渐增加；12时45分，泽州收费站出省方向车辆增多，开始出现通行缓慢的情况；13时，持续出现运煤车辆在右侧车道和应急车道排队等候通行的情况；事发时岩后隧道右侧车道排队等候，左侧车道行驶缓慢。

（二）肇事车辆追尾情况

3月1日14时43分许，由汤××驾驶、冯××押运的豫HC2923/豫H085J挂铰接列车（事发时位于前方，以下简称前车）装载29.66吨甲醇运往洛阳，在沿晋济高速公路由北向南行驶至岩后隧道右洞入口以北约100米处时，发现右侧车道上有运煤车辆排队等候，遂从右侧车道变道至左侧车道进入岩后隧道，行驶了40余米后，停在皖BTZ110号轻型厢式货车后。

14时45分许，由李××驾驶、牛××押运的晋E23504/晋E2932挂铰接列车（事发时位于后方，以下简称后车），装载29.14吨甲醇运往河南省博爱县，在沿晋济高速公路由北向南行驶至岩后隧道右洞入口以北约100米处时，看到右侧车道上有运煤车辆排队缓慢通行，但左侧车道内至隧道口前没有车辆，遂从右侧车道变至左侧车道。驶入岩后隧道后，突然发现前方大约5~6米处停有前车。李××虽采取紧急制动措施，但仍与前车追尾。碰撞致使后车前部与前车尾部铰合在一起，造成前车尾部的防撞设施及卸料管断裂、甲醇泄漏，后车前脸损坏。

（三）岩后隧道内车辆燃烧爆炸情况

两车追尾碰撞后，前车押运员冯××从右侧车门下车，由车前部绕到车身左侧尾部观察，发现甲醇泄漏。为关闭主卸料管根部球阀，冯××要求汤××向前移动车辆。该车向前移动1.18米后停住，汤××下车走到车身左侧罐体中部时，冯××发现地面泄漏的甲醇起火燃烧。

甲醇形成流淌火迅速引燃了两辆事故车辆（后车罐体没有泄漏燃烧）和附近的4辆运煤车、货车及面包车，由于事发时受气象和地势影响，隧道内气流由北向南，且隧道南高北低，高差达17.3米，形成“烟囱效应”，甲醇和车辆燃烧产生的高温有毒烟气迅速向隧道内南出口蔓延。经专家计算，第一起火点着火后，8分钟后烟气即可充满整个隧道；起火后10分钟，距离第一起火点184米的5辆运煤车起火燃烧，形成第二起火点；随后距离第二起火点40米的其他车辆也开始燃烧。

发现着火后，后车驾驶员李××、押运员牛××从隧道北口跑出，前车驾驶员汤××、押运员冯××跑向隧道南口，并警示前方的皖BTZ110、皖BTZ016驾乘人员后方起火。当时隧道内共有87人，部分人员在发现烟、火后驾车或弃车逃生，48人成功逃出（其中1人因伤势过重经抢救无效死亡）。

17时5分许，距离南出口约100米的1辆装载二甲醚的鲁RH0900/鲁RC877挂铰接列车罐体受热超压爆炸解体。

事故导致滞留隧道内的42辆车辆全部烧毁，隧道受损严重。

二、事故应急处置情况

（一）消防部门应急处置情况

3月1日14时50分，晋城消防支队指挥中心接警后，先后调派7个公安消防中队、9个专职消防队共400名官兵、44辆消防车赶赴现场，山西省消防总队调集相邻的长治、临汾两市消防支队共29名官兵、5辆消防车到场增援。

15时15分，城区中队（系责任区中队，距离事发地约13.5千米）在高速交警引导下首先到达隧道北口。此时隧道北口有车辆猛烈燃烧，地面形成流淌火；位于下风方向的隧道南口有大量黑色浓烟涌出，浓烟已感到烫手。根据现场情况，由晋城市政府及其有关部门组成的现场指挥部决定全力扑救隧道北口火灾，继续对后车罐体实施冷却，在出口处组织停留人员疏散，并协调环保部门对现场环境及可燃有毒气体进行实时监测。18时许，隧道北口处火灾被彻底扑灭。

3月2日零时10分，现场指挥部决定组成攻坚组从人行横洞进入隧道，分别向隧道南、北两侧梯次进攻灭火。3时30分，后车罐体内甲醇导出转移；9时30分，人行横洞以北隧道内大火被基本扑灭；3月3日18时，隧道内大火被全部扑灭。

（二）高速公路交管部门处置情况

3月1日14时51分，山西省公安厅交警总队高速三支队八大队接警后派出民警分两组分别从该大队驻地和泽州收费站出发向晋济高速济源方向寻找事故地点。由大队驻地出发的2名民警于15时7分在距岩后隧道1千米处赶上了被堵在路上的晋城消防支队第一梯队，立即疏导车辆，打开中央防护栏引导消防车逆行抵近岩后隧道北口，并通知由泽州收费站出发的另一组民警折返赶赴岩后隧道南口。八大队各组民警陆续到达现场后，采取现场警戒、交通管制措施，配合消防、卫生部门开辟救援通道，并开展控制肇事车辆司乘人员、登记逃生人员等工作。

16 时 23 分，三支队值班副支队长带领事故科 1 名民警赶赴现场；17 时 15 分，三支队指挥中心将事故信息上报山西省公安厅交警总队。

（三）晋城高速公路有限责任公司处置情况

3 月 1 日 15 时 5 分，晋城高速公路有限责任公司信息监控中心得到事故信息，立即通知路政大队派员上路查看，并利用监控系统对辖区内隧道路段进行巡查。

15 时 25 分，晋城高速公路有限责任公司路政大队有关人员接报后赶赴事故现场，配合当地政府救援力量开展清障、管制、救援等工作。

15 时 26 分，根据高速交警指令，信息监控中心向泽州收费站和临近的收费站下达了封闭指令。

（四）晋城市政府及其有关部门的处置情况

3 月 1 日 15 时 18 分、15 时 41 分，晋城市 110 指挥中心、市公安局分别收到事故报告；15 时 42 分，晋城市政府值班室接到晋城高速公路有限责任公司事故报告；16 时 19 分，晋城市政府值班室向山西省政府值班室电话报告事故情况；16 时 35 分、17 时、17 时 3 分，市政府应急办分别接到市消防支队、市公安局和市安全监管局的事故信息报告。

16 时 45 分，晋城市委市政府有关领导同志率领相关部门相继抵达岩后隧道入口，成立了以晋城市常务副市长为总指挥的晋城市现场抢险救援指挥部，调派增援力量并部署有关单位进一步做好现场控制、人员搜救、伤者救治、疏散安置、环境保护、应急保障、善后维稳等有关工作。

此次事故抢险共组织救援力量 1000 余人，投入各类救援车辆 300 余台次，紧急调运灭火用水 9300 余吨，清运煤炭 1200 余吨，吊装拖运烧毁车辆 42 辆。

（五）伤亡人员核查情况

事故发生后，山西省公安厅组织开展遇难人员数量和身份核定工作。先后在隧道内搜寻到 12 具遗骸，并对隧道内清理出的 42 辆车辆残骸、1000 余吨煤炭及其他残留物进行反复筛查，提取检材。在国务院安委会工作组（事故调查组成立后在事故调查组）及有关专家的督促指导下，公安机关通过 DNA 反复检验、人类学骨骼鉴定、收集家属寻亲信息、车辆信息、同车人证明、手机信息验证和大情报系统比对等综合技术手段反复核查，于 3 月 11 日，确认这起事故死亡和失踪人数已超过 30 人，为特别重大事故。截至 3 月 17 日，最终确认在这起事故中有 40 人遇难，并对遇难者身份全部予以确认。

三、事故原因和性质

（一）直接原因

晋 E23504/晋 E2932 挂铰接列车在隧道内追尾豫 HC2923/豫 H085J 挂铰接列车，造成前车甲醇泄漏，后车发生电气短路，引燃周围可燃物，进而引燃泄漏的甲醇。

（1）两车追尾的原因：晋 E23504/晋 E2932 挂铰接列车在进入隧道后，驾驶员未及时发现停在前方的豫 HC2932/豫 H085J 挂铰接列车，距前车仅 5～6 米时才采取制动措施；晋 E23504 牵引车准牵引总质量（37.6 吨），小于晋 E2932 挂罐式半挂车的整备质量与运输甲醇质量之和（38.34 吨），存在超载行为，影响刹车制动。

经认定，在晋 E23504/晋 E2932 挂铰接列车追尾碰撞豫 HC2932/豫 H085J 挂铰接列车的交通事故中，晋 E23504/晋 E2932 挂铰接列车驾驶员李××负全部责任。

（2）车辆起火燃烧的原因：追尾造成豫 H085J 挂半挂车的罐体下方主卸料管与罐体焊缝处撕裂，该罐体未按标准规定安装紧急切断阀，造成甲醇泄漏；晋 E23504 车发动机舱内高压油泵向后位移，启动机正极多股铜芯线绝缘层破损，导线与输油泵输油管管头空心螺栓发生电气短路，引燃该导线绝缘层及周围可燃物，进而引燃泄漏的甲醇。

（二）间接原因

（1）山西省晋城市福安达物流有限公司安全生产主体责任不落实。

（2）河南省焦作市孟州市汽车运输有限责任公司危险货物运输安全生产的主体责任落实不到位。

（3）晋济高速公路煤焦管理站违规设置指挥岗加重了车辆拥堵。

（4）湖北东特车辆制造有限公司、河北昌骅专用汽车有限公司生产销售不合格产品。

(5) 山西省晋城市、泽州县政府及其交通运输管理部门对危险货物道路运输安全监管不力。

(6) 河南省焦作市交通运输管理部门和孟州市政府及其交通运输管理部门对危险货物道路运输安全监管不到位。

(7) 山西省高速公路管理部门对高速公路管理和拥堵信息处置不到位。

(8) 山西省公安高速交警部门履行道路交通安全监管责任不到位。

(9) 山西省锅炉压力容器监督检验研究院、河南省正拓罐车检测服务有限公司违规出具检验报告。

(10) 此次事故中的危险化学品罐式半挂车实际运输介质均与设计充装介质、公告批准、合格证记载的运输介质不相符。按照 GB 18564.1—2006 的要求，不同的介质因为化学特性差异，在计算压力、卸料口位置和结构、安全泄放装置的设置要求等方面均存在差异，不按出厂标定介质充装，造成安全隐患。

(三) 事故性质

经调查认定，晋济高速公路山西晋城段岩后隧道“3·1”特别重大道路交通危化品燃爆事故是一起生产安全责任事故。

四、对事故有关责任人员及责任单位的处理结果

对山西省晋城市道路运输管理局副局长杜××等33人移送司法机关处理。给予晋城市市委副书记、市长刘××等33名事故责任人员党纪、政纪处分和组织处理。对相关责任企业及其主要负责人处以法定上限的罚款。

五、事故防范和整改措施

针对事故暴露出来的问题，为了深刻吸取事故教训，举一反三，有效防范和减少危险化学品道路运输事故的发生，提出以下建议：

(一) 要始终坚守保护人民群众生命安全的“红线”

山西、河南两省及其他各地各级人民政府及其有关部门要深刻吸取晋济高速公路山西晋城段岩后隧道“3·1”特别重大道路交通危化品燃爆事故的沉痛教训，认真贯彻落实习近平总书记、李克强总理等中央领导同志关于安全生产工作的一系列重要指示批示精神，牢固树立科学发展、安全发展理念，始终坚守“发展决不能以牺牲人的生命为代价”这条红线，建立健全“党政同责、一岗双责、齐抓共管”的安全生产责任体系，切实采取有效措施，全面加强安全生产工作。要高度重视道路交通尤其是危险化学品道路运输和公路隧道安全工作，进一步明确和落实道路运输企业安全生产主体责任、行业主管部门直接监管责任、安全监管部门综合监管责任和地方政府属地管理责任，充分发挥地方各级道路交通安全工作联席会议、危险化学品安全生产监管联席会议等协调机制的作用，针对事故暴露出的各类突出问题，逐一研究和落实防范措施，切实加强安全生产特别是危险货物道路运输和隧道交通安全工作。

(二) 要大力推动危险货物道路运输企业落实安全生产主体责任

山西、河南两省及其他各地各级人民政府及其有关部门要督促各类危险货物道路运输企业切实落实安全生产主体责任，严格执行国家有关法律法规和规章标准，建立健全安全生产责任制、安全管理规章制度并认真贯彻落实，坚决杜绝“包而不管、挂而不管、以包代管、以挂代管”的情况发生；要督促运输企业加强驾驶员、押运员培训、教育和管理工作，建立完善的安全培训、考核制度和录用、淘汰机制，着力提升从业人员的法制意识、安全意识和安全技能，严禁不具备相应资质、安全培训不合格和安全记录不良的人员驾驶危险货物机动车辆；要督促各类危险货物道路运输企业采购合格运输车辆，严格按照规定进行日常检查和定期维护保养，始终保持营运车辆技术状况良好，确保运输车辆安装符合《道路运输车辆卫星定位系统车载终端技术要求》(JT/T 794—2011) 的 GPS 卫星定位装置，并保证车辆监控数据准确、实时、完整地传输。

(三) 要切实加大危险货物道路运输安全监管力度

山西、河南两省及其他各地区地方各级人民政府及其有关部门要加大危险货物道路运输安全的监督管理力度。交通运输部门要加强对危险货物道路运输企业的日常安全监管，对安全管理责任不落实、“包而不管”“以包代管”和存在重大安全隐患以及有挂靠问题且“挂而不管、以挂代管”的危险货物运输企业，要依法限期整改，情节严重的要责令停业整顿。工业和信息化部门要研究道路运输危险货物车辆警示标志标识的设置，完善相关标准，提高防护等级，督促相关汽车生产厂商在危险货物运输车辆罐体上喷涂符合国家强制性标准要求的警示标志标识。公安交管部门要加强危险货物运输车辆的道路交通安全管理和驾驶员管理，严格管控危险货物道路运输路线。安全监管部门要加强综合监管，推动有关部门搞好直接监管，促进各项工作落实。地方各级人民政府要督促有关部门认真履行职责，采取“不发通知、不打招呼、不听汇报、不用陪同和接待，直奔基层、直插现场”的方式，对危险货物运输安全开展暗查暗访，深查企业安全管理状况及隐患排查整改情况。

（四）要全面排查整治在用危险货物运输车辆加装紧急切断装置

山西、河南两省及其他各地区地方各级人民政府及其有关部门要督促各类危险货物运输企业严格执行 GB 18564.1—2006 强制性标准要求，逐台核查常压罐式危险货物运输车辆加装紧急切断装置情况。在企业自查的基础上，要组织有关部门对辖区内此类车辆安装情况进行全面摸底排查，集中进行整改。

（五）要进一步加强公路隧道安全管理

山西省及其他各地区地方各级人民政府及其有关部门要结合本地区实际，认真研究制定切实有效的公路隧道安全管理措施，提高公路隧道本质安全度。交通运输部门要完善隧道硬件设施，增设和完善灯光照明、防撞护栏、紧急避险车道和限速、禁止超车交通警示标识和逃生指示标识等隧道安全基础设施，严控车辆进入隧道时的速度；要根据隧道实际情况加装监控视频、声光报警、应急广播、应急按钮等装置，确保紧急状态下隧道内人员能够第一时间获知危险信息，及时避险逃生；要全面排查、评估公路隧道沿线各类检查站、收费站、煤管站等选址对隧道内车辆快速通行的影响，对易造成隧道交通拥堵、导致事故发生的，要立即停用或取消。公安交管部门要完善隧道安全通行措施，提高管控水平，严格管控公路隧道路面通行秩序；要加大对各类道路交通违法违章行为的处罚力度，严查严纠危险货物运输车辆在公路隧道内违法变道、超速超员、疲劳驾驶、驾驶证与准驾车型不符等各类严重交通违法行为。各相关部门要将公路隧道拥堵作为重大险情来应对处置，快速、有效处置隧道车辆拥堵，妥善管理和处置已处在隧道内的危险货物运输车辆，保证人员、车辆安全。地方各级人民政府要督促指导有关部门依法认真履行安全监管责任。

（六）要进一步加强公路隧道和危险货物运输应急管理

山西、河南两省及其他各地区地方各级人民政府及其有关部门要高度重视公路隧道应急管理工作。要针对本地区路网布局、产业特点和可能发生的各类事故，抓紧完善危险货物道路运输事故应急预案和各类公路隧道事故应急处置方案；要下大力气整合危险货物运输企业 GPS 监控平台、高速公路交通运行监控系统、公安交警交通安全管理系统等信息系统资源，统一和规范地方政府危险货物事故接处警平台，强化应急响应和处置工作，建立责任明晰、运转高效的应急联动机制。

（七）要加强安全保障技术研究和健全完善安全标准规范工作

国家标准化管理部门要进一步修改完善《汽车和挂车后下部防护要求》（GB 11567.2—2001）、《道路运输液体危险货物罐式车辆第 1 部分：金属常压罐体技术要求》（GB 18564.1—2006）等有关罐式危险货物运输车辆的技术标准和规范，对罐式危险货物运输车的后下部防护提出专门要求，提高危险货物运输车辆后下部防护装置的强度和性能；针对不同种类罐式危险货物运输车辆主卸料口的合理位置提出通用要求，明确罐式危险货物运输车辆主卸料口及三道安全阀的位置和设置，优化车辆罐体阀门等装置的连接方式，明确罐体出厂检验和定期检验的项目和要求，提升罐式危险货物运输车辆的被动安全性。特别是要以此次隧道事故暴露出的问题为导向，组织有关力量开展隧道安全保障技术研究，修改完善公路隧道相关设计建设标准规范，切实提高公路隧道安全设防等级和本质安全水平。

甘肃省甘南藏族自治州合作市“3·3”重大道路交通事故

2014年3月3日2时20分许，甘肃省甘南藏族自治州合作市境内卡加曼乡依毛梁路段国道213线256千米+200米处发生一起重大道路交通事故，造成10人死亡、35人受伤，直接经济损失约1038.5万元。

一、事故经过

3月1日20时许，李××、万××轮换驾驶沪D05700号大型普通客车，乘载外出务工人员及孩子共59人（其中成人47人，儿童及婴儿12人），从丘北县客运车站出发，驶向甘肃方向。3月3日2时20分许，由李××驾驶该车在国道213线合作市卡加曼乡依毛梁路段256千米+200米处时，车辆驶出公路西侧路面，与路西侧广告牌钢制立柱相撞后翻车，发生事故。

二、事故原因及分析

（一）直接原因

驾驶人李××持实习驾驶证，驾驶后轮轮胎花纹严重磨损的大型普通客车非法营运，夜间行经不熟悉路况的结冰道路超速驾驶，临危采取措施不当，是造成这起交通事故的直接原因。

（二）间接原因

（1）上海青竹连发公司安全生产责任制不落实，安全管理混乱，未取得道路运输经营许可资质，伪造使用虚假营运证和省际包车证从事道路运输经营；违规聘用不符合驾驶条件的驾驶人李××、万××驾驶大客车；违规长期非法承揽包车客运业务，未落实营运车辆凌晨2时至5时停止运营或实行接驳运输的规定；未落实GPS监控管理相关规定。

（2）云南省文山交通运输集团公司丘北分公司安全生产责任制不落实，安全管理混乱。违规同意无营运资格的事故客车进站从事非法经营活动，并为其办理包车手续。

（3）云南省文山交通运输集团公司对丘北分公司违规同意无营运资格的事故客车进站从事非法经营活动、未认真履行安全检查职责的问题失察。

（4）云南省丘北县运管局对文山交通运输集团公司丘北分公司和丘北县锦屏客运站安全监督检查不到位，对事故客车包车手续审核把关不严。

（5）上海市浦东新区市场监督管理局违反《上海市出租汽车管理条例》（2006年修正）第九条、第十四条之规定，于2011年1月24日向不具备从事客运服务条件、未取得上海市交通部门核发许可凭证的上海市青竹连发公司办理登记手续。

三、事故处理结果

共对事故的2名责任人给予刑事处罚，对20名责任人分别给予辞退、留用察看、记大过、记过、行政警告、警告等处分。

对事故责任单位文山交通运输集团公司处以50万元罚款。

四川省南充市仪陇县“3·6”重大道路交通事故

2014年3月6日，仪陇县杨桥镇金鼓村五一桥路段发生一起重大道路交通事故，造成11人死亡，直接经济损失480万元。

一、事故发生经过及救援情况

（一）事故经过

3月6日9时12分许，南运集团仪陇分公司驾驶人鲜××驾驶川R41518中型普通客车（核载16人，实载12人）从仪陇县三河镇向杨桥镇方向行驶。9时40分许，该车行至杨桥镇金鼓村五一桥（小地名）路段时，车辆驶向路面左侧，撞断五一桥左侧石栏杆坠入柏杨湖中，造成车上乘客11人死亡，川R41518号客车受损。

（二）事故救援及善后情况

事故发生后，南充市、仪陇县立即启动事故应急救援预案，市、县党政主要领导率相关部门负责人第一时间赶赴现场指挥抢险救援工作。遇难者善后处理工作已结束，当地社会秩序稳定。

二、事故原因

（一）直接原因

鲜××驾驶川R41518号客车上路行驶，在五一桥前下坡路段空挡滑行，在行驶至五一桥时，车辆转向横拉杆体右侧与调整螺杆分离脱落，加之该车因前制动储气筒的压缩空气经密封不严的制动总阀排气口泄漏，丧失前左右制动效能，左后制动效能因制动摩擦片缺损而降低，左后主胎及右后副胎胎冠花纹严重磨损，左后副胎胎冠被铁钉刺穿造成胎压严重不足，造成该车在潮湿的五一桥路面不能有效制动和改变向左行驶的趋势；鲜××临危处置不当，未使用驻车制动装置，致使车辆冲出桥面栏杆，坠入15米水深的柏杨湖中。

（二）间接原因

（1）南运集团公司仪陇分公司未有效履行企业安全生产主体责任。对客运车辆的技术管理不到位，对农村客运车辆在非法修车点进行维修缺乏监管；未按照相关规定认真进行车辆的安全例检，事故车辆转向、制动等存在的安全隐患未及时发现和整治；对驾驶人安全责任意识、临危处置能力等培训教育不到位；对农村客运车辆和驾驶员未严格实行公司化管理，未按照“五统一”要求对驾驶人统一发放工资，统一考核。

（2）四川南充汽车运输（集团）有限公司对仪陇分公司的车辆技术管理、安全隐患排查、驾驶人培训教育和驾驶员“五统一”管理、定期考核等规章制度执行情况督促检查不力。

（3）仪陇县交通运输部门开展道路旅客运输安全管理和监督检查工作不到位。

（4）仪陇县公安交通管理部门开展农村道路交通安全管理和监督检查工作不到位。

（5）马鞍镇人民政府组织开展辖区“打非治违”工作不到位，未排查出罗建非法经营的机动车维修点。

（6）仪陇县人民政府对农村道路交通安全工作重视程度不够，未有效督促相关职能部门和乡级人民政府认真履行安全生产监管职责。

（三）事故性质

调查认定，南充市仪陇县“3·6”重大道路交通事故是一起生产安全责任事故。

三、事故责任划分及处理建议

根据《中华人民共和国道路交通法》《中华人民共和国道路运输管理条例》《生产安全事故报告和调查处理条例》《行政机关公务员处分条例》《事业单位工作人员处分暂行规定》《安全生产领域违法违纪行为政纪处分暂行规定》《四川省生产安全事故报告和调查处理规定》等规定，本着教育与惩处相结合的原则，在认真分析事故原因、性质的基础上，对相关责任人员和责任单位作出如下处理。

（一）司法机关已采取措施人员

鲜××，事故客车驾驶人。因涉嫌交通肇事罪，2014年3月20日被检察机关批准逮捕。

（二）移送司法机关追究刑事责任人员

罗××，仪陇县马鞍镇千垭村3组非法修车点经营者。非法从事客运车辆维修作业，因涉嫌重大责任事故罪，建议移送司法机关依法处理。

（三）给予行政处罚人员

（1）黄××，南运集团仪陇分公司马鞍车站副站长，川R41518客车安全生产承包责任人。对事故负重要管理责任。对其处以5万元罚款。

（2）肖××，南运集团仪陇分公司车辆技术科科长。对事故负主要管理责任。对其处以5万元罚款。

（3）唐××，南运集团仪陇分公司安全科科长，分公司安全生产第三责任人。对事故负重要管理责任。对其处以5万元罚款。

（4）王××，南运集团仪陇分公司副经理，分公司安全生产第二责任人，分管安全生产工作。对事故负重要领导责任。对其处以6万元罚款。

（5）邓××，原南运集团仪陇分公司副经理，分管大修厂和车辆技术科工作，2014年2月28日调任南运集团公司蓬安分公司经理。对事故负重要领导责任。对其处以 7 万元罚款。

(6) 林××，南运集团仪陇分公司经理，分公司安全生产第一责任人。对事故负主要领导责任。对其处以 8 万元罚款。

(7) 郭××，四川南充汽车运输（集团）有限公司车辆技术处处长，负责车辆技术管理、维修保养等工作。对事故负管理责任。对其处以 5 万元罚款。

(8) 岳××，四川南充汽车运输（集团）有限公司副总经理，分管公司车辆技术管理、维护保养等工作。对事故负领导责任。对其处以 6 万元罚款。

（四）给予党纪、政纪处分人员

(1) 邬××，仪陇县道路运输管理局运政管理股股长（事业单位工人），负责全县客运企业安全生产源头监督管理工作。对事故发生负主要领导责任。给予其降低岗位等级处分。

(2) 戴××，仪陇县道路运输管理局企业安全管理股股长。对事故发生负重要领导责任。给予其警告处分。

(3) 杨××，2014 年 1 月任仪陇县道路运输管理局马鞍交管站站长、局党支部委员，负责马鞍交管站全面工作。对未依法及时查处罗建经营的非法机动车维修点负主要领导责任。给予其警告处分。

(4) 谭××，仪陇县道路运输管理局副局长、局党支部委员，分管运政管理股。对事故发生负主要领导责任。给予其记过处分。

(5) 汪××，仪陇县交通运输局党组成员，县道路运输管理局局长、局党支部书记，负责县道路运输管理局全面工作。对事故发生负重要领导责任。给予其记过处分。

(6) 王××，仪陇县交通运输局局长、局党组书记，主持县交通运输局全面工作，局安全生产第一责任人。对事故发生负重要领导责任。给予其警告处分。

(7) 黄××，2014 年 1 月任仪陇县公安局马鞍派出所教导员、县马鞍片区农村道路交通安全联合执法中队中队长，负责马鞍片区农村道路交通安全联合执法中队日常工作。对事故发生负重要领导责任。给予其警告处分。

(8) 任××，2014 年 1 月任仪陇县公安局交警大队副大队长，分管马鞍片区农村道路交通安全联合执法中队。对事故发生负重要领导责任。给予其警告处分。

(9) 刘××，中共仪陇县马鞍镇党委委员、镇人民政府副镇长，分管安全生产工作。对未排查出罗建经营的非法机动车维修点负主要领导责任。给予其记过处分。

(10) 尹××，2013 年 11 月任仪陇县马鞍镇党委副书记、镇人民政府镇长。对未排查出罗建经营的非法机动车维修点负重要领导责任。给予其警告处分。

(11) 李××，仪陇县人民政府党组成员、副县长，分管县交通运输局。对事故发生负重要领导责任。给予其警告处分。

(12) 责成仪陇县委副书记、县人民政府县长向南充市人民政府写出书面检查。

(13) 责成仪陇县委书记陈科向南充市委写出书面检查。

（五）对相关责任单位处理结果

根据《四川省生产安全事故报告和调查处理规定》（省政府令第 225 号）第三十五条之规定，对南运集团仪陇分公司处以 60 万元罚款。

责成仪陇县交通运输局、公安局、马鞍镇人民政府分别向仪陇县人民政府写出书面检查。

责成仪陇县人民政府向南充市人民政府写出书面检查。

责成南充市人民政府向省人民政府写出书面检查。

四、事故防范和整改措施

(1) 南充市、仪陇县两级人民政府及其有关部门要进一步高度重视道路交通安全工作，认真贯彻落实《国务院关于加强道路交通安全工作的意见》《四川省人民政府关于进一步加强道路交通安全工作的实施意见》等文件精神，确保道路运输企业安全生产主体责任、部门监管责任、属地管理责任、道路交通安全工作目标考核和责任追究制度落到实处。

(2) 南充市各级县（市、区）人民政府要对通客运的乡村道路交通安全工作负总责，乡（镇）政府主责主抓。要建立健全乡镇道路交通安全管理办公室，设立公共服务岗位，聘请 3 ~ 5 名专职农村道路交通安全管理员，提供必要的工作条件，强化农村道路交通安全管理。要按照省政府印发的

2014年道路交通安全综合整治攻坚行动要求，切实抓好货车超限超载整治、公路波形护栏安装等六项重点整治工作。要进一步加大道路交通领域“打非治违”工作力度，依法查处、取缔非法违法机动车维修点。

（3）南充市道路交通运输部门要加强对客运企业的监督检查，督促客运企业对融资车辆实行公司化管理，落实“五统一”等管理制度，切实提高客运企业履行安全生产主体责任的意识和能力；要加大隐患排查整治力度，临水临崖等危险路段要安装波形护栏，完善标志标线等安保设施。

（4）四川南充汽车运输（集团）有限公司要进一步落实安全生产主体责任。要强化车辆技术管理、安全例检、二级维护和驾驶员培训教育及考核等工作，特别是农村客运车辆，要采取切实可行的办法让车辆安全例检工作落到实处、强制性要求农村客运车辆定期到汽车站或有资质的维修企业例检，对发现的问题到指定的有资质的维修企业修理，坚决杜绝客运车辆在非法修车点进行维修作业，切实加强车辆日常隐患排查整治工作，确保车辆技术状况良好。加强客运车辆驾驶员的培训教育，特别是应急处置能力和专业技能的培训，切实将安全规章制度、操作规程和技术要求等落实到基层，落实到岗位，落实到操作层面。

湖南省长沙市岳麓区“7·10”重大道路交通（校车）事故

2014年7月10日16时35分许，湘潭市雨湖区响塘乡乐乐旺幼儿园驾驶员郑××驾驶湘CG5210校车在送长沙的幼儿回家途中，车辆坠入长沙市岳麓区含浦街道干子村石塘水塘，导致发生11人死亡、直接经济损失657万余元的重大道路交通事故。

一、事故发生经过

在幼儿园开学期间，郑××驾驶五菱牌校车负责公河村线路和石塘线路上幼儿的接送，上午和下午各3趟。石塘线路上有15名左右的幼儿，郑××在该线路上每天接、送各一趟，超员成为一种常态。

7月10日，郑××驾驶校车于5时33分至7时接完第一趟（石塘线路），7时至7时51分接完第二趟，7时51分至8时30分接完第三趟，返回幼儿园。之后，郑××前往距乐乐旺幼儿园300米左右的金侨三角坪超市打麻将。11时30分左右返回乐乐旺幼儿园吃中饭、午睡。当日16时，乐乐旺幼儿园放学，幼儿在幼师的组织下坐上校车，童××、肖××2名幼师和周××等13名幼儿登上了核载8人的校车。16时01分，郑××驾驶校车（实载16人）从幼儿园出发，送长沙市岳麓区含浦街道干子村和宁乡县道林镇烧汤村的幼儿回家，于16时07分、16时17分、16时24分、16时28分和16时30分左右沿途分别送完刘××等5名幼儿后，车辆行经长沙市岳麓区含浦街道干子村石塘水塘坝基机耕道时，坠入水塘，造成车内11人全部溺水死亡。

二、事故原因分析

（一）直接原因

郑××驾驶超员的校车（核载8人、实载11人）在临水、窄路、弯道和下坡机耕道上违法超速（限速20千米/小时、事故时32千米/小时）和不按照审核线路行驶，违反安全驾驶操作规范，导致校车冲出路面坠入水塘。

（二）间接原因

湘潭市雨湖区响塘乡乐乐旺幼儿园安全管理主体责任不落实，办园的安全基本条件欠缺，招生数量近3年始终保持在100人以上，只有3台校车（核载总数33人），无法满足需求。安全管理工作严重缺失；长沙梅花汽车制造有限公司提供实时监控服务不到位；湖南新空间系统技术有限公司提供定位监控服务不到位；湘潭市教育主管部门安全监管不力；湘潭市公安交警部门对校车的安全监管不到位；湘潭市道路运输管理局落实校车安全管理不到位；湘潭市雨湖区人民政府及响塘乡人民政府落实校车属地管理职责不力；长沙市岳麓区含浦街道办事处及干子村落实校车安全属地管理职责不力；长沙市交警支队岳麓大队对校车安全监管工作存在漏洞。长沙市交警支队岳麓大队及八中队对乐乐旺幼儿园校车长期超速、超员及不按审核线路行驶的问题监管不力。

三、对事故有关责任人员及责任单位的处理结果

（一）由司法机关立案追究刑事责任的人员

对乐乐旺幼儿园法定代表人王××及管理者王××，由长沙市岳麓区公安分局以涉嫌重大责任事故罪于7月12日刑事拘留；雨湖区教育局监察室主任、安全政策法规股股长、雨湖区校车办的专干杨××，湘潭市交警支队雨湖大队五中队队长、校车户籍化管理的责任民警章××由湘潭市雨湖区检察院以涉嫌玩忽职守罪立案侦查。

（二）给予党纪政纪处分的人员

长沙市交警支队岳麓大队八中队中队长姜××等3人依据《行政机关公务员处分条例》第二十条的规定，给予行政记大过处分；长沙市交警支队岳麓大队副大队长周××等4人给予行政记过处分；长沙市交警支队岳麓大队副大队长张××等7人给予行政警告处分；长沙市岳麓区含浦街道干子村党支部书记刘××等3人，依据《中国共产党纪律处分条例》第一百三十三条的规定，给予党内严重警告处分。另外，撤销党内职务、行政撤职处分1人；降低岗位等级处分1人；行政降级处分1人；党内警告处分1人。

（三）相关处罚

（1）乐乐旺幼儿园安全管理主体责任不落实，对事故发生负有责任，由湘潭市人民政府督促相关职能部门依法吊销乐乐旺幼儿园有关资质和证照。

（2）长沙梅花汽车制造有限公司和湖南新空间系统科技有限公司提供定位监控服务不到位，对事故发生负有责任，由湖南省安监局分别对其依法查处。

沪昆高速湖南邵阳段“7·19”特别重大道路交通危化品爆燃事故

2014年7月19日2时57分，湖南省邵阳市境内沪昆高速公路1309千米+33米处，一辆自东向西行驶运载乙醇的车牌号为湘A3ZT46轻型货车，与前方停车排队等候的车牌号为闽BY2508大型普通客车（以下简称大客车）发生追尾碰撞，轻型货车运载的乙醇瞬间大量泄漏并起火燃烧，致使大客车、轻型货车等5辆车被烧毁，造成54人死亡、6人受伤，直接经济损失5300余万元。

一、事故发生经过和应急处置情况

（一）事故发生前路段状况

7月19日1时12分（本次事故发生前1小时45分钟），在沪昆高速公路1312千米+450米处，一辆自西向东行驶的空油罐车冲过中央隔离护栏，与自东向西行驶的一辆大型客车和一辆小型客车发生刮碰并起火，造成1人死亡，双向交通中断，出现车辆排队。湖南省高速公路交警在自东往西方向距事故点300米以外，实施临时交通管制，禁止车辆进入事故现场路段，并安排一辆警车在自东往西方向距离车流尾端500米外向来车方向，随滞留车辆的延长，适时移动警车，通过闪警灯、鸣警笛、喊话方式示警。至本次事故发生时，自东向西方向车道内排队车辆约400辆，排队长度约3.1千米。

（二）事故发生经过

7月18日6时45分，由贾××、彭××驾驶的闽BY2508大客车载1名乘客从福建省长乐市营前镇出发（未按规定到莆田涵江汽车总站进行安全例检和办理报班手续），车辆未按核准路线行驶，行经沈海高速、厦蓉高速，沿途在福建、江西境内上下客9次。22时26分，沿炎睦高速进入湖南省境内，此时车上共有乘客54人，后再无人员上下车。19 日 2 时 57 分，贾××驾驶大客车到达沪昆高速公路 1309 千米 +33 米处时，因前方临时交通管制停于第一车道排队等候。

7 月 18 日 17 时，刘××驾驶湘 A3ZT46 轻型货车在位于湖南省长沙县的长沙新鸿胜化工原料有限公司土桥仓库充装 6.52 吨乙醇，运往武冈市湖南湛大泰康药业有限公司，行经长沙绕城高速公路、长潭西高速公路，22 时 45 分进入沪昆高速公路。

7 月 19 日 2 时 57 分，湘 A3ZT46 轻型货车沿沪昆高速公路由东向西行驶至 1309 千米 +33 米路段时，以每小时 85 千米的速度与前方排队等候通行的闽 BY2508 大客车发生追尾碰撞，致轻型货车运载的乙醇瞬间大量泄漏并燃烧，引燃轻型货车、大客车及前方快车道上排队的车牌号为粤 F08030 小型越野车、右侧行车道上排队的车牌号为浙 A98206 重型厢式货车和赣 E38950/赣 E4537 挂铰接列车，造成大客车 52 人死亡、4 人受伤，轻型货车 2 人死亡，重型厢式货车和小型越野车各 1 人受伤，5 辆车被烧毁以及公路设施受损。

（三）应急处置情况

事故发生后，湖南省高速公路交警、邵阳市消防官兵迅速赶到事故现场进行处置。接报后，湖南省人民政府主要负责人和有关负责人赶赴现场，成立了事故救援处置工作组，指导救援和善后处置工作。湖南省、邵阳市、隆回县公安、消防、交通、安监、卫生等部门人员迅速赶赴现场全力开展应急处置工作。由国家安全监管总局、公安部、交通运输部有关负责人组成的工作组，于事发当天赶到事故现场，指导协调地方政府做好事故处置和善后工作。

7 月 19 日凌晨 5 时 30 分，现场大火被扑灭；7 时 30 分，现场救援工作基本结束；上午 8 时，车辆借道对向车道恢复通行；7 月 20 日凌晨 5 时，事故现场清理完毕，道路恢复正常通行。

接到事故情况后，福建省、四川省人民政府有关负责人带领有关部门和相关地方政府负责人赶赴现场，协助做好事故善后和赔付工作。福建省莆田市积极协调保险企业垫付赔偿费用，确保了赔偿金及时到位。湖南省、邵阳市、隆回县人民政府和卫生部门调集多名专家，全力救治受伤人员；邵阳市、隆回县人民政府及有关部门全力做好死伤人员家属的接待和安抚工作，及时与全部遇难者家属签订了赔偿协议，落实赔偿事宜。事故善后工作平稳有序。

（四）伤亡人员核查情况

事故发生后，在国务院事故调查组的督促指导下，湖南省公安厅组织开展遇难人数和身份核定工作，通过现场勘查、DNA 比对、外围调查、遇难者亲属排查、技术侦查等方法反复核查比对，于 7 月 26 日确定在事故现场有 54 人遇难，并对遇难者身份全部予以确认。6 名受伤人员中，有 4 人因伤势过重医治无效分别于 7 月 26 日、8 月 3 日、8 月 11 日、9 月 3 日死亡。

二、事故原因和性质

（一）直接原因

这起事故是由于湘 A3ZT46 轻型货车追尾闽 BY2508 大客车致使轻型货车所运载乙醇泄漏燃烧所致。

车辆追尾碰撞的原因：刘××驾驶严重超载的轻型货车，未按操作规范安全驾驶，忽视交警的现场示警，未注意观察和及时发现停在前方排队等候的大客车，未采取制动措施，致使轻型货车以每小时 85 千米的速度撞上大客车，其违法行为是导致车辆追尾碰撞的主要原因。

贾××驾驶大客车未按交通标志指示在规定车道通行，遇前方车辆停车排队等候时，作为本车道最末车辆未按规定开启危险报警闪光灯，其违法行为是导致车辆追尾碰撞的次要原因。

起火燃烧和造成大量人员伤亡的原因：轻型货车高速撞上前方停车排队等候的大客车尾部，车厢内装载乙醇的聚丙烯材质罐体受到剧烈冲击，导致焊缝大面积开裂，乙醇瞬间大量泄漏并迅速向大客车底部和周边弥漫，轻型货车车头右前部由于碰撞变形造成电线短路产生火花，引燃泄漏的乙醇，火焰迅速沿地面向大客车底部和周围蔓延将大客车包围。经调查和现场勘验，事故路段由东向西下坡坡度 0.5%，事发时段风速 2.5 米/秒，风向为东北风，经专家计算，火焰从轻型货车车头处蔓延至大客车车头，将大客车包围所需时间不足 7 秒钟，最终仅有 6 人从大客车内逃出，其中 2 人下车后被大火烧死，4 人被严重烧伤（烧伤面积均在 90% 以上），轻型货车上 2 人死亡，小型越野车和重型厢式货车各 1 人受伤。

（二）间接原因

（1）长沙大承化工有限公司、长沙市新鸿胜化工原料有限公司违法运输和充装乙醇。

（2）莆田公司安全生产主体责任落实不到位。

（3）长沙市胜风汽车销售有限公司和北汽福田汽车股份有限公司诸城奥铃汽车厂违规出售汽车二类底盘和出具车辆合格证。

（4）长沙市芙蓉区安顺货柜加工厂、振兴塑料厂非法从事车辆改装和罐体加装。

（5）长沙市翔龙城西机动车辆检测有限公司和湖南长沙汽车检测站有限公司对机动车安全技术性能检验工作不规范、管理不严格。

（6）湖南省交通运输部门履行道路货物运输安全监管职责不得力，福建省莆田市交通运输部门履行道路客运企业安全监管职责不到位。

（7）湖南省公安交警部门履行事故处置、路面执法管控、机动车检验审核等职责不力。

（8）湖南省安全监管部门履行危险化学品经营企业安全监管职责不到位。

（9）湖南省质监部门履行机动车检测企业行政许可、日常监管职责不到位，山东省潍坊市质监部门对车辆生产环节质量把关不严。

（10）长沙市工商部门对企业超范围经营等问题监管不严。

（11）有关地方组织开展安全生产工作不到位。

（三）事故性质

经调查认定，沪昆高速湖南邵阳段“7·19”特别重大道路交通危化品爆燃事故是一起生产安全责任事故。

三、对事故有关责任人员及责任单位的处理情况

（1）对事故中死亡的刘××等4名责任人免于追究责任。

（2）将周××等35名责任者交由司法机关处理，其中属于中共党员或行政监察对象的，待司法机关作出处理后，由当地纪检监察机关或具有管辖权的单位及时给予相应的党纪、政纪处分。

（3）对胡××等72名责任人分别给予行政记过、行政记大过、党内警告、党内严重警告、行政降级、降低岗位等级、诫勉谈话、行政撤职、撤销党内职务等处分。

（4）责成湖南省安监局、福建省安监局分别对长沙大承化工有限公司、福建莆田汽车运输股份有限公司及其主要负责人处以规定上限的罚款。

（5）由湖南省、山东省人民政府责成有关部门按照相关法律、法规规定，对事故中所涉及的长沙市新鸿胜化工原料有限公司、长沙市胜风汽车销售有限公司、长沙市芙蓉区安顺货柜加工厂、长沙市芙蓉区振兴塑料厂、长沙市翔龙城西机动车辆检测有限公司、湖南长沙汽车检测站有限公司、北汽福田汽车股份有限公司诸城奥铃汽车厂等企业及相关人员的违法违规行为作出行政处罚。

（6）责成湖南省人民政府向国务院作出深刻检查，认真总结和吸取经验教训，进一步加强和改进安全生产工作。

四、事故防范和整改措施

（一）进一步强化安全生产“红线”意识

各地区特别是湖南、福建两省及有关地方人民政府和部门要深刻吸取沪昆高速湖南邵阳段“7·19”特别重大道路交通危化品爆燃事故的沉痛教训，认真贯彻落实习近平总书记、李克强总理等党中央、国务院领导同志关于安全生产工作的一系列重要批示指示精神，牢固树立科学发展、安全发展理念，始终坚守“发展决不能以牺牲人的生命为代价”这条“红线”，建立健全“党政同责、一岗双责、齐抓共管”的安全生产责任体系，坚持“管行业必须管安全、管业务必须管安全、管生产经营必须管安全”的原则，推动实现责任体系“三级五覆盖”，进一步落实地方属地管理责任和企业主体责任。要认真贯彻落实党的十八届三中、四中全会精神，加大对新《安全生产法》和相关法律法规的宣贯力度，推进依法治安，强化依法治理，从严执法监管。要高度重视道路交通尤其是危险货物运输和道路客运安全，深刻吸取此次事故的教训，认真研究事故防范和工作改进措施，强化危险货物运输和道路客运监管，坚决避免类似事故重复发生。

（二）加大道路危险货物运输“打非治违”工作力度

各地区特别是湖南省及其有关地方人民政府和部门要切实加大危险货物道路运输打非治违工作力度，形成对非法违法运输行为的高压态势。各部门要注重协调配合，加强联合执法，搞好日常执法，形成联动机制，打击危险化学品非法运输行为，整治无证经营、充装、运输，非法改装、认证，违法挂靠、外包，违规装载等问题。公安交警部门要进一步加大路面执法力度，加强对危险化学品运输车辆的检查和对无资质车辆运载危险货物行为的排查，依法查处危险化学品运输车辆不符合安全条件、超载、超速和不按规定路线行驶等违法行为，并将信息及时通报交通部门。交通运输部门要进一步加强对危险化学品运输车辆和人员的监督检查，严查无资质车辆非法运输危险化学品以及驾驶人、押运人不具备危险货物运输资格等行为，加强对危险化学品运输车辆动态监管，发现超限超载等违法行为及时查处。安全监管部门要强化综合监管，加强指导协调，推动各主管部门落实行业监管责任，组织公安、交通等有关部门开展定期、不定期的危险货物道路运输联合执法检查，形成监管合力。

（三）进一步加大道路客运安全监管力度

各地区特别是福建、湖南两省及其有关地方人民政府和部门要认真贯彻落实《国务院关于加强道路交通安全工作的意见》（国发〔2012〕30 号），加大道路客运安全监管力度，推动客运企业落实安全生产主体责任。要对存在挂靠经营或变相挂靠经营的客运车辆进行彻底清理，理顺客运营运车辆的产权关系，对清理后仍然不符合规定经营方式的客运车辆，要取消其经营资格，禁止新增进入客运市场的车辆实行挂靠经营。要严查客运车辆不按规定进站安全例检和办理报班手续、不按批准的客运站点停靠或者不按规定的线路行驶、沿途随意上下客等行为。要督促道路客运企业严格落实长途客运车辆凌晨 2 时至 5 时停止运行或实行接驳运输制度，并充分运用车辆动态监控手段严格落实驾驶人停车换人、落地休息等制度。公安、交通运输等部门要将道路运输车辆动态监控系统记录的交通违法信息作为执法依据，依法查处客车违法违规行为。

（四）加强对车辆改装拼装和加装罐体行为的监管

各地区特别是湖南省及其有关地方人民政府和部门要严厉打击车辆非法改装拼装和非法加装罐体行为。公安、工业和信息化、交通运输、工商、质监等部门要建立机动车安全隐患排查的联动机制，各司其职，以机动车生产企业、销售企业、改装企业、维修企业、车辆管理所、安全技术检验机构、报废汽车回收拆解企业为重点，对机动车生产、销售、改装、检验、登记、维修、报废等各个环节进行全面治理。工商部门要坚决取缔未经批准擅自进行机动车改装的非法企业；依法查处机动车生产、销售企业违规销售车辆二类底盘等行为。质监部门要加强对获得强制性产品认证车辆生产企业的监管，防止企业拼装改装汽车。公安、质监部门要严肃处理车辆管理所、机动车安全技术检验机构为不符合国家标准的车辆办理注册登记、不按规定查验车辆、降低检验标准、减少检验项目、篡改检验数据、伪造检验结果，或者不检验、检验不合格即出具检验合格报告的行为。公安、交通部门要严厉查处车辆非法改装、加装罐体从事危险货物运输行为，禁止使用移动罐体（罐式集装箱除外）从事危险货物运输，全面清理查处罐体不合格、罐体与危险货物运输车不匹配的安全隐患。与此同时，要强化路面巡查监管，对查纠到的非法改装车要查明改装途径，对涉及的企业要移交有关部门依法严肃处理。要对货运企业和货运场站进行全面监督检查，严厉查处非法改装车辆从事货物运输的行为。

（五）加大危险化学品安全生产综合治理力度

针对事故调查过程中发现的危险化学品储存和经营环节监管工作出现的漏洞和问题，湖南省及有关地方人民政府和安全监管部门要认真查找出现问题和漏洞的深层次原因，强化安全监管。要依法整顿危险化学品经营市场，积极推动危险化学品经营企业进入危险化学品集中市场进行经营，加快实现专门储存、统一配送、集中销售的危险化学品经营模式。要严格安全生产许可工作，现场审核必须严格按照有关规定和要求进行，委托下一级安全监管部门许可的，要研究制定保证许可质量的制度措施。要制定监督检查规定，规范监督检查工作，发现企业存在问题和隐患的，要安排专人跟踪督促整改，直至问题和隐患全部整改到位。要将危险化学品生产、经营、使用企业许可情况定期通报同级交通运输部门，共同加强危险化学品运输源头监管。要督促危险化学品储存经营企业建立健全并严格执行发货和装载的查验、登记、核准等安全管理制度和管理台账，如实记录危险化学品储量、销量和流向。要督促危险化学品企业配备熟悉相关法规标准和装卸工艺并经专门培训的安全管理人员、装卸人员等，在开具提货单据前查验车辆资质证件、驾驶人员和押运人员从业资格证件，查验车辆及罐体与行驶证照片是否一致，查验危险化学品警示灯具和标志是否齐全、有效，严格按照提货单据载明的品种、数量和对应的车辆实施装载，并对查验和装载情况进行详细登记。

（六）进一步加强道路交通和危险货物运输应急管理

湖南省及其有关地方人民政府和部门要高度重视道路交通和危险货物运输事故应急管理工作。要不断完善道路交通和危险货物运输应急预案体系，做好各地区、各部门之间应急预案的配套衔接，加强动态管理，经常性地组织开展各类预案的演练，针对发现的问题及时修订完善预案。公安交警部门要不断提高道路交通事故应急处置能力，严格按照交通事故处理工作规范要求划定警戒区，放置反光锥筒、警告标志、告示牌，停放警车示警等。同时，针对危险货物运输的特点，要依托相关企业和单位，建立专兼职应急救援队伍，配备专门的装备和物资，加强实战训练，切实提高应急处置能力和水平。

西藏自治区拉萨市“8·9”特别重大道路交通事故

2014 年 8 月 9 日 14 时 37 分许，西藏自治区拉萨市尼木县境内 318 国道发生一起特别重大道路交通事故，造成 44 人死亡、11 人受伤，直接经济损失 3900 余万元。

一、事故发生经过及应急处置情况

2014 年 8 月 9 日 14 时 37 分许，驾驶人董××驾驶车牌号为藏 AL1869 的大客车，沿 318 国道由日喀则驶往拉萨。当车辆行驶至拉萨市尼木县境内 318 国道 4740 千米 +237 米处左转弯下坡路段时，遇对向驶来的白××驾驶的车牌号为藏 AX9272 的越野车违法越过道路中心线，两车左前部发生正面相撞，藏 AL1869 大客车随后向右前方与路侧波型梁护栏刮擦并撞断护栏后，仰翻坠落至 11 米深的山崖，客车顶部坠地受挤压后严重变形，导致车内 42 人死亡、8 人受伤。藏 AX9272 越野车在撞击后逆时针旋转 180 度并回到原车道，又与随后同向驶来的车牌号为渝 FC2027 的长城牌轻型普通货车剐撞后，停在道路左侧边沟处，导致藏 AX9272 越野车内 2 人死亡、2 人受伤，渝 FC2027 轻型普通货车内 1 人受伤。该事故共造成 44 人死亡、11 人受伤、两辆汽车严重损坏，直接经济损失 3900 余万元。

接到事故报告后，拉萨市曲水县和尼木县立即启动应急预案，公安、卫生等部门先后赶到现场，迅速开展现场救援、交通指挥疏导等工作。西藏自治区、拉萨市党委、政府迅速启动二级应急响应，有关领导亲临一线组织开展事故救援和前期勘察工作。国家安全监管总局、交通运输部、公安部负责人率工作组赶到事故现场，指导事故调查和善后处理工作。20 时 50 分，事故现场救援基本结束，交通秩序恢复正常。

二、事故原因及性质

（一）直接原因

（1）藏 AL1869 大客车制动性能不合格、超速行驶。经调查，大客车右后轮制动性能不符合《汽车维护、检测、诊断技术规范》（GB/T 18344—2001）的要求，存在严重安全隐患。该车在从日喀则返回拉萨的途中，长时间超速行驶，在下坡限速 40 千米/小时的路段超速 60% 以上，导致与藏 AX9272 越野车相撞后，车身左前部严重变形，车辆无法转向，最终翻坠下山崖。

（2）藏 AL1869 大客车在会车时未安全驾驶，未采取处置措施。藏 AX9272 越野车在发生事故前 4.6 秒内行驶了 73 米，按照藏 AL1869 大客车事故发生前行驶速度计算，4.6 秒行驶了 82～93 米，两车相距 150 米以上，而且视线良好，大客车完全可以发现越野车违法占道并可采取减速、鸣喇叭等措施避免发生事故，但大客车既未减速，也未警示，更未停车或者避让，直接导致事故的发生。

（3）藏AX9272越野车超速行驶、违法占道。经证人证言、现场勘查和检验鉴定，确认在事故发生前该车靠道路中心线行驶，在上坡限速40千米/小时的路段，超速20%以上，在与对向大客车会车前，违法越过道路中心线占道行驶，导致两车相撞，大客车失控坠崖。

综上所述，藏AX9272越野车在上坡路段超速行驶，在会车时违法占道是导致事故的重要原因。藏AL1869大客车安全性能不符合国家标准，存在严重安全隐患，在下坡路段严重超速行驶，会车时发现对方车辆违法占道未采取减速、警示、停车或者避让等措施，也是导致事故的重要原因。

（二）间接原因

1. 事故相关企业存在的问题

（1）志远公司安全管理规章制度缺失，安全责任制不落实，长期利用未办理租赁手续的车辆非法营运。

（2）圣地公司安全管理混乱，未按规定设立安全管理机构和配备专职安全管理人员，违规承包租赁车辆、车辆未经例检即签发路单、驾驶人安全培训教育制度缺失，对车辆违规超速行为未实施有效的动态监控，处罚规定不落实，对藏AL1869大客车动态监控终端不在线的问题没有及时提醒当班驾驶人。

（3）西藏旅游股份有限公司未设立安全生产管理机构，无安全生产专（兼）职人员，对下属圣地公司安全生产工作监督管理不力。

2. 拉萨市运输管理部门存在的问题

（1）拉萨市运输管理局对本行政区域内道路运输企业源头安全监督管理不到位，对汽车租赁企业许可年审时把关不严，整治汽车租赁非法营运行为不力，未组织开展上级部署的整治汽车租赁企业非法营运行为专项行动，对圣地公司违规承包租赁、车辆例检制度形同虚设、驾驶人安全培训教育制度缺失等安全管理混乱问题失察。

（2）拉萨市交通运输局对拉萨市运输管理局工作指导和督促不到位，对其没有认真履行道路运输企业源头安全监督管理职责的情况失察，对其未组织开展上级部署的整治汽车租赁企业非法营运行为专项行动没有及时发现并督促落实。

3. 拉萨市、尼木县公安交通管理部门存在的问题

（1）尼木县交警大队对所辖318国道事故发生路段车辆超速和违法占道巡查管控不力。

（2）拉萨市交警支队对全市道路交通客运安全防范工作监控不到位，对尼木县交警大队履行道路交通安全监管职责督促指导不力。

4. 拉萨市、尼木县人民政府存在的问题

（1）尼木县政府履行道路交通安全监管职责不到位，对公安交通管理部门路面执法监管及旅游客车超速违法行为整治督促指导不力。

（2）拉萨市政府对交通运输企业属地安全管理不到位，督促指导市交通运输管理部门落实汽车租赁企业和旅游客运企业源头安全监管职责工作不力。

（三）事故性质

经调查认定，西藏拉萨“8·9”特别重大道路交通事故是一起生产安全责任事故。

三、对事故有关责任人员及责任单位的处理结果

（1）对事故中死亡的责任人白××免于追究责任。

（2）将董××等7名责任人移交司法机关处理。

（3）对吴××等15名责任人给予党纪、政纪处分和行政处罚。

（4）责成西藏自治区安监局对相关责任企业及其主要负责人处以法定上限的罚款。

（5）责成西藏自治区及拉萨市有关部门吊销志远公司道路运输经营许可证及营业执照，没收非法所得；彻底整顿圣地公司。

（6）责成西藏自治区人民政府向国务院作出深刻检查，认真吸取事故教训，进一步加强和改进安全生产工作。

四、事故防范和整改措施

（一）用最坚决的态度坚守安全发展“红线”

西藏自治区、拉萨市人民政府及有关部门要深刻吸取事故教训，认真贯彻落实习近平总书记、李克强总理等中央领导关于安全生产工作的一系列重要指示批示精神，牢固树立科学发展、安全发展理念，始终坚守“发展决不能以牺牲人的生命为代价”这条“红线”，建立健全“党政同责、一岗双

责、齐抓共管”和“管行业必须管安全，管业务必须管安全，管生产经营必须管安全”的安全生产责任体系。要结合西藏实际，把安全生产与转变经济发展方式、产业结构调整升级、城镇化建设有机结合起来，建立与经济社会发展相适应的安全监管力量和机制，全面加强安全生产工作。特别要高度重视道路交通安全工作，针对西藏地处高原特殊情况、道路交通实际以及旅游业大发展的形势等，研究制定西藏道路交通发展战略和实施规划，加大财力和人力投入，形成有效管理机制，全面加强道路交通安全管理工作。

（二）严格落实汽车租赁企业和客运企业安全生产主体责任

西藏自治区、拉萨市人民政府及有关部门要督促汽车租赁企业、客运企业认真贯彻“安全第一、预防为主、综合治理”的安全生产工作方针，严格执行国家道路交通安全、运输企业管理的法律法规和规章标准，健全和落实企业安全生产责任制，建立健全安全管理机构，按规定配足安全管理人员，切实承担起安全生产的主体责任。要督促汽车租赁企业和客运企业加强对租车人员和客运车辆驾驶人员的安全教育，尤其是旅游客运企业要将安全驾驶技能和安全意识教育作为客运车辆驾驶人员的必修内容，利用典型案例强化警示教育等多种手段，提高驾驶人员安全素质和应急处置技能。

（三）严肃查处非法租赁汽车行为

拉萨市交通运输部门要加大对汽车租赁企业的监督管理力度，督促企业健全和落实规章制度，规范汽车租赁合同，张贴租赁标志，严格查验租赁车辆所有驾驶人员资质，未提交驾驶资质证明的不得驾驶租赁车辆；加强对租车合同检查和日常暗访暗查，发现非法租赁行为要严肃查处，切实扭转汽车租赁市场混乱局面。

（四）切实加强旅游客运企业源头管理

西藏自治区和拉萨市交通运输部门要严格督促企业落实驾驶员培训教育制度、车辆例检制度和派车制度，强化对客运车辆和驾驶人的安全管理，对“以包代管”“包而不管”一律停运整改，杜绝新增进入客运市场的车辆实行租赁、承包、挂靠经营。要严格落实动态监督管理规定，切实加强动态监管平台建设，完善和落实动态监管制度，严格落实企业监控主体责任，动态监管系统不能正常使用的一律停运整改，对蓄意破坏或故意关闭动态监控装置的驾驶人要严肃查处，情节严重的予以解聘、辞退。

（五）加大路面执法巡查力度

拉萨市公安交管部门要强化节假日、旅游旺季等重点时段和临水临崖等事故多发路段交通管控，严厉打击客运车辆超速等交通违法行为；加大道路交通安全治理整顿工作力度，加强路面监控排查整治，重点加强对营运客车违法行为的查处力度，充分运用客运车辆运行动态行驶监控系统，与交通运输等部门密切配合，强化客运车辆路面监控，严厉打击各种违法行为。要进一步加大队伍装备投入，加强执法力量建设，适当充实基层和一线执法力量。

（六）大力实施生命防护工程

西藏自治区及拉萨市交通部门要针对地形地貌复杂、交通安全基础薄弱、事故多发高发路段多、安全隐患突出的情况，在急弯陡坡、临江临崖、事故多发的危险路段尽快加装和完善安全防护设施，实施生命防护工程。要完善限速设置、交通安全管理设备和监控设施，强化科学管理，进一步夯实道路交通安全基础，提高道路安全防护设施等级和安全保障水平。

（七）全面提高道路交通安全监管水平

西藏自治区人民政府要尽快研究理顺旅游客运企业监管体制机制，切实解决拉萨市旅游客运企业日常监管和行政许可脱节等问题。拉萨市人民政府要认真研究解决拉萨市运输管理部门人员少、任务重、监管力量薄弱等突出问题，督促指导交通运输部门认真履行交通运输企业源头监管职责，不断加大日常监管力度，全面提高道路交通安全监管水平，有效防范和坚决遏制重特大事故发生。

连霍高速甘肃瓜州段“8·26”重大道路交通事故

2014年8月26日，连霍高速公路酒泉瓜州段2616千米+300米处发生一起重大道路交通事故，造成15人死亡、35人受伤，直接经济损失约950万元。

一、事故经过及救援情况

（一）事故发生经过

新A99290号大客车于8月25日16时03分从乌鲁木齐市米东区车站发出，21时13分行至鄯善县七克台镇下高速公路加气；26日0时17分行至哈密市三道岭宁夏固原三营餐厅停车吃饭，停车51分钟；1时46分，行至哈密二堡停车区休息，停车3小时20分钟；26日7时50分，在星星峡镇停车检查7分钟；9时21分，在甘肃高速交警二支队柳园大队红柳园中队停车接受检查18分钟；9时56分，从柳园收费站驶离高速公路停车吃饭1小时；12时14分，驾驶人马××驾驶大客车行至连霍高速公路2616千米+300米处，突然左拐冲撞中央隔离带后，驶入对向车道，与对向行驶的冀AKH879号牵引（冀AMR08挂）重型仓栅式半挂车相撞，造成12人当场死亡、3人抢救无效死亡、35人受伤。

（二）事故应急处置情况

事故发生后，甘肃省高速公路交警、瓜州县政府迅速赶到事故现场进行处置，酒泉市政府及市公安消防、急救医疗、高速公路救援等部门也迅速赶赴事故现场开展应急救援。接到事故报告后，甘肃省政府立即启动应急救援预案，常务副省长罗笑虎带领省安监、公安、交通、卫生等部门负责人立即赶赴现场指挥应急施救工作。27日上午，国家安全监管总局、公安部有关司局负责人赶赴事故现场指导协调事故处置工作。

8月26日22时30分。事故现场清理完毕，事发路段恢复通行。事故救援及善后处理工作平稳有序。

截至10月9日，15名死者均按国家相关政策法规得到了相应赔偿；35名受伤人员中已出院30人，剩余仍在住院的5名伤员均得到妥善救治。

二、事故原因分析及性质

（一）事故原因分析

（1）大客车驾驶人马××长期疲劳驾驶。根据新疆米东区汽车站和宁夏西吉县兴隆镇汽车站8月以来新A99290号车的发车记录、该车运行GPS记录和高速公路视频监控资料证实，大客车8月16—26日往返新疆与宁夏单程5趟，期间在大客车实际经营人海××的安排下，马××一直是该车的驾驶人之一。马××妻子和表哥证言证实，8月16—26日，马××往返宁夏西吉与新疆乌鲁木齐之间五六趟；22日晚马××回家对妻子说：“累得不行，开车都瞌睡”；23日从新疆发车至26日事故发生时，沿途均在车上轮换休息；25日中午在去车辆检测线检车的路上马××线裤自动退脱绊腿而未能察觉，马××对表哥说“8月16日左右从米泉到宁夏发车后，25日再发车返回宁夏，我发了五六趟车，往返两三次，我两头都是当天返回，这样五六趟已经累得不行了，实在累得不行了。这一趟到宁夏再返回新疆后，趁保养车打算好好休息一下”。上述证据证实了马××睡眠严重不足，在过度疲劳情况下驾驶车辆。

（2）大客车驾驶人超速行驶。经检验鉴定机构鉴定，新A99290号大客车事故发生时的行驶速度为105~120千米/小时；现场提取大客车碰撞后散落的仪表盘时速指针停止在118千米/小时处。证实该车肇事时的行驶速度超过100千米/小时。

（3）大客车驾驶人未按操作规范安全驾驶。经检验鉴定，新A99290号大客车发生事故时不存在车辆安全性能突发故障的情况；根据事发地视频监控资料证实，发生事故时该车前方没有障碍物；从客车乘员证实，事故发生前有人在车上突然呼叫，之后车辆晃动发生事故。以上证实驾驶人在事故发生前状态发生了异常，随即驾驶人马××驾驶车辆向左偏离方向冲撞中央隔离护栏后驶入对向车道与正常行驶时的大货车相撞，其行为属于操作不当。

（4）大货车驾驶人无违法行为和过错。综合调查取证、检验鉴定大货车驾驶人陈××驾驶的车辆安全性能符合国家技术标准，车辆装载在核定在质量范围内，在高速公路行驶没有超过限速标志标线标明的最高限速，在本次事故中无责任。

（二）直接原因

事故大客车驾驶员马××长期疲劳驾驶，事发前超速行驶、操作不当，是造成这起交通事故的直接原因。驾驶人马××负本次事故全部责任，大货车驾驶人陈××不负本次事故责任；大客车副驾驶人于××、大货车另一驾驶人陈××及大客车59名乘车人无责任。

（三）间接原因

（1）新A99290号大客车实际经营人海××未按规定落实客运车辆驾驶员四小时休息制度，使驾驶员马××长期疲劳驾驶。对事故的发生负直接管理责任。

（2）新疆四平商贸有限公司安全生产责任落实不到位，未认真贯彻道路交通安全相关法规制度；开展旅客运输安全管理工作不力，对驾驶人安全教育培训不到位，未能杜绝事故大客车驾驶员疲劳驾驶、超速行驶的行为；开展道路运输车辆动态监控工作不到位，对事故大客车驾驶人疲劳驾驶、超速行驶的问题失察。对事故的发生负主要管理责任。

（3）乌鲁木齐市运管第六分局监管责任落实不到位，对事故车辆所属运输企业的日常监督检查不深入，对执行交通运输部预防客运车辆驾驶人疲劳驾驶的亚相关要求落实不到位，对事故大客车驾驶人疲劳驾驶、超速行驶的问题失察。对事故的发生负管理责任。

（4）哈密星星峡公安交警省际交通安全检查服务站。违反公安交管部门分级开展路面勤务的工作要求，没有按照勤务模式对客运班车进行严格的检查登记。对事故的发生负管理责任。

（5）甘肃省高速公路第二支队柳园大队。负责事故路段的路面巡查，没有认真落实公安交管部门关于路面执行巡查的规定，对超速车辆查处不力。对事故的发生负管理责任。

（四）事故性质

经调查认定，连霍高速甘肃瓜州段“8·26”重大道路交通事故是一起生产安全责任事故。

三、责任认定及处理结果

（一）免于追究责任人员

马××，新A99290号大客车驾驶人，负本次事故全部责任。鉴于其已在事故中死亡，不予追究责任。

（二）移送司法机关依法处理的人员

海××，新A99290号大客车实际经营人。对事故的发生负直接管理责任，移送司法机关依法处理。

（三）对相关单位和人员的行政问责

（1）对新疆四平商贸有限公司给予50万元经济处罚。

（2）邱××，新疆四平商贸有限公司安全技术部经理。对事故的发生负有直接管理责任。处以上一年年收入60%的罚款。

（3）卫××，新疆四平商贸有限公司副总经理，分管客运和安全工作。对事故的发生负有主要管理责任。处以上一年年收入60%的罚款。

（4）涂××，新疆四平商贸有限公司总经理，负责公司全面工作。对事故的发生负有重要管理责任。处以上一年年收入60%的罚款。

（5）涂××，新疆四平商贸有限公司法人代表、董事长，企业安全生产第一责任人。处以上一年年收入60%的罚款。

（6）张××，乌鲁木齐市运管第六分局副局长（主持工作）。给予行政警告处分。

（7）李××，哈密星星峡公安交警省际交通安全检查服务站站长。给予行政警告处分。

（8）丁××，甘肃省高速公路第二支队柳园大队民警，负责事故路段的路面巡查。给予行政警告处分。

上述人员涉嫌犯罪的，移送司法机关依法追究刑事责任。

四、整改措施

（1）进一步加强对外省籍入甘车辆的安全检查。新疆维吾尔自治区公安交警、交通运输等部门要科学设置规划、合理布局，因地制宜地设立交通安全检查服务站，认真检查客运车辆的驾驶人情况、车辆乘载人数、车辆安全状况、车辆手续是否完备、证照是否齐全等，并有针对性地进行安全提示，提高驾驶人的安全意识。要进一步完善省际公安交警、道路运输管理部门联合监管检查机制，建立健全被检车辆登记制度，及时传递交通违法信息，严把省际道路入口安全检查关，消除道路运输安全隐患。

（2）严厉打击各类道路交通违法行为。新疆维吾尔自治区公安交警、道路运输管理等部门要严把出站、出城、上高速、过境“四关”，在全省重点路段配齐警力和人员、实行分段包干，对7座以上客车、旅游包车、危险品运输车实行“六必查”。要针对高速公路重点交通违法行为进行专项研判，加强交通流量集中路段的巡逻，加大日常巡查力度，加大区间测速力度。严厉打击影响客运安全的“三超一疲劳”、酒驾、毒驾等交通违法行为，从严查处不具备营运资质，使用失效、伪造、变造等无效包车证件从事道路运输的企业，从重打击驾驶员无从业资格、持不符合准驾车型的驾驶证驾驶客运车辆，客运车辆不按规定线路行驶、站外揽客、随意甩客等行为。

（3）切实加强道路运输企业源头管理。甘肃省、新疆维吾尔自治区交通运输、公安交警、安监部门要切实加强对道路运输企业的安全监管，督促企业进一步落实安全生产主体责任，建立健全安全管理制度，加大安全投入。要加强对各类道路运输车辆的安全检查，对从事旅客运输的车辆和驾驶员进行逐一排查，对不符合规定的，一律不得运营。要严厉查处运输企业非法违法转包、驾驶人资质不符合要求等违法违规行为，切实消除运输企业不规范行为。督促企业严格执行客运车辆凌晨2时至5时落地休息制度、GPS监控管理和提示报警制度、客车安全例检“两个规范”“三不进站、六不出站”“安全带—生命带”工程等制度，全面强化道路运输企业源头管理。

（4）加大道路安全隐患排查整改力度。甘肃省、新疆维吾尔自治区公安交警、交通运输、安监等部门要结合全国开展的“六打六治”专项行动，迅速开展全面的安全隐患排查工作，进一步强化公路安全隐患排查整改工作，对全省公路重点路段、事故多发易发路段的安全隐患全面建立台账，并根据安全隐患的整改难易程度进行逐步整改。同时，加强路面巡查工作，对排查出的路面损毁、安全标识标牌缺失、渗水等安全隐患及时通告相关管理部门进行整治。

（5）强化客运车辆驾驶人安全教育制度。甘肃省、新疆维吾尔自治区道路运输管理、公安交警部门要大力督促客运企业组织定期开展驾驶人日常教育管理，重点加强典型事故案例、恶劣天气和复杂道路驾驶常识、紧急避险、应急救援处置等方面的教育，并通过多种形式定期组织道路交通安全法律法规和职业道德培训，强化从业人员职业道德和安全意识，杜绝客运驾驶人疲劳驾驶、超速行驶、违规载客等行为发生。

甘肃省庆阳市环县“9·6”重大道路交通事故

2014年9月6日上午7时29分，甘肃省庆阳市环县环城镇城东塬通村公路0千米+450米处发生一起重大道路交通事故，造成11人死亡、3人受伤，直接经济损失约500万元。

一、事故经过

2014年9月6日，庆阳福明园林绿化有限公司下属的某施工队在休假期间，其施工队负责人段××带领12名工人乘坐本施工队工人李××驾驶的甘M25656号自卸三轮汽车从环县环城镇城东塬村住地向七里沟方向沿通村油路行驶。7时29分，车辆由北向南经过环县环城镇环城至城东塬通村公路0千米+450米处下坡向右急弯路段处，车辆失控向左侧翻，与道路外侧防撞墙相撞，造成2人当场死亡，9人经抢救无效死亡。

二、事故原因及分析

（一）直接原因

李××无证、非法驾驶制动系统安全技术状况不符合《机动车运行安全技术条件》基本要求的三轮汽车，违法载人，在急弯下坡路段空挡行驶，超过道路设计速度，造成车辆失控侧翻，是本起事故的直接原因。

（二）间接原因

（1）庆阳福明园林绿化公司下属的施工队安全管理混乱，长期放任施工人员无证驾驶农用三轮汽车和施工人员违规乘坐农用三轮车，对于事故发生负有直接管理责任。

（2）庆阳福明园林绿化公司安全生产责任落实不到位，对下属施工队安全管理培训不到位，未及时发现施工队人员无证驾驶农用三轮汽车和施工人员违规乘坐农用三轮车的行为，对于事故发生负有主要管理责任。

（3）庆阳市环县环城镇农村道路交通安全管理站对外来施工队的驾驶人、农村机动车情况摸排不到位，未及时将驾驶人李××、甘M25656号自卸三轮汽车纳入交通安全管理站管理范围，对于事故发生负有重要管理责任。

三、事故处理结果

对1名事故责任人给予刑事处罚，对7名责任人分别给予降级、记大过、记过处分。

对事故责任单位庆阳福明园林绿化公司给予50万元经济处罚。

山东省烟台市蓬莱市“11·19”重大道路交通事故

2014年11月19日7时24分，在烟台市蓬莱市潮水镇平小路（平畅河到小雪村的乡村公路）与烟台蓬莱国际机场连接线（简称新机场路）交叉路口，一辆由东向西沿平小路行驶的接送幼儿园儿童的小型面包车（车载14名儿童）与一辆由南向北沿新机场路行驶的重型自卸货车相遇，货车在避让时，重心发生偏移向右侧翻，车体砸压在面包车上，所载沙子将面包车掩埋，造成12人死亡（其中11名儿童），3名儿童受伤，直接经济损失916.8万元。

一、事故发生经过

11月19日7时许，戴××驾驶的鲁FN7610重型自卸货车从烟台金进建材有限公司沙场装沙出发，到潮水镇永慧通搅拌站送沙，沿302省道、泊柳路潮水镇小雪村处进入新机场路，在新机场路由南向北行驶至事故发生地点。

11月19日7时许，张××驾驶的鲁Y9P118小型面包车从潮水镇郭家村出发沿途拉幼儿到潮水四村幼儿园，在大柳行镇道头村及潮水镇小雪村、峰山葛家村、峰山朱家村等4个村接上14名儿童后，沿平小路经临时土路由东向西驶入新机场路至事故发生地点。

11月19日7时24分，重型自卸货车在新机场路由南向北行驶至事发路段，发现由东向西行驶的小型客车后先采取制动措施，继而向左转向避让，在转向过程中重型自卸货车向右侧倾翻，其货厢右前上部砸在小型客车左前顶部，两车又共同向前运动一段距离至最终位置，在此过程中小型客车严重损坏，重型自卸货车所载的沙子将小型客车掩埋。

二、事故原因和性质

（一）直接原因

张××驾驶的鲁Y9P118小型面包车和戴××驾驶的鲁FN7610重型自卸车在新机场路与临时土路交叉路口相遇，由于临时土路坡度过大、安全视距不足，两车驾驶人均不能在安全距离内发现对方；重型自卸车被私自加高货厢挡板，严重超载，造成制动效能及横向稳定性下降，在向左打方向避让时，转向过急，在离心力的作用下，车辆向右侧翻，加高的货厢压砸在小型面包车左前顶部，倾倒出的沙子将小型面包车掩埋，造成事故发生。小型面包车严重超员，导致伤亡扩大。

（二）间接原因

（1）蓬莱市潮水镇潮水四村幼儿园安全管理混乱，长期雇用不具备校车条件的鲁Y9P118小型面包车接送儿童且严重超员，未按规定向当地教育行政主管部门报告，逃避监管。

（2）烟台金进建材有限公司私自加高鲁

FN7610重型自卸车货厢挡板，违法超载运送沙子。

（3）烟台市、蓬莱市教育行政部门和潮水镇晓风小学（潮水镇中心校）安全监督管理不到位。

（4）烟台市、蓬莱市公安部门交通安全监督管理不到位。

（5）烟台市、蓬莱市交通运输部门履行道路运输安全监管职责不到位，排查治理乡村公路安全隐患不力。

（6）烟台市公路管理部门及施工单位对新机场路安全管理责任落实不到位。

（7）有关地方组织开展安全管理工作不到位。

（三）事故性质

经调查认定，蓬莱市“11·19”重大道路交通事故是一起重大安全责任事故。

三、对事故有关责任人员及责任单位的处理结果

（一）免于追究责任人员

张××，肇事小型面包车驾驶员，在事故中死亡，免于追究责任。

（二）司法机关已采取措施人员

（1）戴××，烟台金进建材有限公司驾驶员，2014年12月27日，因涉嫌过失致人死亡罪，经蓬莱市人民检察院批准逮捕。

（2）张××，烟台金进建材有限公司法人代表，2014年12月27日，因涉嫌过失致人死亡罪，经蓬莱市人民检察院批准逮捕。

（3）张××，蓬莱市潮水镇潮水四村幼儿园负责人，2014年12月27日，因涉嫌过失致人死亡罪，经蓬莱市人民检察院批准逮捕。

（4）郭××，小型面包车车主，2014年12月27日，因涉嫌过失致人死亡罪，经蓬莱市人民检察院批准逮捕。

（5）张××，烟台金进建材有限公司实际控制人，2014年12月15日，因涉嫌过失致人死亡罪，被取保候审。

以上人员中是中共党员的，待司法机关作出处理后，由当地纪检机关或者有管辖权的单位及时给予相应党纪处分。

（三）追究法律责任人员

（1）冷××，蓬莱市潮水镇晓风小学校长，主持潮水镇晓风小学全面工作，负责全镇幼儿园安全工作。对事故发生负有直接监管责任，移交检察机关立案侦查。

（2）辛××，蓬莱市公安局交警大队四中队中队长，负责潮水镇日常交通管理工作。对事故发生负有直接监管责任，移交检察机关立案侦查。

以上人员待司法机关作出处理后，由当地纪检监察机关或者有管辖权的单位及时给予相应党政纪处分。

（四）给予党纪、政纪处分人员

（1）吴××，蓬莱市潮水镇晓风小学教师，主持晓风小学下属潮水镇中心幼儿园工作，负责对该镇其他幼儿园进行业务指导。对事故发生负有直接监管责任，给予降低岗位等级处分。

（2）葛××，蓬莱市潮水镇晓风小学教师，主持总务处工作，协助负责辖区内幼儿园安全检查工作。对事故发生负有直接监管责任，给予党内严重警告、降低岗位等级处分。

（3）慕××，蓬莱市教学研究室副主任，负责学前教育办公室工作。对事故发生负有直接监管责任，给予党内严重警告、行政撤职处分。

（4）聂××，代理教育体育局安全管理办公室主任，负责监督检查全市学校安全工作。对事故发生负有直接监管责任，给予留党察看一年、行政撤职处分。

（5）赵××，蓬莱市教育体育局副局长，分管学前教育工作。对事故发生负有主要领导责任，给予行政降级处分。

（6）戴××，蓬莱市政府教育督导室主任督学、蓬莱市教育体育局党委委员、副局长，分管学校安全等工作。对事故发生负有主要领导责任，给予党内严重警告、行政降级处分。

（7）车××，蓬莱市教育体育局党委书记、局长，主持教育体育局全面工作。对事故发生负有重要领导责任，给予行政记大过处分。

（8）刘××，烟台市教育局学前教育科科长，主持学前教育科全面工作。对事故发生负有重要领导责任，给予行政记过处分。

（9）徐××，烟台市校舍建设管理处主任，负责指导县（市、区）教育体育局做好学校安全管理工作。对事故发生负有重要领导责任，给予行政记过处分。

（10）代××，蓬莱市公安局交警大队四中队副中队长，负责潮水镇日常交通管理工作。对事故发生负有直接监管责任，给予留党察看一年、行政撤职处分。

（11）吕××，蓬莱市公安局交警大队三中队中队长，负责大柳行镇日常交通管理工作。对事故发生负有直接监管责任，给予留党察看一年、行政撤职处分。

（12）朱××，蓬莱市公安局交警大队党总支委员、副大队长，分管勤务中队等工作。对事故发生负有主要领导责任，给予党内严重警告、行政降级处分。

（13）杨××，蓬莱市公安局交警大队党总支书记、大队长，主持交警大队全面工作。对事故发生负有重要领导责任，给予行政记大过处分。

（14）栾××，蓬莱市公安局党委委员、副政委，分管交警等工作。对事故发生负有重要领导责任，给予行政记过处分。

（15）曲××，蓬莱市政府党组成员，蓬莱市公安局党委书记、局长、督察长，主持市公安局全面工作。对事故发生负有重要领导责任，给予行政记过处分。

（16）苗××，烟台市公安局交警支队交通管理科科长，负责全市道路交通秩序管理和指导全市交通违法行为处理工作。对事故发生负有重要领导责任，给予行政记过处分。

（17）姜××，蓬莱市交通运输局交通运输监察大队副大队长，主持潮水道路运输管理所工作。对事故发生负有直接监管责任，给予党内严重警告、行政撤职处分。

（18）张××，蓬莱市交通运输局交通运输监察大队政治教导员，主持蓬莱市地方公路管理局工作。对事故发生负有主要领导责任，给予行政记过处分，免去现任职务。

（19）朱××，蓬莱市地方公路管理局局长，主持蓬莱市交通运输局交通运输监察大队工作。对事故发生负有直接监管责任，给予行政记过处分，免去现任职务。

（20）宋××，蓬莱市交通运输局党委委员、交通运输监察大队大队长，分管道路运输行业管理等工作。对事故发生负有主要领导责任，给予行政记过处分，免去现任职务。

（21）王××，蓬莱市交通运输局党委委员、副局长，分管县乡公路建设、养护、管理工作。对事故发生负有主要领导责任，给予党内严重警告、行政降级处分。

（22）李××，蓬莱市政府党组成员，蓬莱市交通运输局党委书记、局长，主持交通运输局全面工作。对事故发生负有重要领导责任，给予行政记大过处分。

（23）王××，烟台市交通运输局规划基建科科长，负责监督指导农村公路管理养护工作。对事故发生负有重要领导责任，给予行政记过处分。

（24）高××，烟台市交通运输局交通监察支队支队长，负责对县（市）区交通运输监察大队进行业务指导等。对事故发生负有重要领导责任，给予行政记过处分。

（25）王××，烟台市公路管理局副总工程师，兼任烟台潮水机场连接线工程建设项目办公室工程部部长，负责潮水机场连接线的建设管理工作。对事故发生负有主要领导责任，给予党内严重警告、行政撤职处分。

（26）于××，烟台市公路局党委委员、副局长，兼任潮水机场连接线工程建设项目办公室主任，负责潮水机场连接线工程建设项目全面工作。对事故发生负有重要领导责任，给予行政记过处分。

（27）陶××，蓬莱市潮水镇党政办公室副主任，主管交通、公路建设工作，兼任潮水镇交通安全工作领导小组组长。对事故发生负有主要领导责任，给予党内严重警告、行政降级处分。

（28）窦××，蓬莱市潮水镇党委宣传委员，分管教育工作，兼任潮水镇教育与体育安全生产领导小组组长。对事故发生负有主要领导责任，给予党内严重警告处分。

（29）李××，蓬莱市潮水镇党委副书记、镇长，主持镇政府全面工作。对事故发生负有重要领导责任，给予行政记大过处分。

（30）陈××，蓬莱市潮水镇党委书记、人大主席，主持潮水镇各项工作。对事故发生负有重要领导责任，给予党内警告处分。

（31）徐××，蓬莱市政府副市长，分管教育体育工作。对事故发生负有重要领导责任，给予行政记过处分。

（32）王××，蓬莱市委常委、副市长，分管安全生产、交通、公安等工作。对事故发生负有重要领导责任，给予行政记过处分。

（五）行政处罚及问责结果

（1）由烟台市政府责成有关部门按照相关法律、法规规定，对事故中所涉及的北京鑫旺路桥建设有限公司、山东泰华路桥工程有限公司等企业及相关人员的违法违规行为作出行政处罚。

（2）责成蓬莱市委、市政府向烟台市委、市政府作出深刻检查，烟台市委、市政府向山东省委、省政府作出深刻检查，认真吸取教训，进一步加强交通和幼儿园安全管理等工作。

火灾爆炸事故

云南省迪庆藏族自治州香格里拉县独克宗古城“1·11”重大火灾事故

2014年1月11日1时10分许，迪庆藏族自治州香格里拉县独克宗古城仓房社区池廊硕8号“如意客栈”经营者唐××，在卧室内使用五面卤素取暖器不当，引燃可燃物引发火灾，造成烧损、拆除房屋面积59980.66平方米，烧损（含拆除）房屋直接损失8983.93万元（不含室内物品和装饰费用），无人员伤亡的重大火灾事故。

一、事故发生经过

2014年1月10日迪庆藏族自治州香格里拉县独克宗古城仓房社区池廊硕8号“如意客栈”经营者唐××，从吃晚饭开始，先后3次大量饮酒至23时20分左右，回到客栈卧室躺下睡着。11日凌晨1时左右唐××醒后发现其房间里小客厅西北角电脑桌处着火，遂先后两次用水和灭火器灭火，但没有扑灭。于是唐××让小工和××报警并跑到一楼配电房拉下电闸，用手机再一次报警，并从餐厅跑出。

二、事故原因、事故性质及责任认定

（一）事故原因

1. 直接原因

经现场勘验、现场实验、物证鉴定，结合对相关人员的询（讯）问笔录，排除雷击、自燃、吸烟、放火等引发火灾因素，认定火灾事故直接原因为：2014年1月11日1时10分许，唐××在卧室内使用五面卤素取暖器不当，入睡前未关闭电源，五面卤素取暖器引燃可燃物引发火灾。

2. 间接原因

（1）消防专业队伍实施火灾扑救过程中，无法控制火势蔓延的主要原因是：独克宗古城2012年6月新建成的“独克宗古城消防系统改造工程”消防栓未正常出水，自备消防车用水不能满足救火需要，导致火势蔓延。

（2）“独克宗古城消防系统改造工程”设计方案中，未严格按国家工程建设消防技术标准设计消火栓具体防冻措施，留下消火栓不能保证高原地区低温冰冻先天缺陷。

（3）“独克宗古城消防系统改造工程”施工中，未严格按照设计要求埋深敷设管线，部分消火栓管顶覆土深度未达到要求，更加降低防冻标准，不能有效防止低温冰冻。

（4）“独克宗古城消防系统改造工程”在监理过程中，虽发现施工中存在未严格按照设计要求埋深敷设管线的问题，但仅向施工单位发出监理工程师通知单，未严格把关，进行跟踪督促整改。

（5）建设方为解决消火栓冰冻问题，自行采用支墩和保温材料进行了补充改造，但因直管穿越冻土层未进行保温处理，支墩改造中又堵塞了消火栓的泄水孔，不仅未起到防冻作用，反而埋下了消火栓低温冻结的隐患，在冬季低温冰冻气象条件作用下，导致不能正常供水（火灾当日最低气温零下9℃）。

（6）相关部门对“独克宗古城消防系统改造

工程”建设督促指导不到位，工程建设过程中也未开展抽查、检查和督查。

(7) 独克宗古城内通道狭小，纵深距离长，大型消防车辆无法进入或通行，古城内建筑物多为木质，耐火等级低，大量酒吧、客栈、餐厅使用柴油、液化气等易燃易爆物品。市政消防给水管网压力不足，且在扑救火灾时，未能及时联动，提供加压保障。

(二) 事故性质

经调查认定，这是一起因使用取暖器不当引发的责任事故。

(三) 责任认定

(1) 独克宗古城仓房社区池廊硕 8 号“如意客栈”经营者唐××，2014 年 1 月 11 日 1 时 10 分许，在卧室内使用五面卤素取暖器不当引发火灾，唐××对事故发生负有直接责任。

(2) 独克宗古城管委会作为“独克宗古城消防系统改造工程”的建设单位，未向相关部门申报备案，并在已经知道该工程消火栓存在冰冻问题后，自行组织消火栓防冻改造，反而增大了消火栓腔体冻结的几率，并未解决低温防冻问题。在此情况下，未及时上报相关监管部门，致使多数消火栓一年多带缺陷运行，对火灾发生后消火栓不能正常出水，导致火势难以有效控制负有直接管理责任。

(3) “独克宗古城消防系统改造工程”的设计、施工、监理等参建单位，均存在执行国家相关标准规范不到位，具体工作人员违法违规的问题。

(4) 迪庆藏族自治州公安消防支队、香格里拉县消防大队对“独克宗古城消防系统改造工程”的设计、施工指导检查督促不力，未督促指导建设单位履行建设工程消防设计、验收备案及抽查、检查职责。对该工程在建设中存在的问题负有监管不到位责任。

(5) 香格里拉县质监站对“独克宗古城消防系统改造工程”施工跟踪监管不到位，对消防设施施工中存在的重大缺陷不能及时发现和有效监管。

(6) 香格里拉县供排水有限责任公司对市政消防供水重大事项负有责任。事故当日值班值守人员失职，不能及时加压古城市政消火栓补充供水。

(7) 迪庆藏族自治州人民政府、香格里拉县人民政府对独克宗古城消防安全履职不够，对消防重大安全问题重视不够，未组织专项检查和及时研究解决存在问题。

三、对事故有关责任人员及责任单位的处理结果

(一) 司法机关已采取措施人员

唐××，2014 年 1 月 11 日 1 时 10 分许，在其负责经营的独克宗古城仓房社区池廊硕 8 号“如意客栈”卧室内使用五面卤素取暖器不当引发火灾，涉嫌失火罪，已移送司法机关。

(二) 公安机关立案侦查人员

(1) 昆明市五华区勘测设计院在“独克宗古城消防系统改造工程”项目设计中，致使该存在重大设计漏项的设计方案得以提供给建设方组织实施。该院相关人员涉嫌犯罪，由公安机关立案侦查，追究责任。

(2) 迪庆鑫亚达工程安装有限责任公司，在组织“独克宗古城消防系统改造工程”，未严格按照设计标准落实管线埋深，部分消火栓管顶覆土深度未达到设计要求，起火点邻近 6 座消火栓中有 5 座管顶覆土深度不符合设计要求，火灾事故后同一时段测试消火栓仍然冻结不出水。该公司相关人员涉嫌犯罪，由公安机关立案侦查，追究责任。

(三) 给予行政处分的人员

(1) 潘××，古城管委会副主任（副科级）。是分管“独克宗古城消防系统改造工程”的直接领导，主管工程建设并担任项目负责人，对“1·11”火灾事故消火栓不能及时供水问题应负直接领导责任，给予行政撤职处分，同时给予党内严重警告处分。

(2) 王××，古城管委会消防科负责人。对事故负直接管理责任，给予行政记大过处分。

(3) 杨××，香格里拉县质监站站长、工程师。对“独克宗古城消防系统改造工程”跟踪监管不到位，应负具体监管责任。给予行政记大过处分。

(4) 康××，迪庆藏族自治州公安消防支队防火监督处处长（2011 年 9 月前任迪庆支队防火监督处参谋），对独克宗古城消防系统改造工程、对香格里拉县公安消防大队的消防监督工作指导不力，由云南省公安消防总队对其作出行政记大过处分。

(5) 李××，迪庆藏族自治州公安局副局长

(2009年11月至2013年10月任迪庆藏族自治州公安局副局长，香格里拉县人民政府副县长兼县公安局长)，在任期间，分管该县消防安全工作，对“独克宗古城消防系统改造工程”建设中，督促有关部门监管指导不到位，负有领导责任，给予行政记大过处分。

(6) 金××，香格里拉县供排水有限责任公司总经理。在涉及消防重大事件联动预案中负有供水保障职责，事故当日值班值守人员失职，不能及时提供应急保障措施进行补救，负有领导责任，给予行政记过处分。

(7) 肖××，香格里拉县人民政府县长。香格里拉县人民政府安全生产第一责任人，对事故负领导责任，给予行政记过处分。

(8) 张××，古城管委会主任（副处级）。作为独克宗古城安全生产第一责任人，对“独克宗古城消防系统改造工程”出现的消火栓低温防冻缺陷未及时研究和上报相关部门采取补救措施消除缺陷，对“1·11”火灾事故消火栓不能及时供水问题负重要领导责任，给予行政记过处分。

(9) 万××，迪庆藏族自治州公安消防支队副支队长（2013年8月前任香格里拉县公安消防大队大队长），在任香格里拉县公安消防大队大队长期间主管大队防火业务工作，对独克宗古城消防系统改造工程未进行消防工程设计备案的违法行为未依法进行检查和督促整改，负直接领导责任，由云南省公安消防总队对其作出行政警告处分。

(10) 陈××，迪庆藏族自治州公安消防支队支队长（2012年9月后任迪庆支队支队长），针对独克宗古城存在的消防问题督促不力，由云南省公安消防总队对其作出免职处理。

对以上涉及国家机关工作人员，涉嫌渎职犯罪的，由检察机关依法立案侦查。

(四) 责成写出检查的相关单位

(1) 责成香格里拉县人民政府向迪庆藏族自治州人民政府写出深刻检查。

(2) 责成迪庆藏族自治州人民政府向省人民政府写出深刻检查，并抄报省监察厅、省安全监管局。

(五) 实施行政处罚的相关单位

由建设行政主管部门对昆明市五华区勘测设计院、迪庆鑫亚达工程安装有限责任公司和昆明中厚建设监理有限公司根据有关法律法规作出规定上限的经济处罚，处罚情况抄报云南省安监局。

四、事故防范和整改措施

(1) 明确职责，加强古城监督管理。州、县政府要按照“管行业必须管安全”的要求，明确古城管理委员会、消防、安全监管、住建、发展改革、旅游等部门在古城管理方面的职责任务，将古城消防安全纳入综合治理，形成齐抓共管的合力。同时明确单位（商户）主体责任，制定古城用火、用电、用油、用气管理措施，定期开展消防安全评估和自检自查，提高消防安全自我管理水平。

(2) 强化消防基础设施建设，提升古城火灾防控能力。香格里拉县人民政府应将古城公共消防基础设施建设纳入城市消防规划内容一并规划、同步实施。同时，明确公共消防基础设施的建设、管理、维护和使用单位主体，落实监管责任，确保公共消防基础设施建设、维护、管理到位，对不符合规定要求的市政消火栓进行改造，确保完好。同时加强古城专兼职消防力量建设，在人员招聘、培训、应急处置、管理体制上进一步理顺，配备小型、轻便、高效、灵活机动的灭火救援装备和器材，提高巡查执法和及时处置火灾能力，并与香格里拉县消防专业队伍进行无缝对接，全面提升古城火灾防控综合能力。

(3) 迪庆藏族自治州、香格里拉县人民政府负责，由“独克宗古城消防系统改造工程”项目主管部门牵头组织、相关部门和单位参加，对该建设项目进行专题研究，针对该项目重大缺陷和其他存在问题研究解决办法，及时组织消除隐患，推进项目尽早按照标准规范补充完善，经合法验收后投入使用。并督促独克宗古城管委会立即采取其他有效措施，解决独克宗古城在低温冰冻条件下其他供水方式的有效措施，做好应急处置工作。

(4) 强化火灾隐患整治力度。迪庆藏族自治州和香格里拉县人民政府应加强火灾隐患排查整治工作的领导，针对本地区消防安全方面存在的薄弱环节和突出问题，按照隐患级别建档并加强督促整改，严格执行“五落实”隐患整改责任制度，落实各级挂牌督办制度，不断加强古城、寺庙、商城、市场、人员密集场所等消防专项治理工作，切实消除火灾隐患，维护本地区的火灾形势稳定，严防再次发生类似火灾。

（5）公安消防部门要指导、督促基层消防队伍（部门）建立健全内部管理制度，进一步规范建设工程消防设计备案工作。

（6）加强消防宣传教育培训，提高公众消防安全意识。要采取发布公益广告、张贴宣传画、发送警示短信、发放宣传资料等形式，广泛开展消防安全知识宣传教育，提高公众的消防安全知识，提升火灾防范意识。

浙江省台州大东鞋业有限公司“1·14”重大火灾事故

2014年1月14日14时40分左右，位于台州市温岭市城北街道杨家渭村的台州大东鞋业有限公司发生火灾，火灾过火面积约1080平方米，事故共造成16人死亡，5人受伤，直接财产损失1620万元。

一、事故发生经过

1月14日，大东鞋厂正常生产。当日下午，在企业车间内上班的员工共有75人（其中，一楼35人、二楼8人、三楼32人），由于学校放假，有6名小孩被员工带至车间。其时厂房内总计有81人。事故发生前，员工王××和吴××正在厂房一层东侧铁棚内进行包装作业，吴××负责打小包（即将成品鞋放入鞋盒），王××负责打大包（即将鞋盒装入大箱）。当时，在铁棚东北角离空压机约2米远处，共放有打包好的鞋子约600箱。在空压机南侧转角的平台处及废弃流水线西侧，共堆放有打包好待运至仓库的鞋箱300余箱，鞋箱堆高距铁棚顶约1米。14时40分许，面对堆放鞋箱方向作业的吴××突然闻到一股焦味，随即发现靠近东北角流水线处堆放的一排鞋箱着火，便告知王××，并随即呼喊附近员工拿灭火器进行灭火。发现火情后，一层成品车间管理负责人余××立即拉下配电箱总电闸，正在一层办公室的业主林××听到有人喊起火后跑出办公室，随即指挥员工用灭火器进行扑救和抢搬物品。因当日东北风强劲，通过东面砖墙上排风机孔洞进入铁棚，风助火势，浓烟与火焰蹿入一楼主厂房并迅速蔓延。正在扑救的员工见火势无法控制，便相继逃离，并在厂房外呼喊楼上员工逃生。14时52分，逃离厂房的大东鞋厂员工陈××拨通119电话报警。随后，二层和三层部分员工通过二层外侧疏散楼梯或直接跳到一层铁棚顶进行逃生自救，也有部分员工躲在三层房间内等待救援，一些从三层逃至二层的员工因浓烟太大被困二楼不幸遇难。

二、事故原因、责任认定及事故性质

（一）直接原因

位于鞋厂东侧钢棚北半间的电气线路故障，引燃周围鞋盒等可燃物引发火灾。

（二）间接原因

（1）大东鞋厂主体厂房未经消防审批，厂房内消火栓形同虚设，各层楼梯未经封闭，疏散楼梯门未采用平开门，存在严重消防安全隐患。厂房内电气线路及用电设备没有专业电工维修保养，线路陈旧、敷设不规范，部分线路未采取穿管等防火保护措施，直接经过存放大量纸箱、成品鞋及可燃杂物等可燃易燃物品的包装车间，导致电气线路起火后迅速蔓延。同时，违规擅自搭建的铁棚更增加了火灾负荷，影响了人员疏散和火灾扑救。

（2）大东鞋厂内部安全管理混乱，安全生产主体责任不落实，消防安全无人具体负责，并因计件工资及员工流动性大等原因，企业内部组织管理松散，安全生产责任制、安全生产规章制度均得不到有效执行和落实。

（3）温岭市城北街道杨家渭村委会以包代管、放纵违章，未尽安全管理基本职责。杨家渭村委会未履行房屋出租方安全生产管理职责和基层消防安全检查责任，放纵大东鞋厂违章搭建行为，对大东鞋厂长期存在的严重消防安全隐患没有及时劝阻并向上级政府和有关部门报告。

（4）温岭市城北街道以及辖区派出所消防安全“网格化”管理工作制度在实际工作中没有很好落实，日常消防和安全生产监督检查不到位。大东鞋厂开办十年来街道有关部门和派出所没有对其进行安全专项检查，仅以驻村干部例行检查代替安全检查，基层政府和相关部门安全管理存在死角盲区，致使大东鞋厂严重消防安全隐患长期没有得到有效整治。

（5）温岭市相关部门消防安全监管工作不落实、不到位。大东鞋厂违章搭建行为及企业内部严重消防安全隐患长期没有得到重视和整治，反映出当地消防安全大检查大排查没有真正做到“全覆盖、零容忍、严执法、重实效”，打非治违和隐患排查治理工作仍不彻底，消防、城管、安监等部门在执法、监管和指导城北街道工作上存在疏漏。

（6）温岭市委、市政府对消防安全重视不够，履职不到位。在全省上下认真开展消防安全大排查大整治期间发生重大火灾事故，暴露出当地党委、政府对有关部门和基层街道政府开展消防安全打非治违和隐患排查治理工作督促、指导、检查力度不大、落实不够，基层安全监管仍浮在表面、存在漏洞，隐患排查整治仍不彻底。

（三）事故性质

台州大东鞋业有限公司“1·14”重大火灾事故是一起重大责任事故。

三、对事故相关责任单位和人员的处理结果

（一）追究刑事责任的人员

（1）林××，大东鞋厂法人代表、执行董事、经理，企业安全生产第一责任人。对事故发生负有直接责任。

（2）林××，大东鞋厂股东、监事。对事故发生负有直接责任。

上述两人已被公安机关刑事拘留、立案侦查，依法追究刑事责任，并承担相应的民事赔偿责任。

（二）给予党纪或政纪处理的人员

（1）给予温岭市市长李××行政记过处分。

（2）给予温岭市委常委、常务副市长张××行政记过处分。

（3）给予温岭市副市长陈××行政警告处分。

（4）给予温岭市副市长张××行政记过处分。

（5）给予温岭市城北街道党工委书记余××党内严重警告处分。

（6）给予温岭市城北街道主任连××行政记大过处分。

（7）给予温岭市城北街道常务副主任、消防安全工作站站长、安全生产工作站站长俞××行政撤职处分。

（8）给予温岭市城北街道办事处副主任徐××行政记大过处分。

（9）给予温岭市公安消防大队大队长余××记大过处分。

（10）给予温岭市城市管理行政执法局局长罗××行政记过处分。

（11）给予温岭市城市管理行政执法大队城区二中队中队长（原温岭市管理行政执法大队城北中队副中队长）陈××行政记大过处分。

（12）给予温岭市安监局局长金××行政记过处分。

（13）给予温岭市滨海交警中队指导员（原温岭市城北派出所副所长）徐××行政记过处分。

（14）给予温岭市城北街道杨家渭村党支部书记林××留党察看一年处分。

（15）给予温岭市城北街道杨家渭村原村委会主任林××党内严重警告处分。

（三）对相关单位的行政处罚

（1）依据《安全生产法》《生产安全事故报告和调查处理条例》等有关法律法规的规定，由台州市安全生产监督管理局对大东鞋厂处以规定上限的罚款。

（2）由台州市政府责成有关部门依据相关法律法规规定，对大东鞋厂依法予以取缔。

（3）责成台州市人民政府向省人民政府作出深刻检查，并抄报浙江省监察厅、省安监局。

四、事故整改措施

（1）搞好安全生产“大教育”，增强全社会防范事故意识。当地政府和相关部门要充分利用各类媒体大力开展全员、全方位、全过程的安全法规和知识的宣传，运用事故案例血的教训搞好安全警示教育，提高企业管理人员、生产人员以及社会民众的安全防范意识和避险能力，引导企业自觉加强安全管理，整改安全隐患，筑牢预防事故的思想防线。同时，要畅通群众对安全隐患、非法违法行为及事故的举报渠道，充分调动广大群众主动参与监督的积极性，将安全隐患和违法行为有效地置于全社会的监督之下。

（2）开展安全隐患“大整治”，进一步改善安全生产环境。当地政府要结合当前正在进行的党的群众路线教育实践活动，按照“全覆盖、零容忍、严执法、重实效”的要求，持续深入地开展安全生产大排查大整治，严格整改标准，严肃整治责任，真正做到不打折扣、不走过场、不留死角，确保彻底排查整治到位。重点针对本地区小作坊、小企业、出租房、违章建筑等场所设备设施陈旧落后、火灾隐患多、违规违章现象严重等突出问题，借助当前正在开展的“三改一拆”（旧住宅区、旧厂区、城中村改造和拆除违法建筑）、“四边三化”（在公路边、铁路边、河边、山边等区域开展洁化、绿化、美化行动）等工作，搞好整治规划，建立安全隐患台账，重点治理企业违章违法搭建、安全生产责任制和规章制度不落实、火灾隐患严重、员工安全培训和逃生演练不落实、现场安全管理混乱等问题，坚决清除非法违规生产经营和滋生事故隐患的土壤。

（3）抓好安全责任“大落实”，确保安全监管措施到位。当地党委政府要正确处理好安全与发展的关系，坚守“发展决不能以牺牲人的生命为代价”这条不可逾越的“红线”，坚决不要带血的GDP。要按照习近平总书记关于安全生产工作的重要指示精神，进一步增强安全生产责任意识，抓好安全生产各项措施的落实。要建立健全“党政同责、一岗双责、齐抓共管”的安全生产责任体系，真正将安全生产责任逐级落实到政府、部门、镇街、村居、企业和房东，形成“纵向到底、横向到边”的安全责任网络，并通过将责任落实情况与诚信体系挂钩，加大企业违法成本等措施，督促辖区各类企业落实安全生产主体责任，保证安全投入到位、安全培训到位、基础管理到位、事故防范到位。要探索实施行政村安全生产两委负责制，建立出租房承租方安全监管和事故连带赔偿承诺制度。

（4）努力构筑安全“大监管”网络，实施安全隐患综合治理。当地消防、城管、工商、安监等部门要发挥好政府部门安全监管的主导作用，加强源头管控。凡不符合安全生产条件的不得核发相关证照；对于未经过审批擅自投入使用、营业的，一经查实，坚决予以关闭、查封。同时，要根据辖区内“低、小、散”企业量大面广的特点，进一步健全乡镇（街道）安全（消防）网格管理组织，明确职责任务，健全工作机制，通过发挥信息化平台作用，依靠基层网格管理力量搞好动态巡查，真正实现安全隐患和问题的早发现、早处置。

（5）落实安全事故“大防控”措施，建立安全管理长效机制。当地政府要认真分析当前安全生产形势，全面推进老旧住宅、老旧厂区和城中村安全生产综合整治，借助腾笼换鸟、机器换人等举措，加快淘汰危及安全生产的高风险产业、工艺和装备，倒逼落后产业转型升级。要综合运用法律、经济、行政等手段和教育、协商、调解等方法，在建设规划、证照核准、消防验收、供电安全、出租房和外来人口管理等方面积极探索常态化管理措施，建立各部门执法联动、管理联抓、问题联治、信息联通的安全生产联合执法机制，着力破解小企业、小单位、小作坊内部管理松散、非法违规现象普遍等安全生产难点问题，从源头上防控重特大生产安全事故发生。同时，当地安监部门要强化安全生产事故责任追究，对因安全生产工作责任不落实、事故防控措施不到位，发生人员伤亡火灾事故的，要按照“四不放过”的原则，从严追究单位负责人、责任人的法律责任。

吉林省吉林市富康木业有限公司“3·5”重大车辆燃烧事故

2014年3月5日7时05分，吉林市富康木业有限公司租用吉林市平安客运有限责任公司名下的通勤大客车在运送职工上班途中发生燃烧，当场造成10人死亡、17人受伤，直接经济损失1134.86万元。

一、事故发生经过

3月5日，吉林市平安客运有限公司驾驶员付××驾驶事故客车接送吉林市富康木业有限公司43名职工，7时05分该车行驶至迎宾大路小光村距富康木业公司正门东100米附近时，坐在车内的该公司职工孙××（事故中已死亡）突然大喊："火"，同车职工立即拨打119报警，司机付××紧急将车停于路边，随即开门与其他职工跳下车，使用灭火器灭火并协助车内其他人员下车。此时车后部火势迅速蔓延，车内未及时逃离的部分职工砸窗跳车，余者拥向车门逃生。7时10分，吉林市公安消防支队到场，7时15分火势被扑灭。

二、事故原因分析及事故性质

（一）直接原因

（1）事故车辆更换的报废货车发动机总成燃油管及密封垫片老化，导致燃油渗漏。

（2）事故车辆被私自改装为涡轮增压，并使用失效增压器和规格型号不统一的喷油器，导致发动机热负荷加大，排温大幅升高，引起发动机舱着火。

（3）发动机舱使用未加防护的聚氨酯材料，致使发动机舱火势加大。

（4）发动机舱检修口盖使用易燃、可燃材料，且有孔洞与车厢连通，使火焰进入车厢。

（5）车厢顶部、侧部、坐垫均使用聚氨酯发泡材料，导致车辆整体迅速燃烧。

（6）车厢过道设有并使用边座，且安全门通道设置乘客座椅，影响人员疏散、逃生，致使事故扩大。

（二）间接原因

（1）平安客运有限公司违法将事故客车挂靠名下从事非法营运活动，对挂靠客车“挂而不管”。未依法对事故客车实施有效的安全管理，未对该车驾驶员进行定期安全培训，致使事故客车长期存在重大安全隐患运行。

（2）吉林市富康木业有限公司未设立安全生产管理部门和专职管理人员，相关人员不掌握车辆安全技术要求，未认真核实事故客车营运许可，对职工安全常识和逃生自救互救能力培训不到位。

（3）吉林市开源报废汽车回收公司长期采取承包租赁方式从事回收、拆解报废汽车经营业务，长期疏于对承包租赁业户收购（拆解）报废汽车、销售拆解零部件等经营活动的管理，致使报废发动机总成流入市场。该公司租赁业户非法回收、拆解无手续报废车，并出售其发动机总成。

（4）吉林市松江机动车检测公司违法出具虚假检验合格报告，致使事故客车先后两次违法通过机动车安全技术检验。吉林市吉广机动车检测公司违法出具虚假检验合格报告，致使事故客车先后两次违法通过机动车安全技术检验。

（5）事故客车车主长期非法营运，违法换装国家明令销毁、禁止交易使用的报废发动机总成，未对该车实施有效的安全管理，致使该车长期存在重大安全隐患运行。

（6）吉林市交通运输、质监、商务、公安、工商等部门监管责任履行不到位。

（三）事故性质

经调查认定，吉林市“3·5”车辆燃烧事故是一起重大生产安全责任事故。

三、事故处理结果

10名企业责任人员被移送司法机关；交通部门、质监部门8名责任人员分别受到党纪、政纪处分；对富康木业公司、松江机动车检测公司、吉广机动车检测公司、开源报废汽车回收公司各处以50万元罚款，平安客运公司处以60万元罚款；对吉林市富康木业公司总经理处以其2013年度收入60%的罚款。

河北省唐山开滦（集团）化工有限公司“3·7”重大爆炸事故

2014年3月7日11时25分，位于唐山市古冶区赵各庄北的唐山开滦（集团）化工有限公司（简称开滦化工公司）乳化炸药生产车间发生重大爆炸事故，造成13人死亡，直接经济损失1526.53万元。

一、事故发生经过

事故生产线控制室计算机和视频数据显示：3月7日6时43分，生产线自动控制系统计算机送电。6时45分，工控系统开机，水相、油相开始加温，初始温度分别为79.9℃和66℃。8时06分，输料螺旋启动，开始向水相罐内加料。8时18分，停止加料。8时53分，水相化验人员进行检验。10时18分，乳化器启动。10时26分，乳化器停止。10时31分，切换水相制备B罐后，乳化器再次启动。11时22分，乳化器停止。至11时25分，累计生产乳化炸药428卷，计3424千克，其中1号机生产377卷，2号机生产51卷。11时25分，工房突然发生爆炸。

爆炸现场形成一个大爆坑和一个爆炸压痕。大爆坑直径5.22米，深1.27米。装药机位置的爆炸压痕东西长3.5米，南北宽2米。

水相油相制备罐、乳化器、冷却机基本完好并保持原来位置。敏化机被推到东侧隔墙边并侧翻，存留的约80千克乳化炸药，无燃烧爆炸痕迹。以上设备均未参与爆炸。

装药车间内有5台装药机，其中2台为晓进装药机，3台为KP装药机，自东向西依次排列。爆炸发生后，3台KP装药机基本完整，仅出现变形和扭曲（其喂料泵料斗变形、泵腔完整），与2台喂料泵倒在装药间内的西北角，另1台喂料泵在装药间内的北侧，KP装药机及喂料泵未参与爆炸。2台晓进装药机彻底解体，无完整、完好的零部件，碎块分布于四周，正南偏西方向居多，参与了爆炸。

经计算，参与爆炸的乳化炸药为977千克，折算成TNT炸药当量约683.9千克。爆炸造成装药间主体结构摧毁，框架柱炸弯、炸倒，框架梁炸断、炸塌，屋盖炸碎，前后维护墙均炸飞。装药间东侧的乳化敏化间主体结构及外墙基本完好，乳化敏化间与装药间的隔墙被向东推倒。装药间西侧的包装间主体结构受破坏，两侧外墙受损严重，装药间与包装间的隔墙和山墙被向西摧毁，局部屋顶坍塌。周围建筑物的主体结构均没有明显的受损痕迹，主要是窗框、窗扇、门和玻璃破坏，最远波及范围294米。

二、抢险救援情况

事故发生后，11时40分，开滦化工公司拨打了119、120报警电话及向有关部门报告并组织自救。古冶消防大队、120急救中心赶到事故现场后，破拆救出1名伤员(后医治无效死亡)。13时，开滦救护大队出动2个中队参与救援，使用生命探测仪对现场进行了3次生命探测，未发现生命迹象。

17时30分，张杰辉副省长带领省有关部门负责同志赶到事故现场，紧急召开现场调度会，与国家安全监管总局、工信部有关负责同志一起研究制定抢险救援、事故调查和善后处置等工作的具体措施。随即成立现场指挥部，设立了专家组、现场搜救组、善后处理组、现场管控组、信息发布组等8个小组。专家组制定了详细的搜救方案，对爆炸区域建筑物进行破拆，对设备复位现场进行勘查，由公安部门牵头组成4个搜救组，在方圆300米范围内，由外向内进行搜救。

3月8日凌晨1时左右，调集专业救护大队43人，专业建筑施工人员70人，公安部门警力及消防队员200余人，动用挖掘机、吊车、生命探测仪、测爆仪等设备，清理现场碎尸和设备残片。

3月10日，抢险救援结束。共清理土方约1000吨，建筑垃圾约1200吨。收集可疑尸块857块。装运硝酸铵5000千克，发泡剂3270千克，复合油相4825千克，氯化铵3120千克，氯化钾2850千克，全部转移到库房封存。

三、事故原因及性质

（一）可排除引起爆炸的因素

根据专家组报告、检测报告和公安部门刑事调查报告，排除了人为破坏、雷电、静电、过热、现场乳化炸药组分异常、火灾引起爆炸和乳化炸药自燃自爆等因素。

（二）爆炸原点认定

通过对现场勘察、爆炸碎片、监控系统原始记录和监控录像的分析，确定爆炸原点为1号晓进装药机。

（三）直接原因

晓进装药机叶片泵内存有死角，结构设计不合理，容错能力低、风险大，存在固有缺陷。装药机转子与转子下端面和泵底上端面之间的物料摩擦、转子上下端面与泵体端面之间金属摩擦产生的热积累，导致物料中的析晶含油硝铵发生热分解，最终导致爆炸。

（四）间接原因

（1）晓进公司研发和生产装药机执行国家标准和行业标准不到位。

（2）晓进公司生产的叶片泵装药机用于乳化炸药生产存在安全隐患。

（3）南京理工科技化工有限公司对晓进公司研发的大直径叶片泵装药机出具的安全评价报告重要条款严重漏评。

（4）开滦化工公司安全管理不到位。

（5）唐山市工信局对开滦化工公司安全生产大检查不到位。

（五）事故性质

经调查认定，开滦化工公司“3·7”重大爆炸事故是一起因设备固有缺陷导致的生产安全责任事故。

四、责任认定及处理

（一）追究刑事责任的单位及人员

对晓进公司及其有关人员涉嫌违法问题，由公安司法机关依法进行调查。对装药机设计研发、生产制造、安全评价、进入市场过程中涉及的有关单位及人员是否构成犯罪，由司法机关依法独立开展调查处理。

（二）给予党政纪处分的责任人员

（1）马××，开滦化工公司总经理，全面负责公司生产经营管理工作，安全生产第一责任人。对事故发生负主要领导责任。给予党内严重警告处分、免去其开滦化工公司总经理职务。由河北省安监局处以上一年年收入60%的罚款。

（2）闻××，开滦化工公司党委书记、董事长，公司法定代表人。对事故发生负重要领导责任。给予党内严重警告处分；由开滦（集团）公司根据企业管理规定给予相应处理；由河北省安监局对其处以上一年年收入60%的罚款。

（3）杨××，唐山市工信局原材料工业处处长，负责民爆行业安全监管工作。作为民爆行业主管部门工作人员，履行安全监管职责不到位。给予行政警告处分。

（三）给予组织处理的责任人员

（1）张××，开滦集团公司副总经理、党委常委，分管非煤产业单位及改制子公司。对事故发生负领导责任。由河北省国资委纪委进行诫勉谈话。

（2）徐××，唐山市工信局副局长、党组副书记，分管原材料工业处。作为民爆行业主管部门领导，对本部门履行安全监管职责不到位问题负领导责任。由唐山市纪委监察局进行诫勉谈话。

（四）企业内部处理人员

由开滦（集团）公司按照企业管理相关规定，追究化工公司主管安全的副总经理郭××、安全管理部长杨××、乳化车间主任黄××等人相应的纪律责任。

（五）对开滦化工公司的行政处罚

依据《〈生产安全事故报告和调查处理条例〉罚款处罚暂行规定》(国家安全监管总局42号令)第16条第1项之规定，由河北省安监局对其处以80万元罚款。

（六）其他方面的责任及处理

（1）2014年“春节”和“两会”期间，河北省国防科工局组织的安全生产大检查，负责唐山地区督导工作的省市联合督查组对开滦化工公司安全生产工作监督检查不到位。河北省工信厅对省国防科工局予以通报批评，并责成唐山督查组成员写出深刻检查。

（2）由唐山市政府责成古冶区政府完善相关职能部门“三定”方案中的监管职责，切实加强对民用爆炸物品生产企业的监督管理。

五、事故防范措施

（1）由工信部门对叶片泵在乳化炸药生产过程中的安全性能重新进行鉴定和试验。在未出鉴定结论前，停止使用该类型装药机。

（2）由工信部门建议国家将乳化炸药装药机纳入特种设备管理。

（3）进一步改进乳化炸药装药机泵送系统，降低泵腔内机械摩擦、撞击、挤压和集药死角带来的风险。

（4）设备生产厂家应对使用单位做好安全技术交底，对民爆专用生产设备的风险进行有效辨识，并提出明确的风险管控措施，同时对使用维护及维修保养作出详细说明。

（5）修订和完善民爆行业管理法规和规程，健全各类民爆生产专用设备设施、产品质量安全管理制度规程。

（6）落实乳化炸药装药机安全监测连锁装置的有效性，实现运行技术参数实时自动上传生产线监控系统。

（7）工信部门要加强乳化炸药装药机等专用设备的设计、制造、使用等环节的安全监管，严格市场准入，督促晓进公司认真执行国家标准和行业标准，并不断完善相关技术规范，采取有效措施消除固有隐患。

（8）工信部门要大力推动民爆行业科技进步，加快现有工业炸药生产装备的升级换代，建立风险识别、评估、管控制度，加强危险因素辨识及风险分析，严格落实风险对策及措施，提高本质安全水平。

（9）工信部门要严格落实安全监管责任，按照管行业必须管安全、管业务必须管安全、管生产经营建设必须管安全的原则，不断完善民爆行业安全生产监管体系。要深入持久地开展“打非治违”工作，进一步完善机制、落实责任，着力解决突出矛盾和问题。

广东省揭阳市“3·26”重大火灾事故

2014年3月26日13时20分，位于揭阳普宁市军埠镇莲坛村沙堆自然村水浮沟下第二街泉发楼郑××等人经营的内衣作坊（简称郑××内衣作坊）发生重大火灾事故，造成12人死亡，5人受伤，过火面积208平方米，直接经济损失390.93万元。

一、事故发生经过

3月26日13时许，郑××午饭后在起火建筑一楼办公室内的沙发上抽烟，烟和打火机放在沙发边的茶几上，当时郑××2岁11个月大的小女儿正在一楼屋内外玩耍。郑××抽完烟后，与工人刘××、郑××一起搬运一楼楼梯口南侧堆放的海绵堆垛至楼上加工定型。监控视频显示，13时20分许，郑××的小女儿从屋外进入一楼室内。13时22分许，郑××的小女儿手里拿着打火机跑出屋外告诉正在打电话的做饭员工赖××起火了，赖××立即跑入屋内。郑××等3人搬完货下至一楼与二楼之间楼梯时发现楼梯口南侧海绵堆垛中下部起火并迅速往上燃烧。郑××等3人迅速冲下一楼与赖××、陈××等人一边呼喊楼上人员疏散，一边采用灭火器、到屋外取水等方式扑救均无法控制火势。郑××见火势控制不住就跑上楼去叫员工疏散，但跑到二楼时停电且浓烟大，就快速往回跑出室外和员工郑××一起营救妻子刘××和大女儿，两人打开二楼阳台逃生窗跳下。海绵堆垛很快处于猛烈燃烧阶段，其产生的大量高温、有毒烟气通过楼梯迅速向上蔓延，充满整栋建筑。13时25分，路人见状后拨打119报警。随后，赖××带着郑××的两个女儿离开现场，郑××的小女儿将手里的打火机交给赖××。郑××在事故现场逃逸，叶××、陈××、王××、郑××（员工）4人闻讯后也相继逃逸。

二、灭火及救援情况

（1）自救逃生情况。消防救援队伍到达前，郑××、刘××、郑××（员工）、赖××、陈××等人以及周边群众参与救援；起火建筑内作坊员工通过自行跑出屋外、打开二楼阳台逃生窗跳下、迅速关闭封堵四楼门窗以及打开五楼阳台逃生窗爬至天台等方式自救，共逃生9人。

（2）应急救援情况。13时27分，普宁市公安消防大队接到揭阳市公安消防支队指挥中心出动命令后，立即调集6辆消防车、2辆指挥车、30名指战员赶赴现场扑救，同时调集占陇镇等地4支专兼职消防队共7辆消防车、42名消防员前往处置，揭阳市公安消防支队全勤指挥部随机赶赴现场。13时34分，占陇镇专职消防队率先到场，普宁市公安消防大队和其他专兼职消防队伍陆续于13时38分至13时50分期间到达。13时54分，火灾被扑灭。13时58分搜救工作结束，转入火场清理阶段。现场共搜救出16人，其中起火建筑三楼西侧房间内2人；五楼9人（厕所内8人、定型机旁1人）；天台5人。

（3）应急救援评估。在此次火灾扑救中，消防救援队伍严格贯彻“救人第一”的指导思想，快速反应、科学调度、妥善处置，在火灾现场温度高、浓烟大、毒气重的恶性条件下，成功营救16名被困群众，及时扑灭火灾，有效避免了火灾扩大、蔓延。经评估，本次事故救援处置行动成功。

但是，事故救援也暴露出消防站建设滞后、专兼职消防队器材装备配备不足、农村地区消防基础设施建设薄弱、消防通道狭窄、作坊员工逃生自救能力欠缺等问题。

三、事故原因和性质

（一）直接原因

经反复勘验现场，对物证进行检验鉴定以及开展相关调查实验，在排除人为纵火、生活用火不慎、吸烟、遗留火种、物品自燃、电气故障等因素，综合现场痕迹特征、证人证言、录像资料、物证鉴定和调查实验结果，认定事故直接原因是郑××小女儿用其父亲抽烟留下的打火机玩火，引燃一楼楼梯口南侧堆放的海绵内衣罩杯半成品堆垛所致。

（二）间接原因

（1）郑××内衣作坊存在严重的消防安全隐患。

（2）工商部门查处无照经营行为不力。

（3）供电部门履行用电检查职责不到位。

（4）劳动部门履行劳动用工检查职责不到位，对郑××内衣作坊非法用工失察。

（5）公安消防部门和派出所督促、指导村委会履行消防安全职责不力。

（6）安全生产监管部门督促协调不力。

（7）莲坛村委会及沙堆村贯彻执行上级政府和有关部门关于消防安全隐患整治的工作部署不力。

（8）军埠镇政府落实消防安全责任制和监督管理不到位。

（9）普宁市政府落实消防安全责任制不到位。

（三）事故性质

经调查认定，揭阳市“3·26”重大火灾事故是一起责任事故。

三、对事故有关责任人员和责任单位的处理结果

公安机关对内衣作坊股东郑××等5人依法进行逮捕；检察机关对军埠镇党委委员、副镇长兼镇安委会副主任伍××等3人立案侦查；对普宁市政府副市长、公安局长陈××等12人分别给予党纪、政纪处分；对普宁市公安消防大队大队长（副团职），兼任市消防安全委员会副主任、市消防安全委员会办公室主任的谢××等5人作诫勉谈话处理；由揭阳市安监局对事故发生单位郑××内衣作坊及其有关责任人员依法给予行政处罚；责成普宁市公安消防大队向揭阳市公安消防支队作出深刻检查，责成揭阳市公安消防支队向广东省公安消防总队作出深刻检查；责成普宁市政府向揭阳市政府作出深刻检查，责成揭阳市政府向广东省政府作出深刻检查。

四、事故防范措施

揭阳市“3·26”重大火灾事故的发生，根源在于当地长期以来“小、散、乱、差”产业无序发展，无证无照非法生产、利用民宅从事生产经营逃避监管、严重违反安全生产和消防安全管理规定的非法作坊大量存在，地方政府及相关部门树立科学发展安全发展理念不牢固、监管不严、打非治违工作不力，从业人员安全意识淡薄、逃生技能缺乏等原因。为防范类似事故再次发生，建议揭阳市、普宁市各级党委、政府及其有关部门和各类生产经营单位切实做好以下工作：

（1）坚持科学发展安全发展，坚守安全生产“红线”。要深刻吸取揭阳市“3·26”重大火灾事故的沉痛教训，牢固树立科学发展、安全发展理念，牢牢坚守“发展决不能以牺牲人的生命为代价”这条“红线”。把安全生产纳入经济社会发展总体规划，坚决纠正单纯以经济增长速度评定政绩的倾向，正确处理安全与发展、安全与生产、安全与效益的关系。要加强对农村消防工作的领导，强化消防安全“网格化”管理，采取有力措施推动村居开展群众性的消防工作，确定村居消防安全管理人，组织制定村居防火安全公约，进行防火安全检查，把消防安全责任落实到政府、部门、镇街和村居。要健全完善“党政同责、一岗双责、齐抓共管”的安全生产责任体系，实行安全生产和重特大事故“一票否决”。

（2）严厉打击小作坊非法违法行为，防范和遏制重特大事故发生。要集中时间、集中力量，以坚决的态度、严密的机制、有力的措施，重点对家庭小作坊、利用民房从事生产储存经营的单位场所和劳动密集型企业开展集中整治。各级公安、劳动、工商、安全监管等部门及供电企业要加强监管、密切配合、形成合力，深入整治安全疏散设置不规范、安全出口不畅通、自动消防设施不完善、电气敷设不符合要求、生产储存经营场所与住宿场所合用等突出问题；坚决依法关闭取缔无证无照非法生产经营或不具备消防安全条件的家庭作坊；督促在车间或仓库内设置员工宿舍的“三合一”场所搬出住宿人员；经工商、税务登记，具备消防安全条件并取得用水用电资格的，方可恢复生产。要注重源头管控，严格供水供电管理，加强部门联动，发现非法违法行为及时通报供水供电单位，及时采取断然措施彻底予以根除，有效防范和坚决遏制重特大事故的发生。

（3）夯实消防安全基层基础工作，提高本质安全水平。要加强乡镇专职消防队、村庄志愿消防队、治安消防联防队建设，配备必要的消防装备器材，推动建立区域联防制度，加快建立农村区域性应急灭火救援联防体系，实现一旦发生火灾，多种形式消防队伍能第一时间出动，最大限度减少火灾伤亡和损失。要研究制定家庭小作坊、利用民宅从事生产储存经营场所长效消防安全管理措施，完善违章既有建筑、高层和地下公共建筑、生产储存经营场所违规住人、老城区和城中村整治相关技术标准和政策制度，实行消防安全隐患常态治理、常抓不懈。要积极探索小微企业工业园区建设，推动把分散的家庭小作坊引入园区规范管理，完善相关行政审批手续，强化安全监管监察，从根本上改变当地“小、散、乱、差”的产业模式，提高本质安全水平。

（4）加强消防安全宣传教育培训，增强事故防范能力。要深入推进消防宣传进农村、进工厂、进社区活动，发动村居和广大消防志愿者深入单位场所和工厂社区开展消防宣传上门服务，提醒群众注意消防安全。要有针对性地对外来务工人员加强宣传培训，提高其消防安全意识和扑救初期火灾、逃生自救能力。要督促社会单位建立健全消防宣传教育制度，健全管理机构，明确消防安全责任，定期开展宣传教育，对新入职人员全面深入开展岗前消防安全培训。要畅通群众举报投诉渠道，广泛发动群众举报火灾隐患，形成全面清剿火患的良好氛围。要利用新闻媒体集中剖析典型火灾案例，做到“一厂出事故、万厂受教育，一地有隐患、全省受警示”。

（5）结合群众路线教育实践活动，切实改进工作作风。要结合群众路线教育实践活动，认真检讨工作中存在的问题和不足，进一步加强和改进干部作风，以作风的明显改进取信于民，推动各项工作落实。要深刻认识家庭小作坊等非法违法经营场所清理整治的长期性、复杂性和重要性，克服麻痹思想和懈怠情绪，坚决纠正“以讲话贯彻讲话、以会议贯彻会议、以文件贯彻文件”的工作作风，勇于承担责任、敢于触及矛盾、善于解决问题，以坚定的决心进行彻底的整治。要严肃查处整治工作中的违法违纪和失职渎职行为，依法严惩无视国家法律、无视政府监管、无视员工生命安全、非法违法生产经营导致事故发生的企业及其经营者。

江苏省苏州昆山市中荣金属制品有限公司“8·2”特别重大爆炸事故

2014年8月2日7时34分，位于江苏省苏州市昆山市昆山经济技术开发区（以下简称昆山开发区）的昆山中荣金属制品有限公司（台商独资企业，以下简称中荣公司）抛光二车间（即4号厂房，以下简称事故车间）发生特别重大铝粉尘爆炸事故，当天造成75人死亡、185人受伤。依照《生产安全事故报告和调查处理条例》（国务院令第493号）规定的事故发生后30日报告期，共有97人死亡、163人受伤（事故报告期后，经全力抢救医治无效陆续死亡49人，尚有95名伤员在医院治疗，病情基本稳定），直接经济损失3.51亿元。

一、事故发生经过、应急救援及善后处理情况

（一）事故发生经过

2014年8月2日7时，事故车间员工上班。7时10分，除尘风机开启，员工开始作业。7时34分，1号除尘器发生爆炸。爆炸冲击波沿除尘管道向车间传播，扬起的除尘系统内和车间集聚的铝粉尘发生系列爆炸。当场造成47人死亡、当天经送医院抢救无效死亡28人，185人受伤，事故车间和车间内的生产设备被损毁。

（二）救援及现场处置情况

8月2日7时35分，昆山市公安消防部门接到报警，立即启动应急预案，第一辆消防车于8分钟内抵达，先后调集7个中队、21辆车辆、111人，组织了25个小组赴现场救援。8时03分，现场明火被扑灭，共救出被困人员130人。交通运输部门调度8辆公交车、3辆卡车运送伤员至昆山各医院救治。环境保护部门立即关闭雨水总排口和工业废水总排口，防止消防废水排入外环境，并开展水体、大气应急监测。安全监管部门迅速检查事故车间内是否使用危险化学品，防范发生次生事故。

江苏省及苏州市人民政府接到报告后，立即启动了应急预案，省委书记罗志军、省长李学勇，省委副书记、苏州市委书记石泰峰等同志迅速带领省、市有关领导及有关部门负责同志赶赴事故现场，及时成立现场指挥部，组织开展应急救援和伤员救治工作。苏州军分区、昆山人武部和解放军一〇〇医院等先后出动120余人投入事故救援和伤员救治工作。

（三）医疗救治和善后处理情况

地方党委政府及有关部门千方百计做好医疗救治、事故伤亡人员家属接待及安抚、遇难者身份确认和赔偿等工作，按照医疗救治、善后安抚两个“一对一”的要求，对遇难者家属、受伤人员及其家属分步骤进行了心理疏导，全力开展善后工作，保持了社会稳定。

卫生计生委高度重视事故现场医疗救助工作，面对伤员伤势严重、抢救任务十分艰巨的情况，克服困难，集中力量，调动各方医疗专家、器械、药品等，投入救治工作。

二、事故原因和性质

（一）直接原因

事故车间除尘系统较长时间未按规定清理，铝粉尘集聚。除尘系统风机开启后，打磨过程产生的高温颗粒在集尘桶上方形成粉尘云。1号除尘器集尘桶锈蚀破损，桶内铝粉受潮，发生氧化放热反应，达到粉尘云的引燃温度，引发除尘系统及车间的系列爆炸。

因没有泄爆装置，爆炸产生的高温气体和燃烧物瞬间经除尘管道从各吸尘口喷出，导致全车间所有工位操作人员直接受到爆炸冲击，造成群死群伤。

（二）间接原因

（1）中荣公司无视国家法律，违法违规组织项目建设和生产，是事故发生的主要原因。

（2）苏州市、昆山市和昆山开发区安全生产“红线”意识不强、对安全生产工作重视不够，是

事故发生的重要原因。

（3）负有安全生产监督管理责任的有关部门未认真履行职责，审批把关不严，监督检查不到位，专项治理工作不深入、不落实，是事故发生的重要原因。

（4）江苏省淮安市建筑设计研究院、南京工业大学、江苏莱博环境检测技术有限公司和昆山菱正机电环保设备有限公司等单位，违法违规进行建筑设计、安全评价、粉尘检测、除尘系统改造，对事故发生负有重要责任。

（三）事故性质

经调查认定，江苏省苏州昆山市中荣金属制品有限公司“8·2”特别重大爆炸事故是一起生产安全责任事故。

三、对事故有关责任人员及责任单位的处理结果

（1）司法机关对中荣公司董事长吴××等18名责任人依法进行逮捕，对其中属中共党员或行政监察对象的，待司法机关作出处理后，由当地纪检监察机关或具有管辖权的单位及时给予相应的党纪、政纪处分。对其他人员涉嫌犯罪的，由司法机关依法独立开展调查。

（2）对江苏省政府党组成员、副省长史××等35名责任人分别给予记过、记大过、党内严重警告、免职、撤销党内职务、降级等党纪、政纪处分。

（3）对江苏省人民政府予以通报批评，并责成其向国务院作出深刻检查。

（4）由江苏省人民政府责成江苏省安监局对中荣公司处以规定上限的经济处罚。

（5）由江苏省人民政府责成有关部门按照相关法律、法规规定，对中荣公司依法予以取缔。

（6）由江苏省住房城乡建设、安全监管和环境保护部门对江苏省淮安市建筑设计研究院、南京工业大学、江苏莱博环境检测技术有限公司、昆山菱正机电环保设备有限公司等单位和有关人员的违法违规问题进行处罚。构成犯罪的，由公安司法机关进行查处，依法追究其刑事责任。

四、事故防范措施

（1）严格落实企业主体责任，加强现场安全管理。各类粉尘爆炸危险企业不分内外资、不分所有制、不分中央地方、不分规模大小，必须遵守国家法律法规，把保护职工的生命安全与健康放在首位，坚决不能以牺牲职工的生命和健康为代价换取经济效益。必须坚决贯彻执行《安全生产法》《严防企业粉尘爆炸五条规定》，认真开展隐患排查治理和自查自改，要按标准规范设计、安装、维护和使用通风除尘系统，除尘系统必须配备泄爆装置，一定要切记加强定时规范清理粉尘，使用防爆电气设备，落实防雷、防静电等技术措施，配备铝镁等金属粉尘生产、收集、贮存防水防潮设施，加强对粉尘爆炸危险性的辨识和对职工粉尘防爆等安全知识的教育培训，建立健全粉尘防爆规章制度，严格执行安全操作规程和劳动防护制度。

（2）加大政府监管力度，强化开发区安全监管。各地区特别是江苏省、苏州市、昆山市都要深刻吸取事故教训，认真落实党的十八届四中全会关于全面推进依法治国的决定要求，强化依法治安，建立健全“党政同责、一岗双责、齐抓共管”的安全生产责任体系，落实安全发展，坚持安全第一，切实解决好安全生产在地方经济建设和社会发展中的“摆位”问题，坚守安全生产“红线”。招商引资、上项目要严把安全生产关，对达不到安全条件的企业，坚决淘汰退出；要严厉打击企业非法违法行为，保护员工健康与安全；要切实理顺开发区安全监管体制，建立健全安全监管机构，加强基层执法力量；要切实解决对开发区安全生产违法违规企业放松监管、大开绿灯、听之任之的问题，严防安全监管“盲区”。要提高安全监管人员的专业素质，提高履职能力，加强企业承担社会责任制度建设，研究探索政府购买服务的方式，引入和培育第三方专业安全管理力量，指导企业加强安全管理，帮助基层和企业解决安全生产难题。

（3）落实部门监管职责，严格行政许可审批。各地区特别是江苏省、苏州市、昆山市各有关部门要按照“管行业必须管安全”的要求，认真履行职责，把好准入和监督关。安全监管部门要准确掌握存在粉尘爆炸危险企业的底数和情况；加强安全培训工作，认真落实专项治理和检查，严格执法，监督企业及时消除隐患。公安消防部门要在消防设计审核、消防验收中依法依规核定厂房的火灾危险性分类，依法对易燃易爆企业开展消防监督检查，督促企业落实消防安全主体责任，坚决依法查处火灾隐患和消防违法行为。环境保护部门要严格落实环境影响评价各项工作要求，严把除尘系统项目技术标准和竣工验收关，加强对粉尘排放情况的检查监测。住房城乡建设部门要规范厂房建设项目审查程序，严格审批和备案。有关部门要加强对中介机构的监管，确保中介机构合法合规地开展建设项目设计、安全评价、环境检测等业务，对弄虚作假和违法违规行为坚决查处，发挥好中介机构的支撑作用。

（4）深刻吸取事故教训，强化粉尘防爆专项整治。各地区特别是江苏省、苏州市、昆山市及其有关部门要认真开展粉尘防爆专项整治工作，对辖区内存在粉尘爆炸危险的企业进行全面排查，摸清企业基本情况，建立基础台账，将《严防企业粉尘爆炸五条规定》宣贯到每个企业。要与“六打六治”打非治违专项行动紧密结合，借助专业力量，采取“四不两直”的方式深入企业检查，重点查厂房、防尘、防火、防水、管理制度和泄爆装置、防静电措施等内容，及时消除安全隐患，确保专项治理取得实效。对违法违规和不落实整改措施的企业要列入“黑名单”并向社会公开曝光，严格落实停产整顿、关闭取缔、上限处罚和严厉追责的“四个一律”执法措施，集中处罚一批、停产一批、取缔一批典型非法违法企业。

（5）加强粉尘爆炸机理研究，完善安全标准规范。学习借鉴国外先进方法，建立粉尘特性参数数据库，为修订不同类型可燃性粉尘安全技术标准、粉尘爆炸预防提供科学依据；加强与国际劳工组织及发达国家相关研究机构交流，制定出台《铝镁制品机械加工防爆安全技术规范》等标准规范；加强对可燃性粉尘企业生产工艺、安全生产条件、安全监管等基础情况的调查研究，建立可燃性粉尘重点监管目录，提出涉及可燃性粉尘企业安全设施技术指导意见；推广采用湿法除尘工艺和机械自动化抛光技术，提高企业本质安全水平，有效预防和坚决遏制重特大粉尘爆炸事故发生。

山东省潍坊市寿光市龙源食品有限公司“11·16”重大火灾事故

2014年11月16日18时36分，位于潍坊市寿光市龙源镇的寿光市龙源食品有限公司（以下简称龙源公司）厂房发生重大火灾事故，共造成18人死亡，13人受伤，4000平方米主厂房及主厂房内生产设备被损毁，直接经济损失2666.2万元。

一、事故发生经过、应急救援及善后处理情况

（一）事故发生经过

11月16日18时30分左右，正值公司休息吃饭时间（企业夜班时间为19时），公司员工陆续进入北厂区工作，车间满员人数为140人，当日车间当班人数129人，流水线南北两侧各60余人，正在进行装箱作业，另有1名为不在本车间上班的本厂装卸工，事故发生时正在车间打开水。

11月16日18时36分，龙源公司北厂区生产车间内流水生产线南侧装箱工姚××发现正对面的8号恒温库顶部起火，火势通过8号恒温库门迅速向车间蔓延，姚××立即向车间外跑并大声呼喊“着火了”。在车间内工作的员工迅速向东、西两侧逃生，随后火势蔓延至整个车间。逃出车间的员工迅速向企业负责人报告火情，企业组织员工利用厂区消火栓和灭火器进行灭火，并从冰池处营救员工，但火势未得到有效控制。

（二）灭火救援及现场处置情况

18时41分，寿光市公安消防大队接到报警后，第一时间调集力量赶赴现场处置。潍坊市、寿光市人民政府接到报告后，迅速启动应急预案，潍坊市、寿光市党政主要负责同志和其他负责同志立即赶赴现场，组织调动公安、消防、特警、卫生等有关部门和单位参加事故抢险救援和应急处置，先后调集消防官兵160余名、公安干警150余名、城管人员100名、化龙镇机关干部50名、企业专职消防员20名，出动消防车27辆、企业专职消防车

3 辆、医疗救护车 11 辆、工程车 11 辆，共同参与事故抢险救援和应急处置。在施救过程中，共组织开展了 21 次现场搜救，经排查确认事故发生时车间当班员工 129 人，99 人逃生，18 人死亡（1 名装卸工，事故时在车间打水），13 人受伤。火灾于当日 23 时 10 分被扑灭。

事故发生后，企业制冷工为防止制冷设备损坏、液氨泄漏，佩戴防毒面具进入制冷间，切断了制冷系统电源。事故现场灭火救援结束后，事故现场恒温库、冰池和氨管道仍存有液氨。由于部分管道过火后弯曲、塌落，火场高温使管道内液氨气化、压力升高（现场检测为 0.7 兆帕，正常运行压力 0.2 兆帕以下）。调查组组织制冷专家和化工专家，制定了液氨回收处置方案，于 21 日 10 时开始回收处置制冷系统中的液氨，至 21 日 17 时 30 分，系统中液氨抽移完毕，共抽出液氨 5.26 吨，全部导出并运送至安全地点。22 日下午氨制冷系统中的氨气吸收完毕，并用水进行冲洗。

当地政府已对残留现场的胡萝卜进行了无害化处理，并对事故现场反复消毒杀菌。

（三）善后处理情况

当地党委政府认真做好事故伤亡人员家属接待及安抚、遇难者身份确认和赔偿等工作，共成立 18 个包保安抚工作组，对 18 名遇难者家属实行包保帮扶，保持了社会稳定。截至 12 月 29 日，18 名遇难者遗体已全部火化，遇难者家属全部离开寿光；13 名伤者工伤补助全部发放到位，并全部康复出院。

二、事故原因和性质

（一）直接原因

龙源公司厂房非法建设，北厂区制冷系统供电线路敷设不规范、系统超负荷运转、线路老化，致使 8 号恒温库内，沿西墙敷设的冷风机供电线路接头处过热短路，引燃墙面聚氨酯泡沫保温材料。火焰烟雾从 8 号恒温库门蹿出后，引燃了库门上方的氨管道聚氨酯泡沫保温材料、加工车间吊顶及房顶彩钢板（中间填充物为聚苯乙烯夹芯板）和车间西侧的包装纸箱，火势迅速蔓延。

造成火势迅速蔓延的主要原因：一是恒温库和厂房大量使用聚氨酯泡沫保温材料和聚苯乙烯夹芯板（聚氨酯泡沫燃点低、燃烧速度极快，聚苯乙烯夹芯板燃烧的滴落物具有引燃性）。二是恒温库顶层为可燃物苇簸，车间吊顶采用可燃材料 PVC。三是车间内有大量包装纸箱，可燃物较多。四是整个车间全部连通，火灾发生后，火势迅速蔓延至整个车间。

造成重大人员伤亡的主要原因：一是起火后，火势从起火部位迅速蔓延，聚氨酯泡沫塑料、聚苯乙烯泡沫塑料、PVC 等材料大面积燃烧，产生高温有毒烟气。二是事故车间为非法建设，无土地、规划、建设等审批手续，厂房未经消防验收备案，车间内逃生通道不符合规定要求，火灾发生时人员无法及时逃生。三是龙源公司未对员工进行安全培训，未组织应急疏散演练，员工缺乏逃生自救互救知识和能力。

（二）间接原因

（1）龙源公司安全生产主体责任不落实。

（2）公安消防部门履行消防监督管理职责不力。

（3）负有安全生产监管职责部门履行安全生产监管职责不到位。

（4）国土、建设部门对违法占地和违法建设监管不力、指导督促不到位。

（5）地方政府安全生产监管职责落实不力。

（三）事故性质

经调查认定，山东寿光市龙源食品有限公司“11·16”重大火灾事故是一起生产安全责任事故。

三、对事故有关责任人员及责任单位的处理结果

（1）司法机关对龙源公司法人代表、执行董事兼总经理裴××等 4 人依法进行拘留或逮捕，其中属中共党员的，待司法机关作出处理后，由当地纪检监察机关或负有管辖权的单位及时给予相应党纪处分。

（2）将寿光市公安局化龙镇派出所民警卢××等 4 人移交司法机关处理，待司法机关作出处理后，由当地纪检监察机关或负有管辖权的单位及时给予相应党政纪处分。

（3）对寿光市公安局化龙镇派出所所长单××等 22 人分别给予建议给予行政记过、行政记大过、留党察看、行政撤职、严重警告等党纪和政纪处分。

(4) 由潍坊市委主要领导对分管公安消防工作的副市长进行诫勉谈话。

(5) 依据《安全生产法》《生产安全事故报告和调查处理条例》等相关法律和行政法规规定，由潍坊市安监局对龙源公司给予规定上限的经济处罚。

(6) 责成寿光市委、市政府向潍坊市委、市政府作出深刻检查；潍坊市委、市政府向省委、省政府作出深刻检查，并抄报山东省安监局、省监察厅。

(7) 责成省消防总队对寿光市消防大队在系统内通报批评。

(8) 责成潍坊市政府和寿光市政府国土、住建部门按照相关法律、法规规定，对龙源公司非法违法用地和非法违法建设厂房依法作出处理。

四、事故防范措施

(1) 牢固树立安全发展理念。潍坊市、寿光市要切实提高对安全生产极端重要性的认识，牢固树立安全发展理念，落实科学发展观、正确的政绩观，强化红线意识和底线思维，坚决防止和纠正一些地方、部门和单位重发展、轻安全的倾向。要坚持发展必须安全、不安全不发展，真正把安全生产纳入地区经济社会发展的总体布局中去谋划、去推进、去落实。潍坊市、寿光市各级各有关部门和各企业单位要深刻吸取事故沉痛教训，举一反三，下大力气加强安全生产尤其是消防安全工作。要严格落实“党政同责、一岗双责、齐抓共管”和“管行业必须管安全、管业务必须管安全、管生产经营必须管安全”的要求，加强各行业领域的安全监管，每个生产经营单位都必须明确一个监管部门，切实落实安全监管责任。各级党委、政府要定期研究分析安全生产形势，及时发现和解决存在的问题，坚决打击企业的非法违法建设生产经营行为，严防各类事故发生。

(2) 严格落实企业安全生产主体责任。各类生产经营单位，特别是中小企业、农产品加工企业、劳动密集企业，要学法、守法，坚决贯彻执行消防、国土、规划、建设和安全生产等方面的法律法规，依法依规组织生产经营建设活动。要真正落实企业安全生产法定代表人负责制和安全生产主体责任，建立完善安全管理体系，明确责任，完善各项规章制度，并落实到日常工作中。要坚决克服重效益、轻安全的思想，严格落实安全生产“三同时”制度，保证安全投入，加强安全教育培训和应急管理，加强应急预案编制和应急演练，提高员工应急逃生和应对处置事故灾难的能力。所有劳动密集型企业必须定期进行有针对性的应急逃生演练。

(3) 加强消防安全管理。潍坊市和寿光市人民政府及其有关部门要强化安全生产工作，切实做到安全设施“三同时”落实到位。要对本地区农产品加工企业、劳动密集型企业逐个进行排查，全部登记造册。对未经消防验收（备案）擅自投入生产的单位，一律依法从重处罚，一律依法强制整改。要落实基层的消防安全责任制，深入开展公众尤其是从业人员消防能力提升工作，加强人员密集场所的安全管理与监督，依法关闭取缔易引发火灾的“三合一”“多合一”厂点、作坊。强化消防安全日常管理，加大监督检查频次、力度，发现问题，采取断然措施，加以纠正，必要时可以依法采取停电等措施，强制违法单位停止违法行为。工商、食药、农业、商检等相关行政许可部门要加强与消防部门的沟通，在实施行政许可时，要对企业消防验收情况进行核实。

(4) 强化工程项目建设的监管工作。潍坊市和寿光市政府及其有关部门，要监督所有建设工程的业主、设计单位、施工单位、监理单位严格遵守国家基本建设相关法律法规规定和程序，遵守建设管理流程，依法进行项目工程建设。工程建设领域相关监督管理部门要认真履行职责，依法依规行政，加强日常监管和行政执法，全面排查和解决工程建设领域的突出问题，严厉查处未批先建，无资质设计、施工、监理，以及非法转包分包、出借资质等违法违规行为。国土资源管理部门要严格土地执法监察工作，对非法违法用地实施“零容忍”，该强制执行的坚决强制执行，决不能“一罚了之”，确保整改措施落实到位。

(5) 开展全省安全隐患大排查、大整治。集中时间，突出重点行业领域，开展全省安全隐患大排查、大整治工作。消防领域立即组织对火灾高危单位，进行一次消防安全大检查，大检查要突出农产品、食品、药品、鞋帽、纺织生产加工为主的劳动密集型企业、外来工集中企业、村办企业、民营企业和监管薄弱企业。对保温材料不符合防火要求、供电线路敷设不规范、安全出口设置不合理或堵塞、消防设施不符合要求的，一律责令停产整顿，并落实人员紧盯到底，杜绝“一查了之”，确保隐患整改到位，防止类似事故再次发生。

建筑施工事故

广东省茂名市高州市深镇镇在建石拱桥“5·3”重大坍塌事故

2014年5月3日13时20分，高州市深镇镇良坪村委会坑口村一座在建石拱桥（以下简称坑口石拱桥）发生重大坍塌事故，造成11人死亡、16人受伤，直接经济损失1015.6万元。

一、事故发生经过

5月3日，为完成坑口石拱桥拱圈当日合拢，石拱桥项目承包人何××召集信宜市大成镇村民、大田村村委会副主任成××召集周边村民共91人到事发点施工。现场人员分成2个组，分别负责桥梁工程A、B两侧砌石、搬石和搅拌水泥浆作业，其中搅拌砂浆约20人、装石头约20人、运送石头约25人、砌石头约10人、其余人员负责煮饭等后勤工作。6时30分开工，现场分别从A、B两侧向拱顶砌石。11时许，A、B两侧砌筑拱圈分别长约4米时，暂时停工，吃饭并休息10分钟后继续施工。13时18分许，何××发现A侧施工进度偏慢，即通知站在在建桥梁拱上的成××叫A侧作业人员加快施工进度。13时20分许，A、B两侧砌筑拱圈分别长约8米和9米时，随着拱上荷载的不断增加和施工人员扰动，支架受力不平衡开始松动，先是A侧支架突然坍塌，紧接着B侧坍塌，整个在建石拱桥迅速向下垮塌，在桥面上施工作业人员（主要是A侧作业人员）连同石块坠落被埋。

二、应急救援情况

（一）现场救援情况

事故发生后，良坪村委会干部和周边群众共200多人闻讯赶到现场组织自救互救，并拨打110报警和120急救电话，同时向深镇镇政府报告。13时25分，高州市公安局110指挥中心接报后，相继调集事故发生地周边警力赶赴现场救援，同时向高州市委、市政府报告。13时40分，深镇镇政府、辖区派出所、镇卫生院有关人员组成的救援力量率先到达现场展开救援。13时45分，高州市启动Ⅳ级应急响应，并向茂名市委、市政府报告。14时40分，高州市委、市政府组织公安、卫生、交通、安全监管、住建等部门组成救援队伍到达现场，全面开展救援工作。16时许，茂名市委、市政府及其有关部门负责同志和公安武警消防官兵到达现场，加入抢救工作。此时，用生命探测仪探测事故现场已没有生命迹象，经现场专家研究同意，使用挖掘机对现场进行挖掘搜索。19时30分，搜救工作结束，现场清理完毕。现场共搜救出27人，其中5人当场死亡，22人分别送往高州市人民医院、高州市中医院救治（其中6人因伤势过重经抢救无效死亡）。

（二）应急救援评估

此次救援，高州市迅速启动突发事件应急响应，开通2码4线应急专线，统筹调度救援力量；组织救援人员达1800多人、摩托车等救援车辆230多辆、挖掘机4台、道路养护作业车2辆、油锯15台、发电机5台、装备起重器2套、起重气垫1套、液压顶杆2套，并调用了机动链锯、双轮异响切割机、破拆工具、雷达生命探测仪和视频生命探测仪等一大批救援工具，其中，出动公安警力347人车辆39辆、应急综合救援大队70人车辆12辆、医护人员100多人救护车30多辆，组织深镇镇以及周边镇村干部群众732人车辆96辆（大部分为摩托车）。救援队伍把救人作为首要任务，快速反应、科学调度、妥善处置、公开透明，有效避免了伤亡人数扩大。经评估，本次事故救援处置行动及时、有效。

三、事故原因和性质

（一）直接原因

由于桥梁施工拱架的地基基础处理、拱架搭设结构形式和立柱连接接头方式不满足规范要求，拱圈砌筑施工不平衡，施工工序不合理，随着拱上荷载的不断增加，使得木结构拱架失稳，造成整个桥梁迅速坍塌。

造成桥梁工程失稳坍塌的具体原因是：一是支架结构存在重大缺陷。木支架立柱及横联均采用圆木，立柱与横联之间仅采用马钉连接，不能实现节点有效传力；木支架纵、横向均未设置斜撑，木支架结构不稳定。二是支架基础处理不当。桥台附近部分支架立柱置于较陡峭的岩面上，施工采用在柱脚用圆木支顶；受力后，柱脚易滑移。三是拱圈施工不对称。拱圈施工时，A、B两侧拱圈砌筑相差约1米，造成支架受力不平衡。

（二）间接原因

（1）大田村委会违法违规牵头建桥，存在严重安全隐患。

（2）深镇镇党委、政府落实安全生产责任制和监督管理不到位，事故发生后集体造假，影响和干扰事故调查。

（3）交通运输部门履行职责和资金监管不到位。

（4）地方公路管理部门履行职责和资金监管不到位。

（5）人力资源和社会保障部门履行劳动用工检查职责不到位，对坑口石拱桥工程非法用工问题失察。

（6）安全生产监管部门履职不力。

（7）高州市政府落实安全生产责任制不到位。

（8）信宜市大成镇水利水电所公章使用、管理混乱。

（三）事故性质

经调查认定，茂名市“5·3”重大坍塌事故是一起违反工程建设基本程序、违法违规建设施工、疏于管理造成的责任事故。

四、对事故有关责任人员及责任单位的处理结果

（一）不予追究责任人员

成××，深镇镇大田村委会副主任。未经任何部门立项、报建、招投标等法定程序，代表大田村委会与无修桥资质的何××签订桥梁工程承包合同，造成重大坍塌事故，负有直接责任。因其已在事故中死亡，不予追究责任。

（二）司法机关已采取措施人员

（1）何××，坑口石拱桥施工承包方。因涉嫌重大责任事故罪，已被公安机关刑事拘留。

（2）钟××，坑口石拱桥设计者，信宜市大成镇司法所原所长（已退休）。因涉嫌重大责任事故罪，已被公安机关刑事拘留。

（3）许××，深镇镇大田村委会主任。因涉嫌重大责任事故罪，已被公安机关刑事拘留。

（4）邓××，深镇镇党委副书记、镇长（高州市人大代表）。因涉嫌玩忽职守罪，已移送司法机关处理。

（5）谢××，深镇镇党委委员、镇人大副主席。因涉嫌玩忽职守罪，已移送司法机关处理。

（6）唐××，深镇镇经济统计办（安监所）负责人（良坪、柏坑村驻村干部）。因涉嫌玩忽职守罪，已移送司法机关处理。

以上人员属中共党员或行政监察对象的，待司法机关作出处理后，由当地纪检监察机关及时给予相应的党纪政纪处分，省监察厅将跟踪督办落实。对其他事故责任人员是否涉嫌犯罪问题，司法机关正在依法独立开展调查。

（三）已移送当地纪检监察机关处理人员

伍××，深镇镇司法所（法律服务所）所长。违法为坑口石拱桥工程建设承包合同办理“见证”并加盖公章，事后收取何××“好处费”。在其任职期间，还先后收受其他群众“好处费”。现已移送高州市纪委作进一步调查处理。

（四）给予党纪、政纪处分人员

（1）何××，2011年11月至今任高州市委常委、市政府常务副市长兼市安委会副主任（高州市人大代表），分管安全生产、教育、财税等工作。对安全生产属地管理和行业主管部门落实安全生产责任不到位等情况失察，负有一定的领导责任。给予行政警告处分。

（2）陈××，2008年12月至今任深镇镇党委书记、镇人大主席（高州市委委员、高州市人大代表）。作为镇党委书记，对辖区安全生产负总责，督促镇政府及有关职能部门履行安全生产工作不力，负有重要领导责任；事故发生后授意伪造《深镇镇人民政府安全生产隐患整改通知书》和党政班子会议记录，主持召开会议要求完善资料和统一口径，干扰事故调查，性质恶劣，负有直接责任。给予撤销党内一切职务处分，并依法罢免其镇人大主席职务和终止人大代表资格，按副科级安排工作。

（3）陈××，2013年10月至今任深镇镇党委副书记，分管党群、政法、综治等工作，兼管镇党政办。作为镇党委副书记，对镇党政班子开会统一口径应对事故调查这一错误行为知情不报，干扰事故调查；兼管的党政办负责保管的公章使用、管理混乱，负有主要领导责任。给予党内严重警告处分。

（4）邓××，2006年11月至今任深镇镇党委委员、纪委书记，分管纪检监察、计划生育、供电等工作。作为镇纪委书记，对镇党政班子开会统一口径应对事故调查这一错误行为不予制止，没有履行监督职责，工作失职。给予党内严重警告处分。

（5）张××，2011年9月至今任深镇镇党委委员，2014年2月起兼任党政办主任（良坪、柏坑村驻村工作组副组长兼良坪村党支部书记），分管组织、人事、机关后勤等工作。作为镇党委委员兼党政办主任，参与伪造《深镇镇人民政府安全生产隐患整改通知书》和《安全生产检查隐患整改记录》(2份)，伪造补写镇党政班子会议记录，干扰事故调查，性质恶劣，负有直接责任；所在单位公章使用、管理混乱，负有主要领导责任。给予撤销党内一切职务、行政撤职处分，按科员安排工作。

（6）林××，2006年9月至今任深镇镇副镇长，分管农业、林业等工作。作为副镇长和大田村牵头日常工作的驻村干部，对大田村委会牵头违规建桥一事失察；对镇党政班子开会统一口径应对事故调查这一错误行为知情不报，并在接受调查期间提供虚假情况，干扰事故调查，负有主要领导责任。给予行政记大过处分。

（7）苏××，2006年4月至今任深镇镇财政所（结算中心）党支部书记、所长（主任）。违反财经纪律和专项资金管理划拨程序，没有认真核实资金使用用途和使用对象，监管不到位，导致专项资金被挪用，负有直接责任。给予行政记过处分。

（8）廖××，2014年1月至今任深镇镇人力资源和社会保障服务所代所长。任职期间，劳动用工巡查监管不到位，对施工桥梁非法用工问题失察，负有直接责任。给予行政记过处分。

（9）钟××，2012年2月至今任高州市交通运输局党组书记、局长（茂名市人大代表、高州市政协委员），主持全面工作，兼管财务审计股。作为单位主要领导，违反财经纪律和审批程序，批准下拨水毁公路修复补助资金，导致专项资金被挪用，负有直接责任；对农村公路路政执法巡查不到位，未能及时发现并制止非法桥梁施工等问题，负有重要领导责任。给予党内警告、行政记大过处分。

（10）罗××，2010年12月至今任高州市交通运输局党组成员、副局长，分管安全监督股、交通综合行政执法局等。对农村公路路政执法巡查不到位等问题失察，未能及时发现并制止非法桥梁施工问题，负有主要领导责任。给予行政记过处分。

（11）邓××，2013年4月至今任高州市交通运输局党组成员、副局长，分管规划基建股。违反财经纪律和审批程序，参与违规下拨水毁公路修复补助资金，导致专项资金被挪用，负有主要领导责任。给予行政记过处分。

（12）杨××，2009年5月至今任高州市交通运输局规划基建股股长。违反财经纪律和审批程序，参与违规下拨水毁公路修复补助资金，导致专项资金被挪用，事后未保留有关原始记录，负有直接责任。给予行政记过处分。

（13）祝××，2007年3月至今任茂名市地方公路管理总站党总支书记、总站长。作为单位主要领导，违反财经纪律和审批程序，向不符合申请条件的单位下拨农村公路建设养护补助资金，导致专项资金实际脱离监管，负有直接责任。给予行政记大过处分。

（14）张××，2013年10月至今任高州市交通运输局党组成员、地方公路管理站党支部书记、站长（高州市人大代表、市政协委员），负责地方公路管理站全面工作。对农村公路建设养护补助资金使用职责不清、管理不严，批准将专项资金直接划拨到大田村委会，导致专项资金实际脱离监管；对深镇镇农村公路养护站履行职责指导、督促不力，负有主要领导责任。给予行政记过处分。

（15）伍××，2003年1月至今任信宜市大成镇水利水电管理所职工，负责“三防”等工作。未经所领导同意，擅自在钟权浩提供的设计图纸上加盖单位公章，负有直接责任。给予党内警告处分。

（五）诫勉谈话人员

（1）吕××，2011年12月至今任高州市安监局党组书记、局长，市安委会副主任兼市安委办主任（高州市人大代表）。对深镇镇安全生产隐患排查和执法检查工作指导、督促不力，负有一定的领导责任。由高州市监察局对其诫勉谈话。

（2）赖××，2011年1月至今任高州市人力资源和社会保障局党组成员、副局长，分管劳动监察股、劳动监察大队等。对深镇镇人力资源和社会保障服务所履行劳动用工巡查职责指导、监督不到位，负有一定的领导责任。由高州市监察局对其诫勉谈话。

（3）何××，2010年12月至今任高州市交通运输局综合行政执法局局长。对农村公路路政执法巡查工作检查、指导工作不力，负有一定的领导责任。由高州市监察局对其诫勉谈话。

（4）袁××，2012年12月至今任高州市交通运输局综合行政执法局长坡中队中队长，负责长坡、深镇等7个镇交通行政执法工作。对辖区内农村公路路政执法巡查不到位，负有一定的领导责任。由高州市监察局对其诫勉谈话。

（5）袁××，2014年1月至今任高州市地方公路管理站路政管理股股长。对深镇镇农村公路养护站履行职责指导、督促不力，路政巡查不到位，负有一定的领导责任。由高州市监察局对其诫勉谈话。

（6）林××，2014年1月至今任深镇镇良坪村委会主任。对辖区内无资质、无手续的桥梁施工建设疏于巡查管理，未能及时制止违法施工行为，负有一定的领导责任。由高州市监察局对其诫勉谈话。

（7）何××，2003年10月至今任信宜市大成镇水利水电管理所所长。对本单位公章使用、管理混乱问题失察，负有一定的领导责任。由信宜市监察局对其诫勉谈话。

（六）相关问责

（1）由茂名市、高州市依据《中共广东省委 广东省人民政府关于进一步加强安全生产工作的意见》的有关规定，对有关责任人实行安全生产“一票否决”。

（2）责成高州市委、市政府尽快调整和充实深镇镇党政领导班子，切实做好选优配强干部等工作。

（3）责成深镇镇党委、镇政府向高州市委、市政府作出深刻检查；责成高州市政府向茂名市政府作出深刻检查；责成茂名市政府向省政府作出深刻检查。

五、事故防范措施

（1）牢牢坚守安全生产“红线”。茂名市、高州市要深刻吸取茂名市“5·3”重大坍塌事故的沉痛教训，牢固树立科学发展、安全发展理念，牢牢坚守“发展决不能以牺牲人的生命为代价”这条不能逾越的“红线”。要充分认识做好安全生产工作的极端重要性和当前安全生产的严峻形势，高度警醒起来，以对党和人民高度负责的精神，全面加强重点行业领域尤其是农村地区建筑施工安全生产工作，将安全生产的重心下移到镇村，深入开展村道、桥梁、水利、农村校舍等农村建设工程专项检查，采取更加坚决、更加有力、更加有效的措施，促进各地、各部门和各类生产经营单位搞好安全生产。要健全完善“党政同责、一岗双责、齐抓共管”和“管行业必须管安全、管业务必须管安全、管生产经营必须管安全”的安全生产责任体系，切实落实安全生产属地监管和行业监管责任，将安全生产责任层层落实到部门、镇街和村居，落实到每个作业现场和岗位，实行安全生产和重特大事故“一票否决”。要加大宣传教育力度，切实提高镇村基层干部安全生产意识；唱响安全发展主旋律，强化安全生产“底线”思维和“红线”意识，使每一个地方、每一个单位、每一位管理者和劳动者凡事先想安全、凡事突出安全、凡事确保安全。

（2）严厉打击非法违法建筑施工行为。工程建设主管部门要深入分析非法违法建筑施工行为产生的根源，严厉打击建设工程项目未经主管部门审批、不履行建设工程基本程序、非法从事建筑活动；建设单位任意肢解工程，随意压缩合理工期，干涉施工单位项目管理；施工单位超越资质范围承包、违法分包、转包工程，违规托管、代管、挂靠的，以及施工企业无相关资质证书和安全生产许可证，非法从事建设活动；施工企业“三类人员”（企业主要负责人、项目负责人、专职安全生产管理人员）、特种作业人员无证上岗等非法违法行为，该停产整顿的要坚决停产整顿，该关闭的要坚决关闭，该取缔的要坚决取缔。对可能造成重特大事故、拒不执行监管执法指令的单位和个人，要依法从重处罚，真正打在痛处、治住要害。要坚决查处领导和参与非法违法建筑施工行为的组织者及骨干，确保严厉打击非法违法建筑施工行为取得扎实成效。要加强督促检查和工作指导，及时发现和解决有关地区工作不深入、打击不严厉、治理不彻底的突出问题，健全和完善安全生产长效机制。

（3）强化农村公路安全质量管理。公路主管部门要迅速集中力量开展对在建、在用的农村公路尤其是桥梁安全进行一次全面检查，重点排查基本建设程序，检查项目的立项报批、施工许可、初步设计、施工图设计是否符合有关标准、规范要求，招标投标是否规范；排查水文、气象、地质等勘察设计的深度和基础资料的完整性、真实性，设计是否安全可靠；排查项目管理，检查项目业主管理是否规范，制度是否健全，工程有无转包和违法分包，质量和安全责任制是否落实，监理工作是否到位，试验检测数据是否真实、可靠；排查工程实体质量，尤其是检查结构物强度等，要按规范要求进行现场取样检验；排查工程原材料，检查原材料是否合格，特别是钢材、砂石、水泥的规格和质量是否符合规范要求；排查施工工艺，检查是否严格按施工工艺操作，是否满足工程质量保证和安全生产的要求。要落实项目审批、勘察设计、施工、监理和业主等单位的责任，对查出的问题，要督促有关单位逐项制定具体措施，落实整改责任，认真彻底地加以整改消除。对问题严重的，要责令其停工处理。同时，要加大农村公路建设的投入，扎实开展危险路段整治和危桥改造，切实保障人民群众安全出行。

（4）加强和改进农村安全生产工作。茂名市、高州市要落实地方政府属地监管责任，加大安全生产投入，加强镇级和村居安全监管体系建设，改进镇街干部驻村包片工作，健全完善委托镇街安全生产行政执法、安全检查巡查报告、重大事故隐患举报奖励等制度，夯实基层安全生产基础。要针对农村安全生产工作的特点，突出农村交通、农村建设、农村消防等重点，组织指导村居认真开展交通、用电、用火等日常生活以及建房修路、农业劳动、生产经营等生产活动安全自查自纠，及时消除事故隐患。要举一反三，深化农村地区安全生产大检查，加大村居房屋、农用机械、中小学校舍、烟花爆竹经营储存使用、危化品运输、油气长输管道安全以及“三小”场所、“三合一”、家庭小作坊消防安全等监督检查力度，依法取缔关闭非法违法或不具备安全生产条件的各类小厂小矿和工程项目作业点，切实用事故教训推动安全生产工作。要开展全民安全宣传教育，大力推进安全知识进村居、进工地、进校园，加强对安全生产领域的农村干部、企业主、农民工的教育培训，提高农村地区干部群众的安全意识和防护能力。要整合村居安全、社会治安、医疗救护等救援力量，建立统一领导、协调有序、运转高效的农村安全生产应急处置工作机制，定期组织应急演练，确保事故发生后，做到有力组织指挥、科学安全应对、有序有力有效施救。

（5）提升安全生产法治水平。茂名市、高州市要认真检讨基层尤其是部分镇街、村居安全生产工作中法治意识淡薄、有法不依、执法不严、违法不究等严重问题，采取有效措施大力提升安全生产法治水平。要加强镇级政府领导依法行政的意识和能力，完善重大行政决策合法性审查、集体决定和绩效评价制度，规范审批、用章等行政管理行为。要继续深化简政强镇事权改革，加强机构编制、经费保障、执法程序等安全监管机制建设，努力使机构设置、人员配备与安全生产工作任务相适应。要健全镇级政府与农村群众自治有效衔接和良性互动的机制，指导农民群众共同做好安全生产工作，及时发现并纠正安全生产非法违规行为。要提高发展质量和水平，更加注重改善民生，重视并解决群众反映强烈的交通出行等生产生活困难和安全生产突出问题。要加强对权力运行的制约和监督，加快推进政务村务信息公开，强化基层行政执法履职情况的监督检查，严肃查处违法违纪和失职渎职行为。要结合深入开展群众路线教育实践活动，改进工作作风，确保安全生产各项措施在基层得到有效落实，有效防范和坚决遏制重特大事故的发生。

其他事故

上海外滩陈毅广场“12·31”拥挤踩踏事件

2014年12月31日23时35分，上海市黄浦区外滩陈毅广场东南角通往黄浦江观景平台的人行通道阶梯处发生拥挤踩踏，造成36人死亡，49人受伤。

一、事件发生地基本情况

（一）外滩风景区

外滩风景区是黄浦区辖区内的公共区域，东起黄浦江防汛墙、西至中山东一路和中山东二路西侧人行道、南起东门路北侧人行道、北至苏州河南岸，面积3.1平方千米。

（二）陈毅广场

陈毅广场位于外滩风景区中部（与中山东一路335号至309号段隔路相望）、与南京东路东端相邻、与中山东一路相连，公共活动面积约2877平方米。陈毅广场通过大阶梯及大坡道连接的黄浦江观景平台，是外滩风景区最佳观景位置。此外，陈毅广场附近交通便捷，距离轨道交通2号线、10号线南京东路站约580米，是外滩风景区人员流量最大、密度最高的区域。

（三）拥挤踩踏事发现场

事发现场位于陈毅广场东南角通往黄浦江观景平台的上下人行通道阶梯处。阶梯自上而下分为两组共17级，两组阶梯间距2.3米，阶梯两侧有不锈钢条状扶手。阶梯宽度6.2米，最高处距地面高度3.5米，纵深8.4米。

（四）外滩风景区周边情况

外滩风景区东侧黄浦江对岸是上海东方明珠和新落成的上海中心等标志性建筑所在的浦东陆家嘴地区，西侧沿中山东一路有外滩历史建筑群，并与延安东路、广东路、元芳弄、福州路、汉口路、九江路、南京东路、滇池路、北京东路、南苏州路等道路相通。市民游客可沿阶梯上至观景平台，观看黄浦江两岸景观灯和建筑群。

外滩源位于中山东一路33号，邻近外滩风景区，与陈毅广场步行距离约550米，是事发当晚新年倒计时活动的举办地点。

二、新年倒计时活动变更和准备情况

（一）新年倒计时活动变更的有关情况

2011年起，黄浦区政府、上海市旅游局和上海广播电视台连续三年在外滩风景区举办新年倒计时活动。鉴于在安全等方面存在一定的不可控因素，黄浦区政府经与上海市旅游局、上海广播电视台协商后，于2014年11月13日向市政府请示，新年倒计时活动暂停在外滩风景区举行，将另择地点举行，活动现场观众将控制在3000人左右，主办单位是黄浦区政府和上海广播电视台。对此，市政府同意暂停在外滩风景区举办新年倒计时活动，并就另择地点举办的活动，明确要求“谁主办、谁负责”，坚决落实属地管辖，切实把责任落到实处。

2014年12月9日黄浦区政府第76次常务会议决定，2015年新年倒计时活动在外滩源举行，具体由黄浦区旅游局承办。同时，要求区有关部门落实活动的各项保障措施。12月26日，黄浦公安分局作出大型群众性活动安全许可决定书，同意区旅游局举办新年倒计时活动的申请。

（二）黄浦区有关准备情况

1. 黄浦区政府

2014年12月9日黄浦区政府第76次常务会议明确：“区公安分局要会同区市政委（即黄浦区市政管理委员会，以下简称‘黄浦区市政委’）等部门做好活动预案，尽快梳理活动当天全区范围内各

类迎新活动，认真研究应对方案，做到统筹协调、有序安排，合理部署各类保障力量，确保外滩、人民广场、新天地等重点地区安全有序。”12 月 31 日当晚，黄浦区政府未严格落实 24 小时专人值班和领导带班制度。

2. 黄浦公安分局

12 月 25 日，黄浦公安分局制定了新年倒计时活动安全保卫工作方案，主要内容是成立新年倒计时活动安保工作指挥部，下设现场管控、外滩及南京路沿线秩序维护两个分指挥部。新年倒计时活动共安排安保警力 771 名、主办方保安 180 名。其中，外滩、南京路沿线秩序维护警力 350 名（陈毅广场60 名，阶梯处7 名），其余警力分别用于外滩源活动现场管控、反恐处突、综合保障、公共安全管理、机动力量武警等。

3. 黄浦区市政委

12 月 31 日，黄浦区市政委及其下设的黄浦区外滩风景区管理办公室，共安排了 108 名城市管理执法人员和社会辅助力量，参加外滩风景区中班时段的管理工作（中班日常工作时间为 14 时 15 分至 22 时 15 分，当日安排工作时间为 14 时 15 分至次日凌晨 1 时）。

4. 黄浦区旅游局

2014 年 12 月 9 日黄浦区政府第 76 次常务会议，通过了黄浦区旅游局制定的在外滩源举办的新年倒计时活动方案。12 月 30 日上午 9 时 30 分，黄浦区新闻办召开新闻发布会，由黄浦区旅游局对外发布了新年倒计时活动信息。

（三）上海市公安局有关工作情况

2014 年 12 月 19 日、24 日，上海市公安局先后召开两次党委会议，专题研究部署元旦春节安保维稳工作。12 月 25 日、28 日，又召开各公安分局领导专题会议，转发公安部《关于切实做好 2015 年元旦春节期间安保维稳工作的通知》，就做好元旦春节安保维稳工作提出明确要求。12 月 30 日，上海市公安局主要领导在安保维稳工作动员部署视频会上强调，上海中心的亮灯和灯光秀仪式可能造成陆家嘴、外滩等相关区域短时间内游客大量聚集，要按照“一活动一方案”“一点一方案”的要求，制定周密的安保工作方案和应急处置预案，加强活动现场警力配置。

三、事件发生和应急处置及救援情况

（一）事件发生经过

22 时 37 分，外滩陈毅广场东南角北侧人行通道阶梯处的单向通行警戒带被冲破以后，现场值勤民警竭力维持秩序，仍有大量市民游客逆行涌上观景平台。23 时 23 分至 33 分，上下人流不断对冲后在阶梯中间形成僵持，继而形成“浪涌”。23 时 35 分，僵持人流向下的压力陡增，造成阶梯底部有人失衡跌倒，继而引发多人摔倒、叠压，致使拥挤踩踏事件发生。

（二）现场救援情况

23 时 35 分拥挤踩踏事件发生后，在现场维持秩序的民警试图与市民游客一起将临近的摔倒人员拉出，但因跌倒人员仍被上方的人流挤压，多次尝试均未成功。此后，阶梯处多位市民游客在他人帮助下翻越扶手，阶梯上方人流在民警和热心的市民游客指挥下开始后退，上方人员密度逐步减小，民警和市民游客开始将被拥挤踩踏的人员移至平地进行抢救。许多市民游客自发用身体围成人墙，辟出一条宽约 3 米的救护通道。现场市民游客中的医生、护士都自发加入了抢救工作，对有生命体征的受伤人员进行紧急抢救。

23 时41 分22 秒起，上海市 120 医疗急救中心陆续接到急救电话。23 时 49 分起，先后有 19 辆救护车抵达陈毅广场，第一时间开展现场救治和伤员转运。上海市公安局及黄浦公安分局迅速开辟应急通道，调集警用、公交及其他社会车辆，将受伤市民游客就近送至瑞金医院、长征医院、上海市第一人民医院和黄浦区中心医院抢救。同时，迅速组织力量千方百计收集伤亡人员信息，及时联系伤亡人员所在单位和家属。

（三）事发后应急处置与善后情况

事件发生后，上海市委、市政府主要领导迅速赶赴现场指挥应急处置工作，并分别赶往医院看望慰问受伤人员和伤亡人员家属。同时，连夜召开紧急会议，决定成立医疗救治、善后处置等专项工作组和联合调查组，各组当即开展工作。

调动全市优质医疗资源全力以赴救治伤员，在专家会诊评估的基础上，按照“一人一方案、一人一专家”的要求，逐一明确医疗方案，尽一切可能挽救生命，截至2015 年1 月20 日，49 名伤者中已有46 人经诊治后出院（包括13 名重伤员中的11 人），3 名伤员（2 名重伤、1 名轻伤）仍在院治疗。通过多种途径尽快确认伤亡人员身份，及时向社会公布遇难者名单，并对出院伤者进行随访。指派专人全力做好伤亡人员家属的接待、安抚，组织专业人士对受伤人员和伤亡人员家属进行心理疏导。通过组织集体采访、书面发布、“上海发布”政务微博及微信等形式，及时向媒体和社会发布相关信息。

2015 年 1 月 1 日上午，上海市委、市政府召开全市党政负责干部紧急会议，全面部署各项善后工作和全市面上安全防范工作，并在会议开始前向遇难者表示深切哀悼。1 月 4 日，市领导分别参加市十四届人大三次会议各代表团会前组团活动和市政协十二届三十八次主席会议，会前全体与会人员肃立默哀，向遇难者表示深切哀悼。1 月 7 日，市委、市政府召开全市安全工作会议，要求全面开展各类安全隐患排摸，针对薄弱环节和短板，一个一个认真梳理，一件一件细致解决，切实做好人员密集场所的安全管理工作。

四、原因分析

对事发当晚外滩风景区特别是陈毅广场人员聚集的情况，黄浦区政府和相关部门领导思想麻痹，严重缺乏公共安全风险防范意识，对重点公共场所可能存在的大量人员聚集风险未作评估，预防和应对准备严重缺失，事发当晚预警不力、应对措施不当，是这起拥挤踩踏事件发生的主要原因。

（一）对新年倒计时活动变更风险未作评估

大量市民游客认为外滩风景区仍会举办新年倒计时活动，南京路商业街和黄浦江对岸的上海中心、东方明珠等举办的相关活动吸引了部分市民游客专门至此观看。对此，黄浦区政府在新年倒计时活动变更时，未对可能的人员聚集安全风险予以高度重视，没有进行评估，缺乏应有认知，导致判断失误。

（二）新年倒计时活动变更信息宣传严重不到位

新年倒计时活动变更后，主办单位应当提前向社会充分告知活动信息。但是，直至 12 月 30 日，黄浦区旅游局才对外正式发布了新年倒计时活动信息，对“外滩”与“外滩源”的区别没有特别提醒和广泛宣传，信息公告不及时、不到位、不充分。

（三）预防准备严重缺失

黄浦公安分局未按照黄浦区政府常务会议要求，在编制的新年倒计时活动安全保卫工作方案中，仅对外滩源新年倒计时活动进行了安全评估，未对外滩风景区安全风险进行专门评估。黄浦公安分局仅会同黄浦区市政委等有关部门在外滩风景区及南京路沿线布置了 350 名民警、108 名城市管理和辅助人员、100 名武警，安保人员配置严重不足。

（四）对监测人员流量变化情况未及时研判、预警，未发布提示信息

12 月 31 日 20 时至事件发生时，外滩风景区人员流量呈上升趋势。黄浦公安分局指挥中心未严格落实上海市公安局指挥中心每半小时上报人员流量监测情况的工作要求，也未及时向黄浦区委区政府总值班室报告。黄浦公安分局对各时段人员流量快速递增的变动情况未及时采取有效措施，未报请黄浦区政府发布预警，控制事态发展。对上海市公安局多次提醒的形势研判要求，未作响应。

（五）应对处置不当

针对事发当晚持续增加的人员流量，在现场现有警力配备明显不足的情况下，黄浦公安分局只对警力部署作了部分调整，没有采取其他有效措施，一直未向黄浦区政府和上海市公安局报告，未向上海市公安局提出增援需求，也未落实上海市公安局相关指令，处置措施不当。上海市公安局对黄浦公安分局处置措施不当指导监督不到位。黄浦区政府未及时向市政府报送事件信息。

五、事件性质

这是一起对群众性活动预防准备不足、现场管理不力、应对处置不当而引发的拥挤踩踏并造成重大伤亡和严重后果的公共安全责任事件。

六、责任分析

按照依法依规严肃问责的要求，依据《中华人民共和国突发事件应对法》《上海市实施〈中华人民共和国突发事件应对法〉办法》《上海市外滩风景区综合管理暂行规定》等法律法规和政府规章，以及市、区相关部门的“三定方案”，黄浦区政府和相关部门对这起事件负有不可推卸的责任。责任分析如下：

（一）黄浦区政府对事件负有主要管理责任

黄浦区政府依法负责本行政区域内的突发事件应急管理的领导工作。对新年倒计时活动场所变更

后的风险预判不足；对包括黄浦公安分局、黄浦区市政委等相关部门落实黄浦区政府常务会议要求的情况未进行检查督促；未建立健全预警机制；未严格按照中办、国办的要求“严格执行24小时专人值班和领导带班制度”；事件发生后，未按规定及时向市政府报告。

（二）黄浦公安分局对事件负有直接管理责任

黄浦公安分局负责本行政区域内重大节庆、重要人员密集场所的安全保卫工作方案和专项安全保卫应急预案的制定与实施。未落实黄浦区政府常务会议提出的具体要求，未研究制定专门的应对方案；对12月31日监测到的人员流量变化情况风险评估不足，未及时提出预警；应对处置措施不到位；未及时向本级政府和上级主管部门报送突发事件信息；对上级主管部门的要求执行不力。

（三）黄浦区市政委对事件负有管理责任

黄浦区市政委负责本行政区域内市容市貌和外滩风景区等重要地区的管理。未落实黄浦区政府常务会议提出的具体要求。

（四）黄浦区旅游局对事件负有管理责任

黄浦区旅游局负责本行政区域内旅游经营活动的指导和监督管理。作为历年新年倒计时活动以及2015年新年倒计时活动的承办方，对活动场所变更风险未充分评估，变更信息向社会公众告知不充分。

（五）黄浦区外滩风景区管理办公室对事件负有管理责任

黄浦区外滩风景区管理办公室具体负责外滩风景区内市容景观等公共事务管理的组织和协调工作。未具体落实黄浦区政府常务会议提出的工作要求。未依法制定外滩风景区域内相应的应急预案。

（六）上海市公安局对事件负有指导监督管理责任

上海市公安局负责全市范围内公共场所安全保卫工作的指导监督管理。对黄浦公安分局落实上海市公安局“‘一点一方案’，制定周密的安保工作方案和应急处置预案，加强活动现场警力配置”的要求监督检查不到位；对黄浦公安分局12月31日外滩风景区安全保障工作的检查指导督促不够。

七、对事件有关责任人员的处理结果

（1）周××，上海市委委员，黄浦区区委书记。对事件负主要领导责任。事发当夜在参加新年倒计时活动后，违反中央八项规定精神，公款吃喝，造成十分恶劣的社会影响。给予撤销党内职务处分。

（2）彭××，黄浦区区委副书记、区长。对事件负主要领导责任。事发当夜在参加新年倒计时活动后，违反中央八项规定精神，公款吃喝，造成十分恶劣的社会影响。给予撤销党内职务、行政撤职处分。

（3）周××，黄浦区副区长，黄浦公安分局党委书记、局长。对事件负主要领导责任。给予撤销党内职务、行政撤职处分。

（4）吴××，黄浦区区委常委、副区长，分管旅游工作。对事件负主要领导责任。事发当夜在参加新年倒计时活动后，违反中央八项规定精神，公款吃喝，造成十分恶劣的社会影响。给予党内严重警告、行政降级处分。

（5）陈××，黄浦公安分局党委委员、副局长。对事件负主要领导责任。给予撤销党内职务、行政撤职处分。

（6）陈××，黄浦公安分局党委委员、局长助理兼指挥处处长。对事件负重要领导责任。给予行政记过处分。

（7）徐××，黄浦区市政管理党工委副书记、市政管理委员会主任、区城管行政执法局局长。对事件负重要领导责任。给予行政记过处分。

（8）孙××，黄浦区旅游局党组副书记、局长。对事件负重要领导责任。给予行政记过处分。

（9）周××，黄浦区市政管理工作委员会调研员，外滩风景区管理办公室负责人。对事件负重要领导责任。给予行政记过处分。

（10）陈××，上海市公安局指挥部副主任，分管上海市公安局指挥中心。对事件负重要领导责任。给予行政记大过处分。

（11）余××，上海市公安局指挥中心主任，负责上海市公安局指挥中心工作。对事件负重要领导责任。给予行政记大过处分。

责成黄浦区政府向市政府作出深刻检查。

八、整改措施

这起公共安全责任事件，后果极其严重，社会影响极其恶劣，教训极其深刻。必须时刻牢记，维护人民群众生命财产安全和城市运行安全，是政府法定的职责和应尽的义务。事件调查结果警示我们，领导干部思想麻痹是城市公共安全的最大隐患，安全责任落实不力是城市公共安全的最大威胁。事件调查结果告诫我们，各级政府和领导干部必须时刻把人民群众生命财产安全放在第一位，不能有丝毫侥幸，不能有丝毫疏忽，不能有丝毫懈怠，必须以对党和人民极端负责的精神，不遗余力、竭尽全力、殚精竭力，切实保护好人民群众生命财产安全，切实维护好城市运行安全，切实履行好党和人民赋予的神圣使命。在对事件原因进行深入剖析的基础上，联合调查组提出以下整改措施：

（一）切实落实安全责任制，大力增强“红线”意识、“底线”意识

要真正把安全作为不能触碰、不能逾越的高压线，把“红线”“底线”作为守护生命安全的保护线。按照“党政同责、一岗双责、齐抓共管”的要求，进一步健全安全责任体系，全面落实管行业必须管安全、管业务必须管安全、管生产经营必须管安全，切实把安全责任逐级落实到基层、落实到岗位、落实到人头。要严格落实政府部门监管责任，进一步落实区县、乡镇属地管理责任，依法强化企业安全生产主体责任，切实做到守土有责、守土负责、守土尽责，坚决把好每道安全关。

（二）切实加强对大人流场所和活动的安全管理，进一步落实和完善相关制度规定

这起事件暴露出本市公共安全管理方面仍然存在盲点，特别是对无主办单位的大型群众性活动安全风险评估不足、准备不充分，存在管理空白。要按照国务院《大型群众性活动安全管理条例》，对大型群众性活动严格依法审批，切实落实相应监管和防范措施。尽快制定出台本市大型群众性活动安全管理实施办法，加强对公共场所群众自发聚集活动管理，填补无组织群众活动的管理空白。对照国家旅游局日前下发的《景区最大承载量核定导则》，本市各景区要抓紧核算游客最大承载量，制定游客流量控制预案。各区县、各部门和单位要按照“分类管理、分级负责、属地为主”的要求，坚持预防为主、关口前移、重心下沉。在6月底前完成对旅游景点、商业设施、体育场馆、娱乐场所、公园、学校、地铁、机场、车站、码头等人员密集场所的公共安全检查，梳理风险隐患清单，落实整改治理措施。要督促相关经营和管理单位制定应急预案，明确最大人流承载量、限流措施和疏散路线等具体内容，做到“有组织活动有预案，群众自发活动也要有预案”，尤其对活动变更要做好风险评估、信息发布等工作。要根据应急预案，落实活动场所的供水供电、临时厕所、移动通信等基本保障措施。各区县要在年底前对涉及公共安全的重要场所进行全面梳理和评估，符合条件的要建立区县级基层应急管理单元，明确管理单元牵头主体，做实特定区域应急管理工作。

（三）切实加强监测预警，进一步提升突发事件防范能力

这起事件反映出，相关管理部门对监测信息研判不够、对人群高度密集产生的后果估计不足。要健全“谁主管、谁监测，谁预警、谁发布”的预警管理机制，针对不同突发事件，完善预警标准和响应措施。进一步加强重点环节、重点领域和重要时段的现场情况监测，结合大规模人员聚集、大流量交通等情况变化，加强分析研判，及时发现苗头性、趋势性问题，及时启动相关应急预案，采取限流、划定区域、单向通行等交通管控措施，重点加强台阶、扶梯、连接通道等特定区域的人员流动管理。要适时在全市重要场所设立显示屏和高音喇叭等安全提示设施，充分利用应急广播、新闻媒体、网络等平台发布预警信息和相关提示，规范引导市民游客采取合理避险措施。要利用大数据加快构建全市统一的公共安全信息平台，实现信息共享，进一步加强预警信息沟通。

（四）切实加强应急联动，进一步强化应急处置能力

这起事件表明，“条块分割、条线分割、各自为政”依然是城市运行管理亟需破解的难题。要结合这起事件教训，近期抓紧组织修订本市突发事件应急联动处置暂行办法，进一步规范本市应急联动体制机制和响应程序，强化指挥协同，提升应急联动处置效能。要加强应急队伍训练和管理，组织开展实战化应急演练，特别是要针对轨道交通、高层建筑、危险化学品、人员密集场所等开展专项处置和救援训练及演练，确保现场处置和救援有序高效。各区县政府、各有关部门和单位要认真执行值班值守制度，严格落实重要节假日及重大活动前后领导值班带班制度。要按照突发事件信息报告规定的时限要求，向同级和上级政府总值班室报告，避免信息迟报、漏报，杜绝谎报、瞒报。

（五）切实加强宣教培训，进一步提升全社会公共安全意识和能力

加强人民群众的公共安全教育是各级政府的一项重要工作，需要常抓不懈。要充分发挥“5·12”防灾减灾日等公共安全宣传活动作用，依托传统媒体和新媒体，开展公共安全知识普及。要扎实推进公共安全宣传教育工作“进社区（乡村）、进企业、进学校”，鼓励市民积极参与社区（乡村）组织的防灾宣传活动，督促企事业单位组织职工开展应急技能培训和实战演练，加强大中小学安全教育，增强青少年学生安全意识和自救、互救能力。加紧研究制定本市院前急救地方性法规。要加强以急救知识为核心的应急技能培训，不断提高急救专业资质人员比例。推动市民参与应急演练和宣传教育，共同树立忧患意识，增强安全防范知识，提高突发事件应对能力。

第十五部分

国务院办公厅、国务院安委会文件，有关部门规章、文件和地方性法规、规章及文件

国务院、国务院办公厅和国务院安委会文件（目录）

国务院办公厅关于加强城市地下管线建设管理的指导意见（国办发〔2014〕27号）

国务院办公厅关于实施公路安全生命防护工程的意见（国办发〔2014〕55号）

国务院办公厅关于加快应急产业发展的意见（国办发〔2014〕63号）

国务院办公厅关于同意将1－苯基－2－溴－1－丙酮和3－氧－2－苯基丁腈列入易制毒化学品品种目录的函（国办函〔2014〕40号）

国务院办公厅关于印发推进长江危险化学品运输安全保障体系建设工作方案的通知（国办函〔2014〕54号）

国务院安委会关于山东省青岛市“11·22”中石化东黄输油管道泄漏爆炸特别重大事故的通报（安委〔2014〕1号）

国务院安委会关于下达2014年全国安全生产控制指标的通知（安委〔2014〕2号）

国务院安委会关于安全生产重点工作专项督查和整治情况的通报（安委〔2014〕3号）

国务院安委会关于印发落实国务院安委会督查组建议分工方案的通知（安委〔2014〕4号）

国务院安委会关于印发在北京等8省份开展全面深化安全生产领域改革试点方案的通知（安委〔2014〕5号）

国务院安委会关于集中开展“六打六治”打非治违专项行动的通知（安委〔2014〕6号）

国务院安全生产委员会关于深入开展油气输送管道隐患整治攻坚战的通知（安委〔2014〕7号）

国务院安全生产委员会关于加强企业安全生产诚信体系建设的指导意见（安委〔2014〕8号）

国务院安全生产委员会关于开展劳动密集型企业消防安全专项治理工作的通知（安委〔2014〕9号）

国务院安委会关于开展安全生产重点工作专项督查的通知（安委明电〔2014〕1号）

国家安全生产监督管理总局、国家煤矿安全监察局规章及文件（目录）

1. 部门规章

食品生产企业安全生产监督管理暂行规定（国家安全生产监督管理总局令　第66号）

非煤矿山企业安全生产十条规定（国家安全生产监督管理总局令　第67号）

严防企业粉尘爆炸五条规定（国家安全生产监督管理总局令　第68号）

有限空间安全作业五条规定（国家安全生产监督管理总局令　第69号）

企业安全生产风险公告六条规定（国家安全生产监督管理总局令　第70号）

道路运输车辆动态监督管理办法（交通运输部　公安部　国家安全监管总局令2014年第5号）

2. 综合监管

（1）综合协调

中共国家安全监管总局党组关于印发严格执行《党政机关厉行节约反对浪费条例》十项规定的通知（安监总党〔2014〕7号）

中共国家安全监管总局党组关于调整总局反腐倡廉工作领导小组暨惩治和预防腐败体系建设工作领导小组组成人员的通知（安监总党〔2014〕13号）

中共国家安全监管总局党组关于2014年党风廉政建设工作任务分工的意见（安监总党〔2014〕14号）

中共国家安全监管总局党组关于印发贯彻落实《建立健全惩治和预防腐败体系2013—2017年工作规划》实施办法的通知（安监总党〔2014〕15号）

中共国家安全监管总局党组关于2014—2017年安全监管监察干部教育培训工作的实施意见（安监总党〔2014〕18号）

中共国家安全监管总局党组关于创新体制机制强化安全生产网络舆论工作的通知（安监总党〔2014〕19号）

中共国家安全监管总局党组关于印发选拔任用干部工作办法的通知（安监总党〔2014〕20号）

中共国家安全监管总局党组关于印发严格落实完善党员干部直接联系群众制度规定的通知（安监总党〔2014〕21号）

中共国家安全监管总局党组关于在全国安全监管监察系统组织开展反腐倡廉“警示教育周”活动的通知（安监总党〔2014〕22号）

中共国家安全监管总局党组关于印发《严格财务管理九条规定》的通知（安监总党〔2014〕26号）

中共国家安全监管总局党组关于落实党风廉政建设“两个责任”的意见（安监总党〔2014〕28号）

中共国家安全监管总局党组关于进一步加强领导干部交流工作的意见（安监总党〔2014〕30号）

中共国家安全监管总局党组关于深入学习贯彻党的十八届四中全会精神的通知（安监总党〔2014〕34号）

中共国家安全监管总局党组关于加强领导班子和干部队伍建设的意见（安监总党〔2014〕38号）

国家安全监管总局关于印发2014年工作要点的通知（安监总办〔2014〕19号）

国家安全监管总局关于印发总局工作规则的通知（安监总办〔2014〕20号）

国家安全监管总局关于印发专项资金支出绩效审计暂行办法的通知（安监总财〔2014〕26号）

国家安全监管总局关于印发督查工作规则（暂行）的通知（安监总办〔2014〕35号）

国家安全监管总局关于印发转变作风强化工作落实

若干规定的通知（安监总办〔2014〕40号）

国家安全监管总局关于印发事业单位公开招聘人员暂行规定的通知（安监总人事〔2014〕47号）

国家安全监管总局关于印发企业安全生产标准化评审工作管理办法（试行）的通知（安监总办〔2014〕49号）

国家安全监管总局关于印发职称评审工作实施细则的通知（安监总人事〔2014〕91号）

国家安全监管总局　国家煤矿安监局关于印发煤矿金属非金属矿山“六打六治”打非治违专项行动方案的通知（安监总办〔2014〕100号）

国家安全监管总局关于落实严禁党政机关到风景名胜区开会规定的通知（安监总办〔2014〕109号）

国家安全监管总局关于印发加强督促检查工作规定的通知（安监总办〔2014〕115号）

国务院安委会办公室　国家安全监管总局关于印发致全国企业负责人公开信的通知（安委办〔2014〕21号）

国家安全监管总局办公厅关于印发《关于进一步精简文件改进文风的意见》等三项工作规定的通知（安监总厅〔2014〕44号）

国家安全监管总局办公厅关于加强和规范差旅费管理的通知（安监总厅财〔2014〕47号）

国家安全监管总局办公厅关于加强安全监管监察档案工作的意见（安监总厅〔2014〕56号）

国家安全监管总局办公厅关于印发视频会议管理暂行办法的通知（安监总厅〔2014〕59号）

国家安全监管总局办公厅关于加强政府网站安全管理的通知（安监总厅〔2014〕66号）

国家安全监管总局办公厅关于实行安全监管监察档案工作情况统计年报制度的通知（安监总厅〔2014〕68号）

国家安全监管总局办公厅关于举办第七届中国国际安全生产论坛暨中国国际安全生产及职业健康展览会的通知（安监总厅国际〔2014〕74号）

国家安全监管总局办公厅关于印发《安全生产工作国家秘密定密管理暂行办法》的通知（安监总厅〔2014〕89号）

（2）政策研究与执法监督

国家安全监管总局关于印发2014—2015年立法规划的通知（安监总政法〔2014〕5号）

国家安全监管总局办公厅关于印发开门立法工作制度的通知（安监总厅政法〔2014〕5号）

国家安全监管总局办公厅关于建立健全安全生产“四不两直”暗查暗访工作制度的通知（安监总厅〔2014〕96号）

（3）规划科技

国家安全监管总局关于成立总局技术委员会的通知（安监总办〔2014〕10号）

国家安全监管总局　国家发展改革委　工业和信息化部　住房城乡建设部　国家能源局关于加强城乡规划和建筑、管线工程设计安全管理工作的通知（安监总规划〔2014〕55号）

国家安全监管总局　国家煤矿安监局关于进一步规范煤矿设备检测检验收费行为减轻企业负担的通知（安监总规划〔2014〕90号）

国家安全监管总局关于印发中央预算内投资建设项目管理办法的通知（安监总规划〔2014〕92号）

国家安全监管总局关于增补技术委员会委员的通知（安监总办〔2014〕102号）

国家安全监管总局关于公布第五届国家安全生产专家组组成人员名单的通知（安监总办〔2014〕114号）

国家安全监管总局关于印发安全科技“四个一批”项目管理办法的通知（安监总科技〔2014〕128号）

国家安全监管总局办公厅关于进一步严格控制政府性楼堂馆所和办公用房建设的通知（安监总厅规划〔2014〕34号）

国家安全监管总局办公厅关于印发安全科技支撑平台建设与管理暂行办法的通知（安监总厅科技〔2014〕35号）

国家安全监管总局办公厅关于矿用安标产品生产企业专项检查情况的通报（安监总厅规划〔2014〕45号）

国家安全监管总局办公厅关于开展第六届安全生产科技成果奖申报推荐工作的通知（安监总厅科技〔2014〕50号）

国家安全监管总局办公厅关于开展安全生产科技支撑平台创建工作的通知（安监总厅科技〔2014〕51号）

国家安全监管总局办公厅关于印发《冶金等工贸行业企业安全生产预警系统技术标准（试

行)》的通知（安监总厅管四〔2014〕63号）

国家安全监管总局办公厅关于印发《依靠专家查隐患促整改工作制度》的通知（安监总厅〔2014〕73号）

国家安全监管总局办公厅关于印发安全生产科技项目管理规定的通知（安监总厅科技〔2014〕76号）

国家安全监管总局办公厅关于印发《安全生产监督管理信息隐患排查治理数据规范（修订)》等4项规范规则的通知（安监总厅规划〔2014〕97号）

国家安全监管总局办公厅关于印发同类多发生产安全事故技术原因分析与对策措施研究管理办法的通知（安监总厅科技〔2014〕102号）

国家安全监管总局办公厅　国家煤矿安监局办公室关于印发《煤矿瓦斯灾害防治科技发展对策（2014)》的通知（安监总厅规划〔2014〕110号）

国家安全监管总局办公厅　国家煤矿安监局办公室关于印发《煤矿水害防治科技发展对策(2014)》的通知（安监总厅科技〔2014〕116号）

国家安全监管总局办公厅关于印发安全生产专家库及入库专家管理办法的通知（安监总厅〔2014〕127号）

国家安全监管总局办公厅关于进一步做好煤矿矿用产品安全标志管理工作的通知（安监总厅规划函〔2014〕1号）

国家安全监管总局办公厅关于安全评价与检测检验机构专项督查情况的通报（安监总厅规划函〔2014〕11号）

国家安全监管总局办公厅关于印发2014年度安全科技攻关指南的通知（安监总厅科技函〔2014〕71号）

(4) 应急管理与调度统计

国家安全监管总局关于印发工矿商贸企业职业卫生监管统计制度的通知（安监总统计〔2014〕60号）

国家安全监管总局关于印发生产安全事故统计报表制度的通知（安监总统计〔2014〕103号）

国家安全监管总局　国家煤矿安监局　中华全国总工会　共青团中央关于表彰第十届全国矿山救援技术竞赛优胜单位和个人的决定（安监总应急〔2014〕127号）

国家安全监管总局办公厅关于切实做好“两会”期间值班工作及进一步加强值班体系建设的通知（安监总明电〔2014〕5号）

国家安全监管总局办公厅关于认真做好当前值班值守和应急工作的紧急通知（安监总明电〔2014〕13号）

国家安全监管总局办公厅关于做好生产安全事故调查处理情况统计工作的通知（安监总厅统计〔2014〕10号）

国家安全监管总局办公厅关于进一步加强生产经营单位一线从业人员应急培训的通知（安监总厅应急〔2014〕46号）

国家安全监管总局办公厅关于印发安全生产非法违法企业信息发布管理办法的通知（安监总厅统计〔2014〕55号）

国家安全监管总局办公厅关于印发《生产安全事故应急处置评估暂行办法》的通知（安监总厅应急〔2014〕95号）

国家安全监管总局办公厅关于开展职业病危害防治评估工作的通知（安监总厅统计〔2014〕122号）

3. 安全生产监管

(1) 工作部署

国家安全监管总局关于加强非煤矿山外包工程安全管理工作的通知（安监总管一〔2014〕16号）

国家安全监管总局关于印发冶金等工贸行业小微企业安全生产标准化评定标准的通知（安监总管四〔2014〕17号）

国家安全监管总局关于开展“工作场所职业卫生监督执法年”活动的通知（安监总安健〔2014〕27号）

国家安全监管总局关于进一步严格危险化学品和化工企业安全生产监督管理的通知（安监总管三〔2014〕46号）

国家安全监管总局关于严防十类非煤矿山生产安全事故的通知（安监总管一〔2014〕48号）

国家安全监管总局关于进一步加强化学品罐区安全管理的通知（安监总管三〔2014〕68号）

国家安全监管总局等七部门关于印发全国尾矿库综合治理行动2013年工作总结和2014年重点工

作安排的通知（安监总管一〔2014〕69号）

国家安全监管总局关于建立和完善非煤矿山师傅带徒弟制度进一步提高职工安全素质的指导意见（安监总管一〔2014〕70号）

国家安全监管总局　工业和信息化部　公安部　交通运输部　国家质检总局关于在用液体危险货物罐车加装紧急切断装置有关事项的通知（安监总管三〔2014〕74号）

国家安全监管总局关于加强化工企业泄漏管理的指导意见（安监总管三〔2014〕94号）

国家安全监管总局　交通运输部　国务院国资委　国家铁路局关于印发《隧道施工安全九条规定》的通知（安监总管二〔2014〕104号）

国家安全监管总局关于加强化工安全仪表系统管理的指导意见（安监总管三〔2014〕116号）

国家安全监管总局关于对两条存在重大安全隐患原油管道实施停输的决定（安监总管三〔2014〕117号）

国家安全监管总局　工业和信息化部　公安部　交通运输部　国家质检总局关于明确在用液体危险货物罐车加装紧急切断装置液体介质范围的通知（安监总管三〔2014〕135号）

国家安全监管总局关于开展安全生产大检查“回头看”和当前安全生产工作专项督查的通知（安监总明电〔2014〕2号）

国家安全监管总局办公厅关于切实做好工矿商贸企业春季消防安全工作的通知（安监总明电〔2014〕3号）

国家安全监管总局办公厅关于进一步做好尾矿库汛期安全生产工作的通知（安监总明电〔2014〕6号）

国务院安委会办公室关于开展建筑施工预防坍塌事故专项整治“回头看”的通知（安委办〔2014〕8号）

国务院安委会办公室　国家安全监管总局关于做好汛期安全生产工作的通知（安委办〔2014〕9号）

国务院安委会办公室关于继续深入开展涉氨制冷企业液氨使用专项治理的通知（安委办〔2014〕10号）

国务院安委会办公室关于印发2014年安全隐患排查治理体系试点地区和企业建设方案的通知（安委办〔2014〕14号）

国务院安委会办公室关于做好重特大生产安全事故调查报告有关事故防范和整改措施建议落实工作的通知（安委办〔2014〕16号）

国务院安委会办公室关于认真汲取近期事故教训切实加强消防和道路交通安全工作的紧急通知（安委办明电〔2014〕1号）

国务院安委会办公室关于深刻吸取近期事故教训进一步加强安全生产工作的紧急通知（安委办明电〔2014〕3号）

国务院安委会办公室关于加强危险化学品道路运输和公路隧道安全工作的紧急通知（安委办明电〔2014〕4号）

国务院安委会办公室关于切实加强水上交通安全工作的紧急通知（安委办明电〔2014〕6号）

国务院安委会办公室关于深刻吸取近期事故教训进一步加强建筑施工安全生产工作的紧急通知（安委办明电〔2014〕8号）

国务院安委会办公室关于进一步加强汛期安全生产工作的紧急通知（安委办明电〔2014〕11号）

国务院安委会办公室关于开展汛期安全生产督查的通知（安委办明电〔2014〕13号）

国务院安委会办公室关于深入开展油气输送管线和城市燃气管网突发事件联合应急救援演练的通知（安委办明电〔2014〕14号）

国务院安委会办公室关于做好持续性大范围灾害性天气防范应对工作的紧急通知（安委办明电〔2014〕15号）

国务院安委会办公室关于切实加强城镇地面开挖和地下施工管理保障油气等危险化学品管道安全的紧急通知（安委办明电〔2014〕16号）

国务院安委会办公室关于深刻吸取江苏省昆山市“8·2”特别重大事故教训　深入开展安全生产专项整治的紧急通知（安委办明电〔2014〕19号）

国务院安委会办公室关于加强开发区安全生产工作的通知（安委办明电〔2014〕21号）

国务院安委会办公室　国家安全监管总局关于切实加强当前安全生产工作的通知（安委办明电〔2014〕24号）

国务院安委会办公室关于贯彻落实中办国办通知精神做好2015年元旦春节期间安全生产工作的通知（安委办明电〔2014〕27号）

国务院安委会办公室关于深入推进金属非金属矿山50个重点县（市、区）安全生产攻坚克难工作的通知（安委办函〔2014〕11号）

国务院安委会办公室关于印发22个烟花爆竹重点县（市、区）安全生产攻坚工作方案的通知（安委办函〔2014〕13号）

国务院安委会办公室关于进一步加强创建全国安全发展示范城市试点工作的通知（安委办函〔2014〕56号）

国务院安委会办公室关于2013年职业病危害防治评估情况的通报（安委办函〔2014〕57号）

国务院安委会办公室关于印发《集中整治道路危险化学品运输违法行为专项行动工作方案》的通知（安委办函〔2014〕59号）

国家安全监管总局关于开展烟花爆竹重点县（市、区）生产企业主要负责人谈心对话活动通知（安监总管三函〔2014〕50号）

国家安全监管总局办公厅关于印发《非煤矿山外包工程安全生产管理协议》文本格式的通知（安监总厅管一〔2014〕1号）

国家安全监管总局办公厅关于印发2013年中央国有资本经营预算安全生产保障能力建设专项资金项目装备清单的通知（安监总厅管一〔2014〕3号）

国家安全监管总局办公厅　全国总工会办公厅关于开展2014年全国职业病防治知识竞赛的通知（安监总厅安健〔2014〕30号）

国家安全监管总局办公厅关于开展工贸企业有限空间作业条件确认工作的通知（安监总厅管四〔2014〕37号）

国家安全监管总局办公厅关于印发职业卫生技术服务机构工作规范的通知（安监总厅安健〔2014〕39号）

国家安全监管总局办公厅关于禁止烟花爆竹生产企业使用甲醇进行生产作业的通知（安监总厅管三〔2014〕40号）

国家安全监管总局办公厅　环境保护部办公厅关于开展尾矿库汛期安全生产和环境保护工作专项督查的通知（安监总厅管一〔2014〕61号）

国家安全监管总局办公厅关于印发化学品物理危险性鉴定与分类文书的通知（安监总厅管三〔2014〕65号）

国家安全监管总局办公厅关于印发企业非药品类易制毒化学品规范化管理指南的通知（安监总厅管三〔2014〕70号）

国家安监总局办公厅关于明确石油天然气管道安全监管有关事宜的通知（安监总厅管三〔2014〕78号）

国家安全监管总局办公厅关于印发化学品物理危险性鉴定机构条件的通知（安监总厅管三〔2014〕91号）

国家安全监管总局办公厅关于做好烟花爆竹旺季安全生产工作的通知（安监总厅管三〔2014〕92号）

国家安全监管总局办公厅关于印发光气及光气化产品安全生产管理指南的通知（安监总厅管三〔2014〕104号）

国家安全监管总局办公厅关于加强烟花生产用国储退役单基火药加工和使用安全监管的通知（安监总厅管三〔2014〕107号）

国家安全监管总局办公厅关于印发用人单位职业病危害告知与警示标识管理规范的通知（安监总厅安健〔2014〕111号）

国家安全监管总局办公厅关于坚决遏制岁末年初化工、危险化学品及烟花爆竹较大以上事故的通知（安监总厅管三〔2014〕112号）

国家安全监管总局办公厅关于印发危险化学品经营许可证样式及说明的通知（安监总厅管三〔2014〕118号）

国家安全监管总局办公厅关于劳动密集型加工等企业专项治理典型案例零报告地区抽查情况的通报（安监总厅管四〔2014〕125号）

国家安全监管总局办公厅关于金属非金属矿山安全现状评价和安全生产标准化有关问题的复函（安监总厅管一函〔2014〕14号）

国家安全监管总局办公厅关于印发冶金等工贸行业安全生产标准化一级企业评审人员培训大纲的通知（安监总厅管四函〔2014〕31号）

国家安全监管总局办公厅关于印发化学品物理危险性测试导则的通知（安监总厅管三函〔2014〕69号）

国家安全监管总局办公厅关于印发金属非金属矿产资源地质勘查坑探工程安全专篇编写提纲的通知（安监总厅管一函〔2014〕83号）

农业部　国家安全监管总局关于调整“平安农机”创建工作的通知（农机发〔2014〕1号）

交通运输部　国家安全监管总局关于开展水上交通安全“打非治违”专项整治活动的通知（交海发〔2014〕72号）

交通运输部　公安部　国家安全监管总局关于印发2014年“道路客运安全年”活动方案的通知（交运发〔2014〕85号）

交通运输部　公安部　国家安全监管总局关于认真贯彻落实《道路运输车辆动态监督管理办法》的通知（交运发〔2014〕117号）

国家能源局　国家安全监管总局关于印发《电力勘测设计企业、电力建设施工企业安全生产标准化规范及达标评级标准》的通知（国能安全〔2014〕148号）

国家能源局　国家安全监管总局关于印发《电网企业安全生产标准化规范及达标评级标准》的通知（国能安全〔2014〕254号）

公安部　教育部　安全监管总局关于组织开展农村地区校车接送学生车辆交通安全隐患排查整治工作的通知（公交管〔2014〕478号）

中央综治办　公安部　工业和信息化部　国家安全监管总局关于印发《全国危爆物品安全管理重点地区挂牌督办办法》的通知（公治〔2014〕577号）

国家质检总局办公厅　国家安全监管总局办公厅关于在部分大型起重机机械推广应用安全监控管理系统及继续深入开展示范试点工作的通知（质检办特联〔2014〕224号）

共青团中央办公厅　国家安全监管总局办公厅关于开展2014年度全国青年安全生产示范岗创建活动的通知（中青办联发〔2014〕5号）

商务部　国家安全监管总局　外交部　国家发展改革委　国务院国资委关于进一步加强境外中资企业安全生产监督管理工作的通知（商合函〔2014〕226号）

国家卫生计生委办公厅　人力资源社会保障部办公厅　国家安全监管总局办公厅　全国总工会办公厅关于开展2014年《职业病防治法》宣传周活动的通知（国卫办疾控函〔2014〕283号）

（2）事故通报

国家安全监管总局关于江苏省南通市如皋市双马化工有限公司“4·16”粉尘爆炸事故情况的通报（安监总管三〔2014〕34号）

国家安全监管总局关于湖南省醴陵市南阳出口鞭炮烟花厂“9·22”爆炸事故的通报（安监总明电〔2014〕15号）

国务院安委会办公室关于2014年春节期间全国安全生产情况的通报（安委办〔2014〕2号）

国务院安委会办公室关于四起火灾事故的通报（安委办〔2014〕5号）

国务院安委会办公室关于近期三起道路交通事故情况的通报（安委办〔2014〕13号）

国家安全监管总局办公厅关于中石油长庆油田安平179井钻井井场闪爆燃烧事故的通报（安监总厅管一〔2014〕90号）

国家安全监管总局办公厅关于今年以来非煤矿山生产安全事故情况的通报（安监总厅管一〔2014〕98号）

国家安全监管总局办公厅　公安部办公厅关于近期3起非法生产烟花爆竹较大爆炸事故的通报（安监总厅管三〔2014〕121号）

国务院安委会办公室关于山东寿光“11·16”重大火灾事故的通报（安委办函〔2014〕75号）

（3）事故处理

国家安全监管总局关于山东省青岛市“11·22”中石化东黄输油管道泄漏爆炸特别重大事故结案的通知（安监总管一〔2014〕7号）

国家安全监管总局关于晋济高速公路山西晋城段岩后隧道“3·1”特别重大道路交通危化品燃爆事故结案的通知（安监总管三〔2014〕50号）

国家安全监管总局关于沪昆高速湖南邵阳段“7·19”特别重大道路交通危化品爆燃事故结案的通知（安监总管二〔2014〕129号）

国家安全监管总局关于西藏拉萨“8·9”特别重大道路交通事故结案的通知（安监总管二〔2014〕131号）

国家安全监管总局关于江苏省苏州昆山市中荣金属制品有限公司“8·2”特别重大爆炸事故结案的通知（安监总管四〔2014〕141号）

4. 煤矿安全监察

（1）工作部署

国家安全监管总局　国家煤矿安监局关于开展

"千名干部与万名矿长谈心对话"活动的通知（安监总煤办〔2014〕6号）

国家安全监管总局　中华全国总工会　国家煤矿安监局关于全国煤炭系统十佳和优秀安全班组班组长特聘群监员的通报（安监总煤行〔2014〕13号）

国家安全监管总局等十二部门关于加快落后小煤矿关闭退出工作的通知（安监总煤监〔2014〕44号）

国家安全监管总局　国家煤矿安监局关于下达2014年煤炭行业标准制修订项目计划的通知（安监总煤装〔2014〕51号）

国家安全监管总局　国家煤矿安监局　国家发展改革委　国家能源局关于印发煤矿生产能力管理办法和核定标准的通知（安监总煤行〔2014〕61号）

国家安全监管总局　国家煤矿安监局关于进一步加强煤矿井下防灭火管理的通知（安监总煤装〔2014〕72号）

国家安全监管总局　国家煤矿安监局关于进一步加强和规范煤矿图纸管理和监管监察工作的通知（安监总煤调〔2014〕80号）

国家安全监管总局　国家煤矿安监局关于加强煤尘防治工作防范煤尘爆炸事故的紧急通知（安监总煤装〔2014〕85号）

国家安全监管总局　国家煤矿安监局关于印发煤矿安全监察执法监督办法（试行）的通知（安监总煤调〔2014〕93号）

国家安全监管总局　国家煤矿安监局关于印发50个重点县煤与瓦斯突出煤矿生产能力重新核定工作方案的通知（安监总煤行〔2014〕99号）

国家安全监管总局　国家煤矿安监局关于进一步加强资源整合技改煤矿建设项目安全监管监察工作的通知（安监总煤监〔2014〕125号）

国务院安委会办公室关于印发《全国集中开展煤矿隐患排查治理行动方案》的通知（安委办〔2014〕20号）

国家安全监管总局办公厅　国家煤矿安监局办公室关于加强煤矿井下防爆柴油机无轨胶轮车安全管理的通知（安监总厅煤装〔2014〕7号）

国家发展和改革委员会　国家安全监管总局　国家能源局　国家煤矿安监局关于加强煤矿井下生产布局管理控制超强度生产的意见（发改运行〔2014〕893号）

国家发展和改革委员会　国家安全生产监督管理总局　国家能源局　国家煤矿安全监察局公告（2014年第17号）

(2) 事故通报

国务院安委会办公室关于2014年以来六起煤矿重大事故的通报（安委办〔2014〕15号）

国务院安委会办公室关于近期两起瞒报谎报煤矿事故的通报（安委办函〔2014〕44号）

国务院安委会办公室关于近期三起煤矿重大事故的通报（安委办函〔2014〕52号）

国务院安委会办公室关于贵州省永贵能源开发公司新田煤矿"10·5"重大煤与瓦斯突出事故的通报（安委办函〔2014〕67号）

5. 宣传教育培训

国家安全监管总局关于印发特种作业安全技术实际操作考试标准及考试点设备配备标准（试行）的通知（安监总宣教〔2014〕139号）

国务院安委会办公室关于开展2014年全国"安全生产月"和"安全生产万里行"活动的通知（安委办〔2014〕7号）

国家安全监管总局办公厅关于印发全国安全培训信息管理平台总体实施方案的通知（安监总厅培训〔2014〕6号）

国家安全监管总局办公厅关于印发新闻发布制度的通知（安监总厅宣教〔2014〕27号）

国家安全监管总局办公厅关于印发总局机关信息公开办法的通知（安监总厅宣教〔2014〕28号）

国家安全监管总局办公厅关于印发《安全生产网络舆情应对预案》的通知（安监总厅宣教〔2014〕52号）

国家安全监管总局办公厅关于印发政务微博微信发布运行管理办法的通知（安监总厅宣教〔2014〕54号）

国家安全监管总局办公厅关于调整全国安全生产教育培训教材编审委员会组成人员的通知（安监总厅宣教〔2014〕85号）

教育部　国家安全监管总局关于加强化工安全人才培养工作的指导意见（教高〔2014〕4号）

国家安全监管总局办公厅关于做好2014年注册安全工程师执业资格考试有关工作的通知（安监总厅人事函〔2014〕58号）

6. 机构编制管理

中共国家安全监管总局党组关于成立总局全面深化改革领导小组的通知（安监总党〔2014〕9号）

国家安全监管总局办公厅关于印发总局全面深化改革2014年重点工作责任分工方案的通知（安监总厅〔2014〕23号）

国家安全监管总局办公厅关于调整油气管道安全监管职责的通知（安监总厅〔2014〕57号）

国家安全监管总局关于组建宣传教育办公室和设立督查室的通知（安监总办函〔2014〕2号）

国务院有关部门规章及文件（目录）

公安部

关于组织开展农村地区校车接送学生车辆交通安全隐患排查整治工作的通知（公安部、教育部、国家安全监管总局 公交管〔2014〕478号）

全国危爆物品安全管理重点地区挂牌督办办法（中央综治办、公安部、工业和信息化部、国家安全监管总局，公治〔2014〕577号）

交通运输部

道路运输车辆动态监督管理办法（交通运输部、公安部令、国家安全生产监督管理总局2014年第5号，2014年7月1日起实施）

营运客车安全例行检查技术规范（JT/T 893—2014，2014年9月1日起实施）

营运半挂车安全性能要求与检测方法（JT/T 885—2014，2014年9月1日起实施）

铁路技术管理规程（TG/01—2014，2014年6月29日发布，2014年11月1日起实施）

工业和信息化部

民爆安全生产少（无）人化专项工程实施方案（工信厅装〔2014〕271号）

中国民航局

限制数量危险品组合包装及包装件试验规范（MH/T 1057—2014，2014年2月28日发布，2014年5月1日起实施）

住房与城乡建设部

建筑施工企业主要负责人、项目负责人和专职安全生产管理人员安全生产管理规定（2014年6月25日发布，2014年9月1日起实施）

建筑施工安全生产标准化考评暂行办法（建质〔2014〕111号，2014年7月31日发布并实施）

关于印发《建筑施工项目经理质量安全责任十项规定（试行）》的通知（建质〔2014〕123号，2014年8月25日发布）

房屋建筑和市政基础设施工程施工安全监督规定（建质〔2014〕153号，2014年10月24日发布并实施）

农业部

中华人民共和国渔业船员管理办法（农业部令2014年第4号）

联合收货机械　安全标志（NY 2608—2014）

拖拉机　安全操作规程（NY 2609—2014）

谷物联合收割机　安全操作规程（NY 2610—2014）

国家能源局

关于印发《电力勘测设计企业、电力建设施工企业安全生产标准化规范及达标评级标准》的通知（国能安全〔2014〕148号）

关于印发《电网企业安全生产标准化规范及达标评级标准》的通知（国能安全〔2014〕254号，2014年6月10日发布）

电力监控系统安全防护规定（国家发展和改革委员会令第14号，8月1日公布，9月1日起实施）

关于印发《电力安全事件监督管理规定》的通知（国能安全〔2014〕205号，2014年5月10日发布）

加强电力工程质量监督管理工作的通知（国能安全

〔2014〕206号）

关于印发《电网安全风险管控办法（试行）》的通知（国能安全〔2014〕123号，2014年3月19日发布并实施）

关于印发《电力企业应急预案管理办法》的通知（国能安全〔2014〕508号，2014年11月27日发布）

国家质检总局特种设备局

气瓶安全技术监察规程（TSG R0006—2014，2014年9月5日发布）

行业主管单位文件（目录）

中国石油化工集团公司

个体劳动防护用品配备要求　第2部分：炼化企业（Q/SH 0096.2—2014）

劳动保护服装技术要求　通则（Q/SH 0587.1—2014）

劳动保护服装技术要求　油田（Q/SH 0587.2—2014）

劳动保护服装技术要求　炼化（Q/SH 0587.3—2014）

劳动保护服装技术要求　油品销售（Q/SH 0587.4—2014）

劳动保护服装技术要求　炼化工程（Q/SH 0587.5—2014）

中国石油天然气集团公司

安全生产和环境保护责任制管理办法（中油安〔2014〕13号）

总部安全生产与环境保护管理职责规定（中油安〔2014〕14号）

安全生产和环境保护指标考核细则（人事〔2014〕204号）

生产安全风险防控管理办法（中油安〔2014〕445号）

员工安全环保履职考评管理办法（中油安〔2014〕482号）

中国海洋石油总公司

安全环保责任事故累积记分暂行办法（海油总安〔2014〕67号）

中国航空工业集团公司

生产安全事故应急预案（航空质〔2014〕1678号）

中航工业安全生产标准化系列考评标准（质字〔2014〕49号）

建筑施工单位分包工作安全生产管理办法（质字〔2014〕118号）

职业健康监护管理办法（质字〔2014〕135号）

中国船舶工业集团公司

安全生产管理规定（试行）（2014年颁布）

生产安全事故应急预案（2014年颁布）

生产安全事故调查和责任追究实施办法（2014年颁布）

省、自治区、直辖市及部分计划单列市有关安全生产的地方性法规、规章及文件（目录）

北京市

地下有限空间作业安全技术规范　第3部分：防护设备设施配置（DB11/ 852.3—2014，2014年2月26日发布，2014年6月1日起实施）

天津市

天津市烟花爆竹安全管理办法（津政令第12号，2014年9月30日发布，2014年12月1日起实施）

天津市安全监管局关于印发《天津市职业卫生技

术服务机构管理办法》的通知（津安监管规〔2014〕6号）

天津市安全监管局关于印发《天津市安全生产行政处罚听证程序实施办法》的通知（津安监管法〔2014〕14号）

天津市安全监管局关于印发《天津市安全评价机构监督管理办法》的通知（津安监管规〔2014〕22号）

天津市安全监管局关于印发《天津市安全生产重大行政处罚决定备案办法》的通知（津安监管法〔2014〕24号）

天津市安全监管局关于印发《天津市危险化学品企业分类分级监督管理办法（试行）》的通知（津安监管三〔2014〕55号）

天津市安全监管局关于印发《天津市安全生产行政案件移送规定》的通知（津安监管法〔2014〕61号）

河北省

河北省安全生产“党政同责、一岗双责”暂行规定（2014年10月25日发布）

尾矿库生产运行作业规范（DB13/T 2015—2014，2015年3月1日起实施）

河北省煤炭工业安全管理局关于印发《河北省煤矿瓦斯等级鉴定机构管理办法》的通知（2014年6月9日发布）

河北省安全监管局关于印发《河北省生产安全事故应急处置评估暂行办法》的通知（2014年6月11日发布并实施）

河北省安全生产委员会关于印发《河北省生产安全事故应急处置办法》的通知（冀安委〔2014〕7号，2014年8月1日发布并实施）

内蒙古自治区

关于加强和改进安全生产行政执法工作的实施意见（内安监政法字〔2014〕122号）

关于加大危险化学品储罐间距的通知（内安监管三字〔2014〕104号）

内蒙古自治区密闭电石炉原料控制及料面处理岗位操作基本要求（试行）的通知（内安监管三字〔2014〕209号）

辽宁省

辽宁省安全生产党政同责暂行规定（辽委发〔2014〕11号）

吉林省

吉林省安委会关于全面开展“四化融合”“三位一体”安全监管防控体系建设的意见（吉安委明电〔2014〕1号，2014年1月8日发布）

吉林省人民政府关于推进安全产业发展的实施意见（吉政发〔2014〕3号，2014年1月17日发布）

吉林省安委会办公室关于印发《吉林省安全生产巡视工作暂行规定》的通知（吉安委办明电〔2014〕4号，2014年1月21日发布）

吉林省安全生产委员会关于进一步加强全省安全生产信息化建设的意见（吉安委〔2014〕1号，2014年1月26日发布）

吉林省安全生产事故隐患和非法违法行为举报、核查及奖励暂行办法（吉政办发〔2014〕3号，2014年1月29日发布）

吉林省安全生产委员会关于加强年产30万吨以下矿井复产（复工）验收及相关工作的通知（吉安委〔2014〕8号，2014年2月27日发布）

吉林省安全生产委员会办公室关于印发《吉林省安全生产重大事故隐患挂牌督办办法》的通知（吉安委办〔2014〕18号，2014年3月26日发布）

吉林省安委会关于印发《吉林省安全生产教育培训十条红线》和《吉林省安全生产应急管理十条红线》的通知（吉安委〔2014〕13号，2014年5月7日发布）

吉林省安全生产委员会关于印发《吉林省安委会办公室安全生产暗访工作规则》的通知（吉安委明电〔2014〕10号，2014年5月7日发布）

吉林省人民政府办公厅关于进一步加强煤矿安全生产工作的实施意见（吉政办发〔2014〕18号，5月5日发布）

吉林省乙级职业卫生技术服务机构资质认可条件和程序（吉安监管职卫〔2014〕55号，2014年5月5日发布）

吉林省煤矿瓦斯等级鉴定管理暂行办法（吉煤安监管应急〔2014〕21号，2014年7月28日发布）

吉林省丙级职业卫生技术服务机构资质认可条件和程序（吉安监管职卫〔2014〕123号，2014年8月6日发布）

吉林省安委会关于深入开展以“六打六治”“四项

专治”为重点的安全生产“秋冬会战”专项行动的通知（吉安委明电〔2014〕13号，2014年8月8日发布）

吉林省安全生产委员会关于建立安全生产有关工作制度的通知（吉安委〔2014〕19号，2014年9月15日发布）

吉林省煤矿安全监管局关于进一步加强煤矿生产安全事故应急处置工作的意见（吉煤安监管应急〔2014〕16号，6月13日发布）

吉林省安全生产行政处罚案件主办人制度、吉林省安全生产重大行政处罚备案办法（吉安监管法规〔2014〕140号，2014年10月30日发布）

吉林省规范涉及企业行政执法行为若干规定（省政府令第246号，2014年10月1日发布）

中共吉林省委办公厅　吉林省人民政府办公厅关于印发《吉林省全面深化安全生产领域改革试点方案》的通知（吉办发〔2014〕32号，2014年10月27日发布）

吉林省企业粉尘作业防爆十条禁令、吉林省用人单位职业病危害粉尘防治十条禁令（吉安委办〔2014〕63号，2014年8月19日发布）

吉林省安全生产监督管理局关于印发《吉林省选矿厂安全生产标准化工作实施方案》的通知（吉安监管非煤〔2014〕42号，2014年3月14日发布）

吉林省安全生产监督管理局关于印发《吉林省安全监管系统行政执法质量考核评议办法》的通知（吉安监管法规〔2014〕49号，2014年3月27日发布）

吉林省煤矿安全生产监督管理局关于印发《吉林省煤矿企业瓦斯防治能力评估实施细则》的通知（吉煤安监管应急〔2014〕8号，2014年5月23日发布）

吉林省安全监管局关于印发《吉林省工矿商贸生产安全事故查处结案情况备案制度》的通知（吉安监管应急〔2014〕117号，2014年6月30日发布）

黑龙江省

黑龙江省安全生产条例（黑龙江省第十二届人民代表大会常务委员会公告第15号，2014年12月17日发布，2015年4月1日起实施）

上海市

上海市建立党政同责一岗双责齐抓共管安全生产责任体系的暂行规定（沪委办发〔2014〕39号）

上海市禁止、限制和控制危险化学品目录（第二批）（沪府办发〔2014〕28号）

江苏省

关于切实加强全省开发区安全生产监管监察能力建设的意见（苏政发〔2014〕137号）

安全文化建设示范企业评价规范（DB32/T 2719—2014）

浙江省

浙江省游泳场所管理办法（浙江省政府令第326号，2014年8月22日发布，自公布之日起实施）

浙江省石油天然气管道建设和保护条例（浙江省人大会常务委员会第19号，2014年7月31日发布，自2014年10月1日起实施）

安徽省

安徽省火灾高危单位消防安全管理规定（皖政办〔2014〕3号）

安徽省加强企业安全生产诚信体系建设实施方案（皖安办〔2014〕62号）

电梯安装、改造、修理和年度自检规范（DB34/T 2089—2014）

电梯使用安全管理规范（DB34/T 2088—2014）

福建省

地质勘查单位安全生产标准化规范（DB35/T1445—2014）

河南省

河南省安全生产监督管理局关于印发《河南省安全生产资格考试与证书管理实施细则（试行）》的通知（豫安监管〔2014〕4号）

河南省安全生产监督管理局关于印发《河南省安全生产行政执法监督暂行办法》的通知（豫安监管〔2014〕6号）

河南省安全生产监督管理局关于印发《河南省安全生产监督检查暂行办法》的通知（豫安监管〔2014〕12号）

关于进一步加强全省冶金等工贸行业企业安全生产

标准化评审管理工作的通知（豫安监管〔2014〕19号）

河南省安全生产监督管理局关于印发《河南省烟花爆竹经营许可实施细则（试行）》的通知（豫安监管〔2014〕21号）

关于2014年外省甲级安全评价机构在豫备案有关事项的通知（豫安监管办〔2014〕9号）

关于调整煤矿企业主要负责人安全资格考核发证及有关煤矿安全培训管理工作的通知（豫安监管办〔2014〕14号）

关于公布规范性文件清理结果的通知（豫安监管办〔2014〕63号）

关于进一步加强冶金等工贸行业建设项目安全设施“三同时”工作的通知（豫安监管办〔2014〕108号）

关于加强全省化工企业检维修作业安全管理工作的通知（豫安监管办〔2014〕168号）

广西壮族自治区

广西壮族自治区安全生产“党政同责、一岗双责”暂行规定（2014年12月1日自治区十届党委常委会112次会议审定通过，自12月5日起实施）

海南省

中共海南省委、海南省人民政府关于安全生产“党政同责、一岗双责”的决定（琼发〔2014〕13号，2014年7月13日发布并实施）

海南省安全生产责任目标考核管理办法（琼办发〔2014〕43号，2014年12月17日发布并实施）

烟草商业企业卷烟仓储安全管理规范（DB46/T 281—2014，2014年3月15日发布，2014年5月1日起实施）

汽车制造企业安全生产管理基本规范（DB46/T 303—2015，2015年2月6日发布，2015年3月1日起实施）

四川省

安全社区建设与管理基本规范（DB51/T 1795—2014。2014年7月25日发布，2014年8月1日起实施）

贵州省

贵州省实行安全生产“党政同责 一岗双责 齐抓共管”暂行规定（黔委厅字〔2014〕76号，2014年12月3日发布）

贵州省人民政府办公厅关于进一步规范生产安全事故信息发布工作的通知（黔府办函〔2014〕139号，2014年12月26日发布）

贵州省安全生产重大事故隐患通报和问责制度（黔安办〔2014〕33号，2014年8月22日发布）

贵州省安全监管局关于加强我省白酒生产企业安全生产基础管理的指导意见（黔安监管四〔2014〕6号，2014年1月26日发布）

关于印发《贵州省冶金等工贸行业小微企业安全生产标准化考评办法》的通知（黔安监管四〔2014〕19号，2014年3月20日发布）

贵州省安全监管局关于印发《贵州省煤矿“五职矿长”安全资格证书分类管理暂行办法》的通知（黔安监培训函〔2014〕59号，2014年5月16日发布）

贵州省安全生产监督管理局 贵州煤矿安全监察局关于印发《煤矿安全生产“十严格、十严禁”规定》的通知（黔安监煤矿〔2014〕15号，2014年5月20日发布）

关于印发《贵州省煤矿井下火区封闭管理暂行规定》的通知（黔安监应急〔2014〕1号，2014年7月14日发布）

关于印发《贵州省职业卫生技术服务工作监督管理暂行办法》的通知（黔安监职安健函〔2014〕79号，2014年7月18日发布）

贵州省安全监管局贵州煤矿安监局关于印发《贵州省煤矿矿长安全资格扣分管理办法（试行）》的通知（黔安监煤矿〔2014〕25号，2014年9月15日发布）

关于印发《贵州省职业病防治信息通报制度》的通知（黔安监职安健〔2014〕2号，2014年10月8日发布）

甘肃省

甘肃省党政领导班子和领导干部安全生产目标责任考核办法（甘办发〔2014〕43号，2014年3月28日起实施）

甘肃省人民政府办公厅关于完善农村道路交通安全管理工作机制的意见（甘政办发〔2014〕169号，2014年9月26日发布并实施）

甘肃省安全隐患排查治理体系建设指导意见（甘安委发〔2014〕8号，2014年10月17日发布）

甘肃省安全生产“党政同责、一岗双责”制度实

施细则（甘办发〔2014〕80号，2014年11月25日发布并实施）

关于印发冶金有色建材机械轻工纺织烟草商贸行业安全监管分类标准（试行）的通知（甘安监管二〔2014〕64号，2014年4月9日发布并实施）

甘肃省安全生产监督管理局 甘肃省住房和城乡建设厅 甘肃省交通运输厅 甘肃省公安厅关于在生产建设重点场所和人员密集场所安装使用视频监控系统的通知（甘安监发〔2014〕36号，2014年12月15日发布）

甘肃省安监局、省审计厅、省发改委、省住建厅、省交通运输厅、省水利厅、省档案局关于进一步做好重大工程安全生产工作的通知（甘安监发〔2014〕39号，2014年12月24日发布）

宁夏回族自治区

宁夏回族自治区安全生产行政责任规定（宁夏回族自治区人民政府令第70号，2014年11月22日发布，2015年1月1日起实施）

大连市

关于印发大连市危险化学品安全使用许可证实施细则的通知（大安监危化〔2014〕205号，2014年6月24日发布，2014年7月24日起实施）

宁波市

宁波市特殊天气劳动保护办法（政府令第217号，2014年12月19日发布，2015年5月1日起实施）

第十六部分

安全生产大事记

2014年安全生产大事记

1　月

1月1日　全国人民代表大会常务委员会于2013年6月29日通过的《中华人民共和国特种设备安全法》(中华人民共和国主席令第四号)，开始施行。

1月3日　国家安全监管总局发布《食品生产企业安全生产监督管理暂行规定》(国家安全监管总局令第66号)，自2014年3月1日起施行。

同日　中华人民共和国交通运输部发布《国内水路运输管理规定》(中华人民共和国交通运输部令2014年第2号)，自2014年3月1日起施行。

1月9日　国务院新闻办公室举行新闻发布会。国家安全监管总局新闻发言人黄毅、国家煤矿安全监察局副局长宋元明、国家安全监管总局三司司长王浩水，就2013年安全生产工作进展和2014年重点工作等方面情况作了介绍并答记者问。

同日　11时许，甘肃省天水市甘谷县大像山镇庙湾沟路段处，一辆低速载货车失控翻入道路南侧20米深的沟中，造成9人死亡，4人受伤。

1月13日　由全国政协社会和法制委员会主办的“安全生产与安全生产法的修订”专题座谈会在北京召开。

1月13—16日　为加快《安全生产法》修订进程，做好修订审议工作，全国人大财经委员会在山西、陕西两省开展专项调研。调研组由全国人大财经委副主任委员邵宁带队，国家安全监管总局副局长杨元元参加。调研期间，邵宁、杨元元一行与两省安监、发改、工信、公安、财政等十四个部门和煤炭、化工、商贸等十余家企业以及部分中介机构进行了座谈。

1月14日　安徽省淮南矿业集团公司朱集东煤矿井下巷道维修工作面发生冒顶事故。事故造成22人被困井下。经过9个多小时的紧张救援，21名被困人员获救安全升井，事故造成1人死亡。

同日　浙江省台州温岭城北街道杨家渭村大东鞋厂发生火灾事故，造成16人死亡、5人受伤，火灾过火面积约800平方米。

1月15日　国务院召开全国安全生产电视电话会议。中共中央政治局委员、国务院副总理、国务院安委会主任马凯出席全国安全生产电视电话会议并作重要讲话。国务委员、国务院安委会副主任郭声琨出席会议，国务委员、国务院安委会副主任王勇主持会议。国家安全监管总局局长杨栋梁通报了2013年全国安全生产工作情况。会议要求全面贯彻落实习近平总书记、李克强总理关于安全生产的重要指示批示精神，以深化改革为动力，坚持科学发展、安全发展，坚守“红线”、强化责任，注重预防、狠抓治本，依法治理、夯实基础，有效防范遏制重特大事故。

同日　《中华人民共和国安全生产法修正案(草案)》经国务院第36次常务会议讨论通过。

同日　云南省昆明市禄劝县马鹿塘乡境内一辆

长安面包车冲出路面，坠入81米深山崖，造成12人死亡。

1月17日　全国安全生产工作会议在京召开。国家安全监管总局局长杨栋梁作了题为《以党的三中全会和中央领导同志重要讲话精神为指导　全面推进安全生产工作的改革创新和发展》的工作报告。国家安全监管总局副局长杨元元、孙华山分别主持会议。总局副局长、国家煤矿安监局局长付建华就煤矿安全生产工作作了专题部署，总局副局长王德学作总结讲话。总局党组成员和煤矿安监局领导班子成员，各省级安全监管、煤矿安监和煤炭管理部门负责人等出席会议。会议强调要坚持科学发展、安全发展，强化“红线”意识，勇于改革创新，重抓预防治本，促进安全生产形势持续稳定好转。

1月20日　国家安全监管总局、国家煤矿安监局发布《关于开展“千名干部与万名矿长谈心对话”活动的通知》。

2　月

2月13日　国家安全监管总局、国家煤矿安监局召开50个煤矿安全重点县（市、区）煤矿安全生产专题视频会议，要求对50个重点县煤矿实施真查、真停、真盯、真改、真验，确保节后事故不反弹。国家安全监管总局局长杨栋梁、煤矿安监局局长付建华到会讲话。

2月14日　中华全国总工会授予开滦集团钱家营矿业公司掘进一区张文市班组等十佳安全班组“全国工人先锋号”，授予冀中能源股份公司邢台矿掘进三队生产一班齐海臣等十佳安全班组长、潞安矿业集团公司漳村煤矿综采队孙翔宇等十佳特聘煤矿安全群众监督员全国五一劳动奖章。

2月17日　国务院安委会下发《国务院安委会关于开展安全生产重点工作专项督查的通知》（安委明电〔2014〕1号）。通知要求，2014年2月下旬至4月上旬组织开展安全生产重点工作专项督查。督查地区包括全国31个省（区、市）及新疆生产建设兵团，实现全覆盖。

2月19日　国家安全监管总局召开直属机关2014年党的工作会议。总局党组副书记、副局长、直属机关党委书记王德学在讲话中强调，要深入贯彻落实党的十八大和十八届三中全会精神，认真深入学习贯彻习近平总书记系列重要讲话精神，发扬成绩、纠正不足、解决问题，切实按照中央和总局党组要求，做好2014年直属机关党的工作，为完成中心任务提供强有力的保证。

2月20日　S24常合高速马鞍山市境内15千米+400米处发生一起较大道路交通事故，造成9人死亡、2人受伤，直接经济损失900万元。

2月21日　国家安全监管总局召开全国危化品和烟花爆竹安全监管工作视频会议。国家安全监管总局副局长孙华山出席会议并讲话。总局有关司局、事业单位和行业协会以及有关中央企业负责人在主会场参加会议。各省级、市（地）级、县级安监局以及本地区重点企业的负责人在分会场参加会议。

2月24日　国家安全监管总局召开安全生产专项督查动员会。受国务院领导同志委托，国务院安委会副主任、国家安全监管总局局长杨栋梁出席会议，通报了2014年以来安全生产形势，就切实做好督查工作作出部署。

2月25日　《中华人民共和国安全生产法修正案（草案）》经第十二届全国人大常委会第七次会议首次审议。受国务院委托，国家安全监管总局局长杨栋梁作了关于《安全生产法》修正案草案的说明。

同日　国家安全监管总局召开非煤矿山安全生产工作视频会议。总局党组副书记、副局长王德学，总局党组成员、副局长徐绍川出席会议并讲话，总局党组成员、总工程师王树鹤主持会议。

2月26日　国家安全监管总局党组召开全国安全监管监察系统2014年党风廉政建设工作视频会议。中央纪委驻国家安全监管总局纪检组组长、总局党组成员赵惠令作工作报告。

2月27日　国家安全监管总局技术委员会正式成立。在第一次全体会议上，国家安全监管总局局长杨栋梁向委员们颁发聘书。

同日　第十二届全国人大常委会第七次会议在北京人民大会堂对《安全生产法》修正案草案进行分组审议。

2月28日　国家安全监管总局召开全国职业卫生监管工作视频会议。总局党组成员、副局长杨元元出席会议并讲话。

3　月

3 月 1 日　山西省晋城市境内的晋济高速岩后隧道内发生两辆甲醇车追尾相撞，导致前车甲醇泄漏，在司机处置过程中甲醇起火燃烧，隧道内 42 台车辆及煤炭等货物被引燃引爆。事故造成 40 人死亡、12 人受伤和 42 辆车烧毁，直接经济损失 8197 万元。

3 月 3 日　甘肃省甘南州合作市境内卡加曼乡依毛梁路段国道 213 线 256 千米 +200 米处发生一起重大道路交通事故，造成 10 人死亡、35 人受伤，直接经济损失约 1038. 5 万元。

3 月 3—5 日　按照国家安全监管总局“千名干部与万名矿长谈心对话”活动的部署，国家安全监管总局党组成员、副局长杨元元率队在重庆市奉节县分别与 29 个煤矿的矿长、业主进行了面对面的谈心对话。期间，还深入钢厂坪煤矿井下检查安全生产工作，并对奉节县建筑施工和水上运输安全进行了检查调研。

3 月 5 日　吉林市富康木业有限公司租用吉林市平安客运有限责任公司名下的通勤大客车在运送职工上班途中发生燃烧，当场造成 10 人死亡、17 人受伤，直接经济损失 1134. 86 万元。

3 月 6 日　四川省南充市汽车运输（集团）有限公司仪陇分公司川 R41518 中型普通客车（核载 16 人，实载 12 人），行至仪陇县杨桥镇金鼓村五一桥路段时，驶出路面坠入柏杨湖中，事故造成 11 人死亡，直接经济损失 480 万元。

3 月 7 日　唐山开滦（集团）化工有限公司乳化炸药生产车间发生重大爆炸事故，造成 13 人死亡，直接经济损失 1526. 53 万元。

3 月 12 日　交通运输部、国家安全监管总局联合印发《关于开展水上交通安全“打非治违”专项整治活动的通知》(交海发〔2014〕72 号)，决定于 3 月 21 日至 12 月 15 日，在全国范围内部署开展水上交通安全“打非治违”专项整治活动，全面推进以“平安车船、平安渡口”为主要内容的水上“平安交通”创建活动，营造安全、公平、有序的水上交通安全环境。

3 月 8—10 日，国家安全监管总局副局长孙华山率国务院安委会第十三督查组对重庆市安全生产重点工作进行了督查，国家煤矿安监局副局长杨富参加了督查活动。

3 月 14 日　石油天然气管道安全保障对策措施研究项目启动会在北京召开，国家安全监管总局副局长孙华山主持会议并讲话。

3 月 17—21 日　国家安全监管总局副局长徐绍川率国务院安委会第十五督查组到河南督查。督查组兵分三路前往许昌等 6 个地市的 13 个县区，对煤矿、非煤矿山、危险化学品、城市燃气等行业领域进行“四不两直”抽查检查。徐绍川还到登封、新密两市，与 50 名煤矿矿长进行了谈心对话。

3 月 19—21 日　国家安全监管总局副局长、国家煤矿安监局局长付建华深入湖南省株洲市攸县、衡阳市耒阳市以及湘煤集团公司，与煤矿企业董事长、总经理和煤矿矿长、实际控制人面对面谈心对话，他强调，要进一步提高对安全生产重要性的认识，绝不能用过去的认识、过去的思维对待今天的安全与发展、安全与效益的关系；要准确把握我国煤炭经济运行状况和安全生产形势，深入贯彻落实“双七条”举措，坚定不移推进小煤矿整合关闭，大力推进煤矿“四化”建设，夯实煤矿安全基础。

3 月 20 日　全国政协在北京召开双周协商座谈会，就“安全生产法修正”问题座谈交流。全国政协主席俞正声主持会议并讲话。

3 月 21 日　中国平煤神马集团河南省长虹矿业有限公司发生一起重大煤与瓦斯事故，造成 13 人死亡，直接经济损失 1555. 46 万元。

3 月 24 日　第三届核安全峰会在荷兰海牙举行。国家主席习近平出席并发表重要讲话。习近平主席在讲话中强调：“我们要秉持为发展求安全、以安全促发展的理念，让发展和安全两个目标有机融合，使各国政府和核能企业认识到，任何以牺牲安全为代价的核能发展都难以持续，都不是真正的发展。只有采取切实举措，才能真正管控风险；只有实现安全保障，核能才能持续发展。”

3 月 25 日　全国人大法律委员会、全国人大财政经济委员会和全国人大常委会法制工作委员会在北京人民大会堂召开座谈会，听取国务院有关部门对《安全生产法修正案（草案）》的意见。全国人大法律委员会副主任委员张鸣起主持会议，全国人大财政经济委员会副主任委员邵宁和全国人大常委会法制工作委员会副主任阚珂出席会议。国家安全监管总局副局长杨元元参加了会议。交通运输部、住房和城乡建设部、环境保护部、工业和信息化部、公安部、人力资源和社会保障部、财政部、国务院法制办、国家质检总局、国家铁路局、中国民航局和中央编制办公室、中华全国总工会有关负责同志也参加了会议。

同日　全国50个重点产煤县煤矿安全专题研究班开班，来自全国50个煤矿安全重点县分管安全生产的副县长参加培训。国家安全监管总局局长杨栋梁首场授课。

同日　国家安全监管总局举办全国安全监管监察系统处级以上干部学习贯彻党的十八届三中全会和习近平总书记系列讲话精神集中轮训，国家安全监管总局局长杨栋梁作辅导报告，强调要以最坚决的态度牢牢坚守安全生产“红线”。

同日　G65包茂高速公路1862千米+900米（重庆秀山往重庆主城方向）处路段发生一起重大道路交通事故，造成16人死亡、39人受伤，直接经济损失1565.8万元。

3月26日　位于揭阳普宁市军埠镇莲坛村沙堆自然村水浮沟下第二街泉发楼郑××等人经营的内衣作坊发生重大火灾事故，造成12人死亡、5人受伤，过火面积208平方米，直接经济损失390.93万元。

3月27日　国家安全监管总局组织召开金属非金属矿山整顿工作部际联席会议第二次全体会议。会议通报了2013年金属非金属矿山整顿工作情况，并就进一步深入推进整顿关闭工作、加大关闭矿山隐患治理力度、对金属非金属矿山建设项目涉及的各项行政许可之间的关系进行专题研究和加大对重点地区的督导力度等问题进行了讨论。部际联席会议召集人、国家安全监管总局党组副书记、副局长王德学主持会议并讲话。

同日　国家安全监管总局下发《开展“工作场所职业卫生监督执法年”活动的通知》。该活动突出重点检查内容和重点行业领域，抓矿山、危化、建材、轻工、建筑施工、金属冶炼、铸造、电镀、蓄电池等职业病危害严重的行业领域，以及曾经发生过职业病危害事件的行业领域。

3月28日　中国职业健康协会第二届科学技术工作委员会换届会议在北京召开。此次会议的主题是：“围绕安全生产和职业健康工作，研究和加强安全科技的创新交流推广应用。”中国职业安全健康协会理事长张宝明出席会议并讲话。

3月31日　教育部、公安部、交通运输部、国家卫生计生委、国家质检总局、国家安全监管总局、国家林业局、共青团中央、全国少工委、国务院妇儿工委办公室、中国地震局、中国气象局、国务院应急办、北京市人民政府在北京市海淀区上地实验小学共同举办了以“强化安全意识，提升安全素养”为主题的第19个全国中小学生安全教育日主题活动。教育部副部长杜玉波出席活动。

同日，国务院办公厅发布《关于同意将1－苯基－2－溴－1－丙酮和3－氧－2－苯基丁腈列入易制毒化学品品种目录的函》。

4　月

4月7日　4时50分许，云南省曲靖市麒麟区黎明实业有限公司下海子煤矿发生一起重大水害事故，造成21人死亡，1人下落不明，直接经济损失6689万元。

4月8日　国家安全监管总局召开调度会议，总局局长杨栋梁在讲话中强调，要在全国煤矿大力实施“1+4”工作法，推动煤矿科学发展、安全发展。

同日　全国安全培训工作视频会议召开。会议通报了2013年安全培训工作情况，部署了2014年及今后一个时期的安全培训重点工作。

4月9日　国家安全监管总局发布《安全科技支撑平台建设与管理暂行办法》（安监总厅科技〔2014〕35号）。

4月10日　全国安全生产综合监管工作现场会在黑龙江省哈尔滨市召开。国家安全监管总局党组副书记、副局长王德学出席会议并讲话，全面总结了2013年全国安全生产综合监管工作，对2014年综合监管工作进行了部署。会前，王德学与黑龙江省省委书记王宪魁就安全生产工作交换了意见。会上，黑龙江省副省长张建星为会议致辞，黑龙江省安监局等四个单位作了典型发言。会议还现场参观学习了哈尔滨地铁集团公司安全监控系统及中国大唐哈尔滨第一热电厂安全生产工作。

同日　在海南省文昌市县道头水线（头苑至

水北）施工路段宝芳乡高临村路口处，发生一起载有春游学生大型普通客车侧翻的较大道路交通事故，造成 8 人死亡、3 人重伤、29 人轻微伤和 634.4 万元的直接经济损失。

4 月 14 日　国家安全监管总局发布《职业卫生技术服务机构工作规范》(安监总厅安健〔2014〕39 号)。

4 月 15 日　全国安全生产宣传教育工作视频会议在京召开。国家安全监管总局党组成员、副局长徐绍川在会上发表讲话。国家安全监管总局新闻发言人黄毅主持会议。

4 月 16 日　中美合作职业安全与健康研讨会在京召开。国家安全监管总局副局长杨元元出席会议并讲话。会上，美方专家从限值管理、监督执法、个体防护、工程技术措施等方面介绍了美国职业病防治工作的经验和做法，中方专家介绍了中国职业卫生挑战及对策。

4 月 17—19 日　国家安全监管总局党组成员、副局长徐绍川在山东省招远市与金属非金属矿山重点县矿长面对面谈心对话。座谈会上，招远市 62 名金属非金属矿山矿长围绕学习贯彻习近平总书记重要讲话精神踊跃发言，深入谈认识体会、谈经验做法、谈存在问题、谈困难和建议。

4 月 18 日　烟花爆竹重点县安全生产攻坚工作座谈会在江西南昌召开。国家安全监管总局副局长孙华山出席会议并讲话。期间，孙华山与江西省省长鹿心社就安全生产工作交换了意见。

4 月 21 日　国务院安委会召开全国安全生产工作视频会议，通报 2014 年一季度全国安全生产工作情况，点评分析安全生产形势，部署工作要求。国家安全监管总局局长杨栋梁、副局长王德学出席会议并讲话。

同日　云南曲靖市富源县后所镇红土田煤矿发生一起重大瓦斯爆炸事故，造成 14 人死亡，直接经济损失 1498 万元。

4 月 22—23 日　按照国家安全监管总局“千名干部与万名矿长谈心对话”活动的部署，国家安全监总局副局长杨元元率队在重庆市永川区与煤矿矿长开展谈心对话。对话活动在永川区富家洞煤矿和永福煤矿进行，重庆市永川区所辖 43 个国有煤矿和乡镇私营煤矿的矿长、业主（董事长）共计 83 人参加了活动。

4 月 23—24 日，煤矿安全监管监察执法工作座谈会在安徽淮南召开，国家安全监管总局副局长、国家煤矿安监局局长付建华出席会议并讲话。

4 月 24 日、28 日　全国危化品重点县安全攻坚工作片区座谈会分别在上海、天津召开。国家安全监管总局副局长孙华山出席会议并讲话，上海市人民政府副市长蒋卓庆、天津市人民政府副市长何树山出席会议并致辞。

4 月 25 日　国务院安全生产委员会办公室召开安全生产工作专题会议。国务院安委办副主任、国家安全监管总局副局长王德学出席会议并讲话。

同日　第九届全国副省级城市安监局长联席会议在福建省厦门市召开。国家安全监管总局副局长孙华山出席会议并讲话。

4 月 28 日　“世界安全生产与健康日”纪念活动暨企业安全标准化国际研讨会在北京举行。国家安全监管总局副局长孙华山出席会议并致辞，国际劳工组织北京局局长德美尔和中华全国总工会、中国企业联合会有关负责人出席并致辞。

4 月 29 日　国务院安委会安全生产重点工作专项督查汇报会在京召开，国务委员王勇出席会议并讲话。他强调，要认真贯彻落实党中央国务院关于安全生产工作的重要部署，进一步加大督促检查工作力度，狠抓各项工作措施落实，严防重特大安全事故发生，确保安全生产形势持续稳定好转。

同日　最高人民检察院设立重大责任事故调查办公室。这一新增机构的设立，旨在专门调查国家机关工作人员在重大责任事故中的失职渎职犯罪案件。

同日　国家安全监管总局党组副书记、副局长王德学赴山东省济宁市参加山东省非煤矿山安全生产攻坚克难现场会并与 100 名矿长面对面谈心对话。

5　月

5 月 3 日　茂名高州市深镇镇良坪村委会坑口村一座在建石拱桥发生重大坍塌事故，造成 11 人死亡、16 人受伤，直接经济损失 1015.6 万元。

5 月 5 日　国家安全监管总局局长杨栋梁在总局会见了来华访问的芬兰社会事务和卫生部部长宝兰·瑞斯科一行。双方就安全生产与职业健康领域，信息统计技术及人员培训等合作进行了深入交流。

5月7日　中国煤炭工业协会成立15周年座谈会在北京召开。国家安全监管总局局长杨栋梁出席会议并讲话。

5月14日　中煤陕西榆林能源化工有限公司大海则煤矿发生一起重大溜灰管坠落事故，造成13人死亡，16人受伤，直接经济损失2933万元。

5月15日　中国安全生产协会第二届理事会第三次全体会议暨安全生产经验交流座谈会在京召开。国家安全监管总局副局长孙华山、中国工业经济联合会会长李毅中出席会议并讲话。

5月16日　国务院安委办召开2014年全国安全生产月和安全生产万里行工作动员视频会议。国务院安委会副主任、国家安全监管总局局长杨栋梁出席会议并讲话。国家安全监管总局党组副书记、副局长王德学主持会议。

5月19日　国家安全监管总局副局长孙华山在总局会见了来华访问的德国法定事故保险协会主席约阿希姆·伯乐尔一行，双方就安全生产与职业健康监管和事故预防工作深入交换了意见。

5月20日　国务院安委会办公室召开汛期安全生产专项督查工作动员会。国务院安委会办公室副主任、国家安全监管总局党组副书记、副局长王德学出席会议并作动员部署。

5月21日　国家煤矿安全监察局印发《国家煤矿安全监察局关于取消煤矿矿长资格证行政许可的通知》(煤安监监察〔2014〕33号)。

5月22日　国务院新闻办公室举行新闻发布会，邀请国家安全监管总局局长杨栋梁介绍近期安全生产形势和下阶段重点工作，并回答了记者提问。国家安全监管总局副局长、国家煤矿安监局局长付建华，国家安全监管总局新闻发言人黄毅出席了新闻发布会。

5月25日　新疆维吾尔自治区甘莫公路86千米处，一辆福田牌重型货车与一辆福田牌轻型货车发生刮擦，造成11人死亡、31人受伤。

5月27日　国务院安全生产委员会全体会议在北京召开。中共中央政治局委员、国务院副总理、国务院安委会主任马凯，国务委员、国务院安委会副主任郭声琨出席会议并讲话。国务委员、国务院安委会副主任王勇主持会议。

5月27—29日　国家安全监管总局副局长、国家煤矿安监局局长付建华在赴内蒙古煤监局与领导班子成员进行廉政谈话期间，进行了煤矿安全生产工作调研。

5月29—30日　国家安全监管总局副局长孙华山在湖南省浏阳市与部分烟花爆竹生产企业主要负责人进行了谈心对话。湖南省副省长盛茂林、国家安全监管总局总工程师王浩水参加了谈心对话活动。

5月30日　国务院安委办下发通知，要求各地区、各有关部门和单位在“安全生产月”期间开展油气管网突发事件联合应急救援演练，提高应急处置能力，提升防灾应急水平。

6　月

6月3日　重庆能源投资集团南桐矿业公司砚石台煤矿井下4406S2采煤工作面发生一起重大瓦斯事故，造成22人死亡、7人受伤，直接经济损失1654.59万元。

6月7日　国务院召开全国安全生产电视电话会议。中共中央政治局常委、国务院总理李克强要求会议按照国务院常务会议关于抓好安全生产工作的部署，深刻吸取近期连续发生安全生产事故的沉痛教训，扎扎实实开展好安全生产大检查，认真整改存在的问题，健全各项制度，切实维护人民生命安全。

6月9日　国务院办公厅发布《国务院办公厅关于印发推进长江危险化学品运输安全保障体系建设工作方案的通知》(国办函〔2014〕54号)。

6月11日　国家安全监管总局和新华网联合举行《安全中国》栏目启动仪式。总局党组成员、副局长徐绍川，总局新闻发言人黄毅和新华网总裁田舒斌、副总编辑杨新华出席仪式。双方签署战略合作框架协议，将共同努力把《安全中国》打造成安全生产网络宣传知名品牌。

同日　0时5分许，贵州六枝工矿（集团）公司（以下简称六枝工矿）新华煤矿发生重大煤与瓦斯突出事故，突出煤（岩）量约1010吨，瓦斯涌出量约12万立方米，造成10人死亡，直接经济损失1634万元。

6月11—13日　为进一步完善《安全生产法

(修正案)》草案，配合做好第二次审议工作，国家安全生产监督管理总局副局长杨元元和全国人大常委会法制工作委员会副主任阚珂率调研组在内蒙古进行调研。

6月12日　交通运输部发布《内河渡口渡船安全管理规定》(交通运输部令2014第9号)，自2014年8月1日起施行。

6月13日　中国化学品安全协会第二届理事会第四次会议在北京召开。国家安全监管总局副局长孙华山出席会议并讲话，总局总工程师、监管三司司长王浩水主持会议。

6月16日　全国安全生产宣传咨询日活动在全国各地广泛开展。国家安全监管总局局长杨栋梁、副局长徐绍川与北京市市长王安顺、副市长张延昆等领导一起，出席了当天在北京举行的宣传咨询日活动。

同日　“《祝你平安》——放歌安全生产暨2014全国安全生产月活动汇演”在京演出，并通过人民网和国家安全监管理总局网站进行网络直播。此次汇演是中国煤矿文工团首次采用网络直播的方式进行文艺演出。

6月18日　《人民日报》刊发国家安全监管总局局长杨栋梁署名文章:强化红线意识 促进安全发展——深入学习贯彻习近平同志关于安全生产的重要论述。

同日　中华全国总工会和国家安全监管总局联合在北京召开2013年度全国“安康杯”竞赛表彰暨经验交流电视电话会议，国家安全生产监督管理总局局长杨栋梁，中国全国总工会副主席、书记处第一书记陈豪分别在会上讲话，充分肯定“安康杯”竞赛活动开展以来取得的成绩，强调做好安全生产工作的极端重要性。

6月19—20日　全国安全发展示范试点城市暨安全标准化示范试点城市现场交流会在广东省广州市召开。国务院安委办副主任、国家安全监管总局副局长孙华山出席会议并讲话。

6月20日　国家安全监管总局发布《非煤矿山企业安全生产十条规定》(国家安全生产监督管理总局令第67号)。

6月24日　国家安全监管总局、国家煤矿安监局召开煤矿事故警示教育视频会。国家安全监管总局党组成员、副局长，国家煤矿安监局局长付建华出席并讲话。

6月24—28日　国家安全监管总局党组成员、副局长徐绍川在广西考察调研安全生产工作，分别与广西煤矿安监局领导班子成员面对面廉政谈话，与非煤矿山和烟花爆竹重点市县、重点企业主要负责人谈心对话，深入部分矿山和烟花爆竹企业检查安全生产工作，与自治区副主席陈刚交换了安全生产工作意见。

6月25日　中华人民共和国住房和城乡建设部发布《建筑施工企业主要负责人、项目负责人和专职安全生产管理人员安全生产管理规定》(中华人民共和国住房和城乡建设部令第17号)。

6月26日　国务院安委会办公室召开了重点行业领域事故防范工作专题会。国务院安委会办公室副主任、国家安全监管总局党组副书记、副局长王德学主持会议并对相关工作进行了部署。

6月28日　国务院安委会安全生产综合督查动员部署会议在北京召开。国务委员王勇出席会议并讲话。

7　月

7月1日　全国安全监管监察系统深化教育实践活动和表彰“两优一先”视频会议召开。

同日　国家安全生产宣传教育数字传播中心在北京揭牌。国家安全生产监督管理总局徐绍川副局长出席仪式并讲话。

7月2日　县(市、区)领导干部危险化学品安全专题研讨班座谈会在北京召开。国家安全监管总局副局长孙华山出席会议并讲话，总局总工程师王浩水主持会议。

7月3日　国家安全监管总局发布《安全生产科技项目管理规定》(安监总厅科技〔2014〕76号)。

7月4日　全国安全生产统计工作视频会议召开。国家安全生产监管总局党组副书记、副局长王德学出席会议并讲话。

7月5日　新疆生产建设兵团第六师新疆大黄山豫新煤业有限责任公司一号井+708米水平西翼中大槽煤层综采工作面顶板巷在锁风启封压缩板闭时发生一起重大瓦斯爆炸事故，造成17人遇难、3人受伤，直接经济损失1800多万元。

7月7—8日　国家煤矿安全监察局在陕西西

安召开了煤与瓦斯突出防治工作座谈会。国家安全监管总局副局长、国家煤矿安全监察局局长付建华出席会议并讲话。

7 月 10 日　国家安全监管总局召开了非煤矿山安全生产工作座谈会。总局党组成员、副局长徐绍川出席会议并讲话。

同日　湘潭市雨湖区响塘乡乐乐旺幼儿园驾驶员郑××驾驶校车（核载 8 人、实载 11 人）在送长沙的幼儿回家途中，车辆坠入长沙市岳麓区含浦街道干子村石塘水塘，事故导致 11 人死亡，其中幼儿 8 名。

7 月 11 日　国家安全监管总局在安徽省合肥市召开全国安全生产经济政策座谈会。总局副局长孙华山出席会议并讲话，安徽省副省长杨振超出席会议并致辞。

同日　国家安全监管总局发出通知，要求吸取近年来发生在化学品罐区的事故，进一步加强化学品罐区安全管理，并集中开展为期半年的化学品罐区安全专项整治，确保各项安全防控措施尽快落实到位。

7 月 16 日　由国家安全监管总局、交通运输部、福建省人民政府联合主办的 2014 年隧道重大道路交通危化品燃爆事故综合应急演练在福建省南平市举行。国家安全监管总局党组副书记、副局长、国家安全生产应急救援指挥中心主任王德学出席演练活动并讲话。

7 月 17 日　国家安全监管总局召开全国安全生产工作视频会议。总局局长杨栋梁出席会议并讲话，全面总结上半年工作，点评各地区安全生产情况，对做好下一步安全生产工作进行了全面部署。总局副局长杨元元主持会议，总局副局长王德学通报了上半年全国安全生产形势，总局副局长、国家煤矿安监局局长付建华对煤矿安全生产工作进行了总结和布置。

7 月 19 日　沪昆高速湖南省邵阳市境内 1309 千米处隆回往洞口方向，一辆非法改装轻型货车追尾大客车，致使轻型货车所运载非法充装的乙醇泄漏燃烧，造成 54 人死亡，直接经济损失 5300 万元。

7 月 22 日　国务院安全生产委员会全体会议在北京召开。中央政治局委员、国务院副总理、国务院安委会主任马凯，国务委员、国务院安委会副主任郭声琨出席会议并讲话。国务委员、国务院安委会副主任王勇主持会议。

7 月 24 日　国家安全监管总局在京召开第一批 50 个煤矿安全重点县县委书记座谈会。

7 月 29 日　国务院发布《国务院关于修改部分行政法规的决定》(国务院令第 653 号)，将《安全生产许可证条例》和《民用爆炸物品安全管理条例》中的部分条款进行了修改。

同日　国务委员王勇在四川主持召开重点地区煤矿整顿关闭工作座谈会。他强调，要按照党中央、国务院的决策部署，进一步落实《国务院办公厅关于进一步加强煤矿安全生产工作的意见》，提高认识、攻坚克难，加大力度、加快进度，大力推动落后小煤矿整顿关闭，深入推进煤矿安全治本攻坚，促进全国煤矿安全生产形势持续好转。

同日　国务院新闻办公室举行新闻发布会，向记者介绍上半年全国安全生产情况及下阶段重点工作任务。国家安全监管总局新闻发言人黄毅、国家煤矿安监局副局长宋元明受邀出席新闻发布会，介绍相关情况并回答记者提问。

7 月 29—30 日　全国职业卫生监管工作汇报会暨监督执法工作推进会在吉林省长春市召开。国家安全监管总局党组成员、副局长杨元元出席会议并讲话，吉林省人民政府副省长王化文出席会议并致辞。

7 月 30 日　国务院安委会下发《国务院安委会关于集中开展“六打六治”打非治违专项行动的通知》(安委〔2014〕6 号)。

7 月 31 日　全国安全生产政策法规工作会在哈尔滨市召开，国家安全监管总局副局长杨元元出席会议并讲话。

8　月

8 月 1 日　国家安全监管总局召开工业化、城镇化、城乡一体化等“三化”条件下安全生产理论研讨会，总局党组副书记、副局长王德学出席会议并讲话，总局党组成员、副局长徐绍川主持会议，总局新闻发言人黄毅通报了安全生产理论创新研究组重点工作任务，并对做好理论创新工作的基本思路进行了阐述。

同日　中央综治办、公安部、工业和信息化

部、国家安全监管总局联合发布关于印发《全国危爆物品安全管理重点地区挂牌督办办法》的通知（公治〔2014〕577号）。

8月2日　位于江苏省苏州市昆山市昆山经济技术开发区的昆山中荣金属制品有限公司，发生特别重大铝粉尘爆炸事故，共有97人死亡、163人受伤，直接经济损失3.51亿元。

8月7日　全国安全生产资格考试体系建设暨注册安全工程师工作视频会议在京召开。总局党组成员、副局长徐绍川在会上发表讲话。国家安全监管总局党组成员、总工程师王树鹤主持会议。

8月9日　西藏自治区拉萨市尼木县境内318国道发生一起特别重大道路交通事故，造成44人死亡、11人受伤，直接经济损失3900余万元。

8月12日　国务院安委会办公室组织召开"六打六治"打非治违专项行动视频会议。国务院安委会、国家安全监管总局、公安部、国土资源部、交通运输部、国家能源局、住房城乡建设部等部委有关领导出席会议并分别对相关行业领域的"打非治违"工作作了发言。国务院安委办副主任，国家安全监管总局党组副书记、副局长王德学主持会议。在京的国家安全监管总局党组成员和国家煤矿安监局领导班子成员出席会议。

8月13—14日　全国安全社区建设研讨会在北京召开。中国职业安全健康协会理事长张宝明出席会议并讲话。

8月14日　国家安全监管总局在京举行50个非煤矿山重点县县长及全国非煤矿山安全监管人员培训班。国家安全监管总局局长杨栋梁出席会议并讲话，总局党组成员、副局长徐绍川为参会人员授课，总局党组成员、总工程师王树鹤出席会议。

同日　黑龙江省鸡西市城子河区安之顺煤矿发生重大水害事故，死亡16人，直接经济损失1860万元。

8月15日　国家安全监管总局发布《严防企业粉尘爆炸五条规定》(国家安全监管总局令第68号)，自公布之日起施行。

8月20日　第三届中美安全生产与职业健康对话在北京召开。国家安全监管总局副局长孙华山、美国劳工部副部长约瑟夫·梅恩出席对话并致辞，国家安全监管总局总工程师王树鹤主持对话。

8月25日　为进一步落实建筑施工项目经理质量安全责任，保证工程质量安全，住建部制定了《建筑施工项目经理质量安全责任十项规定（试行)》。

8月28日　国家安全监管总局国家、煤矿安监局下发《关于印发〈煤矿安全监察执法监督办法（试行)〉的通知》(安监总煤调〔2014〕93号)。

8月29日　国家安全监管总局办公厅下发《关于印发〈安全生产工作国家秘密定密管理暂行办法〉的通知》(安监总厅〔2014〕89号)。

8月31日　《全国人民代表大会常务委员会关于修改〈中华人民共和国安全生产法〉的决定》(中华人民共和国主席令第十三号）由中华人民共和国第十二届全国人民代表大会常务委员会第十次会议通过并公布，自2014年12月1日起施行。

9　月

9月1日　国家安全监管总局新闻发言人黄毅做客新华网《安全中国》访谈，介绍如何通过具体措施避免类似悲剧再次发生。

9月2日　职业病危害防治评估工作总结会在京召开，国家安全监管总局副局长杨元元出席会议并讲话。会议听取了职业病危害防治评估工作有关情况的汇报，对下一步工作提出了要求，并审议通过了《职业病危害防治评估报告》。

9月4日　国务院安委会办公室召开隧道施工安全专题会议。国务院安委会办公室副主任、国家安全监管总局党组副书记、副局长王德学主持会议并对相关工作进行了部署。

9月5日　国家安全监管总局、国家煤矿安全监察局制定了《煤矿行业领域贯彻落实国务院安委会"六打六治"打非治违专项行动实施方案》和《金属非金属矿山领域"六打六治"打非治违专项行动实施方案》。

9月6日　甘肃省庆阳市环县环城镇城东塬通村公路0千米+450米处发生一起重大道路交通事故，造成11人死亡、3人受伤，直接经济损失约500万元。

9月12日　国家安全监管总局发出通知，要求各地把宣贯新《安全生产法》作为"六五"普法工作的重中之重，明确安全责任，强化执法手段。不断强化依法治理，推动安全发展。

9月17日　国务院安委会办公室副主任、国家安全监管总局党组副书记、副局长王德学同志主持召开由公安部、交通运输部等部门领导和相关司局负责同志参加的会议，共同研判当前道路交通安全形势，分析暴露出的突出问题，深入研究采取断然措施、遏制重特大事故多发势头等问题。公安部副部长黄明、交通运输部党组成员刘小明出席会议并讲话。

9月18日　国家安全监管总局发布《关于印发〈生产安全事故统计报表制度〉的通知》(安监总统计〔2014〕103号)。

9月19日　国家安全监管总局、交通运输部、国务院国资委、国家铁路局四部门联合印发了《隧道施工安全九条规定》。

同日　国家安全监管总局组织22个烟花爆竹重点县县委书记在京开展谈心对话活动。国家安全监管总局局长杨栋梁强调，要坚决打好烟花爆竹安全生产攻坚战，强化依法治理。

9月22日　国家安全监管总局副局长孙华山在京会见了美国劳工部副部长大卫·麦克一行，双方就安全生产与职业健康工作深入交换了意见，并共同签署了《关于安全生产与职业健康合作备忘录延期的协议》。

同日　国家安全监管总局副局长杨元元在北京会见了出席第七届中国国际安全生产论坛暨职业健康展览会的美国工业卫生协会主席克里斯汀·劳伦佐一行。双方就职业卫生政府监管与行业自律、实验室资质认证和专业技术人员培训等多个方面进行了深入交流。

同日　国家安全监管总局办公厅下发《关于印发〈生产安全事故应急处置评估暂行办法〉的通知》(安监总厅应急〔2014〕95号)。

同日　湖南省株洲醴陵市浦口南阳出口鞭炮烟花厂发生爆炸事故，事故造成14人死亡、33人受伤。

9月23日　国家安全监管总局党组副书记、副局长王德学会见了来京出席第七届中国国际安全生产论坛暨展览会的香港特区政府劳工处处长唐智强和澳门特区政府劳工事务局副局长丁雅勤率领的港澳代表团一行。

同日　国家安全监管总局副局长孙华山在北京会见了国际劳工组织副总干事洪博、国际社会保障协会秘书长康克琉斯基以及国际劳动监察协会主席迈尔斯一行

9月23—25日　由国家安全监管总局主办的第七届中国国际安全生产论坛暨中国国际安全生产及职业健康展览会在北京举行，主题为“强化安全基础建设，提升安全保障能力”，国务委员王勇出席并致辞。

9月24日　国家安全监管总局办公厅发布《关于建立健全安全生产“四不两直”暗查暗访工作制度的通知》(安监总厅〔2014〕96号)。

9月25日　第五届中欧安全生产对话在北京召开。国家安全监管总局副局长孙华山出席对话并致辞，总局总工程师吴鑫主持对话。

9月26日　国家安全监管总局召开宣传贯彻新《安全生产法》视频会议，邀请全国人大常委会法制工作委员会副主席阚珂作学习辅导报告。总局局长杨栋梁动员部署下一步学习贯彻工作。

同日　国家安全监管总局召开庆祝新中国成立65周年座谈会，回顾在中国共产党领导下，社会主义革命、建设和改革开放取得的伟大成就，畅谈安全生产事业取得的巨大成就。

9月28日　国家安全监管总局召开全国烟花爆竹安全监管工作视频会议。国家安全监管总局副局长孙华山出席会议并讲话，总局总工程师王浩水主持会议。

9月29日　国家安全监管总局发布《有限空间安全作业五条规定》(国家安全监管总局令第69号)，自公布之日起施行。

10　月

10月1日　交通运输部海事局发布《重点跟踪航运公司安全监督管理规定》实施，明确对在我国注册的航运公司存在6类重点问题，实行重点跟踪监督管理，其所管理的所有船舶均列为重点跟踪船舶。

10月5日　贵州省永贵能源开发有限责任公司黔西县新田煤矿发生一起重大煤与瓦斯突出事故，造成10人死亡，4人受伤，直接经济损失1935万元。

10月10—11日　国家安全监管总局在陕西省

榆林市召开全国安全文化建设现场会暨安全生产月活动总结交流会。国家安全监管总局党组成员、副局长徐绍川到会讲话并调研了当地煤矿安全监察分局队伍建设和非煤矿山安全生产工作。陕西省副省长李金柱出席会议并致辞，国家安全监管总局新闻发言人黄毅主持会议并作了《关于安全生产新闻发布和舆论引导》的报告。

10 月 13 日　国家安全监管总局党组成员、副局长杨元元在总局会见来访的 3M 全球执行副总裁富兰克一行。

同日　国家卫生计委发布《职业性手臂振动病的诊断》等 22 项国家职业卫生标准的通告（国卫通〔2014〕14 号)。

10 月 15 日　第十届全国矿山救援技术竞赛在陕西省铜川市拉开帷幕。国家安全监管总局党组副书记、副局长、国家安全生产应急救援指挥中心主任王德学，陕西省人民政府副省长李金柱，中华全国总工会副主席、书记处书记、党组成员李世明等出席开幕式。

10 月 17 日，中国安全生产协会在山东青岛举办学习宣贯新《安全生产法》培训班，国家安全监管总局党组成员、副局长杨元元出席开班仪式并作辅导报告。中国安全生产协会会员单位分管安全生产工作的负责人、安全管理部门的负责人以及山东省、青岛市辖区部分企业的代表共 300 余人参加了学习。中国安全生产协会会长赵铁锤主持了开班仪式。

10 月 20 日　国务院办公厅下发《国务院办公厅关于成立国务院油气输送管道安全隐患整改工作领导小组的通知》(国办发〔2014〕48 号)。

10 月 24 日　新疆东方金盛工贸有限公司米泉沙沟煤矿 +615 米 45 号煤层东翼综采放顶煤工作面发生一起重大顶板事故，造成 16 人死亡、11 人受伤，直接经济损失 1586.21 万元。

10 月 29 日　中共中央组织部决定，李兆前同志任国家安全监管总局党组成员。国务院决定，任命李兆前同志为国家安全监管总局副局长。

10 月 30 日　第十届全国副省级城市安监局长联席工作会议在陕西省西安市召开。国家安全监管总局孙华山副局长出席会议并讲话。

同日　国家安全监管总局、国家煤矿安监局在河南省郑州市召开了全国煤矿安全生产座谈会。国家安全监管总局党组副书记、副局长王德学出席会议并讲话。

10 月 30—31 日　2014 应急管理（成都）高层论坛暨国际应急管理学会（TIEMS）中国委员会第五届年会在四川成都召开。与会专家学者以“健全公共安全体系，提高应急管理能力”为主题进行了深入交流探讨。

10 月 31 日　国家卫生计委下发《关于发布推荐性国家职业卫生标准〈职业病诊断通则〉的通告》(国卫通〔2014〕12 号)。

11　月

11 月 3 日　国家安全监管总局关于公布第五届国家安全生产专家组组成人员名单的通知（安监总办〔2014〕114 号)。

11 月 6 日　国家安全监管总局召开部分中央企业负责人安全生产座谈会。国家安全监管总局局长杨栋梁出席会议并讲话，党组副书记、副局长王德学主持会议。

11 月 13 日　全国政协在京召开座谈会，议题是“建筑工人工伤维权”。全国政协主席俞正声主持会议，国家安全监管总局副局长杨元元出席。

同日　国家安全监管总局办公厅发布《关于印发用人单位职业病危害告知与警示标识管理规范的通知》(安监总厅安健〔2014〕111 号)。

11 月 14 日　国务院油气输送管道安全隐患整改工作领导小组第一次全体会议召开，国务委员王勇出席会议并讲话。

同日　国家安全监管总局发布《关于对两条存在重大安全隐患原油管道实施停输的决定》(安监总管三〔2014〕117 号)。

同日　国家安全监管总局向全国企业负责人写了一封公开信——《生命安全是不可逾越的红线，安全法律是必须坚守的底线》。

11 月 16 日　山东省寿光市化龙镇裴岭村龙源食品有限公司发生火灾，事故造成 18 人死亡、13 人受伤，过火面积 5000 平方米。

11 月 18 日　烟花爆竹安全监管部际联席会议第四次全体会议在京召开。部际联席会议召集人、安全监管总局副局长孙华山主持会议并讲话。

11 月 19 日　国家安全监管总局办公厅下发

《国家安全监管总局办公厅关于开展新〈安全生产法〉系列知识竞赛活动的通知》(厅函〔2014〕331号)。

同日　山东省烟台市蓬莱市境内，一辆大货车与一辆微型面包车相撞，造成12人死亡、3人受伤，直接经济损失916.8万元。

11月24日　国务院安委会办公室、国家安全监管总局召开全国油气输送管道隐患整治攻坚战动员部署视频会议，认真贯彻落实国务院油气输送管道安全隐患整改工作领导小组第一次全体会议精神，全面部署开展油气输送管道安全隐患整治攻坚战等重点工作。

11月26日　国务院安全生产委员会发布《国务院安全生产委员会关于加强企业安全生产诚信体系建设的指导意见》(安委〔2014〕8号)。

同日　辽宁省阜新矿业集团恒大煤业有限责任公司发生一起重大煤尘爆燃事故，造成28人死亡，50人受伤（其中：事故报告期后，经全力抢救医治无效死亡1人），事故直接经济损失6668.16万元。

11月27日　国家安全监管总局、国家煤矿安监局召开煤矿安全生产紧急专题视频会。国家安全监管总局党组副书记、副局长王德学出席会议并讲话。

同日　六盘水市盘县松河乡松林煤矿发生一起重大瓦斯爆炸事故，造成11人死亡、8人受伤，直接经济损失3003.2万元。

11月28日　国务院办公厅印发《关于实施公路安全生命防护工程的意见》，部署在全国实施公路安全生命防护工程。

12　月

12月1日　新修订的《中华人民共和国安全生产法》开始施行。

12月1—4日　全国安全生产宣教干部业务培训班在北京举行。培训班上，举行了国家安全监管总局官方微博微信上线仪式，国家安全监管总局党组成员、副局长徐绍川出席并讲话，国务院参事室特约研究员、国家安全监管总局新闻发言人黄毅为培训班学员作了题为《安全生产形势和近期重点工作部署》的报告。

12月2日　国务院安委会发出《国务院安全生产委员会关于开展劳动密集型企业消防安全专项治理工作的通知》(安委〔2014〕9号)。

同日　该日是第三个“全国交通安全日”，主题是“抵制七类违法，安全文明出行”。公安部、中央文明办、教育部、司法部、交通运输部、国家安全监管总局联合下发通知，对各地组织开展“全国交通安全日”活动进行安排部署。

同日　全国安全监管监察系统领导班子和干部队伍建设视频会议召开，国家安全监管总局局长杨栋梁出席会议并讲话。

同日　全国安全社区建设工作会议在成都召开。国家安全监管总局副局长杨元元出席会议并讲话。

12月4—5日　全国安全隐患排查治理体系建设现场推进会在湖北省鄂州市召开。国家安全监管总局副局长孙华山、副局长李兆前出席会议并讲话。

12月5日　国务院安委会办公室在北京召开劳动密集型企业消防安全专项治理工作视频会议。国务院安委会办公室副主任、国家安全监管总局党组副书记、副局长王德学出席会议并讲话。国家安全监管总局党组成员、总工程师王树鹤主持会议。

12月8日　国家安全监管总局局长杨栋梁在总局会见了来华访问的美国劳工部副部长卢沛宁一行。双方充分肯定了在非煤矿山、煤矿和职业健康等领域取得的成就，并就安全生产有关问题进行了深入交谈。

12月10日　国家安全监管总局发布《企业安全生产风险公告六条规定》(国家安全监管总局令第70号)，自公布之日起施行。《规定》要求企业公开自身安全生产危险危害因素信息。

同日　全国煤矿隐患排查治理行动试点工作经验交流推广会议在河北省唐山市召开。国务院安委办副主任，国家安全监管总局党组副书记、副局长，国家安全生产应急救援指挥中心主任王德学出席会议并讲话。

同日　全面深化安全生产领域改革试点工作座谈会在吉林省长春市召开。国家安全监管总副局长孙华山出席会议并讲话。

12月12日　国家安全生产宣传教育数字传播中心第一次工作会议在北京召开。国务院参事室特约研究员、国家安全监管总局新闻发言人黄毅出席会议并讲话。

同日　矿用新装备新材料安全国家重点实验室建设项目启动会在中国煤炭科工集团北京煤炭科学研究院采育基地召开。国家安全监管总局党组成员、副局长杨元元出席启动会并讲话。

同日　国务院安委会办公室在中铁工召开隧道施工安全专题视频会议。国务院安委会办公室副主任，国家安全监管总局党组副书记、副局长王德学出席会议并讲话。

12 月 13 日　粤赣高速公路 30 千米 + 300 米路段（河源市和平县上陵张仙塘大桥）发生一起重大道路交通事故，造成 12 人死亡、3 人受伤、6 车及车上货物不同程度损毁，直接经济损失 1264.3 万元。

12 月 15 日　河南新乡市长垣县皇冠 KTV 发生火灾，造成 12 人死亡、24 人受伤。

12 月 18—19 日　全国职业卫生监管工作座谈会在重庆召开，32 个省级单位代表针对职业卫生监管工作的作法、存在的困难和问题、改进工作的意见和建议作了发言。国家安全监管总局党组成员、副局长李兆前出席会议并讲话。

12 月 23 日　第十二届全国人大常委会召开第十二次会议审议国务院安全生产工作。国家安全监管总局局长杨栋梁受国务院委托，就全国安全生产情况、存在的问题和下一步工作措施等 3 个方面作了工作报告。

12 月 26 日　中国化学品安全协会第三次会员代表大会在北京召开。国家安全监管总局副局长孙华山出席会议并讲话。

同日　国家安全监管总局在京召开安全生产“十三五”规划编制工作座谈会，总结安全生产“十二五”规划实施情况，安排部署安全生产“十三五”编制工作，总局副局长杨元元出席会议并讲话。

12 月 29 日　北京清华大学清华附中工地脚手架倒塌，造成 10 人死亡。

12 月 31 日　上海市黄浦区外滩陈毅广场发生群众拥挤踩踏事件，致 36 人死亡、49 人受伤。

同日　广东省佛山市广东富华工程机械制造有限公司发生重大爆炸事故，造成 18 人死亡、32 人受伤，直接经济损失 3786 万元。

第十七部分

全国事故与职业病统计资料

2014年全国安全生产形势分析

2014年，在党中央、国务院的坚强领导下，各地区、各有关部门和单位认真贯彻落实习近平总书记和李克强总理关于安全生产工作的一系列重要指示批示精神，坚守红线意识，大力贯彻新《安全生产法》，按照“明责、建制、修法、架红线，改革、创新、担当、转作风”的工作思路，主动适应经济发展新常态，牢牢抓住依法治安这条主线，加快改革创新，深化治理整顿，在预防和治本上下功夫，促进了全国安全生产形势继续保持总体稳定、趋向好转的发展态势。2014年，全国各类事故实现了3个继续下降、2个进一步好转（事故总量、重特大事故、主要相对指标下降，重点行业领域和各地区安全生产状况进一步好转），安全生产工作取得明显成效。

一、主要特点

2014年，全国安全生产形势主要表现出以下特点：

（一）全国事故总量、较大、重特大事故继续下降

2014年，全国发生各类事故305677起、死亡68061人，同比减少3626起、1392人，分别下降1.2%和2.0%。其中：

发生较大事故1126起、死亡4221人，同比减少32起、377人，分别下降2.8%和8.2%。

发生重特大事故42起、死亡758人，同比减少9起、118人，分别下降17.6%和13.5%。

（二）大部分行业领域事故下降

2014年，全国煤矿事故起数和死亡人数同比分别下降16.3%和14.3%；金属非金属矿山分别下降18.8%和19.0%；建筑施工分别下降13.3%和11.7%；化工和危险化学品分别下降19.7%和19.8%；烟花爆竹分别下降21.8%和10.7%；工商贸其他分别下降6.1%和6.2%；生产经营性火灾分别下降1.1%和42.3%；道路交通分别下降0.8%和0.03%；水上交通分别下降0.8%和6.8%；铁路交通分别下降12.0%和7.9%；民航飞行分别下降69.2%和50.0%，渔业船舶分别下降8.7%和20.7%。

（三）大部分地区安全生产状况稳定

2014年，全国32个省级统计单位中，河北、山西、内蒙古、辽宁、上海、浙江、安徽、福建、江西、湖北、湖南、重庆、四川、西藏、陕西和青海16个单位事故总起数和总死亡人数同比实现“双下降”。北京、天津、河北、内蒙古、吉林、黑龙江、上海、安徽、福建、江西、山东、湖北、广西、海南、四川、贵州、青海、宁夏、新疆19个单位重特大事故同比下降或持平（其中天津、内蒙古、上海、福建、江西、湖北、广西、海南、青海、宁夏10个单位未发生重特大事故）。

（四）2月全国未发生重特大事故

2月全国未发生重特大事故，同比减少7起、89人，这是自2001年国家安全监管局成立以来，首个未发生重特大事故的月份。

（五）煤矿安全生产形势进一步好转，呈现五个下降

一是煤矿事故总死亡人数首次降至千人以下。共发生各类事故 509 起、死亡 931 人，同比减少起、155 人，分别下降 16.3% 和 14.3%。二是全年未发生特别重大事故。同比减少 1 起、36 人。三是重大事故起数下降。发生重大事故 14 起、同比减少 1 起，下降 6.7%。四是较大事故下降。发生较大事故 46 起、死亡 193 人，同比减少 2 起、39 人，分别下降 4.2% 和 16.8%。五是煤矿百万吨死亡率下降。煤炭百万吨死亡率 0.255，同比下降 11.5%。

（六）安全生产控制指标实施情况良好

2014 年，全国 32 个省级统计单位中，有 30 个单位生产经营性事故死亡人数控制指标在年度控制目标以内，占 93.8%；江苏和新疆生产建设兵团超年度控制指标。

全国 32 个省级统计单位中，有 29 个单位的工矿商贸事故死亡人数在年度控制目标以内，占 90.6%；江苏、山东和新疆生产建设兵团超年度控制指标。

全国 26 个产煤省级统计单位中，有 23 个单位的煤矿事故死亡人数在年度控制目标以内，占 88.5%；黑龙江、江西和新疆生产建设兵团超年度控制指标。

（七）反映安全发展水平的主要相对指标继续下降

2014 年，亿元国内生产总值生产安全事故死亡率为 0.107，比上年减少 0.017，下降 13.7%；工矿商贸就业人员 10 万人生产安全事故死亡率为 1.328，比上年减少 0.197，下降 12.9%；道路交通万车死亡率为 2.220，比上年减少 0.12，下降 5.1%；煤矿百万吨死亡率为 0.255，比上年减少 0.033，下降 11.5%。

二、存在的问题

（一）部分时段重特大事故多发

2014 年，重特大事故居第一位的是 3 月份（发生重特大事故 8 起、死亡 125 人，分别占重特大事故起数和死亡人数的 19.0% 和 16.5%）；8 月份居第二位（发生重特大事故 6 起、死亡 215 人，分别占 14.3% 和 28.4%），12 月份居第三位（发生重大事故 5 起、死亡 62 人，分别占 11.9% 和 8.2%）。

（二）部分行业领域重特大事故、较大事故同比上升

重特大事故起数和死亡人数同比双上升行业领域：建筑施工、渔业船舶。

较大事故起数和死亡人数同比双上升的行业领域：金属非金属矿山、建筑施工、化工和危险化学品、水上交通、铁路交通、农业机械。

（三）部分地区重特大事故同比上升

特别重大事故起数和死亡人数同比双上升的有 4 个单位：江苏（增加 1 起、97 人）、湖南（增加 1 起、54 人）、西藏（增加 1 起、44 人）、山西（增加 1 起、40 人）。

重大事故起数和死亡人数同比上升的有 9 个单位：辽宁、浙江、湖南、广东、重庆、云南、西藏、甘肃、新疆生产建设兵团。

（四）中央企业较大以上事故时有发生

全国 112 家中央企业中，有 17 家单位发生了 33 起较大以上事故，共死亡 142 人（其中：重大事故 1 起、死亡 13 人，较大事故 32 起、死亡 129 人）。

2014 年全国生产

	总　计						较 大 事 故					
	本　期		同期对比				本　期		同期对比			
	起数/起	死亡/人	起数变化/起	增幅/%	死亡人数变化/人	增幅/%	起数/起	死亡/人	起数变化/起	增幅/%	死亡人数变化/人	增幅/%
合　计	305677	68061	-3626	-1.2	-1392	-2.0	1126	4221	-32	-2.8	-377	-8.2
一、工矿商贸合计	5774	7199	-716	-11.0	-859	-10.7	257	965	-6	-2.3	-87	-8.3
1. 煤矿	509	931	-99	-16.3	-155	-14.3	46	193	-2	-4.2	-39	-16.8
2. 金属与非金属矿	534	640	-124	-18.8	-150	-19.0	25	90	6		16	
3. 建筑施工	1786	2197	-273	-13.3	-292	-11.7	95	344	7		8	
4. 化工和危险化学品	114	166	-28	-19.7	-41	-19.8	16	56	2		9	
其中：危险化学品	30	46	-4	-11.8	-24	-34.3	6	17	-3	-33.3	-17	-50.0
5. 烟花爆竹	43	100	-12	-21.8	-12	-10.7	9	46	-3	-25.0	-4	-8.0
6. 工商贸其他	2788	3165	-180	-6.1	-209	-6.2	66	236	-16	-19.5	-77	-24.6
其中：冶金机械等8行业	1311	1514	-54	-4.0	12		24	79	-10	-29.4	-52	-39.7
二、生产经营性火灾	99188	291	-1080	-1.1	-213	-42.3	18	53	-18	-50.0	-91	-63.2
三、道路交通	196812	58523	-1582	-0.8	-16	-0.03	802	2987	-16	-2.0	-207	-6.5
四、水上交通	260	247	-2	-0.8	-18	-6.8	30	127	5		18	
五、铁路交通	1630	1232	-222	-12.0	-105	-7.9	1	3	1		3	
六、民航飞行	4	3	-9	-69.2	-3	-50.0						
七、农业机械	1744	300	11		-132	-30.6	1	4	1		4	
八、渔业船舶	262	218	-25	-8.7	-57	-20.7	15	74	1		-11	-12.9
九、其他	3	48	-1	-25.0	11		2	8			-6	-42.9

安全事故情况表

重特大事故											
						其中：特别重大事故					
本期		同期对比				本期		同期对比			
起数/起	死亡/人	起数变化/起	增幅/%	死亡人数变化/人	增幅/%	起数/起	死亡/人	起数变化/起	增幅/%	死亡人数变化/人	增幅/%
42	758	-9	-17.6	-118	-13.5	4	235			-17	-6.7
21	402	-5	-19.2	-40	-9.0	1	97	-2	-66.7	-34	-26.0
14	229	-2	-12.5	-27	-10.5			-1	-100	-36	-100
		-3	-100	-30	-100						
2	21	1		10							
		-1	-100	-10	-100						
		-1	-100	-10	-100						
1	14			2							
4	138			15		1	97	-1	-50.0	2	
2	115	2		115		1	97	1		97	
5	58	1		-105	-64.4			-1	-100	-121	-100
13	235	-3	-18.8	27		2	98	2		98	
1	10	-2	-66.7	-30	-75.0						
1	13	1		13							
1	40	-1	-50.0	17		1	40	1		40	

（资料来源：国家安全生产监督管理总局统计司）

2013 年全国火灾情况

2013 年，全国共统计火灾 38.8 万起，死亡 2113 人，受伤 1637 人，直接财产损失 48.5 亿元。另外，接报森林、草原、矿井地下部分及铁路、交通港航火灾 4085 起，死亡 76 人，受伤 36 人，直接财产损失 2.7 亿元，受灾森林 13724 公顷，受灾草原 35077 公顷。

一、火灾分布特点与往年大致相同，但城乡接合部、小城镇等火灾多发

从全年火灾看，一是农村火灾比重较大，占总数的 32.4%，分别高于县城集镇和城市火灾所占的比重；二是东部火灾多发，共发生火灾 17.3 万起，占总数的 44.6%，超过中部 17.4%、西部 22.8% 和东北 15.3% 的比重；三是居民住宅火灾死亡人多，共发生火灾 11.7 万起，造成 1215 人死亡，起数占总数的 30.1%，死亡人占总数的 57.5%；四是电气火灾比例最高，违反电气安装使用规定等引发的火灾共 11.6 万起，死亡 745 人，受伤 538 人，分别占总数的 29.7%、35.3% 和 32.9%。

此外，一些城乡接合部、小城镇等区域消防基础设施“欠账”较多、单位消防管理滞后、火灾隐患集中，消防安全问题日益凸显，火灾明显多发，应引起重视。一是城乡接合部大火较多，北京市朝阳区小武基村京中发汽配城火灾、吉林宝源丰禽业有限公司火灾爆炸事故等都发生在城乡接合部；二是小城镇火灾伤亡比重大，虽然火灾只占总数的 29.4%，但人员死、伤和损失分别占 33.9%、38.2% 和 38%；三是因电动车充电短路、故障等引发的较大火灾共 14 起，占较大火灾总数的 11.9%，较往年明显突出。另外，放火引发的火灾虽仅占总数的 1.8%，但人员死、伤分别占总数的 16.9% 和 12.2%，其中发生了福建厦门公交车、黑龙江海伦敬老院 2 起重特大放火案件。

二、较大火灾多发生在住宅、商业场所，重特大火灾有所增加

全年共发生较大火灾 117 起（其中 23 起为放火），死亡 449 人，受伤 107 人，直接财产损失 3.7 亿元，发生概率为 1/3323 起，低于 2012 年的 1/2535 起，其中 55 起发生在住宅，16 起在商业场所，9 起在集体宿舍，9 起在生产厂房，8 起在仓储场所，3 起在建筑工地，2 起在养老院，2 起在餐饮场所，1 起在宾馆饭店，12 起在其他场所；发生重大火灾 4 起（其中 1 起为放火），死亡 53 人，受伤 56 人，直接财产损失 590.5 万元，比 2012 年增加 2 起；发生特别重大火灾 2 起，其中 1 起为吉林长春德惠市宝沅丰禽业有限公司厂房起火爆炸事故，另 1 起为福建厦门公交车放火案件，共造成 168 人死亡，112 人受伤，直接财产损失 1.8 亿元，2012 年未发生特别重大火灾。

三、消防队伍出警首次超过百万起，比 2012 年增加 36.5%

全国各类消防队伍共接警出动 103.3 万起，比上年增加 27.7 万起，共出动消防人员 1102.6 万人次，出动消防车辆 183.2 万辆次，营救遇险被困人员 17.5 万人，抢救和保护财产价值 359 亿多元。其中，火灾扑救 38.5 万起，抢险救援 26.3 万起，社会救助 21.9 万起。公务执勤 1.3 万起，其他出动 15.3 万起。在灭火救援战斗中，共有 14 名现役公安消防官兵、1 名专职消防员英勇牺牲。

（资料来源：公安部消防局网站）

2013年全国分地区火灾综合情况

地区	火灾概况						较大火灾				重大火灾				特别重大火灾			
	起数/起	死亡/人	受伤/人	损失			起数/起	死亡/人	受伤/人	直接损失/万元	起数/起	死亡/人	受伤/人	直接损失/万元	起数/起	死亡/人	受伤/人	直接损失/万元
				直接损失/万元	烧毁建筑/平方米	受灾户数/户												
合计	388821	2113	1637	484670.2	25889251	131050	117	449	107	36535.3	4	53	56	590.5	2	168	112	18270.0
北京	4119	53	18	5265.9	85845	229	3	8		1434.5	1	12	4	200.0				
天津	4195	43	39	5048.0	112466	1392	1	3		6.4								
河北	12571	85	49	22260.0	1488057	3540	5	27	3	308.7								
山西	8153	24	43	16216.4	809417	1155	2	3		4840.4								
内蒙古	11749	40	16	12634.7	1453105	1403	1	5	5	20.4								
辽宁	31655	94	50	21207.2	742771	2930	4	14	1	2217.9								
吉林	12370	138	85	24354.5	405806	1320	1	3	1	4.0					1	121	76	18200.0
黑龙江	15395	45	54	14342.7	7042857	4498	4	11	25	1654.2	1	11		16.6				
上海	9031	73	79	12417.4	122753	1475	4	15	17	2916.0								
江苏	30469	165	167	28583.5	612355	47492	5	22	4	56.4								
浙江	46141	163	136	56715.5	1428309	12740	12	56	9	1813.6								
安徽	11671	61	56	16320.2	788171	1559	5	16		2206.9								
福建	11972	95	68	16526.3	420844	3596	2	9	4	323.0					1	47	36	70.0

（续）

地区	火灾概况						较大火灾				重大火灾				特别重大火灾			
				损失														
	起数/起	死亡/人	受伤/人	直接损失/万元	烧毁建筑/平方米	受灾户数/户	起数/起	死亡/人	受伤/人	直接损失/万元	起数/起	死亡/人	受伤/人	直接损失/万元	起数/起	死亡/人	受伤/人	直接损失/万元
江西	7207	61	22	19684.1	361639	1803	7	29		4980.4								
山东	32353	75	54	27367.1	1263901	2645	6	20	7	236.3								
河南	13562	72	61	14850.2	1230950	4502	8	39	10	45.5								
湖北	11263	66	99	8020.8	258025	2124	3	9	1	348.9	1	14	47	186.9				
湖南	15611	80	59	28302.3	711557	3062	7	26		6399.9								
广东	21118	202	143	39525.8	686875	4133	16	69	12	4328.6	1	16	5	187.0				
广西	3710	83	45	10964.5	543755	1707	3	10		30.6								
海南	1285	13	21	2520.6	676153	116	1	3		5.7								
重庆	6049	52	47	5644.0	173650	2219	2	7		4.4								
四川	19765	51	62	11746.0	290492	3237	3	10	2	29.1								
贵州	2900	66	41	11178.0	196452	2534	6	20	4	113.7								
云南	8502	85	33	15059.4	550840	8253	3	9		34.8								
西藏	112	4		817.3	15890	156	1	3		1.7								
陕西	11871	51	23	16223.0	806786	858				0.0								
甘肃	6455	22	35	7654.1	1034650	4408	2	3	2	2173.2								
青海	1511	10	6	2385.4	286610	432				0.0								
宁夏	4161	9		2149.6	118217	510				0.0								
新疆	11895	32	26	8685.7	1170057	5022				0.0								

2014 年全国火灾情况

2014 年，全国共接报火灾 39.5 万起，死亡 1817 人，受伤 1493 人，直接财产损失 43.9 亿元；同比上年死亡人数下降 14%，受伤人数下降 8.8%，直接财产损失下降 9.5%，全年未发生特别重大火灾事故。全年共有 13 名官兵在灭火和抢险救援战斗中不幸牺牲。

2014 年，较大以上火灾同比下降四成，东部地区火灾起数和损失所占比重较大，冬春季节火灾多发，居民住宅火灾亡人比例较高，放火危害较为突出，夜间火灾亡人严重。

2014 年，各级公安消防部门深入排查整治火灾隐患，会同有关部门加强行业消防安全管理，联合教育部、民政部推进消防知识进学校、进养老机构，新建一批社会消防培训机构、省级消防职业技能鉴定站。全年共接警出动 113.7 万起，营救遇险被困人员 17.6 万人，抢救保护财产价值 573 亿多元。

2014 年全国道路交通事故情况

2014 年，全国共发生道路交通事故 196812 起、死亡 58523 人，同比减少 1582 起、16 人，分别下降 0.8% 和 0.03%。其中，生产经营性道路交通事故 43460 起，死亡 19963 人，同比减少 4862 起、727 人，分别下降 10.1% 和 3.5%。

全年共发生较大道路交通事故 802 起，死亡 2987 人，同比减少 16 起、207 人，分别下降 2.0% 和 6.5%；发生重大道路交通事故 11 起，死亡 137 人，同比减少 5 起、71 人，分别下降 31.3% 和 34.1%；发生特别重大道路交通事故 2 起、死亡 98 人，同比增加 2 起、98 人。全国道路交通万车死亡率为 2.220，比上年减少 0.12，下降 5.1%。

2014 年全国特种设备事故情况

一、事故总体情况

2014 年，全国共发生特种设备事故 283 起，死亡 282 人，受伤 330 人，与 2013 年同期相比，事故起数增加 56 起，上升 24.67%，死亡人数减少 7 人，下降 2.42%，受伤人数增加 56 人，上升 20.44%，全国未发生特种设备重特大事故。2014 年特种设备万台设备死亡率为 0.39，较 2013 年下降 15.22%，较好地实现了国务院安委会下达的万台设备死亡人数不超过 0.46 的控制目标。

二、事故特点

按照设备类别划分，锅炉事故 22 起，压力容器事故 19 起，气瓶事故 28 起，压力管道事故 12 起，电梯事故 95 起，起重机械事故 62 起，场（厂）内机动车辆事故 38 起，大型游乐设施事故 6 起，客运索道事故 1 起。其中，电梯和起重机械事故起数和死亡人数所占比重较大，事故起数分别占

33.57%、21.91%，死亡人数分别占 17.02%、34.75%。

按发生环节划分，发生在使用环节 240 起，占 84.81%；维修检修环节 21 起，占 7.42%；安装装卸环节 16 起，占 5.65%；充装运输环节 6 起，占 2.12%。

按照涉及行业划分，发生在制造业 98 起，占 34.63%；发生在建设工地和建筑业 29 起，占 10.25%；发生在交通运输与物流业 17 起，占 6.01%；发生在社会及公共服务业 139 起，占 49.11%。

按照损坏形式划分，承压类设备（锅炉、压力容器、气瓶、压力管道）事故的主要特征是爆炸或泄漏着火；机电类设备（电梯、起重机械、客运索道、大型游乐设施、厂（场）内专用机动车辆）事故的主要特征是倒塌、坠落、撞击和剪切等。

三、事故原因

（1）锅炉事故。事故均发生在使用环节，其中，违章作业或操作不当事故 3 起，非法生产、使用事故 12 起，设备缺陷和安全附件失效事故 4 起。

（2）压力容器事故。设备缺陷和安全附件失效事故 6 起，违章作业或操作不当事故 11 起，非法设备使用 1 起。

（3）气瓶事故。违章作业或操作不当事故 6 起，设备缺陷和安全附件失效 1 起，气体泄漏引发事故 14 起，非法充装事故 2 起。

（4）压力管道事故。事故现象均为管道破裂介质泄漏，或直接造成人员伤害，或引发爆燃造成人员伤害。事故原因主要是设备质量原因或人员违章操作，其中，氨泄漏事故 2 起，燃气管道泄漏事故 5 起，蒸汽管道泄漏事故 3 起，其他介质管道泄漏事故 2 起。

（5）电梯事故。按照事故发生形态分，坠落 56 起，挤压、剪切 33 起，困人 3 起，跌倒 3 起。按照发生环节分，使用环节 76 起，安装改造环节 8 起，维保修理环节 11 起。事故原因中，安全附件或保护装置失灵事故 73 起；违章作业或操作不当事故 19 起；管理不善事故 3 起。

（6）起重机械事故。其中，违章作业或操作不当事故 35 起，设备质量安全隐患导致的事故 9 起。

（7）场（厂）内专用机动车辆事故。其中，38 起全部为叉车事故，原因为违章作业或操作不当。

（8）大型游乐设施及客运索道事故。事故原因为设备故障或安全附件（保护装置）失灵。

（资料来源：国家质检总局特种设备安全监察局网站）

2014 年全国职业病防治工作情况

根据全国 30 个省、自治区、直辖市（不包括西藏）和新疆生产建设兵团职业病报告，2014 年共报告职业病 29972 例。其中职业性尘肺病 26873 例，急性职业中毒 486 例，慢性职业中毒 795 例，其他职业病合计 1818 例。从行业分布看，煤炭开采和洗选业、有色金属矿采选业和开采辅助活动行业的职业病病例数较多，分别为 11396 例、4408 例和 2935 例，共占全国报告职业病例数的 62.52%。

一、职业性尘肺病和其他呼吸系统疾病

共报告职业性尘肺病新病例 26873 例，较 2013 年增加 3721 例。其中，94.21% 的病例为煤工尘肺和硅肺，分别为 13846 例和 11471 例。尘肺病报告病例数占 2014 年职业病报告总例数的 89.66%。

二、职业性化学中毒

共报告各类急性职业中毒事故 295 起，中毒 486 例，死亡 2 例。其中重大职业中毒事故 7 起（同时中毒 10 人以上或死亡 5 人以下），中毒 84 例。引起急性职业中毒的化学物质 30 余种，其中一氧化碳中毒的起数和人数最多，共发生 111 起 213 例。

共报告各类慢性职业中毒795例，死亡2例，均为苯中毒。引起慢性职业中毒例数排在前三位的化学物质分别是苯、铅及其化合物（不包含四乙基铅）和砷及其化合物，分别为282例、224例和120例。

三、职业性肿瘤

共报告职业性肿瘤119例，以各类制造业为主。其中苯所致白血病53例，焦炉逸散物所致肺癌28例，石棉所致肺癌、间皮瘤27例，六价铬化合物所致肺癌5例，联苯胺所致膀胱癌3例，氯甲醚和双氯甲醚所致肺癌、β－萘胺所致膀胱癌、砷及其化合物所致肺癌和皮肤癌各1例。

四、职业性放射性疾病

共报告职业性放射性疾病25例。其中放射性肿瘤14例，外照射慢性放射病4例，放射性皮肤疾病3例，放射性白内障2例，放射性甲状腺疾病2例。

五、职业性耳鼻喉口腔疾病等六类职业病

共报告1632例。职业性耳鼻喉口腔疾病880例（其中噪声聋825例），职业性传染病427例（其中布鲁氏菌病376例），物理因素所致职业病143例（其中中暑87例，手臂振动病36例），职业性皮肤病109例（其中接触性皮炎63例），职业性眼病55例（其中化学性眼部灼伤32例），其他职业病18例（其中金属烟热13例，滑囊炎5例）。

（资料来源：国家安全监管总局网站）

中钢集团山东富全矿业有限公司

中钢集团山东富全矿业有限公司系国资部门直属中国中钢集团控股子公司，于2008年6月13日注册成立，专业从事金属矿山开发、矿产品的销售和非煤矿山开采技术服务。

公司位于山东省济宁市汶上县郭仓镇，南距济宁市区38千米，北距济南市区130千米，毗邻京福高速、济广高速,105国道从矿区穿过，交通十分便利。

自成立以来，在各级政府的关心支持下，公司秉承团结、务实、高效、奋进的企业精神，在生产、建设、发展过程中，以求真务实的态度，团结凝聚全体员工的智慧和力量，坚定信心，奋发图强，扎扎实实抓建设，一心一意谋发展，抢抓市场机遇，在生产建设、经营管理、安全生产等各项工作中取得了长足的进步，获得了上级和社会各界的一致好评。

自筹建之日起，公司坚持高标准、高起点、高科技，着力打造“安全高效、低碳环保、智能化、绿色节能型现代化矿山”，探索建矿经营新模式，在矿山开发的征途中不断实现新的超越，实现持续安全生产2400余天的成绩。分别于2014年1月和2015年3月被国家安全监管部门评为“非煤矿山安全生产标准化一级企业（矿山）”和“选矿厂安全标准化一级企业”。

安全高效 低碳环保 智能化

绿色节能型现代化矿山

坚持文化引领 筑牢安全基石
全力构建本质安全型企业

华电龙口发电股份有限公司

公司总经理孙学军现场指导工作

公司党委书记徐国荣（右二）到机组大修现场了解大修安全质量进度情况

公司举行“4·7”安全知识竞赛

公司举办反事故演习，提高职工应急处置能力

华电龙口发电股份有限公司，原名山东百年电力发展股份有限公司，是由华电国际电力股份有限公司控股的大型股份制发电企业。前身为山东龙口发电厂，全国早批国家和地方集资兴建的大型坑口电厂，山东电网骨干电厂。公司原有6台机组，装机容量110万千瓦，分三期建成。为“上大压小”扩建四期2×60万千瓦机组，原一期工程两台11万千瓦机组分别于2007年、2012年关停。现有4台机组，装机容量88万千瓦。多年来，公司致力于建设本质安全型企业，严格落实“安全第一，预防为主，综合治理”的工作方针，牢固坚持以人为本提素质、重心下移抓基层、关口前移强基础，大力推进“基石”安全文化建设，有力促进了公司整体安全生产水平的提升。2014年，公司完成发电量51.78亿千瓦时；实现利税6.39亿元；截至2014年底，实现连续安全生产5914天，创出历史较好纪录。

一、深化安全文化建设，筑牢安全生产基石

构建“基石”安全文化理念体系。加强组织和措施保障，提炼安全管理思想精髓。公司专门成立了各级“基石”安全文化建设领导小组，通过对安全生产实践和文化建设经验进行归纳和概括总结，从体现员工整体精神意志、理想信念和价值取向，立足企业根脉延续、基业长青的战略高度，发动全体员工系统性地挖掘整理和推敲提炼出公司安全愿景、安全使命和安全价值观。经过分层筛选和讨论，提炼形成了“基石”安全文化理念体系，实现了安全管理与文化建设的深度融合。

全方位宣贯“基石”安全文化。公司印发了《安全文化手册》，以“生命至尊、安全至重”核心安全价值观引领企业安全生产工作，使“基石”安全文化融入到基层班组的安全管理，推动了安全文化落地生根、开花结果。在生产必经通道设立了两条“基石”安全文化长廊，生产场所布置宣传牌、宣传漫画，重点安全防护部位装设警示标语、温馨提示牌等，通过安全标准、标语“上墙”，促进安全意识、责任“上心”。每月组织评选“安全生产之星”，运用企业内部网站、广播、报纸、宣传栏等多种媒介进行大力宣传，同时将“安全生产之星”的先进事迹制成电脑屏保，在生产系统各班组的微机上播放，营造了重视安全、学赶先进的良好氛围。自2011年以来，公司结合实际将每年的4月7日定为“安全警示日”，通过举办座谈会、开展安全生产大讨论，教育干部职工铭记历史、警钟长鸣，进一步增强各级人员的安全意识、责任意识，夯实安全生产基石。

公司进行机组大修科技改造
提高机组安全性能

公司职工认真检修设备

公司职工自编自演安全文化节目

二、引领创新安全管理，筑牢安全监督保障基石

创新安全监督管理。公司积极推行“01234”安全管理模式，围绕“零违章、零事故、零伤害”安全目标，发挥安全生产监督、保障“两个体系”和公司、分场、班组“三级安全、技术监督网”的作用，实现公司、分场、班组、个人四级管控目标。制定实施了150个管理标准、656个岗位工作标准，完善了39项安全应急预案，涵盖了安全管理和危急事件应急处置的各个层面和环节。通过创新安全管理模式，在公司内形成了“一级对一级负责、层层承担责任义务、人人履行安全职责”、多级联动的安全监管责任体系。

创新外包工程管理。针对近年来机组大修改造外包项目多的特点，公司积极创新外包工程管理，将外包工程纳入日常安全监管，增设质量监督点，实行“安全上岗证”制度；要求外包项目负责人参加安全例会，派专人对外包人员作业进行全程监护；实行管理人员和监理人员定期巡视签到制度，建立“重大外包项目工程监察卡”，通过一系列措施，进一步强化各级人员责任意识，消除安全监管盲区，从根本上避免了“以包代管、以罚代管”。

全力打造安全生产管理亮点。公司提出要把实现全年“零非停”目标作为安全生产管理的目标和亮点，举行了“零非停”目标责任书签字仪式，设立专项奖励基金，加大对在防“非停”方面做出突出贡献个人和集体的奖励。公司上下牢固树立安全生产“红线”意识，通过狠抓根治“四管”泄漏、开展专项整治、提高机组检修质量、强化员工安全素质等扎实有效的工作，夯实了防“非停”工作基础。2014年，公司实现了机组“非停”次数在华电山东分公司系统内最少；连续两年实现“四管”零泄漏。

三、重视科技进步和环保改造，筑牢设备安全基石

公司高度重视安全投入，坚持向科技要安全、要效益，不断推进设备综合治理，努力克服现役4台220兆瓦机组的老龄化影响，保障了机组运行的安全性、经济性、可靠性。公司积极采用现代计算机技术、信息技术，通过对机组控制、测量和保护等重要系统改造升级、更新换代，使机组自动化水平和安全健康状况有了质的飞跃，有力地保障了机组安全运行。其中，脱硫烟道增设低压省煤器改造项目的成功实施，不仅达到了降低排烟温度和供电煤耗的效果，而且代表了国内同类型机组技改领先水平。针对机组存在的发电机转子匝间短路、汽轮机轴瓦振动、锅炉炉膛结焦等危及安全生产的重大设备隐患，公司组织生产技术人员成立攻关小组，与生产厂家、设计院、科研院所密切协作，逐步消除了安全隐患，避免了事故发生。

公司积极响应国家节能减排、清洁生产的环保要求，对全部机组进行了脱硫、脱硝、电除尘环保技改和机组整体优化改造。全部技改工程完成后，机组所排烟尘、氮氧化物将大大降低，粉煤灰、灰渣、石膏等固体废弃物综合利用率大幅提高，公司年度排放烟尘、二氧化硫、氮氧化物总量将分别减少1440吨、477吨、7900吨，对改善周边大气环境、推进地方生态文明建设起到了积极促进作用。

中国中铁电气化局集团第三工程有限公司

中国中铁电气化局集团第三工程有限公司（以下简称公司）创建于1979年，是中铁电气化局集团有限公司控股子公司。公司注册资本10198.03万元，具有机电安装工程施工总承包一级、房屋建筑工程施工总承包一级等十项资质，具有年完成建安70亿元的施工能力。现有员工2455人，各专业工程技术人员1279人，其中：高级技术人员107人，一级建造师60人，注册安全工程师45人。公司业务范围覆盖铁路电气化工程、铁路电务工程、机电安装工程、房屋建筑工程、城市及道路照明工程、公路交通工程、城市轨道交通工程、铁路工程、国际工程及运营维管十大范畴，具有电务和电气化器材配件的加工、制作、销售，技术咨询等能力，是一家技术密集型综合企业。

多年来，公司以安全建设为重点，以企业持续、平稳、健康、较快发展为目标，逐步完善提升了各项基础工作。1995年在铁路基建系统率先通过ISO9002质量管理体系认证，随后相继通过ISO9001：2000质量管理体系认证、ISO14001：2004环境管理体系认证、GB/T28001—2001职业健康安全管理体系认证，公司施工的哈大电气化铁路、广深高速铁路等多项工程荣获“中国建筑工程鲁班奖”“詹天佑土木工程大奖”等荣誉。

公司获得中国中铁二十强第十名

哈大鲁班奖

詹天佑奖

国家质量奖

兰武乌鞘岭鲁班奖

郑州地铁一号线监控调度室设备

高铁开进苗寨来——沪昆高铁贵州东段开通

科学发展强企惠工
中原铁军勇争先进

2014年，公司始终坚持“安全第一、预防为主、综合治理”的方针，以安全生产标准化建设为抓手，不断完善规章制度，强化监督检查，认真学习新《安全生产法》，使公司安全生产总体处于稳定可控的状态 。

2014年公司各项工作均取得了长足发展，经营与生产双双取得了优异的成绩。全年新签项目85个，新签合同额104亿元，在建项目148项，建成开通客专、高铁1547正线公里，完成投资72.5亿元，完成产值65.1亿元。参建的青藏铁路、京沪高铁等5个项目入选百项经典暨精品工程，哈西枢纽获得国家优质工程奖，京沪高速铁路工程获中国土木工程詹天佑奖。全年获得省部级优质工程2项，国家级优质工程1项。在股份公司358家三级企业评比中获得“中国中铁20强”荣誉称号，名列第10名，实现了较大突破。公司迈入质量优、效益好的新常态。

2015年，公司的主要奋斗目标是新签合同额50亿元，完成企业营业额50亿元，安全生产持续稳定，工程质量全面创优。站在新的历史起点，公司将继续依靠全体职工的智慧和力量，坚持改革创新，锐意进取，鼓足干劲，奋力拼搏，推进企业质量效益型发展不断深入，为持续保持中铁股份“20强”而努力，为提升在国内行业的领先地位而奋斗，为中国工程建筑做出更大贡献。

郑机城际铁路站后四电工程正式开工

公司在郑州地铁二号线施工

兰新高铁开通运行

华电煤业集团有限公司

华电煤业集团有限公司成立于2005年8月，是中国华电集团旗下煤炭产业开发的专业公司和大型企业,截至2014年底，资产总额605亿元，员工8842人。

在中国华电集团公司的正确领导下，牢固树立安全为基础、效益为中心、和谐幸福为根本出发点和落脚点的价值思维理念，努力践行“服务华电、创造价值”的公司使命，坚持“煤为核心、物流通畅、运销高效”的发展思路，大力实施“三步走”发展战略，现已构建了以煤炭产业为核心，集煤、电、化、路、港、航为一体的产业构架，进入了全国煤炭企业30强行列。目前煤炭、电力、化工产业投产和在建规模分别达到7460万吨、197万千瓦、111万吨，其中投产规模分别为4300万吨、137万千瓦、60万吨；拥有码头吞吐能力6800万吨、船舶总运力41万载重吨、参股投资运煤铁路总里程2000多千米。

拥有我国电力企业自主开发建设和管理的千万吨级特大型煤矿——内蒙古蒙泰不连沟煤业有限责任公司不连沟煤矿，2014年被评定为煤炭行业特级安全高效矿井，连续三年保持国家一级标准化矿井，同时建成投产隆德、肖家洼、小纪汗等一批特大型现代化煤矿。

华电煤业对于华电集团的发展起着十分重要的作用。我们旨在为华电集团提供优质服务，为华电集团创造更大效益。我们着力优化供煤结构，通过保障煤炭供应为发电生产服务，通过大力开发煤炭资源以增强服务能力，通过发展相关物流提升服务水平，开发煤炭及相关物流项目，充分发挥好电煤供应主体作用和煤炭及其相关产业开发的主力平台作用。

我们牢固树立价值思维理念，努力提高经济效益，致力于为集团和用户创造价值，竭诚提供满意的产品和优质的服务。我们以做强做大为目标，推进管理创新，不断为集团、用户和公司自身创造更大的经济价值。

我们致力于为员工创造价值。我们重视员工的职业生涯规划，为员工成长提供事业发展空间。我们注重建立有效的人才培养机制，不断完善绩效管理体系和薪酬激励机制，鼓励员工不断学习与进步，以实现企业与员工的共同发展。

我们致力于为社会创造价值，积极履行企业的社会责任。在为社会发展创造经济价值的同时，我们注重环境保护，发展循环经济，努力将公司建设成为资源节约型和环境友好型企业。

榆天化煤化工精馏装置

山西锦兴能源有限公司肖家洼煤矿

榆横煤电公司前景图

不连沟煤矿航拍照片

不连沟公司办公楼

榆横煤电公司榆横电厂

我们遵循“煤为核心，物流通畅” 的发展思路。一方面全力开发煤炭资源，积极打造四大煤炭基地，力争跻身于我国煤炭行业十强。另一方面大力发展煤炭物流业务，围绕公司的煤炭产业开发布局和集团公司的电源点分布，开发路、港、航、发煤站以及储配煤场等相关物流项目，构建通达四方的煤炭产运销网络。我们致力于优化经营模式，推进管理创新与技术创新，将公司建设成为煤炭供给能力强、经济效益好、具有可持续发展能力和市场竞争力的现代化大型煤炭企业集团。

实行的“三步走”发展战略是引领华电煤业中长期发展的指导思想。第一个五年（2003—2008年）打基础，实现从电煤供应服务向煤炭产、运、销专业化发展的初步转型；第二个五年（2009—2013年）上台阶，建成5000万吨级特大型煤业集团，进入国内煤炭行业20强，达到国内先进水平；第三个五年（2014—2018年）创先进，建成1亿吨级特大型煤业集团，进入国内煤炭行业10强，达到国际领先水平。

根据公司“三步走”发展战略和 “1117”发展目标，到2020年实现控股煤炭产量超过1亿吨，发电装机超过1000万千瓦，利润总额超过100亿元，资产负债率控制在75%左右。

内蒙古蒙泰不连沟煤业有限责任公司不连沟煤矿、陕西华电榆横煤电有限责任公司小纪汗煤矿、山西锦兴能源有限公司肖家洼煤矿、神木县隆德矿业有限责任公司隆德煤矿2014年共完成煤炭产量3668万吨、煤炭销量5827万吨（含贸易煤2694万吨），福建华电储运有限公司港口吞吐量1921万吨，华远星海运有限公司船舶货运量1956万吨，陕西华电榆横煤电有限责任公司榆横发电厂发电量43亿千瓦时，陕西华电榆林天然气化工有限责任公司煤化工厂甲醇产量46万吨，实现营业收入227亿元，煤炭产运销和营业收入均取得优良业绩。

2014年公司安全总体可控，生产、基建未发生较大及以上事故，未发生环境影响事件。深入开展安全大检查和专项检查，出台事故隐患排查与整改管理办法，突出防治水、一通三防、机电运输、顶板管理等隐患防治，通过挂牌督办、跟踪落实、定期通报，按计划完成了问题隐患整治。加强安全质量标准化建设，制定达标规划实施专项考核细则，坚持季度检查，不连沟煤矿被评定为煤炭行业特级安全高效矿井，连续三年保持国家一级标准化矿井，福建储运通过交通部安全生产标准化（一级）达标考评。组织开展“说身边事，教育身边人”活动，推行“岗位描述、手指口述”安全操作法，举办了煤矿水灾事故应急救援演练现场观摩会，安全生产保障能力得到提升。

福建华电储运公司装、卸船机

隆德煤矿汽运发运磅房

华远星海运公司华远星轮

中国中铁隧道集团一处有限公司

THE FIRST CONSTRUCTION DIVISION CO.,LTD.OF CHINA RAILWAY TUNNEL GROUP

中铁隧道集团一处有限公司（以下简称公司）为国有大型综合施工企业，公司现有21个专业工程分公司、1个设备物资供应分公司、1个工程试验中心、2个劳务工程公司及7个片（地）区指挥部，公司注册资本金1.7亿元，资产总额26亿元以上，年完成建安产值50亿元以上，主要从事铁路、公路、市政公用、水利水电、矿业、大型土石方、地下储气洞库等施工业务，致力于打造隧道和地下工程领域优质品牌。

公司以隧道与地下工程为主业，处于建筑行业的高风险领域。长期以来，我们始终坚持“尊信循法、凝智聚力、质精业专、人和境谐”的管理方针，不断创新并完善企业自身的安全管理体系，形成了自觉管理、主动执行的管理文化，在职业健康安全管理体系认证的基础上，不断推进与完善流程管理，自2002年成立至今的13年发展中杜绝了死亡及以上级别生产安全事故。

安全生产推进管理创新。深耕安全生产体系和流程管理工作的同时，积极推进安全生产“一岗双责、岗岗有责”岗位职责落实工作，责任明确、监管到位,形成主要领导亲自抓,分管领导具体抓,全体领导班子成员共同抓的管控格局。坚持在务求实效的管理中不断创新管理方法，推行安全生产绩效考核管理，对项目主要安全管理人员预先发放安全生产绩效薪金，并结合安全管理绩效进行考核扣减，重奖重罚，激励和鞭策安全生产规范履责；坚持方案指导施工，过程执行“零折扣”，严格施工组织设计和专项方案审核、审批管理，定期开展重大危险源评估、监控工作，严肃方案、执行纪律，同时充分运用超前地质预报、监控量测等科学监测手段，强化地下工程施工安全保障；坚持“首件”管理，标准落地“零距离”，积极推进WBS工作结构分解工作，树立首件制管理的思维习惯，在每个施工环节按照“安全、质量、进度、效益”全面达标的原则进行首件示范，明确标准，规范行为，促进安全生产增效、达标；坚持刚性监督，安全隐

总经理　尤显明

企业荣誉墙

企业全员安全培训班

重庆渝合高速北碚隧道
（鲁班奖）

石忠高速方斗山隧道
（鲁班奖）

博深银屏山隧道
（鲁班奖）

合武高速铁路大别山隧道
（鲁班奖、詹天佑奖）

安全质量宣誓活动

天坪瓦斯突出隧道瓦斯爆炸应急安全演练

群众安全生产监督员

患“零容忍”，建立了项目自查、稽查队常态稽查、公司定期检查的安全隐患排查体系，一般问题挂牌督办，突出问题督导整治，共性问题系统改进，并且在严格执行奖惩制度的同时，对触及管理底线、卡控红线的隐患问题，采取交班问责的方式进行诫勉、培训，提高责任追究的实效性，有效维护了安全生产秩序。

安全生产，强化科技支撑。针对地下工程作业空间受限、施工工序紧凑、环境复杂、地质不确定因素多的安全管理特点，公司大力推进机械化配套施工，探索形成了以三臂凿岩台车、多功能钻机，湿喷机械手、液压栈桥、自行式模板台车为主的隧道施工机械化配套组织模式，并积极引进和研发全电脑凿岩台车、拱架安装机、防水板铺装台车，提高机械化配套施工组织能力，降低人员作业安全风险。

安全生产，强化基础保障。结合建筑行业现场管理人员相对匮乏和劳务工用工流动性大、安全生产技能水平相对不足的管理现状，推进劳务作业层建设工作，以劳务公司为依托，改革、创新施工项目管理、技术及作业劳务人员管理，同时不断完善用工保障，开放晋升渠道，稳定用工关系，培育、培养了管理、技能型人员1200余人、桥隧专业化核心班组31个、普通劳务工3800余人的相对稳定的核心层劳务作业层队伍，实现了管理人员、劳务作业人员的持续培训、培养，有效推动了现场管理、技术及作业人员安全生产技能水平的持续稳定提高，保障安全生产基础稳固、发展稳健。

安全生产是企业发展、员工受益的基础，任重道远。十二年来，中铁隧道集团一处有限公司自觉落实安全生产主体责任，始终以“如坐针毡、如履薄冰、如临深渊”的危机意识和责任意识，不断强化和落实安全生产工作，为企业跻身中国中铁三级企业前列，奠定了坚实的基础。

重庆轨道交通六号线

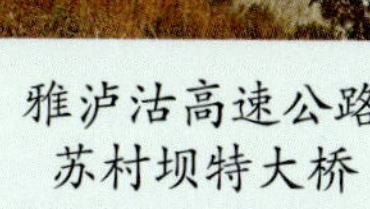

雅泸沽高速公路
苏村坝特大桥

安楚高速公路大红田隧道
（国家优质工程银奖）

国道317线鹧鸪山隧道
（詹天佑奖）

神华新疆能源有限责任公司

神新能源公司2015年上半年安委会扩大会议

神新能源公司每周早调视频会

神新能源公司本质安全管理体系知识竞赛

神华集团第21期职业技能鉴定考评员、高级考评员培训班

神新能源公司于2005年8月3日注册成立，是神华集团的全资子公司，其前身是原国有重点煤炭企业——乌鲁木齐矿务局改制成立的新疆乌鲁木齐矿业（集团）有限责任公司，公司煤炭开采始于1951年，其中，碱沟煤矿、乌东南采区等部分矿井开采历史已超过40年。

公司资产总额109亿元，公司现有13个职能部门，9个专业化单位、16个二级单位，员工8000多人。其中，女员工914人，占员工总数的14.3%；少数民族员工1211人，占员工总数的19%。

公司现有生产和在建煤矿12个，总产能近8000万吨。其中：生产矿井4个，试生产2个，生产能力3020万吨/年。生产矿井：碱沟煤矿（180万吨/年）、乌东煤矿（600万吨/年）、屯宝煤矿（120万吨/年）、宽沟煤矿（120万吨/年）；试生产矿井：准东五彩湾三号露天矿（1000万吨/年）和大南湖一号矿井（1000万吨/年）。基本建设矿井6个，生产能力4950万吨/年。黑山煤矿（1000万吨/年）、红沙泉一号矿（1000万吨/年）、涝坝湾煤矿（300万吨/年）、沙吉海煤矿一期（150万吨/年）、准东二号矿（1500万吨/年）、大南湖二矿（1000万吨/年）。所属生产矿井机械化采煤率达100%，煤炭资源回采率达87.85%。煤种以长焰煤、弱粘煤为主，具有低灰、低硫、高发热量等优点，是优质动力煤和化工原料。

公司以煤炭生产、洗选加工为主，逐步向煤化工方向发展。煤炭产品主要供应区内及甘肃河西地区、中央、兵团及自治区重点电力、石化、冶金、化工、城市供热等重点企业，并与各大企业建立了长期稳定的战略合作关系，是全疆大型的煤炭生产和销售企业。近年来，随着公司规模的扩大和产业链的延伸，煤化工项目建设加速进行。国内单线产能规模大型，工艺先进的活性炭项目正在进行试生产，在国内煤矿采用TBM掘进机工艺施工的涝坝湾煤矿副平硐工程正在加快推进。2014年公司原煤产量2046万吨，商品煤销量2789万吨，已成为大型的煤炭生产企业和供应商。

荣誉证书

授予：神华新疆能源有限责任公司

国家西部大开发突出贡献集体荣誉称号

人力资源和社会保障部　国家发展和改革委员会

二〇一〇年六月

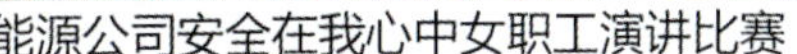
能源公司安全在我心中女职工演讲比赛

神新能源公司安全办公会

神新能源公司分安全生产经济运行视频会

截至2015年10月30日，神新能源公司4个单位实现安全生产3000天以上（碱沟煤矿3615天、生产服务中心3353天、准东露天矿3315天、活性炭公司3039天）；4个单位实现安全生产2000天以上（大南湖煤矿2568天、涝坝湾煤矿2495天、准东二矿2254天、沙吉海煤矿2035天）；3个单位实现安全生产1000天以上（宽沟煤矿1856天、红沙泉煤矿1515天、乌东煤矿1397天）。

神新能源公司认真贯彻落实两次中央新疆工作座谈会精神，抓住新疆大开发、大建设、大发展的历史机遇，围绕新疆新建工作的总目标和神华集团公司“一二四五”清洁能源战略和在疆发展布局，助推自治区优势资源转换战略的实施和新型工业化建设步伐，成为新疆能源行业的领军企业，为加快新疆经济社会发展和长治久安做出了积极贡献。

按照“5S”标准管理的神新公司屯宝煤矿机修车间

神新公司屯宝煤矿员工入升井乘坐的猴车

神新能源公司高级电钳工技能提升

神新能源公司第八届安康杯篮球赛

中铁三局集团西北工程有限公司

中铁三局集团西北工程有限公司系世界“双五百强”中国中铁旗下中铁三局集有限公司全额投资的子公司，是以基础建设为主、面向西北区域集生产经营一体化的综合建筑施工企业。公司驻地陕西省西安市，具有国家建设部门核发的房屋建设和市政工程总承包一级资质，主要经营范围：房屋建筑、市政工程、城市轨道交通、轨道、桥梁、钢结构、土石方、机电设备安装、非标准大型设备制造、铁路工程配件渗锌研发和技术服务等资质。目前，公司现有员工650人，其中各类高中级专业技术人员180多人，一级建造师30多人。

公司先后承建了芜湖长江公路二桥节段梁预制安装工程C-1标段、阳安二线1标段、西安地铁三号线TJSG-17标段、四号线D4TJSG-14标段等国家重点工程施工任务。先后荣获“铁道部安全生产先进单位”等荣誉称号。

涛声激发千帆竞，春风吹拂万象新。公司全体员工将在公司党委的领导下不辱使命，开拓进取，优化区域资源配置、进一步打造三局品牌、提高区域市场竞争力与影响力，秉承优良传统，创新开拓进取，向着现代建筑施工企业迈进。

跨西安绕城高速50米钢箱梁吊装中

西平铁路田家窑2号大桥

全员安全教育启动仪式

新老党员宣誓活动

小峪河大桥空心墩施工现场

行政中心站工区制作完成的钢筋笼

授牌上岗仪式

全员精细化管理知识培训

中国铁建

中铁十四局集团第四工程有限公司

近年来，公司认真贯彻落实国家、地方及集团公司关于安全生产工作的要求和部署，积极推进“管理+文化”的双核安全工作模式，紧紧秉持“生命高于一切，安全重于泰山，所有的安全事故皆可避免”企业安全文化理念，在安全管理的责任体系、基础建设、现场监管、标准管理，监督检查、预防措施、安全投入、风险管理、教育培训、队伍管控等方面做了大量工作，公司安全生产平稳可控，安全生产状况持续改善。

公司安全文化建设不断深入推进。公司各级以“主体责任明确、分级传递到位，党政同责，一岗双责，岗岗有责，横向到边、纵向到底，覆盖全员、全过程”责任体系为核心的安全生产规章制度不断改进和完善，安全生产管理标准化、制度化的水平不断提升。并结合全国“安全生产月”“安全万里行”“安康杯”等活动，充分运用各种活动载体，营造浓厚的安全生产氛围，不断增强全员安全生产意识，使安全生产工作深入人心。公司各级切实重视和加强群众安全生产监督工作，党、共青团和工会组织设立了“党员先锋岗”“青年安全生产示范岗”和“群众安全生产监督员”，积极推广应用了“一法三卡”“一网四格”“一图四表”等先进安全管理方法，广泛组织党团员、职工群众参与安全防控，查隐患、堵漏洞、保安全，充分发挥第一道防线作用，努力构建群众性安全生产监督体系。公司各级将“三工”建设等工作与安全标准工地建设紧密结合，积极推广和宣传项目安全生产管理先进经验，不断提高企业安全生产管理整体水平。

近几年，公司未出现一起生产安全事故，安全生产形势稳定可控，并先后获得多项荣誉称号。

诚信　合作
创新　卓越

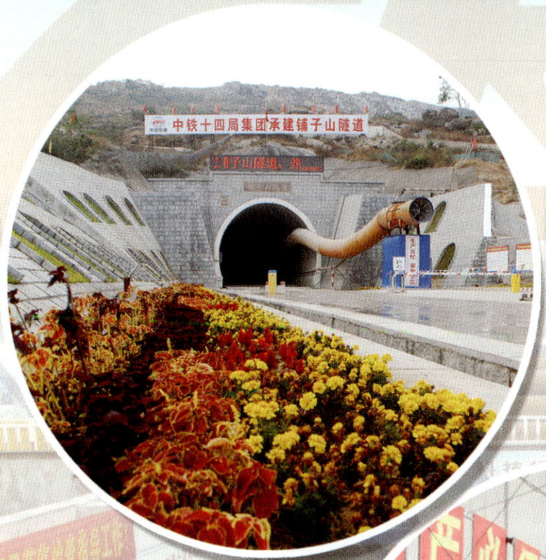

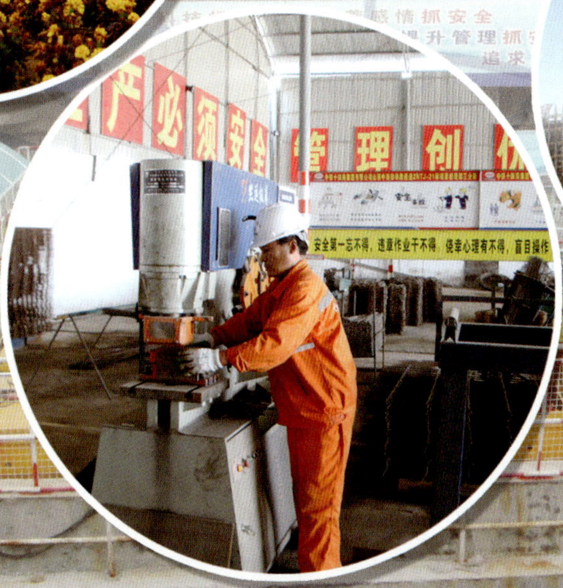

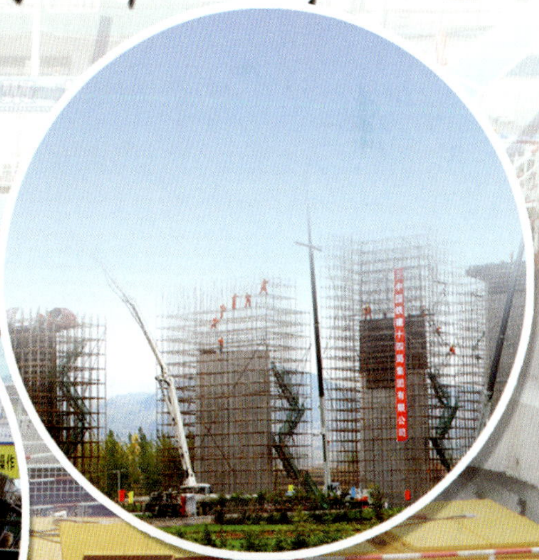

地址：山东省济南市市中区英雄山路267号　邮编：250002　邮箱：crssgf@126.com
电话：0531-82516777　传真：0531-82516978　网址：http://www.crssgf.com

中国中铁

中铁一局集团电务工程有限公司

The Electrical Service Engineering Co.,Ltd. of China First Group

中铁一局集团电务工程有限公司，是世界500强企业中国中铁股份有限公司成员企业的全资子公司，成立于1950年，地处古城西安。

公司资质齐全，实力雄厚。具有住房和城乡建设部核准的建筑业企业资质：机电安装工程施工总承包一级，房屋建筑工程施工总承包二级，电信工程专业承包一级，铁路电务工程专业承包一级，铁路电气化工程专业承包一级，送变电工程专业承包一级，公路交通专业承包通信、监控、收费综合系统工程分项资质，建筑装修装饰工程专业承包一级，消防设施工程专业承包一级，建筑智能化工程专业承包三级。同时拥有通信信息网络系统集成乙级资质、增值电信业务经营许可网络托管通信设备维护资质、承装（修、试）电力设施许可证（二级）及陕西省安全技术防范从业单位工程资质、计算机信息系统集成三级资质。业务涵盖铁路、城市轨道交通、公路、市政、房建等领域。

公司南征北战、业绩突出，成功转型、科学发展。进入客专、高铁等铁路高端市场，开发城轨、公路及市政等新兴领域。参与青藏铁路、秦沈客专、柳南客专等30多个重大铁路项目，是铁路电务、电气化工程的主力军；进入北京、上海、广州、大连、昆明、重庆、成都、郑州、西安、宁波、杭州等22个城市的地铁市场，成为城轨电务、机电工程的先锋队；承建陕西、湖南、广东、甘肃等10多个省、市、自治区的50多项公路机电工程，被誉为“高速公路机电工程的国家队”。

公司建立了完备的安全质量环保管理体系，每个岗位有安全责任，每起违规违章有追究。项目从施工前、作业过程到竣工验收，每个环节都按照编制方案、现场监控和纠正、记录备案的流程在走，保证体系的运行通过全面评审和改进的原则进行。

零事故，是付出巨大努力实现的结果，是电务公司对社会的责任、对员工的承诺，是企业生存的根本。电务人为了实现他们的安全理念，在平凡的岗位上一丝不苟地工作着。

茂名高新技术产业开发区

努力做好危化品安全生产攻坚工作 不断提升危化品安全生产管理水平

茂名高新技术产业开发区（以下简称茂名高新区）始建于2003年，是中国石化参股建设的大型专业性石化园区，也是被科技部门认定的石化特色产业基地。园区规划总面积约31.8平方千米，实际控制面积81平方千米。茂名高新区的发展定位，是紧紧依托茂名雄厚的石化基础和良好的临港条件，重点发展大型炼油、乙烯、芳烃等石化产业，并以此为基础构建较为完整的石化中下游产业链体系。目前已初步形成环氧乙烷深加工、碳四-碳五、油品精深加工、橡塑加工等四大产业集群。2014年是茂名高新区第二个"三年计划"实施稳步前进的一年，是站在新的起点上稳中求胜、亮点纷呈、局势稳固的一年。一年以来，在有关部门的正确领导下，高新区管委会紧紧抓住"园镇互动"管理体制改革的契机，坚持把做大经济总量作为发展第一要务，坚持以产业链招商为主攻方向，以强化征地拆迁为主要工作抓手，促进园区在经济实力、产业集群和征地拆迁方面稳步发展。2014年度，高新区完成征地2001亩，新建成项目5个，总投资11.07亿元；新开工项目25个，总投资39.29亿元；新签约项目10个，总投资20.38亿元，其中超亿元项目4个。全年完成规模以上工业总产值190.75亿元，增长8.67%；规模以上工业增加值46.32亿元，增长16.6%；完成全社会固定资产投资35.86亿元；实际利用外资4889万美元。

（一）重协调，强化组织领导。一是成立了以区党工委副书记、管委会主任为组长，管委会分管安全副主任为副组长，5名职能局局长为组员的攻坚工作领导小组。二是根据国家安全监管监管部门危险化学品重点县攻坚方案，结合茂名高新区实际情况制定了《茂名高新技术产业开发区危险化学品安全生产攻坚工作实施方案》，攻坚正在推进。

（二）抓重点，强化源头管理。一是根据《国家安全监管总局办公厅关于印发化工行业安全发展规划编制导则的通知》（安监总厅管三〔2013〕96号）的要求，高新区委托专业评价公司结合高新区实际编制《茂名高新区化工行业安全发展规划》，科学指导园区安全发展。二是围绕安全生产制定了《茂名高新区党工委、茂名高新区管委会关于推进安全生产和环境保护管理体系建设的意见》《茂名高新区安全生产委员会生产安全事故预警防控制度》《茂名高新区安全生产检查制度》等多项规范性文件，组建了高新区业主委员会，正在筹划建立危险化学品安全监管部门联席会议制度，园区法制化、规范化、科学化管理体系日趋完善。三是严格准入。按照《关于进一步加强危险化学品建设项目安全设计管理的通知》（安监总管三〔2013〕76号）及其他规范性文件的要求，新建项目（涉及"两重点一重大"的生产、储存装置）在设计阶段进行HAZOP分析（危险和可操作性分析），督促有条件的企业补做HAZOP分析。四是强化企业主体责任落实。全面开展提升本质安全水平专项行动，区内涉及"两重点一重大"的危化企业全部完成自动化改造，涉及二级及以上重大危险源企业完善监控措施；危化企业100%完成三级达标，对于安全生产条件好、安全管理水平高、工艺技术先进的危化品企业，鼓励申请二级达标评审；根据《加强化工过程安全管理的指导意见》（安监总管三〔2013〕88号）要求，指导企业加强设备管理、作业安全管理、承包商安全管理、变更管理、应急管理、事故和事件管理和化工过程安全管理的持续改进；根据《国家安全监管总局关于印发危险化学品企业事故隐患排查治理实施导则的通知》（安监总管三〔2012〕103号）要求，督促企业建立健全全员隐患排查长效机制，推进隐患排查常态化、规范化、信息化，加大安全生产投入，提高隐患整改力度。

（三）攻难点，强化监管能力。一是明确区环保安监部门为高新区安全生产综合监管机构，区公安部门为治安管理主体单位，各行业部门、高新开发集团严格落实"一岗双责"，协同实现园区安全生产一体化管理。二是完成了安全生产应急救援平台建设和安全生产事故隐患排查系统建设，并充分利用安全生产标准化信息管理系统、危化品经营许可申请审批系统、重大危险源安全管理信息系统、危化品登记信息管理系统和事故查询系统等国家、省、市相关的安全生产监管系统，初步实现园区信息化监管，努力推动危化品安全标签的全面使用。下一步，依托"金安"二期工程，进一步实现危化品行政许可、危化品建设项目、标准化、重大危险源、危化品事故、隐患排查治理等的动态监管和相关电子政务。三是成立区HSE工作小组，全面推进企业间的交叉检查，促进企业间安全监管经验交流。四是建立了安全生产技术支撑体系。建立茂名高新区危险化学品安全监管专家库，负责业务指导和参与专项检查工作；落实安全生产坐班专家，为安全生产工作提供技术支撑，参与日常巡查，指导和监督企业开展安全生产工作；通过"政府买服务、专家查隐患"的形式，每年不少于两次委托高水平中介机构组织国内高层次专家为企业查找安全环保隐患、指导企业整改隐患，为安全环保工作加"第二把锁"；利用科研院所的技术优势，搭建企业和院校联系平台，帮助企业克服安全环保困难、解决院校科研项目出路问题。

（四）减风险，强化救援力量。一是根据国家和省安全监管部门的要求，聘请广东华鉴安全评价有限公司开展园区整体性安全风险定量评估工作，科学评估园区安全风险，并采取措施消除、降低或控制安全风险。二是整合茂名市应急救援力量，建设茂名市危险化学品应急救援基地。高新区联合市安全监管部门和茂名石化公司向国家安全监管部门完成了危险化学品应急救援基地的申报，项目也通过了国家安全监管部门专家组评审。目前，应急救援基地项目已全面动工建设，预计2017年上半年完工，并投入使用。

杭州萧山国际机场
HANGZHOU INTERNATIONAL AIRPORT

总经理方春林（右）接受全国安康杯竞赛优胜单位连胜杯

组织新《安全生产法》宣贯

副总经理郑向平（右二）检查航站楼反恐防暴工作

杭州萧山国际机场位于浙江省杭州市东部，距市中心27千米，是国家确定的国内区域性枢纽机场，是国家一类航空口岸和浙江省的门户机场。机场于2000年12月28日建成通航，2006年12月与香港机场管理局合资合作，成为国内早批整体对外合资的机场。目前已发展成为全国十大机场和全球百强机场之一。

截至2014年底，杭州萧山国际机场用地总面积10平方千米，拥有总面积36.5万平方米的3座航站楼，建有2条跑道（分别为3600米长、45米宽和3400米长、60米宽）和等长的滑行道，机位111个，飞行区等级为4F级，可以保障目前大型的民航客机空客A380全重起降。机场设施能够满足年旅客吞吐量3250万人次、货邮吞吐量80.5万吨、航班起降量26万架次的保障需求。

通航以来，杭州萧山国际机场的运输生产快速发展，旅客吞吐量、货邮吞吐量和航班起降量分别从通航之初的298万人次、7.31万吨和3.65万架次增加到2014年末的2552.59万人次、39.86万吨和21.33万架次，增长了8.5倍、5.5倍和5.8倍。2014年，杭州萧山国际机场的客、货吞吐量分别名列全国机场第10和第7；其中国际（地区）旅客吞吐量名列全国第5。根据国际机场协会统计，2014年杭州萧山国际机场客、货吞吐量在全球机场中的排名分别为第66位和第55位。截至2014年底，机场通航点总数达到121个，运营航空公司达到55家，共开通航线220余条，可通达国内外近120个城市，初步形成了覆盖全国，辐射东北亚、东南亚，连接中东、直通欧洲的航线网络。此外，杭州航空口岸获批于2014年10月20日起对51个国家实行72小时过境免签政策。

通航以来，杭州萧山国际机场先后获得了全国"五一劳动奖状"等一系列荣誉称号，树立了良好的社会形象。在2014年度全球机场ASQ旅客满意度调查中，以全年平均得分4.66分获得全球1500万～2500万人次类别机场第3名。

举行航空器应急救援实战演练

机场航站楼内景

积极应对新年第一场雪

杭州萧山国际机场一贯高度重视抓好安全工作。2014年，在生产任务重、保障压力大、空防治安形势复杂、重大运输任务多、保障要求高的情况下，机场公司坚持以实施安全生产法规为抓手，继续坚持“重心下移、关口前移”的安全工作思路，认真落实安全生产主体责任，加强安全生产的日常监督检查和整改，继续保持了安全生产的平稳态势。

一是加大安全投入。始终坚持安全裕度必须领先生产发展速度的理念，春运、夏秋季生产旺季来临前对人员配置、设施设备、保障能力进行符合性评估，以满足日高峰航班保障需求。全年根据生产发展需要新增员工328人，并将其中325人补充到一线，满足生产岗位需求。全年共投入安全资金1.28亿元用以增设场地和增添设施设备。先后实施了机场安全管理系统建设、南飞行区助航灯光电缆改造等多个项目，配置了E类及以下机型残损航空器搬移设备。

二是加强隐患治理。系统组织开展了危险品运输整治、机坪标志标线安全隐患排查、鸟害综合治理、“六打六治”打非治违等一系列专项整治活动，不断规范安全运行。

三是完善空防安全体系。建立了反暴恐常态化管控措施，协调机场公安局、驻场武警进一步强化公共区域警力部署，初步形成了“威慑、防控、快速处置”的工作机制。组织了航空器应急救援实战演练，有效检验和提升了应急救援处置能力。以机场安委会为平台、以局场联系会议制度为纽带，紧密联系政府、行业监管部门和驻场单位，不断增强安全合力。以优异的成绩通过了民航局方“平安机场建设”考核。

四是强化全员“红线”意识，加强员工培训。组织3100余名一线员工开展了每人不少于6小时的安全专题培训，新《安全生产法》出台后专门组织管理层进行了培训。切实强化员工的“红线”意识和底线思维，引导全员把“不出事”提高到“不出差错”或“少出差错”的标准上来。重视技术岗位的政策引导，不断完善和提升高技术含量岗位的资质能力，不断强化一线安全基础。

五是形成闭环机制。加大无后果违章查处力度，深入开展了为期一个月的安全生产大检查大整顿。强化安全规范意识，以部门管理手册符合性和不停航施工管理为重点开展安全检查，倡导“学手册、用手册、考手册”。公司领导认真履行安全工作“一岗双责”，经常性深入一线督查、指导；安全管理部门加大日常监督检查力度、扩展检查范围、增加检查频率，确保问题得到有效整改。

通过努力，杭州萧山国际机场全年共发生不安全事件1起，同比减少3起；发生鸟击航空器21起，同比减少13起；不安全事件万架次率为0.05，安全指标好于行业和自身年初确定的目标（机场不安全事件万架次率控制在0.35以下），顺利实现了第14个安全年，并被授予“全国安康杯竞赛优胜单位连胜杯”（连续第5年获得全国“安康杯”竞赛优胜单位）。

中铁一局集团城市轨道交通工程有限公司

安全专项活动开展

开展应急救援演练

标准化盾构始发作业现场

中铁一局集团城市轨道交通工程有限公司（以下简称公司）成立于2002年5月，是中国中铁一局集团有限公司的全资子公司。公司具有市政公用工程施工总承包一级资质、城市轨道交通工程专业承包资质、测绘丙级资质。公司主要从事以盾构工程为主的下工程施工建设等业务，拥有各类盾构机35余台套，项目遍布国内外30余个城市，涉及地铁车站、盾构、暗挖、明挖隧道等施工建设任务，取得了多项荣誉及奖项。

公司自成立以来，始终坚持“安全第一、预防为主、综合治理”的方针，牢固树立“安全生产零隐患、工程质量零缺陷”的安全管理理念，秉承“精准细严”的工作标准，大力开展“规范安全质量行为”“施工现场标准化、作业行为规范化”“安全生产月”“质量月”“打非治违”等安全专项活动，认真开展安全培训教育，编制安全培训课件，购置安全培训材料及警示视频，坚持开展定期安全检查及整改，组织安全知识竞赛及演讲比赛，设置悬挂安全警示标牌及漫画，营造浓厚的安全生产氛围。公司严格落实“设计图纸、施工方案、标准规范”的各项要求，成功攻克盾构地下洞室内调头技术；盾构通过溶洞群、断裂带、高富水砂地层掘进技术；盾构过江、河、湖技术；瓦斯隧道盾构掘进技术；高寒盾构掘进、重叠隧道掘进、过既有地铁线掘进、软弱不均地层掘进、过孤石群、卵石地层、近距穿越构、建筑物，复杂地质条件下建筑物沉降控制等多项安全控制要求高的重难点技术难题，取得了骄人业绩。公司成立了地下工程研究所和盾构维修中心。能自主完成盾构设备的选型、安拆、故障诊断及维修、升级改造、检测保养、技术咨询、人才培养等业务。

公司将一如既往地践行“品质至上 敬天爱人”的价值理念，做先进的城轨建设者，加强安全培训教育，推行标准化建设，筑牢“安全梦”，助推“中国梦”。

内实外美的成型隧道

规范化盾构施工作业现场

项目部办公区建设现场

施工现场全景（盾构）

施工现场全景（车站）

中铁一局集团新运工程有限公司

诚信务实
卓越创新

中铁一局集团新运工程有限公司（原铁道部第一工程局新线铁路运输处）成立于1951年，是中铁一局集团有限公司的全资子公司，是以铁路铺轨架桥、城市轨道交通、铁路承包运输管理、预应力工程等为主业的铁路施工企业；具有铁路工程施工总承包一级资质和城市轨道交通工程专业承包资质以及预应力工程专业承包二级和混凝土预制构件专业二级资质。具有参建高速铁路施工的综合实力和同时在50条铁路及城市轨道项目上施工、运输的能力，企业年营业额70亿元以上。

新运公司在施工生产中，始终将质量安全放到工程项目管理的首要位置，牢固树立了“安全是1，其他是0；100–1=0；安全不可逆，功过不能抵”安全理念；并将“安全是生命，质量见品格”的文化贯穿于施工生产全过程；在施工现场加强关键岗位和工序的群安员设置，形成了群防群治的安全防护网。近年来，施工现场未发生一起一般及以上生产安全责任事故、工程质量事故，工程质量安全始终处于受控状态。

新运公司参建的青藏线格拉段轨道工程荣获新中国成立60年来“百项经典建设工程”，并有多项工程获得国家建筑工程鲁班奖、詹天佑土木工程奖、国家质量金奖及银奖，23项施工业绩入编《中国企业新纪录》。先后获得了“全国五一劳动奖状”“全国模范职工之家”、国务院国资委党委“优秀基层党组织”等多项荣誉。

安全培训

铺轨作业

群安员现场安全检查

神华号万吨列车穿越太行山脉

900吨架桥机架梁作业

哈罗铁路夜间铺轨施工

神华准能集团公司

神华准能有限公司为中国神华能源股份有限公司(以下简称股份公司）以管理为主要职能的全资子公司，在股份公司授权下，负责统一管理股份公司在准格尔地区已设立的神华准格尔能源有限责任公司、中国神华哈尔乌素煤炭分公司、神华准能资源综合开发公司和神华准池铁路公司。负责制定在准格尔地区产业发展战略，统筹煤炭、铁路、循环经济等业务发展规划及拓展，研究协调解决煤炭、铁路、循环经济一体化发展过程中遇到的问题，推进区域经济发展模式的不断创新。截至2012年12月，集团总资产317.9亿元,在册员工16000余人。

准格尔煤田位于内蒙古自治区鄂尔多斯市准格尔旗，地处蒙、晋、陕交界处，东临黄河，北距自治区首府呼和浩特市120千米。煤田已探明地质储量267.6亿吨（公司拥有煤炭资源储量30.98亿吨），煤层平均厚32.8米，属低硫、特低磷、高灰熔点、较高挥发分和较高发热量的长焰煤，应用基底位发热量为4000～5600大卡/千克（1千卡=4.1868千焦），是优质动力和气化及化工用煤，以低污染而闻名，被誉为“绿色煤炭”。

目前，公司主营业务有煤炭开采、坑口电厂发电、铁路运输。随着公司粉煤灰提取氧化铝项目的积极推进，公司将煤炭开采、电厂发电、铁路运输一体化的产业结构模式延伸为由煤炭开采、铁路运输、循环经济一体化的产业结构模式。建立循环经济工业园区是准能公司转变经济发展方式的重大举措，是公司调整产业结构的重点建设目标，形成“煤炭开采—劣质煤及煤矸石发电—粉煤灰提炼氧化铝—电解铝”的产业链，实现煤炭资源的综合利用，大力发展循环经济，充分挖掘废弃物资源利用价值，打造环保新型的战略型产业，充分实现企业效益。

公司拥有年生产能力2500万吨的黑岱沟露天煤矿、洗选能力为2500万吨的选煤厂；受神华集团公司委托管理年生产能力2000万吨的哈尔乌素露天煤矿及配套的选煤厂和全长16.187千米的点（岱沟）—南（坪）运煤铁路专线;装机容量2×100兆瓦的坑口发电厂、装机容量2×150兆瓦和2×330兆瓦的煤矸石发电厂；正线全长264千米、年运输能力7000万吨的大（同）—准（格尔）电气化铁路专用线。2010年开工建设粉煤灰提取氧化铝工程中试工厂，目前工艺流程已全面贯通，正在筹备建设年产100万吨的氧化铝示范厂；还有配套的供电、供水、通信、计算机网络、污水处理等生产辅助设施。

公司目前拥有年产4000吨的氧化铝中试厂。准格尔矿区产出的原煤，通过运用已有的采矿及洗选加工控制技术，燃烧后产生粉煤灰中氧化铝含量可达50%左右，同时富含镓及硅资源。基于高铝富镓准格尔地区煤炭资源，中国神华从2004年开始自主研发粉煤灰制取氧化铝“酸碱联合法”“水酸联合法”“一步酸溶法”等工艺技术及镓、硅提取技术。2010年10月18日，以“一步酸溶法”工艺技术为核心的循环流化床粉煤灰生产4000吨/年氧化铝工业化中试装置正式开工建设，工艺系统流程已于2011年8月25日一次性全面贯通，同年底在达产的同时，品质达到国家冶金氧化铝一级品标准。公司煤炭伴生资源综合利用研发及工程示范中心为公司研发机构。主要进行循环流化床粉煤灰酸法生产氧化铝工艺系统参数进一步优化，煤粉炉粉煤灰生产氧化铝工艺技术深入研究，粉煤灰酸法生产的氧化铝电解工艺技术研究以及镓系列产品、硅系列产品工艺技术研究等工作。

2012年，公司全年生产煤炭6383万吨，发电43.98亿千瓦时；铁路运输7769万吨。两公司主营业预计总收入195.84亿元，总利润46亿元，缴纳税费47亿元。

当前，公司鲜明地提出“4+3”七彩准能发展战略。“4”是四项产业，是公司发展的硬实力，即：黑色煤炭产业、白色氧化铝循环经济产业、金色铁路运输物流网络、绿色生态农牧业；“3”是三项工程，是公司发展的软实力，即：橙色管理提升再造工程、蓝色幸福员工工程、红色企地和谐共赢工程。探索一条煤炭企业“科技引领、绿色发展、低碳高效、综合利用、和谐共赢”的科学可持续工业化发展道路。最终形成国家转变经济发展方式形势下的准格尔煤炭开采、循环经济、铁路运输一体化区域经济升级模式，彰显准格尔区域经济一体化管理的竞争优势，为国家经济社会的发展做出新的更大的贡献。

全力打造负责的安全央企

武昌船舶重工集团有限公司

武昌武船重工集团有限公司（简称武船）始建于1934年6月6日。当时名为武昌机厂，“一五”期间被国家列为156个重点建设项目之一，2009年2月改制为武昌船舶重工有限责任公司，2011年3月实施军民分立，设立武船集团和武船投资控股有限公司，隶属于中国船舶重工集团公司。武船总占地600万平方米，拥有员工万余人，形成武昌总部、青岛海西湾、武汉双柳三大制造基地和军品军贸、民船、桥梁装备、海洋工程装备、大型成套设备及建筑钢结构等九大产品板块，武船是军民融合、有限相关多元化发展的大型现代化综合性企业，2014年武船实现经营开发375亿元，工业总产值160.01亿元、销售收入118.06亿元、工业增加值30.5亿元，利润7.6亿元，位列中国制造业500强270名，居中国船舶行业十强第六，进入中国装备制造业百强，入选船舶工业3.0白名单。

武船2001年7月建立了职业健康安全管理体系，并于2002年12月30日通过了中国安全生产科学研究院认证中心的认证审核，取得职业安全健康管理体系认证证书，2004年开始建立并取得环境管理体系认证证书，是国内船舶行业早批建立并获取认证的企业。通过十多年体系化管理，公司将PDCA思想融入各项管理过程中，公司各类风险得到了有效控制，体系正常有效运行并持续改进，为公司的持续发展提供了有效保障。为改进作业环境，从2003年在公司范围内推行“5S”管理活动，促使公司员工逐步养成遵章守纪的习惯，为公司的稳步发展打下坚实的基础，2011年公司出台《“6S”目视管理标准》，推行可视化管理，2011年至今，公司共计投入数千万对现场“6S”可视化实施改造，取得了突破性成果，公司面貌焕然一新，作业现场干净整洁，极大地改善了公司安全生产作业环境。为推进本质安全发展，从源头消除和减少事故发生，全面提升安全管理水平，公司从2009年开始推行源头化安全管理，从承接建造任务安全准备要求、安全生产工艺设计、船体下料加工安全技术规范、分段制造安全技术规范、船台总装安全技术规范等全过程制定源头化管理规范。通过几年来本质安全工作的推进，公司本质化安全工作不断的强化，在专项产品上，建立了比较完善的安全保障体系，公司水下、水上等主要船舶产品都编制了安全生产保障大纲，对产品全过程建造做好了策划，明确了安全保障措施并严格实施；重型装备公司承制的水工产品、大型舞台设备、压力容器产品都进行了本质安全策划并严格实施；涂装作业方面，重新修订了涂装作业安全标准，涂装作业过程中实现了严格审批制度和完善的安全保障措施，改善了涂装作业安全环境；不断对产品通风和照明工艺进行研究，深化推进舱室通风和照明安全要求。深入推进本质安全发展，为公司获得更多的订单打下了安全基础，取得了显著的经济效益和社会效益。2012年公司按照开展安全生产标准化达标创要求，开展安全生产标准化对标建设，在整个达标创建过程中，公司投入安全生产专项费用5578万元，2013年3月公司通过了安全生产标准化一级企业现场审核，并于2014年6月通过公告，成为国内船厂早批通过安全生产标准化一级企业评审单位；武船现有国家注册安全工程师35人，注册安全评价师2人，为更好推动基层安全管理工作，公司投入150万元分三阶段完成安全生产信息化建设，现已稳步推进至第二阶段，2015年将实现全面覆盖安全生产业务及层级的信息化安全管理系统，为2016年最终实现第三阶段全面安全生产信息化管理打下坚实基础；2014年公司全面推行党政领导干部安全生产“党政同责、一岗双责、齐抓共管”制度，狠抓安全生产工作，开展了集团公司和全国“安全生产月”活动，开展安全生产预测预警体系研究，建立“预测预报→预警预告→预防预控”的风险管理关键技术体系，通过开展技术预警与管理预警相结合，静态预警与动态预警相结合的方式，建立预测预警体系，及时为公司生产状态进行风险预测与预警。

武船安全管理工作多次获得先进单位称号。连续多年获得全国“安康杯”竞赛先进单位，公司董事长、总经理杨志钢获得“安康企业家”称号。2015年，武船将持续推进安全生产标准化一级企业标准建设，为2015年完成经营开发达到500亿元，工业总产值达到200亿元，销售收入达到136亿元，工业增加值达到36亿元，利润达到 9亿元的宏伟目标提供有效安全保障。

中交一航局第一工程有限公司

中交一航局第一工程有限公司隶属于“世界500强”之一的中国交通建设集团有限公司，于1945年11月12日成立，是新中国的“筑港摇篮”，更是名副其实的筑港铁军、筑港精锐。

70年来，航一人栉风沐雨、势如破竹，由北至南，从国内到国外，580余座码头工程无不留下了航一人的智慧与汗水，并先后承建了天津港、黄骅港全部码头工程；作为国家重要跨海大桥的主要施工单位，公司圆满完成了东海大桥、杭州湾跨海大桥、浙江舟山金塘大桥、泉州湾跨海大桥、港珠澳大桥等多项举世瞩目大桥的建设，在新兴领域也是成绩斐然；公司承建的多项工程先后获鲁班奖、詹天佑土木工程大奖，获得的国家优质工程金银奖等荣誉不胜枚举。

工欲善其事必先利其器。公司自有的“天威号”起重船等72艘船舶、2379台套各类工程机械正是完成这诸多伟绩的功臣。

公司秉承“珍爱生命、居安思危”的安全观。安全为天，防范、避免全员生命、财产和职业健康危害是企业管理的首要前提，是管理者和全员的重大责任，是公司的职业健康安全环保方针，更是对社会和全体员工的郑重承诺。

基于安全管理的高目标导向和孜孜不倦的探求，在保证了全员生命健康和财产安全的基础上，公司荣获“全国企业文化建设优秀单位”称号，2014年顺利通过交通运输安全生产标准化一级达标企业考核，参建的工程多次获得安全奖项。

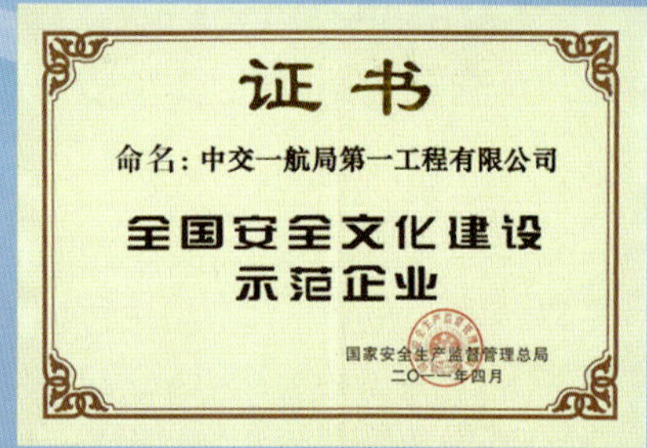

证书
命名：中交一航局第一工程有限公司
全国安全文化建设示范企业
国家安全生产监督管理总局
二〇一一年四月

交通运输企业安全生产标准化达标
等级证书
企业名称：中交一航局第一工程有限公司
经营类别：交通运输建筑施工
达标等级：一级
有效期：2014年09月10日至2017年09月09日
发证主管机关（盖章）：
中华人民共和国交通运输部制

珍爱生命

居安思危

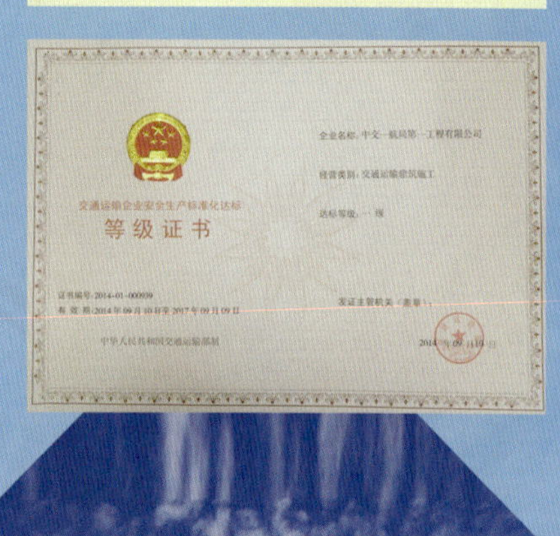

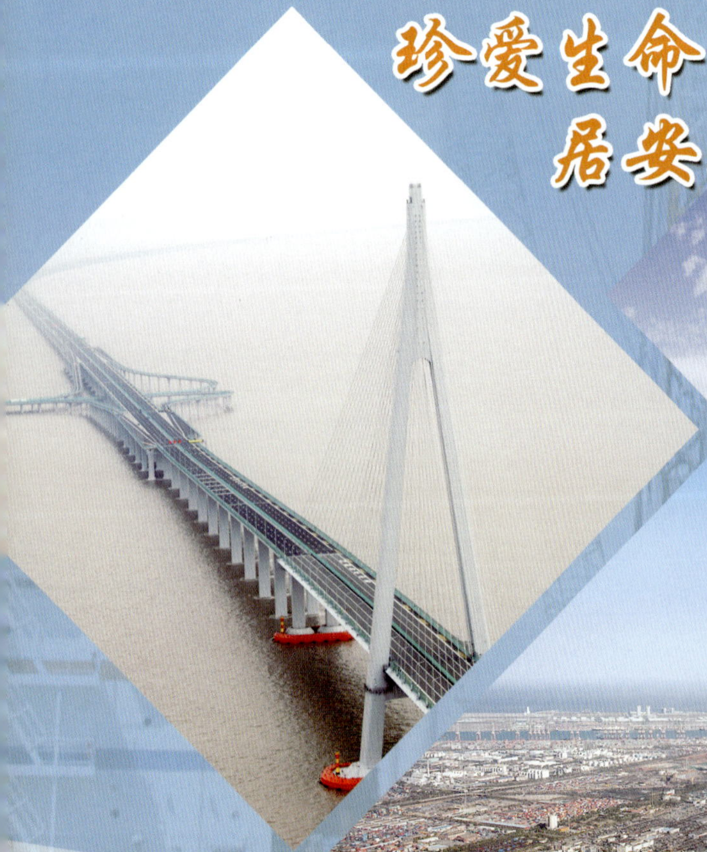

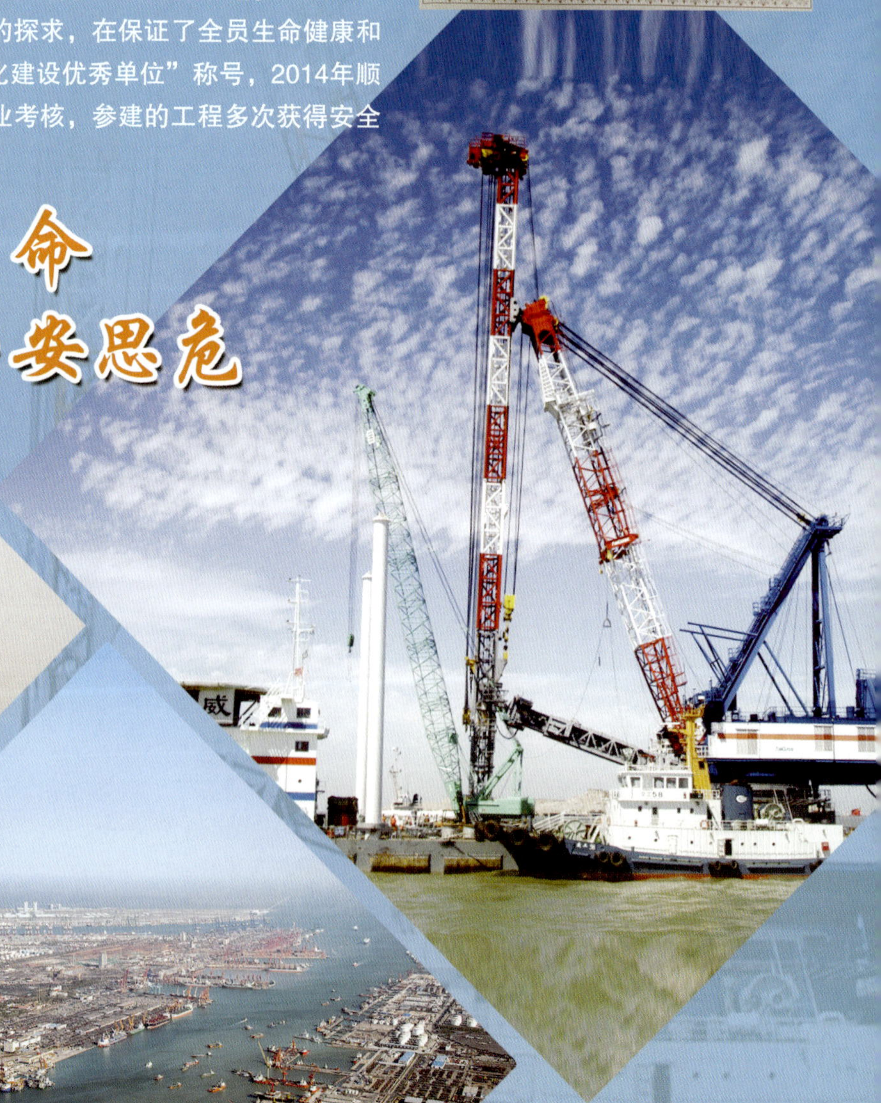

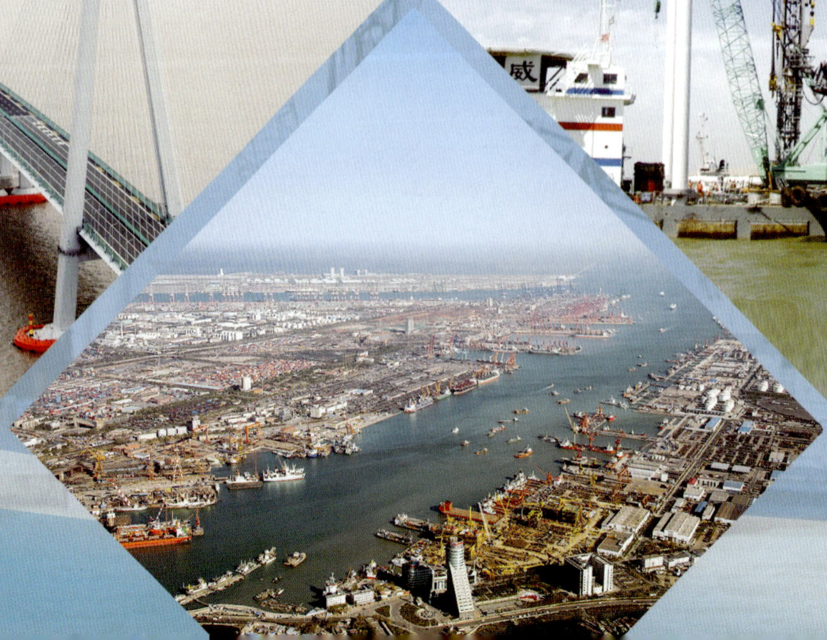

中交一航局第五工程有限公司

No.5 Engineering Company Ltd. of CCCC First Harbor Engineering Company Ltd.

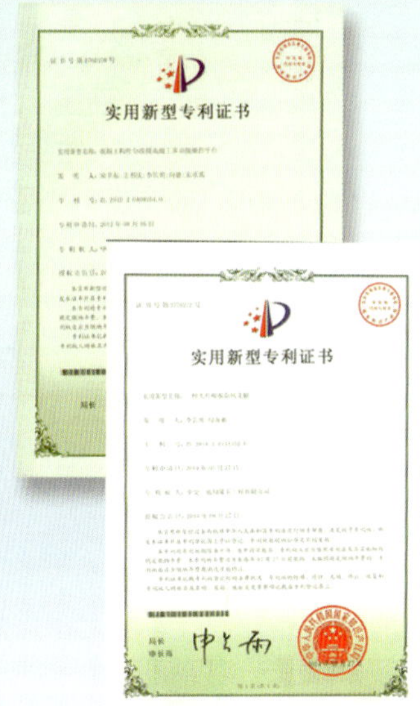

中交一航局第五工程有限公司（以下简称公司）创建于1974年，以港口工程施工为主的综合性的大型施工企业，公司现隶属于国资委下属的中国交通建设集团，是中交集团的三级全资子公司。公司具有港口与航道工程施工总承包一级资质，还具有市政公用工程施工总承包二级、机电安装施工总承包二级、房屋建筑工程施工总承包三级、地基与基础工程专业承包一级、堤防工程专业承包二级、及钢结构工程、土石方工程及混凝土预制构件专业承包资质。

公司在册职工1605人，管理人员及专业技术人员991人。公司成立了安全生产委员会，总部设安全监督部，公司所属各单位设安全领导小组和安全管理部室。公司现持有全国注册安全工程师证书100人、425人持有交通部水运协会三类人员证书、67人持有河北省住房和城乡建设厅三类人员证书、113人持有全国注册建造师资质证书。

2004年以来公司先后通过了ISO9001质量管理体系、ISO14001环境管理体系、OHSAS18000职业安全健康管理体系及企业安全生产标准化一级达标认证；荣获全国“安康杯”竞赛优胜单位等荣誉称号。

公司秉承“诚信重诺、用户至上”的经营理念，以“用心浇注您的满意”的服务信条，为社会创造资源，为顾客创造效益，以优质的工程产品和满意的服务回报客户和社会，为发展我国水运、交通事业做出更大贡献。

用心浇注您的满意

干领先的　做优秀的

榆林神华能源有限责任公司

榆林神华能源有限责任公司是按照神华集团和陕西省签订的合作开发煤炭资源框架协议精神，由中国神华能源股份有限公司（控股50.1%）和陕煤化工集团府谷能源投资有限公司（持股49.9%）出资组建。公司成立于2008年4月，总部设在陕西省榆林市高新技术产业园区，是一家以煤炭生产、加工、销售等为主要业务的综合能源企业。目前主要是以府谷县袁家梁、郭家湾、青龙寺三块井田（总面积169.5平方千米，探明储量14.4亿吨）为基地，筹建1100万吨/年的郭家湾和青龙寺两个煤矿，配套建设1500万吨/年选煤厂和铁路专用线。同时，每年购销陕煤化集团所属煤矿和神华所属锦界煤矿商品煤各1000万吨。

公司成立以来，认真贯彻神华集团与陕西省签订的合作框架协议精神，紧紧围绕项目筹建、煤炭购销两项重点业务，充分依托神华集团矿电路港航一体化、产运销一条龙运营模式，坚持“高起点定位、高速度起步、高标准管理、高效率运作”的宗旨，大力实施资源立企、人才兴企、科技强企、低成本治企战略，努力创建“本质安全型、质量效益型、科技创新型、资源节约型、和谐发展型”企业。公司筹建的郭家湾、青龙寺两个煤矿项目于2013年11月22日获得国家发改委核准，计划分别于2015年9月和2016年8月具备试生产条件。煤炭购销业务形成了自动装车线与中转站台相结合、统销与地销相结合、统购与自主采购相结合的管理机制和运行模式，煤炭收购、发运数量、煤质控制等购销业务实现全过程数据的自动采集、分析和联网运行。公司管理制度和流程基本建立健全，组织机构和人员队伍已经就绪，管理模式日臻完善。2008—2014年，公司累计完成煤炭销售1.33亿吨，上缴税费44.75亿元。公司已成为神华集团煤炭板块核心企业和榆林市纳税大户。

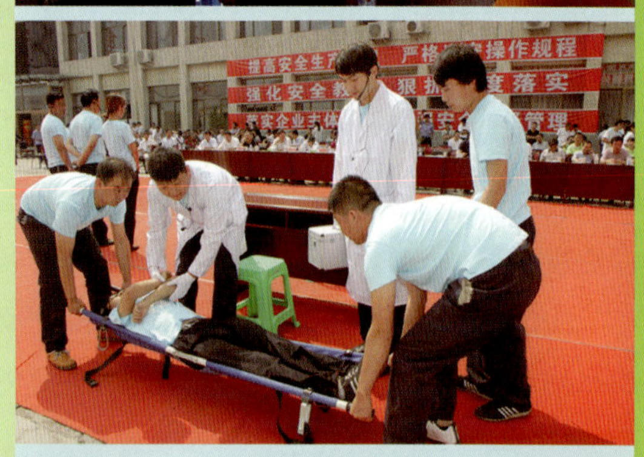

公司在快速发展的同时，努力与地方政府和有关部门建立良好的工作关系，坚持发展成果普惠共享，积极履行社会责任，公司先后获得多项荣誉。公司已成为陕北能源重化工基地建设的一支生力军，充分发挥了神华在陕发展桥头堡的作用，为加强神华与陕西及榆林市的合作发挥了桥梁和纽带作用。

公司将以党的十八大精神为指针，以科学发展观为统领，进一步解放思想，深化改革，加快发展，做强做优，努力把公司打造成为国内先进的现代化能源企业，为实现神华集团建设具有国际竞争力的世界领先综合能源企业和清洁能源供应商战略目标、促进地方经济发展做出新的更大贡献。

海南山金矿业有限公司

海南山金矿业有限公司是山东黄金集团与海南省地质部门共同出资创办的有限责任公司，位于海南省乐东黎族自治县境内，是国内近年发现的特大型金矿成矿区之一。几年来，公司致力于安全、环保、绿色矿山、安全文化建设，通过了清洁生产审核验收，达到了非煤矿山安全生产标准化二级企业水平，被国土资源管理部门确定为国家绿色矿山建设试点单位，曾获得有关部门授予的多项荣誉称号。

海南山金作为一家集采、选、冶于一体的现代化黄金矿山，始终坚持以安全标准化建设和环境保护为主线，严格按照“山东黄金、生态矿业”的安全发展理念，认真落实“党政同责、一岗双责、齐抓共管”和企业安全环保主体责任，积极开展各种专项治理及隐患排查活动，不断加强现场安全管理，确保了零工亡、零污染、零职业病“三零”目标的实现。

进一步完善安全责任体系，依照安全生产任务和目标，每年公司总经理与各单位（部门）负责人层层签订安全环保目标责任书，形成了“横向到边、纵向到底”的安全环保管理格局，将责任层层进行了分解，进而明确各自职责，促进了各项安全考核指标顺利完成。

严格履行“管生产经营必须管安全、管专业技术必须管安全，管业务必须管安全，管安全不准管生产”的原则，逐级落实安全生产管理职责，全面推动矿山安全生产管理上台阶上水平。

公司严格按照非煤矿山安全标准化要求开展标准化工作，并通过了地下矿山、选冶厂、尾矿库二级安全标准化建设达标和复审验收工作，同时不断推进专业达标和岗位达标等工作。

为加大职业健康教育宣传力度，提升作业人员职业病防治安全意识，公司邀请有关专家对所有接触职业危害的人员进行培训，68人取得上岗合格证；严格按照上岗前、在岗期间、离岗时的要求对外委施工单位404接尘人员进行了职业健康检查，未发现职业病及职业病疑似病例，建立健全了职业健康监护档案；每年委托海南省地质测试研究中心和天津职业病预控中心对工作场所职业危害因素进行监测和职业病危害现状评价，有效地杜绝了职业病的发生。

生产过程中，公司积极推广绿色开采理念，通过提高设备机械化、自动化程度，采用新技术、新材料、新工艺，提高资源综合利用率，使“三率”指标达到了国内领先水平。投资138万元建成了选矿废水处理系统，实现了含氰废水零排放；积极开展企业环境自行监测工作，投资98万元建成了自行监测化验室，定期进行实时监测，并上报海南省生态环境保护部门在网上公示。

公司沿着“重装备、可靠性、自动化、用人少”的发展方向，加大安全投入和科技创新力度，通过加大开拓工程安全施工工艺研究，在地、采、选、安全专业方面与科研院所开展十五个项目技术攻关，实施安全供电智能化、提升运输数控化、安全生产监测监控自动化改造，积极推行井下主要水泵房、变电所实现远程监控和无人值守等，安全生产和环境保护取得明显成效，实现经济、安全、环境和社会效益的优化。

发扬团队精神 精品人品同在

——奋进中的中铁七局集团西安铁路工程有限公司

中国中铁七局集团西安铁路工程有限公司是大型综合类施工企业。公司具备铁路、公路、建筑、市政工程施工总承包一级资质，桥梁、隧道、公路路基工程专业承包一级资质，城市轨道交通专业承包资质，通信工程施工总承包、预拌混凝土专业承包资质，并拥有境外工程承包经营权。公司拥有架桥机、盾构机等大型施工机械456台，可满足铁路、桥梁、地铁、城市轻轨、公路、长大隧道等全天候、高难度施工要求。公司现有员工2300多人，其中各类专业技术人员1110人，含高级技术职称117人，中级技术职称442人，有一级、二级注册建造师120余人、注册安全工程师23人。

2014年，公司全年完成施工产值42.89亿元，施工封锁要点796次，架梁1246片，铺轨170千米，路基施工909万立方米，隧道掘进13.6千米，确保了在建项目的施工安全质量稳定。公司连续四年荣获全国“安康杯”优胜单位，全年创中国中铁安全标准工地2项，市级安全文明标准工地3项，局级安全标准工地4项和优质工程5项。公司和北京地铁十五号线项目部荣获2014年度全国“安康杯”竞赛活动优胜单位和优胜班组。

西安地铁四号线全员安全质量宣誓

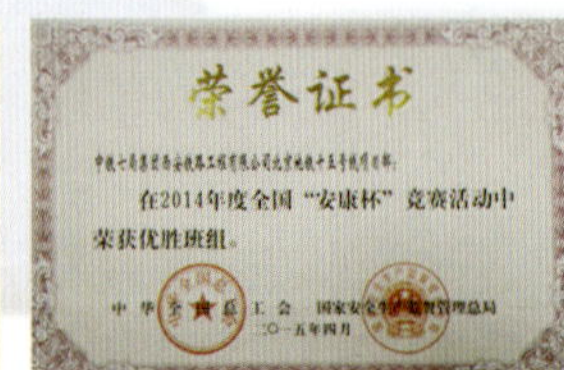

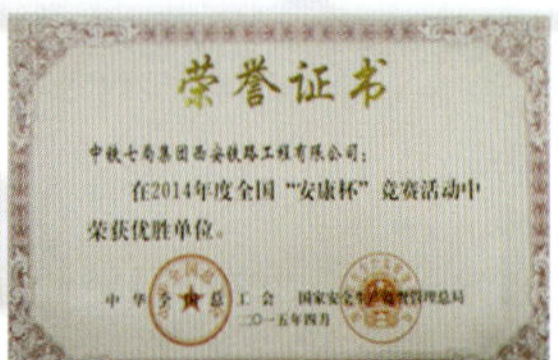

盾构贯通后的喜悦

宁天城际高架桥

唐山北至唐山客车线

西（安）成（都）高铁架梁

北京地铁15号线学院路车站

中铁一局集团铁路建设有限公司

中铁一局集团铁路建设有限公司是具有铁路、公路、市政总承包和桥梁、隧道等多项总承包资质和专业资质的国有综合施工企业。公司注册资本金为7424.08万元，总资产16.49亿元，各种施工机械设备532台件，2014年完成营业额最高达到17.86亿元，完成营销额最高达到39.22亿元。公司现有员工941人，各类技术管理人员552人，一级建造师21人，满足了施工管理的需要。

全国五一劳动奖状

公司参与了国家多项重点建设项目，经营范围覆盖了京、沪、渝、陕、川、新、冀、赣、甘、滇、粤、湘、鲁、蒙、青、苏16个省、市、自治区，经营内容由传统的铁路、公路、市政延伸到地铁、轻轨、客运专线等领域，逐步实现了综合性、多元化经营发展格局。公司始终坚持以“预防为主，安全第一”的管理方针，较好地完成了安全生产目标任务，获得全国“安康杯”竞赛优胜企业等荣誉号。

全总工人先锋号

公司以“尽智尽心尽力、做精做优做强”为企业精神，以“管理创新、项目创效、工程创优、文化创先、品牌创誉”为经营宗旨，以“主业突出、领域多元、区域发展、精干高效、企强民富”为发展目标。通过不断地解放思想，转变观念，积极开拓联合经营之路，积极推进海外市场、实施多元经营，逐步实现了以铁路为主导产品，市政工程、公路工程、高速公路、桥梁、隧道工程、客专等领域共同发展的生产格局。

西成客专简支梁施工

榆林铁专项目部施工的路基U型槽

宝鸡蟠龙大道公路建设

郑西客专上飞驰的动车

重庆轻轨三号线南延伸段花溪站

江西水电检修安装工程有限公司

一、公司简介

江西水电检修安装工程有限公司是由中电投江西电力有限公司控股的国有企业，是一家设备齐全、技术精湛、业绩优良的专业化公司，为中国电力投资集团公司的三级单位。公司于2005年5月成立，经营范围为水利电力机电设备安装、检修与维护，水电发电系统设备和防汛设备调试、维护、检修、改造技术服务，电力设备自动化工程，110 千伏变电站及输电线路工程等。

公司总部设在江西省南昌市，在江西省赣州、抚州、新余、宜春、广西梧州设立了5个分公司和1个风电项目部。

公司拥有建造师16人（其中一级建造师10人，二级建造师6人），具有专业技术职称人员182人（其中高级工程师13人，工程师31人，助理工程师84人，高级技师 6人、技师51人）。

公司目前具有水利水电机电设备安装工程专业承包一级企业资质，同时还具有机电设备安装工程（二级）、送变电安装、起重设备安装工程、金属结构制作与安装、消防设施工程专业承包等四个三级企业资质。公司取得了国家电力监管部门颁发的“承装（修、试）电力设施许可证书，取得了江西省建设部门颁发的安全生产许可证，通过了质量、环境、职业健康安全管理体系认证。

峡江电站（9×40兆瓦）
6号机组导水机构吊装

二、公司安全生产管理特点

在江西公司的正确领导下，水电检修公司坚持“安全第一、预防为主、综合治理”的方针，牢固树立安全发展理念，夯实基础，细化责任，强化现场监督，深化隐患排查治理，以标准化、规范化、系统化的方式推进安全生产工作，实现了内外部市场安全生产局面持续稳定，保证了所服务电厂设备可靠运行，为全面完成各项目标奠定坚实的基础。截至2015年4月30日，实现安全生产3772天。

一是落实企业安全生产主体责任，健全组织机构，充分发挥安全生产保证体系、监督体系的作用；二是层层签订“四不伤害”保证书，进一步明确各级人员安全生产职责，确保从决策层、管理层到执行层，层层责任到岗到人；三是严格执行《安全生产奖惩办法》《各级各类人员安全生产责任制》等安全生产管理考核制度，强化安全工作考核和责任追究，不断增强各级安全管理人员的责任意识与管理意识，建立安全生产长效机制；四是进行安全目标分解，形成各层级、人员具体的控制性安全目标；五是开展季节性安全生产大检查，深入排查风险隐患并积极治理，进一步落实安全生产主体责任；六是开展安健环体系建设，提高危害辨识与风险评估工作水平，进一步强化风险预控；七是强化现场安全监督，做好现场违章行为的检查、监督与考核，杜绝违章行为，加大对重大设备吊装、高空作业等特殊作业项目施工方案与安全措施的审查，监督落实到位，保证工程施工安全的可控在控；八是大力开展安全文化建设，汲取、提炼江西水检安全文化的精髓，充分发挥安全文化的指导、引领作用，编制、印刷水电检修安全文化手册，全面提高广大职工的安全文化素质，形成良好的安全文化理念，营造良好的安全文化氛围。

长洲电站（15×42兆瓦）
11号机组扩大性B修党员突击队

江西水检梧州分公司
第一届安全知识竞赛

罗湾电站1号机组A修抽芯吊装

峡江电站(9×40兆瓦)6号机组转子吊装

公司安全生产委员会会议

华能淮阴电厂

Huaneng Huaiyin Power Plant

2014年华能淮阴电厂在华能集团、股份公司、江苏分公司的正确领导下，围绕安全发展、科学发展的理念，认真落实国家安全监管部门有关企业安全生产责任体系五落实五到位规定和要求，在安全生产中不断开拓创新，持续推进企业的本质安全型管理，取得了良好的安全绩效。截至2014年底，电厂四台机组连续安全运行无事故突破5000天，为企业实现长期可持续发展打下坚实的基础。

2014主要安全工作：

1. 安全生产“红线”意识进一步强化。认真学习领会上级及厂部有关安全生产工作的要求，切实贯彻执行有关安全工作的部署，深刻吸取近年来电力系统人身伤亡事故教训，强化“红线”意识，始终把杜绝人身伤亡事故作为安全生产的首要任务。

2. 现场安全风险管控有声有色。一是检查检修、技改现场、重大操作现场，各级人员到位情况；二是对现场进行综合、专项安全检查，督促外包单位梳理和整改安全隐患；三是融合高科技手段对现场实时监控，对特殊作业、重点施工过程进行在线巡查，做到全时段，全方位控制安全风险。

3.“外包工程安全专项整治年”活动取得新成效。电厂制定了外包工程专项整治方案，梳理承包商信息，建立外包QQ群，规范外包项目经理及安全员离厂请假及人员变动管理，举办外包人员安全管理知识竞赛，强化意识，营造氛围；规范外包现场安全交底及站班会，强化现场看板管理及旁站执行，并结合实际编制了安全漫画手册，安全教育形式多样化。

4. 安全生产大检查有效促进隐患治理。认真开展季节、节日、专项安全大检查并与日常巡查相结合，形成常态化机制。2014年厂部共开展各类安全检查15次，部门组织各类安全检查60余次，共发现问题600 项，目前已整改597 项，整改率达99 %。

5. 检修技改工作进一步规范。2014年，共进行机组检修3台次。厂部加强了修前策划、修中控制、修后评估的全过程管理，多次组织对检修技改项目进行督导检查。

6. 加强应急预案和演练。制定年度应急演练计划并积极组织演练，应对突发事件处置和保障能力进一步增强。全年开展演练共计30余次。

在做好安全生产工作的同时，华能淮阴电厂始终履行好作为一个华能企业应尽的安全与环境责任、社会与经济责任，并以创建“环境友好型和资源节约型”企业为目标，电厂正以实际行动肩负起时代的使命和社会的责任。

北京市安全生产联合会

北京市安全生产联合会(原北京市安全生产协会)，成立于2007年12月17日，是经北京市社会团体登记管理机关核准登记的非营利性社会团体，在业务上接受北京市安全生产监督管理局的指导和管理。为进一步发挥综合协调和统筹管理服务功能，于2014年12月召开第三届会员大会提前换届，选举产生了新一届领导机构并更名为北京市安全生产联合会（以下简称联合会）。目前，联合会共有注册会员260名，其中，普通会员199名，理事会会员61名（包含副会长单位11名）。

第三届会员大会组织机构健全，设有理事会、监事会，下设秘书处。理事会含会长1名，副会长11名，联合会领导班子政治立场坚定，具有较强的指导协调能力，经市安全监管局确认为全市安全生产领域枢纽型社会组织，统筹全领域各社团开展安全生产相关工作。

联合会常设办事机构为秘书处，现有工作人员13名，外聘专家队伍30余名，内设办公室、标准化部、年鉴编辑部、信用评价与信息管理部4个部门，办公地点位于北京市朝阳区慧新东街1-1号3-4层，办公面积为600平方米， 联合会的宗旨是:遵守宪法、法律、法规和国家政策,遵守社会道德风尚。服务北京市安全生产大局，服务会员，发挥桥梁纽带作用，增强企业自律能力，依靠全体会员共同努力，为实现北京作为全国政治中心、文化中心、国际交往中心、科技创新中心的城市战略定位，把北京建设成为国际领先的和谐宜居之都，促进经济社会发展发挥重要作用。

目前，联合会主要承担全市安全生产年鉴编纂，工业企业安全生产标准化评审组织，安全生产数据统计分析及企业信用体系建设，是全市安全生产资格考试考点。今后，联合会将紧紧围绕全市安全生产“四化三体系双基”总任务，结合社团发展改革，充分发挥首都人才优势和桥梁纽带作用，加强自身建设，积极争取全市安全生产枢纽型社会组织和民政系统5A级社团组织认定，不断拓展工作领域，切实推动全市安全生产标准化建设、信用体系建设、教育培训和年鉴编纂等工作，努力形成政府、企业、社会组织、公民等多元的安全生产治理格局，为北京市安全生产形势持续稳定好转发挥重要作用。

电话：010-63522105
邮编：100029
邮箱：bjax2013@163.com

安全第一
预防为主

甘肃省安全生产协会是经省民政厅批准登记成立的全省性、非营利性的社会团体法人，是甘肃省安全生产领域的主导性社会组织，业务上受甘肃省安全生产监督管理局领导。

甘肃省安全生产协会成立于2005年1月。2014年8月6日在兰州召开第二届理事会换届会议暨第一次会员代表大会，选举产生了由205名理事组成第二届理事会和由74名常务理事组成的常务理事会。

【主要业务范围】

（一）参与国家和地方有关安全生产法律法规、发展规划的研究和制定；组织开展安全生产方面的调查研究，为政府和有关部门制定安全生产方针、政策和重大决策等提出意见和建议。

（二）组织研究在贯彻党和国家的安全生产方针政策和法律、法规中出现的新情况，向政府有关部门反映企业的正当愿望和合理诉求，维护企业的合法权益。

（三）接受政府和有关业务主管部门委托组织开展安全生产技术咨询服务。

（四）对公民、法人和其他组织从事安全生产工作的水平、能力评价、认定，并对相关从业、执业资格、资质进行管理。

（五）开展安全生产宣传教育、培训和学术交流。编辑、出版、发行《生产与安全》杂志和有关书籍、资料。

（六）负责省安全生产专家队伍建设，“专家管理系统”维护等日常工作。

（七）为企业安全文化建设提供指导、咨询、交流服务。

（八）开展安全生产对外交流与合作。

（九）承办政府部门和有关单位委托的其他事项。

【组织机构】

协会下设秘书处、《生产与安全》编辑部、安全生产专家工作委员会、安全文化促进委员会、安全生产技术咨询委员会、中介服务自律管理委员会等六个办事机构。

云南省安全生产监督管理局

云南省安全监管局组建于2002年9月，2003年3月正式挂牌成立，是省政府正厅级直属机构，履行省安全生产委员会办公室职能，承担全省安全生产综合监督管理职责。负责指导协调全省安全生产工作，分析预测安全生产形势，发布安全生产信息，牵头调查处理重大以上生产安全事故，协调解决安全生产重大问题，直接承担非煤矿山、危险化学品、烟花爆竹、非药品类易制毒化学品和有色、冶金、建材、机械、轻工、纺织、烟草、商贸等行业安全监管职责。局机关设13个处室，人员编制100名（其中行政编制95名、工勤编制5名），实有99人；下属事业单位4个（省安全生产应急救援指挥中心、省危险化学品登记中心、省安全生产宣传教育中心、省安全生产评价检测中心），人员编制31名，实有17人。

全省16个州市和129个县区全部建立了安全监管局，均为政府组成部门。省、州、县三级安全监管局共有监管人员编制2195名，实有2435人。全省1391个乡镇中有1202个设立了乡镇安监站，有专兼职安监员3303人。

安全监管对象基本情况：截至2015年9月30日，全省共有煤矿802个，非煤矿山5200座，尾矿库646座，危险化学品生产企业485户、经营企业4498户，烟花爆竹生产企业12户、经营批发企业176户、零售网点12315个，非药品类易制毒化学品生产经营企业435户，冶金、机械等工贸行业企业5753户。

ynsafety

http://www.ynsafety.gov.cn

广东省安全生产技术中心
广东省安全生产宣传教育中心
Guangdong Technology Center of Work Safety

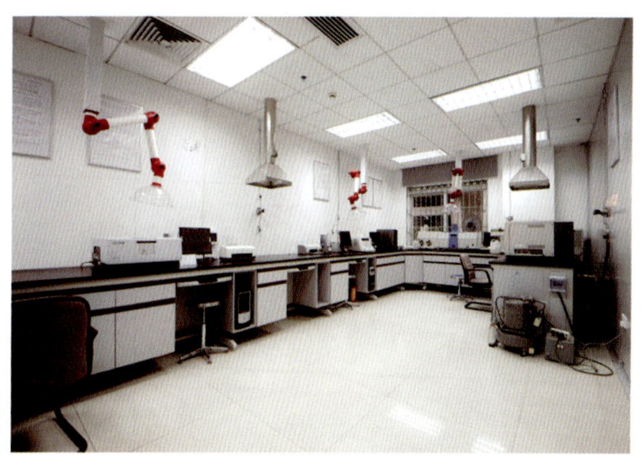

广东省安全生产技术中心（广东省安全生产宣传教育中心）成立于1982年，是省安全生产监督管理部门直属的公益性事业单位。中心主要承担安全技术研究和安全技术标准研究，重大危险源辨识、重大事故隐患治理监控预警技术的研发，生产安全事故的技术鉴定与分析，安全生产监察工作的技术评价和安全生产情报、信息工作，及危险化学品登记的具体工作。开展安全生产宣传教育；承担安全生产检测检验和职业卫生技术服务等工作；开展安全标准及安全标准化等技术文件的制修订工作。

经过30多年的发展，中心拥有一支高层次、多专业的安全生产技术团队，具有安全评价、培训、检测、职业卫生技术服务等多项专业资质，参与多项重大安全技术支撑和技术服务工作，先后承担了安全科学领域40多项研究课题，发表论文300多篇，获得国家、省科技成果奖9项。2011年，被评为“广东省科技服务业百强企业（机构）”。

《中共广东省委 广东省人民政府关于进一步加强安全生产工作的意见》（粤发〔2011〕13号）文件指出，要“切实提高安全生产科技支撑能力，强化省安全生产技术中心带头作用。以科技引导我省安全生产科学管理、企业本质安全和产业整体安全水平的提升。”中心始终坚持“安全至上、科学发展”的理念，为各级政府提供安全监管技术支撑，为广大企事业单位提供安全技术服务，在全省安全生产领域具有良好的公信度和影响力。

地址：广东省广州市建设大马路19号安监大厦
网址：http://www.gtcws.com/intro.asp
邮箱：fanhongmei@gtcws.com
电话：020-83135413
传真：020-83135415
邮编：510060

GTCWS
广东省安全生产技术中心实验室

广东安监大厦

湖南省安全技术中心

（湖南省安全技术检测检验中心）

主要职责

（一）承担省化学品登记注册办公室的日常工作

1. 组织全省危险化学品登记工作。

2. 核查登记单位申报登记的内容。

3. 对生产单位编制的化学品安全技术说明书和化学品安全标签的规范性、内容一致性进行审查。

4. 建立全省危险化学品登记管理数据库和动态统计分析信息系统。

5. 提供化学事故应急咨询服务。

（二）依法组织开展检测检验工作

1. 承担全省工业行业安全设备设施的检测检验。

2. 承担作业场所有毒有害气体、粉尘、噪声、放射性物质等职业危害因素的检测检验。

3. 承担易燃易爆危险化学品的生产、储存、充装、运输等危害严重的作业场所及设备的检测检验。

4. 承担矿山采空区、边坡、尾矿库等危害严重的作业场所及设备的检测检验。

5. 承担个体劳动防护用品的检测检验。

（三）承担省安全生产专家委员会管理与联络工作；承担安全评价、检测检验、教育培训机构技术资格评审等技术性工作；承担安全与职业危害相关的技术报告的评审组织与技术管理工作；承担安全标准化的考评工作。

（四）承担省安全生产教育培训考试中心的日常工作。

（五）开展重大事故分析模拟技术、物证分析、重大危险源辨识、应急救援等技术基础工作，承担重大事故技术分析、技术鉴定、重大危险源监控和安全生产应急救援的技术支持工作。

（六）开展安全生产理论和政策研究，承担建立和完善安全生产理论，制定安全生产政策、发展战略、法律法规的技术支持工作；开展安全生产技术基础性研究，承担制定和修订安全生产科技发展规划、技术标准，完善安全生产技术支撑体系的技术支持工作。

（七）开展安全生产重大科技攻关和技术示范工作，研究安全生产共性、关键性、前瞻性技术，开发安全生产新技术、新工艺、新装备和新材料，推广安全生产先进、实用技术成果。

（八）开展安全生产科技国际国内交流与合作，跟踪安全生产科技国际国内前沿，引进、消化、吸收和自主创新先进安全生产技术。

（九）开展其他安全生产技术服务工作。

（十）完成省局交办的其他事项。

中海石油技术检测有限公司

中海石油技术检测有限公司成立于2008年，具有独立法人资格，注册资金5000万元，是中国海洋石油总公司设立培育开展第三方检验业务的专业技术服务机构。公司下设3个专业分公司和1个拥有独立法人资格的湛江分部（湛江中海石油检测工程有限公司）。公司现有员工333人，其中拥有大专以上学历227人，占总人数68%。

国家海洋石油安全中介机构
资 质 证 书

中海石油技术检测有限公司：

依据《中华人民共和国安全生产法》及国家海洋石油安全生产的有关规定，授予你单位海洋石油生产设施专业设备检测检验机构资质。

国家安全生产监督管理总局制

公司主营业务：

· 海上设施结构检测、检验、评估服务；
· 海上钻修井机、锅炉等专业设备的法定发证检验服务；
· 海上安全救生设备发证检验服务；
· 电仪控制系统检验服务；
· 水下工程服务及水下检测、检验服务。

主要人员资质

公司持有ASNT无损检测二级证书、注册焊接工程师、注册安全工程师、潜水监督及CCS无损检测三级证书等各类特种检测、检验资质证书共计270余个。

10千伏高压盘测试

主要检测设备

公司拥有近千台套的设备基本上满足了不同业务的需要。主要包括电仪类：综合继电保护测试仪、断路器特性分析仪、氧化锑避雷测试仪、变频谐振高压试验装置、交流（直流）耐压试验装置、过程仪表认证校准器、压力回路校验仪、温度校验炉等；检验类：各类探伤、测厚仪、试重水袋、长距离超声管道检测仪、液氮装置、水下磁粉探伤仪HCM25、水下数码摄像机GR-D53AC、水下电位仪、多波束测深系统、数字声纳系统、海底管线仪、地质脉冲剖面仪5000型、海底地貌仪系统3050型等等。近几年，公司核心设备投资1500多万元，引进国内外先进检测设备160多套。例如声发射、低频导波、ACFM等专业检测设备。

气胀式救生筏检修

移动式钻机仪表综合检验装置

大流量标定装置（原天津市第八流量站）

海上石油平台水下ACFM
检验潜水深度38米

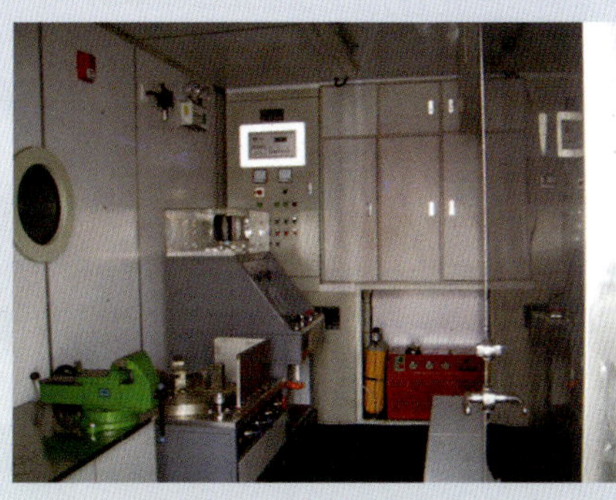

移动式安全阀校验实验室

海上石油平台水下焊接

重庆安全技术职业学院

部市共建签署仪式握手瞬间

重庆安全技术职业学院是2011年3月由重庆市人民政府批准设立的公办全日制安全类高等职业学校，由重庆市安全生产监督管理局主管，重庆市教育委员会进行业务指导。学院是国家安全监管总局与重庆市政府合作共建的院校，也是全国两所安全技术高职院校之一。

学院地处三峡库区腹心、重庆第二大城市——万州，紧邻万州机场、达万铁路、宜万铁路和渝宜高速公路，交通便利。设有安全工程系、机电工程系、信息工程系、商务管理系、建筑与环境系和公共基础部。成立有教学工作指导委员会、学术委员会、教学督导工作委员会、实践教学委员会及高等职业教育研究所、安全应用技术研究所。现有教职工237人，其中专任教师154人，副高及以上职称42人；聘请行业企业技术专家、能工巧匠担任客座教授和校外兼职教师。现有在校学生4000余人。国家安监总局依托学院建设"国家安全生产监管监察执法综合实训西南基地"，除开展学历教育外，还将开展安监执法能力实训和安全管理及安全技术短期培训。

数控专业实训室

学院紧贴市场，以地方产业（如化工、矿山、金融、加工制造、建筑、信息技术等）发展及其变化趋势为导向设置专业，重点突出安全类专业特色，现开设有安全技术管理、救援技术、食品营养与检测、应用化工技术（安全技术方向）、建筑工程技术（安全技术方向）、机电一体化、汽车电子技术、数控设备应用、矿井通风与安全、矿井运输与提升、移动互联应用、信息安全技术、物联网应用技术、金融管理与实务等24个专业。院内设立安全工程体验馆、心肺复苏实训室、计算机网络实训室、矿井通风仿真实训室、酒店管理前厅实训室、车身电子控制系统实训室等53个实训场所，并不断加大实习基地和实训场所的建设，为学生实践活动创造良好的条件。

电子实训综合大楼

学院秉承"以就业为导向，以质量为生命，以安全为特色"的办学宗旨，结合区域行业实际，明确了"建设安全特色鲜明，重庆有优势，西部有影响的安全类高职院校"的办学目标，"努力培养面向矿山、建筑、危险化学品、交通、冶金、工商贸等行业生产、建设、服务和管理一线的安全技术技能人才"的办学定位，"立足行业，服务企业，质量为本，校企联动"的发展思路，并为适应重庆建设全国首个安全保障型城市示范区的需要，制定了学院中长期发展规划，到2020年，将学院建成全国规模较大、专业齐全、功能完善、环境优美的现代化安全高职院校。

人才培养注重特色　以评促建提升质量

学院于2015年5月顺利通过了教育部组织的专家组对学院的人才培养工作合格评估。学院在评估过程中，始终坚持以评促建工作方针，齐心协力，精心组织，周密部署，带领全体教职员工，以饱满的热情，积极推进软硬件办学条件建设，学院校园环境、教学设施设备等硬件条件得以改善，教学管理基本规范，教学质量得到基本保障，各项建设与改革工作取得了一定成效。

安全技术综合实训楼

——强化管理提高教学质量。学院坚持以教学为中心，强化教学管理，建立健全教学管理的组织体系、制度保障体系和质量监控体系。实行院、系（部）教学管理机构的两级管理体制，明确了院、系（部）职能和权限。引进现代企业"6S"考核方式，改进学生学业成绩考核方法，建立了过程和目标评价相结合的课程考核体系，注重对学生出勤、课堂表现、平时作业(作品)、学习态度、自学能力、质量意识、团队意识、合作学习、创新精神等的方面进行评价。实行学生学业预警制度，充分发挥学校教育、家庭教育和学生自我教育"三位一体"的作用，促进了学风建设，加强了学生的学业管理，有效帮助学生顺利完成学业。加

建筑可视化与动漫实训室

网络综合布线理实一体化实训室

PLC实训室

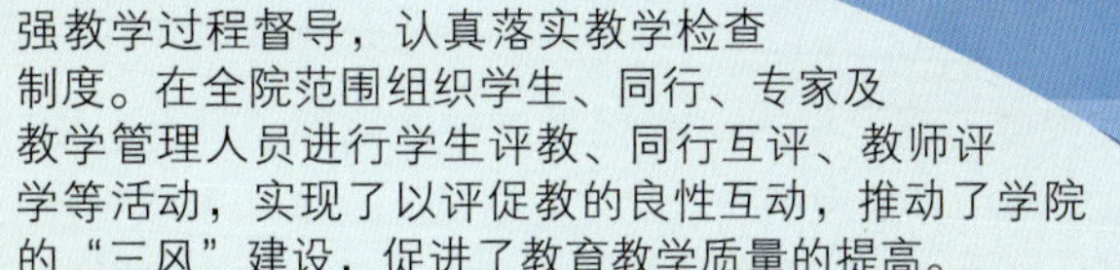

强教学过程督导，认真落实教学检查制度。在全院范围组织学生、同行、专家及教学管理人员进行学生评教、同行互评、教师评学等活动，实现了以评促教的良性互动，推动了学院的“三风”建设，促进了教育教学质量的提高。

公共安全教育体验馆

——**以生为本提升综合素质**。学院高度重视学生思想政治教育，始终把提高学生素质放在十分突出的地位，坚持以生为本，德育为先，把立德树人作为学生工作的重中之重。学生管理机制健全，运行规范，落实到位，秩序井然。高度重视大学生品行修养，深入开展以思想道德为核心的“五个文明”建设活动，结合办学特点广泛开展公共安全教育，从思想深处牢固树立安全意识，重视学生教育过程管理，强化自主管理意识，形成了学生文明守纪，诚实守信，严格自律的精神风貌。校园文化丰富多彩，成效显著。通过开展军事训练、公共安全训练、报告讲座，举办校园歌手大赛、模特大赛、模拟招聘大赛、书画展览、体育竞赛、演讲比赛、辩论赛、技能大赛、社团文化艺术节、青年志愿者和大学生“三下乡”社会实践等系列活动，增强学生人文修养和职业素养，培养和锻炼学生的组织活动能力，提升学生综合素质。

矿井通风模拟仿真实训室

——**校企合作创新培养模式**。学院借助主管部门的优势平台，与万州经开区、梁平县政府、万州安监局、重庆煤科院、重庆科技学院、重庆科能技校等签订合作协议，与重庆长安跨越、重庆宜化、重庆雷士、重庆江东机械、重庆太行科技有限公司、中国人民财产保险股份有限公司万州龙宝分公司、中兮集团等签订校企合作协议，建立了校外实习实训基地59个，为学院与企业开展专业建设、企业员工培训、教师实践、互派专家、实习、就业、科研等搭建了良好的平台，促进了校企合作育人模式的改革。

——**特色教育畅通就业渠道**。学院突出安全职业教育办学特色，培养安全生产领域技术技能和管理人才，每一个安全专业的学生都将进行安全通识教育，具备安全技术基础知识。高度重视毕业生的就业安置工作，把学生就业安置作为“一把手”工程，多次组织召开驻渝央企、国企及大型企业座谈会，局属各处室把学院的安置就业工作纳入工作重要日程，并派出专人到校指导就业工作，为学生就业安置搭建平台；学院书记、院长亲自挂帅，担任就业安置工作小组组长，深入到相关企事业单位调查研究，制定方案，采取措施，加强就业安置工作；成立大学生就业指导中心，开设职业发展与就业指导课程，建立兼职就业指导课教师队伍，开展了就业咨询、培训，加强就业指导；通过举办大型“双选会”和专场招聘会，为学生提供充足的就业机会，2014届毕业生就业率在重庆市高职院校中名列前茅。

食品、化工实训室

——**社会服务提升办学声誉**。学院充分利用安全专业优势，积极开展社会服务工作。学院公共安全教育馆和安全体验馆面向社会开放，提高学生和市民的安全意识，该馆于 2014年获评重庆市科普基地；教师为行业、企业、政府部门开展项目研究与设计、营销策划、工程项目咨询、礼仪培训、医疗系统信息化培训等服务，教师在企业兼任经理助理、顾问、设计师、培训师、工程咨询等职务；通过开办“校中厂”、成立创新创业教育基地等形式与企业开展项目合作；依托学院职业技能鉴定站（点），面向社会开展含低压电工、焊工等特种作业操作证在内的13种职业资格鉴定。近 3年来，学院开展职业技能鉴定3180人次，为区域经济社会做出了一定贡献。

运动场

通信地址：重庆市万州区百安坝安庆路583号（404020）
电　　话：023-58567778 58567750（传真）
公众网址：www.cqvist.net

教学楼

校园一角

学生公寓

重庆科技学院安全工程学院

重庆科技学院安全工程学院2006年经重庆市教育部门批准，由重庆市安全生产监管部门和重庆科技学院共同组建，是集人才培养教育、科学研究、科技服务一体的安全工程人才培养基地、安全技术研究开发中心、安全生产技术服务中心。2008年，重庆市安全生产科学研究院（中国安科院重庆分院）在学院挂牌成立。

团结奋进的领导班子

学院现设有安全工程、消防工程两个本科专业，其中，安全技术及工程学科为重庆市高等学校"十二五"市级重点学科。2011年，学院成功获得"服务国家特殊需求人才培养项目"安全工程硕士专业学位授予权。学院现有全日制在校学生600余人，学生一次性就业率在95%以上。目前有教职工53人，其中教授6人，硕士生导师7人，副教授12人，博士10人。国家安全检测检验专家2人，重庆市安全评价专家2名，注册安全评价师8名，安全评价人员16名。

学院拥有1个国家职业危害实验基地，"重庆市非矿山安全与重大危险源监控实验室""重庆市职业危害检测与鉴定实验室" 2个国家安全生产科技支撑体系省级实验室，1个中国科学院批准的重庆安全工程及地质灾害监测预警技术研发中心，5个安全工程专业实验室，学院教学科研仪器设备总值达到1000万元。学院还拥有经国家安全生产监督管理部门认定的国家安全评价甲级资质和安全技术培训二级资质。

相关领导到学院检查实验室建设情况

近年来，学院与中石油、中石化、中海油、重庆市安监部门、重庆建工集团、重庆燃气集团、重庆消防部门、重庆高新区消防部门等17家单位签署了合作协议，共建稳定的实习实训基地。与中石油合作共建"石油工程综合实践教学平台"，与重庆市安监部门合作共建"安全工程综合实践教学平台"等实践平台。充分利用拥有的国家甲级资质安全评价所，不仅为政府安全监管、企业安全生产提供技术服务，同时为教师实践能力提升和学生实习实训、毕业设计等提供良好的实践条件。学院组织申报了市级科研项目10余项，横向科研项目100余项，项目经费突破1500万元；出版著作5部，发表论文120余篇，其中核心80篇；省部级科研成果奖2项。

学院与中加项目办举办职业危害与健康论坛

学院将以科学发展观为统领，以"培养人才、发展科学、服务社会"的办学宗旨和"特色立校、文化兴校、人才强校"的发展战略为指导，紧紧围绕我国安全工程专业发展的特点和安全工程应用型人才培养的要求，坚定不移地走特色发展之路，努力建设"政产学研用"一体化平台，为实施"科技兴安"和"人才兴安"战略，为国家和重庆市安全生产提供强大的智力支撑。

联合办学签字仪式

奖助学金颁奖大会

安全技术装备展

毕业生合影

地址：重庆市沙坪坝区重庆科技学院安全工程学院　　电话：023-65023099 65023098（传真）